GUANGXI FOREST INSECTS

广西森林昆虫

杨秀好　郑霞林　吴耀军　主编

上册

广西科学技术出版社

·南宁·

图书在版编目（CIP）数据

广西森林昆虫 / 杨秀好，郑霞林，吴耀军主编. -- 南宁：广西科学技术出版社，2025.4
ISBN 978-7-5551-2132-9

Ⅰ. ①广… Ⅱ. ①杨… ②郑… ③吴… Ⅲ. ①森林昆虫学—广西 Ⅳ. ① S718.7

中国国家版本馆 CIP 数据核字（2024）第 040959 号

GUANGXI SENLIN KUNCHONG
广西森林昆虫
杨秀好　郑霞林　吴耀军　主编

责任编辑：张　珂　韦秋梅　覃　艳　盘美辰
封面设计：梁　良
责任印制：陆　弟
责任校对：夏晓雯

出 版 人：岑　刚
出版发行：广西科学技术出版社
社　　址：广西南宁市东葛路 66 号
邮政编码：530023
网　　址：http://www.gxkjs.com

经　　销：全国各地新华书店
印　　刷：广西民族印刷包装集团有限公司
开　　本：889 mm × 1194 mm　1/16
印　　张：55.25
字　　数：1556 千字
版　　次：2025 年 4 月第 1 版
印　　次：2025 年 4 月第 1 次印刷
书　　号：ISBN 978-7-5551-2132-9
定　　价：688.00 元（上、下册）

《广西森林昆虫》
编委会

序

昆虫是地球上种类和个体数量最多的动物类群，其种类超过已知生物种类的半数，对人类社会生产和健康生活具有重大影响。广西背靠大西南，面向东南亚和北部湾，西接云贵高原，地形地势复杂深邃，气候温和湿润且雨热同季，为动植物的生存和繁育创造了良好条件，孕育着极为丰富的生物多样性，特别丰富的昆虫多样性是广西动植物区系的重要特色，研究广西森林昆虫具有重要的理论和实践价值。

前期已发表的有关广西森林昆虫的文献或出版的图书主要侧重于森林害虫的发生规律与防治技术，至今尚无一部系统介绍广西森林昆虫的著作。针对这一现状，《广西森林昆虫》编委会在汇总完成广西林业有害生物普查数据，积累了大量森林昆虫标本和珍贵资料的基础上，经过7年多的精心谋划和认真组织实施，汇聚区内外70多位专家学者的共同努力，终于完成了《广西森林昆虫》一书的编撰，这是一项很有意义的工作，功在当代，利在千秋。

该书集国内专家学者研究广西森林昆虫之大成，从广西已发现的1490种森林昆虫中，选择研究比较深入、掌握资料和图片比较齐全的重要种类为编写对象，共计编写12目（54总科）118科910种，比较系统地介绍广西森林昆虫，包括昆虫种类、寄主、分布、形态特征、生活习性、害虫为害特点和防治方法、益虫应用价值和前景等信息，并有针对性地总结对森林害虫行之有效的防控技术，对森林益虫提出保护利用措施，增强该书的可读性和实用性。该书文字描述比较系统，配图丰富，大量珍贵图片来之不易，其中精美彩图870多种、近2000幅，黑白插图36种，便于读者理解和掌握有关知识。

《广西森林昆虫》一书的编辑出版工作量巨大，耗时较长，既是编委会全体成员集体智慧的结晶，更是广西林业生态建设和森林资源保护发展的一项重大成果。全书内容丰富，图文并茂，通俗易懂，具有较高的学术价值和科普价值，对普及昆虫学知识、防治森林害虫、保护利用森林益虫起到重要的推动作用，对相关科研工作者、林业生产建设者、院校师生和昆虫爱好者具有重要的参考作用。我有幸对该书内容先睹为快，在该书付梓之际，乐于为其作序。

骆有庆

中国林学会森林和草原昆虫分会主任委员

北京林业大学原副校长、教授

2024年8月20日

前 言

广西是我国重点集体林区，森林资源极为丰富。全区现有林地面积 2.2 亿亩，人工林面积和木材产量均居全国首位，为我国林业发展作出了重大贡献。山清水秀生态美是广西的金字招牌，广西生态优势金不换，森林昆虫在维护广西森林生态系统稳定性等诸多方面发挥着极为重要的作用。

根据国家林业和草原局关于第三次全国林业有害生物普查的统一部署，广西 14 个市、116 个县（市、区）的林业主管部门，于 2014 ～ 2016 年精心组织开展了森林有害生物（含森林昆虫）外业调查，2017 ～ 2018 年完成了种类鉴定、数据汇总、资料整理与成果汇编，为本书的编写打下了良好的基础。根据普查结果，广西已发现森林昆虫 1490 种，其中新种 113 种、中国新记录种 11 种、广西新记录种 33 种。科学管理森林害虫和益虫种群，促进森林生态系统稳定和可持续发展，已成为林业生态建设和森林资源保护工作者的重要课题。

编辑出版《广西森林昆虫》一书，是广西几代森林昆虫学工作者的夙愿。早在 20 世纪 80 年代初期第一次全国森林病虫害普查工作结束后，广西和全国有关昆虫学专家学者们就已着手编写该书，收集了大量资料，做了很多准备工作，后因多方面原因未能完成编辑出版，且前期的珍贵资料已遗失，令人遗憾，但他们执着的理念和奉献精神令人钦佩，值得后人学习和发扬光大。为了完成老一辈森林昆虫学工作者的夙愿，为广西乃至全国开展森林昆虫学研究、森林害虫防治、森林益虫保护利用以及昆虫学知识普及提供技术资料，本书编委会在完成广西林业有害生物普查昆虫名录的基础上，认真查阅资料，邀请全国有关科研院所的专家学者，综合全国和广西森林昆虫学工作者近年来的最新发现和研究成果，经过认真撰写文稿、精心配图和严谨的编辑校对，共同完成本书的编辑出版。

本书根据编委会成员对广西森林昆虫的研究成果和国内外检索查阅的文献资料以及获得的昆虫图片，将资料比较完整、图片较为清晰的种类纳入编写范畴，包括森林害虫、天敌昆虫和资源昆虫 3 大类，共收录昆虫 12 目（54 总科）118 科 910 种，提供 870 多种、近 2000 幅精美彩色图片、黑白插图 36 种。参照国内最权威的《中国森林昆虫》一书的分类系统，吸纳近年来一些昆虫分类学研究新成果，将种类按目、科、属、种分类地位编排，描述每种昆虫的中文名称、拉丁名、寄主、分布、形态特征、生活习性，害虫的为害特点和防控技术，天敌昆虫捕食或寄生对象与特性，资源昆虫的利用价值及开发应用前景等内容。害虫防治方法一般按科编写，以达到开阔思路、举一反三的目的，特有的防治方法在相应种编写，有的害虫查不到较新的防治用药，将原有的有机磷等剧毒化学药剂防治改为无公害化学防治，读者可选用当地市场上有售的高效低毒杀虫剂开展防治；为适应国内多数读者阅读习惯，面积的计量单位仍采用国内常用的非法定计量单位“亩”（1 亩 ≈ 667 m^2）。昆虫的寄主和分布区域是根据目前已掌握的资料进行描述，实际情况不完全局限于此，随着研究的深入，某种昆虫的寄主增多、分布区域扩大是可能的。广西区外分布一般描述至省（自治区、直辖市），少数描述至地级市，广西区内分布能够明确到乡镇的描述到乡镇一级，只能明确到某市或某县的描述至市或县，自治区直属林场能明确到分场的，描述到分场一级。其中，地级市和县级市（县）不带括号，如南宁、横州、上林，表示分布于南宁市区范围（主要指城市及郊区）、横州市和上林县；县级城区在地级市后加括号，如南宁（江南、青秀），表示分布于南宁市江南区和青秀区，括号内乡镇连着城区，如南宁（西乡塘石埠，兴宁三塘和五塘），表示分布于南宁市西乡塘区石埠镇、兴宁区三塘镇和五塘镇；县和县级市带括号加乡镇，如苍梧（石桥、沙头）表示分布于苍梧县石桥镇和沙头镇。

本书的编委会成员较多，尽管制订有编写方案统一要求，但不同人员有不同的编写风格和习惯，主编人员已尽力统一格式，调整或删除少量文字，但仍可能存在诸如描述格式不同、文字错漏或信息不完整等缺陷，敬请原作者和读者谅解。为体现编委会成员在本书编写过程中的贡献，将文稿编写者的姓名标注于有关章节、有关科属种之后，并将作者姓名、工作单位、编写内容等详细记录在后记中，也便于各编委文责自负；书中图片主要来源于编委员会成员，少量图片来源于国内相关研究人员、从业者、昆虫爱好者以及已出版的图书，广西有关林业有害生物防治检疫部门以及科研院所有关人员也提供了少部分图片，图片拍摄者的姓名均标注于图幅的图注内，以便明晰权责和贡献。文字和图片标注如有错漏，请原作者和拍摄者谅解并提出改进意见，以期修订或再版更正。

广西壮族自治区林业科学研究院、广西壮族自治区林业有害生物防治检疫站、广西大学和广西南宁天鹰有害生物防治有限公司是本书的主要组织与协作单位，广西南宁天鹰有害生物防治有限公司在普查资料汇总、名录汇编及编辑出版费用等方面给予大力支持。本书编写过程中，得到了国内外有关专家的指导和帮助，获得了许多单位和个人的支持，中国林学会森林和草原昆虫分会主任委员、北京林业大学原副校长骆有庆教授亲自审阅书稿并欣然为本书作序，广西科学技术出版社乐于出版发行本书。在此，本书编委会对老一辈森林昆虫学工作者表示崇高的敬意，对为编辑出版本书作出贡献的单位和个人表示衷心的感谢，对支持本书编辑出版的有关人员表示诚挚的谢意。本书的编写力求做到科学、准确、简明、实用，但由于编者经验不足，水平和能力有限，个别种类鉴定可能不够准确，有的种类研究不够深入、掌握的资料不够丰富，存在寄主、分布、生活习性、为害特点不详，防治方法不足等情况，有的种类各虫态图片不够齐全，限于篇幅和图片质量，有的种类虫态大小不成比例，仅供识别参考。书中缺点或错漏在所难免，敬请专家学者和广大读者批评指正并提出宝贵意见和建议，望有识之士来年更新再版。

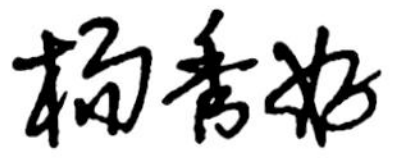

全国林业有害生物防治标准化技术委员会委员

中国林学会森林和草原昆虫分会委员

广西林学会森林保护专业委员会副主任

广西壮族自治区林业科学研究院博士、教授

2025 年 1 月 10 日

目　录

CONTENTS

一、等翅目 Isoptera

二、螳螂目 Mentodea

三、直翅目 Orthoptera

四、䗛目 Phasmida

五、蜻蜓目 Odonata

六、缨翅目 Thysanoptera

七、半翅目 Hemiptera

十、鳞翅目 Lepidoptera

十二、膜翅目 Hymenoptera

一 等翅目 Isoptera

渐变态类昆虫，个体发育经历卵、若虫和成虫3个虫态。体小型至中型，工蚁及有翅成虫咀嚼式口器，兵蚁口器特化，腹部柔软，触角念珠状，具尾须1对。完全社会性昆虫，目前全世界已记录12科330属3106种，中国有5科41属477种，广西有5科25属130种。主要以纤维素为食，多数种类是农林业及建筑物重要害虫。

（贾　豹）

1. 木白蚁科 Kalotermitidae

属木栖性白蚁，各类群主要筑巢在木材中，不少种类在干木材中生活，故又称为干木白蚁。兵蚁在触角后方有淡色眼点；有翅成虫左上颚有2枚缘齿，额部有单眼。本科类群缺工蚁品级，各品级缺囟，足跗节4节；胫节有2～4枚端刺。

截头堆砂白蚁 *Cryptotermes domesticus* Haviland

【寄主】榕、果树等。

【分布】中国分布于广东、广西、海南、云南、台湾。广西分布于南宁、北海、防城港、玉林（博白）、崇左。

【形态特征】兵蚁头前部黑色。头部厚，近方形，头前端呈垂直的截断面，有凸凹不平的结构，截面边缘略隆起并在顶部中央有1个凹向后方的缺刻，侧观截面与上颚交角小于90°；触角窝内上方有1个较小朝前的锥形突；眼位于触角窝正后方；触角12～14节，第二节长约为第一节的一半，第三节短于第二节，第四节最短；前胸背板前部向前上方翘起，前胸背板后缘圆形。

有翅成虫头赤褐色，翅黄褐色。头近长方形；复眼小，近圆形，单眼长圆形，位于复眼上方，靠近复眼但未接触；触角14～16节，第二至第四节略等长，第四节较短；前胸背板与头等宽，前缘凹入，后缘中央稍内凹。

【生活习性】在树干内筑巢，无特殊的巢体结构，蛀食的孔道亦为其巢居场所。成熟群体在形成有分飞能力原始繁殖蚁的基础上，温湿度条件适宜时，全年不分季节，均可分飞。配对成功后在恒温27℃和相对湿度80%的条件下，产卵前期8～18天，卵期50～73天。1年巢龄群体子代个体6～10头，2年巢龄群体子代个体16～34头，其中兵蚁1～2头。

【为害特点】在树木枯死部位取食为害，能蛀食较坚硬的木材。

【防治方法】物理防治。①高温灭蚁法：在截头堆砂白蚁为害区域，用热蒸汽、红外线等提高局部区域温度。②水浸法：将受蛀小型木构件用清水浸透的废布包裹，并及时补水，使整个受害木材长期

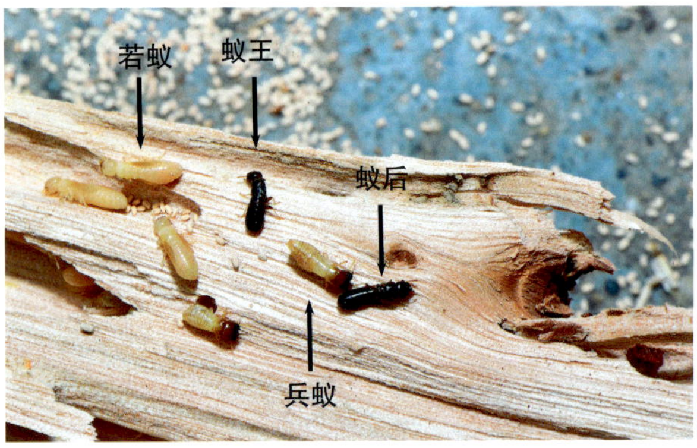

A. 蚁王、蚁后、若蚁和兵蚁（陆温 摄）

B. 为害榕树（周政杰 摄）

截头堆砂白蚁

保湿、缺氧，致使白蚁死亡。

化学防治。熏蒸处理：采用溴甲烷、硫酰氟等，将受蛀木制品放入专门的熏蒸箱或熏蒸室内熏蒸，操作上需要注意安全防护。

2. 鼻白蚁科 Rhinotermitidae

属土木栖性白蚁，是全球分布最广泛的一个类群，除取食纤维素外，部分种类亦能为害皮革、塑料制品和电缆保护层等。头有囟，足跗节 4 节，爪缺中垫。有翅成虫和工蚁左上颚具 3 枚缘齿，右上颚具 2 枚缘齿。有翅成虫有单眼，翅膜有横脉，呈网状。

大长鼻白蚁 *Schedorhinotermes magnus* Tsai et Chen

【寄主】松、桉、栗等。

【分布】中国分布于广西、云南。广西分布于南宁、防城港（上思）。

【形态特征】兵蚁二型。大兵蚁体深黄色；头近方形，中部有 1 个凹坑；囟明显，位于两触角窝中点略后方，囟前方具纵沟；触角 17 节，第二、第三节长度近相等；上颚扁粗，前端弯曲成镰刀形；左上颚内缘中部具 2 枚缘齿；右上颚具 1 枚大齿。小兵蚁体色与大兵蚁相同；头稍窄长；触角 15 节，第二、第三节等长；左上颚中点之前具 2 枚齿。

有翅成虫体橘黄褐色；复眼圆形，明显突出；单眼长卵形，稍突出；复眼距单眼距离大于距触角窝距离；左上颚具 3 枚缘齿；右上颚具 2 枚缘齿；触角 20 节，第二节长柱形，第三节长于且宽于第四节或第二节。

【生活习性】修筑集中大型蚁巢。

【为害特点】主要蛀食为害枯死倒地原木，蚁巢修筑于树干内部或地面泥土中。

【防治方法】化学防治。①诱杀法：白蚁发生量较少时，在白蚁主要为害部位放置 40 cm × 30 cm × 30 cm 的松木箱，待诱集白蚁量较多时，使用 0.5% 氟虫腈粉剂对箱中白蚁进行喷粉处理，使其带回巢内互相传染，最终消灭整个巢群。②喷粉灭治法：白蚁发生量较多时，在白蚁主要为害区域喷施 0.5% 氟虫腈粉剂，使其带回蚁巢相互传染，最终达到防治效果。

A. 大兵蚁

B. 小兵蚁

大长鼻白蚁（贾豹　摄）

台湾乳白蚁 *Coptotermes formosanus* Shiraki

【寄主】松、杉、桉、相思、银杏、桑、梧桐、柏、槐、合欢、臭椿、棕榈、三叶橡胶、栗、胡桃、竹等。

【分布】中国分布于长江以南各地，东至江苏建湖，中部安徽合肥，西至四川成都。广西各地均有分布。

【形态特征】兵蚁头、触角浅黄色，上颚黑褐色，腹部乳白色；囟孔上窄下宽呈卵圆形，大而显著；触角 14 ~ 15 节，多数第三节或第四节较短；上唇近舌形，前端有 1 个不很明显的透明尖，伸达上颚的一半；上颚镰刀形，前部向内弯；左上颚基部有 1 个深凹刻。

有翅成虫头背面深黄褐色；前唇基白色，上唇淡黄色；胸、腹背面黄褐色，比头部的颜色淡，腹部腹面黄色，翅微淡黄色；复眼近于圆形；触角 19 ~ 21 节；前唇基长于后唇基；上唇前端圆形；前胸背板前缘向内凹，侧缘与后缘连成圆弧形，后缘中央凹入。

【生活习性】属土木两栖型。修筑集中大型蚁巢，存在副巢。蚁巢由土、木屑、白蚁粪便以及唾液黏合而成。巢内有许多重叠的巢片，呈同心圆状或蜂窝状排列。在广西一般于 4 月下旬至 6 月上旬分飞，分飞时间为 19 ~ 21 时。雌雄有翅成虫配对营巢交配，经 5 ~ 13 天开始产卵，1 个月左右孵化，1 年 80 ~ 243 头、2 年 418 ~ 956 头、4 年 5000 头。从分飞配对到形成成熟巢群需要 8 年左右。

【为害特点】有很强的扩散和适应能力，是目前分布最广、为害性最大的白蚁种类之一。

【防治方法】参考大长鼻白蚁。此外，还可使用饵剂法，即在白蚁为害部位使用 0.5% 氟铃脲饵剂或 0.25% 除虫脲饵剂。

A. 兵蚁（周政杰　摄）

B. 为害状（陆温　摄）

台湾乳白蚁

黄胸散白蚁 *Reticulitermes flaviceps* Oshima

【寄主】樟、刺柏、地柏、云片柏、槐、马尾松、柳杉、河柳、雪树、枫杨、悬铃木、茶、桃、栗、泡桐、毛竹、南天竹等。

【分布】中国分布于江苏、浙江、福建、江西、湖北、湖南、广东、广西、海南、台湾。广西各地均有分布。

【形态特征】兵蚁头黄褐色，长方形，被毛较稀，两侧平行；额峰略隆，额间近平；触角16节；上唇矛状，唇端窄圆至尖圆，具端毛、亚端毛和侧短毛；上颚军刀状，颚体较直，右颚端几未弯，左颚端稍弯。

有翅成虫头栗褐色，前胸背板灰黄色，足腿节深黄褐色。头壳圆形而稍长；复眼近圆形，其与头下缘间距约等于复眼短径；单眼近圆形；前胸背板前缘中央凹入甚浅，后缘中央凹入较深。

【生活习性】属土木两栖型。在木材或土壤中蛀蚀或穿筑成孔道，巢群结构分散，蚁巢结构简单，蚁后数量较多，易产生补充型繁殖蚁。在广西分飞季节是2～3月，分飞时间为9时至18时30分，多集中在13～15时，每个巢群一般分飞2～5次，每次15～30分钟。

【为害特点】主要为害树根及树干枯死部位。

【防治方法】参考大长鼻白蚁和台湾乳白蚁。此外，还可使用水剂毒杀法，即用0.1%吡虫啉对为害区域的木构件及周边土壤进行灌液处理。

A.兵蚁（陆温　摄）

B.有翅成虫（贾豹　摄）

C.为害状（周政杰　摄）

黄胸散白蚁

3. 白蚁科 Termitidae

属土栖性白蚁，筑巢于地下或土垅中，为最进化的高等白蚁。兵蚁具囟，前胸背板狭于头部，前缘翘起呈马鞍状，跗节3～4节。有翅成虫左上颚仅具1～2枚缘齿，跗节3～4节。

黑翅土白蚁 *Odontotermes formosanus* Shiraki

【寄主】松、杉、桉、樟、木麻黄、桂花、枫杨、广玉兰、黑荆、阴香、七叶树、合欢、柏木、栎、檫等。

【分布】中国分布于江苏、浙江、安徽、福建、江西、河南、湖北、湖南、广东、广西、海南、重庆、四川、贵州、云南、陕西、甘肃、台湾、香港。广西各地均有分布。

【形态特征】兵蚁头暗黄色，腹部淡黄色至灰白色。头卵圆形；触角 16 ～ 17 节，第二节长约等于第三、第四节之和；上唇舌形，前端窄而无透明小块，两侧呈弧形，沿侧边有 1 列直立的长刚毛，端部约伸达上颚中段，未遮盖颚齿；上颚镰刀形，左上颚齿位于中点前方，齿尖斜朝前，右上颚内缘有 1 枚微齿；前胸前板元宝形。

有翅成虫头背面及胸、腹部背面黑褐色，腹面棕黄色，上唇前半部橙红色，后半部淡橙色，中间有 1 条白色横纹，上唇前缘及侧缘呈白色透明，前胸背板中央有 1 个淡色“+”形斑，其两侧前各有 1 个圆形淡色点，翅黑褐色。全身有密毛；头圆形；复眼、单眼椭圆形，单眼和复眼间距约等于单眼本身的直径；触角 19 节，第二节长于第三节、第四节或第五节。

A. 蚁王和蚁后　B. 工蚁和兵蚁

C. 有翅成虫　D. 为害桉树

黑翅土白蚁（贾豹　陆温　摄）

【生活习性】属土栖型，筑巢于地下，成熟蚁巢除主巢外，还存在卫星巢。有翅雌雄虫脱翅、配对后在附近泥土内筑巢，10 ～ 25 分钟即可筑成小腔室，6 ～ 8 天开始产卵，每天产 30 ～ 40 粒。有翅成虫从分飞配对到成熟估计需要 6 ～ 7 年。幼龄蚁巢主巢离地面较近，随着巢群发展壮大主巢逐步转入地下数米处。

【为害特点】取食树表皮或树干部位；从地面修筑蚁路取食时，取食部位泥被呈片状。

【防治方法】化学防治。可用 0.004% 氟虫腈诱饵条诱杀。

土垅大白蚁 *Macrotermes annandalei* Silvestri

【寄主】松、杉、桉、枫香、木麻黄、栗等。

【分布】中国分布于广西、云南。广西分布于南宁（武鸣）、隆安、大新、扶绥、龙州、平果、田东、巴马。

【形态特征】兵蚁二型。大兵蚁头背及腹面皆暗红棕色，胸及腹棕褐色，上颚基部与头同色，其余部分黑色；头长梯形，前窄后宽；囟细小约位于头背部的中点；触角 17 节；上唇舌形，尖端有白色半透明的三角块；上颚粗壮，左上颚中点以后有数个浅缺刻及 1 个较深的缺刻。小兵蚁体形显著小于大兵蚁，体色相似；头形略显窄长，后缘近平直，侧缘略弯曲；囟在头顶的中央；触角 17 节，第三节长于第二节及第四节；上唇窄长，尖端有半透明的三角块；上颚窄长弯曲。

A. 蚁巢　　B. 蚁王和蚁后　　C. 大兵蚁、小兵蚁和工蚁

土垅大白蚁（陆温　贾豹　摄）

有翅成虫前胸背板前中部位具淡色“+”形，其两侧前方有圆形或肾形的淡色斑，翅黄色。头宽卵形，在囟的前方有 1 个龙骨状的纵形隆起；复眼长圆形；触角 19 节，第三节略长于第二节，第二节与第五节等长；前胸背板前缘略凹向后方，后缘窄，中央凹入。

【生活习性】属土栖型，修筑集中大型蚁巢。

【为害特点】可在地面露天列队取食，主要为害树木表皮及树干枯死部位。

【防治方法】物理防治。①灯光诱杀：在 4～6 月白蚁分飞季，用灯光诱杀有翅成虫。②挖巢灭蚁：根据突出地面的蚁巢结构或分飞孔群，寻找土垅大白蚁的主巢，进行挖巢灭治。

化学防治。参考台湾乳白蚁等防治方法。此外，可用灭蚁灵毒饵诱杀，或用 3% 杀螟丹粉剂根施受害林木。

生物防治。可通过保护种利用自然天敌控制其种群数量，如利用西里银鳞蛛 *Leucauge celebesiana*（Walckenaer）捕食分飞时的土垅大白蚁有翅成虫。

黄翅大白蚁 *Macrotermes barneyi* Light

【寄主】松、杉、桉、桂花、龙眼、油橄榄、油桐、泡桐、枫杨、栎、栗、樟、刺槐、檫、榆和茶等。

【分布】中国广泛分布于南方地区。广西各地均有分布。

【形态特征】兵蚁二型。大兵蚁头深黄色，腹面颜色较淡，触角窝的后下方有淡色的眼点，上颚

A. 大兵蚁　　B. 小兵蚁　　C. 为害板栗

黄翅大白蚁（陆温　贾豹　摄）

黑色。头长方形；囟很小，位于头中点的附近；触角 17 节，第三节长于或等于第二节；上唇舌状，端部具透明三角块；上颚镰刀形；胸、足形态与土垅大白蚁相同。小兵蚁体色较大兵蚁略浅。体形显著小于大兵蚁；头卵形，侧缘较大兵蚁更弯曲，后侧角圆形；触角 17 节，第二节长于或等于第三节；上颚与头的比例较大兵蚁显得更细长而直。

有翅成虫颜色和形态与土垅大白蚁极相似，但头和前胸背板较短窄。

【生活习性】属土栖型，修筑集中大型蚁巢。分飞季节为 4 ～ 6 月，分飞时间集中在凌晨 5 时左右，成熟巢群，1 年分飞 3 ～ 6 次。

【为害特点】从地面修筑蚁路为害树木表皮及树干枯死部分，或在果树嫁接受伤部位取食为害。

【防治方法】参考同土垅大白蚁。挖巢灭蚁时根据蚁路、凹形分飞孔群，寻找黄翅大白蚁的主巢，进行挖巢处理。

小头钩白蚁 *Ancistrotermes dimorphus* Tsai et Chen

【寄主】桉、雪桐、白背桐、千年桐、厚皮楠、栗、杉、榕、樟、龙眼、橄榄、竹等。

【分布】中国分布于广西和云南。广西分布于隆安、大新、扶绥、宁明、龙州、凭祥。

【形态特征】兵蚁二型。大兵蚁头黄色；触角多 15 节，极少 16 节，第二节短于第三节和第四节之和，第三节略短于第四节；上颚前端内弯，两上颚基部各具 1 枚基齿，右上颚基齿前方具 1 个微小齿粒；前胸背板前部略隆起，前后缘中央内凹。小兵蚁体色、头色同大兵蚁，腹部灰白色不透明；全身覆以分散短毛；各部形态似大兵蚁。

有翅成虫头后部深黄褐色，杂以浅色小斑，翅褐黄色。全身密被短毛；头近圆形；复眼突出，甚大；触角 18 节，第三、第四节最短，第五、第六节短于第二节；前胸背板前宽后窄，前后缘中央凹入。

【生活习性】属土栖型。可以单独筑巢，也可以筑巢在土垅大白蚁、黄翅大白蚁和黑翅土白蚁等蚁巢附近或核心区域。

【为害特点】从地面修筑蚁路上树为害，或携泥在树心、蔗茎内取食为害。

【防治方法】参考土垅大白蚁。此外，还可使用含有 5000 mg/kg 氟铃脲和 100 mg/kg 虫满腈的饵剂诱杀。

A. 蚁后（大）、蚁王（中）和工蚁（小）

B. 兵蚁

C. 为害栗

小头钩白蚁（贾豹　摄）

二

螳螂目 Mentodea

通称螳螂，渐变态类昆虫，个体发育经历卵、若虫和成虫3个虫态。全世界约有2200种，中国有112种。肉食性，具“雌食雄”的习性；前足为捕捉足，多具拟态特性，是生态系统中的重要捕食性天敌。其卵鞘称为螵蛸，蒸晒或烘干后可入药，是重要的药用资源昆虫。

（谢永坚）

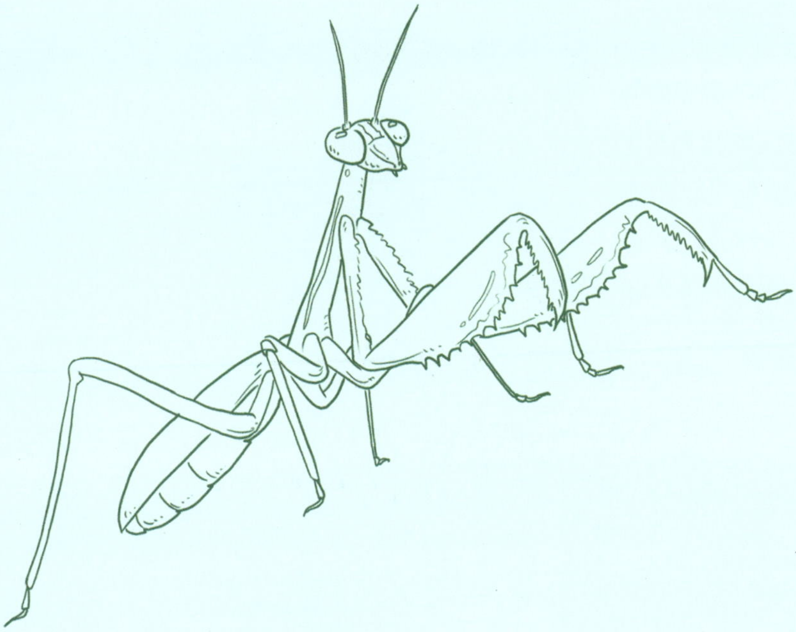

4. 花螳科 Hymenopodidae

主要分布于热带、亚热带地区，体形较小，色彩艳丽，全世界已记录 4 亚科 940 种，中国已记录 4 亚科 40 多种。为农林害虫重要的天敌昆虫类群之一。花螳科螳螂大多拥有鲜艳的色彩，善于伪装成花朵伏击猎物。

丽眼斑螳 *Creobroter gemmatus* (Stoll)

【捕食对象】鳞翅目、半翅目、膜翅目等多种害虫幼虫或成虫及小型动物。

【分布】中国分布于江西、福建、四川、重庆、海南、广东和广西。广西各地均有分布。

【形态特征】成虫体长 30 ~ 50 mm，黄绿色或草绿色，整个额和头顶凹陷，单眼后方具锥状突起或缺。复眼锥状，雌性触角丝状，雄性触角念珠状。额盾片横行，具 2 条隆起线，两侧各具 1 条纵沟。前胸背板近椭圆形两侧具三叶状扩展，沟前区与沟后区略等长。雌性前翅前缘近基部处有 1 个黄白色斑点，中室处有 1 个边缘黑色、内部土黄色且具 1 大 1 小 2 个黑点的大眼斑；雄性前翅前缘近基部无黄白色斑点；翅中室处眼斑内的短黑线不明显。前足腿节扩展，上缘较直或微弯曲，具 4 枚中刺，4 枚外列刺；爪沟近基部；中、后足腿节端部的外侧下缘具叶状突起。

卵鞘呈细长条状。

若虫除翅和性器官未发育完全外，其余特征同成虫。

【生活习性】华南地区 1 年发生 1 代，以卵在卵鞘内越冬。4 月上旬越冬卵开始孵化；6 月中下旬为成虫羽化高峰期和交配高峰期，交配多在下午进行，交配过程中有“雌食雄”现象；7 月上、中旬为成虫产卵高峰期。成虫飞行能力强。雌虫常将卵鞘产于树枝或树干上。

丽眼斑螳成虫（任向明　摄）

5. 螳科 Mantidae

中型至大型昆虫，头部倒三角形，复眼大而明亮，前胸细长，体黄褐色、灰褐色或绿色，腿节和胫节有钩状刺，前翅皮质，后翅膜质。螳科有 2000 多种，多分布于热带亚热带地区。

广斧螳 *Hierodula patellifera* (Serville)

【捕食对象】以若虫、成虫捕食蚜虫、叶蝉及鳞翅目幼虫等。

【分布】中国分布于北京、河北、山东、浙江、江苏、上海、四川、贵州、福建、广东、海南和广西。广西分布于南宁、来宾、荔浦、横州、武宣、博白。

【形态特征】雌成虫体长 57 ～ 63 mm，雄成虫体长 51 ～ 56 mm，绿色或紫褐色。头部三角形，复眼卵形，大而突出，颜色比头部略深。单眼 3 个，三角形排列。触角线状，柄节最粗，梗节次之，鞭节细长，与前胸背板略等长。前胸背板长菱形，其侧缘具细钝齿，前端 1/3 部分的中央有凹槽，后端 2/3 部分的中央具细小的纵隆线，雄虫的纵隆线不明显。前胸背板基部具 2 条褐色条横带；中、后胸背板略等长，其中央部分也各具纵隆线，后胸纵隆线比中胸的稍宽广。前足腿节粗，略短于前胸背板，内缘具甚长的小刺，刺多呈黑褐色；中、后腿节均具端刺。前翅淡绿色或淡褐色，各有 1 个白点，前缘区宽大，深绿色；后翅与前翅等长，翅端绿色，腹部粗大。雄虫第九腹板两侧及尾端具黑色细小短齿，同时着生尖短腹刺 1 对。

卵鞘长圆形，深棕色，前后端大小几乎相等，孵化区浅棕色，稍突出。卵鞘结构紧密坚硬，外层空室小，左右各有卵室 8 ～ 19 层，卵黄色，长 3.8 mm，宽 1.0 mm。

【生活习性】1 年发生 1 代，以卵越冬，翌年 6 月上旬开始孵化，8 月上旬开始羽化，9 月下旬开始产卵。成虫羽化 10 天左右开始交配，成虫可多次交配，交配时有“雌食雄”现象。交配后 10 天左右开始产卵于树干及石块上，每雌虫一生可产卵鞘 1 ～ 2 个。卵通常在 14 ～ 15 时孵化。若虫孵化后，可爬行或借风力扩散，若虫 7 ～ 8 龄。

广斧螳成虫（任向明　摄）

小刀螳 *Statilia maculata* (Thunberg)

【捕食对象】鳞翅目、直翅目等多种昆虫的幼虫和成虫等。

【分布】中国分布于广东、广西、海南、四川、云南、西藏、陕西、甘肃、台湾。广西各地均有分布。

【形态特征】雌成虫体长 47 ~ 51 mm，雄成虫体长 39 ~ 55 mm，体棕褐色。前胸背板较窄，与前足腿节等长；前翅前缘脉上的浅色斑较小而不醒目；前足基节及腿节内侧均具黑斑，前足腿节内侧爪钩处具白斑，白斑前具窄黑带，白斑后具宽黑带；前胸腹板在前基部之后有 1 条黑色横带。复眼突出，单眼 3 个，排成三角形。触角丝状，咀嚼式口器，上颚发达。

小刀螳成虫（郑霞林 摄）

卵鞘细长，多见于阴面的石板后、墙角等处。

若虫通常绿色或褐色，少有白斑。

【生活习性】以卵鞘越冬，翌年 5 月下旬开始孵化。成虫于 7 月下旬始现，8 月上旬为羽化盛期，9 月上旬全部羽化为成虫。8 月下旬成虫开始交配，9 月上中旬雌虫开始产卵。9 月下旬成虫开始死亡，到 10 月下旬，在野外还可见到活动迟缓的成虫。刚孵化的若虫体湿润，附肢贴在腹面，经 1 ~ 3 分钟展开，即可四处爬行或借风力扩散。

枯叶大刀螳 *Tenodera aridifolia* (Stoll)

【捕食对象】松毛虫、舟蛾、叶蜂幼虫及直翅目、双翅目昆虫。

【分布】中国分布于辽宁、北京、江苏、浙江、安徽、湖南、广东、广西、云南、台湾。广西各地均有分布。

【形态特征】成虫体长 70 ~ 100 mm，褐色或绿色。头部三角形，触角短。前胸背板大而长，两侧缘水平部分窄小，具明显的齿列，但雄虫前胸背板后半部分的侧缘齿列不明显，中央纵隆线上有许多微小的颗粒。前翅膜质，略超出腹部末端，前缘室绿色，具不规则的横脉；后翅在腹部末端稍长于前翅，基部有黑色大斑纹。雄性亚生殖板呈三角形，并逐渐向尾端变细，尾须较细小。

卵鞘圆柱形，孵化区平坦，卵鞘外层厚，空室多，卵室排列呈圆形；卵黄色。

枯叶大刀螳成虫（任向明 摄）

【生活习性】1 年发生 1 代，以卵鞘在树枝、灌木、枝条、篱笆和墙壁等处越冬，5 月下旬至 6 月上旬若虫孵化，8 月上旬出现成虫，9 月上旬产卵。成虫羽化后约经半个月开始交配。从 2 龄若虫始，具自相残杀习性。一般在早晚活动取食。喜阴怕热，夏天中午常栖息在树冠阴凉处或杂草丛中。秋季气温降低时，早晚多栖息在向阳的树叶上。

中华大刀螳 *Tenodera sinensis* (Saussure)

【捕食对象】鳞翅目、鞘翅目、半翅目等昆虫。

【分布】中国分布于海南、广东、广西、台湾、福建、浙江、江苏、安徽、山东、河南、河北、北京、甘肃、辽宁、湖南、陕西、云南、贵州、四川。广西各地均有分布。

【形态特征】成虫体暗褐色或绿色，雌成虫体长 74 ～ 120 mm，雄成虫体长 68 ～ 94 mm。头三角形，复眼大而突出。前胸背板前端略宽，前端两侧具有明显的齿列，后端齿列不明显；前半部中纵沟两侧排列有许多小颗粒，后半部中隆起线两侧的小颗粒不明显。前翅前缘区较宽，草绿色或褐色，革质。后翅略超过前翅的末端，黑褐色，前缘区紫红色，全翅布有透明斑纹。足细长，前足基节长度超过前胸背板后半部的 2/3，基节下部外缘有 16 枚以上的短齿列，前足腿节下部外线有 4 枚刺，等长；下部内线有 15 ～ 17 枚刺，中央有 4 枚刺，其中以第三枚最长。

A. 雄虫

B. 若虫

中华大刀螳（任向明　摄）

卵鞘楔形，沙土色至暗沙土色，长 14 ～ 30 mm，宽 13 ～ 18 mm，由许多卵室组成；卵粒金黄色，长椭圆形，一端稍宽。

若虫与成虫相似，无翅，5 ～ 6 龄翅芽开始发育。1 龄若虫体长 8 ～ 12 mm，2 龄若虫体长 13 ～ 15 mm，3 龄若虫体长 16 ～ 20 mm，4 龄若虫体长 21 ～ 26 mm，5 龄若虫体长 31 ～ 36 mm，6 龄若虫体长 41 ～ 56 mm，7 龄若虫体长 54 ～ 73 mm。

【生活习性】1 年发生 1 代，以卵鞘贴附在树枝、灌木、篱笆和墙壁等处越冬。成虫于 8 月中下旬出现，9 月上旬雌虫开始产卵，9 月中旬为产卵盛期，9 月下旬以后成虫陆续死亡。成虫羽化 10 天左右开始交配，交配时长 3 ～ 4 小时，雌雄虫均可多次交配。交配时常发生雌虫袭击或吃掉雄虫头部的现象。交配后 7 ～ 23 天开始产卵，产卵后又再捕食，再交配，经过 13 ～ 18 天再产第二块卵鞘。每雌虫一生可产 1 ～ 2 个卵鞘，每个卵鞘有 195 ～ 437 粒卵。若虫多在 8 ～ 9 时孵化，出鞘时借助第十腹节腹板的吐丝突吐出细丝，连接腹部末端虫体下垂。孵化 2 ～ 3 分钟后，附肢伸展，即向四周爬动，寻找猎物。成虫、若虫均有互相残杀习性，成虫和若虫均有一定的耐饥力。

三 直翅目 Orthoptera

渐变态类昆虫，个体发育经历卵、若虫（蛹）和成虫3个虫态。多为中、大体型昆虫。咀嚼式口器，前翅革质，后翅膜质。前足为开掘足或后足为跳跃足。常具明显的性二型现象。全世界有28000多种，中国约有3000种。本目昆虫多数为植食性，少数为肉食性。陆栖，一般生活在地面上。多数白天活动，尤其蝗总科，日出以后即活动于杂草之间。生活于地下的种类（如蝼蛄）在夜间到地面上活动。直翅目很多种类是农林业的重要害虫，如东亚飞蝗严重为害农作物，可形成蝗灾；黄脊竹蝗为害竹林，严重时可导致毛竹林竹叶被食光，影响竹笋和竹材的产量和质量。蟋蟀是重要的观赏昆虫。

（邓维安）

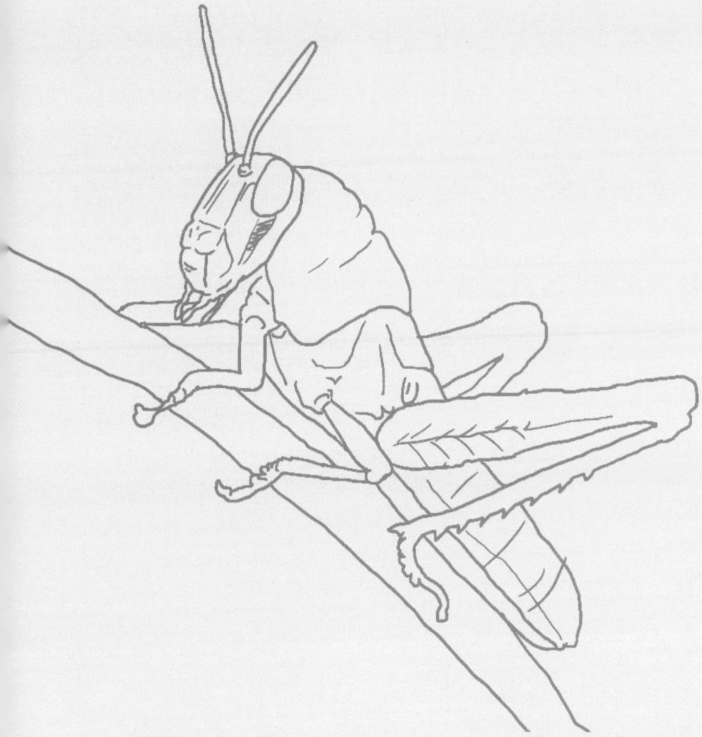

6. 斑腿蝗科 Catantopidae

触角丝状，前胸腹板突，圆锥形、圆柱形、三角形或横片状；后足股节外侧具羽状隆线。全世界有 760 多属 3500 种，中国有 17 亚科 109 属约 500 种。为农林植物重要的食叶害虫。

中华越北蝗 *Tonkinacris sinensis* Chang

【寄主】桉、夹竹桃、泡桐、桑、红豆杉、毛竹、胡桃。

【分布】中国分布于湖南、广西、四川、贵州、云南。广西各地均有分布。

【形态特征】成虫体长 25 ～ 40 mm，体黄褐色或黄绿色，或背面褐绿色。前翅黄绿色，在中部具黑色纵条纹。后足股节淡黄绿色，上具 2 个明显的黑斑；后足胫节深蓝色。触角丝状，细长，到达后足股节基部；前翅短缩，到达第三（雌）或第四（雄）腹节背板，翅顶狭圆。

卵长椭圆形，两端稍细。

蝗蝻除翅和性器官未发育完全外，其余特征同成虫。

中华越北蝗成虫（邓维安　摄）

【生活习性】1 年发生 1 代，以卵在土壤中越冬，卵于翌年 4 月中旬孵化，蝗蝻 6 月中旬羽化，羽化的成虫于 7 月上中旬交配，雌虫于 8 月上中旬产卵，然后死亡。成虫无飞行能力，但跳跃能力极强。喜栖于山冲沟，溪涧两旁阴湿的灌丛、藤本植物处，或低山山麓的灌草丛间，食性较杂。

【为害特点】成虫一般在寄主上生活 60 ～ 70 天，植株受害后，生长缓慢，严重影响生长和开花结果，以致失去观赏价值，因此是园林植物的重要害虫之一。

【防治方法】中华越北蝗 1 ～ 2 龄的若虫有较强的群聚性，在群聚时活动能力较弱，是化学防治的最佳时机，可用 3% 吡虫啉粉剂 1500 ～ 2000 倍稀释液喷杀，或用其他无公害药物防治。

短角外斑腿蝗 *Xenocatantops brachycerus* Willemse

【寄主】马尾松、桉、栗、杧果、银杏、胡桃、木荷、粉单竹、麻竹。

【分布】中国分布于河北、陕西、甘肃、湖北、湖南、江西、江苏、浙江、安徽、福建、广东、广西、海南、四川、贵州、云南、台湾。广西各地均有分布。

【形态特征】成虫体长 17 ～ 30 mm，体褐色，后胸背板侧片具黄色纵条纹，后足股节外侧黄色，具 2 个黑色横斑纹，后足胫节红色。触角丝状，较短粗，刚到达或略超出前胸背板的后缘；前胸腹板突钝锥形，顶端宽圆，微向后倾斜。

卵长圆筒形，端部钝圆。

蝗蝻除翅和性器官未发育完全外，其余特征同成虫。

【生活习性】1 年发生 1 代，以成虫越冬。蝗蝻出现在 6 月下旬，9 月中旬和下旬为成虫羽化盛期。成虫飞行能力强，常见于山区和丘陵地带。

【为害特点】食叶害虫，主要为害粮食作物和经济作物等。

【防治方法】营林防治。在春、秋两季，把林中杂草铲除，松土把卵块暴露在地面晒干或冻死。

短角外斑腿蝗成虫（任向明　摄）

物理防治。人工捕杀卵、蝗蝻、成虫。

生物防治。自然条件下，短角外斑腿蝗的天敌主要有鸟类、蟾蜍、蜘蛛、螳螂、步甲、虎甲等，应加以保护和利用。

化学防治。幼虫盛孵期可用 10% 吡虫啉 4000 倍稀释液、5% 锐劲特悬浮剂 2000 倍稀释液或 10% 氯氰菊酯乳油稀释液喷雾，傍晚喷雾为佳。

大斑外斑腿蝗 *Xenocatantops humilis* Serv.

【寄主】桉、木荷、八角、苹婆、柠檬、桦。

【分布】中国分布于广西、海南、云南、西藏、台湾。广西分布于宾阳（露圩）、横州（百合）、桂林（叠彩）、阳朔、防城港（那梭）、平果（新安、海城、同老、濑江林场）、隆林（新州）、象州、龙州、天等（龙茗）。

【形态特征】成虫体长 19 ～ 33 mm，体褐色，前胸背板背面观两侧具明显的淡黄色纵条纹，后胸背板侧片具黄色纵条纹，后足股节外侧黄色，具 2 个黑色横斑纹，后足胫节红色。触角丝状，细长，超出前胸背板的后缘；前胸腹板突钝锥形，顶端宽圆。

卵长圆筒形，端部钝圆。

蝗蝻除翅和性器官未发育完全外，其余特征同成虫。

【生活习性】1 年发生 1 代，以成虫越冬。虫蝻出现在 6 月下旬，9 月中旬和下旬为成虫羽化盛期。成虫飞行能力强，常见于低海拔山区，栖身草叶，栖息量很少。

大斑外斑腿蝗成虫（任向明　摄）

【防治方法】参考短角外斑腿蝗。

7. 网翅蝗科 Arcypteridae

体小型至中型，头部多圆锥形，头顶前端中央缺颜顶角沟。颜面向后倾斜，侧观颜面与头顶呈锐角。触角丝状。前胸背板中隆线低，侧隆线发达或不发达。前胸腹板在前足基部之间通常不隆起，有时呈较小的突出。前、后翅发达、短缩或有时全消失。后翅通常本色透明，有时也呈暗褐色，但一般无彩色条纹。后足股节上基片长于下基片，外侧具羽状纹，股节内侧下隆线常具发音齿或不具发音齿。后足胫节缺外端刺。腹部第一节背板两侧通常具发达的鼓膜器，但有时也不明显，甚至消失。腹部第二节背板两侧无摩擦板。阳具基背片桥形。中国有 47 属 223 种，全国各地均有分布，部分种类为重要的农林业害虫。

黄脊竹蝗 *Ceracris kiangsu* Tsai

【寄主】毛竹、水竹、刚竹等。

【分布】中国主要竹产区均有分布。广西分布于隆安、融水、融安、三江、桂林（临桂）、龙胜、荔浦、阳朔、兴安、全州、灵川、永福、资源、贵港（覃塘）、陆川、昭平、田东、隆林、百色（右江）、平果、乐业。

【形态特征】成虫体中型，草绿色，头尖，由头顶至前胸背板中央有 1 条黄色纵纹，触角丝状，黑色，末端淡黄色。后足腿节粗大，黄色，端部有 1 个黑斑，两侧有“人”字形沟纹。

卵长椭圆形，稍弯曲，壳上有网状纹，卵块圆筒形，顶端有黑色卵块盖。

A. 成虫

B. 卵

C. 若虫

D. 为害状

黄脊竹蝗（郑霞林　杨忠武　摄）

若虫共 5 龄，体色随龄期不同而各异，3 龄后以黑黄色为主，形似成虫，但无翅或仅有翅芽。

【生活习性】1 年发生 1 代，以卵块在土中越冬，5 月上旬孵化，1 龄若虫盛期为 5 月中旬，2 龄若虫盛期为 5 月下旬，3 龄若虫盛期为 6 月上旬，4 龄若虫盛期为 6 月中旬，5 龄若虫盛期为 6 月下旬，成虫于 7 月开始羽化。初孵若虫多群集在小竹及杂草上为害，3 龄以后上大竹，若虫有群集性，成虫和若虫均有食尿臭咸味物的嗜好。

成虫取食 20 天左右性成熟，交配后不再迁移，选择向阳山腰或山谷间的茂密竹林附近群集产卵，产卵后即在附近死亡，遍地皆是虫尸。高温干旱的年份适宜蝗卵孵化，气温较高时，竹蝗取食量增大，生长发育迅速。

【为害特点】成虫和若虫取食竹叶及嫩梢，时受害竹林形如火烧。新竹被害易枯死，壮竹被害发新笋少；被害竹竿内往往积水，竹纤维遭破坏，不能利用。全国各地有分布，在广西桂北、桂中常严重成灾。

【防治方法】物理防治。在小满前或结合竹林冬耕松土挖除卵块。

化学防治。在若虫出土 10 天内，早晨露水未干前，可喷施 25% 灭幼脲 3 号悬浮剂 1000 ～ 1500 倍稀释液，20% 除虫脲、5% 吡虫啉可湿性粉剂 1500 ～ 2000 倍稀释液，0.5 亿个活芽孢 /mL 苏云金杆菌液，1 亿个活芽孢 /mL 青虫菌乳剂，或竹腔注射吡虫啉、阿维菌素油剂等防治；也可用混有药物的尿液装入竹槽，放到虫源地林间诱杀成虫；如果大部分若虫已上大竹，则可选用烟剂熏杀。

（张少军）

青脊竹蝗 *Ceracris nigricornis nigricornis* Walker

【寄主】刚竹、毛竹、淡竹等。

【分布】中国分布于浙江、福建、湖南、广东、广西、四川。广西竹区均有分布。

【形态特征】成虫翠绿色或暗绿色，雌成虫体长 26 ～ 30 mm，雄虫 18 ～ 20 mm。颜面倾斜与头顶成锐角形，由额顶至前胸背板以及延伸至两前翅的前缘中域均为翠绿色，而两侧由复眼后方直至胸侧为 1 条黑褐色纵带。触角细长，端部白色或淡色。后足腿节淡褐色，末端黑色。腹部背面紫黑色，腹面黄色。

卵淡黄褐色，长椭圆形。卵囊圆筒形，卵粒在卵囊中斜状排列，卵粒间有海绵状胶质物粘着。

若虫刚孵化时黄白色与黄褐色相间，胸腹背面黄白色，无黑色斑点。头顶尖锐，额顶三角形突出，触角黄褐色，直而向上，2 龄翅芽明显。

【生活习性】1 年发生 1 代，以卵越冬，越冬卵于 4 月下旬开始孵化，5 月中旬至 6 月中旬为孵化盛期，6 月下旬为孵化末期，成虫于 7 月中旬开始羽化，7 月下旬为羽化盛期，8 月上旬为羽化末期。8 月下旬开始交配，9 月上、中旬为交配盛期，10 月上旬为交配末期。10 月上旬开始产卵，10 月中旬至 11 月上旬为产卵盛期，11 月下旬为

青脊竹蝗成虫（杨忠武　摄）

产卵末期。

青脊竹蝗多栖息于林缘杂草或道路两旁的禾本科植物上，喜光，很少栖息于竹林阴湿处，雌虫交配后经 15 ～ 25 天产卵，多产于土壤松实适宜、坡度较小且地势平坦的向阳山腰、斜坡空地或道路两旁以及荒圃地上，产卵深度 3 cm 左右。

【为害特点】以若虫、成虫取食叶片，严重时将叶片吃光，竹林呈火烧状，被害新竹常枯死。

【防治方法】营林防治。合理砍伐，保持适当密度，提高植株抗病力；产卵高峰期及时中耕翻土。

生物防治。对竹林中取食蝗卵、若虫和成虫的天敌，要注意保护。

化学防治。参考黄脊竹蝗。

（张少军）

8. 蝼蛄科 Gryllotalpidae

体小型至大型，褐色，多毛。触角短于身体。前足为开掘足，端部具 2 枚或 4 枚端距，胫节听器退化，裂缝状；后足为跳跃足，但不发达。前翅短，后翅长或退化，长时尾状。尾须长，产卵器退化，雌雄仅可通过翅脉特征辨别。该类群喜在土中蛀道，杂食性。全世界有 2 亚科 8 属 117 种，中国有 11 种。

东方蝼蛄 *Gryllotalpa orientalis* Burmeister

【寄主】多种苗木根系。

【分布】中国广泛分布。广西各地均有分布。

【形态特征】体中型，成虫体长 3 ～ 4 cm ；前翅长于 1 cm，后翅发达；前足股节腹外侧完整，不具缺刻；后足胫节具 3 ～ 4 枚内背距。

【生活习性】在 2 月上旬气温开始转暖时恢复活动；随着气温的继续升高，蝼蛄向地表移动，3 月中旬到达地表为害；6 月下旬至 8 月下旬，天气炎热时蝼蛄转入地下活动，交配产卵；9 月气温下降，蝼蛄再次上升到地表为害；10 月中下旬天气转凉，钻入深层土中越冬。

【为害特点】蝼蛄食性很杂，以成虫、若虫食害果树、林木、大田作物幼苗的根部和靠近地面的幼茎，被害部呈不整齐的丝状残缺，致使幼苗枯死，并食害刚播下的种子。同时成虫、若虫常在表土层活动，钻成很多纵横交错的隧道，使幼苗的根与土壤脱离，吸收不到水分和养分，经日光暴晒，枯萎而死，造成严重的缺苗现象。

【防治方法】营林防治。通过翻耕将蝼蛄暴露于地表，使其被天敌取食；条件允许时，在春季和夏季应加大灌水次数和灌水量，迫使蝼蛄下潜淹死或外出逃逸，以减轻为害。蝼蛄喜欢在秸秆和牲畜粪堆沤的肥料中产卵，因此要施

东方蝼蛄成虫（邓维安　摄）

用经过高温腐熟的有机肥，从而切断蝼蛄的传播途径。

物理防治。利用蝼蛄很强的趋光性，于成虫盛发期放置诱虫灯诱杀。可在 5 ～ 6 月进行。

化学防治。①土壤处理。整地前用 5% 辛硫磷颗粒均匀撒施地面，随即翻耙使药剂均匀分散于耕作层，既能触杀地下害虫，又能兼治其他潜伏在土中的害虫。②喷药防治。对若虫进行喷雾防治，最好于低龄期进行，药剂应选择高效、低毒、对环境友好的种类，同时避免单一药剂的长期使用，以延缓害虫的抗药性。于成虫盛发期，喷施 25% 敌杀死乳油 1000 倍稀释液、40.7% 乐斯本乳油 1000 倍稀释液，对蝼蛄有明显的防治效果。③诱杀。毒饵诱杀：将 1 kg 麦麸（豆饼）炒香后放入桶内，然后用温水溶化 100 g 晶体敌百虫并倒入桶内，再加 100 g 红糖，闷 3 ～ 5 分钟，制成毒饵，于傍晚将毒饵分成若干小份，撒入草坪的沟行间，翌日清晨收捕蝼蛄，集中处理。马粪诱杀：在草坪斑秃处，挖 30 ～ 60 cm 见方的土坑，内放喷有少许敌百虫粉的马粪，可诱杀蝼蛄。

9. 锥头蝗科 Pyrgomorphidae

体呈纺锤形，触角剑状，颜面极向后倾斜，后足股节外侧不具羽状纹而具不规则的短棒状隆线或颗粒状突起。全世界有 149 属约 500 种，中国有 2 属 16 种。为农林业重要的食叶害虫之一。

短额负蝗 *Atractomorpha sinensis* Bolívar

【寄主】桉、大叶栎、米老排、蝴蝶果、木荷。

【分布】中国广泛分布。广西分布于横州（百合）、梧州、罗城（怀群）、武宣、博白林场（三滩）。

【形态特征】成虫体长 20 ～ 30 mm，体绿色或枯草色，后翅基部红色。触角剑状，头顶较短，长度等于或略长于复眼纵径；前胸背板侧片后缘具有膜状区；前翅长度超过后足股节顶端部分的长度为翅长的 1/3。

卵长圆筒形，端部钝圆，卵块外被褐色网状丝囊。

若虫除翅和性器官未发育完全外，其余特征同成虫。

【生活习性】在广西 1 年发生 2 代，以卵块在土中越冬。6 月上旬越冬卵大量孵化，7 月中下旬是第一代成虫羽化高峰期。7 月中旬末至 8 月上旬为产卵盛期，第一代成虫在 8 月下旬大量死亡。8 月上、中旬是第二代若虫孵化盛期。9 月中下旬，第二代成虫大量羽化，于 10 月中下旬产卵越冬，在 11 月下旬开始死亡。成虫飞行能力不强，喜栖于地被多、湿度大、双子叶植物茂密的环境，在灌渠两侧发生多。

短额负蝗成虫（邓维安　摄）

【为害特点】食叶害虫，主要为害多种粮食作物、经济作物和蔬菜，但尚未发现对作物产量造成影响。

【防治方法】营林防治。根据短额负蝗产卵多集中在田埂、渠堰两侧的特点，应在春、秋两季蝗蝻较为集中的时期，把田埂和地边 5 cm 以上的土及杂草铲除，把卵块暴露在地面晒干或冻死；或者重新加厚地埂，增加覆土厚度，使卵孵化后的蝗蝻钻不出地面而致死。

物理防治。人工捕杀卵、蝗蝻、成虫。

生物防治。自然条件下，短额负蝗的天敌主要有麻雀、青蛙和大寄生蝇，应加以保护和利用。

化学防治。每亩喷敌马粉剂 1.5 ～ 2 kg，或用 15 ml 20% 速灭杀丁兑水 400 kg 喷雾，防治效果可达 85% 以上，可以控制其为害。

10. 剑角蝗科 Acrididae

体大多侧扁，头部侧观为锥形，触角剑状，颜面极向后倾斜，后足股节外侧中区具羽状纹。全世界有 25 亚科约 1500 种，中国有 32 属 140 种。为农林植物重要的食叶害虫之一。

短翅佛蝗 *Phlaeoba angustidorsis* Bolívar

【寄主】桉、毛竹、杉。

【分布】中国分布于江苏、浙江、福建、江西、湖南、广东、广西、海南、四川、贵州、云南。广西各地均有分布。

【形态特征】成虫体长 20 ～ 30 mm，体黄褐或暗褐色，触角端部灰白色，前胸背板侧隆线外侧具黑色纵带；后翅透明，顶端烟色；后足胫节暗褐色或淡绿褐色。触角剑状，较长，到达后足股节的基部。前翅较短，其顶端仅到达或刚超过后足股节的中部，但距后足股节的顶端甚远。雄性下生殖板顶端较尖锐。

短翅佛蝗成虫（邓维安　摄）

卵长圆筒形，端部钝圆，卵块外被褐色网状丝囊。

若虫除翅和性器官未发育完全外，其余特征同成虫。

【生活习性】在广西 1 年发生 1 代，以卵在土中卵囊内越冬。5 月上旬越冬卵大量孵化，7 月中下旬是成虫羽化高峰期。8 月下旬开始产卵，10 底开始死亡。成虫飞行能力不强，喜栖于竹林茂密的环境。

【为害特点】食竹叶的害虫，为散生蝗，虫口密度大时可以聚集，且取食量大，造成重大损失。

【防治方法】营林防治。在春、秋两季，把林中杂草铲除，松土把卵块暴露在地面晒干或冻死。

物理防治。人工捕杀卵、若虫、成虫。

生物防治。自然条件下，短翅佛蝗的天敌主要有鸟类、蟾蜍、蜘蛛、螳螂、蛉类、步甲、虎甲、食虫蝇及蚂蚁等，应加以保护和利用。

化学防治。若虫孵化盛期可喷洒 10% 大功臣 4000 倍稀释液或 5% 锐劲特悬浮剂 2000 倍稀释液，以傍晚喷洒为佳。

11. 螽斯科 Tettigoniidae

体扁或圆柱形，触角一般长于身体。翅发达、不发达或退化。雄性具翅个体在前翅上具有发音区，通过左右前翅摩擦而发音。前足胫节基部左、右两侧听器开放式或闭合式。后足股节发达，跗节 4 节。产卵器剑状或镰刀状。世界已知有 5142 属 28691 种，中国有 800 多种。植食性种类多对农林牧业造成不同程度的为害。

纺织娘 *Mecopoda elongata* L.

【寄主】桉、胡桃、杨、八角。

【分布】中国分布于江苏、浙江、福建、山东、广东、广西、四川。广西各地均有分布。

【形态特征】成虫体长 31 ～ 40 mm。头顶宽，为触角第一节宽的 2 倍。前翅狭长，远超过后足股节末端，翅顶斜截。雄性前翅的发声区约占前翅长的 1/3。雄性尾须为粗短的锥形，末端内曲，2 齿状，端齿较粗壮。下生殖板狭长，端部裂为 2 叶，生 1 对腹突。雌性下生殖板近六边形，后缘中部微凹。

卵长卵圆形，端部钝圆。

若虫除翅和性器官未发育完全外，其余特征同成虫。

【生活习性】在广西 1 年发生 1 代，产卵在植物的嫩枝上，以卵越冬，少数以成虫过冬。不喜强烈的光线，喜栖息在凉爽阴暗的环境中，主要栖息于丛林、草间。

【为害特点】食叶害虫，为害多种农林植物。

【防治方法】物理防治。可人工捕杀若虫和成虫。

生物防治。自然条件下，纺织娘的天敌主要有蚂蚁、鸟类和爬行动物等，应加以保护和利用。

A. 成虫（邓维安　摄）　　B. 举腹蚁捕食纺织娘（郑霞林　摄）

纺织娘

12. 蚱科 Tetrigidae

体小中型，颜面隆起在触角之间呈沟状。触角丝状，多数着生在复眼下缘内侧。前胸背板侧叶后缘通常具 2 个凹陷，少数种类具 1 个凹陷；侧叶后角向下，末端圆形。前后翅正常，少数缺。后足跗节第一节明显长于第三节。世界已知 57 属 500 多种，中国已记录 17 属近 200 种，部分种类对竹等重要经济林危害严重。

广西夏蚱 *Xiaiteettix guangxiensis* Zheng et Liang

【寄主】竹。

【分布】中国分布于广西。广西分布于兴安、资源、灵川。

广西夏蚱成虫（杨忠武　摄）

【形态特征】雌成虫体长 13 mm，体小型，粗短。体暗褐色，前胸背板中隆线侧各具 2 枚黑斑，后足胫节黑褐色，基部具淡色环，后足跗节黑褐色，第三跗节基半部淡褐色。头顶宽，前缘平直，具短中隆线，背面观头顶的宽度为一眼宽的 2 倍；侧面观，颜面略倾斜，颜面隆起与头顶形成圆角形，在复眼之前明显凹陷，在触角基部之间向前突出，颜面隆起纵沟狭，向中单眼处渐扩大，纵沟最宽处约为触角基节宽度的 1.25 倍，颜面隆起在纵沟之上的短脊长度为触角基节宽度的 1.5 倍。触角丝状，14 节，其长度为前足股节的 1.7 倍，中段一节的长度为宽度的 3 倍，触角着生于复眼下缘之下，复眼圆球形，侧单位于复于前缘下 1/3 处。前胸背板屋脊形，具有许多圆形、短棒状隆起，中隆级呈片状极高地隆起，侧面观前半部半球形，后半部平直；侧隆线在沟前区呈片状突起；前胸背板前缘平直，后突宽短，仅达后足股节基部 1/3 处或腹部第 3 节背板，顶宽三角形凹陷，肩角不明显；前胸背板侧片后缘仅具 1 个凹陷，后角向外突出，顶圆形；沟后区侧片下缘呈弧形突出，与侧隆线之间形成片宽阔区。前、后翅缺。前、中足股节下缘明显呈波状，形成 2 个突起，中足股节上缘略呈波状。后足股节长度为宽度的 3 倍，外侧下隆线上具 2 个三角形片状突起，上侧中隆线具细齿。膝前齿尖锐，在膝端具大的锐齿。后足胫节外侧具刺 6 个，内侧 8 个。后足跗节第一节长度大于第二、第三节之和。第一跗节下缘的第三垫大于第一、第二垫，顶端钝，肛上板长三角形，基部中央具宽纵沟。尾须细长锥形，产卵瓣狭长，上、下缘具细齿，下生殖板具中隆线，后缘中央三角形突出。雄成虫未知。

【生活习性】1 年发生 1 代，以卵在土中越冬。成虫活动期主要在 5～9 月。

【为害特点】以若虫、成虫取食叶片。

【防治方法】参考黄脊竹蝗。

（杨忠武）

13. 蟋蟀科 Gryllidae

体色变化较大，多为黄褐色至黑褐色，或为绿色、黄色等。触角丝状，远长于体长；触角柄节多为圆盾形，窄于或等于额突。复眼较大，一般为头长的 1/4 ～ 1/2；单眼一般 3 个，呈倒三角形或线状排列；中单眼位于头背侧、颜面或额突顶端。前胸背板发达，背片平或隆起。前翅发达或退化，雌雄翅脉不同或相似；翅脉不同时，雄虫前翅具发音结构，即 1A 脉腹侧音锉，斜脉及镜膜等；后翅发达或退化，有时自然脱落。前足胫节常具听器；有时内侧听器呈裂缝状；有时听器退化成凹坑，不具鼓膜或鼓膜极小；有时听器缺如。后足跳跃足，粗壮，后足胫节背缘具距，有时具细刺，刺距的数目和分布常用作分类特征。雄性外生殖器骨化强烈，阳茎基背片的形态常作为分类特征。全世界有 22 亚科 55 族 595 属（包括 17 个化石属）约 4649 种（亚种），中国有 13 亚科 67 属 258 种。部分种类是观赏性昆虫，部分种类是重要的地下害虫。

大蟋蟀 *Tarbinskiellus portentosus* (Lichtenstein)

【寄主】桉、松、杉、相思等。

【分布】中国分布于浙江、福建、江西、湖南、广东、广西、海南、云南。广西各地均有分布。

【形态特征】成虫体长 40 ～ 50 mm，宽约 13 mm，体黄褐色、棕褐色、暗褐色或黑褐色。复眼小而圆，3 个单眼排成横列，头较前胸略宽。触角丝状，较体稍长或等长。前胸背板大，中央有 1 条纵沟，两侧各有 1 条横向圆锥状纹。雄虫前翅有明显的皱折，相互磨擦能发音。雌虫前翅多纵脉，无横脉，不能发音；尾端有长产卵管。后足腿节强大，胫节粗；具两排刺，各排有 4 ～ 5 枚刺。

卵长 4.6 mm，圆筒形，稍弯曲，初产乳白色，后转土黄色。

若虫与成虫相似，初孵化时体色较浅，为乳白色，后变深黄褐色，腹面颜色较浅；一般有 7 个龄期，4 龄时才长出翅芽，7 龄时两前翅芽相遇。

A. 成虫　　B. 为害状

大蟋蟀（韦维　摄）

【生活习性】1年发生1代。多数以3～5龄若虫在土洞中越冬。每年2～3月越冬若虫开始活动，5～7月羽化为成虫，若虫期长达260天；6月间成虫盛发，7～8月为交配盛期，7～10月产卵，卵期20～25天，8～10月孵化。10月后成虫陆续死亡，成虫期约110天。交配在土洞中进行，卵产在洞穴底部，20～50粒一堆，一雌可产卵200粒以上；产卵后成虫必拖嫩草堆于卵旁，以作初孵若虫的食料。

【为害特点】为害多种桉树的苗木、幼树，主要为害新定植桉苗。成虫和若虫将苗木从茎基部咬断或爬上小枝咬断顶梢及侧梢，常将咬断的幼苗拖回洞中作食料，为害严重的新造林定植苗为害株率达10%～30%，造成严重的缺苗、断苗、断梢等现象。

【防治方法】人工防治。找到洞穴后，拨开洞口松土，滴入数滴煤油，然后灌入水；或滴煤油于水面灌入穴中，促虫逃出，即行捕杀。

化学防治。90%敌百虫晶体1份加水10倍拌炒香的麦麸或米糠100份做成毒饵，在无风闷热的傍晚施放在洞口附近和严重为害地段，隔开堆放，每堆1～2粒花生米大小，诱杀成虫和若虫效果较好。施药后应保持数天，若遇下雨则须重施。也可用瓜菜制成毒饵，先将南瓜切成碎粒，和适量敌百虫粉拌匀即成；或将蔬菜残叶切成碎片，加农药的比例与糠麸毒饵同，均有很好的防治效果。

（韦　维）

南方油葫芦 *Teleogryllus mitratus* (Burmeister)

【寄主】松、杉、桉、竹等。

【分布】中国分布于广东、广西、海南、贵州、云南。广西各地均有分布。

南方油葫芦若虫（郑霞林　摄）

【形态特征】体大型，雌雄成虫体长分别为22.5～25.5 mm和24.2～28.7 mm，粗壮。足及须突出，长且大，足浅土黄色。复眼周围及颜面为黄褐色，两触角窝之间有1对褐色小斑，少数个体不明显。前胸背板盘区红褐色，侧叶上半部与盘区同色或色略深，下半部黄褐色。后足胫节有6对亚端距。雄虫前翅斜脉3～4条，发音镜前圆后方，内有1条曲脉分镜为2室；端区发达，呈规则网状，侧区纵横脉11～13条，Sc分支5～6条。雌虫前翅斜纵脉13～15条，纵脉间有小横脉相连，形成规则小室。产卵管约与体长相等。

【生活习性】成虫多栖息在地面枯枝落叶或草丛下，好斗。

【为害特点】成虫和若虫为害林木根系，尤其是易造成幼苗枯死。

【防治方法】参考大蟋蟀。

（郑霞林）

四 䗛目 Phasmida

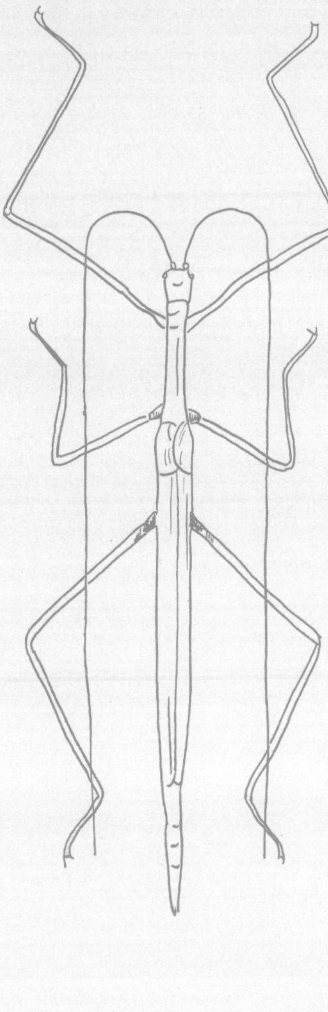

不完全变态类昆虫，体中型至大型，部分种类性二型现象明显。多栖息于森林，多数种类身体细长，呈圆筒状、杆状、棒状等，模拟树叶、树枝等，为著名的拟态类昆虫。全世界已记录6科3000多种，中国已记录5科66属336种。植食性，部分种类为重要的林业害虫，可暴发为害成灾。

（王缉健）

14. 异䗛科 Heteronemiidae

无翅或有翅，触角常为丝状，比前足股节长或超过体长，一般在中部以后分节不明显，若分节则明显并短于前股节，通常3对足股节腹面光滑，中、后足股节的腹脊无明显锯齿，无齿或仅有少量端齿。

花坪短足异䗛 *dixippus huapingensis* Bi et Li

【寄主】竹。

【分布】中国分布于广西。广西分布于桂林（花坪）、兴安（猫儿山）。

【形态特征】雌虫细长，成虫体长约105.0 mm。体具较密的细小颗粒，背板全长具纵隆线。头近圆形，头顶在复眼间具1对圆锥形小刺。触角丝状、较长，远长于前足股节。腹部圆筒形，前胸背板长略大于宽，近中部具横沟；中胸背板较长，后胸背板（含中节）短于中胸背板，中节较短，宽大于长。前、后翅均缺。前足股节较细长，基部内弯，其端部腹面具1列小齿；3对足胫节基部腹面中脊膨大突起。臀节后缘三角形凹入，成波状；肛上板圆形突出，顶部略具凹口；腹瓣舟形，顶部略钝，其长略超过肛上板顶端；尾须圆锥形，其长略超出肛上板。

雄成虫体长约72.0 mm。体污黄色至褐色，胸背中央绿色，前侧具黄色纵纹，腹黄褐色，前胸背板两侧及3对足股，胫节端部黑色。前足股节腹端外脊有2枚小齿，中、后足股节腹端两脊具2～3枚小齿。前胸背板横沟位于中央，中胸背板长于后胸背板（含中节）。腹端3节膨大，臀节长度为第九节的2倍，侧端叶细狭呈指状；下生殖板兜状，端钝，超过臀节基部；尾须圆柱形，中部略弯曲。

雌雄成虫主要部位长度：中胸背板♀ 25.0 mm，♂ 15.0 mm；后胸背板（含中节）♀ 19.0 mm，♂ 12.0 mm；中节♀ 3.0 mm，♂ 2.2 mm；前足股节♀ 25.0 mm，♂ 30.0 mm；中足股节♀ 16.5 mm，♂ 25.0 mm；后足股节♀ 20.3 mm，♂ 28.0 mm。

卵长2.38 mm，宽1.47 mm。扁桶形，表面不光滑，具栅凹。

【生活习性】取食寄主叶片。

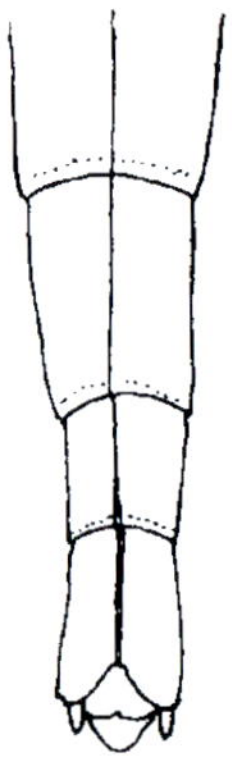

A. 腹端背面观

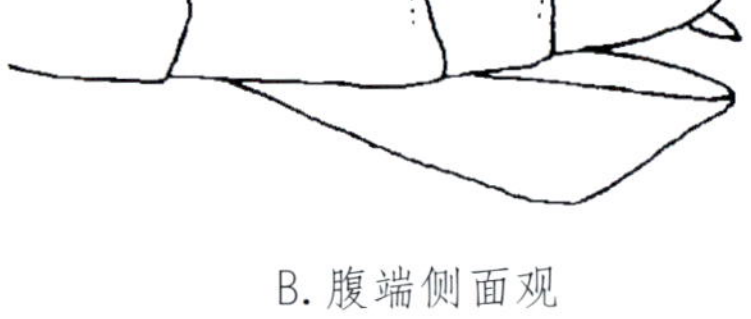

B. 腹端侧面观

花坪短足异䗛雌虫（引自陈树椿和何允恒，2008）

博白短足异䗛 *Dixippus bobaiensis* Chen

【寄主】红锥、米锥、马尾松。

【分布】中国分布于广西。广西分布于桂林、桂平、兴业、博白。

【形态特征】雌成虫体长 113.0 ～ 114.0 mm。体黄色，体背具细中脊。头部明显长于前胸背板，长大于宽，头后渐窄，后头有 3 条短中沟；眼圆形，外突，自眼至头后缘有黑条纹。触角超过前足胫节端部，第一节扁平，长约为宽的 2 倍，中间宽两端窄，但不扁平，侧缘脊状，有较整齐细毛，背面有宽中脊；第二节小，圆筒形，端部窄，约为第一节长的 2/3，端部 3 节中，第四节等于基部 2 节之和，第三节和第五节均长于基部 2 节之和，第五节明显长于第四节，端部狭圆。下唇须扁平，第一节端部稍宽，第三节端部尖形，约与第二节等长，但窄于第二节。前胸背板长约为宽的 1.4 倍，横沟位于中央稍前方；中胸背板明显长于后胸背板加中节之和，后端较宽；后胸背板长于头和前胸之和，两侧几乎平行；中节约为后胸背板长的 1/4，宽略大于长，中前方有新月形窝 1 对。前足股节比中、后足股节为长，端部内侧有短齿 3 枚；后足股节长于中足股节，短于前足股节，中、后股节端部内侧有小齿 2 排；前足第一跗节扁宽，叶状，约为其余 4 节之和；中、后足胫节基部内侧有小齿 2 排；前足第一 跗节扁宽，叶状，约为其余 4 节之和；中、后胫节基部内中脊膨大成叶突，腹部长于头、胸部之和，腹部第二节背板略短于第三节背板，但长于端部 3 节任一节，腹部第五节背板长于其后任一节背板，并且长于端部 3 节之和，臀节背板稍长于第九节背板；肛上板长，剑形，约与前两节之和等长；腹瓣稍长于腹端 3 节背板之和，端部刚超过肛上板基部，中央向下突出，有明显中脊；尾须短，端尖。

雄成虫体长 90.0 ～ 95.0 mm。体具粒突与细纵脊。体绿色，触角基部两节与 3 对基节黑色，股与胫节端为黄色。头卵形，背面较平坦，稍长于前胸背板，中央具“+”形沟纹，横沟位于中央，中胸背板长于后胸背板（含中节）。腹部略短于中胸和后胸之和，腹端 3 节膨大，臀节狭长，基半部较宽，下生殖板兜形，超过臀节基部；尾须细圆柱形，中央稍弯曲。

雌雄虫主要部位长度：中胸背板♀ 22.3 ～ 22.8 mm，♂ 23.5 mm；后胸背板（含中节）♀ 18.5 ～ 19.1 mm，♂ 19.0 mm；中节♀ 3.5 ～ 3.7 mm，♂ 3.0 mm；前足股节♀ 22.3 ～ 23.0 mm，♂ 25.0 mm；中足股节♀ 16.5 ～ 18.2 mm，♂ 20.0 mm；后足股节♀ 19.1 ～ 20.0 mm，♂ 24.0 mm。

卵长 2.8 mm，宽 1.4 mm。桶形，表面具网状隆线，棕褐色，具 1 个球状头端，与卵盖用短柄相连，卵盖棕褐色光滑。卵孔板长，剑形，约为卵长的 2/3，位于卵背中上部，卵孔位于卵孔板中后方，卵孔杯不明显，卵孔上具 1 条直隆起线。中线明显，未伸达后端。

【生活习性】成虫多在白天交配，2 ～ 3分钟 / 次。成虫产卵于树上，产卵期长达 60 天，每雌产卵量为 180 ～ 302 粒；平常喜栖息于松针或锥树叶片上，若虫食嫩叶，成虫食全叶。

博白短足异䗛雌虫（王缉健　摄）

角臀皮䗛 *Phraortes corniformis* Chen et He

【寄主】木荷。

【分布】中国分布于广西。广西分布于龙胜、兴安。

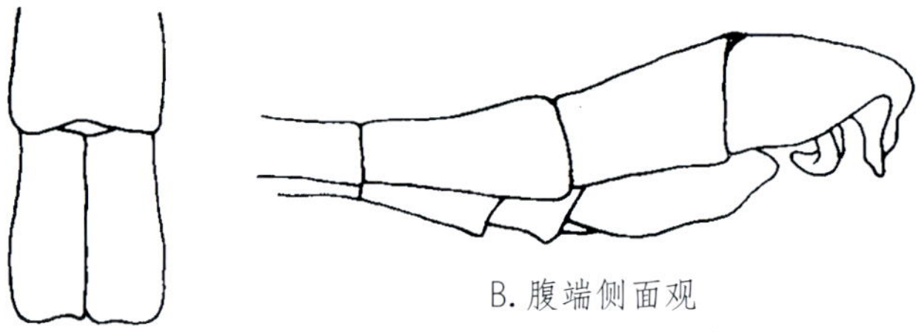

角臀皮䗛雄虫（引自陈树椿和何允恒，2008）

【形态特征】雄成虫体长 83.0 mm。体褐色，被稀疏颗粒，中胸至腹端背面有中脊。头近长方形，背面稍凹，头顶有浅纵沟；眼间无角突，两触角基部间有弧形沟；眼圆，外突，眼长约为其后至头后缘的 1/3；触角约与前足等长；柄节长，柄节长于梗节的 1/2。前胸长方形，稍短于头部，具中纵沟，横沟位于中央处，横沟后有 1 对伸向后方的侧纵沟；中胸后侧宽大，长于前胸，后胸两端较宽，后胸加中节约为中胸背板长的 2/3；中节约为后胸背板长的 1/5.5，中央处有 1 对新月形凹窝。3 对足以中足股节稍短，前、后足股节约等长，前足股节端下外侧具 2 枚齿，中、后足股节端下两侧各具 2 枚齿。腹部约与头、胸部之和等长，以第三至第五腹节最长，腹端 3 节渐次膨大，第八节与第九节约等长，略短于臀节（第十节），臀节背板分裂近端处成直角下垂，两端角尖锐；下生殖板伸达臀节基部，端圆，背中央具明显中脊；尾须近中部弯曲。

雌成虫未知。

体各部位长度：体长 83.0 mm，中胸背板 21.0 mm，后胸背板（含中节）14.2 mm，中节 2.2 mm，前足股节 23.2 mm，中足股节 19.0 mm，后足股节 23.0 mm。

【生活习性】取食寄主植物叶片。

粗壮皮䗛 *Phraortes grossa* Chen et He

【寄主】竹、松、桉、锥类等。

【分布】中国分布于浙江、福建、广西。广西分布于资源、兴安、全州。

【形态特征】雌成虫体长约 140 mm，体大型，粗杆状，无翅。体被细颗粒，背面具细纵脊。中胸、后胸、腹端 2 节及中、后足股节具不规则白斑。头宽卵形，中央具细纵沟；眼圆突，眼间具粗角刺 1 对；触角长丝状，长于前足股节，第一节长方形，端厚，第二节柱形，短于第一节。前胸背板略短于头部，矩形，被稀粒突，中央具“+”形沟纹，横沟位于中央；中胸背板明显长于后胸背板（含中节），后侧较宽；中节横形，约为后胸背板长的 1/5.5。前足股节稍长于中股节，基部弯曲，第一跗节具叶突，腹外脊端具 3 小齿，中足股节短于后胸背板（含中节），端部两侧腹侧约具 4 齿叶突，胫节近基部腹中脊刀片状，后足股节约伸达第四腹节，着齿情况类似中足。腹部圆筒形，明显长于头、胸部之和，自第二节后粒突稀疏，第七节腹板端部具囊突；腹端 3 节股节屋脊状，第八节长于第九节与臀节之和，臀节稍长于第九节，后缘中央凹弧形。侧后角尖；肛上板宽，具纵脊，稍长于侧后角；腹瓣舟形，具纵脊，端略尖，与肛上板平齐；尾须锥形，端部略弯，几伸达腹端。

雄成虫体长 86 ~ 99 mm，中等偏大，无翅，全身密被颗粒。头、前、中、后胸基、端部及 3 对足均为绿色，其余为红棕色。头长卵形，复眼红棕色，圆突，眼间有不规则突起；触角线状，较长，但不超过体长。前胸背板中央有“+”形纹。下方有“八”字形纹，中、后胸背板细长，端部稍膨大。沿背中脊两侧各有 1 个白斑。前足股节基部弯曲，端内侧无齿，中足股节长于后胸背板（含中节），中、后足股节端部两侧腹脊各有 3 枚明显小齿。腹部圆筒形，每节端部沿背中脊两侧各有 1 个白斑；腹端 3 节膨大，第七、第八、第九节后缘端部两侧各有 1 个不规则形白斑；臀节开裂，侧后角长，后缘钝；下生殖板舟形，刚超过腹部第八节末端；尾须较长，圆柱形，1/2 处向内弯曲，末端稍膨大向下伸，两尾须似相对而接。

粗壮皮䗛成虫（杨忠武　摄）

【生活习性】1 年发生 1 代，以卵及低龄若虫在枯枝落叶层下或土中越冬。翌年 4 月上旬越冬卵开始孵化，4 月下旬到 5 月上旬为孵化盛期；若虫共 5 个龄期，历期很长；成虫盛发期在 6 ～ 9 月，雌、雄虫白天交配，每次交配约为数分钟。雌虫产卵时，爬至寄主树较高处，似排粪般将卵产出，卵粒自由落下，多滚动到枯枝落叶层下或草丛内；历时 1 个多月产完，每雌产卵量 200 多粒；雌、雄若虫均蜕皮 4 次，经历 5 个龄期发育为成虫。若虫的附肢在蜕皮或受天敌伤害时可能会受到损伤，但在其后的蜕皮时能够再生。成虫的体色与寄主的枝叶颜色和形态非常相近，高度拟态，利于避敌。若虫取食嫩叶，成虫取食全叶，高龄若虫及成虫食叶量较大。若虫及成虫均有假死性，但成虫后期不明显。

【为害特点】以若虫、成虫取食寄主植物叶片。

【防治方法】营林技术。合理密植，适当疏、间伐，促进林分通风透光，增强林分抗御虫灾能力。

化学防治。低龄若虫期喷洒 1.2% 烟碱 · 苦参碱乳油 1000 倍稀释液、20% 除虫脲悬浮剂 1500 ～ 3000 倍稀释液或 100 亿活芽孢 /ml 苏云金杆菌乳剂 500 ～ 1000 倍稀释液。在湿度较大或阴雨天气前后喷撒每克含 100 亿孢子的白僵菌粉剂，200 ～ 400 g/ 亩；在害虫小龄若虫期、局部发生阶段、为害严重林分，喷洒 10% 吡虫啉可湿性粉剂 1500 ～ 2000 倍稀释液或 1.8% 阿维菌素乳油 2000 ～ 3000 倍稀释液等。

（杨忠武）

龙胜皮䗛 *Phraortes longshengensis* Chen et He

【寄主】杉、桉。

【分布】中国分布于广西。广西分布于宾阳、龙胜、派阳山林场。

【形态特征】雌成虫体长约 103.0 mm。体粗壮，黄褐色，全身生有细颗粒状突起。头较短，头顶无刺，前端较宽，两复眼间有 1 对浅凹陷，额至头顶有 1 细纵沟；复眼褐色，圆形，外突，宽约为眼后至后头长的 1/3；触角丝状，与前足约等长；柄节扁宽，两侧平行，约为梗节长的 2 倍，略长于鞭节第一节；触角具褐色环纹。前胸背板稍短于头部，前侧略宽，中部收缩，有 1 条横沟，沟后有 1 个“八”字形凹陷；中胸背板长约为前胸背板长的 4.5 倍，后侧略宽大，背中央有纵隆线，纵线后方有 1 对褐色斜行刻线；后胸背板（含中节）长约为中胸背板长的 3/4，中央两侧稍凹入，背中央有纵隆线；中节横形，其长小于后胸背板的 1/3，中部前方有 1 对新月形窝，纵隆线不甚明显。足细长，除股节内端具有带齿叶突外，无其他外长物；前足股节略长于中胸背板，长于中足股节或后胸背板（加中节），后足股节与胫节等长，中足胫节稍短于股节。腹部长于头、胸部之和，后端渐窄，其中以第五背板与第六背板最长，第九背板最短，第八背板短于第九背板与第十背板之和，第十背板端部三角形凹入，两侧端叶三角形；肛上板截形，明显超过第十背板两侧端叶；第七腹板中突端部凹入，达到该节腹板后缘，腹瓣舟形，略扁，显然超过第十背板端部与肛上板，背中央有清楚纵脊。

雄成虫未知。

雌成虫主要部位长度：前胸背板 4.0 mm，中胸背板 18.5 mm，后胸背板（含中节）14.5 mm，中节 3.1 mm，前足股节 21.2 mm，中足股节 15.8 mm，后足股节 20.5 mm。

【生活习性】取食寄主叶片。

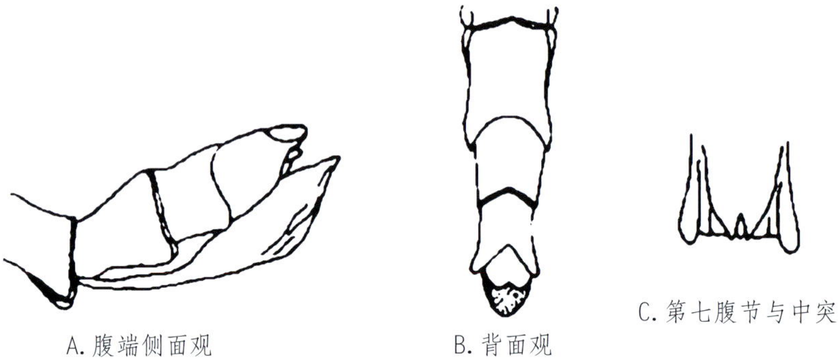

龙胜皮䗛雌虫（引自陈树椿和何允恒，2008）

斑角臀䗛 *Necroscia maculata* Chen et He

【寄主】竹。

【分布】中国分布于广西。广西分布于龙州（弄岗）。

【形态特征】雄虫体细杆状，成虫体长约 66.0 mm。体黄色，眼后具黑纵纹；触角背面深褐色，腹面浅色，具 6 ～ 7 个浅色环；中胸背板具褐色侧线，侧板端上方边缘褐色；复翅与后翅前缘浅咖啡色，后翅臀域浅色；3 对足跗节褐色。头椭圆形，后侧收缩与前胸背板约等宽，背面略平坦，中央有纵沟，后头具瘤突；复眼圆，外突；单眼留痕迹；触角长丝状，伸达腹端，第一节黄色，外侧褐色。前胸背板中央具“+”形沟纹，横沟位于中前方，中央具 4 个较粗粒突，侧缘具少量粒突；中胸背板具纵脊，每侧沿纵脊至侧缘具 3 列粒突，中、后胸侧板纵脊上具 1 列粒突。足细长，前足股节基部弯曲，脊上具整齐细毛。复眼卵形，角突钝；后翅伸达第六腹节中部。腹端 3 节屋脊状，以第九节最长，臀节短于第八节，背面具纵脊，外缘内凹，侧端叶角状，较钝；下生殖板拱起，端部略尖，具纵脊，约伸达第九腹节端部；尾须柱形，端部膨大，明显露于腹端。

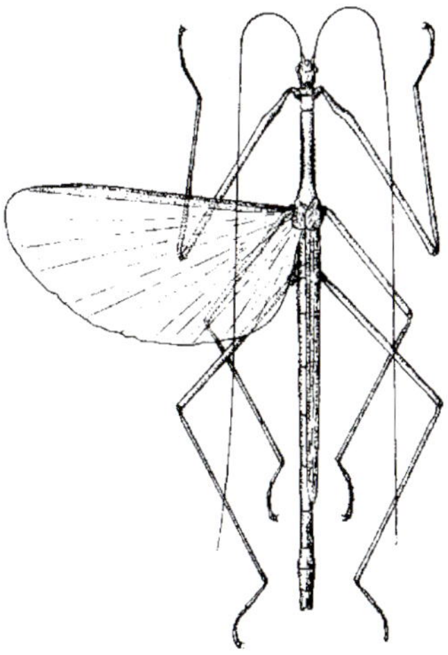

A. 雄虫

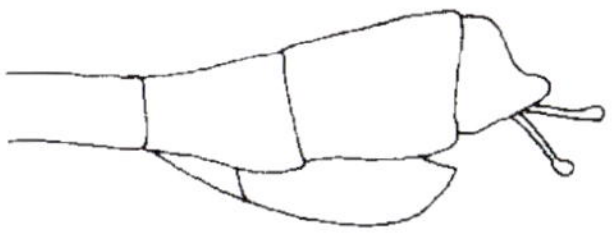

B. 雄虫腹端侧面观

斑角臀蛸（引自陈树椿和何允恒，2008）

雄成虫主要部位长度：前胸背板 3.4 mm，中胸背板 10.0 mm，后胸背板（含中节）9.0 mm，前足股节 20.5 mm，中足股节 14.0 mm，后足股节 22.0 mm。

【生活习性】多于白天活动，取食寄主植物叶片。

黄色角臀蛸 *Necroscia flavescens* Chen et Wang

【寄主】红锥。

【分布】中国分布于广西。广西分布于博白。

【形态特征】雌成虫体长 74.0 mm，杆状，黄色。复眼橙色，触角除基部 2 节为黄色外，鞭部背面主要为褐色，并间有 9 ~ 10 个浅色环，后翅臀域乳白色。头近四方形，长稍大于宽，背面平坦，中央具纵沟，后头具 2 个隆起；复眼圆突，中央具个 3 浅色单眼；触角长丝状，约伸达腹端，第一节背观长方形，基部略扁，第二节圆柱形，短于第一节。前胸背板长方形，光滑，中央具“+”形沟痕，横沟位于中央前方，不伸达两侧；中胸背板长约为前胸的 2.85 倍，有 1 纵脊与 2 侧脊，具颗粒，颗粒几乎排成 6 纵列，每侧除侧脊上具 1 列外，近纵脊及侧脊处各有 1 列，但往后则颗粒稀疏。复翅卵形，前缘弧形，顶角钝，后翅约伸达第七腹节中部。3 对足无刺齿，前股节基部弯曲。腹部圆筒形，基部 4 节较宽，第六至第七节略窄，腹端 3 节中以

黄色角臀蛸若虫（王缉健　摄）

第八节略宽长，第九节与臀节略窄，两者约等长，臀节后缘中央弧形凹入，两侧端叶角状；肛上板超过臀节端部；腹瓣较长，后端变窄，两侧略上卷，较骨化，色浅，端缘三角形凹入，明显超过腹端；尾须圆柱形，约伸至腹瓣端部。

雄成虫体长 55.0 mm，明显比雌虫瘦小。头部具 3 个单眼，触角超过腹端，后翅伸至腹部第六节基部。腹部细长，腹端 3 节中，第八节与第九节加宽，臀节较窄，以第九节最长，第八节长于臀节，臀节具中脊，端中央角形凹入，两侧端叶呈角状，加厚，内侧具小齿；肛上板具中脊，短于臀节；下生殖板膨大，端尖，约伸达第九节端部；尾须圆柱形，稍弯曲，端钝，明显超过腹端。

雌雄成虫主要部位长度：前胸背板♀ 4.2 mm，♂ 2.4 mm；中胸背板♀ 12.0 mm，♂ 8.2 mm；前足股节♀ 20.5 mm，♂ 21.5 mm；中足股节♀ 16.0 mm，♂ 15.0 mm；后足股节♀ 15.0 mm，♂ 21.0 mm。

【生活习性】生存环境和生活习性与斑腿华枝䗛相近。

蓝胸蔷䗛 *Asceles caecius* Chen et He

【寄主】壳斗科植物。

【分布】中国分布于广西、贵州。广西分布于环江、靖西、龙州。

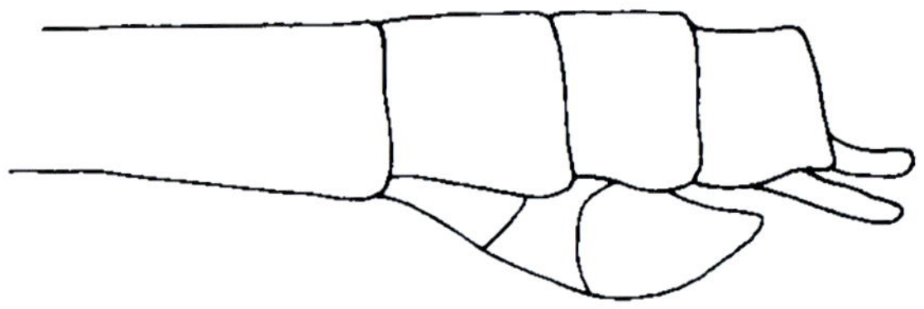

蓝胸蔷䗛雄虫腹部侧面观（引自陈树椿和何允恒，2008）

【形态特征】雄虫体中型，细杆状，成虫体长约 75.0 mm。触角黑色，眼后具褐纵纹，头、前胸、翅与腹部褐色，中胸蓝色，3 对足除中、后足股节绿色外，其余褐色。头短于前胸背板，较光滑，背面具纵沟，后头形成 4 瘤突；复眼大，椭圆形，外突；触角长、伸达腹端，基部节浅色，第一节宽长，长于第二节，触角间具半圆形凹窝。前胸背板长方形，被稀疏颗粒，横沟位于中前方；中胸背板较长，约为前胸长的 4.5 倍，被稀疏均匀黑色粒突与细密横皱，背面具细纵脊，3 对足无刺齿，隆脊被整齐细毛。前翅菱形，前缘角突平钝，后翅伸达第四腹节基部，臀域烟色。腹部圆筒形，臀节屋脊状，短于第八节，约与第九节等长，后缘截状，背中央具纵脊；下生殖板拱形，端钝，伸达臀节基部；尾须圆柱形，端窄，露于腹端。

雄成虫主要部位长度：前胸背板 4.0 mm，中胸背板 18.4 mm，后胸背板（含中节）6.8 mm，前足股节 28.0 mm，中足股节 21.0 mm，后足股节 28.0 mm。

【生活习性】不详。

膨股蔷䗛 *Asceles dilatatus* Chen et He

【寄主】竹。

【分布】中国分布于广西、贵州。广西分布于环江、靖西、龙州。

【形态特征】成虫体褐色，中等偏大，杆状，体长 85 mm。中胸背板 16 mm，后胸背板（含中节）9 mm；前足股节 21 mm，中足股节 13.5 mm，后足股节 19.5 mm。头宽卵形，具纵脊；眼圆突；触角远长于前足，第一节长，第二节柱形，略短于第一节。前胸背板长方形，光滑，中央具“+”形沟纹，横沟位前半部，中胸背板后侧加宽，具纵中脊，被不规则粒突，仅前半部具10余枚疏刺。前翅短宽，翅突略尖，后翅伸达第六腹节基部。3对足尤以中股节为短，其端部背内与腹内两侧扩展成叶状。腹圆筒形，臀节长于第九节，后缘中央凹入，腹瓣舟形，端窄，约伸达臀节基部；尾须扁宽，三角形，短于腹端。

【生活习性】不详。

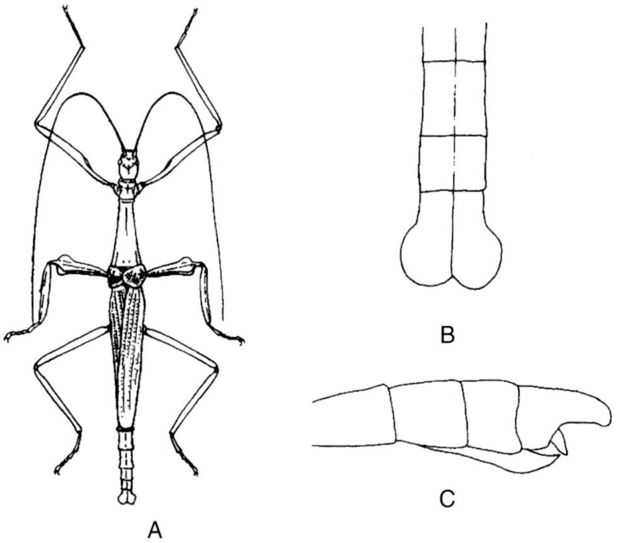

A. 外部形态；B. 腹端背面观；C. 腹端侧面观

膨股蔷蛸雌虫（引自陈树椿和何允恒，2008）

长臀蔷蛸 *Asceles longicauda* Bi

【寄主】红锥。

【分布】中国分布于湖南、广西、贵州。广西分布于龙胜。

【形态特征】雄成虫体长 74.0 ～ 75.0 mm，杆状、绿色，头褐色，后头两侧各具深褐色条纹；复眼后缘至头后缘，前翅基部和后胸侧板各具 1 条短绿色斑纹；有时后翅前缘基部也具 1 条短翠绿色条纹。头宽卵形，背面稍突起，后头具纵沟；复眼半球形，外突；触角细长，超过后足股节端部，第一节长

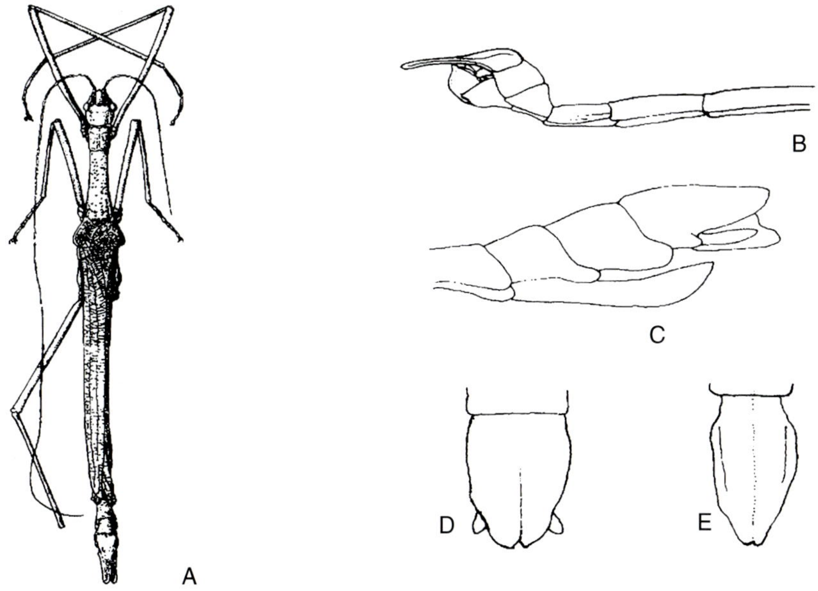

A. 雄虫外部形态；B. 雄虫腹端侧面观；C. 雌性腹端侧面观；D. 臀节背面观；E. 腹瓣腹面观

长臀蔷蛸（引自陈树椿和何允恒，2008）

大于宽，第二节圆柱形，短于第一节。前胸背板近长方形，前方两侧突出成角状，前端具横沟；中胸背板明显长于头与前胸背板之和，除纵脊外，其两端各具 5 枚锥刺与少数瘤状颗粒。前翅甚短，近方形，后翅伸达第六腹节。后足股节细长，其长约为头、前胸和中胸之和。腹部狭长，末端 3 节明显膨大，第八节后端略宽，基部较窄，第九节背板后端形成宽平的三角形，侧缘正常，等于或短于第八节，臀节（第十节）背板平坦，向后延伸，基部稍宽，后端较窄，其长约为第九节的 3 倍，背观近鸭嘴状，背面具中脊，后缘中央具较深凹陷；下生殖板明显膨大，后缘弧形；尾须较直，扁柱形，较短。

雌成虫体长 75.0 ～ 78.0 mm，比雄性粗壮。触角短于体长；中胸背板中脊每侧有 2 排 4 ～ 6 个不等的黑色刺突，两侧具深色瘤突。3 对足胫节有深色环纹，中足股节 3 条棱脊端部 1/3 处稍扁宽。臀节屋脊状，端缘中央开裂，明显长于前两节；腹部端窄，具裂缝，长于第九腹节，端部开裂，钝圆，端部 1/2 处有中脊；尾须短粗，1 条超过腹端。

雌雄成虫主要部位长度：前胸背板♀ 5.0 mm，♂ 4.0 mm；中胸背板♀ 13.1～ 13.5 mm，♂ 11.0～ 11.5 mm；前足股节♀ 19.0～ 19.2 mm；♂ 22.0 mm；中足股节♀ 11.2～ 11.5 mm，♂ 14.5～ 15.0 mm；后足股节♀ 18.5～ 19.5 mm，♂ 21.5～ 22.0 mm。

【生活习性】若虫和成虫均可取食寄主叶片。

棒尾蔷蜥 *Asceles clavatus* Chen et He

【寄主】红锥、米锥。

【分布】中国分布于广西。广西分布于博白。

【形态特征】雄虫体杆状，成虫体长约 65.0 mm。头部深褐色。头宽卵形，背面较平坦，后头具 1 纵沟，被稀疏颗粒；眼椭圆形，外突；触角长丝状，约伸达后翅端部，第一节长，端部加厚，第二节短柱形。前胸背板近长方形，中央具“+”形沟纹，横沟位于中前方，背面被较稀疏颗粒；中胸背板长于后胸背板加中节之和，背中央具纵脊，近纵脊每侧具 1 纵列颗粒，其余部分除前端颗粒较密外均较稀疏，侧板除后端外具少数颗粒。复翅卵形，近前端的角突钝；后翅长，将伸达腹端，臀域浅褐色，具不规则黑纹。3 对足无刺齿，前足股节基部弯曲。腹部圆筒形，第七腹节腹板后缘宽 V 形隆起，具中脊，端部 3 节以第八节最长，臀节略长于第九节，背面拱起，两侧及后缘中央较平坦；肛上板三角形，具明显中脊；腹瓣短舟形，端缘凹入，具 1 条纵脊与 2 条侧脊；尾须膨大，粗棒状。

雄成虫主要部位长度：中胸背板 13.4 mm，后胸背板（含中节）10.0 mm，前足股节 23.0 mm，中足股节 15.5 mm，后足股节 24.0 mm。

【生活习性】若虫和成虫取食寄主叶片。

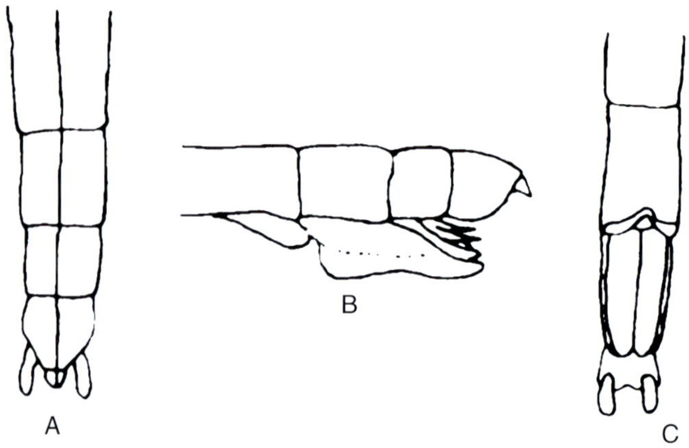

A. 腹端背面观；B. 腹端侧面观；C. 腹端腹面观

棒尾蔷蜥雄虫（引自陈树椿和何允恒，2008）

金秀华枝蛸 *Sinophasma jinxiuense* Chen et He

【寄主】壳斗科植物。

【分布】中国分布于广西。广西分布于金秀（大瑶山）。

【形态特征】雄虫体中型，细杆状，成虫体长约 48.0 mm，具翅。头、翅、足（前、中股节端黑色）褐色。头圆，背面稍隆起，具细纵沟；复眼圆突；触角长丝状，第三节长于第一节，鞭部各节具浅环。前胸背板略短于头，颗粒不明显，中央具“+”形沟纹，横沟位于前方 1/3 处；中胸背板具纵脊，披不规则较密粒突。前翅鳞状，翅突较钝，翅突边具黄纵条；后翅伸达腹部第五节基部，臀区斑红色。3 对足无齿刺，前足股节略长于中足股节，短于后足股节。腹端 3 节膨大，第九节背观长方形，长于第八节与臀节，臀节具纵脊，垂直向下，侧后角棒状，两侧平行，端部较膨大，向外伸；下生殖板兜形，后中央深凹，与臀节相对；尾须圆柱形，略内弯。

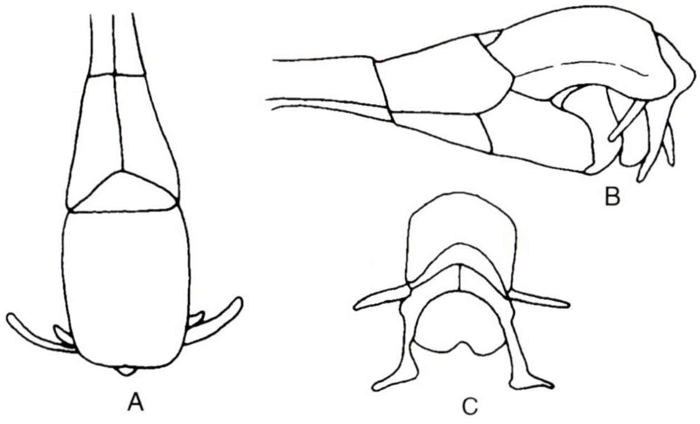

A. 腹端背面观；B. 腹端侧面观；C. 臀节背面观

金秀华枝蛸雄虫（引自陈树椿和何允恒，2008）

雄成虫主要部位长度：中胸背板 10.0 mm，后胸背板（含中节）5.6 mm，前足股节 11.0 mm，中足股节 10.0 mm，后足股节 13.0 mm。

【生活习性】若虫和成虫取食寄主叶片。

玫翅华枝蛸 *Sinophasma rosarum* Chen et He

【寄主】壳斗科植物。

【分布】中国分布于广西。广西分布于金秀。

【形态特征】雄虫体中型，成虫体长 67.0 mm，杆状，具翅。体绿色，头背面具 4 条黑纵纹，前胸背板具 1 条黑纵纹。头圆，背面隆起；复眼圆突，中央具黑纹；触角黑色，具浅纹，长丝状，伸达第四腹节，第一节矩形，端厚，第二节柱形，第三节长于第二节，前胸背板长方形，颗粒不明显，中央具“+”形沟纹，横沟位于前方 1/3 处，中胸背板具纵脊，背腹面被不规则较密粒突。前翅鳞状，翅突黑色，较钝，后翅伸达腹部第四节端部，臀区斑红色。3 对足无齿刺。腹圆筒形，第七腹板后缘具尖中突，腹端 4 节较窄，屋脊状，第八节较长，后 2 节较短，约等长，臀节后缘凹入；肛上板小，不超过臀节侧叶；腹瓣短，具脊，产卵瓣锥

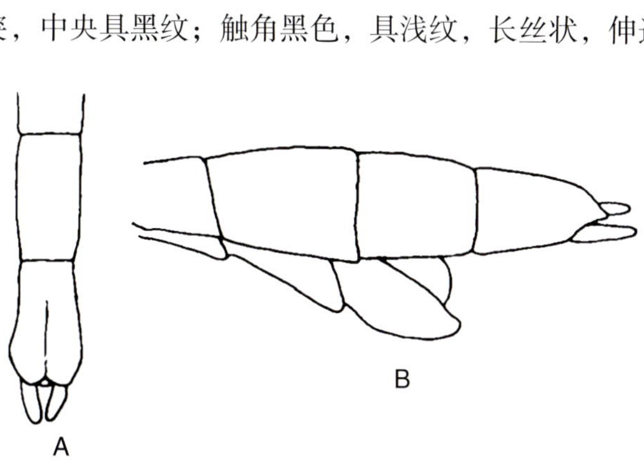

A. 腹端背面观；B. 腹端侧面观

玫翅华枝蛸（引自陈树椿和何允恒，2008）

状，伸达第九节端部；尾须柱状，明显超过腹端。

雄成虫主要部位长度：中胸背板 13.0 mm，后胸背板（含中节）8.4 mm，前足股节 12.5 mm，中足股节 9.0 mm，后足股节 14.0 mm。

【生活习性】若虫和成虫取食寄主叶片。

暗黑华枝䗛 *Sinophasma atratum* Chen et He

【寄主】壳斗科植物。

【分布】中国分布于广西。广西分布于那坡。

【形态特征】雄虫体细杆状，成虫体长约 46.0 mm。头背面与眼后浅褐色，前、中胸和腹部除侧缘为黄褐色外，其余为黑色；前、后翅前缘绿色，余为褐色；3 对足股节的背面、腹侧与胫节为黑色。头宽卵形，背面具 3 浅纵沟；复眼咖啡色，具深色纵纹；触角深褐色，线状，远长于前足，第一节内侧淡绿色，长并宽于第二节，第三节长于后 2 节之和，前胸背板近梯形，中央具黑纵带，前侧各有 1 个黑斑，横沟位于前方约 1/3 处；中胸背板具纵脊，中央具黑色宽纵带，粒突沿纵脊较粗且均匀。前翅短小，鳞状，前缘翅突平钝；后翅短小，伸达第五腹节基部。3 对足较短，无刺齿，中足股节约与中胸等长。腹部圆筒形，自第八节后明显加粗，第九节向上隆突，臀节略长于第九节，其背板宽并垂直向下，后侧稍收缩，背中央具纵脊，近底部有横沟；下生殖板黄色，端侧各具 1 宽卵形瓣状物并与臀节相接；尾须深褐色，垂直向下，稍超过臀节端部。

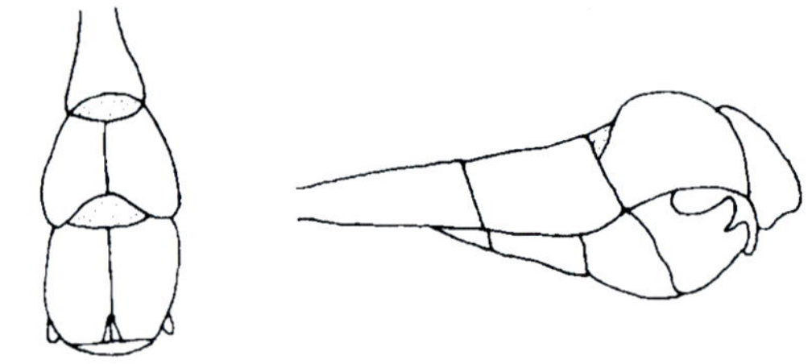

暗黑华枝䗛雄虫（引自陈树椿和何允恒，2008）

雌成虫体长 44.0 mm。头圆突，触角褐色，基节宽，第二节柱形，两者约等长。中胸背板具褐色带。前翅近方形，翅突褐色较平钝；后翅伸达第五腹节前部，臀域浅玫红色。臀节端微浅凹，未见肛上板；腹瓣伸达第九节前缘，产卵器伸达臀节中前方；尾须圆柱形，超过腹端。

雌雄成虫主要部位长度：中胸背板♀ 9.0 mm，♂ 10.0 mm；前足股节♀ 10.5 mm，♂ 14.0 mm；中足股节♀ 8.0 mm，♂ 10.0 mm；后足股节♀ 12.0 mm，♂ 15.0 mm。

【生活习性】若虫和成虫取食寄主叶片。

广华枝䗛 *Sinophasma largum* Chen et Chen

【寄主】红锥、米锥、桉。

【分布】中国分布于浙江、湖北、湖南、广西、四川、贵州。广西分布于龙胜、金秀、博白。

【形态特征】雄虫体中型，细长，成虫体长约 47.0 mm。头宽卵形，隆起，背面具数条纵纹；复眼圆突；触角丝状，长于体长，第一节扁圆，略宽，第二节圆柱形，第三节长于后 2 节之和。前胸短，中央具“十”字形沟纹，横沟位于前方 1/3 处后；中胸背板长，密被颗粒，两侧具黑线。前翅鳞状，近方形，具明显黑色短纵纹；后翅长伸达第六腹节端部。3 对足以后足最长，中足最短。腹部长于头、胸部之和；第七节背板后端较宽，其后 3 节膨大，第八腹节略短于第九节，第九节隆起，背观近方形，其长约等于并与臀节垂直，臀节垂直或向后斜伸，背面具纵脊，后缘平截；雄性下生殖板隆起，具2个不对称的尖形角突；尾须圆柱形，超过腹端。

广华枝䗛雌虫（王缉健　摄）

雌成虫体较粗短，长约58.0 mm。第七腹板端部具中突，腹部第四节正常，不膨大，臀节略长，屋脊状，后缘中央呈三角形内凹；肛上板端略尖；腹瓣锥状，伸达第九腹节，产卵瓣端尖，伸达臀节前缘；尾须圆柱形，向后斜伸。

雌雄成虫主要部位长度：中胸背板♀ 11.8 mm，♂ 9.1 mm；前足股节♀ 11.5 mm，♂ 13.7 mm；中足股节♀ 9.6 mm，♂ 9.6 mm；后足股节♀ 15.0 mm，♂ 15.3 mm；腹部♀ 35.0 mm，♂ 30.0 mm。

【生活习性】成虫常于中午交配，每次历时数分钟。成虫在树上产卵，卵粒直接地面，产卵期达60天左右，以卵越冬。3月若虫孵化后上树取食嫩叶，若虫紧贴叶背，成虫如小枝附着在枝干上。若虫食嫩叶或将叶片咬成缺刻，成虫取食全叶、嫩梢；成虫有假死性，可向后反跳，傍晚时可见大量个体下树活动。

叉臀华枝䗛 *Sinophasma furcatum* Chen et He

【寄主】红锥、苦竹。

【分布】中国分布于广西。广西分布于兴安、龙胜、浦北、博白。

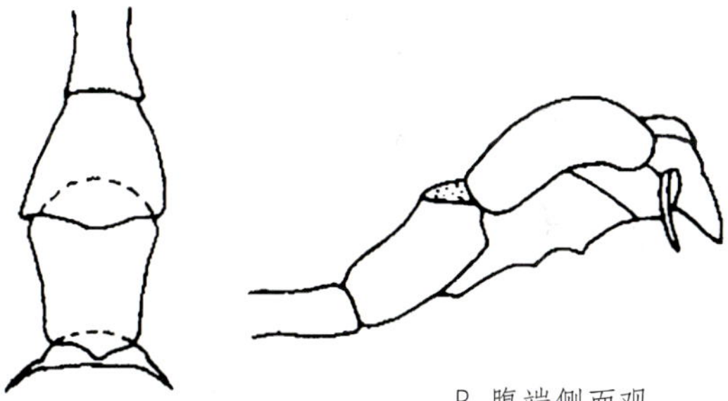

叉臀华枝䗛雄虫（引自陈树椿和何允恒，2008）

【形态特征】雄成虫体长约50.0 mm。前翅鳞状；后翅伸达第七腹节中部。第八腹节后面较宽，第九腹节比前节更为宽大，并向上突起，半球形；臀节垂直向下，其前3/4略呈四边形，后1/4外突呈宽瓣状，臀节前缘比后缘稍内凹，背中央有1脊，中脊近后1/4处内凹；下生殖板伸达第九腹节端部，后缘波形，两侧角较钝，不对称；尾须圆柱形，直伸下方，略长于臀节。

雌成虫体长约69.0 mm。体深绿色，体上包括前、后翅有褐色宽纵条，臀节后面、前胸和中胸背板、前翅和后翅的顶端有明显的绿色纵线。后翅伸达第五腹节后端。腹末4节中以第七节最长，第八节与臀节次之，第九腹节最短；肛上板超过臀节两侧端部；腹瓣伸达该节端部，后端钝三角形，两侧龙骨状产卵器伸达第九腹节端部。

雌雄虫主要部位长度：前胸背板♀ 3.0 mm，♂ 2.8 mm；中胸背板♀ 14.0 mm，♂ 11.6 mm；后胸背板（含中节）♀ 7.5 mm，♂ 6.3 mm；前足股节♀ 14.0 mm，♂ 15.5 mm；中足股节♀ 10.0 mm，♂ 12.0 mm；后足股节♀ 15.0 mm，♂ 18.0 mm。

【生活习性】若虫和成虫取食寄主叶片。

拟异尾华枝䗛 *Sinophasma pseudomirabile* Chen et Chen

【寄主】红锥、米锥。

【分布】中国分布于广西。广西分布于博白、陆川。

拟异尾华枝䗛成虫（王缉健　摄）

【形态特征】雄虫体细长，绿色，头宽卵形，背有 5 条纵纹；复眼黑红色，球形外突，内有黑点；触角暗褐色，线形，长于前足，略短于身体，端部具 3 白和 3 黑的相间环，第一节扁平，宽于第二节，第三节长于第四和第五节之和。前胸很短，背有横沟；中胸背板密被颗粒，长于头和前胸之和，与中股节约等长。前翅短小，背观近方形，具黑黄相间的短条纹；后翅长，达到第六背板中部，侧区具有相当规则的网状纹。足浅黄绿色，跗节灰色；中足股节最短，后足股节最长，前足股节端部的黑斑明显，而中、后足股节端部的黑斑小而不明显。腹部长于头胸部之和。腹端 3 节膨大，第七腹板后端渐宽，第九背板最长，隆突，被褐色纹，其两侧缘弧形；臀节近垂直于第九腹节，中央略向内凹，具中脊，其 2 个锥角略向内弯；下生殖端部具 3 个角状突；尾须红色，扁平，斜伸向后两侧，基部加宽，端部渐尖。

雌成虫较雄成虫体细长，头扁平，长方形；腹端三节正常，第八腹板短，产卵器外露，第七腹板向后延伸至第八腹板中央，与腹瓣愈合，臀节后缘中央三角形内凹，肛上板超出臀节末端，尾须非圆柱形，中部略加宽，端部渐尖，不如雄性明显。

若虫共 6 龄，个别 7 龄，1 ～ 2 龄体淡黄色，肢体幼小，栖息于叶背，体贴中脉，前足与触角平；3 ～ 4 龄出现三角形翅芽，受惊有向后弹跳习性，腹末三节开始膨大；5 ～ 6（7）龄前翅翅芽短小如棍，后翅翅芽略长方形，长 5 ～ 10 mm，背面多条纵脊明显突出，体色接近成虫，雄性腹瑞膨大接近成虫，雌性腹端生殖节亦接近成虫构造。

【生活习性】在广西博白县 1 年发生 1 代，以卵越冬。3 月中下旬为卵孵化盛期；6 月上中旬成虫出现，6 月中下旬为成虫盛期，6 月下旬至 8 月上旬为产卵盛期，8 月中下旬成虫死亡。雄虫共 6 龄，少数 7 龄，其中 1 龄 10.3 ± 5.2 天，2 龄 11.7 ± 2.6 天，3 龄 10.5 ± 5.1 天，4 龄 12.0 ± 1.4 天，5 龄 13.0 ± 3.2 天，6 龄 13.8 ± 7.8 天，7 龄 13 天，成虫期 39.5 ± 7.3 天，整个生长发育期 139.8 ± 15.3 天。多在夜间取食，偶有白天取食，每次取食时长 15 ～ 30 分钟。多栖息于取食的叶背，利于就近取食，取食时沿叶缘向一个方向重复切咬。初孵的低龄若虫取食幼嫩叶片边缘，将叶片咬成缺刻或小孔，留下叶脉，取食量少，取食叶片张数少；老龄若虫取食量明显增加，取食范围增大，咬过的叶片张数多，多把叶片咬剩主脉，或只剩下叶柄。1 ～ 4 龄、5 ～ 6（7）龄若虫和成虫的取食量分别占一生总食量的 4.41% ± 1.36%、30.83% ± 10.74% 和 64.65% ± 10.06%。

斑腿华枝蛸 *Sinophasma maculicruralis* Chen

【寄主】红锥、米锥、马尾松、桉、枫、黑荆、盐肤、竹、枫。

【分布】中国分布于广西。广西分布于永福、阳朔、梧州（长洲）、岑溪、桂平、浦北、博白、田东、隆林、高峰林场、钦廉林场、黄冕林场、博白林场、雅长林场。

【形态特征】成虫体绿色。头宽卵形，后缘拱形。复眼球形外突。触角褐色，后头有 1 条纵沟。前胸背板近长方形，背中有 1 条浅沟。中胸背板平滑，明显长于头与前胸之和，上有 1 条纵脊。前翅革质，甚短，近方形，近前半有向上突出的褐色翅突，翅面有粗网纹；后翅伸达第六腹节中部。中胸背板平滑。足的股节和胫节端部暗褐色。腹部稍扁，末端 3 节膨大，平时向上翘起。第八节背板后缘加宽，第九背板延长，前窄后宽并向上突出呈宽瓣状，侧缘凹下。下生殖板梯形。尾须直，明显超过臀节端部。雌虫较雄虫粗壮，头部、前胸背板和前翅与雄虫相似。前胸背板有黑色纵纹。前足股节与胫节端部褐色。后翅超过第五腹板端部。臀节窄于第八腹节，背板两侧宽圆，肛上板露于臀节端叶间，第八腹节板端部尖，伸达第九腹节中部；产卵器外露，超过第九腹节。尾须直，圆柱形，超过臀节端部。

卵呈卵圆形，略扁，长约 1.7 mm，宽约 1.4 mm。卵盖顶部赤褐色，内有 1 条长形环纹，纹中心有 1 个黑褐色小点。

若虫共 5 龄。1 龄体淡黄色，肢体幼小，不易发现；2 龄体淡乳黄色；3 龄有三角形翅芽，体淡黄绿色，复眼黑褐色，口器、触角、各足跗节、尾须淡肉红色，体背中线米黄色；4 龄翅芽葵扇形，体淡黄绿色，复眼黑褐色，各跗节淡红褐色，可分辨雌雄；5 龄翅芽长羽毛状，体淡绿色，各足爪褐色。

【生活习性】3 月卵粒开始孵化，若虫多在上午孵化后于当天上树。若虫先取食嫩叶咬成缺刻，随着龄期的增长，取食全叶，成虫取食全叶和嫩梢。一生取食椎叶 22 张。若虫无假死性，成虫有假死性，能向后弹跳。成虫白天交配，5 ～ 10 分钟 / 次。雌虫于树上产卵坠地，散布于地表枯枝落叶层或泥土缝隙中。

A. 成虫

B. 卵（椭圆形、放大 10 倍照）

斑腿华枝蛸（王缉健　摄）

双刺玛异䗛 *Marmessoidea bispinus* Redtenbacher

【寄主】竹。

【分布】中国分布于浙江、福建、广西、海南、贵州、云南。广西分布于龙州。

【形态特征】雌虫体绿色，触角褐色具白环，足绿色，股节中部与胫节端部黑褐色。头部具数列粒突。前胸背板粒突稀疏，中胸背板具纵脊，具较密集粒突，中、后胸背板疏生粒突。前翅鳞状，褐色，前缘翅突尖刺形，黑色；后翅约伸达腹端，前缘绿色或污褐色，臀域烟色。雌虫臀节端部收缩，后缘略凹；腹瓣矛状，端缘凹入；雄虫臀节屋脊状，端侧成三角形钝齿；下生殖板圆突；尾须直，柱状。

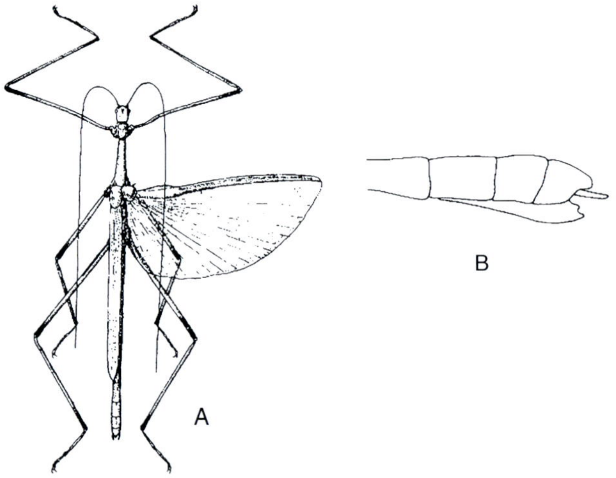

A. 外部形态特征；B. 腹端侧面观

双刺玛异䗛雌虫（引自陈树椿和何允恒，2008）

雌雄成虫主要部位长度：体长♀ 79.0 mm，♂ 57.0 mm；中胸背板♀ 12.5 mm，♂ 11.0 mm；后胸背板（含中节）♀ 12.0 mm，♂ 9.0 mm；前足股节♀ 18.0 mm，♂ 19.0 mm；中足股节♀ 12.0 mm，♂ 12.0 mm；后足股节♀ 18.0 mm，♂ 19.0 mm。

卵长 2.6 mm，宽 1.7 mm。卵形，腹面平坦，褐色，被密粒突。卵盖平坦，卵盖角倾斜。卵孔板椭圆形，卵孔位于中部处。中线白色，较短，不伸达后端。

【生活习性】不详。

棉管䗛 *Sipyloidea sipylus* Westwood

【寄主】蔷薇科、荨麻科、壳斗科、樟科、锦葵科等植物。

【分布】中国分布于浙江、福建、河南、广东、广西、海南、贵州、四川、云南、甘肃、台湾、香港。广西分布于龙州。

【形态特征】雌虫褐色，成虫体长 87.0 ～ 108.0 mm。头椭圆形，有黄色纵线 6 条。复眼黑褪色，触角丝状，长于前足，分节不明显，约与身体同长。前胸短，中央有 1 条明显的横沟。前翅小，卵圆形，褐色；后翅几伸达腹部 2/3，前区狭窄，淡褐色；臀区大，透明。足细长。腹部延伸，产卵瓣不伸出；尾须长，侧扁。

雄虫体细杆状，成虫体长 48.0 ～ 71.0 mm。体被不规则粒突。体黄褐色，触角褐色，具 4 ～ 5 个浅色瘤于头部纵沟处，眼后，前、中胸，复眼角突及腹部背面均为褐色。头长方形，稍短于前胸背板，背面基本平坦，但眼间较隆起，后头具纵沟，形成 4 个瘤突；触角长丝状，伸达腹端，触角间具椭圆形凹窝，第一节长方形，第二节柱形并短于第一节。前胸背板长方形，被稀粒突，边框深褐色，横沟位于中央稍前方，中胸背板具纵、侧脊，散生不规则粒突，至后方粒突稀疏；中、后胸侧板具纵脊与粒突；中胸背板粒突具明显短毛。前翅鳞状，后缘截状，角突较钝；后翅伸达第六腹节基部。3 对足细长，无刺齿，纵脊处密生细毛；前足股节稍长于后足股节。腹端 3 节，第八节宽长，第九节自基至端部变窄，臀节短，后缘截状；下生殖板拱起，端窄，伸达臀节基部；尾须圆柱状，超过臀节。

雌雄成虫主要部位长度：后胸背板（含中节）♀ 12.0～14.0 mm，♂ 7.0 mm；前足股节♀ 24.0～28.0 mm，♂ 17.0 mm；中足股节♀ 16.0～21.0 mm，♂ 10.0 mm；后足股节♀ 24.0～28.5 mm，♂ 17.0 mm。

卵长 3.3 mm，宽 1.3 mm。长椭圆形，褐色，表面具不规则脊纹与小毛状刺。卵盖角倾斜。卵孔板梭形，位于中央处，两端较尖，卵孔位于其底部。

【生活习性】在台湾 1 年发生 2～3 代。野外雄虫罕见，可能以孤雌生殖为主。在人工饲养条件下，成虫期长达 10～12 个月，每雌产卵 400～600 粒，卵历期视季节而异，夏季约 1.5 个月，冬季约 3 个月。其在广西的年生活史不详。

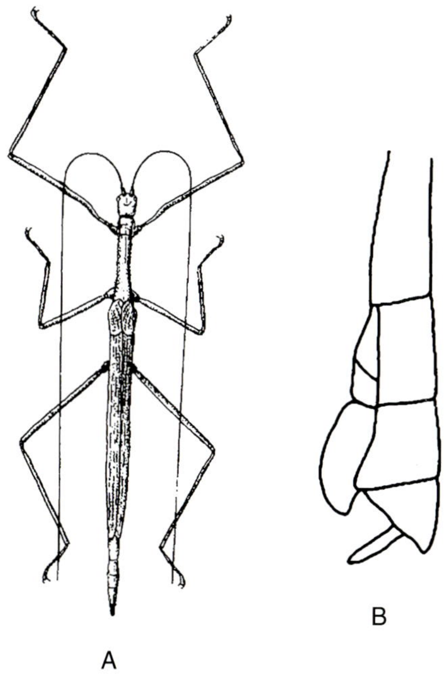

A. 雌虫形态特征；
B. 雄虫腹端侧面观

棉管䗛成虫（引自陈树椿和何允恒，2008）

优刺异䗛 *Oxyartes honestus* Redtenbacher

【寄主】壳斗科植物。

【分布】中国分布于广西。广西分布于上思。

【形态特征】雌虫体粗杆状，成虫体长约 97.0 mm。体栗黄色，3 对足具褐斑，中胸后端深褐色。头短宽，后头具 6个瘤突，背面较扁，披稀疏粒突；触角长丝状，褐色，远长于前足。前胸背板前缘具 1 列约 6 小刺组成的横列，其余被稀疏粒突，横沟位于前半部；中胸前窄后宽，前缘 1 对刺，后缘由瘤突组成的短脊，两侧被成列短刺，其余为散生粒突，胸部腹面具稀粒突；后胸背板（含中节）约为中胸背板长的 3/5。仅具明显鳞状翅 1 对。3 对足匀称，前足股节稍短于后足股节，端内外脊各具 2 枚小刺。腹部圆桶状，腹面有多条纵脊，腹部 1～4 节与第八节背板后缘各具 1 枚后倾小刺，第六与第七节端部有具刺的片状脊突，第七腹板后缘具叉突 1 对；臀节后缘三叶形（非齿状）；腹瓣舟形，较扁，端尖，伸达腹端；尾须短，圆柱形。

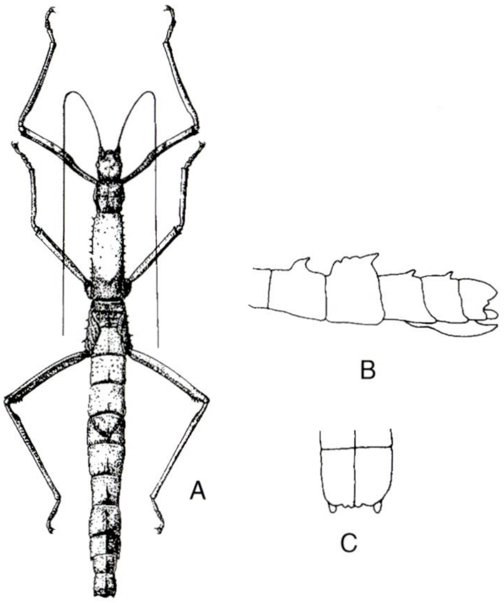

A. 外部形态特征；B. 腹瓣侧面观；C. 臀节背面观

优刺异䗛雌虫（引自陈树椿和何允恒，2008）

雌成虫主要部位长度：中胸背板 21.0 mm，后胸背板（含中节）14.0 mm，前足股节 18.0 mm，中足股节 17.0 mm，后足股节 20.0 mm。

【生活习性】若虫和成虫取食寄主叶片。

广西原异䗛 *Prosceles guangxiensis* Chen et He

【寄主】红锥、米锥。

【分布】中国分布于广西。广西分布于博白。

【形态特征】雌虫体较粗大，杆状，黄褐色。体除头、前胸背板、中、后胸侧板具粒突外，其余部分光滑。头近长方形，与前胸背板约等长，背面较扁平，具粒突，眼后与背中央具纵沟，后头形成6个瘤突；复眼半球形；触角长丝状，长于前足股节，第一节扁宽，第二节短柱形。前胸背板近长方形，前缘具1横列稀疏粒突，中央具“+”形沟纹，横沟位于前半部；中、后胸侧板具纵裂粒突，中胸背板长约为后胸背板（含中节）的2倍，中节长于后胸背板的1/2。3对足较长，前足股节基部弯曲，近中部较扁宽，各足股节端部内外腹脊各具2～3枚小刺。腹部圆筒形，端部3节略收缩，第八腹节长于后2节，臀节略长于第九节，背面具纵脊，后缘中央浅凹；腹瓣舟形，较扁，具2条侧脊，端稍尖，伸达臀节中部；尾须圆柱形，端窄，稍超过臀节。

【生活习性】若虫和成虫取食寄主叶片。

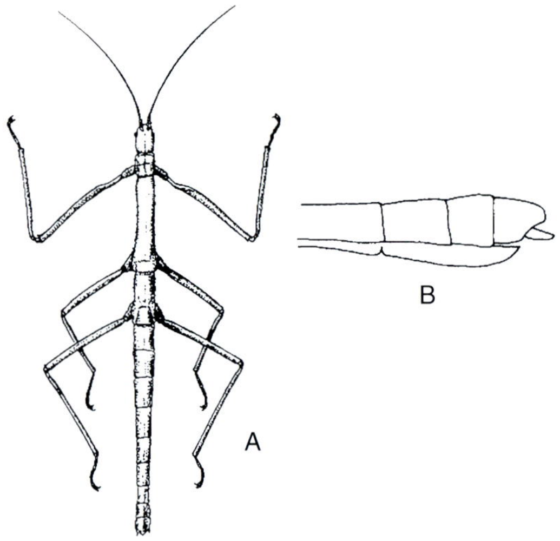

A. 外部形态特征；B. 腹端侧面观

广西原异䗛雌虫（引自陈树椿和何允恒，2008）

角臀健䗛 *Sosibia cornuta* Chen et He

【寄主】壳斗科植物。

【分布】中国分布于广西。广西分布于龙州。

【形态特征】雄虫体中型，成虫体长约52.0 mm。体黄褐色，头背有3条及眼后侧各1条纵纹，前胸背板1条间断黑纹，中胸背板有不规则黑纹；前翅突前黄色，后翅黄色，纵脉褐色；3对足股节端褐色。头呈长方形，长大于宽，背面无明显粒突；眼圆突；触角长丝状，第一节矩形，端厚，长于第二节。前胸背板长方形，短于头部，被少量粒突，横沟位于前方1/3处，两侧具纵脊；中胸背板长约为前胸背板的3倍，背腹面被不规则粒突，除中脊外，还有3～4条不规则纵纵脊，后胸背板（含中节）较长于中胸背板。前翅卵形，翅突钝；后翅伸达第八腹节。3对足股节无刺齿，后足股节略长于前股节。腹端3节膨大，稍呈屋脊状，臀节具纵脊，与第八节约等长，短于第九节，后缘几乎平截，每侧有2角突，超过腹端；下生殖板较平坦，端圆，约伸达臀节中部；尾须圆柱形，略内弯，端部较膨大。

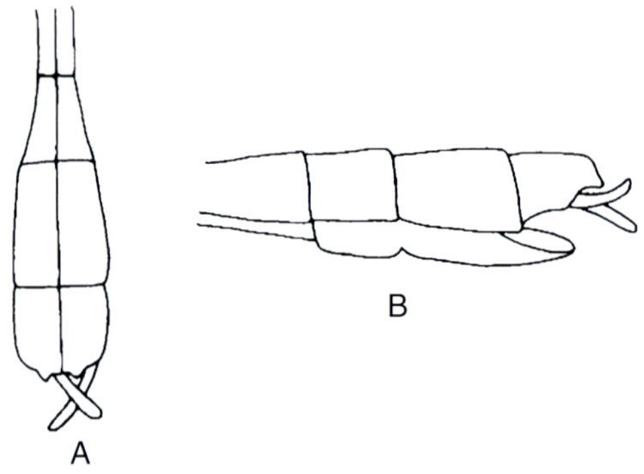

A. 腹端背面观；B. 腹端侧面观

角臀健䗛雄虫（引自陈树椿和何允恒，2008）

雄成虫主要部位长度：中胸背板 7.4 mm，后胸背板（含中节）8.0 mm，前足股节 14.0 mm，中足股节 10.0 mm，后足股节 15.0 mm。

【生活习性】若虫和成虫取食寄主叶片。

金秀新健䗛 *Neososibia jinxiuensis* Chen et He

【寄主】壳斗科植物。

【分布】中国分布于广西。广西分布于金秀。

【形态特征】雄虫体中等偏大，杆状，成虫体长约 84.0 mm。体绿色，后胸两侧具黑纵纹，背面具中纵脊。头长卵形，背面较平坦，后头具 6 个瘤突；眼圆突；触角长丝状，伸达腹部第八节，第一节矩形，第二节短柱形。前胸背板矩形，横沟位于中央，中胸背板近中脊处被 6 枚黑刺，侧缘仅 1 枚短刺，其余为稀粒突，侧板具少量短刺，至后方刺加粗；后胸背板（含中节）约为中胸背板长的 1/2，仅侧板有黑色短刺；中节略短于后胸背板。3 对足以中足股节较短，前足股节略长于后足股节，各足股节内外腹脊近端部各有约 2 枚小齿，腹部圆筒形，端部 3 节膨大，具 3 条纵脊，第八至第九节约等长，臀节较短，拱形，后缘几乎平截，中央具小凹口；下生殖板兜形，端窄，伸达臀节基部；尾须柱形，端较细，露于腹端。

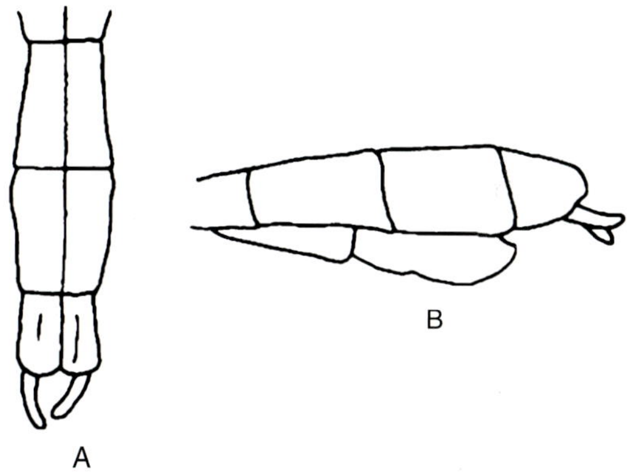

A. 腹端背面观；B. 腹端侧面观

金秀新健䗛雄虫（引自陈树椿和何允恒，2008）

雄成虫主要部位长度：前胸背板 4.0 mm，中胸背板 19.0 mm，后胸背板（含中节）9.2 mm，中节 4.0 mm，前足股节 26.0 mm，中足股节 19.0 mm，后足股节 25.0 mm。

【生活习性】若虫和成虫取食寄主叶片。

广西粗棘䗛 *Spiniphasma guangxiense* Chen et He

【寄主】壳斗科植物。

【分布】中国分布于广西。广西分布于南宁（武鸣）、兴安。

【形态特征】雌虫体小，短杆状，成虫体长约 43.0 mm，无翅。体褐色。头与体具粗刺。眼间具较长角 1 对刺，其后具 3 对刺；触角分节明显，近 20 节，远长于前足股节。前胸背板具 4 对大小不等的刺；中胸背板约为后胸背板（含中节）长的 2 倍，中、后胸侧膨大并向上隆突，沿中线有 7 枚刺，中央隆起部分 3 对刺较大，后缘 1 对刺较小，侧缘各有 4 枚刺，后胸背板远长于中节，中央有 2 对刺，几乎成一横列，近后方具小刺 1 枚，中、后胸尚具少量不规则刺；中节横形，具刺 2 对。3 对足较短，前、后足股节约等长；前足股节基部稍弯，脊明显；脊上有间距不等的数个小钝齿；中、后足基节上方具刺，股节腹中脊清楚。腹部圆筒形，较扁，第二至第五节各有 2 对刺，第六至第九节各有 1 对刺，除臀节外，各节近腹侧具成对叶突；臀节后缘亚平截，中央有小凹缘；腹瓣扁舟形，短于腹端；尾须扁，端窄。

雄成虫体长约 36.0 mm，体褐色，背中央具不规则锈斑。头后隆突，眼间 1 对刺，其后 3 对刺，以第一对较长，间距也宽。前胸背板亚长方形，沿中线 3 对刺，近后缘 1 对较小，中、后胸宽大且隆起，中胸背板约为后胸背板（含中节）长的 2.5 倍；中胸背板沿中线 6 对刺，最末 1 对则小。后胸背板近中央 4 列刺横列，其后有 1 对小刺；中节横形，中央 1 对大刺，其后 1 对较小；腹部略长于头、胸部之和，第二至第五节各有 2 对刺，第六至第九节各有 1 对刺，至后 2 节的刺短钝，第二至第九节近后缘各具 1 对刺，后 2 节刺突几呈叶状；下生殖板兜形，稍超过臀节基部；尾须不外露。

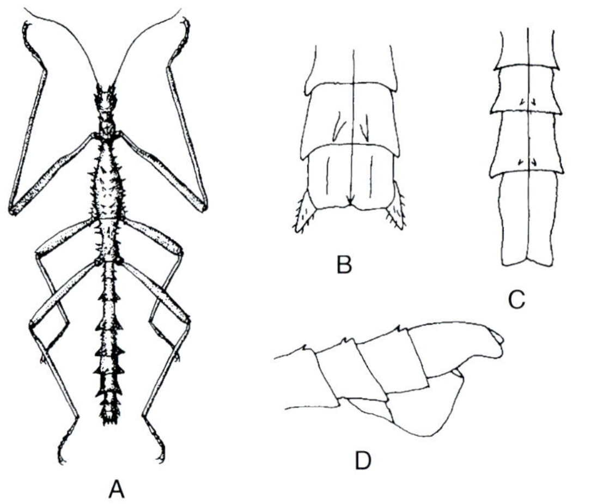

A. 雌性形态特征；B. 雌性腹端背面观；
C. 雄性腹端背面观；D. 雄性腹部侧面观

广西粗棘䗛（引自陈树椿和何允恒，2008）

雌雄成虫主要部位长度：前胸背板♀ 8.0 mm，♂ 15.0 mm；中胸背板♀ 8.0 mm，♂ 15.0 mm；后胸背板（含中节）♀ 4.0 mm，♂ 6.0 mm；中节♀ 1.0 mm，♂ 2.0 mm；前足股节♀ 10.0 mm，♂ 16.0 mm；中足股节♀ 9.4 mm，♂ 10.5 mm；后足股节♀ 10.0 mm，♂ 14.6 mm。

【生活习性】若虫和成虫取食寄主叶片。

中华仿圆足䗛 *Paragongylopus sinensis* Chen et He

【寄主】壳斗科植物。

【分布】中国分布于广西。广西分布于南宁（武鸣大明山）。

【形态特征】雌虫体中型，成虫体长约 45.0 mm。圆筒形，褐色，体表粗糙，体背面与腹面具不规则的低钝瘤突，背面具 1 条纵脊与 2 条侧脊，腹面具 2 条侧脊。头略延伸，背面几乎不隆起，后头具不规则小瘤突；复眼圆形，外突，眼间具 1 对前倾的锥突，锥突基部隆起，具背脊与侧脊；触角短，远短于前足股节，由 3 节组成，分节明显，柄节膨大，具棱脊，梗节短小，鞭部仅 1 节，呈不规则的棒状，基部 3/4 边缘棱脊状，内侧有 1 排较整齐短刺，外侧被毛，近端 1/4 处稍收缩，呈指突。前胸背板亚梯形，与头部约等长，表面粗糙，中部与侧面具宽脊，中央具横沟，纵沟伸达前半部；中胸背板与后胸背板加中节之和约等长；中节甚短，横形。缺前、后翅。3 对足股、胫节具钝齿突，尤以背面齿突显著；前足股节基部

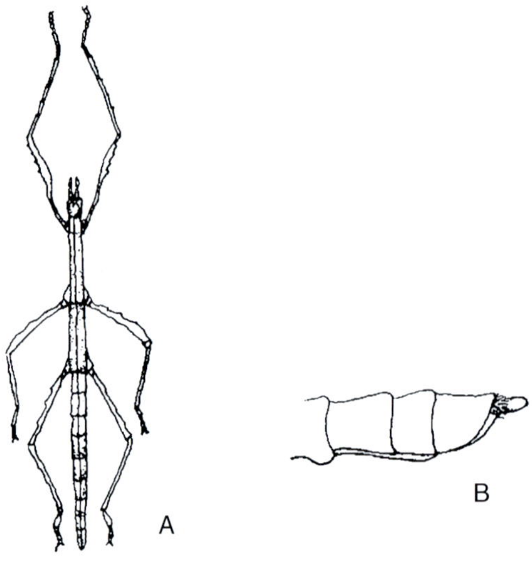

A. 形态特征；B. 腹端侧面观

中华仿圆足䗛雌虫（引自陈树椿和何允恒，2008）

略内弯，背腹面棱脊清楚，背面内外脊各具 6 枚以上钝齿，腹面齿突小而不显著，胫节仅背面具少量小钝齿，中、后足股节棱脊平钝，背面具 3 对钝齿，腹面具少数钝齿。腹部自第六节以后渐窄，第五背板后缘的瘤突明显加大，第六至第九背板中脊与侧脊端部各具 1 个明显瘤突，第七腹板后缘中央凹入，第八和第九节背板屋脊状；臀节稍长于第九节，宽瓦状，后缘微弧形，中央微内凹，背中脊清楚；腹瓣较扁平，后缘几乎截状，不超过第九节后端；尾须稍扁宽，腹面具中脊，略超过臀节端部。

雌成虫主要部位长度：前胸背板 2.6 mm，中胸背板 8.0 mm，后胸背板（含中节）8.0 mm，中节 1.2 mm，前足股节 13.0 mm，中足股节 9.0 mm，后足股节 10.6 mm。

【生活习性】若虫和成虫取食寄主叶片。

索康瘦蛸 *Macellina souchongia* Westwood

【寄主】竹。

【分布】中国分布于福建、广东、广西、海南、湖南、四川、贵州、江苏、山东、浙江、香港、澳门。广西分布于金秀。

【形态特征】雌虫体细长，成虫体长 78.0 mm。青褐色。头延长，背面平坦，眼较小，圆突；触角 18 节，短于前足股节，第一节扁宽，端加厚，第二节短柱形，短于第一节的 1/2。前胸背板矩形，中央具“+”形沟纹，横沟位于近中央；中胸至腹部中央背纵脊清楚，中胸背板长于后胸（含中节）；后胸约为中胸长的 5/8；中节横形。3 对足细长，无刺齿，前足股节略长于后足股节，中足股节则较短。腹部长于胸之和，自第六节后渐变窄，第五至第七节较长，腹端 3 节，以第八节最长，臀节较长于第九节，后缘近截形；肛上板三角形，外露；腹瓣扁舟形，端尖，伸达臀节基部，两侧脊明显，产卵瓣露于腹瓣外；尾须较扁，矛形，内侧具纵脊，明显超过腹端。

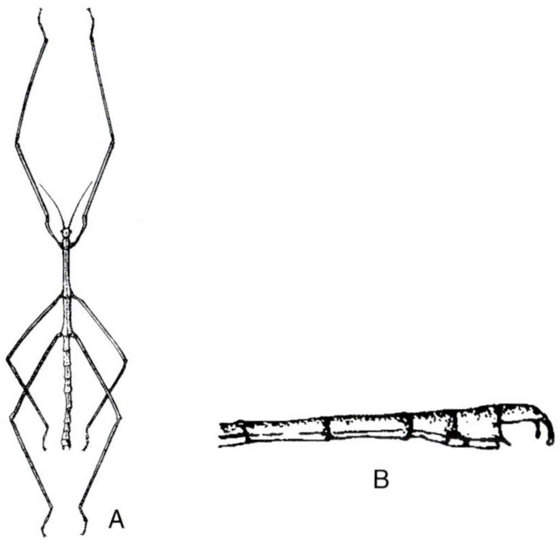

A. 外部形态特征；B. 腹部侧面观

索康瘦蛸雌虫（引自陈树椿和何允恒，2008）

雄虫较雌虫细瘦，成虫体长 53 mm。头背至腹端具黑色纵纹，至第四腹节黑纹变细。头部远长于前胸背板，两眼间较隆起，前胸背板中部两侧较宽，中、后胸后端较宽，中胸背板长约为后胸背板（含中节）的 1.2 倍，中节长大于宽。3 对足细长，无刺齿，前足股节较长于后足股节。腹部略短于头胸之和，第二至第七节延长，腹端 3 节增宽，向后渐次缩短，臀节背板侧端叶较宽，后缘中央稍凹入，两侧成角状；第九背板侧后角尖，呈尖指状向后伸；下生殖板兜形，端尖，1 条超过第九节端部；尾须长且内弯，下伸。

雌雄成虫主要部位长度：中胸背板♀ 17.0 mm，♂ 17.0 mm；后胸背板（含中节）♀ 12.0 mm，♂ 9.5 mm；中节♀ 2.5 mm，♂ 2.0 mm；前足股节♀ 26.0 mm，♂ 25.0 mm；中足股节♀ 20.0 mm，♂ 18.0 mm；后足股节♀ 24.0 mm，♂ 21.0 mm。

【生活习性】取食竹叶片，有较好的保护色，在枝叶上栖息或取食而不易被发现。

腹指瘦䗛 *Macellina digitata* Chen et He

【寄主】岗松。

【分布】中国分布于广西。广西分布于博白。

【形态特征】雌成虫体长 50.6 ~ 54.2 mm，体较粗，黄褐色或草绿色。头部较光滑，头顶与眼后共有 3 条浅纵沟；触角 19 节，长约为前足股节的 1/3，第一节圆柱形，长约为第二节的 2 倍，第三节稍长于第二节，其余各节均为圆柱形，以第八、第十、第十二、第十四、第十八节较长，各节约等长，端节最长，端部圆，长约为第三节的 2 倍。前胸背板长约为宽的 1.5 倍，中央纵沟明显，两侧沟在中央处中断，中横沟略向前弯曲，横沟后的纵沟深凹，中胸至腹端背中央有 1 条纵脊。中节长宽约等，腹部各节中以第四、第五节最长，约等长，第三、第六节次之，约等长，以第八节最短，臀节略成弧形，后缘截形，肛上板三角形，背中脊明显；下生殖板中央略突，矛形，端部尖，两侧具明显的边，不伸达臀节。尾须扁，端尖，后伸，明显超过肛上板。

雄成虫体长 76.9 ~ 78.0 mm，体细瘦，黄褐色。头明显长于前胸背板，后缘几与前胸等宽，头上无瘤突，头顶中央有 1 条纵沟，至后半部较浅，触角 19 节，长约为前足股节的 1/2，第一节长，两侧近乎平行，背面有中脊，基部 2/3 扁，端部 1/3 圆柱形，长约为第二节的 3 倍，第三节略长于第一节，第四、第五节略短，其余各节稍长，端节端部略钝。前胸背板长约为宽的 1.8 倍，背中有 1 条纵沟，沟中央处深凹，中央横沟不达两侧，稍曲折，纵沟中央每侧各有 1 条纵沟；中胸背板长于后胸背板加中节，背中有纵脊。3 对足细长，前足股节稍长于后足股节，中足股节最短，各足胫节略长于股节，足上被密细的小刺，各足第一跗节长于其余各节之和。中节长方形，长大于宽，腹基部至臀节中央有纵脊，腹基 5 节约等长，第六节略短，端部 3 节最短，约等长，臀节后缘略凹入，两侧向内倾斜，形成两个侧瘤，端部显著加厚，被细毛，下生殖板短，中央圆突，在缘略凹入，不超过第八腹节端部，第八节背板下侧各有 1 个指形突，尾须向内稍弯曲，端部较细，钝形，内侧稍凹。具许多小齿，尾须约与臀节等长。头部背中央与眼后具长方形褐纹，前胸背板中央褐色，中、后胸两侧有深褐色纵纹，胸腹部背中脊两侧具褐色纵纹，至腹部第三节后褐纹细狭。

雌雄成虫主要部位长度：中胸背板♀ 14.0 mm，♂ 13.0 mm；后胸背板（含中节）♀ 10.8 mm，♂ 9.40 mm；中节♀ 1.6 mm，♂ 1.2 mm；前足股节♀ 20.8 mm，♂ 23.0 mm；中足股节♀ 15.6 mm，♂ 16.6 mm；后足股节♀ 20.4 mm，♂ 20.0 mm。

卵长 5.1 mm，宽 0.8 mm。细长，黄褐色，具不规则碎纹。卵盖周围具突起。卵孔板长，梭形，浅黄色，卵孔位于中央处，中线伸达后缘。腹端凹入，边缘具突起。

【生活习性】若虫和成虫取食寄主叶片。

腹指瘦䗛成虫（王缉健　摄）

15. 䗛科 Phasmatidae

触角分节明显，常短于前足股节，雌性股节基背面锯齿状，或触角长于前足股节，但不如体长，中、后足股节腹脊呈均匀锯齿状。一般中节较短，雌性腹瓣后伸不多，但有的种类其明显超过腹端。

金秀短肛䗛 *Baculum jinxiuense* Chen et He

【寄主】桉。

【分布】中国分布于广西。广西分布于忻城。

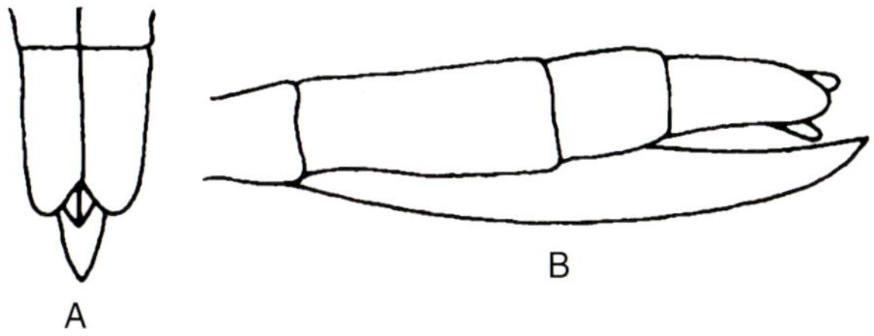

A. 腹端背面观；B. 腹端侧面观

金秀短肛䗛雌虫（引自陈树椿和何允恒，2008）

【形态特征】雌虫体大，成虫体长约 129 mm。体杆状，光滑，无翅，黄褐色，体背具细中脊。头卵形，后窄，眼圆突，眼间具黑色横纹；触角分节明显（不全），第一节扁宽，第二节短柱形。前胸背板近矩形，中央具“+”形沟纹，横沟位于中央，中胸背板略长于后胸背板（含中节）；中节长约为后胸的 1/4.5。前足股节约长于后股节，背内脊具 1 列小齿，腹外脊具 7 ～ 8 枚较粗黑齿，中足股节略短于头、前胸与中胸之和，中、后足股节内外腹脊近基部各有 1 ～ 2 枚齿，腹中脊近端处具 8 ～ 9 枚小齿，胫节背腹脊具小数齿刺。腹端 3 节屋脊状，臀节明显长于第九节，后缘三角形凹入；肛上板具纵脊，略超过侧端叶；腹瓣舟状，端尖，稍超过腹端，尾须短柱形，不超过腹端。

雄虫体较雌虫略小，成虫体长约 122.0 mm。头黄色，前胸背板浅褐色，胸侧缘浅色，3 对足除中、后足股节大部分为棕色外，余为褐色，体腹面中央具黑纵线，第八至第九腹节背板后侧具浅斑。3 对足细长，前、后足股节约等长，中、后足股节端部腹中脊约 3 齿。臀节端缘弧形，呈钝角斜切；下生殖板兜形，端窄，伸达第九节端部；尾须圆柱形，稍内弯，端窄，不超过腹端。

雌雄成虫主要部位长度：前胸背板♀ 3.0 mm，♂ 3.0 mm；中胸背板♀ 25.0 mm，♂ 27.0 mm；后胸背板（含中节）♀ 22.0 mm，♂ 22.5 mm；中节♀ 4.0 mm，♂ 3.0 mm；前足股节♀ 39.0 mm，♂ 43.0 mm；中足股节♀ 29.0 mm，♂ 39.0 mm；后足股节♀ 34.0 mm，♂ 44.0 mm。

【生活习性】若虫和成虫取食寄主叶片。

二列短肛䗛 *Baculum bifarium* Chen et He

【寄主】壳斗科植物。

【分布】中国分布于广西。广西分布于金秀。

【形态特征】雌虫体大，成虫体长约 140.0 mm，杆状，光滑，无翅，背部具细中纵脊。体和 3 对足股节褐色，胫、跗节绿色。头卵形，后窄；眼圆突，眼间具 1 条黑色横纹，无角刺；触角远短于前足股节，第一节扁叶形，第二节短柱形，远短于第一节。前胸背板近梯形，中央具“十”字形沟纹，横沟近中央，中胸背板略长于后胸背板（含中节）；中节长约为后胸背板的 1/4.5。中、后足股节内外腹脊具 5 ~ 8 枚的齿列，腹中脊近端处具 5 ~ 6 枚小齿，胫节腹中脊基部刀片状，其背腹脊具少量小刺。腹部圆筒形，臀节屋脊状，略长于第九节，后缘三角形凹入；肛上板小，三角形，短于臀节侧叶；腹瓣舟状，端尖，稍超过腹端；尾须短柱形，超过腹端。

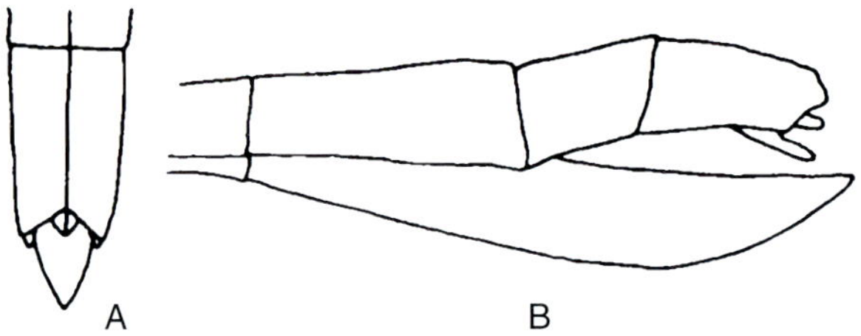

A. 腹端背面观；B. 腹端侧面观

二列短肛䗛雌虫（引自陈树椿和何允恒，2008）

雌成虫主要部位长度：前胸背板 3.0 mm，中胸背板 27.0 mm，后胸背板（含中节）22.0 mm，中节 4.0 mm，中足股节 33.0 mm，后足股节 38.0 mm。

【生活习性】若虫和成虫取食寄主叶片。

兴安短肛䗛 *Baculum xinganense* Chen et He

【寄主】竹。

【分布】中国分布于广西。广西分布于龙胜、兴安。

【形态特征】雄虫体大，成虫体长约 123.0 mm，杆状。体褐色，具光泽与细密横皱。头背面褐色，触角深褐色，眼下具黄纹，前胸背板黄褐色，中、后胸背板黑色，前足股节基部黑色，腹部第二至第八节侧方具黑纵条。头椭圆形，后侧略窄于前胸背板，头背面具 1 条纵沟 2 条侧沟，头顶中央具 2 个小窝，触角间具椭圆形凹窝；眼半球形；触角 24 节，分节明显，远长于前足股节之半。前胸背板亚梯形，中央具“+”形沟纹，横沟位于近中长度略中胸后侧与后胸两端较粗，中胸背板长于后胸背板（含中节）；中节吃紧大于宽。3 对足细长，中、后足股节腹中脊端部具 5 ~ 6 枚小齿，胫节端部腹脊有小量小刺。腹部圆筒形，长于头、胸部之和，腹端 3 节粗，屋脊状，第九节稍短于第八节与臀节，臀节约与第八节等长，分裂成两叶，端半部浅弧下弯，顶端略呈弯钩状；下生殖板兜状，伸达第九腹节后半部，端窄，稍内弯。

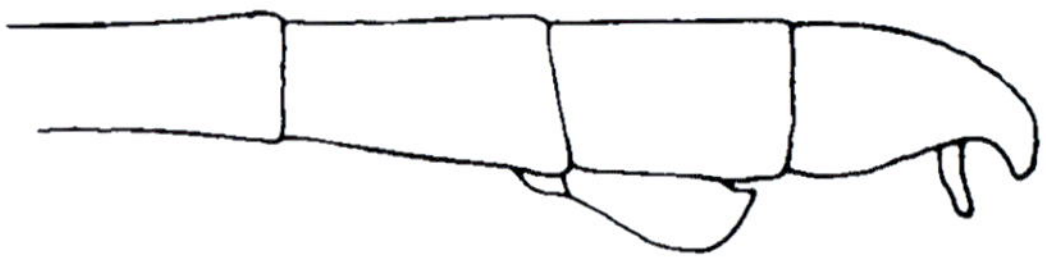

兴安短肛䗛雄虫腹端侧面观（引自陈树椿和何允恒，2008）

雄成虫主要部位长度：前胸背板 3.4 mm，中胸背板 27.5 mm，后胸背板（含中节）21.5 mm，中节 3.6 mm，前足股节 45.0 mm，中足股节 33.0 mm，后足股节 39.0 mm。

【生活习性】若虫和成虫取食寄主叶片。

平利短肛䗛 *Baculum pingliense* Chen et He

平利短肛䗛成虫（王缉健　摄）

【寄主】马尾松、秃杉、桉、油桐、木荷、龙眼、千年桐、柚木、美丽异木棉、毛竹、板栗、羊蹄甲、簕仔树。

【分布】中国分布于湖北、广西。广西各地均有分布。

【形态特征】雌成虫体长 95.0 ～ 100.0 mm。头椭圆形，无角刺；眼圆突，长约为其后至后缘的 1/3，眼间具 1 条褐色横纹；触角约为前足股节长的 1/3，第一节扁宽，长约为第二节的 4 倍。前胸背板呈梯形，背中央具“+”形沟纹，横沟位于中央处；中胸后侧稍宽，后胸背板（含中节）约为中胸背板长的 4/5 倍，两端较宽大；中节梯形。前足股节腹外脊有 4 ～ 5 枚黑齿，中、后足股节近基部外侧有 1 枚齿，腹中脊端部具数枚小齿。腹部明显长于头、胸部之和，以第五节最长，第四节次长，臀节略长于第九节，后缘三角形凹入；肛上板略长于臀节端部；腹瓣长舟形，背面具纵脊，略超过肛上板；尾须圆柱形，短于腹瓣端部。

雄成虫体长 70.0 ～ 88.0 mm。体较大，细杆状，黄褐色至深褐色，中、后胸深褐色，侧面具黄色纵线，体背具细中脊。触角分节明显，超过前足股节的 2/3，基部两节浅色，前胸背板具“+”形沟纹；中节梯形。3 对足细长，中、后足股节腹中脊端部具数小齿。腹部第八节后侧与第九节稍加宽；臀节背板深裂成两叶，其后缘向下斜切，端部尖窄；下生殖板不超过第九腹节，端尖，背面具中脊；尾须短，中央弯曲。

雌雄成虫主要部位长度：前胸背板♀ 3.0 ～ 3.2 mm，♂ 2.6 mm；中胸背板♀ 19.2 ～ 21.2 mm，♂ 19.0 mm；后胸背板（含中节）♀ 16.0 ～ 17.0 mm，♂ 15.0 mm；中节♀ 3.0 ～ 3.1 mm，♂ 2.0 mm；前足股节♀ 31.0 mm，♂ 34.0 mm；中足股节♀ 20.0 mm，♂ 24.0 mm；后足股节♀ 23.5 ～ 24.5 mm，♂ 27.5 mm；腹部♀ 51.6 ～ 52.4 mm，♂ 48.4 mm。

雄若虫触角长，足有花段斑；雌若虫触角短，体青色；雌雄若虫腹末均为黑色。初孵若虫多带有绿色成分，随着虫龄增长，雌虫多向灰黄色或灰绿色过渡，而雄虫则多向全体墨绿色略带红色、体侧草绿色转变。

卵长条形，长约 4.1 mm，宽 1.5 mm，青灰色。卵盖略圆，外围有 1 行刺状突出，刺长约 0.3 mm；卵的下部略向内陷，两侧有细毛刺状突起。卵侧下方 1/3 处有 1 个受精孔，孔两侧各有 1 条纵纹伸达两端。

【生活习性】1 年发生 1 代，以卵在寄主下面表土层的枯枝落叶内越冬。3 月下旬至 4 月上旬孵化，孵化高峰期在 4 月上旬，6 月上旬出现成虫，产卵高峰期在 6 月中下旬，成虫在 7 月下旬开始死亡。落地的卵粒较分散，色泽与枯枝落叶近似，难区分。若虫多在清晨前孵化，当天即可上树。若虫白天多栖息于枝条下侧，头部与梢端同一方向，多将腹部向上翘起。雄若虫体纤细，不活动时常左右摇晃身体。约 19：00 后纷纷活动，取食嫩叶，若虫后期取食全叶。成虫每天食叶 10 片以上，由叶端咬向基部。粪便黑褐色，扭曲索状，长 5 ～ 6 mm。多在夜间交配，交配时长 1 小时左右。雌虫在树上产卵，卵自由落地。每雌产卵量为 100 粒左右，高峰期一头雌虫一天可产 15 粒卵。

猫儿山短肛䗛 *Baculum maoershanense* Chen et He

【寄主】凤尾竹。

【分布】中国分布于广西。广西分布于兴安（猫儿山）。

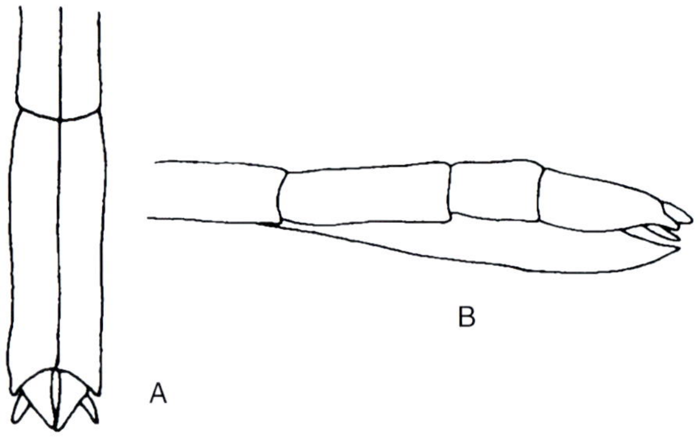

A. 腹端背面观；B. 腹端侧面观

猫儿山短肛䗛雌虫（引自陈树椿和何允恒，2008）

【形态特征】雌成虫体长 105.0 ～ 106.0 mm，光滑，黄褐色。头宽卵形，头后稍突，头顶具浅纵沟，眼间有 1 条黑色横纹；眼圆突，眼长约为其后至后头的 1/4，触角间有弧形刻痕；触角长于前足股节的 1/3，柄节扁宽，背面有中脊，梗节长约为柄节的 1/3.5。前胸背板长方形，短于头部，前侧稍宽，具中纵沟，中横沟浅弧形，位于中央，中横沟前有 1 条横沟，其后有 1 伸向后侧的“⌒”形沟，除中节外，中胸至腹端具背中脊，中胸背板后侧稍宽，长约为前胸背板的 7.8 倍，后胸背板与中节之和短于中胸背板；中节长宽约等，其长约为后胸的 1/5.5，近中央具 1 对新月形凹窝。3 对足以前足股节最长，后足股节略长于中足股节，前足股节背内脊基半部具 1 ～ 2 枚小齿，中、后足股节下外脊具 3 ～ 4 枚黑齿，端内中脊无明显叶突，但具细齿 2 ～ 3 枚，胫节中下部几乎各脊均具数枚小刺。腹部长于头、腹部之和，前 6 个腹节中以第二节最短，第五节最长，其余各节约等长，腹端 3 节以第八节为长，第十节（臀节）次之，并长于第九节，第十节屋脊状，端缘深凹弧形，两侧叶锐角形，肛上板端缘角形，具中脊，超过第十节腹板侧叶；腹瓣舟形，近端处具中脊，端部尖矛形，伸至肛上板端部；尾须柱形，伸达肛上板端部。

雌成虫主要部位长度：前胸背板 2.8 ～ 3.2 mm，中胸背板 21.6 ～ 22.0 mm，后胸背板（含中节）16.2 ～ 17.0 mm，中节 2.6 mm，前足股节 29.5 ～ 31.0 mm，中足股节 20.0 ～ 20.5 mm，后足股节 23.0 ～ 24.0 mm，腹部 58.0 ～ 60.0 mm，腹瓣 12.0 mm。

卵长约 20.0 mm，宽 0.8 mm。长扁形，密被黄色细颗粒，其间均匀散布许多红褐色颗粒突，卵盖上具 1 个褐黄色的济公帽状突起，长 0.7 mm。卵孔板长椭圆形，约为卵长的 1/5，位于卵背中下方，卵孔位于卵孔板后缘，卵孔上方具 1 条纵隆脊，卵孔杯成脊片状突出，卵孔板上方中央具 1 条纵隆线，其两侧各具 2 条隆线，中线明显，位于隆脊上，伸达后端，隆脊两侧也各有 1 条隆线。

【生活习性】若虫和成虫取食寄主叶片。

黄带短肛䗛 *Baculum flavofasciatum* Chen et He

【寄主】竹。

【分布】中国分布于广西。广西分布于兴安。

【形态特征】雄性体大型，成虫体长约131.0 mm；体褐色，光滑，具丝光泽及细密横皱，两侧眼下有黄纹。头短，前阔后略窄，背面较平坦，后缘约与前胸等宽；头背有浅中沟，其两侧具浅纵沟，围成1个椭圆形褐斑，后头中央具2个隆起，眼后具褐纹；眼圆外突，纵径略大于其后至头后缘1/3；触角绿色，24节，分节明显，约伸达前足股节端部，柄节端厚，长为梗节的2倍；鞭节第一节略长于柄节。前胸长方形，后侧略宽，纵中沟较浅，横沟位于中央处；中、后胸明显加宽，背中央具细脊，中胸背板长约为前胸背板的8.7倍，后胸加中节之和约等于中胸；中节长大于宽，1对新月形凹窝位于后半部。3对足细长，前足股节股脊无齿刺；中、后足股节腹中脊端部具2～3枚褐齿，中足胫节端部腹面3脊上具2～4枚小刺，中足股节略短于头、前胸与中胸之和；后足胫节近端部的背、腹脊上具数枚小刺。腹部长于头、胸之和，腹部第二至第七节较窄，端部3节以第八、第九节略宽，臀节（第十节）长于前2节，背面具纵脊，稍侧扁，后缘深裂，端瓣背面斜切，端缘钝；下生殖板隆起，伸达臀节基部，背中脊明显，端缘浅裂；尾须圆柱状，稍弯，约伸达臀节端部。

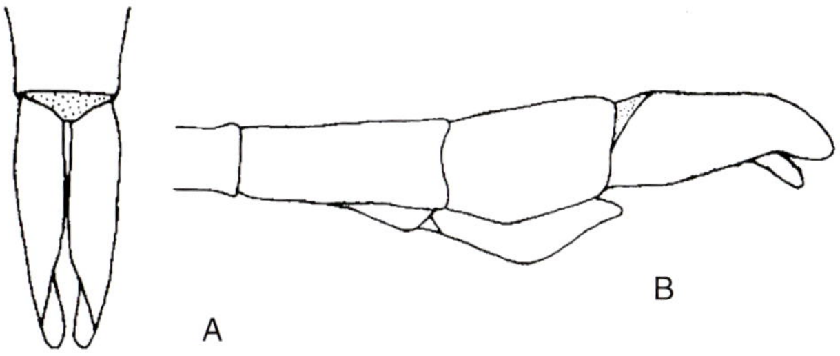

A. 腹端背面观；B. 腹端侧面观

黄带短肛蛸雄虫（引自陈树椿和何允恒，2008）

雄成虫主要部位长度：前胸背板3.6 mm，中胸背板31.5 mm，后胸背板（含中节）34.5 mm，中节3.4 mm，前足股节46.0 mm，中足股节36.0 mm，后足股节42.0 mm，腹部70.0 mm，下生殖板3.2 mm。

【生活习性】若虫和成虫取食寄主叶片。

歪角短肛蛸 *Baculum obliquum* Chen et He

【寄主】不详。

【分布】中国分布于广西、贵州。广西分布于龙胜。

【形态特征】雌虫体大，成虫体长约182.6 mm，褐色。头宽，长于前胸，背面略拱起，头顶至后头有1条纵沟。眼间有1对斜向前侧的角突，角突及其间横纹深褐色；眼圆，外突，长约为其后至头后缘的1/3；触角短于前足股节之半，柄节扁长，其窄端稍加厚，端背略突，梗节圆柱形，约为柄节长的1/3，但短于鞭部第一节。前胸背板近似长方形，前缘与前侧缘略凹，有纵中沟，横沟位于中央，略成弧形，沟后有1对斜向外侧的浅纵沟；中胸背板长，后侧较宽，长约为前胸背板的7.8倍，后胸背板中央部分稍凹，后胸背板加中节的长稍短于中胸背板，中、后胸与中节具背中脊，至中节前脊中断；中节长宽约等，无明显新月形凹窝。3对足长，前足股节远长于中、后足股节，背内脊与下外脊

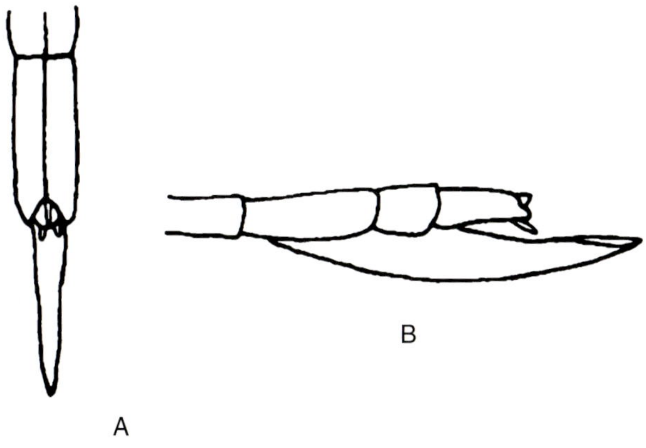

A. 腹端背面观；B. 腹端侧面观

歪角短肛蛸雌虫（引自陈树椿和何允恒，2008）

中下处具数枚细齿，中足股节稍短于后足股节，下沿内外脊各有 1 列齿，下沿中脊端部具 4 ～ 5 枚齿的钝叶，胫节下沿内外脊各具1列细齿，胫节内上脊近端处具2～3枚小齿，下中脊中下部具数枚小齿。腹部远长于头、胸部之和，具背中脊，以第五节为最长，第四节、第六节与第七节次之，约等长；腹端 3 节中以第八节为最长，第十节（臀节）略长于第九节，第九节与第十节之和长于第八节，第十节屋脊形，后缘深凹，两侧端叶宽圆；肛上板小，背中脊明显，后缘弧形，约与侧端叶等长；腹瓣长舟形，端部尖矛形，远超过肛上板；尾须短柱形，端稍尖，超过肛上板。

雄成虫主要部位长度：前胸背板 4.6 mm，中胸背板 35.8 mm，后胸背板（含中节）27.4 mm，中节 4.4 mm，前足股节 49.0 mm，中足股节 36.5 mm，后足股节 382.0 mm，腹部 98.6 mm，腹瓣 25.4 mm。

卵长长扁形，5.2 mm，宽 1.2 mm，密被细颗粒，黄褐色，背、腹面黄色。卵盖上方具僧帽状的褐黄色突起，长 1.7 mm。

【生活习性】若虫和成虫取食寄主叶片。

圆粒短肛䗛 *Baculum rotundum* Chen et He

【寄主】竹。

【分布】中国分布于湖南、广东、广西、海南。广西分布于上思。

【形态特征】雌成虫体长约 99.0 mm，黄褐色，全身密披圆形颗粒，但腹部第四节后颗粒变稀，中胸至腹末有极细的背中脊，背中脊在中节前不远处到中节部分消失，前宽后窄，无角突；眼褐色，圆形外突，长约为其后至头后缘的 1/3.5；触角第一节扁宽，长约为宽的 2.5 倍，其上被稀颗粒和中脊，第二节短柱形。前胸背板长大于宽，前半部较窄，具中纵沟与横沟，横沟位于中央处，但不伸达两侧缘，横沟前后各有 2 条侧纵沟，但不相接，横沟后的 2 条呈“八”字形；中胸长于后胸加中节；后胸长约为中胸背板的 3/5；中节长宽略等，半月形凹窝位于中央处。中足股节略短于中胸背板，近基部下沿两侧加宽，并各具 1 小刺，上沿内外脊均具 1 排小齿，端内中脊具 3 ～ 4 齿的扁叶突，胫节上沿内侧近端部具 2 枚齿；后股节长于中股节，上下沿内脊线均有 1 列稀疏齿列，股节端内中脊上有具 3 ～ 4 齿的扁叶突。腹部长于头、胸部之和，各腹节中以第五节最长，第九节的长短于第八节的 1/2；臀节略长于第九节，后缘三角形内凹，两侧叶平截；肛上板约与两侧叶等长，臀节与肛上板均有明显背中脊；腹瓣舟形，与腹端 3 节等长，两侧及端部中央有脊；尾须短，稍外露。

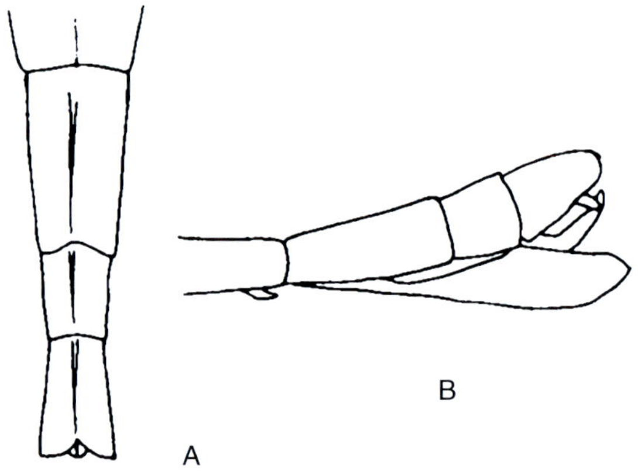

A. 腹端背面观；B. 腹端侧面观

圆粒短肛䗛雌虫（引自陈树椿和何允恒，2008）

雌成虫主要部位长度：前胸背板 3.2 mm，中胸背板 19.4 mm，后胸背板（含中节）15.2 mm，中节 3.2 mm，中足股节 17.5 mm，后足股节 23.0 mm。

【生活习性】若虫和成虫取食寄主叶片。

尖突短肛䗛 *Baculum acutum* Chen et He

【寄主】竹。

【分布】中国分布于广西、四川、云南。广西分布于大新。

【形态特征】雌虫体大型，成虫体长 101.0 ~ 105.5 mm。体褐色，全身密被颗粒。头部延长，背面平坦，后头略收缩，具 3 条短纵沟；眼圆，外突；触角短于前股节之半，27 节，分节明显，触角第一节扁平，背面具纵脊。前胸背板长方形，具"+"形沟纹，横沟不伸达侧缘，中、后胸具背中脊，中胸后部及后胸两侧略宽；中节梯形，宽略大于长，1 对新月形凹窝位于中部稍后。前足股节背内脊与腹外脊各具 1 列锯齿；中、后足股节背内、外脊各具 1 列齿，内脊的齿大于外脊齿，腹中脊端部具数枚小齿，中足股节腹内脊基部具 1 个叶突，中足胫节背内脊基部具 2 个叶突，腹内脊基部具 1 个叶突，后足胫节背内脊基部具 1 个大型齿突，腹内、外脊端 1/2 处具数枚小齿。腹部长筒形，第二至第五节具背纵沟，腹部第七节腹板中突大而明显，尖角状；腹端 3 节屋脊状，以第八节最长，臀节次之，臀节后缘平截状，呈 U 形凹入；肛上板小，不超过臀节侧；腹瓣狭长，舟形，端尖，超过臀节端部；尾须圆锥状，端尖，不超过臀节端部。

雌成虫主要部位长度：前胸背板 3.4 mm，中胸背板 21.0 mm，后胸背板（含中节）17.0 mm，中节 3.0 mm，前足股节 30.0 mm，中足股节 19.0 mm，后足股节 25.0 mm。

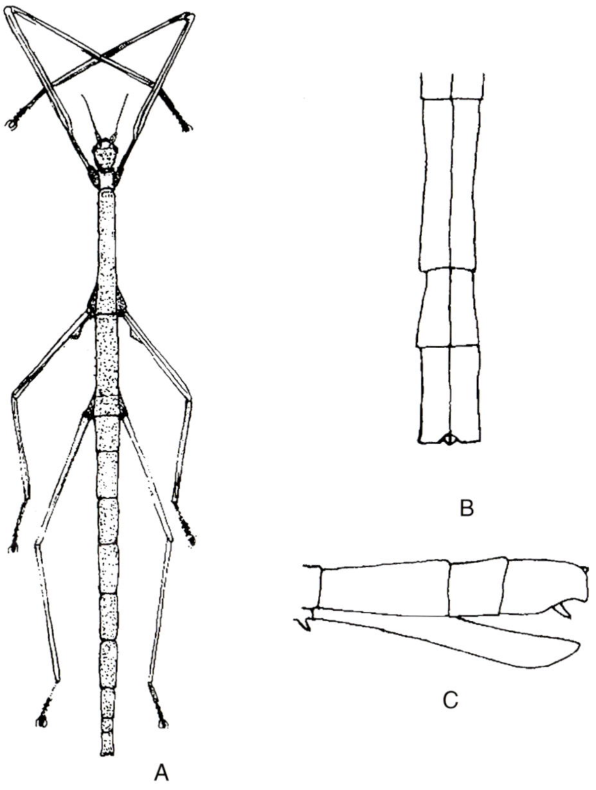

A. 外部形态特征；B. 腹端背面观；C. 侧面观

尖突短肛䗛雌虫（引自陈树椿和何允恒，2008）

【生活习性】若虫和成虫取食寄主叶片。

环腹短肛䗛 *Baculum annulivevtris* Chen et He

【寄主】壳斗科植物。

【分布】中国分布于广西。广西分布于龙州。

【形态特征】雄虫体较大，成虫体长约 106.0 mm。体光滑，头、触角基部 2 节、前胸、后胸后端、腹部 2 ~ 9 节背后端及 3 对足股节（除端部）为棕色，其余为黑色。头卵形，后端狭，眼间具 1 对小角刺，触角长于前足股节的 2/3，第一节较长，端加厚，第二节短柱形。前胸背板梯形，横沟位于中央，中、后胸前后端稍加宽，背面具细纵脊，后胸背板（含中节）稍短于中胸背板。3 对足细长，前足股节伸达第二腹节，中足股节长于头、前胸和中胸之和，中、后胸股节腹中脊端部具 4 ~ 5 枚小齿。臀节略长于第九腹节，后半叶呈三角形向下，端部内弯；下生殖板兜状，具纵脊，端尖，伸达臀节基部；尾须下伸，稍内弯。

雄成虫主要部位长度：体前胸背板 3.0 mm，中胸背板 25.0 mm，后胸背板（含中节）21.0 mm，中节 3.0 mm，前足股节 49.0 mm，中足股节 33.0 mm，后足股节 42.0 mm。

【生活习性】若虫和成虫取食寄主叶片。

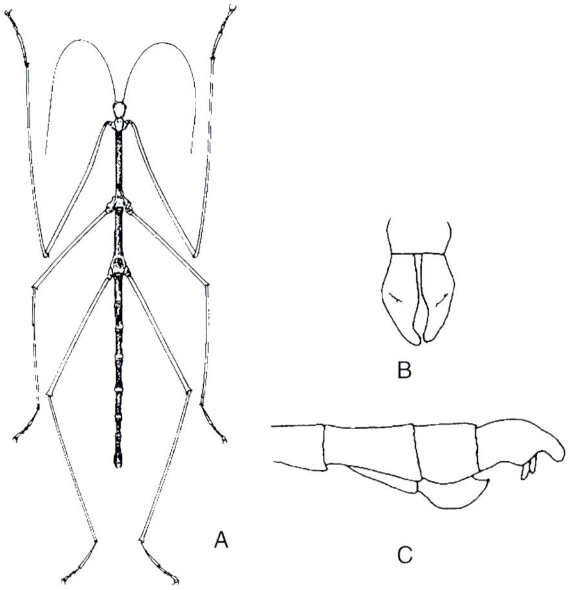

A. 外部形态特征；B. 腹端背面观；C. 腹端侧面观

环腹短肛䗛雄虫（引自陈树椿和何允恒，2008）

台湾长肛䗛 *Entoria formosana* Shiraki

【寄主】竹、蔷薇科、壳斗科、锦葵科和桃金娘科等。

【分布】中国分布于广西、台湾、香港。广西分布于全州。

【形态特征】雌成虫体长 108.0 ~ 122.0 mm。头部具 1 对角刺短窄且向前倾；触角短，超过前足股节中部，第一节长为宽的 2 倍，基部较窄，第二节短于第三节；下唇须较扁，第一节短于第二节的 1/2，第二节中央明显加宽，第三节与第二节等长；下颚须明显窄于下唇须，第一节长宽与第二节相似，第四节短于第五节，前胸背板（含中节）长约为中胸背板的 4/5，被细疏粒突；中节长为后胸背板的 1/4，宽略大于长，中央具新月形凹窝。足较粗，背面的三角形中叶呈水平状，前股节端部背面有 1 个三角形叶突；中、后足股节背面无齿列，但在内外脊有 1 ~ 2 枚小齿，中足股节腹面 2 枚叶齿明显，中足胫节腹内脊有稀疏锯齿，近基部背外脊有 1 个明显三角形叶突，后足胫节基半部背内脊有 2 个小叶突。腹部较长，第五节略长于第四节，臀节长约为第九节的 1.5 倍，后缘具三角形凹缘，具中脊，侧缘在中部后略呈弧形，端叶亚三角形；肛上板长，端较圆，短于前 2 节之和，但长于第九节的 2 倍；腹瓣细长，舟形，明显短于端部 4 节。

雄虫细杆状，成虫体长 72.0 ~ 87.0 mm。眼后无黑纵纹，头部无角刺，后头处有 3 条纵线；复眼圆突，长约为其后眼区的 1/3；触角第一节近圆柱形，长约为宽的 3 倍；下唇须扁，第一节长略大于宽；下颚须明显窄于下唇须，第一节与第二节等长，第五节长约为第四节的 1.5 倍。前胸背板后侧加宽，中横沟位于中央

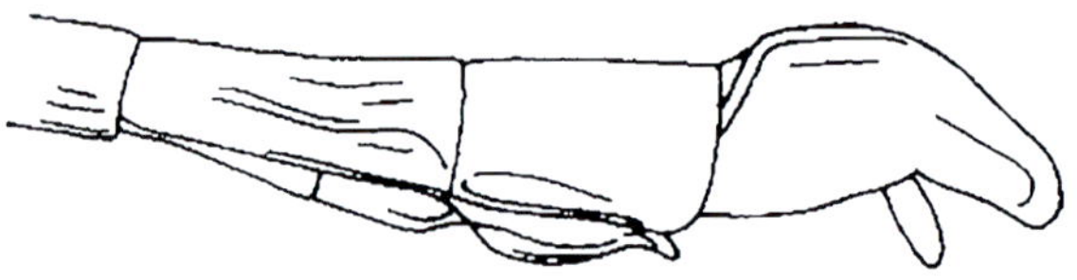

台湾长肛䗛雄性腹端侧面观（引自陈树椿和何允恒，2008）

稍前方，中、后胸背板具纵中脊；中节长约为宽的 2 倍，为后胸背板长的 1/4，新月形凹窝位于中后方。腹部长于头、胸部之和，第九节明显短于第八节，臀节略长于第八节，侧端叶短于基部，端部下弯，内面具齿；下生殖板拱起，不超过第九节端部。

雌雄成虫主要部位长度：前胸背板♀ 4.1 mm，♂ 3.2 mm；中胸背板♀ 20.3 mm，♂ 18.0 mm；后胸背板（含中节）♀ 16.0 mm，♂ 15.3 mm；前足股节♀ 35.0 mm，♂（缺损）；中足股节♀ 21.3 mm，♂（缺损）；后足股节♀ 28.3 mm，♂ 29.0 mm。

【生活习性】自然条件下行两性生殖，在人工饲养条件下可行孤雌生殖。若虫期 3 ～ 4 个月，有世代重叠现象，1 年发生 2 ～ 3 代。

兴安仿润蛹 *Paraleioohasma xinganense* Chen et He

【寄主】凤尾竹。

【分布】中国分布于广西。广西分布于兴安。

【形态特征】雌虫体中型，成虫体长约 82.5 mm。体光滑；背中央有浅纵沟。头长于前胸，背面平坦；眼圆，外突，长约为其后至头后部的 1/4；触角 22 节，短于前足股节，第一节扁宽，第二节短于第一节的 1/4，前胸背板长方形，横沟位中央，纵沟不达后缘；中胸背板长于后胸背板（含中节）；中节长约为后胸背板的 1/3.5。前股节腹中脊光滑，中、后股节端部腹中脊具少量小齿，腹端 3 节最窄，屋脊状，以第九节最短，臀节延长，比第八节长，侧观近矛形，自中部开裂成两叶；腹瓣伸达臀节基部 1/3 处，端尖，端背中央具纵脊；尾须圆柱形，短且直。

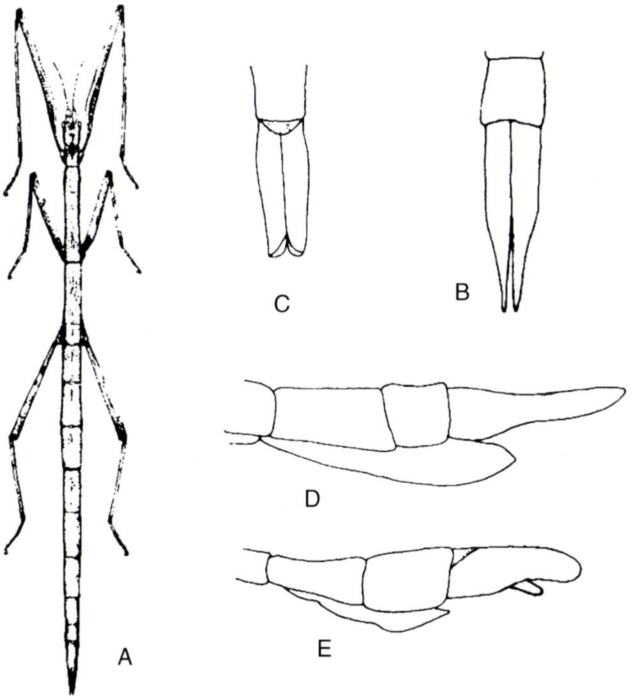

A. 雌性形态特征；B. 雌性腹端背面观；C. 雌性腹端侧面观；D. 雄性腹端背面观；E. 雄性腹端侧面观

兴安仿润蛹（引自陈树椿和何允恒，2008）

雄虫体较雌虫细瘦，成虫体长约 63.0 mm。触角 22 节。腹端以第八至第九节较宽，两者约等长，臀节略长于第九节，端半部开裂；下生殖板拱起，端尖，约伸达臀节基部；尾须短，中部略弯。

雌雄成虫主要部位长度：前胸背板♀ 2.6 mm，♂ 2.2 mm；中胸背板♀ 13.6 mm，♂ 11.2 mm；后胸背板（含中节）♀ 11.6 mm，♂ 10.0 mm；中节♀ 2.6 mm，♂ 2.0 mm；前足股节♀ 20.0 mm，♂ 24.0 mm；中足股节♀ 11.4 mm，♂ 13.5 mm；后足股节♀ 15.0 mm，♂ 18.0 mm；腹部♀ 49.0 mm，♂ 36.0 mm；腹瓣或下生殖板♀ 8.4 mm，♂ 1.8 mm。

【生活习性】若虫和成虫取食寄主叶片。

广西介蛸 *Interphasma guangxiense* Chen et He

【寄主】不详。

【分布】中国分布于广西。广西分布于田林。

【形态特征】雌性体中型，杆状，成虫体长54.0 mm。体褐色。头与体被粒突，腹侧具不规则纵脊。头椭圆形，长并宽于前胸，背与侧面具不规则袜突，眼间稍阡触角断缺，第一节扁宽，具纵脊，第二节柱形，长约为第一节长的2/3。前胸背板梯形，疏生粒突，横沟位于中央处，中、后胸背纵脊不明显，散生粒突，背板侧缘与背板具纵列整齐粒突破中节横形。3对足无刺齿，中足股节约与中胸背板等长，后足股节的近基处具细横皱。腹部圆筒形，第七腹板中突宽矛状，端部平钝，背面具2纵脊；腹端3节屋脊状，约等长，第九腹节背中央后方具齿状隆起，侧面具2纵脊，臀节具侧脊，后缘中央具小凹口，侧缘略凹入；腹瓣舟形，端半部具纵脊，约伸达腹端；尾须扁锥形，稍超过臀节。

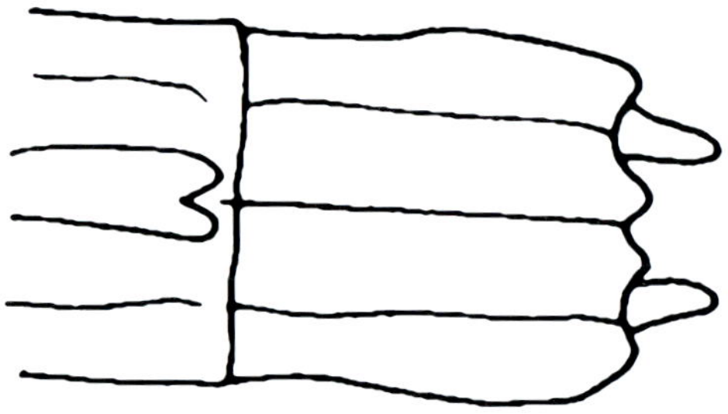
广西介蛸雌性腹端背面观（引自陈树椿和何允恒，2008）

雌成虫主要部位长度：中胸背板12.0 mm，后胸背板（含中节）7.8 mm，中节2.0 mm，前足股节20.0 mm，中足股节11.0 mm，后足股节15.0 mm。

【生活习性】不详。

广西佛蛸 *Phryganistria guangxiensis* Chen et He

【寄主】不详。

【分布】中国分布于广西。广西分布于那坡。

【形态特征】雄虫体大，成虫体长约176.0 mm。体光滑，褐色，有光泽，具极退化的翅，背纵脊不明显。头卵形，后侧窄，无角刺，眼大，外突；触角长丝状，长于前足股节，第一节长，端厚，第二节柱形，长约为第一节的一半。前胸背板近矩形，横沟约位于中央，中、后胸光滑且带光泽，中胸较长于后胸（含中节）；中节长大于宽，约短于后胸背板的1/3。3对足长，前足股节略长于后股节，背内脊具22～23枚的锯齿列；中股节伸达第三腹节，基背面内外脊中央处各具1～2枚齿，腹面内外脊具成列黑齿，腹中脊仅具2～3枚小齿，腹面近端处具1～2枚大齿；后足股节生齿情况与中股节相仿，中、后足股节背面具少量小刺，腹面3脊具成列小刺。腹圆筒

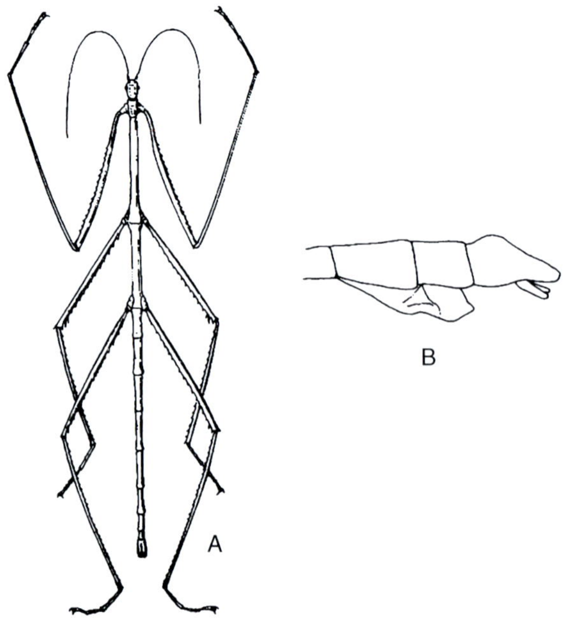

A. 外部形态特征；B. 腹端侧面观

广西佛蛸雄虫（引自陈树椿和何允恒，2008）

形，端部 3 节膨大，臀节稍长于第八节，分裂为两叶，端较尖窄；下生殖板兜状，具纵脊，约伸达第九节端部；尾须略内弯，不超过腹端。

雄成虫主要部位长度：中胸背板 42.0 mm，后胸背板（含中节）33.0 mm，中节 7.0 mm，前足股节 59.0 mm，中足股节 46.0 mm，后足股节 55.0 mm。

【生活习性】不详。

龙州佛䗛 *Phryganistria longzhounsis* Chen et He

【寄主】杂灌木。

【分布】中国分布于广东、广西。广西分布于龙州（弄岗保护区）。

【形态特征】雌虫体大型，成虫体长约 240.0 mm。体褐色，光滑并具光泽，具极退化的翅。头卵形，背面稍隆起；眼间无角刺；眼圆突，眼间具凹陷；触角较长，与前足股节约等长，第一节长方形，端厚，第二节圆柱形，较短。前胸背板长方形，短于头部，中央具“+”形沟纹，横沟约位于中部，不达侧缘；中胸背板明显长于后胸背板（含中节），中央具细纵脊；中节梯形，长宽约等，长约为后胸的 1/4。3 对足长，前足股节远长于后足股节，背内脊与腹外脊锯齿状，中股节内外背脊各具 2～3 枚疏齿，腹面脊具 2 齿列，腹中脊具几个疏齿，其端部两侧齿较大，股膝叶尖，胫节背脊具小量刺，近中部 1 齿较大，腹面两侧及中脊具整排刺，后足与中足生齿情况相仿，基跗节长于其他 4 节之和。腹圆筒形，第七腹板具较尖叉状中突；腹端 3 节较窄，第八节较长，稍短于后 2 节之和，臀节与第九节约等长，后缘几乎平截，具小形肛上板；尾须圆柱形，端窄，不超过腹端。

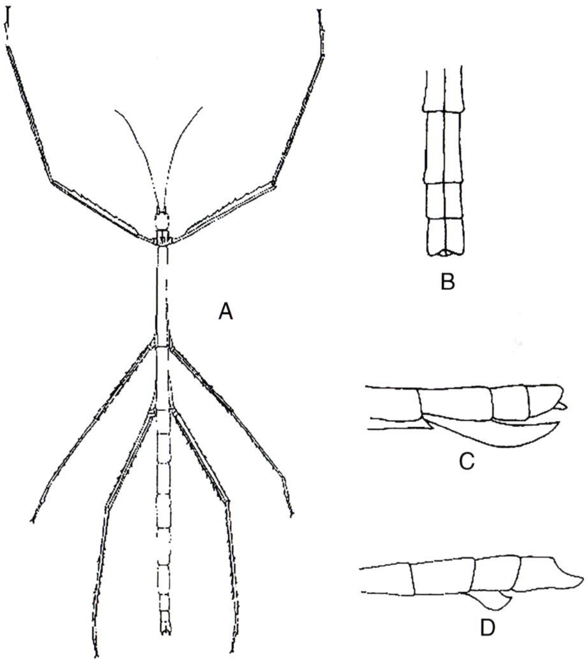

A. 雌性形态特征；B. 雌性腹端背面观；
C. 雌性腹端侧面观；D. 雄性腹端侧面观

龙州佛䗛（引自陈树椿和何允恒，2008）

雄虫体大型，成虫体长 142.0～175.0 mm。体光滑并具光泽，背面具细纵脊，具极退化的翅。体褐色，眼后具褐纹。头卵形，后侧窄；无角刺；眼圆突，眼间具凹陷；触角第一节长方形，端厚，第二节圆柱形，较短。前胸背板长方形，短于头部，中央具“+”形沟纹，横沟位于前半部，不达侧缘；中胸略长于后胸（含中节），中央具细纵脊，中节长大于宽，约短于后胸背板的 4 倍。3 对足长，前足股节略长于后足股节，背内脊具 13～15 枚的齿列，腹外脊近中部偶有 1 枚齿，中足股节腹面具 2 列齿，腹中脊具几枚疏齿，其端部两侧齿较大，股膝叶尖，胫节背脊具小量刺，腹面两侧及中脊具成排刺，后足与中足生齿情况相仿，基跗节长于其他 4 节之和。腹圆筒形，端部 3 节较膨大，第九节短，臀节略长于第八节，外缘斜切，侧后角指状；下生殖板兜状，伸达臀节基部；尾须端窄，不超过腹端。

雌雄成虫主要部位长度：中胸背板♀ 48.0 mm，♂ 31.5～42.0 mm；后胸背板（含中节）♀ 34.0 mm，

♂ 27.0 ～ 33.0 mm；中节♀ 7.0 mm，♂ 5.6 ～ 7.0 mm；前足股节♀ 67.0 mm，♂ 40.0 ～ 63.0 mm；中足股节♀ 49.0 mm，♂ 31.0 ～ 45.0 mm；后足股节♀ 58.0 mm，♂ 36.0 ～ 55.0 mm；腹部♀ 49.0 mm，♂ 36.0 mm；腹瓣或下生殖板♀ 8.4 mm，♂ 1.8 mm。

【生活习性】不详。

金平彪蝓 *Pharnacia westwoodi* Wood-Mason

【寄主】八角、荔枝、葛藤。

【分布】中国分布于广东、广西、云南。广西分布于博白、凭祥。

【形态特征】雌虫体粗杆状，成虫体长 207.0 ～ 222.0 mm，褐色。头宽卵形，头后甚隆起，复眼大，外突；触角丝状，短于前足股节。前胸背板长方形，略短于头部，背中央具纵沟，横沟位于中央稍前方；中胸背板明显长于后胸背板加中节之和；中节较长，长于后胸背板的 1/2。3 对足粗长，股节与胫节有多排齿，前足股节背脊具 2 排齿，以内侧的 1 排为大，下外脊具 1 排齿，中足股节上具成排齿，下中脊具 5 ～ 6 枚齿，中、后足胫节中央上内脊具 1 个叶突，前足股节短于胫节，中、后足股节与各足胫节约等长，后足股节长约等于前足股节。腹部长筒形，长于头、胸部之和，腹部第七节腹面具 2 个扁形突起，腹端 3 节中以第八节为最长，臀节（第十腹节）背面具中脊，与第九节约等长，后缘中央凹入，肛上板后缘较直，短于臀节侧叶；腹瓣舟形，端钝，稍长于腹端，背中央至端部具中脊；尾须短直，超过臀节。

雄成虫体长 154.0 ～ 180.0 mm。体棕褐色至黑褐色，股节、胫节端半部及虫体腹面、前翅前缘和近后缘有 1 斜带纹及后翅前缘基半部灰白色。头后部呈圆锥状隆起，顶端具 2 个左小右大不对称的瘤突；头近前端有 1 对丝状触角，较雌虫明显细长；头前端两侧有 1 对复眼，近圆球形，褐色；无单眼；中胸背板较后胸背板甚长。具翅，前翅短小，鳞片状，革质，基部窄而稍延伸似柄，近外侧中央隆起，端钝；后翅甚发达，膜质，伸达第六腹节中央。足甚细长，各足股、胫有排列整齐的锯齿状刺，刺尖斜向端部；前足股节近三棱形，两侧脊具锯齿状刺，腹面脊无刺齿，近基部处突然细缩而无刺，内凹，当其前足向前伸直时，正好将头抱在中间；后足股节各脊均具刺列；前足胫节腹脊光滑，中、后胫节背面正中央有 1 个明显齿突，其顶端各有 1 个椭圆形叶突；各足跗节发达，背面具片突；具爪，爪垫显著。腹部细，长筒形，第七腹节端半部渐粗，第八腹节甚膨大，在生殖季节尤其明显，膨大呈矛状突起，略近三角形；第九腹节中部较窄缩，臀节后端中央深裂，两侧叶突稍宽短，后端钝，内侧具齿；下生殖板短，后缘呈亚三角形，稍超过第九腹节中央；尾须

金平彪蝓成虫（王缉健 摄）

较细，末端稍尖，微内弯，不超过腹端。

雌雄成虫主要部位长度：中胸背板♀ 46.0 mm，♂ 25.0～42.0 mm；后胸背板（含中节）♀ 29.0 mm，♂ 18.0 mm；中节♀ 13.0 mm；前足股节♀ 55.0 mm，♂ 46.0 mm；中足股节♀ 43.0 mm，♂ 38.0 mm；后足股节♀ 50.5 mm，♂ 49.5 mm。

【生活习性】1 年发生 1 代，4 月左右若虫出现，6～7 月可见成虫。雄虫体重 3.2～3.5 g / 头，每次可短距离飞翔 2～4 m。日夜均可取食，食量为荔枝叶 4～5 张 / 天，取食时仅留近基部小块叶片；平时多栖息于为害处的枝条上，通常为攀附或悬挂姿态。于树上产卵，产 2～4 粒 / 天，跌落树下地面的枯枝落叶层中，翌年春季孵化。

广西瘤䗛 *Pylaemenes guangxiensis* Bi et Li

【寄主】壳斗科植物。

【分布】中国分布于广东、广西、香港。广西分布于隆安、博白。

【形态特征】雌虫体粗短，两端较细中间粗，成虫体长 46.0 mm。全身具瘤状颗粒，无刺。体黑褐色。后头呈圆锥形突起，顶端为圆弧形；颜面向后略倾斜，其背面为“八”字形隆线，隆线端部各形成 1 个钝角状突起，颜面中央两侧各具 3 个突起，亦排成“八”字形；复眼小，半球形，触角丝状，其长略等于前足长，第一节较长，外侧具 1～2 个刺状突起，第二节扁圆形，小于第一节，第三节到顶端为圆柱形。前胸背板较短，侧隆线呈斜线，由颗粒组成，其近前缘中央具 2 个双突起；前胸背板位于前足基节之间具 2 个粗糙圆形的瘤突；中胸背板较长，其长约为前胸背板的 2.4 倍；中隆线和侧隆线由颗粒连成，越近后端越不明显，其前缘中央具 2 颗粒突起；中胸腹板前部中央具 1 个类似瘤突；后胸背板短于中胸背板，后胸背板长为中节的 2.5 倍，颗粒较多，隆线不明显；中节横形较短。前、后翅均缺。前足股节基部内侧弯曲；中、后足股节 3 条隆线上均具 3～5 个突起；中后足胫节端无刺或具颗粒，顶端腹面具浅凹窝；跗节 5 节；爪简单。腹部第二至第五节较粗壮，第六至第八节较细，背面较凹，第四、第五节背面后缘中央具双突；第九节背板向上呈角状翘起，腹部各节背板中央呈“X”形隆起，而第三至第五节侧板具明显的斜突起；臀节四角形，位于第九节之下，后缘平弧形，侧后角为圆形，背面略凹；无肛上板；腹瓣兜形，略超过臀节端部。

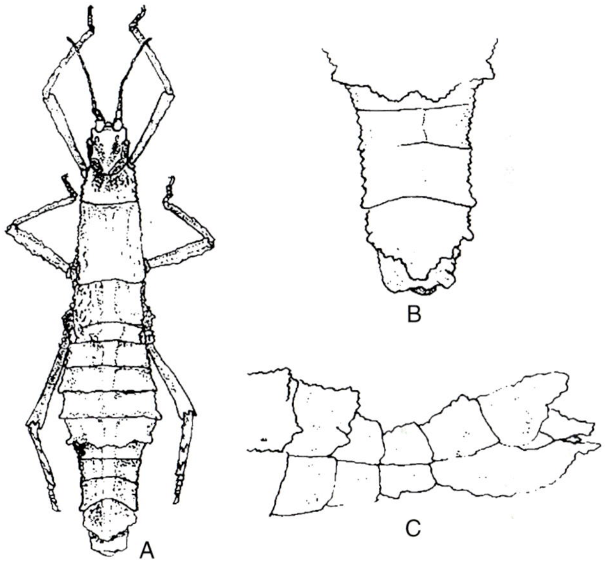

A. 外部形态特征；B. 腹端背面观；C. 腹端侧面观

广西瘤䗛雌虫（引自陈树椿和何允恒，2008）

雌成虫主要部位长度：前胸背板 3.5 mm，中胸背板 8.5 mm，后胸背板（含中节）7.0 mm，中节 2.0 mm，前足股节 10.0 mm，中足股节 9.0 mm，后足股节 10.5 mm。

卵圆桶形，长 3.5 mm，宽 2.3 mm，黑色，表面具毛刺和小凹坑。卵盖稍隆起，卵孔板 U 形，具边，卵孔位于较下部。中线不甚清楚。

【生活习性】若虫和成虫取食寄主叶片。

【防治方法】营林防治。当年虫口数量多、为害严重的林分，可在秋冬季结合林地管理，采用人工翻耕表土的措施，将卵粒埋入表土层下，使卵不能正常孵化或即使孵化后也不能上树为害。

物理防治。在虫口数量较低且植株不高的情况下，可通过摇动树干或用长竹竿敲打枝叶，利用成虫假死性使其掉落，及时收集并集中杀灭。

生物防治。①初孵若虫和成虫常被蚂蚁、螳螂、鸟类（如极北柳莺、大山雀、黑卷尾等）捕食，在非暴发期，尽量不施药，保护好天敌；②若虫孵化盛期及成虫初期虫口数量较大时，可在湿度较大时喷施白僵菌或苏云金杆菌，有较好防治效果。

化学防治。在若虫高峰期，可选用90%晶体敌百虫1000倍稀释液、2.5%敌杀死乳油5000倍稀释液、440%水胺硫磷乳油 2000 ～ 4000 倍稀释液或 5% 来福灵乳油 2000 倍稀释液等喷雾防治。

五

蜻蜓目 Odonata

不完全变态类昆虫，个体发育经历卵、稚虫（幼虫）和成虫3个虫态。成虫体长3～9 cm，少数种类可达15 cm。复眼大而突出；触角刚毛状，咀嚼式口器。胸部发达，坚硬。前后翅等长，狭窄，翅脉网状，翅痣与翅结明显，休息时平伸，或竖立，或斜立于背上。足多刺毛。尾须小，1节。稚虫水生，其下唇特化为面罩，利用直肠或尾鳃呼吸。全世界已记录3亚目29科6300多种，中国已记录3亚目23科175属820种。成虫和稚虫均为捕食性，可捕食昆虫和小鱼虾，在控制农林业和卫生害虫种群方面可发挥一定作用。

（郑霞林）

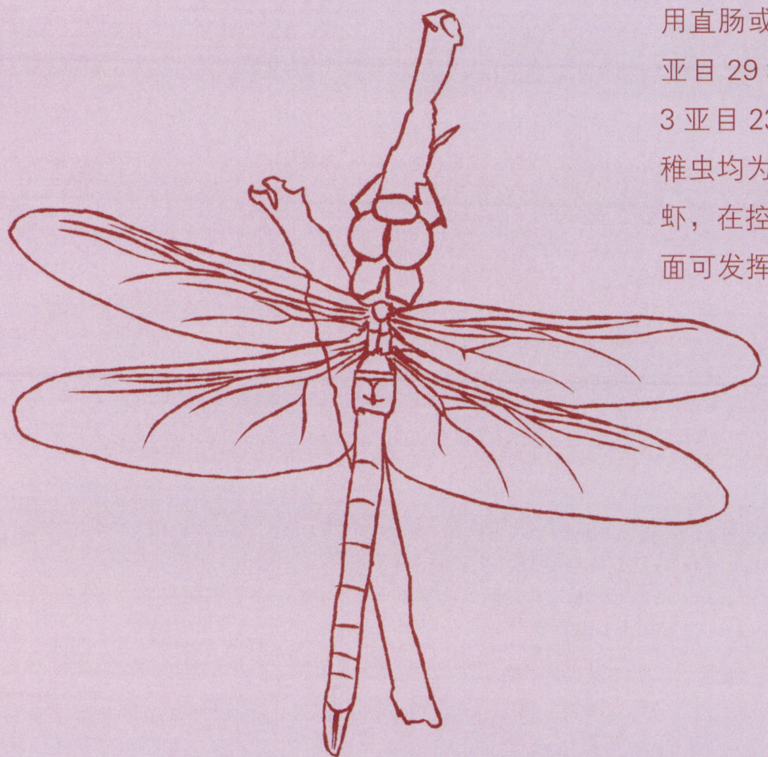

（一）蟌总科 Coenagrionoidea

全世界有 Isostictidae 科、扇蟌科 Platycnemididae 和蟌科 Coenagrionidae 共 3 科 170 多属 1700 多种。Isostictidae 科共有 12 属 46 种，但仅限于澳大利亚、新几内亚、新喀里多尼亚和邻近岛屿。

16. 蟌科 Coenagrionidae

体小型，细长，体色多样，无金属光泽或仅局部具金属光泽。翅有柄，具 2 条原始结前横脉，翅痣形状多变，以菱形较为常见；盘室四边形，其前边短于后边；翅端无插脉。全世界有 6 亚科 110 多属 1300 多种。

褐斑异痣蟌 *Ischnura sengalensis* (Rambur)

【捕食对象】小型昆虫、蜘蛛等。

【分布】中国分布于福建、湖北、湖南、广东、广西、重庆、云南。广西各地均有分布。

【形态特征】体中型，成虫体长 30 mm。雄虫胸部青绿色具黑色条纹，腹部背侧黑色，腹侧黄色，末端具水蓝色斑。雌虫部分个体与雄性相同，部分个体体色较淡且无水蓝色斑。

【生活习性】多生活于林区水源边，常以心形姿势交配，即雄性用腹末肛附器抓紧雌性前胸，雌性腹部由下向前弯，将生殖孔与雄性腹部第二节下方的交配器相连，而后雄性进行授精。

【资源利用】可捕食小型昆虫，对害虫种群有一定的控制作用。

褐斑异痣蟌成虫（郑霞林　摄）

（二）蜻总科 Libelluloidea

全世界有伪蜻科 Corduliidae、大伪蜻科 Macromiidae、综蜻科 Synthemistidae 和蜻科 Libellulidae 共 4 科 195 属 1500 多种。

17. 蜻科 Libellulidae

中小型，前缘室与亚缘室的横脉常连成直线；前翅三角室与翅的长轴垂直，距离弓脉远；后翅三角室与翅的长轴同向，其基边与弓脉连成直线。全世界有 140 多属 1000 多种，中国有 70 多种。

白尾灰蜻 *Orthetrum albistylum* (Selys)

【捕食对象】稚虫（幼虫）和成虫以小型昆虫为食。

【分布】中国分布于北京、河北、江苏、浙江、福建、广东、广西、云南、四川、重庆。广西各地均有分布。

白尾灰蜻雌虫（郑霞林　摄）

【形态特征】雄虫灰白色，覆白色粉被。额黄色，头顶黑色。胸部深褐色，背板中央具紧密连接的黄斑和 2 条黑色条纹，胸侧各具 3 条黑色斜纹。翅透明，前缘脉即邻近翅脉黄色，M_2 脉强烈波状弯曲，翅脉和翅痣黑色，翅端带小的烟色斑。足黑色，具刺。腹背两侧具黑色纵纹，末端 4 节黑色，上肛附器白色。

雌虫黄色，腹背具黑褐色不连续的黑褐色斑，第七至第九节几乎黑色，第十节白色。

【生活习性】成虫多在山沟、林区和林缘的水源边活动。

【资源利用】成虫和稚虫捕食害虫，常作为天敌昆虫。

黑异色灰蜻 *Orthetrum melania* (Selys)

【捕食对象】稚虫和成虫以小型昆虫为食。

【分布】中国分布于四川、云南、广西、广东、香港、福建、台湾、江苏、浙江、北京。广西各地均有分布。

【形态特征】雄虫头黑色，后头褐色。胸部灰色。翅透明，末端具深褐色斑。足黑色，腹部第一至第七节灰色，第八至第九节黑色，肛附器黑色。

雌虫头褐色，体黄色和褐色相间，腹部褐色、黑色和灰色相间。

【生活习性】雄虫多在林间沼泽地、山沟等水源边游弋觅偶，领地意识极强。

【资源利用】成虫和稚虫捕食蚊蝇等小型昆虫，常作为天敌昆虫。

黑异色灰蜻成虫（郑霞林　摄）

狭腹灰蜻 *Orthetrum sabina* (Drury)

【捕食对象】稚虫捕食蚊子幼虫等，成虫捕食小型蝶类、蛾类、叶蝉、飞虱、蠓、蚊和蝇等昆虫的成虫及幼虫。

【分布】中国分布于浙江、福建、湖北、湖南、广东、广西、重庆、四川、云南、台湾。广西各地均有分布。

【形态特征】体中型，翅宽而透明，翅基橙褐色；翅痣黄绿色或赤黄色，成虫体长 4.0 ～ 4.5 mm；前缘脉前方黄色，前缘室与亚前缘室内的横脉上下相连成直线；后翅长 34 ～ 36 mm，略宽于前翅，后翅小膜内方及肘室基部具 1 个小褐色斑。腹部 10 节，长 36 ～ 37 mm；腹部第一至第三节膨大如球，第一节背面具“八”字形黑斑，第二节无耳状突，第二、第三节有黑色横隆脊、后缘及纵条纹构成窗格状黑色花纹；第四至第六节缩细呈棍棒状，深褐色或黑褐色，侧面具黄色斑，第七至第九节全黑色，稍膨大，第十节黄褐色。肛附器白色，长 1.5 ～ 2.5 mm，上肛附器下具小黑齿，内肛附器末端具 2 枚小黑齿。

狭腹灰蜻成虫（任向明　摄）

【生活习性】成虫多在田野、山沟、水源边活动，喜静栖。成虫常“蜻蜓点水”，以此将卵产于水中。稚虫善捕食。

【资源利用】成虫和稚虫捕食害虫，常作为天敌昆虫。

（杨忠武）

鼎异色灰蜻 *Orthetrum triangulara* (Selys)

鼎异色灰蜻雄虫（郑霞林 摄）

【捕食对象】稚虫捕食蚊子幼虫、水生小型动物等，成虫捕食蝶类、蛾类、叶蝉、飞虱、蠓、蚊和蝇等小型昆虫。

【分布】中国分布于广东、广西、四川、云南。广西各地均有分布。

【形态特征】雄虫头部、胸部及腹部第一节黑色，腹部第二至第六节及第七节前半部分蓝灰色，腹部剩余部分黑色。雌虫黄褐色合胸侧面有 2 条宽黑纹，腹部具淡褐色斑。

【生活习性】成虫多于 5 ～ 10 月在山沟、水源边活动。

【资源利用】成虫和稚虫捕食害虫，常作为天敌昆虫。

黄蜻 *Pantala flavescens* (Fab.)

黄蜻成虫（郑霞林 摄）

【捕食对象】以成虫和稚虫捕食蚊、蝇等小型昆虫。

【分布】中国广泛分布。广西各地均有分布。

【形态特征】体中型，成虫体长 52 mm，翅展约 90 mm。雄虫体红色，雌虫体黄色。翅透明，赤黄色，翅痣深黄色。足黑色、腿节及前、中足胫节有黄色纹。腹部第一腹节背板有横斑，第四至第十腹节背板各具 1 个黑斑。肛附器黑褐色。

【生活习性】1 ～ 2 年完成 1 代，成虫常见于 3 ～ 10 月。

【资源利用】成虫捕捉蚊、蝇等小型昆虫，常作为天敌昆虫。

斑丽翅蜻 *Rhyothemis variegata* (L.)

【捕食对象】捕食蚊、蝇等小型昆虫。

【分布】中国分布于江苏、福建、广东、广西、海南、云南、台湾、香港。广西各地均有分布。

【形态特征】体大型，雌雄成虫腹部分别长 22 ～ 24 mm、26 ～ 27 mm，后翅分别长 33 ～ 37 mm、36 ～ 38 mm。后翅比前翅宽，翅展达 80 mm，翅琥珀色，有明显的黑黄色斑块。雌成虫翅尖透明，而雄成虫翅尖琥珀色。腹部黑色。

【生活习性】成虫多在林间沼泽地、水沟等处活动。

【资源利用】常作为天敌昆虫。

斑丽翅蜻雄虫（郑霞林　摄）

六

缨翅目 Thysanoptera

通称蓟马，过渐变态类昆虫，小型或微型，成虫体长一般 1 ～ 2 mm。口器锉吸式，右上颚退化，不对称；缨翅；无尾须。全世界有 2 亚目 3 总科 6 科 6000 多种，中国有 2 亚目 3 总科 4 科 300 多种。蓟马雌成虫主要进行孤雌生殖，偶有两性生殖，极难见到雄虫。部分种类以真菌为食，少数种类以小型节肢动物为食，栖花的种类能传粉，绝大部分种类以植物为食。植食性蓟马种类中，多数种类为害农作物、林木、果树和花卉，对植物造成直接伤害，部分种类还传播植物病毒病。

（任立云）

18. 管蓟马科 Phlaeothripoidae

雌雄虫腹部末端均呈管状。前翅无缘脉，翅面无纤微毛。全世界有 2 亚科 400 多属（含 5 个化石属）3100 多种，中国有 2 亚科 43 属 125 种。大部分种类取食植物，少数种类捕食其他小型节肢动物，一些种类在树皮下、枯枝落叶层或叶屑中取食真菌孢子、菌丝体等。

榕管蓟马 *Gynaikothrips uzeli* Zimmerman

【寄主】人面子、高山榕、小叶榕、垂叶榕。

【分布】中国分布于河北、内蒙古、辽宁、黑龙江、上海、福建、江西、山东、河南、广东、广西、海南、贵州、台湾。广西各地均有分布。

【形态特征】雌成虫体长 2.6 mm，体黑棕色至黑色。触角 8 节，第一、第二节棕黑色，第三至第五节及第六节基半部黄色。前足腿节黄色。前足胫节、中足和后足胫节端部及附节均黄色。翅无色。头两颊近乎直，眼后密布横线纹。头长为宽的 1.4 倍，为前胸长的 1.7 倍。头顶单眼区锥状隆起，有六角形网纹；复眼大；口锥端部宽圆，伸达前胸腹片中部。前胸背片布满交错或扭曲的横纹。中胸前基腹片发达；后胸背片有纵的交错纹及网纹。前翅很宽，边缘直，不在中部收缩；翅基部具 3 根并行的鬃，后缘端部具 18 ~ 20 根间插缨。前足股腿节不增大，跗节内侧具小齿。腹部背片第一节板片近三角形，第二至第四节两侧具交错横纹。管长是头长的 1.2 倍。

雄成虫体长约 2.2 mm。体色和一般形态与雌虫相似，但个体较小。

卵肾形，乳白色。

若虫共 5 龄。第五龄称伪蛹。头小而圆，触角 6 节，复眼黑色，单眼 3 个，黄色。触角往后折于头背面，第一节较粗于其他节。鞘状翅芽伸达腹部 3/5 处。

【生活习性】广西 1 年发生 9 代，以第九代越冬，世代重叠。在 7 ~ 10 时和 16 ~ 19 时化蛹或羽化，成虫羽化后 5 ~ 7 天开始产卵，卵多产于成虫为害造成的饺子状虫瘿内，部分成虫爬出虫瘿将卵产于树皮裂缝内，每雌产卵量为 25 ~ 80 粒。每年 5 月为害最重。在日平均温度 25℃时，完成 1 代需 28 ~ 30 天。

【为害特点】是榕树上的一种普遍而严重的害虫，以若虫和成虫锉吸寄主的嫩叶和幼芽的汁液，使受害榕树叶片呈饺子状，造成植株生长发育

A. 成虫

B. 卵

C. 若虫

D. 为害状

榕管蓟马（郑光楠　郑霞林　摄）

受抑，光合作用减弱，降低其观赏价值。

【防治方法】生物防治。注意保护小花蝽、横纹蓟马、华野姬猎蝽等天敌。

物理防治。发现虫瘿时及时摘除，修剪时尤其要注意把有虫瘿的枝条剪掉，集中深埋或烧毁。

化学防治。经常发生该蓟马的地区，可在未形成虫瘿前喷洒 50% 杀螟松或 2.5% 溴氰菊酯乳油 4000 倍稀释液。

华简管蓟马 *Haplothrips chinensis* Priesner

【寄主】八角、柿树。

【分布】中国分布于北京、河北、吉林、江苏、浙江、安徽、福建、河南、湖北、湖南、广东、广西、海南、贵州、云南、西藏、陕西、甘肃、宁夏、新疆、台湾。广西分布于南宁（兴宁）、上林（大丰、巷贤、龙山林场）、隆安（雁江、那桐、南圩、礼智林场）、北流（沙垌、新丰、隆盛）、容县（石头）、派阳山林场（鸿鸪）、六万林场（宁康、东山、河蒿、忠东、高岭）、博白林场（云飞、射广）。

【形态特征】雌成虫体长 1.7 mm，暗褐色至黑褐色。触角共 8 节，第三至第六节黄色，前足胫节及全部跗节黄色；翅无色；体鬃较暗。头稍长于宽，颊缘较直；口锥短宽，端部较窄，口针细，缩入头内复眼后。前胸背板光滑，边缘鬃除后缘鬃短小而尖外，其余均较长，端部扁钝；前翅中部收缩似鞋底形，具 9 根间插缨；腹部背板 2 ～ 7 节各具 2 对握翅鬃，第九腹背板鬃略短于管，第十节管状，长为头长的 0.68 倍。

雄成虫体长 1.4 mm，体色特征与雌虫相似，但前足跗节有齿。

卵长约 0.45 mm，长椭圆形，初产时近透明，渐转至浅黄色。

若虫无翅，初孵若虫浅黄色，后变橙红色，触角、尾管黑色。前蛹较 2 龄若虫短，浅红色，翅芽显露，伪蛹触角伸向头两侧，翅芽增长，色深。

【生活习性】广西 1 年发生 8 ～ 9 代，常年发生。20 ～ 32 天繁殖 1 代，世代重叠。在日平均气温 20℃时成虫存活 58 天左右。产卵前期 3 ～ 7 天，卵期 4 ～ 8 天，1 龄若虫历期 8 ～ 15 天，2 龄若虫历期 8 ～ 15 天，前蛹和蛹历期 3 ～ 6 天。每雌产卵量为 18 ～ 25 粒。越冬代成虫于 3 月下旬至 4 月上旬开始活动。早春在禾本科杂草上繁殖 1 ～ 2 代。6 月中旬或 7 月上旬为发生盛期。10 ～ 11 月中下旬成虫陆续迁至禾本科杂草叶鞘下或枯枝落叶下越冬。

【为害特点】成虫和若虫为害寄主植物幼嫩部位，吸食汁液，是造成八角麻疯果的主要害虫。叶片受害后出现银白色斑点或产生水渍状黄斑，严重时内叶不能展开，嫩梢干缩。花受害后，花冠产生灰白点，花瓣卷缩。

【防治方法】营林防治。清除杂草及枯枝落叶，破坏其栖息地 / 越冬环境，减少越冬虫口基数。

化学防治。在发生盛期，喷洒 1.8% 阿维菌素乳油 3000 倍稀释液、40% 绿莱宝乳油 1500 倍稀释液、10% 吡虫啉可湿性粉剂 2500 倍稀释液或 17.5% 蚜螨净乳油 2000 倍稀释液等药剂，每隔 10 天左右喷 1 次，连喷 2 ～ 3 次。

华简管蓟马成虫（郑光楠　摄）

榕端宽管蓟马 *Mesothrips jordani* Zimmermann

【寄主】榕树。

【分布】中国分布于福建、广东、海南、广西、云南、台湾、香港。广西分布于北海（涠洲岛）。

【形态特征】雌成虫体长 3 mm，黑棕色，前足腿节粗壮。触角 8 节，第三、第四节端部较膨大，第三至第六节基半部黄色，第四至第六节端部暗黄色至棕色。复眼和单眼色淡，前翅无色，前足胫节较黄，各足跗节黄色；体鬃暗。头长为宽的 1.7 倍，两颊近乎直，单眼间有些线纹，眼后横纹轻。复眼较大，单眼区隆起。单眼间鬃、单眼后鬃和其他头鬃均小。前胸背片前部和两侧有微弱线纹，背片鬃 8 根。前翅中部略收缩，间插缨 17 根。前足腿节粗，前足胫节短而粗，前足附节内缘齿大。腹部第二至第四节背片和腹片横线纹和网纹很微弱，第二、第七节各有 2 对大的握翅鬃，前对握翅鬃外侧有许多小鬃。

榕端宽管蓟马成虫（郑光楠　摄）

【生活习性】不详。

【为害特点】若虫和成虫锉吸寄主嫩叶和幼芽汁液。受害叶片呈饺子状。

【防治方法】参考榕管蓟马。

七 半翅目 Hemiptera

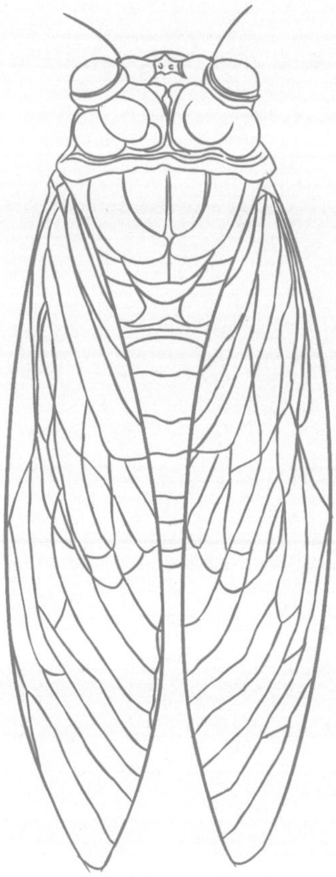

不完全变态类昆虫，包括胸喙亚目 Sternorrhyncha、头喙亚目 Auchenorrhyncha、鞘喙亚目 Coleorhyncha和异翅亚目 Heteroptera。全世界有36总科133科6万多种。植食性，刺吸植物汁液为害寄主，可传播植物病毒病，许多种类为重要的农林业害虫；部分种类可分泌蜡、胶或形成虫瘿，可产生五倍子，是重要的工业资源昆虫；部分种类色彩艳丽、外形奇特、声音悦耳，是重要的观赏昆虫；部分种类可食用，是食用昆虫。

（三）木虱总科 Psylloidea

头部颊锥发达，额被颊所覆盖。前翅前缘有断痕，脉呈二叉分支。该总科在中国包括丽木虱科 Calophyidae、盾木虱科 Spondyliaspididae、幽木虱科 Euphaleridae、木虱科 Psyllidae，共有 33 属 527 种。

（李德伟）

19. 盾木虱科 Spondyliaspididae

头部颊锥发达，额看不到，前翅前缘有断痕，翅痣有或无；脉呈二叉分支；后足胫节无基齿，端距 4 ～ 10 个，基跗节具爪状距。雄虫肛节分 2 节。全世界有 30 属 299 种，中国有 4 属 7 种。

桉芽木虱 *Blastopsylla occidentalis* Taylor

【寄主】桉。

【分布】中国分布于广东、广西。广西各地均有分布。

【形态特征】雄成虫体长 0.95 ～ 1.17 mm，翅长 1.68 ～ 1.73 mm；雌成虫体长 1.45 ～ 1.70 mm，体翅长 2.09 ～ 2.13 mm。雌、雄头均向下伸，头项黄色，中缝、头项两侧凹陷，后缘褐色；颊锥黄色，指状，端近半圆形，中央紧靠一起；单眼黑色，复眼灰色；触角黄褐色，端 2 节黑色，端刚毛 2 根，黄色。胸部黄色，前胸背板两侧各有 1 对褐斑；中胸前盾片前缘两侧及翅前片前缘黑色，盾片背面有 5 条深褐色纵带，小盾片及后小盾片黄色，后胸拟背片具 4 条黑色纵脊。足黄色，后足胫节无基齿，端距 5 个，基跗节外侧具 1 个爪状距；后基突短，丘突状。前翅污褐色，脉褐色，前缘有断痕，翅痣宽长，后翅透明。腹部黄色，第四至第八节背板具黑色横带。

若虫长 0.27 ～ 1.30 mm，体椭圆形，扁平，触角棒状，复眼红色。低龄若虫颜色较深，足褐色；高龄若虫颜色较浅，足淡黄色，翅芽和腹部随龄期增长而变化。

卵椭圆形，长 0.21 ～ 0.24 mm，宽 0.09 ～ 0.11 mm，淡黄色，一端有 1 个卵柄，卵柄基部深埋于植物组织中。初产的卵半透明。后期透过卵壳可见 1 个红色小点。

【生活习性】成虫羽化时间无固定规律，羽化需 10 ～ 15 分钟。成虫羽化后常数只至数十只聚集在叶缘和嫩茎上补充营养、交配。成虫跳跃性强，但飞翔力较弱。一般情况下，成虫主要产卵于嫩梢与叶柄基部的内、外侧及嫩茎等处，但在高虫口密度时，由于嫩梢上爬满吸食的若虫和粘满蜡质，成虫主要在较老的叶柄基部周围、枝条的棱边上产卵，常几粒甚至几十粒卵聚产在一起呈堆状。卵柄基部深埋在植物组织中，使卵紧紧地连在植物体上，很难从植物上脱落。若虫多聚集在嫩叶的叶柄及嫩梢上刺吸为害，并在叶片和枝条上排出大量黏液，分泌大量白色絮状蜡质物；若虫不太活泼，可爬动，无跳跃能力，老熟若虫常从取食处爬到叶缘或叶背上羽化。若虫和成虫均有趋嫩性、群集性。

【为害特点】以成虫、若虫聚集于新生幼芽、嫩梢、嫩叶上刺吸汁液，致使受害新梢不能正常生长，叶片生长不良，甚至干枯脱落，严重影响桉树的长势；害虫排泄蜜露，常诱发霉污病；同时分泌白色蜡质物覆盖叶片和嫩梢，影响叶片的光合作用。以苗木、采穗圃母株及幼林受害较严重，受害幼叶和嫩梢皱缩，萎蔫下垂，连续严重受害可导致嫩梢梢头枯死，丧失发芽能力；引起采穗母株丛枝状，不能生长正常穗条，严重影响产穗量。

【防治方法】生物防治。桉芽木虱的天敌种类很多，包括寄生蜂、瓢虫、食蚜蝇、捕食螨、草蛉、螳螂等。因此，要合理使用化学药剂，最大程度保护和利用自然天敌。

化学防治。可选用 50% 烯啶虫胺 20000 倍稀释液喷雾，24 小时后防治效果达 90% 以上；70% 吡虫啉 25000 倍稀释液或 5.4% 阿维菌素 5000 倍稀释液喷雾，72 小时后防治效果达 70% 以上。也可用洗衣粉 1000 倍稀释液液 + 尿素 1000 倍稀释液混合喷雾防治。

A. 成虫

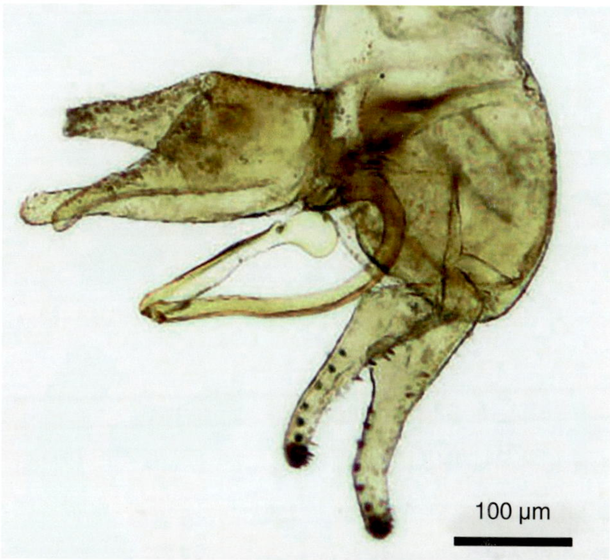

B. 雄虫生殖器

C. 卵

D. 为害状

桉芽木虱（李德伟　摄）

（四）裂木虱总科 Carsidaroidea

前翅前缘无断痕，通常无翅痣；具横脉或R1和Rs有一段靠近；前翅脉不呈三叉分支，具$M+Cu_1$脉。后足跗节具1或2个爪状距，少数无爪状距。该总科在中国包括圆木虱科 Strogylocephalidae、痣木虱科 Macrohomotomidae、瘿木虱科 Cecidopsyllidae、裂木虱科 Carsidaridae，共有8属26种。

（李德伟）

20. 痣木虱科 Macrohomotomidae

体大型。头向下后方伸，后缘缩入前胸之下；头顶宽大于长的2倍；无颊锥。后足胫节无基齿，具端距，基跗节具1或2个爪状距。前翅宽阔，端尖；前缘无断痕，有翅痣；无横脉。全世界有6属35种，中国有2属11种。

剑痣木虱 *Macrohomotoma gladiatum* Kuwayama

【寄主】小叶榕、孟加拉榕、垂叶榕。

【分布】中国分布于福建、广东、广西、海南、台湾、香港、澳门。广西分布于南宁（西乡塘）、柳州（柳北、柳南）、柳城、柳江、融水、永福。

【形态特征】成虫体长2.3～3.7 mm，黑褐色，具绿色斑纹，光滑，翅长4.4～5.5 mm，头宽1.2～1.3 mm。头顶黄褐色，后缘中部具黑色斑纹；无颊锥，触角黄色，第四至第九节端及第十节褐色，端刚毛黄褐色。中胸前盾片两侧、盾片两侧角黄色；后胸黄褐色；胸部两侧的黄色部分构成两侧宽的黄色纵带。足黑色至黑褐色，胫节、基跗节、端跗节基、后基突黄色，前足胫节红褐色，后足胫节无基齿，端距4个，基跗节具1对爪状距；后基突小，锥状。前翅透明，污黄色，脉黄色，有时沿脉两侧具淡污黄褐斑；翅痣卵圆形，外端具黑斑，缘纹3条；臀区具2个黑色斑点。腹部黑色，腹板绿色。

若虫共5龄，1～2龄体较扁。1龄体长0.4～0.6 mm，黄红色，触角4节；2龄体长1.4 mm，不见翅芽，触角6节；3龄和4龄体长分别为1.8 mm和2.2 mm，触角分别为8节和10节，颜色由黄色转青色；末龄体长3.1 mm左右，青褐色，翅芽突出。各龄若虫腹部分泌大量白色蜡丝。若虫背面每节有2条褐色线斑。

卵纺锤形，一端较尖，长约0.5 mm，宽0.2 mm，初期黄白色，半透明，后转为浅褐色。

【生活习性】在南宁1年可发生4～5代，世代重叠明显。在侵害的多种榕树中，以小叶榕为最普遍。在温度低于10℃时基本停止发育，以卵和若虫在小叶榕树芽叶内侧越冬．若虫藏于所分泌的蜡丝团内，翌年4月上旬成虫开始出现，并在小叶榕树的芽叶内侧产卵。卵在25℃左右7天可孵化。该虫具有趋嫩性，若虫取食汁液并排出大量黏液和分泌絮状蜡丝，成虫善跳跃，但不善飞翔。

【为害特点】该虫全年几乎都可发生，榕树发新梢时为害严重。主要为害小叶榕新梢和叶片，群聚新梢部位为害。成虫在枝梢开始萌芽时，常常成对在嫩梢上活动取食，刺吸汁液并交配产卵；若虫藏于分泌出的白色絮状物下吸食植物汁液，致使受害枝梢的叶片扭曲变形，芽叶不再展开，包裹成团，枝条不再伸长，受害严重时叶片皱缩，逐渐变色脱落，严重影响树体的正常生长。此外，该虫还会排出大量黏液和分泌絮状蜡丝，常会诱发煤污病，影响园林植物的观赏价值。

【防治方法】营林防治。加强管理，结合秋冬修剪剪去有虫和卵的枝条及叶片。病虫枝要集中烧毁，杜绝虫源残留越冬。

生物防治。保护和利用寄生性和捕食性天敌，包括啮小蜂、瓢虫、草蛉、螳螂等，以达到自然控害的目的。

化学防治。①叶面喷雾：可选用 20% 的吡虫啉可湿性粉剂 1500 倍稀释液、40% 毒死蜱乳油 1000 倍稀释液、5% 啶米脒乳油 1000 倍稀释液等。②树干注射：在树干的中、下部钻斜孔，用注射器将上述药剂直接注入孔内，用泥土封堵。

A. 成虫

B. 若虫

剑痣木虱（郑光楠　摄）

（五）斑木虱总科 Aphalaroidea

虫体静止时前后翅呈屋脊状覆盖于体背。额可见，中单眼位于其中，无颊锥。前翅前缘有断痕；后足胫节无基齿，端距发达；基跗节有或无爪状距。该总科包括小头木虱科 Paurocephalidae、扁木虱科 Liviidae、斑木虱科 Aphalaridae、叶木虱科 Euphylluridae，中国有 33 属 124 种。

（李德伟）

21. 小头木虱科 Paurocephalidae

体小，粗壮。头向下后方斜伸，触角长于头宽。后足胫节无基齿，端距 6 ～ 11 个，基跗节有或无爪状距，胫节两侧具粗刺。前翅前缘有断痕；翅痣有或无。中国有 2 属 11 种。

鸭脚木星室木虱 *Pseudophacopteron tuberculatum* Yang et Li

【寄主】糖胶树、肉桂。

【分布】中国分布于广西、云南。广西分布于南宁（兴宁、江南、武鸣）、横州、宾阳、隆安、马山、阳朔、灵川、荔浦、梧州（龙圩）、藤县、合浦、东兴、防城港（防城）、上思、浦北、贵港（港北）、平南、玉林（玉州）、博白、陆川、巴马、大化、崇左（江州）、天等、派阳山林场、钦廉林场、黄冕林场。

【形态特征】成虫初羽化时呈鹅黄色，8 ～ 10 小时后体色逐渐变为黄色或黑褐色，雌成虫通体偏黄色，雄成虫通体偏褐色。头顶黄褐色，无中缝，中央具圆角突；颊黑色；单眼黄褐色，复眼黑色；触角淡黄至黄色，基部 2 节背面及末端 2 节黑色，顶端 1 对黄色刚毛十分长，约为触角长的 1/2。胸部黑色至黑褐色，中胸背面大部分黄色，小盾片、小角突黄色，端尖黑色。足黄色至黄褐色，中足腿节中部背及胫节中部黑色，后足腿节基部大部分黑色，胫节无基齿；后基突黄色。翅透明，脉黄褐色，脉 C+Sc、Cu_{1b}、A 基半黑色；后翅透明，脉 C+Sc 黑色，Cu_{1b} 两侧淡褐色。腹部黑色，背面峰突及生殖节黄色。

卵淡黄色，长圆形，长 0.2 mm，宽 0.1 mm。端部钝圆，其上可见黑色眼点；尾部细尖，上着生 1 个卵柄。卵柄深埋于叶片组织中。

若虫长椭圆形，扁平。末龄若虫体长 1.5 ～ 1.8 mm，宽 0.95 ～ 0.97 mm，扁小，长卵圆形，体黄色，背面具红褐色斑，体边缘及背面密生蜡腺毛。复眼大而圆突，红紫色。触角长 0.43 ～ 0.49 mm，基部 2 节粗大，鞭节渐细，密布不规则的小环。中、后胸背板大部分为褐色。前、后翅芽均宽大，褐色，外缘具长短不一的蜡腺毛。腹部 1 ～ 6 分节明显，具褐色横带。气门 7 对，位于腹部两侧。

【为害特点】成虫和若虫均聚集于糖胶树嫩梢和嫩叶上刺吸汁液为害，其中以若虫为害为主，大多营固定生活。若虫在糖胶树的叶片上为害，形成虫瘿。受害严重的糖胶树，叶片几无完好，虫瘿在叶片的正、反两面均有分成，一片叶上的虫瘿数目不等，最多可达几十个，甚至挤成一团；虫瘿开口多在叶片的背面，成虫羽化前虫瘿逐渐裂开呈壶口状。受害叶片失绿、黄化、凹凸不平，受害嫩芽生长受阻，萎缩、扭曲、畸形，严重影响叶片的光合作用和呼吸作用，影响植物正常生长，降低其观赏价值。

【生活习性】在南宁无越冬现象，1年发生多代，世代重叠现象严重。成虫飞翔能力弱，跳跃能力强，平时多分散在叶背或新梢上栖息、吸食液汁。成虫趋光性强，喜食嫩叶，在取食时进行交配，交配高峰在9时左右。卵散产，多产于嫩叶正面的边缘，叶背的主脉、侧脉和叶肉上也有分布。每叶有卵几十粒至上百粒，多呈线状排列整齐。

【防治方法】营林防治。加强糖胶树等寄主的修剪、中耕、施肥等管理，以增强树势；及时剪除虫害叶。

物理防治。①该虫成虫有一定的趋黄色特性，在植株上悬挂黄板诱杀成虫有一定的防治效果。②在成虫羽化前，摘除虫瘿多的叶片并销毁，以减少虫源。

生物防治。保护、利用寄生性天敌和捕食性天敌，包括啮小蜂、瓢虫、草蛉、螳螂等，以达到自然控害的目的。

化学防治。可选用乐斯本乳（毒死蜱）油1000倍稀释液或0.5%烟碱·苦参碱750倍稀释液喷雾防治，有较好的防治效果。

A.成虫

B.若虫

C.为害状

鸭脚木星室木虱（郑霞林　郑光楠　摄）

（六）粉虱总科 Aleyrodoidea

仅包括粉虱科 Aleyrodidae。体小型，主要分布于热带和亚热带。营两性生殖或孤雌生殖。植食性的刺吸式昆虫，多分布于寄主叶背刺吸为害。成虫和若虫会分泌蜜露及蜡质物污染植物营养和生殖器官，诱发煤污病，使其光合作用受阻，导致植株生长不良，农产品产量和质量急剧下降，是重要的农林业害虫。

（黄志平）

22. 粉虱科 Aleyrodidae

体小型。翅膜质，被蜡粉。若虫、成虫腹末背面有管状孔。过渐变态。若虫共 3 龄，1 龄若虫能自由活动，2 龄若虫失去胸足和触角营固着生活，3 龄若虫蜕皮而化蛹，蛹壳似介壳，容易与介壳虫混淆。全世界已记录 3 亚科 161 属 1500 多种，中国已记录 2 亚科 49 属 250 多种，为农林植物叶部重要的刺吸类害虫之一。

黑刺粉虱 *Aleurocanthus spiniferus* (Quaintance)

【寄主】玉兰、山茶、榕、樟、柑橘、枇杷、桂花。

【分布】中国分布于江苏、浙江、福建、江西、湖北、湖南、广东、广西、海南、四川、贵州、云南、台湾、香港。广西分布于柳州（柳北）。

【形态特征】成虫体长 1.0 ～ 1.3 mm，橙黄色，覆有白色蜡粉。复眼红褐色。前翅紫褐色，有 7 个不规则的白色斑纹；后翅小，淡紫褐色。足黄色。

卵杧果形，长约 0.25 mm。卵壳表面密布六角形网纹，基部有 1 个短柄，直立于叶上。初产时乳白色，后变为淡黄色，将孵化时为紫黑色。

若虫共 3 龄。初孵若虫体长约 0.3 mm，椭圆形，淡黄色，体背具 6 对刺毛，躯体周围有 1 个白色蜡圈。2 龄若虫体长约 0.4 mm，黄黑色，体背有 9 对刺毛。3 龄若虫体长约 0.7 mm，深黑色，有光泽，体背有 14 对刺毛，躯体周围白蜡增多。

伪蛹长椭圆形，长 0.7 ～ 1.1 mm，黑色有光泽。体缘有较宽的锯齿状白蜡边，背面显著隆起。刺毛在头胸部有 9 对，腹部 10 对，两侧边缘雌蛹 11 对，雄蛹 10 对。

黑刺粉虱雌虫（杨春琳　摄）

【生活习性】1 年发生 4 代，以末龄若虫或拟蛹在叶背越冬。翌年 5 月上、中旬成虫开始羽化。第一代若虫于 5 月下旬开始发生，各代若虫发生盛期在 6 月上旬、7 月下旬、9 月上旬以及 10 月上中旬。成虫以 7、8 月发生较多。

成虫白天活动，喜欢荫蔽的环境，羽化后便可交配产卵，每雌产卵量十粒至百余粒，卵多产于叶背，老叶上的卵比嫩叶上多，散产或密集成螺旋状卵块。初孵若虫活动能力弱，多在卵壳附近取食，2、3 龄后若虫则不再移动，固定一处为害。各龄若虫的蜕皮都留在体背上。成虫有孤雌生殖现象及趋光性和强烈趋黄性。

【为害特点】以若虫群集在叶背吸食汁液，被害处形成黄斑。其排泄物常诱发煤污病，影响树势和产量。

【防治方法】营林防治。剪除虫害枝和衰弱枝，使植株通风透光，及时中耕除草、施肥，增强树势，提高植株抗虫能力。

物理防治。成虫对黄色有强烈趋性，可用黄色板诱杀。

化学防治。各代 1 龄、2 龄若虫盛发时期，可喷洒 68% 灭虱宁乳悬剂 800 倍稀释液、50% 二嗪农乳油或 25% 亚胺硫磷乳油 1000 倍稀释液、2.5% 溴氰菊酯乳油或 25% 扑虱灵可湿性粉剂或 10% 二氯苯醚菊酯 2000 倍稀释液、2.5% 鱼藤精 400 倍稀释液，施药前注意药液均匀，叶背处更应喷匀。

桂花穴粉虱 *Aleurolobus taonabae* (Kuwana)

【寄主】桂花、野梧桐、海桐、紫荆。

【分布】中国分布于江苏、浙江、广东、广西、四川、台湾、香港。广西分布于南宁（西乡塘）。

【形态特征】伪蛹蛹壳黑色，亚圆形，较平整。体缘锯齿状，有蜡质分泌物，每个缘齿着生 1 条玻璃状蜡丝，有些分布在气管褶及尾沟上。亚缘区跟背盘明显分离，从边缘向内延展许多清晰的凹陷窄区。腹部分节明显，管状孔三角形，末端有 1 个小开口。盖瓣三角形，几乎充塞了整个管状孔区域。

【生活习性】不详。

【为害特点】分布在桂花叶背刺吸为害。

【防治方法】参考黑刺粉虱。

桂花穴粉虱伪蛹（郑光楠　摄）

山茶褶粉虱 *Aleurotrachelus camelliae* (Kuwana)

【寄主】油茶、山茶、乌桕、杨梅。

【分布】中国分布于江苏、浙江、安徽、福建、江西、广西、海南、香港。广西分布于柳州（柳北）、三江。

【形态特征】雌成虫体长 1.7 ~ 2.0 mm（至翅端），灰白，腹部橘红色。前翅暗灰色，沿翅缘有 6 块黄色斑；后翅浅灰色。雄成虫体长略小于雌成虫，抱握器钳状，突出于腹部末端。

山茶褶粉虱若虫及为害状（黄志平　摄）

卵香蕉形，长 0.19 ～ 0.21 mm，黄褐色，竖立。

初孵若虫体长 0.25 ～ 0.27 mm，椭圆形，淡黄色，臀板有长刺毛 4 枚。2 龄若虫扁椭圆形，背部漆黑革质，腹面灰白膜质，胸足和触角退化，臀板有 1 簇白蜡毛。

伪蛹黑色有光泽，八角形，表面覆盖 1 层薄透明物，头部至管状孔有 1 个龙骨状隆起。胸部两侧每边有 1 个粗长纵褶，延伸至第一腹节。管状孔半圆形，盖瓣亚半圆形。

【生活习性】1 年发生 1 代，以 2 龄若虫于油茶叶背越冬。翌年 3 月下旬化蛹，4 月上旬开始羽化，4 月中旬为羽化盛期。6 月中下旬出现初孵若虫，7 月下旬蜕皮进入 2 龄为害至越冬。

成虫将卵产于叶背，平均产卵量为 33 粒。若虫共 2 龄。初孵若虫善爬行，找到合适场所用口针插入叶片组织取食。2 龄若虫足退化，失去活动能力，形成黑色介壳，分泌透明黏胶固着虫体，此后就不再移动。

【为害特点】多发生在郁闭度大的老油茶林。若虫分布于油茶叶背刺吸为害，并诱发煤污病，虫口密度大时往往全树发黑，造成落叶、落花、落果，影响油茶产量和种子品质。

【防治方法】参考黑刺粉虱。

（七）蚜总科 Aphidoidea

一个较大的昆虫类群，包括瘿绵蚜科 Pemphigidae、短痣蚜科 Anoeciidae、蚜科 Aphididae、毛蚜科 Chaitophoridae、斑蚜科 Drepanosiphidae、毛管蚜科 Greenideidae、扁蚜科 Hormaphididae、大蚜科 Lachnidae、平翅绵蚜科 Phloeomyzidae、纩蚜科 Mindaridae 和群蚜科 Thelaxidae。全世界有 11 科 510 属 5000 多种，中国有 268 属 1100 多种（含亚种）。许多种类不仅刺吸植物汁液为害，还传播植物病毒病，是重要的农林业害虫。

（杨忠武、查玉平、张少军）

23. 蚜科 Aphididae

虫体有时被蜡粉，但缺蜡片。触角 6 节，有时 5 节甚至 4 节，感觉圈圆形，罕见椭圆形，末节端部常长于基部。眼大，多小眼面，常有突出的 3 小眼面眼瘤。翅脉正常，前翅中脉分岔 1 ～ 2 次。爪间毛状。前胸及腹部常有缘瘤。腹管通常长管形，有时膨大，少见环状或缺。尾片圆锥形、指形、剑形、三角形、盔形、半月形，少数宽半月形。尾板末端圆。寄主有乔木、灌木、草本显花植物，少数蕨类和苔藓植物。同寄主全周期或异寄主全周期，有时不全周期。1 年发生 10 ～ 30 代。大多生活在叶部，也能在嫩梢、花序、幼枝上生活，少数生活在根上。全世界有 3 亚科 500 多属 4500 多种。

棉蚜 *Aphis gossypii* Glover

【寄主】石榴、花椒、木槿、棉、龙船花、鼠李属及瓜类等多种植物。

【分布】中国各地均有分布。广西各地均有分布。

【形态特征】无翅孤雌成蚜卵圆形，体长约 1.9 mm，宽约 1.0 mm。活时深绿色、草绿色至黄色，以黄色最常见。玻片标本体淡色有灰黑色斑纹，头部灰黑色，前胸与中胸背面有断续灰黑色斑，后胸有时有小斑；腹部各节节间斑黑色，第七、第八节背中央有狭短灰黑色横带，胸部各节及腹部第二至第四节各有 1 对缘斑，以胸部各缘斑为大，腹管后斑大。腹管、尾片及尾板灰黑色至黑色。气门圆形至长圆形开放，气门片黑色。节间斑明显。缘瘤位于前胸、腹部第一及第七节，小形缘瘤有时位于其他腹节，缘瘤指状，高、宽约相等或高稍大于宽，并长于缘毛。中胸腹岔无柄。中额隆起，额瘤不显。触角 6 节，长约 1.1 mm。喙超过中足基节。腹管长约 0.39 mm，长圆筒形，有瓦纹、缘突和切迹。尾片圆锥形，有微刺突组成的瓦纹，有 4 ～ 7 根曲毛，一般 5 根。尾板末端圆，有 16 ～ 17 根长毛。

有翅孤雌成蚜长卵圆形，体长约 2.0 mm，宽约 0.68 mm。活时头、胸黑色，腹部深绿色、草绿色乃至黄色，早春和深秋多深绿色，夏季多黄色。玻片标本头、胸黑色，腹部淡色，有斑纹，腹部第六节背中常有短带，第二至第四节缘斑明显且大，腹管后斑亦较无翅蚜大，且绕过腹管前但不合拢。触角、足基节、跗节黑色。触角长约 1.3 mm。喙末节为后跗第二节的 1.2 倍。腹管短，约为体长的

1/10、尾片 1.8 倍。其他特征同无翅孤雌虫。

【生活习性】在广西 1 年发生 30 代左右。早春开始在寄主植物上、繁殖，3 ～ 4 月开始为害，5 ～ 6 月虫口数量下降，10 月以后又发生为害。

【为害特点】以成虫、若虫群集在嫩梢和幼果的果柄吸食组织汁液，被害叶片皱缩，影响新梢生长，同时还分泌蜜露，诱发煤污病。

【防治方法】营林防治。加强栽培管理，及时抚育间伐、施肥，使林分内通风透光，增强树木长势。

生物防治。科学保护和利用自然天敌，蚜虫天敌种类较多，包括瓢虫、食蚜蝇、草蛉、粉蛉、斑腹蝇、蚜茧蜂等。

A. 有翅成虫及若虫

B. 无翅成虫

C. 为害嫩梢

棉蚜（郑光楠　郑霞林　摄）

化学防治。应在害虫点片状高密度未扩迁前喷药防治，可选用的药物有 10% 吡虫啉可湿性粉剂 1000 倍稀释液，3% 啶虫脒乳油 3000 ～ 5000 倍稀释液，25% 灭蚜威乳油、15% 灭蚜威乳油、1.2% 烟参碱乳油等 1000 倍稀释液，50% 灭蚜松可湿性粉剂 800 ～ 1000 倍稀释液，40.7% 毒死蜱乳油 800 ～ 1500 倍稀释液，50% 抗蚜威可湿性粉剂 1000 ～ 2000 倍稀释液。也可在植物生长季节用内吸传导性强的农药注射防治。

夹竹桃蚜 *Aphis nerii* Boyer de Fonscolombe

【寄主】夹竹桃。

【分布】中国分布于上海、江苏、浙江、广东、广西。广西分布于南宁（兴宁）、荔浦、永福、全州、武宣。

【形态特征】无翅孤雌虫体卵圆形，成蚜长约 2.3 mm，宽约 1.2 mm。活时体蛋黄色。玻片标本体表稍骨化，腹部第八节有明显斑纹，触角第一至第三节端部及第四至第六节黑色，喙第三至第五节黑色，足腿节端部 2/3 ～ 3/4、胫节、跗节黑褐色至黑色，腹管、尾片、尾板及生殖板黑色。体表有明显网纹，腹管后几节有横瓦纹。气门圆形，气门片稍骨化。节间斑不显。缘瘤不骨化，位于前胸及腹部第一及第七节，有时腹部第二至第四节有小形馒状缘瘤，前胸高大于宽，高馒头状。中胸腹岔无柄，横宽 0.34 mm，与触角第三节约等长。体背毛顶端稍钝，头顶毛 2 对，头背部毛 3 对；前胸中毛、侧毛、缘毛各 1 对；中、后胸缘毛各 2 对，中毛各 1 对；腹部第一、第五至第七节缘毛各 1 对，第二至第四节各 2 对，有时 3 对，第一至第八节各有中毛 1 对。中额瘤隆起，顶端平，额瘤隆起高于中额瘤。触角有粗瓦纹，全长 1.35 mm，第三节长 0.34 mm。喙达中足基节，除原生刚毛 2 对外，有次生刚毛 1 ～ 2 对。足光滑，有褶皱纹，后股节长 0.55 mm。腹管长筒形，有瓦纹和缘突、切迹，长 0.47 mm。尾片舌状，中部收缩，端部 2/3 骨化黑色，布满粗刺突，长 0.21 mm，有长曲毛 11 ～ 14 根。尾板半球形，有长毛 19 ～ 21 根。

有翅孤雌成虫体长卵形，长约 2.1 mm，宽约 1.0 mm。玻片标本头、胸黑色，腹部淡色，斑纹黑色；触角、喙部节、足股节端部 2/3、后足胫节及前、中足基端部、跗节黑色；体表除腹管后几节有横瓦纹及背斑有小刺突外，其他表皮光滑，腹部第一至第七节有缘斑，第一、第五、第七节者小，第六节者大，第六节有 1 个小中斑，第七、第八节各有 1 条横带，均不明显。有喙瘤，位于前胸及腹部第一至第四节及第七节，但第二至第四节者小。体背毛长尖锐，头顶 2 对，头背部 3 对；腹部第一、第五、第七节各有 1 对缘毛，其他节各有 2 ～ 3 对，第一至第八节各有 1 对中毛，第四及第五节有时有 1 对侧毛。中额隆起，额瘤明显隆起。触角全长 1.6 mm，第三节长 0.41 mm，触角第三节有 9 ～ 10 根毛，第三节有次生感觉圈 5 ～ 11 个，分布端部 3/4 或全节。喙达后足基节，第四与第五节长锥形，长 0.15 mm，除有 2 对原生刚毛外，有次生刚毛 2 ～ 3 对。后足股节长 0.63 mm；后足胫节长 1.13 mm，后足跗第二节长 0.11 mm。翅脉正常，脉粗黑。腹管长筒形，长 0.38 mm。尾片舌状，长 0.21 mm，有长曲毛 13 ～ 19 根。

该种与萝藦虫相似，常混为一种，但本种无翅孤雌虫触角第四节黑色（后者基半部淡色），第六节鞭部约为基部的 3.6 倍（后者为 5.3 倍），第五节为第四节的 0.90 倍（后才为 0.74 倍）。有翅孤雌虫后足胫节黑色（后者中部淡色）；腹部第二至第四节有小缘瘤（后者仅第二节偶有）。

【生活习性】南方常见种，常盖满 9 ～ 12 cm 嫩梢，造成严重为害，幼苗受害尤甚。其他生活习性不详。

【为害特点】以成蚜若蚜群集吸食嫩叶、嫩梢汁液，致使叶片卷缩，影响新梢生长，造成叶片僵化及茎、叶枯死、花形变小或开花不正常。分泌的蜜露易诱发煤污病，严重阻碍植株的正常生长。

【防治方法】参考棉蚜。

A. 有翅成虫

B. 若虫

C. 为害状

夹竹桃蚜（高一平　郑霞林　摄）

桐蚜 *Aphis* sp.

【寄主】竹、油桐。

【分布】中国分布于广西。广西分布于南宁（青秀）、资源、永福。

【形态特征】有翅胎生雌虫体黄色，头部、胸部、触角、足、腹管等均为黑色。有翅蚜体黄色或黄绿色，翅灰黑色，头部、胸部背面为黑色。无翅蚜若蚜 1 龄体淡绿色，2 龄后体黄绿色或黄色。有翅蚜若蚜体黄色，翅透明。

【生活习性】在竹叶叶背面沿中脉为害。3～4 月常见，6～9 月竹叶硬化，此蚜数量甚少。在广西桂林每年可繁殖 10 代以上，冬季油桐树上仍有多种虫态和多个龄期的若蚜同时存在，说明该蚜在桂林越冬现象不明显，并且继续取食为害、繁衍。在广西南宁等地全年都可见到多种虫态，以无翅蚜、无翅胎生若蚜居多，无明显越冬现象。

A. 若虫群集为害

B. 为害状

C. 瓢虫幼虫捕食桐蚜若虫

桐蚜（引自吴耀军　奚福生，2010）

【为害特点】若蚜、成蚜刺吸叶片、嫩枝、嫩梢、嫩芽，影响植株的生长发育和易诱发煤污病。

【防治方法】参考棉蚜。

竹黛蚜 *Melanaphis bambusae* (Fullaway)

【寄主】毛竹、刚竹、淡竹等。

【分布】中国分布于江苏、浙江、安徽、福建、江西、广东、广西、云南、台湾。广西分布于桂林（临桂）、资源、全州、兴安、灵川。

【形态特征】无翅孤雌虫体卵圆形，成蚜长约 1.20 mm、宽约 0.75 mm。活体土黄色、红色、红褐色至黑色，被蜡质白粉。玻片标本头部骨化黑色，胸部、腹部淡色，仅胸部有灰黑色缘斑。触角第一、第二、第五节端部显褶皱纹，腹部第七至第八节背面微显瓦纹。气门肾形，开放，气门片黑色。中额瘤几乎不隆起，额瘤隆起外倾，甚高于中额，额瘤上有微突起。喙第四 + 第五节微感觉器细长弯曲，腹管仅稍长于尾片。

有翅孤雌虫体卵圆形，长约 1.3 mm、宽约 1.0 mm。活体时褐绿色，被蜡质白粉。玻片标本头、胸部黑色，腹部及部分前胸淡色，无斑纹。触角黑色，共6节，近于体长，第三、第四、第五节稍淡色；喙第三至第五节黑色，足各节除胫节中部3/5淡色外均为黑色；气门片稍骨化。节斑不显。前后翅脉正常有昙。腹管短筒形，长0.13 mm，稍长于尾片，有小刺突瓦纹，缘突不甚明显，切迹明显。

【生活习性】华南地区1年发生20代以上。浙江余杭1年发生18～21代，越冬代及7～8月发生的第10～13代出现有翅孤雌虫，其他时间均为无翅孤雌虫。翌年3月中旬到5月中旬发生第一代蚜，若蚜历期约21天，蜕皮4次，变为成蚜，开始繁殖后代，无翅孤雌虫寿命约21天。其他各代的若蚜历期为8.2～15.3天，均蜕皮4次，无翅孤雌虫寿命为5.2～33.4天，以第四至第13代的寿命最短。各代发生历期分别为第一代60～70天、第二代50～60天、第三代40～50天、第四至第六代30～40天、6月下旬到8月下旬发生的第七至第13代均为20～30天，第14～20代均为30～60天；12月上、中旬无翅孤雌虫后代分化出现有翅孤雌虫，并于12月中旬到翌年1月下旬繁殖，到3月又发育为无翅孤雌虫，有翅孤雌虫于1月下旬至2月上旬死亡，寿命约50天。

A. 无翅雌虫

B. 若虫聚集为害

竹黛蚜（引自杨忠武　韦维　奚福生，2018）

【为害特点】以若蚜、成蚜在嫩竹叶背取食，被害叶出现褪绿、白斑、萎缩、枯白，最后导致脱落；蚜虫的分泌物（蜜露）掉落于为害叶下方的竹叶、竹秆上，滋生严重煤污病，影响光合作用，严重者导致落叶或枯死。

【防治方法】参考棉蚜。

罗汉松新叶蚜 *Neophyllaphis podocarpi* Takahashi

【寄主】罗汉松。

【分布】中国分布于吉林、上海、江苏、浙江、湖南、广西。广西分布于宾阳、横州、桂林（雁山）、兴安、荔浦、阳朔、北海（银海）、博白、兴业、南宁树木园、青秀山风景区、钦廉林场。

【形态特征】无翅孤雌虫头与前胸愈合。触角第六节鞭部非常短，约为该节基部的1/4，节Ⅲ具环形的30～45个次感觉圈，无毛。喙端节无次生毛。胫节端毛与该节其他毛相近，各足第一跗节常无背毛。第七腹节具4根毛。腹管短，环状。尾片长椭圆形。生殖突4个。

有翅孤雌虫体长约1.5 mm，宽约0.6 mm，活体黑褐色。玻片标本体淡色。触角第一、第二节褐色，第三节等于前足胫节长；头部背方淡褐色，中胸褐色，第一至第七腹节有淡褐色缘瘤，第七腹节有淡色横带，腹管淡褐色，围有明显的基斑。尾片、尾板褐色，中、后足腿两侧褐色，喙顶端褐色，体其他部分淡色。翅正常，翅脉透明无镶边。体背毛短，不明显，仅 0.005 ~ 0.010 mm。头中额不隆起，复眼发达。触角第三节的端部、第四至第五节有刻纹，第三节有 30 ~ 45 个次感觉圈，第四节无。喙达中足基节，端节缺次生毛。足第一附节有 3 根腹毛。无背毛。腹管短，圆锥形，表面有褶皱。尾片基部溢缩，长椭圆形，有 16 根毛。尾板中部浅裂呈双叶状，有 8 ~ 14 根毛。生殖突 4 簇，每簇有 2 根生殖毛。

【生活习性】不详。

【为害特点】群集吸食罗汉松嫩梢及嫩叶，使嫩梢生长不良，叶片变小，叶色发黄，树势衰弱。

【防治方法】参考棉蚜。还可在早春罗汉松尚未萌芽时喷 1 ~ 3 波美度石硫合剂，杀灭越冬卵。也可在 4 月下旬越冬卵孵化盛期，使用 50% 抗蚜威可湿性粉剂 600 ~ 800 倍稀释液喷雾防治。

A. 有翅成虫

B. 无翅成虫

C. 卵（放大）

D. 若虫

E. 为害状

罗汉松新叶蚜（郑光楠　郑霞林　摄）

茶二叉蚜 *Toxoptera aurantii* (Boyer de Fonscolombe)

【寄主】油茶、山茶等。

【分布】中国分布于四川、贵州、云南三省以东，秦岭、淮河以南地区。广西各地均有分布。

【形态特征】有翅蚜长约 2 mm，黑褐色，有光泽，触角第三至第五节依次渐短，第三节有 5 ~ 6 个感觉圈排成 1 列；前翅中脉二叉状；腹侧有 4 对黑斑；腹管长于尾片，基部有网纹。无翅成蚜卵圆形，棕褐色，体表多细密淡黄色横置网纹；触角黑色，第三节无感觉圈，第三至第五节依次渐短。

【生活习性】华南地区 1 年发生 30 代以上，世代重叠，无明显越冬现象。该蚜趋嫩性强，聚于新梢叶背、嫩茎上吸食，并随芽梢生长不断向上转移，经常以顶芽之下第二至第三片叶上的虫口居多。当虫口增长过甚导致芽梢营养不足或气候变化时产生有翅蚜飞迁扩散。秋后末代出现两性蚜，有翅雄

A. 若虫聚集为害

B. 为害状

C. 食蚜蝇幼虫捕食茶二叉蚜若虫

茶二叉蚜（引自吴耀军　奚福生，2010）

虫飞寻无翅雌虫交配产卵越冬。该蚜繁殖力强，条件适宜时 5 ～ 7 天即可完成 1 代，1 头无翅胎生雌虫可孤雌生殖 35 ～ 45 头仔蚜。秋后末代每雌产卵量 4 ～ 10 粒。4 月后气温稳步回升，虫口迅速增长，4 月下旬至 5 月中旬呈现全年高峰；夏季高温暴雨，蚜群数量显著减少；9 ～ 10 月秋凉后虫口呈现次高峰，直到秋末种群数量下降。

【为害特点】群集吸食嫩叶、嫩梢汁液，致使叶片卷缩，影响新梢生长，造成叶片僵化、茎叶枯死、花形变小或开花不正常。分泌的蜜露易诱发煤污病，严重阻碍了植株的正常生长发育。

【防治方法】参考棉蚜。

松大蚜 *Cinara pinea* (Mordvilko)

【寄主】马尾松、湿地松、火炬松、樟子松、红松、油松、赤松等。

【分布】中国分布于北京、河北、山西、内蒙古、辽宁、山东、河南、广东、广西、海南、陕西。广西各地均有分布。

松大蚜若虫（Rae S　摄）

【形态特征】成虫体形较大。触角刚毛状，共 6 节，第三节最长。复眼黑色，突出于头的两侧。分有翅型和无翅型两种。有翅型雌虫体长 2.8 ～ 3 mm，黑褐色，有黑色刚毛，足上尤多，腹部末端稍尖；翅膜质透明，前缘黑褐色。雄虫与胎生的无翅型成虫极为相似，仅体形略小，腹部稍尖。无翅型均属雌性，体较有翅型成虫粗壮，腹部散生黑色颗粒物和被白色蜡粉，末端钝圆。

卵黑色，长椭圆形，长 1.8 ～ 2.0 mm，宽 1.0 ～ 1.2 mm。

若虫共 4 龄，体态与无翅成虫极为相似。胎生的若虫为淡棕褐色，体长约 1.0 mm，4 ～ 5 天后变为黑褐色。

【生活习性】在广西以卵在松针或树皮裂缝中越冬。翌年 3 月至 4 月上旬孵化，4 月中旬出现无翅胎生雌虫，在枝梢上为害，并进行孤雌生殖。1 头干母（雌虫）可生产 30 多头雌若虫。若虫长成后继续胎生繁殖。6 月上旬，出现侨蚜，飞往附近松树上繁殖为害。10 月上旬出现性蚜（有翅雌、雄虫），性蚜交配后于中下旬开始产卵越冬。此蚜吸食树汁叶，常头部向下、后足上举，受惊扰时迅速爬行，隐藏于松针丛基部。夏季受强台风雨的影响，虫口数量骤降，抑制了松蚜的大发生。

【为害特点】以成虫和若虫刺吸嫩梢、嫩叶汁液，造成松针尖端发红、干枯，针叶也出现黄红色斑，枯针、落针明显。此外，分泌蜜露还易诱发煤污病，影响松树生长发育。

【防治方法】参考棉蚜。

24. 扁蚜科 Hormaphididae

体小，多呈椭圆形、长纺锤形或扁平椭圆形，体黄白色、黄绿色、淡绿色、褐色、黑色等，还有一些种类体表覆有蜡粉或蜡丝。多数种类头部、胸部与第一腹节愈合，形成前体。有的仅头部与前胸愈合，中、后胸和腹部各节愈合或分离。体表常有斑纹，具蜡腺，可分泌蜡粉、蜡丝。具蜡片，其形状、大小、排列等常作为分类的重要依据。无翅孤雌虫身体扁平，多数体被蜡粉，附肢退化，很少活动甚至基本不动；有翅孤雌虫亦不擅飞行。大多数种类寄主植物单一。全世界已记录 3 亚科 43 属 215 种，中国已记录 3 亚科 28 属 96 种。为农林业重要害虫，严重为害竹等植物。

（于松毛）

竹叶扁蚜 *Astegopteryx bambucae* (Buckton)

【寄主】苏麻竹属、簕竹属植物。

【分布】中国分布于福建、广东、广西、台湾。广西分布于博白、宜州、融水。

【形态特征】无翅孤雌虫体扁平状卵圆形，成虫体长约 1.9 mm，宽约 1.1 mm。活时黄绿色，背中线两侧有深绿色中断纵带，略被白色蜡粉及少数长蜡毛。玻片标本稍骨化淡色，无斑纹，各附肢同等淡色，喙顶端黑色。头部与前胸背片相愈合，复眼由 3 个小眼组成。体表光滑，体缘有皱纹。腹管后几节微有横纹。气门圆形关闭，气门片淡色。胸、腹部每节缘片各有 4～6个大圆形蜡孔，彼此分离，排成纵行。中胸腹岔两臂远离，有时一丝相连，两臂呈指状，与触角末节鞭部等长。体背有长硬毛，长约为腹面毛的2倍，腹部第一至第七节缘毛各 1～2 对，第一至第六节中侧毛 7～8 根，第七节中侧毛 4 根，第八节中侧毛共 7～8 根，中侧毛长 0.064 mm，为触角第三节直径的 3.2 倍，第一腹节缘毛为其的 3 倍，头顶毛为其的 2.2 倍。前额有 1 对长角，角不尖，长 0.082 mm，稍短于触角前 2 节之和，每角有 9～12 根短毛。触角

竹叶扁蚜聚集为害（谭小玲　摄）

4～5节，细而短，有微瓦纹，全长0.33 mm，为体长的0.17倍。喙短粗，不达中足基节，端部有2对长刚毛。足短粗，光滑。腹管为有毛的圆锥体，端口直径0.06 mm，围绕腹管有8～11根长硬毛。尾片瘤状，微有刺突，有7～8根短毛。尾板分为2片，有长硬毛16～18根。

【生活习性】在竹叶反面沿中脉为害。3～4月为常见害虫。6～9月竹叶硬化，此蚜数量甚少。4～6月发生有翅孤雌虫，其他月份一般只发生无翅蚜型。全年孤雌繁殖，未发现雌雄虫。稍受惊时，无翅孤雌蚜左右摆动其腹部。

【为害特点】以成蚜、若蚜群集刺吸竹嫩梢、嫩叶汁液，造成竹叶泛黄和落叶，影响竹的生长发育。

【防治方法】参考棉蚜。

居竹伪角蚜 *Pseudoregma bambucicola* (Takahashi)

【寄主】孝顺竹、大佛肚竹、小佛肚竹、观音竹、绿竹、大眼竹、单竹、甲竹、凤尾竹、龙头竹、乌叶竹。

【分布】中国分布于浙江、福建、江西、湖南、广东、广西、四川。广西分布于横州、桂林（雁山）、荔浦、阳朔、灵川、梧州（长洲、万秀）、苍梧、桂平、平南、兴业、北流、博白、昭平、天峨、来宾（兴宾）、凭祥。

居竹伪角蚜若虫聚集为害（莫警斌　摄）

【形态特征】无翅孤雌成蚜体长1.7～3.1 mm，宽卵圆形，浅紫褐色或深紫褐色，被蜡质分泌物。头与前胸合并，前部高度骨化，具小齿状突起，约有20根刚毛，额突顶端削尖。复眼由3个小眼组成，黑色，无单眼；喙短，触角短，4节，浅黑色，末节较黑，第三节2/3处有时有不完全的分裂，末节具端生5根刚毛。前胸背板两侧向内凹陷，与后缘分离；中、后胸各具2对大晶刺，腹部背面具许多小晶刺。足短，浅黑色。

有翅孤雌虫体长2.0～3.9 mm，体翅合长4.5～5.0 mm。卵圆形，黑色。头部光滑，额突极短或无额突。复眼大，红色，具眼疣，单眼3枚。触角短，5节。前翅2.8～3.8 mm，中脉1分叉，后翅具2条倾斜脉和2～3个小钩。足细长。

【生活习性】在福建全年均有发生，若蚜、成蚜群集在当年出笋后已拔节的嫩竹竹梢、竹秆上取食，少见在竹叶上为害，终身不离去，被害竹上近节处大小蚜密集，长年不减，蚜虫分泌蜜露致竹叶上感染煤污病；为害以夏季最盛。在浙江1年发生20代左右，12月气温下降，此蚜越冬，在竹秆上消失。

【为害特点】成蚜、若蚜群集于1年生竹秆表面或嫩枝上刺吸汁液，为害严重时遍布整个竹秆。成蚜取食时在节间分泌蜜露，使竹叶和枝条上感染煤污病，新竹存活率严重下降。

【防治方法】参考棉蚜。在自然条件下，蚜灰蝶、赤星瓢虫和食蚜蝇对该虫种群有一定的控制作用，应加以保护和利用。

25. 瘿绵蚜科 Pemphigidae

体小，背面蜡腺发达，常分泌蜡粉、蜡丝覆盖虫体。触角 5 ～ 6 节，有时 4 节，眼有 3 小眼面。腹管环状、半环状、截圆锥状或缺。尾片宽半月形、钝半圆形或近方形。有翅蚜次生感觉圈无睫或有睫，条形环绕触角方形、短条形、长圆形、圆形甚至网状；原生感觉圈无睫或有睫，圆形或长椭圆形。前翅具 4 斜脉，中脉分叉或不分叉，两肘脉基部接近或共柄，后翅两斜脉近平行或仅 1 支。全世界有 3 亚科 39 属 266 种，中国有 29 属 126 种。部分种类是重要的农林业害虫；部分种类产倍子，是重要的资源昆虫。

火力楠丽绵蚜 *Formosaphis micheliae* Takahashi

【寄主】火力楠、黄玉兰、白玉兰等。

【分布】中国分布于福建、广东、广西、云南。广西分布于南宁（邕宁）、宾阳、柳江、桂林（七星、叠彩）、永福、灵川、荔浦、梧州（龙圩）、岑溪、北流、忻城、高峰林场、博白林场。

【形态特征】成虫分为有翅孤雌胎生蚜和无翅孤雌胎生蚜。有翅孤雌胎生蚜体黑色，长 2.2 ～ 2.4 mm；触角短小，长约 0.6 mm，共 5 节，第一、第二节最短，长约为第三、第四节的 1/2，第三至第五节有不规则形感觉孔，第五节末端有刺毛 5 根；尾片深灰色，呈钝三角形，有刺毛 3 ～ 4 根；腹管全缺。

无翅孤雌胎生蚜体长 1.6 ～ 1.8 mm，体色随虫龄而异，初生蚜淡黄色，以后逐渐变为淡橘黄色、淡青色，常被白色棉絮状蜡物；触角深褐色，粗短，长约 0.3 mm，共 4 节，第一、第二节各有刺毛 2 根，第三节有圆形感觉孔 1 个、刺毛 3 根，第四节鞭部短小，末端有刺毛 4 ～ 5 根；尾片褐色，有刺毛 2 根；腹管退化，仅留褐色痕迹。

A. 雄虫　B. 若虫　C. 若虫絮状分泌物　D. 聚集为害状

火力楠丽绵蚜（杨忠武　摄）

【生活习性】在广西无越冬现象，一年四季均可为害林木。每年 10 月上旬至 12 月中旬，虫口数量激增，为害最严重。每头无翅孤雌胎生蚜可产幼蚜 30 ～ 40 头。幼蚜脱皮 4 次，完成 1 代约需 19 天。有翅孤雌胎生蚜于 11

月上旬开始出现，翌年 1 月上旬为盛期。群集性很强，在 1 cm 的样方内多达数十头，使树干及枝条布满白色棉絮状蜡状物。多在树皮裂缝、枝桠基部树皮较粗糙部位首先发生，活动能力弱，在林间呈核心分布。

【为害特点】以成蚜、若蚜群集于寄主植物枝干上吸食汁液，常引起树皮龟裂或瘤状突起，轻者影响树木生长和观赏价值，重者导致树木枯死。

【防治方法】先用清水喷淋体壁上白色棉絮状蜡状物，再喷洒 2.5% 敌杀死乳油 1500 倍稀释液，防治效果好。也可使用 40% 氧化乐果乳油涂抹树干，防治效果显著。

倍花蚜 *Nurudea shiraii* (Mats.)

【寄主】夏寄主为盐肤木，冬寄主为东亚金灰藓、大灰藓、凤尾鲜等。

【分布】中国分布于浙江、湖北、湖南、广西、四川、贵州、云南、陕西、台湾。广西分布于柳州、桂林、贵港、百色、河池。

【形态特征】秋迁蚜体卵圆形，长 1.3 mm，宽 0.5 mm。触角 5 节，第一至第五节渐次增长。口器短。前翅翅痣长矛状，不到翅顶端。在盐肤木复叶叶轴上形成虫瘿（即倍花），树枝状，外形如花。

A. 秋迁蚜

B. 致瘿形成的倍花

倍花蚜（查玉平　摄）

【生活习性】转主寄生昆虫，在夏寄主和冬寄主上交替寄生，包括瘿内世代和瘿外世代 2 个阶段，经历 6 种虫型，即干母、干雌、秋迁蚜、春迁蚜、性蚜和侨蚜。4 月上旬，干母开始出现，沿盐肤木树干爬到嫩叶上取食致瘿。6月中下旬，瘿内干母产第一代干雌，1～2头干雌形成1个叉枝。在叉枝内，繁衍第二代、第三代干雌。第三代干雌羽化为秋迁蚜，于 9 月中下旬开始迁飞。秋迁蚜迁飞到越冬寄主藓类植物上，寻找合适的产仔部位，产下越冬幼蚜，大部为雌性若蚜，少量为无翅侨蚜。越冬若蚜在藓上取食，并分泌蜡质包裹虫体，形成蜡球。翌年 3 月中下旬，越冬若蚜发育为春迁蚜。还有一部分发育成侨蚜，在藓上营孤雌生殖生活。在天气晴好时，春迁蚜迁飞到夏寄主树上，并在树皮缝隙中产下雌雄性蚜。性蚜均不取食，性成熟后交配，交配后不久雄性蚜即死亡。一般交配 1 个月后，雌性蚜产下干母。

【资源利用】倍花是五倍子的一种，可以入药，具有敛肺止血、散热解毒、除泻痢湿烂、医疮消肿等功效。倍花单宁酸含量为 34% ～ 39%，并含有独特的倍花酸。

角倍蚜 *Schlechtendalia chinensis* (Bell)

【寄主】夏寄主为盐肤木，冬寄主为侧枝匐灯藓、钝叶匐灯藓等。

【分布】中国分布于湖北、湖南、广西、四川、贵州、云南、陕西。广西分布于柳州、桂林、贵港、河池、百色。

【形态特征】秋迁蚜体长椭圆形，长 1.6 mm，宽 0.6 mm。触角 5 节，长 0.6 mm，第三节最长。口器短。前翅长 2.4 mm，翅痣长大，镰刀状，延伸至翅顶端。在盐肤木上形成虫瘿（即角倍），基部无柄，表面有若干角状突起或形成爪状分叉。

【生活习性】角倍蚜是转主寄生昆虫，在夏寄主和冬寄主上交替寄生，包括瘿内世代和瘿外世代 2 个阶段，经历 5 种虫型，即干母、干雌、秋迁蚜、春迁蚜和性蚜。4 月中下旬，干母开始出现，沿盐肤木树干爬到嫩叶上取食致瘿。6 月上中旬，瘿内干母产第一代干雌。9 月，瘿内繁衍第三代干雌。第三代干雌羽化为秋迁蚜，于 9 月下旬开始迁飞。秋迁蚜迁飞到冬寄主藓上，长于越冬若蚜。越冬若蚜在藓上取食，并分泌蜡质包裹虫体，形成蜡球。翌年 3 月中下旬，越冬若蚜发育为春迁蚜。在天气晴好时，春迁蚜迁飞到夏寄主树上，并在树皮缝隙中产下雌雄性蚜。性蚜均不取食，约 7 天后交配，雄性蚜交配后死亡，雌性蚜交配 15 ～ 20 天后产下干母。

【资源利用】角倍是五倍子的一种，可以入药，具有敛肺止血、散热解毒、除泻痢湿烂、医疮消肿等功效。角倍的单宁酸含量为 60% ～ 68%。

A. 秋迁蚜

B. 越冬若蚜

C. 致瘿形成的角倍

角倍蚜（查玉平　摄）

（八）蚧总科 Coccoidea

体表由各种蜡质分泌物覆盖，或由于虫体背面高度硬化而裸露。雌雄二型，雌虫无翅，触角退化，足退化或消失，极少活动；头、胸、腹愈合或区分不明显。雄虫细小，具足和翅，跗节 1～2 节，具 1 爪，无翅痣，寿命短。初孵若虫固定在寄主植物上刺吸汁液时，仅微弱移动或终生不动。虽然其活动能力不强，但可随植株、种子、苗木和水果等长距离传播。全世界有 45 科 1137 属 8000 多种。中国有 500 多种。部分种类是重要的农林业害虫，部分种类是检疫性害虫，部分种类是重要的资源昆虫。

26. 绵蚧科 Margarodidae

雌虫体大，无翅，分节明显，能自由活动，到产卵前才固定下来并分泌白色蜡丝包住虫体，或于腹下形成棉絮状卵囊伸出体外。雄虫体较小，体红翅黑，触角羽状，平衡棒有弯曲的端刚毛 4～6 根，腹末有成对的突起。为农林植物枝梢重要的刺吸类害虫。

（黄志平）

草履蚧 *Drosicha corpulenta* (Kuwana)

【寄主】马尾松、桉、罗汉松、油茶、柳、板栗、樟、枫、榕。

【分布】中国分布于华南、华中、华东、华北、西南、西北地区。广西分布于龙胜、北海（银海）、蒙山、平南、隆林、靖西、河池（宜州）、忻城。

【形态特征】雌成虫体长 7～10 mm，宽 4～6 mm，扁平椭圆形，背面略突，有褶皱，近草鞋状。背面暗褐色，背中线淡褐色，周缘和腹面橘黄色至淡黄色。触角、口器和足均黑色。

雄成虫体长 5～6 mm，翅展约 10 mm。胸部淡黑色至深红褐色，腹部紫红色。触角 10 节，黑色，从第三节起各节有 1 圈刚毛。前翅紫蓝色，后翅退化为平衡棒。腹部末端有尾瘤 2 对，呈树根状突起。

卵椭圆形，初产时淡黄色，后渐赤褐色。卵产于棉絮状卵囊内。卵囊初为白色，后转淡黄色至土色。

若虫外形与雌虫相似，但体较小，色较深。触角节数因虫龄而不同，1 龄 5 节，2 龄 6 节，3 龄 7 节。

A. 雌虫

B. 雄虫

草履蚧（郑霞林　谢桐音　摄）

雄蛹体长 4 ～ 6 mm，触角可见 10 节，翅芽明显。茧长椭圆形，白色蜡质絮状。

【生活习性】该虫 1 年 1 代，以卵在卵囊内于土中越冬，极少数以初龄若虫越冬。翌年 2 月上旬到 3 月上旬越冬卵孵化，孵化后的若虫仍停留在卵囊内；2 月中旬后，随气温升高，若虫开始出土上树；2 月下旬达到盛期，3 月中旬基本结束。若虫于 3 月下旬至 4 月上旬第一次脱皮；4 月中下旬第二次脱皮。若虫经 2 次脱皮后，雄若虫不再取食，潜伏于树缝、树皮下、土缝或杂草处，分泌大量蜡丝作茧化蛹，4 月下旬至 5 月上旬羽化为成虫。4 月下旬至 5 月上旬雌若虫第三次脱皮后变为雌虫，并与羽化的雄虫交配，雄虫交配后死去；雌虫至 6 月中下旬开始下树，钻入树干周围石块下、土缝等处，分泌卵囊产卵，产卵结束后逐渐死亡。

雄虫羽化后不再取食，有趋光性。每雌一般可产卵 100 ～ 180 粒，多者可达 261 粒。初龄若虫行动不活泼，多在树洞或树杈等背风隐蔽处群居，蜕皮后虫体增大，活动力增强，开始分泌蜡质物。

【为害特点】以成虫、若虫寄生于嫩枝、幼芽及叶片上刺吸汁液，并排泄蜜露诱发煤污病，影响寄主生长发育。为害严重时，可导致叶片发黄，树势衰弱，甚至引起寄主死亡。

【防治方法】参考吹绵蚧。

吹绵蚧 *Icerya purchasi* Maskell

【寄主】桉、台湾相思、紫薇、垂叶榕、海桐。

【分布】中国分布于华南、西南、华东、华中地区。广西分布于宾阳、龙胜、阳朔、荔浦、梧州（龙圩）、百色（田阳）、平果。

【形态特征】雌虫椭圆形，成虫体长 5 ～ 6 mm，宽 4 mm，橘红色或暗红色。体表着生有黑色短毛，在体缘明显密集成毛簇。触角、眼、喙和足均黑褐色。腹面平，背面被白色略带黄色的蜡粉及细长透明的蜡丝并向上隆起，以背中央向上隆起较高。产卵期腹部有隆起的白色蜡质卵囊，囊面有明显的 15 条纵条纹。腹气门 2 对。脐斑 3 个，椭圆形，中间者较大。雄成虫体长约 3 mm，翅展 8 mm。胸部黑色，腹部橘红色。触角 10 节，轮毛状。前翅狭长，紫黑色，有 2 条翅脉，后翅退化为平衡棒。腹部末端有 2 个肉质突起，其上各生有 4 根刚毛。

卵长椭圆形，长约 0.7 mm，橘红色，密集于卵囊内。

初龄若虫椭圆形，长约 0.6 mm，橘红色，体背被少量黄白色蜡粉。触角、眼、足黑色。触角 6 节，末节膨大，顶端生 4 根长毛，腹末有 6 根细长毛。2 龄若虫橙红色，体缘出现毛簇。3 龄雌若虫同雌虫，但体较小，触角 9 节。

雄蛹椭圆形，体长 3.5 mm，橘红色，腹末凹入呈叉状。预蛹和蛹皆藏于白色椭圆形茧内。

A. 雌虫

B. 若虫

吹绵蚧（郑霞林　摄）

【生活习性】发生世代数因地区而异。在华南地区 1 年发生 3 ～ 4 代，世代重叠，各虫态均可越冬，以若虫和成虫在枝干、叶背越冬为多。翌年 3 ～ 4 月雌虫大量产卵，5 ～ 6 月若虫大量发生，自 5 ～ 11 月可出现 3 ～ 4 个为害高峰期，尤以 8 ～ 9 月最盛。若虫期平均 48.7 ～ 54.2 天。雄虫量少，多行孤雌生殖，每雌产卵量 200 ～ 679 粒。卵期平均 13.9 ～ 26 天。

成虫喜群居在小枝上，特别是阴面及枝杈处，并分泌卵囊产卵，不再移动。初孵若虫很活跃，多寄生在新梢和叶背主脉两侧，2 龄后向枝、干转移。雄若虫 2 龄后常爬到枝干裂缝处作白色薄茧化蛹。

【为害特点】以成虫、若虫寄生于枝干、嫩梢及叶片上刺吸汁液，并排泄蜜露诱发煤污病，影响寄主生长发育。为害严重时，可导致叶片发黄，树势衰弱，提早落叶、落花、落果，甚至引起寄主死亡。

【防治方法】营林防治。加强抚育，合理修剪，保持林内通风透光，促进林木健康生长，提高其抗虫耐害能力。

人工防治。发现虫源株或小面积虫源林，采用人工刮除虫体的方法防治，能有效降低虫口密度并减轻为害。

生物防治。澳洲瓢虫、大红瓢虫、红环瓢虫、小草蛉是吹绵蚧的主要天敌，数量多时，常控制吹绵蚧大发生，应注意保护和利用。

化学防治。在若虫期间，可用 20% 速蚧克（杀扑磷）乳油、20% 蚧虫净乳油、20% 速克灭乳油、40% 毒死蜱乳油或 1.2% 烟碱·苦参碱乳剂 1000 倍稀释液喷雾防治。

27. 粉蚧科 Pseudococcidae

蚧总科中的第二大科。个体微小，生活隐蔽，常以群集的若虫和雌虫吸食植物叶片、花果和枝梢汁液，有的还栖居土壤为害根部。同时，由于雌虫分泌的卵囊大量覆盖叶片及新梢基部，使叶片及新梢基部失绿、溢缩，阻碍节间生长点纵向生长，致使梢部茎节短缩，嫩枝干枯，组织肿胀或畸形，受害植株长势逐渐减弱，甚至死亡。成虫或高龄若虫常分泌蜜露，引发寄主植物感染煤污病。此外，有的种类可以成为病毒宿主，传播植物病毒。全世界有 262 属 2019 种，中国有 72 属 203 种，是林木重要的刺吸害虫，部分种类为检疫性害虫。

（奚国华、陈先锋、刘冰洋）

竹扁粉蚧 *Chaetococcus bambusae* (Maskell)

【寄主】刺竹属、苏麻竹、青竹、慈竹、硕（巨）竹属。

【分布】中国分布于河北、浙江、广东、广西、四川、云南、西藏、台湾。广西分布于南宁树木园（居仁站）。

【形态特征】成虫体长约 6 mm，寄生竹的叶鞘下，覆白蜡状分泌物。雌虫体陀螺形，体前部椭圆形，后端 4 个腹节呈盾牌状，老熟时全体硬化。触角退化成 2 ～ 3 节，端部有许多毛。足全缺。腹脐无。背孔无。即使在年轻雌虫中，腹末至少也有2个体节硬化。多格腺只在腹末2个腹节腹面。三格腺有2种大小，小的分布于气门口，大的数量多而全面分布，在末腹节上较稀疏，与多格腺混合分布。沿体前缘短管腺2～15个，开口顶端鼓成半球，略大于多格腺，内管长宽近相等，可从头缘分布至胸缘。体毛稀疏，均短细，但长度各异，以体缘为多。在后气门之后有1个圆形孔板，孔内伸成硬化孔管。背部无管腺，单孔散布全面，体腹面后部数节硬化。体毛细长，体缘较多，末节上集中于中区、亚缘区。肛环在一短肛筒内，具6根肛环毛。末腹节有多格腺约20个。三格腺数目多且分布全面。

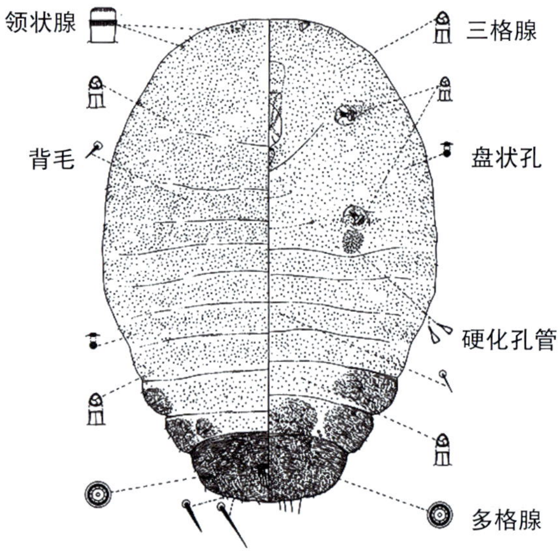

竹扁粉蚧成虫（引自 Williams，2004）

【生活习性】不详。

【为害特点】若虫或雌虫聚集于笋壳内部刺吸为害竹笋。

【防治方法】营林防治。通过秋季修剪枝条等农事操作，提高环境植物卫生状况，消灭粉蚧越冬或栖居产卵场所，减低虫源进而降低虫害。

生物防治。利用寄生性和不捕食性天敌来控制其发生，从而减轻其为害。如美洲粉蚧蚜小蜂 *Coccophagus gurneyi*、支角跳小蜂 *Tetracnemus pretiosus*、姬瓢虫 *Crptolaemus montrouzieri*、棒节抑虱跳小蜂 *Acerophagus clavatus* 和竹囊蚧长索跳小蜂 *Anagyrus antoninae*。

化学防治。发生严重时，可选用20%杀灭菊酯乳剂3000倍稀释液、40%速扑杀1500倍稀释液，每隔7天喷雾1次，连续使用3次，可有效控制虫口数量，防治效果均达到90%以上。

竹灰球粉蚧 *Nesticoccus sinensis* Tang

【寄主】早园竹、青篱竹。

【分布】中国分布于北京、上海、江苏、浙江、安徽、山东、广西、陕西。广西分布于荔浦。

【形态特征】寄生枝腋叶鞘下筑石灰质带杂质的巢。雌虫巢形，前端略突，后端宽圆，体长2.0～3.0（2.4）mm，宽2.0～2.5（2.35）mm，全体略硬化，尤以边缘为甚，背腹面分节比较明显。触角瘤状，2节，基节为1个狭环，上有1根小毛，端节长锥状，端部有8～9根刚毛，侧部有1根刚毛，长且粗；口器发达，喙1节，口针可伸达后气门附近，气门明显，开口处有成群的三格腺排成半月形，后气门之后有1块长椭圆形蜂窝状硬化板，名为腺板，其上有6个凹窝排成2排，内排4个，外排2个，凹窝在新鲜标本中呈深黑色；腺板上多格腺和管腺混合分布，呈长带状，腹脐1个，位于第三、第四腹节腹板间，近长方形，前部稍宽于后部，两侧向内稍凹、管腺顶端硬化，呈墓顶状，墓顶之下有翅状突起，主要分布后气门后之腺板上，在头部前缘和后气门附近也有少量稀疏分布。三格腺有2种大小，小的在气门口成群分布排成半月形，大的在头，胸部分散分布，在腹部以及腺板上无。多格腺有2种大小，大多格腺在口器附近小三格腺之外形成1个大的圈带，其他散布腺板，小多格腺在口器附近，在其他体表与大多格腺相混处。腺板上除多格腺和管腺外，还有六角形盘孔散布，腹部除腺板上外其他部分腺体较少，只在腺板边缘有少量多格腺和六角形盘孔。体毛在整个腹面稀疏。

【生活习性】不详。

【为害特点】若虫或雌虫聚集于小枝腋间和叶鞘内刺吸为害，使枝叶枯萎，生长缓慢，甚至竹丛衰败。

【防治方法】参考竹扁粉蚧。

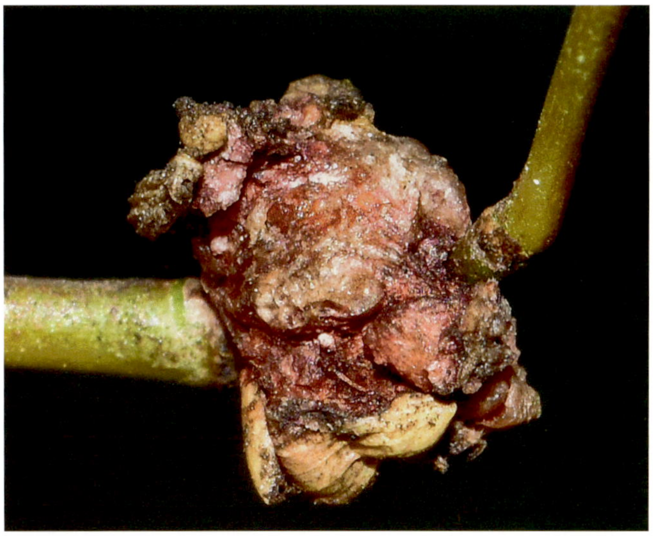

竹灰球粉蚧雌虫（王戌勃　摄）

堆蜡粉蚧 *Nipaecoccus viridis* Newstead

【寄主】榕、柚、柑橘、橙、黄皮、山茶属、山小橘属、棉属、木槿属。

【分布】中国分布于浙江、福建、江西、湖北、湖南、广东、广西、四川、贵州、云南、台湾。广西分布于南宁（西乡塘石埠、兴宁三塘）、宾阳、横州（百合、云表）、梧州（长洲）、北流（西埌）、金秀（头排）、象州（百丈）、来宾（兴宾南泗和桥巩）、大新（龙门、桃城）、南宁树木园（连山站）。

【形态特征】体长椭圆形，成虫体长约 4 mm。触角 7 节。足较虫体小。爪下无齿。前背裂缺，仅后背裂，但有时后背裂开口很小且不明显。腹裂 1 个，位于第三和第四腹节的腹板交接处中央。肛环正常发育，具肛环孔和 6 根肛环刺。臀瓣不发达，稍有突出，臀瓣腹面有不明显的长条状硬化纹，臀瓣刺粗壮。刺孔群 6 对，分布在腹部后 6 节。每个刺孔群均由 2 根圆锥形的刺和几个三格腺组成。三格腺在虫体背面和腹面均有分布。多格腺较丰富，分布在虫体腹面，在腹部比较密集，胸部也有分布。管状腺数量多，分布在虫体背面和腹面。虫体背面分布有各种长短和粗细不同的圆锥形体刺，分布在腹部背面中央的体刺较为粗壮，分布在头胸部的体刺稍细短。体毛长短不等，分布在虫体的腹面。

堆蜡粉蚧（王戌勃　摄）

【生活习性】不详。

【为害特点】若虫或雌虫刺吸枝干或叶的汁液，造成叶干卷缩。

【防治方法】参考竹扁粉蚧。

湿地松粉蚧 *Oracella acuta* (Lobdell)

【寄主】湿地松、马尾松、火炬松、加勒比松。

【分布】中国分布于广东、广西。广西分布于南宁（邕宁中和）、横州（陶圩）、阳朔（阳朔、兴坪）、全州（蕉江）、巴马、七坡林场（七坡、那琴）。

湿地松粉蚧若虫（杨忠武　摄）

【形态特征】雌虫体呈梨形，中后胸最宽。成虫体长 1.52 ～ 1.90 mm，体宽 1.02 ～ 1.20 mm，浅红色。在蜡包中。虫体上刺突少，有大量具泌蜡功能的多格腺和少量三格腺不规则分布在虫体上，多格腺在各腹节边缘较多、成行排列。触角 7 节，其上具细毛；端节较长，为基节 2 倍，并具数根感觉刺毛。复眼明显、半球状。口针长度为体长 1.5 倍。足 3 对、不退化，后足基节无透明孔。中胸、后胸各具 1 对气门。前背裂不明显。腹侧具 5 对刺孔群：C_{18}、C_{17}、C_{16}、C_{15} 和 C_{14}，刺孔群由两根圆锥状刺、聚集的三格腺和细毛组成。第七腹节具 1 对后背裂、较大。臀瓣不突出，其上各具 1 枚臀瓣刺。肛环上具 6 根肛环刺和数十个圆盘状孔。

雄成虫体长 0.88 ～ 1.06 mm，翅展 1.50 ～ 1.66 mm，粉红色。触角基部和复眼朱红色。中胸大、黄色；有 1 对白色翅、翅脉简单。第七腹节两侧各具 1 条 0.7 mm 长的白色长蜡丝。

卵长椭圆形。长为 0.32 ～ 0.36 mm，宽为 0.17 ～ 0.19 mm，浅红色至红褐色。

若虫椭圆形至不对称椭圆形。体长 0.44 ～ 1.52 mm，体宽 0.18 ～ 1.02 mm，浅黄色至粉红色。中龄若虫体上分泌出白色粒状蜡质物，腹末有 3 条白色蜡丝；高龄若虫固定生活，分泌出的蜡质物形成蜡包，覆盖虫体。

雄蛹形成之前有一段预蛹期。雄蛹为离蛹。体长 0.89 ～ 1.03 mm，体宽 0.34 ～ 0.36 mm，粉红色。触角可活动，复眼圆形、朱红色。足 3 对、浅黄色。在头部、胸部和腹部分泌出白色粒状蜡质物和 2 倍～ 3 倍体长的灰白色长蜡丝，并逐渐覆盖蛹体。

【生活习性】卵期 5 ～ 12 天，平均 7.6 天；若虫期：非越冬代虫 50 ～ 60 天，越冬代虫 150 ～ 210 天；雄蛹（包括预蛹期）：4 ～ 6 天，雄虫 1 天；雌虫：非越冬代虫 30 ～ 40 天，其中产卵前历期 6 ～ 8 天、产卵历期 20 ～ 30 天、产卵后历期 4 ～ 6 天，每雌产卵量 60 ～ 80 粒；越冬代虫 40 ～ 50 天，其中产卵前历期 7 ～ 10 天、产卵历期 30 ～ 40 天、产卵后历期 5 ～ 7 天。每头雌虫可产卵 108 ～ 372 粒、平均 182.2 粒，卵的孵化率为 80.7%。

在湿地松林内，初孵若虫孵化后聚集在雌虫的蜡包中，气候适宜时爬出；低龄若虫在松树上四处爬动，并随气流被动扩散，部分低龄若虫在较隐蔽的嫩梢、针叶束或球果上聚集生活。发育至中龄若虫后，大部分害虫向上爬动至松梢顶端，在发育成高龄若虫的同时，分泌的蜡质物逐渐形成蜡包；雌虫在蜡包中产卵。在蜡包内，部分卵已孵化出初孵若虫时，雌虫还有继续产卵的现象。秋季缺少新抽嫩梢时，部分中龄若虫在老针叶束内固定，分泌蜡质物逐渐形成蜡包，并发育完成高龄若虫和雌虫的生活历期。

【为害特点】若虫和雌虫聚集于枝梢端部刺吸为害枝梢。

【防治方法】参考竹扁粉蚧。此外，该虫还有大量寄生性和捕食性天敌，如孟氏隐唇瓢虫 *Cryptolaemus montrouzieri*、宽纹纵条瓢虫 *Brumoides lineatus*、圆斑弯叶瓢虫 *Nephus ryuguus*、黑方突毛瓢虫 *Pseudoscymnus kurohime*、亚非草蛉 *Chrysopa boninensis*、大草蛉 *Chrysopa septempunctata* 等，应加以保护和利用。

扶桑绵粉蚧 *Phenacoccus solenopsis* Tinsley

【寄主】扶桑、朱槿、栀子花、八角等 200 多种寄主植物。

【分布】中国分布于天津、河北、上海、江苏、浙江、安徽、福建、江西、湖北、广东、广西、海南、重庆、四川、云南、新疆、台湾。广西分布于南宁（青秀、高新区）、梧州、六万林场（高岭）。

【形态特征】雌成虫活体卵圆形，浅黄色。足红色，腹脐黑色。被薄蜡粉，在胸部背面和腹部背面分别可见 0 ～ 2 对和 3 对黑色斑点。体缘有蜡突，均短粗，腹部末端 4 ～ 5 对较长。除去蜡粉后，在前胸、中胸背面亚中区可见 2 个黑斑，腹部 1 ～ 4 节背面亚中区有 2 个黑斑。

雄成虫体形微小，红褐色，长 1.4 ～ 1.5 mm。触角 10 节，长约为体长的 2/3。足细长，发达。腹部末端具有 2 对白色长蜡丝。前翅正常发达，平衡棒顶端有 1 根钩状毛。

雌成虫玻片显微特征：体宽卵圆形，长 2.5 ～ 2.9 mm，宽 1.6 ～ 1.95 mm。尾瓣发达，端毛长约 250 μm。触角 9 节，长约 530 μm，基节粗，其他节较细。单眼发达，突出，位于触角后体缘。足粗壮，发达，转节每侧有 2 个感觉圈，腿节和胫节上有许多粗刺，爪下有 1 枚不明显小齿。爪冠毛粗，端部膨大且长于爪；跗冠毛不显。后足胫节具透明孔，腿节端部亦有少量透明孔；后足转节和腿节长约 420 μm，胫节和跗节长约 450 μm，爪长 33 μm；胫节长为跗节长的 3 倍。口器发达，下唇长 175 μm，为唇基盾长的 0.9 倍。腹脐 1 个，横椭圆形或盘形，前缘通常宽于后缘，宽 150 μm，位于腹部第三节和第四节

A. 雌虫　B. 若虫　C. 为害花蕾　D. 诱发的煤污病

扶桑绵粉蚧（奚国华　杨秀好　摄）

之间。背孔 2 对，正常发达，孔唇内缘稍硬化，有小锥刺和三格腺。肛环位于背末，具有 5 列环孔和 6 根环毛，肛环直径 110 μm，环毛长 170 μm。刺孔群 18 对，均有 2 根锥刺和 1 群三格腺。末对刺孔群中锥刺较大，每刺长 30 μm，且三格腺较多，有 25 ～ 30 个；其他刺孔群刺较小，三格腺 6 ～ 11 个。背面小刺散布。小刺长约为刺孔群中锥刺长的 1/2，长 12.5 ～ 15 μm，刺基偶尔有 1 个或 2 个三格腺；三格腺多，散布体背；多格腺和管腺缺；单孔小于三格腺，少，散布。腹面中部有长毛，头部毛最长；小刺较体背小，主要分布体缘区，但亦可到中部。多格腺直径 7.5 μm，仅分布于腹面；在腹脐后中区，第四至第五节有个别，第六至第七节多，呈宽带状，节后端较密集，向前渐稀疏；在亚缘区成小群或短横列分布，第六腹节每侧 2 个，第五腹节每侧 4 个，第四腹节每侧 6 个，第三腹节每侧 5 个，以上各节成横列分布，第二腹节每侧 7 个，后胸每侧 6 个，此 2 节呈小群分布；后气门侧 1 个。三格腺均匀分布，但数量少于背面。五格腺缺。管腺长 15.0 ～ 17.5 μm，宽 3 μm，窄于三格腺。数量较多。除头部腹面及第七、第八腹节中区无分布外，在其他体面成横列，亚缘区成群，但胸部腹面数量较少。

【生活习性】1 年可发生 12 ～ 15 代，世代重叠现象严重。卵胎生，繁殖力极强，单头雌虫产卵量可达 150 ～ 600 粒。扶桑绵粉蚧具雌雄二型现象，兼营有性生殖和孤雌生殖。具有较强的生态适应性。此外，扶桑绵粉蚧还可通过与入侵地的土著种或其他入侵种形成互惠共生关系，提高其对环境的适应能力。如扶桑绵粉蚧入侵我国后迅速与红火蚁建立了互惠互利关系。

【为害特点】国家林业和草原局 2013 年发布的全国林业检疫性有害生物。若虫和成虫刺吸寄主植物的叶、嫩茎、花的汁液，致使叶片萎蔫和嫩茎干枯；其为害处堆积白色蜡质物质，影响植株的光合作用；为害过程中还会分泌蜜露，诱导发生植物病害。

【防治方法】植物检疫。严禁调运和种植带虫苗木，一旦发现携带有扶桑绵粉蚧的种苗，应进行除害处理或销毁。

物理防治。剪去扶桑绵粉蚧为害的植物叶片及枝条，受害严重的植株可连根拔起，集中焚烧处理，切勿带离疫区。

生物防治。保护和利用捕食及寄生性天敌，可有效控制其自然种群。目前已发现的扶桑绵粉蚧的捕食性天敌包括 5 目 7 科 25 种，如孟氏隐唇瓢虫 *Cryptolaemus montrouzieri*（Mulsant）、双带盘瓢虫 *Lemnia biplagiata*（Swartz）、六斑月瓢虫 *Menochilus sexmaculatus*（Fab.）和圆斑弯叶毛瓢虫 *Nephus quadrimaculatus*（Kamiya）。寄生性天敌以寄生蜂为主，有 8 科 26 种，如松粉蚧抑虱跳小蜂 *Acerophagus coccois*（Smith）、班氏跳小蜂 *Aenasius bambawalei*（Hayat）、长崎原长缘跳小蜂 *Prochiloneurus nagasakiensis*（Ishii）和粉蚧广腹细蜂 *Allotropa* sp.。

化学防治。可选用 90% 灭多威可湿性粉剂、25% 吡虫啉可湿性粉剂 1500 倍稀释液和 23% 高效氯氟氰菊酯微囊悬浮剂 1500 倍稀释液等喷雾防治。

蛛丝平刺粉蚧 *Rastrococcus spinosus* (Robinson)

【寄主】小叶榕、茶、荔枝、番石榴、无花果、杧果、五月茶。

【分布】中国分布于福建、广东、广西、台湾。广西分布于横州（校椅）。

【形态特征】雌成虫体长椭圆形，触角 9 节。眼发达，突出。足发达，细长，爪下具 1 枚小齿。

背裂 2 对，后背裂发达。腹裂 1 个，较大，菱形，位于第三、第四腹节腹板间。肛环位于近背部末端，具环孔和 6 枚长肛环刺。臀瓣宽并突出，具 1 根端毛。刺孔群 17 对，每个刺孔群由 16 ～ 20 个顶端削平的圆锥形刺和许多三格腺组成。所有的刺孔群都着生在硬化片上。三格腺主要分布在虫体背面，数量不多。五格腺杂乱分布在虫体腹面。多格腺只分布在虫体腹面的腹部，在腹部第五至第八节腹板上形成宽带。管状腺细长，数量较少，在腹部腹面第五至第八节不规则分布。体背面具细而顶端尖锐的小刺，数量少，稀疏而杂乱分布。体毛分布于虫体腹面，长短不一。

【生活习性】不详。

【为害特点】若虫和成虫聚集于嫩梢处刺吸为害。

【防治方法】参考竹扁粉蚧。

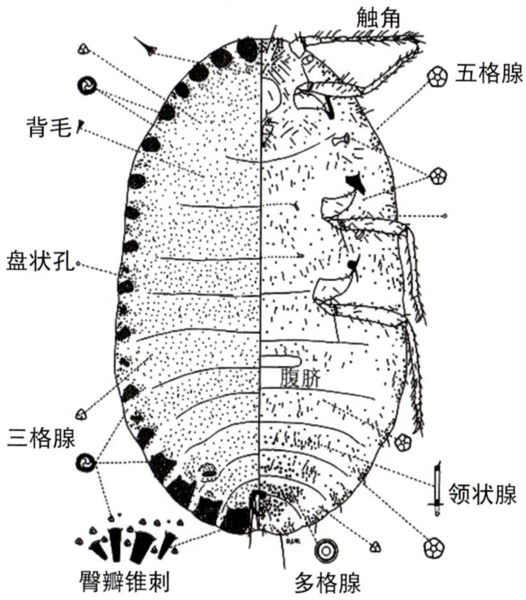

蛛丝平刺粉蚧（引自 Williams，2004）

28. 绒蚧科 Eriococcidae

是以绒蚧属 *Eriococcus* 为模式属建立的科。CockerellT. D. A. 1899 年首次采用 Eriococcini 这个名称。绒蚧科 Eriococcidae 虽然和红蚧科 Kemococcidae、粉蚧科 Pseudococcidae 有一定的不同，但是它们仍然是处在一个分支上的不同类型，血缘关系较近。因此，有些蚧虫分类学工作者曾把绒蚧和亲缘关系较近的兄弟类群划分成不同的分类组合。Balachowsky A.（1942）将绒蚧科 Eriococcidae 划分成绒蚧亚科 Eriococcinae、粉蚧亚科 Pseudococcinae 和红蚧亚科 Kemococcinae；Borchsenius（1949）则把绒蚧科作为粉蚧科的一个亚科来处理，即把粉蚧科划分为粉蚧亚科 Pseudococcinae 和绒蚧亚科 Eriococcinae 2 个亚科。Ferris（1957）把上述 3 个科作为各自独立的科。Hoy J. M.（1963）采用的绒蚧科 Eriococcidae 除绒蚧的所有属种外，仍包含红蚧、胭蚧和澳蚧的属种，经他整理的绒蚧属 Eriococcus 有 254 多种，该属在成虫和生物学等方面都与粉蚧科的种类接近；De Lotto（1974）和 Kosztarab（1985）又将它们分开，各自独立成科。

目前，绒蚧科 Eriococcidae 全世界有 53 属 360 多种，中国已记录 8 属 46 种。许多种类是森林、园林树木、果树、牧业上的重要害虫，可为害禾本科 Gramineae、榆科 Ulmaceae、杨柳科 Salicaceae、毛茛科 Ranunculaceae、壳斗科 Fagaceae、桑科 Moraceae、豆科 Leguminosae、野牡丹科 Melastomaceae、樟科 Lauraceae、柿科 Ebenaceae 等植物。

（奚国华、陈先峰、刘冰洋）

柿绒蚧 *Eriococcus kaki* Kuwaua

柿绒蚧（王戍勃　摄）

【寄主】柿子、杏、无花果。

【分布】中国分布于河北、山西、辽宁、吉林、黑龙江、浙江、安徽、福建、山东、河南、广东、广西、四川、贵州、云南、陕西。广西分布于柳城、蒙山（汉豪）。

【形态特征】雌成虫体宽卵圆形，长约 2 mm。虫体体节较明显。触角短，3 节，其中第一和第二节短而扁，第三节最长，其上有约 10 根粗细和长短不同的刺毛。口器发达，喙 2 节。气门柄粗而硬化。3 对足大小相近，胫节和跗节近等长。跗冠毛长而细，爪冠毛较粗，两者顶端均膨大。臀瓣发达而突出于虫体腹部末端，呈粗圆锥形。臀瓣顶端生有 1 枚发达的臀瓣刺，臀瓣背面具 1 枚圆锥形刺。腹瓣腹面具 2 根毛。肛环具 8 根肛环毛。虫体背面分布具圆锥形刺，短而顶端钝。虫体腹面平滑，具长短不等的体毛。管状腺 3 种，分布于虫体背面的较大，分布于腹面的较小。五格腺数量较少，分布在虫体腹面，腹部端部较多，在背面则与大的管腺混杂分布。

【生活习性】在广西 1 年发生 6 代，以若虫和成虫在树干裂皮缝、缝隙等处越冬。次年寄主植物萌动期开始活动，越冬若虫于 3 月下旬至 4 月上旬发育为成虫，并分泌蜡丝形成蜡壳和产卵。单雌产卵量 100 ～ 300 粒，卵期 9 ～ 15 天，3 月下旬至 4 月上旬、5 月下旬至 6 月上旬、6 月下旬至 7 月上旬、8 月上中旬、9 月上旬至 10 月中旬分别为第一至第五代若虫发生高峰期，若虫历期 20 ～ 30 天，以第六代若虫越冬，越冬代若虫历期较长，达 120 ～ 130 天。

【为害特点】若虫和成虫常聚集于嫩叶叶脉两侧、嫩梢和柿果上刺吸为害。

【防治方法】参考竹扁粉蚧。

29. 蜡蚧科 Coccidae

雌虫体缘常着生 1 圈缘毛或缘刺；腹部见 7 个腹节。全世界已记录 172 属 1157 种，中国已记录 48 属 140 种。除白蜡蚧 *Ericerus pela* Chavannes 的蜡泌物作为生物资源被人类开采利用外，其余大多数种类均是世界性的农林业害虫。

（韦曼丽）

日本龟蜡蚧 *Ceroplastes japonicus* Green

【寄主】阴香、小叶栎、桂花、罗汉松、白玉兰、山茶、无花果等植物。

【分布】中国广泛分布。广西分布于荔浦、阳朔、全州、灵川、永福（龙江）。

【形态特征】雌成虫壳长 3 ~ 4.5 mm，宽 2 ~ 4 mm，高 1 ~ 2 mm；虫体卵圆形，长 3 ~ 4 mm，黄红至红褐色；触角 6 节；背部灰白色，壳背向上隆起，近半球体，表面密被蜡质形成龟壳状坚厚蜡壳，由 1 个中心板块和 8 个边缘板块组成，壳周围有大量蜡质包围；腹面较平。雄虫棕褐色，长 1.5 mm 左右，单眼 4 ~ 10 个，多为 6 个；交配器短，针状。

卵椭圆形，乳白色至深红色。

若虫扁平，长椭圆形，长 0.2 ~ 0.35 mm，宽 0.1 ~ 0.25 mm，白色，体躯周围有蜡角 13 个。触角 6 节，足发达。

蛹圆锥形，长 0.8 ~ 1.3 mm，红褐色。

【生活习性】1 年发生 1 代，以受精后的雌虫在枝条上越冬。翌年 3 ~ 4 月开始取食，营孤雌卵生和两性卵生，4 ~ 5 月陆续产卵，每雌产卵量为 300 ~ 3100 粒，产卵期长达 15 ~ 30 天。初孵若虫多寄生在叶子上，很少寄生于叶柄、嫩枝、树干上。在叶子上固定数小时后开始分泌蜡质，至 15 天左右形成星芒状蜡被，40 天左右雌雄若虫蜡被开始分化，雄性呈星芒状，雌性呈龟甲状。7 月中下旬雌雄若虫外形开始分化。8 ~ 9 月为蛹期，8 月下旬至 10 月上旬羽化为成虫，同时期雌虫移至枝条上固定为害。在植株中，虫体主要分布在树冠外围，尤以树冠下部、徒长枝、内膛枝上最多，而树冠内层较少。

A. 若虫聚集为害阴香

B. 诱发的煤污病

日本龟蜡蚧（李懋辅　摄）

【为害特点】以若虫、雌虫聚集吸食植物的枝、叶和果的汁液，同时其排泄物还可诱发煤污病的发生，使植株密被黑霉，影响光合作用，并导致植株生长不良。

【防治方法】物理防治。①发生量较少时，可采用人工抹杀。②多可在 5 ~ 10 月结合植株修剪、整形，剪去受害枝条，有少许个体的枝条可用毛刷或竹片轻刮除去。在秋冬季，结合松土、施基肥，除去树干上的越冬雌虫。

生物防治。保护和利用天敌，如黑盔蚧长盾金小蜂 *Anysis saissetiae*（Ashmead）、黑色食蚧蚜小蜂 *Coccophagus yoshidae* Nakayama、软蚧扁角跳小蜂 *Anicetus annulatus* Timberlake、绵蚧阔柄跳小蜂 *Metaphycus pulvinariae*（Howard）；红点唇瓢虫 *Chilocrus hupehanus* Miyatake、黑背唇瓢虫 *Chilocorus melas* Weise、黑缘红瓢虫 *Chilocorus rubidus* Hope、二双斑唇瓢虫 *Chilocorus bijugus* Mulsant、中华草蛉 *Chrysoperla sinica* Tjeder、丽草蛉 *Chrysopa formosa* Brauer 等。

化学防治。化学防治的关键是要掌握施药时期，才能起到好的效果。由于日本龟蜡蚧分泌的蜡质较多且厚，一般情况下化学药剂不易透过蜡壳，而在日本龟蜡蚧孵化初期、未分泌蜡质及刚形成蜡质时期施药效果最佳。因此多选在日本龟蜡蚧孵化盛期施药最好。常用的杀虫剂有花保 100 倍稀释液、2.5% 功夫菊酯乳油 2500 倍稀释液、20% 灭扫利乳油 2500 倍稀释液、48% 乐斯本 1000 倍稀释液等。在选择化学药剂的过程中，尽量选择低毒、高效、无残留（或残留期短）的化学杀虫剂，既起到杀虫的效果，又减少对环境和天敌的影响。

红蜡蚧 *Ceroplastes rubens* Maskell

【寄主】马尾松、苦楝和榕树等。

【分布】中国广泛分布。广西分布于阳朔（兴坪）、荔浦（青山、双江、马岭）、全州、梧州（长洲、龙圩、万秀）、博白林场（三滩）。

【形态特征】雌雄二型。雌虫无翅，椭圆形，具暗红色至紫红色的蜡壳，长约 4 mm，高约 2.5 mm，顶部凹陷，形近脐状。有 4 条白色蜡带，从腹面卷向背面；虫体紫红色，触角 6 节。雄成虫体暗红色，体长约 1 mm，翅展约 2.4 mm，具翅 1 对，白色半透明。

红蜡蚧（李楙辅　摄）

卵椭圆形，长约 0.3 mm，淡红至淡红褐色，有光泽。

初孵若虫扁平椭圆形，淡褐色或暗红色，腹端具长毛 2 枚。2 龄若虫体稍突起，暗红色，体表被白色蜡质；3 龄若虫蜡质增厚，触角 6 节。

蛹长 1.2 mm，淡黄色；茧椭圆形，暗红色，长 1.5 mm。

【生活习性】1 年发生 1 代，以受精雌虫越冬。5 月下旬至 6 月上旬为越冬雌虫产卵盛期，常产卵于体下，每雌产卵量为 200 ～ 500 粒。6 月中旬为卵孵化盛期，初孵若虫离开雌虫并寻找到合适的取食部位时固着不动。雌若虫共 3 龄，各龄历期分别为 20 天、24 天和 33 天；雄若虫共 2 龄，各龄历期分别为 20 天和 43 天，前蛹期 1 ～ 2 天，蛹期 2 ～ 6 天。雄虫 8 月中旬至 9 月上旬羽化，寿命 1 ～ 2 天，交配后雄虫死亡，雌虫受精后越冬。

【为害特点】成虫和若虫以在寄主植物枝杆上和叶片上聚集刺吸害为害，并能诱发煤污病，致使植株长势衰退，树冠萎缩，抽梢量减少，全株叶片发黑，严重时则造成整株枯死。

【防治方法】参考日本龟蜡蚧。

藤壶蜡蚧 *Ceroplastes cirripediformis* Comstock

【寄主】秋枫、长隔木、雪松等。

【分布】中国分布于浙江、江西、广东、广西、四川、贵州、云南。广西分布于北海、百色、金秀、东兰。

【形态特征】雌成虫蜡壳污白色至灰白色，周缘蜡层较厚，背面观圆形或椭圆形，背面常隆起很高。蜡壳常分为7个小的板块，背顶部1块，其中央有1暗褐色小凹，1、2龄干蜡帽位于凹内，周缘蜡板6块，每侧2块，前后各有1块，近方形，每小块蜡壳之间有明显的凹痕为界限。体两侧气门处各有1个白色气门蜡带。虫体黄色至淡褐色，椭圆形，长1.5～3.0 mm，肛突短锥形，较硬化，向体后方伸出，尾裂浅。触角7节，触角间具1对长毛和1对短毛。胫跗关节硬化，爪下无小齿，爪具冠毛2根，同粗，端部膨大为匙形；跗2根细长具冠毛，同形。

1、2龄蜡壳长椭圆形，白色，背中有1长椭圆形蜡帽，盖住体背大部分，帽顶有1条横沟，体缘有放射状排列的干蜡芒。

【生活习性】雌虫有3个若虫期，蜕皮后变为雌虫；雄虫有2个若虫期，然后经预蛹期和蛹期，蜕皮后变为雄虫。1龄若虫在植株上爬行确定取食部位后，固定取食，不再活动。

【为害特点】以成若虫直接吸食寄主植物汁液影响植物生长，排泄蜜露诱发煤污病的发生。在假连翘上，该虫在寄主枝条上密集分布，造成枝枯、叶落，甚至成片死亡。

【防治方法】植物检疫。为入侵性害虫，主要通过苗木调运进行远距离传播，要加强国内和国外检疫，严禁调运和种植带虫苗木。

生物防治。应加强本土天敌保护和利用，在美国和埃及，该虫有多种寄生性和捕食性天敌，可开展天敌防治合作研究。

物理防治。发生量较少时，可通过人工捕杀成若虫。

化学防治。发生量较大时，可选用4.5%高效氯氰菊酯900倍稀释液、25%喹硫磷和40%啶虫·毒死蜱750～1000倍稀释液喷雾防治。

A. 雌虫

B. 为害状

藤壶蜡蚧（杨秀好　摄）

30. 盾蚧科 Diaspididae

因体表蜡壳形似盾而得名。除雄虫外，其余虫态均营固定生活。雌虫触角退化成触角瘤，喙 1 节，胸部具 2 对气门，足消失，无肛环和肛环刺，但腹末具许多叶状突起的臀叶，腹末后数节完全愈合成完整的臀板。雄虫无复眼，触角 10 节，具翅。全世界已记录 450 多属 2500 多种，中国已记录 600 多种，诸多种类是重要的农林害虫。

（张玉静）

樟白轮盾蚧 *Aulacaspis yabunikkei* Kuwana

【寄主】樟、乌桕、肉桂、八角、阴香、新木姜子。

【分布】中国分布于浙江、江西、河南、湖北、湖南、广东、广西、云南、陕西、台湾。广西分布于隆安（那桐）、柳州（柳北、柳南）、兴安（严关）、灵川（灵田、潭下、九屋）、岑溪（马路）、蒙山、北流、南宁树木园（居仁）。

樟白轮盾蚧为害状（黎术柳　摄）

【形态特征】雌成虫介壳圆形或近圆形，直径 1.5 ～ 2.2 mm，扁平，白色不透明，具 2 个壳点，位于边缘内或边缘上，其边缘透明，灰黄色，中脊黑色；雄介壳长形，长约 1.0 mm，白色，两侧近平行，具 2 条纵沟，中脊及边缘明显隆起，前端与 1 个褐黄色或淡黄色蜕皮壳相连。

雌成虫体长 1.2 mm，宽 0.5 mm。存在头缘突，第二腹节侧叶突出呈指状。雌成虫体长 1.2 mm，宽 0.5 mm。存在头缘突，第二腹节侧叶突出呈指状。

雄成虫体长 0.47 ～ 0.5 mm，翅展 1.5 mm 左右。体黄褐色，触角淡褐色，线状，前翅白色透明，后翅退化为平衡棒。

卵红色或暗红色，椭圆形。

初孵若虫红色，体长 0.2 mm，宽 0.12 mm，胸足 3 对，尾部具 2 根透明蜡丝。

雄蛹黄褐色，体长 0.6 mm，宽 0.2 mm。

【生活习性】在广西 1 年发生 5 代，以受精雌虫在枝干上越冬。3 ～ 4 月出现 1 代若虫，4 月下旬至 5 月上旬是第一代若虫活动盛期；5 ～ 6 月出现第二代若虫，第二代发展速度快、数量多、为害最重；7 ～ 8 月出现第三代若虫，9 ～ 10 月出现第四代若虫，11 月下旬出现第五代若虫。该虫自第一代以后出现世代重叠现象。

卵产在雌成虫介壳内，无规律排列。初孵若虫在介壳内停留约 20 小时后，爬出介壳寻找寄生部位，然后固定，开始吸取寄主营养。雄若虫具群居性，喜欢聚集固定在寄主的叶片或枝条上，为害严重时布满整个枝条，似白色蜡棒；1 龄若虫固定后会分泌很长的白色蜡丝，互相缠卷在一起覆盖在虫体上。雌若虫常分散固定取食，越冬代大多分布在枝条上，防止因老叶脱落而脱离寄主；其余各代雌若虫固定在枝条或叶片上。雌虫羽化后食量渐增，腹部逐渐增大，并开始孕卵。孕卵前雌虫体色为淡黄色，孕卵后或产卵前体色为紫红色或酱红色。雌虫的产卵量各代有差异，平均产卵量为 56 ～ 116 粒。

【为害特点】以雌虫和若虫固定在寄主叶片、枝条和芽上刺吸汁液。严重时，密密麻麻的白色介壳覆盖在寄主叶片与枝条上，影响寄主的光合作用和呼吸作用，导致寄主生长衰弱，严重时造成寄主叶片发黄脱落、枝芽枯萎、枝条枯死。

【防治方法】营林防治。秋冬季合理修剪，提高树冠通透性，剪除带有害虫的枯死、细弱枝叶，刮除大枝上的介壳。

物理防治。人工捕杀若虫、雌成虫、雄蛹，对虫口密集的主干、主枝，用毛刷蘸澄清的生石灰水刷洗，可起到清除部分虫体的作用。

化学防治。若虫高峰期，用 0.3% 高渗阿维菌素乳油 2000 ～ 3000 倍稀释液或 10% 吡虫啉乳油 2000 倍稀释液喷洒 1 ～ 2 次，效果可达 90% 以上；若虫固定初期，用 40% 速扑杀乳油 1000 倍稀释液，效果也较好。

苏铁白轮盾蚧 *Aulacaspis yasumatsui* Takagi

【寄主】苏铁、马尾松、月季、米兰、山茶、桂花、南天竹、九里香、悬钩子等。

【分布】中国分布于北京、福建、广东、广西、四川、贵州、云南。广西分布于南宁（西乡塘）。

【形态特征】雌介壳白色，梨形或椭圆形，长约 2 mm，宽约 1.5 mm，具 2 个壳点，突出于介壳前端，第一壳点通常浅黄褐色，第二壳点黄褐色或浅黄褐色。雄介壳白色，长条形，两侧几乎平行，背面有 1 条纵脊，长约 0.9 mm，宽约 0.4 mm，前端具 1 个浅黄褐色壳点。

雌成虫体黄色，长梨形，长约 1.0 mm，宽约 0.5 mm，头胸部宽圆，尾部略细，臀板凹较明显。近产卵的雌虫体为橙色。

卵橙黄色或橙红色，长椭圆形，长约 0.2 mm。近孵化的卵可见 2 个黑色眼点。

初孵若虫长椭圆形，体扁平，颜色与卵相近，有 1 对复眼，3 对足，尾部有 2 根细尾毛。1 龄若虫固定取食后体形开始增大，体色变为浅黄色，体形由原来的长椭圆形变为卵圆形，由扁平变为背部隆起，老熟 1 龄若虫体色为黄色。2 龄若虫触角和足已退化，头部可见 1 对眼点。2 龄雌若虫，体浅黄色，形态上和雌虫相似。

【生活习性】在华南地区 1 年发生 7 ～ 8 代，有明显的世代重叠现象，没有明显的越冬现象，全年每个月都能见到卵、若虫和成虫。其繁殖速度受温度影响，温度越高，繁殖速度越快，在气温较高的夏季，1 个月就能完成 1 代，而在冬季完成 1 代则需要 2 个月以上的时间。

雌成虫产卵量 32 ～ 134 粒，卵产于介壳内，产卵期约 1 个月，有的雌虫产卵结束后数天内死亡，而有的雌虫停止产卵后，还能存活约 10 天。若虫孵化后在介壳内停留数小时，才从介壳边缘缝隙爬出；有的若虫不爬出介壳，而是直接在介壳下固定，造成以后介壳重叠。初孵若虫比较活跃，爬行速度较快，1 龄若虫的自然死亡率较高，只有一部分能够顺利发育到成虫。2 龄雌若虫蜕皮后变为雌虫，交配后的雌虫虫体为橙色，并停止泌蜡。2 龄雄蚧蜕皮后进入预蛹期和蛹期，再蜕皮羽化成为有翅雄虫。雄虫羽化时，先从尾部突破介壳，倒退着爬出介壳。雄蚧羽化后，即可进行交配，雄蚧口器退化，不能取食，一般在羽化后 2 天内死亡。

【为害特点】主要为害球花、叶片和枝条，以雌虫和若虫固定在植物上刺吸营养，造成叶片发黄脱落、枝条枯死。密密麻麻的白色介壳覆盖在叶片与枝条上，使叶片失去光泽，影响叶片的光合作用和呼吸作用，造成树势衰弱；严重时枝条枯死，个别植株死亡。

该虫几乎能为害苏铁的各个部分，可寄生在羽叶、雌球花、雄球花、种子和刺状鳞叶等部位，甚至根部也能见到该虫为害。一般雌球花受害最普遍，也最为严重，通常由于雌球花上形成大量的虫源，加重了苏铁羽叶的受害程度。幼嫩的新发叶比老叶更容易受蚧虫为害，常常新叶还没完全展开，就能看到一些白色介壳分布在叶柄或叶轴上。

【防治方法】植物检疫。对调运的苗木或繁殖材料进行严格检疫，防止该虫向无虫区域传播。

营林防治。加强养护管理，做好冬季清园工作，剪除荫蔽枝叶和枯枝病叶，创造通风透光的环境；剪除带虫枝叶和雌球花，减少越冬虫源。

物理防治。喷施矿物油可以阻止初孵若虫固定，起到一定的防治效果。

生物防治。喷施蜡蚧轮枝菌液 1×10^9 孢子 /mL；保护和利用自然天敌，如白胫寡索跳小蜂。

化学防治。在若虫孵化初期，可用 40% 速扑杀 2000 ～ 3000 倍稀释液，40% 乐斯本或 25% 优得乐 1000 ～ 2000 倍稀释液，40% 杀扑磷乳油 600 ～ 800 倍稀释液喷雾，99% 绿颖 100 ～ 200 倍稀释液，20% 双甲脒 1000 ～ 1500 倍稀释液，95% 蚧螨灵 120 倍稀释液，20% 扑虱灵 2000 倍稀释液等喷雾防治。

A. 雌虫

B. 雄虫

C. 若虫

D. 聚集为害

苏铁白轮盾蚧（郑霞林　摄）

香樟雪盾蚧 *Chionaspis camphora* (Chen)

【寄主】香樟、猴樟。

【分布】中国分布于湖北、湖南、广西、四川、贵州、云南。广西分布于龙胜。

【形态特征】雌成虫体纺锤形或橄榄形，头胸半椭圆形，体节侧突较为明显。触角仅有 1 根鞭毛，相距较远。臀叶 3 对，中臀叶粗大，内陷较浅，两叶内缘交角约呈 90°；第二、第三臀叶均分 2 叶，端圆，外叶较小，第三臀叶外叶甚至退化。

雌介壳囊形，成虫体长 1.5 ～ 2.0 mm，后部膨大，偏向一侧，灰白色或白色，体表覆有 1 层厚厚的蜡质，去蜡质后为黄褐色或棕黄色。2 龄蜕背面常有蜡质遮蔽，尾端裸露，中脊突出有棱纹；1 龄蜕也有棱纹，油褐色，比 2 龄蜕色暗。雄介壳长扁条形，白色，具 3 条纵脊，蜕位于前端，油褐色。

香樟雪盾蚧聚集为害状（李懋辅　摄）

【生活习性】在广西 1 年发生 3 代，以若虫或成虫越冬。4 月为第一代孵化，5 月、7 月和 9 月分别为其 3 个为害盛期，11 月开始越冬。

若虫孵化后即寻找适当地方固定取食，常常选取上部枝条，固定后开始分泌蜡质物。进入 2 龄后，雄若虫即可见明显白色蜡丝；雌若虫则在体后半部形成较薄的灰白色蜡壳，随着虫龄增长，蜡质物逐渐加厚方明显。

【为害特点】以若虫、雌虫固定于枝干、树叶上刺吸汁液。当其种群密度很大时，可见密密麻麻的白色蚧壳呈雪花状覆盖整个枝叶上，造成大量枝条及叶枯死，严重时整株死亡。

【防治方法】植物检疫。严格执行植物检疫措施。严禁调运和种植携带香樟雪盾蚧的苗木。

营林防治。冬春季加强养护管理，及时剪除枯枝、病虫断枝、凌乱或冗长枝、萌生枝和内膛枝；剪下的病虫枝叶要及时清理，并集中处理。

物理防治。树干涂白。

化学防治。速蚧杀与融杀蚧螨按 1 ∶ 50 配比并加 10000 倍水制成复配药剂，效果显著。

松突圆蚧 *Hemiberlesia pitysophila* Takagi

【寄主】马尾松、湿地松、黑松、火炬松等。

【分布】中国分布于福建、江西、广东、广西、台湾、澳门。广西分布于梧州（长洲、万秀夏郢、龙圩新地）、苍梧（石桥）、岑溪（水汶、南渡）、蒙山、藤县（塘步）、浦北、灵山、贵港（港南木格）、桂平（中沙、木根、下湾）、北流（清湾、扶新、新丰、六麻、清水口、民乐、西埌、新圩、大里、石镬肚林场）、博白（三滩、浪平、水鸣、松旺）、玉林（福绵、玉州茂林）、陆川（乌石、马坡）、容县（杨梅）、兴业（卖酒、山心、大平山）、大容山林场、钦廉林场（伯劳、升平）、六万林场（宁康、河嵩、高岭、东山、忠东）、博白林场（三滩）。

【形态特征】雌介壳孕卵前近圆形，扁平，灰白色，上有3圈明显轮纹。壳点居中或略偏，壳点橘黄色；孕卵后雪梨状，较厚。雄介壳长椭圆形，灰白色；壳点褐色，突出于一端。

雌成虫宽梨形，淡黄色，体长约1 mm；第二至第四腹节侧缘向外稍突；臀叶2对，中臀叶突出，端圆，每侧各有1个缺刻；第二臀叶小。雄虫体纺锤形，橘黄色，长约0.8 mm；具1对翅，膜质，上有2条翅脉；其交配器发达，长而稍弯曲。

若虫椭圆形，淡黄色，长0.2～0.3 mm。触角4节，端节最长，为基节3节之和长的3倍。足和口器发达。

A. 雌雄虫介壳

B. 聚集叶鞘为害

松突圆蚧（郑霞林 摄）

【生活习性】华南地区1年发生4～5代，越冬虫态以若虫为主，成虫亦可越冬；其盛发期为3～5月，9～11月为低谷期。世代重叠现象明显。雌虫交配后10～15天开始产卵，产卵期为1～3个月，随季节变化；产卵量39～78粒，随季节和代数变化，第一、第五代最多，第三代最少。雄虫羽化后常在介壳内蛰伏1～3天，出壳后需要数分钟展翅，继而沿松针爬行或短距离飞翔，寻找雌虫交配，数小时后死亡。雄虫可以多次交配。

若虫孵化后寻找适合部位寄生，固定后不再转移，且多在母虫附近爬行，爬行距离近（约10 cm），从出壳到固定需1～2小时；固定后5～19小时开始泌蜡，20～30小时蜡覆盖全身，1～2天后蜡被增厚变白，形成圆形介壳。2龄若虫后期为雌雄分化的开端，一部分若虫寄生在针叶或果球上，其蜡壳颜色逐渐加深，尾端伸长，虫体前段现眼点，形成预蛹，再蜕皮成蛹，羽化出雄虫；另一部分若虫寄生在叶鞘内，其虫体和蜡壳逐渐增大，无眼点，蜕皮后为雌虫。

【为害特点】以若虫及雌虫刺吸为害松树的针叶、嫩梢和球果，使针叶和嫩梢生长受到抑制，严重影响松树造脂器官的功能和针叶的光合作用。被害处变色发黑、缢缩或腐烂，针叶枯黄，受害严重时针叶脱落，新抽的枝条变短、变黄，甚至导致全株枯死。

【防治方法】植物检疫。对松类的原木、苗木、盆景、枝条、针叶和鲜球果等要严格按照植物检疫程序进行检疫，发现疫情及时做好除害处理。

营林防治。在松木幼龄时进行透光伐，降低林分郁闭度；对已受害松林进行清理，伐除弱、病、残林木；营造混交林，降低其传播率，防止大暴发。

生物防治。可释放红点唇瓢虫等捕食性天敌或花角蚜小蜂 *Coccobius azumai* Tachikawa 等寄生性天敌进行防控；可利用生防菌（广布拟盘多毛孢菌 *Pestalotiopsis disseminata*）等微生物制剂防治。

化学防治。①用橡胶籽油和柴油按 3 ： 7 比例混合后，加入乳化剂，配成乳化剂喷雾；将乳化喷雾剂稀释到 50 mL/L，使用高压喷雾机，对林分受害部位进行喷洒。②使用松脂柴油乳剂（含松脂 38.9%、柴油 22.2%）加水稀释 9 倍进行喷洒，用药量为 15 L/ 亩。

台松副长蛎蚧 *Parainsulaspis pitysophila* (Takagi)

【寄主】松。

【分布】中国分布于浙江、江西、湖南、广西。广西分布于玉林（玉州）、南宁树木园（连山站）、七坡林场（那琴）、博白林场（三滩）。

【形态特征】1 龄雌介壳淡黄褐色，半透明，外被一层纸样蜡质；2 龄介壳呈黄褐色；3 龄介壳末端稍尖，呈棕褐色。雌介壳牡蛎状，棕褐色，长约 2 mm。雄介壳牡蛎状，棕褐色，长约 1.5 mm。

雌虫长纺锤形，深黄色，长 1.2 ～ 1.4 mm。雌虫背腺细、依腹节排列，臀板边腺发达，比背腺大。有臀角 2 对，中臀角左右分离，第二臀角二分且有内附片。雄虫有翅，体细长，橙黄色，长约 0.9 mm。触角 10 节，除基部 2 节外，其余各节细长且上有长毛。前翅膜质，上密生小毛，有 2 条翅脉。足发达，胫节和跗节上有较多长刚毛。跗节 1 节，爪 1 个且具 1 对冠毛，顶端膨大。

若虫长椭圆形，淡黄色，长约 3 mm。触角 6 节，上有数根毛，第五节最长，无轮纹。口器发达，口针细长。足粗壮，转节上有 1 根长毛，胫节上有数根毛，爪 1 个，有顶端膨大爪冠毛和跗冠毛各 1 对。后胸体缘有 2 枚大锥形腺刺。1 对臀角大且明显，两边各有 1 凹刻。体末有 1 对长毛。

【生活习性】在浙江宁波地区 1 年发生 2 代，以受精雌虫和 2 龄若虫在针叶上越冬，翌年 4 月上旬开始产卵，5 月上旬为产卵盛期，5 月下旬至 6 月上旬为第一代若虫的孵化盛期，7 月下旬为雄成虫羽化盛期。第二代卵 7 月中旬出现，8 月上、中旬为孵化盛期，10 月下旬以后孵化的若虫以 2 龄若虫状态越冬。第二代雄虫于 9 月下旬出现，10 月中旬为羽化盛期，羽化期约为 40 天。该虫自 7 月中旬后有世代重叠现象。

雌虫于介壳内产卵，产卵量 8 ～ 65 粒。雄虫出壳后在针叶上来回爬行，数分钟后即可飞翔。交配时雄虫爬到雌介壳上，将交配器插入雌介壳末端中。雄虫可多次交尾，寿命为 2 ～ 27 小时。

卵在介壳内孵化，初孵若虫出壳高峰为上午 9 时和下午 3 时。若虫出壳后在针叶和小枝条爬动，寻找适合部位进行取食，自出壳至固定需 1 ～ 10 小时。若虫固定后开始分泌蜡质。

【为害特点】以若虫和雌虫为害松树针叶中部至基部，多在针叶内侧，吸食汁液。常见 5 ～ 10 头聚集 1 枚针叶取食，数量多时可达 50 多头。致使针叶失去光泽且枯黄皱缩，提早落叶，生长日趋衰弱；严重时，松树枯黄，秋后干枯而死。

台松副长蛎蚧成虫（李懋辅　摄）

【防治方法】生物防治。保护利用二星瓢虫 *Adalia bipunctata* L. 和黄金蚜小蜂 *Aphytis chrysomphali* (Mercet) 等；也可利用生防菌等微生物制剂防治。

化学防治。在雌虫期采用打孔注射40%氧化乐果10倍稀释液10～15 mL，防治效果可达90%以上。

考氏白盾蚧 *Pseudaulacaspis cockerelli* (Cooley)

【寄主】油茶、红背桂、杜鹃、苏铁、夹竹桃、秋茄、含笑、白玉兰等40多科100多种植物。

【分布】中国分布于福建、江西、山东、广东、广西、云南、台湾。广西分布于南宁（武鸣、西乡塘）。

【形态特征】介壳长梨形或圆梨形，白色，壳点位于前端，橘黄色或黄褐色。雌成虫体长纺锤形至卵圆形，臀叶2对，中臀叶大，呈“^”形，陷入或半突出，臀叶间有1对缘毛；第二臀叶双分，内、外叶长勺状，但外分叶常较小或退化呈锥状；第三至第四对臀叶不发达。侧腺刺从第八腹节分布至后胸或中胸，第三腹节至中胸侧缘具一些短管腺。围阴腺5群。

雄虫体红褐色；具翅，前翅白色透明，具1条分叉的翅脉，后翅为平衡棒，棒端有1根长钩毛；足发达，跗节长于胫节，内侧有粗刺状感觉毛。

【生活习性】在不同地区发生代数不一。在云南省昆明市1年发生2代，以受精雌虫在寄主植物上越冬。翌年3月中旬雌虫开始产卵，4月上旬为产卵盛期，每雌产卵量为36～142粒，卵期3～7天。初孵若虫活跃，在寄主植物上爬行迅速，寻找到适合的位置便开始固定。6月上旬始见成虫，7月中旬雌虫开始产卵，7月下旬始见第二代若虫，9月上旬至10月上旬雄虫羽化，与雌虫交配后死亡；受精雌虫进入越冬状态。

【为害特点】成虫、若虫刺吸植物汁液，造成植物生长不良，树势衰弱，叶片脱落，严重时造成植株枯死；传播病毒。

【防治方法】物理防治。结合日常管理，发现该虫及时抹杀；剪去虫叶和虫枝，集中处理。

生物防治。可施用苏云金芽孢杆菌16000 IU/mg。

化学防治。喷施2.5%甲氨基阿维菌素苯甲酸盐、20%多杀霉素1500～3000倍稀释液，防治效果较好。

A. 雌虫及若虫

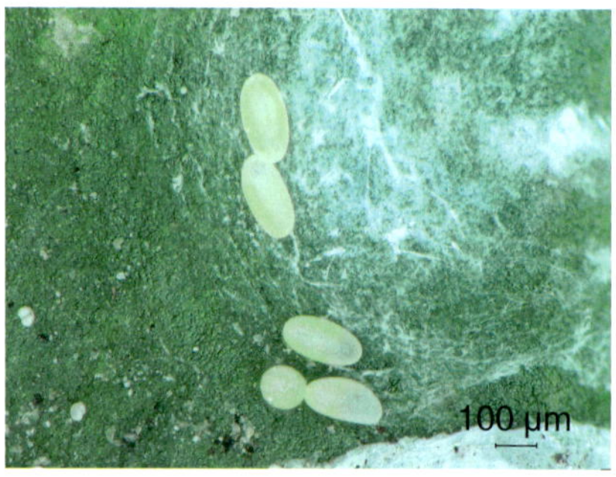

B. 卵

C. 为害状

考氏白盾蚧（郑霞林　摄）

矢尖蚧 *Unaspis yanonensis* (Kuwana)

【寄主】枸骨、木樨、棕榈、黄皮、连翘、山茶、白蜡、杉、樟、八角、椰子、大叶黄杨、板栗。

【分布】中国分布于北京、江苏、浙江、福建、江西、湖北、湖南、广西、四川、贵州、云南。广西分布于融水、荔浦（杜莫）、乐业（新化）。

【形态特征】雌介壳黄褐色或棕褐色，边缘灰白色，长 2 ~ 3.5 mm，前端尖，后端宽，中央有 1 条纵脊，似箭形，蜕皮壳位于蚧壳前端。雄介壳狭长，长 1.3 ~ 1.6 mm，粉白色，棉絮状，壳背上有 3 条纵隆起线，蜕皮壳于前端，淡黄褐色。

A. 雌介壳及若虫

B. 聚集为害状

矢尖蚧（郑霞林 摄）

雌成虫体长形，橘黄色，长 2.5 mm，胸部长，腹部短，前胸与中胸分节明显，第二至第三腹节边缘显著突出。触角位于前端，退化成一瘤状突起，上面各生长 1 根毛，口器长。雄虫体橘橙色，长 0.5 mm，翅 1 对，翅展 1.7 mm，腹部末端有针状交配器。

卵椭圆形，长 0.2 mm，橙黄色。

1 龄若虫似草鞋形，橙黄色，触角和足发达，腹末具 1 对长毛；2 龄若虫扁椭圆形，淡黄色，触角和足均消失。

蛹橙黄色，长 1.4 mm，性刺突出。

【生活习性】广西 1 年发生 3 代，主要以受精雌虫越冬，少数以若虫越冬。第一代发生于 4 月中旬至 6 月下旬，第二代发生于 6 月下旬至 9 月中旬，第三代发生于 9 月上旬至翌年 4 月。

雄虫以群集式分布在叶背，趋光性强。雌虫分散为害。雌虫交配后产卵在介壳下母体后端。初孵若虫行动活泼，1 ~ 3 小时后固定取食。随后足逐渐退化，翌日开始分泌蜡质，2 ~ 3 天后虫体中部分泌灰色薄蜡质，盖住虫体后部。雄若虫经过 3 次蜕皮后为蛹。温暖湿润的环境有利于矢尖蚧繁殖和生存，高温干燥的环境可使矢尖蚧幼虫大量死亡。

【为害特点】以成虫、若虫固着于叶片、果实和嫩梢上吸食汁液。被害处形成黄斑，导致叶片畸形、卷曲、枝叶干枯，削弱树势甚至枯死。果实受害处成黄绿色，外观差、果味酸，还可诱发煤污病。

【防治方法】营林防治。加强养护管理，做好冬季清园工作，剪除杂叶，创造通风透光的环境，剪除带虫枝叶，减少越冬虫源。

生物防治。保护并利用日本方头甲 *Cybocephalus nipponicus* Endrödy-Yonnga、矢尖蚧蚜小蜂 *Aphytis yanonensis* DeBach et Rosen、花角蚜小蜂等自然天敌。

化学防治。参考苏铁白轮盾蚧。

（九）蜡蝉总科 Fulgoroidea

植食性，具刺吸式口器，以植物汁液为食，很多种类是重要的农林业害虫。多数种类1年发生1代，极少数种类1年发生4～10代，多以卵越冬，少数以成虫越冬。可分泌蜡质起保护作用，许多种类可分泌蜜露，常有蚂蚁伴随。全世界已记录21科1500属9000多种。

31. 蜡蝉科 Fulgoridae

体中到大型，体色鲜艳，体形奇特。头多为圆形，部分种类具大型头突，直或弯曲；单眼常着生于颊的凹陷处。胸部大，前胸背板横形，前缘极度突出，达到或超过复眼后缘；中胸盾片三角形，有中脊线或亚中脊线；前后翅发达，膜质，翅脉到端部多分叉且多横脉，呈网状，前翅前缘基部肩板明显，前翅爪片明显且具2条脉纹，其端部愈合成Y形；后足胫节多刺。中足基节长，着生在体的两侧，互相远离，而后足基节短，固定不能活动，并互相接触。若虫腹末具蜡丝。部分种类是重要的农林业害虫，部分种类衍生物可入药，是重要的资源昆虫。

（董子舒）

斑衣蜡蝉 *Lycorma delicatula* (White)

【寄主】臭椿、桉、苦楝等。

【分布】中国广泛分布。广西分布于全州（白宝、石塘）、南丹（里湖）、大新（全茗）、扶绥（新宁）。

【形态特征】成虫体长14～25 mm，翅展40～52 mm，灰褐色，体翅被白蜡。触角刚毛状，鲜红色。前翅革质呈长卵形，基部2/3淡褐色，上有20多个黑色斑点；端部1/3黑色，脉纹白色；后翅扇状，基半部红色，上有6～7个黑色斑点，翅中部有倒三角白色区，翅端黑色。

卵褐色，聚产，呈块状，单粒卵为麦粒形，背面两侧有凹陷，中部呈纵脊状。平行排列成块状，表面覆盖有1层灰色粉状蜡质。

若虫共4龄，初孵时白色，随后逐渐变黑。1龄若虫长约4 mm，触角冠毛为触角长的3倍；2龄若虫长约7 mm，触角冠毛略长于触角；3龄若虫长约10 mm，白色斑点显著，冠毛的长度等于3节触角之和。4龄若虫长约13 mm，体背淡红色，翅芽明显，足呈黑色，有白色斑点。

斑衣蜡蝉成虫（董辛未　摄）

【生活习性】1年发生1代，以卵在树枝、树干或附近建筑物上越冬。翌年 4 月越冬卵孵化为若虫开始为害，5 月为孵化盛期，若虫喜群集嫩茎和叶背为害，受惊扰即跳跃逃跑。若虫经 3 次蜕皮后，于 6 月中下旬开始羽化，7 ～ 8 月为羽化盛期。8 ～ 9 月交配产卵，交配后 1 ～ 3 天可产卵，每卵块有 18 ～ 60 粒卵，多产于枝干和分杈的阳面。成虫寿命约 4 个月，为害至 10 月下旬陆续死亡。

【为害特点】聚集刺吸嫩叶、嫩梢枝干汁液，造成树势衰弱，同时伴随蜜露撒于枝干及果实上。受害嫩叶常穿孔，严重时叶片破裂，还会诱发煤污病。

【防治方法】物理防治。结合斑衣蜡蝉生活习性，在卵期，剪除带卵枝条、刮除卵块或用高压水枪击碎卵块，减少虫源数量；若虫孵化期，刮树干糙皮，涂刷粘虫胶环，截杀若虫；成虫期，给寄主穿防虫树裙、人工捕捉成虫及树干涂白等措施，降低其虫口密度。

生物防治。自然界中斑衣蜡蝉的天敌种类较多，包括小黄家蚁 *Monomorium plaraonis* L.、中华大刀螳螂 *Paratenodera sinensis* Saussure、大腹圆蛛 *Araneus ventricosus* Koch、棒络新妇 *Nephila clavata* Koch、斑衣蜡蝉平腹小蜂 *Ananstatus* sp. 和布氏螯蜂 *Dryinus browni* Ashmead 等。其中，斑衣蜡蝉、平腹小蜂和布氏螯蜂为优势天敌，要加以保护和利用。

化学防治。利用若虫群聚的特性，于 5 月喷药防治效果最佳，可喷施 1.2% 苦烟乳油、5% 吡虫啉可湿性粉 2000 ～ 2500 倍稀释液，10% 氯氰菊酯乳油 2000 ～ 2500 倍稀释液，10% 啶虫脒可溶粉 5000 ～ 6000 倍稀释液，1.9% 甲氨基阿维菌素苯甲酸盐微乳剂 3000 ～ 4000 倍稀释液，48% 毒死蜱乳油 800 ～ 1000 倍稀释液。

长鼻蜡蝉 *Pyrops candelaria* L.

【寄主】桉、油桐、山苍子、八角、台湾相思、乌桕、南洋楹、板栗、核桃。

【分布】中国分布于福建、湖南、广东、广西、海南、贵州、云南、香港。广西各地均有分布。

【形态特征】成虫体长 35 ～ 45 mm，翅展 65 ～ 75 mm，体橙黄色。头额突出向上延伸，稍弯且如长鼻。额突背面红褐色，腹面黄色，散生许多白色小点。胸部红褐色，有零星小点，中胸背板色较深，有 3 条纵脊。前翅绿色，外半部有 14 个圆形黄斑。翅基和翅中央有带状黄纹数条。后翅橙黄色，翅顶黑褐色。腹部背面黄色，腹面黑褐色。

卵倒桶状，前端突起呈锥形。初产白色，随后变成灰黑色，卵块被白色蜡粉。

长鼻蜡蝉成虫（罗茂生　摄）

【生活习性】在广西 1 年发生 1 代，以成虫于直条分杈的腹面静伏越冬。翌年 3 月越冬成虫开始活动，5 月进入交配盛期，交配后 1 ～ 2 周开始产卵，卵多产在高 2 m 左右的树干平坦处和直径为 5 ～ 15 mm 的枝条上。每头雌虫一般产 1 个卵块，卵块有 60 ～ 100 粒卵，卵期 19 ～ 30 天。6 月中旬为若虫盛发期，初孵若虫静伏在卵块上 1 天后才开始活动，低龄若虫有群集性，善弹跳。9 月第一代成虫始现，成虫善跳能飞，一旦受惊便弹跳逃逸。

【为害特点】刺吸树干或枝梢的汁液，造成树皮层出现大量黑点。发生严重时，可使枝条衰弱、干枯，还会导致落果；其排泄物可诱发煤污病。

【防治方法】物理防治。每年 5 月在越冬成虫进入交配期之前，对其进行捕杀。也可在产卵期结合适当疏枝及修剪被害枝，并刮除卵块。若虫期，人工扫除若虫，放鸡鸭啄食。

生物防治。龙眼鸡寄蛾 *Fulgoraecia bowringi* Bewman 对成虫有一定的控制效果，应加强保护和利用。

化学防治。参考斑衣蜡蝉防治方法。

黑脊龙眼鸡 *Pyrops lathbuii* (Kirby)

【寄主】桉、柳、乌榄、火力楠、核桃、板栗、木荷、楠木、樟、油茶等。

【分布】中国分布于湖南、广东、广西、云南。广西分布于南宁（武鸣马头）、宾阳（甘棠）、岑溪（波塘）、合浦（白沙）、上思（公正）、防城港（防城茅岭）、平南、北流、容县（容州）、巴马、都安（板岭）、河池（金城江）、南丹（城关）、天峨（六排）、合山（河里）、忻城（大塘）、扶绥（柳桥）、宁明（桐棉）、天等（东平）。

【形态特征】成虫体长 36 ~ 38 mm，翅展 60 ~ 80 mm。头部向上弯曲形成额突，额突的背面及两侧呈现黑色伴有白色小点，腹面黄褐色，额突顶部稍圆褐色。胸背褐色或绿褐色，前胸和中胸腹板侧缘各有 1 条黑纹。前翅黄褐色，翅脉网状、淡绿色。翅上具淡褐色的圆形斑点，斑点边缘淡绿色。翅顶部的斑点最小，有些斑点汇合在一起。后翅褐色，顶区大部分黑色。腹部褐色，腹板和足淡绿色。

黑脊龙眼鸡成虫（罗茂生　摄）

【生活习性】不详。

【为害特点】刺吸树干或枝梢的汁液，影响寄主植物生长发育；其排泄物可诱发煤污病。

【防治方法】目前未见大面积发生和为害，可通过保护和利用自然天敌控制其种群。

中华鼻蜡蝉 *Zanna chinensis* (Distant)

【寄主】椰。

【分布】中国分布于广东、广西、海南、四川、贵州、云南。广西分布于南宁（青秀）。

【形态特征】成虫体狭长，灰色，体长 25 ~ 35 mm，翅展 60 ~ 65 mm。头部向前延伸成 1 个圆锥形的长突起，长 13 ~ 16 mm。体各部分密布黑色刻点。近翅基 1/3 处的黄色翅脉较其他部位的翅脉尤为鲜艳；后翅乳白色，端部淡褐色，翅脉灰褐色。

【生活习性】不详。

【为害特点】刺吸寄主植物汁液。

【防治方法】目前未见大面积发生和为害，可通过保护和利用自然天敌控制其种群。

中华鼻蜡蝉（梁擎　摄）

32. 璐蜡蝉科 Lophopidae

主要分布于南美洲、亚洲和非洲。颜面长大于宽，至少有 2 条侧脊。胫节具 2 ～ 3 枚刺。单眼位于复眼侧下方。翅较宽，扁平，翅面常有条纹构成的图案。全世界已记录 2 亚科 6 族 47 属 149 种，中国已记录 11 属 18 种。

（韦曼丽）

褐纹兰璐蜡蝉 *Lacusa fuscofasciata* (Stål)

【寄主】竹。

【分布】中国分布于广东、广西、海南、贵州、云南。广西新纪录种，分布于博白（那林）。

【形态特征】成虫体小型，体长 6.9 ～ 8.0 mm。前翅白色，翅脉明显，翅基黑色，近翅基 1/3 处有 1 条黑色横条纹呈“一”字形，翅中后部有 1 条 X 形黑色条纹，翅外缘黑色。

【生活习性】成虫见于 11 月中旬，其他习性不详。

【为害特点】成虫、若虫刺吸寄主植物嫩叶和嫩梢。

【防治方法】未见大面积发生和为害，可通过保护和利用自然天敌调控其种群。

褐纹兰璐蜡蝉成虫（谭小玲　摄）

33. 菱蜡蝉科 Cixiidae

体小型，扁平。头窄于前胸背板。前胸背板衣领状，较短。中胸背板大，菱形，具 3 ～ 5 条纵脊；前翅膜质，无横脉，具翅痣，亚前缘脉与径脉在基部合并。雄虫阳茎复杂，抱器具长柄（基干）；雌虫尾节常具有蜡腺域，产卵器长而向外伸出。分布广泛，很多种类是农林业的重要害虫，主要传播植物病毒而引起黄化病。全世界已记录帛菱蜡蝉亚科 Borystheninae、沟菱蜡蝉亚科 Bothriocerinae 和菱蜡蝉亚科 Cixiinae 共 3 亚科 17 族 181 属 2115 种，中国已记录 27 属 181 种。

（于永辉）

斑帛菱蜡蝉 *Borysthenes maculatus* (Matsumura)

【寄主】不详。

【分布】中国分布于福建、湖南、广西、海南、重庆、四川、台湾。广西分布于南宁（青秀）。

【形态特征】成虫体长（含翅）约 8 mm，翅展 14 mm。头部窄于前胸背板，头胸部黄色。中胸背板具 3 条明显纵脊，后缘明显平截。前翅宽阔，向端部强烈膨大，后缘在爪片 Y 形脉的端部向后弯曲膨大突出，弯曲处呈光滑的弧形；无翅痣；翅面分布有较多褐色斑纹。足细长，后足胫节端刺 6 个，无外侧刺。

【生活习性】不详。

【为害特点】成虫、若虫刺吸寄主植物嫩叶和嫩梢，影响寄主植物生长发育。

【防治方法】未见大面积发生和为害，可通过保护和利用自然天敌控制其种群。

斑帛菱蜡蝉成虫（梁擎　摄）

34. 象蜡蝉科 Dictyophoridae

头部前端延长成喙状，单眼 2 个；前翅端部脉纹网状且常有翅痣，后翅臀区脉纹非网状；成虫翅短，未覆过腹部。植食性，部分种类是重要的农林业害虫，部分种类可用于控制杂草，具有潜在的生物防治潜能。全世界已记录象蜡蝉亚科 Dictyopharinae 和短翅象蜡蝉亚科 Orgeriinae 共 2 亚科 160 属 730 多种，中国已记录 21 属 56 种。

（郑霞林）

伯瑞象蜡蝉 *Raivuna patruelis* (Stål)

伯瑞象蜡蝉成虫（任向明 摄）

【寄主】桉、木荷、油茶、杧果、枇杷、白背桐。

【分布】中国分布于江苏、浙江、福建、江西、山东、湖北、广东、广西、海南、云南、陕西、台湾。广西分布于横州（马山）、北海（铁山港兴港）、平南、博白、龙州、博白林场（射广）、派阳山林场（鸿鸪）。

【形态特征】体小型，淡褐色，成虫长约 12 mm，头部极度延长呈象鼻状。复眼橙褐色并带有红色的条纹，口器狭长且端部尖锐，前胸背板有橙、蓝相间的纵条斑纹。腹面黄绿色，而腹背淡褐色。翅透明，翅痣褐色，端部带有褐色斑纹。各足细长，呈褐色，且后足胫节具明显刺突。

若虫腹末端有束状蜡丝，至终龄羽化其会消失。

【生活习性】不详。

【为害特点】成虫和若虫刺吸植物嫩茎或叶片汁液，影响寄主植物的生长发育。

【防治方法】目前未见大范围发生和为害，可通过保护和利用自然天敌控制其种群，避免过度施药污染环境和误杀天敌。

月纹丽象蜡蝉 *Orthopagus lunulifer* (Uhler)

【寄主】桉、肉桂、白玉兰。

【分布】中国分布于北京、广西、台湾。广西分布于合浦（沙田）、容县（容州）、南宁树木园。

【形态特征】体小型，褐色，前胸背板具 3 条白色的纵纹，翅透明，具明显的白色横脉纹，翅端黑色，形如月牙。足具黑白相间的环纹。

月纹丽象蜡蝉成虫（梁擎 摄）

【生活习性】不详。

【为害特点】成虫和若虫刺吸寄主植物茎干和叶片汁液，被害处常出现黄白色斑点，影响植物生长发育。

【防治方法】目前未见大范围发生和为害，可通过保护和利用自然天敌控制其种群，避免过度施药污染环境和误杀天敌。

35. 广翅蜡蝉科 Ricaniidae

体中等，头约与前胸背板等宽，刺吸式口器，触角刚毛状，短小。单眼 2 个，红色。前胸背板具中脊且其两侧各具 1 个刻点，中胸背板较宽，具 5 条明显的纵脊。翅面呈阔三角形，翅革质密布纵横脉呈网状，前缘膜明显。雄性生殖器端部具成对刺突。若虫腹部末端有多束白色绵毛状蜡丝，呈扇状伸出。成虫及若虫常常在嫩枝、嫩芽、叶背上刺吸汁液。若虫有群集性特点，排列枝上为害，善于跳跃；成虫白天活动为害，飞行力较强。全世界已记录 60 多属 460 多种，中国已记录 5 属 36 种。为农林植物重要的刺吸性害虫之一。

（吴耀军）

眼纹疏广翅蜡蝉 *Euricania ocellus* (Walker)

眼纹疏广翅蜡蝉成虫（郑霞林　摄）

【寄主】桉、桂花、木棉、油桐、油茶、小叶女贞、泡桐、茶、白背桐、洋槐等。

【分布】中国分布于河北、江苏、浙江、江西、湖北、湖南、广东、广西、四川。广西分布于南宁（武鸣大明山）、宾阳（古辣、邹圩、黎塘）、横州（百合、云表、陶圩、莲塘、马岭）、桂林（七星、叠彩）、荔浦（新坪、荔城、花篢、同福、修仁、龙怀）、龙胜（江底、龙脊）、平乐、灵川、全州（才湾、安和）、兴安（严关）、蒙山（夏宜）、桂平（木根）、昭平、环江（大才）、大化、金秀、象州（马坪、石龙）、忻城（安东）、兴宾（石陵）、龙州、凭祥（凭祥）、南宁树木园（坛里）、维都林场（雅江、维都）、黄冕林场（沙塘、盘龙）。

【形态特征】成虫头宽广，头和前胸背板等阔；前翅阔三角形，翅角圆，前翅无色透明；前缘、外缘、内缘均有栗褐色宽带，前缘带更宽些，在中部和近端部 2 处中断，各夹有 1 个黄褐色三角形斑；中横带栗褐色，较宽，其中段围成 1 个圆环，形似眼纹，故得其名。

【生活习性】1 年发生 1 代，以卵在寄主组织内越冬。成虫产卵于枝条上成行排列。4 ～ 5 月孵化，7 ～ 8 月成虫盛发，8 ～ 9 月产卵。若虫腹部末端有多条白色的蜡丝，能做褶扇状开张动作，常群栖在嫩枝、嫩梢、嫩芽上为害，其下方落有 1 层其排泄的蜜露，易诱发煤污病。苗圃及寄主密度较大的林分，害虫数量较多，为害较重。

【为害特点】主要以若虫、成虫取食寄主树汁，使寄主植物长势减弱，着卵多的小枝易变黄，甚至枯死。

【防治方法】营林防治。合理密植，可结合整形整枝，剪除过密枝、着卵枝，集中烧毁。

物理防治。人工捕杀，或剪除着卵枝。

化学防治。在若虫盛发期，及时防治害虫密度较高的虫源地，选用 10% 吡虫啉可湿性粉剂 1500

倍稀释液、25% 噻虫嗪 3000 ～ 4000 倍稀释液、1.8% 阿维菌素乳油 4000 ～ 4500 倍稀释液等具有内吸作用或高渗透作用的药剂喷雾。由于此类害虫虫体有蜡粉，非乳剂型药液中（如可湿性粉剂）加入 0.3% ～ 0.4% 的柴油乳剂或黏土柴油乳剂，可显著提高防治效果。

阔带广翅蜡蝉 *Pochazia confusa* Distant

【寄主】桉、油茶、红锥。

【分布】中国分布于广西、贵州。广西分布于横州（那阳）、龙胜（里骆林场、泗水）、阳朔（兴坪、大源林场）、岑溪（大业）、博白、陆川（良田）、合山（岭南）、武宣、象州（大乐、罗秀、寺村、象州）、高峰林场（平甫、六里）、博白林场（三滩）。

【形态特征】成虫体形较大，体色整体为黑褐色；前翅前缘斑小，翅面中部具明显白色横带，横带中部中断成两段；外缘处有 2 个稍大白斑，并有 1 列小白斑分布于各纵脉之间。

阔带广蜡蝉成虫（任向明　摄）

【生活习性】不详。

【为害特点】成虫、若虫刺吸枝叶汁液。

【防治方法】参考眼纹疏广翅蜡蝉。

圆纹广蜡蝉 *Pochazia guttifera* Walker

【寄主】桉、冬青、卫矛。

【分布】中国分布于山东、广西、贵州、海南。广西分布于横州（陶圩）、玉林。

【形态特征】成虫体形较大，体色整体为黑褐色；前翅前缘斑大，近三角形；翅面中部有 1 个黑色环状斑，环状斑内有 1 个黄白色透明不规则小斑；外缘具 2 个透明黄白色斑块。

圆纹广翅蜡蝉成虫（王海明　摄）

【生活习性】不详。

【为害特点】成虫、若虫刺吸枝叶汁液。

【防治方法】参考眼纹疏广翅蜡蝉。

缘纹广翅蜡蝉 *Ricania marginalis* (Walker)

缘纹广翅蜡蝉成虫（任向明　摄）

【寄主】油桐、油茶、山茶、茶、羊蹄甲、荔枝、柑橘、桉等。

【分布】中国分布于江苏、浙江、安徽、湖北、广东、广西、四川。广西分布于南宁（武鸣、青秀）、横州。

【形态特征】成虫体长 6.0 ～ 7.5 mm，翅展 18 ～ 27 mm；体褐色至深褐色，有些个体黄褐色；前翅同样为深褐色，前缘近端部 2/5 处有 1 个近半圆形透明斑，斑的外下方有 1 个较大的不规则透明斑，内下方有 1 个较小的近半圆形透明斑；后缘则有一大一小 2 个不规则透明斑，翅缘散布细小的透明斑，翅面散布白色蜡粉。

【生活习性】广西 1 年发生 1 代，以卵在寄主枝条内越冬。在华南地区南部翌年 3 月下旬至 4 月上旬开始孵化，4 ～ 5 月主要是若虫期，5 月下旬始见成虫，6 ～ 10 月主要是成虫期。雌虫将卵产于枝条、叶柄皮层中，卵列纵行呈长条状，每块有卵数粒至 10 多粒，外被白色絮状丝；害虫种群数量较大时，被害枝条上刺满产卵痕。若虫期 40 ～ 50 天，成虫期 25 ～ 50 天，卵期 270 ～ 300 天。

在生长茂密、通风透光不良的林地，夏、秋季多阴雨期间该虫发生较多。

【为害特点】成虫、若虫群集在嫩枝、嫩梢、花穗、叶柄及叶片上刺吸树体汁液，所排出的蜜露易诱发煤污病，致使树势衰弱，受害严重时引起落花落果。

【防治方法】参考眼纹疏广翅蜡蝉。

丽纹广翅蜡蝉 *Ricania pulverosa* (Stàl)

丽纹广翅蜡蝉成虫（任向明　摄）

【寄主】桉。

【分布】中国分布于湖北、广东、广西、四川。广西分布于荔浦（大塘、青山）、苍梧（六堡）、岑溪（归义）、合浦（公馆、常乐、廉州）、北流（西埌）、博白（江宁）、陆川（良田）、容县（石头）、巴马（甲篆）、象州、兴宾、大新（榄圩）、凭祥（凭祥）、七坡林场（那琴）、钦廉林场（文利）、博白林场（五峰）。

【形态特征】成虫体长 6 mm，翅展 16 mm，额、足及前胸背板黄褐色。前翅褐色，前缘斑白色或淡黄色，斑纹中有 2 根较细的黑色斜纹；前缘与外缘均平直，前缘的横脉与斜纹各约 11 条以上；前翅顶角处可见到 1 个白色或淡黄色小纹斑和 2 个细小黑色或褐色小圆点。

【生活习性】不详。

【为害特点】成虫、若虫刺吸枝叶汁液。

【防治方法】参考眼纹疏广翅蜡蝉。

斑点广翅蜡蝉 *Ricania guttata* (Walker)

【寄主】油桐、油茶、山茶、茶、龙眼、荔枝、柑橘、桉及红树林植物等。

【分布】中国分布广东、广西。广西分布于宾阳（甘棠）、武鸣（城厢、甘圩）、横州（百合、莲塘）、银海（福成）、合浦（常乐、石康）、钦州（钦南）、贵港（港南桥圩和八塘）、博白、玉林（玉州和大塘）、陆川（古城）、容县（黎村）、南丹（城关、芒场）、忻城、象州（大乐、罗秀、寺村、运江、水晶）、扶绥（新宁、东罗）、凭祥（凭祥）、高峰林场（平甫、六里）、南宁树木园（连山站）、钦廉林场（天堂、石湾、伯劳、平银）。

【形态特征】成虫体长 5.9 ～ 7.3 mm，翅展 21.5 ～ 26.3 mm；前翅前缘和外缘色深，有 3 个透明的黄白色斑，一个位于前缘外方约 1/3 处，一个位于外缘近顶角处，一个位于翅中部的略小（1 个白斑），其周围有 1 个深褐色斑。

斑点广翅蜡蝉成虫（任向明　摄）

【生活习性】1 年发生 1 代，以卵在寄主枝条内越冬。在广西南部地区，3 月中旬卵开始孵化，5 ～ 6 月出现成虫，6 ～ 7 月产卵。每雌产卵量 60 余粒。卵期约 270 天，若虫期 60 ～ 70 天，成虫期 30 ～ 40 天。

【为害特点】以成虫、若虫群集在嫩枝、嫩梢、花穗、叶柄及叶片上刺吸树体汁液，所排出的蜜露易诱发煤污病，致使树势衰弱，受害严重时引起落花落果。成虫产卵于小枝上，影响枝条生长，严重时着卵小枝长势弱、变黄甚至易枯死。

【防治方法】参考眼纹疏广翅蜡蝉。

八点广翅蜡蝉 *Ricania speculum* (Walker)

【寄主】油桐、油茶、山茶、茶、龙眼、荔枝、柑橘、桉等。

【分布】中国分布于江苏、浙江、安徽、湖北、广东、广西、四川。广西各地均有分布。

【形态特征】成虫体长 6.5 ～ 8.1 mm，翅展 19 ～ 25 mm。体褐色至深褐色或浅褐色，中胸背板近黑褐色。前翅深褐色，每个前翅有 4 个透明斑：前缘近顶角 1/3 处有 1 个三角形大透明斑；外缘有 2 个不规则的透明斑，其中前斑较大，略呈长方形，后斑略小；中部有 1 个近圆形的透明斑，被 1 个黑褐色圆形小斑环绕。

【生活习性】在广西 1 年发生 1 代，以卵在寄主枝条内越冬。在华南地区南部 3 月中旬卵开始孵化，4 ～ 5 月为若虫高峰期，5 月中旬开始有成虫出现，6 月上旬成虫开始交配、产卵。卵的历期约 270 天，若虫期约 65 天，成虫期 30 天左右。成虫善跳能飞，每次飞行距离较短。卵产于枝条、叶柄皮层中，卵列纵行呈长条状，每块有卵数粒至十余粒。若虫有群聚性，随虫龄增大，虫体上白色蜡丝加厚，呈三五成群分散活动；若虫善跳，受惊时即速弹跳逃逸。在生长茂密、通风透光不良的林地，夏秋季多阴雨期间该虫发生较多。

【为害特点】以成虫、若虫群集在嫩枝、嫩梢、花穗、叶柄及叶片上刺吸树体汁液，排出的蜜露易诱发煤污病，致使树势衰弱，受害严重时引起落花落果及作物品质变坏。成虫产卵于小枝上，影响枝条生长，严重时着卵小枝长势弱、变黄、甚至易枯死。

【防治方法】参考眼纹疏广翅蜡蝉。

A. 成虫

B. 若虫

八点广翅蜡蝉（郑霞林　摄）

柿广翅蜡蝉 *Ricania sublimbata* (Jacobi)

【寄主】柿、油桐、油茶、板栗、柑橘、金橘、猕猴桃、刺槐、女贞等。

【分布】中国分布于黑龙江、浙江、福建、山东、广东、广西、台湾。广西分布于南宁（武鸣大明山）、荔浦（茶城、蒲芦）、阳朔（普益、高田）、防城港（防城滩营）、金秀（桐木）、凭祥、天等（龙茗）、南宁树木园（居仁站）。

【形态特征】成虫体长 8.5 ～ 10.0 mm，翅展 24 ～ 36 mm；全体褐色至黑褐色，前翅宽大，外缘近顶角 1/3 处稍凹入，此处有 1 个三角形至半月形的淡黄褐色斑。

【生活习性】在南方 1 年发生 1 ～ 2 代，以卵于当年生枝条内越冬。越冬卵 4 月上旬陆续孵化，4 月中旬至 6 月中旬为若虫盛发期，6 月下旬若虫开始老熟羽化，7 月中旬至 8 月中旬进入产卵期，第一代若虫盛发期在 9 月上旬至 10 月下旬，11 月下旬以第一代成虫在枯枝落叶越冬，或产卵于枝条越冬。

多产卵于直径 3 ～ 6 mm 的当年生枝梢的木质部内。产卵时先用产卵器刺开嫩梢等皮层，再将卵产于刻痕内，产卵刻痕外带点木丝并覆有白色蜡丝，两粒卵之间隔 1 mm，多单行排列；每次可产卵 70 ～ 80 粒，每雌产卵量 120 ～ 150 粒。

柿广翅蜡蝉成虫（任向明　摄）

【为害特点】若虫、成虫取食寄主植物汁液，使寄主植物长势减弱，着卵多的小枝易变黄，甚至枯死。

【防治方法】参考眼纹疏广翅蜡蝉。

36. 蛾蜡蝉科 Flatidae

成虫体长 5 ～ 30 mm，体色艳丽；头比前胸背板狭；额长大于宽或等宽，侧缘不成角度；触角鞭节不分节；前胸短阔，前缘波浪形或圆形并向后突出，后缘弧形或三角形并凹入；中胸盾片大；前翅宽大，前缘区宽，前翅爪片翅脉上有颗粒，前缘横脉分叉与后者分开。渐变态，1 年发生 1 ～ 2 代，成虫和若虫聚集刺吸植物汁液为害，卵多产于寄主植物组织内，若虫具负趋光性。全世界已记录 2 亚科 275 属 1200 种，中国已记录 2 亚科 33 属 95 种，部分种类是检疫性害虫，部分种类是华南地区的重要农林业害虫。

（郑霞林）

彩蛾蜡蝉 *Cerynia maria* (White)

【寄主】桉、楸等。

【分布】中国分布于福建、江西、湖南、广西、海南、贵州、云南。广西分布于天等（驮堪）、凭祥（大青山）。

彩蛾蜡蝉成虫聚集为害（李懋辅　摄）

【形态特征】雄成虫体长 16.0 mm，前翅长 14.5 mm；雌成虫体长 17.8 mm，前翅长 16.2 mm。头窄于前胸背板；顶和额近长方形；单眼红色，着生于复眼前方；触角棕黑色，第一节与第二节等长，第二节端部为深绿色。前胸背板土黄色，中部有 1 条纵向的凹沟达近后缘；侧缘脊起呈“八”字形；中胸背板上有 6 个污黑圆斑，有 3 条不明显的纵脊；前翅浅黄色，前缘略呈弧形突出，端缘圆，中间稍突出，后缘在爪缝末端弧形。近端部有 3 条黑色细线；后翅白色。后足胫节有凹槽，浅土黄色，跗节深棕黑色。腹部黄褐色。

【生活习性】不详。

【为害特点】成虫和若虫聚集在嫩梢、枝干、花穗或叶片上取食。成虫和若虫分泌的蜜露会诱发煤污病，使受害部位枯萎或新梢畸形扭曲，生长发育受阻。

【防治方法】营林防治。剪去受害严重的部位；剪去枯枝，防止成虫产卵，同时也有利于改善通风透光的条件。

化学防治。成虫、若虫体表被蜡质，可选用 10% 吡虫啉可湿性粉剂 2000 ～ 3000 倍稀释液、48% 毒死蜱乳油 1000 ～ 1500 倍稀释液或 25% 噻嗪酮可湿性粉剂 1000 ～ 2000 倍稀释液，再加入 0.3% ～ 0.4% 柴油乳剂或黏土柴油乳剂喷雾防治，可显著提高防治效果。

碧蛾蜡蝉 *Geisha distinctissima* (Walker)

【寄主】桉、茶、栗、白蜡等。

【分布】中国广泛分布。广西各地均有分布。

【形态特征】雄成虫体长 12.8 ～ 13.6 mm，雌成虫 13.4 ～ 15.7 mm。头窄于前胸背板；触角柄节浅绿色，短粗；梗节浅绿色，近端部 1/4 处以上为黄褐色，梗节长度约为柄节的 2 倍。前胸背板前缘突起达两复眼前沿，后缘略凹，中域有 2 条黄色条带；中胸背板具 3 条浅绿色纵脊。前翅浅绿色至绿色，顶角阔圆，外缘平直，臀角直角；从顶角经外缘至爪片末端外缘有 1 条红色条带；翅脉强烈突起；后翅淡绿色，后足刺式为 2–7–9。

碧蛾蜡蝉成虫（李懋辅　摄）

卵乳白色，近圆锥形。

若虫淡绿色，覆白色蜡质絮状物；腹末截形，有 1 束白绢状长蜡丝。

【生活习性】在广西 1 年发生 2 代，以卵越冬。3 ～ 11 月若虫均可见发生和为害，若虫共 4 龄，多分泌白色絮状物，聚集在叶背或隐蔽处刺吸寄主植物汁液，受惊扰时会爬行或弹跳。第一和第二代成虫分别发生在 6 ～ 7 月和 10 月下旬至 11 月，成虫具假死性，羽化后 1 个月左右开始交配和产卵，卵多产于新梢皮层、叶柄或叶背组织内，产卵处留有黑褐色梭形伤痕，每雌产卵量 20 粒左右。

【为害特点】成虫和若虫聚集在嫩梢或叶片上取食，同时分泌蜜露，诱发煤污病，影响植株生长发育。

【防治方法】参考彩蛾蜡蝉。此外，还可使用黄板诱杀成虫。

白蛾蜡蝉 *Lawana imitata* (Melichar)

【寄主】松、桉、黄皮、油茶、女贞、木麻黄、枫杨、乌桕、油桐、樟、麻栎、羊蹄甲、降香黄檀、交趾黄檀、格木、秋枫、榕、竹。

【分布】中国分布于浙江、福建、湖北、湖南、广东、广西、云南、台湾。广西各地均有分布。

【形态特征】成虫粉绿色或黄白色，体被白色蜡粉。头部向前尖突，复眼灰褐色。触角短小，基部三节膨大。前翅膜质，近三角形，翅脉多分支呈网状，外缘平直，顶角尖突；后翅白色、黄白色或粉绿色，膜质，半透明。

卵长椭圆形，长 0.6 mm，宽 0.4 mm，浅黄色，表面具网纹。

若虫体长椭圆形，被白色絮状蜡质物；翅芽向体后侧平伸，末端平截，且具成束长蜡丝。

【生活习性】在广西南宁 1 年发生 2 代，以未性成熟的成虫在寄主上越冬，成虫周年可见。2 月下旬至 3 月上旬，越冬成虫开始取食、交配和产卵，第一、第二代成虫产卵盛期分别为 3 月下旬至 4 月中旬和 7 月中旬至 8 月中旬。卵聚产于嫩梢或叶柄组织中，呈纵列长条状排列，产卵痕开裂，皮层翘起，200 余粒 / 卵块。卵期 35 ～ 45 天，若虫多在夜间孵化，第一、第二代若虫发生高峰期分别为 4 月下旬至5月上旬和8～9月，初孵若虫具群集性，随着虫龄的增加开始分散为害；若虫善跳，受惊扰时迅速弹跳逃逸；若虫腹末蜡丝束张开时犹如孔雀开屏状。成虫多在白天活动，以10～14时居多，交配高峰期发生在16～19时，交配时长1小时左右。第二代成虫羽化高峰期为9月中下旬，随后成虫转移至合适位置越冬。

【为害特点】成虫和若虫均喜欢刺吸寄主嫩梢/叶汁液，使叶片萎缩或弯扭，造成新梢生长发育不良。

【防治方法】营林防治。在生长茂密、通风透光差的寄主及夏秋季的多阴雨期间发生量较大；管理粗放、杂草丛生、氮肥施多的林地，也有利其发生。因此，要做好合理种植、修剪和施肥工作。

物理防治。在若虫发生高峰期，利用其受惊扰易跳跃的习性，震动树干致使其跳跃落地，集中杀灭处理。

生物防治。该虫自然条件下的天敌种类较多，包括胡蜂科、蜾蠃科、茧蜂科、瓢虫科、草蛉科、猎蝽科、螳螂科等，要注意合理利用。

化学防治。大发生时，可选用悬浮剂40%丁醚脲·呋虫胺60～100 mL/亩，11.8%甲维盐·唑虫酰胺30～40 mL/亩，25%噻虫嗪4～6 mL/亩或42%丁醚·茚虫威20～30 mL/亩喷雾防治。

A. 成虫（郑霞林 摄）

B. 成虫聚集为害（李熙岳 摄）

白蛾蜡蝉

褐缘蛾蜡蝉 *Salurnis marginella* (Guérin-Méneville)

【寄主】马尾松、桉、龙眼、荔枝、迎春花、余甘果、广玉兰、枫香、肉桂、油茶、八角、椆木、格木。

【分布】中国分布于江苏、浙江、安徽、湖南、广东、广西、四川、贵州。广西分布于南宁（邕宁中和、武鸣太平）、宾阳（武陵）、横州（马岭、峦城、六景）、马山、阳朔（高田、普益）、全州、岑溪（三堡）、北海（铁山港南康）、合浦（曲樟、石康、廉州、石湾、党江、乌家）、上思（叫安、华兰）、贵港（港南瓦塘和新塘）、博白、陆川（马坡）、容县（容州）、巴马、武宣、兴宾（凤凰）、大新（榄圩）、扶绥（柳桥）、崇左（江州太平和新和）、宁明（桐棉）、凭祥、高峰林场（长客）、南宁树木园（坛里站）、东门林场、派阳山林场（大王山、公武、那赖）、黄冕林场（洛清江、盘龙）、六万林场（宁康、高岭、河塂、东山、忠东）。

褐缘蛾蜡蝉成虫（任向明 摄）

【形态特征】雌成虫体长 9.6 ~ 12.5 mm，雄成虫体长 9.2 ~ 11.1 mm，体黄绿色。前胸背板前缘强烈突起，超过复眼前沿，具 3 条橙色纵纹。翅面密布近似纵向排列的白色斑点，前翅后缘至外缘具褐色的边纹，且近后缘端部有 1 个褐色斑。

卵长 1 ~ 1.3 mm，近圆锥形，乳白色。

若虫共 3 龄，体绿色；较狭长，胸背外露，有 4 条红褐色纵纹，腹部被白蜡；1 ~ 2 龄腹末有 2 束绢状白蜡长丝，3 龄开始该白蜡长丝缩短或消失。

【生活习性】不详。

【为害特点】成虫和若虫刺吸寄主嫩叶、梢的汁液，造成嫩梢枯萎或叶片萎缩。

【防治方法】参考白蛾蜡蝉。

锈涩蛾蜡蝉 *Seliza ferruginea* (Walker)

【寄主】桉、山茶、腰果等。

【分布】中国分布于浙江、安徽、福建、湖南、广东、广西、四川、贵州、云南。广西分布于忻城（红渡）。

锈涩蛾蜡蝉成虫（任向明　摄）

【形态特征】成虫体长约 5.5 mm，翅展约 16 mm。体褐色，顶宽扁，长方形，近前缘两边各具 1 个黑褐色斑点；额具中脊，前缘有横脊；侧缘脊起，近基部两侧有短脊状突起。复眼黑褐色。触角短，基部深褐色，端部淡褐色。前胸背板前缘平截，后缘稍凹；中胸背板侧缘有褐色条形斑，可见 3 条纵脊的端部。腹部覆有蜡絮。前翅淡褐赭色，翅脉色深，翅面凹凸不平，顶角和臀角圆形，横脉多网状，爪片发达，向后突出，以近后缘的基半部颗粒较多。后翅色深。足褐色，跗节短，后足胫节外侧有 2 枚侧刺。

【生活习性】不详。

【为害特点】成虫和若虫刺吸寄主嫩叶、梢汁液，造成嫩梢枯萎或叶片萎缩。

【防治方法】参考白蛾蜡蝉。

（十）角蝉总科 Membracoidea

包括犁胸蝉科 Aetalionidae、叶蝉科 Cicadellidae、Melizoderidae科、角蝉科 Membracidae、Myerslopiidae 科共 5 科。刺吸式口器，可刺吸寄主植物汁液，造成叶片枯黄或落叶，严重影响植物生长发育；多产卵于寄主植物组织中，会对寄主造成伤害；部分种类还传播植物病毒病，是农林业重要害虫。

37. 叶蝉科 Cicadellidae

体长 3 ～ 15 mm，色彩艳丽，善跳。触角鬃状，着生于复眼前方或前内方；单眼 2 个，少数种类无单眼；前翅革质；后足胫节背面有 2 列刺，后足基节伸达腹板侧缘。成虫和若虫多聚集为害，刺吸植物汁液为食，被害处形成点状斑，影响植物光合作用，造成叶片提早脱落；成虫多将卵产于寄主植物组织内，影响植株的生长发育；可传播多种植物病毒病，是农林业生产上的重要刺吸式害虫。全世界已记录 1 万多种，中国已记录 1000 多种。

（王小云）

黑尾大叶蝉 *Bothrogonia ferruginea* (Fab.)

【寄主】茶、枇杷、桉等。

【分布】中国分布于福建、广东、广西、四川、台湾。广西各地均有分布。

【形态特征】成虫体长 12.0 ～ 13.5 mm，体呈橙黄色，头部、胸部及小盾片深黄色，头部有 1 个明显的圆形黑斑，头顶的另一个黑斑向颜面部位呈长方形延伸。前、后唇基相交处有 1 条横跨的黑色斑纹。复眼、单眼均黑色。前胸背板有 3 个圆形黑点；前翅橙黄色稍具褐色，翅基肩角各有 1 个黑斑；翅端黑色。后翅黑色。胸、腹面均为黑色。

【生活习性】1 年发生 1 代，不完全变态。传播多种植物病毒病。其他习性不详。

【为害特点】成虫和若虫刺吸植物汁液，造成树势衰弱。

【防治方法】营林防治。清理田园，除去越冬寄主。

物理防治。灯光诱杀成虫。

生物防治。保护和利用天敌，如捕食性昆虫、捕食性螨类和蜘蛛。

化学防治。在低龄若虫发生高峰期，及时喷洒 2% 叶蝉散粉剂、10% 吡虫啉可湿性粉剂 3000 倍稀释液、高效氟氯氰菊酯乳油 2000 ～ 3000 倍稀释液或 20% 叶蝉散乳油。

黑尾大叶蝉成虫（杨忠武　摄）

钩凹大叶蝉 *Bothrogonia hamata* Yang et Li

【寄主】白花鹅掌柴、锦葵科植物。

【分布】中国分布于广东、广西、海南、贵州。广西分布于上林。

【形态特征】体长 15 ~ 16 mm，橙棕色，头胸部常具多个黑斑，翅基部亦有 1 个黑斑。前翅基部、近基部的中缝处和近端部分布有横条形白蜡斑，翅端灰白色，灰色斑上着生有 3 个大圆形、3 个小短线形的黑色斑。足淡黄色，腿节与胫节相交处和胫节与跗节相交处黑色，前跗节黑色。

【生活习性】不详。

【为害特点】吸食小型灌木叶片汁液。

【防治方法】未见大面积发生和为害，可通过保护和利用自然天敌控制其种群。

钩凹大叶蝉成虫（郑霞林　摄）

琼凹大叶蝉 *Bothrogonia qiongana* Yang et Li

【寄主】桉、木荷、桑、大叶栎、柿子等。

【分布】中国分布于广西、海南、贵州。广西分布于荔浦、阳朔、苍梧、岑溪、贵港（港南）。

【形态特征】成虫体长 13.0 ~ 13.5 mm，体形较大，呈红褐色，头胸部常具多个黑斑。上颚口针的脊状突起明显突出，侧面的鳞状突起更为尖锐，而且脊状突起间、脊状突起与侧鳞状突起间存在乳状突。下颚口针表面光滑，端部较尖。雄性腹面生殖板黑色。雌性腹面黑色，第七腹板宽凹，两叶端部平截而不齐整，深达尾节的 2/3 处，尾节端部淡黄色，产卵器略短于尾节。

【生活习性】1 年发生 1 代，不完全变态。其他习性不详。

【为害特点】吸食小型灌木叶片汁液。

【防治方法】参考黑尾凹大叶蝉。

琼凹大叶蝉成虫（李懋辅　摄）

大青叶蝉 *Cicadella viridis* (L.)

【寄主】桉、油松、杜松、柏、刺槐、垂柳、毛白杨、桉、槐、秋枫、泡桐属、枫香、核桃、山楂等。

【分布】中国分布于河北、黑龙江、江苏、浙江、山东、河南、广西、海南、西藏、新疆。广西各地均有分布。

【形态特征】成虫体长 7 ~ 10 mm，雄虫比雌虫略小，体青绿色，头淡黄色，颜面淡褐色，头顶有 1 对黑斑。复眼黑色有光泽。头部背面有 2 个单眼，两单眼间有 2 个多边形黑斑。前胸背板前部淡黄绿色，后部深青绿色。小盾片淡黄绿色，中间有1条横刻纹。前翅绿色，带青蓝色，前缘淡白色，翅的尖端灰白色，半透明。后翅黑灰色，半透明。腹部背面黑色，腹两侧及末端，胸、腹部腹面和足均为橘黄色，跗爪黑色。

【生活习性】1年发生3代，不完全变态。以卵在树枝条或苗木的表皮下越冬。4月中旬越冬卵孵化及低龄若虫转移到矮小植物危害，9月下旬至10月上旬，雌虫转移至寄主植物上产卵。成虫具有趋光性，若虫、成虫刺吸为害，主要吸食植株汁液并传播多种植物病毒。

大青叶蝉成虫（王家双　摄）

【为害特点】成虫和若虫均以刺吸式口器吸食作物汁液，造成局部褪色，叶片卷曲、畸形，严重时整株枯死。成虫在枝干产卵时刺破枝干表皮可造成失水而致枯。

【防治方法】物理防治。在成虫期利用灯光诱杀，可以诱捕大量成虫。

人工防治。成虫早晨不活跃，可以在露水未干时进行网捕。

化学防治。用50%啶虫咪水分散粒剂3000倍稀释液、10%吡虫啉可湿性粉剂1000倍稀释液、40%啶虫毒乳油1500～2000倍稀释液或啶虫咪水分散粒剂3000倍稀释液+5.7%甲维盐乳油2000倍稀释液混合液喷雾，具有较好的防治效果。

灰同缘小叶蝉 *Coloana cinerea* Dworakowska

【寄主】秋枫。

【分布】中国分布于广东、广西。广西分布于南宁（青秀）、宾阳、横州、隆安、灵川、梧州（长洲）、宜州、合浦。

【形态特征】雌成虫体长3.1～3.2 mm，雄成虫体长3.0～3.1 mm，身体黄色或黄褐色，头长等

A. 成虫聚集为害（罗茂生　摄）

B. 为害状（郑霞林　摄）

灰同缘小叶蝉

于两复眼间宽度的一半，头比前胸背板窄，头顶缘向前弧圆突出。头冠淡黄色，冠缝明显，中央黄褐色；头冠前缘与后缘近平行。单眼白色，位于头冠与颜面交界处，复眼黑色。前胸背板和小盾片黄褐色；背板长度大于头长，长小于宽；前缘向前弧形突出，后缘微凹入，盾间沟黑色，近平直。

【生活习性】1 年发生 2 ～ 5 代，世代重叠严重，以卵越冬，不完全变态。成虫多分散在叶片栖息和取食，且产卵于叶片组织中。夏季为其为害盛期。。

【为害特点】成虫、若虫群集于叶片表面，由刺吸口器吸食汁液，为害后，秋枫叶片失绿，严重者叶尖先干枯，然后整块叶片干枯、脱落，此外还分泌蜜露而造成叶片出现煤污病。

【防治方法】参考黑尾凹大叶蝉。

葡萄二星叶蝉 *Erythroneura apicalis* (Nawa)

【寄主】葡萄、苹果、梨、桃、杉、桉、油桐等。

【分布】中国分布于河北、山西、辽宁、上海、江苏、山东、河南、广西、陕西、新疆。广西分布于昭平、钟山、西林。

【形态特征】成虫体长 3 ～ 4 mm，有红褐色及黄白色两型。头顶有 2 个黑斑，前胸背面淡黄色，后面有两个较大的黑斑，前翅淡黄色，有深浅不同的红褐色花斑，半透明。

【生活习性】1 年发生 3 代，不完全变态。其他习性不详。

【为害特点】成虫、若虫常聚集在叶背刺吸汁液。叶片被害先出现褪绿，后变黄白色小点，严重时白点连片成白斑，失去光合功能，致使叶片自叶缘向内焦枯，造成早期落叶，影响果粒着色和产量，甚者危及花芽形成。

【防治方法】营林防治。每年秋季清除落叶、杂草，集中烧毁，减少越冬虫源。生长季节注意及时抹芽，整树，打杈，清除杂草，改善通风透光条件。

化学防治。在各代若虫发生初期，尤其是第一代若虫发生期，可用 20% 菊乐合酯（氰戊菊酯和乐果复配剂）乳剂 2000 倍稀释液或 2.5% 联苯菊酯乳油 3000 ～ 4000 倍稀释液等喷雾防治。

A. 成虫

B. 为害状

葡萄二星叶蝉（王海明　摄）

小贯小绿叶蝉 *Empoasca onukii* Matsuda

小贯小绿叶蝉成虫（王俊平 摄）

【寄主】桃、梨、李、油茶、山茶、秋枫等。

【分布】中国分布于江苏、浙江、安徽、福建、山东、湖北、湖南、广东、广西、海南、贵州、云南。广西分布于南宁、龙胜、梧州（万秀）、崇左（江州）、大新。

【形态特征】成虫体长 3 ~ 4 mm，身体呈黄绿至绿色，头顶中央有 1 个不明显的斑点。复眼内侧和头部后缘有白纹，白纹连在一起成“山”字形。前翅绿色半透明，后翅无色透明。雌虫腹面草绿色，雄虫腹面黄绿色。

【生活习性】1 年发生 9 ~ 17 代，不完全变态。成虫羽化高峰为 4 ~ 12 时，卵孵化高峰为 5 ~ 8 时。成虫、若虫具趋嫩性；具趋光性、喜黄光，夜间照射蓝光可降低卵孵化量；具畏水性，露水清晨和雨天不喜活动。

【为害特点】吸食植株汁液，被害叶初出现黄白色斑点，严重时全叶苍白早落。

【防治方法】营林防治。越冬成虫出蛰前清除落叶、杂草，集中烧毁，减少越冬虫源。生长季节注意及时抹芽、整树、打杈、清除杂草，改善通风透光条件。

物理防治。黄板及灯光诱杀。

化学防治。若虫发生高峰期可喷洒 2.5% 高效氯氟氰菊酯乳油 3000 倍稀释液、10% 氯氰菊酯乳油 2000 倍稀释液、20% 吡虫啉可湿性粉剂 2000 倍稀释液或 25% 阿力卡水剂 3000 倍稀释液等进行防治。

黑颜梯顶叶蝉 *Olidiana brevis* (Walker)

黑颜梯顶叶蝉成虫（郑霞林 摄）

【寄主】桉、荔枝、茶、桑。

【分布】中国分布于安徽、广西、贵州。广西分布于在宾阳、梧州（长洲）、北海（铁山港）、贵港（港南、覃塘）、桂平、玉林（福绵）、北流、博白、陆川、容县、宜州、金秀、武宣、象州、忻城、扶绥、宁明。

【形态特征】成虫体黑褐色，头冠部颜色较浅。复眼略带黄色，前胸背板至小盾片蓝黑色或青灰色，前翅蓝黑色，具有 2 条黄色横带，1 条位于前翅基部，1 条位于爪片末端。足褐色。

【生活习性】1 年发生 1 代，不完全变态。其他习性不详。

【为害特点】成虫和若虫常聚集在小型灌木叶背

刺吸汁液。

【防治方法】若虫和成虫发生高峰期，采用药剂防治，方法参考小贯小绿叶蝉。

38. 角蝉科 Membracidae

体小型，形状奇异，多数体黑色或褐色，少数种类体色艳丽，多拟态。复眼大，突出；单眼2个，位于复眼间。触角短，鬃状，额和基融合。前胸背板非常发达，向后延伸呈后突起，盖住腹部一半或更多，有些种类其上还着生肩角、前角突、中背突等。后足胫节具棱脊及成列粗刚毛，胫节端部有1个横列端距。全世界已记录2500多种，中国已记录150多种，暂未见造成较大为害，因其外形奇特，可作为观赏性昆虫。

（郑霞林）

黑圆角蝉 *Gargara genistae* (Fab.)

【寄主】桉、茶、桂花、杜鹃、广玉兰、白蜡树、枫香等。

【分布】中国广泛分布。广西分布于平果（果化、黎明）。

【形态特征】体褐色至黑褐色。前胸背板隆突弧圆，基部向后延伸，前宽后尖达翅端前方。翅半透明，翅脉发达，复眼后方有1条白色的纵纹，纵纹末端弯曲至前翅下方。

【生活习性】在河南1年发生1代，以卵在枝梢内越冬，翌年5月孵化。若虫孵化后，刺吸嫩梢、芽和叶的汁液，行动迟缓。7～8月为成虫羽化高峰期，成虫白天活动，能飞善跳，9月开始交配产卵，卵散产于嫩梢韧皮部中。

【为害特点】刺吸寄主植物嫩梢、芽和叶的汁液。

【防治方法】未见大面积发生和为害，可作为观赏性昆虫。

A. 成虫

B. 若虫

黑圆角蝉（闫家河　摄）

褐三刺角蝉 *Tricentrus brunneus* Funkhouser

【寄主】马尾松、桉、玉兰、榕、桐木、油茶、柚子、降香黄檀、构、刺槐、胡颓子、红树林植物等。

【分布】中国分布于山东、广西、贵州、云南、陕西、甘肃。广西分布于南宁（武鸣双桥）、横州（那阳、南乡、新福、峦城）、荔浦（修仁、龙怀）、龙胜、梧州（万秀夏郢、长洲倒水）、合浦（沙田、白沙、公馆、曲樟、闸口、常乐、石康、廉州、石湾、星湖岛）、防城港（港口公车、防城大录和十万大山）、上思（那琴）、桂平（白沙、蒙圩、大湾）、覃塘（三里、五里）、北流、博白（亚山、双旺）、玉林（玉州茂林、南江和城西，大容山林场）、陆川（良田、滩面、米场、马坡、平乐、沙湖）、容县（六王、浪水、自良、黎村、杨梅、十里、县底、石寨、容州、灵山、松山、容西、石头）、兴业（小平山、北市、蒲塘、洛阳、山心、大平山、城隍）、平果（同老）、宜州、东兰（大同、三弄）、忻城、合山（岭南）、金秀（桐木）、武宣、象州（中平、寺村、妙皇、石龙、运江、百丈、马坪）、兴宾（高安、蒙村）、扶绥（岜盆、新宁、中东、东门、渠黎、柳桥）、崇左（江州板利和那达林场）、龙州（金龙）、宁明（那堪）、天等（上映）、东门林场（雷卡）、钦廉林场（升平、伯劳、乌家、那丽、平银、石湾、天堂）、三门江林场（导江）、维都林场（雅江）、黄冕林场（洛清江）、博白林场（三育、五峰、东方、林果）。

【形态特征】体中型，雌成虫体长约 6.8 mm，雄成虫体长约 5.6 mm，黑褐色至黑色。头黑色，近直，宽大于长，头顶上缘弧形，波曲，下缘斜面曲，稍上翘。复眼黄褐色，有褐斑。前胸背板褐色至黑褐色，多刺点，密被黄色长绒毛，中脊起纵贯全长。前胸斜面宽大于高，中央略圆，多毛。上肩角伸向侧上方，顶端尖，向后弯，背面有脊起。肩角大，三角形。后突起三棱形，基部扁，顶端尖，黑色，略上举。前翅白色，多皱纹，半透明，基部褐色，革质，具刻点和毛，不透明，翅脉黄褐色，具 2 列微毛。后翅白色，透明，多皱纹。翅基部外有 1 个透翅可见的白毛斑。胸部两侧被白毛斑。足黄褐色，腿节端部背有 2 根基兜毛。后足胫节有 3 列基兜毛。

【生活习性】在陕西杨凌 1 年发生 2 代，以卵越冬，5 月下旬至 8 月上旬为越冬代成虫发生期，第 1 代成虫发生于 8 月中旬至 11 月上旬。成虫、若虫散居，无聚集行为。雌虫将卵产在构树或刺槐枝条上，并有护卵行为。

【为害特点】刺吸寄主植物嫩梢、芽和叶汁液。

【防治方法】未见大面积发生和为害，可作为观赏性昆虫。

A. 成虫（郑霞林　摄）

B. 若虫（闫家河　摄）

褐三刺角蝉

（十一）沫蝉总科 Cercopoidea

若虫第七、第八腹节具发达的泡沫腺，能分泌胶质，与呼出的气体相混，形成泡沫状液体盖住身体以作保护，因而得名。植食性，刺吸寄主植物的枝干及叶片，影响植株的生长发育。活动能力较弱，可短距离跳跃飞行。全世界已记录沫蝉科 Cercopidae、尖胸沫蝉科 Aphrophoridae、长盾沫蝉科 Clastopteridae、巢沫蝉科 Machaerotidae 及拟尖胸沫蝉科 Epipygidae 共 5 科 2600 多种，中国已记录 4 科 300 多种，部分种类是重要的农林业害虫，部分种类是遗传学、生物进化、历史生物地理学及其他进化生物学研究的重要材料。

（王小云）

39. 沫蝉科 Cercopidae

成虫色泽艳丽，后足胫节外侧有 1 ～ 2 枚强刺，其端部有 2 列端刺；后足第一、第二跗节端部各有 1 列端刺；若虫腹部第七、第八节具有发达的泡沫腺能分泌角质，与呼出的气体相混合，形成泡沫裹住身体以作保护，俗称吹泡虫或吹沫虫。全世界已记录 173 属 1510 种，中国已记录 90 多种。

锥形禾草铲头沫蝉 *Clovia conifer* (Walker)

【寄主】桉、杨梅、竹、相思、木麻黄、桑、白兰、小叶榕、九里香等。

【分布】中国分布于福建、江西、湖南、广东、广西、海南、四川、贵州、云南、西藏、甘肃、青海、台湾。广西分布于南宁、荔浦、兴安、北海（银海）、合浦、桂平（金田）、贵港（覃塘）、玉林（玉州）、博白、容县、靖西、天峨、象州、大新。

【形态特征】成虫体长 6 ～ 8 mm，头部呈锥形，腹端尖狭，体色褐色，头部背面及前胸背板具 4 ～ 6 条黑褐色的条状斑纹，小盾片有 1 个褐色圆斑，前翅中域具 1 条斜向的白色宽带，其端部有 1 个大白斑。

【生活习性】1 年发生多代，渐变态，以卵越冬。发生高峰期多与叶片的新叶嫩叶期重合。遇旱季，世代更替迅速增加，为害加剧。

【为害特点】若虫隐藏在沫巢中为害。若虫和成虫刺吸为害，引起叶片卷曲畸形，进而影响树木生长。

【防治方法】营林防治。人工剪除

A. 成虫　　B. 若虫及泡沫状分泌物

锥形禾草铲头沫蝉（任向明　摄）

着卵枝条，集中处理。

生物防治。注意保护天敌，如蚂蚁、胡蜂、蜘蛛等。

化学防治。若虫期防治应使用内吸性药剂，进行树干打孔注射、涂干或喷雾。可用 4.5% 高效氯氰菊酯 2000 倍稀释液和敌杀死 1000 倍稀释液喷雾进行防治。

七带铲头沫蝉 *Clovia multilineata* (Stål)

【寄主】盐肤木。

【分布】中国分布于广东、广西、贵州、四川、云南、台湾。广西分布于阳朔。

【形态特征】成虫体长 11 ～ 12 mm，翅面有复杂黄褐色花纹。头、胸有纵向黄褐色条纹，延伸至翅面，共 7 条，故而得名。

【生活习性】不详。

【为害特点】成虫、若虫吸食寄主植物汁液。

【防治方法】未见大面积发生和为害，可通过保护和利用自然天敌控制其种群。

七带铲头沫蝉（李懋辅　摄）

小斑红沫蝉 *Cosmoscarta bispecularis* White

【寄主】马尾松、桉、枫香、肉桂、相思、油茶、泡桐、麻栎、板栗、杉、三叶橡胶。

【分布】中国分布于江苏、浙江、安徽、福建、江西、广东、广西、海南、四川、贵州、云南、台湾。广西分布于南宁（武鸣）、横州、龙胜、兴安、上思、博白、陆川、兴业、北流、巴马、环江、来宾（兴宾）、武宣、大新、宁明、天等、凭祥、鹿寨。

【形态特征】成虫体形较小，头至翅端长 13 ～ 17 mm。体红色，胸部及翅膀有黑色大小斑点，部分个体前胸背板上两个黑斑通常融合成 2 条横带，端部网状脉区黑色。

【生活习性】1 年发生 1 代。以卵在枝蔓上或枝蔓内越冬，翌年 4 月开始孵化，5 月中下旬为孵化盛期。若虫经多次蜕皮于 6 月中下旬羽化为成虫。成虫出现于 5 ～ 8 月，7 ～ 8 月成虫交配产卵。成虫受惊时，即行跳跃或短距离飞行。

【为害特点】若虫筑泡沫巢为害。成虫、若虫刺吸嫩枝和叶片，引起叶片卷曲畸形。

【防治方法】参考锥形禾草铲头沫蝉，化学防治主要集中在 5 月中下旬和 6 月中下旬。

小斑红沫蝉成虫（吴志新　摄）

东方丽沫蝉 *Cosmoscarta herossa* Jacobi

东方丽沫蝉成虫（李懋辅　摄）

【寄主】杉、桉、千年桐、泡桐、火力楠、相思、板栗、八角、乌桕、黄荆、枫杨、芙蓉、合欢、算盘子、任豆、油茶、香樟、罗伞木、栓皮栎、枫香。

【分布】中国分布于河南、广东、广西、海南。广西分布于南宁（武鸣）、宾阳、横州、桂林（叠彩、临桂）、荔浦、阳朔、恭城、灌阳、资源、全州、平乐、龙胜、灵川、梧州（龙圩）、苍梧、蒙山、合浦、防城港（港口、防城）、贵港（覃塘）、玉林（玉州）、北流、博白、陆川、兴业、桂平、平南、靖西、田东、南丹、天峨、宜州、来宾（兴宾）、金秀、象州、武宣、忻城、大新、扶绥、龙州、宁明、鹿寨。

【形态特征】雄成虫体长 14.6 ～ 17.0 mm，雌成虫体长 15.6 ～ 17.2 mm。头（包括颜面）及前胸背板紫黑色、具光泽。小盾片橘黄色，前翅黑色，翅基或翅端部网状脉纹区之前各有 1 条橘黄色横带，其中，翅基的 1 条极阔，近三角形，翅端之前的 1 条较窄，呈波状。复眼灰色，单眼浅黄色。触角基节褐黄色，喙橘黄色、橘红色或血红色。

【生活习性】1 年发生 1 代，以卵越冬。

【为害特点】若虫筑泡沫巢为害，主要为害树干、枝条和叶片。

【防治方法】参考锥形禾草铲头沫蝉。此外，黄板对油茶上的东方丽沫蝉也有一定的防治效果。

（十二）蝉总科 Cicadoidea

隶属于头喙亚目 Auchenorrhyncha，包括螽蝉科 Tettigarctidae 和蝉科 Cicadidae 共 2 科。其中螽蝉科 Tettigarctidae 仅包括 1 个现存属、2 个现存种，均局限分布于澳大利亚。蝉科则包括除螽蝉科外所有的现存种类，全世界目前已记录 3200 多种，中国已记录约 315 种，主要以雄性鼓膜发音器发达（可发出响亮鸣声）、雌性鼓膜发音器缺失而有别于螽蝉科昆虫。该类昆虫以体形大（成虫体长多在 20 mm 以上）、鸣声嘹亮而著称，且生活周期长，多为部化性昆虫。其成虫以刺吸式口器及产卵器为害木本植物，幼虫在地下大量吸食植物根部汁液，常造成寄主植物生长减缓、枝条枯死折断或落叶落果，给农林业造成严重经济损失。

（王　旭）

40. 蝉科 Cicadidae

体粗壮、中大型，头部有 3 个单眼，呈三角形排列；触角短小，鬃状；前胸背板短阔、具内片和外片，小于且不延伸超过中胸背板；中胸背板特别发达，后方具有 X 形隆起；腹部具有腹瓣；翅膜质，脉纹粗；前足开掘式；雄虫腹部第一节两侧有发音器。

长带虎斑蝉 *Becquartina bleuzeni* Boulard

【寄主】不详。

【分布】中国分布于广西、海南。广西分布于防城港（防城扶隆）、金秀。

【形态特征】成虫头冠宽于中胸背板基部，黑色，触角基片处有 1 对黄色大斑。复眼褐色，单眼红色，单复眼间距大于两侧单眼间距的 2 倍。后唇基黑色，不突出，两侧有黑色浅纵沟。喙黑色，伸至后足基节。前胸背板内片黑色；外片中央黑色，后侧缘扩张、橙色。中胸背板黑色、无斑纹，X 形隆起黑色，前缘密被黄毛，后缘黄色。翅不透明，前翅烟褐色，中央有 1 条黄色宽带，各端室均有黄色斑纹，基膜黄色；后翅烟褐色，第一、第二、第三、第六端室和第一、第二肘室有明显黄色斑纹，臀室黄绿色。足红棕色至黑色，前足股节有 4 枚刺：主刺细而长，向股节靠近，副刺呈三角形，端刺非常小，端刺前面有额外的 1 个小突起。雄性腹部背板深棕色至黑色，腹板半透明、暗褐色。背瓣圆柱形，长大于宽，鼓膜部分外露；腹瓣三角形，左右远离，基部绿色，端部黑色，超过第二腹节后缘。

【生活习性】多年发生 1 代，以若虫在土壤中越冬，或以卵在寄主枝条内越冬。若虫在土中刺吸寄主根部汁液，为害多年。

【为害特点】若虫生活在土中，刺吸植物根部汁液，成虫刺吸植株枝条汁液，影响树木长势。

【防治方法】未见大面积发生和为害，可通过保护自然天敌控制其种群。

A. 体背面观；B. 体腹面观；C. 头胸部背面观；D. 头胸部腹面观；E. 腹部腹面观；
F. 雄性外生殖器腹面观；G. 雄性外生殖器侧面观；H. 前足股节

长带虎斑蝉成虫（王旭　摄）

广西彩蝉 *Callogaeana guangxiensis* Chou et Yao

【寄主】不详。

【分布】中国分布于广东、广西。广西分布于凭祥、龙州、兴安。

【形态特征】成虫体黑色，具绿色斑纹。头冠黑色，复眼内侧各有 1 个橙红色斑点。复眼褐色，外缘橙红色；单眼赭色。后唇基基半部黑色，端半部橙红色；稍突出，中央具纵沟，两侧具横沟；后唇基腹面冠靠近复眼位置各有 1 条橙红色斑纹。喙黑色，伸至后足基节基部。前胸背板内片黑色；外片绿色，中央稍呈黑色，后角稍扩张。中胸背板黑色，外缘有 1 对绿色的细长斑纹，中央有 1 对不规则的角状绿色纵带，伸至 X 形隆起前臂。X 形隆起黑色，前、后臂绿色。足黑色。前足股节主刺、副刺长，端刺非常短；主刺稍向内倾斜，端部钝圆；副刺直立，端部尖；端刺直立，端部钝圆。翅暗褐色、不透明。前翅中室及肘室有黄色横带；第三中室有 1 个黄色大斑；R 脉和 A 脉基部有 1 个黄色斑；翅纵脉基部各有 1 个黄色斑点。后翅臀叶、R 脉、第二端室、第三端室及第六端室各具 1 条乳白色斑纹。雄性腹部长圆筒形。背板亮黑色；腹部腹板暗褐色，体壁薄、半透明；第三节腹板后缘褐色。背瓣三角形，暗褐色。腹瓣暗褐色，半月形，伸至第二节腹板前缘。

雌性产卵鞘与肛刺等长，稍短于端刺。其他特征同雄性。

【生活习性】多年发生 1 代，以若虫在土壤中越冬，或以卵在寄主枝条内越冬。若虫在土中刺吸寄主根部汁液，为害多年。

【为害特点】若虫生活在土中，刺吸植物根部汁液，成虫刺吸植株枝条汁液，影响树木长势。

【防治方法】未见大面积发生和为害，可通过保护自然天敌控制其种群。

A. 体背面观；B. 体腹面观；C. 头胸部背面观；D. 头胸部腹面观；E. 腹部腹面观；F. 雄性外生殖器侧面观；G. 雄性外生殖器腹面观

广西彩蝉成虫

安蝉 *Chremistica ochracea* (Walker)

【寄主】不详。

【分布】中国分布于福建、广东、广西、台湾。广西分布于博白。

【形态特征】成虫体绿色或赭黄色。头冠宽于中胸背板基部；绿色或赭黄色，头顶前缘有 1 条黑色横带。复眼褐色；单眼红色。后唇基、前唇基和舌侧片绿色或赭黄色。喙绿色或赭黄色，伸至中足转节。前胸背板和中胸背板绿色或赭黄色、无斑纹。X 形隆起宽而短，绿色或赭黄色。前、后翅透明、无斑纹；前缘及翅脉绿色或赭黄色，仅缘脉黑色或暗褐色。足绿色或赭黄色、无斑纹，稀被白色蜡粉。雄性腹部长于头胸部。腹部背板绿色或赭黄色，无斑纹；第二、第三节背板明显长于其他各节。背瓣大，完全盖住鼓膜。腹瓣近长方形，后端向内倾斜，内缘重叠，第二腹节腹板及腹瓣明显向后延伸，约占腹部长的 1/2。

【生活习性】多年发生 1 代，以若虫在土壤中越冬，或以卵在寄主枝条内越冬。若虫在土中刺吸寄主根部汁液，为害多年。

【为害特点】若虫生活在土中，刺吸植物根部汁液，成虫刺吸植株枝条汁液，影响树木长势。

【防治方法】未见大面积发生和为害，可通过保护自然天敌控制其种群。

A. 体背面观；B. 体腹面观；C. 头胸部背面观；D. 头胸部腹面观；E. 腹部腹面观；
F. 雄虫外生殖器腹面观；G. 雄虫外生殖器侧面观

安蝉成虫（王旭　摄）

蚱蝉 *Cryptotympana atrata* (Fab.)

【寄主】桉、大叶榕、木荷、柳、苦楝、三年桐、阴香、枫杨、白背桐、黄皮、八角等。

【分布】中国各地均有分布。广西各地均有分布。

【形态特征】成虫体大型、漆黑色，密被金黄色短毛。头冠宽短，稍宽于中胸背板基部；黑色，密被黄色短毛。复眼暗褐色，单眼淡红色。后唇基黑色，纵沟赭黄色，两侧横沟密被黄色蜡粉。喙黑色，伸至中足基节。前胸背板内片黑色，密被黄色短毛；中央有 I 形隆起；外片黑色，中央有横向细纹，后缘波浪状。中胸背板黑色，中部有倒八字形刻纹。X 形隆起黑色，前臂外侧有 1 对赭色圆斑，两侧密被金黄色长毛。前、后翅基部 1/4 ～ 1/3 暗褐色，不透明，基部颜色更深；基室黑色；前翅翅脉基半部红褐色，端半部及后翅翅脉暗褐色。足褐色至深褐色，具有红褐色斑纹。腹部背板黑色、每节背板后缘赭黄色；腹板黑色，每节腹板后缘赭黄色；上侧片内缘黑色，外缘赭黄色。背瓣大、稍隆起，被黑色绒毛；腹瓣暗褐色，外侧及顶端赭黄色；铁铲形，左右腹瓣接触或稍重叠，伸至第二腹节后缘或稍超出。

雌性产卵鞘粗、黑色、末端被长毛，与端刺等长；第七腹板后缘中央有较大的 V 形缺刻。其余特征同雄性。

【生活习性】多年发生 1 代，以若虫在土壤中越冬，或以卵在寄主枝条内越冬。若虫在土中刺吸寄主根部汁液，经 5 次蜕皮而成为成虫。老龄若虫于傍晚钻出地面，爬至树干或附近植物茎干上蜕皮羽化。产卵期自 7 月中下旬开始，8 月为产卵盛期。成虫产卵于直径 4 ～ 5 mm 的当年生枝条上。以卵越冬者，翌年 6 月间越冬卵孵化为若虫，并落地入土，营地下生活。

【为害特点】若虫生活在土中，刺吸植物根部汁液，成虫刺吸植株枝条汁液，影响树木长势。成虫喜好在一年生枝条中产卵，用产卵器刺破枝条直达髓部，造成爪状裂口，被产过卵的枝条留下点点刺伤痕迹，且常有木质碎条露出表面，几天后产卵痕上部枝条失水枯死。

【防治方法】人工防治。树根表面覆盖麦草、麦糠，阻碍初孵若虫入土，妨碍老熟若虫出土，可降低虫口密度。夜间点火把，摇树，成虫飞向火光，可人工捕捉灭虫。

生物防治。保护自然天敌，增强天敌的自然控制作用。保护越冬卵寄生蜂，将越冬修剪的带卵枯梢，集中堆放在水泥地面上，使寄生蜂羽化飞出，若虫孵化后无法入土。

A. 体背面观；B. 体腹面观；C. 头胸部背面观；D. 头胸部腹面观；E. 腹部腹面观；F. 雄虫外生殖器腹面观；G. 雄虫外生殖器侧面观

蚱蝉成虫（王旭　摄）

南蚱蝉 *Cryptotympana holsti* Distant

【寄主】不详。

【分布】中国分布于福建、湖南、广东、广西、四川、贵州、云南、台湾。广西分布于兴安。

【形态特征】成虫体大型、粗壮，漆黑而有光泽。头冠宽短，前方平截；黑色，无斑纹。复眼赭绿色；单眼黄色。后唇基黑色，腹面观两侧红褐色；前唇基黑色。喙黑色，达中足转节。前胸背板黑色，内片中央隆起。中胸背板黑色，中央隆起，中央也有倒八形刻纹。X 形隆起黑色，宽扁。前翅结线以内、后翅基半部暗褐色，不透明或稍透明；前翅结线以外透明。各足股节中部有红褐色环斑、其余黑色。腹部背板黑色，被黑色短毛；腹板中央黑色，两侧有红褐色环斑，其上着生红褐色短毛；上侧片内侧黑色，外侧红褐色。背瓣大、黑色，但无光泽。腹瓣黑色，侧缘红褐色；宽大、内缘接触或稍重叠，后缘呈角状，伸至第三或第四腹节。

雌性产卵鞘黑色，短于端刺；第七腹板后缘中央有阔 V 形缺刻。其余特征同雄性。

【生活习性】多年发生 1 代，以若虫在土壤中越冬，或以卵在寄主枝条内越冬。若虫在土中刺吸寄主根部汁液，为害多年。

【为害特点】若虫生活在土中，刺吸植物根部汁液，成虫刺吸植株枝条汁液，影响树木长势。

【防治方法】未见大面积发生和为害，可通过保护自然天敌控制其种群。

A. 体背面观；B. 体腹面观；C. 头胸部背面观；D. 头胸部腹面观；E. 腹部腹面观；F. 雄虫外生殖器腹面观；G. 雄虫外生殖器侧面观

南蚱蝉成虫（王旭　摄）

黄蚱蝉 *Cryptotympan amandarina* Distant

【寄主】不详。

【分布】中国分布于福建、湖北、湖南、四川、广东、广西、贵州、云南。广西分布于兴安。

【形态特征】成虫体大型、亮黑色。头冠宽短，稍宽于中胸背板基部；黑色，头顶中央有金黄色绒毛。复眼深褐色；单眼红棕色。后唇基黑色，腹面观侧缘及中央圆斑橙黄色；前唇基黑色。喙黑色，伸至中足转节。前胸背板内片黑色，两侧、后缘中央有金黄色毛斑；外片黑色，后缘波浪状，外侧角有金黄色毛斑。中胸背板黑色，中央隆起，侧缘各有 3 个红褐色斑点，其上着生金黄色短毛；中央刻纹基部也有金黄色毛斑。前翅结线以内、后翅基半部黄褐色到基部变为黑色，由半透明到不透明；前翅结线以外无斑纹；基部的斑纹大小、颜色深浅等也因地而异。足黑色，各足股节中部、后足胫节及跗节中部有赭黄色环状斑。腹部约与头胸部等长。腹部背板黑色，从第三节以后，两侧腹面有金黄色毛斑，第七、第八节的毛斑最大；腹板黑色，两侧黄褐色，密被金黄色短毛。背瓣大、黑色。腹瓣中央黑色，外缘赭黄色；内缘接触，外缘及后缘向内倾斜，呈角状，后角伸至第五节前缘。

雌性产卵鞘不伸出腹末；第七腹板后缘中央有大 V 形缺刻。其余特征同雄性。

【生活习性】多年发生 1 代，以若虫在土壤中越冬，或以卵在寄主枝条内越冬。若虫在土中刺吸寄主根部汁液，为害多年。

【为害特点】若虫生活在土中，刺吸植物根部汁液，成虫刺吸植株枝条汁液，影响树木长势。

【防治方法】未见大面积发生和为害，可通过保护自然天敌控制其种群。

A. 体背面观；B. 体腹面观；C. 头胸部背面观；D. 头胸部腹面观；E. 腹部腹面观；F. 雄虫外生殖器腹面观；G. 雄虫外生殖器侧面观

黄蚱蝉成虫（王旭　摄）

真宁蝉 *Euterpnosia chibensis* Matsumura

【寄主】不详。

【分布】中国分布于江西、广西、云南、陕西。广西分布于金秀。

【形态特征】成虫体中型，细长。头冠宽于中胸背板基部，黄褐色，单眼区及两侧的 2 对斜斑均为黑色。复眼深褐色；单眼红色。后唇基黄绿色，两侧横沟处具大面积的黑色纵纹；前唇基黄绿色，两侧黑色。喙黄褐色，末端黑色，伸至中足转节。前胸背板内片黄绿色，中央具 1 对黑色纵纹，基部扩张，端部愈合；中沟下方 1 对纵纹，中沟、侧沟黑色。外片后外角外缘稍扩张，具暗褐色斑纹。中胸背板黄绿色，有 5 条黑色纵纹：中央 1 条端部加粗，伸至 X 形隆起前；盾侧缝处 1 对扩弧形斑纹长度约为中胸背板的 1/2；外侧 1 对不规则的粗斑端部达 X 形隆起前臂处。盾片前凹陷处有 1 对黑色圆斑。X 形隆起黄色，前角黑色。翅透明，无斑纹。前缘脉褐色，其余翅脉暗褐色至黑色。雄性腹部背板黄褐色，尾节黑色；第二至第六节背板有 2 排连续的黑色大斑；第四腹节两侧具深褐色的臼状突；腹板褐色，第一、第二节腹板暗褐色，被白色蜡粉，端部颜色加深。背瓣小，外缘黑色，后下缘卷曲，外露鼓膜。腹瓣小，外侧倾斜，伸至中足基节。

【生活习性】多年发生 1 代，以若虫在土壤中越冬，或以卵在寄主枝条内越冬。若虫在土中刺吸寄主根部汁液，为害多年。

【为害特点】若虫生活在土里，刺吸植物根部汁液，成虫刺吸植株枝条汁液，影响树木长势。

【防治方法】未见大面积发生和为害，可通过保护自然天敌控制其种群。

A. 体背面观；B. 体腹面观；C. 头胸部背面观；D. 头胸部腹面观；E. 腹部腹面观；F. 雄虫外生殖器腹面观；G. 雄虫外生殖器侧面观；H. 阳茎

真宁蝉成虫（王旭　摄）

黑丽宝岛蝉 *Formotosena seebohmi* (Distant)

【寄主】桉。

【分布】中国分布于福建、江西、广西、海南、台湾。广西分布于大化。

【形态特征】成虫体特大，黑色，具黄色斑纹。头冠稍宽于中胸背板基部，漆黑色。复眼褐色，后缘黑色；单眼浅红色。触角基片黄色。后唇基背面观黑色，腹面观黄色，中央具黑色宽纵带；前唇基黑色。舌侧片黑色。喙黑色，伸至后足转节。前胸背板内片黑色，前缘中央有 1 对倒三角形绿色斑；外片黄绿色，中央宽纵带及后缘黑色。中胸背板黄绿色，前缘有紧密排列的 4 个倒圆锥形黑色斑纹。盾侧片凹陷处 1 对小黑点。X 形隆起黄色。前、后翅不透明，暗褐色，基半部颜色较深。前翅中部有条较宽的白色横带，前缘脉绿色。后翅第六端室及扇域有黄色斑纹。足黑色。腹部背板及腹板纯黑色，被黑色短毛。背瓣半圆形，盖住鼓膜绝大部分；腹瓣三角形，内角靠近，后缘不超过第二节腹板。

【生活习性】多年发生 1 代，以若虫在土壤中越冬，或以卵在寄主枝条内越冬。若虫在土中刺吸寄主根部汁液，为害多年。

【为害特点】若虫生活在土中，刺吸植物根部汁液，成虫刺吸植株枝条汁液，影响树木长势。

【防治方法】未见大面积发生和为害，可通过保护自然天敌控制其种群。

A. 体背面观；B. 体腹面观；C. 头胸部背面观；D. 头胸部腹面观；E. 腹部腹面观；
F. 雄虫外生殖器腹面观；G. 雄虫外生殖器侧面观

黑丽宝岛蝉成虫（王旭　摄）

斑蝉 *Gaeana maculata* (Drury)

【寄主】马尾松、杉、桉、油茶、秋枫、肉桂、核桃、夹竹桃、刺桐、任豆、桂花、黄皮、枫、红锥、山茶、棉桐。

【分布】中国分布于福建、湖南、广西、海南、四川、云南。广西分布于横州（百合）、龙胜（里骆林场）、阳朔（葡萄）、岑溪（三堡、马路）、蒙山（新圩）、上思（华兰）、浦北、桂平（蒙圩）、玉林（玉州仁厚）、兴业（龙安）、隆林（沙梨）、大化（古文）、凤山（凤城）、环江（大才）、河池（金城江白土）、天峨（岜暮）、金秀、大新（恩城、全茗、硕龙）、崇左（江州左州）、龙州、宁明（桐棉）、凭祥、天等（龙茗）、派阳山林场（鸿鹄）、博白林场（三育）。

【形态特征】成虫体细长、黑色。头冠黑色，被黑色长毛，复眼内侧有 1 对黄色大斑。复眼绿褐色，后缘黑色；单眼褐色。后唇基黑色，被黑色长毛；后唇基腹面观两侧各有 1 个黄色大斑。触角基部黑色，端半部褐色；喙基部褐色，端部黑色，伸至后足基节端部。前胸背板黑色，外片后角稍扩张。中胸背板黑色，中央及两侧各有 1 对黄色大斑。X 形隆起黑色，两侧有黄色圆斑。足黑色；前足股节有 3 枚刺，主刺较长，直立，端部钝圆；副刺最长，直立，基部较宽，端部尖锐；端刺非常短，直立，端部钝圆。前后翅暗褐色，不透明，前翅中部沿结线处有 3 个黄色斑点，径室及 CuA 脉处各具 1 个黄色斑点，端半部有灰白色长条形斑纹。后翅基半部有较大的黄色斑纹，不超过翅长的一半，中室有 1 个黄色斑点，端半部暗褐色，有 5 个灰白色斑点。腹部长圆筒形。背板亮黑色，第八节背板后缘赭黄色；腹部腹板暗褐色，半透明。背瓣较宽、呈半圆形，暗褐色。腹瓣暗褐色，三角形，伸至第二节腹板前缘。

【生活习性】多年发生1代，以若虫在土壤中越冬，或以卵在寄主枝条内越冬。若虫在土中刺吸寄主根部汁液，为害多年。

【为害特点】若虫生活在土中，刺吸植物根部汁液，成虫刺吸植株枝条汁液，影响树木长势。

【防治方法】未见大面积发生和为害，可通过保护自然天敌控制其种群。

A. 体背面观；B. 体腹面观；C. 头胸部背面观；D. 头胸部腹面观；E. 腹部腹面观；F. 雄虫外生殖器侧面观；G. 雄虫外生殖器腹面观

斑蝉成虫（王旭　摄）

周氏碧蝉 *Hea choui* Lei

【寄主】不详。

【分布】中国分布于福建、江西、湖南、广西。广西分布于龙胜。

【形态特征】成虫体较小，被较密的银白色长毛和短毛；头冠稍宽于中胸背板基部，头长明显短于前胸背板长度；头顶单眼区周围及两前缘区为黑色，复眼内侧周围为黄绿色；单眼浅红色，复眼灰褐色，复眼基片周围着生有黄色和银色细毛，后单眼间距小于后单眼到相邻复眼间的距离；除后唇基部深褐色外，其余均为黄绿色，中央无纵沟，两侧有颜色较深的横脊；颊、喙基片和前唇基均为黄绿色，被浓密的棕色软毛；喙基部为棕褐色，端部暗褐色，达中足基节。前胸背板主要为黄绿色，中央有1条长颈花瓶状浅黄绿色纵带，其后缘有1对紧密靠近的小黑斑；前胸背板具1对近中缝和1对侧裂缝周围的不规则斑纹，后缘及侧后角缘片均为黑色。中胸背板黄绿色，两侧1对大型倒圆锥形斑纹、中央前端1对小型斑纹、X形隆起前1条正锥形斑纹和两侧的1对圆点均为黑色；X形隆起黄绿色至淡绿色。前后翅透明，前翅基半部及端半部的中央有2个大褐色条斑，基膜、前缘膜及前缘脉和后翅前缘脉均为橘红色，近端部脉为褐色；前翅8个端室，后翅6个端室。无背瓣，鼓膜乳白色，有1条短脊、

2 条长脊。足黄绿色，被银白色和金棕色短毛；前足基节前侧面、股节、胫节和中足股节端半部、胫节基部、后足股节端部等均为黑色；前足股节具有 4 枚黑色强刺，均稍微倾斜，从主刺到端刺逐渐缩小。雄性腹瓣纵位、窄小，呈筒靴状，外缘较直，内后缘圆弧形或半圆形，腹板后缘不及第二腹板后缘，鼓室部分可见；腹瓣内半侧黄绿色，外半侧黑色；被较密的银白色软毛；基节刺小，三角片状。腹部近圆柱形，长于头腹部之和；腹部第二至第七节背板两侧橘黄色至橘红色，各节背板中央有 1 条黄绿色纵带，至腹部末端逐渐变窄，纵带两侧各节背板各有 1 个近方形黑斑，组成两列黑色纵带；第八节背板除中央黄绿色纵带外，其余主要为黑色。腹部腹板黄绿色，各节腹板中央有 1 个黑色大斑；第七腹板较长，中央暗褐色，两侧黄绿色，端部圆弧形，明显长于第八节腹板；第八节腹板及下生殖板几乎黑色，两侧颜色较浅。

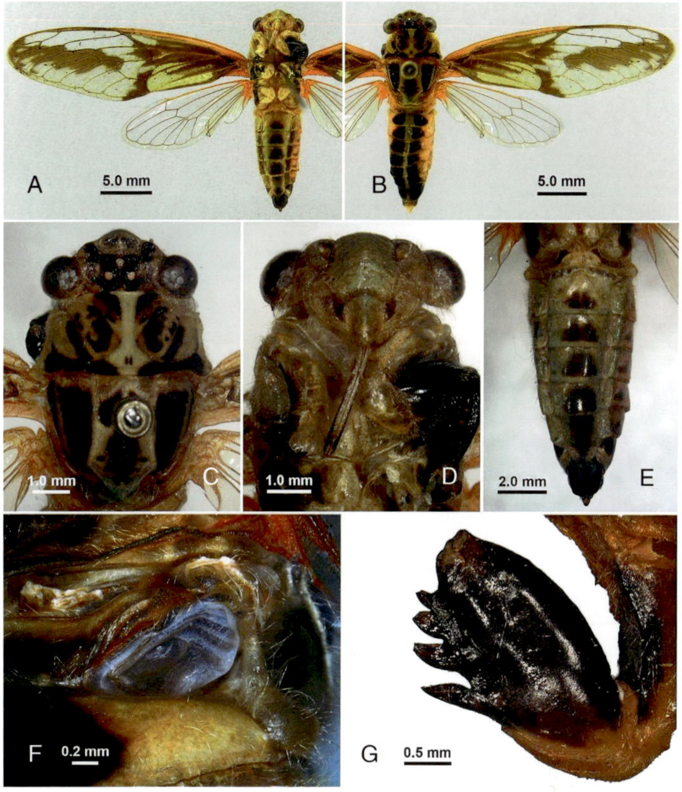

A. 体背面观；B. 体腹面观；C. 头胸部背面观；D. 头胸部腹面观；E. 腹部腹面观；F. 鼓膜；G. 前足股节

周氏碧蝉成虫（王旭　摄）

雌性体长略长于雄性，整体细长，圆锥形；腹瓣很小，后缘圆弧形。腹部第七腹板后缘中央有 3 个较深的缺刻，两侧有两个半圆形缺刻，中间为小 V 形缺刻，深达第七腹板的 2/3 长度；产卵鞘红棕色，约等于或稍长于尾节端刺长。其余形态特征和雄性相似。

【生活习性】多年发生 1 代，以若虫在土壤中越冬，或以卵在寄主枝条内越冬。若虫在土中刺吸寄主根部汁液，为害多年。

【为害特点】若虫生活在土里，刺吸植物根部汁液，成虫刺吸植株枝条汁液，影响树木长势。

【防治方法】未见大面积发生和为害，可通过保护自然天敌控制其种群。

小黑红蝉 *Huechys beata* Chou et al.

【寄主】不详。

【分布】中国分布于广西、云南。广西分布于龙州、凭祥。

【形态特征】成虫体较小，头、胸部主要为黑色，腹部为血红色。雄性头冠稍宽于中胸背板基部，头部和复眼为黑色（除头顶后缘中央纵沟有时具有小红斑），单眼血红色，后单眼间距约等于后单眼到相邻复眼间的距离；后唇基血红色，明显突出，中央具纵沟，两侧具有横脊，均不太明显，后唇基被稀疏的黑色长毛；喙黑色，伸达后足基节处；颊和喙基片黑色，被浓密的黑色长毛。前胸背板漆黑色、无斑纹，被浓密的黑色长毛；前胸背板外片不明显，其侧后角稍扩张；中胸背板为红色，中央无黑色纵带，仅从前缘中央处伸出 1 对圆锥形黑色小斑；X 形隆起前臂内侧有 1 对小黑点；X 形隆起及后胸背板后缘黑色。前后翅均为暗褐色不透明，前翅结线较明显，后翅有灰白色斑（前翅的灰白色斑不稳定）。足黑色、无斑纹，被浓密的黑色长毛和短毛；前足股节具有 3 枚黑色强刺，从主刺到端刺逐渐缩小，其中主刺和端刺前倾，副刺则近乎直立，在端刺的前缘分化出 1 枚微刺。雄性腹瓣暗红色或暗褐色，被稀疏的暗褐色短毛；腹瓣侧缘截形，内后缘近乎肾形；基节刺小，呈三角片状。雄性腹部长度长于头、胸部之和，腹部第一节背板及第二节背板的前缘黑色或暗褐色，其余血红色。腹部腹板同样血红色，被稀疏的淡红色短毛；第七节腹板较长，近乎长方形，其基部 1/3 处朝两侧扩大。

A. 体背面观；B. 体腹面观；C. 头胸部背面观；D. 头胸部腹面观；E. 腹部腹面观；F. 鼓膜；G. 前足股节

小黑红蝉成虫（王旭　摄）

雌性头冠约等于中胸背板基部，体长尤其是腹部稍长于雄性。第七节腹板后缘中央有 1 个非常深的缺刻，深达第七节腹板的 2/3 长度；产卵鞘黑色，约等于尾节端刺的长度。其他形态特征和雄性相似。

【生活习性】多年发生 1 代，以若虫在土壤中越冬，或以卵在寄主枝条内越冬。若虫在土中刺吸寄主根部汁液，为害多年。

【为害特点】若虫生活在土中，刺吸植物根部汁液，成虫刺吸植株枝条汁液，影响树木长势。

【防治方法】未见大面积发生和为害，可通过保护自然天敌控制其种群。

大红蝉 *Huechys haematica* Distant

【寄主】不详。

【分布】中国分布于广西、海南。广西分布于兴安。

【形态特征】成虫体血红色、多毛。头冠稍宽于中胸背板基部，头冠宽短于复眼间距宽；复眼暗红色；头顶、单眼及后唇基均为血红色，被浓密的黑色短毛；后唇基明显突出，中央具纵沟，两侧具有横脊，均不太明显，被浓密的黑色长毛；喙黑色，伸达后足基节处；颊和喙基片黑色，被浓密的黑色长毛。前胸背板黑色，其中央有 1 个沙漏形的红色纵斑；前胸背板外片不突出，侧后角稍扩张；中胸背板血红色，基部中央及 X 形隆起的周围颜色较暗。前翅不透明、淡褐色，其基部红色；前翅较为细长，长是宽的 3 倍，有 8～9 个端室；后翅透明。胸部腹面及足暗红色、无斑纹，被浓密的黑色长毛和短毛；前足股节具有 3 根黑色强刺，从主刺到端刺逐渐缩小，其中主刺和端刺前倾，副刺则近乎直立。雄性腹瓣暗红色，被稀疏的短毛；腹瓣小、横位；侧缘向内倾斜，后缘近乎平截，内缘圆弧形；基节刺小，呈三角片状。雄性腹部长度明显长于头、胸部之和，呈血红色，被浓密的红色或金色短毛。第七节腹板较长，近乎梯形，末端圆弧形，略长于第八节腹板。

雌性头冠约等于中胸背板基部，体长尤其是腹部稍长于雄性。雌性前翅具有9个端室。第七腹板后缘中央有1个非常深的缺刻，深达第七腹板的2/3长度；产卵鞘黑色，约等于或稍长于尾节端刺长度。其他形态特征和雄性相似。

【生活习性】多年发生1代，以若虫在土壤中越冬，或以卵在寄主枝条内越冬。若虫在土中刺吸寄主根部汁液，为害多年。

【为害特点】若虫生活在土中，刺吸植物根部汁液，成虫刺吸植株枝条汁液，影响树木长势。

【防治方法】未见大面积发生和为害，可通过保护自然天敌控制其种群。

A. 体背面观；B. 体腹面观；C. 头胸部背面观；D. 头胸部腹面观；E. 腹部腹面观；F. 鼓膜；G. 前足股节

大红蝉成虫（王旭　摄）

红蝉 *Huechys sanguinea* (DeGeer)

【寄主】湿地松、马尾松、桉、火力楠、油茶、牛甘果、降香黄檀、苦楝、毛竹、桂花、红锥。

【分布】中国分布于江苏、浙江、福建、江西、湖南、广东、广西、海南、四川、贵州、云南、陕西、台湾、香港。广西分布于横州（那阳）、兴安（华江）、阳朔（杨堤）、苍梧（岭脚）、蒙山（夏宜）、上思（叫安）、防城港（防城滩营）、浦北、桂平（大湾）、平南、贵港（覃塘东龙）、北流、玉林（玉州茂林）、博白、都安（澄江）、金秀、武宣（桐岭、通挽、思灵、禄新）、象州（中平）、兴宾（石陵）、崇左（江州那隆）、宁明（桐棉）、凭祥、天等（驮堪）、派阳山林场（那赖、北山、浦城、鸿鸪）。

【形态特征】成虫体中等大小；头部密被黑色长毛。头冠稍宽于中胸背板基部，头部和复眼为黑色，单眼血红色，后单眼间距约等于后单眼到相邻复眼间的距离；后唇基红色或橘红色，明显突出，中央具纵沟，两侧具有横脊，不过均不明显，同时后唇基两侧和近基部密被黑色长毛；喙基部暗褐色，端部黑色，伸达后足基节处；颊和喙基片黑色，被浓密的黑色长毛。前胸背板漆黑色、无斑纹，被浓密的黑色长毛；前胸背板外片不明显，其侧后角稍扩张；中胸背板为红色，其中央有1条非常宽的黑色纵带，X形隆起及后胸背板后缘黑色。前翅暗褐色、不透明，结线不明显，翅脉黑色，有8个端室；后翅淡褐色，半透明，翅脉暗褐色，有6个端室。胸部腹面及足暗褐色至黑色，无斑纹，被浓密的黑色长毛和短毛；前足股节具有3根黑色强刺，从主刺到端刺逐渐缩小，其中主刺和端刺前倾，副刺则近乎直立。雄性腹瓣暗褐色，侧缘截形，内后缘近乎肾形。雄性腹部长度长于头、胸部之和，近乎圆柱形；腹部第一节背板及第二节背板的前缘黑色或暗褐色，其余红色或橘红色。腹部腹板红色或橘红色，被稀疏的淡红色短毛；第七节腹板较长，明显长于第八节腹板。

雌性头冠稍宽于或等于中胸背板基部，体长尤其是腹部长于雄性。喙黑色，超过中足转节处。雌性前翅比雄性前翅细长，翅脉同样较细。腹部红色，被浓密的淡红色短毛；腹部呈圆锥形，第七腹板后缘中央有1个非常深的缺刻，深达第七腹板的2/3长度；产卵鞘暗褐色，约等于或稍长于尾节端刺。其他形态特征和雄性相似。

A. 体背面观；B. 体腹面观；C. 头胸部背面观；D. 头胸部腹面观；E. 腹部腹面观；F. 鼓膜；G. 前足股节

红蝉成虫（王旭　摄）

【生活习性】多年发生1代，以若虫在土壤中越冬，或以卵在寄主枝条内越冬。若虫在土中刺吸寄主根部汁液，为害多年。

【为害特点】若虫生活在土中，刺吸植物根部汁液，成虫刺吸植株枝条汁液，影响树木长势。

【防治方法】未见大面积发生和为害，可通过保护自然天敌控制其种群。

斑透翅蝉 *Hyalessa maculaticollis* Motschulsky

【寄主】竹、油桐、油茶、山茶、桂、樟、悬铃木、杨、梧桐、白蜡、刺槐、椿、榆、梅花、蜡梅等。

【分布】中国各地均有分布。广西各地均有分布。

【形态特征】雌成虫体长31～44 mm，前翅长51～55 mm；雄成虫体长30～37 mm，前翅长43～52 mm。体大而粗壮，黑色，头冠稍窄于中胸背板基部，腹部短于头、胸部。单眼红色；复眼褐色，大而突出；触角短刚毛状。单眼区、头顶两侧及前缘黑色，其余绿色或褐色。后唇基顶端中央绿色，中央纵纹及侧沟黑色，前唇基两侧及喙末端黑色；喙伸过后足基节。前胸背板中央纵纹（纵纹前端扩张、后端合并，中央围成1个倒i形绿色或绿褐色斑）、侧沟、侧缘及后缘两侧的斑纹均为黑色；中胸背板的3对不规则斑块、两侧1对较大的斑纹及X形隆起前臂下方的斑纹绿色，其余部分均为黑色；有些黑化个体几乎全部变为黑色，绿色斑很小，仅剩几个或无绿色斑。前后翅透明，前翅第二、第三、第五、第七端室基横脉处及各纵脉近端部有黄褐色或烟褐色斑点；基半部翅脉褐色或暗褐色，端半部黑色或黑褐色；后翅无斑纹。腹部背面黑色，第三、第四节背面常被白色蜡粉，有的背瓣前侧缘及第二至第四节背板的后缘褐色；头、胸部腹面绿色或绿褐色，各足具黑色斑纹；腹部腹面黑色，有的绿褐色，或第三、第七节大部分及各节两侧的斑点褐色；腹板横位，内角重叠，外缘宽圆形；腹板绿灰色、褐色或纯黑色。雄虫腹部有鸣器，雌虫无。雄性尾节后缘背中央有很大的 U 形凹陷，侧突钝圆形；抱钩长阔片状，左右平行靠近；阳具鞘管状、较粗，末端两侧有叉状刺，中央有 1 对囊状指突。雌性尾节背面及侧后缘黑色，两侧有绿色或褐色斑点，产卵管鞘不伸出腹末，第七腹板后缘中央有 V 字形缺刻。

斑透翅蝉成虫（杨忠武　摄）

卵长椭圆形，中部稍弯曲，乳白色，有光泽。若虫老熟时体态略似成虫，黄褐色，胸部粗，翅芽发达，前足为开掘足。

【生活习性】生活史不详，以若虫在土壤中越冬。我国南方每年 6 ～ 8 月、北方 7 ～ 8 月为成虫盛发期。若虫在土中刺吸植物根部汁液，为害数年，6 月老熟若虫在雨后傍晚钻出地面，爬到植物茎干上或枯枝上蜕皮羽化。成虫栖息于树干或竹竿上，夏季雄虫不停地鸣叫，成虫寿命约 2 个月；7 月中下旬开始产卵，8 月为产卵盛期；卵多产于直径 4 ～ 5 cm 的枝梢木质部内。产卵孔纵斜排列整齐，每孔产卵 5 ～ 6 粒，每枝着卵多的达近百粒。

【为害特点】各龄若虫在土中吸收寄主根部汁液，破坏根系分生组织，使之逐渐老化，降低吸收功能，影响水分吸收及根系正常发育，导致寄主地上枝叶发育不良，引起落叶、落花、落果、树势衰退；成虫在寄主枝条上吸食汁液补充营养、其产卵刻痕造成大量枯枝。

【防治方法】营林防治。及时砍伐林中的枯枝，集中烧毁，降低虫口密度。

物理防治。在严重为害区设置诱虫灯或频振式杀虫灯进行诱杀。

人工防治。在害虫高密度且严重为害区，成虫羽化盛期于 21 ～ 23 时，人工捕捉出土若虫或刚羽化的成虫。

化学防治。在卵孵化盛期前，在高虫口严重为害林区地面撒施每亩用 15 ～ 20 g 森得保可湿性粉剂加入 30 ～ 35 倍中性戴体喷粉，或喷撒 10% 吡虫啉可湿性粉剂等进行防治。

（杨忠武）

兰草蝉 *Mogannia cyanea* Walker

【寄主】不详。

【分布】中国分布于福建、江西、湖南、广东、广西、四川、云南、台湾。广西分布于博白、崇左（龙州）。

【形态特征】成虫体黑色，具蓝色金属光泽，密被黑褐色短毛。头冠三角形，无明显斑纹，被成簇的黑色短毛。复眼黑褐色，单眼橙黄色。后唇基背面观向前突出，稍长于头顶中央，无横沟。喙黑色，伸至中足基节。前胸内、外片均为黑色，无斑纹。中胸背板、X 形隆起亮黑色，无斑纹。足黑色，前足股节有3枚刺，主刺俯卧，平躺靠近股节，副刺及端刺直立，尖且短。前翅基膜黄色；基半部黄色，端半部透明，结线外或第一、第二中室基部有褐色横带或斑点，基半部翅脉赭色或橙色，端半部翅脉深褐色。后翅透明，基部黄色或橙色，翅脉基半部橙色，端半部赭色。雄性腹部圆柱形，不向两侧扩张，背板无明显斑纹；腹部腹板黑色，具蓝色金属光泽，第七节腹板后缘圆形。背瓣小且宽，近三角形，端部突圆形；有8条长脊，7条短脊。腹瓣黑色，较短，弯月形，伸至第二节腹板前缘。雌性第七节腹板后缘中央有较大的V形缺刻。其余特征同雄性。

【生活习性】生活于平地至低海拔山区，成虫于6～9月出现，常栖身于草丛。若虫期1～2年，栖息于地下为害寄主植物根部。雌虫以产卵管插破叶面中肋表皮产卵。若虫生存于土中，成熟者每于夏季夜间爬至地表，黎明前羽化，经过1～2小时后即可活动飞行。交配约1小时后开始产卵，产于禾本科植物组织内。

A. 体背面观；B. 体腹面观；C. 头胸部背面观；D. 头胸部腹面观；E. 腹部腹面观；F. 雄虫外生殖器侧面观；G. 雄虫外生殖器腹面观

兰草蝉成虫（王旭　摄）

【为害特点】若虫栖息于土中，以刺吸式口器刺入寄主植物组织内吸食汁液，影响植株萌芽及生育，成虫则以产卵管刺破叶面中肋表皮，产卵于中肋组织内，诱发赤腐病等。

【防治方法】参考绿草蝉。

绿草蝉 *Mogannia hebes* (Walker)

【寄主】马尾松、桉、山茶、油茶、荔枝、红锥等。

【分布】中国分布于浙江、福建、广东、广西、海南、重庆、四川、陕西。广西分布于宾阳（武陵）、横州（平马）、兴安（溶江）、阳朔（普益）、梧州（龙圩新地）、苍梧（岭脚）、蒙山（汉豪）、桂平（西山）、平南、玉林（福绵）、博白（江宁）、容县（容西）、都安（百旺）、忻城、金秀、象州（寺村、百丈、大乐、罗秀、中平）、维都林场（清水河）、博白林场（云飞、林果）。

【形态特征】成虫体黄绿色或绿色，密被金黄色短毛。头冠黄绿色，复眼之间有暗褐色条带。复眼暗褐色，单眼赭色。后唇基背面观稍短于头顶中央，基部黄色，端部绿色；前唇基绿色。舌侧片绿色。喙黄绿色，端部深褐色，伸至中足基节端部。前胸背板内片黄绿色，中央有1对黑色钩状条带，两侧有1对浅棕色斜带。外片黄绿色，中央有黑色斑纹。中胸背板黄色，从前缘处伸出2对倒圆锥形黑斑，中央 1 对较大。X 形隆起赭黄色，前臂有 1 对黑色小斑。足绿色，前足股节有 3 枚刺，主刺俯卧，平躺靠近于股节，副刺及端刺直立，尖且短。前后翅透明，前翅基半部浅黄色，翅脉绿色，端部 1/3 翅脉浅褐色，基膜及爪区后缘稍呈褐色。后翅基部黄绿色，翅脉浅绿色，端部 1/3 浅褐色。腹部背板黄绿色或赭黄色，中央稍隆起；稍长于头胸部之和；腹部腹板绿色或赭黄色，第七节腹板后缘圆形。背瓣小且短，黄绿色或赭黄色；鼓膜有 8 条长脊、7 条短脊。腹瓣小，横位，长茄形，伸至第二节腹板前缘。

雌性第七节腹板后缘中央有 V 形缺刻。其余特征同雄性。

【生活习性】生活于平原至低海拔山区，成虫于 6～9 月出现，常栖身于草丛。若虫期 1～2 年，栖息于地下为害寄主植物根部。雌虫以产卵管插破叶面中肋表皮产卵。若虫生存于土中，成熟者每于夏季夜间爬至地表，黎明前羽化，经过 1～2 小时后即可活动飞行。交配约 1 小时后开始产卵，产于禾本科植物组织内。

A. 体背面观；B. 体腹面观；C. 头胸部背面观；D. 头胸部腹面观；E. 腹部腹面观；F. 雄虫外生殖器侧面观；G. 雄虫外生殖器腹面观

绿草蝉成虫（王旭　摄）

【为害特点】若虫栖息于土中，以刺吸式口器刺入寄主植物组织内吸食汁液，影响植株萌芽及生长，成虫则以产卵管刺破叶面中肋表皮，产卵于中肋组织内，诱发赤腐病等。

【防治方法】营林防治。深耕改善土壤理化性，破坏若虫栖息环境，并使若虫被杀死或暴露于地表；提早采收，或与非禾本科类作物实行轮作。

物理防治。摘除被产卵叶片，以减少子代种群数量。

生物防治。使用黑僵菌 *Metarhizium anisopliae*（Metch.）Sor. 孢子液进行喷雾防治。

突鼻草蝉 *Mogannia tumdactylina* Chen, Yang et Wei

【寄主】不详。

【分布】中国分布于湖南、广西。广西分布于兴安。

【形态特征】成虫体褐色至黑色。头冠三角形、黑色，被金黄色短毛。复眼黑色，单眼赭色。后唇基黑色，向前突出，等于头顶中央长；舌侧片黑色，稀被金黄色短毛。喙褐色，伸至中足基节端部。前胸背板近梯形，内片黑色、被金黄色短毛，后缘中央具黑色横纹；外片棕黄色，前侧角无齿突，后侧角向两侧扩张。中胸背板黑色，无明显斑纹；X 形隆起黑色，周围密被金黄色短毛。足大体棕色，被金黄色短毛；中足胫节，后足胫节及跗节黄色；前足股节有 3 枚刺，主刺俯卧，平躺靠近股节，副刺及端刺直立，尖且短。前翅有 8 个端室，基半部沿结线有 1 条褐色斜横带，两侧颜色深，中间浅，半透明；后翅透明，翅脉褐色，有 6 个端室。雄性腹部筒状，长于头胸部之和。背板棕色，第二至第三节背板中央及第六至第八节背板具金黄色短毛；腹部腹板棕色，具金黄色短毛，第三至第六节腹板后缘橙黄色。背瓣棕色，小，三角形，顶端突圆；鼓膜具 8 条长脊，7 条短脊。腹瓣淡棕黄色，弯月形，左右分离，不达第二节腹板。

A. 体背面观；B. 体腹面观；C. 头胸部背面观；D. 头胸部腹面观；E. 腹部腹面观；F. 雄虫外生殖器侧面观；G. 雄虫外生殖器腹面观

突鼻草蝉成虫（王旭　摄）

【生活习性】生活于平原至低海拔山区，成虫于 6 ～ 9 月出现，常栖身于草丛。若虫期 1 ～ 2 年，栖息于地下为害寄主植物根部。雌虫以产卵管插破叶面中肋表皮产卵。若虫生存于土中，成熟者每于夏季夜间爬至地表，黎明前羽化，经过 1 ～ 2 小时后即可活动飞行。交配约 1 小时后开始产卵，产于禾本科植物组织内。

【为害特点】若虫栖息于土中，以刺吸式口器刺入寄主植物组织内吸食汁液，影响植株萌芽及生长，成虫则以产卵管刺破叶面中肋表皮，产卵于中肋组织内，诱发赤腐病等。

【防治方法】参考绿草蝉。

震旦大马蝉 *Macrosemia pieli* (Kato)

【寄主】竹。

【分布】中国分布于江苏、浙江、安徽、福建、江西、湖南、广西、四川。广西分布于灵川、兴安、灌阳、资源。

【形态特征】雌雄成虫体长分别为 43 ～ 54 mm 和 39 ～ 44 mm。初羽成虫呈绿色，后体色加深，出现黑色和棕色相嵌的斑纹；触角黑色，鬃毛状；复眼棕黑色，突出；单眼微红白色，明亮似珍珠；前胸背板两侧及后缘有边；中胸粗大，似京剧大花脸谱式斑纹，后缘有 1 个黄色的 X 形硬质突起纹，该纹上方及两侧内陷；翅长过腹部，长 48 ～ 57 mm；前足腿节、胫节较粗，胫节下方有 2 枚棘状刺，形成钳状；腹部黑褐色，被白粉，疏生金黄色短细毛；雌虫尾部锥状，产卵器坚硬；雄虫尾端较钝，发音器发达，护音瓣长约 23 mm。

卵长棱形，长径 2.5 ～ 2.8 mm，短径 0.5 ～ 0.8 mm，乳白色；卵的表面有似玉质的光泽。

初孵若虫体长 1.8 ～ 2.3 mm，若虫有 5 龄，1 ～ 5 龄体长依次为 1.8 ～ 4.5 mm、6.5 ～ 9.0 mm、10.3 ～ 17.2 mm、20.2 ～ 29.5 mm 和 34.4 ～ 46.0 mm；体橙红色；额突出，额下方密生棕色刚毛；复眼突出，乳白色；触角细长，线状，9 节；前胸背板前方有 1 个倒三角形，此三角形底边与两复眼间距离等宽，两斜边外侧各有 1 条深沟，于背中止；腹部各节背面后缘有 1 列棕色刚毛，气门粉白色；前足腿节、胫节粗壮，腿节特化呈钳状开掘式，胫节呈三角形，上方有齿，黑褐色，均生有棕色刚毛；前翅芽尖达第四腹节后缘。

震旦大马蝉成虫（韦维　摄）

【生活习性】多年发生 1 代，在浙江 6 年 1 代。以卵在立竹枯枝内及各龄若虫在土中洞穴内越冬。浙江成虫发生期为 6 月下旬至 9 月中旬，成虫在竹枝或树枝上吸食树汁补充营养，于 7 月下旬至 8 月下旬在枯枝中产卵；卵在枯枝中 11 ～ 12 个月，于翌年 7 月上旬开始孵化，卵孵化期干旱少雨或无雨，则孵化率很低，发生数量就少；若虫从枯枝上飘落地面，爬行至立竹下方寻松土处钻入地下。若虫在竹鞭附近筑土穴取食。世代不整齐。成虫受惊即飞逃，有较强趋光性。雄虫在日落后有齐鸣习性。阴坡比阳坡的竹林发生多；土层深厚松软的比土层瘠薄的竹林发生多；郁闭度大、枯枝多的比疏林、枯枝少的发生多；毛竹与枫杨、松、杉等的混交林比毛竹纯林发生多。

【为害特点】若虫在土中刺吸竹的竹鞭、鞭根、鞭芽、鞭笋的汁液，被害竹的竹鞭内陷、溃疡、侧芽萎缩、腐烂。成虫刺吸寄主植物汁液，严重时造成竹枝枯死。

【防治方法】营林防治。在羽化、产卵前，砍伐老竹，降低竹林密度，减少自然枯枝，并在竹林中挂放枯枝诱其产卵后烧毁；剪除竹林内枯枝集中烧毁。

物理防治。成虫羽化盛期上半夜人工捕捉出土若虫或新羽化成虫，可食用。

化学防治。在卵盛孵期前，在地面撒施丙硫克百威颗粒剂等防治。

（韦　维）

蟪蛄 *Platypleura kaempferi* (Fab.)

【寄主】马尾松、杉、桉、核桃、泡桐、山茶、杨、柳、悬铃木、红锥。

【分布】中国各地均有分布。广西各地均有分布。

【形态特征】成虫体粗短。头冠窄于前胸背板；橄榄绿色（多数干标本变为黄褐色），后唇基基部狭横纹，复眼间横带、单眼区、顶侧区短纵纹及复眼内缘均为黑色。后唇基背面观黄褐色，纵沟及两侧横沟为黑色；除前唇基仅中部有 1 个橄榄色斑，其余均为黑色。喙较长，明显超过后足基节，有的长达第三节腹板。前胸背板内片橄榄绿色（多数干标本变为黄褐色），中纵带及其两侧斑纹、斜沟、内区侧缘、侧区前角叶及后缘区斑纹均为黑色。中胸背板橄榄绿色（多数干标本变为黄褐色），中央有2对倒圆锥形黑斑。X形隆起前区的矛状斑常与盾片前凹陷处的圆斑愈合在一起。X形隆起黄褐色，中央有黑色斑点。前翅基半部不透明，前缘膜处有2个暗色斑；前翅具3条黄褐色横带；径室端部和第八端室各有1个半透明斑；端室纵脉端部及外缘也有不规则的暗褐色斑点。后翅深褐色，不透明，外缘无色透明。雄性腹部稍短于头胸部。腹部背板黑色，各节背板后缘绿色；腹部腹板黑色，每节腹板后缘绿色，稀被白色蜡粉和白色长毛。腹瓣半月形，内角稍重叠，后缘圆弧状，不超过第二节腹板。雌性产卵鞘不伸出腹末；第七节腹板后缘中央有很小的缺刻；其余特征同雄性。

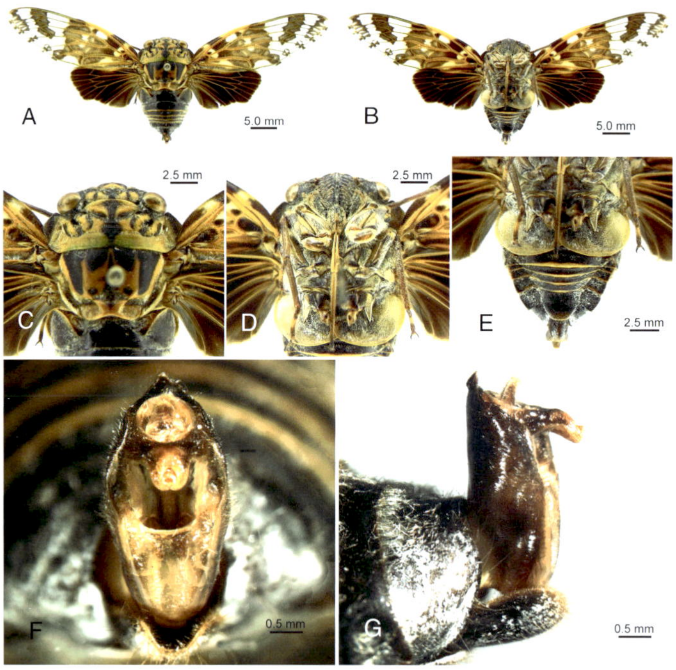

A. 体背面观；B. 体腹面观；C. 头胸部背面观；D. 头胸部腹面观；E. 腹部腹面观；F. 雄虫外生殖器腹面观；G. 雄虫外生殖器侧面观

蟪蛄成虫（王旭　摄）

【生活习性】多年发生1代，以若虫在土壤中越冬，或以卵在寄主枝条内越冬。若虫在土中刺吸寄主根部汁液，为害多年。

【为害特点】成虫出现于5～8月，生活在平原至低海拔地区树木枝干上，夜晚有趋光性。雌蝉把卵产在树枝的边缘，卵一般在树枝内越冬，称作当年卵，翌年4月或者转暖时才孵化，随后钻入松软的泥土里。一般要在地下经过4次蜕皮。

【防治方法】未见大面积发生和为害，可通过保护自然天敌控制其种群。

螂蝉 *Pomponia linearis* (Walker)

【寄主】不详。

【分布】中国分布于浙江、安徽、福建、江西、湖南、广东、广西、四川、西藏、台湾。广西分布于兴安、金秀。

【形态特征】成虫头冠三角形，暗褐色，单眼区的纵纹、触角基片处横纹、复眼内缘的大斑均为深赭色。复眼赭绿色；单眼红褐色。后唇基基部和端部暗褐色，中央具赭绿色横带；前唇基绿色。舌侧片暗褐色。喙黄绿色，端部黑色，伸至第二节腹板。前胸背板内片绿色，中央有1对长纹，两端愈合；外片绿色，前侧角有齿状突；前缘和后侧角有2对褐色斑纹。中胸背板绿色，有以下赭色斑纹：中央的矛状斑；盾侧缝处1对蝴蝶结状斑；盾片前凹陷处的圆斑。X形隆起绿色，后角黑色，中央有褐色斑纹。足黄绿色，有黑色斑纹。前足股节主刺长且不尖锐，向股节倒伏；副刺直，三角形；端刺细而小。翅透明，淡褐色，前翅第二、第三、第五端室基横脉处及各纵脉端部有烟褐色斑点，其中M_1脉处斑纹是其他纵脉端部斑纹的2倍；结线明显。雄性腹部明显长于头胸部。背板赭色，每节背板后缘黑色，被白色蜡粉；腹板淡褐色，尾节深褐色。背瓣黑色，长圆形。腹瓣阔圆形，内缘呈角状，左右接触或靠近，伸至第二节腹板。雌性体形小于雄性，腹部倒圆锥形；产卵鞘不超出腹部；端刺尖长；第七节腹板后缘中央有较小的 V 字形缺刻。其余特征同雄性。

【生活习性】多年发生 1 代，以若虫在土壤中越冬，或以卵在寄主枝条内越冬。若虫在土中刺吸寄主根部汁液，为害多年。

【为害特点】若虫生活在土中，刺吸植物根部汁液，成虫刺吸植株枝条汁液，影响树木长势。

【防治方法】未见大面积发生和为害，可通过保护自然天敌控制其种群。

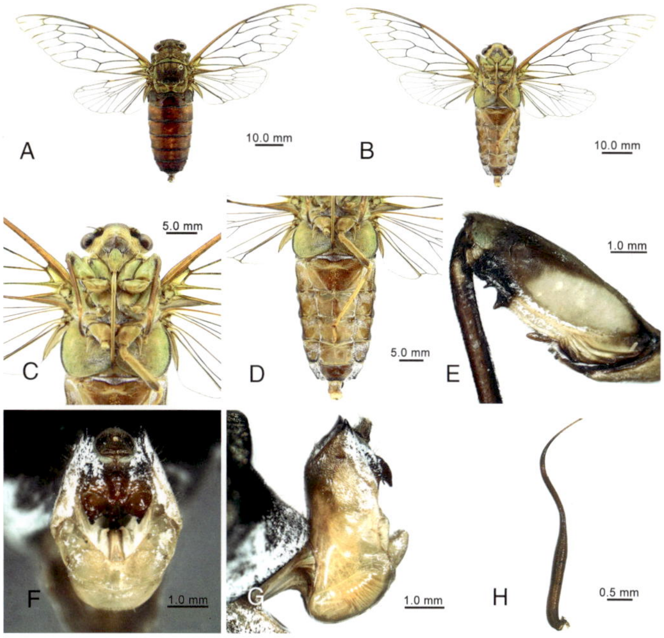

A. 体背面观；B. 体腹面观；C. 头胸部腹面观；D. 腹部腹面观；E. 前足股节；F 雄虫外生殖器侧面观；G 雄虫外生殖器腹面观；H. 阳茎

螂蝉成虫（王旭　摄）

丽蝉 *Salvazana mirabilis* Distant

【寄主】不详。

【分布】中国分布于广西。广西分布于龙州（弄岗）、宁明（陇瑞）。

【形态特征】成虫体粗壮、黑色，被黄色密毛。头冠短而宽，稍宽于中胸背板基部；黑色，前侧缘有 1 对橙黄色斑点。复眼暗褐色，单眼红色。后唇基黑色，横沟栗色；前唇基黑色。喙赭色，末端黑色，伸至后足基节前缘。前胸背板内片黑色，前缘窄纹橙黄色（色斑型Ⅰ和Ⅱ）或绿色（色斑型Ⅲ），后缘具 1 对橙黄色斑点（色斑型Ⅰ）；外片侧缘扩张，无齿状突。中胸背板隆起明显、黑色，中央有山字形斑纹（色斑型Ⅰ和Ⅱ为橙黄色，色斑型Ⅲ为绿色）。前盾片凹陷处具 1 对黑色圆斑。X 形隆起黑色，两侧密被黄色或绿色蜡粉。足黑色。前足股节膨大，有 3 枚刺：主刺长、尖且贴近股节；副刺短、三角形；端刺最

A. 色型 I 正面观；B. 色型 I 腹面观；C. 色型 II 正面观；D. 色型 II 腹面观；E. 色型 III 正面观；F. 色型 III 腹面观；G. 雄虫外生殖器腹面观；H. 雄虫外生殖器侧面观

丽蝉成虫（王旭　摄）

小。前翅结线明显，其内翅面不透明，橙黄色（色斑型Ⅰ和Ⅱ）或绿色（色斑型Ⅲ）；前缘脉红褐色；结线以外翅面透明、淡黄色（色斑型Ⅰ和Ⅱ）或绿色（色斑型Ⅲ），外缘及第一至第三端室的横脉均为褐色，每条纵脉的端部有1个褐色斑，而且从前向后逐渐变小；翅脉黄色或绿色；前缘脉、亚前缘脉和缘区暗褐色。后翅基半部不透明、红色（色斑型Ⅰ）或白色微带黄色（色斑型Ⅱ）或白色（色斑型Ⅲ），外半部的周缘由1条褐色带围成，中央为1个椭圆形透明区。雄性腹部粗壮、圆柱形，体壁厚而硬，稍短于头胸部；第二、第三腹节较长，约等于第四至第八腹节之和。背板黑色；腹板不透明，中央黑色，侧面和上侧片暗褐色。背瓣半圆形、黑色，中央有模糊的暗褐色斑。第三至第七腹板的两侧有1个圆斑，第三至第六节腹板为褐色，第七节为赭黄色且很长；两侧气门处的斑纹大、圆形，珍珠白色。腹瓣内侧深棕色，外侧黄棕色；圆形、稍突出，左右内侧边缘重叠，不伸至第二腹节。

【生活习性】多年发生1代，以若虫在土壤中越冬，或以卵在寄主枝条内越冬。若虫在土中刺吸寄主根部汁液，为害多年。

【为害特点】若虫生活在土中，刺吸植物根部汁液，成虫刺吸植株枝条汁液，影响树木长势。

【防治方法】未见大面积发生和为害，可通过保护自然天敌控制其种群。

台湾暗翅蝉 *Scieroptera formosana* Schmidt

【寄主】不详。

【分布】中国分布于浙江、福建、江西、湖北、广东、广西、云南、台湾。广西分布于兴安。

【形态特征】成虫体中等大小，头、胸部背面主要为黑色，被稀疏的浅褐色短毛；头冠宽于中胸背板基部，头长明显短于前胸背板长；头顶和触角基片均为漆黑色；单眼浅红色，复眼暗褐色，后单眼间距离约等于到相邻复眼间的距离；后唇基除基部漆黑色外均为红褐色，明显突出，中央具纵沟，两侧具有浅褐色横脊，被稀疏的银白色长毛；颊、喙基片和前唇基均为赭黄色，有暗褐色斑纹，被稀疏的浅褐色短毛；喙暗褐色，伸达中足基节。前胸背板内片黑色，中央纵带和边缘黄白色，中央纵带后缘稍扩张，其内包含2个黑色小斑，侧后角不明显突出；中胸背板、X形隆起中央及后胸背板中央均为黑色，中胸背板中央剑状斑纹、两侧缘和X形隆起前臂等均为黄白色。前翅褐色至暗褐色、不透明，结线不太明显，前缘脉基半部黄白色，翅脉暗褐色，具有蓝色及铜绿色金

A.体背面观；B.体腹面观；C.头胸部背面观；D.头胸部腹面观；E.腹部腹面观；F.鼓膜；G.前足股节

台湾暗翅蝉成虫（王旭　摄）

属光泽，有 8 个端室；后翅微褐色、透明，翅脉暗褐色，有 6 个端室。足赭黄色或红褐色，被浓密的浅褐色长毛和短毛；前足股节具有 4 枚红棕色或暗褐色强刺，从主刺到端刺逐渐缩小，均前倾。无背瓣，鼓膜外露、乳白色，有 3 条长脊。雄性腹瓣红色或红褐色，较小、横位，外缘圆弧形，内缘钝弧形，彼此靠近，后缘圆弧形，不及腹部第二腹板后缘，腹腔部分可见，被浓密的银白色短毛，基节刺较小，呈三角片状，末端尖细。雄性腹部长度长于头胸部之和，近乎圆柱形；腹部红色或红褐色，背板中央无黑色纵带。雌性头冠稍宽于雄性，体长尤其是腹部稍长于雄性；头冠明显宽于中胸背板基部；腹部第七节腹板后缘中央有 1 个非常深的 V 形缺刻，深达第七节腹板的 4/5 长度；产卵鞘黑色，稍长于尾节端刺。其他形态特征和雄性相似。

【生活习性】多年发生 1 代，以若虫在土壤中越冬，或以卵在寄主枝条内越冬。若虫在土中刺吸寄主根部汁液，为害多年。

【为害特点】若虫生活在土中，刺吸植物根部汁液，成虫刺吸植株枝条汁液，影响树木长势。

【防治方法】未见大面积发生和为害，可通过保护自然天敌控制其种群。

暗翅蝉 *Scieroptera splendidula* (Fab.)

【寄主】不详。

【分布】中国分布于福建、湖南、广东、广西、海南、四川、贵州、云南、台湾。广西分布于桂林（雁山）、龙胜、宁明（陇瑞）。

【形态特征】成虫体较小，头、胸部背面为黑色，被稀疏的浅褐色短毛；头冠稍宽于中胸背板基部，头长明显短于前胸背板长；头顶黑色，前侧缘、触角基片和触角均为赭黄色；单眼红色，复眼暗褐色，后单眼间距离约等于到相邻复眼间的距离；后唇基除基部黑色大斑外均为赭黄色，明显突出，中央具纵沟，两侧具有浅褐色横脊，被稀疏的银白色长毛；颊、喙基片和前唇基均为赭黄色，被稀疏的浅褐色短毛；喙暗褐色，伸达中足基节。前胸背板内片黑色，中央宽纵带和边缘赭黄色，侧后角不明显突出；中胸背板、X 形隆起中央及后胸背板中央均为黑色，中胸背板中央剑状斑纹、两侧缘和 X 形隆起前后臂等均为赭黄色。前翅暗褐色、不透明，结线不太明显，翅脉赭黄色至暗褐色，有 8 个端室；后翅透明，翅脉深褐色，有 6 个端室。胸部腹面赭黄色或红褐色，被较密的

A. 体背面观；B. 体腹面观；C. 头胸部背面观；D. 头胸部腹面观；E. 腹部腹面观；F. 雄虫外生殖器腹面观；G. 雄虫外生殖器侧面观；H. 前足股节

暗翅蝉成虫（王旭　摄）

浅褐色短毛；足赭黄色或红褐色，被浓密的浅褐色长毛和短毛；前足股节具有 4 根红褐色或暗褐色强刺，从主刺到端刺逐渐缩小，均前倾。无背瓣，鼓膜外露，有 2 条长脊。雄性腹瓣红色或赭黄色，较小、横位，外缘较直，内后缘半圆形；被浓密的银白色短毛；基节刺较小，呈三角片状。雄性腹部长度长于头胸部之和，近乎圆柱形；腹部红色或红褐色，有时背板中央有褐色或黑色纵带；下生殖板红褐色，椭圆形，边缘略上翘，稍长于第七节腹板。雌性头冠稍宽于雄性，体长尤其是腹部稍长于雄性；腹部第七节腹板后缘中央有 1 个非常深的 V 形缺刻，深达第七节腹板的 4/5 长度；产卵鞘黑色，稍长于尾节端刺。其他形态特征和雄性相似。

【生活习性】多年发生 1 代，以若虫在土壤中越冬，或以卵在寄主枝条内越冬。若虫在土中刺吸寄主根部汁液，为害多年。

【为害特点】若虫生活在土中，刺吸植物根部汁液，成虫刺吸植株枝条汁液，影响树木长势。

【防治方法】未见大面积发生和为害，可通过保护自然天敌控制其种群。

小音蝉 *Vagitanus metulata* (Chou et Lei)

【寄主】不详。

【分布】中国分布于广西。广西分布于龙州、宁明（陇瑞）。

【形态特征】成体黑色，被金黄色短毛。头冠圆弧形，赭黄色，两复眼间有黑色横斑。复眼接近于前胸背板前外角，暗褐色，单眼红色。后唇基黄色，末端具黑色横斑，中央具纵沟，两侧有不明显的横沟；前唇基黄色。喙赭黄色，端部深褐色，伸至中足基节端部。前胸背板近梯形，内片黑色，中央有 I 形黄绿色纵纹，中沟和侧沟处有 2 对黄色斑纹；内片后缘中央有 1 对黑色小圆斑。外片黄绿色，中央有不规则黑色斑纹；前侧缘无刺突，后侧角稍向外扩张。中胸背板赭黄色，从前缘处伸出 2 对黑色倒圆锥形斑，中间 1 对较小，外侧 1 对与 X 形隆起前臂处的 1 对黑斑相接；X 形隆起与中胸背板两侧黄绿色。足赭黄色，前足胫节、跗节以及中足跗节深褐色；前足股节有 3 枚刺，主刺较长，直立，副刺和端刺较短，直立，端部尖锐。前后翅透明，前翅第一至第七节端室外缘及后翅外缘褐色；前缘脉较宽、黄绿色；翅脉深褐

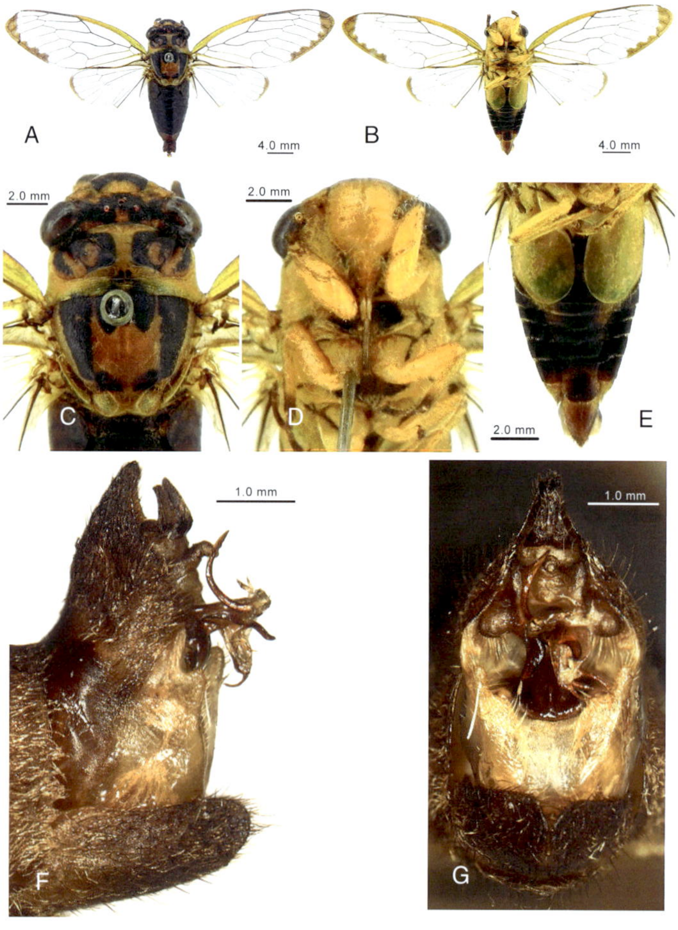

A. 体背面观；B. 体腹面观；C. 头胸部背面观；D. 头胸部腹面观；E. 腹部腹面观；F. 雄虫外生殖器侧面观；G. 雄虫外生殖器腹面观

小音蝉成虫（王旭 摄）

色。雄性腹部圆柱形，稍长于头胸部之和；第一至第七节背板黑色，第八至第九节背板褐色；腹部腹板暗褐色，被金黄色短毛；背瓣大，半圆形，外缘褐色，中部和基部深褐色；背瓣盖住大部分鼓膜；腹瓣纵长，两侧平行，左右靠近，伸至第二节腹板后缘。雌性产卵鞘稍伸出腹末。其他特征同雄性。

【生活习性】多年发生 1 代，以若虫在土壤中越冬，或以卵在寄主枝条内越冬。若虫在土中刺吸寄主根部汁液，为害多年。

【为害特点】若虫生活在土中，刺吸植物根部汁液，成虫刺吸植株枝条汁液，影响树木长势。

【防治方法】未见大面积发生和为害，可通过保护自然天敌控制其种群。

端晕日宁蝉 *Yezoterpnosia fuscoapicalis* (Kato)

【寄主】不详。

【分布】中国分布于浙江、福建、江西、湖南、广西。广西分布于金秀。

【形态特征】成虫体中型。头冠与中胸背板基部等宽，赭绿色，密被白色长毛，单眼区斑纹、触角基片处横斑、复眼内侧 1 对大斑均为黑色。复眼褐色，单眼红色。后唇基黄色，中央有 1 对黑色长纹，端部愈合形成黑色圆斑；前唇基黄绿色，背面观基部有 1 对黑色斑纹，腹面观端部有 1 个黑色圆斑，中央有 1 对平行的黑色纵纹。舌侧片黑色。喙黄绿色，端部黑色，伸至后足基节。前胸背板内片赭绿色，中央有 1 对黑色长纹，两端向外侧扩张呈三角形，中沟和侧沟之间有黑色纵纹，内片外缘黑色；外片外缘稍扩张，赭绿色，前缘黑色，有 2 对黑色斑纹。中胸背板赭绿色，有以下黑色宽纹：中央纵纹，盾片凹陷处斑点愈合，形成山字形斑；盾侧缝处 1 对弯钩状短；外侧有 1 对弯曲粗纹。X 形隆起黄色，前臂密被白色长毛。足赭黄色，前足股节副刺最长，主刺和端刺为圆锥形，基部宽，端部尖。翅透明，前翅顶角有淡褐色晕斑；第二、第三端室基横脉处有烟褐色斑点。雄性腹部板黄色，第六节背板至尾节均为黑色；第二至第六节背板中央及第三至第六节背板两侧有一系列深褐色斑纹。腹板黄色，部分腹节暗褐色。背瓣不发达，黄色，前缘黑色。腹瓣三角形，黄色，不达第二节腹板后缘。

A. 体背面观；B. 体腹面观；C. 头胸部背面观；D. 头胸部腹面观；E. 腹部腹面观；F. 雄虫外生殖器腹面观；G. 雄虫外生殖器侧面观；H. 前足股节

端晕日宁蝉成虫（王旭　摄）

【生活习性】多年发生 1 代，以若虫在土壤中越冬，或以卵在寄主枝条内越冬。若虫在土中刺吸寄主根部汁液，为害多年。

【为害特点】若虫生活在土中，刺吸植物根部汁液，成虫刺吸植株枝条汁液，影响树木长势。

【防治方法】未见大面积发生和为害，可通过保护自然天敌控制其种群。

（十三）蝽总科 Pentatomoidea

触角多为 5 节；有单眼；中胸小盾片相对发达；臭腺发达，受惊扰或被天敌捕食时，会喷射防御性辛辣臭分泌物；口器刺吸式，部分种类是重要的林业害虫。全世界已记录 15 科 7000 多种。

41. 龟蝽科 Plataspidae

体小型，长 3 ～ 10 mm ；圆形或卵圆形，背腹圆鼓或稍圆鼓；体一般黑色，具有黄色斑纹。头部宽圆或狭窄，中叶短于侧叶或等长；触角着生在头部腹面复眼内侧；触角 5 节。小盾片极大，覆盖腹部，或仅露出腹部狭窄边缘，小盾片与前胸背板形成坚硬光滑的背面；前翅大部分膜质，前缘基部革质，折叠于小盾片之下，仅前缘革质部分外露，飞行时展开；足较短小。植食性，为害竹等林木。全世界已记录 59 属 530 多种，中国已记录 10 属 95 种。

（赵　萍）

亚铜平龟蝽 *Brachyplatys subaeneus* (Westwood)

【寄主】撑篙竹、桂花、薇甘菊等。

【分布】中国分布于广东、广西、海南、云南、台湾。广西分布于龙州、凭祥（友谊关）、蒙山、桂平。

【形态特征】体长椭圆形，黑色，光亮，具浓密细小刻点。头腹面黄色，边缘黑色；触角、喙及足浅色。前胸背板侧缘黄色，前端中央具波状弯曲黄纹。小盾片两侧及后缘具双重极细的黄色边缘。成虫体长雄虫约 4.5 mm、雌虫约 5.2 mm，腹宽雄虫约 3.6 mm、雌虫约 4.4 mm。头背面具两条不规则的黄色横带，中间常有纵纹相连。小盾片侧胝完全黑色。腹部各节两侧有 2 条短的锥形辐射横带，雄虫的较短，雌虫的较长。

【生活习性】在广东广州市 1 年发生 4 代，世代重叠。以成虫在豆科作物附近的杂草丛中、林木丛间过冬，翌年 3 月下旬至 4 月中旬恢复活动。若虫第一代发生于 4 月下旬至 6 月中旬，第二代在 6 月下旬至 7 月下旬，第三代在 8 月上旬至 9 月中下旬，第四代在 9 月下旬至 11 月上旬。田间产卵高峰期分别为 4 月中旬、6 月中旬、7 月下旬及 9 月下旬，6 ～ 10 月各虫态均有，11 月上旬产卵结束。

夏秋季卵期为 6 ～ 7 天，若虫期 35 ～ 44 天，共 5 龄，其中 1 龄 10 ～ 15 天、2 龄 7 ～ 10 天、3 龄 7 ～ 9 天、4 龄 6 ～ 9 天、5 龄 9 ～ 11 天。成虫寿命雌虫为 42 ～ 77 天，雄虫为 57 ～ 66 天；雌虫产卵前期一般 14 ～ 20 天，产卵期 21 ～ 53 天。

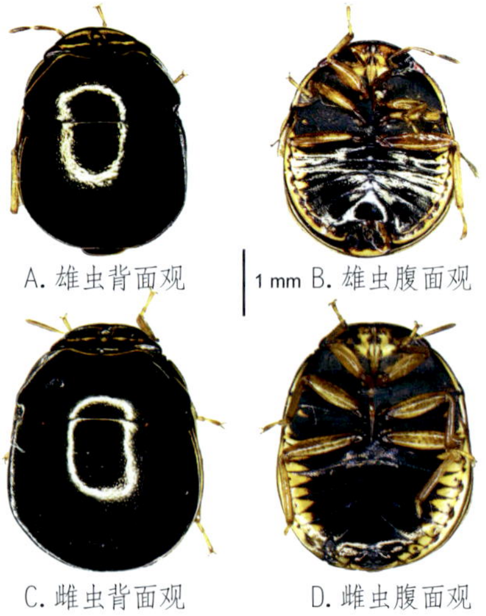

亚铜平龟蝽成虫（赵萍　摄）

雌虫将卵成块产在寄主植物的茎秆或叶片上，或附近其他隐蔽处，不易被发现。每块有 25 ～ 35 粒，排成 2 行。每雌产卵量 300 ～ 431 粒，夏季常每隔 3 ～ 4 天产一块。初孵若虫群栖叶背，2 龄后逐渐分散，高龄若虫或成虫多在嫩茎上取食。

【为害特点】一般取食植物嫩芽和茎干，为害后导致寄主植物发育不良，可以用来控制入侵植物薇甘菊。

【防治方法】未见大面积发生和为害，可利用自然天敌对种群的控制作用。

42. 盾蝽科 Scutelleridae

体小至中大型，多数种类有鲜艳的色彩和花斑。触角 4 或 5 节。小盾片极大，U 形，可覆盖整个腹部背面，或仅在末端露出部分膜翅。全世界已记录 7 亚科 36 属 450 多种，中国已记录 40 多种。

（罗　辑）

角盾蝽 *Cantao ocellatus* (Thunberg)

【寄主】桉、油桐、油茶、泡桐、米老排、白背桐、盐肤木、算盘子、桦木、柏木、桐木、板栗、八角。

【分布】中国分布于江西、广东、广西、云南、台湾。广西分布于南宁（武鸣）、桂林（雁山）、荔浦、阳朔、灌阳、龙胜、全州、梧州（龙圩）、苍梧、岑溪、上思、桂平、玉林（福绵）、博白、兴业、河池（金城江）、都安、环江、南丹、宜州、金秀、武宣、崇左（江州）、宁明、天等、七坡林场、东门林场、六万林场。

【形态特征】成虫体长 19 ～ 26 mm，宽 10 ～ 14 mm。身体白色、米黄色至橘红色。头部两复眼间至中片基部半段有 1 个 T 形蓝绿色至黑色斑；前胸背板侧角突出成尖刺或不突出，前角附近有两个斑，中线两侧各有两个斑前后排列，后角附近有两个斑；小盾片上有 4 行 8 个斑，第一行有 2 个位于前缘侧角附近，第二行有 3 个，1 个位于中线上，2 个位于中线左右两侧，第三行在中线两侧有 2 个较大横形斑，第四行有 1 个斑，位于中线上；小盾片后缘截平，膜翅部分露出。前胸背板及小盾片上的斑变化较大，一般为白色至黄色，中间有或无黑

A. 成虫　B. 卵　C. 低龄若虫　D. 高龄若虫

角盾蝽（杨振德　摄）

色色块，大小多变，大的斑可与周边斑相连。

卵初期白色或米黄色，渐变为橙黄色，圆球形，块状，单层排列。

若虫共5龄，体黄色至橘红色，体近圆形。腹部背面中线上有3个黑色长形横斑。高龄若虫头部及前胸背板黑色。

【生活习性】1年发生1代，7～8月为成虫期。成虫常有保护卵及初孵若虫的习性。

【为害特点】主要为害枝条、花、果等部位，可引起为害部位生长异常，影响树木材质，也会导致落花落果。

【防治方法】营林防治。冬季清除地面的枯枝落叶及杂草，减少其越冬适宜场所。

生物方法。在春季喷施白僵菌粉剂；成虫高发期喷施苏云金芽孢杆菌水剂；冬季在林下喷施绿僵菌粉剂。

化学方法。在若虫期或成虫期可喷施6%吡虫啉乳油3000～4000倍稀释液、5%啶虫脒乳油6000～7000倍稀释液、1.2%烟参碱乳油800～1000倍稀释液、50%辛硫磷乳油800～1000倍稀释液、2.5%溴氰菊酯乳油3000倍稀释液等进行防治。

紫蓝丽盾蝽 *Chrysocoris stolii* (Wolff)

【寄主】桉、樟、油茶、泡桐、油桐、八角、肉桂、板栗、相思、算盘子、盐肤木、枇杷、桃、紫荆木、狗骨木。

【分布】中国分布于福建、广东、广西、四川、云南、西藏、甘肃、台湾。广西分布于宾阳、横州、苍梧、蒙山、藤县、阳朔、恭城、上思、贵港（港南）、桂平、平南、博白、罗城、金秀、武宣、扶绥、龙州、宁明、天等。

紫蓝丽盾蝽若虫（陈荣　摄）

【形态特征】成虫体长11～15 mm，宽6～8 mm。身体蓝绿色或紫蓝色或紫红色，具有强烈金属光泽，体色可随光线反射角度变化。头部中片黑色，复眼靠近中片侧有1个黑斑；前胸背板前半部分有3个小黑斑，不达前胸背板前缘，后半部分有5个黑斑，其中侧角各有1个小黑斑，中间有3个竖形长黑斑，有的个体部分或全部长黑斑分成前后2个相连或不相连的小黑斑；小盾片基部有1个弧形刻痕，刻痕周围部分隆起；小盾片中央中线处有1个盾牌形黑斑，中央黑斑周围有3行2列黑斑围绕，有的个体小盾片基部中央及小盾片末端各有1个黑斑；小盾片覆盖整个腹部，多数不露出膜翅。

若虫共5龄，初孵时红色或黄白色，虫体上斑块不明显。高龄若虫体色与成虫相同，腹部背面黄白色至橘黄色，前胸背板上有3个黑斑，小盾片中央有2个黑斑，翅芽末端有1个黑斑，腹部第四至第八节背面中央有蓝绿色横斑，第四节横斑两端、第五与第六节交界处、第七与第八节交界处有黑斑。

【生活习性】不详。

【为害特点】主要为害枝条、花、果等部位，可导致为害部位生长异常，影响树木材质，也会导致落花落果。

【防治方法】未见大面积发生和为害，可通过保护自然天敌控制其种群。

丽盾蝽 *Eucorysses grandis* (Thunberg)

【寄主】桉、油桐、泡桐、梧桐、梨、苦楝、樟、竹、阴香、油茶、八角、乌桕、龙眼、桃花心木、朴、桂花、大花紫薇、臭牡丹、核桃。

丽盾蝽成虫（罗辑　摄）

【分布】中国分布于福建、江西、湖南、广东、广西、贵州、云南、台湾。广西分布于南宁（武鸣）、横州、荔浦、蒙山、上思、浦北、贵港（港南）、平南、桂平、容县、平果、巴马、东兰、凤山、南丹、金秀、象州、大新、扶绥、天等。

【形态特征】成虫体长 18 ～ 25 mm，宽 8 ～ 12 mm。身体白色至深黄色。头部两复眼间至中片有 1 个 T 形黑色斑；前胸背板前半部中线上有 1 个五边形黑斑，达前胸背板前缘；小盾片基缘黑色，前半中央中线上有 1 个近菱形至横形黑斑，中央两侧各有 1 个短黑横斑；前胸背板上黑斑多变，有的 V 形位于前胸背板中央，有的消失或仅留前缘部分黑斑；小盾片达腹部末端，膜翅部分露出。

卵白色，圆球形，块状，单层排列。

【生活习性】若虫 5 个龄期。以成虫在较密闭树木的叶背越冬，4 ～ 5 月开始活动，11 ～ 12 月可见越冬的个体。

【为害特点】以成虫和若虫刺吸植物枝条、花、果等部位，可引起为害部位生长异常，影响树木材质，也会导致落花落果。

【防治方法】未见大面积发生和为害，可通过保护自然天敌控制其种群。

鼻盾蝽 *Hotea curculionoides* (Herrich-Schäefer)

【寄主】桉、锦葵、八角、桦木。

鼻盾蝽成虫（任向明　摄）

【分布】中国分布于福建、广东、广西、云南、台湾。广西分布于横州（马岭）、合浦（闸口）、上思（公正）、河池（金城江）、龙州。

【形态特征】成虫体长 8 ～ 10 mm，宽 5 ～ 6 mm。身体黄褐色至褐色，密布黑色刻点，稍有光泽。头部长，较平，没有较深凹陷或沟壑，中片上刻点较周围少；前胸背板侧角突出，侧缘内凹，前胸背板有 3 条纵向的白斑带；小盾片与前胸背板后角相接处各有 1 个颜色较深的黑斑，沿左右侧角、侧缘至中央中线处各有 1 条不规则白色斑带，白斑带后各有 1 个颜色较浅黑斑，其后有 3 个白色斑带呈扇形排列；小盾片覆盖整个腹部，多数不露出膜翅。

若虫共5龄，体色与成虫相似，前胸背板及小盾片侧缘、中线均为白色，小盾片中线两侧各有1个深色圆斑，第四腹节背面中央有1个哑铃状斑块，斑块两端颜色较深，第五至第七腹节背面中央有深色横斑。

【生活习性】1年发生1代，5～8月为成虫期。卵散产于植物茎或果实表面。

【为害特点】主要为害枝条、花、果等部位，可引起为害部位生长异常，影响树木材质，也会导致落花落果。

【防治方法】未见大面积发生和为害，可通过保护自然天敌控制其种群。

半球盾蝽 *Hyperoncus lateritius* (Westwood)

【寄主】桉、台湾相思、漆、油茶。

【分布】中国分布于浙江、福建、广东、广西、四川、贵州、云南、西藏。广西分布于龙胜、岑溪、博白、兴业、武宣、象州、扶绥、钦廉林场、三门江林场。

半球盾蝽成虫（冯海庭　摄）

【形态特征】成虫体长9～12 mm，宽9～11 mm。身体半球形，背面隆起，黄褐色至红褐色，密布黑褐色刻点，稍有光泽。头部短宽，向下倾斜，中片基部有1个黑斑；前胸背板向下倾斜，前缘内凹，侧角圆，不突出，前胸背板上有1行5个黑斑，其中中线上的黑斑靠近前缘；小盾片前部中央隆起，小盾片上有3行13个黑斑，第一行有6个黑斑，第二行有4个黑斑，第三行有3个黑斑；有的个体前胸背板及小盾片上的黑斑模糊或消失；小盾片覆盖整个腹部，多数不露出膜翅。

【生活习性】不详。

【为害特点】刺吸寄主植物的枝条、花、果等部位，引起为害部位生长异常，影响树木材质，也会导致落花落果。

【防治方法】未见大面积发生和为害，可通过保护自然天敌控制其种群。

红缘亮盾蝽 *Lamprocoris lateralis* (Guérin-Méneville)

【寄主】杂灌木。

【分布】中国分布于广西、贵州、云南、台湾。广西分布于全州。

A. 背面观　　B. 侧面观

红缘亮盾蝽（魏可　摄）

【形态特征】成虫体长9～11 mm，宽6～7 mm。身体蓝绿色或金绿色，具强烈金属光泽，全身密布刻点。头部宽，中片中段黑色，复眼内侧各有1个黑斑；前胸背板在靠近前角处各有1个横形黑斑，中线上有1个纵形近哑铃状黑斑，有时中线上黑斑可达前缘及后缘，在此黑斑两侧各有 3个黑色斜条状斑；小盾片基部附近有 3 个黑斑，其中中线上的为纵形斑，两侧的为横形斑；此3个斑后有2个弧形黑斑，从中线附近至小盾片前缘附近，有时 2 个黑斑相连成 1 个，有时与基部中间黑斑相连；其后有 4 个横形黑斑排列成 1 行，中间两个稍大，有时 4 个斑相连；此 4 个斑后有 3 行 6 个黑斑，第一行 3 个，第二行 2 个，第三行 1 个，有时第一行的黑斑可相连成横形斑；小盾片覆盖整个腹部，多数不露出膜翅。大多数个体腹部侧缘为橘黄色至红色，气门黑色。

若虫体色与成虫相近，前胸背板及小盾片上斑块不明显；腹部背面米黄色至橘黄色，腹部第四至第八节背面中央有蓝绿色横斑。

【生活习性】不详。

【为害特点】刺吸叶、花和果等汁液，造成叶片卷曲或落果。

【防治方法】未见大面积发生和为害，可通过保护自然天敌控制其种群。

桑宽盾蝽 *Poecilocoris druraei* (L.)

【寄主】桑、油茶、金槐。

【分布】中国分布于广东、广西、四川、贵州、云南、台湾。广西分布于资源、全州。

桑宽盾蝽成虫（陆千乐　摄）

【形态特征】成虫体长 15 ～ 18 mm，宽 9 ～ 12 mm。身体黄色至红色。头部黑色，具有金属光泽；前胸背板侧角圆，不突出，有 2 个纵形稍向外斜的斑，前缘及后缘稍向内凹；小盾片上有 4 行斑，第一行靠近小盾片前缘，共有 5 个斑块，第一、第三、第五个斑纵形，第二行紧靠第一行，有 2 个斑块，靠近第一行第二、第四个斑块，第三行与第二行距离稍远，有 4 个斑块，中间 2 个斑横形，稍大，第四行有 2 个斑块，有时缺。前胸背板及小盾片上斑块大部分个体为黑色，斑块中央有金绿色至蓝色色块，具有金属光泽，也有部分个体仅为黑色或白色斑块，斑块大小变化较大，如斑块较大可与相邻斑块相连。小盾片覆盖整个腹部，多数不露出膜翅。

卵圆形，黄色至橘黄色，块状。

若虫黄色至红色，头黑色，具金属光泽；前胸背板中线及后缘中间部分黑色，形成 T 形黑斑，具金属光泽；小盾片及翅芽黑色，具金属光泽；腹部第四至第六节背面中央黑色，形成心形黑斑，各腹节侧缘气孔附近黑色，具金属光泽。

【生活习性】若虫共 5 龄。若虫期 1 个月左右，若虫常聚集在叶背取食。

【为害特点】以成虫和若虫刺吸叶片、花和果，造成叶片卷曲（或落花落果），影响植物的光合作用。

【防治方法】未见大面积发生和为害，可通过保护自然天敌控制其种群。

油茶宽盾蝽 *Poecilocoris latus* Dallas

【寄主】油茶、火力楠、八角、白背桐、柠檬、肉桂、荔枝、红锥、板栗、桉。

【分布】中国分布于浙江、福建、江西、广西、云南、贵州。广西各地均有分布。

【形态特征】成虫体长 16 ~ 20 mm，宽 10 ~ 14 mm。前胸背板为橘黄色至红色，小盾片主要以白色至米黄色为底色。头部黑色，具有金属光泽；前胸背板侧角圆，不突出，前缘凹，前角处各有 1 个黑斑，后半部中线两侧有 2 个横形不规则大黑斑；小盾片基部有 2 行 7 个黑斑，第一行有 5 个黑斑，中线上的黑斑纵形，其两侧 2 个黑斑横形，外侧 2 个黑斑较小，近前角处，第二行有 2 个黑斑，靠近第一行中线两侧横形黑斑，在多数个体上第一行中间 3 个黑斑与第二行黑斑融为一体，成为 1 个大的不规则黑斑；小盾片后半部有 1 行 4 个黑斑，中线两侧黑斑很大，圆形至横形，外侧 2 个黑斑较小，甚至消失；前胸背板及小盾片上的黑斑周围均有橘黄色至红色色带包围，黑斑具有金属光泽，斑块大小变化较大，相邻斑块可相连。小盾片覆盖整个腹部，多数不露出膜翅。

卵呈圆形，白色至米黄色，块状。

若虫橘黄色至红色，头部黑色，前胸背板上有 2 个浅色横形斑块或无明显斑块，小盾片中央有 1 个近钻石形黑斑，前角、侧缘及翅芽黑色；腹部背面白色至黄色，第四至第七腹节中央橘黄色至亮黄色，第四腹节具两个红色小圆点，第五、第六腹节中央具 2 个横形黑斑，有时此 2 个斑块愈合成一个近圆形黑斑；腹部侧缘为橘黄色至红色。

【生活习性】华南地区 1 年发生 1 代，以末龄若虫在叶背、落叶下或土隙中越冬。翌年 4 月上旬开始活动取食，6 月上旬成虫开始羽化，7 月中旬至 9 月下旬为成虫产卵期。卵产于叶背，块状，每块 10 ~ 15 粒，每雌可产卵 28 ~ 99 粒。7 月下旬若虫开始出现，10 月下旬开始越冬。成虫为害期在 6 ~ 9 月，若虫为害期：越冬若虫在 4 ~ 6 月，当年若虫在 7 ~ 10 月。

【为害特点】以 1 ~ 2 龄若虫和末龄若虫群集于叶面为害。末龄若虫和成虫有假死性，喜栖息于密度较大的油茶林内，管理不善、杂树丛生、枝叶过密的油茶林被害较重。普通油茶易受害，其中以青皮果品种受害最重。

【防治方法】物理防治。4 月下旬和 7 月上中旬抚育管理时，人工摘除卵块。

A. 成虫（张境斌　摄）

B. 为害油茶（覃东平　摄）

C. 为害桉树（郑霞林　摄）

油茶宽盾蝽

生物防治。在该害虫发生较多的林内，采集卵块，放入寄生蜂保护器内，培养释放寄生蜂，或人工繁殖释放寄生蜂。

化学防治。应在害虫点片状高密度发生又处在初龄若虫期时进行。可选用 40% 毒死蜱乳油 800 ～ 1500 倍稀释液、10% 吡虫啉可湿性粉剂 1000 ～ 1500 倍稀释液、25% 优得乐（噻嗪酮）可湿性粉剂 1500 ～ 2000 倍稀释液、2.5% 敌杀死乳油或 20% 杀灭菊酯乳油 2000 ～ 3000 倍稀释液喷雾进行防治。

黄宽盾蝽 *Poecilocoris rufigenis* Dallas

【寄主】桉。

【分布】中国分布于广西、贵州、云南。广西分布于容县。

【形态特征】成虫体长 16 ～ 22 mm，宽 9 ～ 13 mm。体黄色至橘黄色。头部黄色、红色或铜绿色，两复眼间及中片黑色，形成 T 形黑斑；前胸背板前角附近各有 1 小黑斑，有些个体在中线附近有 2 个较大黑斑；小盾片前部隆起，前缘具黑带，中部两侧各具一横形黑斑，一般达侧缘，有些个体在中线两侧具 3 行黑斑，每行 2 个黑斑分别位于中线左右两侧；小盾片覆盖整个腹部，膜翅一般露出。

黄宽盾蝽成虫（郑霞林　摄）

若虫体黄色至红色，头黑色，具金属光泽；前胸背板中线及后缘中间部分黑色，形成 T 形黑斑，具金属光泽；小盾片中线、前缘、后缘、侧缘及翅芽均黑色，具金属光泽；腹部第四节背面中央两侧各有 1 条短黑横带，第五至第六节背面中央具 2 条不相连横黑带，形成“三”形斑纹。

卵呈圆形，白色至米黄色，块状。

【生活习性】若虫 5 个龄期。

【为害特点】主要为害枝条、花、果等部位，可引起为害部位生长异常，影响树木材质，也会导致落花落果。

【防治方法】未见大面积发生和为害，可通过保护自然天敌控制其种群。

横带宽盾蝽 *Poecilocoris balteatus* Distant

【寄主】桉、八角、油茶、白背桐。

【分布】中国分布于广西、贵州、云南。广西分布于蒙山、贵港（港南）、北流、凤山、天峨、金秀、大新、凭祥、天等、六万林场。

【形态特征】成虫体长 16 ～ 20 mm，宽 10 ～ 14 mm。身体黑色，无金属光泽，密布刻点。头部黑色；前胸背板前部有 1 条不规则横带，左右达侧角及前侧缘，中央中线附近突出达前缘；小盾片中央有 1 条不规则波浪形横带，左右达

横带宽盾蝽成虫及若虫（陈晓文　摄）

侧缘；横带为米黄色至亮黄色，同一个体前胸背板横带和小盾片横带颜色可相同或不同。小盾片覆盖整个腹部，多数不露出膜翅。

【生活习性】若虫共有 5 龄。

【为害特点】主要为害枝条、花、果等部位，可引起为害部位生长异常，影响树木材质，也会导致落花落果。

【防治方法】未见大面积发生和为害，可通过保护自然天敌控制其种群。

米字长盾蝽 *Scutellera fasciata* (Panzer)

【寄主】杂木。

【分布】中国分布于福建、广东、广西、四川、云南、台湾。广西分布于隆林。

米字长盾蝽成虫（黄大明　摄）

【形态特征】成虫体长 18 ～ 22 mm，宽 7 ～ 9 mm。身体梭形，体背黄绿色至蓝绿色，具强烈金属光泽，密布刻点。头部三角形，中叶及复眼内侧黑色；前胸背板中央偏前有 1 条横沟，横沟前有 3 个黑斑，左右两个黑斑大，不达前缘及前角，中间黑斑小，几乎达前缘，横沟后有 5 个黑斑，均为竖形，中央黑斑达横沟及后缘，与横沟前中间黑斑相连，其他 4 个黑斑前端不达横沟；小盾片基部稍隆起，从接近前缘的位置开始有 1 条前宽后窄的黑色中纵线，达小盾片中央，中纵线两侧各有 1 个黑斑，黑斑后有 1 条横形向前倾斜的黑带达侧缘，横带后有左右 2 个稍小黑斑与侧缘相连，这些黑斑与黑带总体上看近似米字，此外中纵线后中线两侧各有 1 条较大黑斑达侧缘，小盾片末端有 1 个大黑斑；小盾片上黑斑大小在不同个体中差异较大，在有的个体中横带或较小黑斑缺如，在有的个体中各斑块相连；小盾片覆盖整个腹部，多数不露出膜翅。腹部侧缘亮黄色、红黄色、橘黄色。各足腿节大部分红色或红黄色，其他部分黑色或蓝黑色。

若虫头部、前胸背板、小盾片、翅芽均为黑色，有金属光泽；腹部背面红色或橘红色，第四至第七腹节中央为黑色，有金属光泽。

【生活习性】若虫共有 5 龄。若虫及成虫均有聚集为害的特点，多聚集在叶背、花或者果上。

【为害特点】主要为害枝条、花、果等部位，可引起为害部位生长异常，影响树木材质，也会导致落花落果。

【防治方法】未见大面积发生和为害，可通过保护自然天敌控制其种群。

华沟盾蝽 *Solenostethium chinense* Stål

【寄主】油茶、决明子、苦楝、棉花、桑。

【分布】中国分布于福建、江西、广东、广西、台湾。广西分布于横州、阳朔、北流、博白、象州、兴宾、崇左（江州）。

【形态特征】成虫体长 14 ～ 16 mm，宽 9 ～ 10 mm。身体卵圆形，体背隆起，棕褐色，密布刻点，无金属光泽。头部三角形，无斑点；前胸背板侧缘及后缘黑色，中央靠前有 3 个黑斑横向排列，中央黑斑位于中线上，靠近前胸背板后角各有 1 个黑斑；小盾片上有 10 个黑斑，其中 4 个靠近小盾片前缘、2 个靠近小盾片侧角，4 个横形排列在小盾片中央区域；小盾片覆盖整个腹部。

华沟盾蝽成虫（任向明 摄）

若虫体色多变，且色彩丰富，具有强烈金属光泽，多数以黄绿色或蓝绿色为底色；头部中叶、复眼内侧及侧叶中央具紫色、棕红色或蓝绿色斑块；前胸背板中线黑色，中线左右各有 1 个黑色斑块，黑斑靠近中线一侧，前胸背板侧缘具紫色、棕红色或蓝绿色斑块；小盾片中线黑色，靠近前角处各有 1 个黑斑，中线两侧各有 1 个紫色、棕红色或蓝绿色斑块；腹部背面亮黄色至橘黄色，气门处黑色，第一腹节背面黄绿色或蓝绿色，具金属光泽，两端各有 1 个黑斑，第二、第三腹节背面中间部分各有 1 条紫色、棕红色或蓝绿色横带，第四至第七腹节背面中央黄绿色或蓝绿色，具金属光泽，第四腹节中央色带两端各有 2 个小黑斑，第五至第六腹节中央色带两端各有 1 个大黑斑，几乎达中线。

【生活习性】若虫共有 5 龄。5 ～ 8 月为成虫期。

【为害特点】主要为害枝条、花、果等部位，可引起为害部位生长异常，影响树木材质，也会导致落花落果。

【防治方法】未见大面积发生和为害，可通过保护自然天敌控制其种群。

异色四节盾蝽 *Tetrarthria variegata* Dallas

【寄主】沉香。

【分布】中国分布于广西、云南、台湾、香港。广西分布于上思（十万大山）。

【形态特征】成虫体长 15.5 ～ 17.0 mm。触角 4 节；喙长，伸至腹部中央。体色多变，橘红色至褐色（有时全黑），常有黄斑点缀，而橘红个体则为黑斑点缀。头大，深褐色，其两侧及大颚片内侧有金绿色纵向条纹。触角第一节与第四节基部半茶色。前胸背板具弯曲条纹，有些个体缺失；小盾片与体同色，常带有黄色斑纹。胸部腹板、中后胸侧板后缘、足部基节、转节、腿节基半均为浅黄色。腹部腹板中央浅黄色，第三至第七节气孔后方各有 1 对褐色斑纹。

异色四节盾蝽成虫（郑霞林 摄）

【生活习性】不详。

【为害特点】不详。

【防治方法】未见大面积发生和为害，可通过保护自然天敌控制其种群。

43. 蝽科 Pentatomidae

体小型至大型，触角 5 节，少数种类 4 节，具 1 对单眼，中胸小盾片发达，盖住腹部背面的一半至全部。陆生，不完全变态类型。大多数种类植食性，成虫、若虫以针状口器刺入植物表皮组织吸食汁液为害，是农林业重要害虫；部分种类捕食性，如益蝽亚科，捕食鞘翅目、同翅目和鳞翅目等昆虫种类的幼虫、若虫或成虫，是重要的天敌昆虫。全世界已记录 760 属 4100 多种，中国已记录 170 属 500 多种。

（张长禹　孟建玉）

棘角辉蝽 *Carbula scutellata* Distant

【寄主】牛膝、巴茅草、飞机草、排钱草、竹。

【分布】中国分布于广东、广西、贵州、云南、台湾。广西分布于大新（福隆）。

棘角辉蝽成虫（任向明　摄）

【形态特征】成虫体长 6.0 ～ 6.5 mm，前胸背板侧角间宽 4.8 ～ 5.0 mm。体略呈椭圆形至梭形，黄褐色至红褐色，密布粗黑刻点。头狭长，黄色，侧叶与中叶等长，复眼棕黑色，单眼红色。触角基 3 节黄色，第四至第五节黄褐色至棕红色。头下黄色，喙黄色，末端黑色，伸达后足基节。前胸背板前半黄色，后半棕红色至暗紫色，前缘内凹，前侧缘具淡白色胝状边，侧角尖刺状，向两侧突出，黑色，后缘直。小盾片黄白，具青色光泽，中部稀布黑刻点，基角与端部无刻点，近端部两侧有黑斑，刻点粗密。前翅内革片略呈紫红色，外革片黄色至黄褐色，前缘基部黄白色，侧接缘黄白色，各节后角布小黑点。腹面黄白色，具小黑点，跗节黄褐色。

【生活习性】不详。

【为害特点】成虫和若虫刺吸植物嫩叶汁液，被害处后期形成白色或黄色点状斑。

【防治方法】未见大面积发生和为害，可通过保护和利用自然天敌控制其种群。

九香虫 *Coridius chinensis* (Dallas)

【寄主】桑。

【分布】中国分布于江苏、浙江、安徽、福建、江西、河南、湖北、湖南、广东、广西、四川、贵州、云南、台湾。广西分布于南宁（邕宁中和）、阳朔（兴坪）、岑溪（大业）、桂平（江口）、巴马（东山）、凤山（凤城）、金秀（桐木）、天等（东平）、黄冕林场（盘龙）。

【形态特征】成虫体长 17 ～ 22 mm，长椭圆形，黑褐色，稍带铜色光泽，密布刻点。触角第五节黄色。前胸背板及小盾片上有近于平行的不规则横皱纹。侧接缘及腹部腹面侧缘区各节黄黑相间，黄色部分狭于黑色部分。后足基部外侧有 2 个腺孔，由此能放出臭味。

卵呈圆形，初产白色，后呈淡绿色，近孵化时呈红褐色或深褐色。

若虫共 5 龄。刚孵化时体红色，腹部侧缘具黄白色小斑；二龄时头胸背面出现微皱，胸腹部四周有金边；三龄时后足胫节基半部淡黄色，端半部黑褐色；4 ～ 5 龄时，头胸部具细微颗粒状粉末物质，且具金属光泽，腹部背面分节更明显。

【生活习性】1 年发生 1 代，以成虫在石块下越冬。翌年 4 月上中旬成虫开始活动，5 月上旬迁至葫芦科植物苗上，5 月下旬开始产卵，6 月上旬至 8 月下旬孵化，成虫于 7 月中旬至 8 月中旬陆续死亡。第一代成虫于 7 月下旬至 9 月中下旬羽化，10 月上旬至 11 月上旬陆续进入越冬。

A. 成虫

B. 若虫

九香虫（郭建军　摄）

成虫和若虫有聚集为害的习性，主要在叶背的叶脉上取食，随着龄期的增大，逐渐向叶柄和藤蔓部转移。

成虫多在白天羽化，以 6 ～ 9 时最多，一般在白天交配，交配次数 3 ～ 5 次，夜间将卵产在表面光滑的物体上或植株的下部，聚产成行，每雌虫产卵量为 260 粒左右。

【资源利用】可作为药用和食用昆虫。

大皱蝽 *Cyclopelta obscura* (Lepeletier et Serville)

【寄主】桉、刺槐、羊蹄甲、柿、栎、油桐、木豆。

【分布】中国分布于广东、广西、四川、贵州、云南。广西分布于阳朔、藤县（塘步）、上思（叫安）、平南、金秀、武宣（六峰山林场）、天等（宁干）。

【形态特征】成虫体长 11.5 ～ 15.0 mm，宽 6.5 ～ 7.5 mm。前胸背板基半部多平行皱纹，前翅膜片棕褐色，各足腿节内侧具齿，前腿节齿更多，后腿节、胫节末端及跗节黑色。腹部背面红棕色，侧接缘黑色，每节中央有黄色小点；腹部腹面色淡，具不规则黑斑，或呈黑色纵带纹，侧缘黑斑半圆形。

大皱蝽成虫和若虫（黄大明　摄）

卵初产灰白色至灰绿色，后变深绿色，卵粒表面密布微粒及网纹，假卵盖周缘色略深，具小齿状精孔突。

1 龄若虫体长 1.8 ～ 2.0 mm，宽 1.0 ～ 1.5 mm，卵圆形，头、触角、胸部及足均棕黑色，复眼棕红色，喙黄黑色，超过后足基节，腹背黄色，具较多的棕红色横纹。2 龄若虫体长 3.0 ～ 4 mm，宽 2.0 ～ 2.8 mm，椭圆形，喙及足褐色，喙末节黑色，胸背黄色，具 4 条黑色纵纹，但仅中央 2 条明显成行。3 龄若虫体长 4 ～ 5 mm，宽 3.0 ～ 3.5 mm，椭圆形，胸背黄色，中央两行黑纵纹更明显，胸、腹两侧黑色。四龄若虫体长 6 ～ 7 mm，宽 4 ～ 5 mm，头黑色，中叶深黄色，喙棕黄色，末节黑色，胸部黄色，翅芽明显伸达第一腹节，各足除胫节端部及跗节为黑色外，其余均为橘红色。5 龄若虫酷似 4 龄若虫，中胸小盾片伸达第一腹节，除尖端外全为黑色宽纹所包围，芽翅伸达第三腹节。

【生活习性】群聚于寄主上为害，卵产于寄主茎干基部，以成虫在寄主附近的枯枝落叶、石块和土缝间越冬。

【为害特点】成虫和若虫常重叠群集于寄主枝干或藤蔓上刺吸汁液，刺槐幼树受害时叶片枯黄、提早脱落，严重时全株枯焦而死；洋豆被害后，植株矮小，早期落叶，甚至全株枯死。

【防治方法】未见大面积发生和为害，可通过保护和利用自然天敌控制其种群。

小皱蝽 *Cyclopelta parva* Distant

【寄主】刺桐、紫穗槐、小槐花、葛藤。

【分布】中国分布于内蒙古、辽宁、广东、广西、海南、四川。广西分布于大化（江南）。

【形态特征】成虫体长 10.5 ～ 13.0 mm，宽 5.5 ～ 7.0 mm，头小，触角 4 节，第二、第三节稍扁。前胸背板前侧缘平滑，其后半部和小盾片上具若干横皱。小盾片前缘中央有 1 个红黄色小点，有时末端也有 1 个小黄点。

卵初产时乳白色，渐变灰色，孵前为黑褐色至黑色。

1 龄若虫体长 1.5 ～ 2.0 mm，宽 1.0 ～ 1.4 mm。头、胸黑色，腹部淡红褐色。腹部两侧缘各节具 1 个半圆黑斑。1 ～ 2 龄若虫的前胸背板两侧缘灰白色、半透明，中胸后缘显著宽于后胸前缘。2 龄若虫体长 2.4 ～ 3.1 mm，宽 1.8 ～ 2.7 mm。2 龄若虫胸背色较深，中央为褐色宽纵纹，两侧深褐色。3 龄若虫体长 3.2 ～ 4.5 mm，宽 2.5 ～ 3.4 mm。3 龄若虫胸背中央具 2 条黑褐色细纵纹，初现小盾片。4 龄若虫体长 5.5 ～ 7.0 mm，宽 4.0 ～ 5.4 mm。4 龄若虫中胸背板后侧角稍向后延成翅芽，盖及第一腹节前缘。5 龄若虫体长 7.5 ～ 10.2 mm，宽 5.8 ～ 7.5 mm，翅芽伸至第三腹节中后区。

【生活习性】1 年发生 1 代，以成虫聚集在槐树下土表层越冬，翌年 3 月中旬成虫开始活动。5 月中旬开始交配，6 月中旬开始产卵，6 月下旬至 7 月中旬为产卵盛期，8 月上旬为产卵末期。6 月下旬卵开始孵化，卵期约 15 天；若虫集中在卵块周围的 1 ～ 4 年生枝梢上取食，历期约 55 天，若虫脱皮 5 次后于 8 月中旬开始羽化。成虫自 9 月下旬开始下树越冬，至 11 月上旬全部进入越冬场所。

【为害特点】成虫、若虫均群集于茎干基部刺吸茎干汁液。受害部位开始时出现紫红色斑块、该处逐渐臃肿，破裂、腐烂，轻者树势早衰，叶片枯落，重者整枝或整株枯死。

小皱蝽成虫（覃继财　摄）

【防治方法】若虫发生期，可用 10% 速灭菊酯 1500 倍稀释液或 2.5% 溴氰菊酯乳油 3000 倍稀释液喷雾进行防治。

岱蝽 *Dalpada oculata* (Fab.)

岱蝽成虫（郑霞林 摄）

【寄主】马尾松、湿地松、油杉、杉、桉、油茶、桂花、凤凰木、柚木、油桐、油橄榄、白背桐、木荷、栗、秋枫、苦楝、泡桐、蚬木、榆、黄檀、核桃、红锥。

【分布】中国分布于江苏、浙江、湖南、广东、广西、海南、云南、贵州、陕西。广西分布于南宁（邕宁、武鸣）、横州（马山、百合、那阳、校椅）、荔浦（马岭、双江、杜莫、东昌、茶城、蒲芦）、梧州（龙圩、长洲）、蒙山（夏宜）、藤县（塘步、藤州）、合浦（公馆）、上思（公正、那琴、叫安、南屏）、浦北、桂平（木圭、垌心、南木、紫荆、蒙圩）、北流、博白、玉林（玉州）、容县（杨梅、石寨）、巴马（百林、凤凰）、东兰（隘洞、东兰、长江、巴畴、兰木）、都安（地苏）、凤山（凤城）、河池（金城江）、罗城（乔善）、南丹（城关）、天峨（岜暮）、合山（北泗）、金秀（三江）、武宣、兴宾（高安、大湾）、大新（那岭）、扶绥（柳桥）、崇左（江州、群力林场）、龙州（水口）、宁明（海渊、那楠、峙浪）、凭祥（夏石、上石）、天等（宁干）、七坡林场（七坡）、派阳山林场（公武、那赖、大王山）、钦廉林场（文利、乌家、平银）、维都林场（维都）。

【形态特征】成虫体长 14 ～ 17 mm，宽 6 ～ 8 mm。黄褐色，体背上有由密集的黑刻点组成的不规则黑斑。头侧叶与中叶等长。前胸背板隐约具有 4 ～ 5 条粗黑纵带，前侧缘粗锯齿状，小盾片基角的黄斑圆而大，末端黄色。胫节两端黑色，中段黄色。

【生活习性】不详。

【为害特点】成虫、若虫刺吸枝干、茎、叶及果实汁液。枝干出现干枯枝条；茎、叶受害出现黄褐色斑点，严重时叶片提前脱落；果实被害后，出现畸形果，失去食用价值。

【防治方法】未见大面积发生和为害，可通过保护和利用自然天敌控制其种群。

叉角厉蝽 *Eocanthecoma furcellata* (Wolff)

【捕食对象】捕食范围广泛，包括鳞翅目、鞘翅目幼虫和蛹等。

【分布】中国分布于福建、广东、广西、海南、四川、台湾。广西各地均有分布。

【形态特征】雌成虫体长 15 ～ 16 mm，体宽 6 ～ 7 mm，雄成虫体长 12 ～ 13 mm，体宽 5 ～ 6 mm。体黄褐色与黑褐色混杂，密布刻点。头黑色，中线黄褐色，触角第一节短，不超过头的前端，第二至第五节基部浅黄色；喙粗壮，共 4 节，浅黄色，端部黑色；前胸背板前端两侧角黑色，分 2 支，前支长且尖锐，略弯向前上方，后支极短、圆钝，略弯向后方；小盾片大，三角形，长超过前翅爪片，端部钝圆，基部黑褐色，基角各有 1 个大黄斑；前翅革质片后部有 1 个黑色斑，膜翅纵脉多，中央有 1 条灰黑纵带；雌虫腹部卵圆形，雄虫腹部近三角形；前足胫节外侧叶状扩展，宽与胫节相等，胫节端部黑色，基部白色，跗足 3 节。

卵圆桶形，灰黑色，有金属光泽。长约 1.1 mm，宽约 0.9 mm，假卵盖圆形，边缘有 10 ～ 12（多为 11）枚刺状精孔突。

末龄若虫卵圆形，黄色表皮与黑褐色革质片相间，头部中叶与侧叶分界明显，中叶前端弧形，略长于侧叶，前胸背板侧角弯向后方，黑色；小盾片明显，三角形，部分革质化；翅芽明显，革质化，长达第三腹节；腹背中线有 4 对对称黑斑，背侧也有对应的 4 个黑斑，以第二、第三对黑斑最大；前足胫节外侧叶状扩展。

【生活习性】该虫在福建长泰县 1 年发生多代，世代重叠。林间调查 6 月中下旬有卵和成虫，7 ～ 11 月可见各种虫态。6 月下旬至 7 月上旬从初孵若虫开始饲养为不完整的 3 代，第二代成虫在枯落叶下越冬，越冬成虫翌年 3 ～ 4 月天气晴好时开始活动。第一代 7 月中旬成虫羽化。第二代卵出现于 7 月下旬，若虫出现于 8 月上旬，成虫出现于 8 月下旬。第三代卵始见于 9 月上旬，若虫见于 9 月下旬。若虫 5 龄，1～4 龄若虫一般群集活动，5 龄若虫多单独行动，并能以口器悬吸猎物，受惊时携猎物移动。初羽化成虫活动少，4 ～ 6 小时后开始取食，以捕食为主，兼有植食。群体饲养时常集体行动，共同取食，取食时口器向前水平伸出，从猎物体壁较软的节间膜、足等处刺入；野外林中常见单独取食。

【资源利用】可捕食多种害虫的幼虫，有一定的控害作用。

（刘文爱）

A. 卵块；B. 卵粒（放大）；C. 成虫；D. 若虫及捕食蛾类幼虫状

叉角厉蝽（郑霞林　摄）

麻皮蝽 *Erthesina fullo* (Thunberg)

麻皮蝽成虫（郑霞林 摄）

【寄主】桉、八角、板栗、茶、枫香、凤凰木、木荷、核桃、桦木、降香黄檀、苦楝、柳、麻栎、马尾松、米老排、木麻黄、木棉、盆架子、蒲桃、秋枫、榕、桑、杉、湿地松、台湾相思、桐木、乌桕、香椿、油茶、油桐、樟、重阳木、竹。

【分布】中国大部分地区均有分布。广西各地均有分布。

【形态特征】成虫体长 20 ～ 25 mm，宽 10 ～ 12 mm，体黑褐色。体表密布黑色刻点及细碎不规则黄斑。头部狭长，侧叶与中叶末端约等长，侧叶末端狭尖。触角 5 节，黑色，第一节短而粗大，第五节基部 1/3 为浅黄色。喙 4 节，浅黄色，末节黑色，达第三腹节后缘。头部前端至小盾片有 1 条黄色较细的中纵线。前胸背板前缘及前侧缘具黄色窄边。胸部腹板黄白色，密布黑色刻点。各腿节基部 2/3 浅黄色，两侧及端部黑褐色；各胫节黑色，中段具淡黄色环斑；腹部侧缘各节中部具小黄斑，腹面黄白色，节间黑色，两侧散生黑色刻点，气门黑色，腹面中央具 1 条纵沟，长达第五腹节。

卵灰白色，略呈柱状，顶端有盖，周缘具刺毛。

若虫扁洋梨形，前尖削后浑圆，老龄若虫体长约 19 mm。喙黑褐色，伸达第三腹节后缘。自头端至小盾片具 1 条黄红色细中纵线。体侧缘具淡黄色狭边。腹部第三至第六节的节间中央各具 1 个黑褐色隆起斑，斑块周缘淡黄色，其上具橙黄色或红色臭腺孔各 1 对。腹侧缘各节有 1 个黑褐色斑。

【生活习性】成虫飞翔力强，喜于树体上部栖息为害。成虫多在上午交配，交配时长约 3 小时。具假死性，受惊扰时会喷射臭液，早晚低温受惊扰时常假死坠地，而正午高温受惊扰时则飞逃。有弱趋光性和群集性，初龄若虫常群集叶背，2 ～ 3 龄才分散活动。卵多成块产于叶背，每卵块有 12 粒。

【为害特点】成虫、若虫均以刺吸寄主植物的嫩茎、嫩叶和果实的汁液为害。叶片和嫩茎被害后，出现黄褐色斑点，叶脉变黑，叶肉组织颜色变暗，严重者导致叶片提早脱落、嫩茎枯死。果实受害后果面呈现坚硬青疔。

【资源利用】可食用，富含蛋白质、脂肪、矿物质等成分。

【防治方法】营林防治。冬、春季越冬成虫出蛰活动前，清理枯枝落叶、杂草，刮粗皮、堵树洞，集中处理，消灭部分越冬成虫。

物理防治。①在成虫和若虫为害期，利用其假死性，在早晚进行人工振树捕杀，如在成虫产卵前捕杀，效果更好。②摘除卵块和初孵群集若虫。

化学防治。越冬成虫出蛰完毕和若虫孵化盛期或产卵高峰期用药，防治效果较好。可选用 2.5% 溴氰菊酯乳油或三氟氯氰菊酯乳油 8000 倍稀释液、20% 甲氰菊酯乳油或高效氰戊菊酯乳油 8500 倍稀释液、20% 杀灭菊酯乳油 8500 倍稀释液、5% 氯氰菊酯乳油或 2.5% 联苯菊酯乳油 8500 倍稀释液、40% 二嗪农乳油或 40.7% 氯吡硫磷乳油 1500 倍稀释液进行防治。

硕蝽 *Eurostus validus* Dallas

硕蝽成虫（郭建和　摄）

【寄主】马尾松、桉、板栗、油桐、木荷、榛、核桃、八角。

【分布】中国分布于山东、河南、湖南、广西、贵州。广西分布于南宁（邕宁、武鸣）、龙胜、兴安、阳朔、藤县（平福、象棋、太平）、北流（西埌）、隆林（者保、克长、沙梨、隆或、者浪）、凤山（长洲）、罗城（乔善、纳翁）、天峨（六排）、宜州（流河林场）、金秀、大新（福隆）、宁明（寨安）、天等（宁干）、黄冕林场（沙塘）、博白林场（三育）。

【形态特征】成虫体长 23 ～ 33 mm，棕褐色，具亮绿色金属光泽，密布细刻点。头小，三角形。触角基部 3 节深红褐色，第四节除基部外均为橘黄色。前胸背板前缘及小盾片侧缘亮绿色。足与体色相近。腹部背面紫红色，侧缘亮绿色。

卵呈球形，直径 2 ～ 3 mm，灰绿色。

若虫共 5 龄，各龄体色差异大。末龄若虫体长 20 ～ 25 mm，初蜕皮时红黄色，具红斑，后逐渐变成黄绿色至淡绿色，红斑消失。

【生活习性】1 年发生 1 代，多以 5 龄若虫在寄主附近的杂草丛中越冬。翌年 4 月中下旬至 5 月上旬越冬若虫开始活动，5 月中下旬至 6 月下旬羽化。6 月中旬至 7 月下旬产卵，多产在叶背，每次产卵 10 多粒，卵期 10 ～ 15 天。6 月下旬至 7 月下旬为孵化期。初孵若虫在卵壳旁静伏 2 ～ 3 天后才爬行至嫩梢、叶背处刺吸为害，2 龄后分散为害，若虫期约 40 天。10 月下旬 5 龄若虫陆续下树越冬。

【为害特点】成虫和若虫吸食嫩梢和叶片汁液，使梢凋萎，终致焦枯，或使叶片失绿发白。

【防治方法】营林防治。冬、春季清除落叶及近地面脚叶；夏秋季及时清除杂草。

化学防治。4 月若虫活动期和卵孵化前后，喷洒 10% 吡虫啉乳油或 2.5% 三氟氯氰菊酯乳油 2000 倍稀释液、40% 杀虫王乳油 1000 倍稀释液或 15% 阿维菌素乳油 2000 倍稀释液等。

异色巨蝽 *Eusthenes cupreus* (Westwood)

【寄主】桉、栎、红锥、木荷、泡桐、香椿、油茶、牛奶果、冬青、杨梅、板栗。

【分布】中国分布于江苏、浙江、安徽、福建、江西、湖南、广西、四川、陕西、甘肃、台湾。广西分布于横州（马山、镇龙、石塘）、兴安、蒙山（长坪）、上思（茅岭、十万大山）、隆林（沙梨）、武宣、忻城（大塘）、凭祥、六万林场（东山）。

【形态特征】成虫体长 25 ～ 31 mm，宽 12 ～ 15 mm。头、前胸背板、小盾片及侧接缘铜绿色，小盾片色较深。头侧叶长于中叶并在中叶前会合。触角黑色，第一节基部 2/3 稍褐色，末节端棕黄色。前胸背板前侧缘微弓，具刻点及皱纹，侧角钝圆。小盾片具皱纹及刻点，末端匙状，棕红色至棕褐色。前翅革质部棕褐色，有时紫铜色，膜片淡黄色或灰黄色，脉纹淡褐色，长过腹末。侧接缘外露，每节基部 1/3 处棕红色至棕褐色，有些个体不显著；后角尖形。足酱黑色，雄虫后足腿节粗壮，近基处有 1 枚巨刺。腹部腹面深黄褐色。

【生活习性】1 年发生 1 代，以成虫在枯枝落叶层或屋檐下越冬。5 月上旬出蛰活动，6 月下旬开始产卵，卵期 15 天左右，单雌产卵量 20 ～ 30 粒。7 月上旬幼虫开始活动，7 ～ 8 月是为害盛期，9 月左右成虫进入越冬场所。

【为害特点】成虫及若虫刺吸嫩叶及嫩茎汁液，造成枯梢，叶片萎蔫、卷曲、枯黄或落叶。

【防治方法】物理防治。在成虫越冬期进行捕杀；摘除着卵叶片，集中消灭。

化学防治。若虫及成虫活动盛期，可用 5.0% 氟虫腈悬浮剂 1500 倍稀释液喷雾防治。

异色巨蝽成虫（陈晓文　摄）

斑缘巨蝽 *Eusthenes femoralis* Zia

【寄主】杉、油茶、板栗、木荷、山苍子、桂花、椆木、冬青、甜竹。

【分布】中国分布于浙江、福建、江西、湖北、湖南、广东、广西、四川、贵州、云南。广西分布于桂林（叠彩）、龙胜、阳朔（兴坪）、全州（才湾、凤凰）、兴安（湘漓）、灵川（海洋、九屋）、平南、梧州（长洲倒水）、容县、靖西（安宁）。

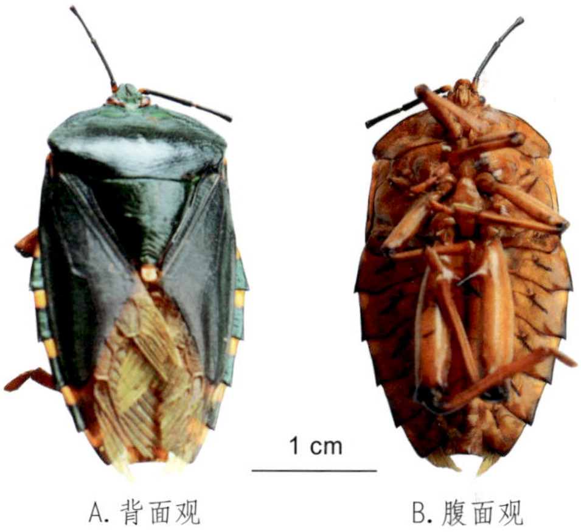

斑缘巨蝽成虫（杨忠武　摄）

【形态特征】成虫体长 28 ～ 30 mm，宽 12 ～ 13 mm。头具皱纹，侧叶长于中叶，并在中叶前会合；触角黑色，基节及第四节端部黄褐色。前胸背板横皱，前侧缘稍弓，边缘上翘，前角尖，侧角钝圆。小盾片横皱，端部黄褐色，呈匙状。前翅膜片淡黄褐色，略短于腹末。侧接缘基半黄褐色，端半同体色。足淡黄褐色，后足腿节近端处有 2 枚小刺，雄虫在其近基处还有 1 枚大刺，爪黑色。腹部腹面淡黄褐色。

【生活习性】成虫常将卵聚产于寄主叶背和花序上，成排或成串排列；部分雌虫有抚幼现象。在凉爽地带以成虫越冬，在温暖地区无明显越冬现象。

【为害特点】若虫群集刺吸为害。

【防治方法】物理防治。①春季越冬成虫出蛰活动前，在树干涂抹 30 倍硫悬浮剂或熬制石硫合剂的废渣，消灭越冬成虫。②秋季树干绑草把诱集下树越冬的成虫。③冬季结合修剪，认真清扫枯枝落叶，并解下绑缚的草把集中烧毁。④耕翻树盘，破坏越冬场所。

化学防治。①春季植物发芽前，枝干连喷两遍机福乐合剂（即机油乳剂 0.5 kg + 福美砷 0.5 kg + 氧化乐果 0.05 kg + 水 50 kg），每 7 ～ 10 天喷 1 次。②发芽后，根际和树盘喷 1 ～ 2 次辛硫磷或对硫磷 1500 ～ 2000 倍稀释液，树盘铺设塑料薄膜能有效阻止或杀死出蛰成虫。③ 4 月上旬至 5 月中旬，可用 20% 杀灭菊酯 2500 倍稀释液等药剂防治越冬代出蛰的成虫和第一代孵化的若虫。

巨蝽 *Eusthenes robustus* Lepeletier et Serville

巨蝽成虫（陆千乐　摄）

【寄主】杉、桉、板栗、鸭脚木。

【分布】中国分布于江西、广东、广西、四川、贵州、云南。广西分布于灌阳、荔浦（马岭、双江）、东兰（三弄、东兰）、环江（驯乐、川山）、河池（金城江）、罗城（兼爱）、南丹（罗富）、苍梧（沙头）、岑溪（归义）、蒙山（长坪）、藤县（大黎）、桂平（中沙、金田林场）、平南（镇隆）、北流（新圩）、平果（马头、太平、四塘）、隆林（平班）、金秀（三角）、武宣（桐岭）、象州（水晶）、天等（上映）、雅长林场（东明、果麻）。

【形态特征】成虫体长 30 ～ 38 mm，宽 18 ～ 23 mm，椭圆形，褐绿色，触角黑色，复眼棕红色。前胸背板基部中央弓状向后强烈伸出，侧角略伸出。足紫褐色，其中雄虫后足股节粗大，近基部有 1 枚大刺。侧接缘各节一色，或前部黄色，但只占全节 1/3。

【生活习性】不详。

【为害特点】成虫和若虫吸食植物叶片或嫩茎汁液，导致被害处出现黄白色斑点或萎蔫。

【防治方法】未见大面积发生和为害，可通过保护和利用自然天敌控制其种群。

广二星蝽 *Eysarcoris ventralis* (Westwood)

广二星蝽成虫（郑霞林　摄）

【寄主】马尾松、鳞茎早熟禾。

【分布】中国分布于北京、山西、江西、浙江、福建、河南、湖北、广东、广西、贵州、陕西。广西分布于岑溪（糯垌）。

【形态特征】成虫体长 5 ～ 6 mm，宽 3.2 ～ 4.2 mm。前胸背板侧角不伸出体外，小盾片基角黄斑的直径小于复眼；胝区黑色区域较狭，端缘常有 3 个小黑点，腹部腹面中区黑色区域一般占腹宽的 1/3 左右，两侧各有 1 条隐约的深色纵纹。

卵盖周缘常有 1 个粗长的胶质刺突。

【生活习性】不详。

【为害特点】成虫、若虫喜在嫩茎及较老的叶片上刺吸汁液，被害处呈现黄褐色小点，严重时嫩茎枯萎，叶片变黄。

【防治方法】未见大面积发生和为害，可通过保护和利用自然天敌控制其种群。

赤条蝽 *Graphosoma rubrolineata* Westwood

【寄主】栎、榆、毛竹。

【分布】中国除西藏外其他各个地区均有分布。广西各地均有分布。

【形态特征】成虫体长 8 ～ 12mm，宽 6.5 ～ 7.5mm，有黑色条纹纵贯全身，其中头部 2 条、前胸背板 6 条、小盾片上 4 条。小盾片上的黑色条纹向后延伸、逐渐变细，两侧的 2 条黑色条纹位于小盾片边缘。体表粗糙，具有细密皱形刻点。触角较细，棕黑色，共 5 节。喙黑色，基部黄褐色。足棕黑色，每个腿节上均有红黄相间的斑点。侧接缘明显外露，其上有黑橙相间的点纹。虫体腹面为红黄色，其上散布许多大的黑色斑点。臭腺孔无沟，其外壁翘起。

赤条蝽成虫（王传珍　摄）

卵为水桶形，竖直，长约 1mm，宽 0.9 ～ 1.0mm，初期为乳白色，后变为浅黄褐色，卵壳上密布白色的短绒毛。

若虫共 5 龄，初孵若虫圆形，体长约 1.5mm，淡黄色，后变橙红色，具黑色纵纹，数目与排列和成虫相同。末龄若虫体长 8 ～ 10mm，宽约 7mm，无翅，仅有翅芽。翅芽达腹部第三节，周缘、侧接缘为黑色，每节均有红黄色斑点。

【生活习性】1 年发生 1 代，以成虫在枯枝落叶、杂草丛中、石块下、土缝里越冬。在江西，4 月中下旬越冬成虫开始活动，5 月上旬至 7 月下旬成虫交配并产卵，6 月上旬至 8 月中旬越冬成虫陆续死亡。若虫于 5 月中旬至 8 月上旬出现，6 月下旬成虫开始羽化，在寄主上为害，8 月下旬至 10 月中旬成虫陆续进入越冬状态。成虫白天活动，多将卵聚产于叶片上，一般排列 2 行，每卵块约 10 粒，卵期 9 ～ 13 天。初孵若虫群集在卵壳附近，2 龄以后分散，若虫期约 40 天，成虫期 300 天左右。

【为害特点】成虫、若虫常栖息在寄主植物的叶片和花蕾上，吸取汁液，致使植株生长衰弱。

【防治方法】营林防治。及时清除枯枝落叶及杂草，可破坏早春害虫的滋生、栖息场所；当种植面积较小时，可在卵期和低龄若虫期人工摘除卵块和群集的若虫。

生物防治。初孵若虫期用天然除虫菊素 2000 倍稀释液、0.3% 苦参碱植物杀虫剂 500 ～ 1000 倍稀释液、1.8% 阿维菌素乳油 2000 倍稀释液喷雾防治。

化学防治。在成虫和若虫为害盛期可用 2.5% 溴氰菊酯乳油 2000 倍稀释液喷雾，发生高峰期每 7 ～ 10天喷施 1 次，连喷 2 ～ 3 次。

茶翅蝽 *Halyomorpha halys* (Stål)

【寄主】杉、桉、茶、山楂、白玉兰、侧柏、降香黄檀、麻栎。

【分布】中国广泛分布。广西各地均有分布。

【形态特征】成虫体长 12 ～ 16 mm，宽 6.5 ～ 9.0 mm，茶褐色、淡褐色或灰褐色，略带红色，具黄色深刻点，或金绿色闪光刻点，或略具紫绿色光泽。体扁平略呈椭圆形，前胸背板前缘具 4 个黄褐色小斑点，呈一横列排列，小盾片基部大部分个体均具 5 个淡黄色斑点，其中位于两端角处的 2 个较大。触角 5 节，末端 2 节有 2 条白带将黑色的触角分割为黑白相间；足亦黑白相间。

茶翅蝽成虫（任向明　摄）

卵短圆筒形，具假卵盖，中央微微隆起，周缘环生短小刺毛，近孵化时卵壳上方出现黑色的三角孔。

若虫共 5 龄，初孵若虫各腹节两侧节间有 1 个长方形黑斑，共 8 对；2 龄若虫胸部和腹部背面具黑斑，前胸背板侧缘具 6对不等长的刺突；3 龄若虫前胸背板两侧具 4 对刺突，腹部各节背板及侧缘各具 1 个黑斑，腹部背面可见 3 对臭腺孔，出现翅芽；4 龄若虫茶褐色，翅芽增大；5 龄若虫翅芽伸长达腹部第三节后缘。

【生活习性】成虫几乎全年可见，但冬季数量较少，以成虫在树洞、土缝、石缝等处越冬。翌年 4 月下旬至 5 月上旬，成虫陆续出蛰，6 月上旬多数成虫开始扩散并将卵产于植物叶背，卵期 7 ～ 10 天。8 月以前第一代成虫羽化，8 月中旬以后羽化的成虫均为越冬代成虫。成虫 8 月下旬开始寻找越冬场所，至 10 月上旬成虫陆续潜伏越冬。

【为害特点】成虫和若虫聚集刺吸果实、植物枝条和嫩叶的汁液，被害果轻则出现部分凹陷斑，重则果实畸形，不但直接影响果实品质和质量，还可能造成落果，此外，还会传播植物病毒病。

【防治方法】生物防治。保护和利用本土捕食性和寄生性天敌。

化学防治。选用 4% 联苯菊酯微乳剂 2000 ～ 2500 倍稀释液、20% 甲氰菊酯可湿性粉剂 1500 ～ 2000 倍稀释液等喷雾防治。

竹卵圆蝽 *Hippotiscus dorsalis* (Stål)

【寄主】竹。

【分布】中国分布于广西、四川、贵州等毛竹产区。广西分布于全州、灵川（公平）。

A. 成虫

B. 若虫

竹卵圆蝽（杨忠武　摄）

【形态特征】成虫体长 14 ～ 16 mm，宽 7 ～ 8 mm，卵圆形，体灰褐色，密布黑色刻点，被白粉。头钝三角形，前端缺口状。中叶短于侧叶。触角 5 节，黄褐色。复眼内侧有 1 个光滑小区。前胸背板后部均匀隆起。小盾片末端有黄白色月牙形斑，无刻点。

卵长桶形，长 0.8 ～ 1.0 mm，初产时米黄色，孵化前深黄色。

初孵若虫淡红色至黄褐色，长约 1 mm；中龄若虫黑褐色，长约 5 mm，背部三角盾明显；老熟若虫褐色，长约 10 mm，翅明显。

【生活习性】1 年发生 1 代，以 2 ～ 4 龄若虫越冬，4 龄占 95% 以上。翌年 4 月上中旬越冬若虫开始活动取食，5 月下旬至 6 月上旬成虫羽化。成虫不活跃、少飞翔，多爬行至竹节处补充营养。6 月下旬成虫开始产卵，7 月中旬为产卵高峰期，多产于 1 ～ 2 龄竹的叶背，偶见产于竹枝或竹叶腹面，卵块状，呈 2 行交错排列，纵向成行，每块有 8 ～ 28 卵粒；每雌一生产卵 4 ～ 7 次，每雌产卵量为 70 ～ 90 粒，卵期 4 ～ 7 天。7 月上旬出现若虫，2 龄若虫比较活跃，扩散至嫩枝为害，3 龄若虫可扩散至老枝为害；若虫受惊时可排出少量臭液。10 月下旬至 11 月上旬 4 龄若虫开始越冬。

【为害特点】成虫和若虫多群集在生长衰弱的老竹、倒伏竹的老竹枝、竿节上下取食。被害竹叶枯萎凋落，枝枯变色，甚至竹竿失水而死。若虫取食高峰时，分泌排出的臭液较多。

【防治方法】营林防治。冬季垦复竹林，消灭越冬若虫，提高土壤肥力，提高竹林生长势，增强竹林的抗虫能力。

化学防治。3 ～ 4 月，越冬若虫上竹 3 m 以内时是防治的关键时期。可用 2.5% 溴氰菊酯乳剂 3000 倍稀释液等喷雾防治，每隔 7 天左右喷 1 次，连喷 2 次，防治效果为 90% 以上。

弯角蝽 *Lelia decempunctata* (Motschulsky)

【寄主】板栗、榆、杨、甜竹。

【分布】中国分布于北京、内蒙古、吉林、黑龙江、安徽、山东、广西等地。广西分布于荔浦（修仁、龙怀）、梧州（万秀）。

【形态特征】成虫体长 17 ～ 22 mm，宽 10 ～ 12 mm。体宽大，椭圆形，黑褐色，密布黑刻点。触角黄褐色，密布黑色小刻点。胸背板共有 10 个黑点（俗称十点蝽），其中前胸背板中区 4 个黑点横列等距，排成 1 条线；小盾片中部具 4 个黑点，排成 2 排，每排 2 个，其中前排较后排的黑点稍大，基角各有 1 个不明显的黑点。

【生活习性】以成虫在枯枝落叶、树干裂缝处越冬。成虫多将卵聚产于叶片或者茎干表面，卵块呈六边形，排 6 ～ 7 行，每块有 70 ～ 90 粒卵。

A. 成虫

B. 若虫

弯角蝽（王俊平　摄）

【为害特点】以成虫和若虫刺吸植物叶片和嫩茎汁液，造成叶片萎蔫、枯黄或落叶。

【防治方法】未见大面积发生和为害，可通过保护和利用自然天敌控制其种群。

梭蝽 *Megarrhamphus hastatus* (Fab.)

【寄主】油茶。

【分布】中国分布于江苏、浙江、安徽、江西、河南、广西、贵州、云南。广西分布于上思（叫安）、宁明（亭亮）、天等（福新）。

【形态特征】成虫体长 17 ~ 21 mm，宽 5 ~ 6 mm，赭黄色，具淡褐色刻点。头长三角形，侧叶长于中叶，并在中叶前方会合；触角第一节淡黄色，其余鲜红色。头顶、前胸背板及小盾片具棱状的淡色纹（头部 2 条，前胸背板及小盾片各 3 条）。前胸背板前侧缘细锯齿状，具黄白色边。前翅革质部赭红色，前缘具黄白色狭边，膜片淡色透明，末端短于腹末。侧接缘稍外露，淡黄白色。足淡赭红色。腹部腹面淡黄褐色。

梭蝽成虫（李楙辅　摄）

【生活习性】不详。

【为害特点】以成虫和若虫刺吸植物叶片和嫩茎汁液，造成叶片萎蔫、枯黄或脱落。

【防治方法】未见大面积发生和为害，可通过保护和利用自然天敌控制其种群。

无刺瓜蝽 *Megymenum brevicorne* (Fab.)

【寄主】桉、樟、木荷、苦楝。

【分布】中国分布于河北、广东、广西、贵州、云南。广西分布于阳朔（普益）、桂平（社步）、兴业（卖酒）。

【形态特征】成虫体长 12 ~ 16 mm，宽 6 ~ 8 mm，长椭圆形，棕黑色至深黑色，布同色刻点，有些个体被白色粉被。头侧叶长于中叶，并于中叶前相交后再分开，侧缘向上翘起，中部凹陷。复眼突出，略具柄，黑色，单眼亦为黑色。触角与体同色，基节圆，第二、第三节扁，末节纺锤形，端半暗棕色。

A. 成虫

B. 若虫

无刺瓜蝽（任向明　摄）

小颊半圆，喙黑褐色，伸达中足基节间。前胸背板前、后缘直，前侧角约成直角，前侧缘具 2 个浅内凹，侧角略突出，表面凹凸不平，前缘中央有一半球状突起。小盾片基部中央呈三角形隆起，近基角处具 1 个斜深凹陷，后半较平。前翅膜片有白色粉被，不透明。侧接缘外露，每节具 2 个锯齿状突起，前小后大。腹面及足棕黑色至黑色，各足腿节生 2 列刺突，雌虫后足胫节内侧有 1 个长椭圆形海绵窝。

【生活习性】成虫及若虫多见于 5 ～ 9 月。

【为害特点】成虫及若虫刺吸寄主植物嫩叶及嫩茎汁液，造成枯梢、叶片枯黄等现象。

【防治方法】未见大面积发生和为害，可保护和利用自然天敌控制其种群。

大臭蝽 *Metonymia glandulosa* (Wolff)

【寄主】油茶、马尾松、桉、龙眼、台湾相思、油桐、板栗。

【分布】中国分布于江苏、浙江、福建、江西、山东、广东、广西、贵州、云南。广西分布于横州（镇龙）、东兴（马路）、桂平（白沙）、平南（六陈）、梧州（龙圩、长洲）、苍梧（石桥）、岑溪（大业）、北流（扶新）、隆林（天生桥）、天峨（向阳）、合山（河里）、博白林场（三滩）。

【形态特征】成虫体长 20 ～ 28 mm，宽 12 ～ 15 mm；宽椭圆形，黄褐色；头、前胸背板、小盾片、侧接缘及体腹腹面常呈暗红色或紫红色，多密被细刻点及散生少许黑色小点。头宽大；触角棕黑色；复眼黑色；单眼红色；喙棕黑色，伸达前足基节。前胸背板前侧缘锯齿状，侧角尖并向后弯，两侧角间有 1 条横脊，其后微皱；小盾片长三角形，基角上各有 1 个隆起的蓝黑色长形大斑，大斑凸凹不平，具金绿色光泽。足棕褐色，各足腿节背面具小黑点。腹部气孔黑色。

若虫共 5 龄，1 龄若虫腹部各节具明显的半圆形白斑。2 龄若虫体略呈扁长方形，有小红斑。3 龄若虫中胸背板后角延伸为翅芽。4 龄若虫翅芽伸长至第二腹节背面。5 龄若虫翅芽发达，已伸至第三腹节背面。

【生活习性】6 ～ 7 月为成虫活动盛期，成虫羽化后 12 ～ 14 天开始交配，雌虫交配后 12 ～ 15 天开始产卵于叶背，初孵若虫静伏 2 ～ 3 天后分散至寄主嫩梢、叶背刺吸汁液。3 龄若虫先在叶背主脉处吸食，至盛夏时滞育。5 龄若虫在老叶背或近地面的杂灌叶背处静伏 3 ～ 6 天后羽化。一般以 4 龄若虫在寄主附近阔叶杂草近地面的青绿叶背蛰伏越冬。

【为害特点 / 资源利用】成虫和若虫吸食植物汁液，导致植物叶片萎蔫。此外，该虫还可作为中药

A. 成虫

B. 若虫

大臭蝽（郑霞林　摄）

材，具有活血散瘀、消肿止痛的功能。

【防治方法】营林防治。种群数量较低时，可结合除草人工捕捉。

生物防治。保护本土捕食性和寄生性天敌进行自然调控。

化学防治。在 1 ～ 2 龄若虫盛发期时使用溴氰菊酯乳油、吡虫啉可湿性粉剂等化学药剂单独或混配进行防治。

益蝽 *Picromerus lewisi* Scott

【捕食对象】捕食鳞翅目幼虫、叶蜂幼虫和叶甲幼虫等。

【分布】中国分布于北京、河北、吉林、黑龙江、江苏、浙江、福建、江西、湖南、广西、四川、贵州、陕西。广西分布于罗城、贵港（亚计山林场）、宁明（亭亮）。

【形态特征】成虫体长 11 ～ 16 mm，宽 5 ～ 9 mm。体暗黄褐色，体及足均被黑色刻点，杂有分散或群集的金绿色刻点。头部和复眼棕黑色，单眼红色，中叶基端有 1 个淡黄色小斑，触角红黄色，第三节末端和第四与第五节端半为黑色，前胸背板中线淡黄色，前侧缘具锯齿；小盾片三角形，基角处各有 1 个淡色小点，足黄褐色，中、后足胫节两端及第三跗节黑色，腹部腹面第三至第六节中央各有 1 个黑斑。

【生活习性】不详。

【资源利用】可捕食多种害虫的幼虫，有一定的控害作用。

A. 成虫捕食

B. 成虫捕食

C. 若虫捕食

D. 若虫

益蝽（杨忠武　摄）

斑莽蝽 *Placosternum urus* Stàl

斑莽蝽成虫（赵丽云　摄）

【寄主】小叶榕、青冈。

【分布】中国分布于广西、贵州、云南。广西分布于龙胜、隆林（沙梨、克长、德峨、者浪）、巴马（西山）。

【形态特征】成虫体长 17 ～ 19 mm，宽 12 ～ 14 mm。宽椭圆形，全体淡黄色至深黄色，体背有由黑色刻点组成不规则的、形状不一的黑色斑纹。头基部两侧靠近复眼处各有 1 条黑色斜纹；触角第一节黑色。前胸背板前角尖刺状，前侧缘具细齿；小盾片基半部隆起，后半部较平，中部两侧各有 1 个黑色凹陷，末端两侧上翘；膜片短宽，具黑褐色小斑点，中部黑斑呈明显的半圆形，胸部腹面散生黑色点刻，常聚集成不规则的大黑斑块；足与体同色，具黑色点斑，腿节近端部具黑环，胫节末端及第一、第三跗节黑色。

【生活习性】5 月成虫交配产卵，卵产于叶背，成块状。

【为害特点】若虫孵化后群集于叶背为害。

【防治方法】未见大面积发生和为害，可通过保护自然天敌控制其种群。

珀蝽 *Plautia fimbriata* (Fab.)

【寄主】马尾松、桉、茶、枫杨。

【分布】中国分布于北京、河北、上海、江苏、浙江、安徽、福建、江西、山东、广东、广西、贵州、云南、四川、西藏、陕西。广西分布于桂林（叠彩）、兴安（湘漓）、梧州（长洲）、都安（地苏）。

【形态特征】成虫体长 8.0 ～ 11.5 mm，宽 5.0 ～ 6.5 mm，体密被黑色或与体同色的刻点。头鲜绿色，触角第一至第二节绿色，第三至第五节黄绿色，端部黑色；复眼棕黑色，单眼棕红色。前胸背板及小盾片鲜绿色，后侧缘红褐色；中胸腹板具纵脊，各足鲜绿色，腹部侧缘各节后角黑色。

A. 成虫羽化

B. 成虫

C. 若虫

珀蝽（覃继财　摄）

【生活习性】1 年发生 3 代，以成虫在枯枝落叶或草丛中越冬。一般在 4 月上中旬开始活动，4 月下旬至 6 月上旬产卵。第一代于 5 月上旬至 6 月中旬孵化，第二代 7 月上旬孵化，第三代 9 月上旬至 10 月上旬孵化，10 月下旬陆续蛰伏越冬。初孵若虫具群集性，成虫趋光性强。

【为害特点】成虫和若虫刺吸叶片、嫩梢、果实的汁液，嫩芽、幼叶受害后，布满褪绿、黄色小点，造成植株生长不良，其分泌物导致林下其他植物发生煤污病。

【防治方法】营林防治。人工捕捉成虫和若虫，清除卵块，秋冬季清除林间枯枝落叶和杂草。

物理防治。灯光诱杀成虫。

化学防治。在越冬成虫出蛰结束和低龄若虫发生初期，使用 6% 吡虫啉乳油 3000 ～ 4000 倍稀释液、5% 啶虫脒乳油 6000 ～ 7000 倍稀释液、1.2% 烟参碱乳油 800 ～ 1000 倍稀释液、2.5% 溴氰菊酯乳油 3000 倍稀释液等喷施，交替使用，每 7 ～ 10 天喷 1 次，连续喷 2 ～ 3 次。

比蝽 *Pycanum ochraceum* Distant

【寄主】黄麻、栗、泡桐、马尾松、杉、桉、荔枝、油茶、红锥、凤凰树。

【分布】中国分布于福建、广西、贵州、云南、西藏。广西分布于南宁（武鸣）、荔浦（花篑、同福）、兴安（华江）、梧州（龙圩）、苍梧（白南、石桥、狮寨、京南）、岑溪（三堡）、蒙山、上思（公正）、容县（石寨）、桂平（南木、金田林场）、平南（大鹏）、东兰（花香、切学、隘洞）、凤山（长洲）、罗城（兼爱）、南丹（八圩）、天峨（坡结、三堡）、金秀（三角、三江、大樟）、象州（马坪、石龙）、忻城（安东、大塘、欧洞、马泗）、六万林场（宁康）、雅长林场（雅长）。

A. 侧腹面观

B. 背面观

比蝽成虫（郑霞林　摄）

【形态特征】成虫体长 20 ～ 24 mm，宽 10 ～ 13 mm，长卵圆形。体被细密的同色刻点，体背除头侧缘、前胸背板前侧缘和半鞘翅侧缘基部具黑色狭边外，其余均为黄色或黄褐色至棕褐色。头较尖；触角黑色，末端色淡；喙短，黄色，末端黑色；各足黄褐色至棕褐色。

【生活习性】1 年发生 1 代，以成虫越冬。

【为害特点】成虫和若虫吸食植物叶片汁液，导致叶片枯萎。

【防治方法】生物防治。保护利用鸟类、蛙类、蚂蚁、蜘蛛、螳螂等自然天敌。

化学防治。选用 17.5% 增效水胺硫磷乳油 20 g + 2.5% 敌杀死乳油 4 mL + 水 15 L 喷雾。

二星蝽 *Stollia guttiger* (Thunberg)

【寄主】油桐、小叶榄仁、油茶、桂花。

【分布】中国分布于河北、山西、江苏、浙江、福建、江西、山东、湖北、广东、广西、四川、贵州、西藏、陕西、台湾。广西分布于岑溪（糯垌）、藤县（濛江）、桂平（社步）、博白、金秀。

【形态特征】成虫体长 4.0 ～ 5.5 mm，宽 3.2 ～ 4.5 mm。体黄褐、黑褐或灰黄色，但头、复眼、单眼及胝区和腹部腹面中区均为黑色；触角黄褐色，末两节深黄褐色；喙深黄褐色，末节黑色；前胸背板有玉白色狭边；小盾片长过腹部中央，两基角处各有 1 个近圆形的玉白色斑，此斑时大时小或隐约可见；足具黑色小点；翅达或稍长于腹末。

卵近圆形，卵壳网状，密被黑色刚毛，尤以卵盖和近卵盖处为多，但卵盖中央似秃顶，卵盖周缘具 20 ～ 23 枚白色小突出。

1 龄若虫近圆形，头胸漆黑色，腹部赤黄色；2 龄若虫头胸浅褐色，腹部淡黄褐色；3 龄若虫起翅芽逐渐显现，4 龄若虫翅芽达第一可见腹节后缘，5 龄若虫则达第三可见腹节前缘。

【生活习性】不详。

【为害特点】成虫、若虫喜在嫩茎、穗部及较老的叶片上刺吸汁液，被害处呈现黄褐色小点，严重时嫩茎枯萎，叶片变黄。

【防治方法】未见大面积发生和为害，可通过保护和利用自然天敌控制其种群。

A. 成虫

B. 若虫

二星蝽（任向明　摄）

蓝蝽 *Zicrona caerulea* (Linnaeus)

蓝蝽成虫（郑霞林　摄）

【捕食对象】捕食马铃薯甲虫、杨赤叶甲、直纹稻弄蝶、红棕灰夜蛾等害虫幼虫。

【分布】中国分布于天津、河北、山西、内蒙古、辽宁、黑龙江、江苏、浙江、江西、山东、湖北、广东、广西、四川、贵州、云南、陕西、甘肃、新疆、台湾。广西分布于横州（马山、陶圩）、上思（那琴）、贵港（港南）、陆川（滩面）、宁明（那楠）、龙胜、东兴。

【形态特征】成虫体长 6 ～ 9 mm，宽 4 ～ 5 mm，体蓝色、紫蓝色或蓝黑色，体被细小刻点，有强烈的金属光泽。复眼棕黑色，前胸背板前角具小齿；小盾片三角形。

卵圆柱形，蓝色有光泽，卵盖周围有 1 圈放射状突出物。

若虫共 5 龄，除头部、胸部、附肢和翅芽均为蓝色外，腹部主要为红色，腹部腹板正面有 4 个蓝色横斑。

【资源利用】可捕食多种害虫的幼虫，具有一定的控害能力。

（十四）长蝽总科 Lygaeoidea

大多数体色褐色或黑褐色，颜色暗淡，部分种类为红色。一般体小型、中型；具单眼；触角 4 节，着生在复眼中线下方；喙 4 节；前翅膜片具有 4 ～ 5 条纵脉；跗节 3 节。栖息于地表石头、枯枝落叶、杂草等处，较活跃，行动迅速。

（赵　萍）

44. 跷蝽科 Berytidae

体小型，狭长；触角和足细长，触角第一节和各足股节顶端膨大呈棒状，触角第四节纺锤状。

娇驼跷蝽 *Gampsocoris pulchellus* (Dallas)

【寄主】桉、泡桐、木芙蓉等。

【分布】中国分布于河北、浙江、江西、河南、湖北、广东、广西、四川、云南、陕西。广西分布于桂林（雁山）、蒙山（西河）、北流（民安）、来宾（兴宾凤凰和高安）、扶绥（龙头）。

【形态特征】体黄褐色或黄绿色；头两侧纵纹及腹面、前胸背板后面的三个突起、小盾片、中后胸腹板、腹部基部、腹部两侧纵带（有时）、喙端部及跗节端半部褐色；触角第一节具有 10 个明显的黑色环纹，第二节具 7 个环纹，第三节隐约可见 6 个环纹，第四节黑色，端部白色。足细长，股节和胫节具有黑色环斑。成虫体长 3.7 ～ 4.2 mm。头光滑，头顶圆鼓；触角长于身体；前胸背板和侧板具有粗糙刻点，前胸背板的近前缘和近后缘各具有 3 个瘤状突起；前胸背板胝区及中央纵脊光滑、色淡；小盾片具有稍弯曲的直立长刺；臭腺孔缘极度延长，在中胸两侧耳状突起；各足股节顶端膨大。

【生活习性】在江西、河南 1 年发生 3 代，陕西安康 1 年发生 5 代，均以成虫在枯枝落叶下、杂草丛中、石缝、墙缝、树洞和树皮下越冬。河南许昌越冬成虫 4 月中旬开始出蛰活动，4 月中旬交配，5 月上旬开始产卵。若虫第一代于 6 月上旬盛发，第二代 7 月上旬盛发，第三代 7 月下旬发生，成虫 10 月上旬蛰伏过冬。江西南昌越冬成虫 4 月中旬始出蛰活动，4 月下旬至 7 月上旬产卵，6 月下旬至 7 月中旬陆续死亡。第一代若虫于 5 月上旬至 7 月中旬孵化，6 月下旬至 8 月上旬羽化，6 月下旬至 8 月中旬产卵；第二代若虫 7 月上旬至 8 月下旬孵化，7 月下旬至 9 月中旬羽化，8 月上旬至 10 月上旬产卵；第三代 8 月中旬至 10 月中旬孵化，9 月上旬末至 11 月上旬羽化，11 月起陆续蛰伏越冬。在陕西安康地区 5 月上旬开始为害芝麻，6 月中旬至 8 月下旬发生最严重。成虫为害高峰期分别在 5 月上旬、6 月中旬、7 月中旬、8 月中旬和 9 月上旬。在许昌，卵期 8 天左右，第一代若虫 1、2 龄各为 6 天，3 龄 5 天，4、5 龄各为 4 天。春季完成一代需 33 天左右。在南昌，各代卵期分别为 7 ～ 14 天、5 ～ 7 天及 6 ～ 8 天。若虫期 31 ～ 43 天、21 ～ 31 天及 25 ～ 35 天。成虫寿命第一代 38 ～ 56 天，产卵前期 8 ～ 14 天；第二代 39 ～ 53 天，产卵前期 6 ～ 10 天；第三代 226 ～ 297 天。在陕西安康，卵期一般 4 ～ 5 天，越

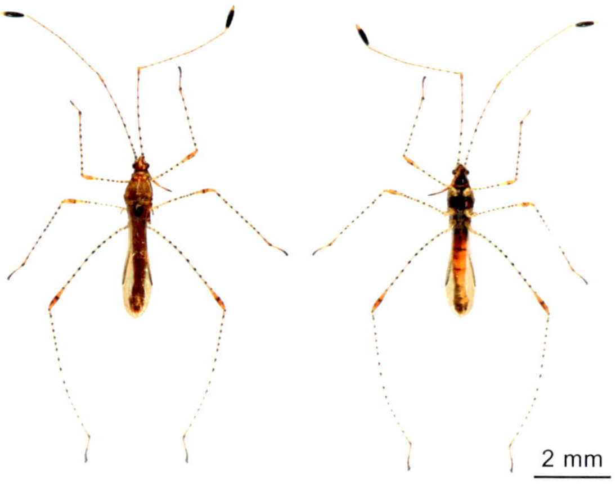

娇驼跷蝽雄虫（赵萍　摄）

冬代 7 天；若虫各龄期平均 4 ～ 5 天，第一、第五代稍长，为 6 ～ 7 天；成虫寿命一般 6 天，越冬代长达数月。卵多数散生于叶背基部主脉与支脉交叉处，少数产子嫩茎、嫩枝或幼嫩蒴果棱间及花蕾上。雌虫每次产卵 7 ～ 13 粒，一生可产卵 29 ～ 51 粒。成虫和若虫多在嫩枝、嫩叶背吸汁，花苞、叶柄和蒴果柄上亦有。

成虫羽化后 6 天左右开始交配，可在日间进行，但以 10 时和 18 时左右最盛。每次交配持续 1.5 ～ 2 天，具多次交配习性。交配时如遇惊动并不分散，雌虫会拉着雄虫一起飞逃。成虫具群集性、趋绿性、趋嫩性、趋温性和趋荫性，晴天中午较活跃，早晨和晚上多栖息于嫩枝和叶背。成虫善飞翔，遇惊即逃。卵全日均可孵化，但以 10 时前后较盛。初孵若虫一般在卵壳附近活动 1 天左右离开着卵叶，爬到嫩枝、嫩叶上吸食。

【为害特点】成虫、若虫聚集在叶背、叶柄、嫩梢上刺吸汁液，形成黑斑、甚至流黑水，造成刚萌发的顶芽嫩梢变黑、干枯、不能展叶、生长点死亡等症状，造成叶片斑驳，叶缘变黑，甚至落叶，植株枯死。成虫善飞翔，易惊扰逃逸。同时也是泡桐丛枝病的主要媒介昆虫。

【防治方法】营林防治。冬季结合积肥，清除寄主附近地面的枯枝落叶，铲除杂草，中耕冬翻减轻害虫为害，消灭越冬成虫。

化学防治。在第一代若虫高峰期（5 月中旬至 6 月上旬）前采取化学防治措施。可用 2.5% 溴氰菊酯乳油 3000 ～ 5000 倍稀释液或 20% 杀灭菊酯乳油 20 mL/ 亩喷雾防治。

45. 杆长蝽科 Blissidae

体形较小，体黑色、黑褐色，狭长、细长，两侧近平行，呈小杆状。前胸背板侧缘无棱边，前后叶无明显横缢；前翅革片淡色，几无刻点；股节发达；短翅型较多；腹部气门第二至第六节位于背面，第七节位于腹面；腹部腹面各节节间缝直，完整，伸达侧缘。栖息于禾本科植物叶鞘内，吸食寄主汁液，成群出现，但不易被发现。

大狭长蝽 *Dimorphopterus pallipes* (Distant)

【寄主】芦苇。

【分布】中国分布于广东、广西。广西分布于防城港（防城茅岭）。

【形态特征】体宽大，成虫体长 4.5 ～ 6.0 mm。雄性前足股节端部腹面凹入，具小刺；腹部肥大，纺锤形。

A. 成虫

B. 若虫

大狭长蝽（郑霞林　摄）

【生活习性】不详。

【为害特点】刺吸芦苇，严重时造成芦苇大面积枯黄，影响生长。

【防治方法】未见大面积发生和为害，可保护和利用自然天敌控制其种群。

（十五）红蝽总科 Pyrrhocoroidea

体长卵形，小型至大型，长 5 ～ 50 mm；体色常为鲜艳红色、橘红色，少数种类暗褐色、黑色，前翅常具黑色圆斑；无单眼；触角 4 节；喙 4 节；前翅膜片基部具翅室，其外侧具多条分枝翅脉，呈不规则疏网状。常栖息于植物表面或地表，爬行迅速。多数为植食性，一些种类为农林植物害虫，如离斑棉红蝽 *Dysdercus cingulatus* 等；少数为捕食性或杂食性，如颈红蝽属 *Antilochus* 和光红蝽属 *Dindymus* 等。

（赵　萍）

46. 大红蝽科 Largidae

体卵圆形、长椭圆形或长形，小型至大型，体长 7 ～ 50 mm。无单眼；触角和足相对短；触角着生在复眼中部以下；前翅膜区具有基室，其上至少具有 7 条辐射分支翅脉；雌虫腹板第七节中央具有纵缝。

小斑红蝽 *Physopelta cincticollis* Stàl

【寄主】桉、秋枫、柚、扶桑、杉、油桐、油茶、葡萄、中华山矾、毛蕨等。

【分布】中国分布于江苏、浙江、江西、湖北、湖南、广东、广西、海南、四川、贵州、陕西、台湾。广西分布于玉林、百色、宁明、藤县（塘步）、靖西（同德、武平）、大新（全茗、堪圩）。

【形态特征】体棕褐色，前胸背板边缘、前翅前缘和腹部侧接缘红色；触角第四节基半部黄白色；前翅红色至黄褐色，具有黑色刻点，革片中部大圆斑和端部黑色，膜片大部（除基部淡色，中央具一个黑色小斑外）黑色。

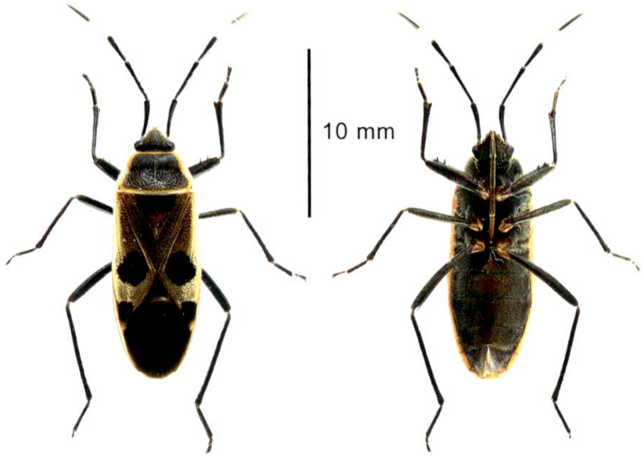

A. 背面观　　B. 腹面观

小斑红蝽成虫（赵萍　摄）

雄成虫体长 10.0 ～ 12.5 mm，腹宽 4.3 ～ 4.5 mm；雌成虫体长 14.0 ～ 15.5 mm，腹宽 4.6 ～ 4.9 mm。体窄椭圆形，两侧近平行；体被半直立浓密细毛；触角第一节约等长于第二节，第三节最短，第四节最长。雄虫的前胸背板前叶中央较雌虫稍隆起，前胸背板后叶、小盾片及前翅具黑色刻点；前足股节稍粗大，其腹面具有 2 列刺突，近端部有 2 ～ 3 个刺突。

【生活习性】在江西南昌 1 年发生 2 代，以成虫越冬。越冬代雌虫比雄虫提早 5 ～ 11 天开始活动。成虫和若虫白天栖息在荫蔽处，夜间活动和取食，傍晚与黎明时活动较盛；阴天日间可偶见觅食。成虫趋光性强，整夜扑灯，以 19 ～ 23 时和 3 ～ 5 时较盛。每年 4 月上旬至 11 月中旬在灯下均可诱到成虫，6 月上旬至下旬及 10 月下旬至 11 月上旬各出现 1 次扑灯高峰。

【为害特点】刺吸植物嫩茎和嫩叶汁液，造成叶片失绿、卷曲或枯黄，甚至落叶。

【防治方法】采用灯光诱杀有一定防治效果。

突背斑红蝽 *Physopelta gutta* (Burmeister)

【寄主】桉、樟、油茶、乌桕、白背桐、核桃、柚木、小叶红豆。

【分布】中国分布于浙江、广东、广西、海南、四川、贵州、云南、西藏、台湾。广西分布于南宁（兴宁四塘、邕宁百济、江南）、阳朔（白沙）、北海（铁山港营盘和南康）、上思、平南、隆林（平班）、凤山（凤城）、河池（金城江）、宁明、龙州、南宁树木园（景区）、雅长林场（雅庭）。

【形态特征】体棕黄色。头顶、前胸背板（除四周边缘）黄白色。爪片、革片内侧、膜片、胸部侧板、和腹板褐色；触角（除第四节基部 1/3 处黄白色和端部浅褐色）、复眼、小盾片、前翅革片中央两个大斑及其顶角亚三角形斑、腹部腹面侧方节间缝处横斑棕黑色。各足胫节和跗节、前足股节背面、中后足股节褐色、各足基节和转节、前足股节（除背面）红棕色；前胸背板四周边缘和前翅前侧缘及近端部黄白色。

雄成虫体长 14 ～ 17 mm，腹宽 4.5 ～ 4.7 mm；雌成虫体长 17 ～ 19 mm，腹宽 5.0 ～ 5.2 mm。体长椭圆形，两侧近平行，体稍延长，被平伏短毛。喙伸达后足基节之间。前胸背板前叶强烈突出；前胸背板后叶中央、小盾片、爪片、革片内侧具刻点。

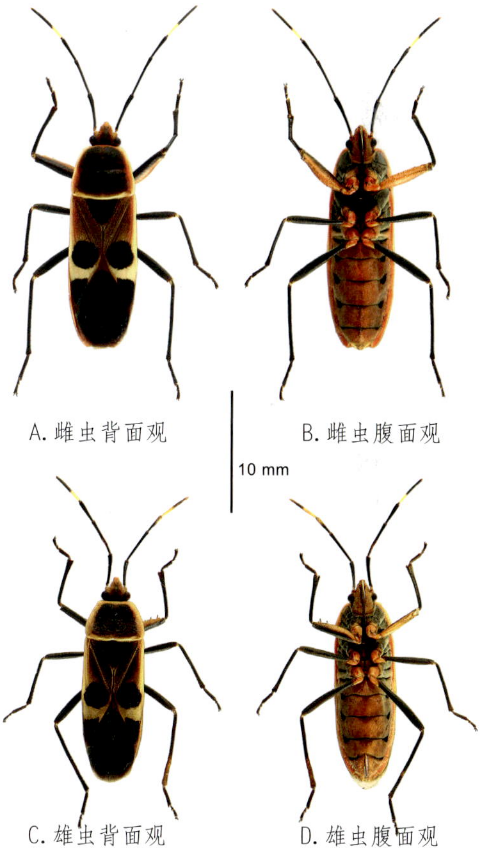

突背斑红蝽成虫（赵萍　摄）

【生活习性】不详。

【为害特点】成虫和若虫刺吸植物嫩茎和嫩叶汁液，造成叶片失绿、卷曲或枯黄落叶。

【防治方法】采用灯光诱杀有一定防治效果。

四斑红蝽 *Physopelta quadriguttata* Bergroth

【寄主】桉。

【分布】中国分布于福建、广西、海南、四川、贵州、云南、西藏、台湾。广西分布于南宁（武鸣大明山）、博白。

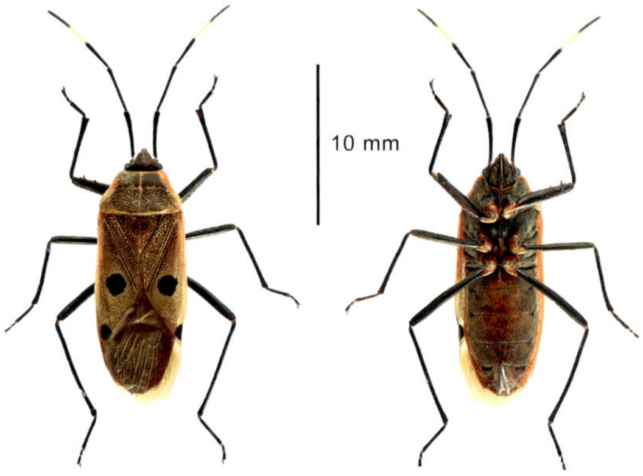

四斑红蝽成虫（赵萍　摄）

【形态特征】体褐色至深褐色。前胸背板周缘、横缢处和中纵细带，小盾片中纵细带，前翅革片侧缘，腹部侧接缘红色至浅红褐色或浅黄褐色；前胸背板（除黑色斑）、小盾片和前翅（除黑色斑和黑色刻点）浅褐黄色；触角（除第四节基半部黄白色）、前翅革片中央一较大圆斑及近顶角一小圆斑，腹部第三至第五腹节腹面侧方弯曲三角形斑、胸部腹板和侧板、各足（除基节和转节、雄性前足股节腹面红棕色）黑色；喙、复眼、头顶、前胸背板前叶深褐色；前翅膜片浅褐色，半透明。

雄成虫体长 14 ~ 17 mm，腹宽 6.1 ~ 6.5 mm；雌成虫体长 17 ~ 18 mm，腹宽 6.5 ~ 6.9 mm。体长椭圆形，两侧近平行。喙伸至后足基节，各节近等长。前胸背板中央具 1 条光滑纵带，侧缘稍向上翘折；前胸背板后叶、小盾片、爪片和革片具有明显刻点，革片中部刻点较细，其外缘光滑；前翅膜片半透明；雄性个体前胸背板前叶圆鼓，延伸至前缘，前足股节明显加粗，其腹面具稀疏粗刺，近基部和近端部具有 4 ~ 5 个较大刺突。雌性股节略加粗。

【生活习性】不详。

【为害特点】以成虫和若虫刺吸植物嫩茎和嫩叶汁液，造成叶片失绿、卷曲或枯黄落叶。

【防治方法】采用灯光诱杀有一定防治效果。

47. 红蝽科 Pyrrhocoridae

体长椭圆形，中小型，体长 8 ~ 30 mm。单眼缺失；前翅膜片具有 2 个基室和 7 ~ 8 条分支脉；雌虫腹板第七节中央无纵缝。全世界已记录红蝽科 33 属 300 多种，中国已记录 11 属 30 多种。部分种类是林木的重要刺吸害虫。

离斑棉红蝽 *Dysdercus cingulatus* (Fab.)

【寄主】桉、羊蹄甲、木槿、腰果、可可、野棉花、木芙蓉、苘麻、蜀葵、飞机草等。

【分布】中国分布于福建、广东、广西、海南、四川、云南。广西分布于南宁、横州（马山）、阳朔、藤县、博白（三滩、旺茂）、龙州、宁明、凭祥、派阳山林场（鸿鸪）、维都林场（雅江）。

【形态特征】体背面橘黄色至橘红色，前胸背板前缘乳白色，头、前胸背板侧缘、前翅前侧缘红色，触角、喙端部、足（除基节、转节和股节基部红色）、小盾片、前翅膜片及革片中央两个分离圆斑黑色；体腹面红色，各胸侧板后缘及腹部腹板各节后缘乳白色。

雄成虫体长 11.5 ～ 12.0 mm，腹宽 3.8 ～ 4.0 mm；雌成虫体长 13.0 ～ 14.5 mm，腹宽 4.0 ～ 4.2 mm。头部三角形，头顶鼓起；复眼向两侧突出；喙末端超过腹部第二节；触角第一节长于第二节，第三节最短，第四节最长。前胸背板侧缘向上翘折，其后叶稍隆起，领、后叶、前翅革片和爪片具细刻点；前足股节末端腹面具有 2 ～ 3 个刺突。

【生活习性】在云南开远 1 年发生 2 代，广西南宁、台湾 1 年发生 6 代。云南开远以卵越冬为主，在寄主植物土表缝隙间，并有少数成虫、若虫；在台湾及广西南宁多为若虫越冬；海南儋县 1 月也见成虫和高龄若虫活动，无明显越冬现象。在云南开远，第一代 5 月至 7 月下旬出现，5 月下旬至 6 月盛发；第二代 9 ～ 11 月出现，10 月盛发。在台湾，第一代卵于 2 月中旬产出，2 月下旬孵化；4 月上旬末若虫羽化；第二代为 4 月下旬、5 月上旬及 6 月上旬末；第三代为 6 月中旬、6 月下旬初及 7 月下旬；第四代在 8 月上旬、8月上旬末及 9 月中旬；第五代 8 月下旬、8 月下旬末及 10 月上旬；第六代 10 月中旬见卵，10 月下旬孵化，直至翌年 2 月上旬羽化。在开远，第一代卵期（5 ～ 8）～ 14 天，第二代（3 ～ 5）～ 14 天；若虫期 30 ～ 40 天，有5龄，成虫寿命2～3月，产卵后7～10天死亡。在台湾，卵期 6 ～ 13 天，若虫期一般 30 ～ 40 天，越冬代为 100 天左右。

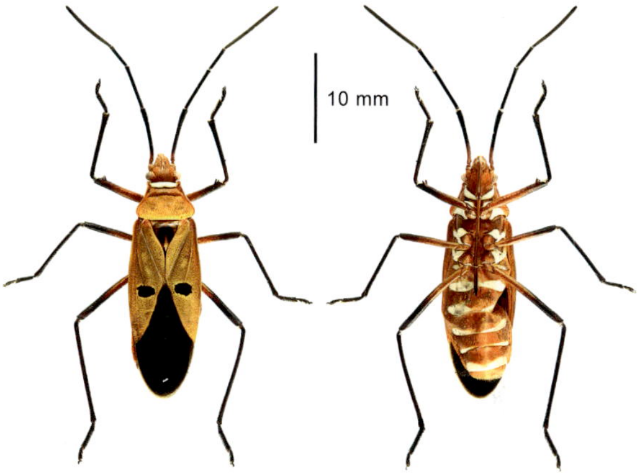

离斑棉红蝽成虫（赵萍　摄）

爬行迅速，不善飞翔，成虫羽化 10 天后雌虫开始交配，交配时不停活动取食，交配 10 天后产卵，产卵 1 ～ 3 次，卵多聚产成堆，每块 10 多粒，在寄主附近的土表缝隙间，少数在落叶下或杂草根际附近。每雌产卵量 30 ～ 100 粒。在棉田，成虫和若虫多在棉叶及未开裂的棉铃上刺吸汁液，结铃后虫口逐渐增多，吐絮时发生最盛。成虫交配时间较长，常持续 1 天左右，少数个体可长达 12 天。若虫具群居习性，初孵若虫在土缝内、棉株或杂草根际群集，稍吸水液，经 2 ～ 3 天后进入 2 龄才爬出土表面，群集在植株上，尤以初吐絮的棉铃为多，数十头聚集一铃，5 ～ 7 月和 9 ～ 11 月是为害严重时期。

最适温度为 22 ～ 34℃，17℃以下不活动，0℃以下超过 5 小时即死亡，37℃及以上经 3 ～ 4 小时死亡，最适相对湿度为 40% ～ 80%，不耐低湿，相对湿度 66% 以下不能孵化，幼虫不耐低湿和高温，在相对湿度 37% 以下、35℃的环境下 3 天幼虫死亡。

【为害特点】成虫、若虫为害寄主植物叶片、花蕾，造成植株叶片枯黄，生长发育不良。

【防治方法】营林防治。及时清理枯枝落叶、翻耕。

化学防治。可用内吸性药物喷雾或树干注射，有较好的防治效果。

细斑棉红蝽 *Dysdercus evanescens* Distant

【寄主】锦葵科植物。

【分布】中国分布于广西、贵州、云南、西藏、台湾。广西分布于崇左（宁明）。

【形态特征】体橘红色。触角、复眼、革片中央一细小斑及腹部腹板接合缝侧部黑色至棕黑色；前胸背板前缘、各胸侧板后缘、腹部腹板各节后缘白色；前翅膜片浅棕色，半透明；胸侧板及腹部腹面（除白色和黑色横斑）橘红色；各足（除跗节黑色）橘红色。

雄成虫体长 15.5 ～ 17.0 mm，腹宽 5.2 ～ 5.4 mm；雌成虫体长 20.0 ～ 21.5 mm，腹宽 6.8 ～ 7.0 mm。体形较大，长椭圆形。头部三角形，复眼向两侧伸出，触角第三节最短，第四节最长，第一节略长于第二节；喙末端可伸达腹板第三节。前胸背板、前翅革片和爪片具细密刻点，胸侧板、腹侧也具刻点；前胸背板侧缘和前翅革片侧缘略向上翘折，光滑；革片中央的圆斑较细小；前翅较长，明显超过腹部末端。

【生活习性】不详。

【为害特点】成虫、若虫为害寄主植物叶片、花蕾，造成植株叶片枯黄，生长发育不良。

【防治方法】参考离斑棉红蝽。

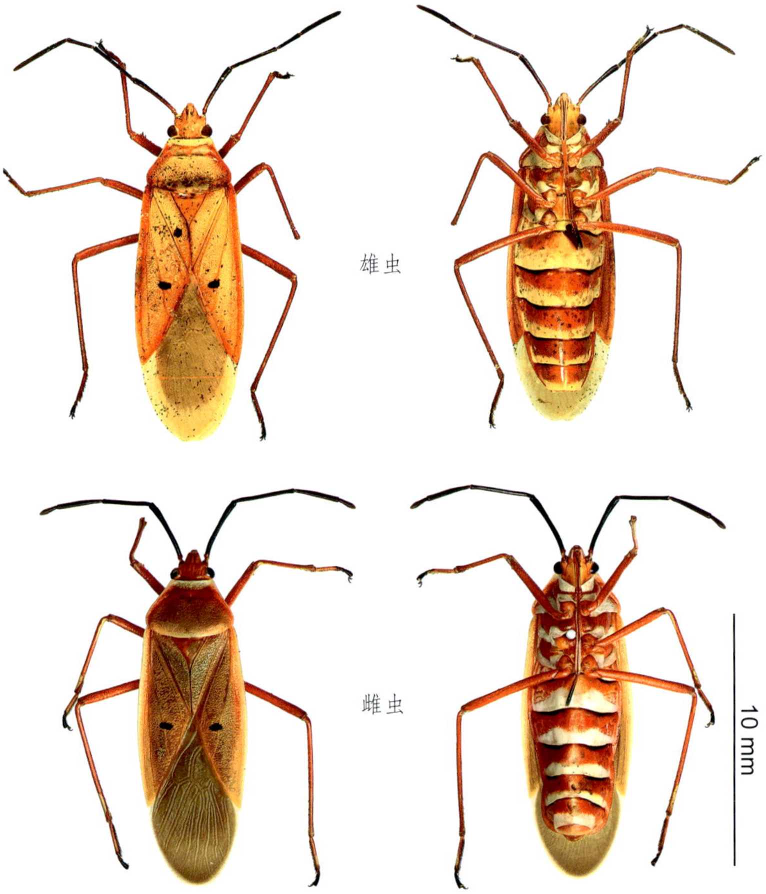

细斑棉红蝽成虫（赵萍　摄）

联斑棉红蝽 *Dysdercus poecilus* (Herrich-Schaeffer)

【寄主】桉、秋枫、黄荆。

【分布】中国分布于福建、广东、广西、海南、云南、台湾。广西分布于南宁、百色、北海、全州（东山）、藤县（塘步）、博白、桂平（社坡）、龙州、宁明、钦廉林场（文利）。

【形态特征】体背面橘黄色至橘红色，头、前胸背板侧缘、前翅前侧缘红色，触角、复眼、喙端部、足（除基节、转节和股节基部红色）、小盾片、前翅膜片及革片中央 2 个彼此靠近的圆斑黑色，前胸背板后缘、前翅革片大部分橘黄色，体腹面深红色，前胸背板前缘领、前胸腹板前缘、胸部各节侧板后缘、基节臼、腹部腹板后缘乳白色。

雄成虫体长 10.0 ～ 11.5 mm，腹宽 3.5 ～ 3.7 mm，雌成虫体长 12.5 ～ 13.5 mm，腹宽 3.7 ～ 3.8 mm。头部三角形，头顶鼓起；复眼向两侧突出；喙末端达腹部第二节中部；触角第一节长于第二节，第三节最短，第四节最长。前胸背板侧缘向上翘折，其前叶略凹入，后叶稍隆起，胝区光滑，前胸背板前缘、侧缘和后叶、前翅革片和爪片具细刻点；前足股节末端腹面具有 2 ～ 3 个刺突。本种外形与离斑棉红蝽十分相似，但体较短小，体窄椭圆形。

【生活习性】不详。

【为害特点】成虫和若虫刺吸植物嫩茎和嫩叶为害，造成叶片失绿或扭曲，影响植物生长发育。

【防治方法】参考离斑棉红蝽。

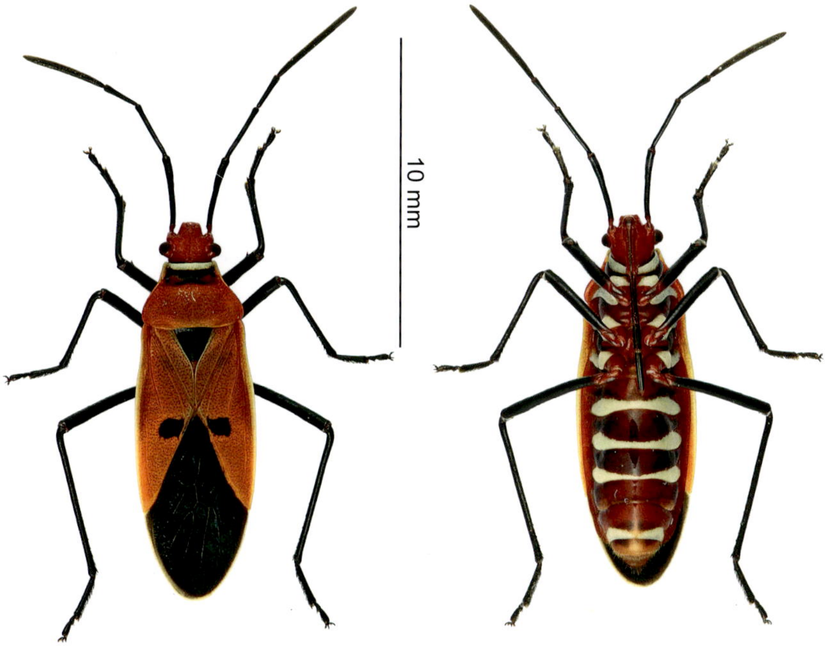

联斑棉红蝽成虫（赵萍　摄）

叉带棉红蝽 *Dysdercus decussatus* Boisduval

【寄主】黄槿。

【分布】中国分布于河南、广西、海南、台湾、东南沿海岛屿。广西分布于北海、防城港、钦州。

【形态特征】体红色，长椭圆形。触角 4 节。无单眼。前胸背板侧缘呈扁薄阔边状。头的眼后部分突然窄缩，眼几乎接触前胸背板。前翅具 X 形白纹；革片黑斑三角形。该虫与红树林中常见的离斑棉红蝽相似。后者前翅无 X 形白纹，革片黑斑圆形，左、右革片的 2 个黑斑远离。

A. 成虫

B. 卵

C. 若虫

叉带棉红蝽（刘文爱　摄）

【生活习性】不详。

【为害特点】刺吸寄主的枝、叶、果，并诱发瘿螨的大发生。

【防治方法】参考离斑棉红蝽。

（刘文爱）

（十六）缘蝽总科 Coreoidea

缘蝽是蝽类昆虫中种类数量庞大的类群之一，体中型至大型，宽扁或狭长，褐色或绿色，个别种有鲜艳花斑。触角 4 节，着生在头部两侧上方；2 单眼；喙 4 节。前胸背板多为梯形，常具叶状突起或尖角；小盾片三角形，较小，短于前翅爪片，有些小盾片端部具直立长刺；前翅分革片、爪片及膜片三部分，静止时爪片将小盾片全包围，并形成明显的爪片结合缝。前翅膜片有多条平行纵脉，基部常无翅室，翅脉一般不呈网状。足较长，后足股节常粗大，具瘤状或刺状突起，胫节呈叶状或齿状扩展。后胸具有臭腺。腹部腹面具毛点。全为植食性，吸食植物幼嫩部位汁液，致使植物枯萎、死亡。

（赵　萍　胡　锦）

48. 缘蝽科 Coreidae

体长 7 ～ 45 mm，体形多变，较厚重，长形或长椭圆形；体黑褐色、褐色、部分黄绿色等。头小，前端陡然向下弯曲或向前平伸；触角位于复眼之前；具单眼；喙长短不一。前胸背板一般为梯形，侧角常有刺状或叶状突出，或扩展成奇特形状；小盾片短于前翅爪片，前翅爪片在翅静止合拢时形成爪片接合缝，包围小盾片；前翅膜区多平行脉，少数网状，基部一般无翅室。足较长，后足股节和胫节常加粗或膨大，具有瘤突和刺突，胫节呈叶状或齿状扩展。缘蝽均为植食性，是一类常见的农林害虫，如同缘蝽属 *Homoeocerus*、棘缘蝽属 *Cletus* 等。

斑背安缘蝽 *Anoplocnemis binotata* Distant

【寄主】马尾松、桉、牛甘果、坚果、梧桐、紫穗槐、赤松。

【分布】中国分布于江苏、浙江、安徽、山东、河南、广西、四川、贵州、云南、西藏。广西分布于横州（百合）、兴安、桂平（金田）、博白林场（三滩）、博白、陆川（滩面）、平果（马头）、崇左（江州）、天等（福新）。

【形态特征】体中大型，成虫体长 20 ～ 24 mm。头小，触角第一节约等于第二节，第三节最短；前胸背板侧缘直，具细密小齿，侧角圆钝，雄虫腹部第三腹节中部向后扩延深入第四节，几达第四腹板后缘，形成瘤突；雄虫后股节弯曲、粗壮，股节基部无突起；体棕褐色，腹部背面黑色，中央具 2 个浅色斑点；触角第四节棕黄色或橙黄色。

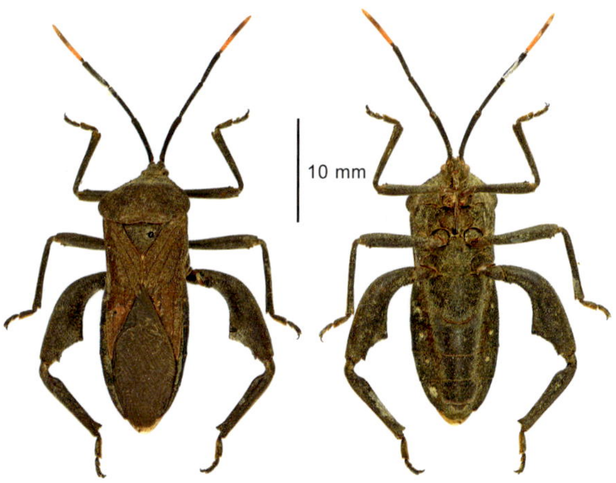

斑背安缘蝽成虫（赵萍　摄）

【生活习性】在江西省奉新县1年发生2代，以成虫在枯枝落叶下、芦苇丛中越冬，翌年4月中旬开始活动。5月中旬至6月下旬产第一代卵，5月下旬始孵，7月上旬若虫始羽化。7月下旬始产第二代卵，7月下旬至8月上旬始孵化，9月中旬若虫始羽化，10月中旬尚可见少数若虫，10月下旬相继蛰伏越冬。卵成条状聚产于寄主茎干及附近杂灌上。强日照时，成虫和若虫栖息于叶丛间或叉处。

【为害特点】成虫和若虫喜在嫩枝、嫩荚、嫩叶和果柄上吸食汁液，造成寄主植物萎蔫。

【防治方法】未见大面积发生和为害，可通过保护和利用自然天敌控制其种群。

红背安缘蝽 *Anoplocnemis phasianus* (Fab.)

【寄主】马尾松、湿地松、竹、桉、桂花、合欢、昆明鸡血藤、紫穗槐、合欢、白栎。

【分布】中国分布于福建、江西、广东、广西、云南。广西分布于桂林（雁山）、兴安（白石、界首）、浦北、黄冕林场（盘龙）。

【形态特征】成虫体长22～27 mm，长形，两侧近平行。前胸背板前缘窄，后缘宽圆，侧缘近直，并具小细齿，侧角钝圆。雄虫腹部第三腹板中部向后扩延几达第四腹板的后缘，形成瘤突；雄虫后足股节粗壮，近基部弯曲，股节背缘具1条由小齿组成的脊线，腹面内侧基部具1个短锥突，近端部内侧扩展成三角形齿，后足胫节腹面轻度扁平扩展，端部扩展成小齿。体棕褐色。触角第四节棕黄色；前胸背板中央具1条浅色纵带纹；腹部背面红色；体被黄褐色平伏刚毛。

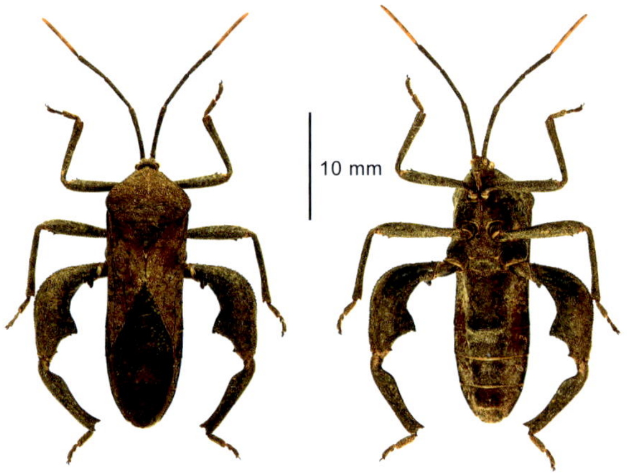

红背安缘蝽成虫（赵萍　摄）

【生活习性】该虫在长江以北各地1年发生1代；江西省南昌市1年生1～2代，均以成虫在枯枝落叶和常绿树叶丛间越冬。在南昌市，越冬成虫于4月中旬始活动，4月下旬开始交配，5月上旬至7月中旬产卵，6月下旬至7月下旬成虫陆续死亡。5月中旬至7月下旬第一代若虫孵化，6月中旬至8月下旬羽化，其中多数个体于6月下旬至9月上旬交配，7月上旬至9月上旬产卵，8月下旬至9月中旬陆续死亡；少数个体在8月下旬羽化，年内不再繁殖，越冬。卵成条状排列，聚产于寄主茎干及附近杂林灌木上，每处2～36粒，多数12～18粒，每雌一生可产卵多次。

【为害特点】成虫、若虫常群集在植物嫩茎或豆科植物的豆荚上取食。为害嫩茎或豆荚时，顶梢开始萎垂、变褐、凋萎，果实变褐和枯瘪。

【防治方法】营林防治。清洁田园，冬季结合积肥，清除豆科等被害植物及其附近的杂草和枯枝落叶。

物理防治。成虫盛发时，根据其在豆科植物结荚期群集取食的习性，人工捕捉，连续2～3次。

化学防治。发生为害时，使用2%甲氨基阿维菌素和苯甲酸盐8～10 mL/亩喷雾防治，有一定的效果。

瘤缘蝽 *Acanthocoris scaber* (L.)

【寄主】杉、桉、板栗、三叉苦、降香黄檀、毛桐、桂花、商陆、撑篙竹。

【分布】中国分布于江苏、浙江、安徽、福建、江西、山东、湖北、广东、广西、四川、云南。广西分布于南宁（武鸣锣圩）、桂林（雁山大埠）、梧州（长洲）、防城港（防城茅岭、江山和十万大山）、桂平（木圭、西山、南木、蒙圩）、玉林（玉州茂林）、兴业（城隍）、天峨、凤山（凤城）、环江（明伦）、南丹（六寨）、宜州（庆远）、武宣（东乡）、大新（宝圩、全茗）、天等（把荷）、博白林场（三育）。

【形态特征】体中小型，成虫体长 10.5 ～ 13.5 mm，宽 4.0 ～ 5.1 mm。体密被淡黄褐色短刚毛，头、触角、前胸背板、腹部侧缘及足具粗硬毛。喙伸达中足基节；前胸背板具显著的瘤突，侧缘前部稍向内弯曲，后部向外弧形，侧角突出，顶端略尖，后缘略波曲。股节具有瘤突，中、后股节膨大，后足股节明显膨大，后足胫节基部内侧稍扁平扩展。体背面黑褐色，腹面黄褐色；头和前胸背板具浅色中纵线；触角第三、第四节浅灰褐色；腹部侧接缘各节基部棕黄色；膜片基部黑色；胫节近基端有 1 个浅色环斑；腹部腹面中部浅黄褐色。

瘤缘蝽成虫（赵萍　摄）

【生活习性】在贵州省都匀市及江西省石城县、萍乡市和宜春市 1 年发生 1 ～ 2 代，以 2 代为主；在广东 1 年发生 2 ～ 3 代。各地均以成虫在土缝、砖缝、石块下及枯枝落叶中越冬。在石城县和宜春市，越冬成虫于 4 月中旬开始活动，5 月上旬至 8 月下旬产卵，成虫 9 月下旬死亡。5 月下旬至 9 月上旬第一代若虫孵化，6 月下旬至 9 月下旬羽化，7 月上旬至 9 月中旬产卵；9 月中旬后羽化的，年内不再繁殖，10 月下旬停食越冬。局部地区 7 月下旬至 9 月下旬第二代若虫孵化，8 月中旬至 10 月中旬羽化，10 月下旬至 11 月中旬陆续停食越冬。全年以 6 ～ 7 月为害最烈。卵多聚产于寄主叶背，少数产于叶面或叶柄上，呈不规则排列，每块 4 ～ 51 粒，一般 15 ～ 30 粒。每雌产卵量 198 ～ 451（611）粒。成虫和若虫常群集于嫩茎、叶柄、花梗上，全天均可吸食。成虫白天活动，晴天中午尤为活跃，夜晚及雨天多栖息于寄主植物叶背或枝条上，受惊立刻坠落。成虫多在 10 ～ 11 时和 17 ～ 19 时交配，交配时长为 2 ～ 5 小时；雄雌均可多次交配；若食物充足，脱交后第二天便可产卵。若虫多在 10 ～ 13 时孵化，孵化后在卵块上静息 1 天左右开始取食，2 龄后与成虫一起为害。

【为害特点】成虫和若虫常群集为害，吸食寄主植物嫩梢、叶柄、花梗的汁液，受害部变色，有斑点，严重影响结实，甚至整株枯死。

【防治方法】营林防治。结合施肥等日常管理，铲除杂草，创造不利于瘤缘蝽栖息的环境条件，减少为害。

物理防治。采用人工捕捉，捏死高龄若虫或抹除低龄若虫及卵块；利用假死习性，放一块塑料薄膜或盛水的脸盆，摇动寄主植物，成虫和若虫会迅速落下，然后集中杀死。

化学防治。在瘤缘蝽若虫孵化盛期选用 5% 锐劲特悬浮剂 1000 ～ 2000 倍稀释液、10% 溴虫氰悬浮剂 1000 ～ 2000 倍稀释液、4.5% 高效氯氰菊酯乳油 1000 ～ 1500 倍稀释液、20% 氰戊菊酯乳油 1000 ～ 2000 倍稀释液或 5% 抑太保乳油 1000 ～ 2000 倍稀释液喷雾防治，间隔 10 天左右视虫情进行第二次施药。提倡轮换用药，避免其产生抗药性。

长肩棘缘蝽 *Cletus trigonus* (Thunberg)

【寄主】千年桐、樟、尾叶桉、桂花、刺苋、绿苋、莲子草、土荆芥。

【分布】中国分布于上海、江苏、广东、广西、云南。广西分布于横州（石塘）、桂平（社坡）、平果（马头、榜圩）、靖西（果乐、壬庄、五岭林场）、龙州。

【形态特征】体小型，体长 7.5 ～ 8.8 mm。头较短，方形，前部向下倾斜；触角第一节略长于第三节。前胸背板侧角成细长刺状向两侧伸出，侧角间宽度为 4 ～ 5 mm，大于体长的 1/2。

体浅褐色带暗紫色泽，触角第四节深褐色；前胸背板前半色较浅，中线两侧各具 1 个小黑点斑，侧角黑色；前翅革片内角翅室内的白斑清晰。

长肩棘缘蝽成虫（任向明　摄）

【生活习性】不详。

【为害特点】成虫和若虫喜在嫩枝、嫩荚、嫩叶和果柄上吸食汁液，造成寄主植物萎蔫。

【防治方法】未见大面积发生和为害，可通过保护和利用自然天敌控制其种群。

宽肩达缘蝽 *Dalader planiventris* (Westwood)

【寄主】马尾松、桉、油茶、楹、核桃、锥、枇杷、算盘子。

【分布】中国分布于广东、广西、云南、贵州。广西分布于南宁（武鸣）、苍梧（六堡）、岑溪（糯垌）、隆林（德峨）、巴马（凤凰）、东兰（金谷）、凤山（三门海、平乐、凤城）、环江（大才）、河池（金城江五圩）、天峨（八腊、更新）、龙州（彬桥、下冻）、博白林场（射广）、雅长林场（果麻）。

【形态特征】体大型，成虫体长 23 ～ 27 mm；触角及足被颗粒状小突起。头近方形，中央前端在触角基着生处之间凹入、陡然向下弯曲，触角基向上突出；触角第三节呈叶状扩展；喙短，略超过前足基节，伸达中胸腹板中部。前胸背板侧叶显著向两侧扩展，但向前侧方伸展部分较短，侧角指向两侧；侧缘及后缘两侧显著向内弯曲，前侧缘锯齿状，腹部两侧扩展成菱形。体赭色；触角第四节、足胫节（除黑色斑）黄褐色；中胸腹板，腹部腹面（除深褐色斑驳）浅红褐色。

【生活习性】不详。

【为害特点】成虫和若虫喜在嫩枝梢、嫩荚、嫩叶和果柄上吸食汁液，造成寄主植物萎蔫。

【防治方法】未见大面积发生和为害，可通过保护和利用自然天敌控制其种群。

宽肩达缘蝽成虫（郑霞林　摄）

哈奇缘蝽 *Molipteryx hardwickii hardwickii* (White)

【寄主】马尾松、泡桐、枇杷。

【分布】中国分布于广西、云南、西藏。广西分布于上思（华兰）、桂平（马皮）、凤山（凤城）。

【形态特征】成虫体长 30 ~ 33 mm；体密被褐色短刚毛。前胸背板中部具皱纹，表面无瘤突，其侧角极度向前延伸，弯月形；前胸背板侧缘齿突大，后侧缘齿突小；股节腹面具齿；雄虫后足强壮，股节加粗，胫节向内弯曲，内侧略扁平扩展，亚端部内侧角状扩展。体背面黄褐色，腹面颜色较深，尤其是触角、后足胫节腹面黑褐色；腹部腹面中部略浅；前翅膜片黄褐色，透明。

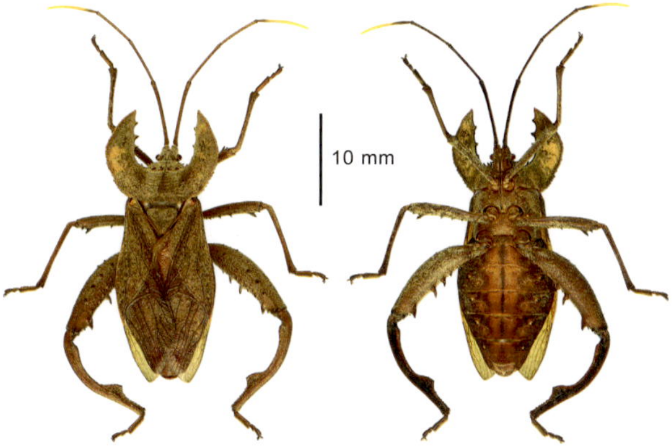

哈奇缘蝽成虫（赵萍 摄）

【生活习性】不详。

【为害特点】成虫和若虫喜在嫩枝头、嫩荚、嫩叶和果柄上吸食汁液，造成寄主植物萎蔫。

【防治方法】未见大面积发生和为害，可通过保护和利用自然天敌控制其种群。

合欢同缘蝽 *Homoeocerus walkeri* Kirby

【寄主】湿地松、桉、凤凰木、桂花、合欢。

【分布】中国分布于广东、广西、云南。广西分布于阳朔、上思（叫安）、贵港（港南桥圩和八塘）、南丹（八圩）、来宾（兴宾石陵）、扶绥（龙头）、崇左（江州）、派阳山林场（鸿鸪）。

【形态特征】体中型，长形，成虫体长 17 ~ 19 mm。头方形，前端在触角着生处截然向下弯曲，触角基向前向上突出；触角第一节呈三棱形，稍短于第二节而稍长于第三、第四节。前胸背板侧缘平直，侧角钝圆。腹部两侧几乎全部为前翅所覆盖。体背面黑褐色，腹面淡黄褐色。前胸背板（除后叶宽后缘黑褐色）、头（除黑斑）、小盾片、前翅革片前缘基部、体腹面，足浅黄褐色；触角第一节黄褐色，第二至第四节浅黄褐色，第二、第三节端部黑色，第四节中部浅黄褐色。头中央刻点及两侧带纹，前胸背板侧缘具黑色小颗粒；前翅背板后叶后部宽横带，前翅革片和膜片紫褐色，革片内基角有 2 个小淡黄色横斑，有时互相连接或完全消失。

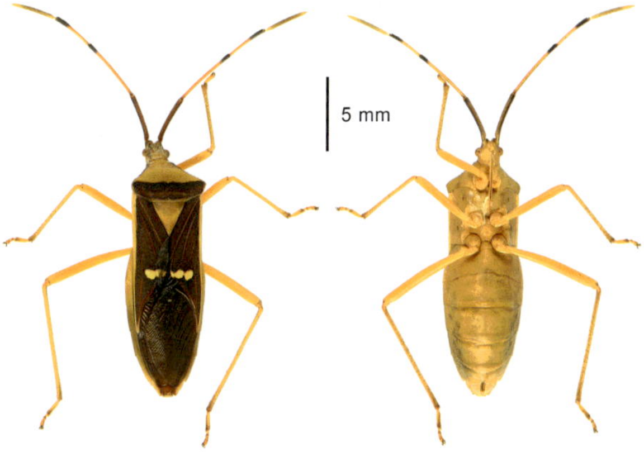

合欢同缘蝽成虫（赵萍 摄）

【生活习性】在海南儋州 1 年发生 4 代，冬季无明显的休眠期，4 月上旬在野外即可观察到各虫态及初羽化的成虫，但以卵和 1 ~ 3 龄若虫为主。

卵多产于叶片上，叶背尤多，聚产成块，每块数粒至 20 多粒，不规则排列。若虫有群集性，常在幼树叶背吸汁。成虫性喜荫蔽，白天强光照时多在叶背取食或栖息，幼龄树受害较重。飞翔能力颇强，并具弱趋光性。

【为害特点】成虫和若虫喜在嫩枝头、嫩荚、嫩叶和果柄上吸食汁液，造成寄主植物萎蔫。

【防治方法】未见大面积发生和为害，可通过保护和利用自然天敌控制其种群。

一点同缘蝽 *Homoeocerus unipunctatus* (Thunberg)

【寄主】马尾松、湿地松、桉、八角、梧桐。

【分布】中国分布于江苏、浙江、江西、湖北、广东、广西、云南、西藏、台湾。广西分布于荔浦（新坪、荔城）、阳朔（普益）、岑溪（糯垌）、桂平（石龙）、平南、南丹（城关）、派阳山林场（念克）。

【形态特征】体中小型，成虫体长 13.5 ~ 14.5 mm。体黄褐色。前胸背板两侧边缘及触角第四节色浅；前翅革片中央有 1 个黑色小斑点；侧接缘具浓密小黑点。头方形，前端在触角基着生处截然向下弯曲。触角基向前向上突出，第一至第三节略呈三棱形，具黑色小颗粒；喙短，不达于中胸腹板基部。前胸背板侧缘直，具小齿，侧角不伸出，端部成角状。腹部两侧稍扩张，侧接缘通常大部露出；雌虫第七腹节腹板后缘中缝两侧扩展部分较长，成锐角，其内边稍呈弧形，股节简单无刺。

一点同缘蝽成虫（陆千乐　摄）

【生活习性】在江西奉新 1 年发生 2 代，庐山牯岭（海拔 1100 m）仅为 1 代，以成虫在枯枝落叶、杂草丛中越冬。奉新越冬成虫 4 月中下旬外出活动，5 月下旬开始产卵。羽化期第一代在 7 月上旬至 8 月上旬，第二代在 9 月上旬至 10 月上旬；10 月中旬至 11 月中旬陆续蛰伏越冬。庐山牯岭 6 月中下旬始孵，8 月上旬至 9 月下旬羽化。卵多聚产于寄主叶面，每处 2 ~ 6 粒，少数散生。成虫和若虫在嫩茎（蔓）、嫩枝头、嫩果（荚）和较老的叶片上吸食。

【为害特点】成虫和若虫喜在嫩枝头、嫩荚、嫩叶和果柄上吸食汁液，造成寄主植物萎蔫。

【防治方法】未见大面积发生和为害，可通过保护和利用自然天敌控制其种群。

黑胫侎缘蝽 *Mictis fuscipes* Hsiao

【寄主】杉、桉、杜鹃、油茶、肉桂、枫、牛大力、竹。

【分布】中国分布于浙江、福建、江西、广东、广西、四川。广西分布于南宁（武鸣锣圩）、横州（百合）、荔浦（东昌、新坪、杜莫）、阳朔、梧州（万秀夏郢）苍梧（京南）、防城港（防城滩营）、桂平（寻旺、木根）、平南（武林、上渡）、容县（十里）、巴马（百林）、东兰（切学、三石）、河池（金城江）、武宣、象州（水晶）、大新（福隆、龙门）、宁明（寨安）、凭祥（夏石）、天等（进远）。

【形态特征】成虫体长 27 ~ 30 mm。体深棕褐色。触角第四节及各足跗节棕黄色；前胸背板中央有 1 条纵向浅刻纹。前胸背板侧角稍扩展。腹部第三腹板后缘两侧各具 1 个短刺突，第三腹板与第四腹板相交处中央形成分叉状巨突。后足股节粗壮，基部弯曲，胫节内侧稍扁平扩展，近端部具大刺。

【生活习性】不详。

【为害特点】成虫和若虫喜在嫩枝头、嫩荚、嫩叶和果柄上吸食汁液，造成寄主植物萎蔫。

【防治方法】未见大面积发生和为害，可通过保护和利用自然天敌控制其种群。

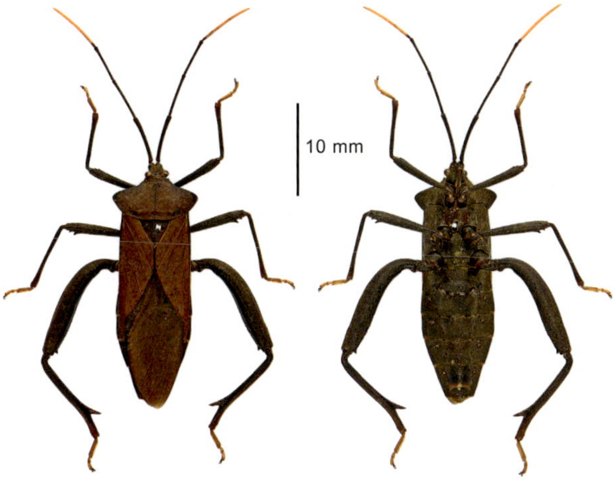

黑胫侎缘蝽成虫（赵萍　摄）

锐肩侎缘蝽 *Mictis gallina* Dallas

【寄主】松、桉、桃金娘、降香黄檀、木荷。

【分布】中国分布于江西、广东、广西、海南、云南。广西分布于南宁（邕宁中和）、合浦（白沙）、桂平（罗秀）、博白、玉林（玉州仁东）、容县（容西）、兴业（龙安）、大新（福隆）、扶绥（渠旧）、博白林场（三育）。

【形态特征】体中大型，成虫体长 24 ～ 27 mm。体棕褐色，背面体毛金黄色，前翅膜片黑褐色，腹部背面黑色，第三、第四节腹板两侧黄棕色。前胸背板侧角尖锐稍向后弯，其后缘具显著的小齿；侧缘直，具小齿。后胸侧板有 1 个白色绒毛组成的斑点。雄虫后足股节粗大。后足胫节腹面约在顶端 1/3 处有 1 枚齿，雌虫后足细而简单，雄虫第三节腹板基缘两侧具 1 个短刺突。

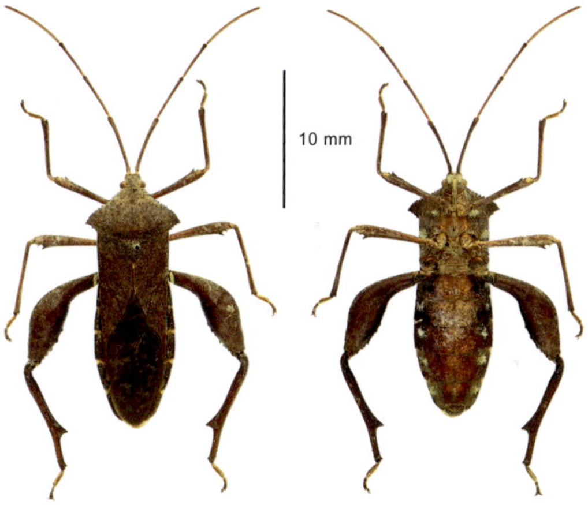

锐肩侎缘蝽成虫（赵萍　摄）

【生活习性】不详。

【为害特点】成虫和若虫喜在嫩枝头、嫩荚、嫩叶和果柄上吸食汁液，造成寄主植物萎蔫。

【防治方法】未见大面积发生和为害，可通过保护和利用自然天敌控制其种群。

黄胫侎缘蝽 *Mictis serina* Dallas

【寄主】桉、红锥、粉单竹、油茶、肉桂、桂花、杉。

【分布】中国分布于浙江、江西、福建、广东、广西、四川、。广西分布于南宁（邕宁那楼）、武鸣（罗波、朝燕林场）、永福（坪岭林场）、苍梧、东兴、防城港（防城珠河）、容县（县底）、隆林（克长）、东兰、南丹（芒场）、武宣、象州（妙皇）、扶绥（昌平）、七坡林场（那琴）、六万林场（河嵩）。

【形态特征】体大型，成虫体长 27 ～ 30 mm。体背面黄褐色，腹面深褐色。触角第一至第三节、各足股节、体腹面、小盾片棕褐色。触角第四节、各足胫节（除基部和端褐色）和跗节污黄色；前胸背板中央有1条纵向深色刻纹。前胸背板侧角稍扩展并略向上卷起，端部略尖，侧缘小齿。腹部第三腹板后缘两侧各具1个不甚明显的短刺突，第三节与第四节腹板相交处中央形成分叉巨突。足较长，后足股节长于胫节，不明显加粗，基部向内弯曲；后足胫节腹面在近端部有1枚尖刺。本种与黑胫侎缘蝽极其相似，唯体色较浅，各足胫节污黄色。

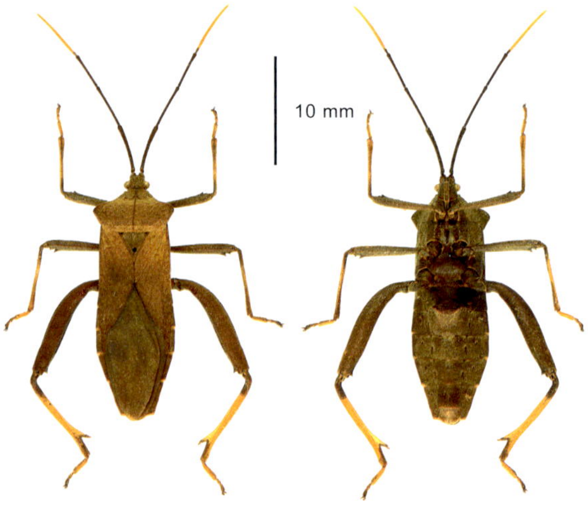

黄胫侎缘蝽成虫（赵萍　摄）

【生活习性】在浙江云和地区1年发生2代，江西1年发生2～3代，广东1年发生3～4代，均以成虫在枯枝落叶下、树干裂缝及常绿树叶丛间越冬。在江西，4～10月下旬可以观察到成虫，5～10月上旬可以观察到若虫。在浙江云和地区，翌年4月中旬越冬代成虫开始活动，5月中下旬开始交配，6月下旬为交配高峰期。第一代成虫6月下旬始见，10月下旬终见，8月中下旬为害严重。第二代成虫为害期为9月上旬至10月上旬，11月中旬以后陆续蛰伏越冬。由于成虫寿命较长，世代重叠现象明显。

【为害特点】以若虫和成虫刺吸寄主植物嫩茎和嫩叶的汁液为害，被刺吸处以上的嫩梢即开始枯萎，半天后嫩梢开始下垂，最后嫩梢开始枯焦，数天后即呈严重枯焦状。

【防治方法】物理防治。阴雨天或早上露水未干前，成虫和若虫不活泼，多栖息在树冠的茎叶上，可徒手捕捉，集中处理。

化学防治。若虫孵化后，可选用2.5%溴氰菊酯20～40 mL/亩喷雾防治。

曲胫侎缘蝽 *Mictis tenebrosa* (Fab.)

【寄主】桉、漆树、牛甘果、火焰花、油茶、算盘子。

【分布】中国分布于浙江、福建、江西、湖南、广东、广西、海南、四川、云南、西藏。广西分布于南宁（江南台湾花卉园）、横州（百合、新福、平朗）、荔浦（茶城、蒲芦）、灵川（三街）、永福（堡里）、梧州（长洲）、岑溪（归义）、上思（公正）、防城港（防城滩营）、博白、容县（十里）、平桂（公会）、罗城（四把）、南丹（八圩）、武宣、来宾（兴宾大湾）、扶绥（柳桥）、宁明（峙浪）、天等（福新）、东门林场（华侨）。

【形态特征】体中大型，成虫体长22～24 mm。体暗褐色，体背面被灰白色刚毛；前翅膜片锈色；后胸侧板有1根白色绒毛组成的斑点。小盾片末端白色。腹部侧接缘各节间白色。喙达中足基节。前胸背板侧缘直，具微齿，侧角钝圆，其后缘无显著的小齿。后足股节粗大，基部向内略弯曲；胫节中部显著向内弯曲，腹面扩展成三角形突起，扩展部分位于胫节中央前方。雄虫第三腹板两侧具短刺状突，中央部分及第四节腹板中央部分相连，延伸形成腹突，其中央向内凹入。雌虫第三腹板中央后缘稍向后延伸。

【生活习性】在江西南昌市和奉新县1年发生2代，以成虫在寄主附近的枯枝落叶下和芦苇丛间越冬，翌年3月上中旬始出活动，4月下旬开始交配，4月下旬至7月上旬产卵，6月上旬至7月中旬陆续死亡。第一代若虫于5月中旬初至7月中旬孵化，6月中旬至8月中旬初羽化，6月下旬至8月下旬产卵，7月下旬至9月上旬成虫相继死亡。第二代若虫于7月上旬至9月上旬孵化，8月上旬至10月上旬羽化，10月中下旬至11月中旬陆续蛰伏越冬。全年以6～7月间为害较重。卵聚产于小枝或叶背。呈条状排列，每条4～8（14）粒，每雌一生可产3～5条。初孵若虫静伏于卵壳旁，不久即在卵壳附近群集取食，受惊便竞相逃散。2龄后分散活动。

【为害特点】成虫和若虫喜在嫩枝头、嫩荚、嫩叶和果柄上吸食汁液，造成寄主植物萎蔫。

【防治方法】未见大面积发生和为害，可通过保护和利用自然天敌控制其种群。

曲胫侎缘蝽成虫（郑霞林　摄）

大竹缘蝽 *Notobitus excellens* Distant

【寄主】竹。

【分布】中国分布于广西、云南。广西分布于桂林（雁山）、荔浦（茶城、蒲芦）、岑溪（水汶）、平南（大洲、大坡、大安、武林、上渡）、凤山（凤城）。

【形态特征】体大型，成虫体长27～32 mm。体深褐色至黑色。触角第四节和各足跗节污黄色。后足胫节侧扁，内缘具成列的短粗刺，其基部向内侧稍成角状扩展。

【生活习性】大竹缘蝽在云南新平1年发生1代。以成虫群集隐蔽于竹包衣内越冬，常与绿竹缘蝽和狭竹缘蝽混聚。冬季不活动，受惊亦很少扩散。翌年春季4月下旬至5月上旬开始出包衣活动。出包衣后的越冬成虫多群集于新叶上，两面均有，以嫩叶汁液为食，补充营养之后雌雄交配。交配期容易受惊，受惊后立即释放大量臭液，并飞散至周围竹丛中。6月下旬雌虫可多次产卵，卵规则产于竹叶表面、竹竿下部及竹丛周围的野草叶片上。7月上旬，1龄若虫大量出现。8月中旬各龄若虫群居，并与成虫混杂密集在新发竹笋表面取食，是为害的高峰期。

【为害特点】春末成虫于新叶上吸食汁液，造成叶局部枯黄。夏季大量成虫及若虫聚集于新笋表面取食，造成新发竹笋枯死，或不能正常生长成竹。

【防治方法】营林措施。控制立竹密度或将竹与阔叶树种混交等措施，营造不利于大竹缘蝽的发生环境。

人工防治。及时清除枯枝落叶以破坏害虫隐

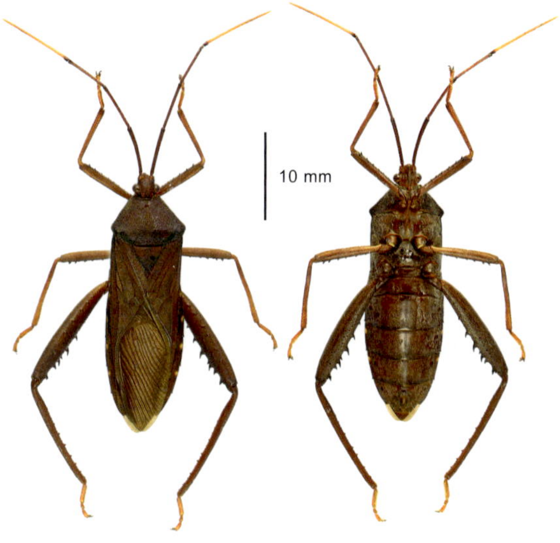

大竹缘蝽成虫（赵萍　摄）

蔽栖息场所；越冬期采用敲击、挤压、剥除竹包衣等方法，或用捕虫网等工具进行人工捕杀；发笋期将若虫振落，集中处理。

生物防治。保护本地天敌，如鸟类、蜘蛛、革红脂猎蝽等，发挥其自然控害作用。

化学防治。大发生时，选用 0.3% 印楝素可溶剂 120 ～ 180 mL/ 亩喷雾防治。

黑竹缘蝽 *Notobitus meleagris* (Fab.)

【寄主】桉、竹、澳洲坚果。

【分布】中国分布于浙江、福建、江西、广东、广西、海南、四川、台湾。广西分布于横州（石塘）、荔浦（修仁、龙怀）、桂林（叠彩、雁山）、阳朔（福利、兴坪、普益）、全州、灵川（公平）、岑溪（归义）、合浦（石康）、博白（三滩）、隆林（革步）、巴马（东山）、派阳山林场（公武）、雅长林场（雅长）。

【形态特征】成虫体长 18 ～ 25 mm，深褐色至黑色，触角第四节两端、前足及中足胫节、各足跗节棕色。雄虫生殖节末端中央成角状突出，两侧突起约与中央突起等长，成宽山字形。

【生活习性】成虫在广东广州 1 年发生 5 代，世代重叠，以成虫在隐蔽的树洞石块下、土缝间及屋缝、瓦片下等处越冬。越冬成虫于 4 月上、中旬，当竹长出嫩梢时始出活动和取食，以吸食竹节及枝节上发出的嫩芽补充营养，并繁殖第一代。第二代以后的若虫和成虫都以竹笋为食。第五代成虫除吸食竹笋外，也会吸食竹节发出的秋芽。11 月下旬气温降到 25℃以下时，即寻找越冬场所蛰伏。

在四川达州，该虫 1 年发生 1 代，以卵在竹叶背过冬。越冬卵于 3 月中旬开始孵化，4 月下旬越冬代成虫羽化，5 月为害幼笋严重，6 月上旬产卵后逐渐死亡。世代历期的长短与温度关系极为密切，在恒温下，卵期差别甚大，19℃时为 20 天，22℃时为 15 天，25℃时 12 天；7 ～ 8 月高温季节为 3 天。卵聚产于竹箨上或竹叶背，成双行排列，每块多为 15 粒。每雌产卵量约 30 粒。成虫和若虫多栖息于背光面的竹箨内或竹枝丛间，日夜均可吸食，嗜食 1 ～ 2 m 高的竹笋，并有明显的群栖性。成虫羽化后经取食方能进行交配和产卵。交配可全日进行，持续达数小时；脱交后 1 ～ 5 天产卵，卵一般分两次产出，产后 10 天左右死亡。若虫多在上午 8 时左右孵化，1 龄若虫一般只吸食少量水分便可进入 2 龄。低龄若虫不甚活动，受惊易跌落地面。

在贵州铜仁 1 年发生 2 代。以成虫越冬，其发生期与长笋期相吻合，4 月下旬，越冬成虫开始活动，先取食竹节发出嫩芽的汁液补充营养，4 ～ 6 天后进行交配产卵，繁殖后代。在自然条件下，第一代

A. 成虫

B. 卵

C. 聚集为害状

黑竹缘蝽（杨忠武　摄）

平均卵期 7 天，若虫期 53 天，成虫期 16 天。第二代平均卵期 4 天，若虫期 47 天，成虫期 246 天（越冬代）。10 月中旬成虫陆续飞离竹林寻找树洞、皮缝、砖石缝、柴垛等干燥而又隐蔽的场所越冬。卵块条状排列整齐，每块有卵 19 ～ 62 粒，平均 34 粒。每雌可产卵 1 ～ 2 块。成虫群集越冬。

【为害特点】成虫、若虫群集在笋壳胀裂的节上、幼嫩组织和竹笋上吸食汁液。竹笋受害后，轻者造成疤痕、节间缩短、高度降低、竹材质脆、产量低，重者竹笋枯死或诱发真菌病害发生。

【防治方法】物理防治。在成虫产卵期，人工摘除卵块。

生物防治。自然条件下，黑竹缘蝽的捕食性天敌主要有蜘蛛、蚂蚁、胡蜂、鸟类、青蛙、蟾蜍等；寄生性天敌主要有小黑卵蜂，第二代的卵粒寄生率达 45%，对种群数量有很好的控制作用。要加以保护和利用。

化学防治。在若虫孵化高峰至 2 龄若虫期用 2.5% 溴氰菊酯乳油 1000 倍稀释液喷雾，或 1.2% 烟碱苦参碱乳油、1% 苦参碱可溶性液剂及 1.8% 阿维菌素乳油按推荐剂量使用，药后 3 天防治效果均可在 80% 以上。

山竹缘蝽 *Notobitus montanus* Hsiao

【寄主】竹。

【分布】中国分布于浙江、广西、四川。广西分布于隆林（岩茶）。

【形态特征】成虫体长 20.5 ～ 22.5 mm；黑褐色，被灰色细毛。腹部侧接缘中间淡黄褐色，基部及端部具黑色斑点；腹部背面基半部红色，端部逐渐呈黑色。喙达中胸腹板中央；臭腺道前突靠近后胸侧板前缘；后足股节粗大，其顶端约 2/5 处具 1 枚大刺，大刺前后各有数枚小刺，后足胫节基部稍向内弯曲。雄虫生殖节后缘中央突起狭窄，两侧突起宽阔，顶端圆形，距离中间突起较近，由腹面观察成窄山字形。

【生活习性】在重庆市梁平区 1 年发生 1 代，以成虫在石缝、树洞内越冬。翌年 4 月下旬开始出蛰，首先飞到田边、地旁、残林迹地的早发竹笋上取食和交配。5 月上旬成虫交配结束，飞往竹林中产卵，5 月中旬若虫孵化，7 月下旬至 9 月上旬新一代成虫陆续进入干燥的石缝、树洞内越夏和越冬。1973 年在梁平大发生，竹笋受害率为 90% 以上，死亡率达 16.4%，嫩竹枯萎。卵期 15～20 天，若虫期 30～50 天，成虫寿命 330 ～ 350 天。卵聚产于竹叶背，极少产在竹竿或杂草上，每块有 20 ～ 30 粒卵，呈“八”状嵌合排列，少数散生。每雌产卵量 20 ～ 70 粒。成虫和若虫吸食竹笋和嫩竹的汁液。成虫晴日白天活跃，善飞翔。7 月竹笋长成竹时，成虫陆续飞离竹林，向干燥岩壁、山洞附近集中。7 月下旬至 9 月上旬进入石缝和山洞中越夏和越冬。翌年春季取食竹笋补充营养后，即进行交配。雌雄虫均可多次交配，每次持续几分钟至几小时，以晴天 10 ～ 16 时交配最盛。脱交后约 12 天开始产卵，产完卵后 2～3 天即爬入枯草丛中、

山竹缘蝽成虫（任向明　摄）

落叶下或松土石缝中死去，亦有少数个体尚能取食半个月左右。初孵若虫集中在卵壳周围 3 ～ 5 天后，分别爬上竹笋取食。

【为害特点】喙吸食竹笋和嫩竹的汁液，常使竹笋、嫩竹生长衰弱；严重为害时，竹笋死亡，嫩竹立枯。竹笋受害以后轻者高度降低，节间变短，长成的竹材质脆；重者竹笋死亡，嫩竹枯萎。

【防治方法】营林防治。加大采伐强度，把衰弱竹、老龄竹全部砍除，保持竹林内环境卫生，以促进竹生长和减少害虫补充营养场所。

物理防治。在成虫期，可用诱虫灯进行诱杀。

化学防治。在若虫和成虫期，用 1.8% 阿维菌素 5000 ～ 8000 倍稀释液喷雾或用 10% 吡虫啉原液打孔注射进行防治。

异足竹缘蝽 *Notobitus sexguttatus* (Westwood)

【寄主】红锥、竹、无花果。

【分布】中国分布于广东、广西、海南、云南。广西分布于梧州（龙圩新地）、岑溪（筋竹）、防城港（防城华石）、贵港（港南东津）、桂平（木根）、北流、博白、陆川（温泉）、容县（县底）、河池（金城江）、金秀、象州、大新（宝圩）、宁明（峙浪）。

异足竹缘蝽成虫（郑霞林　摄）

【形态特征】体大型，成虫体长 19 ～ 20 mm，体褐色。前胸背板、小盾片及体腹面具深绿色光泽。触角除第四节基半部黄褐色外其余均为黑色，前足、中足及后足跗节黄褐色，后足股节及胫节亮黑色。喙超过头部后缘，第一节长于第二节。前胸背板侧缘较直；侧角圆形，不外伸，近端处有 1 个光滑小瘤状突起；足长，雄虫后足股节较粗而匀称，腹面端半部有 1 列长刺，内侧具许多小刺粒；后足胫节近中部较宽，基半部均匀弯曲，近中部腹面具 3 枚显著的小齿。雄虫生殖节末端中部突出，中央凹陷，两侧内面 2 个突起很小。

【生活习性】不详。

【为害特点】成虫和若虫喜在嫩枝头、嫩荚、嫩叶和果柄上吸食汁液，造成寄主植物萎蔫。

【防治方法】未见大面积发生和为害，可通过保护和利用自然天敌控制其种群。

翩翅缘蝽 *Notopteryx soror* Hsiao

【寄主】桉、木荷、漆树、野茉莉、黄榄、酸藤子、八角。

【分布】中国分布于广东、广西。广西分布于南宁（武鸣大明山）、宾阳（黎塘）、上思（公正）、桂平（中沙）、北流、巴马、东兰（东兰）、大新（堪圩）、六万林场（东山）。

【形态特征】体大型，成虫体长 27.5～29.5 mm。体浅栗色，被金黄色短毛。触角第一至第三节颜色稍深，第四节污黄色；头、前胸背板、小盾片、前翅棕色；触角第一至第三节和各足黑棕色；胸部腹板浅褐色；腹部背面红色；腹部腹面中央具有 1 条深色纵向条纹。体浅褐色，被浓密金黄色的细毛。喙几乎达中足基节。前胸背板具细小刻点及粗糙皱纹；侧叶扩展并成弧形向上翘起，前部稍向内曲，后部稍向外曲；侧角位于背板中央后方，侧角后缘具有 3～4 枚大齿；后缘中央向内弯曲。小盾片末端尖细。雄虫后足股节加粗，腹面中央 1 个圆形突起，内侧近端部角状突起，胫节背面显著扩展，扩展部分中央呈弧形凹陷。

翩翅缘蝽成虫（赵萍　摄）

【生活习性】不详。

【为害特点】成虫和若虫喜在嫩枝头、嫩荚、嫩叶和果柄上吸食汁液，造成寄主植物萎蔫。

【防治方法】未见大面积发生和为害，可通过保护和利用保护自然天敌控制其种群。

刺副黛缘蝽 *Paradasynus spinosus* Hsiao

【寄主】桉、油茶、山槐、木荷、樟、相思、火力楠。

【分布】中国分布于福建、广东、广西、海南。广西分布于阳朔、龙圩（新地）、北流、陆川（滩面）、容县（石寨）、南丹（里湖）、宜州（石别）、扶绥（中东）、龙州、凭祥、博白林场（五峰）。

【形态特征】体中型，长形，成虫体长 16～20 mm。体草黄色，背面略带红棕色，刻点浅褐色。中胸及后胸侧板中央、腹部各节两侧的圆斑点及前翅膜片黑色。头前端向前突出，触角位于眼前部分的中央后方，喙显著超过第二腹节的基部。前胸背板侧缘平直，雄虫侧角突出成长刺状，并向前向上翘起，雌虫侧角突无长刺状。腹部基端中央具浅纵沟。雄虫生殖节后缘中央成窄舌状突出。雌虫第七腹板褶皱。

刺副黛缘蝽成虫（任向明　摄）

【生活习性】不详。

【为害特点】成虫和若虫喜在嫩枝头、嫩荚、嫩叶和果柄上吸食汁液，造成寄主植物萎蔫。

【防治方法】未见大面积发生和为害，可通过保护和利用自然天敌控制其种群。

长腹侎缘蝽 *Pseudomictis distinctus* Hsiao

【寄主】竹。

【分布】中国分布于广东、广西、云南。广西分布于龙圩（新地）、靖西（南坡）。

【形态特征】体大型，成虫体长 28 ～ 30 mm。体深栗色，被短白细毛。头部边缘、前胸背板侧缘、小盾片顶端、触角第四节基半部、各足胫节、侧接缘基部浅色。触角第一节黑色，第二、第三节黑色，外侧浅色，第四节红褐色。喙超过中部腹板中央。前胸背板简单，侧角宽圆。雄虫腹部腹面具显著的横皱纹，第三腹节两侧各具 1 枚长刺，中央部分向后极度延伸，几乎达第五节的后缘，第四节中部亦相应向后延长。后足股节粗大，中部弯曲，背面隆脊呈扩展状态，腹面端部内缘稍呈圆形扩张，其外缘具显著的锯齿；后足胫节背面扩展，端部较宽，顶端具小角状突起，腹面顶端 2/5 处具小齿突，突出前方具有成列的小齿，后方光滑，顶端具突起。

长腹侎缘蝽成虫（陆千乐　摄）

【生活习性】不详。

【为害特点】成虫和若虫喜在嫩枝头、嫩荚、嫩叶和果柄上吸食汁液，造成寄主植物萎蔫。

【防治方法】未见大面积发生和为害，可通过保护和利用自然天敌控制其种群。

拉缘蝽 *Rhamnomia dubia dubia* (Hsiao)

【寄主】杉、桉、桂花、红锥、毛竹、白背桐、核桃、小蜡。

【分布】中国分布于福建、广东、广西、四川、云南。广西分布于宾阳（武陵、新桥）、邕宁（百济）、横州（云表）、荔浦（新坪、荔城）、龙胜（瓢里、三门）、兴安、阳朔（高田）、苍梧（白南林场、石桥）、岑溪（筋竹）、蒙山（西河）、藤县（金鸡）、港南（瓦塘、新塘）、桂平（中沙、石咀、木根、社步）、博白（径口、新田）、容县（石头）、兴业（高峰）、凤山（砦牙）、金城江（侧岭）、罗城（怀群）、南丹（车河、罗富）、金秀、武宣（东乡）、江州（驮卢、濑湍）、天等（龙茗）、派阳山林场（鸿鸪）。

【形态特征】体大型，成虫体长 28 ～ 33 mm。体暗褐色，被浅棕色细毛。头、前胸背板、小盾片、胸部侧板、腹部侧接缘、喙黑色；小盾片末端黄褐色；腹部背面红色；各足股节黑褐色；各足胫节红褐色至黑褐色；触角第一至第三节褐色至黑褐色，第四节黄色至橙黄色；前翅栗色。前胸

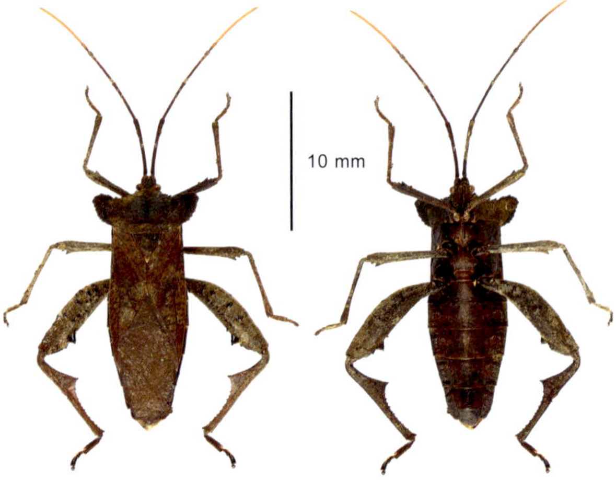

拉缘蝽成虫（赵萍　摄）

背板粗糙，后侧角边缘具不规则的颗粒和齿突，中央具1条不明显的纵沟；侧叶向两侧扩展，并向上翘；侧角显著，微向后指，侧缘齿小。后足胫节基半部内缘扩展呈三角形。雄虫后足股节具有黑色瘤突，腹面顶端后侧有1枚较大的锐齿。

【生活习性】在福建1年发生2代，主要为害小蜡。4月上旬，成虫开始出蛰活动，4月中下旬，成虫开始产卵，第一代若虫在5月上旬孵化，6月下旬出现第一代成虫；7月上旬出现第二代的卵，7月下旬第二代若虫孵化，9月中旬出现第二代成虫，世代重叠。以成虫在小蜡上越冬，在7月下旬至8月下旬，第一代的4龄若虫、5龄若虫、成虫和第二代1龄若虫共同为害，是为害高峰期。

【为害特点】在嫩梢顶端取食，刺吸嫩梢和嫩芽，通常在一个枝嫩梢上取食，直至嫩梢枯死，才转移到另一个嫩梢上为害。

【防治方法】营林防治。加强管理、及时修剪，保护天敌。

化学防治。20%杀灭菊酯乳油加水稀释喷雾有较好的防治效果。

二色普缘蝽 *Plinachtus bicoloripes* Scott

【寄主】桉、榆、杨、冬青、卫矛等。

【分布】中国分布于江西、湖北、广西、四川、云南、陕西。广西分布于靖西（新甲）。

二色普缘蝽（赵萍　摄）

【形态特征】体中型，成虫体长13.5～16.5 mm。头显著伸出于触角基的前方；触角稍长于体长的2/3，第二节最长，第三节最短，端部稍侧扁；喙达后足基节。体背面黑褐色，被浓密细小深色刻点，腹面黄色。触角、股节端部、胫节及跗节深红褐色；足的基节、转节及股节基部红褐色。前胸背板侧缘、小盾片顶端、喙第二至第四节、各胸侧板和腹板两侧的斑点、侧接缘端部均为黑色。有时第四腹板两侧无黑色斑点。前胸背板侧缘平直，侧角钝角形，不突出。前翅达腹部末端。腹片浅褐色。本种外形和颜色极似刺肩普缘蝽，主要区别在于其前胸背板侧角不呈刺状。

【生活习性】不详。

【为害特点】成虫和若虫喜在嫩枝头、嫩荚、嫩叶和果柄上吸食汁液，造成寄主植物萎蔫。

【防治方法】未见大面积发生和为害，可通过保护和利用自然天敌控制其种群。

49. 蛛缘蝽科 Alydidae

体中型，体狭长、细长。头大，向前平伸或稍向下倾斜，头与前胸背板约等长，头顶宽于小盾片；眼大，常突出；小颊短，向后不超过触角着生处。后足较长，雄虫股节常粗大，跗节第一节甚长，长于第二、第三节之和。

条蜂缘蝽 *Riptortus linearis* (Fab.)

【寄主】木荷、火力楠、香椿、竹、油茶、黄梁木、乌桕、夹竹桃、油桐。

【分布】中国分布于浙江、江西、广东、广西、海南、四川、云南、台湾。广西分布于横州（平马）、全州（才湾、石塘）、阳朔、桂平（石咀）、北流、博白、陆川（滩面）、靖西（南坡）、天等（龙茗）、东兰、武宣（黄茆、金鸡、六峰山林场）、象州。

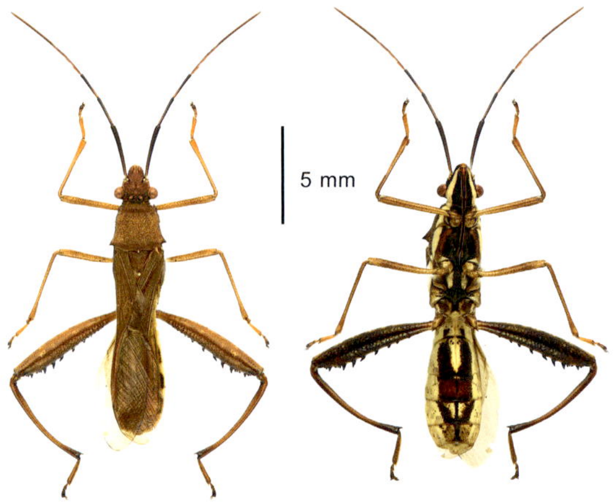

条蜂缘蝽成虫（赵萍　摄）

【形态特征】体浅棕色。头部及胸部两侧的黄色光滑斑纹成完整的带状，有时不甚清楚。触角第一至第三节、头腹面、胸部腹板、后足腹面、腹部腹面中部黑棕色。

体中型，成虫体长 13.5 ～ 15.0 mm，头大，略短于前胸背板；前胸背板及胸侧板不具黑色颗粒。前胸背板侧角短锥状，后缘波曲状。后足股节中部加粗，内侧齿突，后足胫节向内弯曲。

【生活习性】在江西省南昌市 1 年发生 3 代，部分 2 代，以成虫在枯草丛中、树洞和屋檐下等处越冬。翌年 3 月下旬开始活动，4 月下旬至 6 月上旬产卵，5 月下旬至 6 月下旬陆续死亡。5 月上旬至 6 月中旬第一代若虫孵化，6 月上旬至 7 月上旬羽化，6 月中旬至 8 月中旬产卵。6 月中旬至 8 月下旬第二代若虫孵化，7 月中旬至 9 月中旬羽化，8 月上旬至 10 月下旬初产卵。8 月上旬至 11 月上旬第三代若虫孵化，9 月上旬至 11 月中旬羽化。成虫于 9 月中旬至 10 月下旬为害较重。

各代卵期分别为 10 ～ 12 天、6 ～ 8 天和 6 ～ 10 天；若虫期分别为 27 ～ 35 天、21 ～ 26 天和 22 ～ 29 天；成虫寿命分别为 35 ～ 47 天、28 ～ 43 天和 7 ～ 9.5 个月。

卵多散生于叶柄、叶背和嫩茎上，偶聚产成行，雌虫每次产卵 5 ～ 14 粒，多为 7 粒，每雌产卵量 14 ～ 35 粒。成虫活泼，善飞翔和疾走，阳光强烈时多栖息于寄主叶背；具弱趋光性，并需取食寄主植物汁液后，才能正常发育和繁殖。

【为害特点】成虫和若虫喜在嫩枝头、嫩荚、嫩叶和果柄上吸食汁液，造成寄主植物萎蔫。

【防治方法】未见大面积发生和为害，可通过保护和利用自然天敌控制其种群。

点蜂缘蝽 *Riptortus pedestris* (Fab.)

【寄主】桉、台湾相思、樟、桃金娘、茶、澳洲坚果。

【分布】中国分布于北京、江苏、浙江、安徽、福建、江西、河南、湖北、广西、四川、云南、西藏。广西分布于南宁（武鸣马头）、龙胜、兴安、阳朔、北海、防城港（防城那梭）、象州（中平、寺村、运江）、梧州（龙圩）、北流（六靖、石窝）、博白、陆川（沙坡）、兴业（洛阳、龙安、高峰、城隍）、扶绥（龙头、昌平）、龙州、宁明（峙浪）、凭祥、六万林场（东山）。

【形态特征】体中型，狭长，成虫体长 15 ～ 17 mm。头略窄于前胸背板，复眼突出，眼前部分呈三角形，稍向下倾斜，中叶长于侧叶；触角第一节长于第二节。体黄棕色至黑褐色。前胸背板及前、中、后胸侧板具许多不规则的黑色颗粒。中、后胸腹板黑色。后足股节背面锈色，腹面黑褐色。胫节中部大部淡黄褐色。前胸背板向下倾斜，前缘具领，后缘具 2 个不明显的弯曲；侧角成短刺状，略向上翘起。腹部两侧稍呈宽圆形扩展。后足股节粗大，胫节弯曲，短于股节，端部内侧具小刺。

点蜂缘蝽成虫（赵萍　摄）

【生活习性】在江西省南昌市 1 年发生 3 代，部分 2 代，在江苏和安徽 1 年发生 2 代，均以成虫在枯枝落叶和枯草丛中越冬。在南昌，各代发生期与条蜂缘蝽相似，往往并发成灾。在江苏，第一代成虫期在 7 ～ 8 月，第二代成虫 10 月羽化。在南昌，各代卵期分别为 10 ～ 12 天、6 ～ 8 天和 8 ～ 11 天；若虫期分别为 26 ～ 32 天、21 ～ 26 天和 23 ～ 27 天；成虫寿命分别为 35 ～ 47 天、28 ～ 43 天及 7 ～ 10 个月。卵多散产于寄主叶背、嫩茎和叶柄上，偶数粒在一起。雌虫每次产卵 7 ～ 21 粒，多数 7 粒，每雌产卵量 21 ～ 49 粒。成虫和若虫喜在寄主的蕾、花、嫩荚和嫩茎上吸汁。成虫活泼，善飞翔和疾走，早、晚低温时稍迟钝；具趋光性。成虫需吸食寄主植物汁液后，才能正常发育和繁殖，山区 6 月后虫口密度常大于条蜂缘蝽。

【为害特点】成虫及若虫刺吸植株汁液，致使植株生长发育不良，受害部位留有针孔样黑褐色圆点。间接为害。成虫及若虫在刺吸植株同时，传播植物病害。

【防治方法】营林防治。清除枯枝落叶，铲除杂草，降低越冬虫源基数，及时铲除林边早花早实的野生植物，避免其作为早春过渡寄主。

生物防治。捕食性天敌有球腹蛛、长螳螂和蜻蜓，寄生性天敌有黑卵蜂等，对控制点蜂缘蝽的发生为害具有重要作用，可加以保护和利用。

化学防治。可选用 10% 吡虫啉可湿性粉剂 1000 倍稀释液、5% 啶虫脒乳油 1000 倍稀释液、3% 阿维菌素乳油 2000 倍稀释液或 2.5% 高效氯氟氰菊酯乳油 1000 倍稀释液喷雾，用药量（稀释后）为 45 ～ 60 kg/ 亩，每隔 5 ～ 7 天喷 1 次，连喷 2 ～ 3 次。

（十七）猎蝽总科 Reduvioidea

50. 猎蝽科 Reduviidae

小到大型。头部背面复眼之间常具横缢，眼后区向后细缩；触角 4 节，喙可见 3 节；复眼向两侧突出，单眼 2 个。前胸背板具横缢，前叶大于后叶。前翅分为革片、爪片和膜片，膜片具 2 个大翅室。前足捕捉足。捕食性，为森林生态系统中常见的天敌昆虫。

（赵　萍）

红荆猎蝽 *Acanthaspis ruficeps* Hsiao

【捕食对象】鳞翅目幼虫等。

【分布】中国分布于广西、云南。广西分布于鹿寨、那坡。

红荆猎蝽成虫（梁擎　摄）

【形态特征】体红色。成虫体长 19.5 ～ 20.5 mm，腹宽 6.1 ～ 6.2 mm。触角（除第一节基部外）褐色至黑色；复眼、单眼周围、前胸背板后叶前部的 3 个纵斑、小盾片（除端刺顶端外）、前翅（除爪片基部、革片前缘及内角后方的横带外）黑褐色至黑色；胸部侧板大部、腹部腹面两侧黑褐色；各足胫节端部、跗节黄褐色。体腹面及侧面被浅黄色长短不一的绒毛；各足基节及转节具浓密的黄色细毛；头的背面、触角第一、第二节、前胸背板具黑褐色短刚毛；小盾片具黄褐色长刚毛；各足股节及胫节具黄褐色长短不一的刚毛。复眼较小；眼前区与眼后区约等长，眼后区略圆鼓，喙第一节显著长于第二节，触角第一节稍长于眼与眼前区长度之和；复眼后横缢较深，复眼间纵凹较浅；单眼间距仅及单眼直径之半。领端突较小，呈瘤状；前胸背板前叶短于后叶，具较深的印纹；后叶中央及两侧具纵凹陷，凹陷之内具横皱纹；后叶基部除中央凹陷外具纵皱纹，其余部分具不规则的皱纹，侧角呈瘤状，指向侧后方；后叶后缘中央具 2 个极不显著的隆起，后缘中部稍凹。发音沟长全脊形，约有 150 条横纹脊；小盾片基部平，端部凹陷，端刺较长且尖，略斜向上翘；雄虫前翅超过腹部末端。雄虫腹部第六节腹板中央甚短，第七节腹板中央甚长。第九腹节腹板特别大，其中央（即尾节突）长刺状，具 2 个侧突；抱器不规则形，甚为发达。

【生活习性】不详。

艳红猎蝽 *Cydnocoris russatus* Stål

【捕食对象】鳞翅目幼虫等。

【分布】中国分布于江苏、浙江、安徽、福建、江西、河南、湖南、广东、广西、海南、四川、贵州、陕西、甘肃、台湾。广西分布于桂林、扶绥。

【形态特征】雄成虫体长 13.13 ～ 15.75 mm，腹宽 4.36 ～ 4.41 mm；雌成虫体长 16.70 ～ 17.40 mm，腹宽 5.09 ～ 6.04 mm。体红色，有光泽。触角、头部腹面中央、喙端部、各胸节侧板与腹板大部、各足、腹部腹面各节的横斑黑褐色至黑色；前翅膜片褐色。头较短宽；触角后突羊角状，向前侧方弯曲；喙粗壮，第一节约等长于第二、第三节长度之和；前胸背板前叶明显具有无毛印纹，前叶中央后部具较深的宽凹；前胸背板后叶中部圆鼓，侧角圆钝，略向两侧突出，后角略突出，后缘微突；小盾片中部具较大 Y 形隆脊；前翅显著超过腹部末端；腹部略向两侧扩展。

【生活习性】不详。

艳红猎蝽成虫（陆千乐　摄）

黑光猎蝽 *Ectrychotes andreae* (Thunberg)

【捕食对象】鳞翅目幼虫等。

【分布】中国分布于北京、河北、江苏、浙江、安徽、福建、山东、河南、湖南、广东、广西、海南、重庆、四川、贵州、云南、陕西、台湾。广西分布于扶绥。

【形态特征】雄成虫体长 11.5 mm，腹宽 3.8 ～ 4.2 mm；雌成虫体长 12.6 mm，腹宽 4.3 ～ 5.9 mm。体黑色，具蓝色光泽。各足转节、股节基部、腹部腹面大部红色；前翅基部、腹部侧接缘黄白色至暗黄色；腹部各节之间黑色，第五至第七节侧接缘具有黑斑，腹部腹面亚侧域及第七节黑色。黄色和黑色斑纹存在变化。体近葵花籽形，雄虫腹部近端部略扩展，雌虫腹部中端向两侧扩展。头短粗，明显向下倾斜；触角第一节稍长于头长，端部膨大，第一至第三节着生环状长毛，第四节以后毛稀疏。前胸背板背面圆鼓，中央纵凹较深；小盾片端突直；股节亚端部腹面具不明显的突起；雌虫前翅不达或仅达腹部末端。

【生活习性】不详。

黑光猎蝽成虫（赵萍　摄）

霜斑素猎蝽 *Epidaus famulus* (Stàl)

霜斑素猎蝽成虫（罗茂生　摄）

【捕食对象】鳞翅目幼虫等。

【分布】中国分布于浙江、福建、江西、广东、广西、海南、四川、贵州、云南。广西分布于桂林（叠彩）、兴安（猫儿山）。

【形态特征】雄成虫体长约 18 mm，腹宽约 2.9 mm。体黄褐色至红褐色。复眼、眼后区、前胸背板后叶刺之端部、侧接缘第五节端半部和第六节基部 1/3 黑色；前胸背板及腹板、中胸侧板及腹板、小盾片、后胸侧板及腹板、前翅革区、腹部第二节腹板、侧接缘第五节端部及第六节基部具大小与形状不一的白色蜡质粉被；中、后足股节（除端部外）及胫节（除基部外）淡黄褐色。头的眼前部分较粗，两侧近平行，触角基部后方的突起短锥状；喙第一节长而粗壮，略长于其余 2 节长度之和，末端超过复眼后缘；触角第一节最长，长于头与前胸背板长度之和。前胸背板领端突不甚发达；前叶中后部具近菱形的浅凹，后叶中后部的 2 枚刺及侧角刺较长，后角圆突，后缘中部近直；前足股节较粗，中、后足较细；腹部中、后部弧形扩展，背观中部近菱形。前翅超过腹部末端。

【生活习性】不详。

六刺素猎蝽 *Epidaus sexspinus* Hsiao

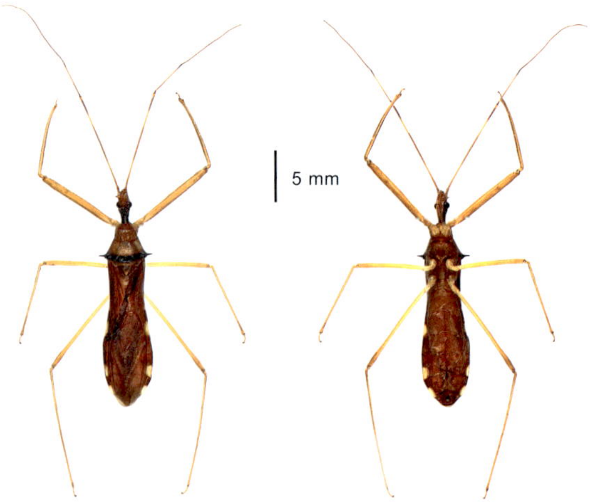

六刺素猎蝽成虫（赵萍　摄）

【捕食对象】鳞翅目幼虫等。

【分布】中国分布于浙江、福建、江西、湖南、广东、广西、海南、贵州。广西分布于兴安（猫儿山）。

【形态特征】成虫中大型，较狭长。雄成虫体长 17.9 ～ 21.4 mm，腹宽 2.7 ～ 4.9 mm，雌成虫体长 22.1 ～ 22.9 mm，腹宽 4.9 ～ 5.4 mm。体黄色至黄褐色，略闪光。头后叶及背面、前胸背板侧角刺和中刺及近后缘的横带黑褐色至黑色；复眼黄褐色至黑色；前翅膜区、侧接缘上的深色斑褐色至暗褐色；触角第一节上的浅色环纹、头部腹面、喙、中足、后足股节大部及胫节、侧接缘各节的淡斑黄色至暗黄色。体表大部密被黄白色平伏短毛，有时革片上的短毛组成小毛斑；触角第一节稀生短毛，第二节较密地被短毛，第三、第四节密生短绒毛；各足及小盾片具长短不一的直立或斜生刚毛。头前叶短于头后叶，眼前区明显短于眼后区；触角后刺长，端部略向前弯；喙第一节等于或略长于第二、第三节长度之和。领端突小，瘤状；前胸背前叶具印纹，中后部中央具纵凹；前胸背板后叶前部中央具 2 条明显或不明显的纵脊，脊之间较平坦；侧角刺较长，中刺短于侧角刺，后角圆钝，后缘中部近直；前翅近达、达到或略超过腹末。雄虫腹部两侧不扩展，雌虫第五、第六腹节侧接缘略向外扩展。

【生活习性】不详。

纹彩猎蝽 *Euagoras plagiatus* (Burmeister)

【捕食对象】鳞翅目幼虫等。

【分布】中国分布于浙江、福建、江西、湖南、广东、广西、海南、贵州、云南。广西分布于南宁（青秀）、宁明、横州、岑溪。

彩纹猎蝽成虫（梁擎　摄）

【形态特征】体中等大小，略狭长。雄成虫体长 13.4 mm，腹宽 2.6 mm；雌成虫体长 13.2 ~ 113.6 mm，腹宽 2.8 ~ 3.2 mm。体淡黄褐色、鲜红色至暗红色。头（除腹面颜色较深）、前胸背板（除后叶中央黑色宽纵斑）、小盾片（除中部）、各足基节、股节端部和胫节基部浅红褐色至浅红色；前胸背板中央宽纵带和侧角刺，胸部侧板（除基节臼浅黄褐色至红色），前翅爪片，革片内侧黑色；前翅革片前缘纵带浅黄褐色，黄褐色至红色；前翅膜片褐色，半透明；胸部腹板大部暗褐色；腹部腹面浅黄褐色至红色，两侧具黑色纵条带；腹部背面浅黄褐色至红色，后半部中央具深色中纵带；侧接缘浅土黄色；股节淡黄褐色，亚端部和近端部的横向线纹黑色；胫节端半部黄褐色至黑褐色，基半部颜色较浅，基部红色，近基部隐约环纹暗褐色；复眼黄褐色至黑色；喙浅土黄色，端部深；触角黑褐色，第一节中部具 2 条隐约浅色环纹。体表大部密被黄白色平伏短毛，头部、前胸背板边缘、小盾片、胸部腹板、腹部腹板并稀杂以同色长毛；触角第二节端半部较密地斜生短毛，第三、第四节密生短绒毛；各足被长短不一的刚毛。眼前区近等长于眼后区，头前叶近等长于头后叶；喙第二节近等于第一、第三节长度之和；触角后突瘤状。领端突较发达，乳突状，顶端具 1 枚长刚毛；前胸背板前叶具印纹，中后部中央纵凹；前胸背板后叶中部较平坦，侧角刺从侧角上方斜向外伸，刺长，略向后弯曲，后缘近直；前翅伸达或略超过腹部末端。腹部亚端部最宽；侧接缘不向两侧扩展。

【生活习性】不详。

二色赤猎蝽 *Haematoloecha nigrorufa* (Stål)

【捕食对象】鳞翅目幼虫等。

【分布】中国分布于北京、河北、浙江、福建、江西、河南、湖北、湖南、广东、广西、贵州、陕西、台湾。广西分布于桂林（叠彩）。

二色赤猎蝽成虫（任向明　摄）

【形态特征】雄成虫体长 10.8 mm，腹宽 3.8 mm；雌成虫体长 11.2 mm，腹宽 4.7 mm，体长椭圆形，红色，光亮。头、各足、小盾片、身体腹面褐色至黑褐色；触角、前翅爪片、革片的大斑黑褐色至褐黑色；前翅膜区褐黑色至黑色；前胸背板前叶红褐色至褐色；侧接缘各节端半部红褐色至褐黑色。本种色斑变化较大，大体可分为普通型、红色型和黑色型 3 类。前唇基隆起，后唇基具明显的皱纹。前胸背板中央纵沟及横缢较深，侧角圆鼓；小盾片端突较长；前翅近达或达到腹末。腹部略向两侧扩展。

【生活习性】不详。

毛足菱猎蝽 *Isyndus pilosipes* Reuter

【捕食对象】鳞翅目幼虫等。

【分布】中国分布于福建、广东、广西、四川、贵州、云南、西藏。广西分布于桂林（叠彩）。

【形态特征】雄成虫体长 25.70 ～ 27.60 mm，腹宽 5.00 ～ 5.50 mm；雌成虫体长 30.50 ～ 33.70 mm，腹宽 11.00 ～ 12.80 mm。体浅褐色至褐色。复眼、头部横缢、头后叶背的斑纹、触角第一节基部、中部和端部、第二节端半部、前胸背板前叶上的印纹、各足股节端部黑褐色至黑色；触角第一节亚端部的环纹、第二节基半部、第三节基部与端部、第四节端部橘红色至黄褐色；触角第一节近基部的环纹、第三节大部、第四节基半部红褐色至暗褐色；小盾片上的脊起、爪片、前翅膜区深褐色，前翅膜区具金属光泽；各足股节亚端部隐约有 1 条浅褐色环纹，侧接缘近一色。体密被黄白色平伏短毛，各足股节被稀疏淡色直立长毛，各足胫节密被黄白色长毛。头部横缢较窄，触角基后方的突起小。前胸背板前叶两侧的突起较小，后叶具细密的横皱纹，侧角刺状，后角后方有 1 个明显的突起，后缘明显成檐状，后角略突。小盾片近等边三角形，中部具 V 形脊，两脊交汇处较隆起。雌虫侧接缘向两侧近呈菱形扩展。

毛足菱猎蝽成虫（赵萍　摄）

【生活习性】不详。

污刺胸猎蝽 *Pygolampis foeda* Stål

【捕食对象】鳞翅目、鞘翅目、膜翅目、双翅目幼虫等。

【分布】中国分布于广西、云南。广西分布于玉林（容县）。

【形态特征】体瘦长，成虫体长 14 ～ 18 mm，棕褐色；单眼突出，复眼前部分下方密生顶端具毛的小突起，眼后部分具分枝的棘，棘的顶端具毛。触角第 1 节较粗，端部各节细。前胸背板后部较高起；中胸具 2 条褐色纵带，中胸后半部具 V 形纹，该纹前端成二叉状向前突出，中胸后缘两侧具一列刺状突起。雌虫前翅达第六腹节后缘，膜片具浅斑，内外翅室浅斑明显。雄虫前翅达第七腹节中部，第七背板两侧向后突出。

污刺胸猎蝽（陆千乐　摄）

【生活习性】在广西容县 9 月可见成虫活动，其他习性不详。

桔红背猎蝽 *Reduvius tenebrosus* (Stål)

【捕食对象】鳞翅目幼虫等。

【分布】中国分布于江苏、浙江、安徽、福建、江西、河南、湖南、广东、广西、四川、贵州、云南。广西分布于横州。

【形态特征】雄成虫体长 17.0 ～ 19.0 mm、腹宽 4.0 ～ 5.1 mm，雌成虫体长 18.0 ～ 22.5 mm、腹宽 5.0 ～ 6.2 mm。体黑色。复眼灰色至黑色；前胸背板后叶一般为橘黄色至暗橘红色；少数个体后叶为褐黑色或黑色。喙第一节伸达复眼的前缘，第三节最短；触角第一节约等于前胸背板后叶之长；颊较发达，具明显的皱纹；头部横缢之前中部有 1 条纵沟。领端突瘤状；前胸背板前叶的长、宽约各等于后叶长、宽的 1/2；前叶中央纵沟到达领部，两侧具有浅而明显的印纹；后叶中央纵沟仅达后部的 1/3 处；两侧略凹，中央纵沟及两侧凹陷处具明显的皱纹；侧角圆鼓，后缘略突；小盾片中央凹，具皱纹，端刺较短，上翘；前翅显著超过腹部末端。

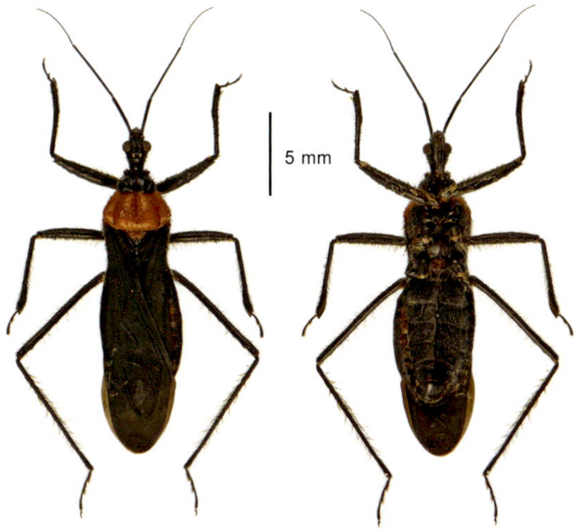

桔红背猎蝽成虫（赵萍　摄）

【生活习性】不详。

红彩瑞猎蝽 *Rhynocoris fuscipes* (Fab.)

【捕食对象】鳞翅目幼虫等。

【分布】中国分布于浙江、福建、江西、湖南、广东、广西、海南、四川、贵州、云南、西藏。广西分布于龙州、隆林。

【形态特征】体中等大小，长椭圆形。雄成虫长 11.9 ～ 13.5 mm，腹宽 3.0 ～ 3.9 mm；雌成虫体长约 16.2 mm，腹宽 5.6 mm。体黑色，具红色和黄白色斑纹。头部横缢之前复眼之间的横斑、头部侧面复眼之后的斑、单眼之间斑点、前胸背板前角、前胸背板前叶（除前缘中部和中纵沟前半部黑色）、前胸背板后叶两侧和后部 2/5、小盾片端部、前翅革片大部（除内侧黑色）、侧接缘（除各节基部）、各足基节和转节（除基部）、腹部腹面（除黑色和黄白色节间横带斑）、前胸侧板（除中部和前部 2 个黑斑）、前胸腹板红色；中、后足基节臼上的斑点，前半部黄白色，后半部红色；头部腹面、前胸背板领（除端角）和股节腹面的一串斑点黄白色；腹部腹板黑色节间横带斑向两侧延伸，近达到侧接缘的边缘。体被淡色刚毛；前

红彩瑞猎蝽成虫（赵萍　摄）

胸背板后叶，中、后胸侧板，前翅革片被淡色平伏短刚毛。眼前区长度约等于眼后区；眼后区基部细缩；触角第二节明显短于第三节；喙第一节略短，第二节约等于第一节的 1.5 倍。前胸背板前角突出，短锥状；前胸背板前叶表面具隐约刻纹，中纵沟深，中后部中纵沟两侧具 2 个显著的圆形隆起；后叶圆鼓，中部略平坦；后角向后突出；后缘近直；后翅明显超过腹部末端。

【生活习性】主要捕食烟田烟蚜、烟青虫和斜纹夜蛾等害虫。在广东南雄烟草产区 1 年发生 2 代。成虫从 11 月中下旬开始越冬到翌年 3 月上中旬，3 月中下旬可见第一代卵，4 月上旬见第一代若虫，5 月下旬见第一代成虫。7 月中下旬可见第二代卵，9 月下旬见第二代成虫，11 月后成虫进入滞育越冬期；翌年 2 月下旬至 3 月上旬气温回升，越冬成虫开始活动。15 ~ 35 ℃均能正常生长发育，但发育历期随着温度升高而缩短。卵块由 25 ~ 65 粒卵组成。每雌产卵量 52 ~ 256 粒。

华齿胫猎蝽 *Rihirbus sinicus* Hsiao et Ren

【捕食对象】鳞翅目幼虫等。

【分布】中国分布于福建、广西、贵州。广西分布于桂林（叠彩）。

【形态特征】体大型，较狭长。雄成虫体长 20.3 ~ 22.4 mm，腹宽 4.0 ~ 4.3 mm；雌成虫体长 24.7 ~ 25.2 mm，腹宽 5.4 ~ 6.1 mm。体色变异较大，基色从黄褐色至黑色。雄虫多黑色，头部腹面、前胸腹板中部、触角亚端部的环纹黄色至黄褐色，单眼中间的斑、前足胫基部 1/3 处的斑纹、中足及后足股节上的 2 个环纹及胫节基部 1/3 处的斑纹、中足及后足胫节端部均暗黄色至褐色，各足基节内侧、各胸节侧板与基节相触处黄褐色至暗褐色；腹部腹面中部红褐色至褐色。雌虫多褐色，头部背面、前胸背板、小盾片中部、中、后胸腹板两侧、爪片中部及革片中部、第三至第六腹节侧接缘基半部色较深，常为深褐色至黑色；腹部腹面常灰黄色。毛被较短而稀。触角后突短锥状，顶端略下弯。前胸背板领端突不明显；前胸背板前叶具浅印纹，中央具纵凹，纵凹两侧的突起不明显；前胸背板后叶不具明显的网脊，略纵皱，中部略凹，中央具纵脊，侧角及后角圆钝，后缘略突，小盾片端部边缘略上翘；雄虫前足胫节不甚弯曲；雄虫前翅显著超过腹末，雌虫前翅略微超腹末；雄虫腹部不扩展，雌虫腹部略扩展。

华齿胫猎蝽成虫（赵萍　摄）

【生活习性】不详。

齿缘刺猎蝽 *Sclomina erinacea* Stål

【寄主】鳞翅目幼虫等。

【分布】中国分布于浙江、安徽、福建、江西、湖南、广东、广西、海南、四川、贵州、云南、台湾、

齿缘刺猎蝽成虫（梁擎　摄）

香港。广西各地均有分布。

【形态特征】体中等大小。雄成虫体长约 15.0 mm，腹宽约 4.5 mm；雌成虫体长约 15.5 mm，腹宽约 5.3 mm。体黄色至黄褐色。头前叶两侧的纵纹、头后叶两侧斜伸的纵纹、胸部侧板上的斑、小盾片中部、革片中部、腹部腹面亚侧部的斑均黑褐色至黑色；触角第一节两端及中部、第二节端部、第三节两端，各足股节上纵纹，胫节基部的斜纹，跗节，侧接缘各节中部，爪片端半部革区均褐色至黑褐色；复眼灰黄色至黑褐色；各足股端部乳白色至黄白色；前翅膜区透明，具金属闪光；腹部腹面中部黄白色至灰黄色。体表大部密被黄白色平伏短毛；触角第一节稀被较长的刚毛，背侧方各具 7 个小突起，突起之上具刚毛；触角第二节基半部具 3 个小突起，突起之上具长毛；触角第二节端半部、第三节、第四节密生黄褐色斜短毛；各足具黄褐色长短不一的刚毛。头部背面，前胸背板，各足股节具长刺突，前胸背板中部的 1 对长刺最大。前胸背板前叶具印纹，中央深纵凹；前胸背板后叶中央纵凹浅，后角圆钝，后缘略凸；小盾片呈 Y 形脊，端部微下弯；前足股节较发达；前翅略超过腹部末端。腹部第二、第三节腹板及第四腹板基半部中央纵隆；第四至第六腹板侧面各上有 1 对半球形突起，气门着生处突起，第三至第七腹节侧接缘后角锯齿状向外突出。

【生活习性】1 年发生 1 代。在我国南方每年 4 月越冬后的成虫开始活动，4 ～ 6 月交配产卵，5 月为成虫繁殖高峰期，7 ～ 8 月为若虫阶段，8 ～ 10 月为成虫羽化成熟阶段，9 月是成虫高峰期，10 月下旬至翌年 4 月为成虫越冬阶段。羽化后的成虫可以发生交配，但不产卵，直至翌年 4 月才开始继续繁殖交配和产卵。齿缘刺猎蝽主要栖息在悬钩子属植物上，具有明显的拟态现象，两者存在互利共生关系。

环斑猛猎蝽 *Sphedanolestes impressicollis* (Stål)

【捕食对象】鳞翅目幼虫等。

环斑猛猎蝽成虫（赵萍　摄）

【分布】中国分布于北京、辽宁、江苏、浙江、安徽、福建、江西、山东、济南、湖北、湖南、广东、广西、重庆、四川、贵州、云南、陕西、甘肃。广西分布于南宁（武鸣）、桂林（叠彩）、龙胜、阳朔、梧州（苍梧）、岑溪、扶绥。

【形态特征】雄成虫体长 13.1 ～ 15.8 mm，腹宽 3.4 ～ 4.2 mm；雌成虫体长 13.5 ～ 18.0 mm，腹宽 3.8 ～ 5.2 mm。体中大型，较粗壮。头部较细长，复眼较大明显向两侧突出，其直径大于单眼间距；喙第一节明显短于第二节；触角第一节略长于第二、第三节长度之和，第二节明显短于

第三节，第三节略短于第四节。领端突发达，短锥状；前胸背板前叶圆鼓，基部中央具 1 对明显的小瘤突，后叶中央纵沟较宽深，侧角钝圆，后缘略凹；雌虫前翅略微超过腹部末端，雄虫前翅明显超过腹末。雌虫腹部略向两侧扩展。色斑型变化较大，基本色泽为黑色；喙第一节端半部或大部、头部腹面、单眼外侧、单眼之间的斑纹、腹部腹面、侧接缘各节端半部或大部均黄色至黄褐色。变化主要表现在前胸背板、触角第一节、各足股节上的环纹、胫节的颜色及革片的色泽等处；前胸背板后叶可全部黄色或淡黄褐色，红黄色具有 2 个小斑，小部分区域为黑色，大部分区域为黑色到全部为黑色，在淡色个体中触角第一节有 2 个明显的浅色环纹，各足腹节多具 3 个完整的淡色纹，各足胫节中后部，革片可从黄色至黄褐色；而在黑色个体中，触角第一节的淡色环模糊，各足股节端部的淡色环不完整或完全消失，各足胫节，革片黑褐色，胫节近基部有 1 个明显的淡色环纹。这种色泽的变化与地理分布有一定关系，采自福建、广西两省区的标本黑色个体比例较大，特别是福建个体黑色型比例可达 90% 左右，其他各省区的黑色比例则较低，如陕西省黑色型个体仅占 1/4 左右。分布于日本的个体几乎全为黑色型。

【生活习性】在江西省宜丰县 1 年发生 1 代，以 4 龄、5 龄若虫在灌木、杂草丛中过冬。翌年 4 月中下旬出蛰，5 月下旬至 6 月上旬羽化，6 月上中旬成虫交配、产卵盛期，6 月中旬至 7 月上旬为卵盛孵期，10 月下旬至 11 月上旬若虫发育至 4 ～ 5 龄时进入越冬。卵期约 15 天，若虫共 5 龄，历期较长，约 11 个月。卵产于植物叶片上，黏结成块，每块 30 ～ 38 粒，若虫、成虫在枝叶间猎捕多种害虫。

黄带犀猎蝽 *Sycanus croceovittatus* Dohrn

【捕食对象】鳞翅目幼虫等。

【分布】中国分布于福建、湖南、广东、广西、海南、贵州、云南、香港。广西分布于南宁、桂林、来宾、上思、岑溪、博白、巴马、环江、象州、金秀、天等、武宣。

【形态特征】雄成虫体长 22.3 ～ 23.0 mm，腹宽 6.8 ～ 8.7 mm；雌成虫体长 21.8 ～ 24.5 mm，腹宽 6.8 ～ 9.8 mm。体大型，黑色。头前后二叶近等长，眼后区明显长于眼前区；喙细长，弯曲。领端突不发达；前胸背板前叶小，半圆形，圆鼓，具印纹，后部中央深凹；小盾片中后部具向上近直立顶端分叉的粗刺；各足股节近等粗，端部略膨大；雄虫前翅超过腹末，雌虫前翅近达或超过腹末。腹部侧接缘强烈扩展。前翅革区端半部（除顶端）及膜区基部鲜黄色至橘黄色；复眼暗褐色具黑色斑点；单眼外侧的小斑，复眼后侧下缘的小斑黄色至黄褐色；气门暗黄色；腹部各节腹板两侧各具 1 白色毛斑；触角第一节有时亚端部与基部色浅；前胸背板后叶极少情况下呈黄褐色。

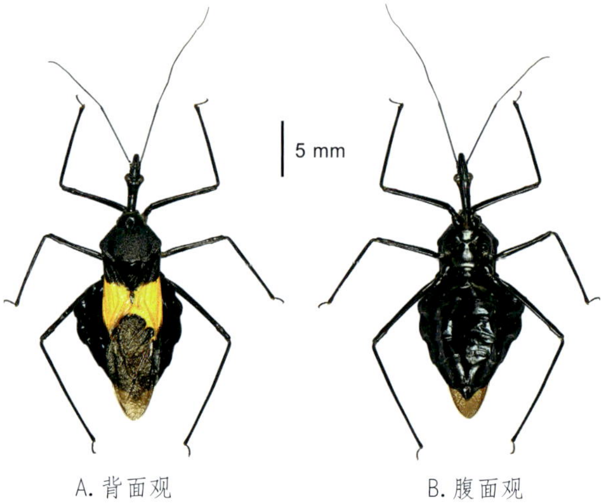

黄带犀猎蝽成虫（赵萍　摄）

【生活习性】在广东广州市、广西钦州市 1 年发生 2 代，以 3 ～ 4 龄若虫在林间地被物及杂草丛中越冬。翌年 2 月下旬至 3 月上旬开始活动，4 月下旬至 6 月上旬羽化。6 ～ 7 月为第一代若虫期，7

月中下旬开始羽化，本代成虫延续至 10 月下旬；9 ～ 10 月为第二代若虫期，11 月发育至 3 ～ 4 龄，进入越冬。卵期 12 ～ 15（17）天。若虫共 5 龄，在气温 28.8℃、相对湿度 90% 的条件下，1 ～ 5 龄若虫的发育历期分别为 15 ～ 20 天、7 ～ 15 天、8 ～ 15 天、8 ～ 13 天和 13 ～ 21 天，完成一代需 50 ～ 80 天。成虫寿命较长，雌成虫为 21 ～（34 ～ 50）天，雄成虫 12 ～（29.4 ～ 50）天，产卵期长达 30 ～ 40 天。

成虫羽化后 5 ～ 7 天开始交配，每次需 5 ～ 6 分钟，交配后 10 天左右开始产卵，一生可多次交配和多次产卵（2 ～ 5 次）。卵多产于树皮或树枝上，块产，排列成行，并附有胶状物，每块有卵 70 ～ 80 粒，多至 100 粒。卵多在白天孵化，以 8 ～ 11 时最多，初孵若虫群聚在卵壳附近，翌日开始分散，捕食刚孵化的松毛虫幼虫；后渐长大，能捕食较大幼虫，5 龄若虫和成虫每天平均可捕食松毛虫 3 龄幼虫 15 头。

大红犀猎蝽 *Sycanus falleni* Stål

【捕食对象】鳞翅目、鞘翅目和双翅目幼虫等。

【分布】中国分布于广东、广西、云南。广西分布于龙胜、宁明、凭祥、龙州（弄岗）、那坡、防城港（防城扶隆）。

【形态特征】雌、雄成虫体长分别为 31.6 mm、24.0 mm。体红色，具黑色及黄色斑带。头、触角、喙、足、中胸及后胸侧板基部、胸腹板、腹部腹面各腹板（除各节后缘黄色外）黑色，具蓝色光泽；侧接缘外缘红色。头细长，眼后区明显长于眼前区；触角细长，第四节最长，略长于第一节，第三节最短，第二节长于第三节；单眼相互远离，其间距大于单眼与复眼间距；喙细长，第三节伸达前足基节。前胸背板前角圆，不显著；前胸背板前叶半圆形，圆鼓，后部中央具短深纵沟；前胸背板后叶具浓密刻纹，侧角钝圆，后角近无，后缘近直；小盾片后缘宽圆，端部长刺近直立，顶端略分叉。各足股节顶端细缩；前翅超过腹末；腹部两侧极度扩展。

【生活习性】不详。

A. 背面观

B. 腹面观

大红犀猎蝽成虫（郑霞林　摄）

淡裙猎蝽 *Yolinus albopustulatus* China

【捕食对象】鳞翅目幼虫等。

【分布】中国分布于浙江、安徽、福建、江西、河南、湖南、广东、广西、四川、贵州、陕西。广西分布于桂林（叠彩）。

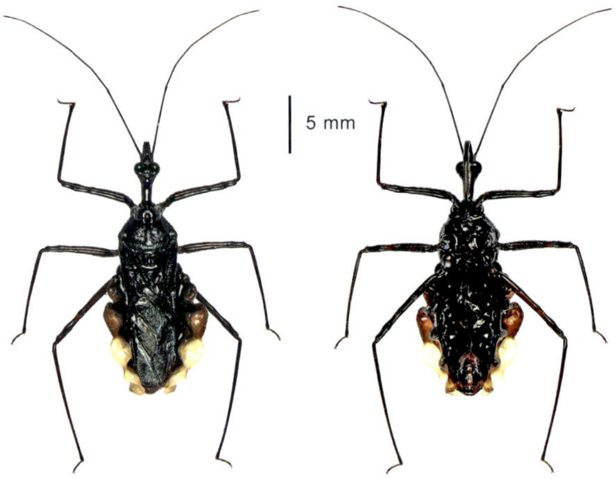

淡裙猎蝽成虫（赵萍　摄）

【形态特征】体黑色。触角第三、第四节及喙末端 2 节黑褐色至黑色；复眼灰褐色具黑斑或完全黑色；触角第一节中部大部有时褐色，多数情况全为黑色；第六、第七腹节侧接缘色多变，大多数情况下乳白色至淡黄色，少数为黄褐色，甚至几乎完全黑色。腹部末端（雄性第七节中部和末节，雌性末节）有时红色、黄褐色，或者完全黑色。

雄成虫体长 19.0 ～ 20.0 mm、雌成虫体长 20.0 ～ 24.0 mm。头细长，眼后区明显长于眼前区；喙细长，端部显著超过前足基节着生处。领端突瘤突状；前胸背板前叶甚小，圆鼓，中后部中央具纵凹；前胸背板后叶中部具浅纵凹，侧角圆钝，无明显后角，后缘中央略弧凹；小盾片宽短，中后部具隆脊；各足股节端部略呈结节状；前翅略超过腹末。第四至第六腹节侧接缘甚为扩展，各节中部具向上的鼓凸，整个腹部裙状。

【生活习性】不详。

（十八）盲蝽总科 Miroidea

全世界已记录驼蝽科 Microphysidae、盲蝽科 Miridae、突眼蝽科 Thaumastocoridae 和网蝽科 Tingidae 共 4 科 1.5 万多种。中国已记录 2 科 850 多种。部分种类是园林植物、林木、花卉等的重要刺吸式害虫。

51. 盲蝽科 Miridae

体小型。体色及体形变化大。喙 4 节，触角 4 节，无单眼。前胸背板梯形，其前端常以横沟划分出一狭窄的领圈，小盾片明显。前翅革质部分包括革片、爪片和楔片，爪片远伸过小盾片末端，爪片接合缝长；膜片基部有 1 ～ 2 个封闭的翅室。前跗节具爪垫，在爪间还有各种形式的副爪间突。臭腺孔大，周缘隆起发达。雄虫腹部末端形状两侧不对称，抱器不对称，雌虫产卵器针状。全世界已记录 1300 多属 10000 多种，中国已记录 600 多种，是农林植物上重要的刺吸式害虫，部分种类是林木病害的传播媒介，如泡盾盲蝽。

（邓　艳）

泡盾盲蝽 *Pseudodoniella chinesis* Zheng

【寄主】肉桂、刨花润楠、绒毛润楠、樟、山苍子、盐肤木、山黄麻。

【分布】中国分布于广东、广西。广西分布于上林（巷贤、西燕）、苍梧（旺甫）、岑溪（筋竹、安平、归义、水汶、马路）、桂平（中沙、垌心、紫荆、下湾）、平南（同和、寺面、安怀、官成、马练、大鹏）、博白（浪平）、玉林（大容山林场）、金秀（罗香）、高峰林场（东升、延河）、六万林场（东山、高岭、河嵩、宁康）。

泡盾盲蝽若虫（李楙辅　摄）

【形态特征】成虫体长 6.8 ～ 8.8 mm，体黑褐色，有光泽。触角 4 节，末节纺锤形。小盾片发达，膨大成泡状，其上有若干不规则黑色光滑的小瘤突。后足胫节微弯。

卵茄子状，长 1.5 ～ 1.8 mm，初产时米色，近孵化时紫红色；卵盖有黑白相间的花纹。

若虫共 5 龄，椭圆形，初孵若虫棕红色，后期变栗色；触角 4 节均着生稀疏的棕色绒毛；进入末龄后长出栗褐色翅芽，伸达第三腹节背面；腹节前面具 4 纵列 18 ～ 22 个不等的栗色小瘤。

【生活习性】在广西苍梧县1年发生5代，以第五代卵在肉桂树皮层内越冬，翌年3月中下旬陆续孵化出若虫，4月中旬至6月中旬成虫羽化。第一至第四代发生期分别为4月下旬至7月下旬、6月中旬至9月中旬、7月下旬至10月上旬、8月下旬至11月上旬。世代重叠严重。成虫羽化后5天左右开始交配，交配后2～3天开始产卵，白天活动，有群集为害的习性，雌雄性比1∶1.6。雌虫多将卵产于当年生枝条、枝干分叉、小枝叶柄基部有黑色病斑的皮层以及头年为害形成的瘤状组织内。2龄若虫后才开始分散为害。在4～5年生郁闭度高的肉桂林内发生较重。

【为害特点】成虫和若虫取食肉桂嫩梢、枝条及愈伤组织处的液汁，受害部位形成水渍状斑块且有茶褐色点状汁液排出。同时，传播可可毛色二孢菌造成肉桂枝枯病的发生，引起枝梢枯死。

【防治方法】营林防治。成虫、若虫喜欢在阴湿的环境中生活，适当间伐增加林内通风透光度，破坏其生活环境。

生物防治。自然条件下有跳小蜂、胡蜂、蚂蚁等天敌，可加以保护和利用。

化学防治。该虫是肉桂枝枯病的媒介昆虫，敌杀死3000～5000倍稀释粉剂喷粉防治，有一定的防治效果。

52. 网蝽科 Tingidae

体小型。前胸背板常强烈向后延伸为三角形，侧背板发达；前胸和前翅密布网状小室。植食性。全世界已记录3亚科300多属2200多种，我国已记录2亚科50多属230种。

（李传仁）

杜鹃冠网蝽 *Stephanitis pyrioides* (Scott)

【寄主】杜鹃属植物、马缨丹。

【分布】中国分布于河北、辽宁、浙江、福建、湖北、湖南、广东、广西、重庆、四川、贵州、云南、台湾。广西分布于南宁（西乡塘）、柳州（柳北）、桂林、贺州（八步贺街）。

【形态特征】体浅褐色至褐色。成虫体长约3.6 mm，宽约1.9 mm；头兜半透明，侧背板、纵脊及前翅玻璃状透明，室脉浅褐色；中纵脊中部具1个带状褐斑，前翅X形褐斑明显；头红褐色，前胸背板浅褐色，腹部深褐色或黑褐色；触角、足浅褐色；头兜、侧背板及纵脊不被毛。头短，密被白色粉，具5枚头刺，贴伏于头背面，背面前方头刺不超过头的前端，后1对较长，达复眼前缘；触角细长，被平伏短毛；小颊亚三角形，前端窄，未伸出于头中叶之前，在喙基部前方不相连或仅相连很小一部分，向后逐渐扩大，后端宽，具2～3列小室；喙伸达后胸腹板纵沟后缘。前胸背板密布刻点，被白色粉，少数密被，三角突透明，具小室，小室逐渐增大，至端部几成方形；头兜宽大，长椭圆形，盖住头全部，或仅留复眼外缘，最宽处宽于两侧脊间距，前端呈较短的锐角，伸达触角第一节的末端，每侧具6～7列小室，小室较小，背缘中间1条纵脉粗且呈深褐色；纵脊3条，中纵脊高度及长度与头兜略等，背缘拱形弯曲，具2排横长方形小室；侧纵脊较短，仅见于三角突基部，或稍向前胸背板中部扩展，端部向外分歧；侧背板较窄而长，其宽度大于或等于长度的1/2，后端圆形突出向内弯曲，全长近等宽，具3列小室。前翅基部窄，后逐渐扩大，前缘呈宽弧状弯曲，端部略向外分歧；前缘最宽处位于中域之后，具4列小室，其余基部及端部具2列小室；亚前缘域向上呈圆弧状弯曲，与中域相连呈较高的鼓起，中部最宽处具3～4列小室，向两端逐渐变窄，为2～3列小室，而基部及端部则为1列小室，后者小室较大，略呈方形；中域略呈三角形，基部尖锐，端部宽大，向外斜行而渐高起，长度约为前翅的1/3，最宽处具4列小室；膜域亦具3列小室，端部的2～3个小室极大，略呈方形；下前缘域具1列近方形小室。

A. 成虫

B. 若虫

C. 为害状

杜鹃冠网蝽（郑光楠　郑霞林　摄）

【生活习性】在浙江、福建等地 1 年发生 5 ～ 6 代，在四川西部高海拔地区 1 年发生 1 ～ 2 代。以成虫在落叶、草丛、土壤缝隙中越冬。世代重叠现象严重，春秋季为种群发生高峰期。

【为害特点】以成虫和若虫聚集于叶背主脉附近取食，叶面常沿主脉出现致密白色或锈色斑，叶背密布褐色斑点（虫粪）。植株光合作用受阻，生长滞缓，提早落叶。

【防治方法】应以控制越冬代产卵期成虫和第一代若虫为重点。可选择阿维菌素、啶虫脒、氟虫腈、吡虫啉、溴氰菊酯、高效氯氰菊酯等，按推荐浓度施用。

八

脉翅目 Neuroptera

属完全变态类昆虫，个体发育经过卵、幼虫、蛹、成虫 4 个虫态。包括草蛉、粉蛉、蚁蛉、褐蛉和螳蛉等昆虫。头下口式，咀嚼式口器。前胸常短小。两对翅的形状、大小和脉相基本相似。翅脉密而多，呈网状，在边缘多分叉。少数种类翅脉少而简单。爪 2 个。全世界已记录 6000 多种，中国已记录 200 多种。绝大多数种类的成虫和幼虫均为肉食性，捕食蚜虫、叶蝉、粉虱、介壳虫、鳞翅目的幼虫和卵以及蚁、螨等，在害虫的生态控制中发挥重要作用。

（杨忠武）

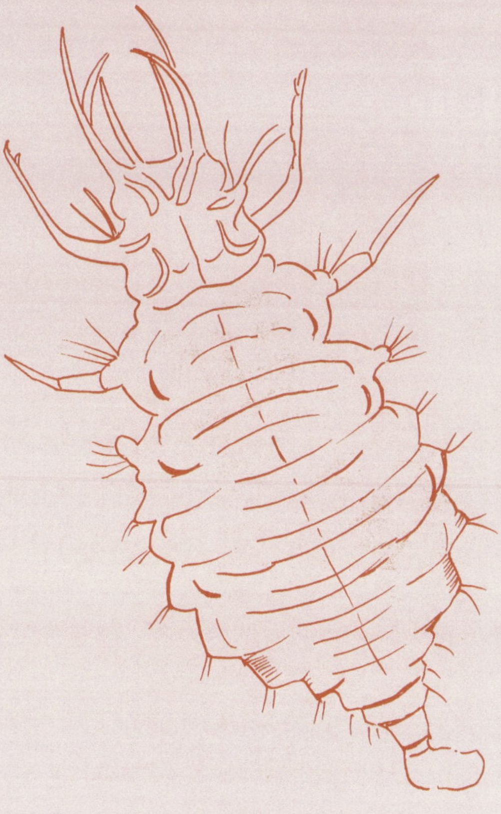

（十九）草蛉总科 Chrysopoidea

该总科仅包含草蛉科 Chrysopidae。

53. 草蛉科 Chrysopidae

通称草蛉。体绿色，具金属或铜色复眼。触角长丝状。翅前缘区有 30 条以下的横脉，不分叉。幼虫体长形，两头尖削，胸部与腹部两侧有毛瘤，捕食蚜虫等小型昆虫。全世界已记录 3 亚科 85 属 1800 多种，中国已记录 3 亚科 27 属 180 多种。

普通草蛉 *Chrysoperla carnea* (Stephens)

【捕食对象】主要捕食棉蚜、黑蚜、拐枣蚜、榆叶蝉、棉铃虫卵和幼虫等。

【分布】中国分布于北京、河北、山西、内蒙古、上海、安徽、山东、河南、湖北、广东、广西、四川、云南、新疆、陕西。广西各地均有分布。

【形态特征】成虫体长 10 ～ 12 mm，前翅长 9 ～ 14 mm，后翅长 7 ～ 12 mm。头部具颊斑和唇基斑；颌唇须背面褐色；触角黄绿色，短于前翅。胸背中央为黄色纵带，两侧绿色。前翅纵、横脉均绿色，前缘横脉列 28 条；翅疣黄绿色，透明，无脉；径横脉 12 条，Rs 脉 13 条，Psm–Psc 脉 8 条；内中室三角形，r–m 位于其外，阶脉绿色，（内 / 外）左 =6/8= 右；Cu 脉褐色。后翅前缘横脉列 21 条，绿色，阶脉绿色，（内 / 外）左 =6/7= 右。腹部背面具黄色纵带，两侧绿色，腹面黄绿色。

普通草蛉成虫（宗祖良　摄）

卵单粒散产。卵长椭圆形，长 0.8 ～ 0.9 mm，宽 0.3 ～ 0.4 mm，卵柄长 4 ～ 5 mm。初产时鲜绿色，近孵化时灰黄色。雌虫寿命约为 63 天。

幼虫体背驮有蜕的皮壳、食物的残屑及其他碎屑，稍受惊动却停止不动，整个身体被杂物所覆盖，故不易被发现。共有 3 龄，1 龄历期约为 3.5 天，2 龄 3 天，3 龄 3.5 天。

茧近圆球形，直径 2.5 ～ 3 mm，白色，但茧的表面粘有幼虫背驮的碎屑。蛹期约为 8 天。

【生活习性】成虫具趋光性。

【资源利用】成虫和幼虫均可捕食害虫，在控制害虫种群方面发挥一定作用。

（刘文爱）

中华草蛉 *Chrysoperla sinica* Tjeder

【捕食对象】捕食蚜虫、蚧虫、木虱、叶蝉、粉虱和鳞翅目等昆虫的卵及低龄幼虫。

【分布】中国除西藏、新疆外，各地均有分布。广西各地均有分布。

【形态特征】成虫体长 9 ～ 10 mm，翅展 30 ～ 31 mm。体黄绿色，头部浅黄色；触角淡黄褐色，基部两节与头部同色。两颊及唇基两侧各有 1 个黑色斑，相连或不明显，但大部分个体每侧的颊斑与唇基斑连接呈条状。复眼具金属光泽；胸、腹部背面两侧淡绿色，中央有黄色纵带。翅透明，翅脉黄绿色。足黄绿色，腹部被稀疏短毛。

卵椭圆形，初产时绿色，近孵化时褐色；丝柄长 3 ～ 5 mm。

幼虫呈纺锤形，1 龄幼虫体长 1.5 ～ 1.8 mm。初孵时胸部浅红色，腹部前 4 节红褐色，后 6 节黄色，以后变成红棕色。头部有两个 V 形黑纹；前胸背板有 W 形黑纹；前胸侧瘤上刚毛 2 根，中、后胸侧瘤上刚毛 3 根，腹部第一至第八节侧瘤上刚毛 2 根。2 龄幼虫体长 4.5 ～ 4.9 mm；体灰绿色，背线细，两侧有褐色带；头部有倒“八”字形纹；前胸背板上有 H 形黑色斑纹。3 龄幼虫体长 7.2 ～ 8.5 mm，体黄绿色，背面和气门上线红褐色；头部有褐色倒“八”字形纹，头两侧过单眼到上下颚有褐色纹通过，各侧瘤上刚毛均多根。

A. 成虫

B. 卵

C. 幼虫

中华草蛉（蒋明欣　杨忠武　郑霞林　摄）

（陈树誉）

茧丝质，椭圆形，灰白色，长 3.0 ～ 4.0 mm，宽 2.5 ～ 3.2 mm。蛹黄绿色，翅节短小，黑色，形似成虫。

【生活习性】以成虫在植物的叶背、根隙或杂草丛内越冬。越冬时，体色由绿色变为黄绿色再变为褐色，最后变为土黄色。翌春活动较早。成虫寿命较长。交配后在整个生活过程中有连续产卵的习性，卵单粒散产于植物上，多在叶背。据文献记载，在山西省阳城县，该虫 1 年发生 5 代，陕西省关中地区和河南省民权县 1 年发生 5 ～ 6 代，山东省泰安地区 1 年发生 4 代，在湖北省武汉市 1 年发生 6 代。

【资源利用】成虫和幼虫均可捕食害虫，在控制害虫种群方面发挥一定作用。

九 鞘翅目 Coleoptera

属完全变态类昆虫，个体发育经过卵、幼虫、蛹、成虫 4 个虫态。通称甲虫，体小型至大型，体壁坚硬，是昆虫纲中最大的一个目，约占已知昆虫种类的 40%。全世界已记录肉食亚目 Adephaga、原鞘亚目 Archostemata、菌食亚目 Myxophaga 和多食亚目 Polyphaga 共 4 亚目 18 总科 186 科 29820 属 39 万多种，中国已记录 139 科 4666 属 3.5 万多种；其中，多食亚目是最大的亚目，包括 16 总科 159 科 31 万多种。前口式或下口式，口器咀嚼式；复眼发达，部分种类的复眼退化或消失，常无单眼，少数种类具 1 ～ 2 个单眼；触角多变；胸部各节发达，能活动；中后胸愈合，中胸小盾片三角形，常露出鞘翅基部之间；前翅坚硬，角质化，为鞘翅，后翅膜质；一般为步行足。成虫产卵于表土层、石头缝隙、枯枝落叶或树洞中。幼虫寡足型或无足型，成虫、幼虫食性复杂，包括腐食性、粪食性、尸食性、植食性、捕食性和寄生性。

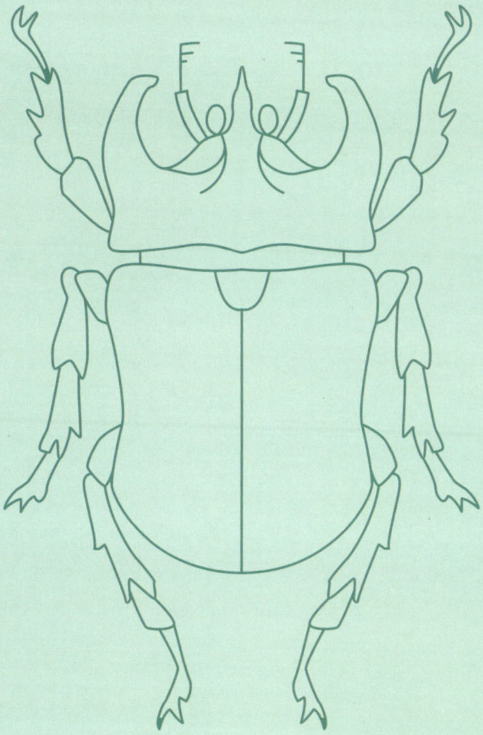

54. 步甲科 Carabidae

成虫体小型至中型，体长 1 ～ 80 mm，椭圆形或圆柱形；体褐色至黑色，多具金属光泽，少数种类具黄色花斑或体表光滑或被疏毛。头前口式，常窄于前胸；复眼突圆或退化；触角丝状，11 节。后翅通常退化。足细长，善于爬行，行动敏捷；有些类群前、中足演化为开掘足；后足基节固定在胸腹板上不能活动；跗节式 5-5-5。成虫不善飞行，多在地表或在挖掘的隧道内活动，喜潮湿土壤或靠近水源处。多数种类昼伏夜出，有趋光性和假死性。大部分种类的成幼虫多以小型昆虫或软体动物为食，部分种类仅取食动物的排泄物和腐殖质，少数种类为害农作物。拉步甲 *Carabus lafossei* Feisthamel、大卫步甲 *Carabus davidi* Deyrolle et Fairmaire 等为国家二级保护动物。全世界已记录 34 亚科 4 万多种，我国已记录 60 多属 4000 多种。

（郑霞林）

中华虎甲 *Sophiodela chinensis* (DeGeer)

【捕食对象】小型昆虫。

【分布】中国分布于河北、江苏、浙江、福建、江西、山东、广东、广西、四川、贵州、云南、陕西、甘肃、。广西各地均有分布。

【形态特征】成虫体长 17 ～ 22 mm，宽 7 ～ 9 mm。体具金属光泽，头及前胸背板前缘为绿色，中部金红或金绿色；复眼大而外突；触角丝状；鞘翅深绿色，翅前缘有横宽带，翅基部有 1 个小的近似圆形蓝黑色斑，翅中室至外缘有 1 个大的长椭圆形蓝黑色斑且其内有 3 个黄斑，呈前 2 后 1 排列；翅基（端）部和侧缘翠绿色；足翠绿色或蓝绿色，但前、中足的腿节中部呈红色。

【生活习性】成虫多在白天活动，林间小道多见，爬行速度快，有一定的飞行能力；幼虫生活于成虫挖掘的垂直形土穴中。

【资源利用】天敌昆虫，成虫或幼虫均为肉食性，捕食小型昆虫的成虫、幼虫和其他小型动物，对害虫自然种群有一定的控制作用。

中华虎甲成虫（郑霞林　摄）

金斑虎甲 *Cicindela aurulenta* (Fab.)

【捕食对象】小型昆虫。

【分布】中国分布于江苏、浙江、福建、江西、广东、广西、四川、贵州、云南、台湾。广西各地均有分布。

【形态特征】成虫体长 15 ～ 18 mm。体具金属光泽，头和前胸背板大部分铜色至金绿色，鞘翅大部分深蓝色，翅缝及鞘翅周缘铜色，翅缝处的铜色区域在鞘翅基部及约 1/3 处向两侧扩展，铜色与深蓝色交界处略呈绿色；头大，复眼突出；触角丝状，11 节；前足第一至第三跗节具毛，可区别于雌虫。鞘翅各具 4 个白斑，分别位于鞘翅肩处、1/4 处、中部和端部，位于肩处的白斑极小，中部的最大，呈横向卵圆形。

【生活习性】成虫多在白天活动，林间小道多见，爬行速度快，有一定的飞行能力。

【资源利用】天敌昆虫，成虫或幼虫均为肉食性，捕食小型昆虫的成虫、幼虫及其他小型动物，对害虫自然种群有一定的控制作用。

金斑虎甲成虫（郑霞林　摄）

长胸缺翅虎甲 *Tricondyla pulchripes* White

【捕食对象】捕食小型昆虫。

【分布】中国分布于福建、广东、广西、海南。广西分布于苍梧、上思。

【形态特征】成虫体长 15 ～ 18 mm。体酱红色。头大。复眼突出。前胸狭长，基部及端部具缢痕；鞘翅黑色，鞘翅刻点密集，但端部区域刻点消失，后翅退化；足红棕色。

【生活习性】成虫多在白天活动，栖息于树上或地面，因后翅退化而无飞行能力。

【资源利用】天敌昆虫，成虫或幼虫均为肉食性，捕食小型昆虫的成虫、幼虫及其他小型动物，对害虫自然种群有一定的控制作用。

长胸缺翅虎甲成虫（郑霞林　摄）

中国丽步甲 *Calleida chinensis* Jedlička

【捕食对象】小型昆虫和软体动物。

【分布】中国分布于浙江、广西、四川、。广西分布于桂林（叠彩）、防城港（上思）。

【形态特征】成虫体长 11 mm，宽 3.8 mm；头部深红棕色，上唇、上颚、下唇须和下颚须红棕色，上额末端黑色；触角第一至第四节基部红棕色，其他部位黑色；前胸背板中盘、鞘翅边缘及小盾片红棕色；鞘翅金绿色；足腿节端部和胫节基部黑色，其余部位红棕色；腹板棕黄色。两复眼间略微拱起；触角除第一至第三节和第四节基部外被密毛；前胸背板在端部 1/3 处最宽，中盘微拱，中线明显，在中部陷入深；鞘翅在

中国丽步甲成虫（杨忠武　摄）

端部达到最宽；腹板光滑；后足跗节腹面被密毛，第一跗节背面凹陷，第四跗节深双叶状；爪梳状；中足腿节刚毛较多，前后足腿节刚毛较少。

【生活习性】成虫多在白天活动，林间小道多见，爬行速度快，有一定的飞行能力。

【资源利用】天敌昆虫，捕食小型昆虫的成虫、幼虫及其他小型动物，对害虫自然种群有一定的控制作用。

双斑青步甲 *Chlaenius bioculatus* Motschulsky

【捕食对象】在林间和农田活动的鳞翅目等害虫的幼虫。

【分布】中国分布于江苏、福建、山东、湖北、湖南、广东、广西、四川、贵州、云南。广西分布于桂林（临桂）、平乐、荔浦、阳朔、恭城、兴安、灵川、金秀。

【形态特征】雌成虫体长 14 ～ 15 mm，宽 5 ～ 6 mm。体黑色，闪青绿色金属光泽，头和前胸背板光泽较强，鞘翅较弱；唇基、上唇、上颚及触角（第四至第七节除外）褐色，口器、口须、触角、足、鞘翅上斑纹黄褐色。鞘翅近卵圆形，黑色，无光泽，近端部 3/4 处各有 1 个黄斑。触角向后超过体长 2/3。触角第四至第八节色泽较深，第四节基部被密毛。头微突，有小刻点，复眼上方和基部较密。前胸背板近方形，端角稍向前突。前胸背板近方形，端角稍向前突，背板具刻点及横皱纹。肩甲圆，外端角窄圆，稍扭曲，条沟稍深，行距刻点密，被细黄毛。前胸背板侧缘具小边，弧状，无毛，整个背板密布粗刻点。鞘翅间室略隆，密布小刻点，横皱不显著，被短毛。全身腹面均黑色，尾部黑褐色，胸部有疏刻点，光滑无毛。足胫节、跗节细长，第四跗节不成双叶状。雄成虫步足前跗节第一至第三节膨大，其他特征同雌虫。

双斑青步甲成虫（杨忠武　摄）

卵乳白色，长椭圆形，两端钝圆，一端大，表面光滑，长 1.8 ～ 2.0 mm，宽 0.9 ～ 1.0 mm。

幼虫共 3 龄。末龄幼虫体长 14.70 ～ 17.50 mm，头宽 1.60 ～ 1.80 mm，尾须长 1.80 mm。头红褐色有光泽，背面黑褐色，足褐色，跗节及爪色淡。头扁平，中央隆起。鼻突有 4 枚几乎相等的小齿。触角稍短于上颚。前胸背板有毛。足腹面有许多刺刚毛。腹面背片第一至第八节有长刚毛及一些短刚毛。第九背片有 1 对尾须，尾须上有长刚毛。

裸蛹，黄褐色。长 8 ～ 10 mm，宽 4 ～ 5 mm。腹部可见 8 节，第二至第五节侧缘各有 1 对瘤状突起。鞘翅伸至腹部第四节。后足伸出腹端。

【生活习性】在福建省福州市于 11 月上旬以成虫在土块、石头下及堆积物内越冬，翌年 4 月下旬开始产卵，全年最多发生 4 代。越冬成虫于 4 月上中旬开始交配，以下午 16 ～ 17 时交配较多，交配时间可达数小时。一般日平均温度在 20℃以上才能产卵，25℃时产卵最盛。产卵前期平均 25.5 天。卵散产，也有 3 ～ 4 粒成堆。卵产在较潮湿的土块中或植株底叶。卵表面有黏液，易黏附于土表或叶片上。每雌日平均产卵 2.2 粒，最多 8 粒；一生平均产卵量 38.6 粒，最多 90 粒。成虫平均寿命约 74 天。

每年 4 月可见大量成虫在竹林及其他林间或旱区农田内活动；成虫经常近地面飞行，爬行迅速，也经常出没于屋边，菜地、杂草地及乱石堆附近。6～7 月可在林地内等处挖到该虫化于土室中的蛹，9～10 月又出现一次成虫活动高峰期，11 月以后很少见到成虫活动。

【资源利用】天敌昆虫，捕食鳞翅目等害虫的幼虫及其他小型动物，对害虫自然种群有一定的控制作用。

（杨忠武）

四斑步甲 *Craspedophorus mandarinus* (Schaum)

【捕食对象】小型昆虫和软体动物。

【分布】中国分布于广东、广西、香港。广西分布于象州。

【形态特征】成虫体长 15～16 mm。头部明显窄于前胸。触角 11 节，柄节背腹面各具 1 根黑色长刚毛，梗节和鞭节背腹面具较多黑色刚毛，但梗节上着生的刚毛长度明显短于柄节，而鞭节上着生的刚毛长度明显短于梗节；前胸背板黑色，呈"◯"形，具密刻点和黑色长刚毛；翅鞘具纵向沟纹，翅面沿中缝各有 2 条黄色宽形横纹，近翅基 1 对横纹明显长于翅端的 1 对横纹，近翅端的 1 对横纹略呈弧状；足黑色，各节密被褐色短刚毛。腹面黑色。

四斑步甲成虫（梁擎　摄）

【生活习性】成虫多在白天活动，林间小道多见，爬行速度快，有一定的飞行能力，多分布在低海拔山区。

【资源利用】天敌昆虫，捕食小型昆虫的成虫、幼虫及其他小型动物，对害虫自然种群有一定的控制作用。

中华婪步甲 *Harpalus sinicus* Hope

【捕食对象】小型昆虫和软体动物。

【分布】中国分布于河北、辽宁、江苏、浙江、安徽、福建、江西、山东、河南、湖北、湖南、广东、广西、四川、贵州、云南、甘肃、西藏、台湾。广西分布于苍梧。

【形态特征】成虫体长 10～16 mm。体黑色光亮，上唇须、下唇须、颚须、触角、足和前胸背板侧缘褐色；头部背面光滑或仅有小刻纹，复眼突，触角长达前胸基角；前胸背板前角略突圆，基角钝圆，基区刻点粗密，其前侧区域的刻点浅，前缘中段缘边消失；鞘翅顶角着生 1 枚小齿，翅端角圆形，端角前的翅缘凹入浅；条沟内无刻点；前足胫节前端外缘着生 4～5 枚刺；端距侧缘常突出呈齿状，有时为钝角状。

中华婪步甲（汤佳凯　摄）

【生活习性】成虫可生活的环境多样，包括平原、高山、草地、农田、林边等。喜在温暖和潮湿的地方活动，有一定的飞行能力和趋光性。

【资源利用】天敌昆虫，可捕食飞虱、蚜虫等小型昆虫的成虫、幼虫及其他小型动物，对害虫自然种群有一定的控制作用。

短鞘步甲 *Pheropsophus jessoensis* (Morawitz)

【捕食对象】小型昆虫和软体动物。

【分布】中国分布于河北、辽宁、江苏、浙江、安徽、福建、江西、山东、湖北、广东、广西、四川、贵州、云南。广西分布于岑溪。

【形态特征】成虫体长 12 ～ 21 mm，体宽 5 ～ 8 mm。触角短粗，1 ～ 4 节被稀疏毛，5 ～ 11 节密被绒毛。前胸背板呈“▢”形。头部中央常有 1 个似心形黑斑，前胸背板前缘、后缘及中央黑色，形成“**I**”形，头胸部其余器官或部位均为黄褐色；鞘翅及小盾片黑色，翅肩胛及鞘翅中部各有一大一小 2 个黄斑，鞘翅中部黄斑较大，其外侧达到翅缘，内侧接近但不及翅缝；翅缘、缘折及腹面多为黄色；腹部为黑色；鞘翅末端未覆盖腹端，每鞘翅有 7 条纵脊，脊间分布均匀的细刻纹；腹面可见 7 个腹节，末节中部有 1 条纵沟。

短鞘步甲成虫（郑光楠　摄）

【生活习性】昼伏夜出，白天多躲藏在潮湿处或石头下，夜间在地面疾行；遭遇天敌时可从腹末放气自卫。

【资源利用】天敌昆虫，捕食能力强，可捕食蝼蛄等小型昆虫的成虫、幼虫及其他小型动物，对害虫自然种群有一定的控制作用。

（二十）隐翅虫总科 Staphylinoidea

鞘翅极短，末端横截，腹末数节外露，触角非膝状，前足非开掘式，腹部常露出 3 节以上。全世界已记录平唇水龟科 Hydraenidae、缨甲科 Ptiliidae、觅葬甲科 Agyrtidae、球蕈甲科 Leiodidae、埋葬甲科 Silphidae 和隐翅虫科 Staphylinidae 共 6 科 3937 属约 70000 种，中国已记录 640 属 7093 种。部分种类粪食性，在环境清洁方面发挥重要作用；部分种类叮咬人后可引起急性红斑疱疹性隐翅虫皮炎等。

（张志林）

55. 隐翅虫科 Staphylinidae

体小型至中型，黑褐色或色彩艳丽，狭长，两侧平行或端部尖削；前口式；触角 10 ～ 11 节，丝状或棒状；鞘翅较短，后翅藏于鞘翅下，腹部大部分外露或至少露出末端 2 ～ 3 节，并能向背面做弯曲活动。食性杂，包括腐食、肉食和内寄生。全世界已记录 4 万多种，中国已记录 8000 多种。

梭毒隐翅虫 *Paederus fuscipes* Curtis

【捕食对象】小型昆虫。

【分布】中国广泛分布。广西各地均有分布。

【形态特征】成虫体长 6 ～ 7 mm。全身黄褐色或橘黄色，各地体色存在差异，鞘翅为青蓝色，其长约为腹部的 1/3。头部黑色，上颚黄色，下颚须第三节末端黑色。中后胸及腹末 2 节黑色，前胸及腹部第一至第四节红色。前胸背板平，两侧平行，后缘边明显可见，与头部宽度相等，但明显窄于鞘翅，腹部第一腹板具脊。足褐黄色。

A. 背面观（郑光楠　摄）

B. 侧面观（任向明　摄）

梭毒隐翅虫成虫

【生活习性】多生活在林地、稻田和菜地等处；具强趋光性。

【为害特点】能分泌毒液，叮咬皮肤后引起皮炎；患处呈红色条索状，外观类似烧伤，有小水泡；患者有瘙痒和灼烧的感觉，轻者可自愈，重者需就医。

【资源利用】成虫可捕食蚜虫等害虫。

（二十一）金龟总科 Scarabaeoidea

统称金龟子。体小型至大型，体色暗色或艳丽，部分类群有花斑纹或粉层；触角 8 ～ 10 节，其中第三至第八节鳃片状；头小，前口式，上颚发达；前胸背板宽大于长，侧缘有弧扩，小盾片明显，部分种类小盾片缺失；前翅鞘翅，后翅膜质；开掘足，前足胫节外缘具齿，有端距 1 个，跗节 3 ～ 5 节；腹部可见 5 ～ 6 个腹板，末背板形成臀板，或被鞘翅完全覆盖或露在鞘翅之外。幼虫白色，具 3 对胸足，无尾突，又被称为蛴螬，受惊扰时蜷缩成 C 形。按其食性可分为植食性、粪食性和腐食性，其中植食性喜食刚播种的种子、根、块茎以及幼苗，是世界性的地下害虫，个别种类可入药。全世界已记录 12 科 2631 属 3.3 万多种，中国已记录 307 属 2900 多种。

56. 锹甲科 Lucanidae

成虫体中型至特大型，体长 7 ～ 129 mm。长椭圆形或卵圆形，背腹扁且圆；体棕褐色、黑褐色至黑色，或有棕红色和黄褐色等斑纹，部分种类体表具金属光泽，但常不被毛；头前口式，性二型现象明显，雄虫上颚非常发达（有时也存在大小和简复的差异，亦称雄性二型现象），多呈鹿角状，约占体长的 1/4 ～ 1/2，而雌虫上颚短阔，不超过头部长度；触角膝状，10 节，鳃片部呈梳状，3 ～ 6 节；前胸背板宽大于长；鞘翅发达，光亮，常盖住腹部末端；中足基节明显分开，跗节 5 节。幼虫多生活在朽木周围，活动范围窄，以朽木为食；成虫食液或访花食蜜或食肉，部分种类成虫有趋光性。是颇受大众喜爱和收藏的观赏昆虫。全世界已记录 4 亚科 100 多属 1200 多种，中国已记录 24 属 348 种。

（郑霞林）

小黑新锹甲 *Neolucanus sinicus championi* Parry

【寄主】朽木。

【分布】中国分布于福建、湖北、湖南、广东、广西、海南、四川、贵州、云南、台湾。广西分布于龙胜、荔浦（杜莫）、苍梧（梨埠）、宁明、金秀。

【形态特征】成虫体长 24 ～ 33 mm。长椭圆形，体黑色，略具光泽；头部宽大于长，前缘呈“︶”形，后缘呈“︵”形，背面具颗粒状刻点；复眼分上下两部分；触角膝状，柄节较长；上颚较短，前端尖且向内侧弯曲，上缘近前端有 1 个上翘的大角突，下缘呈锯齿状；前胸背板长短于宽，1 对前角向前延伸呈“︵”形，外缘和后缘均为弧形；小盾片半圆形；鞘翅光亮，背面圆隆；足细长，前足胫节较宽，外缘有 5 ～ 7 枚小齿，端齿叉状，中后足胫节外缘无齿，跗节较细长，爪大，弧形弯曲。

小黑新锹甲成虫（郑光楠 摄）

雌雄在外形上差异不大，雄性个体略大于雌性。

【生活习性】成虫、幼虫多生活在森林郁闭度高、潮湿、人为干扰较少的环境。成虫多在夜间活动，有一定的趋光性。

【资源利用】腐食性昆虫，幼虫腐食，栖食于树桩及其根部等，帮助分解朽木和腐殖质，在生态系统中占据着独特的生态位。

西奥锹甲 *Odontolabis siva* (Hope et Westwood)

【寄主】朽木。

【分布】中国分布于福建、江西、湖北、湖南、广东、广西、云南、台湾。广西分布于南宁（邕宁百济）、宾阳（中华）、兴安、苍梧（石桥、沙头、天洪岭林场）、岑溪（岑城、波塘）、藤县（小娘山林场）、合浦（公馆）、宁明、平南、桂平（马皮）、博白、陆川（沙坡）、容县（浪水）、巴马（所略）、东兰（三石）、罗城（纳翁）、南丹（车河）、天峨（三堡）、金秀（三角、大樟）、武宣、博白林场（三育、五峰、兰冲、马子）、派阳山林场（大王山）、钦廉林场（文利、升平）、黄冕林场（沙塘）、六万林场（忠东）、雅长林场（雅长）。

西奥锹甲成虫（黄家斌　摄）

【形态特征】成虫体大型，雄成虫体长 40 ～ 90 mm，宽 20 ～ 28 mm；雌成虫体长 40 ～ 60 mm，宽 20 ～ 24 mm。体黑色光亮，头部两侧近中部具刺状突起。具雌雄二型现象，根据其上颚大小分为大型个体、中型个体和小型个体 3 种。大型个体上颚呈长弧状，前端有一分叉与数枚小齿，呈“((”形，基部有粗内齿；中型个体上颚略似大型个体，但较短且宽；小型个体上颚略与头部等长，内侧呈锯齿状，呈“((”形。雌虫体形较小，眼缘突起呈弧状的三角形，但顶角并不尖锐。

【生活习性】成虫发生期为 5 ～ 10 月，常见于柑橘树干上吸食汁液，有一定的趋光性。雄虫好斗。

【资源利用】腐食性昆虫，幼虫腐食，栖食于树桩及其根部等，帮助分解朽木和腐殖质，在生态系统中占据着独特的生态位。

观赏性昆虫，因其外形奇特而为昆虫爱好者所喜爱和收藏，并作为宠物饲养，已经成为重要的昆虫标本商品，具有一定的经济文化价值。

孔夫子锯锹甲 *Prosopocoilus confucius* (Hope)

【寄主】朽木。

【分布】中国分布于浙江、福建、广西、海南。广西分布于全州（龙水、绍水）。

【形态特征】成虫体形大，雄成虫体长 59 ～ 106 mm（据称为中国最长的锹甲，世界排名第二）。

体黑色光亮，雄虫上颚极其发达，其上有 2 个较大的齿突，其余均为小齿突；前胸背板两侧各着生 1 个小刺突。

【生活习性】成虫喜食水果；幼虫腐食。成虫多在夜间活动，有趋光性。雄虫好斗。

【资源利用】腐食性昆虫，幼虫腐食，栖食于树桩及其根部等，帮助分解朽木和腐殖质，在生态系统中占据着独特的生态位。

观赏性昆虫，因其外形奇特而为昆虫爱好者所喜爱和收藏，并作为宠物饲养，已经成为重要的昆虫标本商品，具有一定的经济文化价值。

孔夫子锯锹甲成虫（郑光楠　摄）

57. 金龟科 Scarabaeidae

体小型至大型，粗壮。卵圆形或长椭圆形，体色艳丽或较为单调。前口式，唇基覆盖口器，背观不可见；触角鳃片状；前胸背板横阔，有些种类前胸上生有强大的角突或隆突、脊突；前足开掘足，胫节膨大，较扁，外侧具齿。幼虫统称蛴螬，白色或乳黄色，体较肥胖，多皱褶，常弯曲呈 C 形。头壳、唇基与上唇具刚毛，刚毛的数量和位置常作为属间的鉴别特征。触角位于头部两侧，多为 4 节，其相对长度及各节比例可作为分类依据。口器内唇各区的毛序排列在幼虫分类中也有重要作用。腹部第十节（臀节）上的刺毛形状与排列在种类鉴定中可作为重要鉴别特征。离蛹。全世界已记录 13 亚科 3.3 万多种，中国已记录 3100 多种。大部分种类幼虫为害农林植物根系，成虫为害叶、花和果，影响植物生长发育和果实质量，甚至造成减产。部分种类取食腐殖质、粪便或动物尸体。

（黄志平　张少军）

筛阿鳃金龟 *Apogonia cribricollis* Burmeister

【寄主】马尾松、桉、降香黄檀、木荷、核桃、木麻黄、枧木、格木、紫荆。

【分布】中国分布于浙江、福建、江西、湖北、湖南、广东、广西、海南、四川、云南。广西分布于南宁（邕宁）、阳朔、蒙山、天等、防城港（港口）、桂平、博白、玉林（福绵）、凤山、博白林场。

【形态特征】成虫体小型。体长 10.3 ～ 12.0 mm，宽 5.8 ～ 6.7 mm，长椭圆形，体黑褐色至深棕色，具铜绿光泽；背、腹隆起。头大，唇基短阔。触角 10 节，鳃状部短小，由 3 节组成。前胸背板匀布密集深大椭圆形刻点，点间连成纵条，其表面平齐似筛纹；前侧角锐，后侧角钝。鞘翅布大型显著刻点，由 4 条由刻点组成的纵肋。前足胫节狭厚，外缘具 3 齿。

筛阿鳃金龟成虫（陆千乐　摄）

幼虫头宽 2.3 ～ 2.5 mm，头长 1.5 ～ 1.7 mm。头部前顶毛每侧

3 根，后顶毛每侧 1 根，额中侧毛左右各 3 根，额前缘毛 2 根，上唇基部、中部侧毛各 2 根。触角长 1.6 ～ 1.7 mm，4 节，仅第二节上有毛 1 根。腹部第一至第八气门板大小约相等，气门板呈半环形，开口较大。肛门孔纵裂略长于一侧横裂的 1/2。

【生活习性】1 年发生 1 代，以末龄幼虫在土中越冬。成虫 4 月上中旬出现，4 月下旬至 5 月下旬盛发，7 月中旬后已少见。凡冬春气温高的年份，发生期提前。

成虫白天多潜伏于杂草丛、寄主植物间或附近土缝中，傍晚以后出来活动为害，遇高温、高湿、无雨、少雨或闷热的夜晚，成虫为害最烈。成虫有群集性，假死性和趋光性。幼虫在土中为害植物根系和嫩茎。

【为害特点】成虫主要取食幼树、嫩叶、花等，也为害老叶，吃成孔洞或缺刻，甚至全株或局部林分的叶子被吃光，严重影响林木生长。幼虫在土中取食幼树的根系及嫩茎，为害严重时可导致苗木枯死。

【防治方法】营林防治。清除杂草，深耕细作，有利于消灭土壤中蛴螬、卵和蛹。

物理防治。利用金龟成虫趋光性，设置诱虫灯诱杀，以减轻为害。利用成虫假死性和傍晚群集为害习性，人工振落捕杀，效果很好。

生物防治。金龟的天敌很多，如鸟类、青蛙、步行虫等，能捕食成虫和幼虫；还有大斑土蜂、臀钩土蜂、金龟长喙寄蝇等昆虫天敌，应加强保护和利用。

化学防治。①农药拌种。用 35% 丁硫克百威种子处理剂，或 0.05% 辛硫磷、对硫磷微胶囊缓释剂进行拌种，有良好防治效果。②土壤处理。用丙硫克百威 5% 颗粒剂、氯唑磷 3% 颗粒剂、丁硫克百威、辛硫磷等农药制成毒土，撒于苗床、林地或苗木行间，浅锄，防治蛴螬效果好。③灌根。苗木生长期发现蛴螬为害，可用 20% 甲基异柳磷乳油 4000 ～ 5000 倍稀释液、50% 对硫磷乳油或 25% 异丙磷乳油 1000 倍稀释液等灌注苗木根际，防治效果好。④喷杀成虫。可用 50% 杀螟松乳油、60% 双硫磷乳油 2000 倍稀释液等喷洒树叶，防治效果良好。

栗等鳃金龟 *Exolontha castanet* Chang

【寄主】多种农林植物。

【分布】中国分布于广西、海南。广西各地均有分布。

【形态特征】成虫体长 21 ～ 25 mm。体栗褐色。密被绒毛，头、前胸背板、小盾片及翅基中央杂布长短异色绒毛，长绒毛与体色一致；唇基长且大，略近半圆形，前缘微弧形；触角 7 节；下颚须末节长；末端圆尖；前胸背板侧缘密列钝锯齿形缺刻，缺刻中无毛；小盾片略呈三角形，末端圆尖；无中纵线；鞘翅纵肋较矮弱，缝肋疏列长毛，翅缘无膜质边饰；臀板长大近梯形，两侧上方有浅弱圆坑，下部中央凹陷，雄虫端缘中央微凹缺，雌虫端缘无中凹；雄虫腹下中央明显凹陷，雌虫平坦；前胫节外缘 3

A. 背面观　　B. 腹面观

栗等鳃金龟成虫（杨忠武　摄）

齿明显，基齿弱；后足跗节第一节短于第二节，爪发达，前爪齿短小呈三角形。

末龄幼虫体长达 40 ～ 45 mm，头部黄褐色，胸腹部黄白色。

【生活习性】1 年发生 1 代，以末龄幼虫越冬。幼虫在土中 20 ～ 30 cm 深处筑室，然后不食不动，于翌年 3 月下旬至 4 月中旬化蛹，4 月下旬至 5 月中旬羽化。成虫补充一段时间营养后交配、产卵，6 ～ 7 月为产卵盛期，卵产于土中 5 ～ 15 cm 处。幼虫 7 月开始孵化，幼虫为害盛期在 9 ～ 11 月，幼虫在土中取食须根、竹鞭和腐殖质等，10 月开始随气温下降，幼虫向深土层移动并筑土室越冬。成虫有趋光性。

【为害特点】幼虫取食农林植物根系，影响寄主植物生长和产量。

【防治方法】参考琉璃弧丽金龟。

（杨忠武）

暗黑鳃金龟 *Holotrichia parallela* Motschulsky

【寄主】苗木地下根系及叶片。

【分布】中国分布于河北、山西、辽宁、吉林、黑龙江、江苏、浙江、安徽、江西、山东、河南、湖北、湖南、广西、四川、陕西、甘肃、青海。广西分布于桂林（叠彩）、兴安、龙胜、苍梧。

【形态特征】成虫体长 17 ～ 22 mm，宽 9 ～ 11.3 mm。长椭圆形。初羽化时红棕色，以后逐渐变为红褐色或黑色，体被淡蓝灰色粉状闪光薄层，腹部闪光更显著。触角 10 节，红褐色。前胸背板侧缘中央呈锐角状外突，刻点大而深，前缘密生黄褐色毛。每鞘翅上有 4 条隆起带，刻点粗大，散生于带间，肩瘤明显。前足胫节外侧有 3 钝齿，内侧生 1 枚棘刺；后足胫节细长，端部一侧生有 2 个端距。

卵长 3.2 mm，宽 2.5 mm，长椭圆形。初产时乳白色。

幼虫 3 龄时，平均头宽 5.6 mm，头部前顶毛每侧 1 根，位于冠缝侧，后顶毛每侧各 1 根。臀节腹面无刺毛列，钩状毛多，约占腹面的 2/3。肛门孔为三射裂状。

蛹体长 18 ～ 25 mm，宽 8 ～ 12 mm。体淡黄色或杏黄色。腹部背面具 2 对发音器，位于腹部背面第四、第五节以及第五、第六节交界处中央。1 对尾角呈锐角岔开。

暗黑鳃金龟成虫（杨忠武 摄）

【生活习性】1 年发生 1 代，多数以 3 龄幼虫在深层土中越冬，少数以成虫越冬。翌年 5 月上旬为化蛹始期，5 月中旬为盛期，6 月上旬见成虫，7 月中下旬至 8 月上旬为产卵期，7 月中旬至 10 月为幼虫为害期，10 月中旬进入越冬期。

成虫在 7 ～ 8 月天气闷热或雨后虫量猛增，取食活动最盛。成虫有假死性，受惊扰后落地，几分钟后恢复活动，喜欢飞到高大林木上彻夜取食，黎明前陆续飞向田间或树林下潜伏于土中。成虫有强趋光性和飞行能力。幼虫食性杂，取食不同植物，幼虫发育进度不同，造成损失也不同。

【为害特点】成虫食性杂，食量大，有群集取食习性，食声可闻，故常将某一地段或某些单株树的叶片吃光。幼虫为害苗木的根系，造成苗木枯死，重者苗木的死亡率可在 90% 以上。

【防治方法】参考棕色鳃金龟。

棕色鳃金龟 *Holotrichia titanis* Reitter

【寄主】桉、红锥、肉桂、刺槐。

【分布】中国广泛分布。广西分布于桂平、容县、玉林（大容山林场）、宜州、凤山、环江、天峨、金秀、武宣、大新、黄冕林场、博白林场。

【形态特征】成虫体长 21.2 ～ 25.4 mm，宽 11 ～ 14 mm；体略黄至茶褐色，略显丝绒状闪光，腹面光亮。头小，唇基短宽。前缘中央凹缺，密布刻点。触角鳃叶状，10 节，鳃叶部特阔。鞘翅长而薄，纵隆线 4 条，肩瘤显著。前胸背板、鞘翅均密布刻点。前胸背中央具 1 条光滑纵隆线，小盾片三角形，光滑或具少数刻点。胸腹面具黄色长毛，足棕褐色具光泽。前足胫节外缘 3 齿，内具 1 枚棘刺。腹部阔圆具光泽，臀板扇形。

棕色鳃金龟成虫（赵煜　摄）

卵长 2.8 ～ 4.5 mm，宽 2.0 ～ 2.2 mm。初产乳白色，卵圆形，后呈球形。

末龄幼虫体长 45 ～ 55 mm，头宽约 6.1 mm。头部前顶刚毛每侧 2 根（冠缝侧 1 根，额缝上侧 1 根）。臀节腹面复毛区中央有 2 纵列刺毛列，每列具 20 根左右的短锥状刺，少数整齐，多数不整齐，常具副列。刺毛列长度远超出复毛区的前缘，肛门孔三裂。

蛹黄白色，体长 23.5 ～ 25.5 mm，宽 12.5 ～ 14.5 mm。腹末端具 2 尾刺，刺端黑色，蛹背中央自胸部至腹末具一较体色深的纵隆线。

【生活习性】在广西 2 年发生 1 代，东北、华北地区 3 年发生 1 代，均以成虫或幼虫于 35 cm 左右深的土中越冬。越冬成虫 3 月中旬出土，4 月中下旬产卵，5 月中下旬孵化，于耕作层为害至秋末，以 2 龄或 3 龄幼虫潜入深土中越冬；翌年春 3 月中旬，越冬幼虫上迁至耕作层为害，6 月下旬老熟，潜至 30 cm 深处筑蛹室化蛹，蛹期月余，7 月下旬至 8 月上旬羽化为成虫，并静伏原室越冬，到第三年 3 月中旬才出土活动。

成虫具假死性，白天潜伏，黄昏活动、交配与产卵。卵散产于 15 ～ 20 cm 的湿土中，每雌产卵量 30 粒左右。成虫产卵前期 10 ～ 20 天，产卵期 15 天左右，卵期 25 天左右。幼虫共 3 龄，幼虫期 406 ～ 745 天。土温高于 10℃时成虫出土活动。春、秋气温适宜、土壤湿润，幼虫则迁至表层为害；土表温高、干燥，幼虫即向下转移。

土壤含水量为 15% ～ 20%、土温为 12 ～ 25℃时适宜卵和幼虫的发育。表土过干或过湿，土温过高或过低均影响卵的孵化率及初龄幼虫的存活率。

【为害特点】以成虫取食寄主的芽、叶和花，间或取食果实。以幼虫取食寄主根部幼嫩组织。苗期受害损失严重。被害叶呈不规则缺刻或仅残留叶脉；果受害后，果实呈不规则孔洞，易被病害感染变黑变腐；幼苗常被环剥，严重时寄主根部出现断根、缺苗、断垄或削弱树势。

【防治方法】营林防治。①播种、移栽前或收获后，清除林间及四周杂草，集中烧毁或沤肥；②深翻地灭茬、晒土，促使病残体分解，减少虫源和虫卵寄生地；③育苗移栽，播种后用药土覆盖，移栽前喷施 1 次除虫灭菌的混合药；④提倡施用酵素菌沤制的或充分腐熟的农家肥，不用未充分腐熟的肥料；⑤采取测土配方技术，科学施肥，增施磷钾肥，重施基肥、有机肥，加强管理，培育壮苗，有利于减轻虫害。

物理防治。利用成虫趋光性，设置诱虫灯诱杀成虫。

化学防治。①毒饵诱杀。利用棕色鳃金龟喜食树木叶片的习性，于成虫盛发期在林间插入药剂处理过的带叶树枝，毒杀成虫。该法取 20 ～ 30 cm 长的榆、杨、刺槐等枝条，浸入氧乐果乳油或敌百虫可溶性粉剂稀释的药液中，或用药液均匀喷雾，使之带药，在傍晚插入林间，诱杀成虫。或用树叶每公顷放置 150 ～ 225 个小堆，喷洒杀虫药物，诱杀成虫。②喷药防治。选用 10% 吡虫啉可湿性粉剂 1500 倍稀释液、25% 增效喹硫磷乳油 1500 倍稀释液、48% 乐斯本乳油 1000 ～ 1500 倍稀释液、40% 新农宝乳油 1000 ～ 2000 倍稀释液、3.3% 天丁乳油 1000 ～ 1500 倍稀释液、5% 锐劲特悬浮剂 2000 倍稀释液、5% 卡死克乳油 2000 ～ 2500 倍稀释液、20% 速灭丁乳油 3000 倍稀释液、90% 敌百虫 600 ～ 800 倍稀释液、10% 氯氰菊酯乳油 2000 ～ 2500 倍稀释液或 5% 高效氯氰菊酯乳油可湿性粉剂 2000 ～ 2500 倍稀释液，幼虫为害时喷淋根际周围，成虫为害时，喷施整个植株。

中喙丽金龟 *Adoretus sinicus* Burmeister

【寄主】桉、油茶、大花紫薇、苹婆、水蒲桃、红锥、板栗、枧木。

【分布】中国分布于江苏、浙江、安徽、福建、江西、山东、湖北、湖南、广东、广西、海南、台湾。广西分布于横州、龙胜、兴安、阳朔、苍梧、合浦、上思、防城港（防城）、崇左（江州）、容县、东兰、金秀、天等、南宁树木园、博白林场。

【形态特征】成虫体长 10 ～ 11.5 mm，宽 4.5 ～ 5.3 mm，长椭圆形，茶褐色，全身密被灰色鳞毛。头宽阔，前缘略内弯，唇基阔大，上唇中部向下延伸似喙。触角 10 节，鳃状部粗大如锤状。头、胸密布相连的刻点，呈许多不规则皱纹。前胸背板侧缘圆弧状弯曲，后角圆或钝圆。鞘翅两侧平行，每翅中央具 3 条等宽纵肋，肋上杂生灰白色小毛斑。跗节具 2 爪，外侧爪较大，前中足的大爪分叉；后足胫节外侧具 2 枚齿突。

卵长 1.7 ～ 1.9 mm，椭圆形，乳白色。

幼虫老熟时体长 13 ～ 16 mm，头宽约 2 mm。体初为乳白色，后变乳黄色。头浅褐色，口器深褐色。臀节腹板复毛区稀疏排列扁钩状刚毛约 35 根，其前端超过腹板中点。

蛹体长约 10 mm，近似纺锤形。初时乳白色，后变黄褐色。

【生活习性】1 年发生 2 代，以 3 龄幼虫在土中 5 ～ 10 cm 处越冬。翌年 3 月化蛹，蛹期 5 ～ 14 天。第一代成虫在 4 ～ 6 月出现，5 月盛发，是主要为害期。第二代成虫在 8 ～ 9 月出现，8 月盛发。成虫寿命 24 ～ 54 天，每雌产卵量 10 ～ 52 粒，平均 30 粒。卵期 4 ～ 7 天。第一代幼虫期 40 ～ 52 天，第二代历期 8 ～ 9 个月。

成虫于傍晚飞向树木，先取食树冠下部老叶，然后再取食新叶，可整夜取食，黎明前飞离树木回到表土觅隐蔽处潜伏，

中喙丽金龟成虫（张斌　摄）

或滞留叶背隐藏。成虫具趋光性、假死性，成群取食为害，天气晴朗、闷热无风的夜晚出现最多。成虫羽化出土 4 ～ 5 天后交配，交配后约 10 天产卵，卵散产于表土层 5 ～ 10 cm 处。

【为害特点】成虫食叶，将叶片吃成网状，残留叶脉，重者整株叶片被吃光。幼虫在地下为害植物根部，重者可造成苗木枯死。

【防治方法】参考筛阿鳃金龟。

斑喙丽金龟 *Adoretus tenuimaculatus* Waterhouse

【寄主】板栗、紫薇、桉。

【分布】中国分布于河北、山西、辽宁、江苏、浙江、安徽、福建、江西、山东、河南、湖北、湖南、广东、广西、四川、贵州、云南、陕西、台湾。广西分布于兴安、靖西。

【形态特征】成虫体长 9.4 ～ 10.5 mm，宽 4.5 ～ 5.3 mm。椭圆形，茶褐色或棕褐色，全体密被乳白色或黄褐色鳞毛。头大，唇基近半圆形，前缘显著折翘；上唇下方中部向下延伸似喙，其上有中纵脊。触角 10 节，鳃状部由 3 节组成。前胸背板明显短阔，侧缘弧形扩出，前侧角锐角形，后侧角近直角形。鞘翅具 3 条纵肋，在 1、2 纵肋上常有 3 ～ 4 处鳞毛多而聚集成白斑，端突上鳞毛紧挨成最大的白斑，其外侧尚有 1 个小白斑。前足胫节外缘有 3 枚齿；后足胫节外侧具 1 个小齿突。

斑喙丽金龟成虫（郑霞林　摄）

卵长 1.7 ～ 1.9 mm，宽 1.0 ～ 1.5 mm，长椭圆形，初产时乳白色，孵化前近米黄色。

末龄幼虫体长 13 ～ 16 mm，乳白色，头部黄褐色。头部前顶毛每侧 2 根，额中侧毛左右各 2 根，内侧 1 根较短。触角第一、第二、第三节约等长。臀节腹面复毛区有散生钩状刺毛 21 ～ 35 根。

蛹体长约 10 mm，前圆后尖。初为乳白色，后渐变为淡黄色至黄褐色。

【生活习性】1 年发生 2 代，以幼虫在土中越冬。翌年 4 月下旬至 5 月上旬末龄幼虫陆续化蛹，5 月中下旬可见成虫，6 月为越冬代成虫盛发期。6 月中旬至 7 月中旬为第一代幼虫期，7 月下旬至 8 月上旬化蛹，8 月为第一代成虫盛发期。8 月中下旬幼虫孵化，10 月下旬开始越冬。

成虫昼伏夜出，白天潜伏土中，傍晚飞到树木上取食，黎明前飞回土中隐藏或躲藏在叶背。成虫食性杂，食量大，有趋光性、假死性和群集为害习性。每雌产卵量 20 ～ 40 粒，产卵场所以果园、菜园、草地、丘陵地及田埂为主。幼虫为害期多在土深 3.3 cm 左右活动，遇天气干旱，入土较深。化蛹深度一般为 10 ～ 15 cm。

【为害特点】成虫食叶，将叶片吃成网状，残留叶脉，重者在短时间内将全株叶片吃光。幼虫在地下为害植物根部，重者可造成苗木枯死。

【防治方法】参考筛阿鳃金龟。

红脚异丽金龟 *Anomala rubripes* Lin

【寄主】松、杉、罗汉松、桉、木麻黄、油桐、凤凰木、茶、橡胶、相思、榕、沉香、火力楠、黄梁木、米老排、八角、重阳木、黄檀、人面果、板栗。

【分布】中国分布于浙江、福建、湖北、广东、广西、四川、云南、台湾。广西各地均有分布。

红脚异丽金龟成虫（郑霞林 摄）

【形态特征】成虫体长 18～26 mm，宽约 11 mm。椭圆形，体背青绿色，体腹紫红色，均具金属光泽。触角鳃叶状，9 节，棕红色，具光泽，长约 4 mm，片状部 3 节。前胸背板密布小刻点。鞘翅密布圆形小刻点，边缘稍向上卷起，末端具 1 个突起，中间隐约可见纵线 4～6 条。腹部背腹面均见 6 节，腹部露出鞘翅外 2 节。

卵长 2 mm，椭圆形，初为乳白色。

末龄幼虫体长 40～50 mm，头宽 5.5 mm，圆筒形，初为乳白色，后呈黄白色。

蛹体长 20～30 mm，椭圆形，初为淡黄色，后呈黄褐色。

【生活习性】1 年发生 1 代，以末龄幼虫在土中越冬。翌年 3～4 月在土中 2～3 cm 深处筑室化蛹。成虫发生期为 4～8 月，盛发期为 6～7 月。成虫昼夜均可取食，气温高、闷热无风的夜晚大量活动。成虫具趋光性和假死性。卵散产于土中，更喜产在新腐熟堆肥内，每雌平均产卵量达 60～80 粒。卵期 11～16 天，幼虫期 311～320 天，蛹期 9～21 天，成虫期 50～80 天。

【为害特点】成虫将叶片吃成网状，残留叶脉，重者整株叶片被吃光，影响生长和果木的产量；幼虫在地下为害各种作物的根部及幼茎，重者导致苗木枯死。

【防治方法】营林防治。冬耕深翻，或灌水数天，消灭越冬成虫。

物理防治。成虫盛发期可以采用频振灯诱杀或人工振落收集处理，减少为害。

生物防治。保护利用螳螂、寄生蜂等天敌，降低其虫口基数。

化学防治。苗木生长期可用 25% 异丙磷灌注根部，杀死幼虫，用无公害药物喷杀成虫。

大绿异丽金龟 *Anomala virens* Lin

【寄主】松、杉、桉、荔枝、龙眼、杨、栗、枫杨、梨、油桐、桃、油茶、杧果。

【分布】中国分布于河北、山西、内蒙古、辽宁、吉林、黑龙江、江苏、浙江、安徽、江西、山东、河南、湖北、湖南、广东、广西、海南、四川、陕西、甘肃、宁夏。广西各地均有分布。

【形态特征】成虫体长 21～29 mm。体草绿色，偶有全体玫瑰红色，具强金属光泽，有时前胸背板泛珠光；唇基前缘近直，上卷弱，皱刻细；鞘翅具强烈漆光；腹面和各足基节具强烈金属绿色，腹部各节基缘泛蓝色光泽，胫节和跗节蓝黑色，胫节具强金属绿色光泽。

【生活习性】6～7 月林地常见，成虫取食为害叶片，其他习性不详。

【为害特点】成虫为害苗木、幼林和成林叶片，食叶呈孔洞或缺刻，残留叶脉似网络状，重者把全株或局部林分叶片吃光。初孵幼虫取食腐殖质，幼虫长大后取食植物根部。

【防治方法】参考筛阿鳃金龟。

A. 背面观

B. 腹面观

大绿异丽金龟成虫（郑霞林　摄）

琉璃弧丽金龟 *Popillia flavosellata* Fairmaire

【寄主】竹、合欢等。

【分布】中国分布于东北、华东、西南（西藏除外）及江西、湖北、广西。广西分布于桂林（临桂）、灵川、兴安、资源。

【形态特征】成虫体小型到中型，体长 8.5 ～ 12.5 mm，体宽 6 ～ 8 mm。全体蓝黑色或黑色，偶有鞘翅呈红褐色等多种色型的个体；臀板有 1 对相互远离的白色小毛斑，斑距远大于斑径；腹部每节腹板具 1 排白色毛，侧端毛浓密呈白斑状。唇基短阔梯形，前缘近横直，弯翘弱，密布粗皱，额头顶皱刻粗密。前胸背板十分隆拱，盘区及两侧刻点较粗密，后方刻点疏细，侧缘弧形扩突，前侧角锐且前伸，后侧角圆钝，后缘斜边内侧沟线甚短。小盾片三角形，密布粗大刻点。鞘翅背面有 5 条刻点纵沟，沟间带隆拱，刻点沟 I 前端刻点较整齐，向后大致呈列，但不达端部，小盾片后方横陷深显。臀板甚隆拱。中胸腹突长，侧扁端圆。

幼虫复毛区的刺毛列由长针状刺毛组成，每列 5 ～ 8 根，2 列刺毛较明显地由前向后岔开，2 列刺毛的尖端相遇或交叉。

A. 背面观

B. 侧面观

琉璃弧丽金龟成虫（杨忠武　摄）

【生活习性】1 年发生 1 代，以幼虫在土中越冬。翌年 4 ～ 5 月末龄幼虫化蛹，蛹期 12 ～ 15 天。成虫 5 ～ 10 月发生，7 ～ 8 月为盛期。成虫昼夜出没，有群集性和假死性，受惊坠落。成虫产卵于土中，卵期 12 ～ 15 天。幼虫在土中取食须根和腐殖质，10 月开始随气温下降，幼虫向深土层移动并越冬。

【为害特点】成虫取食寄主植物叶片及花器，被害花器残缺不全，提前脱落；若寄主为经济林，影响结果和产量。幼虫在土中取食须根和腐殖质。

【防治方法】营林防治。清除林间杂草，实行深耕细作，有利于消灭土中蛴螬、卵、蛹等。

物理防治。①在成虫严重为害区设置诱虫灯诱杀，并及时检查诱虫灯周围的土壤中是否有其卵及幼虫，如有应及时集中消灭。②在高密度区成虫羽化盛期，实施人工震落捕杀。

化学防治。重点抓好虫源地防治，在高虫口严重为害林区，于卵孵化盛期前每亩地面撒施 15 ～ 20 g 森得保可湿性粉剂加 30 ～ 35 倍中性载体喷粉，或喷撒 10% 吡虫啉可湿性粉剂；成虫为害严重林区，可于成虫始盛发期每亩喷洒 15 ～ 20 g 森得保可湿性粉剂 1500 ～ 2000 倍稀释液或 5% 吡虫啉可湿性粉剂 1500 ～ 2000 倍稀释液。

（杨忠武）

棉花弧丽金龟 *Popillia mutans* Newman

【寄主】竹、油茶及多种花卉。

【分布】中国分布于北京、河北、山西、辽宁、浙江、山东、河南、广西、陕西、台湾。广西分布于桂林（临桂）、资源、龙胜、兴安、灵川、全州、阳朔、金秀、田东、德保、容县、博白、邕宁、象州、覃塘、武宣、忻城、扶绥、岑溪、横州、博白林场。

【形态特征】成虫体中型，长 11 ～ 14 mm，宽 6 ～ 8 mm。椭圆形，体深蓝色带紫色，有绿色光泽。头小；唇基前缘弧形，上卷，复眼土黄色至黑色。触角 9 节，雄大雌小。前胸背板隆拱，基部明显狭于鞘翅，前缘呈弧形内弯，侧缘前段呈弧形外扩，斜边直，仅外侧有很短边框。小盾片圆三角形。鞘翅短，后部略收狭，背面有略低陷点刻沟 6 条，肩突明显，在小盾片后方有深显横凹。臀板强度隆拱，密布刻点，无白色毛斑。足粗壮，前足胫节外侧具 2 齿，前大后小，小齿对面下方具 1 个内缘距。中、后足胫节外侧各有 2 列带粗刺毛的斜横脊，胫端具有 2 个长短不同的端距。跗节 5 节，末节最长，端部生有 1 对不等大的爪，大爪分叉，小爪不分叉。在中胸中足基节间有 1 个前伸的中胸腹突，超出中足基节前缘。腿节、各腹节着生黄细毛。

幼虫体长 24 ～ 28 mm。肛腹片复毛区有 2 行纵向的刺毛列，每列 5 ～ 7 根，由前向后稍分开，2

A. 背面观

B. 腹面观

棉花弧丽金龟成虫（杨忠武　摄）

行刺毛列的尖端相遇或交叉；刺毛列的附近有斜向上方的长针状刺毛，长针状刺毛的上面和下面密生锥状短毛。

【生活习性】1年发生1代，以2龄、3龄幼虫在土中20～30 cm深处越冬。5～6月为化蛹盛期。7～8月为成虫盛发期。成虫出土后经过3～8天补充营养，就在取食场所交配，每次交配10～30分钟，一般经2～3次交配，于7月中旬至8月产卵。成虫产卵对土质选择性不强。卵产在5～15 cm深土中，每雌产卵量7～34粒。成虫寿命1～2个月。卵期10～16天，7月下旬至9月上旬孵化。幼虫发育历期286～302天，1～3龄依次为16～18天、23～116天、172～261天。蛹发育历期10～16天。

【为害特点】以成虫取食寄主植物嫩梢、嫩叶、花器，导致落叶、落果；以幼虫在土中为害根系和土中腐殖质，是重要的地下害虫，影响寄主的生长和产量。

【防治方法】参考琉璃弧丽金龟。

（杨忠武）

小青花金龟 *Oxycetonia jucunda* (Faldermann)

【寄主】珍珠梅、杨、柳、榆、山楂、桃、松、降香黄檀、白蜡、金叶女贞、黄荆。

【分布】中国除新疆未有记录外，其他各省（区、市）均有分布。广西各地均有分布。

小青花金龟成虫（孙金波　摄）

【形态特征】成虫体长11～16 mm，宽6～9 mm。体稍狭长，体表绿色、黑色、浅红色或古铜色，散布众多形状不同白绒斑。头部黑褐色、密布长绒毛，唇基较大，密布刻点，前缘中凹较深，前胸背板由前向后外扩，前端两侧各具1个白斑，满布黄色细毛及小刻点，小盾片狭小，顶端圆，基部具小刻点。鞘翅狭长，被稀疏弧形刻点和浅黄色长绒毛，具银色斑纹，缝肋左右各具3个，鞘翅侧缘3个较大，中胸腹突向前突出，先端浑圆。前足胫节外缘具3枚齿，中齿对面具1枚内方齿，足、体腹面均黑色，密布黄褐色毛。臀板短阔，密布粗大横皱纹，近基部具4条横列银白绒斑。

卵球状，白色，后渐变淡黄。

末龄幼虫体长32～36 mm，头宽2.9～3.2 mm。头部暗褐色，上颚黑褐色，腹部乳白色，肛腹片后部密被长、短刺状刚毛，复毛区由尖细直刺毛组成刺毛列，2列对称平行，前端接近，后端分开。每列各由18～22枚刺毛组成。其前缘伸达肛腹片后部的1/2处。初龄幼虫头部橙色，腹部浅黄色。

裸蛹，长14 mm左右，初淡黄白色，后变橙黄色。

【生活习性】1年发生1代，以成虫或幼虫于土中越冬。以幼虫越冬者，翌春解冻后陆续化蛹、羽化。当旬均气温11.3℃、土温12.8℃以上时，成虫陆续出土，5月至6月上旬为产卵期，发生早的于8～9月幼虫老熟化蛹，羽化出土为害至秋末入土越冬。发生晚的则以幼虫、蛹或羽化后未来得及出土的成虫越冬。成虫白天活动，尤以晴天无风和气温较高的10～16时为成虫取食、飞翔最烈期，同时也是交配盛期。

如遇风雨天气，则栖息于花丛或草丛中不大活动，日落后潜返土中，并进行产卵。成虫寿命 90 天左右。

【为害特点】春季常群集花上取食花瓣和花蕊，亦取食芽与嫩叶。成虫也喜食成熟的有伤果实。

【防治方法】物理防治。利用成虫假死性，人工振落捕杀大量成虫。

生物防治。保护园林绿地中的步甲、刺猬、杜鹃、喜鹊、寄生蜂等天敌；防治成虫可喷施白僵菌、乳状菌等生物药剂，对土中幼虫可用病原线虫防治。

化学防治。参考琉璃弧丽金龟。

白星花金龟 *Protaetia brevitarsis* (Lewis)

【寄主】桉、泡桐、马褂木。

【分布】中国广泛分布。广西分布于南宁（江南）、桂林（雁山）、全州、博白、武宣。

【形态特征】成虫体长 17 ～ 24 mm，宽 9 ～ 14 mm。椭圆形，背面较扁平，体壁厚而硬，黑紫铜色略有绿紫色金属光泽。体表具刻点及若干不规则白色绒斑。头部较窄，两侧在复眼前有明显陷入，头部中央隆起。唇基前缘上卷，中央部分凹陷，复眼大而明显，黄铜色带有黑色斑纹。触角 10 节，棒状部 3 节，雄虫棒状部较雌虫长，前胸背板前窄后宽呈梯形，前缘内弯，侧缘外突，后缘外弯但中央部分又内弯。小盾片长三角形，除基角有少量刻点外，甚平滑，顶角钝，鞘翅阔长形，侧缘前方内弯，中部具弧形纵隆线 1 条。肩部阔、肩瘤显著，后缘圆弧形。前足胫节外侧有 3 枚锐齿，内侧生 1 枚棘刺，跗节 5 节，爪 1 对。腹部腹板具白毛，腹部枣红色有光泽，分节明显。雄虫腹板中央部分凹平，雌虫不凹平。臀板短阔，裸露鞘翅外，密布绒毛。

卵乳白色，光滑，卵圆形，长约 1.8 mm。

末龄幼虫体长约 35 mm，头宽 4.1 ～ 4.7 mm。前顶毛每侧 4 根成 1 纵列，后头毛每侧 4 根，臀节腹面密布短与长的锥刺，刺毛列为长椭圆形，每列由 18 ～ 20 根锥刺组成，肛门孔横列状。

裸蛹，体长约 21.5 mm，无尾角，末端齐圆，有边褶，雄蛹尾节腹面中央有 1 个横长方形的三叠状突；雌蛹则平坦，在尾节中央前方有 1 条细纹。

A. 聚集取食

B. 成虫交配

白星花金龟成虫（郑霞林　摄）

【生活习性】1 年发生 1 代，以 2 或 3 龄幼虫越冬。翌年 5、6 月幼虫老熟后在 20 cm 左右的土层中筑土室于内化蛹，蛹期约 30 天。6、7 月为成虫盛发期，9 月下旬逐渐绝迹，成虫寿命 40 ～ 90 天。6 月下旬、7 月上旬开始产卵，卵散产于腐殖质多的土中及粪堆等处，偶见多粒产在一起，卵期约 12 天左右，幼虫孵化后以腐殖质为食料，亦可取食为害植物地下部组织，幼虫期约 270 天。成虫白天活动、取食为害，交配常集中于 8 时至 16 时。每雌产卵量约 25 粒。成虫具假死性，对果醋及糖醋液趋性强。幼虫以背部着地行走。无土室的幼虫或蛹不能化蛹或羽化。

【为害特点】成虫不仅能取食幼嫩的叶、芽、花，还能蛀食果，尤其是病虫为害后的果。常将果咬成大洞后，数十头成虫群集一起，造成落果。

【防治方法】营林防治。对于蛴螬发生严重的地块，在深秋或初冬翻耕土地，不仅能直接消灭一部分蛴螬，并且将大量蛴螬暴露于地表，使其被冻死、风干或被天敌啄食、寄生等，一般可压低虫量 15% ～ 30%。避免施用未腐熟的厩肥。

物理防治。利用成虫的趋化性，采用糖醋液（红糖 5 ：米醋 3 ：米酒 1 ：水 12）进行诱杀；亦可利用成虫假死习性，在成虫发生盛期，清晨温度较低时振落捕杀。

化学防治。成虫发生期，可用 25% 爱卡士乳油 1000 倍稀释液喷雾防治。

纺星花金龟 *Protaetia fusca* (Herbst)

【寄主】桉、泡桐、马褂木。

【分布】中国广泛分布。广西各地均有分布。

【形态特征】成虫体小型，体长 12 ～ 16 mm。头盾前缘略向上翘起几呈直线或中部略凹入。体背灰褐色具灰绿色光泽，前胸背板散布细碎的黄白色斑点，翅鞘也有稀疏的斑点，其中翅缘有 2 对较大的横向黄斑，翅端尖锐，具 1 对横向黄斑。雄虫翅端外突，雌虫翅端不向外伸出。腹部深黑褐色，后胸腹板密生短黄毛。

【生活习性】5 ～ 6 月常见。

【为害特点】成虫取食寄主植物叶片，幼虫取食其根系。

【防治方法】尚未见大面积发生和为害。

纺星花金龟成虫（郑霞林　摄）

（郑霞林）

绿罗花金龟 *Rhomborrhina unicolor* Motschulsky

【寄主】竹、栎和榆等。

【分布】中国分布于浙江、福建、江西、湖北、湖南、广西、四川、贵州、云南、台湾。广西分布于兴安、资源、平乐、荔浦、阳朔、灵川、凭祥。

【形态特征】成虫体长 24 ～ 27 mm，宽 12.5 ～ 13.4 mm，体形较狭长。体草绿色，腹面微泛杏红色，唇基边缘、鞘翅外缘、几乎各部分交接处、胫节末端、跗节、触角均为深褐色或黑褐色。唇基较狭长，前缘向上折翘，两侧边框近于平行，外侧向下呈钝角形或弧形斜扩；背面密布小刻点和皱纹，头顶光滑无刻点，中央纵隆稍显。前胸背板近于梯形，基部最宽，两侧向前呈波状变窄，近弧形，边缘边框较窄，后角稍圆，后缘接近横直，中凹较浅；盘区刻点稀小，两侧刻点和皱纹较大。小盾片较狭长；末端尖锐，表面几无刻点。鞘翅狭长，基部较宽，肩后外缘稍弯曲，两侧向后稍变窄，缝角稍向后突出，翅缝的后部较明显，盘区刻点稀小，有明显刻点行，近侧后缘密布粗糙皱纹。臀板短宽，近三角形，末端圆，散布较稀横向皱纹和金黄色绒毛，外缘绒毛较密长。中胸腹突强烈向前突出，前端圆，两侧近平行，散布较稀圆刻点。后胸腹板除中片小沟、两侧前半部具较稀圆刻点和金黄色绒毛外很光滑，几无刻点。后胸前侧片散布弧形大刻点；后胸后侧片光滑无刻点。腹部第一至第四节中部光滑几无刻点，第五、第六节和每节的两侧散布较大刻点和皱纹。后足基节散布稀疏皱纹，后外端角稍延伸，足上散布粗糙刻点和皱纹，前足胫节雄窄雌宽，外缘雄虫有 1 枚齿，雌虫有 2 枚齿，跗节较细长，爪大且强烈弯曲。

【生活习性】1 年发生 1 代，以高龄幼虫在土中 20 ～ 30 cm 处越冬。翌年春季约 3 月回暖后越冬幼虫继续为害，于 4 ～ 5 月化蛹，成虫 5 ～ 9 月发生，7 ～ 8 月为发生盛期。成虫能飞，有假死性、趋光性，在羽化期，雨后天晴或闷热无风的晚上，成虫大量出土为害。成虫产卵于土中 5 ～ 6 cm 处。1 龄幼虫取食腐殖质，2 ～ 3 龄幼虫取食寄主植物根系、块茎、竹鞭、笋鞭、竹根等。

【为害特点】以 2 ～ 3 龄幼虫取食竹鞭、笋鞭、竹根及其他寄主的细根或块茎，以成虫取食寄主植物叶片、嫩芽、花芽等，严重时影响寄主生长及产量。

【防治方法】参考琉璃弧丽金龟。

A. 背面观　　B. 腹面观

绿罗花金龟成虫（杨忠武　摄）

阳彩臂金龟 *Cheirotonus jansoni* (Jordan)

【寄主】不详。

【分布】中国分布于江苏、浙江、安徽、福建、江西、湖北、湖南、广东、广西、海南、四川、贵州、云南。广西分布于兴安、环江、金秀。

【形态特征】成虫体长 6.0 ～ 7.5 cm。体黑褐色，具金属光泽，长椭圆形，前胸背板绿色金属光泽尤为明显，盘区前半部分具粗刻点，侧边向外明显突伸。鞘翅黑褐色，两侧肩部各具金黄色矩形斑和三角形斑，翅缘中后部有 1 条逐渐增粗的金黄色镶边；鞘翅内侧从靠近中胸小盾片开始，至末端与外侧镶边相接，贯穿有 1 条断线状金黄色镶边。雄虫前足胫节极度延长，中部和端部各具 1 枚向内极度突出的刺，端部处刺的长度约为中部刺的 2 倍。

【生活习性】成虫多发现于大型朽木内，具趋光性。

【资源利用】该虫为国家二级保护动物，要多加以保护。

阳彩臂金龟成虫（石辉深　苏建欣　覃宏告　廖青华　摄）

（二十二）吉丁虫总科 Buprestoidea

体长 1.5 ～ 60 mm；头部较小向下弯折；触角 11 节，多为短锯齿状；前胸与体后相接紧密，不可活动；前胸腹板发达，端部达及中足基节间；后腹腹板具横缝；鞘翅长，到端部逐渐收狭；足细长；前、中足基节球形，后足基节板状；跗节 5-5-5，第四节双叶状；腹部可见 5 节，第一、第二节一般愈合。幼虫体扁，前胸膨大；头小，无单眼；触角 3 节；上颚无臼叶，胸足退化。成虫喜阳光，白天活动，在树枝的向阳部分易发现，幼虫在树木中钻孔为害，属钻蛀性害虫。吉丁虫很多种类鞘翅颜色鲜艳，具金属光泽，可作为观赏性昆虫。全世界已记录 1 科 12 亚科 470 属 1.4 万多种，中国已记录 9 亚科 104 属 1300 多种。

（郑霞林）

58. 吉丁虫科 Buprestidae

完全变态昆虫。成虫体小型至中型，体长 3 ～ 80 mm，长而扁，末端渐狭，体形精美。体蓝色、铜绿色、绿色或黑色，色彩绚丽且具金属色泽，亦常作为装饰品，是广大昆虫爱好者喜爱收藏的甲虫之一；头较小，嵌入前胸下；触角锯齿状，11 节；咀嚼式口器；前胸腹板发达，腹板突嵌在中胸腹板上，与中胸密接而无跃起构造（与叩甲科的主要区别）；后胸腹板上有 1 条明显横沟；跗节 5-5-5，第四节双叶状；成虫多中午活动，善飞行，取食嫩叶、嫩枝和树皮；幼虫体背腹扁平，前胸背板宽扁，头缩入前胸内，蛀食林木、果树及经济植物主干或枝干，或潜叶为害，或取食植物根部或伐倒木，或形成虫瘿，蛀干的种类蛀道曲折或螺旋形且充满虫粪，被害处有流胶，为害严重时树皮爆裂（故又名爆皮虫）；极少数种类能感受长波红外线，喜在烧焦后的松树上产卵，如松迹地吉丁 *Melanophila acuminata* DeGeer。中国已记录 21 族 56 属 871 种。

迹斑娄吉丁 *Belionota prasina* (Thunberg)

【寄主】腰果、凤凰木、木棉。

【分布】中国分布于广西、云南、台湾。广西分布于南宁。

【形态特征】成虫体长 23 mm。触角自第四节起下方具栉状毛。前胸后角有火红色斑，至鞘翅前突处止。红斑前有 1 条斜横形凹沟，其长超过色斑，沟中具细纵纹。前胸、小盾片和腹面古铜色，鞘翅蓝绿色无色斑，翅缘无齿，背面观可见腹板各节后侧角尖突成齿状，易混淆成鞘翅侧缘。鞘翅末端向后逐渐狭缩，缘角弧形，缝角尖。鞘翅具 4 条叶脉状脊，翅缝亦具脊，脊之间布满细刻点。腿节无齿。

【生活习性】成虫具假死性。

迹斑娄吉丁成虫（黄大明　摄）

【为害特点】幼虫蛀干为害。

【防治方法】未见大面积发生和为害，可通过保护和利用自然天敌控制其种群。

日本松脊吉丁 *Chalcophora japonica chinensis* Schaufuss

【寄主】松。

【分布】中国分布于福建、江西、湖南、广东、广西、重庆、云南。广西分布于南宁（武鸣）、横州（镇龙）、柳江、荔浦、阳朔、全州（永岁）、梧州（长洲倒水）、苍梧、岑溪（水汶）、蒙山（陈塘）、上思（平福）、桂平（罗秀）、陆川、博白（宁潭）、玉林（福绵）、隆林（沙梨、天生桥、革步、者浪、平班）、乐业（逻西）、贺州（平桂羊头）、巴马（巴马、那社）、东兰（泗孟）、凤山（砦牙）、环江（龙岩）、罗城（四把）、天峨（坡结）、都安（百旺、拉烈）、象州（水晶、象州）、崇左（江州那隆）、天等（把荷）、高峰林场（银岭、六里、界牌、东升、延河、大塘、平厂、桃源）、派阳山林场（浦城）、黄冕林场（洛清江、盘龙、沙塘、板勒、波寨）、维都林场（维都）、雅长林场（益来）。

日本松脊吉丁成虫（杨忠武　摄）

【形态特征】成虫体长 29 ～ 37 mm。纺锤形，体赤铜色，刚羽化时体表覆盖黄灰色粉状物；触角短小，11 节，前胸背板梯形，鞘翅上具黝黑的纵隆线，线间具粗大刻点；常缺小盾片。

【生活习性】春夏季成虫多现于低海拔山区林间，有一定的飞行能力，但静栖于树干上时，容易捕捉；具假死性；幼虫蛀入松树内，为害木质部，在蛀道内化蛹。

【为害特点】幼虫为害木质部，蛀道螺旋形，充满排泄物。

【防治方法】营林防治。及时清除林业枯死木和衰弱木，破坏或减少其滋生地。

物理防治。利用成虫假死性进行人工捕捉，集中消灭成虫。

化学防治。在成虫羽化盛期的补充营养阶段，用 5% 吡虫啉乳油 1500 倍稀释液喷雾防治。

云南松脊吉丁 *Chalcophora yunnana* Fairmaire

【寄主】松。

【分布】中国分布于福建、江西、湖北、湖南、广西、四川、贵州、云南。广西分布于南宁（邕宁那楼）、宾阳（甘棠）、桂林（雁山）、荔浦（大塘）、兴安、阳朔（葡萄、高田、兴坪、白沙）、梧州（万秀龙湖）、苍梧（木双）、岑溪（诚谏、种子园）、藤县（和平、宁康、林科所）、北海（海城冠头岭和北海防护林场）、上思（公正、在妙、平福）、贵港（港北庆丰、港城和根竹、港南瓦塘和新塘）、桂平（厚禄）、平南（镇隆）、北流、博白、玉林（福绵石和新桥、玉州仁东）、巴马（燕洞）、河池（金城江拔贡、保平和九圩）、罗城（小长安）、南丹（城关）、天峨（三堡）、合山（岭南）、忻城（欧洞）、大新（福隆）、崇左（江

云南松脊吉丁成虫（任向明　摄）

州那隆和濑湍)、宁明(板棍、桐棉)、天等(驮堪、东平)、南宁树木园(居仁站)、派阳山林场(鸿鸪)、雅长林场。

【形态特征】成虫体长 26 ~ 32 mm。体黑褐色或铜褐色。两复眼间具 3 条黝黑的纵隆线，额正中略纵凹，隆线间布满灰白色的鳞毛；前胸背板前缘弯曲，两侧缘弧状，后缘双曲状，有时略带平直，其背上具 5 条黝黑的纵隆线；小盾片圆点状；鞘翅翅缝隆起发亮，其上具 8 条黝黑的纵隆线，每翅中部各具 2 个宽浅的凹窝，凹窝底部及隆线间布满鳞毛；翅前缘中部内凹呈“弓”形；腹面黑色，布满鳞毛。

【生活习性】成虫有一定的飞行能力，但静栖时不活跃，易捕捉；具假死性；幼虫喜食松树，蛀入树干为害木质部，在蛀道内化蛹。

【为害特点】幼虫为害木质部，蛀道螺旋形，充满排泄物。

【防治方法】参考日本松脊吉丁。

赤胸锦吉丁 *Chrysochroa buqueti rugicollis* Saunders

【寄主】苹婆、杧果。

【分布】中国分布于广西。广西分布于南宁。

【形态特征】成虫体长 40 ~ 47 mm。鞘翅橙黄色，鞘翅前 1/3 处具 2 个蓝黑色近圆形斑，2 个斑中间不相连，但与翅前缘的黑色条纹相连；鞘翅近端部 1/3 均为蓝黑色，相连；胸部背腹面均为金属红色；腹部腹面和足蓝黑色。该亚种与 *Chrysochroa buqueti buqueti* 相似，但有 2 处明显不同，一是 *C. buqueti buqueti* Gory 鞘翅中域的 2 个蓝黑色斑近长椭圆形，且较 *C. buqueti rugicollis* 的斑大，二是 *C. buqueti buqueti* 前胸背板正中有 1 条“𝄞”形的蓝黑色纵斑纹，而 *C. buqueti rugicollis* 无。

A. 背面观　　B. 腹面观

赤胸锦吉丁成虫（杨秀好　摄）

【生活习性】不详。

【为害特点】幼虫钻蛀为害寄主木质部。

【防治方法】未见其大面积发生和为害的情况。

绿翅细长吉丁 *Coraebus hastanusephippiatus* Théry

【寄主】野桐。

【分布】中国分布于广西、台湾。广西分布于横州（百合）、武宣、桂平。

【形态特征】成虫体长 9 ~ 11 mm。头和前胸背板蓝绿色，鞘翅基部和翅端蓝绿色或绿色，鞘翅中后部具大的近三角形的蓝紫色区域；头顶中央具纵线，密布不规则的粗刻点和刻纹；触角不达前胸背板中央；前胸背板中前部明显隆突，前 / 后缘双曲状，侧缘弧形，具规则的细缘齿，背板表面具不规则的刻点、波浪状横纹及稀疏黑色短绒毛；小盾片大，呈“ ♡ ”形。鞘翅侧缘中前部弧凹，近鞘翅端部 1/3 处略扩展，之后向端部渐狭，侧缘近端部具较明显的缘齿；翅顶斜截，两侧各具一大刺，内侧大刺靠近翅缝的一侧具 2 ～ 3 枚短刺，呈“⌇√”形。鞘翅后 1/4 处具“一”字形粗绒毛斑纹，横向贯通鞘翅，左右鞘翅各有 2 个毛斑纵向排列、位于横向毛斑前，前端毛斑较后方模糊。末节腹板端部近平截，后足胫节外缘具 1 列淡黄色鬃状毛刺，内缘锯齿状；雌虫末节腹板端部圆弧形，后足胫节内缘平滑，其他特征同雄虫。

绿翅细长吉丁成虫（李秋绵　摄）

【生活习性】不详。

【为害特点】幼虫为害寄主木质部，蛀道充满排泄物。

【防治方法】参考日本松脊吉丁。

（二十三）叩甲总科 Elateroidea

叩甲总科是一个庞大的家族，包括伪长花蚤科 Artematopodidae、颈萤科 Brachypsectridae、花萤科 Cantharidae、拟萤科 Drilidae、细口萤科 Jurasaidae、萤科 Lampyridae、红萤科 Lycidae、平萤科 Omalisidae、角唇萤科 Omethidae、光萤科 Phengodidae、邻萤科 Telegeusidae、雌光萤科 Rhagophthalmidae、华萤叩甲科 Sinopyrophoridae、叩甲科 Elateridae、树叩甲科 Cerophytidae、隐唇叩甲科 Eucnemidae 和粗角叩甲科 Throscidae 等 19 科。全世界已记录 1110 属 2.5 万多种，中国已记录 10 科 317 属 3100 多种。叩甲总科中各科形态差异巨大，分化程度高。其中，隐唇叩甲科和粗角叩甲科在形态上与叩甲科非常相似，在早期的分类系统中曾被归入叩甲科中。

59. 叩甲科 Elateridae

体小型至大型，大多狭长。体色多较暗，体表具细毛或鳞片状毛组成不同的花斑或条纹，也有部分种类体色艳丽、体表光亮无毛。成虫前胸腹板在前足基节间有 1 个狭长尖锐的突起，称为“前胸腹突”或“前胸腹后突”，向后向下延伸，插入中胸腹窝中，这个结构使叩甲科昆虫能够进行“叩击”的防御行为，以此来逃脱敌害，所以叩甲科昆虫也被称为叩头虫。后胸腹板无横沟。生活史一般为 1 ～ 5 年，存在世代重叠现象，成虫活动期较短，对植物危害较小，多在夜间活动。幼虫活动受低温和土壤湿度影响较大，冬季土壤温度低时会下潜越冬，夏季温度高时会越夏，土壤湿度高则活动期延长，在我国南方冬季温度较高时则不会越冬，全年发生。该科最新的分类系统包含 15 个亚科，全世界已记录 12000 多种，中国已记录 1500 多种，分布广泛，各省均有不同类群分布。在农业生产中，部分叩甲幼虫称为金针虫，多数种类在土中或树干内生活，取食植物根部 / 韧皮部，是农作物、林木、果树、牧草和中药材的重要地下和蛀干害虫。还有部分叩甲种类幼虫捕食白蚁、螨类和鳞翅目幼虫，属天敌昆虫。

（孟子烨）

细胸锥尾叩甲 *Agriotes subvittatus* Motschulsky

【寄主】杨、马尾松、桉、红锥、柚木、核桃等。

【分布】中国分布于河北、山西、内蒙古、辽宁、吉林、黑龙江、江苏、福建、山东、河南、湖北、广西、贵州、陕西、甘肃、青海、宁夏。广西分布于宾阳（甘棠）、横州（云表）、梧州（龙圩）、苍梧（六堡）、上思（华兰）、博白、南丹、巴马、罗城、河池（金城江）、武宣、来宾（兴宾南泗）、宁明（寨安）、钟山、玉林（大容山林场）、雅长林场（雅长）。

【形态特征】成虫体长 8 ～ 10 mm，宽 2 ～ 3 mm，体狭。前胸背板、头部及腹面暗褐色，身体表面被黄白色细毛，具金属光泽。头颜色略浅，向前弓弯，密布中等大小刻点，额前缘凸。触角基部上方具额脊，触角向后延伸直到前胸后角基部。触角茶褐色，1 ～ 3 节近桶形，第二节略长于第三节，其余各节呈倒锥形并逐节变长。前胸背板宽大于长，表面密布椭圆形刻点，后部中央具浅纵沟。鞘翅宽度同前胸背板相等，前端两侧平行，从中部开始变狭，背面突起，沟纹由连续刻点组成。小盾片呈盾形，前缘平直。足为茶褐色，跗节简单，爪简单。

细胸锥尾叩甲成虫（孟子烨　摄）

卵乳白色，直径约 0.5 mm，球形或近球形，在孵化前表面颜色变暗。

幼虫初孵化时体白色，仅头部端颜色较深，为黄褐色，随着幼虫龄期增加颜色加深，老龄幼虫为黄褐色，细长，呈圆筒形，体表具光泽，口器呈深褐色。身体前端两侧各有 1 个褐色圆斑和 4 条褐色纵纹。第一胸节稍长于第二、第三胸节，第一至第八腹节约等长，尾节圆锥形。

蛹初期乳白色，后变为黄褐色，近纺锤形，长 8 ～ 10 mm，体侧沿气门线有白色宽带。

【生活习性】2 ～ 3 年发生 1 代，以幼虫越冬。3 月气温升高时越冬幼虫开始活动，从土壤深层上升到表层为害，4 ～ 5 月为活动盛期，幼虫经常群集为害。6 ～ 7 月因地温升高，多数低龄幼虫会下潜到土层 20 cm 以下进行越夏，末龄幼虫在 20 ～ 40 cm 土层中进行化蛹。9 ～ 10 月地温降低，幼虫复上升至土壤表层进行取食，11 月为活动盛期，在 12 月中下旬再次潜入土壤深度 20 ～ 100 cm 处开始越冬。幼虫为害程度受土壤湿度变化影响较大，幼虫喜好的土壤湿度为 20% ～ 25%，在多雨年份幼虫活动程度和活动时间都会延长，如土壤湿度过低，则低龄幼虫不能存活。成虫主要在春季活动，3 月上旬开始出土取食，4 月中旬达到活动盛期，多在夜间交配，且具有多次交配的习性，雌虫于 4 月中旬开始产卵，可多次产卵，5 月为产卵盛期，卵产于土层 1 ～ 6 cm 处。成虫趋光性弱，具假死性，被惊动时会叩头逃脱或假死落地。

【为害特点】属于地下害虫，幼虫以植物根系、块根和块茎为食，在植物根茎部形成乱麻状伤口或在块茎表层形成穿孔。成虫群集取食寄主叶片叶肉组织，使叶片残留叶脉形成破叶状；取食果树花瓣，使花瓣形成孔洞。

【防治方法】营林防治。①及时清除杂草及病株、枯枝、杂生灌木，集中烧毁或做沤肥处理，消除幼虫食源和带卵植株，减少幼虫和蛹的数量，减少成虫的产卵场所。②结合人工抚育进行深翻耕作，破坏其越夏和越冬环境，降低虫口密度。③在施用有机肥时应充分腐熟。

物理防治。在成虫的主要活动期进行人工惊扰法，利用成虫的假死性，敲打摇晃树干树枝，惊扰成虫，待成虫落地后进行人工杀灭。

化学防治。①施用充分腐熟有机肥，在肥料中添加二嗪农乳油，用量为 0.3 ～ 0.5 kg/m^3，可起到较好的防治效果。②成虫对于新鲜略萎蔫的杂草具有很强的趋性，可用草堆或麦麸进行诱杀。使用无公害药物同青草或炒出糊香味的麦麸进行均匀搅拌，毒饵或毒草傍晚时堆放于苗圃内，可诱杀成虫。③ 10% 二嗪农颗粒，加水稀释 10 倍后同 300 ～ 450 kg 干细土拌匀，在播种前均匀撒施于苗圃地表，也可将毒土同厩肥混合均匀后施用。④采用 50% 二嗪农乳油 500 倍稀释液对植株进行灌根处理，每次间隔 8 ～ 10 天，连续灌施 2 ～ 3 次。

齿缘槽缝叩甲 *Agrypnus baibaranus* (Hayek)

【寄主】松、杉等。

【分布】中国分布于福建、江西、广西、四川、贵州、云南、西藏、台湾。广西分布于玉林（大容山林场）。

【形态特征】成虫体长 13 ～ 15 mm，宽 4 ～ 4.8 mm。体和触角黑色，足黄色，体表面均匀被金黄色鳞片状毛。头部中央呈三角形低凹，头部密布强烈刻点，但分布不均匀。触角锯齿状，第一节桶形，粗壮，第二节近相等，第四至第十节呈三角形，触角末节椭圆形，顶端平截。前胸侧板和后胸腹板没有跗节槽。前胸背板长宽近相等，中部宽度最大，两侧外拱呈弧形，侧边自中部向前后两端明显变狭。前胸背板前角钝形，后角处呈波浪状，后角短，突出，后角端部向外，近边缘具波状脊。前胸背板侧缘具细齿，背板两侧密布强烈刻点，中部刻点稀疏，中央具纵凹，纵凹的前端不明显。小盾片近五边形，散布刻点。鞘翅和前胸等宽，两侧平行，端部近 1/3 处向后变狭，端部完整，浑圆，鞘翅表面刻点形成明显的凹纹。体腹面均匀覆盖鳞片状毛，刻点明显。

齿缘槽缝叩甲成虫（孟子烨　摄）

卵近球形，白色，直径约 0.5 mm。

初孵幼虫白色，头尾深褐色，随龄期增大身体颜色逐渐加深为淡黄褐色。第一胸节远长于第二、第三胸节，腹节各节略等长，尾节圆锥状。

【生活习性】3 年发生 1 代，以幼虫越冬。5 月成虫开始活动，成虫有假死性，受惊动会叩头弹跳逃离或假死逃脱，具趋光性。5 ～ 8 月为成虫交配期，雌虫交配后立即产卵，将卵产于杂草或垃圾覆盖的土层下。进入夏季后幼虫孵化，以寄主植物根系为食，为害期持续至其越冬，越冬土层深度在 20 cm 左右。翌年春季 3 月越冬幼虫随地温升高开始复苏，随后以幼虫形态完成翌年生活史，在翌年冬季以末龄幼虫虫态越冬，第三年复苏后的末龄幼虫会下潜至土层 10 ～ 15 cm 处做蛹室化蛹，蛹期 15 ～ 20 天。

【为害特点】幼虫地下活动，取食松、杉等苗木根系，成虫取食寄主植物叶片。

【防治方法】参考细胸锥尾叩甲。此外，齿缘槽缝叩甲成虫具趋光性，可在林间空地悬挂诱虫灯诱杀。

山槽缝叩甲 *Agrypnus montanus* (Miwa)

【寄主】桉、栎。

【分布】中国分布于广西、四川、台湾。广西分布于桂林（叠彩）。

【形态特征】成虫体长 10.5 ～ 11.5 mm，宽 4 mm。体红褐色，身体表面均匀覆盖鳞片状的黄白色短毛。头部扁平或在触角间具三角形低凹，头部具密集粗刻点，触角黄褐色，向后到达前胸背板一半。触角第一节近柱形，粗壮，第二节长于第三节，第三节呈球状，长度最短，第四至第十节触角明显呈锯齿状，末节为长卵形。前胸侧板和后胸腹板有跗节槽。前胸背板基部最宽，两侧向端部缓慢收狭，宽大于长，背板侧缘呈微弱波状。背板均匀分布密集刻点，两侧刻点比中部更为密集。前胸背板后角短。小盾片中部扩展，并向后变窄。鞘翅宽度大于前胸，表面具有刻点形成的条纹，鞘翅两侧从基部开始到中部微弱变宽，然后向端部收狭。

幼虫细长，长 15 mm。淡红褐色，体表具光泽，头尾颜色较深，第一胸节长于第二、第三胸节，腹节第一至第八节约等长，尾节圆锥状。

山槽缝叩甲成虫（孟子烨　摄）

【生活习性】2 年发生 1 代，以幼虫形态越冬。7 月成虫开始活动，具访花习性、假死性和趋光性。成虫交配后会在石头下或草根下产卵，将卵产于表土层 2 ~ 15 cm 处，幼虫孵化后在土壤表层进行取食，随后以幼虫形态越冬至翌年春季复苏。幼虫期会持续 1 ~ 2 年，在地下度过蛹期并羽化，完成一个生活史。

【为害特点】幼虫取食桉、栎的根系，造成苗木根系缺刻。

【防治方法】参考齿缘槽缝叩甲。

中华槽缝叩甲 *Agrypnus sinensis* (Candeze)

【寄主】竹、山茶、玫瑰、月季等。

【分布】中国分布于广西、云南、西藏。广西分布于兴安（白石）、北流、博白、兴业（龙安）、龙州。

【形态特征】成虫体长 10.5 ~ 11 mm，宽 3.2 mm。体暗黑色，体表被茶色鳞片状毛，触角和足锈红色。头部密布刻点，触角间具微弱的三角形低凹。触角第二节比第三节粗，第三节最小，第四至第十节呈锯齿状，末节长卵形。前胸侧板和后胸腹板无跗节槽。前胸背板自中部向前后收狭，侧缘细齿状，近后角处呈波浪状，前胸背板突起，表面均匀密布刻点，中部刻点较两侧弱。前胸背板后角小，具长脊，末端向外扩。小盾片两侧从中部向前收狭，向后剧烈膨大。鞘翅比前胸宽，两侧自 1/3 处向前逐渐扩宽，向后弧形收狭，端部完整。

中华槽缝叩甲成虫（孟子烨　摄）

卵近球形，白色，幼虫孵化前颜色变暗。

幼虫体细长，圆筒状。体表具光泽，淡红褐色或黄褐色。胸节第一节长于第二、第三节，腹节第一至第八节略等长，尾节圆锥形。

蛹黄色，头部向下弯曲，鞘翅弯向胸部，蛹侧缘通常呈锯齿状。

【生活习性】一般 2 年发生 1 代，具世代重叠现象。以幼虫越冬。每年 1 月成虫即开始活动，多见于枯叶层、杂草中、灌木丛、石块下和溪流边。成虫活动期较长，会一直持续至 8 月，具假死性。春季或初夏为成虫的产卵盛期，雌虫将卵产在表土层 2 ~ 15 cm 处，卵经过 14 ~ 30 天后开始孵化，初孵幼虫在土层穿行寻找食源，6 ~ 7 月如地温升高，幼虫会潜入土层深处进行越夏。老熟幼虫则在土壤中化蛹并羽化，未老熟幼虫会持续活动至 11 月，随后进行越冬。

【为害特点】幼虫取食寄主在土壤中的种子、植株幼苗和根系，造成寄主植物不能萌发，幼苗不能正常生长或死亡。

【防治方法】主要参考细胸针锥尾叩甲。此外，对在竹林发生的中华槽缝叩甲，可采用如下防治方法：

营林防治。①需要注意竹林水肥条件，保持竹林长势旺盛，提高竹林对虫害的抵抗力。②合理留笋，及时清理掉竹林中的虫笋、退笋，减少竹林内虫源。③注意对竹林进行垦复整地，在秋冬季节可破坏越冬环境，同时对翻出表土层的幼虫和成虫进行人工灭杀。④加强竹林环境卫生管理，清除垃圾、杂草、灌木，带出竹林进行集中销毁，减少成虫产卵场所。

化学防治。①可用3%护地净颗粒同细沙土拌匀制成毒土，在垦复时翻入土中，用量为3 kg/ 亩。②采用地面施药法，翻地前用杀虫剂，对地面进行均匀喷洒。

丽叩甲 *Campsosternus auratus* (Drury)

【寄主】松、杉。

【分布】中国分布于浙江、福建、江西、湖北、湖南、广东、广西、海南、四川、贵州、云南、台湾。广西分布于桂林（叠彩）、荔浦（荔城）、阳朔。

丽叩甲成虫（蔡先洁　摄）

【形态特征】成虫体长37.5～43 mm，宽12～14 mm。长椭圆形，体表面大多为蓝绿色，色彩艳丽，光亮，前胸背板和鞘翅周缘具金属光泽。触角黑色，爪栗色。头额呈三角形低凹，低凹处密布粗刻点。触角扁平，向后到达前胸背板基部，但不会超过后角。触角第一节略弯曲，第二节短，第三节是第二节的3倍，第四至第十节呈锯齿状，触角末节长，端部具假节。前胸背板长宽相等，基部最宽，从基部向前收狭，背面具稀疏细刻点。前胸背板后角端部略向下弯曲，后角宽大。小盾片呈近五边形，宽大于长，中央低凹，在近端部多有2个明显的针孔。鞘翅基部与前胸宽度近相等，两侧自中部开始向后逐渐收狭，背面具刻点，两侧较中间密集。足粗壮，跗节第一至第四节腹面具垫状毛。

幼虫体细长，末龄幼虫长55～60 mm，宽10 mm，背面暗黑色，身体两侧后缘有棕黄色条纹。

【生活习性】一般2年发生1代，成虫在5～6月开始出现，在寄主植物枝干上、杂草中均能发现，雌虫会将卵产于松树或杉树树皮缝隙中，卵孵化后幼虫在寄主树枝或树干中钻蛀取食。幼虫在寄主植株中完成化蛹及羽化过程。成虫不取食或少量取食植物叶片，具有假死性和趋光性。

【为害特点】幼虫钻蛀树枝、树干，取食韧皮部和边材，会在树木木质部形成坑道，破坏输管组织，影响树木的生长，造成枝条干枯死亡，严重影响木材的加工品质，属钻蛀性害虫。

【防治方法】营林防治。参考细胸锥尾叩甲。

物理防治。主要参考齿缘槽缝叩甲。此外，还可采用树干涂白法，采用生石灰10份、硫磺1份、食盐0.2份、动植物油脂0.2份、热水40份配制涂白剂。先用50℃热水将硫磺和食盐分别溶化，再用开水充分溶化生石灰，将石灰乳和硫磺液混合后再加入食盐和油脂进行充分搅拌。用涂白剂将树干刷白，涂白部分离地面1～1.5 m处，可减少或避免丽叩甲成虫在树干部产卵。

化学防治。①虫孔注药处理，丽叩甲幼虫期在植株内部钻蛀，活动隐蔽，给防治带来了一定难度。对幼虫的防治可采用虫孔注药法，先寻找枝干上已有的蛀孔，将蛀孔附近的木屑虫粪等杂物清理干净后，采用80%敌敌畏乳油200倍稀释液或40%氧化乐果30乳油30倍稀释液，用注射器注入虫道，然后用棉团或木屑将蛀孔封死。②熏蒸处理，可采用磷化铝片剂进行熏蒸，按照虫孔大小将磷化铝片剂塞入虫孔，并立即用湿泥将洞口密封。使用熏蒸剂时需注意做好个人安全防护工作，避免中毒。③灌根埋药处理，采用20%丁硫克百威乳油1000倍稀释液，对树木进行灌根处理。或采用根部埋药方法，对需处理树木进行开坑围堰，在根系发达区域进行环状开沟，放入5%丁硫克百威颗粒剂，填埋后用水大量灌溉。灌根埋药处理可使药剂经由根系吸收，经由维管束运输到韧皮部和木质部内，使幼虫死亡。④吊瓶点滴处理，在树干部钻到达木质部小孔，孔中线与树干呈45° 夹角，将药瓶挂高，使内吸性药液通过钻孔进入树干内部。此种防治方法同灌根法一样，利用植株的输导组织使药液被吸收，杀灭枝干内取食的幼虫。⑤药剂喷施，成虫在外部暴露活动，所以在成虫期需要加强防治，尤其在成虫产卵期和羽化初期，能取得较好的防治效果。采用40%噻虫啉悬浮剂3000～5000倍稀释液或1.2%烟参碱乳油1000倍稀释液，在成虫进行活动期进行树冠喷施。

凹头叩甲 *Ceropectus messi* (Candeze)

【寄主】马尾松。

【分布】中国分布于福建、广东、广西。广西分布于南宁（武鸣马头）、龙胜。

【形态特征】成虫体长28～31 mm，体宽10～11 mm。身体较平，黑色，长卵形，鞘翅黄色，在前胸背板和鞘翅有白色或黄色厚毛形成的毛斑。头部中央低凹，有强烈刻点，头两侧刻点不强烈，上颚呈肘状弯曲。触角雄性长，雌性短。雄性触角超过身体的一半，第一节粗，第二节短，后面各节逐渐变长，外侧具细长叶片。雌性触角从第三节开始呈锯齿状。前胸背板基部最宽，从基部向前逐渐收狭。背板长宽相等，前角浑圆，后角钝，分叉，两侧具明显细刻点。小盾片呈横形，中间具沟，前缘凹，表面有不明显小刻点。后胸腹板和中胸腹板愈合在一起，鞘翅有不明显条纹，刻点线弱。

凹头叩甲成虫（孟子烨　摄）

幼虫身体细长，体表具光泽，颜色为暗褐色或黄褐色。胸节第一节长于第二、第三节，腹节第一至第八节略等长，尾节圆锥形。

蛹颜色为黄色，头部向下弯曲，鞘翅弯向胸部，蛹侧缘通常呈锯齿状。

【生活习性】一般2年发生1代，以幼虫和成虫虫态越冬。在福建和两广沿海地区，每年3～4月成虫开始活动，5～6月为活动盛期，雌虫会将卵产于松树树皮缝隙，幼虫在寄主树枝中钻蛀取食，7月末龄幼虫在寄主植株中化蛹，蛹期15～20天。成虫羽化后在树皮下越冬，未老熟幼虫取食至11月，以幼虫形态越冬。成虫具假死性和趋光性。

【为害特点】幼虫在寄主树干和树枝内取食，破坏韧皮部和边材，影响树木的生长，造成枝条干枯死亡。成虫少量取食植物叶片或不取食。

【防治方法】参考丽叩甲。

沟胸重脊叩甲 *Chiagosnius sulcicollis* (Candeze)

【寄主】竹、杉、柚木。

【分布】中国分布于浙江、江西、广西、海南。广西分布于宾阳（宾州）、陆川、环江、玉林（福绵）、来宾（兴宾大湾）、天等、派阳山林场（念克）、雅长林场（雅长）。

【形态特征】成虫体长 12 mm，宽 4 mm。胸部、鞘翅中缝及外侧暗棕色。身体腹面和足棕红色或暗棕色，跗节和爪简单。身体表面密布灰白色毛。头暗棕色，顶部隆突，有粗密刻点。触角棕黑色，短而细，刚好到达前胸背板后缘，第二节触角球形，第三节细长，是第二节长度的 2 倍，自第四节开始变为锯齿状。前胸背板长大于宽，背板盘区中央具纵沟，刻点比头部稀疏。前胸背板后角长而尖锐，具双脊。小盾片暗棕色，端部尖，狭长形，鞘翅基部宽度略窄于前胸，左右翅中部有 1 条棕黄色或棕红色纵带，两侧自中部向后变窄，背面有刻点纹。

沟胸重脊叩甲成虫（孟子烨　摄）

卵乳白色，长卵圆形，表面有白色绒毛，近孵化前变为深灰色。

幼虫体鲜红色，细长，扁圆筒状。末龄幼虫体长 27.5 ～ 32 mm，宽 1.7 ～ 22 mm。头梯形，有 3 条纵沟，颚为黑色。第一胸节长度是第二、第三胸节长度之和。腹节前后缘具边，后缘具明显纵细纹，尾节圆锥形，末端具 3 个不明显突起。

蛹长 8.5 ～ 11 mm。蛹初为乳白色，后逐渐加深为淡黄色，羽化前变为灰黑色。

【生活习性】一般 3 ～ 4 年发生 1 代，具有世代重叠现象，以成虫和幼虫越冬。每年 4 ～ 7 月成虫开始出土活动，5 月为出土盛期，7 月出土结束。成虫具有假死性和较强的趋光性。成虫会少量取食寄主植物叶片，交配多在傍晚和夜间，雌虫仅交配 1 次，而雄虫可与多头雌虫交配。雌虫夜间产卵，会将卵产于草根、竹根下深度 1 ～ 3 cm 的土层中。卵经过 20 天左右开始孵化，幼虫取食草根及寄主根系，有些幼虫会以土壤中的植物腐殖质为食。7 月下旬至 8 月上旬，末龄幼虫开始化蛹，蛹期约为 25 天，羽化成虫即在地下开始越冬。未化蛹幼虫会取食至 11 月，随地温降低，下潜入十层深处开始越冬。越冬幼虫在翌年 3 月开始出土活动，4 月达到活动盛期，未到化蛹期的幼虫会再次以幼虫越冬，第三年开始化蛹。

【防治方法】参考中华槽缝叩甲。

眼纹斑叩甲 *Cryptalaus larvatus* (Candeze)

【捕食对象】幼虫为肉食性，捕食钻蛀性害虫如天牛、蛾类。

【分布】中国分布于浙江、福建、江西、湖南、广东、广西、海南、四川、台湾、。广西分布于苍梧（狮寨）、藤县（金鸡）、陆川、玉林（福绵）、兴业（卖酒）、大新（堪圩）、天等（龙茗）、南丹、环江、派阳山林场（公武）、大桂山林场（六排）。

【形态特征】成虫体长 27.5 mm，宽 8 mm。体表深灰色，背面外观近方形，表面有黑色、灰白色扁毛形成的斑纹。头淡黄色，向下倾斜，嵌入前胸，额有向前的三角形低凹。触角黑褐色，第一节粗，第二节小，第三节长于第二节，小于第四节，末节卵圆形，端部具假节。前胸背板长大于宽，中纵脊在后半部和前缘消失，背板两侧倾斜，侧边从后向前微弱变狭。背板后角长而尖锐，向后伸展。小盾片五边形，舌状，前倾。前胸背板中线两侧有 2 个明显的黑色眼点。鞘翅比前胸背板略宽，中部侧边有对称的长方形黑色斑块，鞘翅端部有 2 条不明显的深灰色横带，表面有条纹，鞘翅端部不完全，平截或斜截。腹面和足棕黄色，腿节近端部有黑色毛斑。

眼纹斑叩甲成虫（孟子烨　摄）

卵为长圆形，乳白色，长 2.5 mm、宽 2.0 mm，孵化前颜色加深，变为深灰色。末龄幼虫体长 40 ～ 45 mm、宽 5 ～ 6 mm，长圆柱形，淡黄褐色，第一胸节及头端深红褐色，颚黑色，体表光亮。第一胸节长度约等于第二、第三胸节之和。蛹为淡黄色，裸蛹，臀节末端可见明显分叉。

【生活习性】3 ～ 4 年完成 1 代，以成虫和幼虫越冬。成虫具有假死性和较强的趋光性。成虫每年 3 月复苏，5 ～ 6 月出现活动高峰，活动期持续至 10 月。雌虫会将卵产于钻蛀性害虫如天牛、蛾类幼虫为害形成的虫孔附近、被破坏的树皮下。幼虫孵化后会沿蛀孔进入，捕食害虫，且会在坑道间转移进行捕食。末龄幼虫在 8 月下旬至 9 月上旬开始化蛹，蛹期 25 ～ 30 天，羽化后成虫即开始越冬，未化蛹幼虫则会在 11 月下旬越冬，至翌年 3 月越冬结束。

【资源利用】参考等胸皮叩甲。

黑足球胸叩甲 *Hemiops nigripes* Castelnau

【寄主】番石榴。

【分布】中国分布于江苏、浙江、福建、江西、湖北、湖南、广西、海南、四川、西藏。广西主要分布于南宁、巴马、忻城、龙州（弄岗）、大新。

黑足球胸叩甲成虫（孟子烨　摄）

【形态特征】成虫体长 20 mm、宽 7 mm。体狭长，棕黄色，身体表面密布黄色绒毛。头缩入胸部，头顶部平坦，有粗密刻点。触角漆黑色，长，向后超过前胸背板后缘到达鞘翅肩部。触角第二节球形，第三节长是第二节长的 3 倍，自第四节开始变为锯齿状。前胸背板隆突，近球形，中部后方具中纵凹，背板盘区中央正对小盾片有长方形凹陷，凹陷内有三齿状突。前胸背板后角小，有稀疏的细刻点。小盾片狭长，舌形，有细刻点，鞘翅狭长，背面隆突，刻点沟纹深，有细刻点。足漆黑色，跗节腹面有垫状毛。

幼虫体细长，暗红褐色，表面光亮，第一胸节长，超过第二、第三胸节之和，尾节圆锥形，头部颜色暗。

【生活习性】2 ～ 3 年发生 1 代，存在世代重叠现象，以幼虫和成虫越冬。每年 3 ～ 5 月黑足球胸叩甲成虫开始出土活动，成虫具假死性。雌虫在夜间产卵，会将卵产于地下 1 ～ 3 cm 处。卵经过 15 ～ 20 天孵化，初孵幼虫会潜至寄主根系处开始取食，也会取食灌木或杂草根系，5 月为幼虫盛发期。幼虫在 11 ～ 12 月会随地温降低开始潜入土层深处进行越冬。翌年 3 月，越冬幼虫复苏，上潜至地表土层为害寄主，7 ～ 8 月末龄幼虫开始化蛹，蛹期 20 天左右，羽化后成虫会一直停留在蛹室中越冬。

【为害特点】幼虫在寄主根系内为害，致使主根系成烂麻状，造成寄主植株不能健康生长，影响作物的产量和质量。成虫会取食灌木、杂草叶片补充营养。

【防治方法】参考细胸锥尾叩甲。

长角球胸叩甲 *Hemiops substriata* Fleutiaux

【寄主】山茶、花卉等。

【分布】中国分布于福建、湖南、广西、海南、云南。广西分布于南宁（邕宁那楼）、容县（六王）、兴业（沙塘）。

【形态特征】成虫体长 14 ～ 17 mm，宽 4 ～ 5 mm。体土黄色或黄褐色，身体表面有棕黄色毛。头顶平坦，有细刻点，密被长毛。触角黑色，基窝上缘隆起呈瘤状，触角细长，雄性触角向后可超过鞘翅中部，雌性向后到达鞘翅 1/4 处。触角前 3 节腹面有浓密长毛，第二节短，第三节长度为第二节的 2.5 倍，第四至第十节长三角形，长为宽的 2 倍。前胸背板基部最宽，向前变狭，背板后角向外。背板中部正对小盾片处有半圆形内凹。小盾片长卵形，表面略凹，端部窄。鞘翅两侧 1/3 处略膨大，背面具刻点形成的条纹，条纹间隙光滑。跗节黑色。

长角球胸叩甲成虫（孟子烨　摄）

幼虫体细长呈线形，黄褐色。第一胸节最长，腹节第一至第八节近等长，尾节圆锥形。

【生活习性】2 ～ 3 年完成 1 代。每年 4 ～ 5 月成虫开始出现，出土期持续至 7 月。成虫具假死性，以灌木或杂草叶片为食。雌虫在夜间产卵，将卵产于土层下，初孵幼虫会潜至食源处开始取食。幼虫取食植物种子，取食幼苗根茎，造成幼苗死亡；在地下钻行取食或钻入寄主根茎部，使寄主萎蔫。幼虫在 11 月潜入土层深处越冬至翌年 3 月复苏，翌年 7 ～ 8 月幼虫在地温升高时会进入土壤深处越夏，而末龄幼虫则开始化蛹，羽化后的成虫会一直停留在蛹室内越冬。

【为害特点】幼虫期取食寄主根系，有时也会取食杂草地下部分。

【防治方法】参考细胸锥尾叩甲。

等胸皮叩甲 *Lanelater aequalis* (Candeze)

【捕食对象 / 寄主】幼虫捕食小型节肢动物的卵和幼虫，成虫取食植物汁液、腐烂水果、花蜜。

【分布】中国分布于江西、广东、广西、海南、云南、台湾。广西分布于龙津、金秀（金秀）、江州、派阳山林场（鸿鸪）。

【形态特征】成虫体长 30 ～ 34 mm，宽 12 mm，粗壮。体表面黑色，具棕灰色浓密绒毛。头顶有前开低凹，表面密布粗刻点。触角基窝上沿隆起，触角短，向后略超过前胸背板中部，触角第一节棒状，第二节短，近球形，第三节长于第二节，与第四节略等长。触角前 3 节棕黑色，其余各节锈色。第四至第十节触角锯齿状，长宽相等。触角槽长且深，到达前足基节窝。前胸背板明显隆起，长略大于宽，中央或具不明显纵脊，背面盘区前部密布粗刻点，后部刻点细弱。前胸背板后角背面具脊，向前到达背板中部，脊同侧缘平行，后角端部尖，向外分出。背板后缘正对小盾片处有横行瘤状突，小盾片略呈方形，后端抬高。鞘翅有时略带紫色，基部与前胸近等宽，表面有 8 列刻点，外侧刻点深刻，中部减弱。足棕黑色或锈红色，跗节和爪简单，爪基部着生刚毛。

等胸皮叩甲成虫（孟子烨　摄）

低龄幼虫体长 10 mm，末龄幼虫体长 50 mm 左右，长圆筒形，黄褐色，光亮。头及第一胸节深褐色，第一胸节长度为第二、第三胸节长度之和，尾节细，圆锥状。

【生活习性】2 ～ 3 年发生 1 代，以幼虫越冬。初春 3 月，成虫开始复苏，5 ～ 7 月为成虫活动盛期，成虫具假死性和较强的趋光性。成虫在初夏交配产卵，雌虫在草堆、石块、灌木下产卵，选择松散沙土，将卵产于土层 1 ～ 5 cm 深处，幼虫孵化后会寻找其他昆虫或小型节肢动物的卵或幼虫进行捕食。7 月下旬，地温开始升高，幼虫会在土壤中下潜进行越夏，末龄幼虫在此时化蛹。成虫羽化出土后会取食树木汁液，或吸食腐烂水果汁液以补充营养，也会少量取食豆科植物叶片，造成叶片缺刻。11 月下旬至 12 月上旬，地温开始降低，幼虫会下潜至土层深处开始越冬至来年春季。

【资源利用】成虫虽会少量取食植物汁液或叶片，但不会造成很大为害。而幼虫为肉食性，能够捕食其他昆虫，如蛴螬、鳞翅目幼虫、蝗虫卵等，是一种天敌昆虫。对其加以保护和利用，在农业及林业害虫的生态防治方面具有很大的发展潜力。在成虫活动地区，可用半腐烂的瓜果或糖水饲喂成虫，既可为成虫补充营养，也可减少成虫对植物的为害。可以采集成虫进行室内饲养，待其交配产卵，可将卵或者初孵幼虫放置于害虫多发区域，防治害虫。

筛胸梳爪叩甲 *Melanotus cribricollis* (Faldermann)

【寄主】竹。

【分布】中国分布于河北、内蒙古、浙江、福建、江西、山东、湖北、广西。广西分布于桂林、来宾。

【形态特征】成虫体长 16 ～ 18 mm，宽 4.5 ～ 5 mm。长纺锤形，体黑色，体表具灰白色短细毛。头嵌入前胸，呈凸形，密布刻点。触角均匀黑色，第二、第三节念珠状，第四至第十节呈锯齿状。前胸背板长大于宽，基部最宽，表面密布孔状刻点，两侧刻点较中部更密集。背板后角向后伸出，背面具脊。小盾片近方形，长略大于宽，具小刻点。鞘翅与前胸等宽，两侧边近平行，在后部逐渐收狭，端部完全，鞘翅表面有明显的刻点纹，长一般为前胸的 2 倍。腹面均匀黑色，足一般黑色或棕色。

卵为乳白色，长卵形，长 2.5 mm，宽 1.4 mm。孵化前颜色会变为深灰色，表面有白色绒毛。

幼虫体纤细，扁圆柱形，老熟幼虫长 27 ～ 31 mm，表面红褐色或暗红色，头梯形，有 4 条纵沟，颚黑色。第一胸节长约等于第二、第三胸节之和。各体节前后缘具边，上有纵细纹。尾节圆锥状，后端可见 5 个突起，中间 3 个突起着生于末端。

蛹乳白色，光亮，后逐渐变为暗黄色，羽化前颜色变为灰黑色。头向前弯曲向下，触角呈明显锯齿状，触角上方有棕色刚毛。足聚拢于胸前，翅芽到达第三腹节后缘。

【生活习性】4～5年完成1代，以成虫和幼虫越冬。每年成虫活动期从4月持续至7月，4月下旬至5月雌虫交配产卵，卵期约为10～15天。幼虫孵化后即开始寻找食源，7～8月4年生老熟幼虫开始结土茧，在茧中化蛹，蛹期约25天，成虫羽化后即在土茧中越冬至翌年出土活动。各龄幼虫持续取食至11月潜至土层深处越冬，翌年3月上旬幼虫复苏继续为害，4月为幼虫活动盛期，造成的危害最大。成虫具假死性和较强的趋光性。

筛胸梳爪叩甲成虫（孟子烨　摄）

【为害特点】幼虫主要取食竹根，有时会钻蛀根茎部取食，此外，幼虫还会取食新生竹笋，为害严重时会造成竹大面积死亡，使农业生产蒙受损失。

【防治方法】参考中华槽缝叩甲。

拟伟梳爪叩甲 *Melanotus pseudoregalis* Platia et Schimmel

【寄主】柚木、柑橘。

【分布】中国分布于湖北、广东、广西。广西分布于来宾（兴宾凤凰）。

【形态特征】成虫体长20 mm，宽6 mm。纺锤形，总体呈黑褐色，体表具棕黄色绒毛，在背面有无毛裸区。头略凸，密布刻点，额脊完整具向前弧拱。触角栗色，不太长，向后到达前胸背板基部，表面有暗色纵中带。触角第二节短，第三节长度是第二节的2倍，但小于第四节，第四至第十节呈锯齿状。前胸背板后部呈暗栗色，宽大于长，基部最宽，两侧近后角处呈微弱波状。盘区背面凸，两侧刻点较中部更密集，背板后角背面具脊，与侧缘平行。小盾片栗色，长方形，具中纵凹，表面有明显刻点。鞘翅暗栗色，与前胸等宽，自基部开始向后逐渐收狭，端部完全。鞘翅表面有明显的刻点纹，两侧刻点更强烈。腹面暗栗色，密布强烈刻点，以前胸腹部为最。足锈红色，跗节正常，第一至第四节腹面具棕黄色毛垫，爪强壮，呈梳状。中胸基节窝向中胸后侧片开放，后足基节片内端钩突状，中部开始向外变窄。

拟伟梳爪叩甲成虫（孟子烨　摄）

卵为灰白色，近卵形，长0.5 mm，宽0.35 mm。孵化前颜色会变暗，表面光滑。

幼虫体纤细，圆柱形，身体两侧近平行，表面黄褐色，光亮，头尾两端颜色加深，颚部颜色最深。第一胸节长短于第二、第三胸节之和。腹节逐渐变长，第六腹节最长，各节前后缘有边，尾节圆锥状。

蛹初期半透明，白色，羽化前颜色会变深为灰白色。形态与成虫相似，头弯曲向下，足聚拢于胸前。

【生活习性】3～4年完成1代，存在世代重叠现象，以幼虫越冬。每年3月越冬幼虫开始出土活动为害作物，4～5月是活动盛期。幼虫活动范围受温度变化影响较大，夏季温度较高时会潜入土层

15～30 cm 下开始越夏，越夏时末龄幼虫开始化蛹，蛹期经过 15～20 天，成虫羽化后会开始交配，雌虫产卵于浅土层。成虫 5～7 月均有活动迹象，具趋光性和假死性，11 月幼虫下潜至 15～30 cm 深度越冬至翌年 3 月。

【为害特点】成虫会少量取食植物叶片、花蜜。幼虫取食寄主植物根系，也会钻蛀植株幼苗根茎部为害，造成寄主植株萎蔫、死亡。

【防治方法】参考细胸锥尾叩甲。

木棉梳角叩甲 *Pectocera fortunei* Candèze

【寄主】木棉、木荷。

【分布】中国分布于江苏、浙江、福建、江西、湖北、广西、海南、四川、台湾。广西分布于全州、苍梧（天洪岭林场）。

【形态特征】成虫体长 24～28 mm，宽 6～7 mm。体红褐色，被黄灰色绒毛，鞘翅上具纵向毛斑，背面绒毛较腹面短和稀疏。头顶呈三角形低凹，密布粗刻点，额的宽度是复眼直径的 1.6 倍，触角基窝上方隆突。雄性触角第三至第十节有狭长叶片，呈明显栉齿状，雌性触角呈弱锯齿状。前胸背板具中纵沟，中央纵向隆起，两侧低凹，表面有明显刻点，前部粗，后部刻点细弱。前胸背板后角尖锐，端部向外。小盾片卵形，前缘中央向后凹入，端部浑圆。鞘翅宽于前胸，两侧平行，自中部开始向末端收狭。鞘翅表面具 9 条凹纹，有细弱刻点。中胸腹窝呈三角形，中、后胸腹板有明显分界缝。足赤褐色，跗节和爪简单。

木棉梳角叩甲成虫（孟子烨 摄）

卵呈长卵形，乳白色，孵化前期颜色会加深变为深灰色。

幼虫体细长，黄褐色，头和胸部第一节、尾节深褐色，表面光亮，圆筒状。

蛹初期为白色，后变为浅黄色，头前伸并弯曲向下朝向前胸腹面。足并拢，触角在两侧向下垂展。

【生活习性】3～4 年发生 1 代，以成虫和幼虫越冬，成虫 3 月中旬开始活动，5～6 月到达盛期，雌虫将卵产在树皮缝隙中。卵经过 14～30 天孵化为幼虫，幼虫会钻蛀寄主植株的枝干，7～8 月，老熟幼虫在寄主植株体内化蛹，蛹期 20 天，羽化后以成虫越冬。低龄幼虫会持续为害至 11 月进入越冬期，至翌年 3 月复苏。成虫具有假死性和较强的趋光性。

【为害特点】幼虫会在寄主植株树干及树枝内钻蛀为害，取食韧皮部和边材，形成大量孔道，破坏寄主的维管组织，造成枝条干枯死亡，影响木材的加工品质。

【防治方法】参考丽叩甲。

巨四叶叩甲 *Tetralobus perroti* Fleutiaux

【捕食对象 / 寄主】幼虫为肉食性，取食其他土栖小型节肢动物，如白蚁、蚂蚁等。成虫或会少量取食植株叶片。

【分布】中国分布于浙江、福建、江西、湖北、广西、四川。广西分布于环江、龙胜。

【形态特征】成虫体长 43 ~ 54 mm、宽 15 ~ 19 mm，黑色，粗壮，表面略光亮，有棕色细毛。头嵌入前胸，额顶低凹，额前缘突出，上唇球面突出，在上颚中间。触角第一至第三节黑色，第四节后橘红色，第一节长，第二、第三节短，长叶片状，末节叶片近端部内具齿突。前胸背板宽大于长，基部最宽，盘区具粗糙刻点。两侧缘自中部向前均匀变窄，近后角波状，前角明显狭弯，后角宽厚，背面具脊，端部向后伸出。前胸腹后突有明显的中纵沟。小盾片低凹，三角形。鞘翅长，全部完全，覆盖腹部，背面无条纹，但密布细刻点。跗节具橘红色叶片。

巨四叶叩甲成虫（孟子烨 摄）

幼虫体粗壮，蛴螬形，长 30 mm，宽 12 mm，腹节第四至第五节最宽。胸节第一节比第二、第三节略长，第二、第三胸节等长。淡黄白色，表面有密集长毛，体末端更密集。

蛹长 33 mm，宽 12 mm，翅芽肩部最宽，腹部各节两侧具 1 束刚毛，鞘翅呈明显锯齿状。

【生活习性】3 ~ 4 年完成 1 代，具世代重叠现象，以成虫和幼虫越冬。成虫在每年 4 月下旬开始活动，雌虫交配后在夜间产卵，将卵产于灌木、草根下，在土层 1 ~ 5 cm 处。卵期约 15 天，幼虫孵化后会取食土栖的小型节肢动物，如在蚁巢附近取食白蚁或蚂蚁，或取食其他昆虫的卵或幼虫。幼虫 7 ~ 8 月开始潜入土层深处越夏，老熟幼虫会进行化蛹。蛹期 20 天后羽化，成虫在蛹室内越冬至翌年春天。未化蛹幼虫自 11 月下旬越冬至翌年 3 月复苏。成虫为害植物情况未见报道，但可在松树树干、灌木花上、田间植物发现成虫活动踪迹，应是以植物叶片、汁液或花蜜补充营养，成虫具假死性。

【资源利用】可利用巨四叶叩甲幼虫对白蚁的捕食性，对林区白蚁进行防控。发现巨四叶叩甲成虫活动区，可在灌木或树木枝干上悬挂盛放糖水的容器，或于地面放置半腐烂水果，饲喂成虫。也可用此法诱集成虫，或用敲击惊扰法进行采集。将采集到的成虫进行人工养殖，将卵或初孵幼虫放置于林间蚁巢附近，以达到对白蚁种群的防控。

60. 萤科 Lampyridae

通称萤火虫。成虫小型至中型，体长 6 ~ 17 mm。扁平，体壁与鞘翅较柔软。头小，前胸背板发达，常盖住头部。复眼位于额前方；触角栉齿状、丝状，11 节；雄虫有鞘翅，部分种类雌虫无翅，部分种类雌虫具翅，鞘翅表面密布细短毛，鞘翅缘折基部宽；足细长，前足基节圆锥形，有亚基节，中足基节圆筒状，两基节左右接近，后足基节横阔形，跗节 5 节；腹部 7 ~ 8 节，有些种类雄虫第六、第七节有发光器，有些种类雌虫仅第六节有发光器。依照成虫的活动规律可分为昼行性、昼夜两行性和夜行性，除昼行性的萤火虫外，其他两类各虫态均可利用体内的荧光素、荧光素酶、氧及磷酸腺进行生化反应而发光；依照幼虫生活的环境，分为陆栖、水栖和半水栖三类，陆栖萤火虫幼虫以蜗牛等软体动物为食，水栖萤火虫幼虫以小型淡水螺等为食，半水栖萤火虫幼虫以蚂蚁为食。全世界已记录 9 亚科 100 属 2000 多种，中国已记录 3 亚科 20 多属 200 多种。

（郑霞林）

大端黑萤 *Abscondita anceyi* Olivier

【捕食对象】小型昆虫和软体动物。

【分布】中国分布于浙江、福建、湖北、湖南、广东、广西、四川、台湾。广西分布于荔浦（东昌）。

【形态特征】成虫体长 10 ～ 15 mm。体橙黄色；头黑色；触角丝状，黑色，11 节；前胸背板橙黄色，后缘角尖锐；鞘翅橙黄色，鞘翅末端有黑斑，密布细小绒毛；前、中和后足基节和腿节基部黄褐色，其余为黑褐色；腹部橙黄色。雄虫发光器 2 节，乳白色，第一节带状，位于第六腹节腹板，第二节半圆形，位于第七腹节腹板；雌虫发光器 1 节，乳白色，带状，位于第六腹节腹板。

【生活习性】1 年发生 1 代。成虫见于 3 ～ 6 月，夜行性，会吸食花蜜补充营养，雄虫发橙黄色光，闪烁频率快，但持续时间不长，且会同时明灭；幼虫陆生，以蜗牛、蚯蚓、昆虫等小型动物尸体为食。

【资源利用】天敌昆虫，捕食小型昆虫的成虫、幼虫及其他小型动物，对有害生物自然种群有一定的控制作用。

A. 背面观

B. 腹面观

大端黑萤成虫（梅国友　李懋辅　摄）

巨窗萤 *Pyrocoelia amplissima* Olivier

【捕食对象】同型巴蜗牛或灰巴蜗牛等软体动物。

【分布】中国分布于湖北、湖南、广东、广西。广西分布于荔浦（东城）。

【形态特征】雄成虫体长 1.8 ～ 2.0 cm。头黑色，完全缩进前胸背板。触角黑色，锯齿状，11 节。前胸背板橙黄色，钟形，前缘前方有 1 对月牙形透明斑，后缘稍内凹，后缘角圆滑。鞘翅黑色。胸部腹面橙黄色，各足基节及腿节一小部分为黄褐色，腿节大部分、胫节及跗节黑色。腹部橙红色，边缘橙黄色。发光器小，1 节，乳白色，梯形，位于第七腹节中央。

【生活习性】2016 年 3 月 23 日在荔浦县东城镇采集到该虫。白天及夜晚均活跃，夜晚飞行发出微弱持续的光亮。

【资源利用】天敌昆虫，捕食同型巴蜗牛或灰巴蜗牛等，对软体有害生物的自然种群有一定的控制作用。

A. 背面观

B. 腹面观

巨窗萤成虫（覃东平　李懋辅　摄）

金边窗萤 *Pyrocoelia analis* (Fab.)

【捕食对象】蜗牛等软体动物。

【分布】中国分布于浙江、福建、江西、广东、广西、海南、台湾、香港。广西分布于南宁（西乡塘）。

【形态特征】成虫雌雄二型；雌虫翅退化，仅有1对褐色短小翅芽，翅芽边缘黄褐色；雄虫鞘翅黑色，边缘黄褐色。雄虫头黑色，完全缩进前胸背板。触角11节，黑色，锯齿状。前胸背板橙黄色，钟形，前缘前方有1对小型月牙形透明斑，后缘稍内凹，后缘角圆滑。胸部腹面橙黄色。各足基节及腿节大部分黑色，腿节末端、胫节及跗节黑色。腹部黑色，发光器2节，着生于第六、第七腹节，乳白色，带状；雌虫发光器乳白色，4点。

金边窗萤雄虫（郑霞林 摄）

【生活习性】幼虫陆生。成虫多见于4～10月。雄虫在夜晚飞行发光，雌雄虫均可持续发光。

【资源利用】天敌昆虫，捕食小型昆虫的成虫、幼虫及其他小型动物，对害虫的自然种群有一定的控制作用。

（二十四）长蠹总科 Bostrichoidea

后足腿节不扩大为瓣状，跗节5节，第一节常极短，与第二节分界线不明显，前足基节球形或锥形突出。多数种类是重要的仓库害虫，部分种类是林木的重要钻蛀性害虫，部分种类是检疫性对象。包括窃蠹科 Anobiidae、蛛甲科 Ptinidae、长蠹科 Bostrichidae 和粉蠹科 Lyctidae 共4科370属4000多种，中国已记录36属220多种。

61. 长蠹科 Bostrichidae

破坏性极大的一类钻蛀性甲虫，为害贮粮、干根、树木、木材、板条、家具、地板和竹制品。体通常圆筒形，棕褐色，前胸背板具锉状齿，头部通常由背面不可见，触角直，具3节或4节触角棒，鞘翅斜面常具脊、瘤突或钩突，跗节5节，细长。全世界已记录9亚科60多属580多种，中国已记录19属80多种。全国各地均有分布。可通过木材、竹材和贮粮的运输进行长距离传播。

（曹书阁）

双钩异翅长蠹 *Heterobostrychus aequalis* (Waterhouse)

【寄主】白格、香合欢、合欢、楹、凤凰木、黄桐、海南苹婆、翅果麻、厚皮树、黄檀、紫檀、柚木、榆绿木、洋椿、榄仁、银柴、黄牛木、簕竹、龙竹和木材、竹材、藤材及其制品等。

【分布】中国分布于上海、广东、广西、海南、云南、台湾。广西分布于桂林（叠彩）、钦州（钦州港）、博白林场。

双钩异翅长蠹成虫（郑霞林　摄）

【形态特征】成虫圆柱形，赤褐色。雌虫长6.0～8.5 mm，雄虫长7.0～9.2 mm。头部黑色，具细粒状突起，头、额前端横向隆起，上唇甚短，前缘密布金黄色长毛。触角10节，锤状部3节，其长度超过触角全长的1/2。前胸背板前缘呈弧状凹入，两侧各有1个较大的齿状突起，侧缘弧形，具5～6枚齿，后缘角成直角。小盾片四边形，微隆起，光滑无毛。鞘翅刻点清晰，条状排列，刻点沟间光滑无毛，后端斜面的两侧，雄虫有2对钩状突起，上面的1对较大，向上并向中线弯曲，呈强钩状；下面1对较小，仅略隆起。雌虫仅微隆起。

卵乳白色，长1.2 mm，宽0.2 mm，似米粒，前方突尖。

幼虫乳白色，体肥胖，体壁多褶皱，12节。老熟幼虫长8.5～10 mm。

蛹体长7～10 mm。前蛹期体乳白色，可见触角轮廓，锤状部3节明显，斜面的1对突起明显，成虫轮廓基本可见。

【生活习性】在海南1年发生2～3代，以老熟幼虫或成虫在寄主内越冬，越冬幼虫于翌年3月中下旬化蛹，蛹期9～12天，3月下旬至4月下旬为羽化盛期。华南地区全年均可见其幼虫和成虫，无越冬现象。羽化孔圆形，直径4 mm左右。雌虫喜在锯材、剥皮原木、木质包装箱或弃皮藤料上产卵，不做母坑道，幼虫的排泄物及蛀屑紧密堆积在子坑道内，不排出坑道外，故不易被发现。

成虫有一定的飞行能力，可通过爬行和飞行进行短距离的传播；远距离传播通过人为调运木材、竹材、藤材及其制品、运输工具等携带扩散。

【为害特点】国家林业局2013年发布的全国检疫性林业有害生物。钻蛀性害虫。该虫寄主广，钻蛀能力强，食性杂，既可为害活立木，也可为害木材及制品，甚至可蛀穿玻璃密封胶。受该虫为害后寄主外表虫孔密布，内部蛀道交错，严重的几乎全部被蛀成粉状，完全失去使用价值。

【防治方法】植物检疫。加强对双钩异翅长蠹喜食的寄主植株和木材的检疫检查，对于有疫情的木材、木质包装箱和垫木等应集中销毁处理。

物理防治。①有条件的地方可采取水浸木材，水浸时间应不少于1个月。②在疫情发生区，对建筑用材可采用5%硼酚合剂浸泡40～160分钟进行保护性处理，或在93℃的条件下烘烤染虫材料10～20分钟。③木制品（含家具、人造板等）厚度在2～3 cm，采用热处理（烘房温度65～67℃，相对湿度80%）2小时以上。用硫酰氟熏蒸，25～35℃投药量50 g/m^3、15～24℃投药量55 g/m^3、5～14℃投药量60 g/m^3，熏蒸24～28小时。

生物防治。可利用斯氏线虫 *Steinernema feltiae* A24品系2龄感染期幼虫防治双钩异翅长蠹。

化学防治。①对堆放木箱有可能感染疫情的地方所有物品，包括墙壁、柱、地面及天面，用杀虫剂全面喷雾，每10天喷1次，连续3次。②木材（含原木、锯材）、竹材采用溴甲烷或磷化铝熏蒸处理，在20～25℃时，用药量分别为30～40 g/m^{3}和20 g/m^3，熏蒸时间分别为24小时和72小时；硫酰氟在25℃以上，按20～40 g/m^{3}投药量，熏蒸20～22小时后，死亡率均达100%。藤料原料（制作）场发现疫情的，采用二氧化硫或磷化铝熏蒸处理，在20℃时，用药量分别为250 g/m^{3}和10 g/m^3，熏蒸时间分别为24小时和72小时。

（二十五）郭公甲总科 Cleroidea

体色艳丽且多覆鳞毛；腹部第八节无功能性气门；阳茎扁甲型，阳基端部通常位于中茎腹面；后足基节扁平，或略突起，但绝不凹入；后胸叉骨通常具中突，前端的 2 个肌腱总是分离；后翅径室窄，臀脉很少多于 4 条；鞘翅具若干条沟，绝无小盾片沟；产卵器具 4 枚细骨针；跗节通常为 5 节；前足基节通常均横生、外突，基节转片多少外露。幼虫触角第二节的感觉附肢位于第三节的腹面；5 个侧单眼排成 2 列，前列 3 个，后列 2 个；下颚叶不分裂，通常有 1 根具柄刚毛；跗节 5 节，跗爪具 1 根刚毛；前胸和腹部第九节几乎总是骨化成背板，中后胸也有成对的小骨片。包括谷盗科 Trogossitidae、郭公甲科 Cleridae 和拟花萤科 Melyridae 等。全世界已记录 473 属 1 万多种，中国已记录 108 属 438 种。部分种类肉食性，是腌肉、皮张和干鱼的重要害虫，也是重要的天敌昆虫，少数种类有访花习性，部分种类是贮粮害虫，部分种类菌食性和腐食性。有群居性，幼虫活跃。

（郑霞林）

62. 郭公甲科 Cleridae

成虫体小型至中型，体长 2.5 ～ 25 mm。长形，部分种类近圆形，外观似虎甲。复眼大而突出；触角多样，多为短棍棒状、丝状、锯齿状、栉齿状；鞘翅宽于前胸，刻点有或无，体表布满微细短毛和颜色鲜艳的斑纹，有些种类体表的斑纹拟态胡蜂，有些拟态虎甲，但不具光泽；第一至第四跗节多双叶状，具跗垫，中后足跗垫不同程度退化；常具后外咽片或外咽片突，具侧内颚片。幼虫狭长而扁，腹末有突起；完全变态昆虫；食性杂，可分为肉食性和植食性，大部分种类幼虫栖息于朽木中，捕食其他蛀干害虫幼虫，少数种类幼虫生活在地下，以地栖性蜂巢里的卵、幼虫或蝗虫的卵为食；植食性种类蛀干为害。全世界已记录 300 多属 3500 多种，中国已记录 38 属 273 种。

红腹郭公甲 *Clerus rufiventris* (Westwood)

【捕食对象】小型昆虫和软体动物。

【分布】中国分布于福建、江西、广东、广西、四川、云南、香港。广西分布于桂林（叠彩）、兴安（猫儿山）、龙胜（花坪）、上思（十万大山）、那坡（北斗）。

【形态特征】成虫体长 9 ～ 15 mm。狭长，体黑色（鞘翅基部赭红色）；头顶不具金黄色伏毛；复眼突出，其上分布稀疏白色绒毛；触角锯齿状，11 节；额区及口器周围均具有白色绒毛；上颚发达；前胸背板 3/4 环纹和鞘翅形成斑纹的伏毛为灰白色；鞘翅中部的体壁色和毛纹形成 1 个中央斑和 1 对侧斑，中央斑和侧斑之前的

红腹郭公甲成虫（郑霞林　摄）

体壁色为黑色；中足仅跗节 3 ～ 4 节具明显跗垫，跗节 1 ～ 2 节仅端部具小的跗垫；后前侧片均匀分布粗大刻点。

【生活习性】成虫多在白天活动，4 ～ 7 月常见于林间小道，捕食天敌昆虫。

【资源利用】天敌昆虫，捕食蠹虫类等昆虫的幼虫，对害虫自然种群有一定的控制作用。

（二十六）扁甲总科 Cucujoidea

雄虫阳茎葫芦状或环状结构，幼虫第十腹节或多或少呈圆柱形的尾肢状结构。成虫转节和腿节之间的关节很少呈强烈的倾斜（长蕈甲科却是一个显著的例外），雌虫的跗节式不呈 5-5-4，后翅中间区域可能有超过 4 条游离翅脉。在幼虫中，下颚通常有 1 枚明显的臼叶，小颚内叶通常为镰刀状，部分类群还有 6 对侧单眼。目前已记录 28 科（25 个现生科和 3 个化石科）1.9 万种以上，因其种类繁多，其生物学习性也具有较高的多样性。除了最为普遍的菌食性，还有许多类群具有访花的习性，取食花粉；部分类群为捕食性和植食性；少数类群甚至具有寄生性，寄生于蛀干甲虫的幼虫体外。

（陈晓胜　彭　锋　刘佳慧）

63. 瓢虫科 Coccinellidae

世界分布广泛，体微型至大型。全世界已记录 6800 种以上，中国已记录 1072 种。该科昆虫食性多样，其中 20% 的种类为植食性和菌食性，80% 的种类为捕食性，是农林害虫重要的天敌昆虫类群之一，对控制害虫种群数量起到重要作用。因此，应对这类昆虫加以利用和保护，可通过增加林间生物多样性、保护其栖息环境等措施，稳定其自然种群，充分发挥其自然控害作用。

细纹裸瓢虫 *Bothrocalvia albolineata* (Gyllenhal)

【捕食对象】主要为蚜虫和蚧虫。

【分布】中国分布于福建、河南、湖南、广东、广西、四川、云南、台湾、香港。广西分布于南宁（武鸣）、横州、兴安、资源、全州、平乐、荔浦、浦北、贵港、平南、陆川、博白、北流、桂平、象州、鹿寨、岑溪、兴业、容县。

细纹裸瓢虫成虫（陈晓胜　彭锋　刘佳慧　摄）

【形态特征】成虫体长 5.0 ～ 6.4 mm，宽 3.9 ～ 5.0 mm。虫体卵圆形，半球形拱起，背面底色为栗褐色。前胸背板后缘具 1 对呈倒“八”字形的浅黄色斑纹。每鞘翅上各有 4 条黄色纵纹，第一条靠近鞘缝，与第二条在翅基相连，并各自向后延伸至鞘翅 3/4 处再次交汇；第三条在肩胛处和翅端分别形成眼斑状的闭合小室；第四条沿外缘向后伸达鞘翅 2/3 处。

【生活习性】该种多见于松、柑橘等植物上，捕食蚜虫、蚧虫等农林害虫。

海南纵条瓢虫 *Brumoides hainanensis* Miyatake

【捕食对象】粉蚧。

【分布】中国分布于江西、广东、广西、云南、海南。广西分布于南宁、贵港。

【形态特征】成虫体长 2.8 ～ 3.0 mm，宽 2.3 ～ 2.6 mm。虫体卵圆形，半球形拱起。前胸背板黄褐色；小盾片黑色。鞘翅底色为黑色，每鞘翅近鞘缝各有 1 条金黄色纵纹；鞘翅基缘和外缘具金黄色窄带，与近鞘缝的 2 条纵纹于翅基和翅端互相连接。

【生活习性】不详。

A. 背面观　B. 前面观　C. 侧面观

海南纵条瓢虫成虫（陈晓胜　彭锋　刘佳慧　摄）

六斑月瓢虫 *Cheilomenes sexmaculata* (Fab.)

【捕食对象】多种蚜虫（菜豆苜蓿蚜、橘二叉蚜、玉米蚜、桃蚜、高售指管蚜、菊小长管蚜、洋槐蚜）、木虱（新银合欢木虱、柑橘木虱、橄榄星室木虱）、粉虱（烟粉虱、螺旋粉虱）、飞虱、介壳虫和螨类等农林害虫，还有鳞翅目螟蛾、夜蛾、蝶类等昆虫低龄幼虫。

【分布】中国分布于辽宁、吉林、黑龙江、江苏、浙江、福建、江西、山东、河南、湖南、广东、广西、海南、四川、贵州、云南、陕西、甘肃、台湾、香港、。广西各地均有分布。

【形态特征】成虫体长 3.6 ～ 6.5 mm，宽 3.2 ～ 5.3 mm。体卵圆形，背面稍拱起。头部淡黄色，雌虫额部前缘中央有少许黑色。前胸背板黑色，前缘、前角及侧缘黄白色。小盾片黑色。鞘翅斑纹变异较大，常见类型为基色红色，鞘缝及侧缘黑色，每鞘翅上有 3 个黑色横斑；红色或黑色部分有时扩大、缩小，甚至消失。

【生活习性】华南地区最为常见的种类，主要栖息在农田、果园、林地、城市绿地等环境。

a. 背面观　b. 前面观　c. 侧面观

A. 斑型 1

a. 背面观　b. 前面观　c. 侧面观

B. 斑型 2

六斑月瓢虫成虫（陈晓胜　彭锋　刘佳慧　摄）

湖北红点唇瓢虫 *Chilocorus hupehanus* Miyatake

【捕食对象】褐圆蚧、矢尖蚧、桑盾蚧、米兰白轮蚧和柿绒蚧等蚧总科害虫。

【分布】中国分布于河北、福建、山东、湖北、湖南、广西、重庆、四川、贵州、甘肃。广西分布于桂林、龙胜、兴安、来宾、贵港、兴业。

【形态特征】成虫体长 3.7 ~ 4.7 mm，宽 3.3 ~ 4.0 mm。虫体近圆形，背面拱起。头部、前胸背板和小盾片均为黑色。鞘翅黑色，每鞘翅各有 1 个橙红色圆斑，其直径约为鞘翅最宽处的 1/2，靠近鞘缝而远离鞘翅外缘。

A. 背面观　B. 前面观　C. 侧面观

湖北红点唇瓢虫成虫（陈晓胜　彭锋　刘佳慧　摄）

【生活习性】华南地区 1 年发生 4 代以上，以成虫在树皮裂缝或树干凹陷处越冬。3 月上旬成虫开始活动产卵，4 月中旬幼虫化蛹，4 月下旬第一代成虫羽化。第二代成虫在 6 月中旬大量出现，有明显的世代重叠现象。

黑缘红瓢虫 *Chilocorus rubidus* Hope

【捕食对象】朝鲜球坚蚧、桃球坚蚧、日本卷毛蚧、沙里院蚧、油茶绵蚧、褐盔蜡蚧等蚧类害虫。

【分布】中国分布于北京、天津、河北、内蒙古、辽宁、吉林、黑龙江、江苏、浙江、福建、山东、河南、湖南、广西、海南、四川、贵州、云南、西藏、陕西、甘肃、宁夏。广西分布于金秀、那坡。

【形态特征】成虫体长 5.2 ~ 7.0 mm，宽 4.5 ~ 5.7 mm。体短卵圆形，半球形拱起。头部、前胸背板和小盾片均为黑色。鞘翅周缘黑色，背面中央枣红色，黑色与枣红色之间界限不明显。

A. 背面观　B. 前面观　C. 侧面观

黑缘红瓢虫成虫（陈晓胜　彭锋　刘佳慧　摄）

【生活习性】该种幼虫具有较强的群集性，一个枝条或树干有时可见数十甚至数百头幼虫群集捕食和化蛹。主要栖息在果园、竹林等环境。

狭臀瓢虫 *Coccinella transversalis* (Fab.)

【捕食对象】蚜虫（桃蚜、棉蚜、橘二叉蚜）、银合欢木虱、东洋甘蔗白轮盾蚧、粉蚧等半翅目昆虫。

【分布】中国分布于福建、广东、广西、海南、贵州、云南、西藏、台湾、香港。广西分布于来宾（兴宾）、金秀、那坡、上思、靖西。

【形态特征】成虫体长 5.7 ~ 6.1 mm，宽 4.4 ~ 4.8 mm。体长卵形，背面强烈拱起。头黑色，额顶具 2 个小黄斑。前胸背板黑色，两前角各有 1 个近长方形黄斑。小盾片黑色。鞘翅黄色至红色，鞘缝黑色，在小盾片之后两侧扩展成卵形黑斑，在鞘翅末端扩展成三角形斑。每鞘翅上各有 3 个黑色斑，前斑呈“人”字形，不与翅基、鞘缝及外缘接触；中斑位于翅中部之后，与鞘缝连接形成横带，不与外缘接触；后斑位于鞘翅末端，与外缘相连。

A. 背面观　B. 前面观　C. 侧面观

狭臀瓢虫成虫（陈晓胜　彭锋　刘佳慧　摄）

【生活习性】华南地区常见种类之一，常栖息在松树或林缘杂草上。

变斑隐势瓢虫 *Cryptogonus orbiculus* (Gyllenhal)

【捕食对象】豆蚜、橘蚜等蚜虫，蚧虫。

【分布】中国分布于浙江、福建、湖北、广东、广西、海南、四川、贵州、云南、陕西、甘肃、台湾、香港。广西分布于来宾（兴宾）、金秀、那坡。

【形态特征】成虫体长 2.2 ~ 2.9 mm，宽 1.6 ~ 2.2 mm。体短卵形，背面明显拱起，披白色稀疏短毛。雄虫头部黄色，雌虫头部黑色。前胸背板和小盾片黑色。鞘翅黑色，每鞘翅各有 1 个橙黄色圆斑。鞘翅上斑纹变异较大，有时橙黄色圆斑变小、甚至消失；有时扩大呈卵形；有时仅外缘出现橙黄色的环形斑，两鞘翅的中央黑色。

A. 背面观　B. 前面观　C. 侧面观

变斑隐势瓢虫成虫（陈晓胜　彭锋　刘佳慧　摄）

【生活习性】华南地区常见瓢虫，一年四季均可发现，主要栖息在低矮灌木丛、林缘杂草等植物上。

红肩瓢虫 *Harmonia dimidiata* (Fab.)

【捕食对象】桃蚜、麦蚜、伪菜蚜等蚜虫。

【分布】中国分布于福建、湖南、广东、广西、四川、贵州、云南、西藏、台湾、香港。广西分布于梧州、来宾、防城港、博白、兴业、横州、凤山、大新、崇左、靖西、龙州、金秀、那坡、上思。

【形态特征】成虫体长 7.0 ～ 10.0 mm，宽 6.6 ～ 9.2 mm。体近圆形，半球形拱起。鞘翅外缘向外平展。头部黄褐色。前胸背板黄褐色，基部中线两侧各具 1 个黑斑，在基部相连。小盾片黑色。鞘翅橙黄色至橘红色，鞘翅斑纹变异较大，有红、黄两基色型。在黄色型，每鞘翅具 7 个黑斑，成 1–3–2–1/2 排列。在红色型，黑斑扩大并相连，占鞘翅面积一半以上，仅肩部红色，有的在此区内有 1 个小黑斑。中胸腹板前缘三角形深凹入。

红肩瓢虫成虫（陈晓胜　彭锋　刘佳慧　摄）

【生活习性】华南地区常见种类，主要栖息在农田、果园、茶园、森林等环境，对多种蚜虫的种群数量起着良好的控制作用。

红基盘瓢虫 *Lemnia circumusta* (Mulsant)

【捕食对象】柑橘木虱、橄榄星室木虱和桃蚜、豆蚜等。

【分布】中国分布于福建、广东、广西、海南、贵州、台湾、香港。广西分布于来宾（兴宾）、金秀、龙州。

【形态特征】成虫体长 5.6 ～ 6.3 mm，宽 4.4 ～ 5.8 mm。体近圆形，半球形拱起。头部黄褐色。前胸背板暗红色，无斑纹。小盾片黑色。鞘翅斑纹变异较大，常见类型为鞘翅黑色，每鞘翅在小盾片外侧各具 1 个红色斑；有时鞘翅全为橘红色，无黑色斑或仅具黑色边缘。

红基盘瓢虫成虫（陈晓胜　彭锋　刘佳慧　摄）

【生活习性】华南地区较为常见的种类，主要栖息在农田、果园和公园的寄主植物上。成虫喜隐蔽环境，清晨和傍晚多在树冠上部，日出后转移至树冠中下部活动，多聚集在叶背或嫩梢等猎物集中活动处。成虫之间、成虫与幼虫之间以及幼虫之间均具有自相残杀的习性。

九斑盘瓢虫 *Lemnia duvauceli* (Mulsant)

【捕食对象】蚜虫。

【分布】中国分布于福建、广东、广西、海南、贵州、云南、台湾、香港。广西分布于南宁、百色、防城港、崇左、平乐、浦北、桂平、融水、罗城、岑溪、南丹、金秀、那坡。

【形态特征】成虫体长 7.5 ～ 8.3 mm，宽 7.2 ～ 7.6 mm。体宽卵形，半球形拱起。头部褐色。前胸背板棕褐色，后缘中部有 2 个近四边形黑斑。小盾片棕褐色。鞘翅棕褐色，两鞘翅共 9 个黑斑，呈 1–1/2–2–1 排列，其中两鞘翅的小盾斑相连，形成缝斑。腹面除鞘翅缘折为黄褐色外，全为浅褐色，足浅褐色。

九斑盘瓢虫成虫（陈晓胜　彭锋　刘佳慧　摄）

【生活习性】主要栖息在农田、果园、竹林等环境，通常在甘蔗、竹、玉米和果树等寄主植物上捕食蚜虫。

十斑大瓢虫 *Megalocaria dilatata* (Fab.)

【捕食对象】紫薇长斑蚜、甘蔗绵蚜、甘蔗黄蚜、棉蚜、竹蚜等害虫。

【分布】中国分布于福建、广东、广西、四川、贵州、云南、台湾、香港。广西分布于桂林（叠彩）、那坡、大新、靖西、龙州、金秀。

【形态特征】成虫体长 9 ～ 13 mm，宽 8.2 ～ 12 mm。体近圆形，半球形拱起。头部橙黄色；前胸背板橙黄色，两侧基部各具 1 近圆形黑斑；小盾片黑色；鞘翅橙黄色，每鞘翅上各具 5 个黑斑，呈 1–2–2 排列。鞘翅外缘具黑色细边。腹面黄褐色，鞘翅缘折中部内侧具 1 个黑斑。

十斑大瓢虫成虫（陈晓胜　彭锋　刘佳慧　摄）

【生活习性】在华南地区一年四季均可发生。猎物短缺时，幼虫具有互相残杀的现象。成虫主要在白天羽化，羽化后需要取食 30 ～ 40 天开始交配。雌虫产卵期长达 2 个月，产量高峰期为 14 ～ 18 时。产卵时，卵粒整齐地排列在寄主植物的叶脉或叶柄上。

稻红瓢虫 *Micraspis discolor* (Fab.)

【捕食对象】桃蚜、麦蚜、橘蚜、稻飞虱、黑尾叶蝉、稻蓟马，以及稻纵卷叶螟、三化螟、稻眼蝶的幼虫和卵，还有水稻的花粉、花药等。

【分布】中国分布于上海、江苏、浙江、福建、江西、湖北、湖南、广东、广西、海南、四川、贵州、云南、西藏、陕西、香港。广西分布于防城港、龙州、那坡、大新、靖西、上思、金秀。

【形态特征】成虫体长 3.7 ～ 5.0 mm，宽 3.0 ～ 4.0 mm。体卵圆形，半球形拱起。头部黄褐色，有时头顶黑色。前胸背板黄褐色，沿基缘的中部有弧形黑斑，有时弧形黑斑前面具 1 对圆形黑斑；有时黑斑消失，仅剩褐色区域；有时所有黑斑均消失。小盾片黑色。鞘翅红色至橘红色，鞘缝黑色，鞘翅外缘常有黑色细窄的边缘，有时黑色窄边消失。

稻红瓢虫成虫（陈晓胜　彭锋　刘佳慧　摄）

【生活习性】在华南地区 1 年可发生 3 ～ 4 代，以成虫在田埂的杂草根部越冬。主要栖息在农田、果园等环境。

粗网巧瓢虫 *Oenopia chinensis* (Weise)

【捕食对象】蚜虫和木虱。

【分布】中国分布于山西、上海、江苏、浙江、福建、江西、广东、广西、四川、贵州、云南、陕西。广西分布于龙州、那坡、靖西、金秀。

【形态特征】成虫体长 3.5 ～ 4.4 mm，宽 3.1 ～ 3.9 mm。体近圆形，半球形拱起。头部黑色，雄虫额区淡黄色。前胸背板黑色，两侧各具 1 个淡黄色大斑，基部不与后缘相连。小盾片黑色。鞘翅黑色，每鞘翅各具 3 个黄色大斑，呈 2-1 排列；外斑伸达翅外缘，内斑伸达基缘，但不与鞘缝相连；翅端大斑亦不与鞘缝相连；有些个体黄斑明显缩小。

粗网巧瓢虫成虫（陈晓胜　彭锋　刘佳慧　摄）

【生活习性】主要栖息在农田、果园、森林等环境。

红星盘瓢虫 *Phrynocaria unicolor* (Fab.)

【捕食对象】蚜虫（紫薇长斑蚜、桃蚜）、木虱（柑橘木虱、橄榄星室木虱、龙眼角颊木虱）、烟粉虱、飞虱、蚧虫等多种半翅目昆虫。

【分布】中国分布于福建、广东、广西、四川、云南、台湾、香港。广西分布于南宁、防城港、来宾、崇左、横州、荔浦、阳朔、龙胜、宁明、龙州、贵港、北流、平乐、天等、凭祥、桂平、巴马、金秀。

【形态特征】成虫体长 3.2 ～ 4.6 mm，宽 3.0 ～ 4.1 mm。体近圆形，呈半球形拱起。雄虫头部橙黄色，雌虫头部黑色。前胸背板黑色，雄虫两侧各具 1 个白色大斑，伸达背板后缘。雌虫仅前缘及侧缘白色。小盾片黑色。鞘翅黑色，每鞘翅中部靠前各有 1 个红色或橙黄色大斑。该种鞘翅颜色及斑纹类型变异较大，目前国内记录 10 种类型的斑纹。

【生活习性】华南地区常见种类之一，常栖息于柑橘、紫薇、小叶榕、橄榄、松、番石榴、龙眼等寄主植物上。

红星盘瓢虫成虫（陈晓胜　彭锋　刘佳慧　摄）

龟纹瓢虫 *Propylea japonica* (Thunberg)

【捕食对象】豌豆蚜、麦蚜、桃蚜、玉米蚜、棕榈蓟马、扶桑绵粉蚧、褐软蚧，以及草地贪夜蛾、棉铃虫等鳞翅目昆虫的低龄幼虫和卵。

【分布】中国分布于北京、河北、内蒙古、辽宁、吉林、黑龙江、上海、江苏、浙江、福建、江西、山东、河南、湖北、湖南、广东、广西、海南、四川、贵州、云南、陕西、甘肃、宁夏、新疆、台湾。广西分布于防城港、那坡、靖西、金秀。

【形态特征】成虫体长 3.4 ～ 4.7 mm，宽 2.6 ～ 3.2 mm。体卵圆形，背面轻度拱起。头部淡黄色，头顶黑色。前胸背板淡黄色，背板中央具 1 个大黑斑，黑斑两侧中间外凸。小盾片黑色。鞘翅斑纹变异较大，分布于广西的种群鞘翅基色为黄色至橙红色，鞘缝黑色，具龟纹状黑色斑纹；有黑斑扩大或缩小，甚至消失，仅剩肩角处的黑点。

龟纹瓢虫成虫（陈晓胜　彭锋　刘佳慧　摄）

【生活习性】华南地区最常见的种类之一，全年均可发现。主要栖息在农田、果园、森林、城市绿地等环境。

黄室龟瓢虫 *Propylea luteopustulata* (Mulsant)

【捕食对象】蚜虫。

【分布】中国分布于福建、河南、湖南、广东、广西、四川、贵州、云南、西藏、陕西、台湾。广西分布于金秀、靖西、那坡、龙州。

【形态特征】成虫体长 4.5 ～ 5.5 mm，宽 3.5 ～ 4.9 mm。体近圆形，背面中度拱起。头部淡黄色。

前胸背板黑色，两前角各具 1 个淡黄色斑，不与基缘相连，前缘淡黄色斑呈倒三角形。小盾片黑色。鞘翅基色和斑纹变异较大，分布于广西的种群鞘翅黑色，每鞘翅各具 5 个黄斑，呈 2–2–1 排列。第一排外斑伸达外缘，不与基缘相连；内斑靠近鞘缝，不与基缘和鞘缝相连。翅端黄斑亦不与鞘缝或外缘相连。

【生活习性】不详。

A. 背面观　B. 前面观　C. 侧面观

黄室龟瓢虫成虫（陈晓胜　彭锋　刘佳慧　摄）

大红瓢虫 *Novius rufopilosus* (Mulsant)

【捕食对象】柑橘吹绵蚧、竹秆红链蚧、草履蚧等害虫。

【分布】中国分布于上海、江苏、浙江、福建、江西、湖北、湖南、广东、广西、海南、四川、贵州、云南、西藏、陕西、甘肃、香港。广西分布于来宾（兴宾）、宁明、龙州、全州、灵川、扶绥、金秀、那坡。

【形态特征】成虫体长 5.0 ～ 6.0 mm，宽 4.6 ～ 4.8 mm。体近圆形，呈半球形拱起，密披金黄色细毛。头、触角、口器、前胸背板、小盾片、腹面各部和足均为黄红色。前胸背板中部最宽，后部向内倾斜，前缘凹入很深，两侧弧形，肩角钝圆。鞘翅樱红色，肩角处最宽。

A. 背面观　B. 前面观　C. 侧面观

大红瓢虫成虫（陈晓胜　彭锋　刘佳慧　摄）

【生活习性】华南地区 1 年发生 6 ～ 7 代，以老龄幼虫、蛹和少数成虫越冬。3 月中旬成虫开始活动。卵散产，多产于吹绵蚧卵囊上。幼虫孵化后钻入吹绵蚧卵囊或 2 龄、3 龄若虫的腹部下面取食。

大突肩瓢虫 *Synonycha grandis* (Thunberg)

【捕食对象】甘蔗绵蚜、竹粉角蚜、居竹伪角蚜和桃蚜等害虫。

【分布】中国分布于福建、广东、广西、海南、贵州、云南、西藏、台湾、香港。广西分布于南宁（武鸣）、来宾、崇左、防城港、荔浦、凭祥、大新、龙州、天等、宁明、藤县、大化、博白、凭祥、扶绥。

【形态特征】成虫体长 11.0 ～ 14.0 mm，宽 10.2 ～ 13.2 mm。体近圆形，背面中度拱起。头部橙黄色。前胸背板橙黄色，中央具梯形大黑斑，基部与后缘相连。小盾片黑色。鞘翅橙黄色至橙红色，两鞘翅

大突肩瓢虫成虫（李懋辅　摄）

上共有 13 个黑斑，在每个鞘翅上呈 1–3–3–1 排列，其中以鞘翅中部的缝斑最大，呈心形；鞘翅外缘的 2 个黑斑呈长方形，与翅缘连接。

【生活习性】该种是广西甘蔗种植区甘蔗绵蚜的主要天敌之一，在南宁 1 年可发生 4 ～ 5 代，以成虫在甘蔗地或附近竹林越冬。成虫喜欢捕食高龄蚜虫，不取食有翅蚜，猎物短缺时，具有迁徙习性。低龄幼虫只捕食低龄蚜虫，3 龄后则以高龄蚜虫为捕食对象，猎物短缺时，具有互相残杀的习性。

狭叶菌瓢虫 *Illeis confusa* Timberlake

【寄主】白粉菌的菌丝和孢子。

【分布】中国分布于浙江、广东、广西、云南、香港。广西分布于龙胜。

【形态特征】成虫体长 3.7 ～ 5.3 mm，宽 2.8 ～ 4.0 mm。体卵圆形，背面轻度拱起。头部白色。前胸背板白色，后缘中部两侧各有 1 个圆形黑斑。小盾片黄白色。鞘翅黄色，无斑纹。

【生活习性】华南地区常见食菌瓢虫，主要栖息在青瓜、南瓜、茄子等茄果类蔬菜以及木芙蓉、八角枫等阔叶树的叶背取食白粉菌。

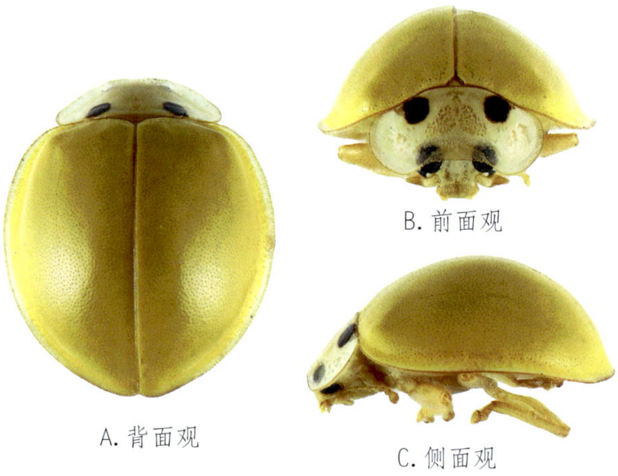

狭叶菌瓢虫成虫（陈晓胜　彭锋　刘佳慧　摄）

柯氏素菌瓢虫 *Illeis koebelei* Timberlake

【寄主】白粉菌的菌丝和孢子。

【分布】中国分布于河北、山西、江苏、浙江、福建、江西、湖南、广东、广西、海南、四川、贵州、云南、陕西、台湾。广西分布于那坡。

【形态特征】成虫体长 3.7 ～ 5.3 mm，宽 2.8 ～ 4.0 mm。体卵圆形，背面轻度拱起。头部白色。前胸背板白色，后缘中部两侧各有 1 个圆形黑斑。小盾片黄白色。鞘翅黄色，无斑纹，端半部明显收窄。

【生活习性】该种分布广泛，是中国常见食菌瓢虫之一。主要栖息在多种作物及阔叶树的叶背取食白粉菌。

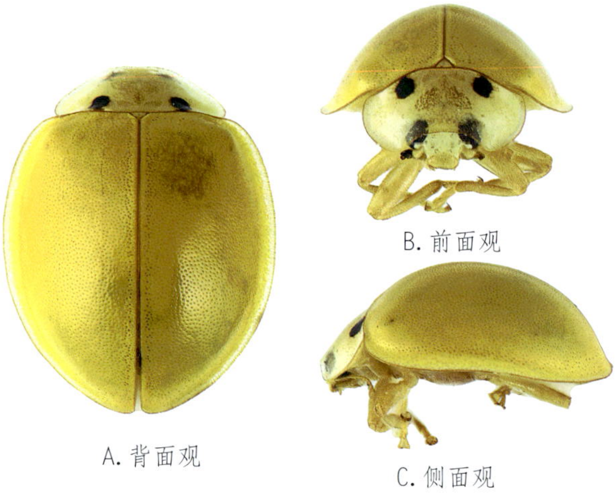

柯氏素菌瓢虫成虫（陈晓胜　彭锋　刘佳慧　摄）

十二斑褐菌瓢虫 *Vibidia duodecimguttata* (Poda)

【寄主】白粉菌的菌丝和孢子。

【分布】中国分布于北京、河北、吉林、上海、浙江、福建、河南、湖南、广东、广西、四川、贵州、云南、西藏、陕西、甘肃、青海。广西分布于龙州、金秀、大新。

【形态特征】成虫体长 3.7 ～ 4.9 mm，宽 3.0 ～ 3.7 mm。体卵圆形，背面高度拱起。头部白色，前胸背板黄褐色，两侧半透明，前角和后角各具 1 个白斑，有时前后白斑相连。小盾片黄褐色。鞘翅黄褐色，每鞘翅各有 6 个白斑，呈 1–2–2–1 排列。

【生活习性】主要栖息在阔叶林或阔叶与针叶混交林的环境，取食多种林木叶片表面的白粉菌。

十二斑褐菌瓢虫成虫（陈晓胜　彭锋　刘佳慧　摄）

中华食植瓢虫 *Epilachna chinensis* (Weise)

【寄主】坚果、海金砂、猪殃殃。

【分布】中国分布于安徽、福建、江西、河南、湖北、广东、广西、贵州、云南、陕西、台湾。广西分布于岑溪。

【形态特征】成虫体长 4.2 ～ 5.8 mm，宽 3.5 ～ 4.2 mm。体卵圆形，背部强烈拱起。虫体基色为棕红色。前胸背板中央有 1 个黑色横斑。每鞘翅各有 5 个黑斑，呈 2–2–1 排列，其中 1 斑位于小盾片之后，与鞘缝相连；2 斑位于肩胛上；3 斑位于鞘翅中部，横置，不与鞘缝相连；4 斑靠近鞘翅外缘；5 斑位于鞘翅末端，横置，靠近鞘缝及外缘。

中华食植瓢虫成虫（陈晓胜　彭锋　刘佳慧　摄）

【生活习性】成虫和幼虫以猪殃殃等杂草为寄主，取食植物叶片的叶肉组织，仅留下叶脉，对杂草的扩散蔓延具有一定的抑制作用。

横带食植瓢虫 *Epilachna parainsignis* Pang et Mao

【寄主】茄木。

【分布】中国分布于广西、贵州、云南。广西分布于金秀、那坡。

【形态特征】成虫体长 9.5 ～ 11.0 mm，宽 8.5 ～ 9.5 mm。体近心形，背面高度拱起，披白色细毛。

前胸背板砖红色，具 1 黑色的中斑，有时黑斑暗淡或消失。小盾片砖红色。鞘翅砖红色，具 3 条黑色横带，第一条横带位于鞘翅基部，近小盾片处与翅基缘相接；第二条横带波浪状，伸达鞘翅外缘；第三条横带位于鞘翅末端，靠近鞘缝，但不与鞘缝相连。

【生活习性】不详。

【为害特点】成虫和幼虫均可取食寄主植物的叶片，仅取食叶肉组织，残留表皮。

【防治方法】种群数量较少不构成为害时，无需采取防治措施。发生较严重时，可每亩用 4.5% 高效氯氰菊酯 20 ～ 40 mL 喷雾防治。

A. 背面观　B. 前面观　C. 侧面观

横带食植瓢虫成虫（陈晓胜　彭锋　刘佳慧　摄）

（二十七）拟步甲总科 Tenebrionoidea

分布范围广，生活类型多样，包括除成虫外的 3 个虫态均为在土壤中生活的土栖种类，以植物的茎、叶、花为食的树栖种类，以真菌子实体或被真菌感染的木质部为食的菌栖种类和以仓储动植物产品为食的仓库种类。包括拟步甲科 Tenebrionidae、树皮甲科 Pythidae、角甲科 Salpingidae、方胸甲科 Othiniidae、长颈甲科 Cephaloidae、拟天牛科 Oedemeridae、缩腿甲科 Monommatidae、长朽木甲科 Melandryidae、三栉牛科 Trictenotomidae、盘胸甲科 Boridae、大花蚤科 Rhipiphoridae、花蚤科 Mordellidae、蚁形甲科 Anthicidae、赤翅甲科 Pyrochroidae 和芫菁科 Meloidae 等。全世界已记录 3400 多属 3.4 万多种，中国已记录 467 属 2660 多种。

64. 拟步甲科 Tenebrionidae

体小型至大型昆虫，体长 2 ～ 50 mm，椭圆或卵圆形，体色暗淡，多为黑色或暗棕色，少许种类有彩色斑纹；头小，复眼突出，口器发达；触角丝状或棒状，11 节；前胸背板发达，长方形，侧缘明显；后翅多退化，不能飞翔；跗节 5-5-4；部分种类生活在沙漠地区，足密生长毛，支撑身体用于隔热；食性杂，有土栖、树栖、菌栖、舍（仓）栖和肉食类 5 类，是仓库害虫、农林害虫。全世界已知 12 亚科 100 多族 2300 多属 2.5 万多种，中国已记录 9 亚科 45 族 248 属 2400 多种。

（郑霞林）

二纹土甲 *Gonocephalum bilineatum* (Walker)

【寄主】杉、桉。

【分布】中国分布于浙江、广西。广西分布于南宁、北海（海城涠洲岛）、天等（福新）、那坡（北斗）、龙州（弄岗）、防城港（大菉）、天峨。

【形态特征】雄成虫体长 9 ～ 11 mm，雌成虫体长 9 ～ 12.0 mm。体黑色，无光泽，长椭圆形，体表密被颗粒；头部呈“”形，前端稍凹；触角从第七节起渐变宽，端部 4 节显宽，末节扁宽，不规则圆头形；前胸背板呈“”形，盘区中央强拱，布皱纹及圆形颗粒；鞘翅两侧近平行，无瘤突，行间等宽，行上的刻点模糊，毛短；前足胫节稍弯，基部向端部逐渐稍宽；前胸腹板突略翘起，具毛，中线浅凹，具粗颗粒。

A. 背面观　　B. 腹面观

二纹土甲成虫（郑光楠　摄）

【生活习性】2 年完成 1 代，以蛹越冬。翌年 4 ～ 6 月成虫羽化出土，取食嫩树皮或其他植物补充营养；夜间交配和产卵，喜产卵于土壤疏松，植物多的表土层，卵期 4 ～ 5 天，卵孵化后幼虫在表土层中生活，幼虫期 240 ～ 250 天；翌年以老熟幼虫筑土室化蛹越冬，蛹期 30 ～ 50 天；成虫寿命平均 50 天左右，有假死性。

【为害特点】成虫取食嫩树皮或其他植物补充营养；幼虫取食植物根系，在桉树等幼林地较常见。

【防治方法】物理防治。根据成虫具假死性，在其羽化高峰期进行人工捕捉，集中消灭。

生物防治。充分利用自然条件下的捕食和寄生性天敌。

化学防治。可使用 15% 氯吡硫磷颗粒剂撒施，1000 ～ 1500 g/ 亩。

65. 芫菁科 Meloidae

成虫头部下垂，宽过前胸背板，后头急剧缢缩。前胸背板比鞘翅基部窄，通常端部最窄。触角丝状、棒状或念珠状。跗节 5–5–4 式，爪 2 裂。腹部可见腹板 6 节。许多种类的幼虫属半寄生捕食性，捕食土蝗类蝗虫的卵和土蜂巢内幼虫，可作为天敌昆虫；成虫多为植食性，主要取食豆科 Leguminosae、菊科 Compositae、藜科 Chenopodiaceae、萝藦科 Asclepiadaceae 等植物的花或叶片。全世界已记录 120 多属 3000 多种，中国已记录 2 亚科 26 属 202 种（亚种）。为农林生产上主要的食花或食叶害虫之一，也是重要的天敌和药用昆虫之一。

（莫让瑜）

毛角豆芫菁 *Epicauta hirticornis* (Haag-Rutenburg)

毛角豆芫菁成虫（任向明　摄）

【捕食对象 / 寄主】成虫为害紫穗槐、柠条、桤木等多种林木及马铃薯、大豆、番茄、苜蓿等作物。幼虫捕食土蝗类蝗虫的卵、土蜂巢内幼虫等。

【分布】中国分布于福建、河南、广东、广西、海南、四川、云南、西藏、台湾。广西分布于宾阳（宾州）、荔浦（东昌、新坪、杜莫、大塘、青山）、龙胜（平等、乐江）、兴安、阳朔、梧州（龙圩）、苍梧（狮寨）、蒙山、天等（向都）、大新、防城港（防城滩营和那梭）、桂平（马皮）、北流、博白、玉林（大容山林场）、环江（洛阳）、河池（金城江）、南丹（车河）、合山（北泗）、金秀（金秀）、武宣（黄茆、金鸡）、来宾（兴宾大湾）、南宁树木园（连山站）、博白林场（三育）、雅长林场（雅长）。

【形态特征】头顶中央无明显纵沟。雄性触角近丝状，中央数节略扁，长明显大于宽，触角第四节约为第三节长的 1/3，除末节外两侧均被直立黑长毛。前胸背板长大于或约等于宽；后胸明显长于中足基节；前足被黑色长毛，胫节细长且仅具 1 内端距；中、后足不被长毛。鞘翅两侧平行，不具中央纵纹，后翅完全展开时长于鞘翅，体腹面不被灰白毛。

卵长椭圆形，表面光滑，黄白色。

幼虫复变态，共 6 龄，各龄期幼虫形态均不相同。1 龄期称为三爪蚴，深褐色，活动敏捷；2 ～ 4 龄和 6 龄为蛴螬形；5 龄为无足伪蛹。

蛹为裸蛹，灰黄色。翅芽达第三节，后足几乎达腹部末端，第九腹节短小。复眼黑色，前胸背板后缘左右各有 9 枚长刺，第一至第六腹节背板后缘左右各有 6 枚长刺，第七至第八腹节左右各有 5 枚长刺。

【生活习性】在中国大部分地区 1 年发生 1 代，湖北部分地区 1 年发生 2 代。以 5 龄幼虫（假蛹）在土中越冬，至翌年相继发育至 6 龄幼虫，然后化蛹。蛹期 10 ～ 15 天。成虫发生为害盛期一般在 6 月下旬至 7 月上中旬，成虫寿命 30 ～ 35 天。羽化后 4 ～ 5 天开始交配，交配后的雌虫继续取食一段时间后产卵，产卵期 4 ～ 5 天。成虫多选择在土壤缝隙和林地边缘产卵。产卵时成虫用口器和足掘一产卵穴，将卵产于其中，然后用泥封穴口，每穴产卵 70 ～ 150 粒，呈菊花状排列。每雌虫产卵 400 ～ 500 粒。卵期 18 ～ 21 天。幼虫孵化后从土穴内爬出，行动敏捷，分散寻找蝗虫卵及土蜂巢内幼虫为食，若无蝗卵可食，10 天左右后死亡。以 4 龄幼虫食量最大，5 ～ 6 龄不需取食。成虫夜伏昼出，多在晴朗的白天集中于植株中上部取食、交配、栖息，受惊或遇天敌时假死坠落或迅速飞逃。

【为害特点】毛角豆芫菁成虫为植食性昆虫，对寄主的专一性不强，发生为害与当地的气象条件、农林业环境、上一年土蝗发生程度和防治状况密切相关。当年 1 ～ 6 月气温较高、降水量偏少的年份有利于毛角豆芫菁的发生为害；同一年里，在背风向阳的沙壤坡地比平川黏土地块的虫口密度高；在草坡草滩地块，上一年土蝗的虫口密度大、防控效果差，翌年其相邻地块毛角豆芫菁的发生为害偏重。成虫群集为害寄主植物的叶片、花瓣甚至果实，最喜食嫩叶。受害植株叶片被咬成缺刻、孔洞或仅剩叶脉，为害严重时叶片、花、嫩枝、果实被完全取食，植株成片枯死。

【资源利用】幼虫捕食土蝗类蝗虫的卵、土蜂巢内幼虫，可作为天敌昆虫。成虫可分泌斑蝥素（$C_{10}H_{12}O_4$），对肝癌、肺癌、乳腺癌、食管癌、结肠癌等癌症有疗效。

【防治方法】营林防治。毛角豆芫菁幼虫主要以土蝗类蝗虫的卵为食，幼虫孵化后立即分散觅食蝗卵，应加强毛角豆芫菁高发地区土蝗类蝗虫种类和数量的监测，如蝗虫种群丰富，单位面积密度较高，翌年毛角豆芫菁偏重发生的可能性较高。入冬后，利用其幼虫在土中越冬习性，深翻土地，打破越冬环境，减少越冬虫源。在毛角豆芫菁高发林地，边缘种植成虫偏嗜的植物种类或品种，偏施氮肥，诱集成虫为害，集中捕捉或灭杀。

物理防治。在成虫取食高峰期，利用其每天 9 ～ 11 时和 17 ～ 19 时喜欢群集在植株中上部活动和取食的习性，采用网捕等方式捕杀，减少虫口密度。

生物防治。毛角豆芫菁的生物防治对象主要在于控制蝗虫和毛角豆芫菁幼虫。在毛角豆芫菁常年发生的邻近河滩、草坡、地埂等地，放养家禽，啄食蝗虫，减少毛角豆芫菁幼虫的食物来源。在林地，保护蚂蚁、蜘蛛、虎甲等天敌，对毛角豆芫菁幼虫和成虫均有一定的控制作用。

化学防治。毛角豆芫菁发生重灾区，在土蝗类蝗虫若虫期，用 4.5% 高效氯氰菊酯乳油 800 ～ 1000 倍稀释液喷雾灭杀蝗虫，或用 200 g/L 草铵膦水剂 1000 倍稀释液喷雾除草灭杀土蝗，进而达到减少毛角豆芫菁幼虫的食物来源、控制虫口密度的目的。在羽化高峰期，选择 1.8% 阿维菌素乳油 1000 ～ 1500 倍稀释液或 2.5% 高效氯氟氰菊酯 1500 倍稀释液喷雾灭杀成虫。

红头豆芫菁 *Epicauta ruficeps* (Illiger)

【捕食对象 / 寄主】成虫取食白花泡桐、枳椇、合欢、盐肤木、楤木、葛藤、香花崖豆藤等。幼虫捕食竹蝗、稻蝗卵等。

【分布】中国分布于福建、江西、湖南、广西、重庆、四川、云南。广西分布于宾阳（露圩、中华、武陵）、横州（镇龙、六景）、桂林（雁山）、荔浦（青山、新坪、蒲芦）、阳朔（福利）、永福（百寿）、灵川（九屋、公平）、兴安、贵港（覃塘黄练）、梧州（长洲倒水）、苍梧（狮寨）、蒙山（西河、夏宜）、浦北、北流（大里）、玉林（大容山林场）、凤山（砦牙）、金秀（忠良、老山林场）、武宣（东乡、三里、六峰山林场）、大新（桃城）、扶绥（昌平）、高峰林场（长客、界牌、东升、延河、平厂、桃源）、六万林场（东山、高岭、河嵩、宁康、忠东）、博白林场（云飞）。

A. 背面观

B. 成虫交配

红头芫菁成虫（莫让瑜　梅国友　摄）

【形态特征】成虫体长 13 ～ 21 mm。体黑色，头部红色。雄虫触角细长，长达鞘翅中部，第三、第四节端部略膨大，末节稍长具尖，端部两节呈灰褐色。头横向，后头长大于复眼宽；前胸背板稍狭于头，长宽约等。足粗，前足第一跗节长度约为胫节长的一半，胫节具 1 短细尖的内端距；后足胫节具 2 个楔形端距。雌虫触角较细短，基部“瘤”小。腹末节腹板后缘平直。产卵瓣端部阔，基部端渐狭喙形，突锥形外生殖。前足胫节具 2 个细尖端距。

卵圆筒形，黄褐色，表面光滑，长 2.2 ～ 2.6 mm，宽 0.8 ～ 0.9 mm，上端略粗，下端略细。

幼虫共 6 龄。1 龄幼虫为三爪蚴，蛃型，头盖缝 Y 形明显。褐色，腹面白色，体长约 3 mm，头宽约 1 mm，头部两侧各有 1 个侧单眼。触角 4 节，基节膨大；第三节最长，顶部外侧有 1 个感觉突，端部着生刚毛 3 根，基部外侧有 1 根长刚毛；第四节细小，上生刚毛 1 根。胸足发达，基节和腿节刺毛粗长。2 龄幼虫为蛴螬形，黄白色。3 龄幼虫胸足短多刚毛，胫跗节退化。4 龄幼虫触角基节膨大，胸足端部有 1 个微小胫跗节，且爪明显。5 龄幼虫称坚皮蚴，体色土黄色，背部隆起，腹部扁宽略弯曲，体节明显且光滑，口器和胸足退化呈点突状。6 龄幼虫为蛴螬形，黄白色，胸足短，胫跗节退化，各体节被许多刚毛。

蛹体长 17 ～ 19 mm。体黄白色，近羽化时全体黑色。复眼黑色。触角斜向背面再往腹下弯曲，与翅芽均达腹部第三节。前胸背板后缘左右各有 12 枚长刺，后胸背板左右各有 5 枚长刺，呈倒“八”字形。腹背部各节左右有 1 排小刺。后足伸展至腹端。

【生活习性】1 年发生 1 代，以 5 龄（伪蛹）幼虫在土下 5 cm 左右深处越冬。翌年 5 月下旬至 6 月上旬成虫开始羽化，6 月中旬为羽化高峰期。成虫喜群集在白花泡桐等植株上取食、交配，然后选择在竹林的阳坡山脚、斜坡等竹蝗密集的区域产卵。雌虫绝大多数只交配 1 次，雄虫可多次交配，交配时长 9 ～ 10 小时。产卵前挖好产卵穴，穴宽 1 cm 左右，深 3 cm 左右。产卵时多集中于傍晚前后，集中散产，每雌产卵量 122 ～ 260 粒。产卵持续 30 ～ 40 分钟，待产卵完成后用土填满产卵穴。幼虫于 7 月中下旬至 8 月上旬孵化，刚孵化幼虫需在卵穴中停留 10 ～ 15 天后陆续出土寻找食物。出土时间多集中在上午 9 ～ 12 时。1 龄幼虫行动敏捷，出土后四处爬行寻找竹蝗等蝗虫的卵块，遇惊扰即卷曲假死。1 ～ 2 龄幼虫仅吃 1 ～ 2 粒卵，且仅吃卵黄不吃卵壳；3 龄幼虫一般能取食 3 粒卵，取食卵黄和部分卵壳；4 龄幼虫可取食 16 粒卵，卵黄和卵壳全部取食。

【为害特点】成虫群集性很强，成群聚集在泡桐树等植物上取食，且时有虫粪落下，当植株被取食成光杆后转移为害。

【资源利用】幼虫捕食蝗虫的卵，可作为天敌昆虫。成虫含有斑蝥素类物质，现代医学主要用于治疗癌症、抑制肿瘤。

【防治方法】参考毛角豆芫菁。

条纹芫菁 *Epicauta waterhousei* (Haag-Rutenburg)

【寄主】成虫取食葛藤、木槿、扶桑、假连翘、芙蓉、假木豆等。幼虫捕食蝗虫卵。

【分布】中国分布于福建、广东、广西、海南、重庆、四川、贵州、云南、台湾。广西各地均有分布。

【形态特征】成虫体长 15 ～ 25 mm。体黑色，头橙红色，翅鞘外缘、中央与接缝处均有由灰白色长毛形成的纵向条纹，部分个体灰白条纹几乎完全消失。鞘翅柔软，无长毛。雄虫前足胫节外侧与胸部下侧有发达的黑色长毛。

条纹芫菁成虫（郑霞林　摄）

【生活习性】成虫具群集习性。

【为害特点】成虫聚集取食为害寄主；幼虫捕食蝗虫卵。

【资源利用】成虫可入药。

【防治方法】暂未见大面积发生和为害，可通过保护和利用自然天敌控制其种群。

横纹芫菁 *Mylabris cichorii* (L.)

【捕食对象 / 寄主】成虫取食葛藤、木槿、扶桑、假连翘、芙蓉、假木豆等植物。幼虫捕食稻蝗、竹蝗的卵，也可捕食地蜂巢穴内的幼虫。

【分布】中国分布于河北、江苏、浙江、安徽、福建、江西、湖北、湖南、广东、广西、海南、四川、贵州、台湾、。广西分布于南宁（邕宁百济、武鸣城厢、良庆大塘）、宾阳（武陵）、横州（马岭）、龙胜、阳朔、苍梧（六堡）、岑溪（三堡）、藤县（塘步）、扶绥（山圩）、凭祥（凭祥）、天等、上思（平福）、平南（平山、寺面）、北流（大坡外）、容县（容西）、平果（同老）、金秀（金秀）、武宣、象州、雅长林场（雅长）。

横纹芫菁成虫（莫让瑜　摄）

【形态特征】雄成虫体长 11 ～ 15 mm、宽 0.5 ～ 0.7 mm，雌成虫体长 11.9 ～ 21.7 mm、宽 3.1 ～ 6.0 mm。头部及前胸背板黑色，密布浅大刻点和黑短毛；翅鞘底色黑色，略有光泽，具 3 条宽大的黄色横带，前翅基部的黄斑左右相连，且黄色部分被黄短毛。上唇前缘微凹，中央纵凹。额上有 1 条光滑无刻点的纵脊，密布黑短毛。前胸背板长大于宽，基部最宽，中部略窄于基部。触角 11 节，末节中间最宽，向端部变狭，顶尖，基部收缩窄于第十节。各足基、转节和腿节下侧以及前足胫节两侧除黑短毛外还被长毛，除中、后足跗节和后足胫节外，其余各节尚密布淡色柔毛；前足第一跗节短于末节。肛板后缘钝角前凹，第五可见腹板后缘中央弧形浅凹；腹部第九背板近三角形，端部密被黑毛。沟状小针突两臂短圆，之间具角状突起或无。雌虫体被黄毛较雄性稀少；后头圆；触角向后仅达前胸背板中部；前足第一跗节约与第二节等长，显著短于末节；肛板和第五可见腹板后缘平直。

【生活习性】1 年发生 1 代，以卵越冬，翌年 4 月下旬至 5 月下旬陆续孵化，成虫 6 ～ 10 月可见，7 ～ 8 月为羽化盛期。成虫羽化后 3 ～ 5 天交配，一般交配 1 ～ 2 次，部分个体可交配 3 ～ 4 次，交配多集中在 16 ～ 20 时。交配前雌虫寻找到附着物后停留，雄虫飞行寻偶。当雄虫寻找到雌虫后追逐数次，若雌虫没有交配欲望，则快速离去，若有交配欲望，则接受求偶和交配。交配时长 80 ～ 340 分钟。交配后雌虫继续取食，待 5 ～ 15 天后产卵。成虫多在傍晚前后用足和口器挖掘 1 个葫芦状、深 27 ～ 44 mm 的产卵穴，穴径略大于虫体。产卵时雌虫腹部直伸入穴底，头部留在穴口，开始产卵。产卵后用足和口器将卵穴掩盖后随即离去。雌虫一生产卵 1 ～ 4 次，每雌产卵量 40 ～ 240 粒，平均产卵 159 粒。产卵后 3 ～ 5 天成虫相继死亡。卵期 263 ～ 275 天；幼虫历期 29 ～ 65 天，平均 47 天；蛹期 13 ～ 19 天，平均 14.9 天。

【为害特点】成虫聚集取食植物花瓣甚至幼果，严重破坏植物的繁殖器官，造成经济作物减产、绿化林木失去观赏价值的严重后果。

【资源利用】幼虫捕食蝗虫的卵，可作为天敌昆虫。成虫含有斑蝥素类物质，对肝癌、肺癌、食道癌等癌症均有显著疗效，是《中国药典》收载的斑蝥品种之一。

【防治方法】参考毛角豆芫菁。

大斑芫菁 *Mylabris phalerata* (Pallas)

【捕食对象 / 寄主】幼虫捕食棉蝗、稻蝗、竹蝗卵。成虫取食泡桐、假木豆、西番莲、葛藤等。

【分布】中国分布于浙江、江西、湖北、湖南、广东、广西、海南、四川、贵州、云南、台湾。广西分布于宾阳（甘棠）、横州（马岭）、合浦（白沙）、北海（长洲倒水）、宁明（海渊）、凭祥、上思（叫安）、平南（平山、寺面）、龙胜、东兰、南丹（八圩）、忻城、金秀、武宣（桐岭、禄新）、象州（中平）、南宁树木园（连山、坛里）、龙圩（广平、大坡）、蒙山、容县（容西）、兴业（卖酒）、崇左（江州）、钦廉林场（平银）、热林中心（伏波）。

【形态特征】雌成虫体长 25 ～ 36 mm，头宽 4 ～ 5 mm；雄成虫体长 16 ～ 21 mm，头宽 2.5 ～ 3.5 mm。

头黑色呈圆三角形。触角 11 节，末端数节逐渐膨大成棒状，基部 2 节最短，末端 1 节最长。胸部突起，腹部黑色密被黑色长毛。足跗节黑色，密布黑色长毛。前翅前端阔于基部，翅基各有 1 个大黄斑不相连，翅面有稀疏的黑色短绒毛，并具有黄色相间的波浪形黄色或红色带纹。

卵椭圆形，上端略粗，下端略细，表面光滑。长 3.5 ～ 4.3 mm，宽 1.8 ～ 2.5 mm。受精卵黄色，未受精卵淡黄色。

幼虫共 5 龄。1 龄幼虫为衣鱼型。头卵圆形，淡褐色；有 1 对圆形复眼；上颚镰状。触角 4 节，第一、第二节粗大，第三、第四节细小。前胸背板较宽，后胸节较小，色泽均深于中胸节。棕色胸足 3 对且粗长，被绒毛；棕黑色胫节长于腿节；棕黑色跗节细长，先端有爪分 2 片。腹部 9 节，末节后缘具有两根粗长的刚毛。腹部第一至第八节侧板各有 1 个较小气门，中胸节气门较大。2 龄幼虫呈蛴螬型，胸足比 1 龄者短。全身密被短绒毛。气门明显。3 龄幼虫呈蛴螬型，腹节被细密绒毛，气门大而明显。4 龄幼虫呈蛴螬形，胸足短小，胫节短，其端部有 1 个细小的跗节，且有 1 爪。5 龄幼虫呈蛴螬型，胸足粗短，胫跗节明显可见，仍具小爪。全身密被微细绒毛。

蛹黄色，头部淡黄色，复眼黑色。全身被一光滑皮层。后胸足几达腹部末端。触角斜向背面，翅芽微向腹面。

【生活习性】1 年发生 1 代，以 2 ～ 5 龄幼虫越冬，翌年条件适宜时在土穴内直接化蛹或继续取食后化蛹。全世代历期 300 ～ 335 天，其中，幼虫历期 253 ～ 267 天，蛹历期 12 ～ 23 天，雌虫平均寿命 51 天，雄虫平均寿命 43 天。6 ～ 9 月为成虫发生期，7 ～ 8 月为羽化盛期。成虫在土室中羽化后停留 24 ～ 72 小时，掘洞出土，休息片刻后飞往寄主补充营养，成虫植食性，群集取食，取食活动主要集中在 8 ～ 12 时。羽化 3 ～ 5 天后性成熟，交配时长 115 ～ 430 分钟。一般交配 1 ～ 2 次，少数个体可交配 3 ～ 4 次，交配间隔期 1 ～ 14 天，平均 7 天。交配活动多选择在 14 ～ 24 时。交配后继续取食 5 ～ 10 天开始产卵。产卵多选择在 14 ～ 18 时，用足和口器挖掘一葫芦状的产卵穴，产卵穴挖好后，雌虫转身将腹部伸入穴内，仅留头部在洞口，开始产卵。一般情况下每头雌虫一生产卵 1 次，平均产卵量 127 粒，

A. 背面观

B. 侧面观

C. 卵

大斑芫菁成虫和卵（莫让瑜　摄）

产卵持续时间 60 ～ 100 分钟。产卵结束后，雌虫用口器和足掘土封闭产卵穴口后离去，并相继死亡。受精卵在 22 ～ 32℃、湿度 55% ～ 75% 时孵化，野外条件下卵于 8 ～ 9 月相继孵化。幼虫肉食性，以棉蝗、稻蝗等蝗虫的卵为食。

【为害特点】成虫取食寄主植物花瓣甚至幼果，严重影响产量和观赏价值。

【资源利用】幼虫肉食性，捕食棉蝗、稻蝗等蝗虫的卵，可作为天敌昆虫。成虫含有斑蝥素类物质，对多种癌症均有疗效。

【防治方法】参考毛角豆芫菁。

66. 寄甲科 Bothrideridae

体小型甲虫，成虫体长 1.4 ～ 12.0 mm。狭长，体黄色至黑色；触角 9 ～ 11 节，鞭节顶端膨大；部分种类体表具各种样式的图案或红色斑点，体表无毛或具少量绒毛或具纹理。绝大部分种类生活在树皮下，少数种类喜欢生活在土内，特别是堆肥的上层或有机垃圾内，如 Anommatinae 亚科；部分种类幼虫是其他蛀干甲虫或蜂类的寄生性天敌；部分种类以真菌为食。全世界已记录 4 亚科 38 属 400 多种，中国已记录 18 种。

（黄华艳　赵程劼）

花绒寄甲 *Dastarcus helophoroides* (Fairmaire)

【捕食对象】可寄生松墨天牛、栗山天牛、黄斑星天牛等天牛幼虫和吉丁虫类幼虫，是松墨天牛等蛀干害虫的重要寄生性天敌之一。

【分布】中国分布于北京、河北、山西、内蒙古、辽宁、上海、江苏、安徽、山东、河南、湖北、广东、广西、陕西、甘肃、宁夏。广西各地均有分布。

【形态特征】成虫体长 5.2 ～ 10.0 mm，宽 2.1 ～ 3.8 mm。体深褐色。复眼黑色，卵圆形；触角 11 节，鞭节端部膨大呈扁球形，柄节膨大；头和前胸背板密布小刻点；鞘翅中部有 1 个近似椭圆形深褐色斑，鞘翅近端部沿中缝有 1 个“Ψ”形图案，鞘翅表面共有 8 条纵沟，沟脊由粗刺组成；足跗节 4 节，有爪 1 对。

卵乳白色，近孵化时呈黄褐色；中央稍弯曲。

初孵幼虫头、胸、腹明显，胸足 3 对，腹节 10 节，每节两侧都着生 1 根长毛，尾节的 2 根最长。末龄幼虫胸足退化，腹部变得肥大，头、胸部较小。

裸蛹，黄白色。茧长椭圆形，长 6.3 ～ 14.6 mm，宽 2.6 ～ 5.4 mm，初期白色，后期深褐色。

【生活习性】各地年发生代数不一，在北京 1 年 1 ～ 2 代，上海和甘肃 1 年 1 代。在北京，以成虫在树洞、虫孔、树根周围松土和枯叶下越冬，翌年 4 月开始取食、交配和产卵。6 月中旬为第一代寄生高峰期，7 月中下旬为第二代寄生高峰期。成虫白天潜伏在树洞、蛀道或树皮缝隙处，黄昏出来活动，黎明前返回隐蔽场所；以枯枝、落叶或树干的树皮为食；有群集性、弱趋光性、假死性；寿命长。

成虫常产卵于虫道壁或粪屑中，聚产，无覆盖物，每雌产卵量 33 ～ 420 粒，卵期 9 ～ 11 天。幼虫孵化后，迅速爬行寻找寄主，单头或若干头聚集取食寄主，并在寄主体内结茧化蛹，幼虫期 8 ～ 9 天；蛹期 20 ～ 50 天。卵、幼虫和蛹的发育起点温度和有效积温分别为 12.8 ± 0.3 ℃、11.7 ± 0.6 ℃、13.9 ± 1.0℃，和 126.1 ± 9.6 天・℃、139.0 ± 8.3 天・℃、265.2 ± 9.0 天・℃。

【资源利用】天敌昆虫，幼虫寄生性。寄主达 2 目 3 科 12 种，是蛀干蜂类、天牛类、吉丁虫类的重要天敌之一。如野外释放花绒寄甲防治松墨天牛，寄生率 50% ～ 80%；防治栗山天牛，寄生率 20% ～ 30%，对蛀干害虫自然种群有一定的控制作用。目前，花绒寄甲可室内规模化饲养，替代寄主为大麦虫。

A. 成虫

B. 卵

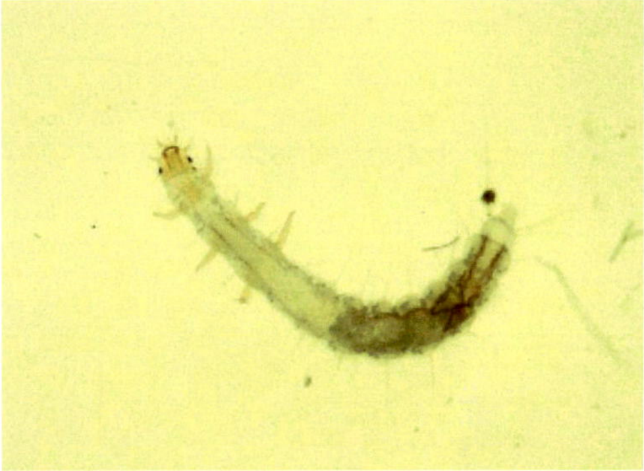

C. 1 龄幼虫

D. 高龄幼虫

E. 蛹

F. 茧

G. 被寄生的松墨天牛幼虫

花绒寄甲（黄华艳　赵程劼　摄）

（二十八）叶甲总科 Chrysomeloidea

成虫体小型至大型，圆形或长形，通常颜色艳丽且具金属光泽。头突出，前口式或下口式，复眼发达，突出；触角 11 节，丝状、棒状、锯齿状或栉状；鞘翅盖及腹端；足较长，腿节粗大，天牛科昆虫跗节 5 节，第四节极小，为隐 5 节，叶甲科足跗节为拟 4 节。植食性，部分种类钻蛀茎干为害，部分种类取食根、茎、叶和花等。包括天牛科 Cerambycidae、暗天牛科 Vesperidae、盾天牛科 Oxypeltidae、瘦天牛科 Disteniidae、距甲科 Megalopodidae、Orsodacnidae、叶甲科 Chrysomelidae 共 7 科 7430 多属 6.3 万多种。

67. 暗天牛科 Vesperidae

目前全世界已记录 3 个亚科，裸天牛亚科 Anoplodermatinae、狭胸天牛亚科 Philinae、暗天牛亚科 Vesperinae，中国已记录 1 亚科 4 属 13 种。其幼虫在地下活动，钻蛀寄主植物根系，是许多农林植物的重要钻蛀性害虫。

（王缉健）

狭胸天牛 *Philus amtennatus* (Gylenhal)

【寄主】湿地松、马尾松、柑橘、桑、茶。

【分布】中国分布于河北、浙江、福建、江西、湖南、广东、广西、海南、香港。广西分布于南宁（江南）、扶绥（龙头）、合浦（廉州）、上思（公正）、桂平（寻旺）、博白林场。

【形态特征】成虫体中型。全体棕褐色，密被灰黄色短毛，腹面及足部绒毛较长而密。雌成虫体长 27.3 ～ 31.2 mm，前胸背板宽 4.7 ～ 5.9 mm，触角长 15.1 ～ 17.0 mm；头部略下垂，几乎与前胸等宽，后头稍狭；触角细长，雌虫触角长达鞘翅中部，外缘略成齿状，柄节粗大，短于第三节；前胸呈梯形，前半部浑圆，后半部两侧具脊，表面具细刻点，两侧前、后方各具 1 个光滑小区；鞘翅宽于前胸，后方稍窄，末端圆形；腹面具刻点及密毛，足内侧具缨毛，后足第一跗节长于其余 2 节之和。雄虫体长 22.3 ～ 24.1 mm，前胸背板宽 3.9 ～ 4.8 mm，触角长 26.5 ～ 31.0 mm；体形比雌虫小，触角粗长，约为体长的 1.3 倍，触角 3 ～ 6 节略呈锯齿状，柄节粗短，第三节以后各节几乎等长。

卵梭形，一端稍尖，未成熟乳白色，成熟后乳黄白色，受精孔浅褐色。成熟卵长 2.5 ～ 3.5 mm，宽 0.8 ～ 1.2 mm，平均 1.0 mm。

初孵幼虫体长 4.5 ～ 5.5 mm，前胸宽 1.7 ～ 3.1 mm。末龄幼虫体长 26.6 ～ 37.2 mm，前胸宽 6.4 ～ 11.5 mm，体粗壮，中型，近似长方体形，末 3 节圆筒形，向后渐细，第九腹节背板向后伸，超过尾节。体乳黄色，全身密被均匀短绒毛。前胸背板中沟呈乳白色宽大的陷沟，中沟前段呈三角形光滑面，中区具乳白色光滑的横沟与中沟后段呈 T 形斑纹，后区在中沟两侧呈弧形拱起。胸足爪具 1 粗毛，气门不具缘室，肛门三裂片。

蛹奶油色，体毛和端刺黄褐色。雄蛹长 30.0 mm，宽 5.6 mm，长梭形，腹部锭子形；雌蛹长 21.5 ～ 22.5 mm，长圆柱形，略扁。蛹室长椭圆形。

【生活习性】广西博白 2 年以上发生 1 代，以幼虫或成虫在树根附近的土层内越冬，翌年 2 月中旬成虫出土，出土洞口直径 8 ～ 13 mm，各孔独立。成虫白天钻入土块中隐蔽，晚间外出活动，雄虫入夜时分极为活跃。3 月下旬交尾，交尾多发生在傍晚以后，22:00 左右活动较强，交尾时间 10 多分钟，交尾后雄虫离开，雌虫稍息几分钟后爬行或选择场所产卵。雌虫交尾后昼夜均可产卵，卵产于树干 1.5 m 以下的树皮缝内，排列整齐，上有雌虫分泌的胶状物质和体上脱下的绒毛覆盖，其色泽略比松树皮淡。产卵后的成虫栖息于树干下部或树基土表，约 1 周后死亡。卵在 25 ～ 30℃条件下，经过 3 ～ 5 周于 4 月上旬孵化幼虫，卵期 19 ～ 34 天，2 龄前是幼虫扩散阶段，历时 10 ～ 15 天，幼虫至少有 6 龄。老熟幼虫在 9 月中旬陆续开始化蛹，蛹室长椭圆形，10 月中旬成虫羽化后在土穴中越冬。

【为害特点】初孵幼虫从树皮缝中的卵孵化后立即弹跳下落，在土表爬行，30 分钟内从土层的孔隙分散钻入土中，寻找到近地表的细根后取食。幼虫入土先取食湿地松的须根，随着虫龄的增大，逐渐取食粗根的韧皮部及至木质部，危害遍及所有侧根和主根。活动深度自地表以下 2 ～ 150 cm，树根表皮被取食后，伤口溢出的松脂黏结泥土凝结成团块状，使根部输导功能受阻，树势衰退。受害 2 ～ 3 年的植株，最初针叶由绿变青灰色，进而出现短梢、黄叶、落叶，直至不能抽新梢、无松脂分泌，干部严重失水而枯死，挖掘树根可见须根全无，侧根、主根伤痕累累，流出松脂与泥沙凝固成团。受害的松林可出现单株或成片枯死。被害林地表土层多为砂质壤土，厚度在 60 ～ 100 cm，过硬的板结土

A. 幼虫　　B. 蛹背面观　　C. 蛹腹面观　　D. 成虫

E. 危害湿地松林枯死（死树已伐除）

狭胸天牛（王缉健　宋志顺　摄）

层有虫也难造成寄主死亡。

【防治方法】营林防治。营造混交林，减少纯林，特别在土质疏松的虫灾区，更新其他抗虫树种，防止害虫定殖后蔓延成灾；对早期出现的虫害地段要及时处理，阻止其向四周扩散。

人工防治。捕杀成虫，成虫出土时间比较整齐，而且均在植株下部栖息交尾和产卵，在此期间可以进行人工捕捉。锤打卵块，卵期稍长，可在林间小心调查，发现卵块后用锤子敲打该处树皮，将卵击烂，阻止其孵化。

生物防治。保护和利用自然天敌，多种鸟类对成虫、多种蚂蚁对初孵若虫有捕杀作用。

化学防治。成虫出土、产卵阶段、卵期可使用有内吸、触杀作用的药剂均匀喷施树干近地面 2 m 的部位，用量为喷至树干滴水，毒杀成虫和阻止幼虫孵化。

68. 天牛科 Cerambycidae

是一类重要的钻蛀性害虫，目前全世界已记录 4000 多属 3.6 万多种，中国已记录 4700 多种。其幼虫钻蛀在木本植物的组织中，从活立树木到濒临死亡的树木，或已经死亡，甚至腐烂的树木均可蛀食为害。许多天牛种类成为森林、园林树木或行道树木的主要害虫，甚至会暴发成灾。

（陆　温）

金绒锦天牛 *Acalolepta permutans* (Pascoe)

【寄主】台湾海桐。

【分布】中国分布于华北及浙江、安徽、福建、江西、河南、湖北、湖南、广东、广西、四川、贵州、云南、陕西、香港。广西分布于桂林（叠彩）、兴安（猫儿山）、高峰林场（界牌、六里）。

【形态特征】成虫体长 15.5 ～ 29.0 mm。体密被黄铜色丝光绒毛，部分微带绿色；头部额较平坦，刻点稀；复眼下叶较大，长胜于宽；触角深棕色，各节基部有淡黄或淡灰色细毛，柄节端疤内侧微弱不明显，雄虫触角约为体长的 2.5 倍，雌虫为 1.5 倍，第三节长于第四节，倍长于柄节，第十一节最长。前胸背板宽大于长，侧刺突钝，中区有 5 个铜色绒毛瘤突，前 2 后 3，刻点粗稀。鞘翅基部宽于前胸，具较大颗粒刻点，以肩部最密，向后刻点渐小而稀，端部狭，端缘圆形，翅面绒毛着生呈指纹形或螺旋形。

卵梭形，长 3 mm，初产时淡白色，近孵化时褐色。

A. 雌虫

B. 成虫求偶

金绒锦天牛（任向明　摄）

老熟幼虫体长 40 ～ 50 mm。体圆筒形，略扁，较瘦长，乳白色。额光滑，前缘黑色区较短，中额线较粗，褐色，额线不明显；唇基梯形，光滑，褐色；上唇横椭圆形，淡黄色，前缘有刚毛数支；上颚黑色，基半部具2根长刚毛；下唇舌较大；触角2节；侧单眼1对；前胸背板有棕黄色花纹，侧沟明显，前端内侧各有 1 个卵形凹陷；足退化，腹部背步泡突具 2 条横沟、4 列瘤突，互相衔接愈合成条状；各腹节的上侧片突出，侧瘤突矩形；气门宽卵形，后缘中部上方具缘室 2 个；肛门三裂，裂缝等长。

蛹长约 20 mm，乳白色，触角细长卷曲呈钟条状，体形与成虫相似。

【生活习性】在广西南宁 1 年发生 1 代，以幼虫在蛀道内越冬，翌年 4 月化蛹，5 ～ 6 月羽化交配产卵，6 ～ 7 月幼虫孵化，11 月后幼虫进入越冬状态。成虫具假死性，多活动于树冠，主要取食寄主树叶补充营养。雌虫产卵于树干基部枝叉或伤口处，少数产于树干高处，插入树皮缝隙内产卵，少数雌虫咬刻槽后再将卵产入槽中。初孵幼虫先在产卵处附近皮层蛀食，约 40 天后蛀入木质部中，向下蛀害至根部，并在此越冬。

【为害特点】幼虫蛀干为害。

【防治方法】营林防治。加强营林栽培管理，避免一地单一树种连续多年种植。

生物防治。保护和利用自然天敌，特别要保护好啄木鸟等。

人工防治。在成虫羽化活动期，利用成虫假死性，摇树捕捉成虫；每年 5 月上旬成虫羽化前，连根挖除受害枯死树并集中烧毁，彻底消灭未羽化的成虫、蛹及幼虫，减少虫源。

化学防治。7 月幼虫初孵化时期，用无公害内吸杀虫剂浇灌根，防治效果可至 80% 以上；对进入木质部的天牛幼虫，采用药棉蘸 50% 敌敌畏乳油 50 倍稀释液塞入蛀道内或用针筒注射等无公害防治措施，外用黄泥封口。

南方锦天牛 *Acalolepta speciosa* (Gahan)

【寄主】桉。

【分布】中国分布于江苏、浙江、安徽、福建、江西、广东、广西、海南、四川、贵州、台湾、香港。广西分布于环江（思恩）。

【形态特征】成虫体长 17.5 ～ 24.5 mm。体黑褐色，密被红棕色、金琥珀到银灰绿色天鹅绒状毛，头顶金黄色，具稀细刻点，中央具纵沟；复眼下叶超过颊长之半；触角棕灰褐色，第三节及以后各节端部淡红棕色，雄虫触角细长，约为体长的 3 倍雌虫约为体长的 2 倍。前胸背板横宽，两侧缘中央各具一钝瘤，中央具若干不规则的浅窝。鞘翅明显宽于前胸，雄性向末端急剧狭窄，雌虫则近于等宽，末端圆；鞘翅具色彩不同的天鹅绒状毛，向中缝的内半侧金琥珀色，外侧缘棕灰色，自肩部到端部有 1 条银灰色纵条纹。

【生活习性】不详。

【为害特点】幼虫蛀干为害。

【防治方法】参考金绒锦天牛。

南方锦天牛成虫（李懋辅　摄）

皱胸闪光天牛 *Aeolesthes holosericea* (Fab.)

【寄主】马尾松、核桃。

【分布】中国分布于福建、河南、广东、广西、海南、四川、云南、陕西、香港。广西分布于玉林（大容山林场）、凤山（凤城）、河池（金城江）。

【形态特征】成虫体长 20 ~ 25 mm。体褐色至黑褐色，密被灰褐色带紫色光泽绒毛，翅面密被褐色有光泽的绒毛，排列成不同的方向和明暗不同的花纹。头顶中央具 1 条纵脊，复眼后方中央具 1 条深纵沟；雄虫触角长为体长的 1 倍，雌虫触角略长于体长，柄节具横脊，第三至第五节末端膨大，第六至第十节外端角尖锐，第五至第九节有内端刺；前胸背板具不规则褶皱，后端中央长方形区域褶皱不明显，中央具纵沟将两侧的纵沟分开；鞘翅两侧近平行，后缘斜切，外端角小齿状，内端角刺状。

皱胸闪光天牛成虫（李樾辅　摄）

老熟幼虫体长 35 ~ 42 mm，乳白色，被褐色密短毛。头部横向近四边形，后角圆出，后缘近平直，额中缝褐色显著，额缝不明显；单眼 3 对列成直线，近单眼背方具 1 疣形突出，触角孔上方具 1 个刺突，触角 3 节，第二节宽略大于长，第三节宽不及长的一半；前胸背板侧沟明显，中胸气门椭圆形，后缘上方具缘室；腹部第一至第七节具步泡突，背面步泡突由二横沟及两侧的纵斜沟围成梯形方块，沟的两侧具表面光滑的乳头状突起，前列的突起由 10 ~ 14 个组成；肛门 3 个裂片，各裂片外方具褐色毛。

【生活习性】不详。

【为害特点】幼虫蛀干为害。

【防治方法】参考楝闪光天牛。

楝闪光天牛 *Aeolesthes induta* Newman

【寄主】油茶。

【分布】中国分布于浙江、安徽、福建、江西、广东、广西、海南、贵州、台湾、香港。广西分布于三江、鹿寨。

楝闪光天牛成虫（陆温　摄）

【形态特征】俗称茶天牛。成虫体长 23 ~ 38 mm。体褐色到黑褐色，密被淡褐色短毛，腹面毛灰褐色。额中央两侧各有 1 个深凹陷，两侧相连成半圆形，头顶中央具 1 条纵脊纹，复眼后方中央具 1 条短且浅的纵沟，头顶后方有很多小的横颗粒，头部腹面两颊之间有 1 条深且向后弯的弓形横沟。雄虫触角约为体长的 2 倍，雌虫触角较短，约与体长相等，柄节与第三节等长，第六至第十节外侧扁平具小而尖的外端刺，第五至第九节具内端刺；前胸宽略大于长，两侧弧形，背板两侧具规则的褶皱，后端中央具 1 个长方形平滑区，其两侧及前端有较深的沟围绕，沟被若干平行的横脊所分隔；小盾片末端钝圆；鞘翅基部宽，末端窄，两侧近平行，外端角齿状，内端角刺状，翅面密被淡褐色丝绒状有光泽的绒毛，排列成不同的方向，呈现明暗的花纹。

卵长约 4 mm，长椭圆形，乳白色。

老熟幼虫体长 37 ～ 52 mm，圆筒形，头淡黄色，头部颊区具横脊；前胸背板前缘具 4 个黄褐色斑，中央 2 个横置，后 2 个纵列后延，后缘有 1 条“一”字形纹；中胸至第七腹节背中具瘤状突起；气门褐色。

蛹长 25 ～ 38 mm，初期乳白色，后转为黄白色，羽化前转为淡赭色。

【生活习性】1 年发生 1 代或 2 年发生 1 代，以幼虫或成虫在寄主主根内越冬，或以幼虫经历 2 次越冬，前后 3 年完成 1 代，卵期 8 ～ 20 天，幼虫期约 120 天。成虫出洞后 2 ～ 3 天交配，交配后 1 天产卵，一生可交配 1 ～ 4 次，具趋光性，但飞翔能力不强，以雄虫扑灯较多；雌虫多选择外露根部或主干基部上产卵，以地上 5 ～ 10 mm、树干中等的树木居多，卵散产；产卵前先咬破树干皮层，再插入产卵管产卵，或产于树皮裂缝或枝干外的苔藓内，每株树一般只产 1 粒卵，通常每丛茶丛仅产 1 粒卵，产完即离开，到另一茶丛产卵；每雌可产卵 14 ～ 31 粒。成虫寿命 16 ～ 25 天。幼虫孵化后先取食枝干皮层，之后蛀入木质部，向上钻蛀一段距离，即转向下蛀食至根部，形成长 20 ～ 50 cm，宽 1.2 ～ 1.8 cm 的蛀道，食空一枝再转蛀另一枝，甚至根蔸全被蛀空。幼虫在离地面 2 ～ 3 cm 处有排粪孔。幼虫老熟后上移至地表之上；在主干皮层咬羽化孔，再退回蛀道内作蛹室化蛹。

【为害特点】一般树龄大、树势衰弱或早衰的林分受害较重，山地的植株比丘陵和平地的植株受害重，管理较差、树势衰老、生机不旺、根部露出均有利于成虫产卵为害。

【防治方法】营林防治。①及时培土，防根颈部外露，减少成虫产卵；②成虫出洞前用生石灰 5 kg、硫磺粉 0.5 kg、牛胶 250 g，兑水 20 L 调和成白色涂剂，涂在距地面 50 cm 枝干上或根颈部，减少天牛产卵。

物理防治。灯光诱杀成虫或人工捕杀成虫。于清晨成虫不活动时人工捕捉。

化学防治。从排泄孔注入具有触杀和熏蒸性化学药剂，然后用泥巴封口，毒杀幼虫。

黑棘翅天牛 *Aetholodes verrucosus* Gahan

【寄主】油茶、油桐、松。

【分布】中国分布于浙江、福建、江西、湖南、广东、广西、四川。广西分布于南宁、桂林、全州、兴安、龙胜、梧州、玉林、南丹、巴马、龙州。

【形态特征】成虫体中等到较大型，体长 22 ～ 33 mm。体黑色，无光泽，鞘翅及体腹面被暗褐色鳞毛；额宽大于长，头顶中央具 1 细纵沟。雄虫触角达鞘翅端部，雌虫仅达鞘翅中部。前胸背板宽胜于长，中区具 5 个瘤突，中后方一个瘤突最大，其前两侧各具一个瘤突，侧刺突较细，顶端尖锐；每鞘翅具 4 纵行粗大齿状瘤突及 5 纵行细小瘤突，大小瘤突纵行列彼此相间。

黑棘翅天牛成虫（郑光楠　摄）

【生活习性】成虫具趋光性，其他习性不详。

【为害特点】幼虫蛀干为害。

【防治方法】参考金绒锦天牛。

东亚缨天牛 *Allotraeus asiaticus* (Schwarzer)

【寄主】杉。

【分布】中国分布于福建、广西、海南、台湾。广西分布于高峰林场（界牌）。

【形态特征】成虫体长 11 ～ 13 mm。体红褐色。雄虫触角长约为体长之 1.5 倍，雌虫触角略长于体长，触角第三至第五节内端具刺，第二至第七节腹面具长缨毛；前胸背板两侧圆弧形，中央有 1 纵行光滑区；鞘翅刻点粗密，翅端凹入。

【生活习性】不详。

【为害特点】幼虫蛀干为害。

【防治方法】参考金绒锦天牛。

A. 雄成虫

B. 雌成虫

东亚缨天牛成虫（陆温　摄）

星天牛 *Anoplophora chinensis* (Forster)

【寄主】杉、桉、柚子、木荷、木麻黄、香椿、桑、龙眼、人面果、白背桐、紫薇、板栗、核桃、李、油茶、杨、柳、榆、刺槐、无瓣海桑及楝科植物等。

【分布】中国分布于辽宁以南、甘肃以东各地。广西分布于全区各地。

【形态特征】成虫体长 19 ～ 45 mm，宽 6 ～ 13.5 mm。体黑色，有光泽。头部和身体腹面被银白色和部分蓝灰色细毛。触角鞭状，第一至第二节黑色，其他各节基部 1/3 有淡蓝色的毛环，其余部分黑色，雌虫触角末 2 节超出体端，雄虫触角末 4 ～ 5 节超出体端。前胸背板中瘤明显，两侧具尖锐粗大的侧刺突。鞘翅基部具黑色颗粒状小突起，每翅具大小白斑约 20 个，排成不整齐的 5 横行，第一、第二行各 4 个，第三行 5 个斜形排列，第四行 2 个，第五行 3 个。

卵长椭圆形，长 5 ～ 6 mm，初产时乳白色，后渐变为黄白色。

A. 成虫

B. 卵

C. 为害状

星天牛（郑霞林　陆温　摄）

老熟幼虫体长 38 ～ 67 mm，扁圆筒形，乳白色至淡黄色。头部褐色。前胸背板后部有 1 个明显的“凸”字形，其前方有 1 对形似飞鸟的黄褐色斑纹，足略退化。

蛹纺锤形，体长 22 ～ 42 mm，初为黄白色，羽化前逐渐变为黄褐色。翅芽超过腹部第三节后缘，形似成虫。

【生活习性】在中国南方地区 1 年发生 1 代，北方地区 2 ～ 3 年发生 1 代。以幼虫在被害枝干内越冬。越冬幼虫翌年 3 月开始活动。4 月上、中旬陆续化蛹，蛹期 20 ～ 30 天。4 月下旬至 5 月上旬始见成虫。5 ～ 6 月为成虫羽化盛期，8 ～ 9 月仍有少量成虫出现，成虫寿命 40 ～ 50 天。成虫羽化后取食叶片和幼枝嫩皮补充营养，产卵时先咬 1 个 T 形或“人”字形刻槽，再将产卵管插入刻槽一边，产卵于树皮夹缝中，每处产 1 粒，每雌产卵量 20 ～ 80 粒，卵多产于距地面 10 cm 范围内的树干皮层中，产卵后分泌一种胶状物质封口，卵期 9 ～ 15 天。初孵幼虫在产卵处皮层下盘旋蛀食，被害处有白色泡沫状胶质物或酱油状液体流出，2 ～ 3 个月后蛀入木质部，开有通气孔 1 ～ 3 个，虫粪及木屑则从近地面处的通气孔排出，老熟幼虫化蛹前爬到近地面的蛀道内做 1 宽大蛹室，11 月上旬开始越冬。幼虫期约 10 个月。

【为害特点】成虫取食叶片，取食嫩枝皮层，严重的可导致枝条枯死。主要以幼虫蛀食近地面的主干及主根，破坏树体养分和水分运输，致使树势衰弱，降低树寿命，影响产量和质量，重者整株枯死。

【防治方法】营林防治。选用抗虫、耐虫树种，营造混交林，加强管理，增强树势，及时清除虫害木。

物理防治。5 ～ 6 月成虫盛发期，利用成虫羽化后在树冠补充营养、交配的习性，人工捕杀成虫；6 ～ 7 月寻找产卵刻槽，可用锤击、刀刮等方法消灭其中的卵及初孵幼虫；用铁丝钩杀幼虫。

生物防治。注意保护和利用啄木鸟、寄生蜂、蚂蚁、蠼螋等自然天敌。

化学防治。成虫期在寄主树干上喷施威雷（8% 氯氰菊酯、45% 高效氯氰菊酯触破式微胶囊水悬剂）、2.5% 溴氰菊酯乳油或 20% 菊杀乳油等 500 ～ 1000 倍稀释液；对还在韧皮部下为害未进入木质部的低龄幼虫，可用 20% 益果乳油或 50% 杀螟松乳油等 100 ～ 200 倍稀释液喷涂树干，防效显著；对已进入木质部的高龄幼虫，可用 50% 辛硫磷乳油或 40% 毒死蜱乳油 20 ～ 40 倍稀释液，用注射器注入或用药棉沾药塞入蛀道毒杀幼虫；树干基部涂白，可防产卵。

光肩星天牛 *Anoplophora glabripennis* (Motschulsky)

【寄主】桉属、槭属、悬铃木属、柳属、杨属、榆属、梨属、苹果属等 30 多个属植物。

【分布】中国各地均有分布。广西各地均有分布。

【形态特征】成虫体长 17 ～ 39 mm。体漆黑色带有光泽。触角自第三节起基部蓝灰色，雄虫触角长为体长的 2.5 倍，末节末端黑色；雌虫触角约为体长的 1.3 倍，末节末端灰白色。前胸背板有皱纹和刻点，两侧各有 1 个侧刺突。翅鞘基部光滑，无瘤状颗粒，翅面上有约 20 个大小不等的白色绒毛斑纹。

光肩星天牛成虫（陆温　摄）

卵长 5.5 ～ 7.0 mm，长椭圆形，略扁，略弯曲，乳白色至淡黄褐色。

老熟幼虫体长 50 ～ 60 mm，乳白色，无足，前胸背板有“凸”字形纹。

蛹长 30 ～ 37 mm，黄白色。

【生活习性】1 ～ 2 年发生 1 代，以幼虫或卵越冬。翌年 4 月气温达 10℃以上时，越冬幼虫开始活动为害。5 月上旬至 6 月下旬为幼虫化蛹期。6 月上旬起成虫始见，盛期在 6 月下旬至 7 月下旬，直到 10 月仍有成虫活动。6 月中旬成虫开始产卵，7 ～ 8 月为产卵盛期，卵期约 16 天。6 月下旬开始出现幼虫，11 月气温下降到 6℃以下时开始越冬。成虫可取食嫩枝树皮或树叶，飞翔力不强，白天多在树干上交配。雌虫产卵前先将树皮啃 1 个小刻槽，然后在槽内产 1 ～ 2 粒卵，刻槽的部位多在 3 ～ 6 cm 粗的树干上，尤以侧枝集中、分叉很多的部位最多，树越大，刻槽的部位越高。每头雌虫一般产卵 30 粒左右。初孵化幼虫先在树皮和木质部之间取食，25 ～ 30 天后开始蛀入木质部，向上方蛀食，虫道一般长 90 mm，最长的达 150 mm。幼虫蛀入木质部以后，还经常回到木质部的外边，取食边材和韧皮部。

【为害特点】幼虫主要钻蛀为害直径 10 cm 以上的树干。

【防治方法】参考星天牛。此外，该虫曾被列入 2003 年发布的《全国林业危险性有害生物名单》，2015 年 9 月欧洲植物保护联盟（EPPO）为了防止光肩星天牛和星天牛的进一步传播和扩散，批准了一项关于木材包装及原木严格的检疫程序。应严格实施植物检疫措施，以防光肩星天牛传播造成危害。

楝星天牛 *Anoplophora horsfieldi* (Hope)

【寄主】楝科植物、朴、柑橘、油茶、青冈栎。

【分布】中国分布于河北、江苏、浙江、安徽、福建、江西、河南、湖北、湖南、广东、广西、四川、贵州、云南、陕西、台湾。广西分布于桂林、荔浦、罗城、凤山、柳州、鹿寨、田林、昭平。

【形态特征】成虫体长 31 ～ 40 mm。体漆黑色，光亮，布满大型黄色绒毛斑，后头两侧各具 1 个黄斑，前胸背板两侧各具 1 个黄斑，鞘翅具 4 个横行排列的黄色大毛斑。雄虫触角超过体长的 3/4，自第三节起各节基部被白色绒毛，雌虫触角较体略长。

【生活习性】不详。

【为害特点】幼虫蛀干为害。

【防治方法】参考星天牛。

楝星天牛成虫（陆温　摄）

拟星天牛 *Anoplophora imitatrix* (White)

【寄主】板栗、核桃。

【分布】中国分布于江苏、浙江、福建、江西、广东、广西、海南、四川、贵州、云南。广西分布于凤山（乔音）。

【形态特征】成虫体长 24 ～ 36 mm。体黑色，具淡紫色光泽。头部的颊侧具淡黄大毛斑，额的前缘和两侧、上唇及上颚基部均有较密的淡色绒毛；雄虫触角一般超出体长的 1 倍，雌虫约超出体长的 1/3，触角从第三节起，各节基部和端部为灰白色；前胸背板中瘤显著，与中区侧瘤间有若干短皱纹粒状刻点，侧刺突末端尖锐，背板中区两侧各有 1 黄白色纵纹，常在中部间断；鞘翅外侧具 5 个黄白色绒毛斑，沿鞘缝中部常具 2 ～ 4 个小黄斑，侧缘各有数个小黄斑，翅端圆形。

【生活习性】不详。

【为害特点】幼虫蛀干为害。

【防治方法】参考星天牛。

拟星天牛成虫（郑光楠　摄）

皱绿柄天牛 *Aphrodisium gibbicolle* (White)

【寄主】曼椆、黔椆、罗浮栲、果石栎等壳斗科植物。

【分布】中国分布于福建、广东、广西。广西分布于南宁（武鸣大明山）、兴安（猫儿山）。

【形态特征】成虫体长 24 ～ 37 mm。体背面金绿色或蓝绿色，具光泽，头、胸光泽更显著。雄虫腹面灰绿色，被银灰色绒毛。雌虫胸部腹板蓝绿色，腹部腹面黑色。头部具皱纹刻点，在唇基和额之间有波状横皱，额区上有 1 条中沟，直达头顶区；触角蓝黑色，触角柄节金绿色，雌虫触角略超过体长的一半，雄虫触角较身体略长。前胸背板光亮，密布皱纹，大部分为横皱；近后缘两侧各有 1 个低瘤突，瘤突上的皱纹呈环状；近前缘两侧无明显的瘤突；侧刺突端部略钝，上面皱纹较少。小盾片三角形，下凹，上有少量刻纹。鞘翅深绿色，有光泽，成虫鞘翅内边自翅基至翅中部有 1 条向端部渐窄的金绿色带，雌虫比雄虫更明显。

卵长扁椭圆形，长 3.0 ～ 3.8 mm、宽 1.2 ～ 2.0 mm，初期乳白色，逐渐变为乳黄色，孵化前变为深褐色。

幼虫体长圆筒形，黄白色。头颅横宽，额淡黄褐色。额线和中额线不明显，额前缘黑褐色。唇基黄色，上唇黄色，端部具粗毛；上颚凿形；下颚须第一、第二节等长，下颚叶肥大，侧缘和端部弧圆，具刚毛。前胸背板前端具褐色横斑，密生褐色短毛，中区有 1 长椭圆形骨化片，后区侧沟之间骨化板乳白色，有时略带紫色，基部具纵皱纹；前胸腹板中前腹片前端分界不明，前方密生细毛，中区两侧各有 1 个光滑褐色斑。腹部背被步泡突，具 1 条横沟，表面有片状颗粒。

蛹体呈纺锤形，长 28.0 ～ 35.6 mm，触角后披，末端卷曲；蛹室长 40 ～ 64 mm、宽 4 ～ 12 mm，羽化孔呈椭圆形，横径 6.0 ～ 9.0 mm、纵径 9.0 ～ 15.0 mm。

【生活习性】2 年发生 1 代，第一年以 4 ～ 5 龄幼虫在蛀道内、翌年以预蛹在蛀道蛹室内越冬。5 月下旬至 6 月中旬为成虫期，历时 30 天。6 月上旬至 7 月上旬为卵期，历时 40 天。成虫产卵于树（枝）皮自然裂缝间隙内。幼虫从第一年 6 月下旬一直至翌年 9 月中旬，历时 15 个月约 450 天。翌年 7 ～ 9 月幼虫越冬前蛀好羽化孔及蛹室，后进入蛹室发育为预蛹越冬，即翌年 9 月下旬至第三年 4 月中旬为预蛹期，历时约 200 天。第三年 4 月中旬至 5 月下旬为蛹期，历时约 50 天。

【为害特点】幼虫蛀干为害，在胸径 6 ～ 12 cm 的曼椆人工林中为害主干为主，在高大的曼椆天然林中为害侧枝为主。当幼虫发育至翌年 7 ～ 9 月高龄阶段，沿寄主树皮内缘绕旋钻蛀 2 ～ 3 圈，导

A. 雄成虫　B. 成虫交配　C. 卵

D. 幼虫　E. 蛹　F. 为害状

皱绿柄天牛（杨忠武　摄）

致整株枯死或枯枝，幼虫才能继续发育完成世代，不能致死被害寄主的幼虫，则会自然死亡。

【防治方法】营林防治。林分修复要注意树种选择，采用抗性树种营造混交林；对受害林分应及时清理枯死木或修剪受害枝、枯枝进行除害处理，减少成虫羽化，降低下一代虫口密度。

生物防治。保护和利用啄木鸟等害虫天敌；幼虫期释放管氏肿腿蜂或喷施球孢白僵菌均有一定控制作用。

化学防治。蛀道注射 1.8% 阿维菌素 100 倍稀释液或杀虫丹 100 倍稀释液均达到 100% 的幼虫致死率。其他防治措施参考星天牛。

桑天牛 *Apriona germari* (Hope)

【寄主】桉、泡桐、臭椿、桐木、苦楝、侧柏、李、梨。

【分布】中国分布于除内蒙古、黑龙江、青海、宁夏、新疆外的地区。广西分布于南宁（武鸣陆斡、马头和宁武）、横州（马山）、荔浦（马岭）、阳朔（大源林场）、永福（永安、堡里、苏桥、广福、百寿、罗锦、三皇、坪岭林场）、合浦（沙田）、桂平（寻旺）、博白、宜州（石别）、武宣、七坡林场。

桑天牛成虫（郑霞林　摄）

【形态特征】成虫体长 34 ～ 51 mm。体黑色，密被黄褐色或青棕色短毛，鞘翅侧缘、端缘及中缝呈灰黑色狭边。头部中央纵沟明显，眼后缘有 2 ～ 3 行刻点。触角柄节端疤开放式，第三节起每节基部 1/3 呈白色，雄虫触角超过体长，雌虫触角与身体等长。前胸背板宽胜于长，中区前后横沟之间有明显不规则横皱纹或横脊，侧刺突发达，基部、中区后方两侧及前胸侧片有黑色隆起的光亮刻点。鞘翅基部 1/4 ～ 1/3 处有黑色光亮的瘤状颗粒，翅端缘凹入，缝角及缘角呈刺状突起。

卵椭圆形，长 6 ～ 7 mm，稍扁平，弯曲。

末龄幼虫体长 70 mm，圆筒形，头部黄褐色。前胸大，方形，背板上密被黄褐色刚毛和赤褐色点粒，并有凹陷的“小”字形。

蛹长约 50 mm，淡黄色。

【生活习性】1 年发生 1 代，以幼虫越冬。春暖时开始活动、蛀食，6 月上旬化蛹，6 月下旬羽化，7 月上中旬开始产卵，成虫一生可产卵 100 余粒，产卵期长至 2 ～ 3 个月，卵多产于一年生小枝条上，每处产卵 1 ～ 5 粒，卵经 14 天后孵化。产卵时在新枝基部咬 U 形产卵孔，然后将卵产于其中，致使枝条易风折或枯死。

【为害特点】初孵幼虫先向枝条上方蛀食约 1 cm，然后转向下方蛀食树干，逐渐深入心材，每蛀食 5 ～ 6 cm 长时向外蛀 1 排粪孔，由此排出粪便堆积地面。

【防治方法】营林防治。冬季清理虫株或虫枝。

物理防治。在 7 ～ 8 月成虫发生期捕杀成虫；在幼虫发生时用铁丝钩杀幼虫。

化学防治。用棉球蘸 80% 敌敌畏乳油 30 倍稀释液塞入最下面的排泄孔，或用注射器将 1.8% 阿维菌素 100 倍稀释液或杀虫丹 100 倍稀释液注入排粪孔，并用泥封口。

锈色粒肩天牛 *Apriona swainsoni* (Hope)

【寄主】桉、云实、槐、银杏。

【分布】中国分布于江苏、安徽、福建、山东、河南、广西、四川、贵州、云南。广西分布于全州（白宝、安和、石塘、枧塘、文桥）。

【形态特征】成虫体长 28 ～ 39 mm。体黑褐色，全体密被锈色短绒毛，头、胸及鞘翅基部颜色较深暗。头部额大胜于宽，中沟明显，直达后头后缘。雄虫触角较体略长，雌虫触角较体略短，触角基瘤突出，各节生有稀疏的细短毛，但端部 4 节毛极少；第四节中部以后各节黑褐色，节外端角稍突出；最末 1 节渐尖锐。前胸背板具不规则的粗皱突起，前、后端横沟明显；侧刺突发达，末端尖锐。鞘翅基部 1/4 密布黑色光滑小颗粒，翅面散布许多不定形的小白斑；翅端平切，缝角和缘角均具有小刺，缘角小。

A. 成虫；B. 幼虫；C. 蛹

锈色粒肩天牛（扈新莹　摄）

卵长椭圆形，长径 2.0 ～ 2.2 mm，黄白色。

末龄幼虫体长 42 ～ 60 mm，扁圆筒形，黄白色。前胸背板黄褐色，略呈长方形，其上密布棕色颗粒突起，中部两侧各有 1 斜向凹纹。气门黄棕色，椭圆形。

蛹长 35 ～ 42 mm，纺锤形，黄褐色。翅贴于腹面，达第二腹节；触角贴于体两侧，达后胸部，其端部弯曲。

【生活习性】在山东 2 年发生 1 代，以幼虫在枝干蛀道内越冬。成虫羽化出木后爬到树冠，取食新梢嫩皮，不善飞，受到震动极易落地。成虫可多次交配。雌虫多在 21 时以后产卵，卵多产在径粗 7 cm 以上的枝干上。产卵前，雌虫在树干下部爬行，寻找适宜树皮缝隙，先用口器将缝隙底部咬开，把产卵器插入，排出草绿色糊状分泌物作产卵槽，然后将卵产于槽内，再用分泌物覆盖卵，卵期 12 ～ 14 天。

【为害特点】初孵幼虫自韧皮部垂直蛀入边材，并将粪便排出，悬吊在排粪孔处；幼虫蛀入 5 mm 深时，沿枝干最外年轮的春材部分横向蛀食，不久后向内蛀食。

【防治方法】参考星天牛。

凹胸梗天牛 *Arhopalus oberthuri* Sharp

【寄主】湿地松。

【分布】中国分布于福建、江西、湖北、广西、云南、西藏、台湾。广西分布于崇左（江州板利）。

【形态特征】成虫体长 14.5 ～ 17 mm。体暗黑色，有时棕褐色，被灰褐色短绒毛。头近圆形，额有 1 条 Y 形凹沟。雄虫触角略超过鞘翅端部，雌虫仅达鞘翅中部，触角下沿着生较密的棕褐色细短毛，到端部逐渐稀少。前胸背板长宽近相等，两侧缘微呈弧形；背中央有 1 个略呈橄榄形的凹洼，其后端两侧及中央微隆起；表面颗粒状刻点细密，并散生扁平粗颗粒。鞘翅长形，两侧近平行；翅面密布颗粒状细皱纹，散布小刻点，每翅具 3 条纵脊，后缘钝圆，缝角尖刺状。

凹胸梗天牛成虫（李懋辅　摄）

【生活习性】不详。

【为害特点】不详。

赤梗天牛 *Arhopalus unicolor* (Gahan)

【寄主】松属、油茶。

【分布】中国分布于辽宁、吉林、江苏、浙江、福建、河南、广东、广西、海南、台湾、香港。广西分布于桂林（叠彩）。

【形态特征】成虫体长 13 ～ 19 mm。体赤褐色，被灰黄色短绒毛，触角及足栗褐色。其他形态与凹胸梗天牛相似，主要区别是赤梗天牛触角下面的细毛长度与触角节直径相比长于前种；胸面中央纵凹洼较浅；前胸背板长略大于宽。

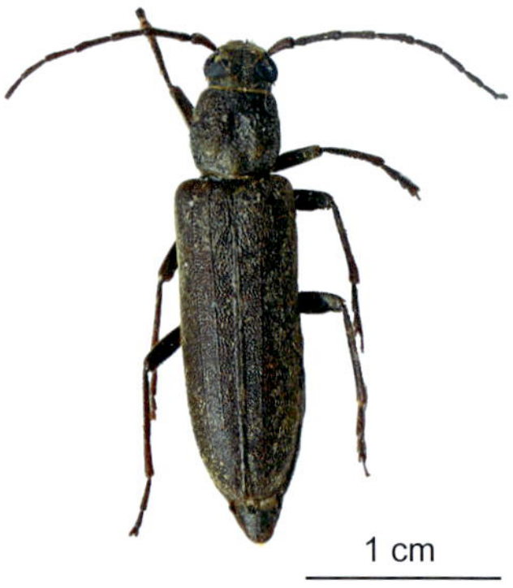

赤梗天牛成虫（杨忠武　摄）

【生活习性】不详。

【为害特点】幼虫蛀干为害。

【防治方法】参考星天牛。

瘤胸簇天牛 *Aristobia hispida* (Saunders)

瘤胸簇天牛成虫（李懋辅　摄）

【寄主】杉、漆、南岭黄檀、板栗。

【分布】中国分布于河北、江苏、浙江、安徽、福建、江西、湖北、湖南、广东、广西、海南、四川、贵州、云南、西藏、陕西、甘肃、台湾、香港。广西分布于隆林（沙梨）。

【形态特征】成虫体长 23 ～ 39 mm。体青黑色，密被棕红色绒毛，并杂有黑白色毛斑。头部较平，额微突，复眼、上颚青黑色；触角 12 节，黑褐色，端部 5 节密被棕黄色绒毛。前胸背板有 9 ～ 13 个小瘤组成堆状突起，侧刺突尖锐。小盾片三角形，长大于宽，上披绒毛。鞘翅基部有黑色颗粒，黑斑大于白斑，翅末端凹入，外端角明显突出，内端角较钝圆。

卵长约 5 mm，长椭圆形，略弯曲，一端钝，一端尖；粉白色。

末龄幼虫体长 38 ～ 45 mm，扁圆筒形，黄白色。头部、腹末与体侧着生黄褐色细毛。前胸背板黄褐色，中央有“凸”字形刻纹 1 个，前胸腹板刻纹半圆形。腹部步泡突发达。从腹部第一节至腹末有 1条黑灰色背线。

蛹黄褐色，头、口器、胸部具红棕色绒毛。

【生活习性】1 年发生 1 代，以幼虫或少数蛹在树干木质部隧道中越冬，翌年 3 月上旬开始出现成虫，5 月上旬为羽化盛期。成虫喜取食 1 ～ 3 年生枝条的嫩皮。成虫交配时间一般 50 ～ 120 分钟，从清晨到夜晚均可交配，多数在 8 ～ 16 时；交配后即用口器在树干或枝条上咬约 2 mm 深，呈 V 形的刻槽，将卵产入其中，然后排泄一些黄褐色黏液把卵覆盖，一般一处产卵 1 粒，多的 4 粒；卵多产于离地面 0.5 m 以下的树干上；每雌产卵量为 11 ～ 16 粒；卵历期 25 ～ 33 天。成虫寿命平均为 43 天，多者达 63 天。5 月下旬至 6 月上旬为产卵盛期。6 月下旬幼虫开始孵化，7 月下旬为孵化盛期。初孵幼虫在树皮韧皮部下蛀食，一个月后始蛀入木质部，虫道长达 32 ～ 65 cm，宽为 3 cm，每条虫道常有数个排粪孔，从孔中排出粪便与木屑，虫道不规则。幼虫历期 150 ～ 170 天。

【为害特点】幼虫生活在树皮与木质部之间，以蛀食韧皮部为主，也蛀食少量边材，在皮下蛀水平向蛀道。

【防治方法】参考星天牛。

桃红颈天牛 *Aromia bungii* Faldermann

【寄主】桃、李、栾树。

【分布】中国分布于河北、山西、内蒙古、辽宁、吉林、黑龙江、江苏、浙江、安徽、福建、江西、山东、河南、湖北、湖南、广东、广西、海南、四川、贵州、云南、陕西、甘肃、香港。广西分布于南宁、灵川（海洋、九屋）、贺州（八步贺街和莲塘）、派阳山林场（鸿鸪）。

【形态特征】成虫体长 28 ～ 37 mm。体黑色，有光泽，体色有两型，一是身体黑色发亮和前胸棕红色的红颈型，二是全体黑色发亮的黑颈型。触角蓝紫色；雄虫触角超过体长的 4 ～ 5 节，雌虫超过

1～2 节；前胸背板红色或全部黑色，背面有 4 个光滑疣突，两侧具角状侧刺；鞘翅翅面光滑，基部比前胸宽，端部渐狭。

卵圆形，长 6～7 mm，乳白色。

老熟幼虫体长 42～52 mm，乳白色，前胸较宽广；体前半部各节略呈扁长方形，后半部稍呈圆筒形，两侧密生黄棕色细毛；前胸背板前半部横列 4 个黄褐色斑块，背面 2 个呈横长方形，前缘中央有凹缺，后半部背面淡色，有纵皱纹；位于两侧的黄褐色斑块略呈三角形。

蛹长约 35 mm，初为乳白色，后渐变为黄褐色；前胸两侧各有 1 个刺突。

【生活习性】1 年或 2 年发生 1 代，5～6 月幼虫开始化蛹，6～7 月羽化交配。成虫羽化后在树干蛀道内停留 3～5 天，之后开始外出觅食交配；多于晴天中午在主干枝条上交配与栖息；卵产于老树皮缝隙中，以近地面 35 cm 内的树干上产卵最多，每处 1～6 粒不等，多数为 1 粒。成虫产卵期为 4～43 天，平均 26.3 天，产卵高峰出现在开始产卵后的前 15 天，多在 8～18 时产卵。卵期 7～8 天，幼虫孵化后蛀入韧皮部，中龄幼虫开始向下由皮层逐渐蛀食至木质部表层，先形成短浅的椭圆形蛀道，中部凹陷，至体长 30 mm 左右时，由蛀道中部蛀入木质部深处，蛀道不规则，幼虫在此蛀道中越冬。

A. 成虫

B. 幼虫及为害状

桃红颈天牛（陆温　摄）

【为害特点】是桃树的主要害虫。幼虫主要在树干中下部蛀食为害，蛀道可达主干地面下 6～10 cm。在树干蛀孔外及地面常堆积有红褐色粪屑。

【防治方法】参考星天牛。

黄荆重突天牛 *Astathes episcopalis* Chevrolat

【寄主】樟、漆、杜鹃。

【分布】中国分布于河北、山西、内蒙古、辽宁、江苏、浙江、安徽、福建、江西、河南、湖北、湖南、广东、广西、海南、四川、贵州、陕西、新疆、台湾、香港。广西分布于兴安、忻城（欧洞）、宁明（峙浪）。

【形态特征】成虫体长 11～17 mm。椭圆形，体棕红色至橙黄色，着生淡黄色绒毛；头、胸部棕红或棕褐色，鞘翅紫罗兰色具金属光泽，着生黑色绒毛；触角、胫节及跗节黑色，触角第四、第五节基部黄褐色，第六至第八节基部少许黄褐。头部复眼间额微凹，具深沟，头密布粗、细刻点；复眼上下叶完全分离，下叶长于颊 2 倍，雄虫触角与体长近相等，雌虫略短于虫体，柄节密布细刻点，第三节长于柄节或第四节。前胸背

黄荆重突天牛成虫（李懋辅　摄）

板宽大于长，两侧中央各有 1 个瘤突，中区有 1 个大瘤突。鞘翅两侧近平行，翅端圆形，鞘翅刻点细密，近中缝处各有 2 条隐约可见的纵脊线，但中后部纵脊较不明显。雌虫腹末节中央有 1 条细纵沟，近后缘中央有 1 个圆形浅凹。

【生活习性】不详。

【为害特点】不详。

黑跗眼天牛 *Bacchisa atritarsis* (Pic)

【寄主】山茶、油茶。

【分布】中国分布于辽宁、浙江、安徽、福建、江西、山东、河南、湖北、湖南、广东、广西、海南、四川、贵州、陕西、台湾。广西分布于三江、柳江。

【形态特征】成虫体长 9 ～ 13 mm，宽 3 ～ 4.2 mm。头酱红色，其上披深棕色竖毛。触角柄节基部酱红色，第二节最短，基部 1/4 处黄色，第三至第五节的基部 2/3 左右为橙黄色，其他部分和以后各节皆黑色。前胸背板酱红色，被黄色竖毛，具较高中瘤，刻点粗糙，侧瘤明显。鞘翅蓝紫色，被黑色竖毛。腹部橙黄色。各足胫节端部和跗节黑色。

A. 成虫

B. 幼虫

黑跗眼天牛（曹书阁　摄）

卵卵圆形，长 2 ～ 3 mm，黄白色。

老熟幼虫体长 18 ～ 22 mm，扁圆筒形，头和前胸棕黄色，胸、腹节皆黄色，腹部第九、第十节末端有细毛丛生。

蛹体长 10 ～ 15 mm，纺锤形，体色橙黄，翅芽和复眼黑色。

【生活习性】1 年发生 1 代，以幼虫在蛀道内越冬。翌年 3 ～ 4 月化蛹，蛹期 18 ～ 27 天。成虫 4 ～ 5 月盛发。成虫多选择在直径 10 ～ 20 mm 的枝条上产卵，产卵前先咬 1 个新月形刻槽，刻槽宽一般 5 mm，纵长 13 mm，卵产于皮层下，在 1 条枝条上每隔一定距离连续产卵数粒；卵单产，每雌产卵量 10 ～ 20 粒。成虫期 10 ～ 20 天，卵期 10 ～ 20 天。初孵幼虫在树皮下绕树干一周盘旋蛀食，再回到产卵点附近，向上蛀入木质部，虫道 S 形，长 40 ～ 50 mm。虫道从下而上逐渐扩大，在顶端形成蛹室，幼虫在蛹室中越冬。幼虫期约 300 天。

【为害特点】幼虫蛀害枝干，引起肿胀、皮层环裂，茶树生长受阻，甚至枯死。

【防治方法】营林防治。冬季结合抚育管理剪去虫枝，并及时烧毁，以减少虫源，促进植株健康生长。

物理防治。5 ～ 6 月锤击或刀刮产卵刻槽处，杀死卵及初卵幼虫；7 ～ 8 月用铁丝捅刺钩杀在木质部为害的幼虫。

化学防治。在成虫羽化出孔期，向寄主树冠和枝干喷洒药剂，可用 2.5% 溴氰菊酯乳油，或 50% 杀螟松乳油 500 ～ 1000 倍稀释液喷枝干触杀成虫；对在韧皮下为害尚未进入木质部的幼龄幼虫，用化学药剂喷涂枝干。可选用 50% 杀螟松乳油 100 ～ 200 倍稀释液或 40% 乐果乳油 100 ～ 200 倍稀释液注入虫道，黄泥封口，毒杀幼虫。

云斑白条天牛 *Batocera horsfieldi* (Hope)

【寄主】桉、油桐、胡桃、油橄榄、泡桐、栎、榕、悬钩木、女贞、乌桕、杨、柳、榆、桦、白蜡、梓、枫杨、冬青、桑、木麻黄、栗、枇杷、无花果、苹果、梨、紫荆、紫薇、臭椿、木荷、山毛榉。

【分布】中国分布于天津、河北、辽宁、吉林、上海、江苏、浙江、安徽、福建、江西、山东、河南、湖北、湖南、广东、广西、重庆、四川、贵州、云南、西藏、陕西、台湾。广西各地均有分布。

【形态特征】成虫体长 32 ~ 65 mm，体宽 9 ~ 20 mm。体黑褐色至黑色，密被灰白色和灰褐色绒毛。头部中央有 1 条纵沟。雄虫触角超过体长约 1/3，雌虫略超过体长，各节下方生有稀疏细刺。前胸背板中央有 1 对白色或浅黄色肾形斑，侧刺突大而尖锐。小盾片近半圆形，密被白色绒毛。鞘翅基部密布大小不等的瘤状颗粒，肩刺大而尖端略斜向后上方。鞘翅有由白色或浅黄色绒毛组成的大小不等云彩状白斑。虫体两侧自复眼后方起至最后 1 个腹节有 1 条由白色绒毛组成的阔纵带。

卵长椭圆形，稍弯，一端略细，长 6 ~ 10 mm，宽 3 ~ 4 mm。初产时乳白色，后渐变成黄白色。

老熟幼虫体长 70 ~ 90 mm，淡黄白色，粗肥多皱，圆筒形。前胸背板淡棕色，略呈方形，有大小不一的不规则褐色颗粒。

A. 成虫

B. 卵

C. 幼虫

D. 蛹

云斑白条天牛（郑霞林　杨振德　摄）

蛹体长 40 ～ 70 mm，淡黄白色，头部及胸部背面有稀疏棕色刚毛，腹背第一至第六节背面中央两侧密生棕色刚毛，末端锥状。

【生活习性】2 年发生 1 代，以成虫、幼虫在蛀道内越冬。越冬成虫翌年 4 月中旬咬 1 个圆形羽化孔爬出，5 月成虫大量出现。雌虫喜在健壮的主干产卵，卵大多产于离地面 1.0 ～ 1.5 m、胸径 8 ～ 20 cm 的树干基部。产卵时，成虫在树皮上咬 1 个圆形或椭圆形、中央有小孔的刻槽，然后将产卵管从小孔中插入寄主皮层，把卵产于刻槽上方，紧贴木质部，通常每刻槽产卵 1 粒，但约有 1/4 刻槽不产卵。每雌虫能产卵 40 粒，产卵盛期在 6 月。卵期 9 ～ 15 天。初孵幼虫在韧皮部蛀食，使受害处变黑，树皮肿裂，流出树液，排出木屑和虫粪。幼虫在表皮及韧皮部蛀食 1 圈以后蛀入木质部，并不断向上蛀害，大量木屑和虫粪从排粪孔排出，堆积在其下方的根颈部地面上。幼虫期长达 360 ～ 420 天，翌年 8 月中旬幼虫老熟，在蛀道顶端作蛹室化蛹。蛹期约 30 天，9 月中下旬成虫羽化，在蛹室内越冬。

【为害特点】成虫取食嫩茎及枝梢的嫩皮，影响植物生长；幼虫蛀食韧皮部和木质部，造成树干树皮上形成环状横裂圈，接近地面部分树干的木质部和髓部形成空洞，导致树势衰弱，易风折，甚至全株枯萎死亡。

【防治方法】营林防治。栽植一定数量的天牛嗜食树种如核桃、白蜡树、蔷薇等作为诱饵木，及时防治或清除饵木上的天牛，以减轻对主栽树种的为害。

物理防治。6 ～ 7 月检查 2 m 以下树干，发现产卵刻槽时，用小刀在刻槽上方刮除卵粒或初孵幼虫。

生物防治。保护和利用自然天敌，花绒寄甲在中国天牛发生区几乎都有分布，寄生天牛的幼虫和蛹，自然寄生率 40% ～ 80%，是控制该天牛的有效天敌，目前已掌握花绒寄甲的人工繁育的释放技术，可在幼虫期通过人工释放控制其种群；利用白僵菌和绿僵菌防治天牛，在气温 20℃以上时，可使用毛笔蘸取少许菌粉与西维因的混合粉剂插入虫孔，或用 1.6 × 108 孢子 / mL 菌液喷侵入孔。

化学防治。对已蛀入木质部、并有排粪孔的高龄幼虫，可用 2.5% 溴氰菊酯乳油 400 倍稀释液或 40% 毒死蜱乳油 20 ～ 40 倍稀释液药棉塞孔毒杀；5 ～ 6 月在树干 2 m 以下用涂白剂涂白树干，防止成虫产卵。

橙斑白条天牛 *Batocera davidis* Deyrolle

【寄主】栎、榕树、杧果、板栗。

【分布】中国分布于浙江、福建、江西、河南、湖北、湖南、广东、广西、海南、四川、贵州、云南、陕西、台湾、香港。广西分布于桂林、恭城、巴马、龙州。

【形态特征】成虫体长 51 ～ 68 mm。体大型，黑褐色，被稀疏青棕灰色绒毛，触角自第三节起及以后各节棕红色；前胸背板中央具 2 个橙黄色肾形斑；小盾片密生白毛；每鞘翅具几个大小不一的近圆形橙黄色或乳黄色斑，有时为白色。雄虫触角超出体长的 1/3，内缘具许多弯曲细刺，自第三节起各节端部略膨大；雌虫触角略长于体长，有较稀疏的小刺，除柄节外，各节末端不膨大。前胸背板侧刺突细长，尖端略向后弯，胸面两侧具皱纹。鞘翅基部 1/4 处具光滑颗粒，肩上有短刺。

卵长椭圆形，长 7 ～ 8 mm。

幼虫体长约 77 mm。体乳黄色，上颚、额黑褐色，前胸背板黄褐色。体圆柱形，头及前胸背板扁平。前胸背板横阔，两侧各具 1 个纵凹，后缘有 1 个微弧形横凹，前缘具 1 横排较密而短细毛，两侧细毛稍长，中区具片状颗粒，两侧的颗粒较大，后缘具似管状颗粒点。

A. 成虫

B. 为害状

橙斑白条天牛（陆温 摄）

蛹初为黄白色，羽化前呈黑褐色。中、后胸背板有 1 个瘤状突起，腹部第一至第六节背板各具 1 个黑色瘤突起。

【生活习性】在湖南 3 年发生 1 代，以幼虫在蛀道内越冬。成虫见于 6 ～ 7 月，寿命长达 4 ～ 5 个月。成虫喜选择在生长良好的树木产卵，通常在离地面 6 cm 以下的树干基部咬 1 扁圆形刻槽，产 1 粒卵于其中，并分泌一些胶状物覆盖。幼虫蛀树主干，初孵幼虫自下向上，再由上而下在韧皮部和木质部之间取食韧皮层，当幼虫向木质部蛀食时，有大量虫粪或木屑排出。老熟幼虫在蛀道内化蛹。

【为害特点】不详。

【防治方法】参考云斑白条天牛。

圆八星白条天牛 *Batocera calana* (Parry)

【寄主】杧果。

【分布】中国分布于福建、广西、海南、云南、西藏、台湾。广西分布于南宁、靖西。

【形态特征】成虫体长 31 ～ 60 mm。体黑色，雄虫触角超出体长的 2/3，从第三节起每节内端具较长的刺；前胸背板中央具 1 对橙红色肾形斑，前胸侧刺突端部较细；小盾片橙红色；鞘翅单侧具 4 个大小近乎相等的橙红色（标本通常呈白色）圆斑，纵向排列（双翅 8 斑对称），较整齐；鞘翅肩下瘤粒向后伸展不到翅长的 1/3；翅末端较狭，较向内斜切。

【生活习性】不详。

【为害特点】幼虫钻蛀树木，造成树势衰弱，严重时导致寄主枯死。

【防治方法】参考云斑白条天牛。

圆八星白条天牛成虫（郑光楠 摄）

簇角缨象天牛 *Cacia cretifera* Hope

【寄主】桉、苦楝。

【分布】中国分布于湖北、广东、广西、四川、云南、西藏、陕西。广西分布于金秀、博白林场（射广）、六万林场（宁康）。

簇角缨象天牛成虫（李懋辅　摄）

【形态特征】成虫体长 23 ～ 34 mm。体基底黑色，全身被棕褐色至棕红色绒毛。头、胸、鞘翅、腿节及体腹面夹杂有白色绒毛小点。触角黄褐色被棕红或金黄色绒毛，柄节端部下缘有少许丛毛，第三节端部 1/2 范围着生浓密丛毛，形似试管毛刷。每鞘翅有许多成束状黑色长竖毛，似刺状。头具细密刻点，有少量成组的刻点。复眼下叶稍长于颊，或近于等长。触角基瘤突出，两基瘤之间较深凹；雄虫触角稍超出翅末端，雌虫则刚达翅末端，第三节长于柄节。前胸背板宽大于长，中区有几个瘤状突起，侧刺突较粗大。小盾片长三角形。鞘翅宽阔，基部有几个颗粒刻点，前端有较稀疏粗刻点，中部之后粗刻点消失，端缘平切或微呈凹缘，外端角及缝角不显著。中胸腹板凸片的瘤突十分隆起。

【生活习性】不详。

【为害特点】幼虫蛀干为害，造成树枝枯死，甚至整株死亡。

【防治方法】参考云斑白条天牛。

杉棕天牛 *Callidum villosulum* Fairmaire

【寄主】杉。

【分布】中国分布于江苏、浙江、安徽、福建、河南、湖北、湖南、广东、广西、四川、贵州、云南、台湾。广西分布于高峰林场（界牌）。

杉棕天牛成虫（陆温　摄）

【形态特征】成虫体长 7 ～ 11 mm。体栗棕色带光泽，被稀疏灰竖毛，鞘翅色略淡，具金属光泽。头较短，向前伸；雄虫触角较体略长，雌虫仅达体长的 2/3，具稀疏灰色直立毛，基部数节毛较多。前胸背板具细刻点，背面隐约有瘤突，两侧缘圆形，无侧刺突。鞘翅基部具粗密刻点，肩角明显，端缘圆形。足股节膨大。

卵长约 1 mm，乳白色。

老熟幼虫体长约 10 mm，淡黄色，体略扁。前胸背板具 1 对成片状的褐色斑点。

蛹长 7 ～ 10 mm，长椭圆形，乳白色。

【生活习性】1 年发生 1 代。以成虫在木质部蛀道内越冬，3 月上旬出木活动，出木后不需补充营养即可产卵和交配。雌雄虫均可多次交配，成虫一次爬行距离不远，爬行是觅偶进行交配的方式。3 月下旬到 4 月中旬为成虫活动盛期，3 月中旬至 5 月中旬为产卵期，成虫产卵具有较强的选择性，多选择在衰弱木、初死木、濒死木上产卵，卵产在树皮裂缝中。产卵量最多 82 粒，平均 26 粒。幼虫孵化后在韧皮部和木质部间蛀食，后蛀入木质部，老熟后在蛀道内化蛹。10 月上旬成虫羽化并在蛹室内越冬。

【为害特点】成虫一般不在健康的树木上产卵，多选择在衰弱树、濒死树、初死树上产卵为害，因而，在长势衰弱的林分受害较重。

【防治方法】营林防治。在 6 ～ 7 月伐掉虫源木减少幼虫的为害；在冬季成虫出木前伐除虫源木可降低成虫虫口密度。

生物防治。人工释放川硬皮肿腿蜂或两色刺足茧蜂。

化学防治。参考云斑白条天牛。

双带拟柄天牛 *Cataphrodisium griffithi* (Hope)

【寄主】不详。

【分布】中国分布于福建、广东、广西。广西分布于上思。

【形态特征】成虫体长 43 ～ 50 mm。体头和前胸黄褐色。鞘翅蓝黑色，中间具 2 条亮黄褐色的条带，腹面黄褐色，腿节、胫节和跗节黄褐色。触角 11 节，细长，略长于体长，具细毛，从第三节起密布黄色小绒毛。触角基角瘤显著突出。复眼突出。触角与上颚基部的距离约为头部长度的 1 /3。头部具小绒毛。前胸背板有明显的侧刺突，中部具黄褐色近心形色斑，有纵裂沟。小盾片三角形，黄褐色。鞘翅基部有 2 个对称的黄褐色小圆点。各足跗节均为隐 5 节，第三节片状呈 V 形向端部分叉，端部圆钝，第四节小；后足第一跗节较长，约占后足跗节总长度的 1 /3。

双带拟柄天牛雄虫（林颖菲　摄）

【生活习性】不详。

【为害特点】幼虫蛀干为害。

【防治方法】未见大面积发生和为害，可通过保护和利用自然天敌控制其种群。

华蜡天牛 *Ceresium sinicum* White

【寄主】杉。

【分布】中国分布于河北、江苏、浙江、福建、河南、湖北、湖南、广东、广西、海南、四川、贵州、云南、西藏、陕西、台湾。广西分布于桂林（叠彩）、南宁（高峰林场）。

【形态特征】成虫体形狭小，体长 9 ～ 13.5 mm。体红褐色至黑褐色，前胸背板两侧密被黄绒毛。复眼小，眼面粗。颊短，触角基瘤之间微凹。雄虫触角超过体长，雌虫则仅达翅端或略短，触角内侧密生缨毛。前胸背板长大于宽，两侧缘微呈弧形，无侧刺突。鞘翅端部较窄，端缘圆形。足腿节后半部突然膨大成棒状。

【生活习性】在四川 1 ～ 2 年发生 1 代，以幼虫在寄主枝干蛀道内越冬，翌年 3 月上旬开始化蛹，3 ～ 5 月为成虫盛期。成虫具较强趋光性，白天躲藏在树洞或裂缝、树叶背，黄昏后开始爬行和飞舞。成虫产卵于枝干粗皮、翘皮、裂缝等隐蔽处，每处产卵 3 ～ 5 粒。

【为害特点】幼虫在树皮与木质部间蛀食，后向木质部纵横钻蛀取食。

【防治方法】物理防治。在 8 月下旬幼虫尚未进入木质部前，人工挖除幼虫。

化学防治。在幼虫尚未蛀入木质部前，用 40% 氧化乐果乳油 3 倍稀释液涂抹虫疤。

华蜡天牛成虫（杨忠武　摄）

橘光绿天牛 *Chelidonium argentatum* (Dalman)

【寄主】板栗、杨、泡桐。

【分布】中国分布于江苏、浙江、安徽、福建、江西、河南、湖南、广东、广西、海南、四川、云南、陕西、台湾、香港。广西分布于南宁（江南大王滩）、融水、全州（大西江、才湾、龙水）、蒙山（陈塘）、北流（西埌）、天峨（更新）。

【形态特征】成虫体长 22 ～ 27 mm。体墨绿色，有光泽；腹面被银灰色绒毛。头部具细密刻点，在唇基和颜面间有光滑而微陷区域，额区上有 1 中沟伸向头顶。雄虫触角略长于体长，柄节具密刻点，第五至第十节端部具尖锐刺突。前胸背板长宽近相等，侧刺突短而钝，背板褶皱较细致，两侧有细密刻点，前胸的前后缘、小盾片平滑而有光泽。鞘翅上布满细密刻点和皱纹。

橘光绿天牛成虫（陆温　摄）

卵长扁圆形，长径约 4.7 mm，黄绿色。

老熟幼虫体长 46 ～ 51 mm，体表具褐色分布不均的毛。前胸背板后端具 1 长形横置皮质硬块，前方有两块褐色斑纹；胸足细小；腹部第一至第七节背腹两面有移动器，其周围布满大而略平的颗粒；腹末肛门开口呈 Y 形。

蛹黄色，体长 19 ～ 25 mm，翅芽伸达腹面第三腹节，体背披褐色刺毛。

【生活习性】1 年发生 1 代。以幼虫在寄主枝条木质部的隧道内越冬。越冬幼虫化蛹盛期在 4 月下旬至 5 月下旬，成虫于 5 ～ 6 月出现，羽化盛期在 5 月下旬至 6 月中下旬。成虫活跃、行动敏捷，善飞，无趋光性，每雌日产卵量最多 10 粒，一般 3 ～ 5 粒，产卵期约 6 天，卵多产于寄主嫩枝分叉处和叶腋内，一处产 1 粒，卵期约 18 天。幼虫于 6 月上中旬开始孵化，8 月为幼虫为害盛期，末龄幼虫在蛀道内筑蛹室化蛹。

【为害特点】幼虫沿枝条向下蛀食，每隔 5 ～ 20 cm 向外开 1 个圆形孔。

【防治方法】营林防治。在 6 ～ 7 月幼虫初期，逐园逐株及时剪除受害后未落叶的枯梢，集中烧毁。

物理防治。在成虫盛发期的 5 ～ 7 月，人工捕杀成虫或从最下方蛀孔刺入细铁丝钩杀幼虫。

化学防治。参考星天牛。

竹绿虎天牛 *Chlorophorus annularis* (Fab.)

【寄主】竹。

【分布】中国分布于东北地区，以及河北、江苏、浙江、安徽、福建、江西、河南、湖北、湖南、广东、广西、海南、四川、贵州、云南、西藏、陕西、台湾。广西分布于横州（马岭）、东兰、天等（龙茗）。

竹绿虎天牛成虫（杨忠武　摄）

【形态特征】成虫体长 9.5 ～ 17.0 mm。体黄绿色，头及体背被黄色绒毛，前胸背板具4个黑色纵斑，中央2个倒V形，两侧各 1 个；鞘翅基部有 1 个完全黑色环斑，中部有 1 个黑色横斑，呈“八”字形排列，中央在中缝处向前伸达基部黑环的中部，其外侧连接前斑，后端有 1 个圆形黑斑。头部额中央有细纵脊；触角短，约为体长之半，柄节与第三节和第五节等长。前胸背板球形，鞘翅端缘浅凹，内外缘角呈细齿状。后足腿节长，伸达鞘翅末端，跗节第一节长为第二、第三节之和。

卵长椭圆形，长约 0.9 mm，白色。

幼虫体长 15 ～ 20 mm，乳白色。头近方形。前胸背板后区具弱的纵向条纹，中裂缝明显凹陷。

蛹体长 11.5 ～ 15.0 mm，淡黄白色。体形与成虫相似。

【生活习性】1 年发生 1 代，在干燥的竹环境下，需 2 年才完成 1 代，以幼虫在竹材蛀道中越冬。翌年春季化蛹，5 ～ 9 月为成虫发生期，高峰期为 7 ～ 8 月。成虫羽化后需经 15 ～ 31 天补充营养，产卵高峰期一般在成虫羽化后 45 天左右。成虫产卵于竹材粗糙之切面或裂缝伤痕处。

【为害特点】幼虫孵化后钻入竹材中蛀食，坑道内充满虫粪，但不排出竹材表面。

【防治方法】营林防治。在成虫发生期尽可能少砍竹，防止造成伤口利于成虫产卵为害。

物理防治。将新受害的竹置水中浸渍 10 日左右，可杀死其中幼虫。

化学防治。竹的切口、裂缝、伤口等喷涂药剂保护，防止成虫产卵。

广州绿虎天牛 *Chlorophorus lingnanensis* Gressitt

【寄主】桉、板栗。

【分布】中国分布于福建、湖南、广东、广西。广西分布于派阳山林场（那赖）、博白林场（三滩）。

【形态特征】成虫体长 8.0 ～ 10.5 mm。体黑色，被灰白色绒毛；触角具较短的灰白色毛，前胸背板无黑斑；鞘翅基部不具淡色绒毛斑点，每鞘翅上具 4 条灰白色绒毛横带，第一条纹位于基部，外端不达肩部，沿中缝向后与第二条纹连接，第二条纹较宽，位于基部的 1/3 处。头与前胸等宽，额部刻点浅而细，额和头顶具 1 条明显的中脊。触角几伸达翅中部，第三节略短于柄节，长于第四节。前胸近球形，长略大于宽，背面突起，密布刻点及横行短脊或颗粒。鞘翅略宽于前胸，表面密布细刻点，翅端斜截。中、后足腿节外侧缘具脊；后足腿节略超过腹部末端。

广州绿虎天牛成虫（陆千乐 摄）

【生活习性】不详。

【为害特点】不详。

勾纹绿虎天牛 *Chlorophorus macaumensis* (Chevrolat)

【寄主】松、杉、杨、柳、红花羊蹄甲、相思。

【分布】中国分布于湖北、广东、广西、海南、陕西、香港。广西分布于桂林（叠彩）。

【形态特征】成虫体长 10 ～ 14 mm。体底色黑或黑褐，被灰白色或灰黄色绒毛。触角部分及足棕褐色。前胸背板无绒毛处形成黑色斑点，中区有 1 个黑斑，两侧各具 1 个圆形黑斑点。鞘翅具灰白色或灰黄绒毛斑，基部具一弓形灰色斑纹，弓形斑纹内有 2 个白色斑点，中后部有 1 条灰黄宽横带及端末灰黄斑纹。体腹面被灰黄绒毛，后胸前侧片及腹部前二节后缘绒毛浓密。头长形，额中央具 1 条光滑无毛纵线，触角基瘤内侧呈角状突起。触角长过鞘翅基部，第三节柄节，略长于第四节。前胸背板长稍大于宽，前端窄，胸拱突，表面具细皱纹刻点。鞘翅端缘斜切，具外端角。中、后足腿节两侧各具 1 条光滑细纵脊线。

勾纹绿虎天牛成虫（杨忠武 摄）

【生活习性】不详。

【为害特点】幼虫蛀干为害，造成寄主枝干枯死，甚至整株植物死亡。

【防治方法】参考云斑白条天牛。

弧纹绿虎天牛 *Chlorophorus miwai* Gressitt

【寄主】白木香、木棉、柑橘。

【分布】中国分布于浙江、安徽、福建、江西、山东、河南、湖北、湖南、广东、广西、四川、贵州、台湾。广西分布于蒙山（蒙山）、宁明（亭亮）、博白林场（三育）。

【形态特征】成虫体长 11.5 ～ 17.0 mm。体底色黑，背面被黄色绒毛，无绒毛区组成黑色斑纹。

腹面被较浓密黄绒毛。头具细密刻点，额在复眼间突起，具1条中纵线。触角基瘤内侧角状突出；触角可达鞘翅中部，第三节与第四节近等长。前胸背板长宽近相等，前端稍窄，两侧缘微呈弧形，表面拱凸，中区具2个前端相连的黑斑，两侧各具1个圆形黑斑，胸面具细皱纹刻点。鞘翅基部黑环斑纹后侧开放较宽，呈弓形，中部具1黑横带，靠近中缝一端，沿中缝稍向前延伸；端部具1个大黑斑纹。中足腿节两侧中央处各具1条光滑细纵线。

【生活习性】不详。

【为害特点】幼虫蛀干为害，造成寄主枝干枯死，甚至整株植物死亡。

【防治方法】参考云斑白条天牛。

弧纹绿虎天牛（陆温　摄）

十四斑绿虎天牛 *Chlorophorus quatuordecimmaculatus* Chevrolat

【寄主】白木香。

【分布】中国分布于福建、湖南、广东、广西、四川、贵州。广西分布于博白林场（三育）。

【形态特征】成虫体长8～16 mm。体黑色，被黄绿色至灰绿色绒毛，前胸背板4个黑斑排成横列，中间2个呈顿号形，外侧2个小而圆；每鞘翅纵列5个黑斑，第一斑呈圆点或短横条，第二、第三、第四斑呈短横带，向后倾斜，各斑内端均不达中缝；触角短，约为体长之半，第三节略短于柄节，略长于第四节。前胸卵圆形，后半部两侧微突。鞘翅末端稍斜截，缘角突出。中足腿节内、外侧均具1条细纵脊。

十四斑绿虎天牛成虫（李懋辅　摄）

【生活习性】1年发生1代，以幼虫越冬，3～4月化蛹。成虫于5月出现，多趋集在葡萄花上取食。成虫产卵在主干上。细枝条上少见。5～7月为幼虫为害期。

【为害特点】幼虫蛀干为害，造成寄主枝干枯死，甚至整株植物死亡。

【防治方法】参考云斑白条天牛。

裂纹绿虎天牛 *Chlorophorus separatus* Gressitt

【寄主】板栗。

【分布】中国分布于福建、江西、河南、湖北、广东、广西、海南、四川、贵州、云南、陕西。广西分布于东兰、都安（澄江）、派阳山林场（鸿鸪）。

【形态特征】成虫体长8～13 mm。体底色黑，背面被绿色绒毛，具黑色斑纹，腹面具浓密白黄色绒毛。额中央有 1 条黑色的光滑细纵线。触角基瘤内侧呈角状突出；触角达鞘翅中部，第三节与柄节等长，长于第四节。前胸背板长大于宽，中区有 1 个黑色横斑，横斑后缘中央微凹，两侧各有 1 个小黑斑。鞘翅较短，基部具黑色环形斑纹，后侧开放较窄；中部有 1 条黑色横带，靠近侧缘一端较宽；端部有 1 个黑色三角形黑斑。中足腿节两侧中央各具 1 条光滑细纵线。

【生活习性】不详。

【为害特点】不详。

裂纹绿虎天牛成虫（陆温　摄）

麻点象天牛 *Coptops leucostictica leucostictica* White

【寄主】桉。

【分布】中国分布于广西、贵州、云南、西藏。广西分布于黄冕林场（沙塘）。

麻点象天牛成虫（任向明　摄）

【形态特征】成虫体长 16 ～ 21 mm。长椭圆形，体底黑色，密被淡黄褐及灰白色绒毛相间组成的细斑纹，鞘翅被灰白与淡黄褐色相间的绒毛，散生无数小斑点，无绒毛区形成黑色圆斑。触角第二节之后各节基部 1/2 被灰色绒毛，其余部分被黑色绒毛。头中央具 1 条细纵沟，额近方形，近复眼上叶的前端具 1 个小突起。雄虫触角 1/2 超出体末端，雌虫仅达鞘翅末端，第三节略短于柄节，但略长于第四节。前胸背板宽明显大于长，两侧近前端各有 1 个小瘤突，中央有 1 条短而细的凹沟，背板除具 3 个瘤突外，两侧还有高低不平的瘤突。小盾片梯形。鞘翅基部中央无突起，前缘近小盾片处的横隆起不显著，基部具少许颗粒，翅面刻点细密，散生粗刻点。足较粗短。

【生活习性】不详。

【为害特点】不详。

榄仁瘤象天牛 *Coptops lichenea* Pascoe

【寄主】不详。

【分布】中国分布于福建、广东、广西、海南、云南。广西分布于南宁（青秀）、高峰林场（界牌、六里）。

榄仁瘤象天牛成虫（黄大明　摄）

【形态特征】成虫体长 11 ～ 20 mm。长椭圆形，体基底黑色至黑褐色或暗红褐色，头被黑褐色绒毛，头顶具 3 个淡红色绒毛纵斑；触角被黑褐色绒毛，柄节有淡红毛斑，第二至第九节基部有淡红绒毛；前胸背板两侧被灰色绒毛，散生淡红绒毛点，中区两侧各具 1 个黑褐色具绒毛的纵斑，中区 3 个瘤突被黑褐绒毛，瘤突之间被淡红色绒毛；鞘翅基部中央有显著的隆起，被烟褐色绒毛，鞘翅上有 3 个灰色斑纹，基部一个不规则形，中部的较宽，后部的呈锯齿形狭条纹，肩部及后半部散生淡红色绒毛斑或条纹。额近方形，头中央具细纵沟，刻点细密；触角基瘤微突，彼此分开；雄虫触角稍超过翅端，雌虫则仅达翅端，柄节与第三节等长，稍长于第四节；前胸背板宽大于长，两侧近前端各具 1 个小瘤突，中区有 3 个瘤突，排成三角形；鞘翅基部刻点粗大，具少许颗粒；足较粗壮。

【生活习性】不详。

【为害特点】不详。

粒胸刺虎天牛 *Demonax simillimus* Gressitt

【寄主】不详。

【分布】中国分布于江苏、浙江、福建、广西。广西分布于桂林（叠彩）、高峰林场（界牌、六里）。

【形态特征】成虫体长 12 ～ 13.5 mm。体大部分黑色，头、触角、前胸、鞘翅被灰色毛；触角端部、腹面及跗节暗红褐色；鞘翅灰色，基部 1/4 具 1 条 V 形黑纹，之后具 1 条宽黑色条纹，条纹前缘曲折，两条纹在缝处相连，后缘倾斜，近末端处各具 1 条黑褐横带，翅端为榄灰色。体圆柱形，头窄于前胸，额中央具浅凹；触角不达体长的 2/3，柄节与第三节等长，第五节与第三节等长，稍长于第六节，第三、第四节端部内侧具短刺；前胸背板长稍大于宽，具粒状刻点；鞘翅表面细刻状，端部近平截，缝角和缘角均具小刺；后足极长，腿节稍超过鞘翅末端，第一跗节是其余各节之和的 2.5 倍。

粒胸刺虎天牛成虫（杨忠武 摄）

【生活习性】不详。

【为害特点】不详。

木棉丛角天牛 *Diastocera wallichi* (Hope)

【寄主】杉、桉、香椿、木荷、白玉兰、台湾相思、木棉、松木、相思。

【分布】中国分布于广东、广西、四川、贵州、云南。广西分布于桂林（叠彩）、龙胜、隆林（天生桥、者浪）、巴马、东兰（巴畴）、忻城（欧洞）、凭祥。

【形态特征】成虫体长 27 ～ 42 mm。体背面橄榄色，有时候绿色中带蓝色，但一般或多或少带紫铜色，鞘翅上尤为显著；腹面底色紫黑，密被红色与蓝色绒毛。触角蓝绿色并发亮，第三至第五节端部各具一大簇黑色长毛。前胸背板前、后缘两侧被红色绒毛，腹板突片稍低于基节；鞘翅具 3 条黑色绒毛横带，第二、第三条横带窄，常断开。

木棉丛角天牛成虫（陆温 摄）

【生活习性】不详。

【为害特点】幼虫蛀干为害，造成寄主枝干枯死，甚至整株植物死亡。

【防治方法】参考云斑白条天牛。

珊瑚天牛 *Dicelosternus corallinus* Gahan

【寄主】杉。

【分布】中国分布于浙江、福建、江西、湖北、湖南、广东、广西、海南、贵州、台湾。广西分布于桂林（叠彩）。

【形态特征】成虫体长 15 ～ 28 mm。体珊瑚红色。触角第二至第六节端部及小盾片黑色，第七至第十节端半部暗黑色，第 11 节暗黑色；鞘翅珊瑚红色，光亮，中部之后有 1 条烟煤色弧形横带；足基节、转节、腿节端部、跗节第一至第三节及爪均黑色。头中部凹陷，边缘成厚隆脊。触角基瘤内侧强烈尖锐突起；触角长达鞘翅后端 1/4 处，柄节略短于第三节、与第四至第七节近等长。前胸背板横宽，后端较前端宽且显著呈隆起半球形，表面粗糙，密布不规则短皱纹，侧刺突位于侧缘方 1/3 处，粗短，末端钝。小盾片极狭长，末端尖狭。鞘翅表面光滑无刻点。前、中胸腹板突片极发达，呈锥状突起，高出基节，末端钝。

珊瑚天牛成虫（陆温　摄）

【生活习性】不详。

【为害特点】不详。

蔗根土天牛 *Dorysthenes granulosus* (Thomson)

【寄主】松、桉、龙眼、麻栎、甘蔗。

【分布】中国分布于浙江、福建、广东、广西、海南、贵州、云南、香港。广西分布于南宁（武鸣）、桂林、柳州、来宾、巴马、陆川（沙坡）、玉林（大容山林场）、容县、贵港、高峰林场（界牌、六里）、派阳山林场（念克）、博白林场（三育）、崇左、江州、扶绥、钦州、合浦、防城港。

【形态特征】成虫体长 24 ～ 63 mm。体棕红色，头部和触角基部棕黑色。雄虫触角稍长于体长，雌虫则仅达翅中部，第三至第七节外端角突出。前胸背板两侧具 3 个刺突，中刺最长，稍向后弯，后刺最短。每鞘翅中间具 2 条纵隆线。雄虫前足比中后足粗大，腿节和胫节下侧有成列的齿刺；雌虫前足较中后足小，无齿刺。

卵长约 3 mm，长圆形，乳黄色，表面具纵纹。

老熟幼虫体长约 80 mm，头棕红色，上颚大而黑，前胸最宽，长于中后胸之和；腹部第一至第七节背正中隆起，上有扁“田”字形纹，腹面具隆起泡突。

蛹长 33 ～ 70 mm，初化蛹时淡黄色，头部向下弯，下颚须与下唇须向后呈放射状伸出；腹部第一至第七节背面残存“田”字形纹痕迹。

【生活习性】2 年发生 1 代，以老熟幼虫在根部受害部位附近结茧过冬，翌年 4 月上中旬化蛹。成虫多在 4 月上旬始见，5 月中下旬到 6 月上旬最盛。成虫具趋光性，其求偶、交配和产卵活动均在夜间进行。卵产于地表下 1 ～ 3 cm 处，每雌虫可产卵 250 粒，最多可产 783 粒。卵期 4 ～ 14 天。幼虫

A. 成虫

B. 幼虫

C. 茧

蔗根土天牛（陆温　摄）

主要在土中 20 ～ 30 cm 处活动，耐饥力强，老熟幼虫在土中化蛹。

【为害特点】一般前作是甘蔗、松树、柑橘、龙眼园或桉树林，刚种下的树苗常受该虫为害，幼虫在表土下将树苗主干取食大部分或蛀食木质部，残留下外层，致使树木枯死。

【防治方法】营林防治。蔗地改种柑橘等树种时，应把园地全垦翻晒，清除蔗蔸并烧毁，以消灭蔗茎内的幼虫。

物理防治。在成虫盛发期，采用频振式杀虫灯诱杀成虫；在成虫发生期间，在果园内随机选点，挖掘直径 30 cm、深 50 cm 的土坑，晚上可诱得成虫，清晨检查并将其杀死。

生物防治。可保护和利用捕食性天敌控制天牛种群，人工施放绿僵菌使幼虫死亡率可达 85.8%。

化学防治。种植果树时，在植穴内撒施少量毒死蜱与周围土壤混匀，有一定的防治效果。还可施用 5% 特丁磷颗粒剂 45 kg/hm^2、3% 丰保磷颗粒剂 75 ～ 90 kg/hm^2 或 3% 甲基异柳磷颗粒剂 75 ～ 90 kg/hm^2 等。

黄带黑绒天牛 *Embrikstrandia unifasciata* (Ritsema)

【寄主】桉、楝、杉、枫杨、栎。

【分布】中国分布于山西、浙江、安徽、福建、江西、河南、湖北、广东、广西、海南、四川、香港。广西分布于南宁（兴宁）、贵港（港北根竹）。

黄带黑绒天牛成虫（任向明　摄）

【形态特征】成虫体长 22 ～ 28 mm。体黑色略带紫罗蓝色，鞘翅基部之后到中部稍后具 1 条黄褐宽横带，黑蓝部分着生黑色短绒毛；触角第七节后黄褐色。额中央具 1 条细纵沟，密布粗糙刻点；触角柄节刻点粗密，外端角钝，第六至第十节外端角尖锐。前胸背板宽大于长，被浓密黑绒毛，侧刺突粗壮而短钝；小盾片中央具 1 条无毛细线；鞘翅细密刻点彼此紧靠，黄褐色区域略显 3 条纵脊线。

【生活习性】在山西 2 年发生 1 代，以低龄幼虫在上部枝条的蛀道内越冬。翌年 3 月中旬开始为害，从上部枝条的中心向外蛀食，到 10 月下旬以高龄幼虫在下部枝干、主干的蛀道内越冬。第三年 3 月中下旬继续向下蛀食。7 月下旬到 8 月上旬为羽化盛期。成虫羽化当天交配，5 ～ 6 天后产卵，多产卵于上部 1、2 年生的枝条。

【为害特点】初孵幼虫以嫩枝的韧皮部为食，后蛀入木质部，先向上蛀食一段，然后由枝条中心向下蛀食，蛀食一定距离后向外蛀 1 个排粪孔。

【防治方法】物理防治。在幼虫为害初期，着卵枝条上部枝梢枯萎初期，人工将虫枝剪除。化学防治。先用胶泥将上面排粪孔封严，然后向蛀孔内注射40%乐果乳油10倍稀释液或塞入药棉球。

樟红天牛 *Eupromus ruber* (Dalman)

【寄主】香樟、香椿、锥木。

【分布】中国分布于江苏、浙江、福建、江西、湖北、湖南、广东、广西、四川、贵州、台湾。广西分布于南丹（八圩）、金秀、派阳山林场（公武）、武鸣（大明山）。

樟红天牛成虫（陆温　摄）

【形态特征】成虫体长 21 ～ 25 mm。体密被朱红色或棕红色绒毛，触角自第三节起，各节基部下沿有灰白色绒毛；前胸背板中央具1条无毛纵纹，两端尖狭；小盾片灰色；鞘翅上具大小不等的黑色绒毛斑点，每鞘翅有 10 ～ 12 个。雄虫触角倍长于体长，雌约超出体长1/3。前胸背板侧刺突略向后弯。

【生活习性】约2年发生1代。成虫于6月间出现，食枝叶。雌虫在树干或树枝的树皮咬出长约40 mm的椭圆形裂痕并在其中产卵数粒。

【为害特点】幼虫孵化后最初在树皮下取食，后蛀入木材部很深处，向树桩方向蛀食，向外排出虫粪。健康或衰弱树木均受其害。每条坑道有1条幼虫，虫数增多坑道亦增多。

【防治方法】参考黄带黑绒天牛。

黑盾阔嘴天牛 *Euryphagus lundii* (Fab.)

【寄主】桉。

【分布】中国分布于福建、广东、广西、海南、四川、云南。广西分布于南宁（西乡塘）、合浦（闸口）、三门江林场（导江）。

A. 成虫

B. 成虫头部

黑盾阔嘴天牛（任向明　摄）

【形态特征】成虫体长 9 ～ 24 mm。雌雄体色差异较大。雄虫鞘翅红褐色，翅端部1/3处中缝附近有1个小黑斑；雌虫鞘翅中区稍带橘黄色，翅端部1/3处合成大圆形黑色斑。头及前胸暗红色，背面除小盾片和两鞘的黑斑外，全部为红色，黑斑上密被黑色短绒毛。雄虫头与前胸背板等宽，雌虫头较前胸背板窄；雄虫触角略超过翅端，雌虫触角仅略超过翅中部。前胸背板强烈隆起，中央具1条短纵隆起，两侧各具1个小瘤突。小盾片长三角形。鞘翅与前胸等宽，中央略拱起，各具2条纵线，末端钝圆。

【生活习性】不详。

【为害特点】幼虫蛀干为害，造成寄主枝干枯死，严重时可导致整株死亡。

【防治方法】参考黄带黑绒天牛。

黄晕阔嘴天牛 *Euryphagus miniatus* (Fairmaire)

【寄主】桉、竹。

【分布】中国分布于福建、江西、广东、广西、贵州、云南、海南、香港。广西分布于武鸣（南宁林科所）、桂林（叠彩）、合浦（闸口）、高峰林场（界牌、六里）、三门江林场（导江）。

【形态特征】成虫体长 12 ～ 22 mm，体形较扁而粗壮。体红褐色，头、前胸及触角柄节鲜红色，触角第二至第十一节、足及中、后胸腹板黑色，鞘翅略呈红紫色，两鞘翅中后部近鞘缝处具 1 个近圆形黑斑，黑斑前面有淡黄色新月形斑纹。雄性口器宽大。雄虫触角略超过翅端，雌虫触角仅略超过翅之中部；前胸背板中央具 1 个光滑短纵隆起，两侧各具 1 个小瘤突。

黄晕阔嘴天牛成虫（梅国友　摄）

【生活习性】不详。

【为害特点】不详。

眉斑并脊天牛 *Glenea cantor* (Fab.)

【寄主】木棉、美丽异木棉。

【分布】中国分布于江西、广东、广西、海南、贵州、云南、香港。广西分布于南宁（武鸣马头和城厢、兴宁三塘和五塘、良庆那马、青秀仙葫和长塘）、隆安、上林、柳江、梧州、岑溪（三堡）、浦北、天峨（下老）、扶绥（岜盆、新宁）、龙州、宁明（寨安）、凭祥、平果、高峰林场（界牌、六里）、派阳山林场（念克）。

【形态特征】雄成虫体长 10.5 ～ 14.1 mm。体较瘦小，体被乳白或乳黄色绒毛；头顶中央具一细长黑纵斑，额中区的黑斑较小，长椭圆形；复眼上叶之后各具 1 条较短阔纵黑斑；额区前缘具 1 个较大黑斑；触角黑色，11 节，第九节到达鞘翅末端。前胸背板宽略大于长，具 2 排黑斑，每排 6 个，中央具 1 个前宽后窄的黑色短纵斑；小盾片舌状，黑色，后缘具灰白色绒毛；鞘翅黄褐色，具刻点列，肩角黑褐色；端部具灰白色毛斑及 2 个黑斑，后 1 个黑斑被灰白毛斑包围；前、中足腿节、胫节淡黄褐色，后足及各足跗节黑色；每腹节腹面两侧各具 1 个黑横斑。

雌成虫体长 13.9 ～ 16.5 mm，体较粗壮；触角第九节远不达鞘翅末端；额中区黑斑较大，圆形；腹部第五节腹板中央具 1 条黑色纵沟，后缘宽平。其余同雄性。

卵长径 2.3 ～ 2.5 mm，长橄榄形；初产时为乳白色，壳软，后逐渐变黄、变硬、临孵化时，卵的一端出现黑点。

幼虫共 4 龄；老熟幼虫体长 17.0 ～ 26.0 mm。体橙黄色；体长圆筒形，向后渐狭；头颅扁，长方形，长大于宽，侧缘平行；前胸背板横宽，前缘、侧缘及中区散生细毛，前区光滑，后区密布褐色粗颗粒，在侧沟之间呈“凸”字形，颗粒分布较均匀，往后颗粒渐细小；无足；腹部背泡突显著突起；背面具 2 条横沟，中沟明显，无瘤突，散布褐色小刺粒；腹面具 1 横沟；肛门三裂。

蛹纺锤形，体长 13.0 ～ 18.4 mm，橙黄色。头部略弯向前胸腹面；头顶浅凹陷，隐约可见中央纵沟，

A. 成虫　　B. 卵　　C. 幼虫　　D. 蛹

眉斑并脊天牛（董子舒　摄）

表面光滑；触角着生于头顶外前方，丝状，向后弯紧贴身体两侧，在腹部基部向下弯，至鞘翅中后部折向前方，再弯至前足基部；胸足贴于身体腹侧方，腿节、胫节略扁平，后足腿节端部伸至第六腹节。

【生活习性】在广西南宁 1 年发生 4 代，世代重叠，完成一个世代的发育需要约 70 天，第四代部分发育较早的幼虫可继续发育至成虫并产卵且发育至 2 ～ 3 龄幼虫在韧皮部内越冬，但多以第四代 4 龄幼虫在木棉受害枝条或主干的木质部内越冬，低龄幼虫在气温回暖时仍可进行取食，少量蛹亦能越冬；在室内温度 25 ± 1℃下，终年均可繁殖，无休眠或滞育现象。

成虫在各个时段均可羽化，其中 7 ～ 19 时占 49.5%，19 时到翌日 7 时占 50.5%。雄虫一般较雌虫提早出木 2 ～ 3 天。成虫羽化后在蛹室存在滞留期，滞留期长短取决于环境温度，在 25℃下为 5.9 ± 1.1 天，在 15℃下最长可达 21 天。成虫出木时，啃咬木质部和树皮呈与树干垂直的椭圆形羽化孔爬出。出木后，成虫可迅速爬行、飞翔到树冠觅食。成虫具弱趋光性和假死习性，飞翔能力较强，可在高大的木棉树间转移为害。雌虫出木后 10 天即可产卵；在野外，雌虫通常选择长势较弱的树木或侧枝上产卵，亦喜趋向于受机械损伤的枝条上产卵；雌虫产卵时，用上颚在皮层上咬“一”字形长 6.0 ～ 10.0 mm 的刻槽，刻槽多与枝干垂直，然后掉头将产卵器插入刻槽产卵，完成产卵后，腹端将分泌出来果冻状的黏稠物涂抹在刻槽上。产 1 粒卵约需 5 分钟。一般 1 个刻槽内仅产 1 粒卵，偶尔多达 6 粒，每雌产卵量为 117.3 ± 33.3 粒，产卵期为 56.5 ± 22.5 天；在 25 ℃下，卵历期为 5.1 ± 0.6 天，幼虫平均发育历期为 41.1 ± 10.9 天。

【为害特点】成虫和幼虫均可取食为害。成虫主要取食叶柄、叶脉和嫩枝皮层。幼虫孵化后，即在韧皮部钻蛀取食，近老熟时开始蛀入木质部，先横向钻蛀约 1.5 ～ 2.0 cm，再向下钻蛀 2.0 ～ 4.0 cm 构筑蛹室，上端的蛀道以木丝堵塞。蛀入孔呈椭圆形，被木梢堵塞住。如受害枝条直径在 1.5 cm 以下，蛹室一般构筑在枝条的髓部。一般为害枝条造成枯枝，严重为害树木时，可导致整株树枯死。

【防治方法】营林防治。加强对树木的管理，尤其是对新移栽木棉树和以扦插方式培植的树木的水肥管理，增强树势，提高树木的抗虫能力，以减少成虫趋之产卵为害；及时清除枯枝残体，减少虫源。可在每年 2 月过冬幼虫化蛹及成虫羽化出木前，清除树体上的枯枝及新植受害枯死的树木，并集中深埋处理，减少当年的有效虫源基数。

物理防治。利用清晨活动能力较差及 17 ～ 19 时交配成虫不善活动的习性，用捕虫网捕杀成虫；在发生量较大的林地，可在每年的 4 ～ 5 月，砍伐少量直径约 4 ～ 5 cm 树枝，截成 50 ～ 60 cm 小段，在室内放置 2 天后悬于林间（高约 1.5 m），引诱成虫趋之产卵，于 10 ～ 11 时和 15 ～ 16 时捕杀趋之产卵的雌性成虫。

化学防治。参考云斑白条天牛。

榕指角天牛 *Imantocera penicillata* (Hope)

【寄主】榕树。

【分布】中国分布于福建、广东、广西、海南、贵州、云南、西藏、澳门。广西各地均有分布。

【形态特征】成虫体长 11 ～ 20 mm。体黑色，体背被黑色黄色棕褐色灰色相互嵌镶的绒毛。触角第三至第五节端部内侧膨大突出，尤其第四节十分膨阔，中部之后逐渐膨大，端部呈指状突出，有时第五节端部不膨大；触角基部 5 节黑褐色至棕褐色被灰色绒毛，其余红褐色，被淡黄色绒毛，第四节下沿端部 1/2 处，具毛刷状簇毛。前胸背板胸面中区有 6 个瘤突，两侧刺突圆锥形，且各有 1 个较小、长形黄色绒毛斑纹。小盾片被黄色绒毛。每鞘翅端末有 1 个黄色或黄褐绒毛眼状斑纹，翅面有黄褐色或棕红色绒毛略成点状纵行排列，并伴有明显的散生黑色绒毛点。跗节红褐色被淡黄色绒毛。

榕指角天牛成虫（郑霞林　摄）

【生活习性】不详。

【为害特点】幼虫蛀干为害寄主木质部，造成植株长势衰弱，甚至死亡。

【防治方法】参考眉斑并脊天牛。

双带粒翅天牛 *Lamiomimus gottschei* Kolbe

【寄主】板栗。

【分布】中国分布于河北、山西、辽宁、吉林、黑龙江、江苏、浙江、安徽、江西、河南、湖北、湖南、广西、四川、贵州、陕西、甘肃。广西分布于南丹（八圩）。

【形态特征】成虫体长 26 ～ 40 mm。体黑褐色或黑色，被茶褐色或暗褐色毛；头部及胸部均有淡色毛斑；触角黑褐色，端部略淡；鞘翅中部及近端部具宽阔的淡色横带纹；足上有淡色散乱的小斑。触角短，雄虫超过体端 3 ～ 4 节，雌虫较体稍短；前胸背板满布线纹，中瘤较明显突起，其侧有 4 个瘤突，呈“八”字形分立于左右。

双带粒翅天牛成虫（李懋辅　摄）

【生活习性】不详。

【为害特点】不详。

顶斑筒天牛 *Linda fraterna* (Chevrolat)

【寄主】板栗、红叶李、梨、悬钩子。

【分布】中国分布于河北、内蒙古、辽宁、吉林、黑龙江、江苏、浙江、安徽、福建、江西、山东、河南、湖北、湖南、广东、广西、四川、贵州、云南、台湾。广西分布于桂林（雁山）、南丹（吾隘）。

【形态特征】成虫体长 11～17 mm。头、前胸、小盾片、腹面及腿节基部橙黄色，触角、鞘翅、腿节大部、胫节及跗节黑色，触角第四节基半部及 5～6 节基部淡黄色；复眼下叶超过颊长的 2 倍；触角第三节长于柄节，后头两侧各具 1 个斑，前胸背板中区隆起，两侧略突出；鞘翅具 3 条微小的纵隆线，刻点约 7 纵列，翅端斜凹缘。

顶斑筒天牛成虫（王俊平　摄）

卵长卵形，长约 4 mm，两端大小不等。初产乳白色，略带红色，后变为橘黄色，近孵化时呈橘红色。

末龄幼虫体长 28～30 mm，圆筒形。头小，头壳橘红色，额前缘棕褐色。前胸背板红棕色，后端中部具密集棕褐色刻点，排列成元宝形。

蛹体长 14～18 mm，棕红色，腹部末端呈锥形，上颚橘红色。

【生活习性】在湖北 1 年发生 1 代，以老熟幼虫在被害枝内越冬。5 月下旬到 6 月上旬为成虫盛期。成虫可取食嫩枝、叶柄和叶背主脉皮层，留下长条形疤痕；有弱趋光性。成虫经 5～7 天补充营养即可交配产卵。卵产于当年新梢的皮层内，产卵时，先咬出 2 条环状伤痕，上环痕距枝顶 25～120 mm，两环痕相距 12～25 mm，后在下环痕上方，垂直咬 1 条纵沟，与下环痕构成“⊥”形，将卵产于其中，每处产 1 粒，每雌可产 30 多粒。幼虫孵化后，沿枝梢皮下木质部向上蛀食，至距枝顶 10～13 mm 时折转体躯沿木质部心材向下蛀食，枝条被害后 3 天可见焦黄色粉状虫粪附于枝上，4～6 天呈凋萎状，不久枯死。幼虫在蛀道内蛀食过程中，每隔一定距离向外咬 1 圆形排粪孔。老熟幼虫在蛀道底部蛰伏越冬。

【为害特点】成虫产卵对枝梢类型有选择性，不选择在短于 50 mm、直径小于 8 mm 的枝梢产卵为害，短枝型的果树品种受害较轻。

【防治方法】营林防治。在树木出现枯梢后，人工剪除带虫枯梢。

化学防治。参考云斑白条天牛。

毛角薄翅天牛 *Megopis marginalis* (Fab.)

【寄主】湿地松。

【分布】中国分布于辽宁、江苏、广西、四川、贵州、云南。广西分布于防城港（防城滩营）。

【形态特征】成虫体长 9～41 mm。体棕红色，有时鞘翅黄褐色，雄虫触角内缘着生极细黄色缨毛；前胸背板前缘、后缘、小盾片端部及鞘翅周缘黑色。头中央具 1 条细纵线，密布刻点。雄虫触角超过体长，雌虫约与体等长。前胸背板前端狭窄，基部宽，略呈半球形，胸面密布极细颗粒刻点及遍布淡黄色短细毛。鞘翅宽于前胸，翅面具细密刻点，肩部具颗粒刻点，隐见 3 条纵脊线。后胸腹板密布黄毛。

卵长约 3.2 mm，椭圆形。初产呈乳白色，后呈污白色。

老熟幼虫体长约 40 mm，黄白色，无足。

蛹长 34～52 mm，乳黄色。

【生活习性】不详。

【为害特点】不详。

毛角薄翅天牛成虫（陆温　摄）

樟密缨天牛 *Mimothestus annulicornis* Pic

【寄主】桉、台湾相思、肉桂、荔枝、樟树。

【分布】中国分布于广东、广西、云南、香港。广西分布于宾阳（思陇）、灵川（九屋、公平）、合浦（白沙）、藤县（岭景）、防城港（防城十万大山）、平南、容县（石寨）、巴马（东山）、黄冕林场（波寨）。

【形态特征】成虫体长 33 ~ 39 mm。体黑色，被锈褪色绒毛，触角内侧具黑色缨毛，自第三节起各节端部黑色，自第四节起各节基部被白色绒毛；鞘翅基部 4/5 散布许多不规则的黑色斑点，鞘翅基部密布颗粒，翅端合成圆形。头顶中央具 1 条凹沟，密布极细刻点。复眼下叶长大于宽。雄虫触角长于体的 1/3，第三节长于第四节，基部 5 节下沿具浓密而长的缨毛。前胸背板宽大于长，中区密布细刻点，侧刺突细长，尖锐。鞘翅显著宽于胸，基部具细密颗粒刻点及中等粗刻点，端缘圆形。足短，前足胫节端部稍弯曲。

【生活习性】不详。

【为害特点】不详。

A. 成虫

B. 幼虫及为害状

樟密缨天牛（曹书阁　摄）

树纹污天牛 *Moechotypa delicatula* (White)

【寄主】降香黄檀。

【分布】中国分布于浙江、湖南、广东、广西、海南、四川、云南、台湾。广西分布于博白林场（射广）。

【形态特征】成虫体长 19.0 ~ 26.5 mm。体黑褐色，大部分被灰白色绒毛，额被灰色绒毛，后头具 2 个红色绒毛斑，鞘翅基部被灰白色绒毛，肩部具 1 黑褐色带纹，翅基部 1/4 处有 4 条淡红色绒毛纵纹，近端部具 1 个前方 2 次分叉的淡红色绒毛条斑，中部及端部各具 1 条锯齿形黑褪色带纹。额长方形，头中央具 1 条深纵沟。雄虫触角超过鞘翅末端，雌虫触角约与体等长或稍短于翅端。前胸背板宽明显大于长，两侧缘中部稍后具短钝刺突，近前缘两侧各有 1 个较小瘤突，中区两侧各有 1 个隆突。鞘翅两侧近于平行，翅基有 3 条纵隆脊，外端角圆形。

【生活习性】不详。

【为害特点】不详。

树纹污天牛成虫（李懋辅　摄）

松墨天牛 *Monochamus alternatus* Hope

【寄主】马尾松、湿地松、云南松、黑松、赤松等松科植物。

【分布】中国分布于北京、河北、辽宁、江苏、浙江、安徽、福建、江西、山东、河南、湖北、湖南、广东、广西、四川、贵州、云南、西藏、陕西、台湾、香港。广西各地均有分布。

【形态特征】成虫体长 15 ～ 28 mm，橙黄色至赤褐色。触角棕栗色，雄虫触角超过体长 1 倍以上，雌虫触角约超过体长 1/3。前胸宽大于长，多皱纹，侧刺突较大。前胸背板有 2 条较宽阔的橙黄色纵纹，与 3 条黑色纵纹相间。小盾片密被橙黄色绒毛。每一鞘翅具 5 条纵纹，由方形或长方形的黑色及灰白色绒毛斑点相间组成。腹面及足杂有灰白色绒毛。

卵长约 4 mm，乳白色或淡黄色，呈长椭圆形或梭形，两端略尖，类似米粒状。

幼虫乳白色，扁圆筒形，老熟幼虫体长可达 43 mm。头部黑褐色，前胸背板褐色，中央有波状横纹。

蛹体长 20 ～ 26 mm，乳白色，圆筒形。

【生活习性】在广西南宁具世代连续性，2 月下旬至 12 月上旬均有成虫羽化，世代发育完成时间最短为 61 天，最长为 372 天，全年均有成虫活动（林间可诱捕），世代连续性表现在：4 月产卵 7 月上旬开始羽化，5 月产卵 7 月下旬开始羽化，6 月产卵 8 月下旬开始羽化，7 月产卵 9 月下旬开始羽化，8 月产卵 10 月上旬开始羽化，9 月产卵翌年 4 月才开始羽化，4 ～ 8 月产卵均有部分当年羽化完成世代发育，另一部分则跨年度才能羽化，若按世代考虑，则 1 年应有 1 ～ 3 代，即跨年羽化为 1 年 1 代或越冬代，4 ～ 7 月上旬为第一代，7 月下旬至 9 月为第二代，由于越冬代和第一代成虫羽化时间长达 2 ～ 3 个月，成虫存活时间长达 34 ～ 100 天，不排除越冬代成虫与第一代成虫在 7 月同时产卵，9 ～ 10 月羽化的成虫为第一代与第二代混合，世代重叠混淆比较复杂且在防控措施上区分意义不大，按连续世代来处理更为科学。

该虫以幼虫（含老熟幼虫）在木质部坑道内越冬。翌年 2 月开始在虫道末端蛹室中化蛹。在南宁 2 月下旬即有成虫羽化，成虫补充营养喜欢取食 1 ～ 2 年生枝新鲜树皮，具有弱趋光性。成虫一般在衰弱木、濒死木和刚枯死松树上产卵，如感染线虫枯死的松树，以树皮厚度 1 ～ 2 mm 最适宜，产卵前在树干上咬刻槽，然后将产卵器从刻槽伸入树皮下产卵。每雌一生产卵 100 ～ 200 粒。幼虫共 5 龄，1 龄幼虫在内皮取食韧皮部，2 龄幼虫在边材表面取食，在内皮和边材形成不规则的平坑，3 ～ 4 龄向木质部内蛀食。坑道呈 U 形或 L 型，蛀屑、粪便大部分被推出坑道堆积于树皮下，坑道内干净。

【为害特点】松墨天牛是我国松树重要的蛀干害虫，树干受害后，外观有虫孔，内部有蛀道，以幼虫在树皮下蛀食韧皮部和边材，使松树输导组织被破坏，入秋后蛀食心材，在湖北、湖南等地曾报道造成成片松树枯死，而在广西未发现该虫为害健康松树造成死树现象。该虫最严重的危害在于成虫是传播松树毁灭性病害松材线虫病病原的主要媒介，从病树木质部羽化出来的成虫，头胸内部、气管系统及体表均携带大量松材线虫，随着成虫在健康松树上取食补充营养，松材线虫从成虫体上掉落，通过树皮伤口侵入健康松树，在松材线虫病疫情的传播、侵染和扩散的过程中，松墨天牛成虫起着携带、传播和协助松材线虫侵入健康松树寄主的关键性作用。

【防治方法】松墨天牛在广西等南方地区具有连续世代昆虫的特点，应参考蚂蚁、蟑螂、蚊子等连续世代昆虫的防控策略，多考虑连续持久的全过程防治，而不应过多纠结于防治某一世代，连续诱捕防治将是比较好的选择。

营林防治。营造混交林或封山育林，增强林分自控能力，减少成片松树枯死风险。

物理防治。冬季于 10 月至翌年 2 月成虫羽化前，及时全面彻底清理衰弱木、濒死木和枯死松树，树干及枝桠全部清理就近焚烧、粉碎或定点加工除害处理，防止成虫羽化扩大种群和传播松材线虫病；由于松墨天牛在南宁世代发育完成时间最短也要 60 多天，春夏季和初秋枯死的松树，可在 4 月、6 月和 8 月开展清理和除害处理，但必须在松树枯死 2 个月内完成清理任务方可达到防治目的。

诱捕防治。①用无利用价值的松树设置诱饵树，砍伐松树设置诱木堆，引诱天牛成虫在诱木堆上产卵，秋冬季于2月底前、其余时间于诱木设置2个月内收回集中焚烧或粉碎处理，消灭其中卵或幼虫。②诱捕器诱捕，选择松墨天牛专用诱捕器和诱芯，于成虫羽化及活动期间按要求设置诱捕器和更换诱芯，连续诱捕并及时杀灭诱捕到的活成虫，降低林间松墨天牛虫口密度。在松材线虫病疫区使用诱捕器应坚持“三不挂、三多挂”原则，即上年无枯死松树的林分不挂，上年枯死松树多的林分多挂；疫情发生区边缘 1 公里范围内不挂，疫情发生区内部多挂；林缘、林中空地和海拔较高的山顶不挂，枯死木清理的盲点、漏点和难点多挂。

生物防治。保护啄木鸟等天敌资源，或人工释放花绒寄甲、肿腿蜂等天敌昆虫或白僵菌等控制害虫。

化学防治。在成虫羽化始期和盛期，用 8% 氯氰菊酯微囊悬浮剂 900 ～ 1000 倍稀释液、2% 噻虫啉微胶囊悬浮剂 900 ～ 1000 倍稀释液、50% 杀螟松乳油 500 ～ 1000 倍稀释液或 20% 益果乳油 500 ～ 1000 倍稀释液林间喷雾，1 年喷施 3 ～ 4 次效果较好。

A. 成虫

B. 成虫取食健康松枝

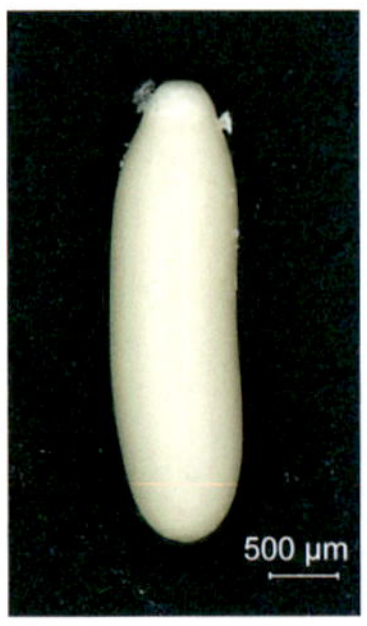

C. 卵（放大）

D. 幼虫

E. 幼虫及蛀道

F. 蛹

G. 为害状及羽化孔

松墨天牛（郑光楠　李熙岳　郑霞林　杨秀好　摄）

（杨秀好）

二斑墨天牛 *Monochamus bimaculatus* Gahan

【寄主】香椿、野桐、黄檀、榕、木姜子、楠木等。

【分布】中国分布于辽宁、浙江、江西、湖北、湖南、广东、广西、海南、云南、西藏、台湾。广西分布于兴安（猫儿山）。

【形态特征】成虫体长 11 ～ 17 mm。体黑色，被棕色绒毛；触角棕栗色，各节前半部被灰色绒毛；每个鞘翅中部具 1 个近圆形的黑斑，其后方被淡色绒毛。雄虫触角约超出体长 1 倍，雌虫超出体长 1/2 ～ 2/3。前胸背板较平坦，绒毛甚密，中瘤由 2 个小瘤组成，微隆起。翅面密布细刻点，翅端圆形。

二斑墨天牛成虫（任向明　摄）

【生活习性】不详。

【为害特点】不详。

蓝墨天牛 *Monochamus guerryi* Pic

【寄主】板栗。

【分布】中国分布于湖北、湖南、广东、广西、四川、贵州、云南。广西分布于南丹（八圩）。

【形态特征】成虫体长 16 ～ 24 mm。体黑色，被淡绿色绒毛；触角第三至第十一节端部黑色；前胸背板中央有 1 条黑色短纵斑，两侧各有 1 个黑色小斑点。额宽大于长，复眼下叶较小，触角基瘤十分突出，两者间具深凹，头顶中央具 1 条无毛纵线。雄虫触角长于身体 3/4，雌虫触角略超过翅端。前胸背板宽大于长，侧刺突较细，中区两侧刻点较密而粗。鞘翅密布蠕纹状隆脊或相连的颗粒，翅端圆形；足和腹面无刻点。

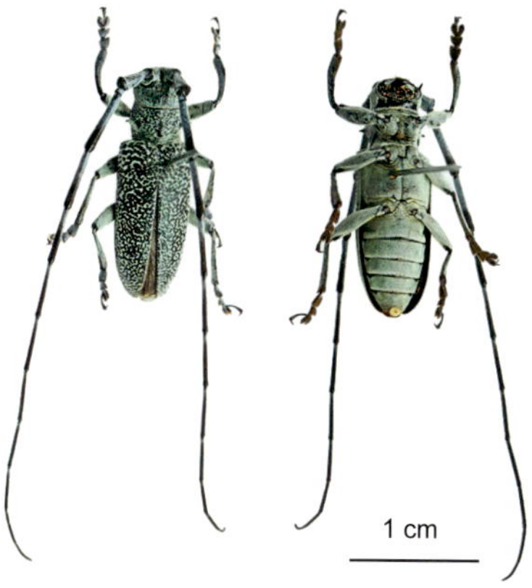

蓝墨天牛成虫（杨忠武　摄）

卵长 8 ～ 9.2 mm，长卵圆形，两端略细而圆，中间稍弯，初产时为白色，孵化时逐渐变黄。

老熟幼虫体长 47.0 ～ 58.0 mm，黄白色，头褐色，前缘黑褐色，前胸背板棕褐色，后缘有“凸”字形骨化棕色纹。

蛹体长 30 ～ 46 mm，白色，纺锤形。

【生活习性】2 年发生 1 代，以 3 龄和老熟幼虫在蛀道内越冬，翌年 3 月上旬开始活动取食。成虫 6 月上旬至 7 月下旬出现。成虫羽化经补充营养后交配产卵。成虫将产卵管插入带沟形成层，卵均匀整齐排成一周，一般 3 ～ 12 粒卵，产卵量随着树干直径增加而增加。经 12 ～ 27 天出现木屑外泄，幼虫逐渐取食进入木质部。

【为害特点】幼虫为害后，受害部位形成大的肿瘤。

【防治方法】参考星天牛。

线纹粗点天牛 *Mycerinopsis lineata* (Gahan)

【寄主】桉、竹。

【分布】中国分布于福建、江西、湖南、广东、广西、海南。广西分布于南宁（良庆）、防城港（防城江山）、宁明。

【形态特征】成虫体长 6 ～ 17 mm。体黄褐色至暗红棕色，头、前胸、小盾片、鞘翅棕褐色被黄褐色绒毛，绒毛的疏密不同形成一些纵条纹。前胸背面中央两侧可见 2 条深色纵斑。鞘翅背面具 4 条浓密绒毛纵条纹，鞘缝 1 条，侧缘 1 条，中间 2 条在端部相接。复眼下叶与颊等长；触角细长，远超过体长，雄虫比雌虫更长，柄节鼓胀，仅为第三节长的一半。前胸背板具 3 条灰黄色纵纹；鞘翅翅端钝形突出。足较短，腿节微膨大。

线纹粗点天牛成虫（任向明　摄）

【生活习性】不详。

【为害特点】不详。

肿角柄棱天牛 *Nanohammus aberrans* (Gahan)

【寄主】桉。

【分布】中国分布于广西。广西分布于博白（江宁）。

【形态特征】成虫体长 13 ～ 19 mm。体黑褐色，被棕色及灰白色毛；头顶及前胸背板具 3 条白色纵纹；触角第三节端部膨大成棒状；鞘翅基部，中部前、后及端部具白色斑纹。

【生活习性】不详。

【为害特点】幼虫蛀干为害，可造成寄主枝干枯死，严重时可导致整株死亡。

【防治方法】参考眉斑并脊天牛。

肿角柄棱天牛成虫（谭小玲　摄）

铜色肿角天牛 *Neocerambyx grandis* Gahan

【寄主】松、桉。

【分布】中国分布于福建、广东、广西、海南、云南。广西分布于天峨（下老）。

【形态特征】成虫体大型，体长 48.0 ～ 62.5 mm。体黑褐色，密被铜色丝光绒毛。雄虫触角第三至第五节端部显著膨大；前胸背板密布不规则皱纹；前胸腹板凸片后端垂直。

【生活习性】不详。

【为害特点】不详。

铜色肿角天牛成虫（李懋辅　摄）

叉尾吉丁天牛 *Niphona furcata* (Bates)

【寄主】桉。

【分布】中国分布于江苏、浙江、福建、江西、山东、河南、湖北、广西、四川、贵州、云南、台湾。广西分布于桂林（叠彩）、合浦（西场）。

叉尾吉丁天牛成虫（杨忠武　摄）

【形态特征】成虫体长 13 ～ 25 mm。体灰黄色；复眼黑色，两翅脊状隆起，具 1 个“八”字形灰黄色毛斑，毛斑周围常缺毛被，以至基底呈现大而不规则的黑褐斑。额倒梯形，头顶稍陷，复眼上下叶仅一线相连。触角约与虫体等长，柄节粗短鼓胀，无端疤，短于第三节。前胸短，两侧无侧瘤突，前胸背板中央具纵脊，两侧有不规则的纵脊或粗糙瘤突。鞘翅基部宽，渐向翅末端收狭，近基部中央有 1 条脊状隆起，其上有 1 丛竖立的长绒毛，末端显著凹截，端缘斜切，外端角尖狭。中胸腹板凸片显著突起。

【生活习性】不详。

【为害特点】幼虫蛀干为害。

【防治方法】参考眉斑并脊天牛。

台湾筒天牛 *Oberea formosana* Pic

【寄主】佛手、桉。

【分布】中国分布于江苏、浙江、福建、江西、河南、湖北、湖南、广东、广西、海南、四川、贵州、陕西、台湾。广西分布于永福（龙江）、桂平（社坡）、武宣（金鸡）。

台湾筒天牛成虫（李樾辅　摄）

【形态特征】成虫体狭长，长 12 ～ 17 mm。体橙黄色至橙红色，被淡金黄色绒毛；触角暗棕色，基部 2 节黑色，各节下沿被浅色缨毛；鞘翅两侧及端部和腹部末节端部深棕色。头部比前胸阔，额部相当阔，向前稍狭，复眼下叶横宽，长于颊长 1/3 以上；雄虫触角超过体长 1/3 ～ 1/2，雌虫触角与体约等长，柄节较第三节略短。前胸圆筒形，长略大于宽，无侧刺突，背板中区略弧形拱突，中央隐约有纵脊 1 条。小盾片末端内凹。鞘翅极长，肩部以后狭缩，末端斜切，微凹，两端角尖锐，均呈齿状，表面刻点相当粗大，排成 6 纵列。足短，腹狭长。

【生活习性】不详。

【为害特点】不详。

六星粉天牛 *Olenecamptus bilobus* (Fab.)

【寄主】桑、柳、杨、栎、檫、柞、枫杨、榕、羊蹄甲、木菠萝。

【分布】中国分布于河北、辽宁、浙江、福建、广东、广西、海南、四川、云南、西藏、香港。广西分布于南宁（西乡塘、武鸣）、横州（六景）、桂林。

【形态特征】成虫体长 9 ～ 20 mm。体红棕褐色，腹面黑色或褐黑色。前胸背板后缘有白色斑纹。每鞘翅上具 3 个粉斑，基部的 1 对大白斑在鞘缝处相靠拢呈倒心脏形，1 个在鞘翅后半部中央，稍小，近圆形。额宽大于长。触角很长，超过体长的 2 倍。

【生活习性】不详。

【为害特点】幼虫为害寄主枝条，在树皮下蛀蚀坑道。成虫取食寄主叶片，趋光性极强。

A. 成虫

B. 成虫为害状

六星粉天牛（郑霞林　吴海盼　摄）

沟翅珠角天牛 *Pachylocerus sulcatus* Brongniart

【寄主】桂花、油茶。

【分布】中国分布于广东、广西、四川、云南、台湾。广西分布于龙胜。

【形态特征】成虫体长 19 ～ 28 mm。体红色至红褐色；触角第二节、第三至第五节基部、小盾片黑色；前胸背板及鞘翅色泽较暗褐，每鞘翅具 5 ～ 6 条红褐纵条纹，条纹上着生金黄色绒毛。额具分枝状沟纹；触角粗短，一般长达鞘翅中部，柄节膨大，第三至第五节粗大，念珠状，之后各节扁阔，外端角锯齿状。前胸背板长宽近相等，前端较窄，两侧中部稍呈钝角状突出，两侧缘微呈弧形，无侧刺突，背面具横皱纹。鞘翅较短，后端圆。前胸腹板突片向后切平成角状突出。

【生活习性】不详。

【为害特点】不详。

沟翅珠角天牛成虫（郑光楠　摄）

双突梯天牛 *Pharsalia pulchra* Gahan

【寄主】松、桉。

【分布】中国分布于湖南、广西、海南。广西分布于南宁（江南）、合浦（廉州）、上思（公正）、桂平（寻旺）、博白、扶绥（龙头）。

【形态特征】成虫体长 16 ～ 20 mm。体黑色，被锈褐色、黑色至黄白色绒毛；后头具 3 条黑色条纹；雄虫触角近 2 倍于体长；前胸背板中区具 4 条黑色纵纹；基部具 1 个高瘤突，中部之前具 1 条白色宽横带，横带的前、后沿各具 1 条不规则的黑色横带。翅端平截。

【生活习性】不详。

【为害特点】幼虫蛀干为害。

【防治方法】参考星天牛。

双突梯天牛成虫（郑光楠　摄）

苎麻双脊天牛 *Paraglenea fortunei* (Saunders)

【寄主】杉、木槿、桑、桂花。

【分布】中国分布于河北、辽宁、吉林、黑龙江、江苏、浙江、安徽、福建、江西、河南、湖北、湖南、广东、广西、四川、贵州、云南、陕西、台湾。广西分布于荔浦（马岭）、兴安、阳朔、苍梧（六堡）、河池（金城江）、南丹（吾隘）、象州。

苎麻双脊天牛成虫（赵丽云　摄）

【形态特征】成虫体长 9.5 ～ 17 mm。体黑色，被极厚密淡草绿色或淡蓝色绒毛，并饰有黑色斑纹；触角黑色，基部第三、第四节多少被草绿色或淡蓝色绒毛，特别是下沿；前胸背板淡色，中央两侧各具 1 个黑色圆斑；鞘翅斑纹变化较大，形成不同的花色斑，一般每个鞘翅具 3 个大型黑色斑纹，第一个处于基部外侧，第二个位于中部之前，向内伸展较宽，但不达中缝；第三个位于端部 1/3 处，可由 2 个斑点合并而成，中间常留出淡色小斑，翅端色淡。复眼下叶稍长于颊；触角较体略长，雌雄差异不大。鞘翅末端钝圆。

【生活习性】不详。

【为害特点】不详。

云纹肖锦天牛 *Perihammus infelix* (Pascoe)

【寄主】夹竹桃。

【分布】中国分布于吉林、浙江、福建、江西、湖南、广东、广西、四川。广西分布于金秀（圣堂山）。

【形态特征】成虫体长 15.5 ～ 20.5 mm。体黑色，被灰褐色绒毛；鞘翅具 2 条波曲状灰色绒毛横带，两横带间黑色，第二横带后有 1 条狭窄的黑色横纹，基部及端部被褐色绒毛；触角自第三节起各节基部被淡灰色绒毛，有时端部数节全为黑色。额近方形，正中具 1 条光滑无毛细凹沟。雄虫触角长为体长的 2 倍，雌虫触角仅超过体长的 1/4，第三节长于柄节。前胸背板宽大于长，侧刺突粗短。鞘翅基部密布刻点，至端部渐稀，翅端浅凹缘。

云纹肖锦天牛成虫（李懋辅　摄）

【生活习性】不详。

【为害特点】不详。

灰拟居天牛 *Pseudonemophas versteegi* (Ritsema)

【寄主】苦楝、柚子、柑橘。

【分布】中国分布于广东、广西、海南、贵州、云南、台湾。广西分布于南宁（武鸣宁武）、环江（明伦）、象州、田东（那拔）、派阳山林场（浦城）、雅长林场（雅长）。

【形态特征】成虫体长 22 ~ 36 mm。体黑色，密被灰霉蓝色绒毛，无绒毛部分形成若干个黑斑。头部中央黑色无毛纵纹 1 条，触角被灰色绒毛，柄节端部、第三节及以后各节端部黑色，末端数节黑色部分较长，雄虫触角长为体长的 2.5 倍，雌虫为体长的 1.5 倍。前胸背板具 3 个黑斑，中间 1 个较大；背板宽胜于长，侧刺突发达，不向后弯曲。鞘翅上有近方形黑斑 20 多个，排成 5 ~ 6 行，每行 5 个，均匀排列，从内向外缘倾斜。

【生活习性】不详。

【为害特点】不详。

A. 成虫

B. 成虫配对

灰拟居天牛（陆温　摄）

咖啡皱胸天牛 *Plocaederus obesus* Gahan

【寄主】桉、人面子。

【分布】中国分布于广东、广西、海南、云南、台湾、香港。广西分布于南宁、博白林场（三育）。

【形态特征】成虫体长 22 ~ 47 mm。体红褐色。触角第二至第十节末端黑色，雄虫触角超过体长 1.5 倍，第十节短于第十一节；前胸侧刺突细长尖锐，中区具不规则的皱纹，沿后缘两横沟之间为 1 条横脊纹；鞘翅肩部隆起，翅面刻点极细密，翅端斜截，缝角刺状，外端角具齿。

【生活习性】年发生代不详，以幼虫、蛹或成虫在蛀道内越冬。6 月上旬到 7 月下旬为成虫活动期。幼虫在树皮与木质部间为害，初期为害韧皮部，后为害木质部表层，老熟后在蛀道内结茧化蛹。

【为害特点】幼虫在树皮与木质部间蛀食为害，受害部位树皮爆裂，内充满虫粪。

【防治方法】参考星天牛。

A. 雄虫

B. 蛹和茧

咖啡皱胸天牛（陆温　摄）

橘根接眼天牛 *Priotyrranus closteroides* (Thomson)

【寄主】马尾松、杉、桉、柑橘。

橘根接眼天牛成虫（陆温　摄）

【分布】中国分布于辽宁、江苏、浙江、安徽、福建、江西、河南、湖北、湖南、广东、广西、四川、贵州、云南、陕西、台湾、香港。广西分布于横州、桂林（叠彩）、资源、博白、玉林（大容山林场）、金秀、苍梧、龙州、高峰林场（界牌）。

【形态特征】成虫体长 22 ～ 38 mm。体扁阔，体红棕色至暗棕色或深褐色，雄虫翅表密被棕色毛，足与腹部赤褐色。头部短阔，向前突出，中央具一深纵沟，上颚大而短，下颚须较长。复眼暗色，占头部大部分，在背面几乎相连。触角基瘤稍隆起；触角 11 节，雄虫触角超过体长，第三节比第四节稍长，第三至第十一节表面具纵脊，内外端角尖锐呈狭锯齿状；雌虫触角仅超过鞘翅中部。前胸背板粗糙，前后缘各有排列整齐的棕色毛，侧缘各具 2 齿，中齿长而尖，后角短齿状，中域刻点粗密而深，雌虫微现 3 个瘤状突起，前 2 后 1，呈三角形排列。胸部腹面棕色毛较长。鞘翅基部宽，端部狭；雌虫基部刻点与皱纹粗密而深，其余部分细小；雌虫内缘末端具小齿状突起，外缘末端圆形。

【生活习性】年发生代数不详。成虫具趋光性。5 月中下旬为成虫羽化高峰期。

【为害特点】以幼虫在土中蛀食柑橘根部，逐渐蛀入主根木质部，直到把全部的根蛀空；食料不足时可转株为害。受害柑橘树叶片发黄脱落，树头松动，遇风则倒，严重时整株枯萎死亡。

【防治方法】物理防治。利用频振杀虫灯诱杀或人工捕杀成虫。

生物防治。可施放 1.0×10^8 孢子 /g 的绿僵菌剂。

化学防治。参考蔗根土天牛。

黄星天牛 *Psacothea hilaris* (Pascoe)

【寄主】桑、无花果。

黄星天牛成虫（覃继财　摄）

【分布】中国分布于河北、辽宁、吉林、江苏、浙江、安徽、福建、江西、河南、湖北、湖南、广东、广西、海南、四川、贵州、云南、陕西、甘肃、台湾。广西各地均有分布。

【形态特征】成虫体长 16 ～ 30 mm。体黑色，被灰色至灰绿色绒毛，具油漆状黄色斑点；头顶中央具 1 黄色纵纹，两侧各有 1 小黄条斑紧接前胸前缘；额前两侧各有 1 个斑点；触角黑褐色，第三至第十一节基部密被白色绒毛；前胸背板两侧各具 2 个长形黄色绒毛斑，排成纵列；鞘翅中央具 5 个较大的黄色斑点，翅面散布许多黄色小斑点。雄虫触角长为体长的 2.5 倍，雌虫的触角略短，仅为体长的 2 倍。前胸背板长略大于宽，侧刺突发达，圆锥形，中区具横皱。鞘翅基部有粗大颗粒，翅端微凹。

【生活习性】在广东 1 年发生 2 代，以幼虫越冬。翌年 3 月中旬幼虫开始活动，6 月上旬化蛹，7 月上旬羽化。成虫羽化后先在梢端食害枝条嫩叶，约经 15 天开始产卵，7 月下旬进入产卵盛期，卵多产在直径 28 ～ 45 mm 分枝或主干上，产卵刻槽约 3 mm，呈“一”字形，每刻槽内有卵 1 ～ 2 粒，每雌虫可产卵量多达 182 粒。8 月上旬幼虫进入孵化盛期。初孵幼虫先在皮下蛀食，把排泄物堆积在蛀孔处，长大后才蛀入木质部形成隧道，11 月上旬在隧道里或皮下蛀孔处，用蛀屑填塞孔口后越冬。

【为害特点】成虫为害无花果或桑枝皮层、树叶，导致枝条枯死；幼虫蛀食枝条皮层，后自上而下向木质部蛀食形成盘旋状食道，隧道中堆满排泄物，造成枝条皮层干枯破裂至枝条枯死。

【防治方法】参考脊胸天牛。

红角坡天牛 *Pterolophia rubricornis* Gressitt

【寄主】桉。

【分布】中国分布于福建、湖南。广西分布于玉林（玉州仁厚）、钦廉林场（文利）。

【形态特征】成虫体长约 6.5 mm。体漆黑色。触角及足淡红色；前胸具不规则的金黄色或灰色带纹；鞘翅基部瘤突上有黑色丛毛。

【生活习性】不详。

【为害特点】不详。

红角坡天牛成虫（李楙辅　摄）

帽斑紫天牛 *Purpuricenus petasifer* Fairmaire

【寄主】杂木。

【分布】中国分布于河北、辽宁、吉林、江苏、湖北、广西、贵州、云南、陕西、甘肃。广西分布于隆林（克长、者浪）。

【形态特征】成虫体长 16 ～ 30 mm。头、复眼、触角、小盾片、足及体腹面均为深黑色，腹面疏被灰白绒毛，前胸背板和鞘翅红色，前胸背板有 5 个黑斑点（前 2 后 3），鞘翅上有 6 个黑色斑点（每个鞘翅各具 3 个），基部 2 个斑近圆形，中后部 4 斑常连接呈帽状。头短、密布粗糙刻点，触角 11 节。前胸短宽，被灰白色细长竖毛，侧刺突位于两侧中部。小盾片锐三角形，密被黑绒毛。鞘翅扁长，两侧缘平行，后端圆形，黑斑上密被黑绒毛。

【生活习性】在山西晋城 1 年发生 1 代，以幼虫在隧道内越冬。5 月中下旬为成虫发生期。幼虫蛀食枝干皮层和木质部。

【为害特点】幼虫蛀干为害，影响植株生长发育，严重时导致枝干或整株死亡。

帽斑紫天牛成虫（刘作钧　摄）

竹紫天牛 *Purpuricenus temminckii* (Guerin-Meneville)

【寄主】毛竹、枣。

【分布】中国分布于河北、辽宁、江苏、福建、江西、河南、湖北、湖南、广东、广西、四川、贵州、云南、陕西、台湾。广西分布于桂林（叠彩）、永福（永安、坪岭林场）、苍梧、隆林（岩茶）、金秀（三角）。

【形态特征】成虫体长 11.5 ～ 18 mm，体扁。头、触角、足及小盾片黑色；前胸背板暗红色，具 5 个黑斑；鞘翅朱红色，后部常带橙色。头短，雄虫触角约为体长的 1.5 倍，雌虫仅接近鞘翅后缘。前胸背板宽约为长的 2 倍，其 5 个黑斑中近后缘的 3 个较小，胸面密布刻点，两侧各具 1 个瘤状侧刺突。鞘翅两侧缘平行，密布刻点。

卵长 1.5 ～ 2 mm，扁球形或近椭圆形，淡灰褐色。

幼虫体长约 20 mm，白色，前胸背板黄色。

蛹体长 15 ～ 18 mm，棕褐色。

竹紫天牛成虫（郑光楠　摄）

【生活习性】多数 1 年发生 1 代，少数 2 年发生 1 代，以成虫或幼虫在竹材中越冬。越冬成虫在翌年 4 月中旬开始产卵，5 月上、中旬卵孵化蛀入竹内为害，8 月化蛹，9 月羽化为成虫。刚外出成虫先在竹上爬行，用足清除触角及体表的竹粉，交配后寻找适合地点产卵。卵散产于竹节的上方，伐倒的毛竹以两侧的卵数最多。每节竹上的卵有数十粒，1 根竹的卵可多达 300 粒。喜食伐倒或风折的竹，亦可为害生长健壮的竹。受害竹下可见虫粉。

【为害特点】幼虫在竹内为害，蛀道内充满虫粉，严重时仅剩下竹皮。向阳、植被少的山坡、山顶竹受害较重。

【防治方法】参考竹绿虎天牛。

脊胸天牛 *Rhytidodera bowringii* White

【寄主】人面子、腰果、杧果。

【分布】中国分布于安徽、福建、江西、河南、湖北、湖南、广东、广西、海南、重庆、四川、贵州、云南、台湾、香港。广西分布于南宁、横州、马山、百色、平果、田东、田阳、钦州、玉林、贵港、崇左。

脊胸天牛成虫（陆温　摄）

【形态特征】成虫体长 23 ～ 36 mm，体狭长。体栗色至栗黑色。触角与复眼间具纵脊，触角间、复眼周围及头顶密被金黄色绒毛；触角第五至第十节外侧扁平，外端角钝，内侧具小端刺，第十一节扁平如刀刃状。前胸前端狭于后端，两侧呈圆弧形突出，背板前后端均具横脊，背板具 19 条纵隆脊，脊沟密生黄色绒毛。鞘翅两侧近平行，后缘斜切，内缘角突出呈刺状，翅面粗糙，具灰白色短毛和金黄色毛组成长条斑，条斑排列成断续的 5 个纵列。体腹面及足密被灰色或灰褐色绒毛。

卵长圆筒形，初产乳白色，后变黄褐色，表面粗糙。

老熟幼虫体长 5.8 ～ 6.3 mm，圆筒形，头顶具横凹，前胸背板平滑，前缘有断续的褐色条纹，腹部第一至第七节具移动器，各节背面具横沟 2 条，腹面具横沟 1 条。

蛹长约 30 mm，中胸细小略呈正方形，后胸宽大，腹背正中具浅纵沟。

【生活习性】1 年发生 1 代，以幼虫、蛹或成虫在蛀道内越冬。成虫于 3 ～ 7 月出木，在夜间活动，具弱趋光性，5 ～ 6 月为交配产卵盛期。每雌可产卵 8 ～ 20 粒，卵多产在枝条、叶片表面、芽痕及树皮缝隙中。

【为害特点】初孵幼虫先从枝条蛀入并向主干方向蛀食，被害枝条每隔一段距离有 1 排粪孔，每个蛀道内有 1 头幼虫，常有多头幼虫从不同枝条蛀食到主干中，受害枝条出现干枯。

【防治方法】物理防治。在低龄幼虫时剪除受害枝条；用铁丝刺杀虫洞内的幼虫或成虫。

化学防治。用棉球蘸 10% 吡虫啉可湿性粉剂塞入蛀孔内，用泥巴封口。

双条杉天牛 *Semanotus bifasciatus* (Motschulsky)

【寄主】松、罗汉松、杉、柏木。

【分布】中国分布于东北地区，北京、河北、山西、内蒙古、江苏、浙江、安徽、福建、江西、山东、河南、湖北、广东、广西、四川、贵州、陕西、甘肃、青海、台湾。广西分布于岑溪（归义）、苍梧（六堡）、桂平、港北、北流、博白、陆川（滩面）、容县（石寨）、天峨（六排）、大新（宝圩）。

双条杉天牛成虫（陆温　摄）

【形态特征】成虫体长 7 ～ 18 mm。头、前胸黑色，足及触角黑褐色；前胸具有淡黄色长毛，鞘翅棕褐色，中部及端部各具 1 黑色宽带纹。头部生有细密的刻点，雄虫触角略短于体长，雌虫触角仅为体长的 1/2。前胸两侧弧形，背板上有 5 个光滑的小瘤突，前 2 个圆形，后 3 个尖叶型，排列成梅花状。鞘翅中部黑带上的刻点比其后棕黄色部分的刻点密 3 倍，末端圆形。腹部末端微露于鞘翅外。

卵长约 2 mm，椭圆形，白色。

初龄幼虫淡红色，老熟幼虫体长 22 mm，乳白色，头部黄褐色；前胸背板上有 1 个“小”字形凹陷及 4 块黄褐色斑纹。

蛹淡黄色，触角自胸背迂回到腹面，末端达中足腿节中部。

【生活习性】成虫不需补充营养，飞翔能力较强。成虫晴天时活动，其余时间多钻在树皮缝、树洞、伤疤及松土内潜伏不动，不易被发现；活动的适宜温度为 14 ～ 22℃，10℃以下不活动；多在 14 ～ 22 时进行交配和产卵，雌雄虫均可多次交配，并有边交配边产卵的习性。卵多产于树皮裂缝和伤疤处，每处产 1 ～ 10 粒不等，卵期 7 ～ 14 天，自然孵化率很高。每雌产卵量 27 ～ 109 粒，平均 71 粒。幼虫孵化 1 ～ 2 天后才蛀入皮层为害，被害处排出少量细碎粪屑。蛀入树皮后先沿树皮取食木质部，在木质部表面形成弯曲不规则的扁平坑道，坑道内填满黄白色粪屑。

【为害特点】喜向阳避风的场所，在新修枝、新采伐的树干和木桩以及被压木、衰弱木上均可产卵，直径 2 cm 以上的枝条都可为害。

【防治方法】参考粗鞘双条杉天牛。

粗鞘双条杉天牛 *Semanotus sinoauster* Gressitt

【寄主】杉、柳杉。

【分布】中国分布于江苏、浙江、安徽、福建、江西、河南、湖北、湖南、广东、广西、四川、贵州、云南、陕西、台湾。广西分布于横州、融水、三江、龙胜、阳朔、灌阳、龙胜、灵川、全州、兴安、资源、苍梧、岑溪、贵港（港北）、桂平、平南、凌云、环江、忻城、金秀、高峰林场。

【形态特征】成虫体长 12 ～ 23 mm，宽 5 ～ 8 mm，体形扁阔。头部黑色，具有细刻点。触角黑褐色，雄虫触角约与体等长，雌虫触角约达体长之半。前胸两侧圆弧形，具有较长的淡黄色绒毛，前胸背板具 5 个光滑的疣突，呈梅花形排列。鞘翅上有 2 条棕黄色或驼色带和 2 条黑色宽横带相间，刻点很多，末端为弧形。

卵长 2 ～ 3 mm，宽 0.8 ～ 1 mm，长椭圆形，后端尖细。初产时乳白色，后渐变为淡黄色，半透明。

老熟幼虫体长 25 ～ 35 mm，乳白色或淡黄色，体呈扁圆筒形。前胸节较头部及其他各体节均宽，侧缘略呈半圆形，背板黄褐色，生密毛。

蛹体长 20 ～ 25 mm，淡黄色，头部下颚倾于前胸下，口器向后，触角向后伸展达腹部第二节。

【生活习性】在多数地区 1 年 1 代，以成虫越冬；在少数地区 2 年 1 代，第一年以幼虫越冬，翌年以成虫越冬。在广西一般 1 年 1 代，多数以成虫在树干蛀道内越冬。少数成虫 9 月中旬开始羽化，羽化后在蛹室内停留 30 ～ 60 天，11 月上旬开始外出交配产卵，卵期 10 ～ 20 天，初孵幼虫即蛀入树皮下取食，故在 11 月、12 月、1 月林间同时可见成虫、卵、幼虫各虫态。多数成虫外出盛期为 3 ～ 4 月，成虫一般产卵于 2 m 以下树干的树皮缝内，同时分泌淡黄色的黏液将卵粘住，表面不易看见，多为单产，每雌平均产卵 40 ～ 60 粒。成虫寿命约 7 个月，树体外平均寿命 12 ～ 14 天。4 月中旬至 5 月上旬幼虫一般在树皮木栓层取食为害，蛀入点树体表皮上常见白色粒状流脂；5 月上旬至 8 月上旬主要在韧皮部与边材之间为害，蛀成扁圆形不规则的虫道，蛀食后的虫道内充满木屑和排泄物，流脂量增多；8 月上旬至 9 月中旬蛀入木质部向下蛀食，蛀道随虫体增大而变粗。8 月下旬开始化蛹。

【为害特点】幼虫蛀食植株韧皮部和木质部营养，树干受害后树皮易于剥落。衰弱木被害后，上部即枯死，连续受害便可使整株死亡。

【防治方法】营林防治。适地适树，选择立地条件较好的区域营造杉木林；适当营造杉松混交林；加强抚育管理，增强树势，及时间伐和伐除被压木、风折木、枯死木等。

A. 成虫

B. 幼虫

C. 蛀道

D. 为害状

粗鞘双条杉天牛（左新德　杨忠武　摄）

物理防治。3～4月在成虫外出盛期及时捕捉；4～5月在树干寻找到蛀害点，用刀削除初孵幼虫。

生物防治。加强保护和利用啄木鸟、棕色小蚂蚁等自然天敌。

化学防治。对调运带虫原木采用溴甲烷、硫酰氟或56%磷化铝片剂熏蒸处理。用药量分别为20～30 g/m^{3}和12～15 g/m^3，熏蒸24小时或72小时；或将虫害木进行水处理（浸泡水中1个月以上）；或选用20%杀灭菊酯乳油20倍稀释液、25%蛾蚜灵可湿性粉剂20倍稀释液或2.5%溴氰菊酯10倍稀释液，用注射器注入虫道毒杀害虫。用绿色威雷、氯氰菊酯胶囊100～200倍稀释液涂干杀卵；或用30%杀锌乳油、20%氰戊菊酯乳油、20%甲氰菊酯乳油、2.5%溴氰菊酯乳油1000～1500倍稀释液喷射树干杀初孵幼虫或侵食韧皮部的幼龄幼虫。

黑尾小楔天牛 *Serixia sedata* Pascoe

【寄主】马尾松。

【分布】中国分布于广西、海南、云南。广西分布于宾阳（黎塘）、桂平（马皮）。

【形态特征】成虫体长4.5～8.5 mm。体黄褐色，被稀疏的淡色直立毛；头、胸部色深，略带棕褐；触角黑色，第四至第九节基部黄褐色；鞘翅末端黑色。额宽大于长，具中等大小刻点，复眼下叶较大，近球形。雄虫触角约为体长的1.5倍，雌虫触角略短，基部数节下沿有稀少缨毛，第三节稍长于第四节，第四节以后各节长近相等。前胸背板具稀疏刻点，无侧刺突。小盾片横四方形。鞘翅背面较扁平，两侧平行，端部微阔，圆形，翅面中部具9～10列刻点，排列整齐，缝角略尖。雄虫后足腿节达腹部末节。

黑尾小楔天牛成虫（陆温　摄）

【生活习性】不详。

【为害特点】不详。

短角幽天牛 *Spondylis buprestoides* (L.)

【寄主】柳杉、马尾松。

【分布】中国分布于河北、内蒙古、辽宁、吉林、黑龙江、江苏、浙江、安徽、福建、江西、河南、湖北、广东、广西、海南、四川、贵州、云南、陕西、台湾、香港。广西分布于桂林（叠彩）、恭城。

【形态特征】成虫体长15～25 mm。体黑色，略呈圆柱形。触角短，仅达前胸后缘，各节短而宽扁，状如脊椎骨。前胸前端宽，基部窄，两侧圆。雄虫鞘翅具2条明显隆起的纵脊。

【生活习性】不详。

【为害特点】不详。

A. 背面观　　B. 腹面观

短角幽天牛成虫（杨忠武　摄）

黄带刺楔天牛 *Thermistis croceocincta* (Saunders)

【寄主】桉、核桃。

【分布】中国分布于浙江、福建、江西、湖北、湖南、广东、广西、海南、四川、云南、陕西。广西分布于桂平（石龙）、凤山（长洲）。

【形态特征】成虫体长 17 ～ 22 mm。体背面黑色，具黄色绒毛斑纹，额区全被黄色绒毛，触角黑色，自第三节起各节基部末端有灰白色毛环，雄虫触角长于体长，雌虫触角约与体等长；前胸背板横阔，侧刺突圆锥状，两侧各具 1 黄毛斑。小盾片近半圆形，密被黑色绒毛。鞘翅具 3 条黄色横带，分别位于基部、中部偏后及末端，翅面刻点较前胸稀，中部刻点显著。体腹面大部分及腿节除端部外密被黄色绒毛。

黄带刺楔天牛成虫（郑光楠　摄）

【生活习性】不详。

【为害特点】成虫取食嫩叶，沿中脉及两侧取食，使叶片中部出现长条形孔洞。

红齿胸天牛 *Thermonotus ruber* Pic

【寄主】桉、香樟。

【分布】中国分布于广西、云南。广西分布于桂平（社步）、派阳山林场（念克）。

【形态特征】成虫体长 16 ～ 17 mm。头、胸红褐色，触角、上颚顶端及足黑色，鞘翅基部红褐色，其余淡黄褐色，端部具黑褐色短竖毛。头中央具 1 条细凹沟。雄虫触角超过翅端，雌虫刚达翅端，柄节与第三节近等长，下沿具较稀少缨毛，第三节显著长于第四节。前胸背板宽明显大于长，前缘横沟中央微向内弯曲，后缘中央具 2 条钝齿突形成横隆脊，侧刺突粗大而尖锐。鞘翅基部近小盾片处具 1 个显著隆突，伸向背板后缘。

红齿胸天牛成虫（陆温　摄）

【生活习性】不详。

【为害特点】不详。

粗脊天牛 *Trachylophus sinensis* Gahan

【寄主】茶、厚朴。

【分布】中国分布于浙江、福建、江西、湖北、湖南、广东、广西、海南、四川、贵州、台湾、香港。广西分布于防城港（防城茅岭）、贵港（港南亚计山林场）、博白、苍梧。

【形态特征】成虫体长 25 ～ 38 mm。体黑褐色，密被灰黄色具光泽的绒毛；前胸背板具粗糙的蠕形皱纹，中央具 4 条纵脊；鞘翅两侧近平行，翅端平截，缝角具刺。

【生活习性】不详。

【为害特点】不详。

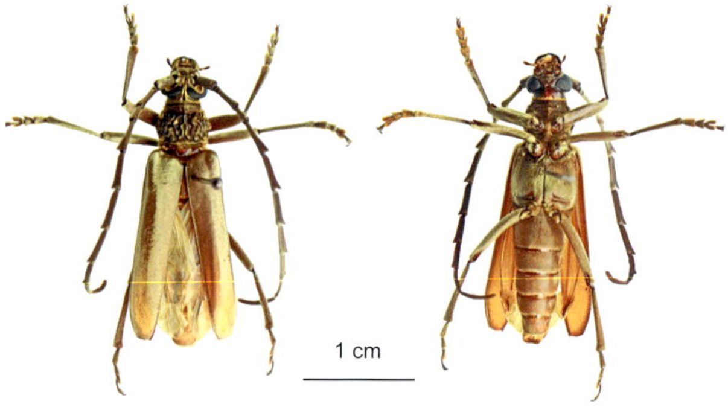

A. 背面观　　B. 腹面观

粗脊天牛成虫（杨忠武　摄）

刺角天牛 *Trirachys orientalis* Hope

【寄主】银杏。

【分布】中国分布于北京、天津、河北、山西、辽宁、黑龙江、上海、浙江、安徽、福建、江西、山东、河南、湖北、湖南、广东、广西、海南、四川、贵州、云南、陕西、甘肃、台湾。广西分布于桂林（临桂、叠彩）。

刺角天牛成虫（任向明　摄）

【形态特征】成虫体长 35 ～ 52 mm。体灰黑色，密被棕黄及银灰色丝光绒毛。触角超过体长，雄虫第三至第七节、雌虫第三至第十节内端具刺，雌虫第六到第十节还具明显的外端刺。前胸侧刺突短，中区具横皱纹，后部中央具 1 近长方形平滑区。鞘翅肩部隆起，翅端斜截，缝角及外端角具刺。

卵长卵形，长约 3.4 mm，乳白色。

老熟幼虫体长 43 ～ 55 mm，淡黄至黄色。头褐色，前胸背板近长方形，前方有 2 个“凹”字形褐色斑纹被中缝分开，两侧各具 1 近三角形褐色斑。

蛹体长 40 ～ 51 mm，乳黄色，腹部背面第一至第七节牛有小刺，形成 7 条带。

【生活习性】在山东 2 年发生 1 代，少数 3 年发生 1 代，以幼虫或成虫在蛀道内越冬。成虫羽化出木后爬到树冠上取食嫩枝的皮或叶。成虫飞行能力不强，夜间活动。雌雄虫均可多次交配。卵产于树皮裂缝或伤口处，卵散产，无覆盖物。每雌虫可产卵 42 ～ 259 粒。幼虫孵化后，蛀入韧皮部与木质部之间取食，随着虫龄增大食量增加，并排出大量丝状粪屑，掉落在树干基部。

【为害特点】其发生为害程度与树种、树势、树龄及寄主部位有关。树木长势弱被害较重；树龄越大受害越重。

【防治方法】物理防治。傍晚成虫出孔活动时，进行人工捕杀成虫。

化学防治。在成虫高峰期，用 2.5% 高效氯氰菊酯 2000 倍稀释液喷洒树干及侧枝，杀死在树干及侧枝爬行的成虫。

樟泥色天牛 *Uraecha angusta* (Pascoe)

【寄主】桉。

【分布】中国分布于河北、内蒙古、江苏、浙江、福建、江西、河南、湖北、湖南、广东、广西、四川、贵州、西藏、陕西、台湾。广西分布于博白（江宁）。

樟泥色天牛成虫（李懋辅　摄）

【形态特征】成虫体长 18 ～ 21 mm。体黑色，被棕红或淡棕色绒毛。前胸背板中央具 1 条棕红色绒毛纵纹，近前缘两侧及侧刺突内侧各具 1 个浓密棕红色绒毛斑。鞘翅中部之后有 1 个黑褐色斜斑，基部及端部分散有不规则的淡褐色斑纹。头具细密刻点，中央具 1 条细凹沟，触角基瘤之间深凹。触角丝状细长，长为体长的 2 倍以上。前胸背板具颗粒状刻点，侧刺突短钝。鞘翅狭长，后端收狭，基部具少许粗颗粒，外端角钝。

【生活习性】1 年发生 1 代。成虫于 4 ～ 5 月羽化，5 ～ 6 月幼虫孵化，从树干的上部蛀入为害，进入木质部后逐渐向基部蛀食。

【为害特点】在树干蛀食，每隔一定距离蛀一圆形排粪孔，排出大量粉末状虫粪，较粗大的树干受害较重。

【防治方法】参考星天牛。

石梓蓑天牛 *Xylorhiza adusta* (Wiedemann)

【寄主】梓、油茶、马蹄荷。

【分布】中国分布于浙江、福建、河南、湖北、湖南、广东、广西、海南、四川、贵州、云南、台湾。广西分布于桂林、梧州。

石梓蓑天牛成虫（陆温　摄）

【形态特征】成虫体长 31 ～ 40 mm。体黑色到黑褐色，全身密被浓厚长绒毛；触角前 4 节被淡黄浓密长绒毛；前胸背板中区具 2 条浅黄色纵纹；鞘翅绒毛浅黄、金黄及黑褐色，组成不同色泽的细纵条纹似蓑衣，雄虫腹部第三至第五节两侧各具 1 个横椭圆形金黄色长毛凹洼。头中央具 1 条细纵沟，额宽大于长；触角基瘤之间的额微凹；触角短于体长，柄节较长。前胸背板宽略大于长，中央具 1 条不达后缘的细纵沟，两侧缘微弧形，无侧刺突。鞘翅两侧近平行，端部呈斜凹缘，缝角呈钝角突出，翅后缘具长缨毛。

【生活习性】不详。

【为害特点】不详。

合欢双条天牛 *Xystrocera globosa* (Olivier)

【寄主】杉、合欢、槐、桑和桃等。

【分布】中国分布于河北、辽宁、吉林、黑龙江、江苏、浙江、安徽、江西、山东、河南、湖北、湖南、广东、广西、海南、四川、贵州、云南、陕西、甘肃、台湾。广西分布于雅长林场（雅庭）。

【形态特征】成虫体长 13 ～ 32 mm。体红棕色至棕黄色；前胸背板周缘及中央具金绿色纵纹；鞘翅中央具 1 条金绿色条纹，翅端圆。触角第一节外侧末端具明显的刺状突。前胸背板长宽近相等，鞘翅刻点粗密。每翅有 3 条纵脊纹。

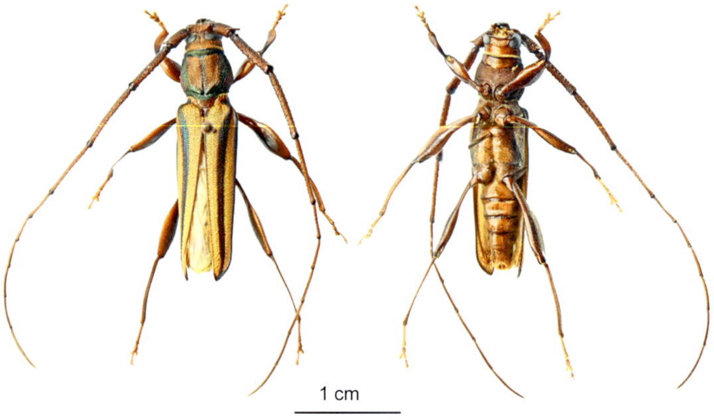

A. 背面观　　B. 腹面观

合欢双条天牛成虫（杨忠武　摄）

卵长 1.5 ～ 1.8 mm，椭圆形。初产时黄白色，近孵化时呈黄绿色。

老熟幼虫体长 30 ～ 47 mm，圆筒形。前胸背板前缘具 6 块褐色斑。

蛹体长约 28 mm。中后胸背面具 1 条褐色纵纹。

【生活习性】年发生世代不详，以幼虫在树干隧道内越冬。翌年 3 月中旬开始活动，5 月上旬末化蛹，5 月下旬出现成虫，6 月下旬至 7 月中旬为成虫盛期。成虫具趋光性。雌虫产卵于树干的树皮缝或翘皮下，每处可产卵 5 ～ 8 粒，平均每雌可产卵 350 多粒。幼虫孵化后很快蛀入树皮内，为害皮下绿色部分，随后进入木质部，在边材部分蛀成不规则弯曲隧道，蛀道内充满粪便，但不排出洞外。

【为害特点】幼虫为害树木韧皮部及木质部，老熟后蛀入边材或心材形成孔洞，轻者抑制树木正常生长、材质变坏，重则造成风折或枯死。为害部位以主干和大枝分叉处为主。

【防治方法】参考星天牛。

69. 叶甲科 Chrysomelidae

又名金花虫科。成虫体小型至中型，体圆或长椭圆形，背面突，体色鲜艳和具金属光泽，体长 1 ～ 20 mm。头前口式或下口式；触角丝状，常 11 节，一般不伸达体长之半；复眼卵圆形；鞘翅盖住腹末或短缩；跗节隐 5 节；部分种类后足腿节膨大；腹部可见 5 节。幼虫蛃型、步甲型或蛴螬型，体表常有瘤突或毛丛，白、黄或绿色；头前口式；触角 2 ～ 3 节或更少；单眼每侧 0 ～ 6 个或仅为色素斑；胸足 3 对，无腹足；胸足 4 节，有爪；腹部第八至第十节、第十腹节末端具 1 对刺突。成虫、幼虫均植食性，成虫常在寄主植物叶上为害，幼虫生活方式差异较大，包括食叶、潜叶、食根等。全世界已知 2600 种，中国已知 1200 种，多数种类为农林重要的食叶或食根害虫。

（苏　丽）

桑皱鞘肖叶甲 *Abirus fortunei* (Baly)

【寄主】桉、漆、台湾桤木、桑、榕、粉单竹。

【分布】中国分布于江苏、浙江、福建、江西、山东、湖北、广东、广西、四川、贵州、云南。广西分布于宾阳（黎塘）、梧州（万秀城东）、桂平（寻旺）、巴马、武宣、象州、六万林场（高岭）。

桑皱鞘肖叶甲成虫（任向明　摄）

【形态特征】成虫体长 7 ～ 10 mm，宽 4 ～ 5 mm，扁圆柱形。体背翠绿色，有强烈的金属光泽，亦有宝蓝色、紫黑色和铜紫色等体色。头自复眼之后全部嵌入发达的前胸背板内；口器下口式。全体密披淡黄褐短绒毛，体背密布细刻点。触角 11 节，着生于复眼内侧略前下处，第一节膨大，黄褐色，背面有翠绿金属光泽，第二、第三节黄褐色，第二节很短，且略膨大，第四至第十一节黑色，第四、第五节为丝状，第六至第十一节宽且扁。复眼、上唇和上颚均为黑色。下颚须和下唇须除端节呈黑色外，其余均褐色。前胸背板宽大于长，两侧有褶边。小盾片小，半圆形。鞘翅宽于前胸，除翅基、翅尖及内侧狭小之外，满布波状褶皱；外缘具褶边。体腹面翠蓝色。足蓝黑色，胫节端外侧扩展成齿状。跗节隐 5 节。

卵长椭圆形，长 1.6 ～ 1.8 mm，宽 0.5 ～ 0.6 mm，乳黄色，有光泽，表面光滑。

幼虫淡黄色，扁圆筒形，腹部略肥大，后端陡落，臀部有 2 对称的暗褐色印记。头及前胸背板黄褐色，上颚黑褐色，中胸背面有 7 个明显黑褐突。胸腹各节两侧均有褐色突，其上各具 2 根刚毛。腹部腹面各节中央横列 1 行刚毛，且长短相间，两边对称。足附节有深褐色短刺 7 个。头、体背及足亦稀被黄褐色刚毛。

蛹近纺锤形，长 9 ～ 10 mm，宽约 4 mm。初期白色，透明状，后渐变成淡黄褐色，后期除腹部外，均为黄褐色，足上有许多细黑点。复眼黑色，其上缘内侧处生出 1 根黄褐色刚毛。翅芽插置于中、后足之间，端部伸达第六腹节后缘。腹部各节两侧具 2 根刚毛，末端有 1 对棕褐色长刺，略朝背面翘起。全身被稀刚毛，但腹末节刚毛则较密。各足胫节近端缘处均具 2 根褐色刚毛。

【生活习性】在江西 2 年发生 1 代，以成虫和幼虫在土中 15 ～ 60 cm 处的土室内越冬。越冬幼虫翌年 3 月中下旬继续取食，9 月上旬至 11 月中旬化蛹，9 月下旬至 11 月下旬羽化并静伏于土室内越冬。越冬成虫翌年春季待温度上升至 20℃左右时，开始陆续钻出土面，并逐渐到寄主嫩梢的叶上取食。从 4 月下旬至 6 月中旬为全年为害盛期，6 月下旬后虫口数量逐渐下降至 8 月上旬仅见少量成虫，8 月中旬基本不见。成虫出土取食约 6 天后开始交配，5 月上中旬为交配盛期并开始产卵，5 月下旬至 6 月中下旬为产卵盛期。5 月中旬至 8 月中旬幼虫陆续孵化，入土取食，当年不化蛹；11 月上中旬在土中筑室越冬。成虫常在嫩梢和嫩叶处取食和栖息，有群集性和极强的假死性；雌雄虫均能多次交配；多数卵聚产于表土下 1 ～ 2 cm 处，也有产在表土上、枯枝上或叶片上；少数散生。幼虫孵化后进入土内；初孵幼虫先在表土层取食杂草和嫩根，2 龄后逐步深入土层；幼虫在土层内分布的深度可达 30 ～ 70 cm，多数分布在 30 ～ 50 cm 的深度范围内。

【为害特点】以成虫群集为害嫩叶和嫩梢，使被害叶成孔洞和缺刻状，造成枝叶残缺不全；严重时枝条上部叶片被吃光，嫩枝韧皮部也会被取食，导致枝条枯死，新梢停止生长和发叶；幼虫生活在地下，取食寄主植物根系和皮层，严重影响寄主植物的生长发育。

【防治方法】物理防治。利用成虫假死性，于早晨露水未干前，人为将其振落在盛有少量洗衣粉水的盆或桶内，然后集中处理。

生物防治。虫口密度较大的区域，在 9 ～ 10 月按 *Setienrnema feltae* 线虫 45 万～ 75 万条 /m^2 的剂量开沟均匀施用，可显著减少其成虫出土数量。

黄守瓜 *Aulacophora indica* (Gmelin)

【寄主】桉。

【分布】中国广泛分布。广西各地均有分布。

黄守瓜成虫（任向明　摄）

【形态特征】成虫体长 8 ～ 9 mm，椭圆形。除复眼、上唇、后胸腹面及腹部黑色外，其他部分橙黄色，有光泽。复眼圆形。触角丝状，约为体长之半。前胸背板宽大于长，有细刻点，中央有 1 个弯曲的横凹沟，四角各具 1 根细长刚毛；鞘翅基部比前胸宽，中部两侧后方膨大，翅面密布刻点；雌虫腹部较尖，尖端露出鞘翅外，末节腹面有 1 个 V 形凹陷；雄虫腹部较钝，末节腹面有 1 个匙形构造。

卵近球形，黄色，孵化时变为灰白色；表面密布一层多角形网纹。

幼虫共 3 龄。初孵幼虫白色，后头部逐步变为褐色，前胸背板黄色，胸腹部黄白色。臀板长椭圆形，向后方伸出，腹面有肉质突起。

蛹纺锤形，淡黄色。翅芽达第五腹节，各腹节背面疏生褐色刚毛，腹末端有 2 根巨刺。

【生活习性】在华北地区 1 年发生 1 代，华南地区 1 年发生 3 代。以成虫潜伏于杂草、石块、土缝和落叶等处越冬。翌年春季 3 ～ 4 月开始活动，各地为害高峰期各异，在江西为 4 月中下旬；在湖北和江苏为 4 月下旬至 5 月上旬；在华北为 5 月中旬。在湖南 1 年发生 2 代，越冬代成虫 4 月下旬至 5 月上旬开始为害，7 月上旬第一代成虫羽化，7 月中下旬产卵，第二代成虫于 10 月进入越冬期。

成虫白天活动，尤以晴天中午前后活动最盛，清晨和黄昏后栖息在叶背。有趋黄习性，耐饥力强，有假死性。卵多聚产或散产于靠近寄主根部，幼虫在 6 ～ 9 cm 土层中活动。初孵幼虫先为害寄主的支根、主根及茎基，3 龄以后可钻入主根或根茎内蛀食。幼虫老熟后，大多在根际附近作椭圆形土茧化蛹。

【为害特点】成虫主要为害寄主叶片，幼虫为害寄主植物根系。

【防治方法】物理防治。在成虫发生期，清晨露水未干成虫不活跃时，利用其假死性，震动树干，集中捕获进行灭杀。

化学防治。幼虫孵化盛期，往根际灌施 20% 氰戊菊酯乳油 3000 倍稀释液、3.5% 氟腈 · 溴乳油 1500 倍稀释液、7.5% 鱼藤酮乳油 800 倍稀释液、10% 高效氯氰菊酯乳油 1500 倍稀释液等。

黑守瓜 *Aulacophora lewisii* Baly

【寄主】杉、苦楝、西南桦、核桃。

黑守瓜成虫（任向明　摄）

【分布】中国分布于上海、江苏、浙江、安徽、福建、江西、河南、湖北、湖南、广东、广西、四川、贵州、云南、台湾。广西分布于龙胜、桂平（麻垌）、环江（明伦）、天峨（六排）、派阳山林场（鸿鸪）。

【形态特征】成虫体长 6 ～ 7 mm。鞘翅、复眼和上颚顶端黑色，具金属光泽，其余部分均为橙黄色或橙红色。

卵黄色，球形，表面有网状皱纹。

幼虫黄褐色，腹胴部各节均有明显瘤突，上生刚毛。

蛹灰黄色，头顶、前胸及腹节均有刺毛，腹部末端左右具指状突起，其上着生 3 ～ 4 枚刺毛。

【生活习性】在长江流域 1 年发生 1 ～ 2 代，华南地区 1 年发生 2 ～ 3 代，以成虫在杂草、落叶及土壤缝隙间越冬。1 年 1 代区，越冬成虫 5 ～ 8 月产卵，卵聚产或散产于湿润表土层，每雌虫可产卵 4 ～ 7 次，每次约 30 粒，卵期 10 ～ 25 天，幼虫孵化后即潜入土中为害植株细根，3 龄后为害主根，6 ～ 8 月是幼虫为害高峰期，幼虫期 19 ～ 38 天。末龄幼虫在根际附近筑室化蛹，蛹期 12 ～ 22 天。8 月成虫羽化后继续为害，成虫行动活泼，遇惊即飞，有假死性。10 ～ 11 月成虫逐渐进入越冬场所。

【为害特点】成虫取食叶片，形成环形或半环形缺刻，取食嫩茎造成顶梢枯死；幼虫在土中取食根茎，造成嫩苗萎蔫死亡。

【防治方法】参考黄守瓜。

椰心叶甲 *Brontispa longissima* (Gestro)

【寄主】棕榈科植物。

【分布】中国分布于浙江、福建、广东、广西、海南、云南、台湾、香港、澳门。广西分布于南宁（江南、青秀仙葫开发区和南湖）、北海。

【形态特征】成虫体扁平狭长，体长 8.1 ～ 10 mm，雌虫略大于雄虫。头部黑色。前胸背板黄褐色；鞘翅黑色，有些个体鞘翅基部 1/4 黄褐色，后部黑色。触角粗线状，第一至第六节黑色，第七至第十一节暗红色。前胸背板略呈方形，宽于头部。前缘向前稍凸出，两侧缘中部略内凹，后缘平直；前侧角圆，向外扩展，后侧角具 1 枚小齿。鞘翅基部平，不前弓，两侧基部平行，后渐宽，中后部最宽，往端部收窄，末端稍平截；鞘翅中前部具 8 列刻点，中后部 10 列刻点，刻点整齐。足粗短，跗节第四、第五节完全愈合，黄褐色。腹面几近光滑，刻点细小。

卵褐色，长筒形，两端宽圆，卵壳表面有细网纹。

幼虫 5 ～ 7 龄，白色至乳白色，前胸和各腹节两侧有 1 对侧突，腹末端 1 对钳状尾突。

蛹体浅黄色至深黄色，长约 10.0 mm，头部具 1 个突起，腹部第二至第七节背面具 8 个小刺突，分别排成两横列，第八腹节刺突仅有 2 个，靠近基缘。腹末具 1 对钳状尾突。

【生活习性】该虫原产于印度尼西亚与巴布亚新几内亚，现广泛分布于太平洋群岛及东南亚，是棕榈科植物的主要害虫之一，在我国属于重大危险性外来有害生物。在海南1年发生4～5代，世代重叠，在广东7～10月虫口数量最多，特别是8～9月为害较重，10月以后害虫数量渐小。成虫寿命约200天，羽化后2～8周开始交配和产卵，可多次交配。卵一般产于取食过的叶片伤口上，2～3粒排成一纵列，有黏液固定，且被虫粪覆盖，每雌产卵量120多粒，卵期3～4天。幼虫孵化后沿箭叶叶轴纵向取食小叶的薄壁组织，幼虫期30～40天。末龄幼虫在箭叶内化蛹，无蛹室，蛹期5～6天。成虫和幼虫均群栖为害。成虫爬行缓慢，但可借助风力（如热带海洋性季风）进行远距离传播。

【为害特点】2016年被列为广西补充林业植物检疫对象。成虫和幼虫均在未展开的心叶内取食表皮薄壁组织，一般沿叶脉平行取食，形成狭长的褐色坏死线，受害心叶呈现失水现象，新叶伸展后为枯黄状，严重时顶部叶片均呈现火燎焦枯，引起心叶枯死。

【防治方法】植物检疫。该虫是一种世界性的入侵性害虫，被许多国家列入检疫性有害生物名单。因此，在棕榈科植物的苗木进出口和区域调运过程中，要加强检疫，防止该虫远距离传播。

生物防治。释放椰心叶甲幼虫专性寄生蜂椰甲截脉姬小蜂 *Asecodes hispinarum* Bouček 和蛹专性寄生蜂椰心叶甲啮小蜂 *Tetrastichus brontispae* Fer rière。按啮小蜂与姬小蜂为1 ∶ 3在林间混合释放，挂放蜂器1个/亩，每月放蜂1次，连续释放4～6次，寄生蜂可建立自然种群。

化学防治。①挂袋法，该法针对小面积发生区的害虫进行防治封锁与铲除。将椰甲清粉剂复配剂（杀虫单和啶虫脒）药袋悬挂到椰树心叶，让心叶吸收，从而杀灭椰心叶甲，每季度更换药包。②树干注射，将虫线清（丁硫克百威+喹硫磷）加水按1 ∶ 1的比例注入树干，每棵50 g。③喷雾法，选用10%氯氰菊酯与48%乐斯本混合液、16%虫线清乳油、吡虫啉、锐丹、高效灭百可等药剂进行喷雾防治，每月喷施1次，连续喷施12次。

A. 成虫　B. 卵　C. 幼虫　D. 蛹

椰心叶甲（郑霞林　赵丽云　摄）

蒿金叶甲 *Chrysolina aurichalcea* (Mannerheim)

【寄主】核桃。

【分布】中国分布于北京、河北、辽宁、吉林、黑龙江、浙江、安徽、福建、山东、河南、湖北、湖南、广西、四川、贵州、云南、新疆、陕西、甘肃、台湾。广西分布于桂林、北流、防城港（防城扶隆）、那坡（北斗）、金秀、永和、龙胜、环江（明伦）、宜州（石别）。

蒿金叶甲成虫（任向明　摄）

【形态特征】成虫体长 6.2 ～ 9.5 mm。体背面青铜色或蓝色，有时蓝紫色。头部刻点以头顶较稀，唇基较密。触角细长，约为体长之半，触角第一、第二节端部和腹面棕黄色，第三节长约为第二节的 2 倍，略长于第四节，其余节较短，长度约相等。前胸背板刻点很密，粗刻点间有极细刻点，侧缘纵隆，隆内凹，以基部较深。小盾片三角形，光滑。鞘翅刻点较胸部的更粗深，排列不规则，略呈纵行趋势。

【生活习性】不详。

【为害特点】以成虫和幼虫取食寄主植物叶片。

【防治方法】未见大面积发生和为害，可通过保护和利用自然天敌控制其种群。

三带隐头叶甲 *Cryptocephalus trifasciatus* (Fab.)

【寄主】桉、野牡丹等。

【分布】中国分布于福建、江西、湖南、广东、广西、海南、贵州、云南、台湾。广西各地均有分布。

三带隐头叶甲成虫（郑霞林　摄）

【形态特征】成虫体长 4.5 ～ 6.5 mm。头部红褐色，头顶黑色。触角黑褐色，基部几节颜色较淡。鞘翅红褐色，前胸背板具 1 对黑色斑纹。翅鞘上具 3 条横向黑色带，一条沿着翅鞘及前胸背板基缘，另一条近基部，最后一条中部偏后，端部具 1 对黑色斑纹，会合线黑色。腹面黑色，腿节基部 2/3 红褐色。

【生活习性】成虫夏秋季常见，雌虫产卵时会以后足夹住卵粒并转动，同时自尾部排出粪便包裹于卵粒外形成粪壳，完成后即松开后足使粪壳落于地面，一个月可产卵约 100 粒，卵期约 10 天。幼虫孵化后即以粪壳为巢，低龄幼虫食用多种植物的枯叶，高龄幼虫取食嫩叶。粪壳会随着幼虫龄期的增大逐渐增大，幼虫期约 90 天。老熟幼虫会将粪壳黏附于枯叶上，并将壳口缩小，蛹期约 18 天。

【为害特点】以成虫取食寄主叶片。

【防治方法】未见大面积发生和为害，可通过保护和利用自然天敌控制其种群。

黑胫柱萤叶甲 *Gallerucida moseri* (Weise)

【寄主】桉。

【分布】中国分布于福建、江西、湖南、广东、广西、海南。广西分布于金秀。

黑胫柱萤叶甲成虫（李懋辅　摄）

【形态特征】成虫体长 10 ~ 12 mm。头部、前胸背板、小盾片、鞘翅、腹面、足的腿节及触角第一、第二节黄色，触角其余各节及足的胫节和跗节黑褐色。头顶光滑无刻点；额瘤明显，其后为 1 个凹窝，中部为一凹洼；触角不超过鞘翅中部；前胸背板宽大于长，前后角强烈突出；基缘稍外突，侧缘以 V 形内凹；盘区在中部两侧各 1 个横凹，近中部较深，凹内有粗刻点，中央部位光滑，仅 1 横行刻点穿过，前后缘刻点较密。小盾片三角形，光滑无刻点。鞘翅肩角凸出，在肩角及小盾片间的基缘各有 1 个深凹窝；盘区强烈隆突，翅面具大小 2 种刻点，大刻点呈 10 行排列，其间为小刻点；缘折基部宽，直达端部。

【生活习性】不详。

【为害特点】幼虫取食寄主植物叶片，形成缺刻。

【防治方法】未见大面积发生和为害，可通过保护和利用自然天敌控制其种群。

黑翅哈萤叶甲 *Haplosomoides costatus* Baly

【寄主】大青、海州常山。

【分布】中国分布于浙江、福建、江西、湖北、广东、广西、贵州、台湾。广西分布于南宁、防城港（防城扶隆）。

黑翅哈萤叶甲成虫（郑光楠　摄）

【形态特征】雄成虫体长 5.8 ~ 6.5 mm，雌成虫体长 6.5 ~ 7.5 mm。头、胸、小盾片、腹面和足黄褐色至红褐色，足跗节褐色。触角柄节、梗节和第一鞭节黄褐色，其余黑色或暗褐色。鞘翅黑褐色，外缘基部 1/3 黄褐色。雄虫复眼颇大，两眼间距窄。触角间隆突较高，额瘤显著，头顶微隆，具极细刻点及毛。雄虫触角可达翅端，第五至第十节略扁，第二节短小，第三节略长于第一节，第四节略长于第三节，第五至第八节长度约相等。雌虫触角超过体长的一半，第三节长约为第二节的 2 倍。前胸背板宽为长的 1.7 倍左右，两侧较直，前端稍宽，后角之内有 1 个浅缺刻。盘区前端 1/3 隆突，中部之后为 1 处宽的凹洼，表面几乎无刻点。小盾片舌形，无刻点。鞘翅表面刻点细密，肩瘤显著。之后为 2 条清晰的纵脊，未过翅端。翅缝后端，外缘和翅面有较稀的硬毛。雄虫腹部末节端部平直，第一腹节中部增厚，后缘中央向后伸出 1 个柄状物，略弯曲，其端部膨阔，略呈靴形，顶端平面有密毛。中足第一跗节明显膨阔，后足第一跗节较雌虫粗。爪附齿式。

【生活习性】不详。

【为害特点】幼虫取食寄主植物叶片，形成缺刻。

【防治方法】未见大面积发生和为害，可通过保护和利用自然天敌控制其种群。

棕贺萤叶甲 *Hoplasoma unicolor* (Illiger)

【寄主】桉、长管假茉莉。

【分布】中国分布于广东、广西、海南、云南。广西分布于横州（莲塘、平马）、荔浦（荔城、马岭、杜莫、青山、大塘、双江、蒲芦、东昌、茶城）、上思（在妙、叫安、华兰）、桂平（江口）、宜州（流河林场）、金秀、大新（桃城）、维都林场（雅江、清水河）、东门林场（雷卡）。

棕贺萤叶甲成虫（方启专　摄）

【形态特征】成虫体长 6 ~ 8 mm。体黄色，触角端部数节、胫节端部及腹部有时黑色。头顶隆突，光滑无刻点；额瘤发达，无刻点；触角长超过鞘翅中部；前胸背板宽大于长，基缘、前缘较直，侧缘在基半部直，端半部圆阔；盘区在前端较隆，后端较平。小盾片三角形，背面隆突；鞘翅两侧几乎平行，肩角稍隆，盘区具刻点；缘折窄，直达端部。足腿节发达，爪双齿式。雄虫第二腹板中部 1 对凸出物，长度超过第四节中部，末节中部 1 个钟形痕迹；雌虫腹末端凹洼。

【生活习性】不详。

【为害特点】幼虫取食寄主植物叶片，形成缺刻。

【防治方法】未见大面积发生和为害，可通过保护和利用自然天敌控制其种群。

桑黄迷萤叶甲 *Mimastra cyanura* Hope

【寄主】桉、桂花、榆、梧桐、苦楝、小叶榄仁、柳、漆等。

【分布】中国分布于江苏、浙江、四川、重庆、广东、广西、江西、湖南、福建、贵州。广西分布于宾阳（黎塘）、横州（百合）、龙胜、东兴（江平）、贵港（港北大圩）、桂平（马皮）、平南、兴业（沙塘）、都安（拉烈）、凤山（凤城）、天峨（六排）、金秀、扶绥（岜盆、渠黎）、凭祥。

桑黄迷萤叶甲成虫（覃继财　摄）

【形态特征】雌成虫体长约 10 mm，雄成虫体长 8 ~ 9 mm。长椭圆形，体黄色或尾端呈蓝黑色。头顶黄色，头顶后缘具黑色“山”字形斑纹和中缝线 1 条。触角 11 节，丝状，基部黄色，末端黄褐色。前胸背板长方形，有 4 个黄褐色斑，后方正中呈三角形浅陷。鞘翅金黄色或后端为蓝黑色，其上布满刻点。胫节基部黄色，向末端渐呈黑色，跗节、爪均黑色。腹部黑色。雄虫前足基跗节特化成扁圆形，雌虫细长。

卵长 0.7 ~ 1.0 mm，球形至椭圆形，黄色。

幼虫圆筒形，尾端肥大弯曲。体土黄色。头部黑色，胸部、腹部土黄色，前胸、腹部末端的臀板黑色具光泽，胸腹各节有 7 ~ 8 对深褐色疣状突起和 3 对黑色胸足。

蛹鲜黄色，翅芽达第四腹节。背面黑褐色，有很多疣状突起和刚毛。腹部末端有2个深黑色的刺。

【生活习性】在重庆1年发生1代，以老熟幼虫在土中越冬，2月下旬化蛹，3月下旬至4月中旬羽化。3月中旬前后先在榆、椿、梧桐、沙桐等树上为害，后迁飞到桑树上为害。成虫有假死性和群集性，飞翔力强，借风力传播。雌虫可多次交配，5月上旬开始交配产卵，卵主要产在阴湿有苔藓、杂草的坡地土表或土块裂缝中，6月上旬孵化，幼虫多在土表活动，食害杂草或青叶。10月下旬老熟幼虫以后陆续入土2～3 cm处筑土室，在土室中越冬。

【为害特点】以成虫取食新梢嫩叶，轻者将叶食成缺刻，重者将梢叶吃光仅留主脉。成虫喜群集于枝梢顶部或中部嫩叶上，沿叶缘向里取食，自枝梢顶部向中下部为害。

【防治方法】物理防治。桑树夏伐时留少量枝条，不采桑叶也不剪，用来诱虫。在清晨露水未干前振动桑枝，使叶甲落入备好的盛有肥皂或洗衣粉水的脸盆或盛石灰的簸箕中，集中捕杀。

化学防治。参考黄守瓜。

十星瓢萤叶甲 *Oides decempunctata* (Billberg)

【寄主】油桐、油茶、野葡萄、枫香、盐肤木、桃金娘、白背桐。

【分布】中国分布于河北、山西、吉林、江苏、浙江、安徽、福建、山东、河南、广东、广西、海南、四川、贵州、陕西、甘肃。广西分布于龙胜、阳朔、平乐、荔浦、防城（滩营）、象州、忻城（安东）、龙州、天等（福新）。

十星瓢萤叶甲成虫（郑光楠　摄）

【形态特征】成虫体长约12 mm。椭圆形，体土黄色。头小隐于前胸下；复眼黑色；触角淡黄色，丝状，末端3节及第四节端部黑褐色；前胸背板及鞘翅上布有细点刻，鞘翅宽大，有黑色圆斑10个，略呈3横列。足淡黄色，前足小，中、后足大。后胸及第一至第四腹节的腹板两侧各具近圆形黑点1个。

卵椭圆形，长约1 mm，表面具不规则小突起，初草绿色，后变黄褐色。

幼虫长椭圆形略扁，土黄色。头小，黄褐色；胸足3对较小，胸腹部暗黄色或淡黄色；除前胸及尾节外，各节背面均具两横列黑斑，中、后胸每列各4个，腹部前列4个，后列6个。除尾节外，各节两侧具3个肉瘤，顶端黑褐色。

蛹金黄色，体长9～12 mm，腹部两侧具齿状突起。

【生活习性】1年发生1～2代，以卵在寄主根际、落叶层下、石堆下、表土下、墙缝间等处越冬。越冬卵于翌年5月开始孵化，6月是为害盛期，幼虫孵化后先为害下部叶芽、花序芽，然后向上转移，3龄后逐渐分散到叶面取食，老熟后从叶部爬到地面或跌落至地面，于6月下旬入土，钻入3～6 cm深的表土中结土茧化蛹，蛹期10天左右。7月上中旬开始羽化为成虫，8月中旬至9月中旬为产卵盛期。成虫羽化后迁至寄主为害，有假死习性，受惊时能分泌黄色有臭气的液体，并下坠落地。雌虫将卵聚产于枯枝落叶上、杂草丛中或石块底下等处；成虫寿命2～3个月，直到10月前后开始死亡。

【为害特点】成虫及幼虫均取食叶片，使叶片呈孔洞或缺刻状，幼芽也被食害，大量发生时将全部叶肉食尽，仅留有叶脉，造成叶片网状枯黄，并且相连成片，形成千疮百孔，严重影响叶片的光合作用，植株生长发育受阻。

【防治方法】物理防治。利用其假死性，振落捕杀成虫及幼虫，尤其要注意捕杀群集在下部叶片上的低龄幼虫。

化学防治。①在幼虫或成虫发生盛期，选用5%氯氰菊酯乳油3000倍稀释液、2.5%功夫乳油3000倍稀释液喷雾防治。②在其化蛹期可在地面均匀喷洒48%乐斯本乳油500倍稀释液，然后进行土壤中耕，使药剂均匀混合在表土中，以破坏蛹室和消灭虫蛹。

八角叶甲 *Oides duporti* Laboissiere

【寄主】八角、五味子。

【分布】中国分布于安徽、福建、湖北、广东、广西、重庆、贵州、云南。广西分布于南宁（武鸣大明山）、上林（大丰、西燕、巷贤、龙山林场）、融水、蒙山（长坪）、藤县（古龙）、浦北、桂平（中沙）、平南、北流（大双岭林场、平政）、百色（右江汪甸和大楞）、靖西（魁圩）、那坡（城厢）、德保（黄连山林场、足荣、敬德、燕峒）、凌云（朝里、泗城、玉洪、下甲、伶站、沙里、逻楼、加尤）、田林（利周、浪平）、西林（足别）、凤山（平乐）、金秀（忠良）、凭祥、天等（龙茗）、派阳山林场（鸿鸪）、热林中心（伏波）。

【形态特征】成虫体卵形，黄褐色有黑斑，具金属光泽。雌成虫体长12～16 mm，宽8～10 mm；雄成虫体长10～13 mm，宽6～8 mm。头黑色，复眼黑色，椭圆形；触角丝状，11节，1～7节淡黄色，末端4节黑色。前胸背板近梯形，其上具4个黑色斑点，两侧大斑明显，近侧缘中间2个黑色斑点不明显。小盾片小，黑色，三角形。每鞘翅具5个大黑斑，基部及中部各2个，端部1个。腹部可见5节，雄虫腹部末端三叶状，雌虫为小缺刻。

卵椭圆形，表面光滑，淡黄色，长1.2～1.8 mm，宽0.9～1.1 mm。

老熟幼虫体长11～18 mm，扁筒形，体上有具光泽的蓝黑色斑块。头部蓝黑色，上唇及唇基淡黄色。中、后胸及腹部第一至第八节在气门上线处各有1短刺，蓝黑色；前胸及腹部第一至第八节在气门下线处各有1枚较长的刺；中、后胸有刺2枚，前小后大，刺尖端蓝黑色。前胸背板有1对蓝黑色大斑。中、后胸及腹部第一至第八节背面有横纹，把每节分成2小节，每小节背上有1对横置的蓝黑色斑块；亚背线处每小节有1个圆形蓝黑色斑；腹部每节的后小节上，在前述2斑之间有1个小斑。气门圆形，蓝黑色。3对胸足末端2节均为蓝黑色。

裸蛹，近椭圆形，淡黄色，长9～10 mm。头部额中有刺2对，前胸背面有刺3列，中、后胸及腹部背面每节有刺4个，腹部第一至第八节在气门线下有较大的刺各1个，腹端有刺1对。

【生活习性】1年发生1代，以卵越冬。翌年3月上旬越冬卵孵化，3月下旬至4月上旬为幼虫发生盛期。幼虫孵化后，即在树上为害，4月中下旬幼虫老熟后在表土层1.5 cm左右的土中营造土室化蛹。5月上、中旬成虫羽化，成虫期寿命约2个月，至7月下旬均有为害。6月上旬开始产卵，至7月下旬产卵末期，成虫死亡。刚羽化的成虫体翅柔软，只能在草丛中栖息爬行，待翅变硬后，才飞上八角树取食为害；成虫飞翔力不强，有趋光性；成虫和老熟幼虫均有假死性。经5～10天的补充营养后开始交配，雌虫在交配后5～7天开始产卵，产卵于八角树的枝径上或叶腋中，块产，外有胶粘物包住，构成卵囊，卵囊似八角树枝干的颜色。

【为害特点】以幼虫和成虫取食八角树的叶、幼芽、嫩枝及新梢，八角树受害后，轻者影响生长，当年不能开花结实，造成果实歉收，茴油减产，重者整株八角树枯死。

【防治方法】营林防治。冬季结合修枝摘除卵块，可减少翌年幼虫危害；4月中下旬，老熟幼虫落地化蛹，可结合铲草、松土等方法破坏幼虫正常化蛹。

生物防治。3～4月，幼虫孵化后选择雨后湿度较大时喷撒白僵菌粉剂，使幼虫孵化后逐渐被感染致死。

化学防治。每年3～4月为防治幼虫最佳时期，5～6月为成虫防治最佳时期。采用高效低毒无公害药剂，如阿维菌素、吡虫啉、敌杀死、高效氯氟氰菊酯等防治，也可用50%吡虫啉·杀虫单分散粒剂600～800倍稀释液喷雾防治。

A.成虫

B.低龄幼虫

C.高龄幼虫

D.为害状

八角叶甲（杨秀好　赵丽云　潘婷　摄）

黑跗瓢萤叶甲 *Oides tarsatus* (Baly)

【寄主】杉、桉、油茶。

【分布】中国分布于河北、江苏、福建、湖北、湖南、广东、广西、四川、贵州。广西分布于宾阳（黎塘、洋桥、大桥、邹圩、宾州）、龙胜、贵港（港北庆丰和港城）、南丹（八圩）、南宁树木园（居仁站）、黄冕林场（洛清江）。

黑跗瓢萤叶甲成虫（郑光楠 摄）

【形态特征】雌成虫体长约 14.5 mm，宽约 9.5 mm；雄成虫体长约 12.5 mm，宽约 8.5 mm。体椭圆形，黄色至黄褐色。后胸腹节两侧及足跗节黑褐色。头部额区稍隆起，复眼大而凸出。触角丝状，11 节，其中端末 4 节（有时 5～6 节）黑色。前胸背板宽大于长，具细小刻点，两侧各有 1 个小黑斑，有时消失；侧缘向前略收狭，前角凸出。小盾片三角形，无刻点。鞘翅上密生细刻点。腹部可见 5 节，雄虫末节腹板后端分为三叶，雌虫则完整。

卵椭圆形，长约 1.5 mm，宽约 1 mm，卵壳表面有近等边的六角形网纹。初产时绿色，2 小时后变灰绿色，最后呈土黄色。

幼虫体黄色，体表具有排列规则的瘤突和刚毛，瘤突尖端黑色，体侧的瘤突呈三角形。头部具 1 对触角。前胸背板骨化，略凹陷。中胸、后胸及腹节横褶。腹部稍扁，共 9 节，自第二节后明显膨阔，末节为 1 块铲形骨化板。胸足黄色，胫节及附节连接处黑色。

蛹体长 9.5 mm，宽 6 mm，黄色，体表具刚毛。腹部末节端部有 1 对锥状瘤突。

【生活习性】在贵州 1 年发生 1 代，以成虫在向阳灌木丛、石缝、土壁缝、屋檐、墙缝内越冬，翌年 4 月中旬成虫开始活动。雌雄虫寿命均长，一般约 1 个月，最长达 1 年。成虫有假死性，一经触动，便分泌出黄色有气味的滴状液体；飞行能力弱。越冬成虫，在取食的同时进行交配，雌雄虫均可多次交配，交配后约 15 天开始产卵，产卵期约 2 个月。雌虫产卵在植株下部伤口内。初孵幼虫畏光，先在产卵处附近的叶上取食，随后扩散。老熟幼虫入土筑室化蛹。成虫 8 月上旬开始羽化，一直延续至 10 月，8 月中旬至 9 月中旬为成虫盛发期。初羽化成虫不会飞翔，多爬行活动，1～2 天后才进食，11 月成虫随落叶掉在地上，寻找适宜场所越冬。

【为害特点】成虫和幼虫均取食植株叶片及嫩枝。

【防治方法】物理防治。4 月中旬越冬成虫出蛰活动，利用其假死习性，振落捕杀。

化学防治。在成虫产卵前一周，可用 2.5% 功夫乳油 3000 倍稀释液喷雾防治。

黄斑直缘跳甲 *Ophrida xanthospilota* (Baly)

【寄主】桉、黄栌。

【分布】中国分布于北京、河北、山东、广西、四川。广西分布于河池（金城江）、南宁树木园（坛里站）。

【形态特征】雌成虫体长 7.5～8.5 mm，雄成虫体长 5.8～7.1 mm。长椭圆形，体浅棕黄色，背面突起。触角丝状，浅棕色，11 节，超过体长 1/2，末端 2 节颜色较深。复眼大，呈黑色，卵圆形，2 个复眼间有1道纵向的凹纹。前胸背板呈梯形。鞘翅略带黄色，翅面具金属光泽，每个翅上均有10列刻点，刻点呈圆形，排列整齐，刻点间密布大小不一，每翅面约有70个圆形或椭圆形白色斑点，分布不均匀。后足腿节发达，善于跳跃，腿节有细毛。雌虫体形较肥大，腹部末节腹面突起；雄虫体形较瘦长，腹部末节腹面有1个圆形凹窝。

卵长椭圆形，金黄色，半透明状，表面略带光泽。

初孵幼虫黄色，后变黑褐色。头黑褐色，胸腹部黄绿色，体被无色透明的黏液。前胸背板上有黑红色斑纹，呈长方形，斑纹中间有1条白色的浅细纹。中胸和后胸的侧面各有1个月牙形状的褐色斑纹。全身均匀分布黑点，每个黑点上着生1根刚毛，腹部两侧各有1行明显的黑点。

蛹长圆柱形，长5.5～10.5 mm，淡黄色。复眼黑褐色，复眼间着生2列刚毛，每列3根。腹部7节，每节端部着生8根刚毛，腹部末端着生2枚褐色端刺。

A. 成虫

B. 幼虫

黄斑直缘跳甲（赵文亮　摄）

【生活习性】在北京地区1年发生1代，以卵在小枝杈、树干疤痕处、树皮缝中越冬。翌年4月上旬越冬卵开始孵化，幼虫孵化后即蛀入寄主植物花芽或叶芽中，1个花芽或叶芽蛀孔中可有多个幼虫为害，严重时花芽或叶芽干枯、脱落，幼虫取食时可分泌绿色、墨绿色或黑色的粪便，粪便呈黏条状将幼虫体覆盖；5月上旬，老熟幼虫坠落树下，钻入土中3～5 cm处做土茧化蛹。5月上旬始见预蛹，5月中旬为化蛹高峰期。6月上旬始见成虫，6月下旬成虫开始产卵，产卵期至10月下旬。成虫可多次交配产卵，羽化5～10天后开始交配，交配2～3天后开始产卵，卵多产在1～2年生的枝杈、树皮裂缝和疤痕处，8～90粒/卵块，成虫分泌绿色的黏糊状物将卵粒包裹。成虫比较活跃，稍动即弹跳。

【为害特点】幼虫、成虫取食寄主植物花芽、叶片，大发生时幼虫将叶片全部吃光，连年为害严重影响树木生长，致使树势衰弱。

【防治方法】物理防治。3月上旬在其产卵盛期可人工摘除卵块，5月中旬在其化蛹盛期可结合日常管理破坏其化蛹场所；在幼虫发生期，利用其假死性，敲震树体使其震落，集中捕杀。

化学防治。在4月上旬幼虫孵化盛期，使用2.5%高效氯氰菊酯乳油1500倍稀释液、1.2%苦参碱·烟碱乳油1500倍稀释液喷雾防治。

黑额光叶甲 *Physosmaragdina nigrifrons* (Hope)

【寄主】桉、格木、樟、桂花、油茶、算盘子、胡桃、降香黄檀、红锥、麻疯树。

【分布】中国广泛分布。广西分布于藤县（小娘山林场）、荔浦、龙胜（乐江）、桂平（金田）、平南、容县（浪水）、北流、环江（思恩）、都安（安阳）、河池（金城江）、来宾（兴宾大湾）、六万林场（河嵩）。

【形态特征】成虫体长5.4～6.2 mm，长椭圆形。头部、体腹面和足均为黑色。触角短、细，除基部4节黄褐色外，其余各节黑褐至黑色，第五节以后的各节呈锯齿状。小盾片褐色，光滑呈三角形。鞘翅黄褐色至红褐色，翅上具变化较大的黑色斑纹，一般在鞘翅基部和中后部有2条黑色宽横带，鞘翅具不规则的细小刻点，翅端合缝及边缘为黑色至暗褐色，雌虫黑色部分较雄虫为宽。该虫腹面颜色雌雄差异较大，雄虫多为红褐色，腹部倒数第二腹板突起，雌虫除前胸腹板、中足基节间黄褐色外，大部分黑色至暗褐色，倒数第二腹板中央凹陷。

卵长椭圆形，初产浅黄色，半透明，光滑。

初孵幼虫淡黄色，略透明，头黄褐色，口器黑色。

【生活习性】在河北昌黎、贵州罗甸 1 年发生 1 代。5 月上旬在寄主植物刚萌发新叶时，成虫开始取食、交配和产卵，7～8 月为成虫发生盛期。雌虫交配后 2 天内即可产卵，聚产，卵粒排列不规则，卵期 4～6 天；雄虫交配后 1～2 天死亡，雌虫产卵后 2～3 天死亡。成虫具假死性、群集性，无趋光性。

【为害特点】主要以成虫取食刚萌发伸展的幼嫩新叶，一般从叶缘开始取食，在叶缘形成较浅的宽形缺刻，或是通过向纵深方向取食形成长条形缺刻，严重时受害叶片大部分被蚕食，失去光合功能；当为害梢顶新叶时，还可能直接影响当年花枝的生长发育。

A. 成虫侧面观

B. 成虫交配

黑额光叶甲（覃继财　李懋辅　摄）

【防治方法】为害严重时可喷洒 20% 菊杀乳油 2000 倍稀释液或 20% 虫死净可湿性粉剂 2000 倍稀释液防治。

柳蓝叶甲 *Plagiodera versicolora* Laicharting

【寄主】柳。

【分布】中国分布于河北、内蒙古、辽宁、吉林、黑龙江、浙江、安徽、江西、山东、湖北、广西、四川、贵州、云南、甘肃、台湾。广西分布于永福（永安）、博白。

【形态特征】雌成虫体长约 4.3 mm，雄成虫体长约 3.3 mm，全体深蓝色，有强金属光泽，头部横阔，触角第一至第六节较小，褐色，第七至第十一节较粗大，深褐色，有细毛。复眼黑褐色，前胸背板光滑，横阔，前缘呈弧形凹入。鞘翅上有刻点，略成行列。体腹面及足色较深，也具有金属光泽。

卵椭圆形，橙黄色，背面隆起，表面有油层。

幼虫体扁平，灰黄色。头黑褐色，前胸背板中线两侧各有 1 个大褐斑，中后胸背板侧缘有较大的乳状黑褐色突起，亚背线有 2 个黑斑，前后排列；腹部第一至第七节气门上线各有 1 个黑色较小的乳头状突起，气门下线各有 1 个黑斑，其上有 2 根毛。腹部腹面各节有 6 个黑斑，其上均有 1～2 根毛。腹部末端具有黄色吸盘。

蛹椭圆形，长 4 mm，腹部背面有 4 列黑斑。

【生活习性】在浙江省丽水市 1 年发生 9 代，以成虫群集在落叶、杂草及土壤缝隙中越冬。翌年 3 月上旬柳树发芽出蛰活动，交配后即可产卵。卵多产于叶背，少数产在叶面，呈松散的块状。成虫寿命

A. 成虫

B. 卵

C. 幼虫

D. 蛹

柳蓝叶甲（王俊平　仲凯　摄）

30～60天，越冬代超过100天。卵期5～7天，初孵幼虫群集为害，取食叶肉，被害处灰白色透明，网状。末龄幼虫以腹末黏附于叶背化蛹，蛹期3～5天。由于成虫寿命长，世代重叠严重。成虫一般只取食苗圃地当年萌发小枝顶部嫩叶，很少为害大树或成片杨树林，成虫羽化后第四天开始交配。成虫有假死性和补充营养的习性。11月上旬成虫开始越冬。

【为害特点】成虫和幼虫均取食叶片，成虫沿叶缘取食，取食叶片成缺刻或孔洞；幼虫仅取食叶肉，叶片被为害后，残留网状叶脉，致使叶片常卷曲变褐色而枯死，林木生长受到严重影响。

【防治方法】物理防治。利用成虫假死性，人工振击枝干，震落捕杀。

化学防治。①幼虫活动盛期，选用1.2%烟参碱1000倍稀释液或10％吡虫啉可湿性粉剂2000倍稀释液喷雾防治；②选用吡虫啉等药剂在树干基部打孔注药；③在老熟幼虫下树化蛹期，对树冠下土壤进行翻耕、松土，喷施2.5%高效氯氰菊酯乳油1500倍稀释液，可有效消灭越冬成虫。

野漆宽胸跳甲 *Podontia lutea* (Olivier)

【寄主】桉、漆、八角、红锥、油茶、盐肤木、山茶、油橄榄、樟、山苍子、杨梅、油桐、泡桐、竹、秋枫、黄连木、大叶栎、山麻、花椒。

【分布】中国分布于浙江、福建、江西、湖北、广东、广西、四川、贵州、云南、陕西、甘肃、台湾。广西分布于南宁（武鸣府城、双桥和大明山、邕宁新江、良庆那马）、宾阳（陈平）、横州（马山、百合）、桂林（雁山、临桂）、荔浦（杜莫）、灌阳、全州（东山、两河）、阳朔（金宝、兴坪、高田、普益）、平乐（同安）、永福（坪岭林场）、梧州（龙圩大坡和广平、长洲倒水）、苍梧（六堡）、岑溪（大业、林科所）、蒙山（新圩）、藤县（藤州、和平）、北海（海城高德、铁山港营盘）、合浦（白沙）、东兴（江

A. 成虫

B. 卵

C. 低龄幼虫

D. 末龄幼虫

野漆宽胸跳甲（郑霞林　覃东平　摄）

平、马路）、上思（在妙）、防城港（防城滩营）、贵港（港南亚计山林场）、桂平（木圭、罗秀、麻垌、垌心、社步、紫荆、下湾、金田林场）、平南、北流（六靖）、博白（三滩）、陆川（清湖）、容县（杨村）、兴业（卖酒、小平山、北市、蒲塘、洛阳、龙安、高峰、沙塘、山心、葵阳）、钟山（燕塘）、贺州（平桂区鹅塘）、巴马（那桃、巴马、燕垌）、环江（龙岩）、罗城（纳翁）、宜州（福龙）、武宣、忻城（安东）、来宾（兴宾良江）、大新（龙门）、扶绥（龙头）、崇左（江州）、龙州（响水、八角、武德、上降）、宁明（桐棉、亭亮）、凭祥（夏石）、七坡林场（康宁）、南宁树木园（景区）、派阳山林场（大王山、公武）、博白林场（云飞）。

【形态特征】雌成虫体长 16 ～ 17 mm，雄成虫体长 14 ～ 16 mm。体椭圆形，橙黄色或黄褐色，有光泽，触角丝状。鞭节、复眼黑色。前胸背板两侧向外扩展，前缘为 U 形，中间有突起，上有刻点。鞘翅橙黄色或黄褐色，每鞘翅上有纵向刻点 11 列，靠内缘的 1 列于翅基部 1/3 处消失。3 对足之基节、转节、腿节同体色，其余各节黑色，附节腹面色较淡。雌虫腹末腹板后缘两侧有较深的凹陷，雄虫则无。

卵长椭圆形，长 2.5 ～ 3.0 mm，初产乳白色，渐变为灰褐色，聚集单层排列成块。

初孵幼虫体长 3.0 ～ 3.5 mm，黄绿色或灰绿色，头宽约 2 mm，头、前胸、足均为黑色，老熟幼虫虫体肥大，体长 21 ～ 26 mm，头宽 3.0 ～ 3.5 mm，橙黄色，体背有 6 纵列黑点，腹面散布黑斑。

蛹长 24.0 ～ 15.5 mm，黄白色，腹末具 1 对黑色尾刺。

【生活习性】在贵州和甘肃 1 年发生 1 代，以成虫越冬。4 月下旬至 5 月上旬，开始上树活动，5 月中旬开始产卵，5 月下旬为产卵盛期。雌虫聚集产卵，卵块单层排列于漆树叶背。5 月下旬卵开始孵化至 6 月中旬终，初孵幼虫咬破卵壳爬上叶面，在叶背取食叶肉，使叶片呈孔状。幼虫善于伪装，常将粪便堆积于体背。末龄幼虫在 6 月下旬或 7 月上旬，从树上迁移到地下，多在草丛、落叶、腐殖层 5 ～ 10 cm 处化蛹。7 月下旬至 8 月上旬出现成虫，成虫上树经过一段时间的取食，8 月下旬或 9 月上旬开始交配，交配高峰期为 20 ~ 21 时，但光期也可见部分个体交配，当年不产卵。成虫具假死性，善飞能跳，为害至 10 月下旬后陆续迁移到草丛、落叶、腐殖层 5 ~ 10 cm 地表处越冬。

【为害特点】成虫和幼虫均取食叶片，使受害叶片残缺不全呈锯齿状，轻者使树叶破碎，重者整株叶片被吃光，造成树势衰弱，枝干枯死。

【防治方法】未见大面积发生和为害，可通过保护和利用自然天敌控制其种群。

榆蓝叶甲 *Pyrrhalta aenescens* Fairmaire

【寄主】桉、核桃、白木香、桂花、火力楠。

【分布】中国分布于天津、河北、山西、内蒙古、辽宁、吉林、黑龙江、江苏、山东、河南、湖南、广西、陕西、甘肃、台湾。广西分布于兴安（界首）、蒙山。

榆蓝叶甲幼虫（王传珍　摄）

【形态特征】成虫长椭圆形，体长 7 ~ 8.5 mm。体黄褐色，鞘翅绿色，有强烈的金属光泽。头部横阔。触角 11 节，第一至第六节较小，褐色，第七至第十一节粗大，深褐色，有粗毛。头顶有 1 个三角形黑斑，复眼黑色。前胸背板光滑，横阔，前缘呈弧形凹入，中央有 1 个倒葫芦形黑斑，两侧各有 1 个卵形黑斑。鞘翅上有刻点，略成行列，宽于前胸背板，具有 2 条明显的隆起线。

卵黄色，梨形，长约 1 mm。

幼虫体灰黄色，头黑褐色。前胸背板上左右有 2 个近方形的褐斑；中胸背板侧缘有较大的黑褐色乳状突起。顶端如瓶口，亚背线上有 2 个黑斑前后排列。腹部第一至第七节的气门上线各有 1 个黑褐色乳状突起，气门下线各有 1 个黑斑，上线有 2 根毛。腹部、腹面各有黑斑 6 个，均有 1 ~ 2 根毛。腹端有黄色吸盘。

蛹长约 7.5 mm，椭圆形，暗黄色。

【生活习性】在天津地区 1 年发生 2 代，山东及以南地区 1 年发生 3 代，均以成虫在石块、枯枝落叶层及建筑物缝隙中越冬。翌年 4 月上旬越冬代成虫开始上树取食芽叶，4 月下旬在叶片上产卵，卵产于榆树的背面或小枝上，排列 2 行，一般 20 粒左右。5 月上旬幼虫开始为害，群集卵壳周围剥食叶片呈网状，2 龄后分散取食；6 月上旬幼虫老熟，爬至树干枝杈、树皮裂缝等处群居化蛹。7 月上旬成虫羽化，进入第一代为害高峰期。第二代卵始见于 7 月上旬；7 月上旬至中旬出现第二代幼虫；8 月下旬第二代幼虫群集化蛹；9 月中旬进入第二代成虫为害高峰期；9 月下旬后成虫不再取食，寻找适宜场所准备越冬；10 月进入越冬。

【为害特点】成虫、幼虫取食叶片，将寄主叶片吃成网状，甚至把叶片啃光，致使提早落叶，严重时整个树冠一片枯黄，形同火烧，影响当年木材生长量。

【防治方法】营林防治。1 ~ 3 月收集枯枝落叶，清除杂草，深翻土地，消灭越冬虫源。

生物防治。可通过保护和利用瓢虫、螳螂、蠋蝽、益鸟等自然天敌控制其种群。

物理防治。①成虫具趋光性，采用频振式杀虫灯诱杀；②成虫发生期，利用成虫假死性，人工振落捕杀。

化学防治。成虫期和幼虫期时使用 10% 吡虫啉或噻虫啉可湿性粉 1000 倍稀释液喷雾防治，成虫期使用 25% 高渗苯氧威可湿性粉剂喷雾或 50% 杀螟松乳油 1000 ～ 1500 倍稀释液喷雾防治。

榆黄毛萤叶甲 *Pyrrhalta maculicollis* (Motschulsky)

【寄主】枫香、榆。

【分布】中国分布于河北、山西、辽宁、吉林、黑龙江、浙江、福建、江西、山东、河南、广东、广西、陕西、甘肃、宁夏、台湾。广西分布于永福（堡里）。

A. 成虫

B. 幼虫

榆黄毛萤叶甲（于纪国　摄）

【形态特征】成虫体长 6.5 ～ 7.5 mm。近长方形，体棕黄色至深棕色，头顶中央具 1 桃形黑色斑纹；触角丝状，11 节，较短，不到体长的一半，每节上有黑环；复眼有黑色或金黄色带黑斑；头后方有黄褐色斑纹，略隐于前胸背板下；前胸背板有 3 个黑褐色斑纹，中部斑纹位于前胸背板后端；鞘翅侧缘具缘折，近侧缘各有 1 条较长的黑色或黑褐色纵条纹；鞘翅基部靠近小盾片处有较短的黄褐色或褐色条带；鞘翅刻点均匀，不成列，全身密被白色绒毛。中胸侧片黑色，腹部背板黑色，略带黄色，腹部腹板黄色、黄褐色或黄褐色带黑褐色横带；足黄色，腿节和胫节有纵向的黄褐色或黑褐色斑。

卵长 0.8 ～ 1.0 mm，橙黄色，长圆锥形，顶端钝圆。

幼虫黄褐色，第二到第十一体节背面各有 4 个黑色斑和 1 个黑色长方横斑，周身具黑色毛瘤。

蛹深褐色，椭圆形，背面生黑刺毛。

【生活习性】1 年发生 1 ～ 4 代，不同地区世代数不一，以成虫形态在膨松的树皮下、落叶堆中、房檐下或房屋内越冬。4 月下旬至 5 月上旬成虫扩散至榆树上进行取食、交配和产卵。雌虫常将卵聚产在叶背叶脉之间，平行排列，5 ～ 25 粒 / 卵块。1 ～ 2 龄幼虫群集取食叶肉，叶片呈半透明网状，3 龄期分散活动，食量增大，为害加重，老熟幼虫向树下部的裂缝中、树干分叉处或更大的枝干处化蛹。10 月中旬成虫羽化并取食一段时间后寻找化蛹场所越冬。成虫有假死性。

【为害特点】以成虫及幼虫取食叶片，初孵幼虫取食叶肉，将寄主叶片吃成网状，高龄幼虫食叶片使其呈孔洞和缺刻。严重时，叶片被取食仅剩叶柄，整株树冠一片枯黄。如不防治，常将叶片吃光，致使树体出现二次发芽现象。

【防治方法】营林防治。及时清除寄主周围的杂草、石块、杂物等，以消灭虫源；老熟幼虫群集在树干上化蛹时，发现及时灭杀。

物理防治。捕杀群集叶片下部的幼虫，人工刮除树干基部的蛹及老熟幼虫，集中销毁。

生物防治。保护和利用瓢虫、螳螂、蠋蝽等重要天敌，充分利用其自然调控作用。

化学防治。①用 6% 吡虫啉乳油或 40% 氧化乐果乳油 10 倍稀释液，在树干胸高处注射 1 mL/cm；②越冬代成虫产卵前和第一代幼虫发生高峰期时，采用 2.5% 溴氰菊酯乳油 2500 倍稀释液等药剂喷雾防治。

紫茎甲 *Sagrafemorata* (Drury)

【寄主】豆科、杉科、柏科、樟科、茶科、蔷薇科等。

【分布】中国分布于浙江、安徽、福建、江西、湖北、湖南、广东、广西、海南、四川、贵州、云南。广西分布于南宁（邕宁新江）、上思（公正）、象州、扶绥（龙头）、六万林场（河嵩）。

A. 成虫

B. 成虫交配

紫茎甲（郑光楠　杨忠武　摄）

【形态特征】雄成虫体长 14 ～ 22 mm，雌成虫体长 14 ～ 19 mm。体长形，具紫红色金属光泽。头部突出，稍窄于前胸背板或等宽。触角丝状，11 节，第一至第五节近于念珠状，第六至第十一节近于筒形。前胸明显窄于中后胸，前胸背板呈长方形，两侧中部凹陷，背面拱起。鞘翅前缘明显宽于前胸，紫色或古铜色。足着生部位稍隆起，基节较短，腿节呈棒状，后足腿节特别膨大，内侧具齿，后足胫节弯曲，胫节末端被浓密的细绒毛。雌虫前、中足较短，后足腿节发达，端部达鞘翅边缘，端齿不明显；雄虫后腿节粗长，其端部远超鞘翅末缘，具 2 ～ 3 枚明显的端齿。腹部腹面可见 5 节，第一腹节较长，为其余各节长度之和。

卵椭圆形，长约 3 mm，淡黄色。

初孵幼虫乳白色，后变为黄白色，体粗肥，呈 C 形，多褶皱，被细短刚毛。

蛹淡黄色，长 11 ～ 22 mm。

【生活习性】在江西省南昌市和广东省广州市 1 年发生 1 代，以老熟幼虫、蛹或成虫越冬。到翌年 5 月上旬开始活动，6 月上中旬始见幼虫为害，10 月中旬后幼虫少见。成虫羽化后先在茧内静伏 5 ～ 10 天，羽化后当日即可交配，雌雄虫均可多次交配。成虫有假死性，遇触动即坠落。成虫尚有趋上性和群集活动的习性。成虫取食寄主植物嫩茎的皮层，呈缺刻状，在其周围产卵。幼虫孵化后随即钻入寄主茎干表皮层取食，并逐渐深入木质部，寄主植物受害后局部组织受到刺激而肿大形成虫瘿。同一卵块孵出的幼虫多栖居在一个相通的蛀道内，但彼此有木屑层相隔，虫体并不相互接触。该虫在附有野葛藤的杉木、楠竹等林分中，6 ～ 7 月以卵和幼龄幼虫在野葛藤上生活，7 月下旬以 2 ～ 3 龄幼虫转移到杉木、楠竹等其他寄主上为害，并在其中结茧、越冬、化蛹和羽化。在杉木（或楠竹）上为害时不形成虫瘿，幼虫直接侵入到树木的木质部或竹壁，然后向上、下纵向扩展，一般每头幼虫 1 个蛀道，极少数个体多头聚集在 1 个蛀道。寄主受害后，有纤维状的粗木丝从蛀道口排出，老熟幼虫在蛀道末端结茧越冬。该虫在野葛藤茎蔓中结茧时，没有明显的蛹室，茧结于虫瘿内壁，而在杉木（或楠竹）中结茧时，则具有周壁光滑的蛹室。

【为害特点】成虫取食新枝嫩皮，幼虫在寄主植物茎（干）内取食及生长，刺激细胞增生，幼虫所在部位膨大成虫瘿，外观呈肿瘤状，一茎（干）可多处被害形成虫瘿，其上可见排粪孔。严重时影响寄主生长和结实。

【防治方法】物理防治。人工清除野葛，捕捉虫瘿内幼虫或人工捕杀成虫。

化学防治。选用 2.5% 联苯菊酯乳油或 2.5% 三氟氯氰菊酯乳油注射入虫瘿内灭虫。

耀茎甲 *Sagra fulgida* Chen

A. 成虫

B. 幼虫

耀茎甲（杨忠武 摄）

【寄主】葛藤、竹等。

【分布】中国分布于江西、湖北、广东、广西、四川、贵州、西藏。广西分布于灌阳、资源、全州、兴安、灵川。

【形态特征】成虫体中型，体长 7.5 ～ 13.5 mm，体宽 5.0 ～ 10.0 mm。全体蓝色带青紫色。头部有粗、细两类刻点，额唇基微凹，刻点细而稀；头顶后部两侧刻点粗而密，后头的刻点粗而稀，头顶与后头间微凹。触角细长，超过体长的一半。前胸背板长宽近相等，前侧角突出，端部较圆，前缘弧拱，后缘中部亦微拱出，两侧缘向后渐狭，基部中央常有 1 个浅凹；刻点中度密、散布。小盾片长舌形，微凹。鞘翅较宽阔，两侧微膨，盘区拱起，肩胛后方有凹洼，基缘有隆起的边；刻点行排列不规则，仅第一行及末行较整齐。前、中足较后足短，后腿节特别粗大，雌虫腿端达到鞘端，雄虫则远超过，腹面端部有 2 ～ 3 枚齿，雌虫齿极小，有时不显，雄虫齿较锐，以中间的或后面的一个最大；后胫节基部弯曲，端部向内突伸；雄虫后胫端弯曲并膨阔，每侧各有 1 枚齿，外齿伸出呈枝状，与弯曲的胫端形成叉状，静止时，枝状的大齿支架着后腿节的基半部；后腿节腹面内侧及后胫端的凹洼中有较长的绒毛。

【生活习性】在广西桂林毛竹纯林内 6 月可见成虫。

【为害特点】以成虫及幼虫在茎干内取食，成虫有时也能食叶，被蛀食部分常膨大呈虫瘿状。

【防治方法】未见大面积发生和为害，可通过保护和利用自然天敌控制其种群。

（杨忠武）

黑胸奇萤叶甲 *Taumacera biplagiata* (Duvivier)

黑胸奇萤叶甲成虫（郑光楠 摄）

【寄主】板栗。

【分布】中国分布于福建、广东、广西、香港。广西分布于东兰（巴畴）。

【形态特征】成虫体长 5.0 ～ 5.6 mm。雄虫触角第八节强烈胀大，圆柱形，背面一端具前短脊；鞘翅基部及端部暗色，中央淡色，稀有几全暗色；前胸背板暗色。

【生活习性】不详。

【为害特点】成虫取食寄主植物叶片使其呈缺刻状。

【防治方法】未见大面积发生和为害，可通过保护和利用自然天敌控制其种群。

中华竹潜甲 *Estigmena chinensis* Hope

【寄主】竹。

【分布】中国分布于广东、广西、云南。广西分布于上林。

【形态特征】体扁平，两侧近平行。雄虫触角较长，雌虫触角较短；触角第一至第六节背面及腹面第一至第三节有光泽，余节暗。前胸背板方形，两侧缘在近中央处突出，向基部渐窄。鞘翅棕红至黑褐色，有时前胸背板与鞘翅同色，鞘翅刻点列整齐，第七至第八刻点行末端往往各又分成 2 行小刻点。雄虫腹末端部中央无凹印，末节两侧毛疏短；雌虫腹末节中央具凹印，其两侧毛密长、黑色。

中华竹潜甲成虫（郑霞林　摄）

【生活习性】不详。

【为害特点】钻蛀茎秆为害寄主植物，造成植株茎秆畸形，寄主不能正常生长发育。

【防治方法】该虫在印度有大面积发生和为害的报道。在中国暂未见其大发生。可通过保护和利用自然天敌控制其种群。

星斑梳龟甲 *Aspidomorpha miliaris* (Fab.)

【寄主】八角。

【分布】中国分布于广东、广西、海南、云南。广西各地均有分布。

【形态特征】成虫体长 10 ~ 15 mm，体宽 9 ~ 14 mm；体近圆形或卵圆形，淡黄色至棕黄色，有时乳黄色；头部不外露，缩入前胸，口器隐藏在胸腔内；触角淡黄色，末端 3 节黑色。前胸背板浅色，仅侧缘具细狭黑边。鞘翅黑斑多变，较整齐的每翅盘区约有 10 个斑，近中缝 3 个，中部 5 个，盘侧 2 个；敞边基缘黑色，其后有 1 个斜形黑斑，占 1/2 敞边阔；中后部有 1 个黑斑；翅斑变异大，有时浅色占优。前胸背板较狭，两侧仅达鞘翅敞边基缘中央。鞘翅驼顶平拱，不呈瘤突，盘区光洁；敞边较垂峻，极宽阔。腹面有黑斑，呈块状或条状。

星斑梳龟甲成虫（韦维　摄）

幼虫腹部末端有较长尾叉。

【生活习性】在广西南宁以成虫为主、也有部分以蛹越冬，多数在叶背、少数在叶面等处越冬。每年发生代数不详。

【为害特点】幼虫在叶片表面取食，近年对八角树的为害有逐年加重的趋势，局部林分有成灾，需密切注意其种群发生发展动向。

【防治方法】营林防治。适时抚育施肥，促进林木健康生长，增强耐虫性；提倡营造针阔混交林；结合抚育，清理枯枝落叶及杂草。

化学防治。低龄幼虫期喷洒 25% 灭幼脲Ⅲ号 1500 ～ 2000 倍稀释液或喷撒粉剂；幼虫期和成虫期用 20 g/ 亩森得保可湿性粉剂 2000 倍稀释液喷施，加入 30 ～ 35 倍中性载体喷粉防治。

（韦　维）

二斑波缘龟甲 *Basiprionota bisignata* (Boheman)

【寄主】桉、泡桐。

【分布】中国分布于河北、山西、江苏、浙江、山东、河南、湖南、广西、贵州、云南、陕西。广西分布于玉林（大容山林场）、环江（驯乐）、罗城（纳翁）、博白林场（三滩）。

二斑波缘龟甲成虫（郑光楠　摄）

【形态特征】成虫体长 10 ～ 13 mm。体近似圆形，橙黄色，具金属光泽；触角基部 5 节淡黄色，其余各节黑色；前胸背板向外延伸，其前缘凹陷，复眼和头部正好从凹陷处部分可见，其后缘波浪形；小盾片长椭圆形；鞘翅背面突起，中间有两条隆起线，鞘翅两侧敞边平坦、透明，肩角与前胸背板等宽；雄虫鞘翅两侧中后部敞边各有 1 个大的椭圆形黑斑且达敞边外侧，雌虫无此特征，但鞘翅中盘密布黑色刻点。

卵橙黄色，聚产，椭圆形，竖立排列，外附一层胶质物。

幼虫共 5 龄，纺锤形，淡黄色；体侧灰褐色，且各有 1 个浅黄色肉刺突，向上翘起，附着蜕皮。

蛹淡黄色，前胸背板白色，前缘正前方凹陷的两侧角各着生 1 对白色的刺突；体两侧各有 3 枚三角形刺片，2 枚白色且刺片顶端向前弯曲，1 枚淡黄色且刺片顶端向后弯曲，白色刺片明显大于黄色刺片。

【生活习性】1 年发生 2 代，以成虫在枯枝落叶层、树皮缝隙、树洞、土坑或石头底部越冬，少数在灌木丛下或表土层中越冬。翌年 4 月上中旬出蛰，取食初春新叶，并完成交配和产卵。幼虫孵化后，聚集为害叶片。5 月中下旬开始化蛹，6 月上旬第二代幼虫开始发生和为害。8 月中下旬以后第二代成虫陆续羽化，10 月下旬开始越冬。成虫寿命长，可达 100 ～ 200 天，具多次交配习性。雌虫喜将卵产于叶背、嫩枝和叶柄上。卵期 7 ～ 9 天。

【为害特点】食叶害虫，成虫和幼虫聚集为害，以植物叶片和嫩茎为食，将叶片咬成网状，严重时可将整株叶片吃光。

【防治方法】参考山楂肋龟甲。此外，该虫对不同寄主品种（如毛泡桐通常受害较轻）和林龄（通常幼林受害轻）的泡桐为害程度不一，应因地制宜地选择高抗品种栽培和在不同年龄的林分中采取合适的防治技术。自然条件下存在姬小蜂、长尾小蜂、瓢虫、螳螂、猎蝽等寄生性和捕食性天敌，应注意保护和利用。

中华波缘龟甲 *Basiprionota chinensis* (Fab.)

【寄主】枫香、泡桐、厚皮木。

【分布】中国分布于江苏、浙江、江西、广东、广西、陕西。广西分布于玉林（大容山林场）、来宾（兴宾七洞）、象州（中平、寺村）。

【形态特征】雄成虫体长 13 ～ 16 mm，雌成虫体长 13 ～ 14 mm。体近似圆形，深黄色，具金属光泽；触角基部 9 节淡黄色，端部 2 节黑色；前胸背板向外延伸，其前缘凹陷，复眼和头部正好从凹陷处部分可见，其后缘波浪形；小盾片倒三角形；鞘翅背面驼峰隆起但不呈瘤，基洼不明显，中侧洼较深，其两侧各有 1 条隆线，外条较短，内条较长，刻点粗密但不整齐；鞘翅两侧敞边平坦，透明，无刻点，近末端 1/3 处敞边上各有 1 个椭圆形黑斑（黑斑大小常变异）；足淡黄色，但胫节端部及跗节淡黄色略带灰黑色。

中华波缘龟甲成虫（郑光楠　摄）

卵淡黄色，聚产，直行排列，略重叠，外附 1 层黄色分泌物。

幼虫共 5 龄，纺锤形，淡黄色；每腹节体侧着生 1 个突状物，其中第一至第六腹节的突状物白色或淡灰色且短，而第七、第八腹节的为黑色且长，第九腹节背面着生黑色的尾叉，附着蜕皮及粪便。末龄幼虫前胸背板前方近侧缘处有 2 个突状物。进入预蛹期后，腹背粪便及蜕皮自然掉落。

蛹灰白色，前胸背板白色，其前缘正前方凹陷的两侧角各着生 1 对白色的刺突；第一、第二腹节两侧各着生 1 枚白色刺片，顶端尖且向前弯曲，第三至第五腹节两侧各着生 1 个突状物，不尖锐，其中第四至第五腹节的突状物明显小于第三腹节的突状物；第七至第八腹节背负蜕；各腹节背部均着生 1 对黑斑，相连，呈 2 条黑带。

【生活习性】1 年发生 2 ～ 3 代，以第二代、第三代部分成虫在枯枝落叶层和树皮缝隙等处越冬。翌年 3 月下旬至 4 月上中旬出蛰，取食初春新叶补充营养，并完成交配和产卵。幼虫孵化后，聚集为害叶表皮。随着龄期的增加，逐步将叶片咬成网洞；幼虫的蜕均附着于腹背末的尾叉上。成虫羽化后需补充营养，羽化 10 ～ 20 天后开始交配，雌虫喜将卵产于叶柄、叶或嫩枝上。成虫寿命 80 ～ 100 天，越冬成虫寿命更长。

【为害特点】食叶害虫，成虫和幼虫聚集取食叶片，低龄幼虫取食叶肉，高龄幼虫可将叶片咬成网状穿孔，严重时可将整株叶片吃光。

【防治方法】参考二斑波缘龟甲。

山楂肋龟甲 *Cassida vespertina* (Boheman)

【寄主】桉、山楂。

【分布】中国分布于北京、河北、内蒙古、黑龙江、江苏、浙江、福建、湖南、湖北、广东、广西、四川、贵州、陕西、甘肃、台湾。广西分布于田阳（玉凤）。

【形态特征】小型昆虫，成虫体长 5 ～ 7 mm，宽 4.5 ～ 6 mm。卵圆形，体色暗淡，无光泽。触角黄褐色，中部以后深褐色；前胸背板中央褐紫色，前缘黄褐色，略透明；鞘翅酱褐色，具不规则的凹凸刻点，两侧缘中部及端部接近中线处各有米黄色半透明斑块，侧缘处的半透明斑块较大翅端部的大；前胸、中胸腹面黑色，腹部

山楂肋龟甲成虫（郑光楠　摄）

腹面黑褐色；足褐色。

【生活习性】不详。

【为害特点】食叶害虫，成虫和幼虫以植物叶片为食。

【防治方法】物理防治。结合林间管理，利用成虫假死性进行人工捕捉，集中消灭成虫。

生物防治。发生量少时，可充分利用自然条件下的捕食性和寄生性天敌进行自然调控。

化学防治。幼虫期或成虫期的补充营养阶段，选择 5% 吡虫啉乳油 1500 倍稀释液或 4.5% 高效氯氰菊酯乳油 1500 ～ 2500 倍稀释液喷雾防治。

阔边梳龟甲 *Cassida dorsata* (Fab.)

【寄主】桉、柑橘。

【分布】中国分布于广西、海南、云南。广西分布于兴业（卖酒）、合山（北泗）、兴宾（南泗）、维都林场（维都）。

【形态特征】小型昆虫，成虫体长 8 ～ 10 mm。体近似圆形。头部被前胸背板遮挡；前胸背板前缘中部近于平直；鞘翅表面光洁，敞边较宽阔、无刻点、透明且仅有基斑，盘区刻点细，驼峰顶端凸出呈角；爪内外沿均具梳齿，爪梳齿两边等长或外面的稍短。

【生活习性】不详。

【为害特点】食叶害虫，成虫和幼虫以寄主植物叶片和茎为食。

【防治方法】参考山楂肋龟甲。

阔边梳龟甲成虫（罗茂生　摄）

金梳龟甲 *Cassida sanctaecrucis* (Fab.)

【寄主】柚木。

【分布】中国分布于福建、广东、广西、四川、云南。广西分布于龙胜、兴安、兴业（龙安）、来宾（兴宾蒙村）、凭祥。

【形态特征】小型昆虫，体长 10 ～ 16 mm，宽 10 ～ 15 mm，体近似圆形，金黄至棕红色，具金属光泽；触角端部 2 节黑色，其余淡黄色；头小，隐于前胸背板下；小盾片呈“▽”形；鞘翅盘区高低不平，中部驼顶隆起，呈圆锥状，刻点行不明显；敞边平坦，透明，基部和中后部各有 1 个金黄色至棕红色斑且达敞边外侧（中后部的斑有时退化甚至完全消失），翅端部紧邻翅缝处有 1 条狭长的横黄条纹，合翅后狭长的横黄条纹似 1 条小尾巴；足和体腹面淡黄色。

金梳龟甲成虫（方启专　摄）

【生活习性】不详。

【为害特点】食叶害虫，成虫和幼虫以植物叶片和嫩茎为食。

【防治方法】参考山楂肋龟甲。

泡桐小龟甲 *Thlaspida biramosa* (Boheman)

【寄主】油桐。

【分布】中国分布于河南、广西。广西分布于天峨（六排）、金秀（三角）、苍梧（天洪岭林场）。

泡桐小龟甲成虫及为害油桐症状（陈荣　摄）

【形态特征】成虫体长 6 ～ 10 mm，宽 5.5 ～ 8.5 mm，近似圆形，黄褐色；头部嵌入前胸背板下；触角丝状，黄褐色，基部 6 节黄褐色，端部 5 节黑色；前胸背板向外延伸，其前缘不凹陷，其后缘弧形；小盾片倒三角形；鞘翅两侧敞边平坦，透明，肩角明显宽于前胸背板，近翅端 1/3 处敞边上具黑斑，鞘翅上具明显的纵隆线和粗点刻，基 / 侧洼较深；两鞘翅端部的敞边中缝处不能合拢。

【生活习性】6 ～ 7 月为成虫为害高峰期。其余习性不详。

【为害特点】食叶害虫，成虫和幼虫聚集取食叶片，低龄幼虫取食叶肉，高龄幼虫可将叶片咬成网状穿孔，严重时可将整株叶片吃光。

【防治方法】参考二斑波缘龟甲。

红负泥虫 *Lilioceris lateritia* (Baly)

【寄主】板栗。

【分布】中国分布于江苏、浙江、安徽、福建、江西、湖北、湖南、广东、广西、重庆、四川。广西分布于南宁（武鸣）、荔浦（蒲芦）。

红负泥虫成虫（郑霞林　摄）

【形态特征】小型昆虫。头部突出，颈部明显；头、触角、足及体腹面黑色，颈部、前胸背板和鞘翅红色；触角第一至第四节念珠状，第五至第十一节近方形且扁平；前胸背板近似方形，两侧中部之后变窄深凹；鞘翅末端略宽于基节，但斜面处迅速收窄，翅表拱突，刻点行较密、整齐。

【生活习性】不详。

【为害特点】食叶害虫，成虫和幼虫均可取食植物叶片。

【防治方法】未见大面积发生和为害，可通过保护和利用自然天敌控制其种群。

（二十九）象甲总科 Curculionoidea

包括长角象科 Anthribidae、卷象科 Attelabidae、三锥象科 Brentidae、小蠹科 Scolytidae 和象甲科 Curculionidae 等，世界性分布。体被鳞片；喙显著，由额向前延伸而成；触角膝状，具明显的棒节；下颚须 2～3 节，其和下唇须退化而僵直，不能活动。幼虫白色，身体常弯曲成 C 形，无足型，腹节背板每节具 3～4 条横褶。绝大多数种类陆生，少数种类水生；假死性强，少数种类有趋光性。营有性生殖，少数种类营孤雌生殖。多数 1 年发生 1 代，少数 2 年发生 1 代。多以成虫越冬，少数以卵或初龄幼虫越冬。全世界已记录 5598 属 6.2 万多种。目前，中国已记录 770 多属 3200 多种。绝大部分种类是重要的林业害虫，部分种类是检疫性害虫、天敌昆虫。

70. 卷象科 Attelabidae

小型昆虫，体长 1.5～8 mm，体色鲜艳光亮；头及喙前伸；前胸明显窄于鞘翅；鞘翅宽短，两侧平行；前足基节大，强烈隆突；前中后足的腿节均膨大，内侧具齿，胫节弯曲，末端有距，跗节 5-5-5，第三节双叶状，第四节小，位于其间。成虫卷叶成筒状作为产卵场所，幼虫躲在其内食叶。全世界约 5000 种，中国已记录 678 种。

（郑霞林）

大尖齿象 *Lamprolabus bihastatus* Frivadszky

【寄主】桉、肉桂。

【分布】中国分布于福建、湖南、广西、云南。广西分布于蒙山、容县。

大尖齿象成虫（陈队　摄）

【形态特征】成虫体长 4.5～5.6 mm，宽 3.2～3.8 mm。体红色，有时发黄。头短，向下伸，顶部光滑，中沟可见。眼远离，隆突，眼后至前胸前端略加宽。触角着生于喙基部，其间有 2 个发达的瘤突，由此伸出 2 条沟，逐渐分开，穿过额区，到达头顶，触角柄节短粗，棒 3 节较紧密。喙短粗，端部放宽。前胸短宽，向后加宽，前缘无明显缢缩，近后缘前有 1 条横沟，表面光滑，中沟不见。小盾片舌形，表面光滑。鞘翅肩胝明显，两侧平行，向后缩圆，鞘翅刻点沟浅，刻点小，沟间光滑，鞘翅两侧近基部有 2 个尖齿，从行间 6 向外伸，其尖角大。

【生活习性】不详。

【为害特点】不详。

【防治方法】未见大面积发生和为害，可通过保护和利用自然天敌控制其种群。

栎长颈象 *Paracycnotrachelus longiceps* (Motschulsky)

【寄主】栎。

【分布】中国分布于河北、山西、辽宁、黑龙江、吉林、江苏、安徽、江西、山东、河南、湖北、广东、广西、海南、四川、贵州、云南、香港。广西分布于荔浦。

【形态特征】体长 8 ~ 13 mm，红褐色具金属光泽，光滑无毛。触角 12 节，柄节长杆形，索节 1 球杆形，3 ~ 8 节倒圆锥形；雄虫头部伸长，基部形成圆柱形的细颈，触角末节端部形成尖突状；喙中间缢缩；胫节细长，内缘有 1 列小齿，端部外角有钩；雌虫颈短，触角末节不形成尖突状；前胸前端窄，基部宽且有宽的横带状隆起，其上有深的横缢；胫节短而扁。

栎长颈象成虫（郑光楠　摄）

卵圆形，黄色，孵化前卵壳变为红褐色。

幼虫蛴螬型，头较小，上颚具臼齿，下颚具合颚叶；胸腹背侧面有瘤突；无足；无尾突。

裸蛹，初期黄色，后期逐渐变为深褐色。

【生活习性】在辽宁凤城 1 年发生 2 代，以成虫在枯枝落叶层下、表土中越冬。翌年 5 月栎树发芽放叶后，成虫出蛰取食嫩叶，交配和产卵；成虫常将较大的嫩叶卷成筒状，并产卵于其内，卵期 10 ~ 15 天；幼虫不转移为害，幼虫历期 11 ~ 16 天；幼虫在卷筒状叶内化蛹，蛹期 3 ~ 5 天；5 月下旬第一代成虫出现，成虫可多次交配，第二代成虫始于 8 月中旬，有聚集习性，并以其越冬。成虫昼出夜伏，具假死性。

【为害特点】食叶害虫，成虫常将嫩叶叶脉咬断后，将其横卷成短直筒状叶苞，然后产卵于其内，幼虫孵化后躲在其内为害。

【防治方法】物理防治。根据成虫具假死性和二代成虫具聚集性进行人工捕捉，集中消灭成虫；人工摘除叶苞，消灭其中的卵、幼虫及蛹。

化学防治。在成虫羽化盛期的补充营养阶段，选择 1% 苦参碱 800 倍稀释液或 1.8% 阿维菌素乳油 1000 倍稀释液喷雾防治。

漆黑瘤卷象 *Phymatopoderus latipennis* (Jekel)

【寄主】桉、三叉枫。

【分布】中国分布于广西、台湾。广西分布于南宁（武鸣大明山）、荔浦、苍梧（六堡）、平南（安怀）、巴马（那桃）、都安（板岭林场）、宜州（庆远林场）。

【形态特征】体长 5 ~ 7 mm，蓝黑色具金属光泽，光滑无毛。触角黄色，顶端膨大；前中足黄色，后足除腿节黑色外，其他各节黄色；鞘翅基部及中部沿翅中缝对称各有 1 对瘤状突起；腹部腹面黄褐色。

卵长椭圆形，黄色。

【生活习性】不详。

漆黑瘤卷象成虫（宋志顺　摄）

【为害特点】食叶害虫，成虫常卷叶为害。成虫产卵在卷叶内，幼虫孵化后躲在其内为害。

【防治方法】参考栎长颈象。

71. 象甲科 Curculionidae

喙显著，两侧各有 1 条触角沟，触角膝状，端部棒状；无上唇；外咽缝愈合；跗节假四节；体壁多具鳞片。全世界已记录 4600 多属 5.1 万多种，占象甲总科昆虫种类数的 80% 以上，中国已记载 2700 多种。象甲科昆虫的分布非常广泛，遍及两极、海滩、高山、沙漠、热带雨林等。象甲科昆虫寄主多样，有些种类是害虫，如玉米象（*Sitophilus zeamaiz*）、米象（*S. oryzae*）、杧果象（*Sterochetus* spp.）、根瘤象（*Sitona* spp.）、稻水象甲（*Lissorhoptrus oryzophilus*）、甜菜象（*Bothynoderes punctiventris*）、杨干象（*Cryptorrhynchus lapathi*）、红木蠹象（*Pissodes nitidus*）、松树皮象（*Hylobius abietis*）、栗象（*Curculio davidi*）、山茶象（*Curculio chinensis*）、核桃长足象（*Alcidodes juglans*）等；有些种类可用作生物防治，如菊花象（*Larinus* sp.）和锥形宽喙象（*Rhinocyllus conicus*）可用来防治一些菊科杂草；有些种类可入药，如蚊母草直喙象（*Gymnetron miyoshii*）；有些种类属于珍稀昆虫，如褐镰象（*Pollendera fuscofasciatus*）；有些种类属于传粉昆虫，如花象亚科（*Anthonomiae*）。

（朱宏斌）

花椒长足象 *Alcidodes sauteri* (Heller)

【寄主】肉桂、八角、花椒。

【分布】中国分布于福建、湖南、广西、四川、云南、台湾。广西分布于东兰（花香）。

花椒长足象雄虫（覃东平　摄）

【形态特征】成虫体长 17 ～ 20 mm。身体近于圆筒形，体长达 20 mm，为本属中中国已知的体形最大的种类。黑色，前胸两侧、肩和翅坡被覆分叉的鳞片和白粉，喙较细，略弯，长大于头胸之和，密布刻点，雌虫后端背面有细沟；触角极近于喙中间以前，索节第一节宽，长于第二节，第三节略窄，第四至第六节几乎呈球形，第七节长大于宽，等于棒长，雌虫触角第七节二倍于棒长。前胸宽大于长，向前缩为圆筒形，基部稍缩窄，除前缘外，密布很大的颗粒，颗粒顶端脐状，具有细毛 1 根。小盾片倒三角形，前端被鞘翅包围。鞘翅略宽于前胸，长 2 倍于宽，行纹直到端部 1/4 散布长方形坑状刻点，行间宽约等于行纹，散布刻点。腿节有弯齿，其前端有钝齿 2 个，前足胫节中间以前有钝齿，端刺发达。

【生活习性】在四川岷江上游干旱河谷地区 2 年发生 1 代，生活史不整齐。卵、幼虫、成虫均可越冬，但以幼虫、成虫为主。越冬成虫翌年 3 月下旬随花椒发芽开始活动，5 月上旬至翌年 1 月下旬为成虫产卵盛期，4 月下旬至 6 月中旬、9 月上旬至 10 月下旬为成虫发生高峰期。卵期 16.1 天，幼虫期 352 天，蛹期 18.7 天，成虫寿命 39.5 天，但越冬成虫寿命可长达 150 天。

【为害特点】绝大部分成虫在花椒枝干内的蛹室中越冬。越冬成虫于翌年 3 月中下旬气温为 10 ℃以上，花椒发芽展叶时，开始活动取食花椒嫩芽；成虫不善于飞翔，一般飞翔距离约 15 m；有假死习性，落地后形似鸟粪；4 月上旬开始交配产卵，产卵前先咬出一长形产卵坑，同时在产卵坑中咬出 1 ～ 7 个排成 1 列的产卵孔，产卵孔多为 2 ～ 3 个，然后在孔中产卵 1 粒，产卵坑多分布在枝干阴面。产卵后约 5 天至幼虫孵化期间坑口有黄褐色胶质物封盖。幼虫 5 个龄期。幼虫在花椒枝干内向上蛀食，蛀食期可见条状粪便从为害孔排出，蛀食花椒木质部的体积达 530 mm^3。末龄幼虫化蛹前在为害孔口筑一封盖构成蛹室，成虫羽化后约 15 天咬穿盖子钻出。

【防治方法】营林防治。对新栽、老树和大树，要及时进行扩盘、施肥、除草，以增强树势，提高抗虫能力。刮除根颈部粗皮，拣拾病虫落果，摘除被害果，将其与石灰混拌后集中深埋。

物理防治。利用成虫假死性，在成虫发生盛期振动树枝，树下铺置塑料布，收集落地成虫集中毁灭。

生物防治。在越冬成虫出现至幼虫孵化阶段，用每毫升含孢子量 2 亿个的白僵菌液喷雾防治。另外，红尾伯劳、寄生蝇和蚂蚁，应注意保护、招引和利用。

化学防治。在越冬成虫出现至幼虫孵化阶段，采用 2.5% 功夫乳剂 2000 倍稀释液、50% 杀螟松 1000 倍稀释液进行树冠喷雾，7 天 1 次，连喷 3 次；或在成虫发生初期，在树冠下喷洒 48% 乐斯本乳油 300 倍稀释液，可有效降低虫口数量。

长颚宽喙象 *Baryrrhynchus poweri* Roelofs

【寄主】桉、八角、马尾松。

【分布】中国分布于湖南、广西、云南、台湾。广西分布于兴安、东兴、上思（叫安）、隆林（蛇场）、派阳山林场（念克）。

长颚宽喙象成虫（詹凯翔　摄）

【形态特征】成虫体宽 2.4 ～ 5.0 mm，棕黑色至红棕色。头梯形，额部平滑，后缘略凸。眼较小，略凸。雄虫上颚细长，内缘无齿，仅端部具齿，喙前缘呈二波状，两侧端角圆，喙短而宽，长 1.5 倍于额宽，触角窝着生于喙中部，上面的扩展为半圆形，中部之前最宽；前喙两侧隆起，在触角窝前面隆起较低；后喙前部两侧的隆起强烈。触角较长，达鞘翅前缘。前胸光滑，中部之前最宽。鞘翅行间与行纹等宽，刻点长圆形，端侧角圆，斑点橙黄色，宽于沟间 3、5 基部，沟间 4 中部之前，沟间 5、8、9 前 1/3 处，沟间 3 ～ 6 后 1/3 处，沟间 3、4、9 端部。腿节有齿，前胫直。雌虫前喙直，圆筒形，长为额宽的 3.3 倍。

【生活习性】不详。

【为害特点】不详。

【防治方法】未见大面积发生和为害，可通过保护和利用自然天敌控制其种群。

竹横锥大象 *Cyrtotrachelus buqueti* Guerin-Meneville

【寄主】甜竹、粉单竹、毛竹、撑篙竹、麻竹、雷竹等。

A. 橙黄色型成虫　　B. 黑褐色型成虫

C. 卵及低龄幼虫　　D. 高龄幼虫

竹横锥大象（杨忠武　摄）

【分布】中国分布于广东、广西、四川、贵州等地。广西分布于南宁（武鸣）、宾阳、横州、隆安、荔浦、阳朔、梧州（万秀、长洲）、苍梧、岑溪、蒙山、藤县、上思、贵港（港南）、桂平、博白、陆川、田东、隆林、平果、河池（金城江）、天峨、象州、天等、高峰林场、黄冕林场。

【形态特征】成虫体长 25 ～ 40 mm，体红褐、棕褐或褐色，表面光滑发亮。头黑色，喙长 10 ～ 12 mm，自头部前方伸出。雄虫喙略短，背面有 1 个凹槽，凹槽两边有齿状突起。雌虫喙背面光滑。触角膝状，末节膨大成鞋形。前胸背板呈圆形隆起，前缘有黑色边，后缘中央有 1 个箭头状黑斑。鞘翅上各具点刻纵纹 9 条，臀角有 1 个明显的尖刺。前足胫节内侧密生 1 列棕色毛。

卵椭圆形，长 4 ～ 5 mm，宽 1.4 ～ 1.5 mm。光滑无色透明。

末龄幼虫体长 48 ～ 55 mm，淡黄色。前胸背板上有 1 个黄色斑，斑上具“八”字形黑褐斑。体多褶皱，无斑纹。

蛹体长 35 ～ 51 mm，离蛹，土黄色，外被泥茧。

【生活习性】在广西南宁 1 年发生 1 代，以成虫在 4 ～ 20 cm 深处的土室内越冬。翌年 4 月下旬后陆续出土取食、交配和产卵，7 月上旬至 8 月中旬为出土盛期。卵期为 5 月中旬至 10 月上旬，幼虫期为 5 月中旬至 10 月中旬，成虫 10 月上、中旬始见。成虫飞翔能力不强，具假死性，喜栖息在荫凉处取食笋箨，寿命 40 ～ 70 天。卵产于离笋尖 30 ～ 40 cm 的节间，产卵时咬 1 个圆形刻槽后产下 1 卵，一笋最多产卵 3 粒。卵经 2 ～ 4 天后孵化，幼虫入笋后先向上蛀至笋尖，而后转向下蛀食，将竹笋上半段笋肉全部吃光。此时蛀道宽大且充满虫粪，笋尾干枯发黄，变软腐烂。幼虫 5 龄，蛀食 9 ～ 14 天后老熟，于笋中部咬 1 个圆孔，钻出落地，将地面杂草拖入室内建成蛹室，经 8 ～ 11 天后化蛹，蛹期 11 ～ 15 天。

【为害特点】成虫在笋外取食进行补充营养，被害笋长成畸形竹或断头折梢；幼虫蛀食笋肉、嫩竹，造成大量退笋，成竹节间缩短，干形弯曲，易被风折断。一般被害率在 20% 左右。

【防治方法】营林防治。秋冬季松土抚育培土，既可促进竹林生长，又能破坏害虫在土中的蛹室，堵塞外出通道，有利于降低虫口密度。

物理防治。成虫出土后，人工捕捉成虫；及时挖除被害笋，消灭幼虫。

化学防治。出笋后，可用 2.5% 溴氰菊酯乳油或 20% 氰戊菊酯乳油 2000 ～ 3000 倍稀释液，每隔 7 天喷洒 1 次，连续 2 ～ 3 次，可起到杀虫护笋作用。

（黄志平）

竹直锥大象 *Cytotrachelus longimanus* (Fab.)

竹直锥大象成虫（杨忠武　摄）

【寄主】毛竹、青皮竹、粉单竹、甜竹、绿竹、水竹、茶竹等。

【分布】中国分布于浙江、福建、湖南、广东、广西、四川。广西分布于南宁（邕宁）、宾阳、横州、荔浦、龙胜、平乐、灵川、兴安、苍梧、岑溪、藤县、上思、防城港（防城）、灵山、容县、南丹、天峨、象州、凭祥、黄冕林场。

【形态特征】雄成虫体长 20 ～ 35 mm，体宽 10 ～ 15 mm；雌成虫体长 16 ～ 30 mm，体宽 9 ～ 12 mm。虫体红褐色，前胸背板上有不规则圆形黑斑；鞘翅外缘不圆，呈截状，臀角位置无突刺。前足腿节、胫节与中足腿节、胫节等长。

卵长椭圆形，长 3 ～ 4 mm，宽 1.2 ～ 1.4 mm，初产时为乳白色，后渐变为乳黄色；卵壳表面无斑纹、光滑。

幼虫初孵时为乳白色，体长 4 mm 左右；老熟时体为淡黄色，体长 40 ～ 45 mm，头黄褐色，前胸背板具有黄色大型斑块，并有 1 条隐约可见的灰色背线。

蛹长 30 ～ 40 mm，初为乳白色，后渐变为土黄色，外有 1 个由竹笋纤维与泥土混成的长椭圆形茧。

【生活习性】1 年发生 1 代，以成虫于室中越冬。翌年 5 月越冬成虫开始出土后活动，以 6 月下旬至 7 月上旬为出土盛期。成虫有假死性。喜栖息于阴凉处，啃咬笋锋作为补充营养。产卵时，先在笋的上部用头咬 1 个 1 ～ 2 cm 的刻槽，然后产 1 粒卵，再用头咬笋锋纤维堵塞槽口。卵经 1 周孵化，幼虫蛀入笋内取食，蛀道宽大且充满虫粪，被害笋逐渐霉烂枯死。幼虫老熟后于地下 6 ～ 28 cm 处做土室化蛹。成虫羽化后当年不出土，于室内越冬。

【为害特点】幼虫蛀食竹笋，使竹笋内部霉烂而死，造成断头竹、畸形竹以及大量退笋，严重影响竹株正常生长。

【防治方法】营林防治。冬季松土，可破坏竹象的土室，不得于其越冬，亦可促进竹林生长。

物理防治。成虫有假死性，多集中于竹笋上，在清晨或黄昏时不甚活动，可用人工捕捉。还可根据幼虫为害特点人工捕捉幼虫，被害竹笋尖部枯黄，尖叶柔软下垂，可用手指拧一下竹笋端部 16 ～ 20 cm 处，如为软的，内部大多有虫，就用利刀自下切开 1/4 笋壳，取出幼虫。

化学防治。幼虫发生期，选用 90% 晶体敌百虫或 80% 敌敌畏乳油 300 倍稀释液竹腔注射，毒杀幼虫。事先应用钻头在虫孔附近钻 1 个孔，孔口向上。

（黄志平）

淡褐象甲 *Dermatoxenus caesicollis* Gyllenhal

【寄主】杂木。

【分布】中国分布于江苏、浙江、安徽、福建、江西、广西、四川、台湾。广西分布于隆林（沙梨）。

【形态特征】雄成虫体长 9.9 ～ 12.0 mm，体宽 4.5 ～ 5.7 mm；雌成虫体长 10.6 ～ 11.0 mm，体宽 4.7 ～ 4.8 mm。体卵形，密被淡灰色鳞片。喙耳放宽，喙基部两侧有横沟；触角沟能从上面可见，中沟深，长达头顶；口上片三角形；触角柄节达到眼的前缘，棒长卵形，稍尖；眼很突出，长大于宽。前胸宽大于长，前缘截断形，仅中间略突出；中沟深，中沟两侧前后各有 1 个深的弯沟。小盾片看不见。鞘翅基部略宽于前胸基部，向后逐渐放宽，翅坡最宽，翅坡以后突然缩窄，基部中间黑。行纹 1、行纹 2 基部的刻点粗于其他。行间 3、行间 5、行间 7 特别隆，而且有瘤。雄虫腹板末节端部尖，鞘翅端部缩成 1 个短尖；雌虫腹板末节端部钝圆。

【生活习性】在四川发生于 4 ～ 9 月，在福建发生于 4 ～ 7 月。

【为害特点】不详。

【防治方法】未见大面积发生和为害，可通过保护和利用自然天敌控制其种群。

淡褐象甲成虫（И.А.Забалуев　摄）

油棕象甲 *Elaeidobius kamerunicus* Faust

【寄主】油棕。

【分布】中国分布于广西、海南、云南。广西分布于隆林（沙梨、天生桥、平班、德峨）。

【形态特征】成虫体长约 3 mm，长卵形。喙短，背面有 2 条纵脊，前胸梯形，前缘截断状，后缘二波状，前缘两侧具眼叶；翅稍具肩，最宽处在中部以前，端部各自缩圆；每翅基部中央具一胝，雌虫胝较小；雄虫翅缝中部还具 1 个毛瘤，翅周缘除基部外具直立长毛，雌虫无此特征。翅上密布刻点和倒伏的短小柔毛。

A. 侧面观　　B. 背面观

油棕象甲成虫（Ken Walker　摄）

【生活习性】成虫具雌雄二型现象、较强的飞行能力、群居性和假死性，17：30 ～ 18：30 为其活动高峰期。卵散产于寄主植物花内，每雌产卵量 35 ～ 51 粒。

【资源利用】是油棕最高效、最安全的授粉昆虫，应加以保护利用。

臭椿沟眶象 *Eucryptorrhynchus brandti* Harold

【寄主】香椿、臭椿。

【分布】中国分布于北京、河北、山西、黑龙江、上海、江苏、山东、广西、四川、陕西。广西分布于田阳（玉凤）、凌云（下甲）、西林（马蚌）。

【形态特征】成虫体长约 11.5 mm，体宽 4.6 mm。体具光泽，前胸几乎全部、鞘翅的肩及其端部 1/4（除翅瘤以后的部分）密被雪白鳞片，仅掺杂少数赭色鳞片，鳞片呈叶状。额比喙基窄。喙的中隆线两侧无明显沟。

【生活习性】在淮北地区1年发生1代，以幼虫和成虫越冬，幼虫在枝、干蛀道内越冬，而成虫在树(绝大多数被害木)干基部周围1～2 cm深的表土中越冬。越冬幼虫虫龄不整齐，翌年3月下旬成虫出现，盛期为5月下旬至7月下旬，个别可延续到9月下旬。越冬成虫翌年4月中旬可出土活动，进行交配、产卵。卵期约10天，幼虫于11月中旬越冬，成虫于11月上旬越冬。

【为害特点】初孵幼虫先为害皮层，导致被害处树皮下形成凹陷，随着虫龄的增大，逐步钻入木质部内为害。

A. 成虫

B. 幼虫

臭椿沟眶象(王俊平　初立良　摄)

【防治方法】营林防治。成虫喜食衰弱木，加强抚育管理，增强树势，提高林木自体抗虫能力，并及时清理受害木，集中销毁，减少虫源。

物理防治。利用成虫在树基1～2 cm深的土层中越冬习性，集中捕杀。也可利用成虫的假死性，于清晨震落停息在枝、干上的成虫，收集杀灭。

化学防治。6～7月成虫活动盛期，可用40%氧化乐果乳油、40%久效磷乳油涂干防治成虫，或在幼虫发育期及成虫活动期，注射上述药物于树干，防治幼虫和成虫。

绿鳞象 *Hypomeces squamosus* (Fab.)

【寄主】松、水杉、桉、火力楠、荔枝、柚木、楠木、椆木、阴香、牛奶果、盐肤木、杨梅、乌桕、油茶、油桐、白背桐、降香黄檀、山杜鹃、板栗、肉桂、格木、红锥、酸枣、泡桐、枇杷、冬青、秋枫、坚果、核桃、竹。

【分布】中国分布于江苏、浙江、安徽、福建、河南、江西、湖南、广东、广西、四川、云南、台湾。广西各地均有分布。

【形态特征】身体肥大而略扁，体壁黑色，密被均一的金光闪闪的蓝绿色鳞片(同一鳞片因角度不同而显示为蓝色或绿色)，鳞片间散布银灰色长柔毛(雄)或鳞状毛(雌)，鳞片表面往往附着黄色粉末。有的个体，其鳞片为灰色、珍珠色、褐色或暗铜色，个别个体的鳞片为蓝色。头、喙背面扁平，中间有1条宽而深的中沟，长达头顶，两侧各有2条或弯或直的浅沟；触角短而粗，柄节长达眼中部，棒长卵形，端部尖；眼突出。前胸基部最宽，基部二凹形，端部窄得多，截断形，两侧几乎直，后角尖，前角在眼后突出成1枚短而尖的刺，背面中间

A. 成虫

B. 为害核桃

绿鳞象(吴志新　郑霞林　摄)

洼，中沟宽而深，两侧附近有多种不规则的洼。鞘翅基部中间波状，肩部最宽，宽于前胸基部，向后逐渐缩窄，肩钝圆，略斜，每个鞘翅端部缩成上下 2 个锐突，上面的较大，行纹刻点大而深，刻点前端各有短毛 1 根，行间宽而扁。

【生活习性】在福建 1 年发生 1 代，以成虫及幼虫在土中过冬。越冬成虫于翌年 4 月中旬开始出土活动，6 月下旬为羽化盛期。成虫活动力不强，有群集性。

【为害特点】以成虫为害寄主植物叶片，形成缺刻，影响植株长势。

【防治方法】营林防治。结合林间管理中耕松土，破坏幼虫在土中的生存环境。

物理防治。利用成虫假死性，在早晚温度较低时，采用人工振落成虫，集中捕杀。还可在成虫盛发期，在为害较重的果园内堆放 4 ～ 5 堆新鲜青草诱杀成虫。

金边翠象 *Lepropus lateralis* (Fab.)

【寄主】马尾松、桉、黄檀、黄梁木、羊蹄甲、杧果、樟、小叶榄仁、坚果、油茶、秋枫、胡桃、栗。

【分布】中国分布于江西、广东、广西、云南。广西分布于南宁（邕宁新江）、宾阳（甘棠）、横州（云表）、桂林（雁山）、龙胜、梧州（万秀城东）、岑溪（三堡）、合浦（山口）、上思（公正）、博白、巴马、大化、凤山（凤城）、天峨（更新）、兴宾（高安）、扶绥（柳桥）、龙州、宁明（亭亮）、大新、派阳山林场（念克）。

金边翠象成虫（李檄辅　摄）

【形态特征】雄成虫体长 8.5 ～ 11.6 mm，体宽 3.0 ～ 4.4 mm；雌成虫体长 10.0 ～ 12.0 mm，体宽 3.8 ～ 4.8 mm。体黑色，被覆绿色发金光的鳞片，鳞片互相分离，鳞片间散布短的片状鳞毛；头、胸、鞘翅两侧的鳞片较淡而密，发金光，有的种群被覆浅黄色鳞片而发红光。头表面粗糙；喙长大于宽，两侧平行，中沟两侧各有 2 条细隆线，隆线在端部辐合，眼以前有浅洼和皱纹；触角黑色，索节 2 长为索节 1 的 1.5 倍，索节 3 长于索节 4，索节 7 长约等于宽；额扁平，有沟状皱纹，中沟宽而深，未延长至头顶。前胸宽略大于长，两侧圆形，中部稍后最宽。鞘翅肩部略窄，基部有隆线，两侧平行，端部逐渐缩窄，但未缩成锐突；刻点沟深，中部以后刻点缩小，沟间宽而隆，鳞片之间散布稀薄颗粒和鳞片状倒伏短毛。雌虫腹部末节基部两侧各有 1 个深窝，端部中间略突。

【生活习性】在云南西双版纳常见于 4 ～ 10 月，7 月发生最盛。

【为害特点】不详。

【防治方法】未见大面积发生和为害，可通过保护和利用自然天敌控制其种群。

圆筒筒喙象 *Lixus mandaranus fukienensis* Voss

【寄主】桉、八角、核桃、漆。

【分布】中国分布于北京、河北、山西、辽宁、吉林、黑龙江、浙江、福建、江西、湖北、湖南、广西、四川、陕西、甘肃。广西分布于上思（公正）、桂平（社坡）、东兰、金秀、大新（福隆）。

【形态特征】成虫体长 7.0 ～ 13.5 mm。鞘翅前端的行纹极为明显，但向端部逐渐变得很细，行间 2、行间 3 基部不突出，但较宽，且分布较粗的刻点。索节淡红色至黑色，索节 3 与索节 4 等长。触角无论雌雄均着生于喙中部以前；眼叶通常不存在，眼后的纤毛却常存在。

【生活习性】不详。

【为害特点】不详。

【防治方法】未见大面积发生和为害，可通过保护和利用自然天敌控制其种群。

圆筒筒喙象成虫（梁照文　摄）

红褐圆筒象 *Macrocorynus discoideus* Olivier

【寄主】桉、湿地松、马尾松、油桐。

【分布】中国分布于江苏、浙江、福建、江西、湖南、广东、广西。广西分布于贵港（港北中里）。

【形态特征】成虫体长 5.75 ～ 7.25 mm，体宽 2.5 ～ 3.0 mm。体红褐色，被覆毛状褐色鳞片，但下列部位被覆椭圆形淡绿色鳞片，头部和前胸的两侧，前胸背面中间的 1 条窄纹，鞘翅行间 1、行间 7、行间 10、行间 11，行间 5、行间 6、行间 10 的后半端，行间 3、行间 4 近端部。足红褐色。头部具细刻线；喙长于头；口上片基部钝圆，背面略洼；中沟明显；触角短而粗，柄节弯，长过前胸前缘，端部略放粗，索节 1 短而粗，棒细长，几乎不宽于索节；额宽大于眼长和触角间之宽。前胸宽大于长，两侧圆，中间稍后最宽，两端截断形，背面密布刻点，中间之后两侧往往各有 1 个浅窝。小盾片三角形。鞘翅基部近于截断形，肩近于直角形；雌虫两侧直至中间后近于平行，雄虫从肩开始逐渐缩窄。行纹刻点明显，行间散布 3 行倒伏短毛。

红褐圆筒象成虫（井上昌次　摄）

【生活习性】不详。

【为害特点】不详。

【防治方法】未见大面积发生和为害，可通过保护和利用自然天敌控制其种群。

茶丽纹象 *Myllocerinus aurolineatus* Voss

【寄主】木荷、降香黄檀、任豆、核桃、栗木、羊蹄甲、茶、油茶、山茶、柑橘、梨、苹果、桃、板栗。

【分布】中国分布于江苏、浙江、安徽、福建、湖北、广西、四川。广西分布于平果（四塘）、巴马、南丹（吾隘）、大新（福隆）、天等（龙茗）、雅长林场（雅长）。

【形态特征】成虫体长 6 ～ 7 mm，体灰黑色，长椭圆形，喙短而粗；体表有黄绿色、闪金光的鳞片集成的斑点和条纹，在前胸背板两侧及鞘翅上形成若干黄绿色纵带，近中央处有较宽的黑色横纹，腹面散生黄绿色或绿色鳞片；触角膝状，柄节较直而细长，端部 3 节膨大。

卵椭圆形，初为黄白色，后渐变暗灰色。

幼虫乳白色至黄白色，体多横皱，无足，肥胖多皱，体表多黄白色短毛。

蛹长椭圆形，乳白色至黄褐色，头顶及各体节背面有刺突 6 ～ 8 枚。

茶丽纹象成虫（陈延桂　摄）

【生活习性】在浙江杭州 1 年发生 1 代，以幼虫在茶丛树冠下土中越冬，越冬幼虫于翌年 4 月下旬陆续化蛹，5 月中旬开始羽化、出土，5 ～ 6 月为成虫为害盛期。

【为害特点】幼虫在土中食须根，成虫取食叶片，致使叶片边缘呈弧形缺刻。严重时全园残叶秃脉，对茶叶产量和品质影响很大。

【防治方法】营林防治。7 ～ 8 月或秋末结合施基肥进行清园及行间深翻，破坏栖息地环境。

物理防治。利用成虫假死性，在地面铺塑料薄膜，然后用力振落，集中消灭。

生物防治。于成虫出土前用白僵菌菌粉（含孢量 100 亿 /g 以上）1 ～ 2 kg/ 亩拌细土撒施于土表。

化学防治。在成虫出土盛末期，当虫量达 15 头 /m^2 以上时，于下午至黄昏时用 5% 氟虫腈（锐劲特）40 ～ 50 mL 兑水 75 kg、2.5% 联苯菊酯 600 ～ 800 倍稀释液或 15% 吡・联苯（茶喜）1000 倍稀释液低容量喷雾防治。

鞍象 *Neomyllocerus hedini* Marshall

【寄主】降香黄檀、桃、麻栎、青冈栎、核桃。

【分布】中国分布于江西、湖北、湖南、广东、广西、四川、贵州、云南、陕西。广西分布于河池（金城江白土）。

【形态特征】成虫体长 4.0 ～ 4.5 mm，体宽 1.7 ～ 1.9 mm。体黑色或红褐色，密被金绿色圆形鳞片和暗褐色鳞毛。前胸背板两侧各有 1 条被覆褐色毛状鳞片的黑色宽纹，宽纹等于或宽于中间的绿纹，绿纹向基部逐渐缩尖。鞘翅中区有许多不规则的暗褐色斑点。喙宽略大于长（5 ： 4），背面有宽而相当深的洼，中隆线延伸到额；触角柄节粗，从基部至端部逐渐放宽，索节弯，基部两节等长，棒梭形；眼很大，高度突出，离前胸前缘很近。前胸长略短于基部之宽，后缘深二凹形，后角尖锐，前缘突出，并向上弯成弓形，使背面形成鞍形，从侧面看时，近端部最高，近基部最低，中间之后，每侧各有深的横缢，表面的刻点被鳞片遮蔽。鞘翅基部分缩圆，肩明显，肩稍后两侧平行，再往后略放宽，中间后最宽，端部分别缩圆，行纹细，刻点密，行间扁，各有 1 行直立灰色长毛。

鞍象成虫（陈延桂　陈志　摄）

【生活习性】在广西发生于4月下旬至6月下旬，5月发生量较大，喜食嫩叶。

【为害特点】成虫取食新梢、嫩叶，有时也为害花和幼果。叶片被害后呈缺刻状，严重时仅剩叶脉。

【防治方法】未见大面积发生和为害，可通过保护和利用自然天敌控制其种群。

一字竹笋象 *Otidognathus davidis* Fairmaire

【寄主】小楠竹、撑竹、麻竹、粉单竹、紫薇。

【分布】中国分布于江苏、浙江、安徽、福建、江西、湖北、湖南、广西。广西分布于融安、柳江、恭城、全州、兴安（溶江）、灵川（九屋）、永福（百寿）、田阳（那坡、坡洪、那满、玉凤、洞靖、巴别、五村、三雷林场）、河池（金城江）、南丹（车河）、凭祥、黄冕林场（洛清江）、大桂山林场（东叶）。

一字竹笋象成虫（赵丽云　摄）

【形态特征】成虫体长16.4～17.5 mm，体宽7.5～8.0 mm。体略呈菱形，黄褐色至红褐色。头、喙黑色，触角、跗节深褐色；背面光滑无鳞，有黑色斑纹。头小，半圆形，眼大，在头腹面接近。雄虫喙较直，端部2/3扁宽，背面有3行小瘤突；雌虫喙较弯且长，圆柱形，端部两侧各有1个不太明显棱角。触角着生于喙基部，柄节长超过索节之和，索节6节，棒节愈合，呈靴状。前胸背板盾形，前缘缢缩，后缘最宽，中间向后突出，中纵纹黑色长梭形。鞘翅上各具有刻点组成的纵沟9条，翅中各有黑斑2个，前后缘均呈黑色。

【为害特点】初孵幼虫在竹笋内取食，被害后竹节节间缩短，竹材僵硬，质量下降。

【防治方法】营林防治。秋季结合施肥，进行埋青，以破坏部分越冬成虫栖息环境和阻止越冬成虫出土。

人工防治。成虫产卵孔明显，可用利刀破卵粒或初孵幼虫。成虫一般在竹笋80～150 cm处取食，在60～100 cm处交配，可结合人工采笋时捕杀。

生物防治。于上午6～7时雾天或露水未干时喷撒白僵菌（含孢量100亿/g以上）。

化学防治。在笋高100 cm以上时，用40%氧化乐果乳油或50%乙酰甲胺磷乳油，加水以1∶3稀释，用注射器在离地20～30 cm处注入竹笋内，每株用量1～1.5 mL，防效较好。但当年挖笋竹林应严禁施用。

黑瘤皮长角象 *Phloebius gibbosus* Roelofs

【寄主】马尾松。

【分布】中国分布于广西。广西分布于崇左（江州）、龙州。

【形态特征】成虫体长8～10 mm。雄虫触角超过翅末端，触角末四节细长、波曲状，且长约为第二、第三节之和；雌虫触角仅达前胸后缘，棒3节，第一、第二节左右不对称，内侧端部角状突出。跗节2明显长于跗节3，跗节3的端部内缘成V形。复眼突出，前胸钟形，前部明显缢缩，中区具

2 排黑瘤。翅底黑色，具黄鳞，基部至斜面处间杂黑瘤，斜面光亮，端部具白斑。

【生活习性】不详。

【为害特点】不详。

【防治方法】未见大面积发生和为害，可通过保护和利用自然天敌控制其种群。

黑瘤皮长角象成虫（陈延桂　摄）

尖象 *Phytoscaphus triangularis* Olivier

【寄主】桉、乌桕、油茶、栎、板栗、荔枝、油桐、樟、冬青、乌榄、泡桐、竹（撑篙竹）。

【分布】中国分布于福建、江西、广东、广西、四川、云南。广西分布于宾阳（黎塘）、龙胜、蒙山、上思（华兰）、贵港（港北武乐）、桂平（社步）、平南、北流、扶绥（中东）。

尖象成虫（郑霞林　摄）

【形态特征】成虫体长 6.5 mm，体宽 2.9 mm。体红褐色，被覆褐色、白色或黑褐色鳞片，前胸有暗纹 3 条，鞘翅中间前、后各有 1 条白色的带，把鞘翅分成前、中、后三区，被覆褐色或黑褐色鳞片，中区具黑色宽带。喙在喙耳之后两侧平行，背面中间洼，两侧平行，有龙骨状边；触角柄节短而粗，散布长毛，索节 1 略长于索节 2，索节 3 ～ 6 长略相等，索节 7 长于索节 6，棒短于索节 5、6、7 三节之和。额等于喙背面的宽，中间有沟。前胸很隆，宽为长的 1.5 倍（21 ： 14），两侧突圆，中间后最宽，从此向基部略缩窄，向前端缩得很窄，近前端缩成领状。基部中间突出，中间与两侧之间略凹，眼叶很发达；表面散布刻点，刻点毛短而倒伏。小盾片圆形。鞘翅在翅坡前两侧近于平行，从翅坡向后逐渐缩圆，翅坡陡。行纹宽，刻点长，行间一样宽，略洼，散布 1 行半直立毛，长不及行间宽。前足较粗，腿节粗，棒状，均有 1 枚钝齿，胫节端部内缘均有刺，前、中足胫节基部 1/3 有 1 枚钝齿。

【生活习性】不详。

【为害特点】不详。

【防治方法】未见大面积发生和为害，可通过保护和利用自然天敌控制其种群。

多孔横沟象 *Pimelocerus perforatus* Roelofs

【寄主】板栗、油橄榄、苦楝、桃树。

【分布】中国分布于福建、山东、广西、四川、云南、台湾。广西分布于桂林（叠彩）、河池（南丹）。

多孔横沟象成虫（吴志新　摄）

【形态特征】曾被命名为大粒横沟象 *Dyscerus cribripennis* Matsumura et Kono。成虫体长 12.5 mm，体宽 4.7 mm。体黑色，被覆白色发黄的毛状鳞片，前胸两侧、翅基部和斜面被覆较密的鳞片和白色粉末。喙稍弯，端部放宽，呈匙状；触角基部之间有 1 条纵沟，额具深而圆的窝。前胸背板宽等于长，中间最宽，前端缢缩，颗粒很发达，眼叶发达。鞘翅向后均一缩窄，端部分别缩窄，顶端缩为短尖；肩显著；行纹宽，从翅坡至顶端缩窄，行间细，行间3、行间5高于其他行间，行间5端部有1个发达的瘤。腿节棒状，各有 1 枚齿，胫节基部弯，其内侧明显呈弓状。

【生活习性】不详。

【为害特点】幼虫钻蛀为害寄主树干、树杈韧皮部，破坏水分和养分的运输通道，影响植株生长；成虫取食嫩枝、树皮的表皮。

【防治方法】可在低洼避风林地的寄主树根周围土块里，捕杀群聚越冬的成虫。

长棒横沟象 *Pimelocerus longiclavis* (Marshall)

长棒横沟象成虫（李春喜　摄）

【寄主】杉、八角、麻楝、大叶桃花心木。

【分布】中国分布于广东、广西、陕西。广西分布于南丹（车河）、雅长林场（雅长）。

【形态特征】成虫体长 12.0 ~ 14.5 mm，体宽 4.5 ~ 6.0 mm。本种的触角棒特别长，可与横沟象属的其他种加以区别。体壁黑色，不发光，散布不均一的锈赤色针状鳞片，斜面以后的鳞片最多。喙长约等于前胸，雄虫有隆线 5 条，分成 6 条有粗刻点的浅沟；雌虫背面的隆线和沟在中间以后消失。触角棒很长，略长于索节（6 ∶ 5）；前胸略宽于长，从基部至中间两侧平行，中间以前缩圆，近端部不缢缩，前缘背面略弯；眼叶相当发达，基部浅二凹形，背面散布坑状刻点，其间有小瘤，小瘤合成不规则的皱纹，中隆线不规则，弯曲、光滑、缩短。鞘翅宽于前胸，肩钝，直角形，直到中间以后两侧平行，端部分别缩尖；翅瘤很发达。雄虫腹部基部洼，末一腹板后端略洼；雌虫腹部基部不洼，末一腹板后端通常有 2 个略隆的突起。

【生活习性】不详。

【为害特点】在麻楝苗木地，主要为害近地面部分的木质部，受害苗木通常整株枯死；在成林中主要为害枝条木质部；在大叶桃花心木上，主要为害 2 ~ 5 m 高的幼树根颈木质部和韧皮部，使幼树整株枯死。

【防治方法】未见大面积发生和为害，可通过保护和利用自然天敌控制其种群。

疱瘤横沟象 *Pimelocerus pustulatus* (Kono)

【寄主】马尾松、杉、桉、苹婆、火力楠、板栗、核桃、白背桐、龙眼、含笑、白玉兰、灰木莲。

【分布】中国分布于福建、江西、广西、台湾。广西分布于南宁（邕宁那楼）、藤县（岭景）、防城港（防城大录和十万大山）、巴马、东兰、都安（澄江）、凤山（凤城）、南丹（城关）、扶绥（柳桥）、崇左（江州）、宁明（寨安）、钦廉林场（文利）、雅长林场（雅长）。

【形态特征】成虫体长 12 ～ 16 mm，体黑色，喙略弯，端部略扁平；触角膝状，棒 3 节，长卵形，被灰白色短绒毛；前胸宽略大于长，两侧平行，前端缩窄，表面散布较粗颗粒；鞘翅宽大于前胸，行间 3 和行间 5 具 3 ～ 5 个疱状瘤。

卵黄色，椭圆形。

幼虫体肥胖，常呈 C 形。

离蛹，前期白色，后期逐渐变为黄褐色。

疱瘤横沟象成虫（朱宏斌　摄）

【生活习性】在广西六万林场 1 年发生 1 ～ 2 代，以成虫及部分幼虫和蛹在土中越冬，成虫寿命长达 2 年，世代重叠严重。11 月中下旬开始越冬，翌年 2 月下旬至 3 月上旬成虫开始产卵。第一代成虫于 9 月下旬开始产卵。成虫有假死性，飞翔能力弱，昼夜均可交配和取食。雌虫喜在土内产卵，卵期 9 ～ 14 天。幼虫共 5 龄，历期 56 ～ 64 天，越冬代幼虫历期 150 天。蛹期 9 ～ 12 天，越冬代蛹历期 120 天。

【为害特点】末龄幼虫于根部啃蛀木质部，成虫取食寄主植物茎秆韧皮部。

【防治方法】参考花椒长足象。此外，越冬代成虫喜聚集于寄主植物根部周围的落叶层中，可适时捕杀。

柑橘斜脊象 *Platymycteropsis mandarinus* Faimaire

【寄主】柑橘、黄檀、桉、桐木、核桃、油桐、板栗、秋枫、棘木、红锥、香樟、毛桃、美国荆棘。

【分布】中国分布于福建、江西、湖北、湖南、广东、广西、陕西。广西分布于横州（那阳）、龙胜、梧州（长洲）、苍梧（岭脚）、岑溪（大业）、上思（公正）、桂平（社步）、平南、博白、巴马、东兰、河池（金城江）、罗城（四把）、武宣、象州、兴宾（高安）、扶绥（龙头）、龙州、大新、派阳山林场（鸿鸪）、维都林场（维都）、六万林场（高岭）。

【形态特征】成虫体长 5.0 ～ 5.7 mm。身体长椭圆形，突隆，密被淡绿色或黄褐发绿的鳞片，触角、足红褐色。头、喙刻点稀少，喙较细，中间和两侧具细隆线，端部放宽；触角柄节较细而弯，长

柑橘斜脊象成虫（黄金绮　摄）

过前胸前缘，棒颇尖。前胸梯形，略窄于翅基，后缘深二波形，中叶三角形，尖，后角略钝，背面两侧略洼，刻点相当密。鞘翅卵形，背面密布细而短的白毛，沟细，端部较深，沟间部平，刻点小而稀。

【生活习性】在福建1年发生2代，以幼虫在土内越冬。第一代成虫出现于4月下旬至7月上旬，第二代成虫出现于7月下旬至9月上旬。

【为害特点】成虫为害寄主植物幼苗或林木的嫩叶片。

【防治方法】参考茶丽纹象。

褐纹甘蔗象 *Rhabdoscelus lineaticollis* Heller

【寄主】棕榈科植物、甘蔗。

【分布】中国分布于福建、广东、广西、海南、西藏、台湾。广西分布于南宁（西乡塘）、钦州（钦北）。

【形态特征】成虫体长15 mm，宽5 mm，身体赭红色，具黑褐色和黄褐色纵纹。触角索节6节；棒不扁平，端部1/3密布细绒毛。前胸背板基部略呈圆形，背面略平，具1条明显的黑色中央纵纹，该纵纹在基部1/2处扩宽，中间具有1条明显的黄褐色纵纹。小盾片黑色，长舌状。鞘翅赭红色，行间2、行间3基部的1/3，行间4、行间6近基部，行间2～6的端部1/3处，以及行间8、行间9的端部1/2和行间10的基部1/2均具明显黑褐色纵纹。臀板外露，具明显深刻点，端部中间刚毛组成脊状。足细长，附节4退化，隐藏于附节3中，附节3二叶状，显著宽于其他各节。

A. 成虫

B. 幼虫

褐纹甘蔗象（郑霞林　摄）

幼虫体长15～20 mm，无足，略呈纺锤形，腹部中央突出；头部呈红棕色，椭圆形，上颚红棕色；前胸背板呈淡黄褐色；胴部为乳白色。

蛹长约13 mm，宽6 mm，体色呈土黄色略带白色，具赭红色瘤突；腿节末端外部有突刺，较体色略暗。

【生活习性】在海南、福建和广东1年发生2～3代，世代重叠严重。末龄幼虫在宿存叶鞘与茎干间，以为害后的纤维包裹作茧化蛹。成虫有明显负趋光性，遇惊吓有假死现象，多躲藏于叶鞘内或幼虫蛀道内，产卵于椰子或甘蔗茎干内或叶鞘内，有时也产卵于叶脉间、茎干或叶鞘表面，留有变色小孔。幼虫孵化后在椰子或甘蔗茎干内部钻食为害，形成隧道。成虫寿命为208 ± 44.9天，产卵期为179天，平均产卵量为73.4 ± 22.4粒。在28℃下，卵期、幼虫期、前蛹期及蛹期分别为4.75 ± 0.4天、29.39 ± 8.88天、18.97 ± 5.68天和9.17 ± 0.94天。

【为害特点】在椰子苗期，低龄幼虫会在椰子苗基部叶鞘包围着的幼嫩茎表面钻蛀形成不规则的取食痕，高龄幼虫钻入茎干内为害，表面留有蛀孔，椰子茎干受害后表面常出现流胶。受害较重时出现枯黄化叶，严重时死亡；甘蔗茎干被蛀后常整株枯死。

【防治方法】参考花椒长足象。此外，要加强植物检疫，该虫主要通过苗木调运进行远距离传播。

对从国外或区外引入的棕榈科植物苗木和甘蔗进行严格检疫。在棕榈科植物和甘蔗种植区应加强害虫监测，及时发现，及早防治。

锈色棕榈象 *Rhynchophorus ferrugineus* Olivier

【寄主】椰、椰枣、西谷椰子、桄榔、油棕、贝叶棕、林刺葵、糖棕、鱼尾葵、王棕、槟榔、假槟榔、酒瓶椰子、海枣等棕榈科植物。

【分布】中国分布于福建、广东、广西、海南、云南、香港、台湾。广西分布于南宁（兴宁、江南、武鸣）、隆安、柳北、鹿寨、柳江、桂林（叠彩）、北海（银海、海城）、岑溪、东兴、贵港（覃塘）、玉林（玉州）、南宁树木园、热林中心。

【形态特征】成虫体长 30 ～ 35 mm，宽 12 mm 左右，身体红褐色，光亮或暗。头部前端延伸成喙，雄虫的喙粗短且直，喙背有 1 丛毛；雌虫喙无毛，较细长且弯曲，喙和头部的长度约为体长的 1/3。触角柄节和索节黑褐色，棒节红褐色。前胸前缘细小，向后缘逐渐宽大，略呈椭圆形；背上有 6 个小黑斑排列成 2 行，前排 3 个，两侧的较小，中间的 1 个较大；后排 3 个较大。鞘翅边缘和接缝黑色，有时鞘翅全部暗黑褐色。身体腹面黑红相间，各足基节和转节黑色，各足腿节末端和胫节末端黑色，各足附节黑褐色。

卵长椭圆形，乳白色，表面光滑。

末龄幼虫体长 40 ～ 45 mm，黄白色，头暗红褐色，体肥胖，纺锤形，胸足退化。

蛹体长 35 mm 左右，初化蛹时乳白色，后逐渐变褐色。茧长 50 ～ 95 mm，呈长椭圆形，由树干纤维构成。

【生活习性】在海南、福建或广东 1 年发生 2 ～ 3 代，世代重叠。1 年中成虫出现较集中的时期为 5 月和 11 月，雌虫产卵于寄主叶腋间或树干的伤口、树皮的裂缝处产卵。幼虫孵出后随即钻入树干内，钻食柔软组织，树干纤维被咬断且残留在虫道内，严重时可使树干成为空壳。当幼虫钻食生长点时，初期使心叶残缺不全，最终使生长点腐烂，造成植株死亡。

【为害特点】全国检疫性林业有害生物。成虫一般不直接为害，主要以幼虫钻蛀茎干取食为害，影响养分输送，造成流胶，致使寄主植株树势衰弱，导致死亡。此虫能为害不同树龄的椰子树，尤其对 3 ～ 15 龄椰子树为害较严重。为害幼树时，从树干的受伤部位或裂缝侵入，也可从根际处

A. 成虫

B. 幼虫

C. 为害状

锈色棕榈象（梅国友　摄）

侵入。为害老树时一般从树冠受伤部位侵入，造成生长点迅速坏死，产生极大为害。寄主受害后，叶片发黄，后期从基部折断，严重时叶片脱落只剩树干，直至死亡。据调查，严重发生时椰树受害株率高达 84%。

【防治方法】检疫措施。加强植物检疫，在棕榈科植物调运前，仔细检查苗木是否被锈色棕榈象蛀食为害，防止害虫随有虫植株调运传播集散，一旦发现有锈色棕榈象的苗木应及时进行除害处理。

物理防治。人工捕捉晨间或傍晚出来活动的成虫，可利用其假死性，敲击茎干将其振落捕杀；涂封孔穴是针对成虫喜欢在植株上的孔穴或伤口产卵的习性，可用沥青涂封或用泥浆涂抹，防止成虫产卵。

生物防治。利用绿僵菌、白僵菌控制锈色棕榈象有较好的效果；利用质型多角体病毒 *Cytoplasmic polyhedrosis virus* 可以侵染包括成虫在内的各个虫态，致使末龄幼虫感染后发育成畸形的成虫，能迅速压低虫口。应用斯氏线虫 *Steinernema ribrawae* 和异小杆线虫 *Heteorhabditis* sp. 防治锈色棕榈象幼虫，室内死亡率为 95% ～ 100%，田间死亡率达 50%。

化学防治。可用 1% 除虫菊素 + 增效醚、丁硫克百威或嘧啶磷等药剂树干注射防治，防效可达 98%。采用树心灌淋 16% 虫线清乳油或悬挂 45% 椰甲清淋溶性粉剂药袋，防治锈色棕榈象的效果可达到 80% 以上。

（黄志平）

马尾松角胫象 *Shirahoshizo patruelis* Voss

【寄主】马尾松、湿地松、加勒比松、云南松。

【分布】中国分布于上海、江苏、浙江、安徽、福建、江西、湖北、湖南、广东、广西、四川、台湾。广西分布于宾阳（甘棠）、荔浦（双江、花篢）、桂林（叠彩）、阳朔（福利、兴坪、大源林场）、梧州（万秀龙湖）、苍梧（沙头、六堡、天洪岭林场）、岑溪（种子园）、蒙山（西河）、藤县（平福）、合浦（乌家）、上思（叫安）、钦州（钦南）、桂平（垌心）、平南（镇隆）、贵港（覃塘五里）、北流、博白、玉林（福绵沙田和樟木）、兴业（沙塘）、德保（荣华、城关）、昭平（五将）、钟山（红花）、巴马（百林）、大化（古河、都阳）、都安（板岭）、天峨（岜暮）、金秀（三江）、武宣、象州、大新（桃城）、

A. 成虫

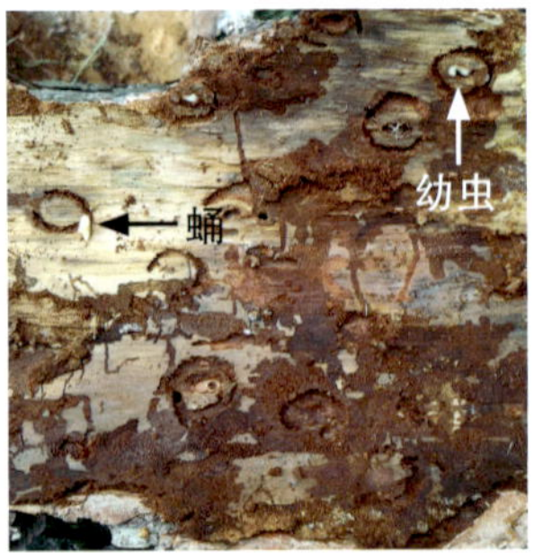

B. 幼虫和蛹

C. 为害状

马尾松角胫象（郑霞林　摄）

凭祥（上石）、高峰林场（长客）、南宁树木园（居仁站）、派阳山林场（鸿鸪）。

【形态特征】体长 5.5 ～ 6.2 mm。身体暗红褐色。被覆红褐色、白色和直立的黑褐色鳞片，黑褐色鳞片在前胸背板比较浓密，在鞘翅只集成少数点片。前胸背板中线两侧中间通常各有 2 个白斑。头半球形，散布很深而密的刻点；喙长约等于前胸，很弯，触角比较短，柄节未达到眼，棒卵形，均一密被绵毛，节间缝不明显。前胸背板宽大于长，两侧圆，基部 1/3 最宽，前缘宽等于基部的一半，刻点很密，中间具细中隆线。小盾片圆形，具明显的中隆线，被覆鳞片。鞘翅长是宽的约 1.5 倍，基部一半两侧平行，从中间到翅肩缩圆，顶端连成圆形；刻点沟发达，刻点方形，点间具明显的横纹；沟间扁，宽于沟。

【生活习性】1 年发生 1 ～ 2 代，以成虫或末龄幼虫在韧皮部越冬。5 ～ 6 月为成虫出现盛期，成虫善爬行，具假死性，短距离飞行。5 月下旬至 7 月下旬为第一代幼虫为害期。初龄幼虫坑道细而曲折，中龄后取食原坑道周围的韧皮部，坑道连成一片，坑道中充塞着红褐色的蛀屑和粪屑。

【为害特点】多为害过熟林中的衰弱木、虫害木、风倒木。幼虫孵化后即钻入树皮内，蛀食树干 3 m 以下的韧皮部及边材，破坏输导组织。

【防治方法】结合抚育和采伐，及时清除衰弱木、虫害感染木，并立即集中销毁；成虫羽化盛期，可设置饵木或利用林区新鲜伐根，诱其聚集产卵，并集中销毁。

松瘤象 *Sipalus gigas* L.

【寄主】马尾松。

【分布】中国分布于江苏、福建、江西、湖南、广西。广西分布于横州（马头）、宾阳（黎塘）、桂林（雁山大埠）、灵川（大圩、三街、定江、九屋）、临桂、全州、荔浦（修仁）、阳朔（普益）、兴安（高尚）、北海（海城地角）、浦北、灵山、桂平（下湾）、玉林（福绵成均）、容县（石寨）、田东（思林）、德保（城关）、乐业（新化）、隆林（平班）、田林（六隆、利周）、钟山（红花）、大化（古文、江南、百马）、罗城（黄金、青明山林场）、三门江林场（江口）、雅长林场（那成）。

松瘤象成虫（郑霞林　摄）

【形态特征】成虫体长 15 ～ 25 mm（喙除外）。体壁坚硬，基色为黑色，具灰褐色斑纹。头部呈小半球状，散布稀疏刻点，喙长，向下弯曲，基部 1/3 较粗，灰褐色，粗糙无光泽；端部 2/3 平滑，黑色并具光泽。触角沟位于喙下面，触角着生于喙基部 1/3 处。前胸背板长大于宽，具粗大的瘤状突起，中央有 1 条光滑纵条。小盾片极小。鞘翅基部比前胸背板宽，刻点间具稀疏、交互着生的小瘤突，每 2 条刻点列间稍隆起，上具突起的黑色纹和瘤突。

末龄幼虫体长 27 mm 左右，乳白色，肥大肉质。头部黄褐色，足退化，腹部末端有棘状突起 3 对。

【生活习性】1 年发生 1 代，以幼虫在木质部虫道内越冬。翌年 3 月在虫道末端化蛹，在湖南 4 月下旬即有成虫出现，5 月为成虫出现盛期。羽化孔圆形，常见多个羽氏孔聚集，直径 6 ～ 12 mm。喜为害直径大的带皮松木和伐根。成虫有弱趋光性，喜聚集于壳斗科植物树液排出处。雌虫喜产卵于树皮缝隙处，幼虫孵出后不久即蛀入木质部。虫道随虫体增大而加宽，深入木质部，甚至可穿过木材。蛀屑颗粒状，堆积在受害材外面。此虫一旦钻入木材内部，可随木材被带至贮木场继续为害，甚至在制成板材后仍可为害。

【防治方法】营林防治。加强抚育管理。及时清理松林内衰弱木、濒死木、虫源木和新伐松木及伐根，以防松瘤象成虫产卵、滋生蔓延。

物理防治。成虫期设置频振式诱虫灯诱杀成虫，以降低虫口密度。将受害木水浸 3 周以上可杀死其中幼虫。

生物防治。可用 300 亿孢子 /g 白僵菌水分散油悬浮剂浸泡制成无纺布菌条进行防治。

化学防治。该虫成虫期较为整齐，可在成虫期喷施绿色威雷微胶囊剂、杀螟松、敌杀死等药物。幼虫期防治，可将上述药液注入幼虫蛀孔，然后用粘泥封住蛀孔。

柑橘灰象 *Sympiezomias citri* Chao

【寄主】苦楝、木荷、油橄榄、梨、樟、黄檀。

【分布】中国分布于浙江、安徽、福建、江西、湖南、广东、广西、四川、贵州、陕西。广西分布于荔浦（荔城、马岭）、全州（石塘、枧塘、才湾）、龙胜、荔浦（荔城、马岭）、巴马、扶绥（岜盆）、龙州。

柑橘灰象（谢永耀　摄）

【形态特征】成虫体长 8.0 ～ 12.5 mm，宽 3.0 ～ 5.5 mm，体密被淡褐色或灰白色鳞片。喙粗短，背面漆黑色，中央有 1 条纵向凹沟，从喙端直伸头顶，其两侧各有 1条浅沟，伸至复眼前面。前胸背板密布不规则瘤状突，中央纵贯宽大的漆黑色斑纹，纹中央有 1 条宽而深的沟。翅中带明显，刻点沟宽，刻点清晰，沟间平，上有短毛。

卵长筒形，略扁，长 1.1 ～ 1.4 mm，初产时乳白色，后变为紫灰色。卵粒粘连成单层的不规则卵块，黏附于两叶重叠间。

幼虫体长 11 ～ 13 mm，乳白色或淡黄色，头部黄褐色。

蛹淡黄色。

【生活习性】在湖南省宜章县 1 年发生 1 代，以成虫在土中越冬。翌年 3 月下旬开始出土活动，先为害杂草，而后爬到寄主取食新芽、嫩叶，白天多潜伏于土缝或叶背处，傍晚及清晨最为活跃，取食为害、交配产卵，受惊扰假死落地长时间不动，可多次交配。4 ～ 5 月为害最重，常将芽叶吃光。5 月后陆续产卵于叶上，并将叶纵合成饺子状。5 月中下旬为卵孵化盛期。

【为害特点】成虫取食叶片或幼果，使其形成缺刻或落果。

【防治方法】物理防治。利用成虫假死性，于白天摇树振落成虫，然后集中捕杀；在成虫产卵期，将带有卵块的叶片摘除，将其毁灭。

化学防治。将青草或菜叶切碎后加敌百虫拌匀，选无风的晴天清晨撒于橘园地面上或堆成小堆诱杀；成虫发生期，可用 40% 毒死蜱乳油 1200 倍稀释液喷雾防治。

广西灰象 *Sympiezomias guangxiensis* Chao

【寄主】马尾松、杉、柳杉、秃杉、罗汉松、桉、桂花、泡桐、火力楠、乌桕、桃、板栗、三华李、荔枝、油桐、木槿、茶、肉桂、苹婆、白背桐、木棉、银杏、柠檬、八角、桃金娘、核桃。

【分布】中国分布于浙江、福建、湖南、广东、广西、海南、贵州、香港。广西分布于南宁（邕宁那楼）、横州（马山、云表）、桂林（雁山、七星、象山、叠彩）、阳朔（福利、兴坪、阳朔、葡萄）、兴安（崔家、严关、高尚）、龙胜、荔浦（东昌、龙怀、马岭）、全州（两河、才湾、东山、安和、咸水林场）、灵川（大境）、苍梧（六堡）、岑溪（归义）、北海（铁山港营盘）、上思（那琴、思阳）、防城港（防城大录）、桂平（罗播、大洋）、平南（官成、思旺、国安）、贵港（覃塘三里）、北流（扶新、西埌）、博白（径口）、陆川（良田、温泉）、玉林（大容山林场）、隆林（克长、沙梨）、平果（果化）、贺州（平桂沙田）、巴马（百林、西山）、大化（古河）、东兰（切学、隘洞、东兰、泗孟）、都安（地苏）、凤山（凤城、砦牙）、河池（金城江）、罗城（青明山林场、黄金）、天峨（下老）、宜州（洛东）、金秀、武宣（桐岭、禄新）、忻城（大塘）、来宾（兴宾石牙和寺山）、大新（榄圩、桃城）、扶绥（岜盆、新宁、渠旧）、龙州（响水）、宁明（东安、峙浪）、天等（宁干）、派阳山林场（公武）、六万林场（河嵩、宁康）、博白林场（三育、三滩）、雅长林场（雅庭）。

A. 成虫背面观

B. 成虫聚集为害

广西灰象（李懋辅　黄金绮　摄）

【形态特征】雄成虫体长 7.3 ～ 9.2 mm，体宽 3.2 ～ 3.9 mm；雌成虫体长 7.8 ～ 9.9 mm，体宽 3.4 ～ 4.4 mm。虫体背面颜色较淡，白色或淡黄色占优势，具铜色或淡绿色金属光泽。喙长大于宽，背面有深而宽的中沟，长达头顶、向上逐渐缩窄。鞘翅无肩胝，基部有龙骨状边，中带明显，行纹细，刻点小，行间扁平，一样高。本种与柑橘灰象和勐龙灰象近缘，显著不同于这两种的特征是个体小，背面主要被覆白色或淡黄色鳞片；前胸和鞘翅两侧以及腹部具铜色或淡绿色光泽，前胸背板顶区散布较小而扁的颗粒，鞘翅中带明显。

【生活习性】在广西桂林 1 年发生 1 代，以幼虫入土越冬。翌年 2 月下旬至 3 月上旬化蛹，3 月中旬和下旬羽化；4 月上旬开始陆续出土取食，4 月下旬至 5 月上旬为出土盛期；5 月上中旬交配产卵，5 月下旬陆续孵化为幼虫入土，到 10 月下旬幼虫在土内向下移动，在 40 ～ 50 cm 深处越冬。成虫出土后即爬行到寄主植物上，一般较活跃，有群集性，为害寄主植物的嫩叶，严重影响植物的生长发育。成虫取食一段时间后，即开始交配。雌虫多选择在排水良好、土质疏松的寄主植物根部周围产卵，产卵量一般在 70 ～ 80 粒。该虫有假死性，受惊动或干扰即坠落逃避，成虫善于爬行，具有转株为害习性。

【为害特点】成虫聚集取食寄主植物嫩叶，形成缺刻，影响植株长势。

【防治方法】物理防治。利用成虫的假死性，在树冠下铺薄膜，摇动树枝使其落地，集中捕杀。

化学防治。在成虫盛发期用无公害药物喷雾防治，10 天喷洒 1 次，连续喷洒 2 ～ 3 次，效果良好；或在树干涂毒环，可防止成虫上树为害。

大灰象甲 *Sympiezomias velatus* Chevrolat

【寄主】马尾松、柳杉、格木、桂花、板栗、喜树、红锥、肉桂、龙眼、八角、桉、柚木、油茶、核桃、桑。

【分布】中国分布于北京、河北、山西、内蒙古、辽宁、河南、湖北、广西、陕西。广西分布于南宁（江南）、蒙山、乐业（逻西）。

大灰象甲成虫（王丹凤　摄）

【形态特征】雄成虫体长 7.3 ～ 9.5 mm，体宽 3.2 ～ 4.3 mm；雌成虫体长 8.3 ～ 12.1 mm，体宽 3.9 ～ 5.2 mm。头部和喙密被金黄色发光鳞片；触角索节 7 长大于宽。前胸宽大于长，两侧略凸，最宽处位于中间（雄）或基部 1/3（雌）；后端宽显著大于前端；中沟细，未被鳞片遮蔽或部分被遮蔽，中纹明显，颗粒也明显，被覆金黄色鳞片，两侧有较淡的纵纹。前胸中纹延长至翅中间，形成长方形斑纹，翅中部前后及两侧各散布褐色云斑，中带多少明显，刻点行宽而深，刻点明显，行间较凸，端部缩尖。

【生活习性】幼虫期生活于土内，2 年发生 1 代，第一年以幼虫越冬，翌年以成虫越冬。成虫不能飞行，4 月中下旬从土内钻出，群集于幼苗处取食。早春多在 10 时以后交配，而盛夏则在 10 时以前和傍晚以后交配。5 月下旬开始产卵，卵聚产于叶上。6 月下旬卵陆续孵化。幼虫取食腐殖质和须根。随着气温的下降，幼虫逐渐向土壤深处移动。9 月下旬，幼虫钻至 60 ～ 100 cm 深处做蛹室越冬。翌年气温回暖后开始出来取食，6 月下旬开始化蛹，7 月中旬羽化为成虫，在原地越冬。雄虫寿命 80 天左右，雌虫寿命较长于雄虫。

【为害特点】主要为害苗木幼芽、叶、根系，造成植株生长发育缓慢甚至死亡。

【防治方法】参考广西灰象。

72. 小蠹科 Scolytidae

微小型至小型昆虫；头窄于前胸，其后部被前胸背板覆盖，触角短，锤状；前胸背板大，多占体长的 1/3 以上；足胫节有齿，跗节 5 节；鞘翅表面被毛且具粗大的刻点条纹；部分种类是重要的森林蛀干害虫，成虫和幼虫蛀食树皮或木质部，形成蛀道；全世界已知 6000 多种，中国 500 多种。

（郑霞林）

额毛小蠹 *Cyrtogenius luteus* (Blandford)

【寄主】松。

【分布】中国分布于江苏、福建、江西、河南、湖南、广东、广西、重庆、四川、云南、陕西。广西分布于桂林（叠彩）、阳朔。

【形态特征】成虫体长 1.7 ～ 2.3 mm，长椭圆形，黄色至褐色，体表少毛，略有光泽。额面平隆，刻点圆形凹陷；雄虫的额毛粗长挺拔，雌虫额毛柔细稠密，颅顶部光秃。前胸背板前半部为瘤区，后半部有大片刻点区。鞘翅沟中与沟间刻点的大小差异悬殊。鞘翅斜面沟间部中有颗粒且斜面下半部有缘边，缘边上排列着颗粒；鞘翅的绒毛主要分布在鞘翅斜面上。

A. 成虫背面观　　B. 成虫侧面观　　C. 成虫腹面观

额毛小蠹成虫（郑光楠　摄）

【生活习性】多为单配偶制，偶见一雄多雌现象。成虫、卵、幼虫和蛹均生活在林木韧皮部的蛀道中。世代重叠严重。

【为害特点】蛀干害虫，成虫和幼虫蛀食松木韧皮部，阻断树木水分和养分的输送，致使树木长势衰弱甚至枯死。

【防治方法】营林防治。结合林间管理，及时发现受害木，及时焚烧，降低其种群数量；及时清理枯死枝。

物理防治。由于该虫喜欢衰弱木和枯死木，可选择这些材料置于林间引诱其产卵，及时定期清理饵木。

诱捕防治。可选用“乙醇 + α – 蒎烯”作为诱芯，设置诱捕器进行诱杀。

化学防治。可用 40% 氧化乐果等药剂单用或混配，采用药剂涂环或打孔注药的方式开展防治。

横坑切梢小蠹 *Tomicus minor* (Hartig)

【寄主】马尾松、黑松、思茅松、湿地松、火炬松、油松、樟子松、云南松等松属植物。

【分布】中国分布于河北、江西、河南、广西、四川、云南、陕西。广西分布于宾阳（露圩、甘棠）、桂林（叠彩）、阳朔（普益、高田）、梧州（长洲倒水）、平果（果化）、河池、扶绥（柳桥）、崇左（江州那隆、罗白、濑湍、江州、群力林场）、南宁树木园（居仁站）、雅长林场（果麻、雅长、益来、东明、雅庭、那成）。

【形态特征】成虫体长 4.0 ～ 5.0 mm，头部和前胸背板黑色，鞘翅暗红色，前胸背板和鞘翅被稀疏白色短绒毛；鞘翅基缘隆起且具有缺刻，直至近小盾片处缺刻中断；鞘翅斜面各列间部不凹陷，颗瘤和竖毛与其他沟间部相同。本种与纵坑切梢小蠹极为相似，两者区别在于纵坑切梢小蠹的鞘翅斜面第二沟间部凹陷，而本种表面平坦，没有颗粒和竖毛。

【生活习性】1 年发生 1 代，以成虫在嫩枝或土中越冬。翌年 3 ～ 4 月，越冬成虫开始羽化活动，在树冠上蛀食为害嫩梢。发育成熟的成虫飞到树干蛀坑产卵，幼虫多在树干中部的树皮内蛀筑虫道，母坑道为复横坑，常由交配室向两侧伸展出横坑，子坑道向上方和下方垂直伸展。成虫羽化后，可蛀食健康木或当年生枝梢。

【为害特点】蛀干害虫，常与纵坑切梢小蠹混合发生，主要为害衰弱木、濒死木、健康木，成虫和幼虫在韧皮部和边材间形成纵横交错的坑道，影响植物体营养物质和水分的输送，影响植株生长，严重者导致植株死亡。

【防治方法】参考额毛小蠹。

A. 成虫背面观

B. 成虫侧面观

C. 成虫腹面观

D. 坑道

E. 为害松树致死

横坑切梢小蠹成虫（郑霞林　摄）

纵坑切梢小蠹 *Tomicus piniperda* (L.)

【寄主】马尾松、黑松、思茅松、湿地松、火炬松、油松、樟子松、云南松等松属植物。

【分布】中国分布于辽宁、江苏、浙江、河南、湖南、广西、重庆、四川、云南、陕西。广西分布于三江、荔浦（新坪、荔城）、阳朔（高田）、梧州（龙圩新地）、隆林（平班）。

【形态特征】成虫体长 3.0 ~ 5.0 mm，头部和前胸背板黑色，鞘翅暗红色且有光泽；额部有中隆线（额唇基沟至额心）；鞘翅刻点沟凹陷，沟内刻点圆大，点内无毛，沟间部较宽；翅中部以后沟间部出现小颗瘤，排成 1 纵列；斜面第二沟间部凹陷，其表面平坦，没有颗瘤和竖毛（此特征是其与横坑切梢小蠹的主要区别）。

卵乳白色，椭圆形。

幼虫体乳白色，粗肥而多皱纹，微弯曲。

蛹腹面末端有 1 对针突，向两侧伸出。

【生活习性】1 年发生 1 代，以成虫或幼虫在树皮下越冬。翌年 3 ~ 4 月，越冬成虫开始外出活动，常飞到树冠为害嫩梢，再选择衰弱立木或伐倒木树干筑坑道繁殖，繁殖坑道筑于树皮与边材之间。4 ~ 5 月为幼虫期，幼虫期约 30 天，喜自下向上逐渐蛀入树木髓部。5 月中下旬开始化蛹，6 月上旬第一代成虫出现，蛀食新枝梢头。8 ~ 9 月成虫开始越冬。

【为害特点】蛀干害虫，主坑常自下而上形成纵坑，子坑道左右伸展，主要为害寄主韧皮组织和梢头的髓部组织，切断树内水分和养分供应，造成树叶枯黄凋落，甚至植株枯死。此外，该虫还可携带蓝污真菌 *Leptographium yunnanense*，加重对寄主的为害。

【防治方法】参考额毛小蠹。

A. 成虫

B. 坑道

C. 幼虫、蛹及为害状

纵坑切梢小蠹成虫（Udo Schmidt　韦秋思　摄）

松树材小蠹 *Xyleborus festivus* Eichhoff

【寄主】松属植物。

【分布】中国分布于江苏、福建、湖南、广东、广西、贵州、云南、台湾。广西各地均有分布。

【形态特征】成虫体长 3.5 ~ 4.0 mm，体红棕色至深棕色。前足胫节斜三角形，外缘具 4 ~ 5 个不明显的小齿；中足胫节斜三角形，具6～9个明显小齿；后足胫节圆，外缘具6～9个不明显小齿。鞘翅两侧缘平行，鞘翅末端斜面较陡；斜面第一至第三沟间部从基部到中间横向变宽，随后从中间到端部横向变窄，有些个体变化不明显；斜面第一至第三沟间部有5～6个大小相近的纵向排列的微小齿突；斜面第二沟间部具1～5个位置不固定的小齿。

A. 成虫背面观　B. 成虫侧面观　C. 成虫腹面观

松树材小蠹成虫（郑光楠　摄）

【生活习性】年发生代数和主要习性不详。但该虫在松褐天牛诱捕器中常被发现。

【为害特点】主要为害病弱和受伤的松属植物植株，在割松脂的植株上发生量大。其蛀道与树干垂直，蛀道周围的植物组织多为黑色。目前未见该虫暴发为害的报道。

【防治方法】参考额毛小蠹。

削尾材小蠹 *Xylosandrus mutilatus* (Blandford)

【寄主】桉。

【分布】中国分布于浙江、安徽、广西、四川、云南、陕西。广西分布于派阳山林场（公武）、钦廉林场。

【形态特征】雌成虫体长3.5～4.0 mm，雄成虫体长2.2～2.4 mm；雌虫触角和足黄褐色，其余黑色，而雄虫体褐色；额前部与口器连接处有1排整齐黄色的绒毛；侧观前胸背板前2/3弓突上升，后1/3平直下倾；侧观鞘翅前（基部）1/5水平，后4/5下倾呈坡面。

卵椭圆形，乳白色。

幼虫体长4.5～5.0 mm（末龄幼虫），体乳白色至灰褐色；头部黄褐色，散生长绒毛；腹部散生短绒毛。

蛹乳白色至淡黄色，雌蛹个体明显大于雄蛹。

削尾材小蠹为害状（李懋辅　摄）

【生活习性】1年发生1代，以成虫在林间杂灌或枯枝落叶层中越冬。翌年3～4月开始上树，从树干及侧枝蛀入，在韧皮部蛀食一段时间后蛀入心材，然后纵向取食筑坑；4月下旬开始产卵，卵产于坑道内末端，每雌产卵量20～40粒；幼虫孵化后取食雌虫携带进来的真菌；5月开始化蛹，蛹期7～10天；5月中下旬开始羽化，但在成虫羽化期，蛀道内仍能见卵、幼虫和蛹，雄虫寿命短，仅7～10天，而雌虫寿命长达百余天；可一雄配多雌。

【为害特点】蛀干害虫，从韧皮部蛀入后，绕韧皮部蛀食1/3～4/5圈后，蛀入心材，再纵向取食筑坑为害。

【防治方法】参考额毛小蠹。

GUANGXI FOREST INSECTS

广西森林昆虫

杨秀好　郑霞林　吴耀军　主编

下册

广西科学技术出版社

·南宁·

图书在版编目（CIP）数据

广西森林昆虫 / 杨秀好，郑霞林，吴耀军主编. -- 南宁：广西科学技术出版社，2025.4
ISBN 978-7-5551-2132-9

Ⅰ. ①广… Ⅱ. ①杨… ②郑… ③吴… Ⅲ. ①森林昆虫学—广西 Ⅳ. ① S718.7

中国国家版本馆 CIP 数据核字（2024）第 040959 号

GUANGXI SENLIN KUNCHONG
广西森林昆虫
杨秀好 郑霞林 吴耀军 主编

责任编辑：张 珂 韦秋梅 覃 艳 盘美辰　　封面设计：梁 良
责任印制：陆 弟　　责任校对：夏晓雯

出 版 人：岑 刚
出版发行：广西科学技术出版社　　社 址：广西南宁市东葛路 66 号
邮政编码：530023　　网 址：http://www.gxkjs.com

经 销：全国各地新华书店
印 刷：广西民族印刷包装集团有限公司
开 本：889 mm × 1194 mm 1/16
印 张：55.25　　字 数：1556 千字
版 次：2025 年 4 月第 1 版　　印 次：2025 年 4 月第 1 次印刷
书 号：ISBN 978-7-5551-2132-9
定 价：688.00 元（上、下册）

十

鳞翅目 Lepidoptera

完全变态类昆虫，个体发育经历卵、幼虫、蛹、成虫 4 个虫态。包括蝶和蛾两大类，以翅面布满鳞片而得名。小型至大型，体、翅和附肢均密被鳞片或鳞毛。复眼大，触角棒状、(单)双栉齿状或丝状。虹吸式口器。中胸发达，背板由窄带状前背片、盾片和小盾片构成。翅基片发达。前足有时退化，胫节内侧多有胫突；中足胫节有 1 对位于端部的距；后足有 2 对距，1 对位于端部，1 对位于胫节中部。跗节一般 5 节，第一节最长，末端通常有爪。翅膜质，密被鳞片，M_3、Cu_1 和 Cu_2 三叉脉明显。具翅连锁结构。绝大多数种类幼虫植食性，是农林重要害虫，极少数种类幼虫为肉食性或腐食性；成虫多以花蜜等作为补充营养，可协助植物传粉，部分种类口器退化不再取食。蝶类白天活动；蛾类多在夜间活动，常有趋光性。家蚕、柞蚕等是著名的资源昆虫；许多蝴蝶和蛾类颜色艳丽，是重要的观赏昆虫。分布范围极广，以热带种类最为丰富，全世界已记录轭翅亚目 Zeugloptera、无旋喙亚目 Aglossata、异石蛾亚目 Heterobathmiina 和有喙亚目 Glossata 共 4 亚目 43 总科 130 多科 20 万余种，中国已记录 8000 多种。

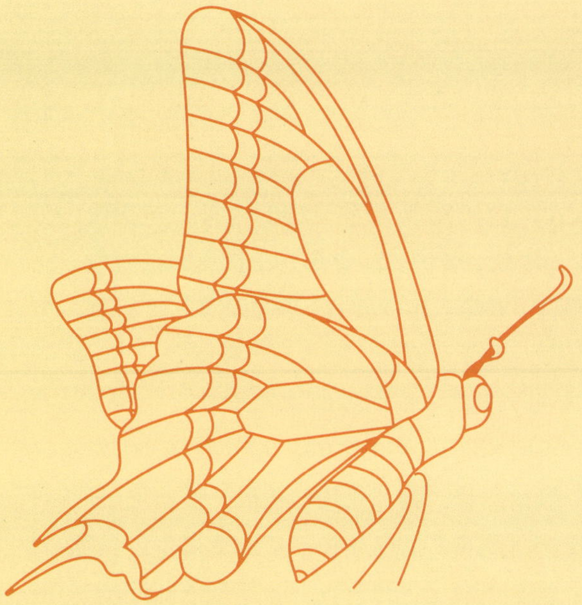

（三十）蝙蝠蛾总科 Hepialoidea

体小型至大型，单眼缺，触角短，线状至栉齿状，喙退化不发达；翅展 20 ～ 200 mm，前后翅的翅脉相同，前翅具翅轭，后翅狭小，胫节无距；幼虫腹足趾钩多序缺环；蛹为无颚被蛹。成虫多在黄昏时活动，飞翔迅速，但左右摇摆。全世界已记录小蝠蛾科 Anomosetidae、蝙蝠蛾科 Hepialidae、新蝠蛾科 Neotheoridae、古蝠蛾科 Palaeosetidae 和原蝠蛾科 Prototheoridae 共 5 科 500 多种，中国已记录 30 多种。该总科昆虫的幼虫多蛀食植物的根、茎、枝、干，是重要的农林害虫。一些种类的幼虫被虫草菌寄生后可产出名贵的中药材“冬虫夏草”，可作为资源昆虫加以保护利用。

（杨秀好）

73. 蝙蝠蛾科 Hepialidae

是鳞翅目中较为原始的一个类群。目前，全世界已记录 30 多属 300 多种，大多分布在澳洲地区，中国已记录的蝙蝠蛾科共有 7 属，分别为蝙蛾属 *Endoclita*（*Phassus*）、长须蝙蛾属 *Palpifer*、蝠蛾属 *Hepialus*、类蝠蛾属 *Hepialiscus*、棒蝠蛾属 *Napialus*、二岔蝠蛾属 *Forkalus* 和双栉蝠蛾属 *Bipectilus*。其中，该科 90% 的种类蛀根为害，多生活在海拔 3500 m 以上的高山草甸，一些种类的幼虫被虫草菌寄生后，长出名贵的中药材“冬虫夏草”，具有极高的经济和药用价值。蛀干类群的蝙蝠蛾包括国内外均有报道的蝙蛾属，国内报道的长须蝙蛾属和国外报道的 *Aenetus* 属、*Hepialus* 属和 *Zelotypia* 属中的一些种类，是林木和果树的重要害虫。

桉蝙蛾 *Endoclita signifer* Walker

【寄主】属高度多食性本土昆虫，寄主植物广泛，目前在广西已发现 30 科 42 属 54 种，包括桉、马褂木、楹、大叶相思、台湾相思、杂交相思、光荚含羞草、木荷、青冈栎、红锥、山杜英、白背桐、毛桐、野桐、乌桕、毛果算盘子、土蜜树、红背山麻杆、中平树、香椿、小叶女贞、灰毛大青、五色梅、八角枫、格木、山黄麻、朴、潺槁树、杜茎山、黄皮、扁担藤、葛藤、黄槿、柚木、竹柏等。

【分布】中国分布于上海、湖南、广东、广西、四川、贵州、云南。广西各地均有分布。

【形态特征】成虫体大型，雌虫体长 50.2 ～ 60.8 mm，翅展 80.6 ～ 130.4 mm；雄虫体长 40.7 ～ 55.6 mm，翅展 70.9 ～ 110.6 mm；头小，复眼大，喙退化，触角丝状；胸部狭长似梭形，被密毛，后胸背板呈双果仁形，中间有纵沟，胸部腹面棕褐色，翅基片有白色膜；前翅狭长，正面黄褐色，长宽比例为 3 : 1，翅轭长而尖；前缘有 6 个边缘不整齐的黑斑；翅面上至 R 脉下连 Cu 脉外至横脉外侧间形成一个灰褐色三角区，中室基部有 1 个三角形白色小斑，中室端部有 1 大 1 小 2 个白斑，大斑常呈弯刀形，小斑常呈指尖形或纺锤形，翅缘整齐无明显的缘毛；后翅浅褐色，鳞片薄呈半透明，雄虫后足基部有 1 束明显的黄色刷状毛。

卵散产，无黏性，圆形至近圆形，直径 0.45 ～ 0.6 mm，初产时乳白色，后变灰色至黑色。

A. 雌成虫

B. 雄成虫

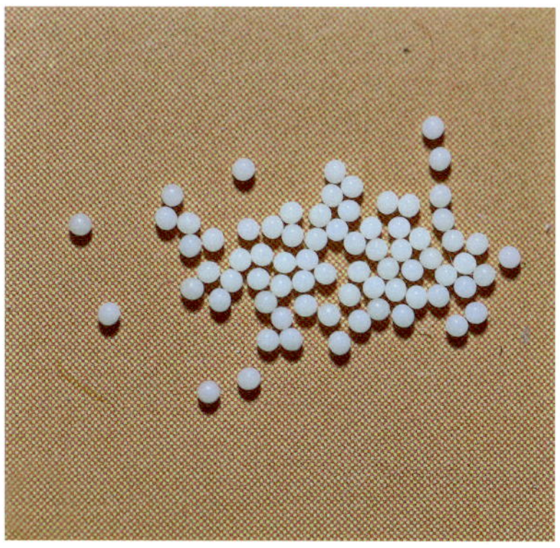

C. 乳白色卵（初产）

D. 黑色卵（产出约 30 分钟后）

E. 各龄幼虫

F. 蛹（左雄右雌）

I. 桉树为害状

G. 成虫交配

H. 为害状（蛀道口半球形木屑包）

J. 专用白僵菌防治效果

桉蝙蛾（杨秀好　王缉健　摄）

初孵幼虫乳白色，体长 2.05 ~ 2.56 mm，头宽 0.32 ~ 0.49 mm，末龄幼虫体长 70.02 ~ 110.04 mm，头宽 7.18 ~ 10.80 mm，随虫龄增长体色逐渐加深，末龄幼虫前胸背板褐色，骨化强，两侧各有 1 个气门和 1 个黑色凹陷斑点，胸足 3 对，腹足 5 对，趾钩呈弯钩状，双环单序，体形呈“~”形。

蛹长圆筒形，黄褐色或黑褐色，蛹长 42.64 ~ 73.66 mm，头部两侧隆起呈瘤状，上有刚毛数根，触角明显可见，长达下颚须部位；前足达翅长的中部，中足上端不与复眼连接，下端达前足上方，腹部第八节上有 1 对瘤状突，上面各有刚毛 1 根，末端无臀棘，雌蛹腹部第八节中间有“人”字形纹，雄蛹腹部第九节有 1 个生殖孔。

【生活习性】在广西 1 ~ 2 年发生 1 代（约 60% 第一年产卵，第二年羽化，约 40% 第三年羽化），以幼虫于 12 月下旬在树干蛀道内越冬，翌年 2 月开始吐丝化蛹，4 月羽化，成虫白天悬挂在树枝上或附着在物体上静伏不动，每天傍晚婚飞交配约 30 分钟，1 年只有 1 个羽化期；4 月中旬至 5 月上旬成虫产卵，产卵量大（平均每雌 9161 粒），受精卵 2 周后开始孵化，卵孵化率较高（73.37%）；幼虫有地栖和树栖 2 个阶段，龄期为 9 龄，1 ~ 2 龄虫（1 ~ 4 个月）生活在地面森林落叶层或朽木中，真菌是其主要食物之一，3 龄以后（8 ~ 11 个月，2 年 1 代者为 20 ~ 23 个月）选择寄主转移上树，生活在活立木树干中，蛀食活立木，初期主要取食韧皮部、体色较深，之后随着蛀入木质部取食和蜕皮次数及虫龄的增加，体色逐渐变浅变白，幼虫地栖阶段成活率较低，一旦寻找到寄主转移上树成功后生命力极强，虫害木段放置在室外自然风干或室内 10 ℃的冰箱中冷藏，幼虫均能存活 3 个月以上，重新转接活立木后大多能重新钻蛀并恢复健康。

【为害特点】该虫为害林木种类多，在广西已发现为害用材林和珍贵树种多达 11 科 13 属 19 种，为害园林绿化树种、特色药用经济树种及其他木本植物 19 科 27 属 29 种，其中桉树受害最严重，属典型的本土昆虫转移寄主为害引种树种。以幼虫钻蛀树干为害桉树等寄主，常吐丝将排泄物和木屑缀织形成直径 5 ~ 10 cm 的木屑包盖住蛀道口和蛀道，主要钻蛀 2 m 以下的主干，蛀道口周围树皮愈伤组织增生变得肿粗，每条蛀道内只有 1 头幼虫，多数幼虫从上向根基部蛀害。幼虫对树龄的选择性明显，主要为害 1 ~ 3 年生桉树，4 年生以上的林木也有为害，但随着树龄的增加，为害部位上移至高处较嫩的树干蛀食。常在蛀道口环状取食树皮，虫道深度可达到 10 ~ 25 cm，蛀道口喇叭形向外扩展，可达树干围径的 1/3 ~ 2/3，部分蛀道口周径树皮被全部取食，轻则影响林木生长和成材，造成林产品产量和材质下降，重则风折主干、断梢或直接造成林木枯死。

【防治方法】宜采取保护原生植被和天敌资源为基础，施放高效专用白僵菌制剂为主导，人工防治与化学无公害防治为辅助的综合防控技术。

营林防治。大规模营造桉树人工林，宜采取带状混交或保留部分原生植被，减少对本土原生植被的破坏，加强保护林区内的鸟类、蛙类、蜂类、蚂蚁、寄蝇等天敌资源，降低害虫转移寄主为害桉树的概率，提高林分抗虫能力。

生物防治。8 ~ 10 月向蛀道注射高效专用白僵菌分生孢子悬浮液，防治效果在 90% 以上，5 ~ 6 月幼虫地栖生活阶段、7 ~ 8 月幼虫上树初期的阴雨天或 2 月末龄幼虫化蛹前打开虫包（为成虫羽化预留出口）的有利时期，可林间喷施桉蝙蛾专用高效白僵菌粉剂防治，每亩喷撒原粉 250 ~ 500 g，可有效控制当代害虫为害和下一年虫口密度。

人工防治。人工清除虫害木，烧毁或蛀道刺杀均可杀死幼虫或蛹；向蛀道注射辣椒水、淡盐水或酒精可刺激幼虫爬出蛀道将其杀死或让其跌落地面被蚂蚁等天敌捕食。

化学防治。小面积虫口密度较高的虫源地，可用注射器或喷壶向蛀道内注射 2.5% 溴氰菊酯乳油 1000 ~ 2000 倍稀释液等化学药物防治。

（三十一）谷蛾总科 Tineoidea

体小型至中型；翅窄，具原始脉序特征，有缘毛；多数种类食皮毛、毛织品及其他动物质物，一些种类为农林重要害虫。包括毛蛾科 Acrolophidae、显阳蛾科 Arrhenophanidae、绵蛾科 Eriocottidae、始蓑蛾科 Lypusidae、蓑蛾科 Psychidae、谷蛾科 Tineidae 共 6 科 4000 多种。

74. 蓑蛾科 Psychidae

又称袋蛾。雌雄二型，雄虫有翅，雌虫无翅。触角羽毛状，喙退化，翅略透明。雌虫终生生活在幼虫所缀成的囊袋中。幼虫肥胖，胸足发达，腹足趾钩单序，椭圆形排列。幼虫能吐丝，缀枝叶形成囊袋状的巢，背负行走、取食等活动，这是该科昆虫典型的识别特征。幼虫多为害果树、林木等植物。全世界已记录 1000 多种，中国已记录 35 属 39 种。是林木重要食叶害虫之一。

（梁育喆）

蜡彩蓑蛾 *Acanthoecia larminati* (Heylaerts)

【寄主】油桐、油茶、板栗、蚬木、樟、桉、木菠萝、红树林植物等。

【分布】中国分布于江苏、浙江、安徽、福建、山东、河南、湖北、湖南、广东、广西、贵州、云南。广西各地均有分布。

【形态特征】雄虫体长 6 ～ 8 mm，翅展 18 ～ 20 mm。头和胸部灰黑色，腹部银灰色。前翅黑褐色，基部白色，后翅白色，边缘灰褐色。雌虫蛆状，无翅无足，体长 13 ～ 20 mm，圆筒形，乳白色至黄白色。

卵椭圆形，米黄色，长约 0.7 mm，宽约 0.5 mm。

末龄幼虫体长 16 ～ 25 mm。头部、胸部和腹节的毛片，以及第八至第十腹节背面均呈黑褐色，其余黄白色。

护囊尖长铁钉状，灰褐色，纯由丝织成，质地坚韧，护囊末端尖且有 3 ～ 5 条纵裂。雌虫护囊长 27 ～ 51 mm。

【生活习性】广西 1 年发生 1 代，以末龄幼虫在护囊内越冬。翌年 2 月中下旬为化蛹盛期，3 月上中旬成虫大量出现，交配产卵盛期于 3 月下旬至 4 月上旬。雌虫产卵于囊内蛹壳中，每雌产卵量 160 ～ 500 粒。4 月下旬至 5 月上旬为幼虫孵化盛期，幼虫从护囊末端裂口处爬出，吐丝下垂，随风传播，几小时后即吐丝绕缠自身胸部，咬取枝叶表皮碎片，做囊保护虫体。随着幼虫长大，护囊逐渐加长加宽。除雄虫外，卵、幼虫、蛹和雌虫一生都生活在护囊内。幼虫共 7 ～ 8 龄。幼龄幼虫取食叶片表皮和叶肉，形成许多不规则的白色斑块，4 龄后把叶片咬成缺刻或吃光，6 ～ 7 月为害最重。10 月中下旬幼虫负囊爬到小枝上，用丝将护囊粘固在枝条上越冬，常数个或十多个紧接排列在一起。

【为害特点】幼虫将叶片咬成孔洞，严重时将叶片吃光，并取食枝条及果实皮层。

【防治方法】参考桉蓑蛾。

A. 囊袋及为害桉树

B. 为害台湾相思

C. 为害板栗

蜡彩蓑蛾（莫忠华　郑霞林　摄）

丝脉蓑蛾 *Amatissa snelleni* (Heylaerts)

【寄主】桉、油桐、板栗等。

【分布】中国分布于浙江、江西、湖北、湖南、广东、广西、云南。广西各地均有分布。

【形态特征】雌雄二型，雄虫具翅，雌虫无翅。雌成虫体长 13 ～ 23 mm，雄成虫体长 11 ～ 15 mm。雄虫前翅顶角尖，外线直斜，横脉上有黑棕色纹，R_3 脉与 R_4 脉共柄，R_5 脉分离或与 R_3+R_4 脉有 1 个短柄。

幼虫头部和胸部背板灰褐色，散布黑褐色斑。各胸节背板分成 2 块，中线两侧近前缘处有 4 个黑色毛片，前胸毛片呈正方形排列，中、后胸毛片横向排列。腹部淡紫色，臀板黑褐色。

蛹深褐色，纺锤形。第二、第五腹节背面后缘和第七腹节前缘各有 1 列小刺。腹部背面第三至第六节后缘和第八至第九节前线各有 1 列小刺。

丝脉蓑蛾囊袋（杨秀好　摄）

护囊长圆锥形，灰白色，丝质紧密，表面无叶和枝附着，端部有 1 条长 0.5 ～ 0.8 cm 的丝状物。

【生活习性】1 年发生 1 代，以末龄幼虫越冬。2 月中下旬为化蛹高峰期，4 月上中旬为羽化高峰期，4 月中下旬为产卵盛期，4 月下旬至 5 月上旬为卵孵化盛期，6 ～ 7 月为害盛期，10 月中下旬后开始越冬。

【为害特点】幼虫取食叶片使其呈孔洞状，严重时将叶片吃光。

【防治方法】参考桉蓑蛾。

桉蓑蛾 *Brachycyttarus subferalbata* Hampson

桉蓑蛾囊袋（郑霞林　摄）

【寄主】马尾松、杉、桉、茶、油桐、悬铃木、木麻黄、火力楠、木荷、泡桐、台湾相思、银桦、阴香、八宝树、红千层、白玉兰、板栗、蝴蝶果、肉桂、青皮竹、红树林植物等。

【分布】中国分布于浙江、安徽、福建、广东、广西、贵州、云南。广西分布于南宁（武鸣）、隆安、宾阳、上林、江南、龙胜、合浦、上思、贵港（港南）、桂平、平南、北流、博白、陆川、容县、隆林、田阳、田东、靖西、平果、八步、巴马、河池（金城江）、环江、金秀、武宣、象州、扶绥、天等、高峰林场、派阳山林场、维都林场、黄冕林场、博白林场。

【形态特征】雄虫体长 4 ～ 5 mm，翅展 12 ～ 17 mm。体和翅黑色，后翅底面银灰色，有光泽。雌虫呈蛆状，无翅无足，体长 5 ～ 8 mm，黑褐色，头小，胸部略弯。

卵长约 0.6 mm，椭圆形，米黄色。

末龄幼虫体长 6 ～ 9 mm，头部淡黄色，散布深褐色斑点。各胸节背板有深褐色斑 4 个，有时前后相连成 4 条纵带。腹部乳白色。

雌蛹护囊长 15 ～ 20 mm，雄蛹护囊长 8 ～ 16 mm，灰褐色，外表黏附叶屑或碎片。雄蛹护囊末端平截，雌蛹护囊末端尖突。蛹期和成虫的护囊上端系有 1 条长丝，将护囊悬挂在枝叶上。

【生活习性】广西 1 年发生 3 代，以末龄幼虫越冬。翌年 3 月化蛹，4 月上旬成虫羽化，4 月中下旬为第一代幼虫孵化盛期，6 月上旬化蛹。第二代幼虫孵化盛期在 6 月下旬至 7 月上旬，8 月上旬化蛹。第三代幼虫孵化盛期为 8 月下旬至 9 月上旬，幼虫取食为害至 11 月中下旬陆续进入越冬期。越冬前幼虫缀织 10 ～ 20 mm 的丝束，将护囊垂挂于林木小枝上。每雌产卵量 90 ～ 245 粒，卵产于护囊内蛹壳中。

【为害特点】幼虫食叶为害。初龄幼虫取食叶肉、残留外表皮，使受害叶片呈半透明不规则斑；2 龄以后幼虫将叶片吃成孔洞或缺刻，有时仅留叶脉；大发生时，可将整树叶片吃成千疮百孔状，甚至吃光树叶，影响林木生长。

【防治方法】物理防治。人工摘护囊，冬季阔叶树落叶后可见树冠上的护囊，可人工摘除。在幼虫分散前摘除护囊，或小幼虫群集为害时剪除虫枝，集中烧毁。

生物防治。天敌种类较多，包括致病微生物、病毒、寄生蜂、寄生蝇、蚂蚁、蜘蛛、鸟类等；幼虫多在早晚取食为害，在害虫低龄幼虫阶段，早晚喷洒 1 亿～ 2 亿芽孢 /mL 青虫菌液、杀螟杆菌液或苏云金杆菌液（3.5 亿芽孢 /g）等 1000 倍稀释液。

化学防治。可用 2.5% 溴氰菊酯乳油 2000 ～ 3000 倍稀释液或 5% 氯虫苯甲酰胺 3000 ～ 4000 倍稀释液喷雾防治。

白囊蓑蛾 *Chalioides kondonis* Kondo

【寄主】松、柏、桉、杨、柳、榆、茶、油桐、枇杷、核桃、椰子、栗、扁柏、女贞、樟、枫杨、乌桕、木麻黄、竹。

【分布】中国分布于河北、山西、山东、河南、湖北、湖南、广东、广西、贵州、云南。广西各地均有分布。

【形态特征】雌虫体长 9 ~ 16 mm，蛆状，翅、足退化，黄白色至浅褐色，微带紫色。头小，暗黄褐色；触角小而突出；复眼黑色，各胸节及第一至第二腹节背面具有光泽的硬皮板，其中央具褐色纵线，体腹面至第七节各节中央均有紫色圆点 1 个，第三腹节后各节有浅褐色毛丛，腹部肥大，尾端收小似锥状。雄虫体长 6 ~ 11 mm，翅展 18 ~ 21 mm，浅褐色，密被白长毛，尾端褐色。头浅褐色，复眼球形，黑褐色。触角羽状，暗褐色。翅白色透明，后翅基部有白色长毛。

卵椭圆形，长 0.8 mm，浅黄至鲜黄色。

幼虫体长 25 ~ 30 mm，黄白色。头部橙黄色至褐色，上有暗褐色至黑色云状点纹；各胸节硬皮板褐色，中、后胸分成两块，上有黑色点纹。第八至第九腹节背面有褐色大斑，臀板褐色。有胸、腹足。

蛹黄褐色，雌蛹体长 12 ~ 16 mm，雄蛹长 8 ~ 11 mm。

护囊长圆锥形，灰白色，长 27 ~ 32 mm，丝质紧密，上有纵隆线 9 条，表面无叶和枝附着。

A. 囊袋和幼虫

B. 蛹

白囊蓑蛾（任向明　郑霞林　摄）

【生活习性】1 年发生 1 代，以低龄幼虫在护囊内于枝干上越冬。翌年春季寄主发芽展叶期幼虫开始为害，6 月末龄幼虫化蛹。蛹期 15 ~ 20 天。6 月下旬至 7 月羽化。雌虫羽化后仍在护囊内，雄虫飞出交配，不久雌虫将卵产于护囊里，每头雌虫可产卵千余粒。卵期 10 ~ 13 天，幼虫孵化后爬行或吐丝下垂分散传播，在枝叶上吐丝结护囊，常数头在叶片上群集食害叶肉，随着幼虫生长，护囊渐次扩大，幼虫活动时携囊而行，取食时头、胸部伸出囊外，受惊时缩回囊内。取食一段时间便转移至枝干上越冬。

【为害特点】幼虫食叶，低龄幼虫食害叶肉残留表皮，或啮食叶背表皮形成透明斑，3 龄后食叶成缺刻和孔洞，严重时可将叶吃光，并食害嫩枝表皮。

【防治方法】参考桉蓑蛾。

黛蓑蛾 *Dappula tertius* (Templeton)

【寄主】桉、油桐、板栗、人心果、蝴蝶果、油茶、肉桂、八角、桃花心木、灰木莲、紫薇、大叶相思、银桦、樟、红锥、乌桕、黄梁木、银杏、油杉、油梨、木荷。

【分布】中国分布于江苏、浙江、安徽、福建、山东、河南、湖北、湖南、广东、广西、贵州、云南。

广西各地均有分布。

【形态特征】雄虫体长 15 ～ 18 mm，翅展 30 ～ 35 mm。体和翅灰黑色，前翅中室和径脉有黑色长斑 2 个，顶角较突出。雌虫蛆状，无翅无足，体长 14 ～ 24 mm，淡黄色，头小，胸部隆起，深褐色。

卵椭圆形，米黄色。

幼虫共 5 龄，末龄幼虫体长 23 ～ 30 mm。胸部背板黑褐色，前、中胸背面中线白色，两侧各有 1 条白色长斑，组成“川”形，后胸背面中线两侧亦各有 1 条黄白斑，组成倒“八”字形，腹部黑色。

护囊长锥形，褐色，囊外黏附有破碎叶片，有时黏附半叶或全叶，质地密致柔韧。雌虫护囊长 28 ～ 50 mm。

黛蓑蛾为害状（覃洁　摄）

【生活习性】广西 1 年发生 1 代，以蛹越冬。成虫出现在翌年 2 月中旬，3 月中下旬为羽化盛期，3 月下旬至 4 月上旬为产卵盛期，卵期 15 ～ 20 天，4 月中下旬为幼虫孵化盛期。6 ～ 7 月为害最重，10 月下旬进入蛹期越冬。每雌产卵量 1500 ～ 2000 粒，卵产在护囊内蛹壳中。越冬时以丝将护囊粘固在林木枝条上。

【为害特点】幼虫将叶片咬成孔洞或缺刻，当叶片被吃光后继而取食树皮。

【防治方法】参考桉蓑蛾。

螺纹蓑蛾 *Eumeta cramerii* (Westwood)

【寄主】马尾松、杉、桉、油茶、木麻黄、油桐、八角、肉桂、乌桕、紫荆木、黄榄、板栗、蝴蝶果、木荷、湿地松、黄檀等。

【分布】中国分布于江苏、浙江、安徽、福建、山东、河南、湖北、湖南、广东、广西、贵州、云南。广西各地均有分布。

【形态特征】成虫雌雄二型。雌虫无翅，体长 11 mm，乳白色，似蛆形，足退化，体壁薄；雄虫体长 9 ～ 10 mm。

末龄幼虫体长 6 ～ 8 mm，头暗褐色，体黄褐色，胸部背面骨化强，具棕色斑纹，腹部各节有横皱。

护囊长 30 ～ 40 mm，略呈圆锥形，护囊丝织外层用丝缀结小枯枝梗织成，每条枝梗的长短、排列方向颇为一致，呈有规律的螺旋状。

螺纹蓑蛾囊袋（莫忠华　摄）

【生活习性】1 年发生 1 代，以 2 ～ 4 龄幼虫在护囊内越冬。翌年 3 月天气回暖后恢复取食活动，7 ～ 8 月化蛹，蛹头向着排粪孔，利于成虫羽化后爬出护囊。8 月上旬至下旬为成虫羽化期和产卵期，8 月中旬至 9 月下旬幼虫孵化，取食为害至 11 月以后陆续进入越冬状态。

雌虫羽化后仍留护囊内，雄虫羽化后，翌日早晨或傍晚交配，雄虫交配时将尾部插入雌蛾囊内。雌虫产卵于蛹壳内，并将尾端绒毛覆盖在卵堆上。每雌产卵量 100 ~ 200 粒。卵期 15 ~ 18 天，孵化后的幼虫从排粪孔爬出，吐丝下垂，随风飘扬至其他树枝上。

【为害特点】低龄幼虫取食叶肉，残留外表皮，使受害叶呈现半透明状不规则斑块；2 龄后幼虫将叶片吃成孔洞或缺刻，有时仅残留主脉，甚至取食嫩枝树皮。

【防治方法】参考桉蓑蛾。

茶蓑蛾 *Eumeta minuscula* Butler

【寄主】马尾松、杉、侧柏、油茶、油桐、木麻黄、木荷、泡桐、台湾相思、阴香、红千层、白玉兰、核桃、板栗、蝴蝶果、悬铃木、杨、柳、女贞、榆、紫荆等。

【分布】中国分布于山西、江苏、浙江、安徽、山东、广东、广西、贵州、云南、陕西。广西各地均有分布。

【形态特征】成虫雌雄二型。雌成虫无翅、无足，体长 10 ~ 16 mm，黄白色至黄色。头小，褐色。胸部略弯，有黄褐色斑。腹部肥大，末端尖，第四至七节周围有黄色绒毛。雄成虫有翅、有足，体长 10 ~ 15 mm，翅展 22 ~ 30 mm，褐色至深褐色，密被鳞毛。触角丝状，胸背有 2 条白色纵纹。前翅翅脉两侧颜色深，外缘顶角下部有 1 个近方形透明小斑。

卵椭圆形，米黄色或黄色，长约 0.8 mm。

幼虫体长 20 ~ 35 mm，米黄色，背面中央色较深。头淡褐色至深褐色，布有褐色网状斑纹。胸背有 2 条褐色纵带，各节纵带外侧各有 1 个褐色斑。各腹节背面有 4 个黑色突起，排成“八”字形。

雌蛹长 14 ~ 20 mm，纺锤形，褐色。头小，胸节略弯。无触角、口器、足和翅芽；臀棘分叉，叉端各生 1 枚短刺。雄蛹长 15 ~ 20 mm，褐色至黑褐色，腹末稍向腹面弯曲，翅芽达第三腹节后缘。

幼虫吐丝缀叶、枝皮碎片及长短不一的枝梗形成护囊，枝梗较整齐纵列于护囊的外层。护囊长 20 ~ 40 mm。

A. 为害油茶（莫忠华　摄）

B. 为害紫薇（梁育喆　摄）

茶蓑蛾

【生活习性】在广西 1 年发生 3 代，以幼虫在护囊内悬挂在枝干上越冬。翌年 2 ~ 4 月气温达 10 ℃时，越冬幼虫开始活动为害，5 月下旬至 6 月下旬化蛹。蛹期 15 ~ 29 天。6 月中旬至 7 月上旬为成虫发生期，雌虫寿命为 12 ~ 21 天，雄虫仅为 1 ~ 2 天。雌虫交配后于 6 月下旬开始产卵，卵期 7 天左右。

幼虫孵化后食叶为害，幼虫为害至中龄爬至枝干上做囊越冬。雌虫羽化后，头伸出蛹壳外，虫体仍留在蛹壳内，在排泄口外有许多黄色绒毛；雄虫羽化后由护囊下方囊口脱出，翌日清晨和傍晚与雌虫交配。交配前雌虫头部伸出囊外，雄虫找到雌虫后，即伏在雌虫护囊上，腹部插入雌虫护囊内进行交配。雌虫交配后就在囊内产卵，每头雌虫平均产卵 676 粒，多达 3000 粒。

【为害特点】幼虫食叶，低龄幼虫仅取食叶肉残留表皮，或啮食叶背表皮成透明斑，3 龄后食叶成缺刻和孔洞，严重时将叶吃光，并食害嫩枝表皮和果面。

【防治方法】参考桉蓑蛾。

南大蓑蛾 *Eumeta variegatus* (Snellen)

【寄主】松、落羽杉、水杉、桉、大红花、大叶紫薇、紫薇、柳、木麻黄、三球悬铃木、樟、池杉、刺槐、杨、榆、栎、油桐、油茶、板栗、银杏、木荷、黄檀、泡桐、枇杷等。

【分布】中国分布于天津、江苏、浙江、安徽、福建、江西、湖北、广西、台湾。广西各地均有分布。

【形态特征】成虫雌雄二型。雌成虫体长 25 ～ 30 mm，无翅，无足，肥胖，头小，胸部发达，腹部第七、第八节间有黄色绒毛。雄成虫体长 18 mm 左右，翅展 35 ～ 44 mm，体黑褐色，触角双栉齿状，胸部背面有 5 条深色纵纹。翅黑褐色，前翅近外缘有 4 ～ 5 个透明斑。

卵椭圆形，淡黄色，长约 0.9 mm。

幼虫雌雄二型，雌幼虫老熟时腹部黑褐色。胸足 3 对，黑褐色。雄幼虫体较小，体色较淡。

雌蛹长 28 ～ 32 mm，赤褐色，似蝇蛹状，头胸附器均消失，枣红色。雄蛹体长 18 ～ 24 mm，暗褐色，翅芽伸达第三腹节后缘，第三至第五腹节背面前缘各有 1 横列小齿，尾部具 2 枚小臀刺。

护囊长为 40 ～ 60 mm，囊外附有较大的碎片，有时附有少数枝梗，排列不整齐。

A. 囊袋

B. 为害桉树

南大袋蛾（郑霞林　摄）

【生活习性】多数 1 年 1 代。以末龄幼虫在护囊内越冬，翌年 4 月下旬开始化蛹。成虫交配后产卵于护囊内。幼虫 5 月下旬至 6 月中旬开始孵化，孵出后吐丝借助风力扩散，降落至适宜寄主后，吐丝缀叶碎片或少量枝梗营囊护身，取食迁移时均负囊活动。幼虫多聚集于树枝梢头为害。7 ～ 9 月幼虫老熟，多爬至枝梢上吐丝固定护囊越冬。

【为害特点】以幼虫取食叶片为害，食性杂。聚集于枝梢顶端和树冠顶部为害，食叶穿孔或仅留叶脉。在 7 ～ 8 月气温偏高、土壤干旱时为害猖獗。

【防治方法】参考桉蓑蛾。

（三十二）麦蛾总科 Gelechioidea

体小型至中型，翅展 2 ～ 35 mm，体色鲜艳或素色。喙背面基部 1/2 以上覆盖有鳞片。多数种类下颚须 4 节，覆有鳞片，折叠或平行位于喙基部；下唇须上举且第三节长而尖；头部被平滑鳞毛；缺毛隆；后足胫节背面有长鳞毛。幼虫第一至第八腹节的 L_1 和 L_2 毛靠近或着生在同一毛片上。全世界已记录列蛾科 Autostichidae、祝蛾科 Lecithoceridae、木蛾科 Xyloryctidae、织蛾科 Oecophoridae、始蓑蛾科 Lypusidae、宽蛾科 Depressariidae、鸠蛾科 Peleopodidae、麦蛾科 Gelechiidae、纹翅蛾科 Cosmopterigidae、枪蛾科 Pterolonchidae、鞘蛾科 Coleophoridae、蛀蛾科 Batrachedridae、小潜蛾科 Elachistidae、草蛾科 Ethmiidae、展足蛾科 Stathmopodidae、绢蛾科 Scythrididae、长足蛾科 Ashinagidae、痣蛾科 Blastobasidae、尖蛾科 Momphidae 和凹须蛾科 Epimarptidae 共 20 科 18400 多种。部分种类是重要的农林业害虫。

75. 木蛾科 Xyloryctidae

是小蛾类中个体较大的一个类群，幼虫可食叶或蛀干。该科的蛀干类昆虫蛀干为害时常吐丝将粪粒围在蛀孔四周，形如堆砂状，故本科又名堆砂蛀蛾科。成虫缺单眼；触角线状；下唇须长而向上弯曲，下颚须退化；前翅相对较宽，部分种类翅展达 66 mm；后翅呈不等边形；前翅 R_4、R_5 脉共柄，R_5 脉止于外缘，Cu_2 脉接近中室下角；后翅 Rs 与 M_1 脉基部靠近或共柄。全世界已记录 1000 多种，为林业上重要的食叶及蛀干害虫之一。

（郑霞林）

椰子木蛾 *Opisina arenosella* Walker

【寄主】老人葵、银海枣等棕榈科植物。

【分布】中国分布于广西、广东、海南。广西分布于南宁（江南）、北海（铁山港营盘）。

【形态特征】成虫翅展 18 ～ 24 mm。触角柄节暗黄色，鞭节白色，杂黑褐色；下唇须乳白色，其第二节腹面和内侧密布灰白色长鳞毛，鳞毛端部杂黑色，第三节散布黑褐色鳞片；前翅狭长，前缘略拱，顶角钝，外缘弧形后斜，前缘基部黑色，端部具多条黑色细纵纹；中室中部和翅褶中部各具 1 个由 2 ～ 3 枚黑色竖鳞形成的黑色斑点。

卵长椭圆形，淡黄色。

幼虫头部和前胸黑褐色，中胸两侧红褐色，中胸背面和后胸及腹部黄褐色；背中线和背侧线褐色；腹部第三至第六节具腹足，趾钩为多序环形；第十节具臀足，趾钩为多序横带。

蛹纺锤形，初期褐色，后期变为红褐色；腹部第一至第四节背面前缘有刺列。

【生活习性】1 年发生 4 ～ 5 代。成虫多在夜间活动，雌虫常将卵聚产于株冠下部的叶背，卵期

4 ～ 5 天，每雌产卵量 140 粒左右。幼虫孵化后，吐丝将粪便结成丝网构筑虫道，幼虫躲在其内取食叶肉，使叶片逐步干枯，树势衰弱，甚至死亡；幼虫期约 40 天。老熟幼虫在虫道内末端化蛹，蛹期 10 天左右。成虫期 5 ～ 7 天。世代历期 60 ～ 70 天。

【为害特点】食叶害虫。幼虫吐丝将其粪便黏在一起形成连续的长条的虫道，幼虫躲在其内取食叶肉。多从株冠下部向上部为害。为害轻者造成植株叶片干枯死亡，重者导致植株死亡。

【防治方法】营林防治。根据其为害状人工剪除虫枝，集中销毁。

物理防治。可用铁丝插入蛀道钓杀幼虫。

化学防治。在低龄幼虫发生高峰期，喷施 45% 杀螟硫磷 900 ～ 1800 倍液或 4.5% 高效氯氰菊酯 22 ～ 40 mL/ 亩；或用 50% 杀螟松乳油 50 倍稀释液注入虫道且用黄泥封口。

A. 成虫

B. 幼虫及为害状

C. 幼虫蛀道

D. 为害状

椰子木蛾（郑霞林　黄大明　摄）

76. 绢蛾科 Scythrididae

体小型，体色暗。翅窄，中室长，R_1 脉短，出自中室中点以远，R_4 与 R_5 脉共柄，1A 脉存在，2A 脉基部不分叉；后翅前缘中部突出，$Sc+R_1$ 脉长，Rs 与 M_1 脉接近平行，M_2 与 M_3 脉同出一点或共柄。成虫休止时，双翅下垂。幼虫具明显的次生刚毛，趾钩双序、三序或多序，环状或缺环状。全世界已记录 30 多属 670 多种，部分种类结网取食芽或叶，部分种类潜叶或缀叶为害，是林木重要的食叶害虫。

（罗来凤）

绢织蛾 *Scythropiodes* sp.

【寄主】桉。

【分布】中国分布于广西。广西分布于钦廉林场（石湾）、东门林场（华侨）。

【形态特征】成虫体长 11 ～ 14 mm，翅展 15 ～ 17 mm。翅灰白色，前翅中室有 3 个小黑点，呈“∵”形排列；近顶角处的前缘、外缘后近臀角处的后缘共有 11 个小黑点相连，呈“⁚⁚”形排列；前后翅外缘缘毛较长。

A. 成虫

B. 幼虫

C. 蛹

D. 为害状

绢织蛾（郑霞林　罗来凤　摄）

幼虫体浅黄绿色，头部和前胸背板赭红色。

蛹淡黄色至赭红色。

【生活习性】6～7月为暴发为害时期。幼虫卷叶为害，且在其内化蛹。

【为害特点】食叶害虫，幼虫卷起桉树叶片边缘呈饺子状，幼虫躲在其内取食叶肉，可转移为害。轻者影响植株生长发育，重者整株叶片均被吃光，整个山头桉树仅剩枝干。

【防治方法】预测预报。根据其历史发生情况，加强定期定点监测，做到早发现，早预报，早防治。

营林防治。结合林地管理，发现其为害时，及时剪去被害叶。

生物防治。自然条件下存在多种捕食性和寄生性天敌，要充分保护和利用。

化学防治。在幼虫发生高峰期，每亩选用25%噻虫嗪50～60 g喷雾防治。幼虫期可用苏云金杆菌（8000 IU/微升）悬浮剂300 g喷雾防治。

77. 长足蛾科 Ashinagidae

成虫后足长，且着生长鳞丛。全世界已记录22种。

（张少军）

油茶织蛾 *Casmara patrona* Meyrick

【寄主】油茶。

【分布】中国分布于浙江、安徽、福建、江西、湖北、湖南、广东、广西、贵州、台湾。广西分布于融安、融水、三江、鹿寨、柳江、龙胜、阳朔、荔浦、全州、岑溪、蒙山、桂平、覃塘、博白、容县、金秀。

【形态特征】成虫体长12～16 mm，翅展32～40 mm。体被灰褐色和灰白色鳞片。触角丝状，灰白色，基部膨大，褐色。下唇须镰刀形，向上弯曲，超过头顶；第二节粗，有黑褐色和灰褐色鳞片；第三节纤细，灰白色；第三节末端尖，呈黑色。前翅黑褐色，有6丛红棕色和黑褐色竖鳞，在基部1/3内有3丛，在中部弯曲的白纹中有2丛，另一丛在此白纹的外侧；后翅灰黄褐色。足褐色，前胫节灰白色，有黑色长毛；后胫节有褐、灰两色相间的长毛。腹部褐色，有灰白斑，具光泽。

卵扁圆形，长1.1 mm，赭色。卵上有花纹，中间略凹。

幼虫体长25～30 mm，乳黄白色。头部黄褐色，前胸背板淡黄褐色，腹末2节背板骨化，黑褐色。趾钩三序缺环，臀足趾钩三序半环。

蛹长圆筒形，体长16～24 mm，黄褐色。腹部末节腹面有1对小突起。

【生活习性】1年发生1代，以幼虫在被害枝干内越冬。翌年3月中旬为幼虫孵化盛期。卵期18～25天；幼虫期285～310天；蛹期29～37天；雌虫寿命4～10天，雄虫寿命2～6天。初孵幼虫从嫩梢或顶芽基部爬行到嫩梢顶端叶腋间蛀入。蛀食前，先在欲蛀的枝梢上方吐丝遮蔽虫体。刚孵化的幼虫食量小，蛀道较细。在前5天，每日平均蛀食2.5～3.0 mm。因嫩梢细小，被全部蛀空，仅剩下表皮层，枝梢逐渐呈现枯萎状。此后，幼虫逐渐蛀入枝干或主干，蛀道逐渐增大且光滑。大树主干较粗，幼虫仅蛀食木质部和髓部，故不致失水枯萎。幼虫蛀干长度为 60 ～ 80 cm。幼虫在被害枝内每隔一段距离向外咬 1 个小圆孔，以排泄粪便。粪便呈红棕色，椭圆形，散落地面。1 个蛀道一般有排泄孔 7 ～ 9 个，最多 13 个。从上向下孔径逐渐加大，第一个孔一般为 0.5 mm，最后一个孔也是最大的排粪孔，孔径达 4.7 mm。排泄孔彼此的距离和方向没有规律。一般孔口在枝条的下方，以防雨水侵入。幼虫老熟后，在蛀道中上部咬 1 个比附近排泄孔稍大的、近圆形的羽化孔，孔径约 3 mm，并吐丝结膜，把孔口封闭。在孔下 3 ～ 7 cm 处筑蛹室，并在蛹室上、下端吐丝塞住。从吐丝到化蛹约需 3 天。成虫一般在傍晚羽化，上、下午羽化者极少。如遇闷热天气，下午也能大量羽化。成虫飞翔力强，昼伏夜出。雨天或有风天气活动减少，但小雨或微风对其活动无影响。具趋光性。成虫羽化后第二天晚上才可交配。交配可持续 2 ～ 3 小时，最长可达 8 小时。大多数雌虫一生只交配 1 次。多选择老茶林和郁闭度高、比较阴湿的油茶林产卵。卵散产于嫩梢上或项芽基部。每处产卵 1 粒。每头

A. 成虫

B. 幼虫

C. 蛹

D. 为害状

油茶织蛾（曹书阁　蒋昊洋　摄）

雌虫可产卵 30 ～ 80 粒。有的 1 天即可产完，有的需经 4 ～ 5 天才可产完。5 ～ 18 时均有卵孵化，但以 12 ～ 16 时最多。

【为害特点】以幼虫从上而下蛀食茶枝，被害枝叶初呈暗绿色凋萎状，受害蛀道以上部分逐渐中空枯死，一般老茶园和密度大的油茶林发生较多。

【防治方法】营林防治。油茶织蛾喜阴湿，对油茶林应及时疏伐与修剪，每亩控制在 60 ～ 100 株，保证林内通风透光良好。修剪的最佳时间为 7 ～ 8 月，也可于冬季农闲时，剪除虫害枝干，集中烧毁。

物理防治。利用诱虫灯诱杀成虫。

生物防治。保护和利用长距茧蜂、小黄蚂蚁、大黑蚁、蜘蛛、白僵菌等自然天敌昆虫和微生物。

化学防治。在大面积郁闭林分，于成虫羽化盛期，施放 10% 敌马烟雾剂，用药量以每亩 1 kg 为宜。于初孵幼虫期和幼虫潜居枝梢为害期，用 2.5% 溴氰菊酯乳油或 20% 氰戊菊酯乳油，用量每亩 3 ～ 4 mL，兑水稀释进行低容量或超低容量喷雾；也可用 50% 二溴磷乳油 1000 倍稀释液或注射树干毒杀幼虫。

（三十三）卷蛾总科 Tortricoidea

因其幼虫常常卷叶为害而得名。成虫体小型至中型，多为褐、黄、棕、灰等色，并有条纹、斑纹或云斑。前翅翅脉均从基部或中室直接伸出，Cu_2 出自中室下缘近中部处，后翅 $Sc+R_1$ 与 Rs 分离。仅有卷蛾科 Tortricidae，1 科 1000 多属 1 万多种。

78. 卷蛾科 Tortricidae

成虫体中型或小型，多为褐、黄、棕、灰等色，并有条、斑纹或云斑。前翅略呈长方形，肩区发达，前缘弯曲，有的种类雄虫前缘向反面折叠。静止时，两前翅平叠在背上，合成钟状，下唇须第一节常被厚鳞，呈三角形。除头部有竖立的鳞毛外，身上的鳞片平贴。幼虫圆柱形，体色多样，有绿色、白色、粉红色、紫色或褐色；趾钩二序或三序，环式。前胸气门前的骨片有 3 毛。肛门上方常有臀栉。全世界已记录卷蛾亚科 Tortricinae、新小卷蛾亚科 Olethreutinae 和澳卷蛾亚科 Chalidanotinae 共 3 亚科 1151 多属 11365 种，中国已记录 3 亚科 500 多种，可卷叶为害或蛀干为害，为害植物的花、果实、种子和根，许多种类是农林重要害虫。

（常明山）

龙眼裳卷蛾 *Cerace stipatana* Walker

【寄主】槭、山茶、樟等。

【分布】中国分布于浙江、福建、江西、广西、重庆、四川、云南。广西分布于苍梧、鹿寨、博白林场。

龙眼裳卷蛾成虫（李懋辅　摄）

【形态特征】成虫展翅 33 ~ 59 mm，雄虫略小，触角周围有黑色毛丛，前翅和胸部黑紫色，翅面有白色斑块，腹背面上部为黑色，下部为黄色。翅面密被白色长斑点和短斑点，从翅基部至外缘有 1 条锈红褐色纵带，外缘近顶角处有 1 个较大褐色斑块。

【生活习性】在重庆 1 年发生 2 代，以幼虫越冬。第一代幼虫期为 6 月上旬至 8 月下旬，蛹期为 8 月下旬至 9 月中旬，成虫期为 9 月上旬至 9 月下旬，卵期为 9 月中旬至 10 月上旬。第二代幼虫期为 10 月中旬至翌年 5 月上旬，蛹期为 5 月上旬至 5 月下旬，成虫期为 5 月下旬至 6 月中旬，卵期为 5 月下旬至 6 月中旬。雌成虫多产卵于寄主叶片正面的主脉两侧，块产，尤以树冠顶部最多。卵期 6 ~ 15 天，幼虫期 80 ~ 100 天（非越冬代幼虫），蛹期 8 ~ 15 天，成虫期 7 ~ 15 天。成虫多于傍晚和清晨羽化，傍晚活动最盛。每雌产卵量 300 余粒。成虫有趋光性。

【为害特点】幼虫取食寄主植物的叶片，吐丝卷叶为害。

【防治方法】物理防治。通过人工摘除卷叶或者剪枝除虫。也可以利用灯诱成虫。

生物防治。可以使用赤眼蜂、姬蜂、肿腿蜂、茧蜂和白僵菌等。赤眼蜂在卵初期开始释放，连续释放 3～4 次，间隔 7 天释放 1 次。放蜂期避免喷施农药，保护和利用天敌。此外，野外还发现有舞毒蛾黑瘤姬蜂、广大腿小蜂、大草岭等寄生性天敌，应注意保护和利用。

化学防治。在低龄幼虫期可以选择杀螟硫磷、杀螟松、菊酯等乳油制剂 1000～2000 倍稀释液进行防治。

毛颚小卷蛾 *Cellifera mormopa* Meyrick

【寄主】红树林桐花树。

【分布】中国分布于福建、广东、广西、海南。广西分布于北海、防城港、钦州。

【形态特征】成虫体长 6～8 mm，翅展 15～17 mm，头部有扁平鳞片，触角丝状，黑褐色。前翅相当宽，外缘略平截，有明显基斑和中带，两者之间有淡色横带；后翅淡灰色至暗褐灰色。

卵扁圆形，中略隆起，直径约 0.5 mm，初产时乳白色，近孵化时转为橙黄色。卵壳透明，具网状纹，有光泽，透过卵壳可以清楚地看到卵的发育过程。

初孵幼虫淡黄色，头部黑褐色；随着龄期的增加，虫体由淡黄色逐渐转为淡黄绿色，后变成深绿色；头部由黑褐色逐渐转为淡红棕色，后变成深红棕色。末龄幼虫体长 15～18 mm，体上有白色刚毛多根，臀足向后伸长似钳状。

蛹淡褐色，长约 7～8 mm，蛹外有白色薄丝茧，第一至第七腹节背面，各节有 2 列刺，前列刺粗大，后列刺细小。尾端着数根倒钩毛。近羽化时体色也转为暗棕色。

A. 成虫

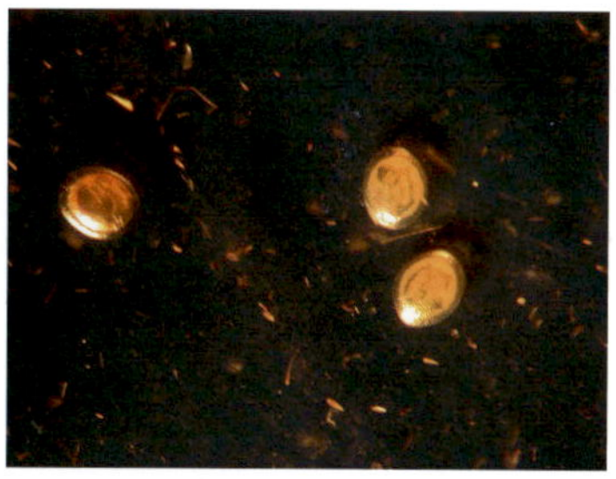
B. 卵

C. 幼虫

D. 蛹

E. 红树林植被为害状

毛颚小卷蛾（李德伟　摄）

【生活习性】该虫在广西北部湾 1 年发生 11～12 代。以 2～3 龄幼虫在桐花树叶片上卷叶越冬，在冬季天气暖和时幼虫仍能活动取食。翌年 2 月下旬，桐花树花蕾期，越冬幼虫开始化蛹，3 月上旬开始羽化为成虫，1～2 天后即交配产卵，卵历期 2～4 天，幼虫历期 11～15 天，蛹历期 7～8 天，完成 1 个世代需要 20～27 天，成虫寿命约 6～8 天。

成虫多在晚上羽化，羽化后不久即可交配，不需补充营养。成虫具有较强的趋光性，白天成虫很少活动，一般静伏于叶片下或枝条上，晚上飞翔活跃。卵散产，主要产于当年生主梢近基部较老的叶片上，每雌产卵量 150 多粒。初孵幼虫活跃，大多数初孵幼虫会沿着枝条爬到顶芽，吐丝将顶芽附近的 2 ～ 3 片嫩叶不规则地粘结在一起并潜在其中取食叶肉，有少部分在叶缘吐丝卷苞潜在其中取食叶肉。幼虫具有转苞为害的习性，虫体受惊扰后倒退或弹跳并吐丝下垂。末龄幼虫吐丝下垂到老叶上，先用丝将叶缘粘包成饺子形，并在其中结茧化蛹。

【为害特点】在国内主要为害红树林桐花树的叶片，幼虫将几张叶片粘结在一起形成虫苞，并潜在中间取食叶肉，致使叶片逐渐干枯脱落，甚至整片桐花树林一片焦黄，虽不致整株枯死，但严重影响林木的生长、结果和观赏价值。

【防治方法】营林防治。加强对红树林生态系统的保护、恢复和修复。通过树种调整改变现有林分结构，营造混交林，降低其为害。

物理防治。成虫趋光性强，可通过灯光诱杀成虫防治。在害虫大发生区域，成虫羽化高峰期每灯每晚能诱到成虫 300 头左右，其中雌虫占多数，有利于降低子代虫口数量。

生物防治。经调查，毛颚小卷蛾卵的寄生率高达 93%，末龄幼虫和蛹的寄生率为 20% 左右，应充分保护和利用自然天敌。害虫发生量较大时，选择在幼虫 3 龄前防治，可喷洒灭幼脲Ⅲ号、苏云金杆菌、印楝素等生物制剂。为保护海洋生物、水产养殖和海洋环境，不宜施用化学药物。

荔枝异形小卷蛾 *Cryptophlebia ombrodelta* (Lower)

【寄主】格木、降香黄檀、荔枝、杨桃、羊蹄甲等。

【分布】中国分布于河南以南省区。广西分布于南宁（西乡塘、武鸣）、上林、玉林（玉州）、六万林场、高峰林场、南宁树木园、派阳山林场、热林中心。

【形态特征】成虫体长 7 ～ 10 mm，展翅 17 ～ 23 mm。触角丝状，体色褐色，前翅前缘有钩状纹。雄虫体形较雌虫小，雄虫前翅黄褐色，后翅淡黄色，前翅后缘有 1 个深褐色条形斑块，静栖时双前翅形成的斑块略呈深褐色倒三角形。雌虫翅色黑褐色，前翅后缘有 1 个半椭圆黑灰色斑块，后翅灰色。

卵椭圆形，长径 0.9 mm，散产，初期浅白色，后变为淡黄色，孵化前可以明显看到头壳和幼虫体形。

幼虫共 5 龄。体长 0.5 ～ 1.9 mm，低龄幼虫体色浅黄，高龄幼虫体色黄褐色。

蛹长约为 10 mm，浅棕色或深褐色，腹部具有刺状突。

A. 成虫　　B. 幼虫　　C. 蛹

荔枝异形小卷蛾（常明山　摄）

【生活习性】在广西南宁 1 年发生 3 代，每年 3 月上旬、5 月至 7 月和 9 月中旬到 10 月中旬为各世代成虫发生高峰期。广东地区每年发生 3 ～ 5 代。成虫趋光性明显。

【为害特点】卵多产于叶片或嫩梢处，幼虫通过取食嫩梢或果实表面形成微小孔洞后，钻入洞内继续蛀食，外部可见褐色虫粪或木屑。

【防治方法】营林防治。加强林木抚育管理，嫁接或种植前清理带虫枝条。

物理防治。人工剪除带虫枝条，灯光诱杀成虫。

生物防治。在卵期可释放松毛虫赤眼蜂和暗黑赤眼蜂，幼虫期可用茧蜂、白僵菌、苏云金杆菌等防治。可用该虫专用性信息素引诱剂诱杀成虫，诱捕效果良好。

化学防治。低龄幼虫期可喷施甲基谷硫磷 1000 倍稀释液等药剂防治。

茶长卷蛾 *Homona magnanima* Diakonoff

【寄主】油茶、樟、水杉等。

【分布】中国分布于南方各省区。广西分布于乐业、凌云、贺州（八步）、大桂山林场。

【形态特征】成虫体长 8 ～ 10 mm，展翅 19 ～ 30 mm，触角丝状，雌虫较雄虫大。雌虫体色浅棕色，前翅表面密被深褐色斑纹，前翅合并后不具有外突的翻褶，后翅浅黄色。雄虫前翅浅灰色，前翅前缘有 1 个三角形黑色斑块，合并时前翅有外突的翻褶，后翅浅棕色。

A. 成虫

B. 幼虫及为害状

茶长卷蛾（郑霞林 摄）

卵椭圆形，长约 0.8 mm，浅黄色。

幼虫共 6 龄，高龄幼虫体长 22 ～ 26 mm，体色黄绿。

蛹长约 12 mm，初产浅黄色，后变为深褐色，具有 8 个臀刺。

【生活习性】以末龄幼虫在卷叶内越冬。在浙江、安徽每年 5 月中下旬为幼虫为害期，完成 1 个世代约需要 40 天。低龄幼虫可以依靠吐丝转移，每雌产卵量达 300 粒，多产在叶背。

【为害特点】幼虫取食为害叶片，吐丝缠绕叶片呈苞状，并在内部取食嫩叶。

【防治方法】营林防治。科学修剪，清理杂草，增加林地透光性。

物理防治。摘除卷叶或剪除带虫苞枝条，也可以利用灯光诱杀成虫。

生物防治。在卵期可使用松毛虫赤眼蜂，幼虫期使用茧蜂。低龄幼虫可使用白僵菌 100 亿孢

子粉或苏云金杆菌乳剂200倍稀释液喷杀。其性信息素主要组分为（Z）-9-十二碳-1-醇乙酸酯、（Z）-11-十四碳烯-1-醇乙酸酯和11-十二碳-1-醇乙酸酯，可以使用性信息素诱捕防治。

化学防治。低龄幼虫可用兼具胃毒和内吸功能的药物喷雾防治。

银杏超小卷蛾 *Pammene ginkgoicola* Liu

【寄主】银杏。

【分布】中国分布于江苏、浙江、安徽、广西。广西分布于灵川、兴安、永福。

【形态特征】成虫体长约6.5 mm，展翅约10 mm，前翅前缘有银色钩状纹，腹部银灰色，后翅灰褐色。雌雄后翅翅缰数量不同，雌虫2根，雄虫1根。

卵椭圆形，长径0.6 mm，初产乳白色，孵化前明显看到头壳。

幼虫体色浅黄色，头部和背板呈褐色，末龄幼虫体长达12 mm。

蛹体长约7 mm，初期黄色，后逐渐变为深褐色，有臀刺。

【生活习性】以蛹越冬，每年4月上旬成虫羽化，4月中旬幼虫开始为害，幼虫喜食梢或叶柄基部，并蛀入其中，向顶部蛀食，末龄幼虫在树皮裂缝处化蛹，成虫寿命最长可达25天左右，每雌产卵量90粒以上，散产于小枝条上。

【为害特点】幼虫蛀食新生枝条，导致叶片和幼果脱落，或者枝条枯萎。

【防治方法】营林防治。加强抚育管理，增强林木抗性。

物理防治。人工摘除受害枯萎的枝条，也可以利用灯光诱杀成虫。

生物防治。在卵期可以使用赤眼蜂，幼虫期使用猎蝽。低龄幼虫可以使用苏云金杆菌乳剂200倍稀释液喷杀。

化学防治。低龄幼虫可用兼具胃毒性和内吸性的药物喷雾防治。

A. 成虫

B. 蛹

C. 为害状

银杏超小卷蛾（杨忠武 摄）

杉梢小卷蛾 *Polychrosis cunninhamiacola* Liu et Pai

【寄主】杉科植物。

【分布】中国分布于江苏、浙江、安徽、福建、江西、湖北、湖南、广东、广西、四川。广西各地均有分布。

【形态特征】成虫体长 4.5 ～ 6.5 mm，翅展 12 ～ 15 mm，体暗灰色。触角丝状，各节背面基部杏黄色，端部黑褐色。前翅深黑褐色，基部有 2 个平行斑，向外有 X 形条斑，沿外缘还有 1 个条斑，在顶角和前缘处分为三叉状，条斑都呈杏黄色，中间有银条。后翅浅褐黑色，无斑纹，前缘部分浅灰色。

卵扁圆形，长约 0.7 ～ 0.8 mm，乳白色，孵化前色变深。

末龄幼虫体长 8 ～ 10 mm，头、尾细小，中间数体节特粗。头、前胸背板及肛上板暗红褐色，体紫红褐色，每节中部有白色环。

蛹体长 4.5 ～ 6.5 mm，褐色，各腹节背面有齿状突起 2 列，腹末具钩状臀棘 8 根。

A. 成虫

B. 幼虫

C. 蛹

D. 为害状

杉梢小卷蛾（郑霞林　黄思业　常明山　摄）

【生活习性】在广西1年发生4～5代，以蛹在枯梢内越冬。翌年3月中旬至4月上旬成虫羽化。4月上旬至5月上旬第一代幼虫为害，第二代幼虫于5月中旬至7月中旬为害，第三代幼虫于6月下旬至7月中旬为害最重，7月下旬至8月上旬成虫羽化，产生第四代。少数第二代幼虫，延至6月下旬至7月下旬才化蛹，7月下旬至8月上旬为羽化盛期，产生第三代。以后第三、第四代幼虫同时发生，8月下旬9月上旬羽化成虫，分别产生第四、第五代幼虫，10月上旬全部化蛹。成虫夜间活动，有趋光性。卵多产在侧梢或主梢针叶背处，以生长幼嫩，通风透光的林缘较多。

【为害特点】初龄幼虫取食嫩叶，3龄以后蛀入嫩梢顶芽取食，被害处堆集棕褐色粪粒。幼虫一生可转移为害2～3个梢头。老熟后在枯梢中吐丝结茧化蛹。

【防治方法】营林防治。加强营林措施。促进幼树生长，提早郁闭；营造混交林，减轻为害；注意林区卫生，发现枯梢，随时剪除，如发现害虫天敌寄生率高，可将剪掉的枝梢收集保存，让天敌安全飞出。

物理防治。在成虫羽化盛期，设置诱虫灯诱杀成虫。

生物防治。卵期释放寄生蜂，按每亩1万头寄生蜂，分4次释放效果较好。

化学防治。幼虫孵化期喷洒50%杀螟松200～400倍稀释液、5%来福灵3000倍稀释液、20%甲氰菊酯2000～4000倍稀释液。

桉小卷蛾 *Strepsicrates coriariae* Oku

【寄主】桉。

【分布】中国分布于福建、广东、广西。广西各地均有分布。

【形态特征】成虫体长6.0 mm，展翅14.5 mm，下唇须暗灰色，第二节膨大。头、胸部灰色，前翅灰褐色，前缘到顶角有灰白色竖起的鳞片。

幼虫体色灰黑色或灰黄色，背中线黑褐色，高龄幼虫体长达11.0 mm。

A. 卷叶虫苞

B. 幼虫及为害状

C. 幼虫

桉小卷蛾（杨秀好 叶远为 摄）

卵椭圆形，初产浅黄色，后逐渐变黑。

蛹初期浅黄色，后变为灰色，腹节有刺突，体长约 7.0 mm。

【生活习性】无明显越冬现象，每年可发生 7 ～ 9 代，夏季高温期每月可以完成 1 代，世代重叠。每年 5 月开始为害，高峰期在 7 ～ 9 月。成虫趋光性明显，卵散产，主要产于嫩叶和嫩芽等位置。幼虫有 5 龄，具有转梢为害的特点，多达 6 梢，每个虫苞内可以隐藏 3 头以下低龄幼虫。

【为害特点】初孵幼虫取食嫩芽，3 龄幼虫开始吐丝缀连嫩叶，形成虫苞，并在内部取食，影响嫩梢生长。

【防治方法】营林防治。加强抚育管理，选育抗虫品种。

物理防治。人工摘除虫苞。

生物防治。在其产卵高峰期稀放赤眼蜂，每亩释放 1 万头。幼虫发生期利用厉蝽、姬蜂和茧蜂等。低龄幼虫期可以利用苏云金杆菌和白僵菌进行喷杀。

化学防治。低龄幼虫可以使用阿维菌素、氯虫苯甲酰胺等进行防治。

（三十四）木蠹蛾总科 Cossoidea

体中型至大型，粗壮，灰色、褐色或白色；头小，无毛隆；触角多为双栉状，单栉状或线状少见；喙极短或缺；翅脉为或接近完全异脉型，前后翅中室内 M 主干发达，常在前翅中室内分叉，后翅内的 M 干也常分叉，Cu_2 发达。卵扁或立式。幼虫头宽，上颚大；腹足趾钩 1 ～ 3 序，缺环，或具环或横带。蛹长，腹部有两列刺。包括木蠹蛾科 Cossidae、拟木蠹蛾科 Metarbelidae、银斑蠹蛾科 Dudgeoneidae 和缺缰蠹蛾科 Ratardidae 共 4 科 1300 多种，幼虫钻蛀为害林木的茎干、枝条、根等，绝大部分种类是林木重大蛀干害虫。

（韦　维）

79. 木蠹蛾科 Cossidae

体具浅灰色斑纹，部分种类成虫颜色艳丽，具金属光泽；雄虫触角为双栉齿状，雌虫栉齿状较短或线状；下颚须及喙均缺，下唇须短小；前后翅中室保留有 M 脉基部，前翅有副室及 Cu_2，后翅 Rs 与 M_1 接近，或在中室顶角外侧出自同一主干。幼虫略扁，头及前胸盾硬化，上颚强大，傍额片伸达头顶，趾钩双序或三序，环式。全世界已记录木蠹蛾亚科 Cossinae 和豹蠹蛾亚科 Zeuzerinae 共 2 亚科 110 多属 700 多种，中国已记录 2 亚科 140 多种，幼虫蛀干为害，是林木、果树的重要钻蛀性害虫。

闪蓝斑蠹蛾 *Chalcidica minea* (Cramer)

【寄主】桉、竹、木瓜榕、对叶榕等。

【分布】中国分布于广西、云南。广西分布于横州、马山、隆安、阳朔、上思（叫安）、贵港（港南）、象州、凭祥、龙州。

闪蓝斑蠹蛾成虫（李楙辅　摄）

【形态特征】雄成虫体长 34 ～ 39 mm，翅展 70 ～ 79 mm；雌成虫体长 40 ～ 45 mm，翅展 110 ～ 115 mm。体黄褐色。雄虫触角栉齿状，雌虫触角丝状，均为黑褐色，上端 1/3 处有 1 节为白色。翅黄褐色，翅脉布满黑褐色鳞片，翅中室处由翅脉形成 1 个半圆形闭室，其上往翅外缘方向延伸的翅脉呈放射状，均达翅外缘，形成大小较一致的闭室；翅后缘有 2 条自翅基部直达臀角的较粗的翅脉。后翅可见明显 2 条自翅基部直达外缘的翅脉，但翅脉较前翅纤细。前后翅缘毛黄褐色。腹部黄色，腹节被黑褐色鳞片。足黑色。

卵初产乳白色，椭圆形，长 0.5 ～ 0.6 mm，宽 0.4 ～ 0.5 mm。

幼虫共有 6 龄。体长 13 ～ 17 mm，初孵幼虫乳白色，随后逐渐变为淡黄色，老熟时渐变成橘红色。

头部缩入前胸内，3 龄以后的幼虫前胸背板黑色。各体节均有 3 对毛瘤，密被短绒毛，中央具 1 根白色原生刚毛。

茧长 12 mm，扁椭圆形，被白色绒毛，后期变为灰黄色。蛹淡黄色，后变黑褐色。

【生活习性】1 年发生 3 ～ 4 代，多发生在竹林密度高、湿度大且低洼地带。成虫多产卵在叶片反面、较低的竹枝上或较小的植株上，聚产，单层。不同世代卵期有一定差异，为 3 ～ 10 天。幼虫多在地表落叶下结茧化蛹。每年 7 月高温干旱季节时发生的第二代幼虫自然死亡率较高。

【为害特点】钻蛀木瓜榕和对叶榕的果实。

【防治方法】未见大面积发生和为害，可通过保护和利用自然天敌调控其种群。

咖啡豹蠹蛾 *Polyphagozerra coffeae* (Nietner)

【寄主】桉、板栗、香樟、降香黄檀、澳洲坚果、乌桕、蝴蝶果、香椿、红锥、苹婆、荔枝、木麻黄、台湾相思、苦楝、羊蹄甲、柿、杨、喜树、任豆、桃、肉桂、油茶、沉香等。

【分布】中国广泛分布。广西各地均有分布。

【形态特征】成虫体灰白色，雄成虫体长 11 ～ 20 mm，翅展 33 ～ 36 mm；雌成虫体长 11 ～ 26 mm，翅展 30 ～ 35 mm。胸部背面有 3 对青蓝色斑。腹部白色，有黑色横纹。前翅白色，半透明，布满大小不等的青蓝色斑点；后翅外缘有青蓝色斑 8 个。

卵圆形，淡黄色。

幼虫头部黑褐色，体紫红色或深红色，尾部淡黄色。各节有很多粒状小突起，上有白毛 1 根。

蛹长椭圆形，红褐色，长 14 ～ 27 mm，背面有锯齿状横带。尾端着生 12 根短刺。

【生活习性】在广西 1 年发生 2 代，以幼虫在蛀道内越冬。初羽化的成虫栖息于枝干交叉处，黄昏后开始活动。成虫当晚即可交配，最多交配 5 ～ 6 次，寿命 7 ～ 16 天。雄成虫飞翔能力较强，有一定趋光性，但弱于雌成虫。雌成虫交配后 3 天左右于夜间产卵，单粒散产在小枝嫩梢顶端或腋芽处，在树干裂缝或树皮伤口处，每卵块几粒到数十粒。每雌产卵量 200 多粒。幼虫孵化后立即从枝条顶端或腋芽蛀入。枝条或幼苗茎干被害处以上部位枯死后，幼虫钻出，向下转移继续为害。随着幼虫龄期的增加，沿枝干的木质部向下继续蛀食为害，并在被害枝干上咬出排粪孔，不断向外排出粪粒，在蛀孔下方的地上常见有明显的粪粒堆积，有时粪粒黏在一起，悬于蛀孔周围。末龄幼虫在蛀道内吐

A. 成虫

B. 幼虫及蛀道

C. 为害状

咖啡豹蠹蛾（韦维　汤凯伦　摄）

丝连接碎屑堵塞蛀道两端作蛹室，并在蛹室上方咬出一圆形羽化孔；蛹羽化前靠蛹刺移动至孔口，蛹体大半露出孔外，羽化后蛹壳夹留孔口。

【为害特点】刚孵化的幼虫从枝条顶端或腋芽蛀入，然后向枝条或幼苗茎干上部蛀食，取食 4 ～ 5 天后开始转枝蛀害，一生可多次转枝。幼虫蛀害时在木质部和韧皮部之间环道绕旋蛀害，切断寄主输导组织，受害枝、干上部很快枯死，蛀环处很易风折。

【防治方法】营林防治。砍除虫源地受害木的枝干或及时剪除受害枝条集中烧毁。

化学防治。虫源地为害严重时，于幼虫孵化初盛期喷洒 20% 丙硫克百威 1000 倍稀释液等；对在韧皮部下为害的低龄幼虫，可用 3% 高渗苯氧威乳油、20% 甲氰菊酯乳油 2000 ～ 3000 倍稀释液喷涂枝干，防效显著；对已蛀入木质部的高龄幼虫，可在干基部斜向下 45° 方向打一个深 6 ～ 8 cm 的孔，用 50% 辛硫磷乳油或 10% 吡虫啉可湿性粉剂 50 倍稀释液注入洞中，用泥封孔。

白背斑蠹蛾 *Xyleutes persona* Le Guillou

【寄主】栎、枫、毛竹等。

【分布】中国分布于广西、云南、香港。广西分布于南宁（江南）、金秀、岑溪、天等。

【形态特征】成虫体长 59 ～ 77 mm；翅展 116 ～ 168 mm。头部、颈板、腹部和下胸黑褐色，雄成虫触角基半部双栉齿状，黑色，栉齿长；胸部白色，足黑褐色，跗节有白斑；腹部侧面白斑 1 列；前翅灰褐色密布黑色纹，前翅后缘区及外缘区近白色网状，后翅灰褐色，近臀角有大白斑。

白背斑蠹蛾成虫（陈荣　摄）

【生活习性】不详。

【为害特点】幼虫蛀干为害。

【防治方法】未见大面积发生和为害，可通过保护和利用自然天敌调控其种群。

多斑豹蠹蛾 *Zeuzera multistrigata* Moore

【寄主】桉、核桃、木麻黄等。

【分布】中国分布于北京、辽宁、上海、浙江、福建、江西、湖北、湖南、广西、重庆、四川、贵州、云南、陕西。广西各地均有分布。

【形态特征】成虫体长 29 ～ 40 mm，翅展 42 ～ 67 mm；体灰白色，具黑色或蓝黑色斑。雌虫触角丝状白色，末端黑色。雄虫触角黑色，基半部羽毛状，端半部线状。胸背对生 6 个黑斑点，第一腹节背面对生 1 对黑斑，其余腹背具 1 黑横带；前翅多具蓝光黑斑。

卵椭圆形，粉红色或黄白色，近孵化时黑褐色。

幼虫体长 32 ～ 47 mm，头部黑褐色。胸、腹部红褐色，各节有小黑点多个，黑点上着生毛 1 根。

蛹长筒形，赤褐色。头顶具 1 个齿突，雄蛹触角基半部明显鼓起。腹部各节有 2 行横行排列的小刺突，其上着生颗粒状小刺。

【生活习性】在福建省 1 年发生 1 代，以中老龄幼虫在树干基部坑道内越冬，翌年 2 月中旬开始蛀食。5 月中下旬开始化蛹，蛹期 20 ～ 25 天；6 月为羽化盛期，羽化时间集中在 16 ～ 20 时，羽化数小时后即可交配和产卵，单配制，产卵前期 2 ～ 3 天，卵多产于树皮或旧虫道孔内，卵粒呈块状紧密排列，无覆盖物，平均每雌产卵量 700 多粒；成虫白天静伏，夜间 20 时后活动最盛，趋光性强；雌虫和雄虫寿命分别为 4 ～ 9 天和 3 ～ 5 天。7 月上中旬为卵孵化盛期，卵期 16 ～ 19 天，幼虫孵化后蛀入寄主嫩梢内，幼虫期 313 ～ 321 天。末龄幼虫用丝和木屑封隔虫道，筑成蛹室。

【为害特点】初孵幼虫为害叶脉或者叶柄，之后转害新梢，幼虫蛀食 1 ～ 3 年生枝干皮层和木质部，破坏输导组织，引起树势衰弱，枝梢萎蔫、枝干枯死。为害部位常在 2 m 左右的高处，受害枝梢极易从蛀道口处风折。

【防治方法】营林防治。选用抗虫、耐虫树种，在成虫羽化前及秋冬季摘除虫枝并烧毁。

物理防治。成虫羽化期林间挂频振式杀虫灯诱杀成虫。

生物防治。幼虫期捕食性天敌有蚂蚁、蜘蛛等；卵期主要寄生性天敌有寄生蜂等，要加以保护和利用。

化学防治。在幼虫孵化期，选用 10% 吡虫啉可湿性粉剂或 3% 高渗苯氧威乳油 2000 倍稀释液喷雾防治，效果较好。

A. 成虫

B. 幼虫

C. 蛹室及蛹壳

多斑豹蠹蛾（杨秀好　摄）

80. 拟木蠹蛾科 Metarbelidae

体小型至中型，成虫翅展 6.1 ～ 33.5 mm，雌虫略大。头小，触角双栉齿状、栉齿状或丝状。前翅宽，后翅圆形，前后翅大小几乎相等；翅面花纹少或无，多为浅褐色、灰色或乳白色，且具网状或横条纹；翅面透明区域少或无。前翅 Cu，2A 脉纯白色或乳白色；毛隆和鼓膜器官常无；前胫突有或无；后足具 1 ～ 2 对刺。成虫夜间活动。全世界已记录 27 属 237 种，中国已记录 2 属 4 种，幼虫是林木重要的蛀干害虫。

相思拟木蠹蛾*Arbela bailbarana* Matsumura

【寄主】桉、八角、台湾相思、木麻黄、油茶、阴香、桂花、核桃、榕、西南桦、任豆、灰木莲、火炬刺桐、美丽异木棉、羊蹄甲、澳洲坚果等。

【分布】中国分布于浙江、福建、广东、广西、海南、重庆、贵州、云南、台湾。广西分布于南宁（武鸣太平）、宾阳（武陵）、融安、融水、柳州（柳北、柳南、柳东、城中、鱼峰）、三江、鹿寨、柳江、兴安（白石、严关、高尚）、荔浦（马岭、双江、东昌、青山、杜莫、新坪、荔城、蒲芦）、阳朔（白沙、葡萄、金宝、福利、高田、杨堤、普益）、灵川（灵田、青狮潭、大圩、潭下）、梧州（长洲倒水）、防城港（防城那良）、东兴（马路）、浦北、贵港（港北武乐）、平南（平山、大新、六陈）、北流（西埌、新圩）、陆川（沙坡）、百色（右江阳圩）、田东（作登）、西林（西平、八达）、八步（步头、大宁）、平桂（水口、大平）、昭平（大脑山林场）、巴马（燕垌）、凤山（长洲、砦牙、江洲、凤城、金牙）、河池（金城江东江、拔贡和六甲）、宜州（北山、北牙）、合山（北泗）、金秀、忻城（果遂、城关、新圩、红渡、古蓬）、来宾（兴宾和高安）、大新（龙门）、天等（小山、都康、龙茗、福新）、高峰林场（六里、界牌、东升、平甫、延河、桃源）、派阳山林场（公武）、钦廉林场（乌家、石湾、文利、天堂、武利）、维都林场（松柏）。

【形态特征】成虫体长 7 ～ 12 mm，翅展 22 ～ 26 mm。雌虫全体黑色，触角灰黑色；雄虫全体灰黑色，触角灰白色，前翅有多个褐色斑；雌雄虫触角均为单羽状；后翅灰白色，无斑纹。胸、腹部的基部和腹末色较深。

卵椭圆形，乳白色，卵块鳞片状，外被黑色胶状物。

高龄幼虫体长 18 ～ 27 mm，头赤褐色，体黑色或棕黑色，节间灰白色。

蛹体长 12 ～ 16 mm，赭黄色，体前部色深；头顶两侧各具 1 个不分叉的粗大突起，着生方向与体长轴平行。

【生活习性】在广西 1 年发生 1 代，以高龄幼虫在寄主树干坑道内越冬。越冬幼虫翌年 4 月上旬开始化蛹，持续至 5 月下旬，蛹期约 20 天。成虫始见于 4 月下旬，终见于 6 月下旬。卵始见于 4 月下旬，

A. 幼虫

B. 为害状

相思拟木蠹蛾（谭德锦　摄）

卵历期约 12 天，5 月上旬幼虫开始孵化，一直为害至 11 月中旬才减少活动，进入越冬。越冬代幼虫与第一代幼虫存在世代重叠现象。

【为害特点】以幼虫蛀入树干形成蛀道，取食为害韧皮部，尤以树干分叉或枝干接连处受害严重。幼虫白天藏在蛀道内很少活动，傍晚时沿蛀道外出取食树皮，严重影响寄主植物生长。蛀道口常有由虫粪、木屑、树皮碎屑等缀连而成的虫粪带，幼虫常在带内活动。

【防治方法】营林防治。选用抗虫、耐虫树种改善管理，及时清除虫害木。在为害区彻底伐除没有保留价值的严重被害木，运出林外及时处理。对新发生或孤立发生区，要拔点除源，及时降低虫口密度控制害虫扩散蔓延。

物理防治。用铁丝插入蛀道刺杀蛀道内的蛹和幼虫。

生物防治。主要捕食性天敌有蚂蚁、蠼螋、蜘蛛等；主要寄生性天敌有寄生蜂、茧蜂、姬蜂、泥蜂等，应加以保护和利用。

化学防治。成虫产卵盛期和幼虫孵化初期向产卵靶标部位喷施 10% 吡虫啉可湿性粉剂或 3% 高渗苯氧威乳油 2000 倍稀释液等。对已蛀入树干内的幼虫，用棉球蘸取无公害药物堵塞虫洞和蛀道；或直接向蛀道注射药物，用泥土密封蛀道口。

（三十五）透翅蛾总科 Sesioidea

体小型至中型，翅透明，狭长，常无鳞片，形似蜂类。触角线状、栉状或双栉状，端部在着生刚毛的尖端之前常膨大。腹末有 1 个特殊的扇状鳞簇。幼虫腹足较退化，趾钩单序横带。蛹无臀栉。白天活动，色彩鲜艳。全世界已记录透翅蛾科 Sesiidae、蝶蛾科 Castniidae 和短翅蛾科 Brachodidae 共 3 科 1600 多种。幼虫主要蛀食寄主树干、树枝或树根，是诸多林木果树的重要蛀干害虫。

（杨秀好）

81. 透翅蛾科 Sesiidae

成虫体小型至中型，有明亮红黄等色斑纹，日间活动，一般不具趋光性。触角棍棒状，末端有毛。前后翅常有不同程度的透明区域，常无鳞，高度拟态蜂类昆虫。足长，后足胫节第 1 对距在中间或近端部。腹部有 1 个特殊的扇状鳞簇。目前，全世界已记录 160 多属 1400 多种，中国已记录 10 多属 40 多种。幼虫蛀食林木的主干、树皮、枝条、根部等，是多种林木和园林绿化树的蛀干害虫。

景洪兴透翅蛾 *Anthedonella jinghongensis* (Yang et Wang)

【寄主】桉。

【分布】中国分布于广西、云南。广西分布于南宁（武鸣）、桂林、玉林、高峰林场。

【形态特征】成虫体长 8.5 ～ 10.0 mm，前翅长 7 ～ 9 mm，后翅长 5.5 ～ 7.0 mm。头黑色，头后缘黄色。触角黑色，顶端具黑色小毛束，雄虫触角腹面具纤毛。复眼前、后方各具 1 条白带。下唇须黄色，背面端半部杂有黑色。缘发达，棕色。

胸部黑色，肩片四周黄色，胸侧具大片黄斑，整个胸部后缘黄色。前足基节大部分为黄色，仅内侧一窄条为黑色，第一跗节下方被一黄色小毛丛，各跗节大部分为黄色，其余部分为黑色；中足胫节基半部、端部、距、跗节腹面为黄色；后足胫节中距端距及其着生处、第一跗节背端及第二跗节至第五跗节腹面均为黄色，第一跗节腹面基部为黄色，其余部分为黑色。前翅端、中斑与各脉、翅缘均为黑褐色，R_4+R_5 分叉交点在透明斑中；翅反面基部至中斑之间的不透明区均为黄色，中斑至翅端不透明区为黑色，端斑中有少量黄色，后翅中横脉仅上半部被很少鳞片，呈倒三角形；翅下方长有灰白色长毛，反面前缘为黄色，后缘及各脉基部也为黄色。

腹部黑色，第二、第四至第六节后缘具黄带，雄虫第七节后缘也具黄带。第二、第四节黄带明显，第五至第七节较弱。雌虫第四节黄带较宽，为本节的 1/2 ～ 2/3。第一、第二、第四节整个侧缘黄色，第五至第七节侧缘仅有少量黄色。腹面第二节基部为黄色，第四至第六节及雄虫第七节大部为黄色，仅在两侧具少量黑色。尾毛丛强大，雌虫尾毛丛背面大部分和腹面两侧为橘红色，其余部分黑色。雄虫尾毛丛扇状，背面中部和两侧、腹面尾端均为橘红色，其余部分为黑色。该虫典型特征为腹部末端具有橘红色毛束，或整个腹部为橘红色。

【生活习性】年发生代数及世代历期不详，以蛹在树干蛀道内越冬，翌年4月上旬出现成虫。末龄幼虫化蛹前在树干上留有羽化孔，羽化时蛹体蠕动至头胸部露出羽化孔，待蛹体约露出1/2时，成虫顶破蛹壳头部破壳而出，蛹壳仍留在羽化孔处。

【为害特点】该虫钻蛀桉树幼树主干形成蛀道，易造成风折、树皮开裂，严重时可导致整株桉树枯死，是桉树主要钻蛀性害虫之一。

【防治方法】营林防治。选用抗虫品种（品系），加强抚育管理，增加树势，提高抗虫能力。

人工防治。透翅蛾类成虫羽化较为集中，成虫羽化后在树干上爬行或静止不动，可人工捕蛾；针对受害比较严重的林分，可在成虫羽化前清理受害木段并销毁，减少成虫数量和下一代虫口密度。

A. 为害部位；B. 蛹；C. 羽化后的蛹壳；D. 成虫交配状

景洪兴透翅蛾成虫（杨秀好　摄）

生物防治。天敌有绒茧蜂、茧蜂、肿腿蜂、寄蝇、蚂蚁、啄木鸟、白僵菌等，对害虫种群有一定的控制作用，应注意保护和利用。

化学防治。当发现树干上有新虫粪时，可从蛀道口向内注射无公害药物进行防治。

（三十六）斑蛾总科 Zygaenoidea

体小型至大型，口器常退化；翅脉为原始异脉型，前后翅 Cu_2 均存在，中室内有 M 主干，后翅 $Sc+R_1$ 在中室外远离 Rs。幼虫通常短粗，有次生毛丛，有时螯刺发达，或有粗螯毛，位于明显的毛瘤上。全世界已记录亮蛾科 Dalceridae、刺蛾科 Limacodidae、绒蛾科 Megalopygidae、艾蛾科 Aididae、短体蛾科 Somabrachyidae、拟斑蛾科 Lacturidae、缰蛾科 Anomoeotidae、蚁巢蛾科 Cyclotornidae、蝉寄蛾科 Epipyropidae、拟蓑蛾科 Heterogynidae、带翅蛾科 Himantopteridae、毛斑蛾科 Phaudidae 和斑蛾科 Zygaenidae 共 13 科 3290 多种，中国已记录 220 多种。部分种类是园林绿化植物和林木的重要食叶害虫，如重阳木锦斑蛾 *Histia rhodope* Cramer。

82. 毛斑蛾科 Phaudidae

昼出性，成虫翅红色，翅面具不规则黑色斑块；触角双栉齿状；胸部背面、腹部两侧及胸腹部腹面被较长绒毛，故名毛斑蛾科。2006 年，Niehuis 等基于分子生物学的手段和研究结果，将其从斑蛾科下的一个属提升为斑蛾总科下一个独立的科，并得到了业内广泛支持。目前，全世界已记录 1 属 7 种，中国大陆已记录 1 种，台湾已记录 7 种。为榕属植物重要的食叶害虫，亦称榕蛾科。

（郑霞林）

朱红毛斑蛾 *Phauda flammans* (Walker)

【寄主】小叶榕、垂叶榕、橡胶榕和聚果榕。

【分布】中国分布于福建、广东、广西、台湾。广西分布于宾阳、横州、马山、南宁（江南）、柳江、梧州（龙圩）、岑溪、桂平、田东、忻城、来宾（兴宾）、都安、大新、博白、维都林场。

【形态特征】成虫体长 10 ～ 15 mm，翅展 32 ～ 39 mm；雌成虫触角双栉齿状，黑色，鞭节灰白色，分布有毛形感受器、锥形感受器、腔锥形感受器、栓锥形感受器和刺形感受器；前后翅红色，前翅臀区有 1 个黑色椭圆形斑；胸部背面及腹部两侧被深红色绒毛，胸腹部腹面绒毛黑色；足转节和腿节内侧被灰白绒毛。雄成虫触角双栉齿状，鞭节黑色；胸腹部腹面绒毛灰白毛。腹末着生 1 对黑色毛须。

卵黄色，卵粒聚集呈不规则连续线状或若干粒聚产，每雌产卵量 78.3 ± 13.8 粒。

幼虫共 6 个龄期；末龄幼虫体长 23.0 ± 3.9 mm，头壳宽度为 3.3 ± 0.3 mm；前胸背板呈长方形，黄褐色，具黑色斑点；中胸似“盾”状，明显宽于其他体节；腹部背面红棕色。幼虫体壁具黏液，对致病微生物和小型捕食性昆虫有一定的物理防御作用。

蛹纺锤形，长 10 ～ 12 mm，宽 2.8 ～ 4.8 mm，初期背部黑色，其余黄色，后期渐变红色。

【生活习性】在广西南宁 1 年发生 2 ～ 3 代，以部分第二代预蛹期幼虫、蛹和第三代低龄幼虫越冬。每年 3 月中旬至 12 月上旬为幼虫为害期，11 月下旬末龄幼虫下树于根系与地表形成的夹角处结

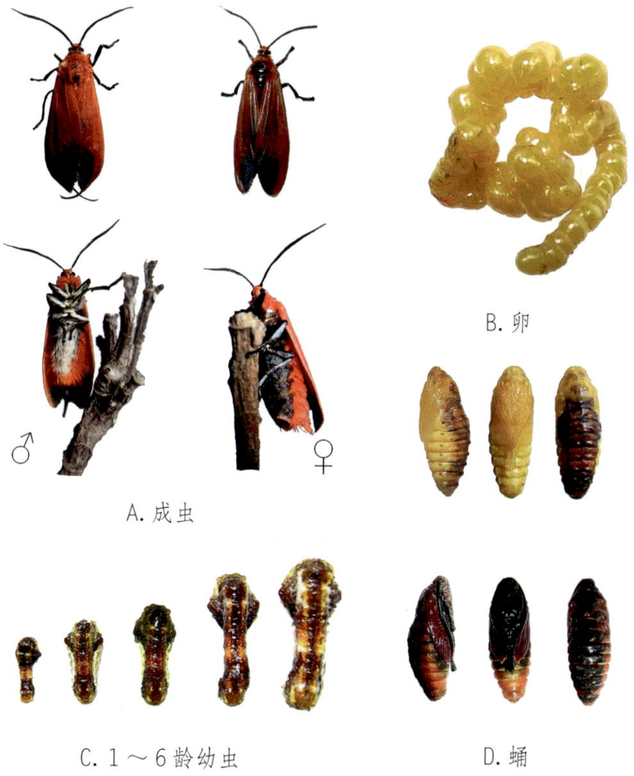

朱红毛斑蛾（郑霞林　摄）

茧化蛹，以预蛹期幼虫或蛹越冬。翌年3月中下旬至5月幼虫化蛹和越冬蛹陆续羽化。5月中旬至6月下旬、8月上旬至10月中旬分别为第一和第二代幼虫发生盛期。成虫羽化高峰期为10～13时，交配高峰期为13～18时，产卵高峰期为11～15时。成虫寿命4～5天，延迟交配会降低其交配率和繁殖率。成虫受惊扰时，腹部突然翘起或（同时）假死落地。卵多产于树梢叶片的正面或枝条上。幼虫体表黏性强，受惊吓时头部紧缩于前胸背板下并从口器中分泌黄褐色液体。幼虫多在树缝、树下根系于地表夹角处、枯枝落叶层处结茧化蛹。自然温度下，卵、幼虫、蛹和成虫发育历期分别为9～15天、53～126天、11～36天和4～9天。抗寒力较强，发育起点温度较低，卵、幼虫、蛹和成虫发育起点温度分别为11.54±0.51 ℃、11.65±0.44 ℃、13.90±0.25 ℃和19.04±0.92 ℃；有效积温分别为153.24±2.05日·℃、787.49±0.28日·℃、159.14±0.99日·℃和35.72±3.40日·℃。

【为害特点】食叶害虫，1～2龄幼虫聚集为害，取食叶肉，留下白色膜状上表皮，随着虫龄的增长，逐步扩散至整株为害，受害叶片呈缺刻或孔洞。严重为害时，整株叶片均被蚕食仅剩枝干，更有少数高龄幼虫在无叶片时取食嫩枝韧皮部。

【防治方法】营林防治。幼虫下树化蛹较为集中的时期，要及时清理行道树、景观树等树冠下的落叶，破坏其化蛹场所。

物理防治。人工捕杀卵、幼虫、蛹（茧）。树干缠绕胶带，利用幼虫树下化蛹的习性，黏住幼虫，集中处理。

生物防治。自然条件下，有4种寄生性天敌，分别为花胸姬蜂 *Gotra octocinctus* Ashmead、绒茧蜂 *Apanteles* sp.、黏虫广肩小蜂 *Eurytoma verticillata*（Fab.）和云南追寄蝇 *Exorista yunnanica* Chao，自然寄生率分别为7.2%、4.2%、1.6%和0.9%。此外，可利用性信息素开展监测和诱捕，也可利用朱红毛斑蛾球孢白僵菌开展防治。

化学防治。在低龄幼虫期选择高效氯氰菊酯10 mg/L和阿维菌素25 mg/L交替施药，防效为70%以上。

83. 斑蛾科 Zygaenidae

体小型至中型，绝大多数种类昼出性，具访花习性。成虫颜色艳丽，常具金属光泽。口器发达，有单眼，喙及下唇须伸出。雄虫触角为双栉齿状，雌虫栉齿状较短或线状。前后翅中室有 M 脉主干，后翅亚前缘脉 Sc 及胫脉 R 中室前缘中部连接。幼虫头部小，缩入前胸内，体具毛瘤，上生短刚毛。趾钩单序中带式。全世界已记录 5 亚科 940 种，中国已记录 140 多种。部分种类为农林植物重要的食叶害虫之一。

（郑霞林）

黄角红颈斑蛾 *Arbudas leno* (Swinhoe)

【寄主】岗桧。

【分布】中国分布于广西、台湾。广西分布于南宁、钦州等。

【形态特征】成虫展翅 22 ～ 29 mm；触角羽状，黑色；头和复眼黑色，颈区红色；翅黑色，自前缘中部至臀角有 1 条较宽的黄色斜带，端部不达后缘，翅脉灰色；胸腹部和足均为黑色。本种与玉带斑蛾 *Pidorus atratus* 形态相似，但本种翅面斜带黄色，且端部不达后缘。

幼虫淡黄色，前胸背板及臀板各具 2 个黑色瘤状突起，其上着生数根黑色刚毛。中后胸及腹部背板无瘤状突起，背中线和亚背线黑色，几乎相连；胸腹部每体节两侧各具 1 个淡黄色瘤状突起，其上着生数根白色刚毛。

A. 成虫　B. 幼虫　C. 茧

黄角红颈斑蛾（郑霞林　摄）

【生活习性】不详。

【为害特点】幼虫取食寄主植物叶片，使叶片呈缺刻，严重时可将整株叶片吃光。

【防治方法】未见大面积发生和为害，可通过保护和利用自然天敌控制其种群。

竹斑蛾 *Artona funeralis* (Butler)

【寄主】竹。

【分布】中国分布于北京、河北、江苏、浙江、安徽、江西、河南、湖北、湖南、广东、广西、四川、云南、台湾。广西分布于宾阳（甘棠）、横州（新福）、龙胜、兴安（界首）、合浦（闸口）、北流（白马、沙垌、平政、清水口）、容县（容西）、环江（长美）、象州（石龙）、来宾（兴宾）、维都林场（雅江）。

竹斑蛾幼虫（郑霞林　摄）

【形态特征】成虫体长 9 ～ 11 mm，翅展 22 ～ 25 mm。体呈黑褐色且具青蓝色，有光泽。雌虫触角丝状，雄虫触角羽状。触角、翅和足呈黑褐色具青蓝色光泽。前后翅无斑纹，后翅中部和基半部半透明；翅缘毛灰褐色。

卵椭圆形，初产乳白色，长约 0.7 mm，宽约 0.5 mm，有光泽。临近孵化时逐渐变为灰褐色。

幼虫淡黄色。幼虫中后胸及腹部各体节背面具横向排列的 4 个毛瘤，分别分布于亚背线和气门线上，亚背线毛瘤上的黑白色刚毛明显较气门线毛瘤上的刚毛短。4 龄幼虫后，中胸及腹部第九节毛瘤上的刚毛逐步变为黑色；中胸至腹部第八体节节间均出现灰色横纹，但第八至第九体节上的斑纹呈 U 形。

被蛹，长椭圆形。长 8 ～ 10 mm，宽 2 ～ 3 mm。初期鲜黄色，后转黄褐色至灰黑色。腹部各节前半段被黄色刺状突起，尤以第三至第七节上的突起最为明显。腹末节被刚毛 10 多根。

茧长椭圆形，被白色稀疏绒毛。长 11 ～ 13 mm，宽 8 ～ 9 mm。

【生活习性】1 年发生 4 ～ 5 代，以末龄幼虫在地表枯枝落叶层、石头或竹根缝隙、竹头内、竹叶上等处结茧越冬。3 月下旬为越冬代成虫羽化高峰期。第一代发生期为 2 ～ 6 月，第二代为 5 ～ 7 月，第三代为 7 ～ 9 月，第四代为 8 ～ 10 月，以第五代幼虫越冬。成虫在 12 ～ 14 时期间羽化量较多。羽化后当天或翌日交配，交配高峰期为 15 ～ 19 时，交配时长达 10 小时。交配后即可产卵，卵多产于叶背，单层整齐排列，产卵高峰期为 9 ～ 16 时，每雌产卵量 300 ～ 400 粒。多在稀疏透光、地被物少的阳坡山脚竹林中发生较重。

【为害特点】食叶害虫，低龄幼虫聚集叶背取食竹叶下表皮和叶肉，仅残留上表皮使竹叶呈不规则状的透明斑，严重时造成整片叶片的叶肉均被取食而呈白枯状。2 ～ 3 龄后取食量逐步增加，可取食全叶，严重时可将整片竹叶吃光。1 ～ 5 龄幼虫有聚集为害的习性，集中排列取食，6 龄开始向植株上部扩散为害。影响植株的光合作用及水分和养分的运输，造成生长受阻、出笋量和竹材质量降低，连续受灾的竹林，可导致成片竹林无法长出新叶，最终枯死。

【防治方法】营林防治。合理控制竹林密度；幼虫在竹林下的枯枝落叶层化蛹，在其集中化蛹时期，要及时清理和烧毁枯枝落叶，破坏其化蛹场所。

物理防治。人工捕杀卵、幼虫、蛹（茧）。

生物防治。自然条件下的天敌种类多，在发生不严重时可充分利用自然天敌的控制作用。

化学防治。在低龄幼虫发生高峰期，每亩可选用 25% 灭幼脲悬浮剂稀释 1500 ～ 2000 倍稀释液或 50% 倍硫磷 150 mL 喷雾防治。

莫氏斑蛾 *Cadphises moorei* Butler

中国新纪录种。

【寄主】不详。

【分布】国外分布于印度北部、泰国、越南北部和印尼爪哇。中国分布于广西融水（雨卜）。

【形态特征】成虫翅展 6.0 ～ 7.0 cm，头、胸、腹及触角深蓝色。触角间具白斑，颈部白色。前胸背板有 1 对白斑，中胸有 6 个白斑，3 行排列，依次分布 3 个、2 个和 1 个白斑。腹部各节背板两侧各有 2 个白斑，腹板两侧各有 1 个白斑。翅黑褐色，前翅布满细小点状白斑，后翅亦布满细小点状白斑，后缘至 3A 脉之间具不连续的长短不一的白斑。麻斑蛾 *C.maculata* 后翅内缘至 1b 脉之间为鲜黄色，两者区别较为明显。

【生活习性】不详。

【为害特点】幼虫取食寄主植物叶片。

【防治方法】暂未见其大面积发生和为害，可通过保护和利用自然天敌调控其种群。

莫氏斑蛾成虫（郑霞林　摄）

黄纹旭锦斑蛾 *Campylotes pratti* Leech

【寄主】不详。

【分布】中国分布于浙江、福建、湖北、湖南、广西、四川、陕西。广西分布于全州（天湖）。

【形态特征】成虫翅展约 30 mm。翅底色黑色，前翅基斑 M 脉之上为红色，之下为黄色；从基线至中线有的 M 脉之下有 4 条淡黄色纵纹，靠近上端的 3 条黄色纵纹的端部均覆有橘红色鳞片；中带外沿前缘至顶角有 4 个均匀分布的橘红色斑，余下共有 12 ～ 13 个形状不一的淡黄色斑；后翅除中室端和顶角下共有 5 个橘黄色斑外，余下的 8 条条纹和 8 个斑均为淡黄色。

【生活习性】不详。

【为害特点】幼虫食叶。

【防治方法】暂未见大面积发生和为害，可通过保护和利用自然天敌调控其种群。

黄纹旭锦斑蛾成虫（杨忠武　摄）

绿脉白斑蛾 *Chalcosia pectinicornis* (L.)

【寄主】油茶。

【分布】中国分布于广东、广西、台湾。广西分布于苍梧（京南）、岑溪（六田）、武宣、崇左（江州板利）。

【形态特征】成虫头部及前胸背板深红色。触角羽状，黑色具蓝色金属光泽。前翅有 2 条横带，横带底色浅蓝色，上具黑色的斑纹，第一列横带从前缘中部横穿中室至后缘中部，第二列横带从第一列横带和顶角中间部位的前缘起终至臀角，两横带间及第二列横带与亚外缘线间具白斑，前翅翅脉蓝绿色。后翅亚外缘至外缘均为黑色，其余白色。足黑色，具蓝色金属光泽。

【生活习性】在岑溪，3 月中旬可见大量成虫在澳洲坚果园飞行，但澳洲坚果叶片上未发现其幼虫，生活史和习性等有待进一步研究。

【为害特点】幼虫为害寄主植物嫩叶、嫩梢。

【防治方法】发生严重时，防治方法参考竹斑蛾。

A. 成虫背面观

B. 成虫交配

绿脉白斑蛾（罗辑　摄）

蝶形锦斑蛾 *Cyclosia papilionaris* (Drury)

【寄主】银柴、血桐。

【分布】中国分布于广西、广东、云南、香港。广西分布于南宁（良庆南晓）、合浦（公馆）、防城港（港口）、贵港（港南新塘）、博白、兴业（沙塘、山心、城隍）、田东（林逢、紫胶林场）、巴马、宁明（亭亮）。

【形态特征】成虫触角羽状，具亮蓝色光泽。雌雄二型。雌虫头顶、前胸后缘、中胸前缘各具 2 个白斑，后胸具 2 横排白斑，每排 3 个，前排中间 1 个白斑较大，后排 3 个白斑大小相似；前翅前缘和后缘亮蓝色，翅脉具黑色鳞片，翅脉间白色，亚外缘线黑色且呈 S 形，翅外缘各翅脉间具黑色和亮蓝色斑；后翅与前翅类似，但前缘、外缘和后缘黑色，且仅 R 脉呈明显黑色。雄成虫头部 2 个白斑不明显，前、中和后胸无白斑；前翅底色赭红色，仅 R 和 C 脉明显且呈亮蓝色，C 脉达臀角，R 脉达中室，中室外侧和顶角间有 4 个长椭圆形白斑；后翅黑色具亮蓝色光泽，与前翅相同位置具 4 个白斑。

幼虫体背灰色，腹面和足黄色；头部黑褐色，前胸前缘具 6 个黄色肉突，每 3 个连在一起呈“山”字形，后缘具 6 个黄色肉突，其中气门线处的 2 个肉突连在一起；中后胸及腹部每体节具 6 个肉突，分别着生在亚背线、气门上线和气门下线处，除中胸、后胸及腹部第一节背面亚背线上的 6 个肉突呈橙红色外，其余所有肉突均呈黄色且基部被黑色圈环绕。

【生活习性】不详。

【为害特点】幼虫取食寄主植物叶片。

【防治方法】暂未见大面积发生和为害，防治方法参考竹斑蛾。

A. 雌虫（覃东平　摄）

B. 雄虫（梅国友　摄）

C. 幼虫（张天隆　摄）

蝶形锦斑蛾

豹点锦斑蛾 *Cyclosia panthona* (Stoll)

【寄主】银柴。

【分布】中国分布于广东、广西、云南。广西分布于陆川（良田）、上思（十万大山）。

【形态特征】成虫头、胸和腹部蓝黑色，有蓝色金属光泽，无斑纹；前翅黑褐色，略具光泽；翅沿外缘由间断白斑组成亚缘带。

幼虫体黄色，头部黑色；胸腹部背板具6个瘤状突起，背中线两侧的2个瘤状突起最大，瘤基部黑色，端部白色且着生白色长毛1根。

A. 成虫（郑霞林　摄）

B. 幼虫及为害状（黄艳琴　摄）

豹点锦斑蛾

【生活习性】不详。

【为害特点】幼虫取食寄主植物叶片，使其呈缺刻状或仅剩叶脉。

【防治方法】未见大面积发生和为害，可通过保护天敌自然控制其种群。

茶斑蛾 *Eterusia aedea* (L.)

【寄主】茶、秋枫、毛银柴、大花山茱萸、野牡丹、青红榆、杨梅、山矾。

【分布】中国分布于江苏、浙江、安徽、福建、江西、湖南、广东、广西、海南、四川、贵州、云南、台湾。广西分布于南宁（江南江西）、三江、龙胜（龙胜、平等）、荔浦（马岭、蒲芦）、恭城、灌阳、防城港（防城）、梧州（龙圩大坡、长洲）、苍梧（岭脚）、岑溪（水汶）、蒙山（西河）、贵港（港南木梓、覃塘大岭）、桂平（木乐、社坡、中沙、金田）、平南（镇隆、新桥农场）、北流（新圩）、博白（城东林场）、玉林（玉州茂林）、陆川（良田）、容县（石头）、环江（川山）、大化（乙圩）、凤山（乔音、金牙）、河池（金城江）、罗城（宝坛、天河、怀群、兼爱、青明山林场）、南丹（车河、城关、芒场）、天峨（更新）、宜州（怀远）、金秀（银杉公园、金秀林场）、武宣（武宣、金鸡）、来宾（兴宾大湾和凤凰）、大新、扶绥（昌平、东罗）、宁明（那楠）、凭祥（友谊）、天等（福新）、钦廉林场（那丽）、维都林场（维都）、博白林场（五峰、东方、三育）、六万林场（河嵩、东山）、雅长林场（那成）。

【形态特征】成虫体长17～20 mm，翅展55～67 mm。雄虫触角双栉齿状，雌虫触角基部丝状，其余栉齿状且端部膨大。头、胸和腹部1～2节黑色具淡蓝色光泽，腹部其余体节黄色。前翅黑色，雌虫前翅基部有1大1小2个连在一起的白色斑块，雄虫的2个白色斑块极小；前翅中室仅翅基一侧自前缘至后缘有5个白色斑块连成1条横带，中间3个斑块较大，两端的斑块较小；中室外侧散生9个斑块。后翅中室黄白色横带较宽，白色横带外侧由黑色和淡蓝色相间组成，且其内着生有若干大小不一的白斑，后翅翅基为黑色。

卵椭圆形，初产黄色，近孵化时变成灰褐色。

幼虫黄褐色，中、后胸背面各具瘤突 4 对，分别位于亚背线 1 对、气门上线 2 对、气门下线 1 对；腹部第一至第八节具瘤突 3 对，亚背线、气门上线、气门下线各 1 对；除气门下线的瘤突为橘红色且其上的刚毛为白色外，其余的瘤突且其上刚毛均为黑色。初期幼虫背中线黑色，后期幼虫腹部背面出现一明显且较粗的 Y 形黑色纹，近化蛹时，腹部最后 4 个体节气门线处呈亮黄色，其余赭红色。

被蛹，黄褐色，长椭圆形。腹部每体节前缘处有 1 排较宽且着生有坚硬的钩状刺列，而后段刺列虽更宽但刺较小且无倒钩。

【生活习性】1 年发生 2 代，11 月中旬始以幼虫在茶兜基部分叉处或地表枯叶层下越冬，翌年 4 月越冬代幼虫开始化蛹，5 ～ 6 月为成虫高峰期，6 ～ 8 月为第一代幼虫发生为害期，9 ～ 10 月为第二代成虫发生高峰期，当年以第二代幼虫越冬。成虫多在清晨或傍晚羽化，以傍晚活动最为活跃，趋光性强，成虫寿命 5 ～ 6 天。雌虫一生只交配一次，雄虫可多次交配。羽化后当天或翌日交配，交配时长 5 ～ 10 小时。交配后即可产卵，卵散产或聚产于茶丛中下部叶背，每雌产卵量 100 多粒。卵期 6 ～ 7 天，幼虫多在夜间孵化，低龄幼虫聚集取食，后期逐步扩散为害。幼虫受惊扰时背部瘤突可分泌液体，且易假死落地。

【为害特点】食叶害虫，低龄幼虫聚集叶背取食下表皮和叶肉，仅残留上表皮，后期变成黄色半透明斑块。随着虫龄的增加，幼虫取食量暴增，严重时全叶食尽，仅留主脉和叶柄。

【防治方法】参考竹斑蛾。此外，还可利用其较强的趋光性开展灯光诱杀成虫；利用其易假死落地的习性进行人工捕杀。

A. 成虫（赵丽云　摄）

B. 低龄幼虫（郑霞林　摄）

C. 高龄幼虫（谭小玲　摄）

茶斑蛾

重阳木锦斑蛾 *Histia rhodope* (Cramer)

【寄主】重阳木。

【分布】中国分布于江苏、浙江、福建、湖北、湖南、广东、广西、云南、台湾。广西分布于南宁（邕宁那楼和中和，青秀长塘，兴宁三塘和五塘，武鸣双桥、罗波、城厢、灵马、锣圩和陆斡，江南江西和吴圩）、横州（南乡、石塘）、宾阳（洋桥）、桂林（七星、雁山）、荔浦（东昌）、灵川（九屋、灵川）、梧州（龙圩）、岑溪（水汶）、蒙山（新圩）、防城港（防城滩营）、桂平（南木）、平南（新桥）、北流（新丰）、玉林（玉州南江）、兴业（洛阳）、昭平（昭平、五将）、河池（金城江）、宜州（安马）、忻城（城关）、来宾（兴宾良塘和桥巩）、大新（龙门）、崇左（江州那达林场）、凭祥、天等（宁干）。

A. 雄虫（梅国友　摄）

B. 低龄幼虫（赵丽云　摄）

C. 高龄幼虫及为害状（陈荣　摄）

重阳木锦斑蛾

【形态特征】成虫体长 18 ~ 26 mm，翅展 50 ~ 65 mm。头部红色，有黑斑。触角黑色，栉齿状。前胸背板褐色，前缘和后缘中间红色。中胸背板黑褐色，前缘红色，后缘近中线两边各有 1 个红色斑纹。前翅黑色；后翅自基部至翅室近端部蓝绿色，其余部分黑色。前后翅反面基斑红色。腹部红色，有 5 列蓝黑斑（背面 1 列，两边侧面各 2 列），有时雌虫腹面的 2 列黑斑常合并成 1 列。雄虫腹末截钝，雌虫腹末较尖。

卵圆形，长 0.7 ~ 0.8 mm，宽 0.4 ~ 0.6 mm，初产乳白色，后转为淡黄色，近孵化时变为浅灰色。

低龄幼虫呈浅黄色，高龄幼虫呈暗紫红色。3 龄幼虫后体背枝刺明显。中、后胸各具 10 个枝刺，腹部第一至第八节均具 6 个枝刺，第九腹节具 4 个枝刺。位于腹部两侧的枝刺棕黄色，较长，体背面的枝刺多呈紫红色，较短。腹足趾钩单序中带。

蛹长 10 ~ 15 mm，淡黄色至暗红色。腹部赤色，其余部位黑色。腹部第一至第七节背面有 1 个大黑斑，两侧各具 2 个黑斑。

【生活习性】1 年发生 4 代，11 月中旬始幼虫钻入树皮缝隙、树洞等隐蔽处越冬，也有少数下树在地表寻找隐蔽场所结茧化蛹越冬。翌年 3 ~ 4 月在树上越冬的幼虫开始下树结茧化蛹，4 月为化蛹盛期，5 月中下旬为羽化盛期。第一至第四代幼虫发生高峰期分别为 6 月中上旬、7 月下旬、8 月下旬和 11 月中旬，主要以第四代幼虫越冬。成虫多在上午羽化，羽化当日或翌日 15 ~ 19 时交配。多在傍晚产卵，聚产，卵产在小枝条上的树皮缝隙或枝条分叉处，每雌产卵量 240 粒左右，卵期 5 ~ 6 天。

【为害特点】食叶害虫，群集性不强，低龄幼虫仅取食嫩叶。随着虫龄的增加，幼虫可取食整片叶片，仅剩中脉，食物不足时可下树或吐丝下垂转株为害，虫量较大时可暴发成灾。

【防治方法】参考竹斑蛾。

黄点带锦斑蛾 *Pidorus albifascia* (Moore)

黄点带锦斑蛾成虫（郑霞林　摄）

【寄主】不详。

【分布】中国分布于湖南、广西、云南。广西分布于桂平（中沙）、河池（金城江）、上思（十万大山）。

【形态特征】成虫体黑色。前翅翅脉墨绿色，前缘中部有 1 个较大三角形黄斑，从翅前缘黄斑处经中室向近臀角处有 1 条白色带状条纹；后翅黑色，前缘靠近顶角 1/3 处有 1 个近正方形黄斑，后翅反面外缘上有一系列蓝色斑，大小不一。

【生活习性】不详。

【为害特点】幼虫取食寄主植物叶片。

【防治方法】未见大面积发生和为害，可通过保护和利用自然天敌调控其种群。

玉带斑蛾 *Pidorus atratus* Butler

A. 成虫

B. 幼虫为害状

玉带斑蛾（郑霞林　摄）

【寄主】山茶科柃木属植物。

【分布】中国分布于广东、广西、台湾。广西分布于横州（马山）、桂林（雁山）、荔浦（荔城）、蒙山（夏宜）、浦北、环江（东兴）、罗城（四把）、大新（榄圩）、六万林场（宁康）。

【形态特征】成虫翅展 30 ～ 40 mm，头部后方红色，触角栉齿状、黑色且具蓝色光泽。前翅黑色，翅脉灰白色，从翅前缘经中室向近臀角处有 1 条白色带状条纹；后翅黑色，无其他斑纹。

幼虫黄色，体背有 3 条黑色的纵纹，中线 1 条，中线两侧的亚背线各 1 条；亚背线上的黑色纵纹明显较中线颜色深，中胸和腹部第七节上有黑色横带且将体背的 3 条纵纹相连成“皿”形；每体节有 6 个瘤突，气门下线瘤突上的白色刚毛均长于其他瘤突上的刚毛。

【生活习性】成虫多发生在 4 ～ 9 月间，但年生活史及生活习性等不详。

【为害特点】食叶害虫，取食柃木属植物，低龄幼虫以取食嫩叶为主，高龄幼虫常扩散为害。

【防治方法】参考竹斑蛾。

大叶黄杨斑蛾 *Pryeria sinica* Moore

【寄主】大叶黄杨、银边黄杨、金心冬青卫矛、大花卫矛、扶芳藤、丝棉木。

【分布】中国分布于上海、江苏、浙江、安徽、山东、湖北、广东、广西。广西分布于兴业（小平山）、南丹（里湖）、派阳山林场（公武）。

【形态特征】成虫背部黑色，腹部为黄色，胸背与腹部两侧着生有黄色绒毛，腹末绒毛为黑色。前翅翅脉黑色，翅无鳞片，略透明，基部浅黄色。后翅约为前翅的 1/2，特征同前翅。

幼虫腹部浅黄色，中、后胸背板正中沿中线各有 1 条八字形黑斑纹。体背共有 7 条黑色纵带，体被毛瘤，毛瘤上着生有白色短刚毛。

蛹黄褐色，体表有不明显的 7 条纵纹，臀棘 2 枚。

【生活习性】1 年发生 1 代，以卵越冬。越冬卵翌年 3 月下旬至 4 月上旬孵化，群集为害，4 ～ 5 月在表土层中结茧化蛹，以蛹越夏。11 月上旬成虫羽化，交配后产卵，多产卵于枝梢上。

【为害特点】食叶害虫，幼虫群集取食寄主叶片，发生严重时可将整株叶片吃光，影响绿化效果和植物的正常生长发育。

【防治方法】参考竹斑蛾。

A. 成虫

B. 幼虫

C. 茧

D. 为害状

大叶黄杨斑蛾（王俊平　邵云华　闫家河　摄）

赤眉锦斑蛾 *Rhodopsona costata* Walker

赤眉锦斑蛾成虫（黄华艳　摄）

【寄主】不详。

【分布】中国分布于福建、江西、湖南、广西。广西分布于平乐。

【形态特征】成虫翅展 35 ～ 44 mm。头部和颈片红色；前翅沿前缘有 1 条鲜红色宽带向中室顶弯曲并延伸至臀角，余部黑色。后翅黑色。

【生活习性】发生代数不详，于 4 月发现该虫活动。

【为害特点】食叶害虫。

【防治方法】未见大面积发生和为害，可通过保护和利用自然天敌调控其种群。

84. 刺蛾科 Limacodidae

俗称“痒辣子”、“火辣子”或“刺毛虫”。完全变态。口器退化不发达，体密被长毛，翅形短圆，多为褐色。幼虫体形短胖，行动迟缓，体色一般鲜艳，体表具棘突或肉瘤，其上着生具毒腺的枝刺和毒毛，触及皮肤后会红肿，伴随辣痛感，但羽化后的成虫无毒。全世界已记录 1700 多种，中国已记录 94 属 275 种。是森林、园林、行道树、果园和多种经济植物的常见食叶害虫。

（杨振德）

背刺蛾 *Belippa horrida* Walker

背刺蛾幼虫（梅国友　摄）

【寄主】桉、八角、茶、蓖麻、苹果、梨、桃、葡萄、刺槐、臭椿、麻栎、枫杨、大叶胡枝子等。

【分布】中国分布于河北、黑龙江、浙江、福建、江西、山东、河南、湖北、湖南、广东、广西、海南、重庆、四川、云南、西藏、陕西、台湾。广西分布于北海（铁山港兴港）、合浦（石康）、扶绥（新宁）、防城港（港口光坡）、贵港（港北奇石）、桂平（金田、寻旺、江口）、平南（平山、六陈）、环江（下南）、罗城（青明山林场、黄金）、南丹（大厂）、蒙山、藤县（岭景）、北流、陆川（良田、马坡）、容县（六王、松山）、兴业（高峰）、田阳（玉凤）、上林（三里）、黄冕林场（洛清江、波寨）。

【形态特征】成虫体长 12 ～ 16 mm，翅展 28 ～ 36 mm，雄虫触角栉齿状，雌虫为丝状。体黑褐色，前翅内线不清晰，灰白色锯齿形，内线两侧较黑，横脉纹白色，新月形。外线不清晰，波浪状白色。

顶角具黑斑，杂有白色，外缘翅脉及端线白色，端线细。后翅灰黑色，外缘色渐浅，后缘与端线白色。

卵长 8 ～ 12 mm，球形，乳白色至黄白色，表面光滑，具色泽，不透明。

幼虫共 5 龄，椭圆形，体长 15 ～ 22 mm，体宽 8 ～ 14 mm。体背鲜绿色、浓绿色或淡绿色，腹面灰绿色。背面具许多小突起，体背还具一较宽纵斑，纵斑两侧各具波纹状的缺刻 8 ～ 9 枚。气门椭圆形，白色，纵斑与气门线间、体背每侧各具 2 条纵线，体背具纵向白点 7 行，中间 5 行各 10 个点，两侧每行各具 15 ～ 16 个点，正中一行最显，每小点由 3 ～ 5 个泡状白色小突组成。头小缩入前胸下，浅褐色，胸足小，3 对灰绿色。无腹足，每腹节中部有 1 个横椭圆形吸盘，明显可见 6 ～ 7 个。幼虫全身无刺毛，背面光滑，身体柔软，伸缩自如，故又称胶刺蛾。

蛹长 12 ～ 16 mm，初乳白色，羽化前变黑褐色。茧椭圆形，长 12.5 ～ 15.5 mm，褐色至黑褐色，表面具胶质物，附有碎叶片，茧壳薄而软，内壁光滑。

【生活习性】1 年发生 2 代，末龄幼虫下地做茧越冬。翌年 4 月下旬开始化蛹，5 月中下旬化蛹高峰，蛹期 30 ～ 45 天。6 月上旬开始羽化，成虫羽化后 2 ～ 3 天进行交配与产卵，卵散产于叶面，卵期 11 ～ 18 天。7 月中下旬至 9 月中旬为幼虫为害期，幼虫期 39 ～ 58 天。25 ℃下世代历期 89.8 ± 2.0 天，每雌平均产卵量 117.5 粒。成虫羽化时，蛹壳留于羽化孔上。成虫具趋光性，多于傍晚或夜间活动。

【为害特点】以幼虫为害叶片。1 ～ 2 龄幼虫常取食上表皮与叶肉，3 龄幼虫将叶片咬成孔洞，并由孔洞向四周或自叶缘向内取食叶片。严重发生时，叶大部分被蚕食殆尽，仅剩叶柄、叶脉，削弱树势。

【防治方法】未见大面积发生和为害，可通过保护和利用自然天敌调控其种群。

灰双线刺蛾 *Cania robusta* (Hering)

【寄主】茶、枇杷、油茶、樟、椰子、油棕等。

【分布】中国分布于浙江、福建、江西、湖北、湖南、广西、重庆、四川、云南、香港。广西分布于贵港（覃塘和覃塘林场）、防城港（防城扶隆）、大新（下雷）、龙州（弄岗）。

灰双线刺蛾成虫（陆千乐　摄）

【形态特征】成虫翅展 23 ～ 33 mm。头和颈板赭黄色，胸背褐灰色，翅基片灰白色，腹褐黄色，前翅灰褐黄色，有 2 条外衬浅黄白边的暗褐色横线，在前缘近翅尖发出，以后互相平行，稍外曲，分别伸达后缘的 1/3 和 2/3 处。

【生活习性】1 年发生 2 ～ 3 代。绝大多数以末龄幼虫结茧过冬，亦见少数以中、高龄幼虫过冬。越冬代翌年 5 月中旬至 6 月上旬羽化，第一代 6 月下旬至 8 月中旬羽化，第二代 8 月下旬至 10 月下旬羽化。蛹期 19 ～ 25 天。

【为害特点】以幼虫为害叶片。1 ～ 2 龄幼虫常取食表皮与叶肉，3 龄幼虫将叶片咬成孔洞，并由孔洞向四周或由叶缘自内取食叶片。严重发生时，叶大部分被蚕食殆尽，仅剩叶柄、叶脉，削弱树势。

【防治方法】参考黄刺蛾。

白痣姹刺蛾 *Chalcocelis dydima* Solovyev et Witt

【寄主】油桐、秋枫、刺桐、茶等。

【分布】中国分布于浙江、福建、江西、湖北、湖南、广东、广西、海南、贵州、云南。广西分布于博白林场（三育）。

【形态特征】成虫体长约 12 mm，雌虫翅展 30 mm，雄虫翅展 23 ～ 25 mm。雄虫灰褐色，触角灰黄色，前翅中央下方有 1 个黑褐色近梯形斑，斑内侧红褐色，上方有 1 个白点，亚端线灰褐色，较模糊。雌虫黄白色，触角丝状，腹背末端两节具黑褐色毛，前翅中央下方斑纹红褐色，白点位于斑纹内侧，亚端线黄褐色。

白痣姹刺蛾成虫（陆千乐　摄）

卵扁椭圆形，乳白色，排列成片。

1 ～ 3 龄幼虫黄白色或蜡黄色，前后两端黄褐色，体背中央有 1 对黄褐色的斑；4 ～ 5 龄幼虫淡蓝色，无斑纹；老龄幼虫体长约 18 mm，长椭圆形，除头部褐色外，余下全部淡碧绿色，密布颗粒点，无刺毛，背面常可见 5 条白色纵纹，中央 1 条较粗。足退化。体上覆有 1 层微透明的胶蜡物。

茧椭圆形，暗褐色，外被白色物，其上散布浅灰色斑。

蛹粗短，栗褐色，触角长于前足，后足和翅端伸达腹部第七节。

【生活习性】在广州 1 年发生 3 ～ 4 代，在福建发生 2 代，一般以末龄幼虫 11 月在叶间结茧越冬。成虫见于翌年 4 ～ 6 月和 9 月上中旬。卵单产于叶面或叶背，以叶背为多。在华南地区雨季（3 ～ 8 月）发生较轻，旱季为害严重。

【为害特点】低龄幼虫取食叶下表皮和叶肉，残留上表皮，呈透明小斑；3 龄以后从叶尖向叶基部取食，被害叶呈截切状，余下基部残叶，然后再转移为害它叶。

【防治方法】参考黄刺蛾。也可在低龄幼虫盛发期选用 5% 氟虫脲（卡死克）乳油 1000 倍稀释液、48% 毒死蜱乳油 1000 ～ 1500 倍稀释液或 20% 甲氰菊酯（灭扫利）乳油 1500 ～ 2000 倍稀释液等喷雾防治。

黄刺蛾 *Monema flavescens* Walker

【寄主】马尾松、桉、油茶、油桐、乌桕、木荷、樟、枫香、蝴蝶果、阴香、米老排、桂花、泡桐等。

【分布】中国分布于北京、河北、山西、内蒙古、辽宁、吉林、黑龙江、上海、江苏、浙江、福建、江西、山东、河南、湖北、湖南、广东、广西、陕西、青海、宁夏、新疆、台湾。广西分布于龙胜（平等、乐江）、象山、全州、荔浦、龙胜、永福（堡里）、苍梧（狮寨）、东兴（江平、马路）、防城港（防城茅岭、江山、华石、大录、那梭、扶隆和十万大山）、浦北、桂平（江口）、平南（武林、上渡、大鹏）、陆川（滩面）、容县（石头、高山林场）、田东（江城、印茶、朔良）、靖西（五岭林场）、凌云（朝里）、河池（金城江六圩和保平）、南丹（城关）、金秀（三江）、象州（妙皇、运江）、扶绥（龙头）、宁明（桐棉）、凭祥、天等（宁干）、高峰林场（平甫、长客、界牌、桃源）。

【形态特征】成虫体长 13 ～ 16 mm，翅展 30 ～ 34 mm，头和胸黄色，腹背黄褐色，前翅内半部黄色，外半部褐色，有 2 条暗褐色斜线在翅尖上汇合于一点呈倒 V 形，内侧的 1 条伸至中室下角，为黄色与褐色的分界线，后翅灰黄色。

卵扁椭圆形，一端略尖，长约 1.4 mm。

高龄幼虫体长最长可达 25 mm；幼虫头小，黄褐色，胸腹部肥大，黄绿色，背面有 1 个两端较宽中部窄的哑铃形紫褐色大斑，体侧中部有 2 条蓝色纵纹，气门上线淡青色，气门下线淡黄色。腹部第二节以后各体节有 1 对枝刺，体两侧下方还有 9 对刺突，刺突上生有毒毛。臀板上有 2 个黑点。胸足极小，腹足退化，第一至第七腹节腹面中部各有 1 个扁圆形吸盘。

蛹长 11 ～ 13 mm，椭圆形，黄褐色。

茧椭圆形，似鸟蛋，石灰质，表面光滑，长约 12 mm，灰白色，上有数条褐色条纹。

【生活习性】1 年发生 1 ～ 3 代，华南地区 1 年 3 代，以前蛹在枝杈等处结茧越冬。翌年 5 ～ 6 月化蛹，6 月出现成虫，7 ～ 9 月为主要为害期。成虫夜间活动，趋光性不强。雌虫羽化后不久交配产卵，卵产于叶背，散产或数粒产在一起，每雌产卵量约 60 粒。幼虫有 8 个龄期，在树枝或树杈上吐丝作茧。在林缘、疏林地和幼林期为害较重。

A. 成虫

B. 幼虫

C. 茧

D. 蛹

黄刺蛾（张瑞芝　孔胜利　李海宁　摄）

【为害特点】初孵幼虫取食卵壳，3龄前群集在叶背取食叶肉，4龄后分散取食全叶。严重发生时，大部分被蚕食殆尽，仅剩叶柄、叶脉，削弱树势。

【防治方法】营林防治。合理密植，及时抚育追肥，促进林木健康生长。提倡营造混交林，提高林分综合抗虫能力。冬季或早春结合防治其他越冬害虫，清理林下杂草，树兜松土，可消灭大部分越冬虫茧。

物理防治。摘除聚集大量幼虫的叶片及枝条，人工捕杀卵、幼虫、蛹（茧），成虫羽化期间设置诱虫灯诱杀成虫。

生物防治。保护和利用绒茧蜂 *Apanteles belippocola*，以虫治虫，也可使用刺蛾核型多角体病毒（10^9 PIB/g）制剂 0.1 ～ 0.2 kg/ 亩防治。低龄幼虫期可用 25% 灭幼脲Ⅲ号悬浮剂 1500 倍稀释液、苏云金杆菌（100 亿活芽孢 /g）可湿性粉剂 1000 倍稀释液、杀螟杆菌或青虫菌（1 亿活芽孢 /g）可湿性粉剂 1000 倍稀释液等生物和仿生物制剂进行防治。

化学防治。发生量较大时，可用 2.5% 臭氰菊酯乳油 2000 倍稀释液或 10% 顺式氯氰菊酯乳油 3000 倍稀释液喷雾防治。

白眉刺蛾 *Narosa edoensis* Kawada

【寄主】桉、油桐、核桃、油茶、栎等。

【分布】中国分布于河北、辽宁、浙江、江西、山东、河南、广西、四川、贵州、云南、陕西、台湾。广西分布于蒙山（夏宜）、博白（旺茂）、容县（容州）。

白眉刺蛾幼虫（梅国友 摄）

【形态特征】成虫体长约 7 mm，翅展 16 ～ 23 mm；体白色；胸、腹部背面杂有灰黄褐色毛；前翅有几块模糊的灰黄褐色斑，有 3 条不清晰的白色横线分隔而成，亚基线不清晰，内横线在中央呈角状外曲，外横线呈不规则弯曲，其中在第二中脉呈乳头状外突较明显，此段内侧衬 1 条长 S 形黑纹，从前缘下方斜向外伸至第二中脉外方，是中室外较大的灰黄褐斑的边缘，横脉纹为 1 个黑点，端线由 1 列脉间小黑点组成，但第二中脉以后消失，脉间末端和基部缘毛褐灰色。

卵椭圆形，扁平。

末龄幼虫体长约 8 mm，扁椭圆形，黄绿色；头小隐缩于胸下，体光滑无枝刺，密布小颗粒突起，形似小龟状；中胸后各节背中央有浅黄色三角形斑纹 3 枚，2 前 1 后，斑纹中央微凹；亚背线浅黄色隆起，其上着生斑点 4 个（幼龄幼虫为红色，末龄幼虫为浅灰褐色斑点），每节侧面有 4 个浅黄色斑纹，气门线黄色。

蛹初期黄白色，后期褐色。茧形似微型腰鼓状，表面光滑灰褐色。

【生活习性】1 年发生 2 ～ 3 代，以幼虫在枝干上结茧越冬。每年 5 月成虫出现，成虫多在夜晚羽化，白天静伏叶背，夜间外出活动，有趋光习性。成虫寿命 3 ～ 5 天。成虫交配后雌虫将卵产于叶背，呈块状，开始呈小水珠状，干后形成半透明的薄膜保护卵块。每个卵块有卵 8 粒左右。卵期 7 天左右。

幼虫共有 6 个龄期，幼虫为害盛期是 5 ～ 6 月及 8 ～ 9 月。10 月后幼虫陆续爬上枝干处结茧越冬。

【为害特点】初孵幼虫取食叶肉，残留表皮，使受害叶呈不规则透明状；高龄幼虫蚕食叶片，便被害叶形成缺刻或孔洞，仅留叶脉，严重时，高龄幼虫取食整个叶片。

【防治方法】未见大面积发生和为害，可通过保护和利用自然天敌调控其种群。

梨娜刺蛾 *Narosoideus flavidorsalis* (Staudinger)

【寄主】桉、木荷、油桐、枫香、漆树、油茶、香樟、火力楠。

【分布】中国分布于河北、内蒙古、辽宁、吉林、黑龙江、江苏、浙江、江西、山东、河南、湖北、湖南、广东、广西、四川、贵州、云南、陕西、台湾。广西分布于龙胜、合浦（石康）、贵港（港北武乐）、平南（马练）、北流、博白、容县（罗江）、天峨（纳直）、武宣（东乡、三里）、宁明（那楠）、凭祥、天等（福新）、三门江林场（江口）。

梨娜刺蛾幼虫（李楙辅　摄）

【形态特征】成虫翅展 28 ～ 33 mm，体褐黄色，雌虫触角短单栉齿状，雄虫触角双栉齿状，分枝到末端。前翅外横线清晰，暗褐色，横线内的前半部褐色较浓，后半部黄色较显，缘毛暗褐色；后翅淡棕褐色，缘毛暗黄色。

末龄幼虫体长约 32 mm，圆筒形，深绿色，每体节上有刺瘤 4 个，自中胸开始，小刺瘤中间各有椭圆形棕黑色球 1 个，每侧共 9 个，中、后胸及第六、第七腹节背面各有长大枝刺 1 对，后胸及第六腹节的两大枝刺间均鲜黄色，近枝刺基部内侧红色，外侧棕褐色，背部及体侧暗绿色，其间各有黄绿色纵线 2 条，中胸及第六腹节大枝刺前后各有浅蓝色细横线 2 条，与体侧、体背纵线相连。

卵扁圆形，白色。数十粒至百余粒排列成块状。

蛹黄褐色，体长约 12 mm。茧椭圆形，土褐色，长约 10 mm。

【生活习性】1 年发生 1 代，以末龄幼虫在土中结茧以前蛹越冬，翌春化蛹，7 ～ 8 月出现成虫；成虫昼伏夜出，有趋光性，卵产于叶背靠近主脉处。幼虫孵化后取食叶片，发生盛期在 8 ～ 9 月。幼虫老熟后下树入土结茧越冬。

【为害特点】以幼虫食叶为害，幼龄幼虫喜群集于叶背取食叶肉，幼虫长大后逐渐分散，且食量逐渐增加，将叶片吃光，仅残留叶柄。

【防治方法】参考黄刺蛾。

窃达刺蛾 *Orthocraspeda furva* (Wileman)

【寄主】桉、木棉、米老排、火力楠、木荷、重阳木、乌桕、板栗、油茶、核桃等。

【分布】中国分布于浙江、福建、江西、湖南、广东、广西、海南、重庆、贵州、云南、台湾。

广西各地均有分布。

【形态特征】成虫体长约 9 mm，翅展 16 ～ 22 mm；体灰棕褐色，被细长毛；头部灰色，胸部背板有数束灰黑色长毛，腹部有细长毛。前翅各线深棕褐色；后翅暗灰褐色，端线双线、褐色。

卵椭圆形，初产时浅黄色，孵化时棕黄色。

高龄幼虫体长最长可达 19 mm；体扁平，胸部渐宽，腹部渐向腹末变窄；头小呈黑褐色，体背黄褐色，有 1 个呈“工”字形的深褐色大斑；在背上第四至第九个刺突之间，每个刺突的前后各有 2 个黑色斑点，腹末亦着生 2 个。在背线两旁及体侧各有 10个刺突，背上刺突着生黄色刺毛，体侧第一、第二个刺突为黄色、第三、第八个为黑色，其余为白色。

窃达刺蛾幼虫（吴志新　摄）

蛹扁椭圆形，体长约 7 mm，初期黄绿色、羽化前黄褐色。

茧坚硬，长 8 ～ 9 mm，茧壳上有黄色毒毛。

【生活习性】1 年发生 3 代，以幼虫在叶背越冬。幼虫出现期第一代 5 ～ 8 月、第二代 8 ～ 10 月、第三代 11 月至翌年 4 月。成虫白天在阴凉的灌木丛中栖息，晚上活动，有趋光性。每雌产卵量 50 ～ 180 粒。末龄幼虫爬到树根附近的杂草、枯枝落叶层内化蛹。化蛹时虫体慢慢变红蜷缩。成虫羽化后将茧咬出 1 个圆盖爬出，越冬代幼虫以朝南的林地较多。

【为害特点】以幼虫取食叶片，刚孵化的幼虫只取食叶片表皮，食量随着虫龄增加，叶片被取食成缺刻和孔洞，甚至被吃光，严重影响林木生长。

【防治方法】参考黄刺蛾。也可将越冬茧收集于铁纱笼里，网眼大小以成虫不能飞出为宜。将纱笼挂于林内，待寄生性天敌（小室姬蜂、凹面长距姬小蜂等）羽化飞出后，将蛾成虫集中处理。在害虫低龄幼虫期，可喷洒 25% 灭幼脲Ⅲ号悬浮剂 1500 倍稀释液；中龄幼虫后可喷洒 0.5 亿活芽孢 /mL 苏云金杆菌液或 1 亿活芽孢 /mL 青虫菌菌液等。

灰斜纹刺蛾 *Oxyplax pallivitta* (Moore)

【寄主】桉、肉桂、棕榈、榕树等。

【分布】中国分布于上海、江苏、浙江、安徽、福建、江西、山东、河南、湖北、湖南、广东、广西、海南、四川、台湾、香港、澳门。广西分布于平南（大鹏）、博白林场（林果）。

【形态特征】成虫展翅 18 ～ 24 mm，雄虫触角双栉状，雌虫为丝状。体锈褐色，前翅被 1 条从内缘中点到翅顶角的白色斜线所分割。腹面和后翅呈浅棕色。

卵扁椭圆形，长 1.1 ～ 1.6 mm，初产卵黄色，表面光滑，具色泽，半透明。

初孵幼虫淡黄色，腹背面有 1 个深红褐色大斑，前胸具 2 根刚毛，中后胸及腹部第二至第八节各有 2 对细长的瘤状突起。2 龄幼虫刺突明显增加，4 ～ 5 龄幼虫体背具哑铃形的大黑色斑。

茧椭圆形，石灰质，表面光滑，长 7.9 ～ 8.5 mm，宽 6.4 ～ 6.6 mm，灰白色。

【生活习性】卵产于叶片上，相互重叠成直线排列，卵期 7 天。初孵 1 龄幼虫不取食，喜群居。低龄幼虫以平行于主脉的方式取食叶肉组织，高龄幼虫取食整个叶片，仅留下主脉。幼虫共有 8 ～ 11 龄，幼虫期 45 ～ 72 天。高龄幼虫腹部由淡黄色变成橙色即进入结茧预蛹阶段，结茧后第五天开始化蛹。成虫羽化后翌日开始交配产卵，每雌产卵量 306 ～ 676 粒。

灰斜纹刺蛾幼虫（谭小玲　摄）

【为害特点】以幼虫为害叶片。低龄幼虫群集取食叶肉组织，3 龄幼虫将叶片咬成孔洞，并由孔洞向四周或自叶缘向内啮食叶片。严重发生时，叶大部分被蚕食殆尽，仅剩叶柄、叶脉，削弱树势。

【防治方法】未见大面积发生和为害，可通过保护和利用自然天敌控制其种群。

窄缘绿刺蛾 *Parasa consocia* Walker

【寄主】杉、桉、樟、木荷、油桐、红锥、秋枫、粉单竹、栎、橄榄、台湾相思、板栗、香椿、阴香、乌桕、肉桂、柳、冬青、毛竹、枫香、大叶榕、望天树、核桃。

【分布】中国分布于北京、天津、河北、辽宁、黑龙江、上海、江苏、浙江、福建、江西、山东、河南、湖北、湖南、广东、广西、重庆、四川、贵州、云南、陕西、甘肃、台湾、香港。广西各地均有分布。

【形态特征】成虫体长 17 ～ 20 mm，翅展 20 ～ 43 mm。头和胸部绿色，复眼黑色，雌虫触角褐色，丝状，雄虫触角基部 2/3 为短羽毛状。胸部中央有 1 条暗褐色背线。前翅基部有放射状红褐色斑 1 块，外缘有浅褐色宽条 1 条，镶棕色边，缘毛深褐色，后翅及腹部浅褐色，缘毛褐色。

卵扁平，椭圆形，初产时乳白色，渐变为黄绿色至淡黄色，数粒排列成块状。

幼虫体长 25 ～ 28 mm，圆筒形，初孵化时黄色，后变为翠绿色或黄绿色。背中线天蓝色，其两侧每节有蓝斑 4 个，体侧各节也有蓝斑 4 个，唇基有黑斑 1 对，头黄色，甚小，常缩在前胸内。前胸盾具黑点 2 个，与背中线的蓝点呈三角形排列，后胸至第九腹节各节侧面均具刺突 1 对，枝刺顶端黑色，气门上方的侧刺瘤中央有橙黄色椭圆形球 1 个，第八、第九腹节各着生黑色

A. 幼虫

B. 茧和蛹

窄缘绿刺蛾（杨忠武　闫家河　李翠萍　摄）

绒球状毛丛1对，每侧有大小一致的绿色刺瘤4个，腹末有大而明显的黑色绒球状毒刺丛4个。胸足小，无腹足。

蛹和茧棕褐色，扁椭圆形，似羊粪状，茧上布满黑色毒刺毛和少量白丝。

【生活习性】1年发生2～3代，以前蛹于茧内越冬，结茧场所多为干基浅土层或枝干。第一代成虫于5月上中旬出现，5月下旬至6月中旬第一代幼虫盛发。第二代成虫于8月上中旬出现，第二代幼虫于8月下旬至9月下旬盛发，10月中下旬下树入土结茧越冬。幼虫共8龄，少数9龄。该成虫昼伏夜出，具有较强趋光性。夜间交配产卵，卵产叶背主脉附近，数十粒集聚成块，每雌产卵量150余粒，卵期7天左右。初孵幼虫有群集性，2～3龄后分散为害。

【为害特点】低龄幼虫取食下表皮和叶肉，留下上表皮，叶片上呈现不规则黄色斑块；高龄幼虫食叶，呈现平直的缺刻。

【防治方法】参考黄刺蛾。

丽绿刺蛾云南亚种 *Parasa lepida lepidula* Hering

【寄主】桉、香樟、悬铃木、枫杨、乌桕、茶、油茶等。

【分布】中国分布于广西、四川、重庆、云南。广西分布于南宁（邕宁蒲庙）、平果（坡造）、靖西（武平）、金秀。

【形态特征】成虫体长10～17 mm，翅展35～40 mm。头顶、胸背绿色，胸背中央有1条褐色纵纹向后延伸至腹背，前胸腹面有长圆形绿斑2块，腹部背面黄褐色。雌成虫触角基部丝状，雄成虫双栉齿状，雌雄成虫触角端部均为单栉齿状。前翅绿色，基斑紫褐色，尖刀形，外缘具深棕色宽带，从前缘向后渐宽，后缘毛长；后翅内半部浅黄略带褐色，外半部褐色渐浓，臀角较深。

A. 成虫

B. 幼虫

C. 茧

D. 蛹

丽绿刺蛾云南亚种（杨忠武　摄）

卵椭圆形，长约1 mm，浅黄绿色，扁平光滑，卵块鱼鳞状。

幼虫共8～9龄。高龄幼虫体长25～28 mm，黄绿色至鲜绿色。幼龄体前端背面3对和后端2对的刺较长；随着幼虫龄期的增加，仅胸背第三对稍长，并有红色刺毛约20根。腹末端有4丛黑色茸球状刺毛。

蛹黄褐色，扁椭圆形，长 12 ～ 17 mm。茧扁椭圆形，棕褐色，上覆灰色丝状物。

【生活习性】1 年发生 2 代，以末龄幼虫在枝桠间、枝干上结茧越冬。成虫昼伏夜出，有趋光性。寿命 4 ～ 9 天。雌虫喜欢夜间将卵产在嫩叶的叶背，数十粒 1 块，排列成鱼鳞状，上覆 1 层浅黄色胶状物。产卵期 2 ～ 3 天，每雌产卵量 500 ～ 900 粒。低龄幼虫群集性强，3 ～ 4 龄开始分散，末龄幼虫在枝桠间、干上结茧化蛹。

【为害特点】幼虫食叶，低龄幼虫取食表皮或叶肉，致叶片呈半透明枯黄色斑块。高龄幼虫食叶呈较平直缺刻，严重的把叶片全部吃光。

【防治方法】参考黄刺蛾。

迹斑绿刺蛾 *Parasa pastoralis* Butler

【寄主】桉、板栗、香樟、油桐、重阳木等。

【分布】中国分布于吉林、浙江、福建、江西、河南、湖北、湖南、广东、广西、重庆、四川、贵州、云南、台湾。广西分布于南宁（武鸣）、陆川（滩面）、金秀、崇左（江州太平和新和）。

【形态特征】成虫体长 18.5 ～ 19.5 mm，翅展 28 ～ 43 mm。头部、胸背及前翅翠绿色，翅基浅黄色，外有深褐色晕圈伸达翅中央，外缘线浅褐色，呈波状宽带；胸背中央有 1 条红褐色纵带；腹部、缘毛和足浅褐色。后翅灰黄色，内缘区深黄色。

卵扁椭圆形，长 1.5 ～ 1.7 mm，黄绿色。

高龄幼虫体长 24 ～ 26 mm；头部红褐色，体翠绿色，背中线紫色，其两侧具黑边；此紫线末端的黑边加宽似黑斑；黑边两侧有 7 对呈半圆形紫褐色线环；幼虫腹末背部有 4 个较大的黑斑；体侧（在背、腹侧枝刺之间）有 2 条深棕褐色大波状形纵线；中胸至第九腹节每节背侧有短枝刺，上有绿色刺毛；腹部第一节枝刺发达，上生有黑色粗刺及红色刺毛。腹部第八、第九节腹侧枝刺基部有黑色绒球状毛丛。腹部两侧有近方形线框 6 对。

蛹卵圆形，体长 14.5 ～ 18.5 mm，初期黄白色，后期变为棕褐色。

茧椭圆形，体长 18.5 ～ 20.5 mm，深棕褐色，上附黑色毒毛。

【生活习性】1 年发生 2 代，以末龄幼虫结茧越冬，翌年 4 月化蛹，5 ～ 6 月羽化。成虫有趋光性，多在 18 时至翌日 3 时羽化，白天栖息于寄主叶背或其他荫蔽处，夜间活动，

A. 成虫正面观

B. 成虫腹面观

C. 幼虫

迹斑绿刺蛾（郑霞林　摄）

23 时至翌日 1 时扑灯最盛；成虫交配也主要在 23 时到翌日 1 时进行，交配后翌日晚上产卵。每雌产卵量 110 ～ 183 粒。卵产于叶背，块状，鱼鳞状排列，上覆胶质物。幼虫孵化多数集中在 6 ～ 11 时。幼虫有群集性。末龄幼虫在树干上、枝杈上及树皮裂缝、伤疤边缘等处结茧化蛹。

【为害特点】低龄幼虫食叶呈透明网状，高龄幼虫食叶使其呈缺刻或孔洞，喜食稍老的叶片。严重时全叶被吃光，影响林木等生长。

【防治方法】参考黄刺蛾。

中国绿刺蛾 *Parasa sinica* Moore

【寄主】油茶、枫香、油桐、柳、黄檀、枫木等。

【分布】中国分布于北京、天津、河北、吉林、黑龙江、上海、浙江、福建、江西、山东、河南、湖北、湖南、广东、广西、四川、云南、陕西、甘肃、台湾。广西分布于全州、荔浦（蒲芦）、龙胜、容县（容州）、天峨（更新）。

【形态特征】成虫体长 9 ～ 12 mm，翅展 23 ～ 28 mm。触角和下唇须暗褐色，头顶和胸背绿色，腹背苍黄色；前翅绿色，基斑褐色；外缘线较宽，向内突出 2 枚钝齿，一枚在 Cu_2 脉上，较大；另一枚在 M_2 脉上。外缘及缘毛黄褐色。后翅淡黄色，外缘稍带褐色，臀角暗褐色。

A. 成虫

B. 幼虫

C. 幼虫

D. 茧

中国绿刺蛾（孔胜利　侯玉松　赵文汀　摄）

卵椭圆形，长 1.5 mm。初期淡黄色，后期变为浅黄绿色。

高龄幼虫体长 15 ～ 20 mm，头小，棕褐色，缩在前胸下面，体黄绿色，前胸背板有 1 对黑点，背线两侧具双行蓝绿色点纹和黄色宽边，侧线宽灰黄色，气门上线深绿色，气门线米黄色，腹面色淡，各节有灰黄色肉瘤 1 对，并以中、后胸及第八、第九腹节上的为大，端部黑色，第九、第十腹节各有黑瘤 1 对，第十节 1 对并列，各节气门下线两侧有黄色刺瘤 1 对。

蛹体莲子形，黄褐色。

茧扁椭圆形，棕褐色。

【生活习性】1 年发生 2 代，以末龄幼虫于枝干上结茧越冬。翌年 4 月下旬至 5 月中旬化蛹，5 月下旬至 6 月上旬羽化，成虫昼伏夜出，有趋光性，羽化后即可交配、产卵，卵多成块产于叶背，每块有卵数十粒，作鱼鳞状排列。幼虫 11 月老熟，于枝干上结茧越冬。

【为害特点】初孵幼虫不食不动，2 龄幼虫先取食卵壳及蜕皮，然后取食寄主植物叶表皮及叶肉，将叶片食成纱网状，然后分散为害，严重发生时将叶片吃成缺刻或孔洞，仅留下叶脉与叶柄。

【防治方法】参考黄刺蛾。

枣奕刺蛾 *Phlossa conjucta* (Walker)

A. 成虫

B. 幼虫

枣奕刺蛾（高春梅　徐敏田　摄）

【寄主】桉、枣、臭椿、油茶、核桃、油桐等。

【分布】中国分布于北京、河北、辽宁、黑龙江、上海、江苏、浙江、安徽、福建、江西、山东、河南、湖北、湖南、广东、广西、海南、重庆、四川、贵州、云南、西藏、陕西、甘肃、台湾。广西分布于藤县（同心、金鸡、新庆）、防城港（防城板八和扶隆）。

【形态特征】雌成虫翅展 29 ～ 33 mm，触角丝状；雄成虫翅展 28 ～ 31.5 mm，触角单双栉状。全体褐色。头小，复眼灰褐色。胸背上部鳞毛稍长，中间微显红褐色。腹部背面各节有似“人”字形的褐红色鳞毛。前翅基部褐色，中部黄褐色，近外缘处有 2 块近似菱形的斑纹彼此连接，靠前缘一块为褐色，靠后缘一块为红褐色，横脉上有 1 个黑点。后翅为灰褐色。

卵椭圆形，扁平。初产时鲜黄色，半透明。

末龄幼虫体长约 20 mm，黄绿色，长圆筒形，头小，缩入前胸内，体背各节有金钱状蓝斑，斑周白色，四角黑色，亚背线与气门上线间有蓝绿色组成的短条纹，纹下方有白、紫色斜线，各节有红色枝刺 4 个，体背第二、第三、第七、第十、第十一对枝刺较发达，尾部枝刺较大，枝刺先端红色。

蛹椭圆形，扁平，长 12 ～ 13 mm。初化蛹时黄色，渐变浅褐色，羽化前变为褐色，翅芽为黑褐色。

茧椭圆形，比较坚实，土灰褐色，长 11 ～ 14.5 mm。

【生活习性】1 年发生 1 代，以末龄幼虫在树干基部附近土内 7 ～ 9 cm 深处结茧越冬。翌年 6 月上旬化蛹，蛹期约 10 天。6 月下旬始见成虫，7 月为成虫羽化盛期。成虫有趋光性。寿命 1 ～ 4 天。白天静伏叶背，有时抓住叶悬系倒垂，或两翅呈支撑状，翘起身体。卵产在叶片上，卵成片排列，卵期约 8 天。7 月上旬可见幼虫，8 月为幼虫发生严重期。9 月幼虫陆续老熟，随气温下降下树结茧越冬。

【为害特点】初孵幼虫爬行缓慢，聚集较短时间即分散在叶背为害。低龄幼虫多群集叶背取食下表皮和叶肉，残留上表皮和叶脉呈网状半透明斑，数日后干枯常脱落；3 龄后陆续分散食叶使其缺刻或孔洞，严重时常将叶片吃光。

【防治方法】未见大面积发生和为害，可通过保护和利用自然天敌调控其种群。

绒刺蛾 *Phocoderma velutina* (Kollar)

【寄主】桉、核桃、油桐、乌桕、茶。

【分布】中国分布于吉林、江西、广东、广西、重庆、四川、贵州、云南。广西分布于田林（定安）、巴马（东山）、宜州（安马）、黄冕林场（洛清江）。

【形态特征】成虫身体暗紫色，雌虫触角丝状，雄虫触角栉齿状。雌成虫翅展 50 ～ 65 mm，前翅暗紫褐色，有光泽，中央有 1 条外衬亮边的暗色斜带，从前缘外侧的 3/4 伸至后缘内侧的 1/3，在 R_4 处呈直角形弯曲。斜线的上半部翅面色暗，下半部色浅。后翅色较前翅稍淡。

绒刺蛾幼虫（董辛未　摄）

卵扁椭圆形，初产时黄绿色，孵化前淡绿色。

幼虫 7 ～ 8 龄，初孵幼虫黄绿色、4 对枝刺的顶端刚毛黑褐色。高龄幼虫体长约 40 mm，绿色，前后端各有枝刺 2 对，长约 15 mm。初孵幼虫体背与体侧各具 2 条微红色波状纵线，中胸至第八腹节每节背侧具 1 对枝刺，以第二、第三、第九、第十节的枝刺为长，每个枝刺上着生 6 根黑色刺毛；末龄幼虫体绿色，体背具 10 个椭圆形或梯形黄斑，以第二、九节上的 2 个梯形黄斑为大，体侧两边各具 9 个似圆形黄斑；由前胸至第八腹节腹侧各具枝刺 1 对。腹部第一至第五节背侧上的枝刺短小，中后胸及腹部第六至第七节上的 4 对刺特别发达，绿色，上着生散射状长刺毛，刺毛端部黑色，基部淡绿色。

蛹初为淡黄色，近羽化时为黑褐色，体背面各节上半段着生许多棕褐色小刺。茧长卵形。

【生活习性】1 年发生 1 代，以末龄幼虫在茧内越冬。翌年 3 月中旬开始羽化，3 月中下旬至 4 月上旬产卵，卵产于叶背，经 5 ～ 8 天孵化，开始取食为害。幼虫期共 8 龄。7 月下旬或 8 月上旬末龄幼虫停止取食 2 ～ 3 天后，沿树干爬下或直接坠落，寻找疏松土壤，在 1 ～ 2 cm 土层深处筑茧越冬。茧直立，做茧时幼虫在顶端预先咬 1 圈，作为羽化孔。成虫白天在树荫或草丛中停息，夜间活动，具趋光性。雌虫交配后翌日产卵，卵散产或数粒叠置产在叶背后。初孵幼虫不取食，第三天蜕皮为 2 龄，即行分散取食。

【为害特点】以幼虫食叶为害，发生严重时可将叶片吃光，影响树木生长和果实产量，甚至造成树木死亡。

【防治方法】参考黄刺蛾。此外，还可利用拟澳洲赤眼蜂，其对绒刺蛾卵的寄生率达 30%。

显脉球须刺蛾 *Scopelodes kwangtungensis* Hering

【寄主】油桐、桉、柿等。

【分布】中国分布于浙江、福建、江西、湖北、湖南、广东、广西、海南、重庆、四川、贵州、云南、西藏、陕西、甘肃。广西分布于资源、龙胜（花坪）、兴安、玉林（大容山林场）、武宣、防城港（防城）、上思、黄冕林场（盘龙）、博白林场（三滩）。

【形态特征】成虫体长 20 ～ 28 mm，翅展 46 ～ 65 mm；头和胸背黑褐色，腹部背面橙黄色，背面每节有 1 条深褐色至黑褐色横带，末端黑褐色；腹面中央有 1 条灰白色纵带，余为黑褐色；下唇须很长，向上伸过头顶，端部毛簇白色；前翅暗褐色至褐黑色（雌成虫色较淡），布满银灰色鳞片；后翅基部 1/3 和后缘黄色，其余黑褐色，外半部翅脉淡黄色，缘毛同前翅。腹背橙黄色，背中央从第三节开始，每节有 1 条黑褐色横带，末节黑褐色。

A. 成虫

B. 幼虫

C. 茧

显脉球须刺蛾（郑霞林　杨忠武　摄）

幼虫整体上呈嫩绿色至深绿色；幼虫腹部第二节与第三节之间背面有 1 条黑色和黄白色半环形斑，环斑上边为黑色，约占环宽的 1/5，余为黄白色；幼虫背中线浅嫩绿色，其各节前部有 1 个小黑点，其后部节间膜上有 2 个小黑点；枝刺发达粗壮，胸部每节 1 对，腹部每节 2 对，枝刺和其上的小刺深绿色，高龄幼虫小刺末端黑褐色；每节枝刺之间有 1 个小黑斑，腹部体侧面的则为斜黑条斑。第八节背面有 1 条红、白、蓝色横纹，臀节有黑点。

茧长径约 28 mm，初期灰黄色，后期暗黄色至暗褐色，具纵向暗褐色至褐黑色条纹。

【生活习性】在广西 1 年发生 2 代，以茧在树上或土中越冬。成虫发生期分别在 4 ～ 5 月及 7 ～ 8 月。幼虫为害盛期分别是 5 ～ 6 月及 8 ～ 9 月。10 月后幼虫陆续结茧越冬。成虫白天潜伏，傍晚开始外出活动，并交配产卵，成虫有较强的趋光习性。成虫交配后，雌虫将卵散产于叶背，在 1 片叶上常产数粒卵。

【为害特点】以低龄幼虫取食寄主植物的叶肉，使受害叶呈透明状；高龄幼虫食叶呈缺刻、孔洞，甚至蚕食全叶；大发生时可把整株或局部林分叶片全部吃光，严重影响林木生长、开花、结果及产量，甚至导致树木死亡，造成一定经济损失。

【防治方法】参考黄刺蛾。

桑褐刺蛾 *Setora postornata* (Hampson)

【寄主】马尾松、桉、泥竹、樟、茶、桑、苦楝、麻栎、乌桕、核桃、重阳木、银杏、板栗等。

【分布】中国分布于河北、上海、江苏、浙江、安徽、福建、江西、山东、湖南、广东、广西、四川、云南、陕西、台湾。广西分布于南宁（武鸣双桥、罗波、城厢、灵马、锣圩和陆斡）、阳朔、兴安（溶江）、苍梧（木双）、宁明（桐棉）。

【形态特征】成虫体长 15 ～ 16 mm，翅展 36 ～ 41 mm。体褐色至深褐色。前翅前缘离翅基 2/3 处向臀角和基角各方向伸出 1 条深色弧线，前缘中央至后缘基部弧形，外线直，前翅臀角附近有 1 个形状不规则棕色斑。

卵扁长，椭圆形，长 1.4 ～ 1.8 mm，黄绿色，半透明。

末龄幼虫体长约 23 ～ 35 mm，圆柱状，略呈长方形。初孵化时黄色，后变为绿色。头黄色，甚小，常缩在前胸内。背线为天蓝色，每节上有 4 个黑点。亚背线分黄色型和红色型：黄色型枝刺黄色，红色型枝刺紫红色。

蛹卵圆形，长 14 ～ 15.5 mm，黄褐色。

茧广椭圆形，长 15 mm，质地坚硬，灰褐色，面光滑，有褐色点纹。

【生活习性】1 年发生 2 ～ 3 代，以末龄幼虫在树干附近土中结茧越冬。翌年 5 月上旬开始化蛹，成虫 5 ～ 6 月开始羽化产卵。成虫趋光性强，白天静伏于树冠或杂草丛中，18 ～ 21 时进行交配，交配后翌日开始产卵，卵散产于叶背。6 月中旬以后幼虫开始为害，老熟后沿树干爬下或直接坠下，然后寻找适宜的场所结茧化蛹或越冬。下树时间多为 0 ～ 16 时，此时下树虫数约占总下树虫数的 86%。幼虫喜结茧于疏松表土层中、草丛间、树叶垃圾堆中和石砾缝中。入土深度在 2 cm 以内的占总数的 95%，入土最深可达 3.5 cm。

【为害特点】低龄幼虫群集叶背为害，取食叶肉，仅残留表皮和叶脉；4 龄后渐分散取食，将叶片食成缺刻状或仅残留主脉。当虫口密度大时能在短期内把树叶吃光，严重影响树木生长和观赏性。

【防治方法】参考黄刺蛾。

A. 成虫

B. 幼虫

桑褐刺蛾（高春梅　方加兴　摄）

两色源刺蛾指名亚种 *Thespea bicolor bicolor* (Walker)

【寄主】毛竹、乌桕、油茶、千年桐、桉、樟、金竹。

【分布】中国分布于广西、云南。广西分布于南宁（武鸣大明山）、融水、永福（堡里）、阳朔、龙胜、兴安（华江）、平南（马练）、隆林（革步）、金秀。

【形态特征】成虫体长 14 ～ 19 mm；翅展 30 ～ 44 mm。雌虫触角丝状，雄虫栉齿状，末端 2/5 为丝状。头顶、前胸背面及前翅均呈绿色，腹部、后翅为棕黄色，前翅前缘边缘、外缘、缘毛呈黄褐色，在亚外缘线、外横线上有 2 列棕褐色小斑点，外横线上的 2 个点较大，亚外缘线上可见 4 ～ 6 个小斑点。

卵扁椭圆形，扁平，长径 1.6 mm，淡黄色，较透明。

幼虫共 8 龄，高龄时体长约 29 mm，体呈黄绿色，背线较宽，为青灰色；亚背线为黄绿色。体背每节刺瘤处有 1 个半圆形墨绿色斑，镶入背线内，共 8 对。中、后胸和第一、第七、第八腹节枝刺特别发达。第八、第九腹节各着生黑色茸球状毛丛 1 对，每个毛丛外有红色刺瘤 1 个。

蛹长约 14 mm，初化蛹时乳白色，后逐渐变为棕黄色，腹背各节有小刺。茧长 18 mm。

【生活习性】广西 1 年发生 3 代，以末龄幼虫在土壤中结茧越冬。各代幼虫为害期依次为 4 月下旬至 6 月中旬、7 月上旬至 8 月下旬、9 月上旬至 11 月上旬。成虫羽化当晚即可交配，翌日开始产卵。卵多以单行或双行排列在竹叶背中脉两边，呈块状，上覆盖薄膜状物，每雌产卵量 180 多粒。成虫昼伏夜出，具趋光性、趋绿性，多选择在生长浓绿的竹林内产卵。

【为害特点】初孵幼虫群集于卵壳旁停息，不久即可取食竹叶下表皮，使竹叶形成白膜而死，幼虫喜食新竹竹叶，2～3 龄幼虫常 10 余头并列于叶背，头向叶尖，一同取食和后退，被害竹叶缺口整齐。每年 6 月及 9～10 月为 2 个为害高峰期，其中 6 月的为害最重。

【防治方法】未见大面积发生和为害，可通过保护和利用自然天敌调控其种群。

A. 成虫

B. 幼虫　　C. 茧和蛹

两色源刺蛾指名亚种（杨忠武　摄）

中国扁刺蛾 *Thosea sinensis* (Walker)

【寄主】桉、樟、茶、核桃、油茶、乌桕、枫香、苦楝、泡桐、银杏、板栗等。

【分布】中国分布于北京、天津、河北、辽宁、吉林、江苏、浙江、安徽、福建、江西、山东、河南、湖北、湖南、广东、广西、海南、四川、贵州、云南、陕西、甘肃、台湾、香港。广西分布于南宁（武鸣两江、邕宁、兴宁四塘、江南江西）、横州（马岭、校椅、云表、平马、横州、莲塘）、宾阳（新圩）、荔浦（修仁、龙怀）、龙胜（乐江、平等、龙脊）、梧州（龙圩广平、大坡和新地）岑溪（南渡）、蒙山（夏宜）、北海（铁山港兴港、营盘和南康）、东兴（马路）、上思（南屏）、防城港（防城十万大山和大录）、贵港（港南木梓、覃塘林场）、桂平（马皮）、平南（大安、大新、隆、六陈、思旺、国安、大鹏）、北流（六麻、塘岸）、玉林（玉州南江、城北、城西、大塘、仁东和仁厚）、陆川（滩面、大桥）、田阳（那坡）、平果（马头、四塘、旧城、海城）、东兰（切学）、环江（思恩、洛阳）、河池（金城江侧岭）、罗城（黄金、青明山林场）、南丹（吾隘）、合山（河里）、金秀（长垌、六巷、大樟）、象州（中平）、忻城（果遂、城关、新圩、红渡）、来宾（兴宾寺山）、大新（宝圩）、扶绥（岜盆）、崇左（江州）、宁明（亭亮）、三门江林场（马步）、维都林场（雅江、清水河、维都）、黄冕林场（波寨）、博白林场（三育）、雅长林场（果麻）。

【形态特征】成虫体、翅灰褐色，后翅颜色较淡，腹面及足色较深。体长 10～18 mm，翅展

25～35 mm。雄虫触角双栉状分枝直达末端，雌虫触角线状。外横线明显，暗褐色，直，从前翅近顶角处斜伸至翅后缘基部约 2/3 处。雄虫前翅中室处有 1 个黑点（雌虫不明显）。前足各连接关节处具 1 个白色斑。

卵长椭圆形，长约 1.2 mm，扁平光滑，初为淡黄绿色，孵化前呈灰褐色。

幼虫长椭圆形，较扁平，背面略隆起，形似龟背。鲜绿色。1 龄幼虫体淡红色，扁平；2 龄幼虫体绿色，较细，背线灰白色；3 龄幼虫有较明显的灰白色背线；4 龄幼虫背线白色，较宽；5 龄幼虫在背线中部两侧出现 1 对红点；6 龄幼虫虫体两侧出现 1 列细小红点。

蛹体黄褐色，近纺锤形，体长 10～15 mm。

茧长 10～15 mm，近似圆球形，钙质，硬而脆。

A. 成虫（梅国友　摄）

B. 幼虫（黄金绮　摄）

扁刺蛾

【生活习性】1 年发生 2～3 代，以末龄幼虫在浅土层中结茧越冬。翌年 4 月化蛹。成虫多在黄昏羽化出土，尤以 18～20 时羽化最盛；成虫昼伏夜出，飞翔能力和趋光性均较强。成虫羽化后即可交配，2 天后产卵，多散产于叶面上，偶尔产于叶背。每雌产卵量 10～200 粒，平均 100 粒，产卵期 3～4 天。幼虫有 8 个龄期，第一至第三代幼虫期依次出现在 5 月中旬至 7 月中旬、7 月下旬至 9 月上旬 9 月中旬至 10 月下旬。11 月后末龄幼虫下树在根际附近的浅土层中结茧越冬。下树时间在 20 时至翌日晨 6 时，以午夜 2～4 时下树最多。在土中结茧的深度和距树干的远近与树干周围的土壤质地有关。黏土结茧部位浅且距树干远，茧比较分散，腐殖土和沙壤土结茧部位深，距树干近，而且较密集。

【为害特点】初孵幼虫行动迟缓，极少取食，2 天后蜕皮。蜕皮后的幼虫先在叶面取食叶肉，残留下表皮。7～8 天后，幼虫开始分散为害。幼虫 6 龄起可取食整张叶片，一般从叶尖开始取食，发生严重时，可将局部林分叶片吃光，造成较大损失。

【防治方法】营林防治。在幼虫下树结茧之前，疏松树干周围的土壤，以引诱幼虫集中结茧，然后结合冬耕，挖除树基四周土壤中的虫茧，减少虫源。

物理防治。利用成虫趋光性强，可结合防治其他害虫，在成虫发生盛期设诱虫灯诱杀成虫。夏季低龄幼虫群集为害时，摘除虫叶，人工捕杀幼虫。

生物防治。注意保护被寄生蜂寄生的越冬茧，以利用寄生蜂进行防治。1～3 龄幼虫期，可选用扁刺蛾核型多角体病毒（NPV）悬浮液，使用浓度为 1 亿～100 亿病毒 /mL，或青虫菌粉剂（100 亿活孢子 /g）500 倍稀释液、杀螟杆菌粉剂（100 亿活孢子 /g）500 倍稀释液。

化学防治。低龄幼虫期，可用 20% 氰戊菊酯乳油 5000 倍稀释液等喷雾防治。

（三十七）网蛾总科 Thyridoidea

翅上有网状纹，少数有透明斑（窗斑），故而得名。成虫停息时中足举起。仅有网蛾科 Thyrididae。全世界已记录 96 属 750 多种，中国已记录 30 多种。

85. 网蛾科 Thyrididae

小中型蛾类，色彩艳丽，具银光或金色光泽。腹部背面着生有听器，前翅外线分叉，外缘有缺刻，翅上有网状纹，少数种类翅面有透明斑。幼虫常用植物做袋蔽体，可散发类似臭蝽释放的臭味。主要分布于热带和亚热带地区，全世界已记录 750 多种，中国已记录 30 多种。为林木食叶害虫之一。

（郑霞林）

殊蝉网蛾 *Glanycus insolitus* Walker

【寄主】枫香、多枝紫金牛、橄榄、罗浮柿、大头茶等。

【分布】中国分布于广东、广西、台湾。广西分布于梧州。

【形态特征】成虫外观形似蝉，翅展约 60 mm，雌虫翅面及体背红色，前胸背板左右两边各有 1 个较大的黑色斑，腹部每个体节背面各有 1 条横向的中间断开的黑色条形斑。前翅具黑色斑纹，翅端黑色。前后翅各有 1 个透明斑块，形似“窗户”。雄虫前胸背板、腹部第一节和腹部各节侧缘红色，其余部位黑色。

殊蝉网蛾雄虫（陆千乐　摄）

【生活习性】不详。

【为害特点】食叶害虫，幼虫卷起叶片躲在其内取食。

【防治方法】未见大面积发生和为害，可通过保护和利用自然天敌控制其种群。

（三十八）凤蝶总科 Papilionoidea

中型至大型蝶种，形态优美，是重要的观赏性蝶类，常以黑色、黄色、白色基调为主，饰有红、蓝、绿、黄等色彩的斑纹，一些种类具有灿烂耀目的蓝、绿、黄等色的金属光泽，有些种类后翅有修长的尾突；触角直，棒状，基部接近；前翅中室外的脉纹有分叉；雌雄虫前足发达；幼虫不结茧；蛹有角，多为缢蛹或旋蛹，缢蛹臀部用丝固定，胸部系有丝带，旋蛹仅用丝固定臀部，蛹体倒挂。包括凤蝶科 Papilionidae、粉蝶科 Pieridae、灰蝶科 Lycaenidae 和蛱蝶科 Nymphalidae 共 4 科 13700 多种。有些种类是重要的农林害虫，一些种类为保护对象。

（李　俊　吴海盼）

86. 凤蝶科 Papilionidae

中型到大型蝶类，成虫翅展 65 ～ 140 mm，以黑色、黄色、白色基调为主，多镶有红色、蓝色、绿色和黄色的斑纹，部分种类具蓝、绿、黄等色的金属光泽。前后翅呈三角形，前翅径脉 5 条，臀脉 2 条，臀横脉 1 条；后翅臀脉 1 条，亚缘室上着生条钩状肩脉 1 条，Sc 与 R 脉在基部形成 1 个小室，多数种类 M_3 脉延伸成尾突。部分种类有雌雄二型现象，如凤蝶属 *Papilio* 和斑凤蝶属 *Chilasa*；部分种类有季节型和多型现象，如丝带凤蝶属 *Sericinus*、凤蝶属；部分属种是国家重点保护物种，如喙凤蝶属 *Teinopalpus*、虎凤蝶属 *Luehdorfia* 和尾凤蝶属 *Bhutanitis* 等。本科已知 3 亚科 31 属 600 多种，中国已记录 2 亚科 19 属 120 多种。幼虫是林木及果树的食叶害虫，成虫是重要的观赏性昆虫。

宽尾凤蝶 *Agehana elwesi* (Leech)

【寄主】檫、鹅掌楸、厚朴、深山含笑。

【分布】中国分布于福建、江西、湖北、湖南、广东、广西、陕西。广西分布于隆林、龙州、龙胜、临桂、天峨、金秀、融水。

【形态特征】成虫翅正面黑色，覆盖黄色鳞片，前翅外缘深色，宽带脉纹黑色，各翅室有黑色条纹，后翅外缘凹陷、红色，外缘有 5 个新月形红斑，臀角有 2 个半环状红斑，尾突宽大、靴形。

卵浅绿色，球形，表面光滑无毛。

低龄幼虫灰黑色，5 龄幼虫绿色，体表无明显毛状物，各体节于背板、侧板交界处着生 1 个长柱形瘤状突起。

蛹为缢蛹，褐色，纺锤形。

【生活习性】在华南地区 1 年发生 2 代，以蛹越冬。成虫喜欢往返飞翔于溪流或河流边的空旷地段，单个飞行，速度较快。卵散产于寄主植物嫩叶面，1 叶 1 粒，少数 1 叶 2 粒。

【为害特点】1 ～ 2 龄幼虫取食叶片后残留食痕，但无明显缺刻；3 ～ 5 龄幼虫食量大增，常从叶缘取食深至主脉，后转移至叶缘重新取食，直至取食完约 1/3 叶片后，方才转移。喜食叶片的中部，少见其取食叶尖部分；幼虫常在寄主植物中部活动，喜取食成长叶，不喜食老叶、嫩叶。未见大面积发生和为害。

【资源利用】可作为观赏性蝶种。

A. 成虫背面观

B. 成虫侧面观

C. 幼虫

D. 蛹

宽尾凤蝶（蒋广宁　摄）

多姿麝凤蝶 *Byasa polyeuctes* (Doubleday)

【寄主】马兜铃科植物。

【分布】中国广泛分布。广西各地均有分布。

【形态特征】成虫翅正面为黑褐色，前翅各室有放射状浅灰色条纹，后翅中域 1 个白斑，后翅外缘斑纹变化大，除了最前 1 个大白斑，其余不规则形斑均为红色，尾突末端膨大、上有红斑。头顶、胸部和腹部两侧红色。

【生活习性】在台湾 1 年发生多代，以蛹越冬。生活在森林边缘地带，喜访花，成虫常在湿地旁吸水。

【为害特点】幼虫以寄主植物叶片为食，常将叶片咬成缺刻状，严重时整片叶片均被吃光。未见大面积发生和为害。

【资源利用】可作为观赏性蝶种。

多姿麝凤蝶成虫（朱小明　摄）

斑凤蝶 *Chilasa clytia* L.

【寄主】潺槁树、肉桂、楠木、木姜子、黄樟。

【分布】中国分布于福建、广东、广西、海南、台湾、香港。广西分布于南宁（邕宁、江南）、横州、宾阳、隆安、合浦、扶绥、龙州、上思、桂平、贵港（港南）、资源、龙胜、天峨、环江、崇左（江州）、金秀、武宣、象州、来宾（兴宾）、容县、博白、兴业。

【形态特征】成虫中大型，雌雄虫前后翅正面底色黑色，前翅外缘、亚外缘区以及翅室内其他部位有自翅基部向外缘辐散排列的灰白色斑纹，中室内有3条发自基部的细长灰白色条纹。后翅无尾，正面外缘和臀角有浅黄色斑列，翅脉黑褐色，内镶黑白两色新月斑。

卵近球形，黄褐色至橙黄色，表面覆有雌虫分泌的黏液干燥物，形成不规则的乳突或脊纹。

幼虫共5龄，低龄幼虫鸟粪状，头壳黑色，体黑色。高龄幼虫形态上发生显著变化，体表花斑状，色彩鲜艳。

缢蛹，长约3.8 mm。

【生活习性】1年发生1代，以蛹越冬，翌年3～5月成虫羽化。成虫访花时喜停息在花序上轻轻挥动翅，有别于多数凤蝶振翅停息在空中的访花行为；喜在阳光下活动，飞行缓慢而低矮；雄虫常到地面汲食污水，雌虫喜将卵单产于寄主植物嫩叶叶面的叶脉附近。

【为害特点】幼虫孵化后转移到嫩叶边缘取食。末龄幼虫则分散在植株中下部的成熟叶片上取食。未见大面积发生和为害。

【资源利用】可作为观赏性蝶种。

A. 成虫

B. 卵

C. 幼虫

D. 蛹

斑凤蝶（蒋广宁　摄）

小黑斑凤蝶 *Chilasa epycides* Hewitson

【寄主】阴香、樟、山鸡椒、壳楠。

【分布】中国分布于浙江、福建、广西、台湾。广西分布于龙胜、资源、金秀、融水、岑溪。

【形态特征】成虫正面为灰黄色，前后翅沿翅脉加黑。前翅顶角淡黑色，外缘及亚外缘具有狭窄的淡黑色带，中室内有 3 条纵黑线，靠前缘的 1 条在端部具分支；后翅灰黄色，臀角具有 1 列黄色斑，各室条纹似前翅。雄虫后翅内缘上翻，易与雌虫区别。

【生活习性】1 年发生 1 代，以蛹在寄主的小枝条上越冬。翌年 3 月下旬至 4 月上旬成虫羽化。

【为害特点】幼虫以寄主植物叶片为食，常将叶片咬成缺刻状，严重时整片叶片均被吃光。未见大面积发生和为害。

【资源利用】可作为观赏性蝶种。

A. 成虫

B. 幼虫

C. 蛹

小黑斑凤蝶（蒋广宁　摄）

统帅青凤蝶 *Graphium agamemnon* (L.)

【寄主】火力楠、白玉兰、含笑、番荔枝、假鹰爪、越南酒饼叶、紫玉磐、香润楠。

【分布】中国分布于浙江、福建、广东、广西、海南、云南、台湾。广西各地均有分布。

【形态特征】成虫翅展 70 ～ 80 mm，翅正面黑褐色，斑纹黄绿色。前翅亚顶角至臀角的亚外缘区有 1 列与外缘平行的短条状斑，在臀角有 1 个圆形斑错位；亚顶角横贯翅中至后缘有 1 列大小逐渐递增的条形斑；翅中室有 8 个形状各异的斑纹，靠外侧有 2 个近圆形小斑。后翅具内缘褶，其内密布灰白色的发香鳞；自前缘亚基区向亚臀角处有 1 条中部被脉纹断开的纵条纹；外缘波状，有尾突，雌长雄短。翅腹面棕褐色，后翅后缘中部有 1 个黑斑镶红边，其他特征与背面相似。

卵珍珠白色，球形，表面光滑且有光泽，底面浅凹。

低龄幼虫体浅褐色，第五至第八腹节背部有 1 块近矩形的较大白斑，3 ～ 4 龄时该斑颜色分别变为黄色和浅绿色；末龄幼虫体墨绿色，矩形斑消失。前中后胸的亚背线上分别着生 1 对黄褐色至黑色刺突。

蛹灰绿色，缢蛹，胸部背面、头前缘两侧各有 1 个角状突，其中胸背面的角状突较长；翅芽边缘及角状突起的端半部灰褐色，臀部呈圆锥状。

【生活习性】1 年发生多代，以蛹越冬。成虫多在晴天羽化，7 月中旬至 9 月中旬为成虫发生高峰期，飞行速度快，喜在林地和丘陵地带活动，成虫需吸食花蜜补充营养。成虫交配后，多产卵于嫩叶叶背近叶缘处，少数产于叶面，1 叶 1 粒。末龄幼虫多在叶片基部化蛹。

A. 成虫

B. 卵

C. 幼虫

D. 蛹

统帅青凤蝶（蒋广宁　摄）

【为害特点】幼虫以寄主植物叶片为食，常将叶片咬成缺刻状，严重时整片叶片均被吃光。

【防治方法】常用的杀虫剂均有较好防治效果，可用 2.5% 溴氰菊酯乳油 2500 倍稀释液喷雾防治幼虫，1 ~ 3 天后死亡率均在 92% 以上。

碎斑青凤蝶 *Graphium chironides* (Honrath)

【寄主】樟科、白兰。

【分布】中国分布于浙江、江西、广东、广西、海南、重庆、四川。广西分布于南宁。

【形态特征】成虫翅展 65 ~ 75 mm。体背黑色，腹乳白色。翅黑褐色，前翅中室具 5 个条状斑纹且平行排列；亚顶角具斑点 2 个；亚外缘区具小斑 1 列；中区前缘至后缘具斑点 1 列。后翅基半部具 5 ~ 6 个大小和形状不同的纵斑；亚外缘区具点状斑 1 列；中室两侧具较粗的黑边；外缘波状，无尾突。翅背面黑褐色，前翅斑纹与正面相似；后翅亚外缘斑列变宽，其内侧具黄色斑纹 5 个；基部具 2 ~ 3 个斑，呈淡黄色，其余同翅正面。

【生活习性】不详。

【为害特点】幼虫食叶，造成叶片缺刻。未见大面积发生和为害。

【资源利用】可作为观赏性蝶种。

A. 成虫

B. 卵（箭头所示）

C. 幼虫

D. 蛹

碎斑青凤蝶（蒋广宁 摄）

宽带青凤蝶 *Graphium cloanthus* (Westwood)

【寄主】樟、芳香桢楠、大叶楠、香楠、红楠、阴香。

【分布】中国分布于浙江、福建、江西、广东、广西、四川、云南、陕西、台湾。广西分布于桂林（雁山）、田林、隆林、金秀。

【形态特征】成虫正面黑褐色，前后翅中部有1串长方形的浅绿色斑组成的宽阔中域带；前翅条带内侧有2个浅绿色斑，后翅亚外缘有1列浅绿色斑。翅背面除翅基部、翅中部及臀角有红色短线外，其余与正面相似。

宽带青凤蝶成虫（朱小明 摄）

【生活习性】1年发生多代，以蛹越冬，其他习性不详。

【为害特点】幼虫以寄主植物叶片为食，常将叶片咬成缺刻状，严重时整片叶片均被吃光。未见大面积发生和为害。

【资源利用】可作为观赏性蝶种。

南亚青凤蝶 *Graphium evemon* Boisduval

【寄主】牛心果、刺果番荔枝、银钩花等。

【分布】中国分布于广东、广西、海南、四川、云南。广西分布于南宁、荔浦、宁明。

【形态特征】成虫翅展65～90 mm，翅正面黑褐色，斑纹淡青色；前翅中室有5个粗细和长短不一的条斑；亚外缘区有1列大小近似的8个小斑，与亚外缘线平行；亚顶角有单独1个长椭圆形斑；亚顶角至后缘中部有1列逐步变大的长椭圆形至方形斑。后翅中部斑列前端内有1条黑色条带，其后端与内缘内侧的黑条带相连呈近Y形，后翅亚外缘区有1列形状不一的条形斑。前翅腹面斑纹与背面近似，但色斑颜色较淡，后翅腹面中央斑列后端镶有红色、黑色纹。

南亚青凤蝶成虫（蒋广宁　摄）

卵黄色，球形。

低龄幼虫黑褐色，高龄幼虫绿色，腹末具1对突起，后胸亚背线上的突起基部有明显的黄色圈纹。

蛹绿色，头部有1对小突起，中部有1个倾斜的指状突起。

【生活习性】1年发生多代，以蛹越冬。成虫多见于5～10月，栖息于丘陵林地，雄虫有群集于潮湿地吸水的习性。雌虫多产卵于寄主植物新芽或叶上。

【为害特点】幼虫食叶，造成叶片缺刻。未见大面积发生和为害。

【资源利用】可作为观赏性蝶种。

青凤蝶 *Graphium sarpedon* (L.)

【寄主】木姜子、假肉桂、天竺桂、红楠、香楠、大叶楠、山胡椒、番荔枝、阴香、肉桂、香樟、八角、含笑、玉兰、梧桐、枳壳、火力楠、柑橘。

【分布】中国分布于浙江、福建、江西、湖北、湖南、广东、广西、海南、四川、云南、西藏、陕西、台湾、香港。广西各地均有分布。

【形态特征】成虫翅展70～85 mm，窄长，翅正面黑色，前翅从亚顶角向后缘中部有1列逐步递增的青蓝色近方形斑；后翅前缘中部至后缘中部有3个斑，其中近前缘2个斑近方形，且第一个斑白

A. 成虫

B. 卵

C. 幼虫

D. 蛹

青凤蝶（蒋广宁　摄）

色或淡青白色，近后缘的一个斑三角形；后翅亚外缘区有 1 列青蓝色的新月斑，外缘波状，无尾突；雄虫后翅具内缘褶，其内密布灰白色的发香鳞，雌蝶则无。翅腹面深褐色，斑纹与背面相似，但后翅近基部有 1 条红色短线，翅中部至后缘处有数条红色斑纹。成虫有春、夏型之分，春型稍小且翅面青蓝色斑列稍宽。

卵圆球形，初产时淡黄色，后期为暗褐色。底面浅凹，表面光滑，具光泽。

低龄幼虫暗褐色，前中后胸各节亚背线处分别着生 1 对黑色圆锥形突，腹末 1 对尾突白色。高龄幼虫绿色，中胸 1 对圆锥形突变小，而后胸的突起变为肉瘤且其间有 1 条黄色横线相连，尾部尾突不明显。

蛹绿色或褐色，胸部背面有 1 个明显的前伸剑状突。

【生活习性】1 年发生多代，以蛹越冬。成虫多于清晨或傍晚羽化，全年可见，喜在低海拔的潮湿和开阔地活动，飞行迅速，喜访花及群集吸水，多产卵于寄主植物嫩芽和叶背，每雌产卵量约 24 粒。幼虫孵化后取食嫩叶。末龄幼虫在寄主植物枝干或附近杂物处化蛹。

【为害特点】喜食新梢及嫩叶，对 2 ～ 3 年生幼树为害尤为严重，为害盛期幼虫大量取食嫩叶，造成叶片缺刻、冠形破坏。未见大面积发生和为害。

【资源利用】可作为观赏性蝶种。

木兰青凤蝶 *Graphium doson axion* Felder et Felder

【寄主】白兰、假鹰爪。

【分布】中国分布于福建、广东、广西、海南、四川、云南、陕西、台湾。广西分布于南宁（江南）、横州、上林、田林、合浦、龙州、大新、凭祥、上思、桂平、天峨、钟山、融水、岑溪、蒙山、博白、北流、陆川、容县、兴业。

【形态特征】成虫翅展 70 ~ 80 mm，翅正面黑褐色，前翅中上部位有 5 个淡青色或淡黄色长短不一的条斑，亚外缘有 1 列相同颜色的形状不一的小斑，前翅中部的斑纹与后翅中部斑纹形成宽大的中域带；后翅亚外缘有 1 列淡青色或淡黄色形状不一的小斑。翅背面斑纹排列与正面相似，但斑纹颜色较淡；后翅前缘淡青色或淡黄色宽带中有 1 条似倒三角形条纹，条纹内近前缘处有 1 条横红色窄条纹，翅中部至臀角分布小红斑，后缘有 1 条较窄长红带。

卵球形，黄白色。

幼虫尾端有 1 对突起，2 ~ 4 龄幼虫红褐色，末龄幼虫青绿色。1 ~ 4 龄幼虫胸部各节有 1 对圆锥状突起，末龄幼虫该特征消失。

A. 成虫

B. 卵

C. 幼虫

D. 蛹

木兰青凤蝶（蒋广宁 摄）

蛹绿色或褐色，头部有 1 对粒状小突起，中胸有 1 个倾斜的指状突起。

【生活习性】1 年发生多代，以蛹越冬。成虫全年可见。成虫多产卵于寄主植物新芽或叶背近外缘处，卵期约 7 天。幼虫期约 22 天，幼虫常分散化蛹，化蛹场所包括寄主植物叶片、附近杂木、石壁等。蛹期约 14 天（越冬蛹历期较长）。成虫喜在低海拔的丛林及潮湿地处访花采蜜，飞行缓慢，雄虫常群集于溪边吸水。

【为害特点】幼虫取食寄主植物叶片，被害处呈缺刻状。未见大面积发生和为害。

【资源利用】可作为观赏性蝶种。

红基美凤蝶 *Papilio alcmenor* Felder et Felder

【寄主】柑橘类植物。

【分布】中国分布于河南、广西、四川、云南、陕西、甘肃。广西分布于柳州、龙胜、资源、金秀。

红基美凤蝶成虫（郑霞林　摄）

【形态特征】成虫中大型，雄虫翅浓黑色，覆有蓝色鳞片，前翅中室基部有 1 个红色纵斑，后翅后缘近臀角处有 1 个小红斑，无尾突。前翅背面斑甚显，后翅背面从翅基、后缘至外缘均有红斑，在后缘及臀角附近的红斑中嵌有 4 个黑斑。雌虫前翅似雄虫，后翅外缘和亚外缘具点状和弧形红斑，中室端有 1 个大白斑，具尾突；后翅背面斑纹近似雄蝶。

卵半球形，表面光滑无脊，初产时浅黄色，孵化前颜色变深。

幼虫共 5 龄，低龄幼虫体黄褐色，头胸腹背面长有 2 排刺状突，头壳黑色。腹部背面具白色 V 形纹。高龄幼虫头壳、体色均为深绿色，刺状突消失，具瘤状突。幼虫头部生有橘黄色臭角，受惊吓后会伸出双叉状角，并放出刺鼻气味。

缢蛹，绿色，蛹体表面粗糙，带棕色斑或棕褐色带绿色斑。

【生活习性】1 年发生 2 代，3 ～ 10 月均可见成虫。卵散产于柑橘等寄主植物的叶背或小枝枝桠处，幼虫老熟后在树枝上或附近的灌木丛中化蛹。

【为害特点】幼虫取食寄主植物叶片，受害处呈缺刻状。未见大面积发生和为害。

【资源利用】可作为观赏性蝶种。

玉斑凤蝶 *Papilio helenus* L.

【寄主】黄柏、楝、吴茱萸、柑橘、黄蘖、两面针、飞龙掌血。

【分布】中国分布于中南部地区。广西各地均有分布。

【形态特征】成虫大型，前翅长 54 ~ 60 mm，雌雄虫前后翅正面底色黑色，前翅外缘、亚外缘区以及翅室内其他部位有自翅基部向外缘辐散排列的灰白色斑纹。后翅中室内有 3 个相近的白色条纹，亚缘有红色新月列斑，臀角有 2 个外红内黑的同心圆斑。后翅有尾突。翅腹面斑纹同翅背面。

卵略呈扁球形，底面浅凹。淡黄色，表面光滑，有珍珠光泽。

幼虫共 5 龄，低龄幼虫呈鸟粪状，暗褐色至黄褐色，多棘毛。高龄幼虫棘毛消失，余下突起不高的疣，体表黄褐色。臭角深红色。

缢蛹，头部有 1 对突起呈 V 形岔开。中胸背面的突起矮瘤状。体色有绿色、褐色及中间型。

【生活习性】1 年发生 5 代，以滞育蛹越冬。成虫于 6 月至 10 月可见。成虫飞行急速，雄虫常群集山路湿地或河滩吸食污水，并不断自肛门排出液体。雌虫将卵分散产于寄主幼嫩叶的叶背边缘和嫩梢上。幼虫停息在叶面的丝垫上，头部朝向叶柄。末龄幼虫多在寄主植物小枝或叶片中脉下化蛹。

【为害特点】幼虫取食寄主植物叶片，受害处呈缺刻状。未见大面积发生和为害。

【资源利用】可作为观赏性蝶种。

A. 成虫

B. 卵

C. 幼虫

D. 蛹

玉斑凤蝶（蒋广宁　摄）

美凤蝶 *Papilio memnon* L.

【寄主】杨桃、丝栗、柑橘、黄皮、柚子。

【分布】中国分布于浙江、福建、江西、湖北、湖南、广东、广西、海南、四川、台湾。广西分布于田林、合浦、宁明、龙州、凭祥、上思、桂平、龙胜、永福、天峨、罗城、东兰、平桂、金秀、柳江、融水、上林、兴业、容县。

【形态特征】成虫翅展 105 ～ 145 mm。雌雄二型且雌体多型。雄虫体翅黑色。前、后翅基部色深，翅脉纹两侧蓝黑色。翅反面前翅中室基部红色，脉纹两侧灰白色；后翅基部有 4 枚不同形状的红斑，在亚外缘区有 2 列由蓝色鳞片组成的环形斑列，但轮廓不清楚；臀角有环形或半环红斑纹，内侧有弯月形红斑纹，无尾突。雌虫无尾突型前翅基部黑色，中室基部红色，脉纹及前缘黑褐色或黑色，脉纹两侧灰褐色或灰黄色。后翅基半部黑色，端半部白色，以脉纹分割成长三角形斑，亚外缘区黑色，外缘波状，在臀角及其附近有长圆形黑斑。翅反面前翅与正面相似；后翅基部有 4 个不同形状的红斑，其余与正面相似。雌虫有尾突型前翅与无尾突型相似，后翅除中室端部有 1 个白斑外，在翅中区有 1 个白斑，有时在前缘附近白斑消失；外缘波状，在波谷具红色或黄白色斑；臀角有长圆黑斑，周围是红色。翅反面前翅与正面相似。后翅除基部有 4 个红斑外，其余与正面相似。

卵球形，橙黄色。

幼虫共 4 龄。低龄幼虫头黑褐色，体绿色，背部有斜白纹；高龄幼虫头绿色。头部带臭角，低龄时呈淡橙白色，末龄时呈橙红色。

缢蛹，头部前有 1 对突起，末端呈圆弧形，具两型蛹。绿色型蛹的背面有宽大的菱形黄绿色纹，成虫翅面上则有褐色不规则斑纹；褐色型蛹的斑纹似木材的纹理，成虫翅面上的斑纹则似青苔。

A. 雌虫无尾突型

B. 雌虫有尾突型

C. 雄虫

D. 卵

E. 幼虫

F. 枯色蛹

G. 绿色蛹

美凤蝶（蒋广宁　摄）

【生活习性】1 年发生 3 代以上，以蛹越冬，翌年 3 ~ 5 月成虫羽化。成虫访花时喜停息在花序上轻挥动翅，这有别于多数凤蝶振翅停息在空中的访花行为；喜在阳光下活动，飞行缓慢而低矮，雄虫常到地面汲食污水。雌虫喜将卵单产于寄主植物嫩叶面叶脉附近。

【为害特点】幼虫孵化后转移到嫩叶边缘取食。末龄幼虫则分散在植株中下部的成熟叶片上取食。未见大面积发生和为害。

【资源利用】可作为观赏性蝶种。

巴黎翠凤蝶 *Papilio paris* L.

A. 成虫

B. 卵

C. 幼虫

D. 蛹

巴黎翠凤蝶（蒋广宁　摄）

【寄主】飞龙掌血、柑橘、柚子、三桠苦、楝、吴茱萸。

【分布】中国分布于浙江、福建、河南、广东、广西、四川、贵州、云南、陕西、台湾、香港。广西各地均有分布。

【形态特征】成虫翅展 95 ~ 125 mm。体、翅黑色或黑褐色，散布翠绿色鳞片。翅背面前翅亚外缘有 1 列黄绿色或翠绿色横带，被黑色脉纹和脉间纹分割成斑块状，由后缘向前缘逐渐变窄，色调逐渐变淡，未及前缘即消失。后翅中部靠近亚外缘有 1 个大的翠蓝色斑或翠绿色斑，斑后有 1 条淡黄色、黄绿色或翠蓝色窄纹通到臀斑内侧；亚外缘有不太明显的淡黄色或绿色斑纹；臀角有 1 个环形红斑。翅腹面前翅亚外缘区有 1 条很宽的灰白色或白色带，由后缘向前逐渐扩大并变淡；后翅基半部散生无色鳞片，亚外缘区有 1 列 W 形或 U 形红色斑纹；臀角有 1 ~ 2 个环形斑纹，红斑内镶有白斑。

卵圆球形，乳白色半透明，表面光滑有弱光泽，散产于寄主植物的叶表面。

幼虫共 4 龄，低龄幼虫鸟粪状，头壳黑色，体绿褐色。高龄幼虫形态上发生显著变化，体表花斑状，色彩鲜艳。

缢蛹，体黄绿色，身体扁平，头顶有 1 对三角形突起，中胸侧面在前方及近后缘处向外突出，略成方形。体侧由头顶至腹末有明显的棱脊突起。

【生活习性】1 年发生 2 代，以蛹越冬，翌年 3 ~ 5 月成虫羽化。多在常绿林带的高处活动，很少离开林地。成虫飞行迅速，常沿着林地小径草木稀疏的地方或在树顶上绕圈飞翔，卵散产于稍老些的叶表面上，幼虫白天、夜晚均可取食，1 龄、2 龄幼虫食叶量较少，且只取食嫩叶。3 龄幼虫食量开始增加，5 龄幼虫食叶量最多，有时老叶也被取吃光，虫口密度大时也取食嫩枝。

【为害特点】幼虫取食寄主植物叶片呈缺刻状。未见大面积发生和为害。

【资源利用】可作为观赏性蝶种。

玉带凤蝶 *Papilio polytes* L.

【寄主】花椒、山椒、假黄皮、山小橘、飞龙掌血、柑橘、柚子、黄皮、两面针、枸杞等。

【分布】中国分布于河北、山西、江苏、浙江、福建、山东、河南、湖北、湖南、广东、广西、海南、四川、云南、陕西、甘肃、青海、台湾。广西各地均有分布。

【形态特征】成虫大型，体翅底色黑色，雌雄虫体翅颜色差异较大。雄虫明显的特征是前翅外缘有 1 列白斑。后翅中部都有醒目的 1 列玉带状白斑。雌虫前翅外缘隐现 1 列白斑，较雄虫小。雌虫可视其后翅中部红、白斑数量和排列状况分为红斑型和白斑型。白斑型：后翅中域有 2 ～ 6 个白斑，近后缘有 2 个红斑；红斑型：红色，后翅中域无白色斑，近后缘有 2 个长形大红斑。

卵球形，橙黄色，有光泽，直径 1.2 mm 左右。

幼虫共 5 龄，低龄幼虫近似鸟粪状、身体近梭形，有深黄色臭角刺。胸、腹部褐绿色，白色斜带自腹部斜上腹部背面。高龄幼虫腹部背上有明显黄色环带，头部、尾部白色。

A. 雌虫

B. 雄虫

C. 卵

D. 幼虫

E. 枯色蛹

F. 绿色蛹

玉带凤蝶（蒋广宁　摄）

缢蛹，头部两边长钝角刺。胸部顶角突出，头、胸部向后仰。前腹鼓胀，浅黄色，背部草绿色。

【生活习性】1 年发生 3 ～ 6 代，以滞育蛹越冬，成虫于翌年 6 ～ 10 月可见。成虫飞行急速，雄蝶常群集山路湿地或河滩汲食污水，并不断自肛门排出液体。雌蝶将卵分散产于寄主幼嫩叶背边缘和嫩梢上。幼虫停息在叶面的丝垫上，头部朝向叶柄。末龄幼虫多在寄主植物小枝或叶片中脉下化蛹。

【为害特点】幼虫取食寄主植物叶片，受害处呈缺刻状。未见大面积发生和为害。

【资源利用】可作为观赏性蝶种。

金斑喙凤蝶 *Teinopalpus aureus* Mell

【寄主】金叶含笑、深山含笑、乐东拟单性木兰、光叶拟单性木兰、广东含笑等木兰科植物。

【分布】中国分布于浙江、福建、江西、湖南、广东、广西、海南、云南。广西分布于金秀（大瑶山）、融水。

【形态特征】成虫体长 30 ～ 35 mm，翅展 90 ～ 130 mm。雄蝶体翅被绿色或黄绿色鳞片；前翅被绿色鳞片，基半部较端半部绿色鳞片密集，中域偏基部有 1 条自前缘中部达后缘中部的微弧形横带，横带内侧黑色、外侧黄绿色；后翅中域具黄色大斑，外缘齿状，有黄色新月斑，M_3 外突成尾突，尾突端部黄色。雌虫个体明显大于雄虫，体色较雄虫稍淡；前翅中域近基部的微弧形横带呈蓝白色，后翅中域黄色或黄白色的斑纹较大，后翅外缘呈锯齿状，M_1 和 M_3 突起成 2 个尾突，M_3 较 M_1 长，尾突末端淡黄色。

卵圆形，紫红色，近孵化时呈黑色。

幼虫共 5 龄，1 龄幼虫黄褐色，体被稀疏刚毛，其他各龄期无；2 龄棕黄色，背腹中央的白色斜纹和尾端两侧的白色斑纹较明显；3 龄体黄绿色，各体节的蓝白色斑点明显；4 龄体色转为近绿色，体上的蓝白色斑点转为蓝色；5 龄体绿色，节间膜、头、体腹面和腹足黄色，后胸 1 对内亮外紫的眼斑非常明显。

溢蛹，体黄绿色，第一腹节有 2 个褐色斑点，近中部的斑点稍小；第二腹节具 2 个斑点，内侧斑小，外侧斑大；蛹背面中央有 1 个深绿褐色斑。

【生活习性】1 年发生 2 代，以蛹越冬，越冬蛹于翌年 4 月上中旬至 6 月上中旬羽化，第一代卵期、幼虫期和蛹期分别为 5 月中旬至 6 月中旬、5 月下旬至 8 月上旬、6 月下旬至 9 月中旬。越夏蛹于 8 月中旬至 9 月下旬羽化，越冬代卵期、幼虫期和蛹期分别为 8 月中下旬至 9 月中下旬、9 月上旬至 11 月上旬、10 月中下旬至翌年 4 月上中旬。成虫多于 6 ～ 11 时在寄主植物周边活动，于空中交配。成虫有吸水习性，未见吸食花蜜习性。雌蝶

A. 雄虫背面观

B. 雄虫腹面观

C. 雌虫背面观

金斑喙凤蝶成虫（郑霞林　摄）

在寄主植物叶面近主脉处产卵，一枝一叶一卵。幼虫多在傍晚和清晨取食。末龄幼虫可在寄主植物上或者寄主植物旁的灌木上化蛹。

【资源利用】金斑喙凤蝶是世界上名贵而罕见的蝴蝶，享有“梦幻中的蝴蝶”和“世界动物活化石”的美称，排世界八大名贵蝴蝶榜首，该蝶被世界自然保护联盟（1985 年 IUCN）列为红色名录物种,《濒危野生动植物种国际贸易公约》(CITES）一级保护物种；中国 1989 年颁布《国家重点保护野生动物名录》中，被列为一级保护物种，也是中国蝶类中唯一的国家一级保护动物，被提议为“国蝶”，应注意保护，严禁猎杀和交易。

87. 粉蝶科 Pieridae

中型蝶类，成虫翅展 37 ～ 63 mm；一般以白色、黄色和橙色为基调，饰有黑、红、黄等色彩的斑纹；前足端部两爪间具有 1 个中垫，便于吸附附属物；前翅三角形，后翅卵圆形，翅面密被鳞粉，无尾突；前翅 R 脉 3 ～ 5 分支，R_2 与 R_3 常合并，R_4 与 R_5 偶合并，M_1 与 R 脉共柄，A 脉 1 条（2A）；后翅具有肩横脉（h），A 脉 2 条（2A 及 3A）；部分种类存在雌雄二型现象，且不同属种雄蝶发香鳞的位置各异；有些种类成虫存在季节型现象；本科已知 4 亚科 85 属 1100 多种，中国已记录 23 属 154 种。部分种类幼虫是林木和农作物的食叶害虫。

白翅尖粉蝶 *Appias albina* (Boisduval)

【寄主】核果木、台湾假黄杨、山楂属、鱼木。

【分布】中国分布于广东、广西、海南、云南、台湾。广西分布于南宁、桂林（雁山）、宁明、上思、天峨。

A. 雌蝶

B. 雄蝶

白翅尖粉蝶（蒋广宁 摄）

【形态特征】小型蝶类，成虫翅展 50 ～ 60 mm，季节性明显，翅白色或浅黄色；雄虫前翅前缘黑色，顶角钝圆，后翅白色；雌虫前翅前缘、外缘及顶角黑色，部分雌虫亚顶角还具点状黑斑或波浪形黑色条纹，后翅白色或外缘黑色。

【生活习性】成虫常在林区活动，喜访花和取食花蜜，飞行速度快。

【为害特点】幼虫取食寄主植物叶片使其形成缺刻状。未见大面积发生和为害。

【资源利用】可作为观赏性蝶种。

迁粉蝶 *Catopsilia pomona* (Fab.)

【寄主】假虎刺、紫矿、决明、黄槐、粉花决明、羊蹄甲、铁刀木、野扁豆、粉花山扁豆、大花田菁、腊肠树。

【分布】中国分布于浙江、福建、广东、广西、海南、贵州、云南、台湾。广西分布于百色、上思、天峨、融水、隆安。

【形态特征】中型蝶类，成虫翅展 55 ～ 65 mm，季节型明显；雄虫翅背面黄白色或黄色，无斑纹，仅前翅前缘、顶角及外缘为黑色；腹面黄白色或黄色，无斑点。雌虫翅背面前缘、外缘和后翅的外缘黑色较宽，翅腹面白色至浅黄色。

【生活习性】在海南 1 年发生 14 ～ 15 代，云南西双版纳 1 年发生 11 代，其他地方 1 年发生 10 代以下。无明显越冬现象，雌虫多将卵散产于寄主植物叶面，幼虫多在寄主植物叶背化蛹。成虫多在林缘开阔地缓慢飞行，喜访花。

A. 无斑型雌蝶

B. 无斑型雄蝶

C. 卵

D. 低龄幼虫

E. 高龄幼虫

F. 蛹

迁粉蝶（蒋广宁　任向明　摄）

【为害特点】幼虫取食叶片，严重时寄主植物仅剩枝干。

【防治方法】营林防治。结合日常养护管理，及时摘除有虫叶和蛹。

生物防治。天敌种类较多，包括黑蚂蚁、螳螂、蜘蛛、寄生蜂和鸟类等，保护好可对幼虫有较好的防治效果；也可使用迁粉蝶核型多角体病毒。

化学防治。在暴发为害期，用 2.5% 溴氰菊酯乳油 2000 ～ 3000 倍稀释液喷雾防治效果较好。

梨花迁粉蝶 *Catopsilia pyranthe* (L.)

【寄主】假虎刺、木麻黄、铁刀木、刺田菁、毛头瑞香、黄槐、花栏木、杨桃、野扁豆、波斯皂荚、决明。

【分布】中国分布于福建、江西、广东、广西、海南、四川、云南、西藏、台湾。广西分布于邕宁、横州、西林、合浦、宁明、扶绥、上思、天峨、金秀、兴业。

【形态特征】中型蝶类，成虫翅展 60 ～ 65 mm，季节型明显；翅白色或浅绿色；雄虫前翅前缘黑色，顶角及外缘有黑色宽带（有些个体前缘、顶角及外缘无黑色宽带或仅前缘和外缘黑色），中室端脉上有 1 个小黑斑（黑斑大小变异大）；后翅白色，无任何斑纹或仅外缘黑色，中室前方有 1 个白色性标。雌虫前翅腹面中室端脉上有 1 个外圈赭红色的银白色斑，后翅腹面有明显的 1 大 2 小银白色斑，紧密

A. 成虫旱季型

B. 成虫湿季型

C. 卵

D. 幼虫

E. 蛹

梨花迁粉蝶（蒋广宁　摄）

排列；前后翅腹面亚外缘区均有 1 斜列赭红色斑。

【生活习性】1 年发生多代，成虫多在林缘开阔地活动，喜访花，飞行速度快，常聚集在湿地吸水。雌蝶多将卵散产于寄主植物叶面。

【为害特点】幼虫孵化后即可取食近叶缘处的叶肉，高龄后叶肉均被吃光，仅剩主叶脉。

【防治方法】参考迁粉蝶。

青园粉蝶 *Cepora nadina* (Lucas)

【寄主】印度马槟榔、小刺山柑、山柑、锐叶山柑。

【分布】中国分布于广东、广西、海南、四川、云南、台湾。广西分布于合浦、上思、天峨。

【形态特征】中型蝶类，成虫翅展 55 ~ 75 mm，季节型明显，翅面斑纹变化大；前翅背面黑白色，仅中室至其外端白色，其余区域黑褐色，并在白色区域内形成黑色齿状突；或前缘、顶角和外缘黑色，其余区域白色；后翅背面黑白色，仅中室白色，其余区域黑褐色；或白色仅外缘浅灰色。前翅背面青白色，中室至后缘白色，其余区域青白色；后翅背面除中室白色外，其余区域青白色。

青园粉蝶成虫（郑霞林 摄）

【生活习性】成虫多在林区边缘缓慢飞行，喜访花。

【为害特点】幼虫取食寄主植物叶片形成缺刻状。未见大面积发生和为害。

【资源利用】可作为观赏性蝶种。

黑脉园粉蝶 *Cepora nerissa* (Fab.)

【寄主】广州山柑、广州槌果藤、曲枝槌果藤、槌果藤、小刺山柑、兰屿山柑、毛瓣蝴蝶木。

【分布】中国分布于福建、湖北、广东、广西、海南、云南、台湾。广西分布于合浦、宁明、东兰、天峨、融水、岑溪。

【形态特征】中型蝶类，成虫翅展 40 ~ 50 mm，季节型明显；雄虫翅背面白色，翅脉黑色，前缘和外缘黑色，亚外缘区具不连续的若干黑斑，但均不与外缘相连且其中空区域为 1 个白斑；后翅脉黑色，但较前翅颜色浅；雌虫黑色翅

黑脉园粉蝶成虫（蒋广宁 摄）

脉及斑纹较雄虫发达。

【生活习性】1 年发生多代，多在林缘开阔地活动，飞行迅速，成虫喜访花。

【为害特点】幼虫取食寄主植物叶片使其形成缺刻状。未见大面积发生和为害。

【资源利用】可作为观赏性蝶种。

报喜斑粉蝶 *Delias pasithoe* (L.)

【寄主】桑寄生、檀香、毛叶钝果寄生、木兰寄生、海桑、无瓣海桑。

【分布】中国分布于福建、广东、广西、海南、云南、台湾。广西各地均有分布。

【形态特征】中型蝶类，成虫翅展 70 ～ 85 mm，前翅背面黑色，中室外端有 1 个白斑，翅基区自中室前端至近后缘处有 1 条白色斜带，亚外缘自亚顶角至臀角有 1 列白斑且不相连；后翅基部赭红色，其余斑纹同前翅，但各斑纹颜色为淡黄色。前后翅腹面斑纹同翅背，但各斑纹颜色较背面更清晰。

卵纺锤形，初产黄色，后渐变为灰黄色至暗灰色；顶端平截，布满纵脊。

A. 成虫背面观

B. 成虫聚集状

C. 卵

D. 幼虫

E. 老熟幼虫（左）和蛹（右）

报喜斑粉蝶（伍娟娟　李懋辅　郑霞林　陈荣　摄）

幼虫共5龄；初孵幼虫头部黑色，体淡黄色；2龄幼虫体具有深绿色与黄色相间的横带，并被明显的白色长毛；3龄幼虫深绿色横带变为红褐色，黄色横带上白色长毛变为黄色；4～5龄幼虫红褐色横带向深红色转变。

蛹为缢蛹，红褐色，后渐变为棕红色；头部有3个向前伸的瘤状突。前、中胸背部隆起，中部脊突隆起呈屋脊状。第三至第八腹节有脊突，且腹部两侧中部各有1个小突起；腹末臀棘端部平截，其上密布钩状刺。

【生活习性】1年发生6代，成虫全年可见，无明显越冬现象；10月至翌年5月是成虫活动高峰期；多将卵聚产于寄主植物叶面，卵期7～8天；幼虫孵化后聚集为害，幼虫期15～20天；幼虫常聚集在离地面较近的枝干或叶片上化蛹；成虫羽化高峰期为7～9时，喜在阳光充足处活动，飞行缓慢。

【为害特点】幼虫群集性为害寄主植物叶片，严重时可将寄主植物叶片吃光。

【防治方法】参考迁粉蝶。

檀方粉蝶 *Dercas verhuelli* (Van der Hoeven)

【寄主】两粤黄檀。

【分布】中国分布于福建、广东、广西、海南、四川、香港。广西分布于宁明、融水、兴业。

【形态特征】中型蝶类，成虫翅展60～70 mm；翅黄色，前翅顶角至外缘后角黑色，并镶有橙色边，亚顶角处的橙色边向后缘中部延伸出1条纵条纹，但不抵后缘，翅中室中部有1个“5”形橙色斑，外缘波浪形；后翅有外尖突。

檀方粉蝶成虫（郑霞林　摄）

【生活习性】成虫多在林区、林缘活动，喜访花，飞行速度快。

【为害特点】幼虫取食寄主植物叶片使其形成缺刻状。未见大面积发生和为害。

【资源利用】可作为观赏性蝶种。

檗黄粉蝶 *Eurema blanda* (Boisduval)

【寄主】楹、阔荚合欢、羊蹄甲、刺果苏木、苏木、凹叶红合欢、含羞草决明、凤凰木、黄槐、红椿。

【分布】中国分布于福建、湖南、广东、广西、海南、台湾。广西分布于合浦、凭祥、宁明、上思、桂林（雁山）、天峨、平桂、金秀、融水、兴业。

【形态特征】小型蝶类，成虫翅展40～50 mm，季节型明显，翅黄色；前翅背面前缘黑色，顶角至臀角黑色宽带，但在外缘中部处的黑色宽带稍向内凹入；后翅外缘黑色，其余区域黄色；前翅腹面

A. 旱季型成虫

B. 湿季型成虫及蛹壳

C. 卵

D. 幼虫及为害状

E. 蛹

檗黄粉蝶（蒋广宁　摄）

顶角处有 1 个较大黑褐色斑块，中室有 1 个肾形斑，后翅中室有 1 个肾形斑，其余区域分布不规则的黑褐色条带或点状斑。

【生活习性】1 年发生多代，成虫多在低、中海拔山区林缘或开阔地活动，喜访花，有群集湿地吸水的习性。雌虫多将卵聚产于寄主植物叶片。

【为害特点】幼虫有聚集为害的习性，严重时可将寄主植物整株叶片吃光。

【防治方法】参考迁粉蝶。

无标黄粉蝶 *Eurema brigitta* (Stoll)

【寄主】决明属、坡油甘、海红豆、赤才、叶围涎树、狭叶金丝桃。

【分布】中国分布于江苏、安徽、福建、江西、广东、广西、海南、四川、贵州、云南、台湾、香港。广西分布于合浦、上思、兴业。

【形态特征】小型蝶类，成虫翅展 30 ~ 35 mm，翅面黄色。前翅背面前缘、顶角及外缘形成黑色宽带，其余区域黄色；后翅背面前缘、顶角及外缘形成黑色宽带，但明显窄于前翅。翅腹面鲜黄色，前翅前缘、外缘具不连续的黑色小斑点；后翅同前翅，但黑色斑点较前翅稀疏，且后翅基区具 3 个呈三角形排列的小黑斑。

【生活习性】成虫多在林区、林缘活动，喜访花，飞行速度快。

【为害特点】幼虫取食寄主植物叶片使其形成缺刻状。未见大面积发生和为害。

【资源利用】可作为观赏性蝶种。

无标黄粉蝶（任向明　摄）

宽边黄粉蝶 *Eurema hecabe* (L.)

【寄主】胡枝子、大叶合欢、银合欢、云实、山扁豆、皂荚、南洋楹、黄槐、蓝果树、黑荆、决明、黄牛木、雀眉藤、田菁、火力楠、凤凰木、铁力木。

【分布】中国广泛分布。广西分布于南宁（邕宁）、横州、田林、都安、合浦、龙州、扶绥、大新、凭祥、上思、兴安、龙胜、资源、平乐、天峨、平桂、金秀、鹿寨、融水、博白。

【形态特征】中小型蝶类，成虫翅展 35 ～ 51 mm；翅背面深黄色或淡黄色，前翅顶角至外缘后角有黑色宽带，后翅翅脉顶端有黑斑，外缘黑色带窄；翅腹面布红褐色形状不一的空心斑点，前翅中室

A. 旱季型成虫

B. 湿季型成虫

C. 卵

D. 幼虫

E. 蛹

宽边黄粉蝶（蒋广宁　摄）

基部有 2 个小斑，后翅分布较多空心点状斑，中室端部有 1 条肾形纹。

幼虫头部浅绿色，有深绿色网纹；气门线灰白色，气门下线淡黑色；腹节上有 1 淡黄色肾形斑；各体节分布 5 ～ 6 个小环节，其上密布小瘤突。

蛹淡绿色，似倒钩状，部分个体布不规则黑斑，腹末臀棘密具钩刺。

【生活习性】在福建 1 年发生多代，世代重叠，以幼虫在寄主植株上越冬。翌年 2 月中下旬开始化蛹，3 月上旬成虫开始羽化，羽化高峰期为 8 ～ 10 时，羽化后 2 ～ 3 天开始交配，交配高峰期为 14 ～ 16 时，绝大部分雌虫个体仅交配 1 次，少数交配 2 次；多将卵散产于寄主植物中下部向阳的嫩叶上，每雌产卵量 30 ～ 150 粒；雌雄虫寿命分别为 5 ～ 13 天和 3 ～ 9 天。飞行缓慢，但警觉性极高，难以接近。

【为害特点】幼虫取食寄主植物叶片使其形成缺刻，严重时可将植株叶片吃光。

【防治方法】参考迁粉蝶。

尖角黄粉蝶 *Eurema laeta* (Boisduval)

【寄主】柄腺山扁豆。

【分布】中国分布于辽宁、黑龙江、江苏、浙江、福建、江西、山东、河南、湖北、广东、广西、四川、云南、陕西、台湾、香港。广西分布于南宁、玉林、凭祥、上思、金秀、融水。

尖角黄粉蝶成虫（何岭松　摄）

【形态特征】小型蝶类，成虫翅展 40 ～ 50 mm，季节型明显；翅米黄色，前翅顶角较尖，前缘黑带显著，顶角至外缘后角为黑色宽边；后翅外缘黑色，M_3 室外缘略突出呈钝角状。

【生活习性】成虫多在草地、灌木丛活动，取食花蜜，缓慢飞行。

【为害特点】幼虫取食寄主植物叶片使其形成缺刻状。未见大面积发生和为害。

【资源利用】可作为观赏性蝶种。

鹤顶粉蝶 *Hebomoia glaucippe* (L.)

【寄主】沙梨木、鱼木、广州槌果藤、曲枝槌果藤、紫龙须。

【分布】中国分布于福建、广东、广西、海南、云南。广西分布于田林、合浦、凭祥、龙州、宁明、上思、桂平、天峨、金秀、融水、隆安、岑溪、博白。

【形态特征】中型蝶类，成虫翅展 80 ～ 100 mm ；翅面白色，前翅前缘及外缘黑色，自前缘 1/2 处至外缘近臀角处有 1 条三角形斑纹，内饰红色斑，但被黑色翅脉纹分割；每个翅室内近外缘端有 1 条黑色箭头纹；后翅外缘脉端有黑色斑纹；其余区域均为白色。前后翅腹面褐色，无斑纹；后翅肩线明显。

卵为两头稍尖椭圆形，上有明显的纵脊，初产时为乳白色，后变为黄色。

A. 成虫

B. 卵

C. 幼虫

D. 蛹

鹤顶粉蝶（蒋广宁　摄）

幼虫体色为绿色，各体节多褶皱，并布满黑色小瘤状突起，从胸部至腹末有 1 条淡黄色纵带，前胸的黄色纵纹处有 1 个黄色瘤突，中胸有 1 个黑色瘤突，后胸有 4 个瘤突，前面 2 个为黄色，后面 2 个为红色；前胸足较退化。

蛹为黄绿色，近梭形，头部和腹部末端尖细，中部膨大；将羽化时前翅近顶端各有 1 个鲜红色斑。

【生活习性】在广东省广州市 1 年发生 8 代，多见于林区和丘陵地区，以蛹在寄主植物上越冬。3 月下旬成虫开始羽化，12 月下旬开始越冬，有明显的世代重叠现象。成虫多在上午 9 时左右羽化，喜访花和在湿地旁吸水，飞行速度快，较难捕捉。憩时两翅合拢，露出后翅反面，似枯叶状，常将卵散产于寄主植物叶片上；幼虫共有 5 龄，受惊扰时会高高抬起头部，末龄幼虫选择寄主植物隐蔽的叶片或枝条上化蛹。

【为害特点】幼虫取食寄主植物叶片使其形成缺刻。未见大面积发生和为害。

【资源利用】可作为观赏性蝶种。

飞龙粉蝶 *Talbotia nagana* (Moore)

飞龙粉蝶雄虫（农政权 摄）

【寄主】钟萼木。

【分布】中国分布于浙江、福建、江西、湖北、湖南、广东、广西、贵州、台湾。广西分布于兴安、资源、平桂、金秀、融水。

【形态特征】中型蝶类，成虫翅展 50 ~ 55 mm；翅背面白色，前翅顶角及外缘黑色，前翅从翅基向外缘和后缘方向各有 1 条黑色宽条带，其中连通外缘的黑色条带稍弯，后缘的黑色条带沿后缘方向达臀角，但不与外缘黑斑相连通，其余区域白色；后翅外缘由不连续的黑斑组成。翅腹面淡黄色，黑条纹同翅背面，但顶角及外缘淡黄色；后翅淡黄色，无斑纹。白色种类，无红色或黄色斑。

【生活习性】在广东 1 年发生 2 ~ 3 代，以蛹越冬。4 月、5 月、6 ~ 8 月为成虫发生盛期；成虫多在林区边缘开阔地活动，飞行速度快，喜访花。

【为害特点】幼虫取食寄主植物叶片使其形成缺刻状。未见大面积发生和为害。

【资源利用】可作为观赏性蝶种。

88. 灰蝶科 Lycaenidae

小型蝶类，成虫翅展 12 ~ 51 mm；以灰、褐和黑等色为主，部分种类具紫、蓝和绿等色的金属光泽；多数种类前后翅背腹面颜色及斑纹差异大。触角具白色环纹；雄虫前足退化为一跗节一爪，但仍能用于步行，雌虫前足为 2 ~ 5 跗节。前翅多呈三角形，后翅近卵圆形；前翅 A 脉基部有或无分叉（3A 并入 2A 或无），后翅 A 脉有 2 条（2A 和 3A）；多数种类后翅具尾突及眼点。幼虫扁平，体表光滑或有疣突；部分种类腹部第七节背面有 1 枚背腺，可分泌蜜露吸引蚁群，形成共生。本科已知 8 亚科 6000 多种，中国已记录 7 亚科 146 属 515 种 390 亚种。部分种类幼虫是林木的食叶害虫，极少种类捕食蚜虫和介壳虫，如蚜灰蝶 *Taraka hamada* Druce。

钮灰蝶 *Acytolepis puspa* (Horsfield)

【寄主】盾柱木、禾串树、土蜜树、闽粤石楠、无患子、合欢、美蕊花。

【分布】中国分布于华南、华中、西南。广西分布于上思、天峨、融水、兴业。

【形态特征】成虫翅展 30 mm 左右，雄蝶背部翅面蓝色或青色，前后翅外缘有黑色带，旱季型翅中间为白色。翅腹面白色，前翅亚外缘有 1 列排列不规则深褐色斑纹，后翅中部有 2 列黑斑连成直角。雌虫背部翅面黑色，翅中部白色，翅缘黑斑较多。其余与雄虫相似。

A. 成虫

B. 卵

C. 幼虫

D. 蛹

钮灰蝶（蒋广宁　摄）

【生活习性】森林边缘可见，飞行速度较慢。雄虫有群集吸水习性。

【为害特点】幼虫取食寄主植物叶片，受害处呈缺刻状。未见大面积发生和为害。

曲纹紫灰蝶 *Chilades pandava* (Horsfield)

【寄主】苏铁、叉叶苏铁、蓖齿苏铁。

【分布】中国分布于浙江、福建、江西、广东、广西、四川、贵州、云南、台湾、香港。广西分布于南宁、柳州、桂林（雁山）、百色。

【形态特征】成虫翅展 28 ～ 34 mm，雌雄二型。雌虫前后翅背面深褐色，但翅基部至中室后端和后缘间蓝紫色；后翅蓝色区与外缘间的亚外缘区具眼斑，臀角眼斑最大，其内侧有 1 条橙色纹，外侧着生 1 个黑色尾突，尾突基部和端部白色。雄虫后翅无尾突。翅腹面灰褐色，前翅中室有 1 条短棒状深褐色纵纹，亚外缘区有 2 列不连续的深褐色纵条纹，外缘有 1 列不连续的深褐色纵条纹，但较亚外缘区的条纹窄，较模糊，外缘线黑色。后翅中室左右两侧各有 1 个眼斑，基部有 3 个眼斑；臀角有 3 个排成 1 列的眼斑，其内侧为橙黄色条纹，第一个眼斑最大；外缘线黑色。前后翅缘毛灰白色。

卵轮状，卵面有纵脊，初产时浅青色，后呈浅灰色。

幼虫扁椭圆形，分灰红色和青黄色 2 种，背被黑色短绒毛；气门线有 1 条浅红色线状纹；腹末背具 1 对能伸缩的肉角刺。

蛹长椭圆形，初期灰红色或灰青色，后期呈灰黑色。

【生活习性】在广西贺州市 1 年发生 5 代，以蛹越冬。翌年 6 月中旬成虫羽化，8 ～ 10 时为成虫活动高峰期，多在新抽的寄主叶背交配；6 月下旬开始产卵，11 ～ 13 时为产卵高峰期，卵散产于寄

A. 雌虫　B. 雄虫　C. 湿季型

D. 旱季型　E. 卵　F. 幼虫　G. 蛹

曲纹紫灰蝶（蒋广宁　摄）

主叶芽绒毛丛中或嫩叶背叶槽中，每次产 5 ～ 100 粒不等，卵期 3 天；7 ～ 8 时为孵化高峰期，幼虫孵化后数小时即可取食叶肉，受惊时有吐丝坠地或伸出肉角刺的习性，幼虫期 15 天；末龄幼虫在苏铁茎端周围的枯枝落叶中化蛹，蛹期 19 天；越冬代在寄主树冠下的表土层中化蛹；1 ～ 4 代的世代历期为 36 ～ 38 天，越冬代历期较长。

【为害特点】幼虫群集蛀食苏铁新抽出的嫩枝、幼叶、茎端组织和球花。不为害已经硬化的老叶。

【防治方法】营林防治。秋冬季清除苏铁树体上下的枯枝烂叶，剪除病叶、枯叶集中销毁，消灭在其内的蛹。经常翻耕树体周围的土壤，破坏化蛹场所，消灭越冬虫态。条件合适时，在该虫化蛹盛期，灌溉浸泡土壤 4 ～ 5 小时，以溺死土中的蛹。

物理防治。用纱网罩住刚露出的新羽叶或球花，阻止雌虫产卵。早、晚人工用捕虫网捕捉成虫，捕杀蛰伏于叶背的幼虫及蛹。

生物防治。除保护和利用自然天敌外，还可使用苏云金杆菌制剂、苦参碱、印楝素、抑太保等生物药剂，按推荐剂量施用。

化学防治。成虫产卵盛期可选用 20% 杀灭菊酯乳油 2500 ～ 3000 倍稀释液、20% 甲氰菊酯乳油 800 ～ 1000 倍稀释液喷雾；幼虫孵化盛期可选用 0.38% 苦参碱可溶性液剂 800 倍稀释液、2% 阿维 · 苏可湿性粉剂 800 倍稀释液、1.8% 阿维菌素乳油 3000 ～ 3500 倍稀释液或 48% 乐斯本乳油 2000 倍稀释液喷雾。一般当苏铁新叶抽生至长 3 ～ 5 cm 时第一次用药，间隔 3 ～ 5 天再喷 1 次，连续用药 2 ～ 3 次，至新叶展开稍硬化后停药。

铁木莱异灰蝶 *Iraota timoleon* (Stoll)

【寄主】高山榕、小叶榕、聚果榕、孟加拉榕、菩提榕。

【分布】中国分布于广东、广西、海南、香港。广西分布于南宁、柳州、上思、龙州、宁明。

铁木莱异灰蝶成虫（张卫　摄）

【形态特征】成虫翅展 35 ~ 45 mm，翅背面深褐色，前翅基部沿中室后端至后缘间亮蓝色，后翅亚外缘区亮蓝色；后翅臀角突出呈耳垂状，有深褐色尾突；翅腹面栗褐色，前翅翅基至中室有 1 条银白色条斑，中室有 1 个白斑，亚顶角有 1 白斑，臀区灰色；后翅翅基至中室有 1 个形锈斑，前缘中部至后缘中部有 1 条不连续的银白色波浪形斑纹，臀角黑褐色。

【生活习性】多在林区、溪旁活动，成虫可取食花蜜、腐烂果实和动物排泄物。

【为害特点】低龄幼虫仅取食叶肉，高龄幼虫取食可造成叶片缺刻。未见大面积发生和为害。

亮灰蝶 *Lampides boeticus* (L.)

【寄主】合欢、羊蹄甲、刺槐、猪屎豆、大猪屎豆、田菁、望江南。

【分布】中国分布于浙江、福建、江西、广西、云南、陕西等淮河以南各地。广西分布于大新、

A. 成虫

B. 卵

C. 幼虫

D. 蛹

亮灰蝶（蒋广宁　摄）

兴安、资源、融水、兴业。

【形态特征】成虫翅展 22 ～ 36 mm，雄虫翅背面紫褐色，前翅外缘褐色；后翅前缘与顶角暗灰色，臀角处有 2 个黑斑。雌虫前翅基后半部与后翅基部青蓝色，其余暗红色；后翅臀角处 2 个黑斑清晰，外缘淡褐色斑隐约可见。翅腹面灰白色，波纹状白色、褐色相交斑纹，在中部有 2 条波纹，后翅近外缘有 1 条宽白带；臀角处有 2 个浓黑色斑，黑斑内下面具绿色鳞片，内上面橙黄色。

【生活习性】1 年发生 5 代，全年四季可见，以蛹在田间越冬。出没于海拔 0 ～ 2000 m 地区的常绿阔叶林、常绿阔叶灌丛、海岸林和都市林。飞行缓慢，雄虫有吸水习性。

【为害特点】为害豆科植物。幼虫喜食花，可将花几乎全部吃空才转移到其他花或豆荚中，蛀孔常用丝封闭；蛀荚者较少。未见大面积发生和为害。

玛灰蝶 *Mahathala ameria* (Hewitson)

【寄主】石岩枫、扛香藤。

【分布】中国分布于浙江、福建、江西、广西、海南、台湾。广西分布于上思、兴安、资源。

【形态特征】成虫翅展 28 ～ 35 mm，翅背面底色深褐色，前翅中室至后缘和后翅中部紫蓝色光泽。前翅外缘前端波状，稍凹入；后翅前缘波浪形，顶角突出，臀角向内突，尾突末端膨大且圆。翅腹面褐色，无紫蓝色光泽。

【生活习性】不详。

【为害特点】幼虫取食寄主植物叶片。未见大面积发生和为害。

A. 成虫

B. 卵

C. 幼虫

D. 蛹

玛灰蝶（蒋广宁　摄）

一点灰蝶 *Neopithecops zalmora* (Butler)

【寄主】山小橘、小花山小橘、柿属。

【分布】中国分布于福建、广西、台湾。广西分布于桂林（雁山）、天峨。

【形态特征】成虫翅展 20 ～ 25 mm。雌蝶前后翅背面黑褐色，前翅中域为白色；前后翅腹面灰白色，前翅亚外缘有不连续的褐色细条纹形成列纹，外缘有 2 条褐色线，线间具若干黑色条纹。后翅前缘近顶角处及后缘中部各有 1 个黑斑，前缘近顶角处的黑斑较大，其余同前翅。

【生活习性】不详。

【为害特点】低龄幼虫仅取食叶肉，高龄幼虫取食可造成叶片缺刻。未见大面积发生和为害。

A. 成虫

B. 卵

C. 幼虫

D. 蛹

一点灰蝶（蒋广宁　摄）

银线灰蝶 *Spindasis lohita* (Horsfield)

【寄主】刺黄果、榄仁、五叶薯蓣、穿鞘菝葜。

【分布】中国分布于浙江、福建、江西、广东、广西、台湾。广西分布于合浦、天峨、融水、兴业。

【形态特征】成虫翅展 30～35 mm，翅背特征与豆粒银线灰蝶相似，翅腹面差异较大。前后翅腹面米黄色，布橙红色纵条纹，条纹中间银灰色；前翅基部有 1 条形斑达前缘，并向后缘方向弯折，呈“⌐”形，亚外缘区近前缘处 2 条条形斑基部相连，呈 y 形排列（豆粒银线灰蝶该斑基部不相连）；后翅基部有 2 列不连续相连的条形斑，呈 u 形排列，亚外缘区有 3 条纵条纹，左右 2 条达翅臀区且基部相连，中间 1 条近达翅中部（豆粒银线灰蝶左右 2 条该斑基部不相连），翅基有 1 长 1 短 2 条纵条纹，长条纹斑间紧密相连（豆粒银线灰蝶该斑断开），后翅臀角橙斑明显，具 2 条基部橙色且端部白色的黑色尾突。

银线灰蝶成虫（任向明　摄）

【生活习性】多在林区边缘地带和灌木丛活动，喜欢停歇在植物上，受扰会短距离飞行。

【为害特点】低龄幼虫仅取食叶肉，高龄幼虫取食可造成叶片缺刻。未见大面积发生和为害。

豆粒银线灰蝶 *Spindasis syama* (Horsfield)

【寄主】番石榴、薯莨。

【分布】中国分布于福建、湖南、广东、广西、海南、四川、台湾、香港。广西分布于上思、兴安、资源、天峨、金秀。

豆粒银线灰蝶成虫（李俊　摄）

【形态特征】成虫翅展 27～33 mm，雌虫前后翅背面灰色；后翅臀区末端为橙黄色，臀角有 1 个黑白相间的圆斑，有 2 条基部橙黄色、端部白色的黑褐色尾突，外缘线黑色，达橙黄色的臀角，非常明显。前后翅腹面为米黄色，具黑色条状斑纹，斑纹中间银灰色，有 2 条长斑纹组成 V 形，V 形斑纹底端相近但不相连，V 形斑纹上方有 3 短斑纹成近三角形排列，其中 2 条短斑纹沿前缘中部排列，1 条短斑纹位于臀前区中部，近外缘有 1 条长斑纹；后翅近基部有 1 列不连续的斑纹，其形似豆粒状，向外直至外缘有 3 纵向排列斑纹，从臀区呈发散状排列，臀区为橘红色，有 2 个黑点，其中臀角的黑点较大。雄蝶前后翅背面黑褐色，前后翅基部有紫色光泽。

【生活习性】生活在海拔 500 m 左右的森林，成虫飞行速度快，停落在叶片或灌木上时，会抖动翅膀，利用臀区的假眼迷惑天敌，在确认安全后会停止抖动翅膀，雄蝶有时会在湿润的浅滩出没。幼虫会分泌蜜露来吸引举腹蚁属的蚂蚁，该属蚂蚁存在喂食豆粒银线灰蝶幼虫的行为。

【为害特点】幼虫取食寄主植物叶片，受害处呈缺刻状。未见大面积发生和为害。

白斑妩灰蝶 *Udara albocaerulea* (Moore)

【寄主】白檀、羊舌树、珊瑚树。

【分布】中国分布于浙江、福建、广东、广西、台湾、香港。广西分布于上思、兴安、资源。

【形态特征】成虫翅展 30 ～ 35 mm，雌雄二型。雌虫前翅背面顶角及外缘为前宽后窄的黑色宽带，其余蓝色，亚外缘区近翅中区域白色；后翅基部及后缘为浅蓝灰色，其余为白色。前后翅腹面白色，前翅亚外缘区有 1 列不连续且不规则排列的浅灰色条形斑；后翅基部有 3 个黑点，亚外缘区有 1 列不规则排列的黑斑，外缘有 1 列黑斑。

【生活习性】不详。

【为害特点】低龄幼虫仅取食叶肉，高龄幼虫取食可造成叶片缺刻。未见大面积发生和为害。

白斑妩灰蝶成虫（朱小明　摄）

89. 蛱蝶科 Nymphalidae

中小型蝶类，少数为大型蝶类，成虫翅展 40 ～ 73 mm；色彩丰富，花纹复杂；少数种类有雌雄二型和季节型现象；成虫触角腹面有 3 条纵棱形成 1 对凹陷；下唇须粗壮；前翅径脉 5 条，R_2 ～ R_5 脉共柄；M_1 与 R 脉不共柄，臀脉 1 条；后翅臀脉 2 条，具肩横脉；有些种类的雄虫具有性标；前足退化，缩在胸下，无行走功能，雄虫为一跗节，雌虫具 4 ～ 5 节跗节，爪均退化；成虫喜在阳光充足的开阔地活动，吸食花蜜、烂果、树汁液和动物粪便的汁液，飞行速度快；部分亚科的雄蝶有很明显的领域行为。全世界已记录 12 亚科 540 多属 6000 多种，中国已记录 290 多种。部分种类幼虫是林木的食叶害虫。

虎斑蝶 *Danaus genutia* (Cramer)

【寄主】兰屿牛皮消、薄叶牛皮消、马利筋、饺剪藤、青羊参、尖槐藤、天星藤、蓝叶藤、假防己等萝摩科植物。

【分布】中国分布于浙江、福建、江西、河南、广东、广西、海南、四川、云南、西藏、台湾、香港。广西分布于南宁、田林、合浦、龙州、上思、龙胜、天峨、金秀、兴业。

【形态特征】成虫躯体、头、胸呈黑褐色，上有白色斑点与线纹。腹部橙色，腹部腹面及侧面有小白纹及白点；翅展 70 ～ 85 mm，翅背面为橙色，翅脉及其两侧明显黑化；前翅前缘、顶区、外缘及后缘黑色，近前翅外缘斜列 5 个大白斑，外缘分布若干小白斑；后翅外缘黑化，有 2 列白斑，翅脉密布黑色鳞；翅腹面斑纹同正面；雌雄虫斑纹相似，雄虫后翅中间有黑色袋状构造，内布黑褐色的鳞片。

A. 成虫

B. 卵

C. 幼虫

D. 蛹

虎斑蝶（蒋广宁　摄）

卵椭圆形，初为乳白色，后变淡黄色，表面有纵向脊。

幼虫共5龄，低龄幼虫体色为白色，高龄幼虫体色为棕黑色，体表散布白色和黄色斑点，气门线为黄色。

蛹为悬蛹，体表光滑，分绿色与紫色两型。绿色型体表黄绿色，除金色斑点、黑色臀棘及其基部具4个黑斑外无任何杂色；紫色型淡紫色，半透明状、有光泽。

【生活习性】1年发生多代，全年可见。常出没于常绿阔叶林、开阔旱地和海岸林。飞行缓慢，喜在花丛上觅食，以成虫越冬，成虫全年可见，多于晴天在林缘、草地等开阔环境活动。雌虫常产卵于嫩叶叶背，1～2龄幼虫仅取食叶肉，3～5龄幼虫可将整片叶片吃光，幼虫具假死性；末龄幼虫一般在寄主叶背化蛹。

【为害特点】幼虫以寄主植物叶片为食，常将叶片咬成缺刻状。未见大面积发生和为害。

【资源利用】可作为观赏性蝶种。

幻紫斑蝶 *Euploea core* (Cramer)

【寄主】马利筋、聚果榕、小叶榕、古钩藤、弓果藤、爬森藤。

【分布】中国分布于广东、广西、海南、云南、台湾、香港。广西分布于合浦、上思、桂平、金秀、融水、隆安、兴业、东门林场。

【形态特征】雄虫翅面黑褐色，近外缘颜色较浅，翅面有极弱蓝紫色光泽；前翅后缘向外凸呈弧形，翅亚外缘有1列大小不等的白斑；翅中室前后端各有1个模糊的小白斑；后翅深褐色，外缘及亚外缘白斑列不明显。翅腹面棕黄色，前翅亚外缘白斑列同背面，但斑略小；中室内外端各有1个较大紫蓝色圆形斑，中室后端有1个灰白色条形斑；后缘性标斑明显，后翅中室内外端各有1个较小淡紫蓝色斑，外缘与亚外缘白点列清晰。雌虫翅背腹面斑点分布同雄蝶，但斑点比雄虫大且明显，雌蝶前翅后缘无性标斑。

卵橙黄色，长椭圆形，表面纹路明显。

幼虫共5龄，体背基色白色，有较多黑色横纹，气门线黄色，气门黑色；胸腹部腹面黑色，足黑色，但腹足基部黄色；中后胸、腹部第二节和第八节的亚背线上分别着生1对黑色丝状物。

A. 成虫

B. 卵

C. 幼虫

D. 蛹

幻紫斑蝶（蒋广宁 摄）

悬蛹，金黄色，极具金属光泽。

【生活习性】在广州 1 年发生 6 ～ 8 代，以成虫越冬。翌年 3 月下旬至 4 月上旬开始活动，11 月下旬成虫不产卵，群集进入越冬状态。成虫飞行缓慢，喜在树林或空旷地带活动，喜访花，多将卵散产于寄主植物叶背。初孵幼虫有时会取食邻近卵，幼虫密度大时会自相残杀。

【为害特点】幼虫以寄主植物叶片为食，常将叶片咬成缺刻状，严重时整片叶片均被吃光。未见大面积发生和为害。

【资源利用】可作为观赏性蝶种。

蓝点紫斑蝶 *Euploea midamus* (L.)

【寄主】夹竹桃科、榕属、羊角拗属。

【分布】中国分布于浙江、福建、广东、广西、海南、云南。广西分布于南宁、合浦、龙州、上思、天峨、平桂、金秀、融水、兴业。

【形态特征】成虫翅展 80 ～ 95 mm，外形与幻紫斑蝶相似；前翅黑褐色，亚外缘区具深蓝色光泽；后翅腹面外缘具 2 列白斑。雄虫前翅后缘微向外突出，雌蝶则向内凹入。雄虫前翅腹面中部具灰白色长椭圆形性标。

卵奶黄色，长椭圆形，竖立，表面纹路明显。

A. 成虫翅背面观

B. 成虫翅腹面观

C. 卵

D. 幼虫

E. 蛹

蓝点紫斑蝶（蒋广宁　摄）

幼虫体黄色，头部、气门、臀板、胸足和腹足中部黑色，中后胸、腹部第二和第八节亚背线上分别着生 1 对黑色丝状物，丝状物的基部黄色，其余黑色。

悬蛹，初期奶白色，后逐渐变黄，并具金属光泽。

【生活习性】成虫 3 月下旬至 4 月上旬开始活动，至 11 月中下旬，成虫不产卵后开始进入越冬状态。6 ~ 10 月，该蝶的卵历期 3 天左右，幼虫期为 15 天左右，蛹期为 7 ~ 10 天，每年可有 5 ~ 7 代，世代重叠。

【为害特点】幼虫以寄主植物叶片为食，常将叶片咬成缺刻状。未见大面积发生和为害。

【资源利用】可作为观赏性蝶种。

异型紫斑蝶 *Euploea mulciber* (Cramer)

【寄主】榕属、夹竹桃、弓果藤。

【分布】中国分布于浙江、广东、广西、海南、四川、云南、西藏、台湾。广西分布于横州、合浦、宁明、龙州、上思、桂平、龙胜、东兰、天峨、大化、平桂、金秀、博白、容县、兴业。

【形态特征】成虫翅展 80 ~ 100 mm，雌雄二型。雄虫前翅黑褐色，亚外缘区有紫蓝色光泽，其内分布有 2 列大小和形状不一的紫蓝色斑点，呈弧形排列。外缘仅中部有 1 列白斑，后缘呈弱圆弧形；后翅前半部分橄榄绿色，后半部分栗褐色，无斑纹或斑点。中室前端有 1 个近三角形斑。雌虫亚外缘区仅中室外端有紫蓝色光泽，外缘有 1 列白点，后缘直。翅基往外缘方向共有 4 条黄色横条纹，呈放射状排列。后翅布满类似前翅的黄色放射状横条纹，外缘分布 1 列整齐的白斑。

【生活习性】1 年发生多代，以成虫聚集越冬。喜在阔叶林或次生林周围的开阔环境缓慢飞行，好访花。

【为害特点】幼虫以寄主植物叶片为食，常将叶片咬成缺刻状。未见大面积发生和为害。

【资源利用】可作为观赏性蝶种。

A. 雌蝶

B. 雄蝶

C. 卵

D. 幼虫

E. 蛹

异型紫斑蝶（蒋广宁　摄）

青斑蝶 *Tirumala limniace* (Cramer)

【寄主】萝藦科的南山藤属、醉魂藤属和球兰属等植物。

【分布】中国分布于湖北、湖南、广东、广西、海南、云南、西藏、台湾。广西分布于田林、上思、融水、忻城、大化。

【形态特征】成虫翅展 80 ～ 100 mm，翅正面黑色，具半透明白斑。前后翅外缘及亚外缘各具 1 列不整齐且大小和形状不一的条形或点状斑。中室具 6 个淡青蓝色条形斑。翅基往外缘方向共有 5 条横条纹，呈放射状排列，前面 2 条条纹基部合并，最后 1 条条纹较短；后翅有 7 条基生条纹，其中前 6 条条纹基部合并。雄虫后翅中部具 1 个耳状香鳞袋，在正面呈现为一小块灰黑色印记。

【生活习性】多栖息于中低海拔地区，4 ～ 9 月常见，飞行能力强，具长距离迁徙习性。

【为害特点】幼虫以寄主植物叶片为食，常将叶片咬成缺刻状。未见大面积发生和为害。

【资源利用】可作为观赏性蝶种。

A. 成虫背面观

B. 成虫腹面观

C. 幼虫

D. 蛹

青斑蝶（蒋广宁　摄）

离斑带蛱蝶 *Athyma ranga* Moore

【寄主】异株木犀榄、马拉巴李榄、桂花、女贞。

【分布】中国分布于浙江、福建、广东、广西、海南、四川、云南、香港。广西分布于上思、融水。

【形态特征】中型蝶类，成虫翅展 60 ～ 70 mm；翅背面黑褐色，斑纹白色；前翅中室具 2 个白斑，1 大 1 小，小斑较模糊；中室外端和后端分别具 3 个和 2 个斜列白斑，后缘中部具 2 个白斑；后翅背面前缘中部至后缘近基部具 5 个斜列白斑，彼此不相连；前后翅亚外缘区均具较模糊的灰色斑。翅腹斑纹与背面相同，但各斑纹大且颜色更明亮。

【生活习性】不详。

【为害特点】低龄幼虫喜取食叶尖嫩叶，高龄幼虫可将整片叶吃光。未见大面积发生和为害。

【资源利用】可作为观赏性蝶种。

A. 成虫

B. 幼虫

C. 蛹

离斑带蛱蝶（蒋广宁　摄）

白带螯蛱蝶 *Charaxes bernardus* (Fab.)

【寄主】樟、山油柑、海红豆、南洋楹、阴香、樟、降真香。

【分布】中国分布于上海、浙江、福建、江西、湖南、广东、广西、海南、四川、云南、香港。广西分布于上思、桂平、龙胜、荔浦、兴安、资源、天峨、金秀、融水、梧州（龙圩）、蒙山、容县、龙州、宁明、西林。

【形态特征】大型蝶类，成虫翅展 70 ～ 90 mm；翅背面橙红色，顶角和亚外缘区黑色宽带，中区白色宽带；后翅亚外缘区有黑色斑点，但彼此不相连，M_3 脉突出成齿状。前翅腹面中室内有 3 条黑色条纹。

A. 成虫

B. 卵

C. 幼虫

D. 蛹

白带螯蛱蝶（蒋广宁　摄）

卵半球形，顶端平，侧面可见放射状花纹。

幼虫体绿色，头部具四齿；腹部第三节背中线具 1 个白斑。

蛹绿色，有光泽。

【生活习性】1 年发生 2 ～ 3 代，以幼虫越冬；翌年 4 月幼虫开始化蛹，5 月上旬成虫羽化；成虫喜于阳光充足的林缘开阔地活动，飞行缓慢，多将卵散产于寄主植物叶面，每雌产卵量 30 ～ 50 粒，成虫寿命 12 ～ 25 天；5 月下旬、7 月下旬和 9 月下旬分别为 1 ～ 3 代幼虫发生盛期；末龄幼虫在寄主植物枝干上化蛹。

【为害特点】低龄幼虫仅取食叶缘使其形成缺刻，高龄幼虫可取食全叶至仅留叶脉。未见大面积发生和为害。

【资源利用】可作为观赏性蝶种。

黄襟蛱蝶 *Cupha erymanthis* (Drury)

【寄主】莿柊、柞木、垂柳、水社柳、鲁花树、刺篱木、柳。

【分布】中国分布于广东、广西、海南、云南、台湾、香港。广西分布于南宁、合浦、龙州、扶绥、上思、天峨。

【形态特征】中型蝶类，成虫翅展 50 ～ 55 mm，翅背面褐色，斑纹黑色；前翅端半部黑色，顶角有 1 个小黄斑，中间有 1 条橙黄色不规则宽带，内有 2 个黑斑，亚外缘有 2 条新月形连成的外缘线。

A. 成虫

B. 卵

C. 幼虫

D. 蛹

黄襟蛱蝶（蒋广宁　摄）

后翅外缘黑色，亚外缘有 2 条新月形斑形成列斑，彼此相连。翅腹面土黄色，前翅宽带为黄白色，前后翅中间各有 1 列斜黑点，彼此不相连。

【生活习性】成虫除具访花习性外，还会吸食树荫下的腐熟落果汁液及在潮湿地面的水分。

【为害特点】幼虫取食寄主植物叶片，使其形成缺刻。未见大面积发生和为害。

【资源利用】可作为观赏性蝶种。

网丝蛱蝶 *Cyrestis thyodamas* Boisduval

【寄主】斜叶榕、菲律宾榕、垂叶榕、榕、无花果、台湾榕、锡叶藤。

【分布】中国分布于浙江、江西、广东、广西、海南、四川、云南、西藏、台湾。广西分布于田林、龙州、上思、桂平、龙胜、天峨、平桂、金秀、隆安。

【形态特征】成虫翅展 45 ~ 55 mm，翅背面为白色或淡黄色，翅脉为褐色，整个翅面被黑褐色、黄色的线条，从前翅前缘贯穿至后翅臀缘，与翅脉相交形成网纹。前翅顶角尖锐，后角有 1 个黑褐色夹杂黄绿色形成的斑纹，形似花束，后翅臀角有类似斑纹 2 个。

【生活习性】1 年发生多代，全年可见。

A. 成虫

B. 卵

C. 幼虫

D. 蛹

网丝蛱蝶（蒋广宁　摄）

【为害特点】幼虫取食寄主植物叶片，使其形成缺刻。未见大面积发生和为害。

【资源利用】可作为观赏性蝶种。

暗斑翠蛱蝶 *Euthalia monina* (Fab.)

【寄主】毛桐。

【分布】中国分布于广东、广西、海南、云南。广西分布于上思。

【形态特征】雌虫翅背面黑褐色，翅基部黑色。前翅中部蓝灰色斑块，前后翅亚外缘均有褐

A. 雌蝶

B. 雄蝶

C. 卵

D. 幼虫

E. 蛹

暗斑翠蛱蝶（蒋广宁　摄）

色波状线。翅腹面颜色较浅，斑纹同背面，但较明显，雄蝶翅背面黑色，前翅端半部及后翅端部2/3呈蓝灰色，两翅隐约可见波状外横线。翅腹面赭褐色，有黑色中横线及外横线，褐色波状横线明显。

【生活习性】雄虫喜在潮湿地汲水，也会聚集于粪便、腐肉和腐烂的落果。雌虫通常生活在森林深处阳光直射的开阔地。

【为害特点】幼虫取食寄主植物叶片，使其形成缺刻。未见大面积发生和为害。

【资源利用】可作为观赏性蝶种。

绿裙边翠蛱蝶 *Euthalia niepelti* Strand

【寄主】木荷。

【分布】中国分布于福建、广东、广西、海南、云南。广西分布于上思。

【形态特征】中型蝶类，雌雄二型；雌虫翅背面深褐色，前翅中部有5个分散的不规则白斑，近顶角有1个圆形白斑。前翅外缘有1列由窄渐宽的蓝色带。后翅亚外缘有蓝色带，蓝色带近基部有倒V形小黑斑。翅腹面颜色较浅，白斑同背面但较亮，前后翅无蓝色带。雄虫翅背面黑褐色，前翅无白斑，无蓝色带。后翅外缘有1条蓝色带，带内无斑点。翅腹面赤褐色，无白斑，无色带。

【生活习性】不详。

【为害特点】幼虫取食寄主植物叶片，形成缺刻。未见大面积发生和为害。

【资源利用】可作为观赏性蝶种。

A. 雄蝶

B. 卵

C. 幼虫

D. 蛹

绿裙边翠蛱蝶（蒋广宁　摄）

尖翅翠蛱蝶 *Euthalia phemius* (Doubleday)

【寄主】杧果、扁桃、荔枝。

【分布】中国分布于福建、广东、广西、海南、云南、台湾、香港。广西分布于合浦、龙州、凭祥、桂平、龙胜、浦北、博白。

【形态特征】中型蝶类，成虫翅展 60 ～ 85 mm，雌雄二型；雌雄虫触角末端均为橙色，前后翅背面棕色；雄虫前翅中室具黑色肾形斑，其外端具 1 条白色条纹组成的“ç”形斑纹；外缘稍凹，有 1 条淡灰色宽带；后翅外缘中部至臀区有 1 条淡青色三角形斑纹，斑内黑色翅脉明显，每翅室内近外缘端有 1 个小黑斑；外缘有 1 条白色窄带；前后翅腹面斑纹基本与翅背相同，但前后翅中室黑色斑纹和亚外缘区近方形的黑色斑较翅背更加清晰。雌虫前翅前缘中部至外缘后角有 1 条白色的宽大斜带，后翅无淡青色三角形斑纹，其余特征同雄虫。

【生活习性】喜访花，以花蜜、植物或烂果汁液为食，除 12 月至翌年 1 月外，其余月均可见。

【为害特点】幼虫为害寄主植物叶片，使其形成缺刻；幼虫发生盛期能将寄主植物叶片吃光。未见大面积发生和为害。

【资源利用】可作为观赏性蝶种。

A. 雌蝶

B. 雄蝶

C. 卵

D. 幼虫

E. 蛹

尖翅翠蛱蝶（蒋广宁　摄）

黑脉蛱蝶 *Hestina assimilis* (L.)

【寄主】石朴、朴、西川朴。

【分布】中国分布于河北、山西、辽宁、黑龙江、浙江、福建、江西、山东、河南、湖北、湖南、广东、广西、四川、贵州、云南、西藏、陕西、甘肃、台湾。广西分布于南宁、合浦、桂林（雁山、临桂）、阳朔、龙胜、兴安、环江、天峨、金秀、融水。

【形态特征】大型蝶类，成虫翅展 80 ～ 100 mm；翅背面黑色，斑纹白色至亮黄色；前翅背面翅基向外缘方向有 7 条由条状斑组成的不连续纵条纹，亚外缘区具 3 条由点状斑组成的不相连的横条纹；后翅背面中部斑纹同前翅，亚外缘中部至臀角有 4 个红斑，斑内具 1 个黑点。

【生活习性】1 年发生 3 代，以幼虫越冬。成虫飞行速度快，喜以树液和腐果汁液为食；多将卵散产于寄主植物叶面或叶背。

【为害特点】低龄幼虫取食嫩叶叶缘，使其形成缺刻；高龄幼虫取食整片嫩叶和老叶。未见大面积发生和为害。

【资源利用】可作为观赏性蝶种。

A. 成虫背面观

B. 成虫侧面观

C. 淡色型成虫

D. 卵

E. 幼虫

F. 蛹

黑脉蛱蝶（蒋广宁　摄）

美眼蛱蝶 *Junonia almana* (L.)

【寄主】过江藤、车前草、水蓑衣蕨、马尾松、黄荆、栎、柏木、油茶、竹、芦莉草、水蓑衣。

【分布】中国分布于河北、江苏、浙江、福建、江西、河南、湖北、湖南、广东、广西、海南、四川、云南、西藏、陕西、台湾、香港。广西分布于南宁（邕宁）、上林、田林、凌云、合浦、龙州、上思、桂平、龙胜、东兰、巴马、天峨、金秀、鹿寨、融水、隆安、岑溪、博白、兴业。

【形态特征】中型蝶类，成虫翅展 45 ～ 54 mm，季节型明显，有夏型、秋型；春型个体翅背面橙红色，前后翅翅缘有 3 条黑色波浪线，前后翅翅面各有 2 ～ 3 个眼状斑，其中后翅前部的眼斑最大。前翅近前缘排列有 4 个斑纹。翅腹面浅黄色或黄褐色，前后翅中部贯穿 1 条浅色带纹。秋型个体翅外缘有角突，反面斑纹不明显，后翅中线清晰，色泽呈枯叶状。

【生活习性】不详。

【为害特点】幼虫取食寄主植物叶片，被害处呈缺刻状。未见大面积发生和为害。

【资源利用】可作为观赏性蝶种。

A. 成虫背面观

B. 成虫侧面观

美眼蛱蝶（李俊　郑霞林　摄）

小豹律蛱蝶 *Lexias pardalis* (Moore)

【寄主】黄牛木。

【分布】中国分布于广西、海南、云南。广西分布于上思、龙州（弄岗）。

【形态特征】雌虫翅背面为黄褐色，翅面布满黄白色大小不一的不规则斑纹。翅腹面浅褐色，斑纹同背面。雄虫翅背面为黑色，前翅前缘有 1 列黄白色小斑，外缘有由窄渐宽的淡蓝色及绿褐色宽带，后翅中部有蓝色宽带，宽带内带黑斑。翅腹面为黄褐色，斑纹如雌虫腹面，但斑纹较小且模糊。

【生活习性】不详。

【为害特点】幼虫取食寄主植物叶片，被害处呈缺刻状。未见大面积发生和为害。

【资源利用】可作为观赏性蝶种。

A. 雌蝶

B. 雄蝶

C. 卵

D. 幼虫

E. 蛹

小豹律蛱蝶（蒋广宁　任向明　摄）

穆蛱蝶 *Moduza procris* (Cramer)

【寄主】黄梁木、红纸扇、洋玉叶金花、钩藤。

【分布】中国分布于广东、广西、海南、云南、香港。广西分布于南宁、玉林、合浦、龙州、上思、天峨、金秀。

【形态特征】中型蝶类，成虫翅展 60 ～ 75 mm；前翅背面中室内有 2 纵条纹及 1 个椭圆形白斑，亚外缘区具 1 列白斑，彼此不相连，其中自前缘往后缘方向的第四个白斑极小；外缘具黑色宽带，每翅室黑色宽带内具“》”形斑纹；黑色宽带和白斑列之间具 1 条波浪形橙红色条纹；后翅白斑列同前翅，但彼此相连，外缘无黑色宽带，其和白斑列之间具 2 列黑色斑列，且黑色斑彼此不相连；基区具 1 个肾形斑。

【生活习性】不详。

【为害特点】低龄幼虫喜取食寄主植物叶尖，高龄幼虫为害寄主植物叶片，使其形成缺刻或将整片叶片吃光。未见大面积发生和为害。

【资源利用】可作为观赏性蝶种。

A. 成虫

B. 卵

C. 幼虫

D. 蛹

穆蛱蝶（蒋广宁　摄）

中环蛱蝶 *Neptis hylas* (L.)

【寄主】距瓣豆、大叶山绿豆、刺毛黧豆、野豇豆、三裂叶野葛、野葛、山麻黄、胡枝子、假地豆、小槐花、葫芦茶、梵天花。

【分布】中国分布于河南、广东、广西、海南、四川、云南、陕西、台湾、香港。广西分布于南宁、梧州、合浦、上思、阳朔、宁明、东兰、天峨、金秀、兴业。

A. 成虫背面观

B. 成虫侧面观

C. 卵

D. 幼虫

E. 蛹

中环蛱蝶（蒋广宁　摄）

【形态特征】中型蝶类，成虫翅展 50 ～ 60 mm，季节型明显；翅背面黑褐色，斑纹白色；前翅中室内有 1 条白色“一”形条纹，其外端有 1 个白色三角形斑，两者一起形似毛笔状；亚外缘区有 1 列较大的长椭圆形白斑，但彼此不相连；外缘内侧还有 1 列较小白色斑点；后翅背面自前缘中部经中室抵后缘中部有 1 列白斑，彼此相连；亚外缘区有 1 列近方形白斑，彼此不相连。翅腹面棕黄色，除后翅的斑纹具有深色的外围线外，其余斑纹同翅背面。

【生活习性】1 年发生多代，全年可见，喜访花；成虫多将卵散产于寄主植物嫩叶叶尖上。末龄幼虫在寄主植物枝干上化蛹。

【为害特点】幼虫取食寄主植物叶片造成缺刻，严重时叶片均被吃光，仅留叶脉。未见大面积发生和为害。

【资源利用】可作为观赏性蝶种。

娜环蛱蝶 *Neptis nata* Moore

【寄主】三裂叶野葛、野葛、山黄麻、四蕊朴、雀梅藤。

【分布】中国分布于广西、海南、云南、台湾。广西分布于贺州（平桂）。

【形态特征】中型蝶类，翅背面黑色，斑纹白色；前翅中室内有 1 条白色毛笔状条纹，其外端有 6 个白色斑环绕；外缘内侧还有 1 列较小白色斑点；后翅背面自前缘中部经中室抵后缘中部有 1 列白斑，彼此相连；亚外缘区有 1 列近长方形白斑，彼此不相连。翅腹面棕黄色，除后翅的斑纹具有深色的外

A. 成虫背面观

B. 成虫侧面观

C. 卵

D. 幼虫

E. 蛹

娜环蛱蝶（蒋广宁　摄）

围线外，其余斑纹同翅背面。

【生活习性】不详。

【为害特点】幼虫取食寄主植物叶片，使其呈缺刻状。未见大面积发生和为害。

【资源利用】可作为观赏性蝶种。

断环蛱蝶 *Neptis sankara* (Kollar)

【寄主】枇杷。

【分布】中国分布于河南、广东、广西、海南、四川、云南、陕西、台湾、香港。广西分布于宁明、金秀。

【形态特征】中型蝶类，有黄白两型，斑纹差异不大；翅背面黑褐色，斑纹白色；前翅中室内有 1 条白色毛笔状条纹，条纹内近笔头有 1 个缺刻；亚外缘区有 1 列较大的长椭圆形白斑，彼此不相连；外缘内侧还有 1 列较小白色斑点；后翅背面自前缘中部经中室抵后缘中部有 1 列白斑，彼此相连；亚外缘区有 1 列近方形白斑，彼此不相连。翅腹面棕黄色，后翅的斑纹具有深色的外围线，且缺刻部分模糊，除此其余斑纹同翅背面。

【生活习性】不详。

【为害特点】幼虫食叶，形成缺刻。未见大面积发生和为害。

【资源利用】可作为观赏性蝶种。

A. 成虫背面观

B. 成虫侧面观

断环蛱蝶（朱晓明　摄）

金蟠蛱蝶 *Pantoporia hordonia* (Stoll)

【寄主】香合欢、天香藤、印度相思、猴耳环。

【分布】中国分布于广东、广西、海南、台湾、香港。广西分布于南宁、宁明、上思、天峨、金秀、融水、兴业。

【形态特征】中型蝶类，成虫翅展 40 ~ 50 mm；前后翅背面黑色，斑纹黄色；前翅自翅基经中室有 1 条黄色横纹抵亚外缘区；亚顶角和臀角各有 1 个不规则黄斑；亚外缘线橙黄色；外缘具不连续白斑；后翅背面自前缘中部和顶角至后缘中部和臀角各有 1 条黄色横纹，其中翅展开时后翅中部条纹正好与前翅臀角斑纹相连。

金蟠蛱蝶成虫（李俊　摄）

【生活习性】不详。

【为害特点】幼虫取食寄主植物叶片造成缺刻，严重时叶片均被吃光，仅留叶脉。未见大面积发生和为害。

【资源利用】可作为观赏性蝶种。

窄斑凤尾蛱蝶 *Polyura athamas* (Drury)

【寄主】银合欢、簕子树。

【分布】中国分布于广西、云南。广西分布于南宁、西林、龙州、合浦、天峨。

【形态特征】成虫翅背面为黑褐色，自前翅中到后翅近臀角部有 1 条奶黄色的长肾形宽横带，前翅近顶角有一大一小 2 个奶黄色圆斑，后翅亚外缘有 1 列奶黄色列斑，带同长度尾突 2 个，尾突上覆盖灰蓝色鳞片。翅腹面深褐色，翅基部有黑点 2 个，亚外缘有 2 个弯月形列斑，前后翅长肾形斑同背面，但斑外有黑纹镶边。后翅带白色、黑色波浪纹线，外缘白色列斑内均带黑点。

【生活习性】1 年发生多代，飞行速度快，路线不规则，常活动于林下、林缘开阔地；成虫少访花，喜欢吸食树汁、烂果汁、动物粪便等。

【为害特点】幼虫以寄主植物叶片为食，常将叶片咬成缺刻状。未见大面积发生和为害。

【资源利用】可作为观赏性蝶种。

A. 成虫

B. 卵

C. 幼虫

D. 蛹

窄斑凤尾蛱蝶（蒋广宁　摄）

大二尾蛱蝶 *Polyura eudamippus* (Doubleday)

【寄主】颔垂豆、老荆藤、腊肠树、光果翼核木、小叶鼠李、墨点樱桃、榉木。

【分布】中国分布于浙江、福建、江西、湖北、广东、广西、海南、四川、贵州、云南、台湾。广西分布于上思、融水、金秀。

【形态特征】成虫翅展 70 ～ 85 mm；躯体、头、胸呈黑褐色，上有白色斑点与线纹。腹部橙色，腹部腹面及侧面有小白纹及白点；翅脉及其两侧明显黑化；前翅前缘、顶区、外缘及后缘黑色，近前翅外缘斜列 5 个大白斑，外缘分布若干小白斑；后翅外缘黑化，有 2 列白斑，翅脉密布黑色鳞；翅腹面斑纹同正面；雌雄虫斑纹相似，雄虫后翅中间有黑色袋状构造，内布黑褐色的鳞片。

卵椭圆形，初为乳白色，后变淡黄色，表面有纵向脊。

幼虫共 5 龄，低龄幼虫体色为白色，高龄幼虫体色为棕黑色，体表散布白色和黄色斑点，气门线为黄色。

蛹为悬蛹，体表光滑，分绿色与紫色两型。绿色型体表黄绿色，除金色斑点、黑色臀棘及其基部具 4 个黑斑外无任何杂色；紫色型淡紫色，半透明状、有光泽。

A. 背面观

B. 腹面观

大二尾蛱蝶成虫（李俊　摄）

【生活习性】1 年发生多代，以蛹越冬。常见于常绿阔叶林、开阔旱地和海岸林。飞行缓慢，常在花丛上觅食，以成虫越冬，成虫全年可见，多于晴天在林缘、草地等开阔环境活动。雌虫常产卵于嫩叶叶背，1 ～ 2 龄幼虫仅取食叶肉，3 ～ 5 龄幼虫可将整片叶片吃光，幼虫具假死性；末龄幼虫一般在寄主叶背化蛹。

【为害特点】幼虫以寄主植物叶片为食，常将叶片咬成缺刻状。未见大面积发生和为害。

【资源利用】可作为观赏性蝶种。

二尾蛱蝶 *Polyura narcaea* (Hewitson)

【寄主】台湾马鞍树、菝葜、合欢、山麻黄、石朴、山槐。

【分布】中国分布于河北、山西、江苏、浙江、福建、江西、山东、河南、湖北、湖南、广东、广西、四川、贵州、云南、陕西、甘肃、台湾。广西分布于龙州、龙胜、荔浦、天峨、金秀、上思。

【形态特征】中型蝶类，成虫翅展 60 ～ 70 mm；翅背面亮黄色，前翅亚外缘区至外缘黑色，黑色区域内的翅脉亮黄色，且区域中部具 6 个亮黄色圆形斑；前缘黑色，M_2 脉黑色，中室外缘脉黑色，形成"工"字形纹。后翅无"工"字形纹，亚外缘区斑纹同前翅，但亮黄色圆形斑彼此相连；臀角黄褐色；M_3 和 Cu_2 脉向外延伸出 2 个黑色尾突。前后翅腹面亚外缘区均无黑色，后翅腹面自前缘基部至臀区有 1 条弯曲的咖啡色条纹。

【生活习性】1 年发生多代，以蛹越冬；成虫 4 ～ 10 月常见，喜吸食腐果、树液、粪便。

【为害特点】幼虫取食寄主植物叶片，使其形成缺刻。未见大面积发生和为害。

【资源利用】可作为观赏性蝶种。

二尾蛱蝶成虫（朱小明　摄）

黑紫蛱蝶 *Sasakia funebris* (Leech)

【寄主】西川朴、茅栗。

【分布】中国分布于浙江、福建、广西、四川。广西分布于龙胜、资源、天峨、金秀。

【形态特征】大型蝶类，成虫翅展 95 ～ 110 mm；背面黑色，中室内具 1 条红色纵条纹和 1 条白色横条纹；亚外缘区至外缘具白色">"形条纹；后翅翅基黑色，亚外缘区至外缘具白色"="形条纹。前翅腹面斑纹同背面，但在中室后端至后缘中部方向具 3 个彼此分离的白斑；后翅腹面斑纹同背面，但翅基红色，且其内具一较大黑色斑。

【生活习性】成虫飞行速度快，喜食烂果和树干分泌的汁液。多产卵于寄主叶片边缘、叶柄或细枝干上。

【为害特点】低龄幼虫取食嫩叶叶缘，使其形成缺刻；高龄幼虫取食整片嫩叶和老叶。未见大面积发生和为害。

【资源利用】可作为观赏性蝶种。

A. 背面观

B. 腹面观

黑紫蛱蝶成虫（李俊　摄）

花豹盛蛱蝶 *Symbrenthia hypselis* (Godart)

【寄主】荨麻科植物。

【分布】中国分布于广西、云南。广西分布于凤山。

【形态特征】翅正面黑色，前翅正面无明显顶端斑，反面白色或黄色，黑色斑点粗大；翅正面中室有1条较宽的橙红色纵带延伸至中域，前翅顶端斜斑与亚顶端斑带相连；前翅亚缘有2个半圆形眼斑。后翅亚外缘和中域有2条宽的橙红色带，亚外缘有5个半圆形眼斑，内有绿色鳞，Cu_1脉至臀角外缘内侧具淡绿色带；M_3脉端角状突出；翅反面外中域的绿色斑块呈子弹头状，其内侧尖锐，不呈长方形状。

花豹盛蛱蝶成虫（郑霞林　摄）

【生活习性】不详。

【为害特点】低龄幼虫取食嫩叶叶缘，形成缺刻；高龄幼虫取食整片嫩叶和老叶。未见大面积发生和为害。

【资源利用】可作为观赏性蝶种。

绿裙玳蛱蝶 *Tanaecia julii* (Lessen)

【寄主】藏榄。

【分布】中国分布于广东、广西、海南、云南。广西分布于上思。

【形态特征】中型蝶类，雌雄二型；雌虫翅背面深褐色，斑纹白色；前翅顶角有2个大白斑，前后翅翅面均布黑色短横纹，后翅中部有2条模糊黑色波浪状纹。翅腹面颜色较浅，斑纹同背面。雄虫翅背面黑褐色，前翅顶角无白斑，后翅外缘有1条蓝色带，无黑色波浪状纹。翅腹面赤褐色，斑纹与雌蝶腹面相似，但无白斑。

绿裙玳蛱蝶成虫（李俊　摄）

【生活习性】不详。

【为害特点】幼虫取食寄主植物叶片使其呈缺刻状。未见大面积发生和为害。

【资源利用】可作为观赏性蝶种。

文蛱蝶 *Vindula erota* (Fab.)

【寄主】异叶蒴莲、龙珠果、三开瓢。

【分布】中国分布于广东、广西、海南、云南。广西分布于龙州、宁明、上思、天峨。

【形态特征】大型蝶类，成虫翅展 80 ～ 110 mm，雌雄二型；雌虫背面暗褐色，前后翅亚外缘区有 1 条白色宽带和 4 条黑色波浪纹，其中 2 条位于白色宽带内；前翅亚顶角有 3 个白斑，两大一小，排成一字形，较小白斑位于 2 个大白斑之间；后翅背面斑纹同前翅，但在亚外缘区还有 2 个眼斑。雄虫翅背面赭黄色，前后翅亚外缘区有 1 条黄色宽带和 4 条黑色波浪纹，其中 2 条位于黄色宽带内；前翅亚顶角有 3 个大小近似的黑斑，排成一字形，其中近顶角处的黑斑一半镶有黄色斑；其余特征同雌蝶。

文蛱蝶成虫（李俊　摄）

【生活习性】成虫全年可见，喜吸食花果汁液，多在沟谷林缘附近阳光充足处活动。

【为害特点】幼虫为害寄主植物叶片，形成缺刻。未见大面积发生和为害。

【资源利用】可作为观赏性蝶种。

翠袖锯眼蝶 *Elymnias hypermnestra* (L.)

【寄主】台湾海枣、黄椰子、棕竹、槟榔、假槟榔、扇叶蒲葵、鱼尾葵。

【分布】中国分布于福建、湖北、广东、广西、海南、台湾。广西分布于南宁、合浦、凭祥、宁明、上思、龙胜、天峨、融水、鹿寨。

A. 背面观（李懋辅　摄）

B. 侧面观（郑霞林　摄）

翠袖锯眼蝶成虫

【形态特征】成虫翅展 60 ~ 80 mm，雌雄虫翅背面黑褐色，雄虫亚外缘区有 1 列不连续的蓝色斑，雌虫蓝色斑内具较大块白斑，且中室也泛蓝色光泽；雄虫后翅背面亚外缘棕黄色，其余黑色，雌虫后翅背面亚外缘区黑褐色，且具三大一小的蓝色斑；前后翅外缘波浪形。头小，口器两侧各着生 1 个尖突，尖突上密被鳞毛；前足退化，不适步行。

卵近圆球形，表面纹路明显。

幼虫纺锤形，中段粗，前后尖削，头比前胸大，亚背线白色，具 1 对尾突。

缢蛹，表面光滑，头顶具 2 个角突起，臀棘柱状。

【生活习性】1 年发生 3 代，以幼虫或蛹在叶片上越冬。4 月上旬成虫羽化，成虫喜在晴天活动，取食花蜜补充营养，雌虫多分散产卵于叶背中脉处。幼虫共 5 龄，喜食叶片顶端，受惊时轻微摆头，幼虫体背纵线与寄主植物叶片颜色相同，便于伪装。

【为害特点】幼虫密度小时，幼虫分散为害，仅取食叶缘，残留中脉，不取食叶片基部；幼虫密度大时，可群集为害并将寄主植物叶片全部吃光。

【防治方法】营林防治。合理种植，加强树木管理。

物理防治。结合人工管理，人工摘蛹。

化学防治。幼虫为害高峰期，选用 10% 多来宝悬浮剂稀释 5000 倍稀释液喷雾。

曲纹黛眼蝶 *Lethe chandica* Moore

【寄主】淡竹、水竹、石竹、青皮竹、粉单竹、苦竹等。

【分布】中国分布于浙江、安徽、福建、江西、广东、广西、四川、云南、西藏、台湾。广西分布于资源、兴安、灵川、全州。

【形态特征】成虫体长 18 mm，翅展 54 ~ 60 mm。头黑色，触角棕黄褐色，端部 2 节黑色，末节端部黄色。体、翅棕黑色，雄虫前翅正面黑色，无斑纹；后翅正面黑褐色，后缘色浅，外缘有 2 条红色横线。雌虫前翅正面在顶角处有 1 个白色斑，中域自前缘至 M_3 脉有 1 条斜行的较宽白色带，Cu_1 室有 1 个白点；后翅正面外缘有 2 条红色线。雄虫前翅背面外缘为黑色，向内依次有 1 条红色横线、灰白色波状横线、黑褐色波状横线，前缘顶角到中横线区域灰白色，在该域内亚外缘线上有明显或不甚明显的 6 条眼状纹，内横线为 1 条微曲的条纹，从前翅直至后翅后缘中域，后翅亚外缘线上 6 条眼状斑纹明显，近前缘中心有 1 个小白点，从上而下依次第二、第五眼状纹内各有 2 个白点，第三、第四、第六眼状纹内有 3 个小白点。雌虫前、后翅背面特征类似雄虫，但较模糊。

卵馒头状，直径 1.5 mm，初产时乳白色，渐变为白色，

A. 成虫

B. 幼虫

曲纹黛眼蝶（杨忠武　摄）

卵顶精孔为淡黄色，略有光泽。

初孵幼虫体长约 4 mm，细长形，乳黄色，头黑褐色，头不尖，有 1 对尾角；第 2 龄幼虫体长 7 mm，乳黄色，头黑褐色，头不尖，有 1 对尾角黄白色；第 3 龄幼虫体长 14 mm，体细长，淡黄色，头侧两尖角黑褐色；高龄幼虫体长可达 50 mm，体翠绿色。头前端两侧有 1 对侧角，长为头长的 2 倍，紫红色；中胸背面到第九腹节背面有中央宽两头狭的红、黄色大斑纹；第三、第四腹节背中有 3 条深褐色纵斑，以三角形排列；第五、第六腹节背中有 3 条呈三角形排列的浅褐色纵斑；第八、第九腹节各有 1 条褐色纵斑。尾角尖，微分为二。体各节可见分成 4 ～ 6 小节，布满刻点。

蛹体长 25 mm，淡黄色，似贝雷帽状，头、尾尖，自中胸部隆起，隆起尖角近直角，隆起后方背与腹面几乎平行，腹中部后突然变细到尾部；自头尖角到腹背中部有 1 条灰褐色斜纹，以此纹为基线有 1 个菱形斑纹，腹侧共有 7 ～ 8 条，体上有刻点。蛹倒挂于竹小枝上，半透明状。

【生活习性】在浙江 1 年发生 3 代，以 2 ～ 3 龄幼虫越冬。翌年 3 月下旬或 4 月上旬天气回暖后越冬幼虫开始活动取食，5 月上、中旬开始化蛹，约半个月后羽化为成虫。各代成虫期依次为 6 月上旬至 7 月中旬、8 月中旬至 9 月下旬、10 月上旬至 11 月下旬；各代幼虫取食期依次为 6 月中旬至 8 月中旬、8 月下旬至 10 月上旬、10 月中旬至翌年 5 月中旬（越冬幼虫）。成虫白昼活动，取食花蜜、树木伤流液、腐烂物质等补充营养，寿命长达 2 个月。卵单产于竹叶背。

【为害特点】幼虫取食竹叶，低龄幼虫多在叶背取食竹叶，第四龄幼虫后取食量激增，取食全叶，若虫口密度高可对竹林造成一定为害。

【防治方法】未见大面积发生和为害。

连纹黛眼蝶 *Lethe syrcis* (Hevitson)

【寄主】毛竹、淡竹、水竹、刚竹、撑篙竹、青皮竹、粉单竹等。

【分布】中国分布于黑龙江、江苏、浙江、安徽、福建、江西、河南、湖北、湖南、广东、广西、陕西。广西各地均有分布。

【形态特征】成虫体长 17 ～ 19 mm，翅展 52 ～ 62 mm。头、胸部黑色，翅面棕褐色，缘毛白色，很短。前翅无斑，亚外缘线、外横线为深褐色纹；后翅亚外缘线位置上有 4 个黑色大圆形斑，此 4 个圆形斑外围各有 1 个黄色环，后缘区域粉白色。翅反面淡黄白色，缘毛深褐色，前翅内横线、外横线、亚外缘线深褐色；后翅亚外缘线位上有 5 个眼斑，以 M_1、Cu_0 室 2 个最大，Cu_2 室 2 个小眼斑相连；中线棕褐色纹中部顺眼斑向外弯呈尖角状突起，在下端与内横线棕褐色纹的后端相连。足棕褐色。

卵馒头状，直径 1.2 mm，淡黄绿色，略显光泽。

初孵幼虫体长 4 mm，乳黄色；头淡黄色，不尖；尾尖，微分开，淡黄色。成熟幼虫体长 52 mm，淡黄绿色，背线黄色，亚背线、气门上线淡黄白色；气门线以下及腹面白色；头、尾均为尖角状，中间均有裂沟分为二，头尖角部红色。

蛹体长 20 ～ 23 mm，初期翠绿色，后变为黄绿色；头部前端分叉成为两个尖角，黄色；中胸背面突起甚高，尖端黄色；从头部尖经前胸、顺前翅后缘有 1 条黄色纹直到外缘处终止。

【生活习性】浙江等地 1 年发生 3 代，以 2 ～ 3 龄幼虫在竹叶上越冬。翌年 4 月气温回暖后越冬幼虫开始活动取食，于 5 月上、中旬开始化蛹。各代成虫发生期依次为 5 月中旬至 6 月上旬、8 月中

A. 成虫背面观

B. 成虫腹面观

C. 低龄幼虫

D. 高龄幼虫

连纹黛眼蝶（杨忠武　摄）

旬至 9 月下旬、10 月上旬至 11 月下旬。成虫取食花蜜等补充营养，寿命近 2 个月。各代幼虫取食期依次为 6 月上旬至 8 月下旬、8 月下旬至 9 月中旬、10 月中旬至翌年 5 月中旬。成虫产卵于叶背，散产。末龄幼虫化蛹时先吐丝将尾部粘贴于竹叶背或竹小枝上，体色渐变为灰黄色，头胸部弯曲贴近腹部腹面，中胸部隆起，腹部中后部后削成贝雷帽状。

【为害特点】幼虫取食竹叶；未见大面积发生和为害。

【防治方法】参考椰眼蝶。

蒙链荫眼蝶 *Neope muirheadi* (Felder)

【寄主】竹。

【分布】中国分布于浙江、福建、江西、河南、湖北、广东、广西、四川、云南、陕西、台湾。广西分布于南宁（武鸣）、兴安、资源、天峨、兴业。

【形态特征】成虫翅展 62 ~ 70 mm，体灰褐色，复眼灰棕色，复眼后方有 1 条白色环纹，胸部密被长绒毛。翅背面深褐色，前后翅可隐约见黑色斑纹各 4 个；翅腹面褐色，在前后翅中部有 2 条横带平行，1 条棕色，1 条白色。带两侧有黄白色边，在与背面黑斑同等位置处，前翅有 4 个、后翅有 7

个黑色眼状斑，外绕有黄白色环，内有白色的中心。

卵圆球形，乳白色，有细微不规则花纹。卵顶有“品”字形的红点，孵化前红点变黑。

幼虫共 5 龄，低龄幼虫体色为绿色，高龄幼虫体色为黄褐色，体表散布白色和黄色斑点，气门线为灰黑色。

蛹为悬蛹，有土黄色和褐色 2 种，臀棘长而宽扁，向前伸出与体垂直。

【生活习性】1 年发生 2 代，成虫 4 月至 10 月可见，以蛹越冬，主要在林间活动。

【为害特点】幼虫取食竹叶片，常 2 ~ 3 头缀叶成苞，多在夜间取食。未见大面积发生和为害。

A. 成虫

B. 幼虫

C. 蛹

蒙链荫眼蝶（蒋广宁　李俊　摄）

白斑眼蝶 *Penthema adelma* (Felder)

【寄主】竹。

【分布】中国分布于浙江、福建、江西、湖北、广西、重庆、四川、贵州、陕西、台湾。广西分布于桂林（临桂）、西林、龙胜、天峨、平桂、融水、崇左（江州）、上思。

【形态特征】成虫翅展 80 ~ 90 mm，翅背腹黑色，前翅亚外缘有 2 列小白斑，内侧 1 列稍大；中室内具 2 个较大白斑；沿中室外围具 7 条长短不一的白色条形斑；后翅背面亚外缘有 2 列白斑，外缘白色。前翅腹面斑纹同翅背，但前翅斑纹明显较翅背大，

白斑眼蝶（郑霞林　摄）

且中室内 2 个白斑相连呈 1 条状斑。

【生活习性】1 年发生 1 代，以幼虫越冬。

【为害特点】低龄幼虫仅取食竹叶肉，高龄幼虫取食可造成叶片缺刻。未见大面积发生和为害。

串珠环蝶 *Faunis eumeus* (Drury)

【寄主】苏铁、马甲菝葜、菝葜、山麦冬、刺葵、大蕉、散尾葵、鱼尾葵、海枣、槟榔。

【分布】中国分布于广东、广西、海南、四川、云南、台湾、香港。广西分布于上思、那坡、兴业、博白。

【形态特征】成虫翅展 65 ~ 70 mm，前翅背面棕黄色，后翅棕褐色；前翅顶角圆，外缘略弧形，后翅近圆形；翅腹面赭褐色。前后翅亚外缘区有 1 列淡黄色大小不一的圆形斑，内外侧有深褐色纵波浪线。

【生活习性】1 年发生 1 代，以 1 龄幼虫越冬。越冬幼虫翌年 3 ~ 7 月开始为害，6 月下旬至 7 月上旬化蛹，蛹期 10 天左右，7 月上旬成虫开始羽化，成虫不访花，喜栖息于阴暗的林地边缘和竹林附近，取食腐烂的水果和动物尸体腐液等。

【为害特点】低龄幼虫仅取食叶肉，高龄幼虫取食可造成叶片缺刻。未见大面积发生和为害。

A. 成虫　B. 幼虫　C. 蛹

串珠环蝶（蒋广宁　摄）

箭环蝶 *Stichophthalma howqua* (Westwood)

【寄主】竹、棕榈。

【分布】中国分布于浙江、福建、江西、湖北、湖南、广东、广西、四川、贵州、云南、陕西、台湾。广西分布于桂林、宁明、兴安、龙胜、平桂、金秀、融水、上思。

【形态特征】成虫翅展 100 ~ 110 mm，翅背面橙黄色；前翅顶角和外缘黑褐色，外缘内侧嵌 6 个黑色鱼纹，翅基至翅中区较翅中区至外缘颜色深；后翅亚外缘嵌 6 条鱼纹，较前翅鱼纹大；翅腹面焦黄色，前后翅腹面亚外缘区各有 5 个红褐色眼斑，斑中具 1 个白点，斑缘黑色；外缘有 3 条灰色波状纹；前后翅前缘贯穿中室至臀区，有 1 条网兜状斑纹，均开口于前缘。

A. 成虫背面观

B. 成虫侧面观

C. 成虫聚集取食

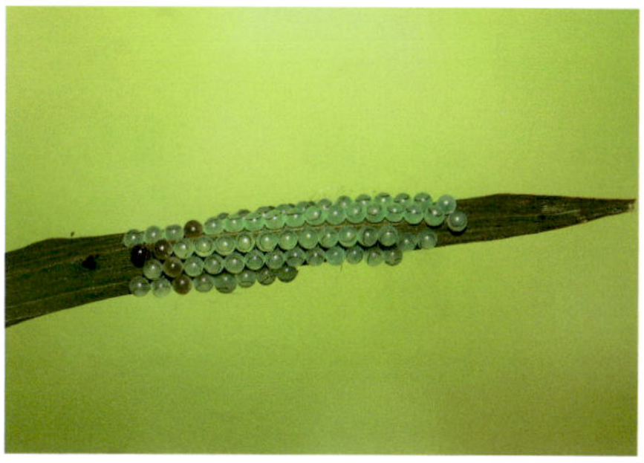

D. 卵块

E. 幼虫

F. 蛹

箭环蝶（蒋广宁　李俊　郑霞林　摄）

卵圆形，一端平截或馒头形，初产淡黄色，后变绿色。

幼虫略呈圆筒形，绿色，头部橘黄色，体被白色长毛。

悬蛹，淡绿色，头部着生 2 个角突。

【生活习性】1 年发生 1 代，以幼虫在竹林枯枝落叶层中越冬；成虫 5 月开始活动，6 ~ 7 月为羽化盛期，成虫喜聚集于地面或树干上的动物粪便、动物尸体、生活垃圾等处；雌蝶多产卵于竹叶背或叶尖处，幼虫群集为害，受惊时易吐丝下垂；高龄幼虫多选择竹小枝或竹叶柄上化蛹。

【为害特点】幼虫聚集于叶面排列整齐取食，严重时可将大片竹林叶片吃光。未见大面积发生和为害。

（三十九）弄蝶总科 Hesperioidea

小型至中型，颜色多暗淡，少数为黄色或白色；触角基部互相接近，常有黑色毛块，端部略粗，末端弯而尖；前翅三角形，径脉 5 支，无共柄。幼虫前胸细瘦成颈状；腹足趾钩 2 序或 3 序环状；腹末有 1 个梳齿状骨片；常吐丝缀叶取食，在所结苞中化蛹。包括缰蝶科 Euschemonidae、大弄蝶科 Megathymidae 和弄蝶科 Hesperiidae 共 3 科 4000 多种，中国已记录 370 多种。部分种类是农林重要害虫。

（李　俊　吴海盼）

90. 弄蝶科 Hesperiidae

中小型蝶类，成虫翅展 9 ～ 36 mm，体小，短粗，密被鳞毛，触角棍棒状且末端呈弯钩状，是本科极易识别的特征。成虫飞行迅速，不易观察，以花蜜、腐果或腐尸为食。该科蝶类以褐色或橙色为主，少许种类色彩鲜艳。前翅三角形，5 条 R 脉均由中室分出且无合并或分叉，A 脉 2 条，臀脉 1 条。后翅近圆形，A 脉 3 条，臀脉 2 条。前后翅中室均为封闭，少数种类有雌雄二型现象，部分种类雄蝶有线形性标。前足胫节内侧具 1 个前胫突，中足胫节末端具 1 对胫末距，后足胫节具 1 对胫中距及 1 对胫末距。幼虫前胸与头部相连处隘缩成明显颈状。本科已知 7 亚科 540 属约 4000 种，中国已记录 4 亚科 83 属 370 多种。幼虫是林木、果树及农作物的食叶害虫。

白伞弄蝶 *Bibasis gomata* (Moore)

【寄主】星毛鸭脚木、常春藤、鹅掌藤、白簕、辐叶鹅掌柴。

【分布】中国分布于浙江、福建、广西、四川、云南、香港。广西分布于南宁、融水、藤县、兴业、乐业、百色（右江）。

【形态特征】成虫翅展 50 ～ 55 mm，雌雄二型，雄虫翅背底色棕褐色，翅面无斑纹；雌虫翅背黑褐色，具紫色金属光泽；雌雄虫翅腹面底色白色，密布许多放射状黑条纹，雄蝶中室下方至后缘纯灰白色，而雌蝶该区域仍有较模糊的间断的黑条纹。成虫头部和胸背具灰色毛丛，腹部具白色窄条纹，胸腹部腹面橙黄色。

幼虫头部黄色，额区具两行黑斑，上行 4 个，下行 6 个；前胸黄色，背板具 7 个排列成行的黑斑；中后胸及腹部第一节背板白色，具 2 行斑纹，前行为 7 条黑色长短不一的纵条纹；后行为 5 个黑斑，中间 3 个黑斑与前行黑条纹相连，其余不相连；腹部第二节至腹末背板黄色，具 2 行斑纹，前行为 7 个黑色近方形斑纹；后行为 5 条窄黑色横条纹，2 行的黑斑条纹均不相连。

【生活习性】不详。

【为害特点】幼虫卷叶为害。未见大面积发生和为害。

【资源利用】可作为观赏性蝶种。

A. 成虫

B. 卵

C. 幼虫

D. 蛹

白伞弄蝶（蒋广宁　摄）

绿弄蝶 *Choaspes benjaminii* (Guérin-Méneville)

【寄主】红柴枝、细花泡花、清风藤。

【分布】中国分布于浙江、福建、江西、河南、湖北、广东、广西、海南、四川、贵州、云南、陕西、甘肃、香港。广西分布于南宁、桂林（临桂、雁山）、贺州、金秀、鹿寨、融水。

【形态特征】成虫翅展 41 ～ 44 mm，翅背面深褐色，近基部青色，前翅无复杂斑纹，后翅沿臀角外缘有橙色带；翅腹面黄绿色，翅脉黑色，后翅橙色带较翅背面宽，且橙色带上方有 6 个平行排列的近圆形黑斑。

【生活习性】在低、中海拔地区的常绿阔叶林活动，活跃于朝夕时分，强烈阳光下会停留于植物叶片下，飞行速度快。

【为害特点】幼虫取食寄主植物叶片，叶片被害处呈缺刻状。未见大面积发生和为害。

【资源利用】可作为观赏性蝶种。

绿弄蝶成虫（朱小明　摄）

匪夷捷弄蝶 *Gerosis phisara* (Moore)

【寄主】黄檀。

【分布】中国分布于浙江、福建、江西、湖北、广东、广西、海南、四川、云南、西藏、香港。广西分布于上思。

【形态特征】成虫翅展 35 ～ 40 mm，翅底色为黑色；前翅亚顶角有 6 个白色小斑，呈波浪形排列，中室有 3 个呈三角形排列的较大白斑，中室下方的白斑一直延伸至内缘。后翅前缘中部至后缘中部有 1 条较宽的白色横带，近前缘处的白色区中有 1 个明显的近圆形黑斑，后翅外缘略呈波浪形。腹部背面灰白色，具狭窄白条纹。雄蝶较大，后翅白色区域较明显。

匪夷捷弄蝶成虫（李俊　摄）

【生活习性】不详。

【为害特点】不详。未见大面积发生和为害。

【资源利用】可作为观赏性蝶种。

毛脉弄蝶 *Mooreana trichoneura* (Felder et Felder)

【寄主】白楸、毛桐。

【分布】中国分布于广西、海南、云南。广西分布于田林、龙州、上思、天峨、融水。

【形态特征】雌成虫翅背面为浅褐色，前翅散布许多透明小白斑；后翅中部往下至外缘是白色大斑，斑内发出白色射线联通基部；翅腹面斑纹同背面，斑纹较明显。雄虫斑纹同雌虫，但斑纹颜色为橙黄色，翅面均为黑色。

【生活习性】不详。

【为害特点】幼虫取食寄主植物叶片，叶片被害处呈缺刻状。未见大面积发生和为害。

【资源利用】可作为观赏性蝶种。

A. 成虫

B. 幼虫

C. 蛹

毛脉弄蝶（蒋广宁　摄）

（四十）驼蛾总科 Hyblaeoidea

包括驼蛾科 Hyblaeidae 和促蛾科 Prodidactidae 共 2 科 19 种。其中，促蛾科于 2013 年并入该总科，目前仅记录 1 种，即 *Prodidactis mystica*（Meyrick），分布于非洲南部；驼蛾科包括 18 种，主要分布于旧大陆热带地区。部分种类是农林植物和红树林植物的重要害虫。

（常明山）

91. 驼蛾科 Hyblaeidae

成虫体中型，静止状态略呈三角形，体色灰色或暗红色。全世界已记录 *Erythrochrus* 和 *Hyblaea* 共 2 属 18 种。幼虫为农林植物和红树林植物主要的食叶害虫之一。

焰驼蛾 *Hyblaea firmamentum* Guenée

【寄主】核桃、杜虹花。

【分布】中国分布于广西、台湾。广西分布于东兰。

【形态特征】成虫体小型，翅展 34 ～ 40 mm；前翅呈褐色，翅面中央具分隔斜纹，近前缘部分翅黑褐色，近后缘部分淡灰褐色，后翅有橘黄色或白色斑纹；胸背板后缘具红褐色毛丛。幼虫体背黑色，各节具黄色环纹，背中线黄色。

幼虫黑色，背中线亮黄色；前胸至腹部第七节的节间处有一亮黄色横带，而其两侧均为白色，但不与节间处的黄色横带相连；第八节与第九节的节间处白色。

焰驼蛾幼虫（陈敏　摄）

【生活习性】幼虫取食寄主植物叶片，成虫白天活动。末龄熟幼虫利用丝将叶片卷起作为虫巢，化蛹于虫巢中。

【为害特点】幼虫为害卷叶。

【防治方法】营林防治。加强抚育管理。

物理防治。人工摘除幼虫，或使用杀虫灯诱捕成虫。

生物防治。释放天敌大腿小蜂，也可以喷施白僵菌或苏云金杆菌等。

柚木驼蛾 *Hyblaea puera* (Cramer)

【寄主】红树林白骨壤、柚木。

【分布】中国分布于江苏、福建、湖北、广东、广西、海南、云南、台湾。广西分布于南宁（江南）、北海（银海、海城、铁山港）、合浦、防城港（港口）、东兴、钦州港、大新、扶绥、高峰林场、热林中心。

【形态特征】成虫翅展 30 ～ 40 mm，头胸浅灰色至红褐色，腹部暗褐色具橙黄色环带。前翅黑褐色，翅面黑色或黑褐色，中间及近翅端各有 1 条不明显的宽形灰褐色横带，上列呈波状纹，下列横向，后翅面有 2 ～ 3 个相连的黄色斑。

卵呈长椭球形，初产乳白色，近孵化时部分卵上有 1 ～ 2 条橘黄色横带。

幼虫共 5 龄。2 ～ 3 龄幼虫灰黑色，4 ～ 5 龄幼虫个体间出现深色型和浅色型两种不同的色斑类型，其中深色型虫体通体黑色；浅色型体色呈灰黑色至黑色，背面均具有橙色或赭色的纵带，两侧具有白色纵带。

蛹初期浅绿色，渐变成红褐色，近羽化时黑褐色。

【生活习性】在海南 1 年发生 12 代，无越冬现象。卵期 2 天，幼虫期 10 ～ 12 天，蛹期 6 ～ 8 天，成虫期 10 ～ 13 天。成虫白天隐藏林内杂草、落叶等处，夜间活动，飞行能力较强，有趋光性。成虫夜间羽化，翌日可交配，交配时长 3 ～ 4 小时，交配后翌日可产卵，卵单产于叶背，成虫通常交配 1 次，每雌产卵量 500 ～ 1000 粒。

【为害特点】幼虫喜食嫩叶，将嫩叶边缘咬一半圆弧缺，吐丝折叠该处叶片，藏于其中。低龄幼虫取食叶肉留下网状叶脉，稍大后吃全叶，使叶片残缺不全，仅留下主脉和较粗的侧脉。老龄幼虫吐丝紧密折叠部分叶片或紧密固定相邻两叶片，于其中化蛹。

【防治方法】物理防治。人工摘除幼虫；利用频振式杀虫灯诱杀成虫；利用高压水枪喷射受害植株，将幼虫冲至海水中致死。

生物防治。该虫的寄生性昆虫、捕食性天敌、致病线虫和病原微生物分别有 44 种、108 种、1 种和 7 种，可充分保护和利用天敌进行控制。

化学防治。在种群暴发为害时，低龄幼虫期可选用阿维菌素、苏云金杆菌、灭幼脲等进行喷雾防治（仅限于陆地生态系统）；在海边红树林区域防治时，要注意周边是否存在水产养殖等情况，谨慎使用化学药剂。

A. 成虫

B. 幼虫及丝网

C. 蛹

D. 为害红树林（远景）

E. 为害红树林（近景）

柚木驼蛾（郑霞林　摄）

（四十一）螟蛾总科 Pyraloidea

中小型蛾类。包括螟蛾科 Pyralidae 和草螟科 Crambidae，是鳞翅目中仅次于夜蛾总科 Noctuoidea 和尺蛾总科 Geometroidea 的第三大总科。全世界已记录 19 亚科 16000 多种，中国已记录有 2000 多种。幼虫可为害粮食、蔬菜、果树和林木等，多数钻蛀取食为害，少数卷叶取食为害。

（常明山）

92. 螟蛾科 Pyralidae

成虫体形小到中型，身体细长，腹部末端尖削。有单眼，触角细长，通常绒状。前翅呈长三角形，腹部基部有鼓膜器。幼虫主要为植食性，取食植物或茎干组织，通常陆生。中国已记录 1000 多种，许多种类为农林重要害虫。

微红梢斑螟 *Dioryctria rubella* Hampson

【寄主】马尾松、湿地松、红松等。

【分布】中国分布于浙江、福建、江西、山东、湖北、湖南、广东、广西、四川、贵州、云南等。广西各地均有分布。

【形态特征】又称松梢螟，成虫体长 10 ～ 15 mm，翅展 20 ～ 23 mm，体灰褐色，触角丝状。前翅中室端有 1 个肾形大白点，白点与翅外缘间有 1 条明显的白色波状横带，白点与翅基之间有 1 条白色波状横纹。翅外缘近缘毛处有 1 条直的黑色横带。后翅灰褐色，无斑纹。

卵长 0.7 ～ 1.1 mm，椭球形，乳白色，具有光泽。

幼虫共 5 龄，头及前胸背板浅褐色，胸腹部淡褐色，体表具褐色毛片。腹各节具毛片 4 对，背面具毛片 2 对。

蛹长椭球形，红褐色，羽化前变成黑褐色。腹末有 1 块深色的骨化狭条，其上着生 6 枚臀棘，中间 2 枚较长，两侧 4 枚较短。

【生活习性】1 年发生 1 代，10 月幼虫在寄主植物梢头越冬，翌年 4 月中旬幼虫开始活动，5 月上旬化蛹，6 月羽化。每雌产卵量 50 粒左右，散产。成虫白天活动能力弱，夜晚活动，具有趋光性，寿命 4 ～ 6 天。

【为害特点】主要以幼虫为害寄主植物主梢和侧梢，使树冠畸形。

【防治方法】营林防治。适当密植，加强抚育，使林分提早郁闭。

物理防治。采用诱虫灯诱杀成虫。

生物防治。释放赤眼蜂，或采用性信息素诱杀成虫。

化学防治。幼虫期可喷施兼具胃毒和内吸功能的药物进行防治。

A. 成虫（常明山 摄）

B. 幼虫（郭建和 摄）

C. 蛹（王家双 摄）

微红梢斑螟

缀叶丛螟 *Locastra muscosalis* (Walker)

【寄主】酸枣、枫香树、麻栎、枫杨、盐肤木、樟、核桃等。

【分布】中国分布于北京、天津、河北、辽宁、江苏、浙江、安徽、福建、江西、山东、河南、湖北、湖南、广东、广西、四川、贵州、云南、陕西、台湾等地。广西分布于南宁、上林、横州、全州、临桂、平乐、灵川、资源、永福、昭平、南丹、武宣、大新、博白林场。

A. 成虫（郑霞林 摄）

【形态特征】成虫体长 15 ~ 21 mm，翅展 33 ~ 52 mm，黄褐色。前翅棕褐色，有明显曲折横线，横线两侧均有 1 个斑点。

卵呈球形，初产时黄白色，近孵化时呈紫褐色。

幼虫共 6 龄，体长 19 ~ 31 mm，头部具光泽，前缘具 6 个白色斑点。胴部背中线宽，深棕色，亚背线与气门线间基色为黑褐色，间有白色斑点，气门线以下为棕黄色至浅黄色，臀板黑褐色。

蛹体长约 15 mm，黑褐色。

B. 幼虫（谭小玲 摄）

缀叶丛螟

【生活习性】在广西 1 年发生 2 代，以第二代末龄幼虫在地上的枯枝落叶或被害残留叶内吐丝结茧越冬。翌年 4 月下旬越冬幼虫开始化蛹，5 月中旬至 7 月上旬为越冬代成虫羽化期。第一代卵期、幼虫期、蛹期和成虫期分别为 5 月中旬至 7 月中旬、5 月下旬至 7 月下旬、6 月下旬至 8 月下旬和 7 月下旬至 8 月下旬；第二代卵期和幼虫期分别为 8 月上旬至 9 月下旬、8 月中旬至 10 月中旬，自 9 月下旬起末龄幼虫陆续吐丝下垂落地，缀合叶片结茧越冬。成虫多在夜间活动，交配后 5 ~ 7 天开始产卵，聚卵于叶面，排列呈鱼鳞状，卵期 9 ~ 10 天。幼虫 3 龄前聚集吐丝造巢并在其内取食叶肉，4 龄后开始分散缀叶造巢和取食；具转移为害的习性。幼虫期 27 天，越冬代幼虫 230 天左右。蛹期 24 ~ 34 天。

【为害特点】幼虫群集吐丝结网取食叶片，常造成整株叶片均被吃光的现象。

【防治方法】物理防治。产卵盛期，人工摘除卵块；低龄幼虫群居为害时，摘除虫苞，集中销毁。

化学防治。幼虫期可喷施 25% 西维因可湿性粉剂 500 ~ 800 倍稀释液防治。

广州小斑螟 *Oligochroa cantonella* Caradja

【寄主】红树林白骨壤。

【分布】中国分布于福建、广东、广西、海南。广西分布于北海（银海、海城）、合浦、东兴、防城港（港口）、钦州（钦州港）。

【形态特征】成虫体长约 10 mm，翅展约 19 mm。体灰褐色，腹部腹面浅灰色。触角长，丝状，浅褐色，雄虫触角基部膨大。前胸背面黄褐色至黑褐色。前翅灰褐色，中横线白色、宽大、不规则，把前翅一分为二，翅基部灰白色，翅端部褐黄色。高龄幼虫体长 14 mm 左右，体绿色。可根据幼虫腹部第五节背面是否具 1 对肉眼可见的睾丸区分雌雄。蛹长约 9 mm，长梭形，化蛹初期体绿色，后渐变为褐色。

【生活习性】1 年发生 6 代，世代重叠，以幼虫在虫苞内越冬。成虫夜间活动，有补充营养的习性，有趋光性。幼虫吐丝缀叶成巢，末龄幼虫吐丝织薄茧化蛹。

【为害特点】幼虫寄主专一性强，只为害沿海湿地红树林树种白骨壤，主要取食寄主嫩芽、叶片，也可蛀食果实和嫩茎。

【防治方法】物理防治。用杀虫灯诱杀越冬代及第一代成虫，在虫源区用水枪喷射低龄幼虫，使其落水溺亡。

生物防治。幼虫发生盛期可喷施苏云金杆菌、灭幼脲、百草 1 号、印楝素等无公害生物或仿生物制剂，有一定的防效。由于该虫发生在海滩红树林区域，需谨慎用药，以防对海洋生物和水产养殖造成不良后果。

A. 成虫

B. 幼虫

C. 蛹

广州小斑螟（常明山　摄）

樟巢螟 *Orthaga achatina* Butler

【寄主】樟。

【分布】中国分布于华南各省区。广西分布于南宁（武鸣）、横州、上林、兴安、恭城、灌阳、全州、灵川、永福、桂林（临桂）、平乐、龙胜、阳朔、岑溪、梧州（龙圩、长洲）、蒙山、北海（铁山港）、合浦、防城港（防城）、上思、贵港（港南）、桂平、平南、博白、玉林（玉州、大容山林场）、陆川、容县、百色（百林林场）、钟山、富川、巴马、河池（金城江）、南丹、天峨、河池（宜州）、金秀、武宣、象州、大新、扶绥、宁明、天等、高峰林场、东门林场、派阳山林场、钦廉林场、三门江林场、维都林场、大桂山林场、六万林场、博白林场、雅长林场。

【形态特征】成虫体长 8 ~ 13 mm，翅展 22 ~ 30 mm。雄虫胸腹部背面淡褐色，雌虫黑褐色，雄雌虫腹面淡褐色。前翅基部暗黑褐色，内横线黑褐色，前翅前缘中部有 1 个黑点，外横线曲折波浪形，沿中脉向外突出，尖形向后收缩；翅前缘有 1 个乳头状肿瘤；外缘黑褐色，缘毛褐色，基部有 1 排黑点。后翅除外缘形成褐色带外，其余灰黄色。

卵扁平圆形，初产为乳白色，孵化前呈淡红色，中央有不规则的红斑，卵壳有点状纹。

幼虫共 5 龄，初孵幼虫灰黑色，2 龄后渐变棕色。末龄幼虫褐色，头部及前胸背板红褐色，体背有 1 条褐色宽带，其两侧各有 2 条黄褐色纵线，背面每节着生 6 根刚毛。

蛹长 9 ~ 12 mm，红褐色或深棕色，腹节有刻点，腹末有钩刺 6 根（其中 2 根长且粗，4根短且细）。茧黄褐色，椭球形。

【生活习性】在广东 1 年发生 2 代，以第二代末龄幼虫入土结茧越冬。翌年 4 月中下旬化蛹，5 月中下旬羽化；成虫有趋光性，羽化后 1 ~ 2 天交配，交配后 7 天左右开始产卵于缀叶内或叶背边缘，卵粒呈鱼鳞状排列。卵期 7 ~ 10 天，初孵幼虫群集取食叶肉，2 ~ 3 龄幼虫边进食边吐丝，将叶片、枝条和虫粪卷结成虫苞，同一苞内虫龄各异，每个虫苞可容纳 2 ~ 20 头幼虫。

【为害特点】1 ~ 2 龄幼虫取食叶片，3 龄后吐丝将梢枝叶和粪粒缀合在一起形成鸟巢状的大虫苞，为害严重时可将樟树的叶片吃光，严重影响樟树的生长发育。

【防治方法】物理防治。人工摘除虫苞；成虫羽化盛期悬挂诱虫灯诱杀成虫。

生物防治。在幼虫初孵期用苏云金杆菌可湿性粉剂 800 倍稀释液或 0.3% 高渗阿维菌素乳油 1500 ~ 2000 倍稀释液喷雾防治。

化学防治。可用 20% 氰戊菊酯 1500 倍稀释液喷雾防治。

A. 幼虫

B. 虫苞

C. 为害状

樟巢螟（郑霞林 摄）

黑脉厚须螟 *Propachys nigrivena* Walker

【寄主】樟。

【分布】中国分布于浙江、福建、江西、湖南、广东、广西、四川、台湾。广西分布于南宁（邕宁）、金秀、防城港（港口）。

【形态特征】成虫翅展 38 ～ 44 mm，体鲜深红色，下唇须、腹部及足黑色，头部金黄色；前翅深红色，翅脉有黑纹；后翅深红色，翅脉无黑纹。

卵扁平，初产呈乳白色，近孵化时呈淡黄色。

幼虫共 6 龄；胸足褐紫色，爪浅绿色，腹足黑褐色，趾钩双序全环；胸背各节分布有呈横排的 4 个小黑点；腹部各节背面及侧面各有 2 排黑点，前排为 6 个大黑点，后排为 2 个小黑点，各节腹面具 2 个小黑突。

蛹和茧均为红褐色。茧球形，蛹纺锤形。

【生活习性】在湖南浏阳 1 年发生 2 代，在福建南平 1 年发生 3 代。以末龄幼虫入土结茧化蛹越冬。翌年 4 月中下旬成虫羽化，4 月下旬至 5 月上旬第一代幼虫孵化，6 月中下旬末龄幼虫陆续入土化蛹，6 月下旬至 7 月上旬第二代成虫羽化并产卵，7 月中旬第二代幼虫孵化，8 月中旬开始入土化蛹，8 月下旬成虫羽化，9 月中旬第三代幼虫孵化，10 月下旬末龄幼虫入土化蛹越冬。成虫多在 21 ～ 23 时羽化，翌日夜间交配，交配时长 1 ～ 3 小时，交配后即可产卵，成虫寿命 4 ～ 10 天。雌虫多将卵聚产于叶背，卵上无覆盖物，1 ～ 3 代卵期分别为 8 ～ 11 天、7 ～ 9 天和 8 ～ 12 天。以发达的胸足和臀足使虫体攀附在丝上，平时不太活动，静伏在丝上，头微翘起，当受惊扰或取食时，可迅速地在丝上进退或转身，十分敏捷。

黑脉厚须螟成虫（陆温　摄）

【为害特点】初孵幼虫在樟树叶背取食叶肉，留下网状脉。2 ～ 3 龄幼虫在樟叶之间吐丝，幼虫攀附在丝上或以腹足、臀足挂在丝上取食叶片。当牵丝的叶片被吃光后，幼虫即转移到其他叶片上重新牵丝，继续为害。幼虫一生通常可转移为害 5 ～ 8 次。

【防治方法】物理防治。利用成虫的趋光性，在其羽化高峰期使用频振式杀虫灯进行诱杀。

生物防治。保护和利用天敌。卵期释放赤眼蜂或使用苏云金杆菌喷雾防治。

化学防治。在幼虫盛发期，可喷洒 20% 溴氰菊酯 3000 倍稀释液进行防治。

93. 草螟科 Crambidae

成虫体小至中型，体形和颜色多变；喙基部被鳞片；前翅 R_3 与 R_4 脉共柄或合并，后翅 $Sc+R_1$ 与 Rs 脉在中室外侧共柄；第一、第二腹板有 2 个鼓膜室，每个鼓膜室有 1 个鼓膜和 1 个节间膜，鼓膜室开放，前端中部有 1 条宽缝隙，鼓膜与节间膜不在同一平面上，且明显形成角度，听器间突发达。全世界已记录 18 亚科 323 多属 11630 种，食叶害虫。

黄翅缀叶野螟 *Botyodes diniasalis* (Walker)

【寄主】桉、油桐、降香黄檀、油茶、撑篙竹、粉单竹、八角、盆架子、火力楠、土沉香、红锥等。

【分布】中国广泛分布。广西分布于梧州（龙圩、万秀）、苍梧。

【形态特征】成虫黄色，体长 12 ～ 14 mm，翅展 26 ～ 30 mm。头褐色，两侧有白条纹。触角丝状，较长，淡褐色。前翅具灰褐色断续的横波状纹及斑点。胸腹部背面淡黄褐色。雄虫腹末有 1 束黑色绒毛。

卵球形，初产为绿色，逐渐转为淡黄色。

末龄幼虫黄绿色，头部两侧近后缘各有 1 个黑褐色半月形斑块，胸部两侧各有 1 条黑褐色纵纹。气门上、下线为浅黄色。

蛹长 15 mm，腹部灰白色，外有 1 层白色丝织薄茧。

【生活习性】在安徽固镇县 1 年发生 6 代，以幼虫在树皮缝隙、枯枝落叶及土缝中结茧越冬。翌年 4 月上旬寄主植物萌芽后开始取食为害，5 月下旬末龄幼虫化蛹，6 月上中旬越冬代成虫羽化；第一至第五代成虫发生期分别为 7 月上中旬、7 月下旬、8 月上中旬、9 月上中旬和 10 月中下旬，21 ～ 23 时为羽化盛期，飞行能力强，有趋光性；雌虫交配后可立即将卵块产于新梢叶背边缘或中脉两侧，每个卵块 25 ～ 180 粒。幼虫活泼，遇惊扰即弹跳逃跑或吐丝下垂，老熟后在叶卷内结薄茧化蛹。在雨季该虫发生普遍，10 月下旬末龄幼虫进入越冬期。

【为害特点】初孵幼虫有群集性，喜群居取食叶肉，3 龄后分散缀叶呈饺子状虫苞或叶筒栖息取食。

【防治方法】营林防治。因地制宜地选择较抗虫品种栽培。

生物防治。保护和利用天敌，可在卵期释放赤眼蜂防治。

物理防治。利用成虫的趋光性，利用诱虫灯诱杀。

化学防治。幼虫发生期可喷施兼具触杀和胃毒功能的药物进行防治。

A. 成虫（于纪国　摄）

B. 幼虫和蛹（侯玉松　赵文汀　摄）

黄翅缀叶野螟

桃蛀螟 *Conogethes punctiferalis* (Guenée)

【寄主】马尾松、板栗、臭椿、银杏、核桃、麻栋等。

【分布】中国广泛分布。广西各地均有分布。

【形态特征】成虫体长 10 mm，翅展 20 ～ 29 mm，体色黄色或淡黄色。胸部淡黄色，中胸中央具 1 个小黑斑，后胸具 3 个黑斑。第二至第五腹节各具 3 个黑斑，第六腹节有时具 1 个黑斑。雄虫第九节末端呈黑色。前翅前缘基部 1 个黑斑；亚基线及前中线各由 3 个黑斑构成；中室圆斑和中室端斑黑色；后中线由 8 个黑斑构成。亚外缘线由 6 个黑斑构成。后翅中室中部具 1 个大黑斑；后中线具 7 个黑斑，从前缘向内倾斜；亚外缘线具 8 个黑斑。

A. 幼虫

B. 为害板栗

桃蛀螟（郑霞林　摄）

卵呈椭球形，直径 0.5 mm，表面粗糙状圆点，初期乳白色，之后逐渐变黄。

幼虫体长 20 mm，体色灰色、浅灰色等。头褐色，前胸部盾片褐色，体表刚毛明显，灰褐色。第一至第八腹节毛片明显，灰褐至黑褐色，背面的毛片较大，每节体毛成 2 排，前 4 后 2。

蛹长 12 mm，黄褐色，臀刺细长，尾部具 6 根。茧呈椭圆形，白色。

【生活习性】在广东 1 年发生 5 ～ 6 代，越冬代幼虫于 3 月中旬开始化蛹，4 月上旬至 5 月上旬羽化，并在寄主植物果实上产卵。世代历期约 30 天。以末龄幼虫或蛹在落地的栗苞、栗树和周边其它寄主植物的树皮缝隙及贮栗场所周围越冬。

【为害特点】为杂食性昆虫。1 ～ 2 龄幼虫取食栗刺及有伤口的栗果，3 龄后蛀食健果，栗果受害后蛀孔处有虫粪排出。

【防治方法】营林防治。加强抚育管理。

物理防治。利用灯光诱捕成虫，焚烧受害植株。

生物防治。喷洒苏云金杆菌乳剂 600 倍稀释液或青虫菌液 100 ～ 200 倍稀释液防治。

化学防治。幼虫期，喷洒 50% 杀螟松乳剂 1000 倍稀释液、35% 赛丹乳油 2500 ～ 3000 倍稀释液或 2.5% 功夫乳油 3000 倍稀释液防治。

竹织叶野螟 *Crypsiptya coclesalis* (Walker)

【寄主】粉单竹、青皮竹、撑篙竹、甜竹、刺竹、毛竹、佛肚竹等。

【分布】中国分布于江苏、浙江、安徽、江西、山东、河南、湖北、湖南、广东、广西、四川、贵州、台湾。广西分布于南宁（青秀、西乡塘、武鸣、邕宁）、宾阳、上林、平乐、荔浦、灵川、全州、桂林（雁山）、龙胜、阳朔、兴安、梧州（龙圩、万秀、长洲）、苍梧、岑溪、藤县、防城港（防城）、浦北、桂平、平南、北流、博白、兴业、扶绥、环江、金秀、象州、高峰林场、南宁树木园。

【形态特征】成虫体长 10 ～ 14 mm，翅展 21 ～ 25 mm，棕黄色或黄色。头部褐色，额部圆形，两侧有白色条纹。复眼绿色。触角丝状，黄色。前翅棕褐色，中室内有 1 个深褐色点状。后翅棕褐色，外横线下半段内倾与中横线相连，后翅仅有中横线。腹部银白色。

卵半透明，呈圆扁形，中央突起，淡黄色，长 0.7 ～ 0.9 mm。卵数十粒聚集，呈鱼鳞状排列。

幼虫体长 15 ～ 25 mm，青色或橘黄色。前胸背板上具 6 块黑色斑点；中后胸背板上各有 2 块棕色斑点，被背线分割成 4 块。每腹节背面有 2 个褐斑，气门斜上方有 1 个褐斑。

蛹长 11 ～ 15 mm，橘黄色，腹末端具数根钩状臀棘。

【生活习性】以末龄幼虫越冬。幼虫为害期主要在 5 月下旬至 11 月上旬。成虫集中于夜晚羽化，白天活动能力低。产卵于竹叶表面。幼虫卷叶取食。蛹多处于杂草根上。幼虫以第一代为害最严重，第二代较轻。

【为害特点】幼虫吐丝卷叶取食，影响竹林出笋量，严重时竹林大面积死亡，减少竹产量。

【防治方法】物理防治。在成虫期进行灯光诱杀。

生物防治。卵期可释放赤眼蜂，幼虫期喷洒灭幼脲、苏云金杆菌、白僵菌制剂等。

化学防治。幼虫可使用菊酯类杀虫剂进行防治。

A. 成虫

B. 卵

C. 幼虫

D. 蛹

竹织叶野螟（杨忠武　摄）

绿翅绢野螟 *Diaphania angustalis* Snellen

【寄主】糖胶树。

【分布】中国分布于福建、广东、广西、海南、云南。广西分布于南宁（兴宁、武鸣、邕宁）、马山、横州、宾阳、桂林、柳州、藤县、防城港（港口）、东兴、平南、玉林（玉州）、博白、北海、德保、巴马、忻城、扶绥、崇左（江州）、都安、七坡林场、黄冕林场、博白林场。

【形态特征】成虫体长 20 mm，展翅长 35 ～ 40 mm，体色浅绿色。触角丝状，基部呈绿色，其余呈浅绿色。雄虫腹部末端臀鳞呈褐色，雌虫腹部末端少数呈棕色。前翅较长，前缘浅棕色，后缘浅绿色。后翅前缘浅白色。

幼虫体长 30 mm，体色淡绿色。1 ～ 7 节每节有 4 个方形斑，其余节背面为横斑。

蛹褐色，长 20 mm，纺锥形，腹末有 8 根毛状钩。

【生活习性】幼虫卷叶，取食叶肉，使叶片枯黄凋落。1 ～ 3 龄幼虫食量小，幼虫 4 ～ 6 龄为暴食期，几天可将一株树的嫩叶吃光。11 月上旬，幼虫化蛹于叶苞内。雌虫多选择嫩叶产卵。

【为害特点】幼虫卷叶取食叶肉，严重时将树叶全吃光，可使树木死亡。

【防治方法】营林防治。加强抚育管理，增强林木抗性。

物理防治。在成虫期利用灯光诱捕或糖醋液诱杀。

生物防治。保护和利用凹眼姬蜂、跳小蜂、白僵菌以及寄生蝇等自然天敌防治。

化学防治。可用 50% 杀螟松乳油 800 倍稀释液喷雾防治。

A. 成虫

B. 卵

C. 幼虫

D. 蛹

绿翅绢野螟（张玉静　摄）

赭翅双叉端环野螟 *Eumorphobotys eumorphalis* (Caradja)

【寄主】粉单竹、撑篙竹。

【分布】中国分布于江苏、浙江、安徽、福建、江西、河南、湖北、湖南、广东、广西、海南、重庆、四川、贵州。广西分布于浦北。

【形态特征】成虫翅展 30 ～ 40 mm。前翅和后翅为暗灰色。缘毛淡黄，前翅中室有不明显的中室端脉斑；触角、下唇须呈黄色，胸部、腹部呈深烟赭色。

幼虫米黄色，背中线黑色。胸部各节和腹部第八节两侧具不规则黑斑。

【生活习性】1 年发生 2 ～ 3 代，以末龄幼虫在竹腔或虫苞内越冬。成虫有补充营养习性，具趋光性。

【为害特点】幼虫为害竹，蛀食茎。

【防治方法】营林防治。加强抚育管理。

物理防治。成虫用灯光诱捕。

生物防治。释放赤眼蜂或采用性信息素诱杀成虫。

A. 成虫

B. 幼虫及为害状

赭翅双叉端环野螟（杨忠武　摄）

四斑卷叶野螟 *Glyphodes quadrimaculalis* Bremer et Grey

【寄主】桉等。

【分布】中国分布于浙江、福建、江西、山东、湖北、广东、广西、四川、云南、台湾。广西分布于宁明。

四斑卷叶野螟（王俊平　摄）

【形态特征】成虫翅展 33 ～ 37 mm。头部淡黑褐色，触角黑褐色，下唇须向上伸，下侧白色，其余部分黑褐色。胸部及腹部黑色，两侧白色。前翅黑色，有四个白斑，最外侧 1 个延伸成 4 个小白点，后翅白色，沿外缘有 1 条黑色宽缘。

【生活习性】1 年发生 4 ～ 5 代，成虫有趋光性，喜在傍晚活动、交配等。

【为害特点】幼虫常将叶横卷成筒状，潜伏在其中取食叶肉。

【防治方法】营林防治。选用抗虫品种造林，加强幼林抚育管理，提高林木抗虫能力。

物理防治。利用频振式杀虫灯诱杀成虫。

化学防治。在初孵幼虫盛期喷洒 2.5% 溴氰菊酯乳油 2500 倍稀释液、20% 杀灭菊酯乳油 3500 倍稀释液进行防治。

黄野螟 *Heortia vitessoides* (Moore)

【寄主】土沉香。

【分布】中国分布于福建、广东、广西、海南、云南、香港。广西分布于南宁（江南）、梧州（万秀)、藤县、灵山、北流、博白、宁明、凭祥、东兴、高峰林场、南宁树木园、派阳山林场、钦廉林场、博白林场、热林中心。

【形态特征】成虫体长 11 ～ 13 mm，翅展 30 ～ 40 mm，线状触角。前翅浅黄色，翅基有 2 个黑点，外横线宽、倾斜，不伸达翅内缘，中线宽，在翅前缘及后角扩展，翅外缘有蓝黑色宽条纹；后翅白色，外缘有蓝黑色宽带。

卵扁球形，直径 0.4 ～ 0.7 mm，乳白色，孵化时呈黑色。

幼虫共 5 龄，初期体长 1.35 mm，米黄色，后期体长 20.50 mm，黄褐色。前胸至腹部第九节的亚背线黑褐色，第九腹节具连接体两侧亚背线的黑褐色横线。腹部第一至第八节每节两侧亚背线上有 2 个近圆形黑斑；中、后胸及第九腹节在亚背线两侧有 2 个黑褐色斑。所有黑斑均具深黄色的金属光泽。

蛹长 10 ～ 12 mm，初期米黄色，后期变黑褐色。尾部末端有 4 根臀刺。

【生活习性】1 年发生 6 ～ 8 代，热带地区可发生 10 代，以蛹越冬。翌年 2 ～ 3 月开始羽化，成虫夜间羽化和活动，飞行能力较弱，只能进行短距离飞行，有强趋光性，寿命 2 ～ 8 天，产卵于叶面。幼虫寄主专一性强，1 ～ 2 龄幼虫聚集取食嫩叶，3 龄以后分散取食，具暴食性。末龄幼虫从树上转移至林下表土层或枯枝落叶中化蛹，蛹期 1 ～ 2 周。成虫、卵和蛹的发育起点温度分别为 13.32 ℃、13.10 ℃和 8.24 ℃，完成整个世代的有效积温为 619.49 ℃。

【为害特点】低龄幼虫聚集为害寄主叶片，3 龄后分散为害，具暴食习性，单株虫口数量可达千头以上。

【防治方法】营林防治。冬季结合日常管理，对树冠范围内的表土层进行浅翻土，人工消除虫蛹；发生初期或发生量少时，也可人工剪除有卵、幼虫的枝叶。

物理防治。在土沉香林间套种假蒿和檀香，并与频振式杀虫灯联合应用，诱杀效果明显。

生物防治。释放天敌，如赤眼蜂等，或采用性信息素诱杀成虫。

化学防治。可选用灭幼脲Ⅲ号、苯氧威、甲氧虫酰肼、甲维·茚虫威和甲氨基阿维菌素苯甲酸盐，按推荐剂量使用。

A. 成虫

B. 幼虫

C. 幼虫聚集为害

D. 为害状

黄野螟（覃继财　任向明　郑霞林　摄）

黑点蚀叶野螟 *Lamprosema commixta* (Butler)

【寄主】禾本科植物。

【分布】中国分布于北京、天津、山西、浙江、安徽、福建、河南、湖北、湖南、广东、广西、海南、重庆、四川 、贵州、云南、西藏 、陕西、甘肃、台湾。广西分布于南宁（武鸣灵马）。

【形态特征】成虫体小型，翅展 18 ～ 20 mm ；头部白色；触角基部黑褐色，其余黄褐色；胸部背面淡褐色，中间有黑色鳞片形成的 1 条横条纹；腹部背面黑色，腹末最后 2 节的背面淡黄色，腹部末端有 1 个黑斑，腹部各节后缘具黄白色绒毛；前翅黄褐色具黑斑和条纹，翅基暗褐色；前缘有 2 个黑斑和 1 个黑色环斑，内横线黑色波纹状弯曲；中室中央有 1 个黑色环斑，中室下侧有 1 个黑褐色大斑纹；外横线黑色，由前缘起，斜伸至 M_1 及 Cu_2 脉间向外突出，然后急转向中室下角，外缘为暗褐色宽带；后翅基及外缘暗褐色，外横线黑色，在 M_1 及 Cu_2 脉间向外弯曲。前后翅外缘上有 1 排黑色斑纹。

【生活习性】成虫多见于 5 ～ 9 月，具趋光性。

【为害特点】食叶害虫，取食寄主植物叶片。

【防治方法】物理防治。成虫趋光性强，可采用灯光诱杀。

生物防治。自然条件下存在多种捕食性和寄生性天敌，有一定的控制作用，要充分保护和利用。

化学防治。在幼虫发生盛期时，可用 2.5% 溴氰菊酯乳油 1000 ～ 2000 倍稀释液喷雾防治。

黑点蚀叶野螟成虫（任向明　摄）

竹绒野螟 *Nephelobotys evenoralis* (Walker)

【寄主】竹。

【分布】中国分布于江苏、浙江、安徽、福建、江西、湖南、广东、广西、四川、台湾。广西分布于上林、马山、兴安、兴业、来宾、大新、宁明。

【形态特征】成虫体长 10 ～ 15 mm，翅展 25 ～ 30 mm。体黄色，前翅前缘色深，有黑褐色横线 3 条，外线在中室处内倾与中线相连；外缘有 1 条黑褐色宽边，外缘与缘毛间有 6 ～ 7 个黑点纵向排列。后翅中域有一弯曲的中横线。

卵呈扁椭圆形，直径长 1.0 ～ 1.3 mm，乳白色。

高龄幼虫体长 20 ～ 29 mm ；头橙黄色，体淡绿色。胸部各节在背面有褐斑 3 块，被背线分割为 6 块，前胸前面 4 块为黑色。腹部各节背面有褐斑 2 块，被背线分割为 4 块，前胸在气门前上方有一较大的黑斑，中后胸两侧各有黑斑 3 块，腹部各节两侧有黑斑 3 块。第一、第二及第七至第九腹节腹面各有黑斑 4 块。

蛹长 14 ～ 17 mm，近羽化时呈棕色；臀棘有微突 3 个，生有小钩 8 根，中间着生小钩 2 根，两边各着生小钩 1 根，余 4 根小钩着生臀棘两侧。

【生活习性】1 年发生 1 代，以 2 龄幼虫在卷叶苞内越冬，3 月上旬幼虫将叶片卷为苞状取食。5

月上旬在苞内化蛹，5 月下旬羽化，飞出竹林寻找花蜜。卵产于叶背，每卵块 20 ～ 50 粒，成虫具趋光性。

【为害特点】幼虫卷叶成苞状取食为害，一段时间后弃旧叶苞结新叶苞转移为害。

【防治方法】物理防治。成虫期进行灯光诱杀。

生物防治。保护和利用天敌，如画眉、蜘蛛等取食幼虫及成虫。赤眼蜂可寄生卵，应加以保护或人工释放。

化学防治。在低幼龄幼虫时期，使用 20% 氰戊菊酯 1500 倍稀释液喷雾防治。针对卷叶为害的特点，于重点为害部位喷药。

A. 幼虫

B. 为害状

竹绒野螟（郑霞林　摄）

竹蠹螟 *Omphisa fuscidentalis* (Hampson)

【寄主】毛竹、刺竹等。

【分布】中国分布于江苏、浙江、福建、湖南、广西、四川、云南。广西分布于马山（加方、古寨）。

【形态特征】成虫体小型，橙棕色，雄虫体长 19 ～ 20 mm，翅展 37 ～ 39 mm，雌虫体长 22 ～ 25 mm，翅展 41 ～ 45 mm；触角丝状；前翅前缘深棕色，翅基至中室处的深棕色区域较宽，随后至顶角逐渐变窄，中室有一字形黑条纹；后翅无条纹，前后翅缘毛橙棕色。胸部背面密被绒毛。

幼虫共 5龄，头、胸、腹部均为褐色，胸、腹部着生较多长刚毛。1 ～ 5 龄幼虫的头壳宽度分别为 0.5 ～ 0.6 mm、0.7 ～ 0.9 mm、1.2 ～ 1.4 mm、1.6 ～ 2.0 mm 和 2.4 ～ 3.0 mm。

【生活习性】1 年发生 1 代，以幼虫在竹腔内越冬，成虫于 7 月上旬始现，雌虫将卵聚产在当年抽笋的嫩竹丛中，卵粒排列呈鳞片状，每卵块有 80 ～ 130 粒，卵期 5 ～ 13 天；幼虫孵化后开始向上爬行寻找合适的部位蛀孔进入竹笋内部，在竹腔内发育群集为害，蛀孔直径 1.75 ～ 2.75 mm。竹受害后，节间明显缩短或出现裂缝。1 ～ 4 龄幼虫历期 40 ～ 45 天，5 龄历期较长，不取食后即从竹梢下行至幼

A. 幼虫

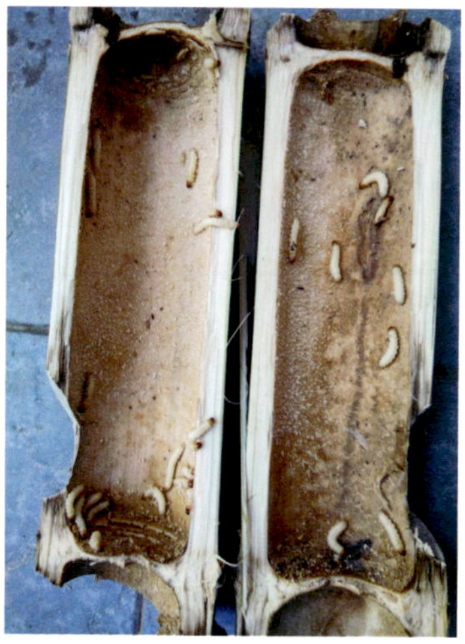
B. 为害状

竹蠹螟（郑霞林　摄）

虫当时蛀入的竹节并进入滞育状态，直至翌年 5 月中旬化蛹，蛹期 50 天左右，成虫多在上半夜羽化，从幼虫时的蛀孔爬出，成虫寿命 12 ～ 18 天。

【资源利用】为食用昆虫，可油炸或爆炒，营养丰富，是云南和广西等地常见的美味佳肴之一。易养殖，产量高，寄主丰富，发展前景好。虫体含粗脂肪 60%，粗蛋白 29% ～ 39%，16 种氨基酸总含量 30%（其中人体必需氨基酸 7 种，含量为 11%），不饱和脂肪酸 56%，此外还有 Ca、P、Zn、Fe 等多种人体必需的矿质元素，以及维生素 B_1、维生素 B_2、维生素 B_6 和维生素 A 等。可作为一种高档昆虫蛋白食品，也可能在未来食物和蛋白质资源缺乏时成为人类重要的新的蛋白质资源。需要保护竹林时，也可参考竹直锥大象在幼虫期竹腔注射药物进行防治。

白斑黑野螟 *Pygospila tyres* Cramer

【寄主】桉、竹等。

【分布】中国分布于浙江、福建、广东、广西、海南、重庆、四川、贵州、云南、甘肃、台湾等。广西分布于天等。

白斑黑野螟成虫（李懋辅　摄）

【形态特征】成虫翅展 40 ～ 42 mm。黑褐色。额部两侧有白色线。触角黑褐色，末端银灰色。头顶淡黄色。下唇须基节及第二节下侧白色。前翅基部有 1 个小白点，中室末端有 1 个大白斑。后翅基部及中室端脉外各有 1 个大圆形白斑，近外缘中部及后角处各有 1 个白斑，翅顶角下及后角缘毛白色。

【生活习性】1 年发生 1 代，以末龄幼虫在老竹箨内壁或枯叶下结茧越冬。4 月上旬开始化蛹，化蛹期长。5 月中旬及 6 月中旬为成虫羽化高峰，成虫趋光性明显，具补充营养习性。成虫多产卵于竹叶背，卵期 4 ～ 10 天。

【为害特点】1 ～ 2 龄幼虫取食竹叶上表皮，3 龄后幼虫吐丝将叶拉成弧状，在丝幕内食叶。将叶食至大半开始转移为害。

【防治方法】营林防治。结合竹林抚育，清除林间、林缘小灌木，减少蜜源植物。

物理防治。根据成虫的趋光性，可在成虫盛发期设置频振式杀虫灯进行诱杀。

化学防治。幼虫期可喷洒 20% 杀灭菊酯或 20% 氯氰菊酯 1000 倍稀释液防治。

显纹卷斑野螟 *Pycnarmon radiata* (Warren)

【寄主】圣罗勒、小花延命草、红花鼠尾草和牡荆属植物。

【分布】中国分布于安徽、福建、江西、河南、湖北、广东、广西、陕西、甘肃、香港。广西分布于防城港（防城）。

【形态特征】成虫翅展 18 ～ 21 mm。触角黄色或浅黄色，腹面具短纤毛。胸部、腹部背面乳白色。

中、后胸背面分别具 2 个黑斑。翅基片白色，基部有 1 个黑斑。前后翅黄白色，近外缘区域浅黄色。前翅基部有 2 个黑斑，顶角处白色；前缘近基部 1/3 处、内缘近基部分别有 1 个黑斑，前缘近端部 1/3 处伸出 1 条黑褐色斜纹弯至外缘中部；中室圆斑黑褐色，中室端斑圆形，黑褐色；前中线褐色，仅中室下方明显；中室下角下方有 1 条伸向外缘的黑褐色斜纹，该斜纹与前中线之间有 1 条向外倾斜伸向内缘的粗斜纹；外缘线断续，黑褐色；缘毛棕黄色。后翅中室圆斑黑褐色，中室端斑椭圆形，黑褐色；后中线波状弯曲，近内缘处加粗；外缘线黑褐色；缘毛浅黄色。

显纹卷斑野螟成虫（陆温　摄）

【生活习性】不详。

【为害特点】幼虫食叶。

【防治方法】未见大面积发生和为害，可通过保护和利用自然天敌控制其种群。

柚木野螟 *Pyrausta machoeralis* (Walker)

【寄主】柚木。

【分布】中国分布于广东、广西、海南和云南。广西分布于大新、热林中心。

【形态特征】成虫体长 11 ～ 12 mm，翅展 22 ～ 24 mm。触角丝状，复眼黑色；下颚须前伸，具厚鳞，黄褐色；下唇须前伸向上，白色。前翅浅黄色，具红色波状纹，翅缘红褐色，缘毛浅黄色间有红褐色纵带；后翅淡黄色，外缘红褐色。胸背部浅黄褐色。腹部背面浅黄色，腹面灰白色。

卵初产时为近透明球体，孵化前期变乳白色椭球形，后变为浅黄色，边缘不规则，表面有网状花纹结构。

幼虫共 5 龄，1 ～ 2 龄幼虫虫体灰白色，3 ～ 4 龄深绿色，5 龄黄褐色；前胸盾具不规则黑斑，中、后胸背部每节具 1 对黑色刚毛瘤。腹节背面每节具 4 个黑色刚毛瘤，成矩形排列，毛瘤周围有白色圈。

雌雄蛹体长分别为 12.0 ～ 14.2 mm 和 11.5 ～ 14.0 mm，初期背面淡黄色，腹面淡绿色。近羽化时蛹体呈红褐色，复眼黑色。

【生活习性】在华南地区 1 年发生 11 ～ 12 代，无越冬现象。5 ～ 9 月世代重叠现象明显。雌

A. 成虫

B. 幼虫及为害状

C. 茧

D. 蛹

柚木野螟（方小玉　摄）

虫、雄虫、卵、幼虫和蛹的发育历期分别为 8.02 ± 0.68 天、6.54 ± 0.94 天、4.4 ± 0.68 天、6.1 ± 0.84 天和 12.1 ± 0.98 天。成虫夜间活动，暗期 1 ~ 7 小时内有 78% 的成虫羽化，其中雌虫集中在暗期 1 ~ 4 小时羽化，雄虫集中在暗期 5 ~ 10 小时羽化。1 ~ 5 日龄成虫均有求偶行为发生，尤以 2 日龄成虫最盛，求偶高峰期发生在进入暗期 8 小时。交配行为主要发生在暗期 2 ~ 4 小时和 7 ~ 9 小时。成虫多产卵于近叶片中脉处，散产或聚产。1 ~ 2 龄幼虫喜在叶背的叶脉旁吐丝结成疏网。1 ~ 5 龄幼虫的头壳宽度分别约 0.25 mm、0.7 mm、1.0 mm、1.5 mm 和 1.6 mm。

【为害特点】幼虫在柚木叶上结疏网，取食叶肉留下叶脉，且具 1 个圆形“逃逸孔”。

【防治方法】营林防治。加强幼林抚育管理。

生物防治。保护和利用天敌，卵期释放赤眼蜂；采用青虫菌防治幼虫；采用性信息素诱杀成虫。

化学防治。可用 50% 杀螟松乳剂 1000 倍稀释液或 2.5% 氯氰菊酯乳油 2000 ~ 3000 倍稀释液喷雾防治。

（方小玉）

黄黑纹野螟 *Tyspanodes hypsalis* Warren

【寄主】桉等。

【分布】中国分布于江苏、浙江、福建、江西、湖北、广东、广西、海南、台湾。广西分布于龙胜、环江。

【形态特征】成虫翅展 31 ~ 34 mm。头部、触角柄节为淡黄色，胸部领片及翅基片橙黄色，翅基片外侧左右各有 1 个烟棕色斑点。腹部橙黄色，中央鳞片烟棕色。前翅麦秆黄色，后翅暗灰色，中央有浅银灰色斑。前、后翅缘毛银灰色，有闪光。

【生活习性】成虫 7 ~ 8 月出现，具趋光性。

【为害特点】低龄群集取食叶片，高龄分散为害。

【防治方法】营林防治。幼虫群居为害时，摘除虫包，集中烧毁。

化学防治。幼虫发生高峰期可喷洒 25% 西维因可湿性粉剂 500 ~ 800 倍稀释液等化学药剂防治。

黄黑纹野螟成虫（许弘林　摄）

（四十二）钩蛾总科 Drepanoidea

最新的研究结果表明，该总科仅包括钩蛾科 Drepanidae，原在该总科下的凤蛾科 Epicopeiidae 归入尺蛾总科 Geometroidea。

（郑霞林）

94. 钩蛾科 Drepanidae

小型至中型蛾类，翅宽大，腹部细，喙和唇须不发达，前翅顶角一般呈钩状，M_2 脉多靠近 M_3 脉，R_2 ～ R_5 脉共柄。后翅 Rs 脉同 Sc+R_1 脉分离，2A 脉发达，3A 脉退化；有翅缰；两翅中室均为角室。全世界已记录圆钩蛾亚科 Cyclidiinae、钩蛾亚科 Drepaninae、山钩蛾亚科 Oreninae 和波纹蛾亚科 Thyatirinae 共 4 亚科 650 多种，中国已记载 4 亚科 38 属 202 种。是林木、果树及农作物的害虫，早期有群集性，为食叶害虫。

洋麻圆钩蛾 *Cyclidia substigmaria* (Hübner)

【寄主】八角枫等。

【分布】中国分布于安徽、湖北、广东、广西、海南、四川、云南、台湾。广西各地均有分布。

【形态特征】成虫体长 20 ～ 25 mm，翅展 55 ～ 65 mm。头部黑色；胸部灰白色；腹部白色微带有褐色，各节间略浅；翅白色，有浅灰褐色斑纹。从前翅顶角到后缘中部成一斜线，斜线外侧色浅，有 2 ～ 3 条波状灰白纹，外缘线较直，后角较钝；斜线内侧色深，在顶角内侧与前缘处有 1 个深色三角形斑，斑内有白色纹；中室内有灰白色臀形纹 1 个，臀纹周围有深色圈；后翅中室端有 1 个较大的褐

A. 成虫（覃东平　摄）

B. 幼虫背面观（蔡先洁　摄）

C. 幼虫侧面观（李懋辅　摄）

洋麻圆钩蛾

色圆斑，其余部分比前翅色淡，横纹可见，在中室下方成1条长方形条纹，亚缘线下方有黑褐色点。前翅背面中室上各有1个暗褐圆点，亚缘线下方的暗斑可见，其余横纹不及正面明显。

末龄幼虫体长27～35 mm，背线、亚背线和气门上线墨绿色，亚腹线至腹线间有灰白色宽带。各腹节的亚背线至气门线间有黄白色长形条斑各1对，各中后胸的亚背线至气门线间有3条黄色长形条斑和1条白色长形条斑。

【生活习性】不详。

【为害特点】食叶害虫，低龄幼虫有聚集取食寄主植物叶片的习性。

【防治方法】未见大面积发生和为害，可通过保护和利用自然天敌控制其种群。

交让木钩蛾 *Oreta insignis* (Butler)

【寄主】法国冬青、虎皮楠等。

【分布】中国分布于浙江、福建、江西、湖南、广东、广西、海南、四川、贵州、云南、台湾。广西分布于扶绥（龙头）、凭祥。

【形态特征】成虫体长18～20 mm，翅展35～45 mm；喙退化，只显2个黄色乳突；成虫翅面灰褐色，顶角尖锐外突，近顶角上缘具黑斑，顶角至后缘中部有1条明显褐色斜带，后翅中央的横带波浪状；触角栉齿状，淡黄色；头、胸、腹、足及翅背面均为锈红色；胸部腹面密被橘黄色毛；后翅顶角钝，外缘弧形。

幼虫黑色或灰褐色，胸腹部背中线紫色；前胸背板前缘沿背中线两侧各有1个紫色突起，呈M状，顶端钝圆；后胸背中央有1个紫色突起；尾端尖细，其中部和顶部紫色，其余灰白色。

蛹纺锤形，背面红褐色，腹面白色；腹末最后一节均为红褐色。

【生活习性】成虫多见于2～10月，生活在低、中海拔林区。具趋光性。

【为害特点】幼虫食叶为害。

【防治方法】物理防治。成虫趋光性强，可采用灯光诱杀；根据低龄幼虫有聚集取食的习性，及时发现虫叶，及时销毁。

生物防治。保护和利用自然条件下的捕食性和寄生性天敌，如大斑土蜂、黄唇蜾蠃、红嘴蓝鹊和山喜鹊等捕食性天敌，以及蝶金小蜂、广大腿小蜂、绒茧蜂、肿腿蜂、隔离狭颊寄蝇、金色小寄蝇等寄生性天敌。据研究，绒茧蜂和肿腿蜂的寄生率分别达到37.3%和15.7%。

化学防治。在低龄幼虫发生盛期可选用20%戊氰菊酯乳油、2.5%溴氰菊酯乳油、2.5%高效氯氟氰菊酯乳油3000倍稀释液喷雾防治。

交让木钩蛾成虫（李楙辅　摄）

（四十三）枯叶蛾总科 Lasiocampoidea

小型至大型蛾类，幼虫足无愈合的前基节，成虫前翅 M_2 脉的基部距 M_3 较 M_1 近，翅亚前缘脉仅与中室上边缘底部融合，并沿边缘适度延伸；下唇须常具有 1 个类似毛隆状的器官。仅有枯叶蛾科 Lasiocampidae，1600 多种。部分种类是农林主要食叶害虫。

（胡　平）

95. 枯叶蛾科 Lasiocampidae

中型至大型蛾类，密被鳞片，体粗壮，多黄褐色，有些种类静止时后翅的波状边缘伸至前翅两侧外，形似枯叶，下唇须粗，常呈鼻状或尖锥状延长，似叶柄，因而得名。额上常被 1 簇密毛。复眼小且强烈突起，常深藏于头部毛丛中。两性触角均为双栉齿状。前翅通常有 1 个明显的白色中室端斑，一些种类从翅基至外缘依次还有内线、中线、外线和亚端斑列。前翅外缘常呈锯齿状，后缘明显缩短。后翅大多呈圆形，斑纹位于前缘。中国已记录 39 属 216 种，其中以松毛虫为代表，是中国主要的林业害虫。

六点枯叶蛾 *Alompra ferruginea* Moore

【寄主】松、桉等。

【分布】中国分布于广东、广西、四川、云南。广西分布于天等（福新）。

【形态特征】雌成虫翅展 30 ～ 63 mm。全体呈红褐色，触角双栉齿状，梗节黑褐色，羽状毛黄褐色。翅面鳞片稀薄。前翅亚外缘自第二中脉以下有 1 条浅红褐色长斑，中室端至翅顶角内侧有纵行浅红褐色长斑，中室端有 1 个不明显的黑色大斑，中部到后缘的 3 个黑点排成 1 列，翅基和中室前缘各有 1 个黑点。前足腿节和胫节均很发达。雄虫体偏黑褐色。

【生活习性】该虫主要分布于阔叶林中，成虫发生在 5 ～ 6 月和 9 ～ 11 月，其他不详。

【为害特点】食叶害虫，严重时将寄主植物叶片吃光，整片林分呈火烧状。

【防治方法】营林防治。幼虫化蛹高峰期，及时清理枯枝、落叶和杂草，破坏其化蛹场所。

六点枯叶蛾（李懋辅　摄）

物理防治。人工捕杀卵、幼虫、蛹（茧）。

生物防治。选用0.5亿～1.5亿孢子/mL苏云金杆菌、0.5亿～2亿孢子/mL白僵菌或1.8%阿维菌素3000倍稀释液喷雾防治，或喷施100亿孢子/g白僵菌粉剂200～400 g/亩，低龄幼虫期用25%灭幼脲Ⅲ号仿生制剂1000倍稀释液喷雾防治。

化学防治。幼虫期选用2.5%溴氰菊酯乳油3000～5000倍稀释液、50%杀螟松乳油1000倍稀释液、1.2%烟碱·苦参碱乳油烟雾剂喷雾防治。

云南松毛虫 *Dendrolimus grisea* (Moore)

【寄主】湿地松、马尾松、云南松、思茅松、柳杉、侧柏等。

【分布】中国分布于浙江、福建、江西、湖北、湖南、广西、海南、云南、四川、贵州、陕西。广西分布于南宁（武鸣罗波）、西林（那佐）、贺州（八步桂岭）。

【形态特征】雌虫体长38～47 mm，翅展98～130 mm，体灰褐色，前翅中室末端白点模糊，横线亦模糊，亚外缘斑列最后两斑的连线约与翅顶角相交，触角羽状。雄虫体长32～41 mm，翅展73～89 mm，体色近赤褐色，横线斑纹比较明显。触角羽状，鞭节呈淡黄色，栉枝为褐色。

卵长1.7 mm，宽1.5 mm，深褐色，中央有1条白色切带，两侧有明显白色环，近两端处各有1个褐色斑点。

幼虫共7龄，黑褐色，略扁，两侧体毛较长，褐色斑清楚，缺少贴体倒伏状鳞毛。头部黄褐色，额区及傍额区褐色，额区中央有长条状深褐色斑。中后胸背面绒毛带明显。腹部各节前亚背毛簇中缺少窄而扁平的片状毛，只是一丛长而粗硬的刚毛。体侧纵带在各节前方由纵带位置向下有2条斜斑伸向腹面。

蛹臀棘长且粗，末端由稍卷曲至接近形成圈状。

【生活习性】1年发生2代，以卵和幼虫越冬。越冬幼虫于翌年4月中旬开始结茧化蛹，5月下旬出现成虫，6月中旬出现第一代幼虫，8月中旬开始结茧化蛹，9月中旬第一代成虫羽化，产卵，部分卵当年孵化，其余则延至翌年。11月中旬出现第二代幼虫。

成虫多于18～22时羽化，羽化后白天静伏于松针丛中或树干背阴处及杂草丛中，夜间活动，但趋光性较弱。成虫寿命7～9天。羽化当晚即交配产卵。卵多产于松针上，并以当年松针上最多，每卵块含卵3～300粒。在严重受害的林区则林缘较林内产卵多。初孵幼虫有群集性，并有吐丝下垂习性。3龄、4龄以后取食量剧增，5龄、6龄以至近老熟的幼虫食量最大。幼虫老熟后，一般在针叶丛或树枝上结茧化蛹。在针叶被害严重的林分中，树枝上、树皮裂缝中、阔叶树或杂草灌木上均可成为其结茧场所。

【为害特点】食叶害虫，初孵幼虫聚集为害，取食叶肉，3龄后分散为害，可将整株的叶片吃光，使片林呈火烧状，严重时导致植株枯死。

【防治方法】参考六点枯叶蛾。此外，可喷洒1.5×10^{6} CPB/mL松毛虫核型多角体病毒NPV和松毛虫质型多角体病毒CPV防治幼虫；也可利用灯光诱杀成虫。

A. 成虫和卵

B. 幼虫

C. 茧

D. 蛹

云南松毛虫（周之宏　槐可跃　摄）

思茅松毛虫 *Dendrolimus kikuchii kikuchii* Matsumura

【寄主】松、油杉、银杉、柳杉、侧柏等。

【分布】中国分布于浙江、安徽、福建、江西、河南、湖北、湖南、广东、广西、四川、贵州、云南、甘肃、台湾。广西分布于宾阳（陈平）、横州（马山）、荔浦（东昌、新坪、杜莫、青山、大塘）、桂林（叠彩、七星）、阳朔（兴坪、普益、高田、葡萄）、龙胜（江底、伟江、乐江、花坪）、全州（庙头、蕉江、两河、才湾、黄沙河、龙水、凤凰、东山、永岁、文桥）、灵川（三街、灵田、潮田、定江）、灌阳（千家洞）、兴安（白石、崔家、高尚）、梧州（长洲）、苍梧（梨埠、岭脚）、岑溪（归义、南渡、林科所）、蒙山（陈塘）、藤县（同心、平福、小娘山林场）、合浦（曲樟）、防城港（港口、防城滩营和十万大山）、上思、平南（官成、大鹏）、博白（凤山）、容县（县底）、都安、巴马、东兰（武篆）、环江（明伦）、罗城（黄金、东门、兼爱）、南丹（芒场、八圩、城关、里湖、吾隘）、天峨（三堡）、金秀（三江、大樟、金秀林场）、象州（百丈、妙皇、运江）、宁明（桐棉）、天等（都康）、黄冕林场（波寨）、六万林场（高岭、河嵩）、雅长林场（雅庭）。

【形态特征】雌虫体长 28 mm，翅展 68 ～ 75 mm。体棕褐色至深褐色。触角羽状，前翅亚外缘黑斑列的内侧有淡黄色斑，中室末端的白点明显，亚外缘斑列最后两点的连线约与翅顶角相交。雌虫前翅前缘近末端 1/3 处开始有较强烈弯曲；外缘弧度大。雄虫体长 25 ～ 31 mm，翅展 53 ～ 54 mm。前翅中室白斑内侧有 2 块紧接在一起的淡黄色斑。触角羽状，鞭节褐色，栉枝黑褐色，余同雌虫。

卵长 1.77 mm，宽 1.50 mm，浅褐色，中央有 1 条白带，两侧有明显白环。

幼虫共 7 龄，棕褐色。全身布满白色、黑色及棕色长毛。花斑显著。头部褐黄色，傍额区暗褐色，额区亦呈黄褐色。中后胸节背面有明显绒毛带，前胸两侧具丛状长毛。腹部各节前亚背毛簇中仅有 1 丛长而粗硬的刚毛，体侧纵带明显，每节前方由纵带向下有斜斑伸向腹面。

蛹臀棘细长，末端卷曲，有时卷呈圈状。

【生活习性】1 年发生 2 代，以 3 龄、4 龄幼虫在松针丛中越冬，4 月上旬开始化蛹，越冬代成虫始见于 4 月中旬。第一代幼虫于 5 ～ 6 月出现。9 ～ 10 月中旬出现第二代幼虫，即为越冬幼虫。

成虫羽化后当天即交配。雌虫寿命约 10 天，雄虫约 5 天。成虫白天静伏隐蔽场所，夜晚活动，以傍晚活动最频繁。静止时雌虫腹部被翅覆盖，雄虫腹部末端露出。有趋光性。羽化后 3 天可产卵，产卵期 3 ～ 5 天，多产卵于针叶丛中，卵块较集中，每卵块 60 ～ 120 粒。未交配的成虫产下的卵不能孵化。初孵幼虫有群集性和假死性，聚集于梢头取食较嫩的针叶。幼虫活泼，稍受惊动即弹跳落地或吐丝下垂，末龄幼虫受惊后立即将头胸抬高钩卷，竖起胸部绒毛。末龄幼虫体色较深，附于松树树冠下部小枝吐丝结茧，茧薄而软，幼虫体毛脱落残留于茧表面，于茧内蜕皮化蛹。

【为害特点】取食叶片为害，先取食当年生新叶，虫口密度大时亦取食老叶，食量较大，暴发时整片林分呈火烧状。

【防治方法】参考六点枯叶蛾。此外，可利用该虫结茧于树冠下部枝条以及产卵于较低矮针叶的习性，于化蛹和产卵高峰期人工摘除虫茧和卵块；也可利用成虫的趋光性用灯光诱杀。

A. 成虫侧面观

B. 雌虫产卵

C. 卵块

D. 幼虫

E. 蛹及茧

思茅松毛虫（杨忠武　摄）

马尾松毛虫 *Dendrolimus punctatus punctatus* (Walker)

【寄主】松属植物。

【分布】中国分布于江苏、浙江、安徽、福建、江西、河南、湖北、湖南、广东、广西、海南、四川、贵州、云南、陕西、台湾。广西各地均有分布。

【形态特征】成虫体色变异大，黄褐色至深灰色。复眼黄绿色，下唇须较长。雌雄二型。雌虫体长 18.4 ～ 29.4 mm，翅展 42.8 ～ 56.7 mm，体色较深，触角为栉齿状，前翅较宽，外缘呈弓形，有浅色条纹，后翅较窄三角形，无斑纹。雄虫体长 20.2 ～ 28.7 mm，翅展 18.4 ～ 29.4 mm，触角双栉齿状。体由褐色到黑褐色，亚外缘黑斑列内侧呈褐色。

卵椭球形，表面光滑，长 1.39 mm，宽 1.13 mm。卵的颜色变化大，有淡绿色、粉红色、淡紫色和淡黄色，孵化时变成褐色。

幼虫 6 ～ 7 龄。幼虫体色分为棕红色和黑色两种。贴体的纺锤状倒伏鳞毛有银白色和银黄色两种。头部黄褐色，额区与傍额区暗褐色，傍额区边缘不整齐。中后胸节背面的毒毛带明显。腹部各节前亚背毛簇中有窄而扁平的片状毛，先端有齿状突起，毛簇基部贴体倒伏鳞毛明显，其中以第八节上最为明显。身体两侧生有许多白色长毛。每侧由头至尾有 1 条纵带。由中胸节至腹部第八节气孔后上方纵带上各有 1 个白色斑点。各节前方由纵带向下有 1 个斜斑伸向腹面。

蛹纺锤形，深褐色，雌蛹长 26 ～ 33 mm，雄蛹长 19 ～ 26 mm，表面密布黄色绒毛。臀棘细长，末端又稍有卷曲至卷成圆圈状。

【生活习性】在广西 1 年发生 2 ～ 4 代，桂南如合浦、博白 4 代，桂中如南宁、来宾 3 ～ 4 代，桂北如桂林 2 ～ 3 代；通常以 4 龄幼虫越冬，在桂北地区部分幼虫下树进入树皮内越冬，在桂南地区无明显的越冬现象；翌年 2 月下旬至 3 月上旬当最低气温在 10℃以上时，幼虫陆续开始活动取食，3 月中旬至 4 月中旬相继结茧化蛹，成虫 3 月下旬在桂南开始羽化。在桂中南宁、柳州等地，5 月中旬第一代幼虫孵化，7 月上旬结茧化蛹，7 月中旬羽化产卵。7 月下旬孵化出第二代幼虫，一部分第二代幼虫正常于 9 月上旬结茧化蛹，9 月中旬羽化产卵，9 月下旬至 10 月上旬孵化出第三代幼虫，第三代幼虫于 11 月中旬越冬；另一部分第二代幼虫于 8 月中下旬滞育，生长发育缓慢，延续至 11 月越冬。

成虫羽化、交配、产卵多在夜间进行。羽化以 20 ～ 23 时最盛，成虫趋光性强。雄虫羽化盛期比雌虫早。交配多在羽化的当晚，交配后的翌日晚即可产卵。卵产于松针或小枝上，聚集成块，每卵块有 300 ～ 400 粒，最多可达 800 粒。初孵幼虫嚼食卵壳后在附近的针叶上群集取食，1 龄幼虫啃咬部分针叶使其形成缺刻，使针叶枯黄卷曲。1 ～ 2 龄幼虫受到惊扰即吐丝下垂，并可借风扩散，3 ～ 4 龄幼虫分散为害，遇惊即弹跳掉落，5 ～ 6 龄幼虫有转株迁移习性。

【为害特点】以幼虫取食针叶为害，轻者影响松树生长，松脂减产，重者将针叶吃光，似火烧状，常诱发次期害虫，造成松木连片枯死。

【防治方法】营林防治。封山育林，营造针阔混交林，提高林分抗虫能力。

生物防治。保护和利用自然天敌。初春幼虫活动取食后，可在温和湿润的天气喷施白僵菌粉，每亩施放 100 亿孢子 /g 的白僵菌粉剂 200 ～ 400 g，防治效果良好。夏季可喷施苏云金杆菌 1 亿～ 2 亿孢子菌液制剂或松毛虫质型多角体病毒 CPV1.5 × 10^6 CPB/mL 制剂防治。低龄幼虫期使用 25% 灭幼脲悬浮液制剂，卵期可释放松毛虫赤眼蜂。

物理防治。使用杀虫灯诱杀成虫；人工捕杀幼虫、蛹、卵等。

化学防治。3～4龄幼虫期可选用2.5%溴氰菊酯2000～3000倍稀释液剂喷雾，或兑柴油超低量喷雾、兑滑石粉喷粉防治，还可喷施森得保粉剂、阿维菌素、甲维盐等药剂防治。

A. 成虫；B. 卵；C-H. 1～6龄幼虫；I. 蛹；J. 受害松林

马尾松毛虫（杨忠武　摄）

竹黄毛虫 *Euthrix laeta* (Walker)

【寄主】竹。

【分布】中国分布于福建、广西。广西分布于南宁（武鸣罗波）、荔浦（修仁、龙怀）、桂平（马皮）、罗城（四把）、天等（把荷）。

【形态特征】雌虫体长 22 ～ 27 mm，翅展 59 ～ 71 mm。触角栉齿状，栉齿嫩黄色。胸背有棕黄色与红褐色毛丛。前翅从顶角至翅基有 1 条深黑褐色斜纹，将翅划分为上下两部分，翅上半部分呈梭形，黄褐色；翅下半部分紫褐色，翅基部鲜黄色。后翅前缘区赤褐色，后大半部分淡黄褐色，后缘黄白色。雄虫体长 23 ～ 25 mm，翅展 34 ～ 51 mm。触角羽毛状，前翅的前半部咖啡色。后翅浅紫褐色，后缘色较浅。

卵长 1.5 mm，椭球形，粉白色。卵两端各有 1 个青色圆点，卵侧面各有 1 个青色圆斑，紧靠圆斑有 1 个粉白色圆环，圆环外还有 1 个较宽的青灰色圆圈。

幼虫 7 龄，头部杏黄色，有黑褐色斑点与花纹，蜕裂线黑褐色。胸部第一节两侧有黑色毛束向前方伸出，毛束端部白色。胸部第二节背板有黑色与淡黄色毛丛。胸部第三节背板有 2 条鲜黄色条纹。从胸部第三节至腹部第七节的背板各节有 8 个黑褐色毛丛。腹部第八节背板有黄白色与黑灰色的长毛刷。胸足黄褐色，腹足淡黄色，外侧有深褐色条纹，趾钩褐色，双序缺环。

蛹长 25 ～ 30 mm，红褐色，臀节钝圆，生有棕黄色短毛。茧黄白色，表层粘结稀疏的黑色短毛。

【生活习性】1 年发生 1 代，大多以卵在枝干上越冬。5 ～ 6 月出现成虫，成虫多在夜间羽化。产卵一般在树枝或树叶上，每卵块含卵 150 ～ 200 粒；幼虫一般在傍晚和早晨取食，末龄幼虫大多数在嫩枝上结茧，少数下树在灌木与杂草丛中结茧。

【为害特点】初孵幼虫取食嫩叶、叶柄及嫩梢，高龄幼虫取食成熟叶，且进食速度快，虫口密度高时吃光树叶，严重影响林木生长。

【防治方法】参考六点枯叶蛾。

A. 成虫

B. 幼虫

竹黄毛虫（杨忠武　摄）

环斜纹枯叶蛾*Euthrix tangi* (De Lajonquière)

【寄主】毛竹、青皮竹、撑篙竹、粉单竹、金竹、凤尾竹等。

【分布】中国分布于福建、江西、广东、广西。广西分布于龙胜、兴安（华江）、资源、灌阳、全州（白宝）。

【形态特征】雄虫体长 23 ～ 26 mm，翅展 37 ～ 40 mm。头灰黄色，复眼黑褐色；触角长栉齿状。前翅黄褐色杂红褐色，前缘弧状，后缘中部向外弓出；顶角内侧至后缘中部有 1 条黑褐色斜直线，斜线外侧至外缘有不明显的波状灰褐色斑纹；翅基有 1 条弧状灰色线；中室端有 1 个白色逗点，较明显。后翅浅褐色，具模糊中带 1 条。雌虫体长 24.5 ～ 28.5 mm，翅展 45 ～ 59 mm；较雄虫色浅，偏灰黄色，斑纹与雄虫相同。触角长栉齿状，梗节黄褐色，羽枝褐色。

卵球形，长 1.8 ～ 2.0 mm，宽 1.4 ～ 1.5 mm。初产时呈黏稠的水珠状，后变为白色，卵上方有 1 个较大黑色圆点，长径两端各有 1 个略小的圆点。

各龄幼虫体色差异大。高龄幼虫头黑色，杂黄褐色毛；体色为红、黑、绿、蓝、黄相杂。背线宽，红色、黑色、黄色等相间，中央为 1 条红色纵线，且在节间处中断；亚背线较宽，灰黄绿色，杂有小波状深棕色纵线；气门线灰蓝色，气门下线被灰黄色毛。前胸前缘两侧各有 1 丛指向斜前方的长毛簇，其上部 1/3 灰白色，中下部 2/3 黑色；在前胸背板前缘有 6 丛黄色短毛簇。中胸背中央及第八腹节背中央各有 1 丛指向上方的黑色长毛簇。每腹节背线两侧各有 1 对黑色短毛簇。

蛹长 19.2 ～ 29.4 mm，初期棕黄色，后渐变为棕褐色，无臀棘。茧长梭形，长 39 ～ 60 mm；两端灰褐色，中部灰白色；雄虫茧外附黑色体毛。

A. 成虫

B. 卵

C. 幼虫

D. 茧和蛹

环斜纹枯叶蛾（杨忠武 摄）

【生活习性】1 年发生 1 代，以卵越冬。4 月中旬越冬卵开始孵化，6 月至 9 月上旬或中旬是幼虫为害盛期，9 月下旬幼虫开始结茧化蛹，茧多结于竹小枝上或杂灌木小枝上。10 月下旬成虫开始羽化，并交配产卵，11 月中旬为产卵高峰期，卵产于竹叶背一侧或叶两侧，每侧有 10 ～ 20 粒。

【为害特点】初孵幼虫仅取食叶肉，残留表皮，使受害处呈透明状；2 龄后幼虫食叶呈缺刻状，暴发时可将大片竹林叶子吃光。

【防治方法】参考六点枯叶蛾。此外，每年 11 ～ 12 月清除竹林中的杂草，及病虫竹、腐竹和长势弱的毛竹；喷施 2% 的苏・阿维粉剂或 1000 倍水剂防治。

橘褐枯叶蛾 *Gastropacha pardale sinensis* Tams

【寄主】木荷、木奶果属和牛蹄豆属植物等。

【分布】中国分布于浙江、福建、江西、湖北、湖南、广东、广西、海南、四川、云南。广西分布于龙胜。

【形态特征】雌虫体长 13 ～ 15 mm，翅展 54 ～ 60 mm，体和翅淡赤褐色，略带红色；下唇须黑褐色向前突出；触角黄褐色或灰褐色；前翅不规则地散布黑色小点，黄褐色翅脉较明显，前缘 2/5 处呈弧形弯曲，外缘较长，略呈弧形，后缘较短，中室端黑点明显，顶角区具 2 枚模糊的大黑点；后翅较狭长，后缘区淡黄褐色，臀角突出，前半部由 4 枚花瓣形组成隐现的圆斑，圆斑内无黑点。雄虫体长 20 ～ 23 mm，翅展 42 ～ 45 mm；淡黄褐色，后翅由 4 枚花瓣形组成圆斑，前两瓣具有 2 枚明显的黑点，较雌虫明显。

卵椭球形，长径 2 mm，短径 1.7 mm，有灰白色与青灰色或紫褐色条状相间的花纹。

幼虫共 6 龄，略扁平，灰黑色。两侧有较长灰白色缘毛，长度略等于体宽。背面着生长短不一的黑色短毛。体上有许多淡褐色大小不等的斑点。中胸及腹部第 11 节有明显的斑点。

蛹紫褐色，外附幼虫体毛，常包在叶片中。

【生活习性】1 年发生 3 代，成虫 6 ～ 9 月多见，成虫白天不活动，有假死习性，体色与枯叶极相似，有趋光性。羽化后即可交配，交配时间较长，可达一昼夜。交配后数小时即可产卵。8 月下旬至 9 月中旬在柑橘叶面近叶尖边缘处多见其卵粒，常 2 粒在一起，每只雌虫一晚可产 80 ～ 90 粒。卵在白天和夜间均可孵化，以夜间居多。初孵幼虫活力较强，有向上爬的习性。孵化后 10 ～ 24 小时开始取食嫩叶。幼虫白天潜伏于枝上不动，体色与树皮相近，晚上活动取食叶片。在 1 片叶或 2 片叶之间化蛹。

【为害特点】食叶害虫，低龄幼虫多取食叶肉，被害叶呈“天窗”状，随着幼虫龄期的增加，取食量增大，被害处呈缺刻状，甚至整叶被吃光。

【防治方法】参考六点枯叶蛾。

A. 背面观

B. 侧面观

橘褐枯叶蛾成虫（任向明　摄）

北李褐枯叶蛾 *Gastropacha quercifolia cerridifolia* Felder et Felder

【寄主】柳、核桃。

【分布】中国分布于北京、河北、山西、内蒙古、辽宁、吉林、黑龙江、安徽、山东、河南、湖北、广西、云南、甘肃、青海、宁夏、新疆。广西分布于南宁（武鸣罗波）、荔浦（荔城）、环江（驯乐）、天峨、金秀。

北李褐枯叶蛾成虫（张秋梅　摄）

【形态特征】雄虫翅展 40 ～ 68 mm，雌虫翅展 50 ～ 92 mm。体和翅黄褐色至褐色。触角双栉状，灰黑色。下唇须前伸，蓝黑色。前翅相对宽圆，中部有 3 条波状横线，外线色淡，内线呈弧状黑褐色，中室端黑褐色斑点明显；前缘较长，蓝黑色，外缘齿状呈弧形，后缘较短，缘毛蓝褐色。后翅具 2 条蓝褐色斑纹，前缘区橙黄色。前、后翅背面各有 1 条蓝褐色横纹。静止时后翅肩角和前缘部分突出，形似枯叶。

卵圆形，绿色带有白色轮纹。

幼虫体扁平，暗灰色，全身被纤细长毛，胸、腹部各节背面有红褐色斑纹 2 个。第二、第三节背面有明显的蓝褐色毛丛，第十节背面有角状小突起 1 个。

蛹深褐色，外被暗褐色或暗灰色茧。

【生活习性】1 年发生 2 代，以幼虫紧贴树皮或枝条越冬，翌年 4 月开始活动，5 ～ 6 月结茧化蛹，6 月下旬至 7 月上旬越冬代成虫羽化。1 代成虫于 6 月下旬至 7 月上中旬发生，幼虫为害期为 7 ～ 8 月；越冬代幼虫发生为害期为当年 9 ～ 10 月和翌年 4 ～ 5 月。

幼虫潜伏于枝干皮缝、树洞及剪锯口内越冬。翌年寄主萌动露绿时，越冬幼虫开始出蛰活动，幼虫白天栖息于寄主枝叶上，夜间取食为害，老熟后于枝条下侧结茧化蛹。成虫昼伏夜出，有趋光性，成虫羽化后即可交配与产卵，卵多不规则地成堆产于枝条上。

【为害特点】幼虫取食叶片，将树叶咬成缺刻与孔洞，严重时可将叶片吃光，仅剩叶柄与主脉，大发生年份常将整枝叶片吃光，导致树势衰弱，甚至枯死。

【防治方法】参考六点枯叶蛾。此外，11 月至翌年 3 月刮树皮，可消灭于树干皮缝中的越冬幼虫；可选用溴氰菊酯乳油等高效低毒药物在幼虫期施用，有较好的防治效果。

黄斑波纹杂枯叶蛾 *Kunugia undans fasciatella* (Ménétriés)

【寄主】马尾松、华山松、油松、雪松、杉、油茶、板栗、厚朴、马褂木、白栎、杨梅、山胡椒、石楠、杨等。

【分布】中国分布于北京、河北、山西、内蒙古、辽宁、吉林、黑龙江、浙江、福建、广西、四川、甘肃等地。广西分布于金秀。

【形态特征】雌虫翅展 82 ～ 97 mm，雄虫翅展 53 ～ 79 mm。雌虫体和翅棕灰色。翅面有 4 条横线

黄斑波纹杂枯叶蛾成虫（郑霞林　摄）

纹；前翅亚外缘有 7 ～ 8 个灰褐色斑列，M_3 和 Cu_1 脉间的 1 个向外突出。中线内侧和外线外侧颜色较深，中、外线间颜色较浅。中室端有 1 个不明显的小白点。后翅斑纹不明显。雄虫体和翅黄棕色，前翅亚外缘斑列棕褐色，6 ～ 10 个。每个斑点内侧衬以黄斑。有些个体黄斑扩展至外线，成 1 条宽黄带。中室端白点大而明显。其余特征同雌虫。

卵鼓形，略扁，直径 1.8 mm。初产时淡蓝色，后渐呈棕色。

幼虫共 7 龄，初孵时体长 8 mm，黑色，被黑色和白色长毛。头棕黄色；胸部背面具白斑；腹部背线白色，腹侧白色斑。末龄幼虫体长 60 ～ 90 mm。头棕黄色，冠缝两侧各有 1 个 U 形黑斑。每体节气门线下各有 1 个毛瘤，着生黑色和白色长毛。前胸前缘及胸腹各节背面和气门下侧嵌有棕黄色鳞毛。前胸具向前伸的两个长毛束和 1 对毛瘤。中胸和后胸背面各有 1 簇蓝色毒毛丛。腹面棕黄色。

蛹暗红褐色，长椭圆形。各节着生密集的棕黄色短毛，腹面较稀。臀棘短小，量多。茧灰褐色，被体毛。

【生活习性】1 年发生 2 代，以 3 ～ 4 龄幼虫在树干基部杂草、枯枝落叶层下越冬，翌年 3 月下旬至 4 月上旬幼虫出蛰取食，于 6 月下旬至 8 月上旬结茧化蛹。蛹期 35 ～ 56 天。7 月上旬至 8 月下旬陆续羽化。7 月下旬为羽化盛期。羽化后当晚交配，3 ～ 4 天后产卵。成虫寿命 7 ～ 15 天。

成虫多在 11 ～ 23 时羽化，16 ～ 21 时为羽化高峰期。成虫羽化后，一般在羽化后 1 ～ 3 天内交配，雌雄虫多在 18 ～ 22 时交配，持续 2 ～ 6 小时。卵多产在马尾松中、下部二年生下垂的健康松针上，呈块状或念珠状，少数散生。

【为害特点】初孵至 2 龄幼虫从针叶端部的一侧向下纵向取食，常将叶尖部分 1 ～ 3 mm 处或针叶顶端干枯部分咬断，幼虫通常固定在一束针叶丛中取食为害；3 龄以上幼虫一般从针叶顶端向下完整地取食，幼虫有主动转移为害的现象。

【防治方法】参考六点枯叶蛾。也可喷洒 5% 桉油精可溶液剂防治幼虫，或根据成虫的趋光性利用灯光进行诱杀。

油茶枯叶蛾 *Lebeda nobilis* Walker

【寄主】马尾松、湿地松、油茶、酸枣、杨梅、枫香、粗枝木麻黄、栎类等。

【分布】中国分布于江苏、浙江、安徽、江西、湖南、广西、陕西、台湾。广西分布于宾阳（甘棠）、三江、龙胜（龙胜、乐江、花坪）、资源、荔浦（东昌、杜莫）、全州（黄沙河、石塘、龙水）、兴安、永福、蒙山（西河）、田阳（玉凤、头塘、洞靖）、隆林（新州）、大新（福隆、龙门）、凭祥。

【形态特征】雌虫体长 40 ～ 52 mm，翅展 100 ～ 141 mm；触角双栉齿状，梗节米黄色，羽枝黄褐色；体、翅淡褐色，后翅较深，前翅有 4 条浅灰色横线，形成 2 条浅褐色横带，外横带端部向内呈弧状弯曲，外侧深褐色，内横带呈明显弧状，中室端白点呈三角形，位于中带内侧，臀角处有 2 枚黑褐色斑纹，后翅赤褐色，中部有 1 条淡褐色横带。雄虫体长 32 ～ 49 mm，翅展 73 ～ 90 mm，体和翅棕褐色，前翅有 4 条浅褐色横线，形成 2 条褐色横带，并自翅中间前半部开始呈弧形弯曲。2 条带间呈深褐色中带，中室端白点呈三角形，小而明显，位于中带内侧，后侧有 2 个长圆形黑点，一字形排列，翅背面中间有 2 条灰褐色弧形横线。

卵灰褐色，球形略偏长，上下各有 1 个棕黑色圆斑，斑外各有 1 个灰白色环。

幼虫共 7 龄，1 龄幼虫体黑褐色，体长 7 ～ 13 mm。头深黑色，有光泽，被稀疏白色刚毛，胸背棕黄色，腹背蓝紫色，每节背面着生 2 束黑毛，第八节较长，腹侧灰黄色，遇惊动会吐丝下垂；2 龄幼虫全体蓝黑色，间有灰白色斑纹，胸背开始露出黑黄两色毛丛；3 龄幼虫体灰褐色，胸背毛丛比 2 龄宽；4 龄幼虫腹背第一至第八节，每节上增生浅黄色毛丛，静止时前一束毛常覆盖于后一束毛之上；5 龄幼虫全体麻色，胸背黄黑色毛丛全变为蓝绿色；6 龄幼虫体灰褐色，腹下方浅灰色，密布红褐色斑点；7 龄幼虫体显著增大。

蛹长椭球形，腹端略细，暗红褐色，头顶及腹部中节间密生黄褐色绒毛。

【生活习性】1 年发生 1 代，以近孵化的成熟卵于 10 月下旬至 11 上旬开始越冬，翌年 3 月中旬幼虫破壳而出；幼虫发育历期 120 ～ 150 天；8 月中旬吐丝、结茧化蛹，蛹期约 60 天；9 月下旬至 10 月上旬成虫羽化，羽化后于 4 ～ 5 小时交配；多于夜间产卵在林缘和郁闭度较小林内的油茶顶梢叶背，卵期约 30 天，每头雌虫产卵量 150 ～ 170 粒；成虫白天静伏不动，夜间活动，有较强的趋光性；成虫寿命 3 ～ 7 天。

幼虫在 6 ～ 8 时或 16 ～ 17 时出壳最盛。1 龄、2 龄幼虫群集取食，稍遇震动吐丝下垂，3 龄后逐渐分散取食，4 龄后白天停止取食，常静伏于树干基部阴凉处，至黄昏和清晨爬上枝条取食，5 龄开始食量增加，6 ～ 7 龄为暴食阶段。幼虫老熟后多在油茶树叶和杂灌丛中结茧化蛹，茧黄褐色，其上附有较粗的幼虫体毛，茧面有不规则的网状孔。

【为害特点】食叶害虫，具暴食性，可致油茶小枝枯死，或不能开花结果，给油茶产业造成严重损失。

【防治方法】参照六点枯叶蛾或马尾松毛虫。也可喷洒 5×10^5 CPB/mL 油茶毛虫多角体病毒防治。

A. 成虫　B. 卵　C. 幼虫　D. 蛹

油茶枯叶蛾（杨忠武　摄）

天幕毛虫 *Malacosoma neustria testacea* Motschulsky

【寄主】马尾松、湿地松、枫、杨、柳、榆等。

【分布】中国除西藏和新疆外均有分布。广西分布于南宁（武鸣罗波）、全州。

【形态特征】雌虫体长 18 ～ 20 mm，翅展 29 ～ 39 mm，体黄褐色，前翅红褐色，触角锯齿状，前翅中央有 1 条赤褐色宽斜带，两边各有 1 条米黄色细线，后翅斑纹不明显，呈淡褐色。雄虫体长 16 ～ 18 mm，翅展 24 ～ 32 mm，触角双栉齿状，体翅淡黄色，前翅中央有 2 条紫褐色斜线，2 条线间的部分色较深呈褐色宽带；后翅中部的褐色横线不明显。

卵圆柱形，灰白色，200 ～ 300 粒紧密粘结在一起环绕在小枝上。

幼虫共 5 龄，低龄幼虫体和头部均黑色，4 龄以后头部呈蓝黑色，背线黄白色，两侧有橙黄色和黑色相间的条纹，各节背面有数个黑色瘤，其上生许多黄白色长毛，腹面暗褐色。腹足趾钩双序缺环。

蛹初为黄褐色，后变黑褐色，蛹体有淡褐色短毛。茧黄白色丝质。

【生活习性】1 年发生 1 代，以完成胚胎发育的幼虫在卵壳内越冬。4 月下旬幼虫破壳而出，群集在卵块附近的小枝上为害嫩芽、幼叶，后到枝杈处吐丝结成网幕。幼虫白天潜伏在幕巢内，夜间出巢取食。3 龄前喜群居，3 龄后则脱离网幕，分散至全树取食为害，幼虫期 45 天左右。近老熟时吐丝卷叶或爬至树干缝隙及杂草丛中隐蔽处结茧化蛹，蛹期 10 ～ 15 天。6 月下旬羽化，羽化后即交配产卵，卵多产于被害树的当年生小枝条梢端。

【为害特点】食叶害虫，在树枝间结网，低龄幼虫聚集取食，3 龄后扩散为害。暴食期可将全部叶片吃光，影响树木的正常生长，甚至造成树木枯死。

【防治方法】参考六点枯叶蛾。也可在冬季剪掉小枝上的卵块，集中烧毁。春季幼虫在树上结的网幕显而易见，可在幼虫分散以前及时捕杀。分散后的幼虫，可振树捕杀。对 3 龄左右的幼虫，可在夜间释放苦参碱烟剂防治；成虫采用灯光诱杀。

天幕毛虫幼虫（霍兆敏　摄）

苹枯叶蛾 *Odonestis pruni* (L.)

【寄主】蔷薇科、壳斗科的栎属和青冈属植物。

【分布】中国分布于北京、山西、内蒙古、辽宁、黑龙江、浙江、安徽、福建、江西、山东、河南、湖北、湖南、广西、四川、云南、陕西、甘肃。广西分布于兴安。

【形态特征】雌虫翅展 40 ～ 65 mm，全体赤褐色或橙褐色。触角黑褐色，羽支红褐色。前翅内、外横线明显，呈弧形，黑褐色；外缘毛不明显，深褐色；中室端有 1 个明显白色斑，近圆形；外缘锯齿状。后翅色泽较浅，有 2 条不太明显的深色横纹，外缘锯齿状。雄虫翅展 37 ～ 51 mm，其他特征与雌虫一致。

卵直径约 1.5 mm，近球形，由白里稍带绿色、变为白色，卵表面中间灰白色。

末龄幼虫体长 50 ~ 60 mm，头灰色，胸腹部青灰色。两侧缘毛较长，腹部第二至第七节背面有 2 ~ 3 个蓝黑色横列短毛丛，第八腹节背面有 1 个棕褐色瘤状突起。

蛹长 25 ~ 30 mm，由黄褐色变成紫褐色。茧纺锤形，卷于叶片中，灰黄色。

【生活习性】华东地区 1 年发生 2 代，均以低龄幼虫紧贴在树干上或在枯枝内越冬。幼虫体色似树皮，夜间取食，白天静伏。成虫产卵在枝干或叶上。

【为害特点】食叶害虫，严重时将叶片全部吃光，整片林木呈火烧状。

【防治方法】参考六点枯叶蛾或马尾松毛虫。

A. 背面观

B. 腹面观

苹枯叶蛾成虫（杨忠武　摄）

栎毛虫 *Paralebeda plagifera* (Walker)

【寄主】松、桉、八角、樟、秋枫、肉桂、竹、大叶栎、青冈、杉、栓皮栎、榕、麻栎、盐肤木、杨梅、马褂木。

【分布】中国分布于浙江、安徽、福建、江西、山东、湖南、广西、四川、云南、西藏、陕西。广西分布于南宁（武鸣锣圩）、石塘、梧州（长洲倒水）、苍梧（六堡、京南、岭脚）、岑溪（马路）、蒙山（长坪、文圩、夏宜）、藤县（濛江、太平、东荣、藤州）、浦北、贵港（港南瓦塘）、桂平（罗秀、麻垌、木根、西山）、平南（同和、寺面、马练、大五顶林场、大鹏）、北流（白马、平政、新丰、六麻、大坡外、新圩）、博白（英桥、双凤、大垌）、玉林（福绵沙田、石和、成均、大容山林场）、容县（灵山、松山）、西林（古障、八达、马蚌、普合、那佐、西平）、大化、都安（拉烈）、河池（金城江侧岭和长老）、罗城（东门、四把）、南丹（月里）、天峨（下老）、来宾（兴宾）、金秀（桐木）、武宣（桐岭、武宣、通挽、金鸡）、象州（罗秀、运江）、凭祥（上石）、天等（福新、把荷）、派阳山林场（北山）、六万林场（高岭、东山、河嵩、宁康、忠东）、黄冕林场（洛清江、盘龙、波寨）。

【形态特征】雌虫体长 45 ~ 52 mm，翅展 115 ~ 130 mm，体棕褐色，触角丝状；前翅中部有 1 条棕色斜行横带，其前端较宽，后端稍窄。由前缘至后缘颜色渐渐变浅，边缘镶灰白色，亚外缘斑列各点连成波状纹。在末端后角内侧呈明显的椭圆形斑点。后翅中间有两条不明显的斑纹。雄虫体长 40 ~ 45 mm，翅展 83 ~ 100 mm，体黑褐色，触角羽状，其余同雌虫。

卵圆形，黄白色，卵壳上有细刻点花纹，顶端有凹陷的黄褐色斑点。

幼虫共 6 龄，头部黄褐色，体灰褐色，较宽扁。中后胸背面有较宽黄褐色绒毛带。腹部第三至第六节背面有 4 个“凹”字形白斑，第六腹节的最大。腹部第八节背面有 1 丛棕黑色刷状毛。

蛹黄棕色，腹末黄褐色，具臀刺 1 对。茧棕黄色。

【生活习性】在浙江 1 年发生 1 代，以幼虫在枝干丫杈下部背阴侧越冬。翌年 3 月中旬至 4 月上旬出蛰取食。7 月上中旬结茧化蛹，8 月上旬至下旬羽化、产卵。8 月下旬孵化。幼虫于 11 月中旬起停食进入越冬状态。

成虫夜间羽化后即可交配，翌日夜间产卵，卵散产或聚产于叶片、枝干上。雌雄虫白天均停于隐蔽处，双翅紧覆盖于体背，并裹住腹部，背面观呈圆筒状，静伏不动，夜间雄虫较活跃。卵历期 5 ～ 17 天。初孵幼虫先取食卵壳，静息数小时后开始取食叶片；末龄幼虫在枝叶间吐丝粘连数枚叶片结成丝茧，幼虫在其内化蛹。

【为害特点】幼虫取食树叶，初孵时常群集为害，3 龄后分散为害，大发生时 10 天左右即可吃光 1 株树的叶片。

【防治方法】参考六点枯叶蛾或马尾松毛虫。

A. 背面观

B. 腹面观

栎毛虫成虫（杨忠武　摄）

桉大毛虫 *Suana divisa* Moore

【寄主】桉、山黄皮、大叶榕、板栗、香樟、木菠萝、木麻黄。

【分布】中国分布于福建、江西、湖南、广东、广西、四川、云南。广西各地均有分布。

【形态特征】雄虫翅展 48 ～ 52 mm，雌虫 138 mm 左右。雄虫暗红褐色，雌虫棕褐色。雄虫触角黑褐色，前翅前缘较直，外缘和后缘连成弧状，前翅中室端隐现黄褐色小点或白色椭圆形小斑点。后翅外缘和后缘均较直，臀角明显。雌虫触角灰白色，头、胸、前翅棕褐色，腹部及后翅褐色。前翅中部具 4 条深色波状横带，前胸翅基部、后胸、腹部第一节和末端被灰白色鳞毛。前翅臀角大，呈弧形，臀角区散布灰白色鳞片，外缘和后缘呈弧形，缘毛灰白色。

卵椭球形，表面光滑，有光泽，灰白色或铅灰色，两端暗褐色，中部有 2 个长方形的暗褐色斑。

幼虫共 8 龄，体灰白色、黄褐色或黑褐色，腹节背面中央都有 1 对褐色半月形斑；从前胸到腹部末端有 1 列棕色或黑棕色斑。体上被许多黑褐色至黑色的刺毛。胸腹部各节气门下的肉瘤上均有 1 束长短不一的毛丛。中胸和后胸背面中央各有 1 个由 2 ～ 3 mm 的黑毛密集组成的长方形横斑。

蛹黑褐色、暗红褐色或暗褐色，有金属光泽。胸腹各节间有许多细毛。腹末臀棘短钩状。茧白色或灰白色，茧外常附有许多黑色的绒毛。

【生活习性】1 年发生 2 代，以蛹越冬，于翌年 2 月下旬至 3 月中旬羽化。第一代幼虫发生于 3 ～ 6 月，第二代幼虫发生于 7 ～ 11 月。羽化的成虫先在茧附近静伏 1 ～ 2 天，然后爬行或短距离飞行寻找配偶交配，交配持续 0.5 ～ 1 天。雌虫交配当天或翌日开始产卵于树冠上部的枝条上，卵聚集成堆或成块，每雌平均产卵量 498 粒。雄虫寿命 6 ～ 9 天，雌虫寿命 9 ～ 13 天。卵经 8 ～ 14 天孵化，刚孵出的幼虫取食卵壳，1 天后取食嫩叶叶缘，并吐丝下垂或随风飘扬，也能顺丝向上爬行。幼虫 4 龄后食量暴增。7 月中下旬孵出第二代幼虫，10 月中旬开始在寄主枝干上、杂草、石缝中、墙壁下等处结茧。结茧 3 ～ 6 天后化蛹。

【为害特点】食叶害虫，低龄幼虫取食嫩叶，高龄幼虫食量暴增，取食新老叶，严重时可将叶片吃光。

【防治方法】参考六点枯叶蛾。

A. 雌虫

B. 卵

C. 幼虫

D. 蛹

桉大毛虫（杨振德　郑光楠　莫忠华　摄）

木麻黄胸枯叶蛾 *Streblote castanea* (Swinhoe)

【寄主】无瓣海桑、木麻黄、桉等。

【分布】中国分布于福建、江西、广东、广西、四川等地。广西分布于钦州、北海、防城港等地。

【形态特征】雌虫翅展 63 ～ 78 mm，雄虫 28 ～ 44 mm。雌虫头部、胸部白色，胸背两侧各有 1 个咖啡色盾形斑。前翅咖啡色，外线白色与外缘近于平行；中线仅在前缘处留有白色痕迹；翅基部有 1 个白色圆点；前缘中部有黄色斑点；中室端有深紫色长点，外缘毛黄色；后翅淡咖啡色，中间呈黄色宽带，外缘弧形；腹部黄色和紫褐色相间，肛毛灰褐色较长。雄虫赤褐色，翅面鳞片稀薄，胸背具钟罩形白纹；前翅前缘和后翅外缘呈弧形凹陷，后翅臀角略尖而突出；前翅前缘 1/5 处至翅基有焦褐色长斑。

卵白色，有咖啡色斑纹，长圆球形。

幼虫头、体多毛，体色有黑白色、黄褐色、灰色等 3 型；在中、后胸背面各有 1 丛黑色刷状短毛；高龄时体长约 86 mm。

雌雄蛹长分别约 40 mm 和 28 mm，红褐色。

茧灰白色，长棱形，附有毒毛。

【生活习性】在华南地区 1 年发生 3 代，冬季幼虫不休眠，天暖时也少量取食。一至三代发生期依次为 5 月下旬至 9 月上旬、8 月中旬至 12 月下旬、10 月中旬至翌年 5 月中旬，世代重叠。幼虫有 6 ~ 8 龄。成虫产卵于叶片或木麻黄小枝上，卵呈堆状或串状，每雌产卵量 200 粒以上，分数次产完，以第一夜产卵量最多，占总数一半以上。末龄幼虫在枝条或叶片上结茧化蛹越冬。

木麻黄胸枯叶蛾成虫（韦维　摄）

【为害特点】幼虫取食叶片或小枝。

【防治方法】人工防治。在虫源区于 5 月上、中旬摘除越冬代茧蛹并销毁；5 月下旬至 6 月上旬人工摘除第一代卵块销毁。

生物防治。越冬代低龄幼虫期用 80 亿～ 100 亿孢子 /g 白僵菌粉剂喷撒，虫源区低龄幼虫期喷洒 25% 灭幼脲液剂或粉剂，中龄后喷洒苏云金杆菌液剂或粉剂。

化学防治。沿海红树林区谨慎用药，若严防误伤海洋生物和破坏水产养殖业。

栗黄枯叶蛾 *Trabala vishnou vishnou* (Lefèbvre)

【寄主】桉、蒲桃、海南蒲桃、榄仁、栓皮栎、石榴、枫香、无瓣海桑、毛栗、核桃、台湾相思、八宝树、秋枫、油桐、杉等。

【分布】中国分布于浙江、安徽、福建、江西、湖北、湖南、广东、广西、海南、四川、贵州、云南、陕西、台湾。广西各地均有分布。

【形态特征】雄虫翅展 41 ～ 53 mm，雌虫翅展 58 ～ 79 mm。雌雄二型。雌虫体橙黄色到黄绿色，头部黄褐色，复眼黑褐色。触角双栉齿状。前翅近三角形，内横线、外横线黄褐色，中横线在翅后缘的部分明显；亚外缘线由 8 ～ 9 个黄褐色斑点组成波状纹；前翅中室黄褐色斑纹近肾形；中室至后缘为一大型黄褐色斑。后翅后缘黄白色，中横线和亚外缘线为黄褐色波状横纹。腹部末端密被黄褐色毛。雄虫绿色或黄绿色。前翅深绿褐色的内横线、中横线明显，内侧嵌白色条纹；亚外缘斑纹绿褐色；外缘线和缘毛褐色；中室处有 1 个褐色小斑，外缘白色。后翅中横线前半部明显，后缘灰白色，缘毛褐色。腹部较细，末端具绿白色毛。

卵直径 1.6 ～ 1.7 mm，铅灰色，球形，多呈双行排列，被橙黄色绒毛。

幼虫共 5 龄，末龄雄虫幼虫长 50 ～ 56 mm，末龄雌虫幼虫长 55 ～ 63 mm。头壳紫红色具黄色纹。额部 2 条纹粗长，纵向平行。胸、腹部第一节两侧各具 1 束黑色长毛，体被浓密茸毒毛。背纵带黄白相间。腹部第一、第二节间和第七、第八节间的背部各具白色长毛。结茧前幼虫刚毛变为粉红色至黄褐色。体侧各节间具蓝斑点，其边缘黑色。腹足红色。

雄蛹长 19 ～ 22 mm，雌蛹长 27 ～ 30 mm，长椭球形，背面红褐色，腹面橙黄色，气孔黑色。胸背部后端具 2 束黑毛。茧马鞍形，黄褐色。

【生活习性】1 年发生 4 代，无明显越冬虫态。第一至第四代成虫羽化盛期和产卵盛期分别发生在 6 月中下旬、8 月中下旬、10 月上中旬和 11 月中下旬，12 月可见越冬代卵、幼虫和上一代蛹。

成虫夜间活动，具趋光性，白天静伏在叶背或较粗的树枝、树干上，成虫寿命 6 ～ 8 天；成虫夜间羽化后当晚即交配，翌日晚产卵于树枝或叶片上，叶片居多，呈两行排列，每行数十粒；每雌产卵量 230 余粒；卵期 7 ～ 8 天。1 ～ 3 龄幼虫聚集取食，4 龄幼虫开始分散取食。末龄幼虫在树枝上结茧化蛹。

【为害特点】1 ～ 3 龄幼虫聚集取食，1 龄幼虫一般选择叶片的较幼嫩部位进行取食，留下叶脉，被食叶片部位呈圆形或椭圆形网状，2 ～ 3 龄幼虫一般选择较幼嫩叶片自叶缘向内取食，被食叶片呈缺刻或孔洞。4 ～ 5 龄幼虫自叶缘开始大量蚕食叶片，形成缺刻，或将叶片吃光。

【防治方法】参考六点枯叶蛾。也可喷施苏云金杆菌 1000 倍稀释液或核型多角体病毒防治幼虫，或采用灯光诱杀成虫。

A. 成虫　　B. 幼虫　　C. 茧

栗黄枯叶蛾（郑霞林　杨忠武　摄）

（四十四）蚕蛾总科 Bombycoidea

体、翅密布鳞片和绒毛；成虫下唇须发达；前后翅一般有中室，翅膜无微刺，后翅翅脉减少，无翅僵，后翅肩区扩大。幼虫多足型，腹末具臀角。包括枯叶带蛾科 Apatelodidae、带蛾科 Eupterotidae、箩纹蛾科 Brahmaeidae、Phiditiidae、澳蛾科 Anthelidae、卡西蛾科 Carthaeidae、桦蛾科 Endromidae、蚕蛾科 Bombycidae、大蚕蛾科 Saturniidae 和天蛾科 Sphingidae 共 10 科。许多种类是农林生产上的常见害虫，如茶蚕蛾 *Andraca theae* Matsumura、灰白蚕蛾 *Ocinara varians* Walker、桑蟥 *Rondotia menciana* Moore；部分种类是著名的产丝昆虫，如家蚕 *Bombyx mori* L.；部分种类美丽多姿，是重要的观赏昆虫。

96. 带蛾科 Eupterotidae

成虫中型至大型，颜色暗淡；触角双栉齿状；前翅顶角至后缘中部常有 1 条横带，有些种类前翅前后缘中部还着生第二条横带；后翅中部也有 1 ～ 2 条横带。喙不发达，下唇须短。雄虫常有翅缰和翅缰钩，雌虫无翅缰。全世界已记录 60 多属 300 多种，中国分布有 8 属 50 多种。为食叶害虫。

（郑霞林）

乌桕金带蛾 *Eupterote sapivora* Yang

【寄主】乌桕、油桐、泡桐、梧桐、核桃、山茶、臭椿、国槐。

【分布】中国分布于广西、贵州。广西分布于全州（白宝、东山、绍水、石塘）、资源、恭城、永福（坪岭林场）。

【形态特征】成虫体大型，雄虫体长 22 ～ 27 mm，翅展 72 ～ 78 mm；雄虫体长 24 ～ 27 mm，翅展 78 ～ 85 mm；触角柄节和梗节黄色且背面密被红棕色绒毛，鞭节棕色，两侧的栉齿灰褐色；胸部黄色，但前胸基部红棕色；足大部分黄色，跗节背面棕色；翅黄色，具红棕色斑纹；前翅顶角有 1 个三角形褐斑，外缘具褐色宽边但向臀角方向逐渐变窄，且与断续的亚缘波纹分开；前缘有 3 条明显的横波浪状纹，下伸不达 M_2 脉，其至翅基间有 4 个小斑点，但近波浪状纹处的 2 个常连成大斑；后翅亚缘带有 1 列褐斑。

卵球形，淡黄色，近孵化时深黄色，卵表面光滑。

幼虫共 7 龄，趾钩双序中带式，体背两侧各有 13 个棕色至棕黑色瘤突排列成行。

蛹纺锤形，棕黑色，腹末有短束密集棕色毛。

茧长椭球形，略扁平，较薄，棕色至棕黑色，由幼虫吐丝将落叶、草屑等编织而成，表面密被幼虫体毛。

【生活习性】在贵州 1 年发生 1 代。以蛹在受害寄主树干基部或附近的草丛、土表、石缝或树皮缝隙中越冬，5月下旬至6月中旬为成虫活动盛期，6月中旬为卵孵化盛期，8月中旬至9月下旬为幼虫发生期，9月下旬幼虫开始结茧化蛹越冬。成虫多在夜间羽化，以22时至翌日2时羽化数量最多，成虫在8～9时和18～21时活动较盛，羽化后1～2天交配并将卵散产于叶背叶缘处，卵表面无覆盖物，成虫寿命5～10天；卵历期19～23天，幼虫孵化1天后即可取食叶肉，多从叶缘开始取食，3龄以后为害加剧，严重时可将整株叶片吃光，幼虫受惊扰时可吐丝下垂。幼虫喜聚集化蛹。

【为害特点】食叶害虫，低龄幼虫从叶边缘开始取食，高龄幼虫食量大，有聚集为害的习性，暴发时可将整株叶片吃光。

【防治方法】物理防治。成虫羽化盛期，可人工捕捉；也可在成虫羽化盛期，利用其趋光性采用灯光诱杀。

生物防治。自然条件下存在多种捕食性天敌（如黄宽颚步甲）和致病微生物（如核型多角体病毒），对其有一定的控制作用，要充分保护和利用。

化学防治。在幼虫发生盛期时，可选用常用的触杀或胃毒性药剂，均有较好的防治效果，如2.5%溴氰菊酯乳油1500～2000倍稀释液喷雾，也可采用上述药剂用涂环技术防治。

A.雌虫

B.雄虫

C.幼虫

D.蛹

乌桕金带蛾（蒋明军　梁明杰　摄）

灰纹带蛾 *Ganisa postica* Walker

【寄主】乌桕、桂花、光蜡树。

【分布】中国分布于广西、台湾。广西分布于贺州（八步）、桂林。

【形态特征】成虫体中型，翅灰锈色；前翅顶角略尖，顶角内侧有 1 个焦棕色三角形斑，其中朝向后缘的一角顶端有 2 条平行的黑色斜横线直达后缘中部，平行线间和外侧灰白色，平行线内侧的中室处有 4～5 条灰锈色波状纹，其中靠近平行线一侧的 1 条波状纹颜色最淡，隐约可见；后翅中部有 4～5 条灰锈色条纹，最外侧 1 条有 2 列深色小点。前后翅亚外缘线处有 3～5 个白斑。前后翅背面均有 5 条波状纹，近外缘侧的 1 条为黑色，其余为灰锈色；波状纹内侧有 1 个黑点，但前翅的黑点颜色稍淡。

【生活习性】成虫多于 6～8 月出现，趋光性强。

【为害特点】食叶害虫，低龄幼虫取食叶表皮，高龄幼虫食量大，常将整片叶片吃光。

【防治方法】参考乌桕金带蛾。

A. 背面观

B. 腹面观

灰纹带蛾（杨忠武　摄）

97. 箩纹蛾科 Brahmaeidae

成虫体大型，颜色暗淡，前翅顶角较圆，翅面有箩筐条纹和波状纹；雌雄触角双栉齿状；下唇须向上伸出。全世界已记录 9 属近 20 种，中国分布有 4 属 13 种。为食叶害虫。

（李小芳）

青球箩纹蛾 *Brahmaea hearseyi* White

【寄主】木犀科植物。

【分布】中国分布于江苏、福建、河南、湖北、湖南、广东、广西、四川、贵州。广西分布于龙胜、兴安、罗城（纳翁）、凭祥。

【形态特征】成虫体大型，体青褐色；翅展 112 ～ 115 mm，前翅中带底部球形，其上有 3 ～ 6 个黑点；中带顶部外侧内凹弧形，弧形外有 1 个近圆形灰色斑，其内有 4 条横贯的白色鱼鳞纹；中带外侧有 6 ～ 7 行箩筐行条纹，排列成 5 垄；外缘有 7 个青灰色半圆形斑；中带内侧与翅基间有 6 纵行青黄色条纹；后翅中线曲折，内侧棕黑色，有灰黄色斑，外侧有箩筐行条纹 9 垄，呈水浪纹状，外缘有 1 列半圆状斑。

卵半球形，初产乳黄色，后期顶部出现褐色小斑点，卵壳表面有许多纵横脊纹，呈网状。

幼虫共 5 龄，1 ～ 4 龄幼虫体表着生黑色羚羊角形的丝状毛，5 龄时丝状毛消失；胸足黑褐色，腹足青绿色、有黑纹。

蛹深褐色，前胸腹面有 2 个较大的突起，第四、第五腹面各有 1 个突起。

【生活习性】1 年发生 2 代。以蛹在土内越冬，5 月上中旬为成虫活动盛期，6 月中下旬为第一代幼虫发生期，7 月上中旬为化蛹盛期，8 月下旬至 9 月中旬为成虫羽化盛期。8 月下旬至 10 月上旬为越冬代幼虫发生期，10 月下旬幼虫入土化蛹越冬。成虫多在凌晨羽化，昼伏夜出，趋光性强，羽化后 1 ～ 2 天交配并将卵散产于叶背，每雌产卵量 90 ～ 120 粒；幼虫孵化后即可取食叶肉，常单头活动，受惊扰时头部常抬起左右摆动并发出微小响声；幼虫老熟后下树寻找土缝等处化蛹。

【为害特点】食叶害虫，低龄幼虫和高龄幼虫均从叶边缘开始取食，高龄幼虫食量大，常将整片叶片吃光。

【防治方法】物理防治。成虫羽化盛期，白天或阴雨天喜停歇在树干基部或墙壁上，可人工捕捉；也可利用其趋光性采用灯光诱杀成虫。

生物防治。自然条件下存在多种捕食性天敌（如蜘蛛、鸟类），对其有一定的控制作用，要充分保护和利用。

化学防治。在幼虫发生盛期时，可用常用的触杀或胃毒性药剂，均有较好的防治效果，如 2.5% 溴氰菊酯乳油 1500 ～ 2000 倍稀释液喷雾。

A. 成虫

B. 低龄幼虫

C. 高龄幼虫

青球箩纹蛾（郑霞林　李元义　摄）

枯球箩纹蛾 *Brahmaea wallichii* Gray

【寄主】木犀科植物。

【分布】中国分布于福建、湖北、湖南、广西、四川、贵州、云南、台湾。广西分布于南宁（武鸣罗波）、荔浦（东昌）、龙胜、永福、兴安（界首、崔家）、灵川（灵川、九屋）、全州、玉林（大容山林场）、罗城（龙岸、黄金、纳翁）、天峨（坡结、三堡）、宜州（德胜、拉浪林场）、雅长林场（那成）。

【形态特征】成虫体大型，体黄褐色；体长 45 ～ 50 mm，翅展 150 ～ 160 mm，前翅中带底部球形，其上有 3 ～ 6 个黑点；中带顶部外侧齿状突出，其外有 1 个橘黄色斑，斑内三根翅脉上有许多白色的“人”字纹；中带外侧有 6 ～ 7 行箩筐行条纹，排列成 5 垄；外缘有 7 个青灰色半球形斑；中带内侧与翅基间有 6 纵行青黄色条纹；后翅中线曲折，后翅外缘下有 3 个半圆形斑，其余呈曲线形。

卵半球形，初产时淡黄色，近孵化时呈褐色。

幼虫共 5 龄，1 龄幼虫丝疤上生有黑色羚羊角形的丝状毛（2 ～ 4 龄幼虫丝疤无丝状毛），腹部第一至第七节背面为黑白相间的环带；2 龄幼虫腹节背面为 2 列黑斑，后列黑斑大，中央 1 个近三角形；3 龄幼虫体节两侧有黑色“八”字纹，腹部第一至第八节背中央均有 1 个黑斑；4 龄幼虫头及胸部两侧呈现黄黑相间的豹纹，第一腹节背中央黑斑消失；5 龄幼虫丝疤全部脱落，遗留疤痕，后胸亚背线上有 1 对棕色斑。

蛹深褐色，后胸背中央有 1 个凹穴，两侧为瘤状突起；腹部末端有三角形臀棘 1 枚，端部分叉。

【生活习性】1 年发生 2 代。以蛹在土内越冬，与青球箩纹蛾常同时发生。成虫多在上半夜羽化，昼伏夜出，趋光性强，羽化后 1 ～ 2 天交配并将卵散产于叶背，每雌产卵量 200 ～ 250 粒，成虫寿命 17 ～ 23 天；幼虫孵化后即可取食叶肉，常单头活动，受惊扰时头部常抬起左右摆动并发出微小响声；幼虫老熟时体为橘红色，随后下树寻找土缝等处化蛹，预蛹期 3 ～ 5 天。

【为害特点】食叶害虫，低龄幼虫和高龄幼虫均从叶边缘开始取食，高龄幼虫食量大，常将整片叶片吃光。

【防治方法】参考青球箩纹蛾。

A. 成虫（郑霞林　摄）

B. 幼虫（赵丽云　摄）

枯球箩纹蛾

98. 蚕蛾科 Bombycidae

蚕蛾科的成虫前足胫节具柔软、囊形盔状刚毛（至少雄虫如此）和一个长的前胫突，雄虫第八腹板密被尖齿状鳞毛，幼虫主要取食桑科植物。全世界已记录40属约350种，中国已记录25属77种。

（邓　敏　王　星）

三线茶蚕蛾 *Andraca bipunctata* Walker

【寄主】茶、油茶。

【分布】中国分布于广西、四川、贵州、云南。广西分布于南宁（武鸣马头和大明山）、三江、岑溪（归义）、大新（硕龙）、防城港（防城十万大山）、巴马（巴马、燕垌、凤凰）。

【形态特征】雄虫翅展42～45 mm，前翅长21～23 mm，触角长6～8 mm，体长16～18 mm。头棕黄色，头顶及触角基部四周有污白色鳞毛；下唇须明显可见；雄虫触角下部第29节为双栉齿状，内外栉齿等长，端部第14节为单齿形，雌虫触角为丝状。胸足枯黄色。雄虫前翅为赭黄色，顶角尖稍向外突；雌虫前翅为黄褐色，顶角外突长并向下方弯曲呈钩状。内线及中线深棕色，波浪形，外线较直，接近前缘时成一锐角弯向内方，外线外侧有浅色隐形斑；中室有小黑点。后翅内线弧形，中线及外线自中部以上分开，近后缘合并在一起并与内线靠拢，外缘在M脉及Cu脉间明显外突，使外缘呈宽三角形。前、后翅背面色淡、呈粉棕色，翅上各线纹更清晰。背线及侧线色稍浅呈锈黄色。第八背板高大于宽，上部弧形，两侧自上而下逐渐加宽，下部两侧成角状。第八腹板宽稍大于高，两侧中部凹陷，下部弧形。

【生活习性】在广西一般1年发生3～4代，一般以蛹在土表、落叶中越冬。翌年4月中旬羽化。幼虫老熟后，爬至茶丛基部表土层或枯枝落叶中结茧化蛹，蛹茧多聚集一起。卵期从9月中旬到翌年5月。3月下旬至4月上旬为幼虫活动期，7月中旬开始结茧，经一周左右化蛹，9月上旬为成虫期，羽化后交配产卵，从9月上旬到9月中旬产卵，每雌产卵量250～400粒。卵多产于老龄树干表皮裂缝或凹陷处，位置在树干离地面1～3 m处。卵孵化很不整齐，初孵幼虫群集在卵块处，幼虫3龄前喜群集，4龄时开始逐渐分散，5～7龄时单独活动，一般在白天取食。

【为害特点】幼虫取食叶片，大量发生时，可将成片茶树吃成光杆，不仅会影响当年产量，还会导致树势衰退，几年内产量不易恢复。

【防治方法】营林防治。结合秋冬季的茶园管理，中耕除草和挖穴施肥时，清除茶丛根际处的越冬蛹。

物理防治。幼虫成群聚集，易发现，结合茶园平时的人工管理，集中收集和填埋。

三线茶蚕蛾雄虫（引自 Wang et al.，2015）

生物防治。1～3 龄幼虫期，每亩可选用苏云金杆菌（100 亿孢子 /g）0.5 kg 兑水 100 kg 喷雾防治，或选用茶蚕颗粒体病毒（Ab-Gv）1000～2000 mg 兑水 50 kg 喷雾防治。

化学防治。在大发生时，可于幼虫孵化盛期至低龄幼虫期，选用 2.5% 溴氰菊酯乳油 1000～2000 倍稀释液或 50% 杀螟松乳油 1000 倍稀释液等药剂喷雾防治。

茶蚕蛾 *Andraca theae* (Matsumura)

【寄主】桉、油茶、茶。

【分布】中国分布于安徽、湖南、广东、广西。广西分布于苍梧（狮寨）、岑溪（归义）、蒙山（陈塘、新圩）。

【形态特征】雄虫翅展 35～37 mm，前翅长 17～19 mm，触角长 6～7 mm，体长 13～15 mm。头小，赭色；复眼黑色，圆球状；下唇须红棕色，向上延伸至复眼中部；触角深褐色，双栉齿状，长度约为前翅的 1/3。胸部深褐色，胸部背面浅黄色。前翅深棕色，泛红色金属光泽；横线均为褐色波浪形；中室 1 个小黑点隐约可见；外线与顶角围成 1 个金色斑区，外线以外部分为红褐色，靠近中部有一大一小 2 个金色圆斑。后翅前半部分浅棕色，后半部分红褐色；横线暗黑色，为不完整的平滑曲线；中室具 1 个小黑点。前翅背面黄褐色，外线、中线为红棕色平滑曲线，外缘黑色；后翅背面浅棕色，外线圆弧形，中线较粗，略呈波浪形，中室具 1 个黑点。

【生活习性】在广西 1 年发生 3～4 代，以蛹在土表、落叶中越冬。翌年 4 月中旬羽化。幼虫老熟后，爬至茶丛基部表土层或枯枝落叶中结茧化蛹，蛹茧多聚集在一起。卵期从 9 月中旬至翌年 5 月。3 月下旬至 4 月上旬为幼虫活动期，7 月中旬开始结茧，经一周左右化蛹，9 月上旬为成虫期，羽化后交配产卵，从 9 月上旬到 9 月中旬产卵，每雌产卵量 250～400 粒。卵多产于老龄树干表皮裂缝或凹陷处，位置在树干离地面 1～3 m 处。卵孵化很不整齐，初孵幼虫群集在卵块处，幼虫 3 龄前喜群集，4 龄时开始逐渐分散，5～7 龄时单独活动，一般都在白天取食。

茶蚕蛾雄虫（引自 Wang et al.，2015）

【为害特点】幼虫聚集取食，严重发生时，可将整株植物的叶片吃光，仅剩枝干。

【防治方法】参考三线茶蚕蛾。

狭黑腰茶蚕蛾 *Andraca olivacea* Matsumura

【寄主】小叶榕。

【分布】中国分布于浙江、福建、湖南、广东、广西、陕西、台湾。广西分布于金秀（大瑶山）、防城港（防城十万大山）、兴安（猫儿山）、龙胜（花坪）。

【形态特征】雄虫翅展 36 ~ 38 mm，前翅长 16 ~ 20 mm，触角长 5 ~ 7 mm，体长 15 ~ 18 mm。头部赭红色，复眼极大，椭球形，下唇须土黄色，粗壮且向上弯曲直至复眼上方；触角黄色，距基部 2/3 处双栉齿状，其余部分单栉齿状，触角干背面白色或浅褐色。胸部粗壮，被褐色长毛；前胸足土黄色，中、后胸足红棕色。前翅土黄色，顶角稍向外突出；前缘近端部有 1 个黑色小点；内、中、外线为黑褐色波浪形曲线；中线上段模糊；外线以外有 3 个浅黄色的月牙形斑，近外缘处为褐色区。后翅前半部为嫩黄色，后半部为土黄色；外线及中线为不完整的黑色波浪线；外线外端有 4 个连续的淡黄色斑，外线以外其余部分均为褐色。前后翅背面为土黄色；前翅外线近端部向外弯曲，其余部分为光滑的内凹曲线；中线为褐色，光滑线条；中室具 1 个褐色斑点；后翅外线及中线均为褐色曲线；中室具 1 个褐色小斑点。腹部淡褐色，胸腹部之间有 1 条黑色横带。第八腹板宽与高大致相等，上方中间向外突出形成 1 个尖角，其余部分为光滑的曲线。

狭黑腰茶蚕蛾雄虫（引自 Wang et al.，2015）

【生活习性】不详。

【为害特点】幼虫取食寄主植物叶片，形成缺刻。

【防治方法】未见大面积发生和为害，可通过保护和利用自然天敌控制其种群。

白弧野蚕蛾 *Bombyx lemeepauli* Lemée

【寄主】桑、桉。

【分布】中国分布于浙江、湖北、广西、四川、云南、陕西。广西分布于罗城（黄金、纳翁）、崇左（江州）、龙胜、靖西、天峨（布柳河）。

【形态特征】雄虫翅展 28 ~ 32 mm，前翅长 13 ~ 15 mm，触角长 7 ~ 8 mm，体长 16 ~ 19 mm。头隐于胸，复眼黑色，球形；下唇须很短；触角双栉齿状，浅棕色。胸部深褐色，具光泽；胸足黑褐色，胫节外侧有毛丛。前翅顶角向外突出，略成钩状，端部黑色，缘毛白色；R_3 与前缘的交点至内缘端部有 1 条白色弧形线条；前缘距基部 1/4 处有 1 条白色弧线延伸到内缘的中点；前缘中点至 M_3 有 1 条短白线条；内、外 2 条完整的白线将前翅划分为 3 个部分。后翅深褐色，外线白色，弧形，将后翅划分为明显的 2 个部分；后缘为 1 个黑白相间的长条斑。翅腹面颜色稍浅，翅背面完整的白色弧线清晰

白弧野蚕蛾雄虫（引自 Wang et al.，2015）

可见。前翅内、外线为白色圆弧状粗线，中线不完整，仅存上段 1/4；后翅内、中线不明显。腹部第一节为深棕色横带，其余部分均为浅棕色。第八腹板四周均向外伸略成梯形，且上缘中部向内凹，两侧向外伸出成尖角状；下缘中间深凹，形成 2 个粗而尖的鼎足。第八背板倒挂钟形，上缘凹陷，两边向外延伸成角状。

【生活习性】不详。

【为害特点】幼虫取食寄主植物叶片，形成缺刻。

【防治方法】未见大面积发生和为害，可通过保护和利用自然天敌控制其种群。

野蚕蛾 *Bombyx mandarina* (Moore)

【寄主】桉、桑、扶桑、柿、油柿、构、栎。

【分布】中国分布于河北、山西、内蒙古、江苏、安徽、江西、山东、河南、广东、广西、四川、云南、西藏、陕西、甘肃、台湾。广西分布于阳朔、博白、防城港（防城十万大山）、博白林场（三育）。

【形态特征】雄虫翅展 32 ～ 49 mm，前翅长 15 ～ 19 mm，触角长 6 ～ 8 mm，体长 13 ～ 16 mm。头小隐于前胸，下唇须棕色；触角双栉齿状，灰褐色。胸部赭色。前翅鳞片薄，顶角外伸，顶端钝，下方至 M_3 脉间有内陷的月牙形槽使顶端呈钩状，下部有 1 个小齿状突；内线、外线色稍深，呈棕褐色，各由 2 条细线组成；内线宽；中线窄；外线上段凹，下段外突，由白线平行成双线；顶角内侧至外缘中部有较大的深棕色斑；中室有 1 条肾形纹。后翅颜色稍深，内线不明显；中线和外线为隐约可见的 2 条黑褐色弧线；后缘中央有 1 个半月形棕黑色斑，斑的外围白色。前、后翅腹面色稍浅，各横线明显，内、中、外线为黑褐色双线；外线较直；内、中线弧形；中线与外线之间有 1 条肾形纹；前翅顶角具 1 条黑褐色肾形纹，肾形纹内侧有 1 条白线将前翅分为黑褐色和黄褐色两部分。腹部黑赭色，细长，胸腹交接处具长毛。第八腹板宽大于高，上部中间平凹，两侧呈尖角状；中部具 2 个向下的细指状乳突。第八背板盔形，高约等于宽，上部中间呈月牙形凹陷，两侧呈钝圆角稍向外延伸，下部圆弧形。

【生活习性】广西 1 年发生 4 代，以卵在桑树枝干上越冬。翌年 4 月、5 月开始孵化，越冬卵孵化期可长达 3 个月。成虫多在白天羽化，有趋光性。越冬卵集中产在桑树枝干上，其他世代则以桑叶叶背为主。卵排列不齐，常 100 ～ 200 粒群集一起，少数几十粒或几粒。

【为害特点】初孵幼虫有往上爬的习性，不喜活动，一般栖息在芽苞或嫩叶上，数头或数十头昼夜取食枝梢嫩叶，3 龄以后分散为害，昼伏夜食。幼虫以 5 龄食叶量最大，占总食量的 80% 以上。末龄幼虫在叶背或两叶间结茧化蛹。

【防治方法】参考三线茶蚕蛾。

野蚕蛾雄虫（引自 Wang et al.，2015）

斜线垂耳蚕蛾 *Gunda javanica* (Moore)

【寄主】印度橡胶树。

【分布】中国分布于湖南、广东、广西、海南。广西分布于防城港（防城十万大山）。

【形态特征】雄虫翅展 28 mm，前翅长 13 mm，触角长 5 mm，体长 9 mm。身体和头部枯黄色，下唇须很细但可见。前胸肩板色较深；胸足色浅，呈黄褐色；后足胫节外侧有长毛刷。前翅红褐色；顶角外突较尖，下方向内凹陷；顶角内上方有 1 条黑色肾形纹；顶角至翅基顺 M_1 脉走向有 1 条黑色宽纵带，内向细，外向宽；内线灰褐色、弧形，中线灰黑色、较直，外线呈细微波浪形，至 M_1 脉处向翅基方向回折；缘毛棕色。后翅红褐色，内线不明显；中、外线不完整为黑褐色弧线；外缘内侧为黑褐色，臀角外突呈耳垂形；内侧有两个浅色斑；后缘基半部为黑白相间的长条斑，端半部为黄褐色；缘毛长棕褐色。腹部前缘与胸部后缘为黑褐色鳞毛，其余为褐色鳞毛，腹面色浅。雌虫腹部背线及节间毛黄色。第八背板上部平，两侧上方有瘤突，下部向下方伸出成尖角；第八腹板上部有 3 个长突起，下部有两个突起，整个腹板呈僧帽形。

斜线垂耳蚕蛾雄虫（引自 Wang et al.，2015）

【生活习性】不详。

【为害特点】幼虫取食寄主植物叶片呈缺刻状。

【防治方法】未见大面积发生和为害，可通过保护和利用自然天敌控制其种群。

灰白蚕蛾 *Ocinara varians* Walker

【寄主】榕树。

【分布】中国分布于广东、广西、海南、云南、台湾。广西分布于北海（海城高德）、平南（平山、寺面）、玉林（玉州仁东和仁厚）、靖西、七坡林场（七坡）、凭祥。

【形态特征】雄虫翅展 20 ~ 22 mm，前翅长 9 ~ 11 mm，触角长 4 ~ 6 mm，体长 8 ~ 11 mm。头顶黑褐色；触角双栉形，褐色，梗节背面黄褐色。胸部粗壮，黑褐色，后缘毛灰白色、呈“八”字形；胸足褐色，各足外侧有褐色鳞毛，胫节上有长毛丛。前翅前缘棕褐色，基部开始至近顶角处有多个深棕色斑；外缘中部有深色斑；内线、中线及外线不明显，呈灰褐色短条纹；在内线及中线间有不规则的黑褐色长形斑；中室端有 1 个肾形斑。后翅内、中、外线不明显；外缘色较浅，缘毛棕褐色；后缘为黑白相间的长条斑，端部稍凹呈突角状。前、后翅腹面色稍浅，后翅中室具 1 个小黑点。前、后翅具长缘毛。腹部棕褐色，细长。第八腹板高宽近似相等，上部中间向内凹陷呈 U 形，两侧形成 2 个宽大的突起，端部钝圆，下部中央有 2 个紧密相连的细长鼎足，末端向外侧弯曲，长度约等于腹板高度。

卵扁平、椭球形，起初呈橙黄色，孵化前呈黄褐色。

末龄幼虫体长 6 ～ 11 mm，体色较深，背纵线两侧各有 1 个明显的黑色圆斑。

蛹长 7 mm，翅芽黄色，腹部白色。

【生活习性】在广西凭祥 1 年发生 7 代，以蛹在寄主上越冬。翌年 4 月下旬羽化，5 月上旬产卵。第一至第七代幼虫发生期分别为 5 月上中旬、5 月下旬至 6 月上旬、7 月上旬至 7 月中下旬、8 月下旬至 9 月上中旬、9 月下旬至 10 月上旬、11 月上旬至 12 月中旬，12 月下旬化蛹越冬。成虫交配后不久即可产卵，卵散产于寄主叶背、枝条或树干上，单个排列，也有 5 ～ 6 粒线形排列，每雌虫产卵 10 ～ 100 粒。初孵幼虫有取食卵壳习性，幼虫有吐丝悬挂习性，末龄幼虫在叶背、树杈或树皮裂缝内结茧化蛹。

成虫在白天、晚上均可羽化，羽化高峰期在 19 ～ 21 时，羽化后就可交配，交配时间约 10 小时，雄虫可进行再交配，但能力明显下降，交配后 1 ～ 2 天死亡。幼虫不取食时喜欢静伏于枝干上或叶背。每龄幼虫蜕皮前会吐少许丝固定腹足，头部轻微抬起。蜕皮时先从头壳顶部开始，用体液润湿头壳，然后使其破裂，先蜕出头部，然后头部左右摆动，慢慢向前蠕动虫体，直至整个虫体从旧皮蜕出为止。

【为害特点】1 ～ 4 龄幼虫取食叶片上表皮叶肉，剩下叶脉和下表皮，使叶片呈透明状；5 ～ 7 龄幼虫取食整片叶片，呈缺刻状。

【防治方法】物理防治。零星发生时，及时收集卵、茧，集中销毁。

生物防治。赤眼蜂对灰白蚕蛾的卵有较好的控制效果，可人工释放赤眼蜂防治；可选用 100 亿孢子 /g 青虫菌 1000 倍稀释液喷雾防治。

化学防治。可用 2.5% 溴氰菊酯乳油 1000 ～ 2000 倍稀释液喷雾防治。

A. 雄虫（引自 Wang et al., 2015）

B. 幼虫

C. 茧

D. 蛹

灰白蚕蛾（郑霞林　摄）

类桑螨 *Rondotia diaphana* (Hampson)

【寄主】不详。

【分布】中国分布于福建、江西、广东、广西。广西分布于兴安（猫儿山）。

类桑螨雄虫（引自 Wang et al.，2015）

【形态特征】雄虫翅展 38 ～ 40 mm，前翅长 18 ～ 19 mm，触角长 7 ～ 8 mm，体长 9 ～ 11 mm。头小，白色；复眼极大，球状突出，占整个头部的 2/3；下唇须短小，橘红色斜向下方伸出；触角为体长的 1/2。胸部细，黄白色，胸足灰褐色。前后翅鳞片薄，翅脉清晰。前翅灰白色，外线为灰褐色粗线条；中线不完整，为 1 条横线，内线为灰色波浪线；顶角稍向外伸出，外缘近顶角处向内凹，然后再向外突，外线外侧与外缘所围成的前半部分为灰褐色斑块。后翅灰白色，外线及外缘线均为灰褐色粗线条；内线不完整，灰褐色；臀角圆，近顶角处稍向内凹。前后翅腹面与背面相似，颜色稍浅。腹部纤细，土黄色，长度仅达后翅内缘的 1/2。

【生活习性】不详。

【为害特点】不详。

【防治方法】未见大面积发生和为害，可通过保护和利用自然天敌控制其种群。

圆翅蚕蛾 *Rotunda rotundapex* (Miyata et Kishida)

【寄主】桑。

【分布】中国分布于福建、江西、湖北、湖南、广东、广西、四川、陕西、台湾。广西分布于兴安（猫儿山）。

圆翅蚕蛾雄虫（引自 Wang et al.，2015）

【形态特征】雄虫翅展 30 ～ 38 mm，前翅长 16 ～ 18 mm，触角长 5 ～ 7 mm，体长 15 ～ 17 mm。体棕色，被浓密的褐色毛；复眼大；下唇须红棕色，达复眼上方；触角浅棕色，双栉齿状。胸部赭棕色；翅赭红色。翅脉清晰，内外缘具缘齿，轮廓明显；前翅基部具黑色长毛形成的一个黑斑，中室端脉明显。后翅基部被赭色长毛，内、中、外线不明显。前后翅的顶角、臀角圆钝，翅脉近外缘有短小横脉相互相连，形成锯齿状图形。翅基部有黄色毛；前后翅腹面与背面同色。腹部除前端和后端黑色外，其余为赭红色。第八腹板宽与高近似相等，上部中间向内凹陷，边缘呈波浪形，下部向中间凹陷，两侧呈角突状。

【生活习性】不详。

【为害特点】幼虫取食寄主植物叶片呈缺刻状。

【防治方法】未见大面积发生和为害，可通过保护和利用自然天敌控制其种群。

99. 大蚕蛾科 Saturniidae

成虫体大型，体色鲜艳。触角羽毛状。喙退化。前、后翅中央各有 1 个半透明的眼状斑纹，有的后翅具有角状突。幼虫粗壮，体上多枝刺，是林木常见食叶害虫。

（黄志平）

乌桕大蚕蛾 *Attacus atlas* (L.)

【寄主】乌桕、樟、柳、大叶合欢、小蘖、冬青、桦木等。

【分布】中国分布于福建、江西、湖南、广东、广西、四川、云南、台湾等。广西分布于荔浦、全州、平乐、灵川、隆林、罗城、南丹、金秀、高峰林场。

【形态特征】成虫翅展 165 ～ 265 mm。全体密被细毛和鳞片，呈红褐色或赤褐色。头小，喙退化，触角羽状。前翅顶角粉红色，并显著突出，似蛇头。前、后翅内外两横线白色，中室端部有三角形半透明大斑。腹部纺锤形。

卵球形或近球形，灰白色或灰绿色。

幼虫淡绿色或淡黄绿色，胸、腹部各节背板上具 1 列白色枝刺。末龄幼虫体长 70 ～ 120 mm。

蛹长球形，初为绿色，后变为深褐色或红褐色，外被大型丝茧。

【生活习性】1 年发生 2 代，以蛹越冬。翌年 5 月出现成虫，成虫寿命 9 ～ 11 天，一头雌虫可产卵百余粒，卵期 8 ～ 14 天。第一代幼虫在 6 ～ 7 月为害，第二代幼虫在 8 月出现。幼虫共 6 龄，幼虫期 49 ～ 60 天。第一代蛹期 22 天，第二代（越冬代）以蛹在茧中越冬，蛹期长达 193 天。

成虫具有趋光性，产卵在枝条与叶片上，排列规则成堆状。末龄幼虫在树冠下部的枝叶间吐丝结

A. 成虫

B. 幼虫

乌桕大蚕蛾（郑霞林　摄）

茧化蛹，所结的丝茧外层疏而内层紧，初结成时外面有银灰色光泽，约 1 天后变为灰褐色。

【为害特点】初龄幼虫群集取食叶片呈缺刻状，残留叶脉和叶柄，5 ～ 6 龄幼虫吃光全叶后取食叶柄和嫩枝。大发生时，常造成树木枝条光秃，影响树势。

【防治方法】营林防治。合理密植，促进林分通风透光；结合追肥、中耕除草等田间管理，促进林木生长，提高林分综合抗虫能力。

物理防治。利用成虫趋光性，在成虫发生期用诱虫灯诱杀，可取得很好的防治效果。利用幼虫下树的习性，人工捕杀或涂毒环。茧易见，可人工摘除。

生物防治。在低龄幼虫期，喷洒 25% 灭幼脲Ⅲ号胶悬剂 1500 倍稀释液、1.2% 烟参碱 2000 倍稀释液或 100 亿活芽孢 /g 苏云金杆菌可湿性粉剂 600 ～ 800 倍稀释液，均可取得较好的防治效果。

化学防治。幼虫发生高峰期，可选用 40% 绿来宝 500 倍稀释液或 2.5% 氯氰菊酯乳油 1000 ～ 2000 倍稀释液喷雾防治。

绿尾大蚕蛾 *Actias selene ningpoana* Felder et Felder

【寄主】枫杨、柳、板栗、乌桕、木槿、胡桃、樟、恺木、桂花、枫香等。

【分布】中国分布于北京、河北、江苏、浙江、福建、江西、河南、湖北、湖南、广东、广西、台湾。广西分布于南宁（武鸣）、桂林（叠彩）、兴安、全州、荔浦、岑溪、桂平、容县、大容山林场、隆林、南丹、宁明、派阳山林场、博白林场。

【形态特征】成虫体长 35 ～ 40 mm，翅展 110 ～ 130 mm。体表具浓厚白色绒毛，头部、胸部、肩板基部前缘有暗紫色横切带。前、后翅粉绿色，基部有白色绒毛，中室末端有 1 个眼状斑；前翅前缘暗紫色，外缘黄褐色；后翅后角尾状突出，长 40 mm ；翅脉较明显，灰黄色。

卵直径约 2 mm，球形稍扁，米黄色。

1 龄、2 龄幼虫黑色，3 龄幼虫橘黄色，4 龄幼虫渐变为嫩绿色。末龄幼虫体长 73 ～ 80 mm，头部绿褐色；体黄绿色，气门线至腹面浓绿色，腹面黑色；中胸、后胸及第八腹节背上的毛瘤顶端黄色，基部黑色；其他部位毛瘤的端部蓝色，基部棕黑色，上面的刚毛棕黄色；虫体其他刚毛黄白色；第一至第八腹节的气门线上边赤褐色，下边黄色；胸足棕褐色，尖端黑色；腹足端棕褐色，上部有黑色横带。

蛹体长 45 ～ 50 mm，赤褐色，额区有 1 个浅黄色三角斑。茧长卵圆形，长径 50 ～ 55 mm，短径 25 ～ 30 mm，灰褐色，全封闭式，茧外常有叶裹着。

【生活习性】1 年发生 2 代，在树上结茧化蛹越冬。翌年 4 月中旬至 5 月上旬越冬蛹羽化的成虫开始产卵。卵期 10 ～ 15 天。第一代幼虫 5 月上中旬孵化，幼虫共 5 龄，历期 36 ～ 44 天。末龄幼虫 6 月上旬开始结茧化蛹，蛹期 15 ～ 20 天。第一代成虫 6 月下旬至 7 月上旬羽化、产卵，卵历期 8 ～ 9 天。第二代幼虫 7 月上旬孵化，至 9 月下旬末龄幼虫结茧化蛹越冬。

成虫有趋光性，每雌产卵量 250 ～ 300 粒，卵产于寄主叶背，聚集成堆。1 ～ 2 龄幼虫有群集性，较活跃；3 龄后分散取食，行动迟缓。

【为害特点】以幼虫取食叶片，食量较大，重者将树叶吃光，严重影响树木长势和产量。

【防治方法】参考乌桕大蚕蛾。

A. 成虫

B. 幼虫为害板栗

C. 幼虫为害核桃

绿尾大蚕蛾（赵丽云　黄艳琴　摄）

银杏大蚕蛾 *Caligula japonica* Moore

【寄主】银杏、核桃、漆等。

【分布】中国分布于东北、华北、华东、华中、华南、西南。广西分布于兴安、全州、灵川、荔浦。

【形态特征】成虫体长 35 ～ 48 mm，翅展 110 ～ 135 mm。体棕褐色、灰褐色或黄褐色。雄虫触角羽状，雌虫触角栉齿状。前翅近顶角处有 1 个明显黑斑，自翅顶至后缘有棕褐色波状线 2 条，内横线赤褐色，外横线暗褐色，中间有较宽的银灰色区，中室端部有半月形透明斑 1 个。后翅从基部至外横线间有较宽红色区域，近外缘有小状线 2 条，中室有 1 个大眼状斑。

卵长径 2.2 ～ 2.5 mm，椭球形，初产卵绿色，后变为灰褐色。

幼虫初孵时黑色，体长 5 ～ 8 mm。末龄幼虫体长 100 mm 左右，银灰色，体上密生白毛或间有黑毛，腹面绿色或灰色，中间有白腹线 1 条。

蛹体长 50 mm 左右，纺锤形，被蛹，深褐色。茧长 60 mm 左右，长椭圆形，网状，初时银白色，后变为黄褐色。

【生活习性】1 年发生 1 代，以卵在离地面 1 ～ 3 m 处的树干上或树枝分叉处越冬。翌年 3 月下旬至 4 月上旬孵化，幼虫共 6 龄，幼虫历期 36 ～ 58 天。5 月下旬结茧化蛹，蛹期 2 ～ 5 个月。成虫在 9 月下旬至 11 月上旬羽化、交配和产卵，每雌产卵量 200 ～ 300 粒。

成虫飞翔能力强，具趋光性，卵产于茧内、大树皮下或缝隙中，常数十粒聚集为一堆。初孵幼虫群栖在树干的树皮缝隙间，白天爬至枝条取食，3 龄后逐渐分散，4 龄

A. 成虫

B. 幼虫

C. 茧

银杏大蚕蛾（赵丽云　李懋辅　摄）

后中午大多下树避暑，幼虫老熟后在树叶、枝条或树下杂草灌木上结茧。

【为害特点】初孵幼虫取食银杏嫩叶，使叶片成缺刻状，幼虫长大后取食全叶，大发生时将成片银杏树叶吃光。

【防治方法】参考乌桕大蚕蛾。

樟蚕 *Eriogyna pyretorum* Westwood

【寄主】樟、板栗、枫香等。

【分布】中国分布于东北、华北、华东、华南，以及四川等地。广西分布于南宁（武鸣、青秀、西乡塘）、隆安、柳江、桂林（雁山）、荔浦、龙胜、兴安、阳朔、荔浦、恭城、灌阳、全州、灵川、永福、苍梧、岑溪、藤县、合浦、防城港（防城）、浦北、容县、德保、钟山、贺州（八步）、富川、东兰、都安、河池（金城江）、南丹、天峨、武宣、象州、忻城、大新、龙州、凭祥、南宁树木园、派阳山林场、六万林场。

【形态特征】成虫体长 25 ～ 40 mm，翅展 80 ～ 125 mm，雌虫体略大。体、翅灰褐色，前翅基部暗褐色，三角形。翅中央有 1 个眼状纹。翅外缘呈淡灰黄色，顶角外侧有紫红色短纹 2 条，内侧有黑褐短纹 2 条，内横线棕黑色，外横线棕色双锯齿形。后翅与前翅略同，色较淡，眼状纹较小。

卵长径 2 mm，椭球形，乳白色，将孵化时呈浅灰色。卵块表面黏附粉红色胶状物，表面覆有黑褐色绒毛。

幼虫老熟时体长 100 mm 左右。初龄幼虫黑色，随龄期增大，头变为黄色，体变为黄绿色，被白色毛。各体节亚背线、气门上线及气门下线处有瘤状突起，瘤上具白色或黄褐色枝刺，腹末臀板上有黑斑点 3 个，排成三角形，臀足外侧有黑褐色斑点 1 个。

蛹体长 27 ～ 34 mm，纺锤形，黑褐色，外被棕色厚茧。

【生活习性】1 年发生 1 代，以蛹（茧）在枝干上越冬。翌年 2 月下旬开始羽化，3 月上旬开始产卵，3 月中旬为羽化盛期。卵期 10 ～ 30 天。3 月中旬开始出现幼虫，幼虫共有 8 龄，历期 52 ～ 78 天。5 月中旬开始化蛹结茧，7 月下旬全部化蛹完毕。5 ～ 6 月幼虫为害最盛。

成虫有强趋光性，飞翔能力较弱。产卵在枝干上，卵多排列整齐且密集，每块有卵数十至百余粒。3 龄前幼虫群集取食叶片，4 龄后分散为害，有下树寻找结茧场所的习性。

【为害特点】幼虫食叶，食量大，严重时吃光叶片后取食叶柄和嫩茎，影响树木长势。

【防治方法】参考乌桕大蚕蛾。

A. 雌虫　B. 幼虫　C. 蛹　D. 茧

樟蚕（莫忠华　郑霞林　赵丽云　摄）

黄豹大蚕蛾 *Loepa katinka* (Westwood)

【寄主】桤木。

【分布】中国分布于广东、广西、云南、西藏。广西分布于兴安。

【形态特征】成虫展翅 75 ～ 90 mm，翅黄色；前后翅中央各具 1 个眼状斑，眼斑内具 1 条弧形的黑色细纹，中心白色。前翅的眼状斑明显大于后翅；前翅近基部有 1 条红色弯曲的线条，外线黑色波浪状，亚外缘线 2 条，双行齿状；外缘线灰白色；近顶角有 1 个较大的浅褐色斑块，其下方有 1 条红色短斑；褐色斑块下方还有 1 个黑褐色长椭圆形斑。

【生活习性】生活于低中海拔山区。成虫夜间活动，具趋光性。

【为害特点】幼虫食叶。

【防治方法】未见大面积发生和为害，可通过保护和利用自然天敌控制其种群。

A. 背面观　　B. 腹面观

黄豹大蚕蛾成虫（杨忠武　摄）

樗蚕 *Philosamia cynthia* Walker et Felder

【寄主】桉、乌桕、山苍子、泡桐、樟、臭椿、板栗、鹅掌楸等。

【分布】中国分布于北京、辽宁、黑龙江、江苏、浙江、江西、山东、广东、广西、四川。广西分布于南宁（武鸣）、横州、苍梧、藤县、全州、荔浦、阳朔、灵川、合浦、防城港（防城）、浦北、贵港（港北、港南、覃塘）、桂平、平南、博白、玉林（福绵、大容山林场）、容县、平果、凤山、南丹、天峨、象州、大新、凭祥、天等。

【形态特征】成虫体长 20 ～ 30 mm，翅展 115 ～ 125 mm。体青褐色，头部四周、前胸前后缘及腹部背线、侧线和末端均为白色。前翅褐色，顶角圆而突出，粉紫色，具 1 个黑色眼状斑，斑的上边具白色弧形；前、后翅中央各有 1 个新月形斑，新月形斑上缘深褐色，中间半透明，下缘土黄色，外侧具有 1 条纵贯全翅的宽带，宽带中间粉红色，外侧白色，内侧深褐色；基角褐色，其边缘有 1 条白色曲纹。

卵长约 1.5 mm，扁椭球形，灰白色，表面有褐色斑。

幼虫老熟时体长 55 ～ 60 mm，青绿色，被白粉。各体节的亚背线、气门上线、气门下线部位各有 1 排显著的枝刺，亚背线上的枝刺更大；在亚背线与气门上线间、气门后方、气门下线、胸足及腹足的基部有黑色斑点。胸足黄色；腹足青绿色，端部黄色。

蛹体长 26 ～ 30 mm，宽 14 mm，暗红褐色。茧长约 50 mm，灰白色，橄榄形。茧上端开孔，茧柄长 40 ～ 130 mm，茧半边常被叶包裹。

【生活习性】1 年发生 2 代，以蛹越冬。翌年 5 月上中旬越冬代成虫羽化、产卵。卵期约 12 天。第一代幼虫 5 月中下旬孵化，幼虫期 30 天左右。6 月下旬结茧化蛹。8 月至 9 月上中旬第一代成虫羽化、产卵，成虫寿命 5 ～ 10 天。第二代幼虫出现在 9 ～ 11 月，以后陆续化蛹越冬。

成虫有趋光性，飞翔能力较弱。每雌产卵量 300 粒左右，卵产在寄主叶背上，聚集成堆。初孵幼虫有群集性。幼虫蜕皮后常将蜕食尽或仅留少许，幼虫老熟后在树干上缀叶结茧化蛹，越冬代常在杂灌木上结茧化蛹。

【为害特点】幼虫食叶，食量大，严重时可将树叶吃光，严重影响树木长势。

【防治方法】参考乌桕大蚕蛾。

A. 成虫（陆温　摄）

B. 幼虫（陈延桂　摄）

樗蚕

100. 天蛾科 Sphingidae

中型至大型蛾类，翅展 36 ～ 190 mm。颜色较艳丽，触角线状，粗短，近端部较粗且末端弯曲呈钩状；少数种类双栉齿状。喙发达，较长。下唇须上举，紧贴头部。前翅大而狭长，翅顶角尖，具翅缰和翅缰钩。腹部纺锤形，末端尖。飞行速度快，能在空中悬停。幼虫肥大，尾角形，第八腹节腹背有 1 条向后上方斜伸的尾角。该科昆虫幼虫为害林木，部分种类是重要的食用昆虫和饲料昆虫。全世界已记录 3 亚科 200 属 1450 多种，中国已记录 3 亚科 54 属 190 多种。

（徐　淑）

鬼脸天蛾 *Acherontia lachesis* (Fab.)

【寄主】木犀科、豆科、茄科植物。

【分布】中国分布于福建、江西、湖南、广东、广西、海南和云南等地。广西分布于南宁（江南台湾花卉园）、龙胜（龙胜、里骆林场）、阳朔（福利）、防城港（港口公车）、玉林、凤山（凤城）、环江（龙岩）、来宾、扶绥（中东）、龙州、黄冕林场（洛清江）、博白林场（五峰）。

【形态特征】成虫翅展 100 ~ 125 mm。前翅黑色、青色、黄色相间，内横线、外横线各由数条深浅不同的波状线条组成，中室上有 1 个灰白色点，前翅下侧有 2 条盘状带；后翅黄色，基部、中部及外缘处有 3 条较宽的黑色带，后角附近有 1 个灰蓝色斑。胸部背面有鬼脸形斑纹，眼点斑以上有灰白色大斑。腹部黄色，各环节间有黑色横带，背线蓝色，较宽，第五腹节后盖满整个背面。

幼虫体黄绿色。头黄绿色，外侧有黑色纵条。前胸较小，中、后胸膨大，每节有 1 ~ 2 条横皱纹，皱纹深绿色。腹部第一至第七节体侧各有 1 条自气门线至背部方向的深绿色斜线，斜线后缘深黄色，各腹节有较密的绿色皱纹，接近背部有较密的褐色颗粒。尾角黄色，长约 15 mm，向前上方弯曲，其上布有绿色微刺。气门黑色。胸足赭黑色，腹足绿色。

蛹长 57 ~ 87 mm，宽 14 mm。体深栗色。头部宽厚圆润。

【生活习性】1 年发生 1 代，以蛹在土内越冬。翌年 4 月成虫开始羽化，成虫期 4 ~ 10 月，飞行能力较弱，有强趋光性，受干扰时会发出吱吱叫声，常隐居于寄主叶背。成虫常将卵散产于寄主叶背及主脉附近。幼虫一般夜间取食。

【为害特点】幼虫主要取食新梢叶片及嫩茎，严重时可将寄主叶片吃光，致使寄主无法进行光合作用，导致寄主枝干枯死。

【防治方法】营林防治。冬季结合中耕，消灭地下越冬蛹。

物理防治。成虫具有较强的趋光性，在成虫盛发期可设置诱虫灯进行诱杀。幼虫发生盛期，结合林间管理，可人工捕杀。

A. 成虫背面观（陆温　摄）

B. 成虫侧面观（陆温　摄）

C. 绿色型幼虫（李懋辅　摄）

D. 灰色型幼虫（郑霞林　摄）

E. 黄色型幼虫（郑霞林　摄）

鬼脸天蛾

生物防治。使用 16000 IU/mg 苏云金杆菌可湿性粉剂 100 ～ 150 g/ 亩或 25% 灭幼脲Ⅲ号悬浮剂 500 ～ 600 倍稀释液喷雾防治。

化学防治。幼虫孵化盛期时，可用 2% 巴丹粉剂 2.5 kg/ 亩、10% 吡虫啉可湿性粉剂 1500 倍稀释液喷雾防治。

芝麻鬼脸天蛾 *Acherontia styx medusa* Moore

【寄主】茄科、豆科、唇形科植物。

【分布】中国分布于北京、河北、福建、山东、河南、广东、广西、四川、云南、台湾等地。广西分布于南宁（江南台湾花卉园、兴宁四塘、武鸣双桥）、防城港（港口）、桂平、东兰。

【形态特征】成虫体长 50 mm 左右，翅展 100 ～ 125 mm。前翅黑色，具微小白色斑点，杂有黄褐色鳞片，内、外横线各由数条深浅和颜色不同的波纹组成，顶角附近有较大的茶褐色斑，中室具 1 个灰白色小点；后翅杏黄色，中部、基部及外缘处具较宽的 3 条横带，后角附近有 1 块灰蓝色斑。胸部背面有骷髅形纹，眼斑以上具灰白色大斑。腹部黄色，各环节间具黑色横带，背线青蓝色，较窄，呈“直线状”直至腹末。本种与鬼脸天蛾的主要区别在于前翅下侧有两个盘状带，且靠近腹部一侧无深色带；前翅上侧的基线弯曲程度小于鬼脸天蛾；前翅盘状斑点为橙色，而鬼脸天蛾多为白色。胸部的头骨状斑点颜色较深，后翼上的 1 个淡蓝色胸骨点被 1 个黑色的近缘带包围；后翅基部近一半为黄色，而且无较大的黑色斑点。

卵椭球形，光滑，有光泽。浅绿色，孵化前变成淡黄绿色。

末龄幼虫体长 95 ～ 110 mm，头黄绿色，外侧具黑色纵条，身体黄绿色。前胸较小，中、后胸膨大，每节横生皱纹 1 ～ 2 个，皱纹深绿色。腹部第一至第七节体侧各具 1 条从气门线至背部方向的深绿色斜线，斜线后缘深黄色，各腹节有较密的绿色皱纹，接近背部有较密的褐绿色颗粒。尾角黄色，长约 15 mm，弯向前上方。气门黑色。胸足赭黑色，腹足绿色。

蛹长 50 ～ 60 mm。红褐色。

【生活习性】在广西 1 年发生 2 代，以蛹越冬，成虫主要在 5 月、6 月和 8 月间出现，幼虫一般于 6 ～ 9 月出现。成虫飞翔能力不强，常隐蔽在寄主叶背，趋光性强。成虫将卵产在寄主植物叶背的主脉附近，卵散产。幼虫于夜间活动。

【为害特点】幼虫取食寄主新梢叶片及嫩茎。

【防治方法】参考鬼脸天蛾。

芝麻鬼脸天蛾成虫（郑霞林 摄）

缺角天蛾 *Acosmeryx castanea* Rothschild et Jordan

【寄主】桉等。

【分布】中国分布于浙江、安徽、福建、江西、河南、湖北、湖南、广东、广西、海南、四川、贵州、云南、西藏、台湾、香港。广西分布于南宁（武鸣锣圩）、横州（百合）、龙胜、兴安、苍梧（六堡）、桂平（社坡）、博白、玉林（大容山林场）、隆林（新州）、金秀、派阳山林场（鸿鸪）、黄冕林场（盘龙）。

缺角天蛾成虫（陆温　摄）

【形态特征】成虫翅展 75 ～ 85 mm。体紫褐色。触角背面污白色，腹面棕赤色。前翅具波状横线，前缘中央至后角有较深色斜带，其上方有近三角形棕灰色斑，顶角有小三角形深色纹，其下方有新月形深色斑纹；后翅棕黄色，前缘灰褐色，中部有 2 条深色横带。腹部背面棕黑色。

卵球形，顶部稍隆起，高 1.0 ～ 1.3 mm，宽 1.0 ～ 1.1 mm。初产时浅绿色，将孵化时黄绿色。

末龄幼虫体长 75 ～ 80 mm。头小，黄绿色，侧面有黄色纵纹，其后端与胸部侧线相连。前胸和中胸非常小，后胸及第一腹节的基线部分沿侧面的斜线隆起。尾角 7 ～ 9 mm，向腹面弧状弯曲，密布细小颗粒。体表光滑，呈绿色，散布黄色小斑，侧线为鲜明的黄色，体侧具 7 条黄色斜线，第一条黄线下方具紫褐色斜纹。气门紫灰色，外具黄褐色环。

蛹长 48 ～ 55 mm。体呈淡褐色，有暗褐色细斑纹。腹部第八节后较粗大，各节刻纹明显；腹部第五至第七节有较细气门沟。臀棘近三角形，上有纵隆，末端分两小叉。

【生活习性】1 年发生 2 代。以蛹越冬。成虫出现于 3 ～ 10 月，生活在平地至中海拔山区，趋光性强。

【为害特点】以幼虫取食植物叶片，严重时可将植物叶片吃光，仅残留部分叶脉和叶柄。

【防治方法】参考鬼脸天蛾。

栎鹰翅天蛾 *Ambulyx liturata* Butler

【寄主】栎、核桃。

【分布】中国分布于湖南、广西、海南、四川。广西分布于龙州、三门江林场（江口）。

【形态特征】成虫翅展 100 ～ 130 mm。体翅橙灰色，胸部两侧棕褐色，腹部背面中央有 1 条褐色纵线，各节后缘有褐色横纹，腹面橙黄色，前翅橙灰色，内线下方有 1 个绿褐色圆斑，中、外线波状不明显，亚外缘线褐绿色，后角近后缘有月形黑纹，后翅橙褐色，有暗褐色横带 2 条，顶角内散布褐色斑，前缘黄色。

【生活习性】1年发生2代，以蛹在茧内越冬。6～8月可见成虫。

【为害特点】主要以幼虫取食植株的嫩叶，严重时可取食整株树的嫩叶和嫩梢。

【防治方法】物理防治。利用成虫具较强的趋光性，安置诱虫灯诱杀，或用竹竿打动树枝，使幼虫掉落，捕捉幼虫集中消灭。

栎鹰翅天蛾成虫（李懋辅　摄）

生物防治。幼虫和蛹可喷施白僵菌等药剂防治；利用卵寄生蜂等天敌防治。

化学防治。在幼虫低龄期，可用2.5%溴氰菊酯乳油1000～2000倍稀释液喷雾防治。

鹰翅天蛾 *Ambulyx ochracea* Butler

【寄主】槭、核桃、枫杨等。

【分布】中国分布于河北、山西、辽宁、江苏、浙江、福建、山东、河南、湖北、广东、广西、海南、陕西、台湾。广西分布于南宁（江南台湾花卉园）、横州（平马）、全州（石塘）、金秀。

【形态特征】成虫翅展85～115 mm。体翅黄褐色。前翅内横线不明显，中、外横线呈淡褐色波状纹；顶角弯曲呈弓状似鹰翅；在内横线部位近后缘有1个褐色圆斑，翅基近前缘有1个褐色小点；在臀角内有褐色斑；外缘褐色边呈弧形。后翅有较明显的棕褐色中带及外缘带，边缘波状。腹部第五节后两侧及第八节背面有褐色斑。

幼虫体黄绿色或褐色。腹部两侧斜纹的上侧有宽的暗绿色边。尾角较长。

【生活习性】1年发生1～2代，以蛹越冬。

【为害特点】主要以幼虫取食植物的叶片，高龄幼虫进入暴食期，严重的可将植物叶片吃光。

【防治方法】参考栎鹰翅天蛾。

A. 背面观

B. 腹面观

鹰翅天蛾成虫（杨忠武　摄）

葡萄天蛾 *Ampelophaga rubiginosa* Bremer et Grey

【寄主】黄荆、圆锥绣球、长叶紫绣球、山葡萄等。

【分布】中国分布于河北、山西、山东、河南、广东、广西、海南、四川等地。广西分布于南宁（武鸣罗波)、桂平(厚禄)、隆林(者浪)、宜州(石别)、象州。

【形态特征】成虫体肥大，纺锤形，体长 45 mm 左右，翅展 70 ~ 100 mm。复眼后至前翅基部有 1 条灰白色较宽的纵线。触角短栉齿状，背侧灰白色。体翅茶褐色，背面色暗，腹面色淡，近土黄色。前翅各横线均为暗茶褐色，中横线较宽，内横线次之，外横线较细、呈波纹状，前缘近顶角处有 1 个暗色三角形斑，斑下接亚外缘线，亚外缘线呈波纹状，较外横线宽；后翅周缘棕褐色，中间大部分为黑褐色，缘毛色稍红。翅中部和外部各有 1 条暗茶褐色横线，翅展时前、后翅两线相接，外侧略呈波纹状。体背中央自前胸到腹端有 1 条灰白色纵线。

卵长球形，高 1.2 ~ 1.4 mm，最宽处 1.3 ~ 1.5 mm。初产时绿色，将孵化时呈褐绿色。

末龄幼虫黄绿色，体长 69 ~ 73 mm。胸部背面及两侧有黄色颗粒。腹部背线绿色较细，两侧有呈“八”字形的黄色斜纹，亚背线淡黄色，亚背线至气门线间自腹部第一节至第八节有浅黄色斜纹，斜纹前缘绿色。气门黄色。尾角青绿色，长 9.0 ~ 9.8 mm，较粗壮，端部稍带红褐色并向下弯曲呈钩状。胸足黄褐色，基部有黄色斑，端部外侧有黑斑。

蛹长 55 ~ 57 mm，体棕色至棕黑色。腹部第五至第七节无气门沟，臀棘细，末端分叉不明显。

【生活习性】在广西 1 年发生 2 代，以蛹在落叶下或表土内越冬，翌年 5 月下旬至 6 月上旬羽化。成虫白天静伏，黄昏时活动，交配后 24 ~ 36 小时产卵，卵多散产于叶背和嫩梢上。6 月中旬出现第一代幼虫，夜晚取食嫩芽和叶片，白天静伏，幼虫期 40 ~ 50 天。7 月下旬陆续老熟入土化蛹，8 月上旬开始羽化，8 月中旬发生第 2 代幼虫，9 月下旬幼虫老熟入土化蛹越冬。

【为害特点】幼虫食叶成缺刻与孔洞，严重时可将叶片吃光，仅残留粗脉或叶柄。

【防治方法】营林防治。结合冬春季的施肥和除草等日常管理挖除越冬蛹。

物理防治。采用诱虫灯或糖醋液诱杀成虫。结合夏季修剪等管理工作，人工捕杀幼虫。

生物防治。低龄幼虫期可用 25% 灭幼脲Ⅲ号悬浮剂 2000 倍稀释液喷雾防治。

化学防治。在幼虫发生盛期，可喷施 20% 虫酰肼悬浮剂 1500 ~ 2000 倍稀释液、15% 茚虫威胶悬剂 3000 倍稀释液、2.5% 溴氰菊酯乳油 2000 ~ 3000 倍稀释液或 2.5% 功夫乳油 2500 ~ 3000 倍稀释液喷雾防治。

A. 背面观

B. 腹面观

葡萄天蛾成虫(杨忠武 摄)

杧果天蛾 *Amplypterus panopus* (Cramer)

【寄主】桉、人面子属、盐麸木属、红厚壳属植物。

【分布】中国分布于浙江、福建、江西、湖南、广东、广西、海南、贵州、云南、香港。广西分布于南宁（武鸣朝燕林场）、龙胜、岑溪（水汶）、蒙山（新圩）、合浦（曲樟）、防城港（港口、防城那良）、桂平（石龙）、北流（石窝）、博白（水鸣）、玉州（茂林）、巴马、东兰（花香）、都安（加贵）、环江（东兴、驯乐）、河池（金城江）、罗城（怀群、兼爱）、宜州（德胜、拉浪林场）、金秀（头排）、武宣（二塘）、来宾（兴宾铁帽山林场）、大新（榄圩、堪圩、硕龙）、扶绥（柳桥、东罗）、崇左（江州）、龙州（龙州、上降）、宁明（明江）、东门林场（雷卡、华侨）、维都林场（清水河）、黄冕林场（沙塘）、六万林场（河嵩）、博白林场（三育）。

【形态特征】成虫翅展 130 ～ 160 mm，体长 38 ～ 45 mm。雌虫前翅基部颜色较深，内线及中线棕色至黑色，内线内侧多条灰色、黑色及棕色波浪状纹相间排列，内线与中线间灰色并略带粉色，中线内靠近中室处有 1 个近星形黑斑并延伸至前缘，中室横脉黑色；外线棕色，内侧平直，外侧向翅尖突出；端线灰色，内侧波浪状，外侧向翅尖突出，外缘中部有 1 个较大棕色三角形斑，近后角处有 1 个椭圆形深棕色至黑色斑，色斑前有数条灰白色条纹；端线和外线间散布数个灰色至黑色的小点。后翅前缘黄色，外缘棕色至黑色横带，中央有 1 个粉红色斑；内线为一条较宽浅灰色带，穿过粉红色斑，中线及外线浅棕色。腹部背面灰色，腹面黄色，第五腹节后各节背板背中线黑色，两侧为灰色斑，外侧有 1 条纵向黑线，黑线外侧黄色。

卵椭球形。初产时亮黄色；其后上下分层，上层黄色，有红色丝状条带汇集于极点，下层无色透明。孵化前，卵黄色，并可见幼虫红褐色丝状臀角。

幼虫共 5 龄，体色多变，有黄色型、橙色型、褐色型、蓝色型等。1 龄幼虫头顶圆；2 ～ 4 龄幼虫头顶尖，左右各具 1 个顶角；5 龄幼虫头尖，顶端无顶角。1 ～ 2 龄幼虫亮黄色，臀角红褐色；3 龄幼虫体绿色，具花纹，臀角红褐色至黑色；4 ～ 5 龄幼虫臀角与体色相同，仅尖端为红褐色。

蛹纺锤形，红褐色至棕色，末端较尖，附有三角形臀棘 1 枚，成钩状向腹面折叠，棘端分叉成 2 个小棘。

【生活习性】在广西南宁 1 年发生 3 ～ 4 代，以蛹在土中越冬。翌年 4 月上旬越冬代成虫开始羽化，4 月中下旬开始产卵，4 月下旬第一代幼虫开始出现，5 月中下旬为暴发期，6 月上中旬为化蛹高峰期；6 月上旬第一代成虫开始羽化，6 月中下旬达到羽化高峰期；成虫羽化 1 ～ 2 天后即可交配产卵，卵产于叶背，卵期 5 ～ 6 天；幼虫期 30 ～ 35 天；成虫趋光性强。第二至第四代幼虫分别于 6 月下旬、8 月下旬和 10 月下旬出现，第二、第三代幼虫暴发期分别为 7 月中旬至 8 月上旬、9 月中下旬；第四代幼虫于 11 月中下旬下树在表土层化蛹越冬。

【为害特点】幼虫会暴发性取食桉树叶片，造成整片林分叶片均被吃光。

【防治方法】参考葡萄天蛾。

A. 成虫

B. 卵

C. 幼虫

D. 蛹

E. 为害桉树

杧果天蛾（罗辑　杨秀好　摄）

绿带闭目天蛾 *Callambulyx rubricosa rubricosa* Walker

【寄主】桉、黄花柳等。

【分布】中国分布于江西、湖南、广西、海南。广西分布于平南、凤山（凤城）、宜州（庆远）、金秀、凭祥、天等。

【形态特征】成虫体墨绿色，翅展 115～132 mm。前足胫节无端距，胫节无刺；前翅青绿色，顶角略尖，外缘较直，后缘弯曲，前翅自翅基起至后角成一三角形暗斑；后翅红色，外缘灰黄色，后角部位有闭合式眼斑，眼斑上方有黑色斑。

绿带闭目天蛾成虫（覃营　摄）

幼虫背中线细长且颜色较淡。刚孵化的幼虫呈淡黄色。

蛹长 40～50 mm。深红褐色，略有光泽。每个腹节的前缘密布大量的点状突起。

【生活习性】不详。

【为害特点】以幼虫取食叶片成缺刻与孔洞，严重时将叶片吃光，仅残留粗脉或叶柄。

【防治方法】参考葡萄天蛾。

咖啡透翅天蛾 *Cephonodes hylas hylas* (L.)

A. 成虫背面观　B. 成虫腹面观　C. 幼虫

咖啡透翅天蛾（郑霞林　罗茂生　摄）

【寄主】柚木、八角、黄栀子等。

【分布】中国分布于山西、安徽、福建、江西、湖北、湖南、广西、四川、云南、台湾。广西分布于南宁（武鸣两江）、鹿寨、武宣。

【形态特征】成虫体粗大，雄虫体长 25 ～ 28 mm，翅展 51 ～ 60 mm；雌虫体长 30 ～ 32 mm，翅展 58 ～ 64 mm。触角黑色，前半部粗大。初羽化时，翅有灰色鳞粉，但不久鳞粉脱落变成透明状。翅基部黄绿色，顶角黑色；翅脉和翅缘棕黑色，后翅后角有绿色鳞粉。胸部背面黄绿色。腹部前端草青色，中部紫红色，后部淡黄色，5 ～ 6 节两侧有白斑。

卵球形，直径 1.1 ～ 1.3 mm，表面有光泽。初产时鲜绿色，近孵化时变为黄色。

幼虫共 6 龄，末龄幼虫体长 52 ～ 65 mm，圆筒形。体黄绿色，尾角黑色，背线粗，亚背线细，均为白绿色。前胸有黄色小颗粒突起，亚背线下有黑斑，尾角向后弯曲，上有黑色小颗粒。胸足暗红色，腹足灰色。1 龄体黄白色，被微毛；2 龄背线绿色；3 龄头部黄色，前胸盾具不太明显的黄色颗粒状突起，背线暗绿色，亚背线淡黄色，其下缘自中胸至第七腹节具蝌蚪形黑斑纹；4 龄、5 龄前胸盾黄色颗粒明显，亚背线白色，胸足黑色或淡黄色，其余同 3 龄。

蛹长 30 ～ 35 mm，红褐色。后胸背面、背中线两侧各有 1 条尖端相对的突起线。腹部各节前缘具细刻点，自第二节起，背线深褐色。臀棘三角形、黑色，末端稍分叉，基部有 2 个“幸”字形凹斑并列。

【生活习性】在广西南宁 1 年发生 4 ～ 5 代，以蛹在树冠下松土结薄茧越冬，翌年 4 月下旬成虫羽化、产卵，第一代卵在 5 月上旬出现，5 月中旬幼虫取食为害，7 ～ 9 月为第二、第三代幼虫为害盛期，卵期和幼虫期多数同时出现。幼虫昼夜取食，在食料缺乏时，有相互残杀的习性。成虫夜间羽化，羽化后 1 天成虫即可进行交配，且多在傍晚进行，交配时间最长达 10 小时。雌虫多产卵在叶面或嫩茎上，每雌可产卵 200 粒左右。成虫具趋光性。

【为害特点】幼虫取食植物叶片，严重时只剩主脉和叶柄，甚至将全株的叶片吃光。

【防治方法】营林防治。及时摘除烂果、虫果，进行深埋或烧毁处理。秋冬或早春及时翻耕，翻蛹或深埋土中，使蛹被天敌捕食或不能羽化出土。

物理防治。安置诱虫灯诱杀成虫，幼虫为害期进行人工捕杀。

生物防治。保护和利用天敌，如利用赤眼蜂、晋草蛉、猎蝽、蜘蛛等。

化学防治。幼虫为害期可用 20% 氰戊菊酯乳油 2000 ～ 2500 倍稀释液或苏云金杆菌可湿性粉剂 500 ～ 800 倍稀释液防治。

豆天蛾 *Clanis bilineata tsingtauica* Mell

【寄主】泡桐、刺槐、洋槐、杉木、藤萝等。

【分布】中国广泛分布。广西广泛分布。

【形态特征】成虫体长 40 ~ 46 mm，翅展 94 ~ 120 mm。头及胸部暗褐色。体翅黄褐色。前翅狭长，前缘近中央有较大的半圆形褐色斑，内线及中线不明显，外线呈褐色波状纹，近外缘成扇形，顶角有 1 条暗褐色斜纹；后翅小，暗褐色，翅基外缘有 1 条黄褐色带状纹。腹部背面有棕黑色横纹。

卵圆球形或长球形。初产时黄绿色，略透明，后变为黄白色；孵化前色变深，为浅褐色。

初孵幼虫为浅黄色，微透明，头壳倒心形，臀角红色，随后变深褐色。头部冠缝两侧向上隆起，成单峰，正面观近三角形。头壳后方身体两侧有 1 对正“八”字形白色条纹。胸部 3 节，胸足 3 对，呈橙褐色。前胸有黄色颗粒状突起；中胸有 4 个皱格；后胸有 6 个皱格。腹部 8 节，第三至第六腹节上有腹足。体末端有 1 个臀角，尾角黄绿色，向后下方弯曲。气门筛呈淡黄色，围气门片为黄褐色。身体两侧有 7 对倒“八”字形白色条纹，身体背部表面有白色颗粒状突起。

蛹纺锤形，红褐色。第五至第七腹节气孔前各有 1 条横沟纹；腹末有呈三角形的臀棘，末端不分叉。

【生活习性】1 年发生 1 ~ 2 代，一般黄淮流域发生 1 代，长江流域和华南地区发生 2 代。以末龄幼虫在向阳地的土中 9 ~ 12 cm 深处越冬。翌年春暖幼虫爬至土表作土室化蛹。6 月下旬始见成虫，成虫昼伏夜出，可远距离飞行。有喜食花蜜的习性，对黑光灯有较强的趋性。夜间交配，交配后 3 小时即能产卵，卵多散产于寄主植物叶背面，少数产在叶腹面和茎秆上，每叶上产卵 1 ~ 2 粒，卵期 7 天左右，每雌产卵量 320 ~ 380 粒。初孵幼虫有背光性，白天潜伏于叶背，夜间取食。1 ~ 2 龄幼虫一般不转株为害，3 ~ 4 龄因食量增大则有转株为害习性。

【为害特点】幼虫取食植物叶片，轻者叶片被咬成网孔状或缺刻状，严重时植株成光杆，仅残留叶柄。

【防治方法】营林防治。对土壤进行深耕，消灭越冬虫源，降低越冬基数。营造混交林，尽量避免连片大面积种植单一树种，可以减轻为害。

物理防治。利用成虫较强的趋光性，设置诱虫灯诱杀成虫；人工捕捉高龄幼虫。

生物防治。保护利用天敌，如利用松毛虫赤眼蜂、豆天蛾黑卵蜂对豆天蛾防治。用生物药剂如杀螟杆菌或青虫菌（每克含孢子量 80 ~ 100 亿）500 ~ 700 倍稀释液防治，每亩用菌液 50 kg。

化学防治。每亩用 2% 西维因粉剂 2 ~ 2.5 kg 喷粉或 4.5% 高效氯氰菊酯 1500 倍稀释液喷雾防治。

【资源利用】豆天蛾幼虫体内富含蛋白质、氨基酸、不饱和脂肪酸、维生素、矿物质等，是重要的昆虫食品和餐桌上的美味佳肴；还可用来提取蛋白粉，加工成新型食品营养强化剂，或添加到动物饲料中制备成复合饲料。

豆天蛾幼虫（郑霞林　摄）

夹竹桃天蛾 *Daphnis nerii* (L.)

【寄主】夹竹桃。

【分布】中国分布于福建、山东、广东、广西、四川、云南、台湾。广西分布于融安、兴安（溪川）、灵川（潭下、大圩）、苍梧（岭脚）、隆林（猪场）、忻城（大塘）、博白林场（五峰）、雅长林场（雅长）。

【形态特征】雌虫体长 42 ～ 49 mm，翅展 75 ～ 95 mm；雄虫体长 45 ～ 50 mm，翅展 80 ～ 100 mm。中胸两侧各有 1 个镶白边的灰绿色三角斑纹。前翅基部灰白色，中心有 1 个黑点，中部至前缘有形似汤勺、灰白色至青色斑纹 1 个，翅后缘近基部至外缘有浅棕红色宽带 1 条，翅顶角区域有灰白色纵线 1 条。后翅深褐色，后缘至前缘在近外缘处有一灰白色波状条纹。

卵圆球形，淡黄色至翠绿色，光滑，有光泽。

末龄幼虫黄绿色至深绿色，少数金黄色。头深绿色至灰绿色。胸足紫褐色，后胸两侧各有 1 个近圆形大眼斑，眼斑周围紫褐色至黑色，中间白色、浅蓝白色至浅蓝色。胴部自第二节开始至腹末两侧各有 1 条白色纵纹，纵纹上下散生白色小圆点。气门椭圆形，黑色。趾钩黑色。尾突橙黄色，粗短，向下弯曲。

蛹长椭球形，黄褐色。头部两侧各有 1 个黑点，胸腹部两侧各有 7 个黑点。背面从头至尾、腹面从头至胸各有 1 条黑色纵线。尾部突尖，黑色，末端呈鱼尾状分叉。

【生活习性】1 年发生 2 ～ 3 代，成虫多见于 5 ～ 11 月，老龄幼虫在土里化蛹越冬。成虫飞行力极强，昼伏夜出，具有趋光性，于夜间产卵，卵单产，常产于树冠枝条近顶梢叶面及枝条上。幼虫多从嫩叶边缘取食，受害嫩叶边缘呈黑色枯死状。幼虫遇危险时头胸部拱起。化蛹前，末龄幼虫体色变深，身体变短，并离开寄主，四处寻找隐蔽场所化蛹越冬，入土深度仅 1 ～ 2 cm，3 ～ 4 天后蜕皮化蛹。

【为害特点】取食寄主植物叶片，3 龄以前幼虫食量小，多在枝条上部取食嫩叶，且多从叶片边缘取食，叶片受害后呈现不同形状的缺刻。从 4 龄开始食量增大，并开始取食老叶，5 龄后进入暴食期，取食全叶，仅留下叶柄。

【防治方法】营林防治。清理树冠下部枯枝落叶，翻动表土，破坏化蛹场所。

物理防治。利用成虫趋光性，安置诱虫灯等诱杀成虫。

化学防治。幼虫盛发期使用 25%

A. 成虫　B. 高龄幼虫　C. 预蛹期幼虫　D. 蛹

夹竹桃天蛾（周上朝　赵丽云　徐淑　郑霞林　摄）

灭幼脲Ⅲ号悬浮剂 500 ～ 600 倍稀释液、10% 吡虫啉可湿性粉剂 1500 倍稀释液、2.5% 溴氰菊酯乳油 2500 倍稀释液喷洒防治。

绒星天蛾 *Dolbina tancrei* Staudinger

【寄主】桉、水蜡树、柏木、女贞。

【分布】中国分布于河北、黑龙江、江苏、浙江、广西、四川。广西分布于宁明（那堪）、凭祥、扶绥、兴安、南丹（里湖）。

【形态特征】成虫体长 26 ～ 34 mm，翅展 50 ～ 82 mm。体背灰白色，有黄白色斑纹。前翅灰褐色，中室端部有 1 个白色斑点，斑外有黑色晕环，内、外横线各由 3 条锯齿状褐色横纹组成，翅基也有褐色带组，亚外缘线白色，外缘有褐斑列，项角处褐斑最大；后翅棕褐色。腹部背中线黑色，两侧有褐色短斜纹。

卵球形，直径约 2.3 mm，短径约 1.9 mm。初产时翠绿色，后变为淡绿色。

末龄幼虫体长 64 ～ 70 mm。头翠绿色，近三角形，两侧有白边。胸部深绿色，各节背面有两横排白色微刺；胸足赭色，外侧有小红斑。腹部各节有斜向尾角的白色条纹。

蛹黑褐色，体长 41 ～ 44 mm，宽 10 ～ 13 mm。

【生活习性】在四川 1 年发生 4 代，以蛹于土中越冬。翌年 4 月上、中旬羽化。第一至第三代成虫分别出现于 6 月上旬至中旬、7 月下旬至 8 月上旬、9 月上旬至中旬，有世代重叠现象。各世代及各虫态发育历期不尽一致，除越冬代蛹期长达 160 天外，其余世代均以幼虫期最长，20 ～ 30 天；其次为蛹期，12 ～ 15 天；卵期一般为 6 天。成虫羽化、交配、产卵多于夜间进行。成虫有趋光性。每雌产卵量 100 ～ 300 粒。卵多散产于叶背，每叶 1 粒，个别 2 粒。低龄幼虫喜欢从叶尖沿着中脉向下取食。

【为害特点】初龄幼虫沿叶缘取食成缺刻。3 龄后食量增大，可吃尽全叶，再转叶为害，不取食时多隐伏于叶背。

【防治方法】未见大面积发生和为害，可通过保护和利用自然天敌控制其种群。

A. 背面观

B. 正面观

绒星天蛾成虫（杨忠武　摄）

松黑天蛾 *Hyloicus caligineus sinicus* Rothschild et Jordan

【寄主】马尾松、油松、华山松、湿地松、火炬松等。

【分布】中国分布于北京、天津、河北、黑龙江、上海、江苏、浙江、安徽、山东、湖北、湖南、广东、广西、陕西。广西分布于南宁（邕宁中和、武鸣双桥）、宾阳（中华、新圩）、横州（马山、那阳、横州、莲塘、平马、平朗、百合、峦城）、桂林（雁山大埠）、兴安（湘漓、溶江）、平乐、灵川（大圩）、荔浦（荔城）、梧州（龙圩大坡）、岑溪（南渡、马路）、蒙山（长坪）、藤县（天平）、东兴（马路）、上思（公正）、浦北、贵港（港北武乐和大圩、港南瓦塘和新塘）、桂平（中沙、社步）、平南（大洲、大安、武林）、覃塘（三里）、福绵（成均）、容县（杨梅、容州）、兴业（城隍）、田东（林逢）、平果（马头、新安、太平、同老、太平林场）、隆林（平班、新州）、西林（那劳）、河池（金城江侧岭）、罗城（四把）、天峨（三堡）、宜州（屏南、洛西、洛东、龙头、庆远林场）、象州（水晶、象州）、扶绥（龙头）、崇左（江州那隆）、龙州（上降）、宁明（爱店）、凭祥（友谊）、天等（进结）、派阳山林场（鸿鹄）。

【形态特征】成虫翅展 60 ～ 80 mm。前翅灰色，外横线为灰色宽带，内横线黑色且弯向翅基，中室端有 1 条黑短纹，缘毛白色、有黑斑列；后翅棕褐色，缘毛灰白色。腹背中线黑色，两侧有黑斑带；腹面灰色、无黑斑。

末龄幼虫体长 65 mm。头部比胴部略粗，上方窄，呈卵形，有微细颗粒。背侧线的末端不走向尾角，直达第八腹节的后缘，气门下线的隆起带为黄绿色，边缘为细黑线，背面为红褐色、紫褐色或黑褐色。胴部圆筒形，较细，每腹节有 7 条横皱，表面几乎平滑。肛上板与肛部黄褐色，有“八”字形黑色纹。背面黄褐色，左右各具两条窄黑侧线。尾角长 7.1 mm，略弯曲，先端左右分成两叉，密布棘状颗粒。背侧线为明显的白条，两缘为细黑线。

【生活习性】1 年发生 2 代，以蛹在土壤中越冬。5 ～ 7 月可见成虫，成虫有趋光性。

【为害特点】以幼虫取食松针为害松树。

【防治方法】参考夹竹桃天蛾。

A. 成虫　　B. 幼虫　　C. 蛹

松黑天蛾（杨秀好　摄）

九节木长喙天蛾 *Macroglossum divergens heliophila* Boisduval

【寄主】九节、蔓九节。

【分布】中国分布于北京、河北、浙江、福建、湖北、湖南、广东、广西、海南、台湾、香港、澳门。广西分布于兴安、苍梧（岭脚）、玉林（大容山林场）、金秀。

【形态特征】成虫翅展 50 ～ 60 mm。前翅内线黑色、较宽，中线棕黑色、双行，内侧具 1 条宽、色深且弯曲度大的横线，外线色淡，下方外弯达后角。顶角有暗色斑，在其内侧有深色纵线；后翅橙黄色，基部及中部外侧棕黑色。胸部中央有黑色背线。腹部 1 ～ 3 节两侧有橙黄色斑；腹面 1 ～ 2 节呈黑色；尾毛刷状、黑色，侧板部位有白色点。

【生活习性】飞翔速度快，有结茧习性，以成虫越冬；能原地悬空取食花蜜；盘旋飞翔时既能前进也能后退。

【为害特点】幼虫取食植物叶片呈缺刻状，严重时叶片被吃光。

【防治方法】未见大面积发生和为害，可通过保护和利用自然天敌控制其种群。

A. 成虫背面观　　B. 成虫腹面观

C. 幼虫背面观　　D. 幼虫侧面观

九节木长喙天蛾（郑霞林　伍娟娟　摄）

虎皮楠长喙天蛾 *Macroglossum passalus* (Drury)

【寄主】虎皮楠、牛耳枫、光叶石楠等。

【分布】中国分布于上海、浙江、江西、湖南、广东、广西、四川、贵州、台湾、香港。广西分布于平桂（黄田）。

【形态特征】成虫体棕褐色，翅展 52 ～ 62 mm。头部和胸部背面具 1 条深褐色纵线。唇须灰白色，触角黑褐色。前翅正面基部深棕色，中线具 1 条向外侧突出的黑褐色宽斑带，中线与外线之间的区域由灰褐色过渡为浅棕色，外线具 2 条深褐色条纹，亚外缘区域黑褐色，与靠外侧的外线接合，顶角具 1 枚深棕色细三角形斑；腹面基半部深褐色，向亚外缘过渡为浅棕色，中线和亚外缘线深棕色，亚外缘至外缘区域为棕灰色。后翅正面中域明黄色，顶区淡黄色，基部具 1 个黑褐色斑块，外缘至亚外缘区域为黑褐色；腹面棕褐色，中线、外线和亚外缘线各具 1 条深棕色条纹，外缘棕灰色且在臀域过渡为淡黄色。腹部两侧中部各具 1 列深黄色斑块，腹部末端毛为三丛花瓣状。

虎皮楠长喙天蛾幼虫（黄金绮　摄）

末龄幼虫头壳淡绿色至黄色。体淡黄色，有淡蓝色的环线。背中线为深蓝色，具黑色斑点。背外侧线与背中线类似。气门下方有 1 条蓝色线，带黑色斑点环。从第三体节开始有 2 个黑色大环，止于

第十四体节。尾角淡蓝色，基部有 1 个黑色环。

【生活习性】不详。

【为害特点】以幼虫取食植物的叶片，造成叶片缺刻。

【防治方法】未见大面积发生和为害，可通过保护和利用自然天敌控制其种群。

椴六点天蛾 *Marumba dyras oriens* (Butler)

【寄主】椴、美丽异木棉、发财树、刺果藤、梧桐、破布叶、假苹婆、木芙蓉。

【分布】中国分布于河北、辽宁、江苏、福建、江西、湖北、湖南、广东、广西、四川、贵州、云南、西藏、陕西、香港。广西分布于南宁、兴安、上思。

【形态特征】体大型，灰黄褐色，成虫体长 30 ～ 37 mm，翅展 86 ～ 100 mm。肩板内侧及颈板内缘有茶褐色线纹，胸腹部布深棕色细背线，腹部各节间着生棕色环带。前翅灰黄褐色，各横线较翅颜色深，外缘齿形，棕黑色，后角内侧有棕黑色斑，其上方有 1 个小黑点，中室端有 1 个不甚明显的小白点。后翅褐色，前缘稍黄，后角内有 2 个棕黑色斑。

椴六点天蛾成虫（梁擎　摄）

【生活习性】在广东湛江 1 年发生 6 ～ 7 代，世代重叠，冬季可见其幼虫、蛹和成虫，但以蛹为主。3 月上旬成虫于夜间羽化。成虫具趋光性，寿命 8 ～ 14 天，多产卵于叶面，每雌产卵量 190 多粒。卵期 5 ～ 7 天，幼虫孵化后取食卵壳，1 ～ 2 天后才取食叶片，幼虫期 29 ～ 41 天。末龄幼虫下树化蛹，蛹期 16 ～ 25 天。

【为害特点】以幼虫取食寄主植物叶片，发生严重时，整株植物叶片被吃光。

【防治方法】未见大面积发生和为害，可通过保护和利用自然天敌控制其种群。

桃六点天蛾 *Marumba gaschkewitschii complacens* (Walker)

【寄主】李属和梨属植物等。

【分布】中国广泛分布。广西分布于柳江。

【形态特征】成虫体长 36 ～ 46 mm，翅展 82 ～ 120 mm。体及翅灰褐色或灰紫色。复眼黑褐色。触角黄灰褐色。头胸背中央有 1 条深色纵脉，前翅狭长，有数条深浅不同的褐色横带。前翅背面具有紫红色鳞毛，近臀角处有 1 ～ 2 个黑斑；后翅粉红色，后缘臀角处有 2 个黑斑。

卵椭球形，绿色，长约 1.6 mm，近孵化时转为绿白色。

幼虫体长约 80 mm，黄绿色。第一至第八腹节侧面有 7 对黄白色斜纹。体表密生黄白色颗粒。

蛹长 40 ～ 48 mm，纺锤形，黑褐色。尾端有短刺。

【生活习性】不同地区年发生世代数不一，在辽宁和北京 1 年发生 1 代，在宁夏、河北、山东、江苏和浙江 1 年发生 2 代，在江西 1 年发生 3 代，在广东 1 年发生 4 ～ 5 代。以 1 年发生 2 代为例，该虫以蛹在地下 5 ～ 10 cm 处的蛹室中越冬，越冬代成虫于 5 月中旬出现，成虫白天静伏，夜晚活动，有趋光性。1 年 2 代发生区，第一代幼虫在 5 月下旬至 7 月开始为害。6 月下旬末龄幼虫入土结茧化蛹，7 月上旬出现第一代成虫，7 月下旬至 8 月上旬第二代幼虫开始为害，9 月上旬幼虫老熟，入土结茧化蛹。

【为害特点】幼虫取食叶片，发生严重时，常逐枝吃光叶片，甚至全树叶片被食殆尽，仅残留叶脉和叶柄，严重影响产量和树势。

【防治方法】营林防治。冬季在树木周围翻地，消灭越冬蛹。

A. 背面观

B. 腹面观

桃六点天蛾雌虫（郑霞林　摄）

物理防治。利用成虫的趋光性，可设置频振式杀虫灯进行诱杀；或幼虫发生期，将幼虫震落，人工捕杀。

生物防治。幼虫 3 龄前喷施苏云金杆菌可湿性粉剂、灭幼脲悬浮剂和苦参碱等药剂。

化学防治。高龄幼虫可喷施溴氰菊酯、功夫菊酯等防治。还可在地面喷施辛硫磷等，毒杀土中虫蛹。

大背天蛾 *Notonagemia analis* (Felder)

【寄主】桉、油茶、厚朴、马褂木、广玉兰、檫木、玉兰、白兰、台湾含笑等。

【分布】中国分布于浙江、福建、江西、广东、广西、海南、四川、云南。广西分布于龙胜（乐江）、岑溪（马路）、金秀、黄冕林场（洛清江）。

【形态特征】成虫翅展 106 ～ 150 mm。头部灰褐色。前翅赭褐色，密布灰白色点，内线不明显，中线赭褐色明显，外线不连续，外缘白黑相间，顶角斜线前有 1 个近三角形赭黑色斑，在 M_1 脉的近顶端有椭圆形斑，中室有 1 个白点，并有较宽的赭黑斜线一直通向 R_3 与 M_3 脉之间；后翅赭黄，近后角有分开的赭黑色斑，并有不明显的灰白色横带达后翅中央。胸部发达，肩板外缘有较粗的黑色纵线，后缘有 1 对黑斑。腹部背线褐色，两侧有较宽的赭褐色纵带及断续的白色带。

卵宽椭球形，直径 1.80 mm，短径 1.65 mm。卵壳表面光亮，密布点状刻纹。初产时淡绿色，后转为黄褐色。

初孵幼虫体长约 6 mm，末龄幼虫体长 70 ～ 85 mm。自腹部第一节向前到头部后方渐细。头近方形，绿色，有黄色颗粒。上颚棕色，端部黑褐色。触角红色。前、中胸各具 5 个小环，后胸 6 个；胸部三节的每个小环上均具有横列的小瘤突，其后各节瘤突渐小并消失。腹部第一至第七节各有 8 个小环；腹部第七节两侧各有1条黄色斜纹从前缘气门线向后斜伸，通过第八节达尾角基部，第二至第四节（或第二至第七节）背面前端有紫色V形斑纹。尾角长11～13 mm，圆锥状，斜向后上方，布满瘤突。臀足上具小瘤及1个光滑三角区，臀板上具纽扣状小瘤。

蛹长40～65 mm，长圆筒形。初化蛹时嫩绿色，后转为棕褐色，表面光亮。

【生活习性】在浙江丽水1年发生3代，以蛹越冬。5月中下旬越冬蛹羽化，成虫夜间活动，趋光性强。卵多散产于大树叶背。1龄、2龄幼虫分散取食较嫩的叶片，将叶片吃成缺刻；3龄、4龄幼虫食量骤增，特别是5龄幼虫取食量极大，常将树叶吃尽，仅剩光枝。第一代幼虫6月下旬盛发，7月中旬末龄幼虫在树干周围6～10 cm土层深处化蛹。第二代幼虫8月中下旬发生，以8月下旬至9月上旬为害最为严重。幼虫为害至10月下旬，后入土化蛹越冬；成虫9月中旬至10月间出现。

【为害特点】以幼虫取食叶片为害寄主，暴发时可将叶片吃光。

【防治方法】参考桃六点天蛾。

A. 成虫

B. 卵

C. 低龄幼虫

D. 高龄幼虫

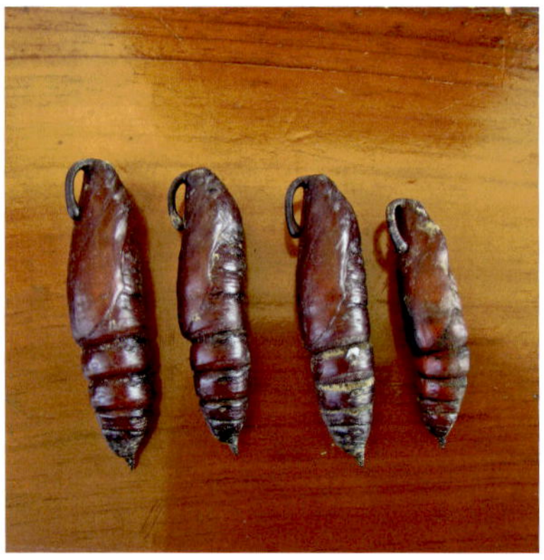

E. 蛹

大背天蛾（邓关宁　蒋明军　摄）

构月天蛾 *Parum colligata* (Walker)

【寄主】构、楮构等。

【分布】中国分布于河南、湖北、广东、广西、重庆、四川、贵州、台湾。广西分布于南宁（江南台湾花卉园和江西）、横州（马山）、融水、兴安、武宣、龙州、宁明（峙浪）、崇左（江州）。

【形态特征】成虫翅展65～90 mm。体和翅灰绿色或灰橄榄绿色，前胸背板左右暗色，中央呈

"八"字形斑；前翅近基部横斑和翅中域的大型三角斑黑色，翅中域三角斑内有一个醒目的白斑；后缘有 1 枚弧状的浅色斑；顶角有黑色的半圆形黑斑，四周白色；顶角至后角间有弓形的白色带。

卵椭球形。卵孔周围有丝状蕊 8 ～ 10 枚，花冠 4 ～ 5 层，每层的瓣数及构造均不相同，外围有不规则的圆形斑点，间杂有棘，中部较稀少；底部有规则的网状及菱形纹，向里侧逐渐消失。

幼虫体绿色；头部冠缝两侧各有 1 排从头顶至触角基部由白色刺突形成的条纹；各体节具白色微刺；末龄幼虫体背中央有 1 条红色的纵纹；尾角黑褐色，上有白色刺突。

蛹长 33 ～ 35 mm，体棕色，无光泽，粗糙且具皱纹，前钝。

A. 背面观

B. 腹面观

构月天蛾成虫（郑霞林　摄）

【生活习性】在北京 1 年发生 2 代，以蛹越冬。越冬代成虫于 4 月开始羽化。成虫昼伏夜出，羽化后第二天傍晚即开始飞翔、交配，雌虫只交配 1 次。卵成堆状，每堆 20 粒至百余粒，每雌产卵量 250 ～ 300 粒。卵多产在叶背面的端部或嫩茎上。幼虫孵化后头向里整齐地排列在卵堆四周，半天后才开始取食，先取食叶背面组织，被害处呈半透明窗口状，3 天后将叶片取食成缺刻。3 龄前集中取食，吃完 1 叶再转叶为害，3 龄后即开始分散为害。幼虫老熟后，爬下树枝，选择寄主附近土质松软处，钻入土中，并分泌出少许液体，使土质变硬，形成一个内壁光滑的土茧，经过 2 ～ 3 天的预蛹期，入土化蛹越冬。

【为害特点】以幼虫取食叶片为害，发生严重时常将叶柄及嫩茎取食残缺，严重影响树势，甚至导致植株不能萌芽而枯死。

【防治方法】营林防治。利用构月天蛾产卵成堆及 3 龄前集中取食等特性，可通过人工摘除卵块和捕杀幼虫的方法防治。结合中耕除草松土等，挖除寄主附近的蛹。

生物防治。可利用绒茧蜂、镶黄蜾蠃、长毛狭颊寄蝇等天敌防治。

化学防治。幼虫期可喷施溴氰菊酯等药剂防治。

丁香天蛾 *Psilogramma increta* (Walker)

【寄主】丁香、梧桐、楮属植物等。

【分布】中国分布于北京、江苏、浙江、江西、湖南、广东、广西、海南、台湾。广西分布于南宁（武鸣罗波和朝燕林场）、兴安、桂平（社步）、玉林（大容山林场）、都安（下坳）、罗城（四把）。

【形态特征】成虫翅展 90 ～ 120 mm。喙较身体长。前翅前缘有 3 条褐色斜形条纹，中室端部有 1

对黑色条状斑，黑斑内侧前方有白点，下方有黄色斑；顶角处有 1 条黑色 C 形斑；外缘黑白短斑相间。胸背棕黑色，肩板两侧有纵黑线。胸、腹部正面为白色。

卵球形，直径约 2 mm，初产时绿色，近孵化时淡黄色，并有红色条带。

幼虫体色二型，一种绿色，腹部两侧各有 7 条白色斜纹，尾角绿色，上有短刺；另一种杂色，体色以绿色为主，上有褐色斑块，尾角褐色，上有短刺。

蛹长 55 ～ 62 mm。蛹体红褐色，喙发达，呈象鼻状。

丁香天蛾成虫交配（梅国友　摄）

【生活习性】1 年发生 2 代，以蛹在土室中越冬。成虫多见于 5 ～ 9 月。卵单产于叶面。幼虫孵化后，先取食卵壳，后食叶片，取食叶片后体色由淡黄色转为绿色。

【为害特点】以幼虫取食叶片为害寄主，末龄幼虫可将整个叶片甚至叶柄食尽。

【防治方法】营林防治。初发时幼虫数量较少，可采用人工捕杀幼虫防治。

化学防治。1 ～ 3 龄幼虫期，用 2.5% 溴氰菊酯乳油 4000 ～ 5000 倍稀释液或 50% 杀螟松乳剂 1000 倍稀释液喷雾防治。

木蜂天蛾 *Sataspes tagalica tagalica* Boisduval

【寄主】降香黄檀、两粤黄檀。

【分布】中国分布于浙江、湖南、广东、广西、四川、云南。广西分布于高峰林场（长客）。

【形态特征】成虫翅展 60 ～ 72 mm。触角黑色，上唇及头顶青蓝色。前翅烟黑色，半透明，基部有青蓝色光泽，内线、中线不分明，各翅脉黑色；后翅前缘和后缘黑色，顺中室有 1 段青白色纵带，内缘及臀角黑色。胸部背面黄色，肩板黑色。腹部各节有灰黄色鳞毛，尤以第三、第八节显著，腹面黑色。

末龄幼虫体长 40 ～ 65 mm。幼虫头部除额区绿色外，其余为白色；低龄幼虫体两侧的斜条纹淡黄色，以腹部第六节和第十一节最为明显；高龄幼虫腹部第四和第五节两侧各有 1 个褐色近长椭圆形斑；臀角绿色，侧面黄色。

【生活习性】幼虫在土内结茧化蛹。成虫 4 ～ 8 月常见，雌雄虫寿命分别为 58 ～ 62 天和 45 ～ 51 天。

【为害特点】幼虫取食植物叶片为害，影响植物生长发育及观赏。

【防治方法】未见大面积发生和为害，可通过保护和利用自然天敌控制其种群。

木蜂天蛾幼虫（闪瑶　摄）

斜纹后红天蛾 *Theretra alecto* (L.)

斜纹后红天蛾成虫（Tony Pittaway　摄）

【寄主】算盘子属、九节木属植物。

【分布】中国分布于广西、四川、云南、台湾。广西分布于南宁（江南台湾花卉园）、派阳山林场（公武）。

【形态特征】成虫翅展 75 ～ 105 mm。体棕褐色，两侧及下唇污白色。复眼黑色；触角棕黄色。前翅黄褐色，有紫红色光泽，自顶角至后缘中部有棕褐色斜纵条纹，各条纹间为淡黄褐色；翅基部有黑、白色斑，中室端有 1 个小黑点；后翅红色，基部外缘黑色，后角粉红色。前、后翅背面为橙黄色，散布有不规则的褐色小点。胸部背面褐色，间杂有橙黄色鳞毛。腹部橙红色，第一腹节两侧有黑斑，背面有 3 条棕色背线。

【生活习性】1 年发生 3 代，以蛹越冬，翌年 6 月、7 月、9 月为成虫盛发期。成虫有较强的趋光性，飞翔力很强，夜间于花间吸食花蜜。

【为害特点】以幼虫取食植物叶片为害。

【防治方法】未见大面积发生和为害，可通过保护和利用自然天敌控制其种群。

斜纹天蛾 *Theretra clotho clotho* (Drury)

【寄主】木槿属、地锦属、水东哥属植物等。

【分布】中国分布于浙江、福建、江西、湖南、广东、广西、海南、贵州、云南、台湾。广西分布于南宁（江南台湾花卉园、良庆那马）、横州（马岭）、桂林（雁山）、兴安、合浦（山口）、博白、容县（容州）、环江（思恩）、天峨（六排）、金秀、扶绥（新宁）、宁明（峙浪）、钦廉林场（升平）、黄冕林场（洛清江）、雅长林场（雅长）。

【形态特征】成虫体棕褐色，翅展 70 ～ 100 mm。头部正面两侧各具 1 条灰白色条纹，唇须黄灰色。

A. 成虫（陆温　摄）

B. 幼虫（郑霞林　摄）

斜纹天蛾

触角背面褐色，正面灰白色。腹部正面具 2 列棕褐色斑点，两侧具黑褐色斑。前翅正面棕褐色并带有深绿色光泽，中室端部具 1 个黑点，外线具 1 条灰褐色斜纹；背面基半部黑灰色，向外线过渡为黄棕色，外线具 1 列灰黑色锯齿状斑纹，亚外缘线具 1 列灰色斜纹和 1 列黑点。后翅正面黑褐色，顶区黄灰色，臀域由黑褐色过渡为黄灰色；背面黄棕色，外线具 1 条灰色锯齿状斑纹，亚外缘线为不连续的 1 列灰点。

幼虫体绿色，胸背左右各有 1 个镶白边的绿色拟眼纹，腹背侧有 1 条白色纵纹，侧缘气孔灰褐色，尾突短。

蛹长 60 mm，宽 14 mm。体褐色。

【生活习性】成虫出现于 3 ～ 12 月，生活在平地至中海拔山区，具有趋光性。

【为害特点】以幼虫取食寄主植物叶片为害。

【防治方法】未见大面积发生和为害，可通过保护和利用自然天敌控制其种群。

芋双线天蛾 *Theretra oldenlandiae oldenlandiae* (Fab.)

【寄主】天南星属、大麻藤属、白粉藤属、芋属、丁香蓼属、犁头尖属、半夏属植物等。

【分布】中国广泛分布。广西分布于南宁（江南台湾花卉园）、横州（镇龙）、桂平（金田）、环江（洛阳）、罗城（宝坛）、龙州、博白林场（马子）。

【形态特征】成虫体棕褐色，翅展 55 ～ 80 mm。头部正面两侧各具 1 条灰白色条纹；唇须黄灰色；触角背面褐色，正面灰白色。胸部至腹部正面具 2 列灰白色纵线，腹部两侧具橙黄色斑。前翅灰褐色，中室端部具 1 个黑点，外线深褐色，亚外缘线黄灰色并具 3 条深褐色斜纹，中部斜纹明显粗于其余 2 条，外缘线上具 1 条浅褐色斜纹，端线黑色；背面基半部棕灰色，外线具 1 列灰色斜纹，亚外缘线上具 1 列灰色斜纹和 1 列黑点；后翅顶区黄灰色，正面黑褐色，臀域黄灰色，中区自顶角至臀域具 1 条黄灰色锯齿状斑纹；背面黄棕色，中线和外线各具 1 条灰黑色条纹，亚外缘线为不连续的 1 列黑点，外缘浅灰色且在臀域过渡为烟黄色。

卵圆球形，直径约 1.5 mm；淡黄绿色，孵化前转为黄褐色。

幼虫有 2 种不同体色的类型。绿型：胸部两侧各具 9 个排列整齐的黄色小圆斑；腹部第一至第七节两侧有深色斜纹；背两侧各有 1 个黄色眼状斑，其中第一、第二节眼状斑中间具 1 个大红点；臀角黑色，末端白色。褐型：体褐色，除上述特征

A. 成虫背面观

B. 成虫腹面观

C. 幼虫

芋双线天蛾（杨忠武　郑霞林　摄）

外，胸部各节下缘具 1 条黄色纵带。一般初孵幼虫多数为绿型，自 3 龄起大部分转为褐型。末龄幼虫中绿型占少数。

蛹体长 35 ～ 45 mm，黄褐色。臀棘末端有分叉状刺 1 对。气门椭圆形，黑色。

【生活习性】1 年发生 4 ～ 5 代。以蛹在土中越冬。成虫趋光性强，昼伏夜出。成虫羽化后当晚即交配，交配历时 2 ～ 3 小时。将卵散产在嫩叶背面，一般一片叶只有 1 粒卵，卵期约 5 天。幼虫孵化后多数将卵壳吃掉，然后在叶背取食叶表皮，2 龄后蚕食成小孔洞，3 龄后从叶缘蚕食造成大的缺刻。幼虫老熟后入土筑粗茧，并在其中化蛹越冬。

【为害特点】以幼虫取食叶片为害，高龄幼虫取食量大，将叶片食成孔洞，发生严重时可将叶片吃光，仅剩主脉和枝条，甚至可使枝条枯死。

【防治方法】营林防治。结合中耕除草等田间管理。

物理防治。成虫趋光性强，可利用诱虫灯诱杀，或人工捕杀幼虫。

生物防治。低龄幼虫为害期，可喷施 16000 IU/mg 的苏云金杆菌可湿性粉剂 1000 倍稀释液或 25%灭幼脲Ⅲ号悬浮剂 500 ～ 600 倍稀释液防治。

化学防治。大龄幼虫为害期，可喷施 20%虫酰肼悬浮剂或 2.5%溴氰菊酯乳油 1500 ～ 2000 倍稀释液防治。

（四十五）夜蛾总科 Noctuoidea

鳞翅目最大的科。体中型至大型，体色灰暗，粗壮多毛。触角丝状，少数雄虫羽状。单眼2个。胸部粗大，背面常有竖起鳞片丛。幼虫体粗壮，光滑，少毛，色较深。腹足通常5对，其中1对臀足发达。成虫均夜间活动，趋光性强，多数种类对糖、酒、醋混合液有正趋性。包括澳舟蛾科 Oenosandridae、舟蛾科 Notodontidae、裳蛾科 Erebidae、尾夜蛾科 Euteliidae、瘤蛾科 Nolidae 和夜蛾科 Noctuidae 共6科。全世界已记录2万多种，中国已记录18亚科514属2110多种。为重要的农林业害虫类群，少数种类喙端锋利，能刺破成熟的果实。绝大多数幼虫为植食性，为害方式多种多样，包括取食植株根茎、幼苗、叶片，蛀茎或蛀果等。

101. 舟蛾科 Notodontidae

成虫中型，褐色或暗灰色，外表与夜蛾相似，但口器不发达，喙柔弱或退化；无下颚须；下唇须由3节组成，第一节和第二节较第三节长。雄蛾触角常为双栉状，雌蛾常为线状，头部具毛簇。胸部被浓厚的毛和鳞，胸背中央有竖立、纵行的冠形毛簇。前足胫节无距，但常具发达的叶突；中、后足胫节有距，中足1对，后足2对，如只有1对距时则常位于末端（称端距），有2对时另一对则靠近中央（称中距）。前翅后缘中央有1个齿形毛簇或呈月牙形的缺刻，缺刻两侧具齿形毛簇或梳形毛簇，静止时两翅后褶成屋顶形，毛旗竖起如角。前翅具斑纹，后翅无斑纹。

幼虫体背具程度不同的峰突，臀足通常弱小或退化，或特化成尾角，幼虫静止时常靠腹足固定，头尾翘起，受惊时不断摆动，形如龙舟荡漾，有舟形虫之称，故名舟蛾科。幼虫食叶，大多是阔叶树害虫，常发生在森林、防护林、行道树和苗圃，部分种类为害果树和竹，少数种类为害禾本科农作物。全世界已记录约有3500种，我国已记载500多种。

（杨振德）

端重舟蛾 *Baradesa ultima* Sugi

【寄主】桉等。

【分布】中国分布于广西、云南、西藏。广西分布于横州。

【形态特征】成虫体长30～35 mm，翅展80～95 mm。喙发达，下唇须斜向上举，伸过额；触角为纤细的双栉形；头部和胸部背面暗褐色，腹部背面黄色，末端3节黑褐色，腹面灰黄色；后足胫节2对距；腹部粗壮。前翅狭长，暗褐色，基部和前缘较暗，前缘拱形，翅顶尖；从翅顶到中室有1条模糊的浅褐色纵带，具长大的副室；所有斑纹为黑色，不清晰；亚基线波浪形衬浅色边；内、外线锯齿形，但以两侧齿尖上的点较显著；亚端线由1列脉间小点组成，小点内衬浅色边；端线细；横脉纹肾形，边浅色。后翅基半部黄色，宽大，近三角形。

【生活习性】成虫不活跃，白天隐伏，有假死现象，飞翔力不强，有趋光性。成虫在傍晚及前半夜羽化，羽化后即可交配。交配时两性尾部衔接成 1 条直线，交配后即行产卵，卵多产于寄主嫩叶背，数天后即可孵化。

【为害特点】初龄幼虫常栖息在叶背取食叶肉。幼虫 3 龄前聚集取食，有吐丝下垂随风飘动转移的习性；3 龄后逐渐分散活动，常在附近枝条或植株上为害。

端重舟蛾（李懋辅　摄）

【防治方法】营林防治。提倡营造混交林，加强林地抚育，科学施肥，提高寄主抗虫能力，减少为害。

物理防治。利用成虫的趋光性特点，在成虫盛发期，在林地中按一定距离设置诱虫灯诱杀成虫，可有效地降低虫口密度，减轻虫害发生。利用其假死的习性，摇动、振动树干，人工捕杀下落的幼虫。

生物防治。科学保护和利用天敌。不滥用化学药物，选用生物制剂或低毒药物，设置天敌保护隔离区，尽量避免伤害天敌。

化学防治。幼虫为害期，可喷施 2.5% 溴氰菊酯乳油 1500 ～ 2000 倍稀释液等药物进行防治。

竹篦舟蛾 *Besaia goddrica* (Schaus)

【寄主】毛竹、刚竹、水竹、青皮竹、撑篙竹等。

【分布】中国分布于江苏、浙江、安徽、福建、江西、河南、湖北、湖南、广东、广西、重庆、四川、陕西。广西分布于全州（大西江、绍水）、兴安（华江、溶江、严关、界首）、灌阳（千家洞）、灵川（九屋）、永福（百寿）、浦北、平果（海城）、天峨（纳直）、贺州（八步）。

【形态特征】成虫翅展 43 ～ 55 mm，体呈黄色至灰褐色，头前毛簇、基毛簇长。雌蛾前翅为黄白色至灰黄色，从顶角到外横线下有 1 条灰色斜纹，斜纹下臀角区为灰褐色；雄蛾前翅为灰黄色，前缘黄白色，中央有 1 条暗色纵纹，下衬有浅黄白色边。外缘线脉间有 5 ～ 6 个小黑点。后翅为灰褐色。

卵圆球形，长径 1.4 mm，为乳白色，平滑、无斑纹。

初孵幼虫淡黄绿色，高龄幼虫翠绿色，体被白粉，背线、亚背线、气门上线清晰，均为粉青色，镶于翠绿色体上。气门线呈深棕黄色。

蛹长约 23 mm，为红褐色至黑

A. 成虫（郑霞林　摄）

B. 幼虫（赵丽云　摄）

竹篦舟蛾

褐色，臀棘 8 枚，分成 6 枚、2 枚两列排列。

茧长约 35 mm，在表土层下以丝黏土粒而成。

【生活习性】1 年发生 4 代，以蛹或幼虫在竹叶、地面落叶或枯草中越冬。越冬幼虫翌年 3 月开始活动、取食，4 月化蛹。第一至第四代幼虫取食为害期分别为 4 月下旬至 7 月上旬，6 月下旬至 8 月下旬，8 月中旬至 10 月中下旬，10 月上旬至翌年 3 月下旬。每雌产卵量 200 ～ 300 粒。幼虫有 5 ～ 7 个龄期。11 月后以蛹或幼虫越冬。

【为害特点】初孵幼虫将竹叶边缘吃成整齐的小缺刻，随着虫龄增大，竹叶被害面积也增大，严重时将叶片吃光，造成竹枯死，翌年新竹减少，新竹眉围下降，竹林荒芜。

【防治方法】营林防治。加强竹林抚育。科学施肥，合理砍伐，保持竹林适当密度，提高植株抗性，减少虫害。冬季松土，翻出蛹茧或幼虫，阻碍其越冬，可以减少竹林中的虫口密度。

物理防治。用诱虫灯诱杀成虫。

生物防治。科学保护和利用天敌。不滥用化学药物，选用生物制剂或低毒药物，设置天敌保护隔离区，尽量避免伤害天敌。低龄幼虫期可喷洒 25% 灭幼脲Ⅲ号胶悬剂 1500 ～ 2000 倍稀释液防治。

化学防治。幼虫期在竹干基部竹腔每株注射 3 ～ 5 mL 的 40% 氧化乐果乳油或 5% 吡虫啉乳油，可喷施 1.2% 烟参碱 2000 倍稀释液、2.5% 功夫乳油或 10% 氯氰菊酯乳油 2500 ～ 3000 倍稀释液、森得保可湿性粉剂 1500 ～ 2000 倍稀释液或加入 30 ～ 35 倍中性载体喷粉，均有较好的防治效果。

杨二尾舟蛾 *Cerura menciana* Moore

【寄主】杨柳科植物。

【分布】中国分布于北京、天津、河北、山西、内蒙古、辽宁、吉林、黑龙江、上海、江苏、浙江、安徽、福建、江西、山东、河南、湖北、广西、云南、西藏、陕西、甘肃、青海、新疆。广西分布于柳州（柳江）、荔浦（双江）、龙胜、阳朔、雅长林场（雅长）。

【形态特征】成虫体长 22 ～ 29 mm，翅展 54 ～ 76 mm。下唇须黑色，触角干灰白色，分支黑褐色。体翅灰白色，头和胸部灰白略带紫褐色。胸部背面有 3 对黑点，翅基片有 3 个黑点。腹部背面黑色，第一至第六节中央有 1 条灰白色纵带，两侧各具 1 条黑色宽带；末端两节灰白色，两侧黑色，中央有 4 条黑纵线。前翅有黑色花纹，并有 1 个新月形环状纹。后翅颜色较淡，灰白略带紫色，翅上有 1 个黑斑。

卵半球形，表面光滑，红褐色，中央有 1 个深褐色圆点，卵的边缘色较淡。

幼虫体色随龄期而异，初孵时黑色；2 龄以后青绿色；末龄幼虫体长约 50 mm，头赤褐色，两颊有赤斑。前胸前缘白色，后边有 1 个紫红色三角形斑；中胸背面具一角突起，色深。腹部背面有 1 个似纺锤形的大斑纹盖住整个背部。第四腹节两侧近后缘处各有 1 个白色横条纹，纹前有褐边。臀足特化呈尾须状，似后翘双尾。

蛹体长椭圆形，两端圆钝，褐色。

茧扁椭圆形，黑色，坚硬，茧顶有胶状物封口。

【生活习性】在河南 1 年发生 3 代，以蛹在树干（特别是近基部处）结茧越冬。成虫羽化后常静伏、隐蔽在比较遮阴叶的背部和杂草中，夜间活动，成虫具有趋光性，成虫羽化后 8 ～ 11 小时开始交配；雌虫常将卵产在叶片上，每叶产 1 ～ 2 粒。每雌产卵量 100 ～ 250 粒。卵期 15 天左右，幼虫孵化 3 小时后开始取食叶肉，3 龄前幼虫食量很小，3 龄以后食量增大，4 龄后进入暴食期，一夜便能吃掉 2 ～ 3 片树叶。受惊时翘起臀足，以示警戒。末龄幼虫吐丝下垂在树干分枝分叉处或树干基部咬碎粗树皮并分泌黏液，做成坚硬的茧壳并在内化蛹。

A. 成虫　B. 卵　C. 幼虫

D. 茧　E. 蛹

杨二尾舟蛾（杨忠武　摄）

【为害特点】主要为害杨树与柳树。幼虫初龄阶段群集取食林木嫩叶、嫩芽及叶片，发生严重时常将树叶吃光，影响林木正常光合作用，致使林木生长势减弱，林木抵御外界环境能力降低。一般幼林受害最严重，其次为中龄林，最后为成熟林。

【防治方法】营林防治。加强林地管理，通过松土、除草、修枝、清理树干死枝及周边枯枝落叶、杂草等抚育措施，减少虫卵和虫茧，降低越冬虫源。在幼虫期可通过摘叶、剪枝方法，将带有虫的枝和叶剪下，人工捕杀。8 ～ 9 月在树干上缠绕塑料薄膜，阻隔末龄幼虫在树干结茧化蛹，破坏末龄幼虫的栖息场所。在秋季、冬季和春季初结合抚育，进行人工树体刮皮和砸蛹防治。

物理防治。利用成虫的趋光性，成虫盛发期在林地中设置诱虫灯诱杀成虫，可有效地降低虫口密度，减轻虫害发生。利用幼虫受惊后吐丝下垂的习性，摇动、振动树干，人工捕杀下落的幼虫。

生物防治。杨二尾舟蛾天敌较多，幼虫期昆虫天敌有绒茧蜂、螳螂、胡蜂、蚂蚁等，鸟类天敌有麻雀、灰喜鹊、喜鹊、戴胜、斑鸠等；蛹期天敌有啄木鸟等，要加以保护和利用。

化学防治。幼虫发生期，可喷施 20% 氰戊菊酯 500 倍稀释液，可连用 1 ～ 2 次，间隔 7 ～ 10 天。

生物防治。低龄幼虫发生期喷洒苏云金杆菌乳剂 200 倍稀释液、20% 除虫脲悬浮剂 7000 倍稀释液、25% 灭幼脲 1000 倍稀释液、1% 阿维菌素 1000 倍稀释液。

山黄麻木舟蛾 *Chadisra bipartita* (Matsumura)

【寄主】桉、山黄麻、木槿等。

【分布】中国分布于广西、台湾。广西分布于贺州（八步）、六万林场（东山）。

【形态特征】成虫翅展 35 ~ 45 mm。头部与胸背为黄褐色至暗褐色，触角为褐色，栉齿短而不发达。前翅翅纹与颜色个体变异甚大，基半部底色雄虫为黄褐色，雌虫为褐色至暗褐色，布有许多黑色条纹，呈木纹状，内线靠后缘处有 1 个黑色椭圆斑，中线黑色，在中室下方向翅基凹入，端半部从灰绿色、灰白色到灰黑色，外中线为黑色波浪状，外中线外侧在前缘和后缘各有 1 条与基半部颜色相同的斑纹，亚外缘线为 1 排黑点；后翅为灰白色底，中室外侧为灰黑色，臀角有 1 个小黑斑；腹部背面为黄褐色至暗褐色，布有许多黑色鳞片。

山黄麻木舟蛾幼虫（赵丽云　摄）

末龄幼虫光滑，头部两侧有黑线，背中线有 1 条纵带，于各节后缘向体侧延伸，斑纹与颜色多变，腹部第八节末端有尾状突起。依据体色可分为白（绿）身黄线型、黄身黄线型、黄身紫斑型、紫身黄斑型等 4 类，其中“线”指背中线上的纵带。

【生活习性】幼虫栖息时常呈 P 形拟态蛇纹模样，成虫具趋光性。

【为害特点】全年皆可发生为害，幼虫以取食林木嫩叶、嫩芽及叶片进行为害，发生严重时常将树叶吃光。幼虫咬断枝条，保留一些皮层，以半绿枯萎的卷叶为巢躲藏。

【防治方法】营林防治。提倡营造混交林，加强林地抚育，科学施肥，提高植株抗性，减少为害。

物理防治。利用成虫的趋光性，成虫盛发期在林地中设置诱虫灯诱杀成虫，可有效地降低虫口密度，减轻虫害发生。

生物防治。科学保护和利用天敌。不滥用化学药物，选用生物制剂或低毒农药，设置天敌保护隔离区，尽量避免伤害天敌。

杨扇舟蛾 *Clostera anachoreta* (Denis et Schiffermüller)

【寄主】杨柳科植物。

【分布】中国广泛分布。广西分布于灵川、平乐、资源、荔浦。

【形态特征】雌蛾体长 15 ~ 21 mm，翅展 36 ~ 45 mm；雄蛾体长 10 ~ 15 mm，翅展 26 ~ 38 mm。头顶有 1 个椭圆形黑斑，前翅灰褐色，翅面有 4 条灰白色波状横纹。顶角处有 1 个明显的暗褐色扇形斑。外横线外衬 2 ~ 3 个黄褐色斑点。扇形斑中下方有 1 个黑色小点；后翅灰白色，中央具有 1 条明显线纹。腹部末端具毛束，雄虫更明显。

卵扁圆形，初产时橙红色，近孵化时暗灰黑色。

末龄幼虫体长 32 ~ 41 mm，头部黑褐色，体壁上具白色刚毛；腹部背面灰黄绿色，背中线灰黑色，两侧有灰褐色宽带，腹部灰绿色。体每节着生 8 个环形排列的橙红色瘤，其上具有 1 束白色长毛，腹

A. 成虫

B. 成虫产卵

C. 幼虫

D. 茧和蛹

杨扇舟蛾（杨忠武　摄）

部第一节和第八节背面中央有较大红黑色瘤。

蛹红褐色，末端呈锥状，具臀棘，外被灰白色椭圆形薄茧。

【生活习性】不同地区发生世代数不一，以蛹在落叶、粗树皮下、地被物或表土层内结茧越冬。翌年 3 月下旬至 4 月上中旬开始羽化。成虫多在傍晚羽化，趋光性强。羽化当日暗期即可求偶和交配，交配姿势呈一字形，交配结束后即可产卵。卵多产于叶面，有时也产于枝干上，每雌产卵量 200 多粒，成虫期 5 ～ 8 天，产卵期 2 ～ 4 天，卵期 1 ～ 2 周。幼虫共 5 龄，历期 20 天左右。末龄幼虫吐丝结茧，蜕附于蛹末端，蛹期 6 ～ 7 天。

【为害特点】幼虫孵化后，群集于卵附近叶面且头部向外取食叶肉，被害叶呈萝网状，仅剩上表皮和叶脉，2 龄以后可若干头幼虫聚集吐丝缀叶形成虫苞，在虫苞附近取食为害。严重时仅剩叶脉。

【防治方法】营林防治。人工收集地下落叶或中耕松土，减少越冬蛹的基数。

物理防治。利用成虫趋光性，在成虫羽化盛期利用诱虫灯诱杀成虫；利用低龄幼虫群集为害的特点，结合日常管理，在其孵化高峰期，组织人力集中清除；利用幼虫受惊后吐丝下垂的习性，通过震动树干捕杀落地幼虫。

生物防治。杨扇舟蛾天敌较多，包括寄生蜂、寄生蝇、病毒、鸟类等，要加以保护利用。

化学防治。在幼虫期，可选用 20% 氰戊菊酯 1500 倍与 5.7% 甲维盐 2000 倍混合液等药剂喷施，连用 1 ～ 2 次，每隔 7 ～ 10 天施用 1 次。

分月扇舟蛾 *Clostera anastomosis* (L.)

【寄主】杨柳科植物。

【分布】中国分布于河北、内蒙古、辽宁、吉林、黑龙江、上海、江苏、安徽、福建、湖北、湖南、广东、广西、重庆、四川、贵州、云南、陕西、甘肃、新疆。广西分布于灵川（大圩、定江）、荔浦（双江）。

【形态特征】成虫翅展 32 ～ 47 mm，体灰色，头部和胸背中央呈黑棕色。雄成虫体色较雌成虫略深，腹部细，尾部有 1 丛长毛。前翅呈暗灰色，其上有 3 条灰白色横线，前翅外缘顶角略带棕黄色，扇形斑红褐色，模糊不清；前翅亚外缘线波浪形，由 1 列褐色的点排列而成；横脉纹暗褐色，呈圆形，中间有 1 条灰白色线把圆斑分为 2 部分。后翅颜色比前翅稍淡。

卵半球形，底平，直径 0.58 ~ 0.61 mm，初产时为淡青色，孵化前变为红色，表面有 2 条平行排列的灰白色纹。

幼虫体红褐色，被淡褐色毛，背面两侧黄色具黑点，中、后胸和第二腹节起黑点上有 2 个黄色突起，第一和第八腹节背面中央各有 1 个大黑瘤，瘤上有黑毛和 4 个馒头状毛瘤（前大，杏黄色；后小，黑色），第一腹节气门下有 1 个小黑瘤。

蛹体红褐色，臀棘端分叉。

A. 成虫　　B. 卵

C. 幼虫　　D. 蛹

分月扇舟蛾（杨忠武　杨振德　摄）

【生活习性】以卵在枝干或 2 ~ 3 龄幼虫在枯枝落叶中越冬，越冬幼虫死亡率很高。越冬卵翌年 4 月上旬开始孵化，初孵幼虫群集叶片取食，不结苞，3 龄分散取食全叶。5 月下旬化蛹，5 月下旬至 6 月上旬成虫羽化，成虫昼伏夜出，有趋光性，交配后当天产卵。卵聚产于叶背，平铺成块，每块有卵 10 ~ 300 粒。以后基本每月 1 代，12 月上旬最后 1 代成虫羽化，交配产卵于枝干越冬。

幼虫越冬时，在枯枝落叶层里或树皮缝隙间作薄茧，茧扁圆形，白色。在翌年 4 月下旬至 5 月上旬越冬幼虫开始上树为害。5 月下旬至 6 月上旬幼虫化蛹和成虫羽化。卵呈块状，产于树叶的背面，刚产出的卵为淡青色，后渐渐地变成红色。卵孵化时间比较集中，一般在 4 ~ 6 时。一般群居为害，幼虫有吐丝下垂随风扩散的习性。

【为害特点】初孵幼虫群栖于叶片上取食叶肉，致使叶片呈箩底状。2 龄以后开始取食叶片的边缘，4 龄以后食量猛增，取食全叶。幼虫在不摄取食物的时候，多数栖息于树木的嫩枝上，取食时才会爬回叶片上。

【防治方法】营林防治。加强林地管理，春秋季节人工收集地下落叶火烧，或翻耕土壤，以减少越冬蛹的基数；在产卵盛期，及时摘除带有群栖初孵幼虫的叶片，并集中烧毁处理。

物理防治。在成虫羽化盛期用诱虫灯诱杀成虫，有利于降低下一代的虫口密度。

生物防治。在 7 月左右，温度适宜，降水量充沛时期，使用白僵菌进行防治，其含孢量为 100 亿 /g，活孢率 90% 以上；或采用苏云金杆菌喷雾防治，施用浓度为 0.5 亿～ 1 亿孢子 /mL，能有效控制虫口密度。对于虫口密度较低的林分，于 6 月下旬至 7 月上旬成虫产卵盛期释放赤眼蜂，一般分 2 次释放，第一次为总放蜂量的 80%，第二次为 20%。低龄幼虫为害期喷洒 25% 灭幼脲 I 号 800 ~ 1000 倍稀释液防治。

化学防治。于幼虫发生高峰期进行化学防治可有效地降低虫口密度，减少其对林分的为害。可用 2.5% 溴氰菊酯乳油 3000 ~ 5000 倍稀释液喷雾防治。

著蕊尾舟蛾 *Dudusa nobilis* Walker

【寄主】龙眼、荔枝等。

【分布】中国分布于北京、河北、浙江、湖北、湖南、广东、广西、海南、陕西。广西分布于金秀、兴安（猫儿山）、那坡、防城港（防城）、上思、博白林场（三育）。

【形态特征】成虫体长 33 ～ 42 mm，翅展 71 ～ 104 mm。雄成虫触角近基部 2/3 双栉齿状，随后渐细呈丝状，雌成虫触角丝状。头部、体躯和前翅黄褐色，腹部褐色，雄虫腹末着生橘褐色长毛束；前翅狭长，棕黄褐色，基部黄白色，有 3 个小黑点，前缘中央黄白色，向后延伸至中室下角，中央有 1 条暗褐色斜带，从前缘 1/3 处斜伸至臀角，斜带与 4 脉夹角间有 1 块小三角形银白斑，斜带与基部间有 1 条同色但较宽的暗带，从前缘向内缘逐渐扩散，内外横线黄白色，两侧衬暗褐色边。顶角突出，外缘锯齿状。

A. 背面观

B. 侧面观

著蕊尾舟蛾成虫（陆温　摄）

【生活习性】在广西西南部，幼虫一般于 5 ～ 6 月为害龙眼荔枝梢叶，幼虫群栖性不强，静止时靠第二至第四腹足固着在叶柄或枝条上，前后端翘起如龙舟，受惊后前端不断颤动以示警戒。末龄幼虫钻入表土层化蛹，于 7 月下旬陆续羽化。

【为害特点】以幼虫取食新梢嫩叶，幼虫食量大，常将幼叶的叶肉和叶脉一并取食。

【防治方法】营林防治。结合中耕除草，适度中耕松土，以破坏其化蛹场所，减少蛹基数。也可结合修剪或疏花、疏果、疏梢工作，进行人工捕杀。

物理防治。在成虫羽化盛期用诱虫灯诱杀成虫，有利于降低下一代的虫口密度。

化学防治。4 ～ 6 月为幼虫发生为害比较严重的时期，注意虫情，发生严重时用 2.5% 溴氰菊酯乳油 1000 ～ 2000 倍稀释液喷雾。

钩翅舟蛾 *Gangarides dharma* Moore

【寄主】不详。

【分布】中国广泛分布。广西分布于融水、金秀、上思。

【形态特征】成虫体长 25 ～ 30 mm，翅展 60 ～ 80 mm。体灰黄色，前翅灰黄色且密布褐色鳞片，头顶、胸背和前翅略带浅朱红色。前翅具 5 条暗褐色横线，亚基线呈波浪形，内线在中室前外曲并与后缘垂直，中线在横脉外曲，亚端线波浪形、内衬明亮边，横脉纹有 1 个白点，外缘较平滑；后翅灰黄略带浅红色，具 1 条模糊暗褐色外带。

钩翅舟蛾成虫（郑霞林　摄）

【生活习性】在广西 6 ～ 8 月常见，趋光性强。

【为害特点】以幼虫取食为害寄主植物叶片。

【防治方法】未见大面积发生和为害，可通过保护和利用自然天敌控制其种群。

同心舟蛾 *Homocentridia concentrica* (Oberthür)

【寄主】栗属、水青冈属、栎属植物等。

【分布】中国分布于江苏、浙江、安徽、福建、江西、河南、湖北、湖南、广西、四川、云南、陕西、甘肃。广西分布于金秀。

同心舟蛾成虫（李懋辅　摄）

【形态特征】成虫体长 18 ～ 20 mm，翅展 42 ～ 48 mm。头和胸部背面暗褐色杂有灰白色，腹部背面灰褐色。前翅暗灰褐色，中央泛紫色，亚基线不清晰，深锯齿形，后端仅达 A 脉，黑褐色具灰白边；中线灰褐色，双股平行，呈不规则波浪形，在亚中褶处呈一锐角曲，其内侧衬有 1 个黑褐色斑，从前缘中央之前伸达后缘齿形毛簇的基部；后翅灰褐色。

【生活习性】幼虫取食叶片，成虫具趋光性，飞翔力强，多在夜间及清晨活动。

【为害特点】初孵幼虫群集取食叶肉，仅留叶脉；3 ～ 4 龄后分散取食，食量增大，5 龄以后食量暴增，短期内可将整个林分叶片吃光，残留叶柄。

【防治方法】营林防治。在造林设计上，多营造混交林，加强幼林抚育和林地管理，提高林分抗虫能力。

物理防治。在成虫羽化盛期用诱虫灯诱杀成虫，有利于降低下一代的虫口密度。

生物防治。保护和利用天敌，或在 3 ～ 6 月的高湿天气，采用白僵菌或绿僵菌防治幼虫。

化学防治。大量发生时可用 2.5% 溴氰菊酯乳油 1500 ～ 3000 倍稀释液等喷雾防治。

黄二星舟蛾 *Euhampsonia cristata* (Butler)

【寄主】栎属植物。

【分布】中国分布于北京、河北、山西、内蒙古、辽宁、吉林、黑龙江、江苏、浙江、安徽、江西、山东、河南、湖北、湖南、广西、海南、四川、云南、陕西、甘肃、台湾。广西分布于百色。

【形态特征】成虫体长 23 ～ 31 mm，翅展 65 ～ 88 mm。体黄褐色，头和颈板灰白色；胸部背面灰黄带赭色，冠形毛簇端部和后胸边缘黄褐色；腹部背面黄褐色。前翅黄褐色，中央横线间灰白色；有 3 条暗褐色横线：内、外线较清晰，内线微曲伸达后缘齿形毛簇的基部，中线松散带形，外线稍直；横脉纹由两个大小相同的黄白色小圆点组成，脉间缘毛灰白色。后翅褐黄色，前缘较淡。

幼虫老熟时体长 65 ～ 70 mm，头大，呈球形，全体粉绿色，具光泽；上颚外侧红色；第一至第七腹节每节气门上侧有 1 条浅黄白色斜线，每条斜线向后伸至后一体节；气门下方具 3 个白色小点，近等腰三角形排列；气门红色；肛上板后缘颜色为上红下黄。

【生活习性】1年发生1～2代。以蛹在土中越冬，翌年6月上旬成虫羽化，羽化后即可交配产卵，6月中旬孵化出幼虫，幼虫为害高峰期为7月上中旬。成虫夜晚羽化，羽化高峰期为21～24时，成虫有趋光性。成虫多产卵于叶背，一次产卵3～5粒，每雌产卵量500粒左右。卵期1周左右，幼虫孵化后吐丝下垂，随风扩散。末龄幼虫下树入土化蛹，大部分蛹在土壤中越冬至翌年5月，越冬蛹历期9个多月，少部分第一代蛹于当年8月上旬羽化，进入第二代，此代幼虫为害较轻，一般不会成灾，第二代幼虫期历时70天左右，10月下旬末龄幼虫入土化蛹越冬。

A. 成虫（徐杰 摄）

B. 幼虫（王传珍 摄）

黄二星舟蛾

【为害特点】初孵幼虫在叶背群集取食叶片叶肉，仅留叶脉；随着虫龄的增大，可吐丝或者爬行转移为害。3～4龄后分散取食，食量增大；5～6龄食量暴增，短期内可将整个林分叶片吃光，残留叶柄。大面积暴发为害后，成片栎林似火烧状，形成“夏树冬景”的惨象。

【防治方法】营林防治。在造林设计上，多营造混交林，加强幼林抚育和林木管理，以提高森林自身抗病虫能力；开展封山育林，形成良好的林地生境，促进天敌繁衍，丰富林地生物多样性，促进生态平衡。

物理防治。在成虫羽化盛期用诱虫灯诱杀成虫，有利于降低下一代的虫口密度。

生物防治。保护和利用自然天敌，天敌主要有鸟类、寄生蜂、大星步甲等。低龄幼虫期，空气相对湿度较大时可施放白僵菌粉剂，每亩林地施放200～400 g，或喷洒0.05%苏云金杆菌药液防治。

化学防治。大发生时，在幼虫3～4龄期喷洒25%甲维·灭幼脲悬浮剂或25%阿维·灭幼脲悬浮剂等高效低毒药物，使用量为40～50 g/亩，或喷施2.5%溴氰菊酯乳油1500～3000倍稀释液防治。

竹镂舟蛾 *Loudonta dispar* (Kiriakoff)

【寄主】毛竹、粉单竹、撑篙竹等。

【分布】中国分布于江苏、浙江、安徽、福建、江西、湖北、湖南、广西、四川、贵州、云南。广西分布于宾阳（宾州）、桂林（临桂）、龙胜（龙胜、泗水）、兴安、灵川、融水、苍梧（沙头）、桂平（紫荆）、博白（菱角）、容县（容西）、来宾（兴宾相思园）。

【形态特征】成虫体长15～22 mm，翅展40～48 mm。雄成虫头和下唇须淡黄褐色，下唇须上缘和触角鞭节暗褐色，头顶淡橙色。胸部背面橙灰色，颈板基部带红色，胸部下侧面和足为淡黄色；腹部暗红褐色。前翅土黄色，具灰褐色雾点，中室以下后缘区橙色较鲜；底色和斑纹有个体变异，如横线模糊红褐色或不见，可见时在后缘区较清晰；亚基线锯齿形；内线宽，双道锯齿形；有些标本隐约可见有双道锯齿形外线，横脉纹有1个黑点或不见；从翅顶到 Cu_2 脉基部有1条暗灰褐色影状斜带，外缘区脉暗灰褐色，缘毛灰褐色。后翅暗红褐色，缘毛带橙色。

雌成虫体黄白色至淡黄色，触角丝状，黄白色，头顶与复眼间有黄白色绒毛。前翅黄白色，近前

A. 成虫　B. 卵　C. 幼虫　D. 蛹

竹镂舟蛾（杨忠武　摄）

缘与基角处深黄色，亚外缘线位置上有 5 ～ 6 个不太明显的黑点，翅中有 1 个明显的黑点；后翅淡黄色或白色。前足被锈黄色长绒毛，中、后足被白色短绒毛。

初孵幼虫体紫红色，头黑色，背线紫褐色；中、后胸、第三腹节的气门上线处各有 1 块紫褐色斑；以后各龄幼虫呈土黄色，有黄色的亚背线。末龄幼虫体长 48 ～ 57 mm，长圆柱形，头、尾细，中间稍粗，全身光滑，绿色，头嫣红色。前胸背面前缘有 1 个黑色茸斑；背线灰黑色；气门线黄白色。

【生活习性】1 年发生 3 ～ 4 代，以末龄幼虫在枯枝落叶间吐丝结薄茧化蛹越冬。世代重叠现象明显。4 月上、中旬开始羽化，第一代幼虫于 4 月下旬至 5 月上旬出现。幼虫期约 40 天，蛹期 8 ～ 12 天，成虫期 5 ～ 7 天，卵期约 5 天。第二至第四代幼虫始现期分别为 7 月上中旬、8 月中旬至 9 月上旬、9 月上中旬。第三代幼虫于 10 月中下旬下竹结茧化蛹越冬，第四代幼虫于 11 月上、中旬下竹结茧化蛹越冬。成虫具趋光性，飞翔能力强，多在夜间及清晨活动产卵，卵产于 1 年生、2 年生的竹上端嫩叶上，块产或散产，每雌产卵量 116 ～ 316 粒。幼虫一般 6 龄。1 龄幼虫取食叶肉，2 龄取食叶缘成缺刻，3 龄及以上取食全叶。1 龄、2 龄幼虫能吐丝下垂扩散，3 龄后受惊即坠地，幼虫老熟后即落在地上枯枝落叶中结茧化蛹，也有在竹壳、笋壳或 2 ～ 3 cm 深松土中化蛹。

【为害特点】幼虫取食叶片，从 3 龄到化蛹前平均取食竹叶 13 ～ 20 g/ 头，大发生时常将大片竹林叶片吃光，导致竹林不出新笋，若连续被害，则造成竹枯死。是我国南方毛竹的主要害虫之一。

【防治方法】营林防治。加强林地管理，结合冬季修整竹林将枯枝落叶间的越冬蛹处死，3 龄后可用击竹震落捕杀。

物理防治。在成虫羽化盛期用诱虫灯诱杀成虫，有利于降低下一代的虫口密度。

生物防治。保护天敌或人工释放赤眼蜂能起到一定的抑制害虫发生作用；低龄幼虫期可用球孢白僵菌 1 万亿～ 3 万亿孢子 / 亩或苏云金杆菌 0.4 亿～ 2 亿 IU/ 亩喷施，还可用 25% 灭幼脲Ⅲ号胶悬剂 1000 ～ 2000 倍稀释液喷雾防治。

化学防治。幼虫期可用 1.8% 阿维菌素乳油 6000 ～ 8000 倍稀释液或 1.2% 苦参碱 · 烟碱乳油 800 ～ 1000 倍稀释液喷雾或喷烟（药剂：柴油 = 1 : 9）防治。

间掌舟蛾 *Mesophalera sigmata* (Butler)

【寄主】山茶属植物。

【分布】中国分布于辽宁、黑龙江、浙江、福建、江西、山东、湖南、广东、广西、四川、甘肃、台湾。广西分布于桂林、龙胜、防城港（防城）、陆川（平乐）、贺州（八步）。

【形态特征】成虫体长 23 ～ 26 mm，翅展 47 ～ 56 mm；雄成虫触角短栉齿状；头部和胸部背面灰白色杂有雾状黑褐色小点；腹部背面黄褐色，末端两节和臀毛背面灰白色杂有黑褐色。前翅灰白色杂有雾状黑褐色点，斑纹大多数由黑褐色竖鳞组成。后翅暗褐色，后缘和前缘内半部褐黄色，脉端缘毛灰白色。

幼虫头黄白色，冠缝两侧各具 1 条橙红色和黑色斑纹，其中靠近冠缝的橙红色斑组成 V 形，体黄绿色至翠绿色，胸足紫红色，腹足青绿色，第一腹节气门上方有 1 个椭圆形玫瑰红色斑，第八腹节背线与亚背线之间有 1 个边缘模糊的椭圆形玫瑰红色斑，臀节有 1 对眼状黑色斑，背线、亚背线黄绿色，腹足上方有 1 条灰白色带，气门白色，围气门片黑色，末龄幼虫体长 35 ～ 40 mm，胸部、腹部背面有的变为浅紫红色，腹部背面的玫瑰红色斑弱化或消失。

间掌舟蛾成虫（李懋辅　摄）

蛹深棕色，长 17 ～ 20 mm。

【生活习性】幼虫在叶背吐一层薄的丝垫停息于上，取食后返回丝垫休息，幼虫受惊扰时常抬起身体后端静止不动，因臀节的两个眼状斑使腹末看上去像头部。高龄幼虫每天可取食 3 ～ 8 片油茶叶，末龄幼虫入土将泥土做成蛹室在其中化蛹，蛹室内壁光滑，入土深度 3 ～ 7 cm，成虫晚上羽化出土，夜间活动，有趋光性。

【为害特点】初孵幼虫在叶背群集取食叶片叶肉，仅留叶脉；3 ～ 4 龄后分散取食，食量增大，5 龄以后食量暴增，短期内可将整个林分叶片吃光，仅残留叶柄。

【防治方法】营林防治。加强林地管理，摘除幼虫聚集的叶片，结合垦覆将土中的蛹挖出，不仅有利于天敌寄生或捕食，而且部分蛹在垦覆过程中受到物理伤害而死亡。

物理防治。在成虫羽化盛期用诱虫灯诱杀成虫，有利于降低下一代的虫口密度。

生物防治。可用白僵菌或绿僵菌防治幼虫，结合垦覆，在 10 月中旬前施用绿僵菌或白僵菌菌剂，用量为 0.4 ～ 0.7 kg/ 亩，感染入土化蛹的幼虫和蛹，同时保护和利用天敌。

化学防治。幼虫大发生时，可用 0.36% 苦参碱乳油 1000 ～ 1500 倍稀释液、10% 氯氰菊酯乳油 4000 ～ 6000 倍稀释液等喷雾防治。

杨小舟蛾 *Micromelalopha sieversi* (Staudinger)

【寄主】杨柳科植物。

【分布】中国分布于北京、河北、山西、吉林、黑龙江、江苏、浙江、安徽、江西、山东、河南、湖北、湖南、广西、四川、云南、西藏。广西分布于富川（白沙）。

【形态特征】成虫体长 11 ～ 14 mm，翅展 24 ～ 26 mm。体色变化较多，有黄褐色、红褐色和暗褐色等。前翅有 3 条具暗边的灰白色横线，内横线似 1 对小括号“( )”，中横线像“八”字形，外横线呈倒“八”字状波浪形。横脉有 1 个小黑点。后翅臀角有 1 个褐色或红褐色小斑。

卵黄绿色，半球形，呈块状排列于叶面。

末龄幼虫体长 21 ～ 23 mm，体色变化大，呈灰褐色、灰绿色，微具紫色光泽；体侧各具 1 条黄色纵带；体上生有不显著的肉瘤，以腹部第一节和第八节背面的较大。

【生活习性】该虫 1 年发生 3 ～ 4 代，以蛹在树洞、落叶、地下植被物、松土内越冬。翌年 4 月中旬羽化成虫，成虫有趋光性，夜晚活动、交配和产卵，多将卵产于叶片上。各代幼虫的始现期为第一代 5 月上旬、第二代 6 月中旬至 7 月上旬、第三代 7 月下旬至 8 月上旬、第四代 9 月上中旬，10 月进入越冬期。

【为害特点】幼虫群集取食叶片，将叶片吃光，仅留下叶表皮及叶脉。末龄幼虫吐丝缀叶化蛹。

【防治方法】营林防治。利用杨小舟蛾对寄主植物的偏好性，合理选择树种组合搭配，形成不同的隔离带限制其扩散。

物理防治。人工摘除幼虫，震落、摘虫苞和灭蛹；在成虫期利用诱虫灯诱杀。

生物防治。保护和利用天敌，利用麻雀、家燕、灰喜鹊、杜鹃、黄鹂鸟等捕食杨小舟蛾的成虫和幼虫；在卵期释放赤眼蜂，幼虫期喷洒苏云金杆菌乳剂、青虫菌、绿僵菌等防治，低龄幼虫期喷洒 25% 灭幼脲Ⅲ号悬浮剂 1500 倍稀释液防治。

化学防治。可用 10% 吡虫啉可湿性粉剂 2000 倍稀释液、1% 苦参碱液剂 1500 倍稀释液或 1.8% 阿维菌素乳油 5000 倍稀释液喷雾防治，也可树干注射 5% 吡虫啉乳油。

A. 成虫　C. 幼虫　B. 卵　D. 蛹　E. 为害状

杨小舟蛾（闫家河　秦志强　冯艳梅　谢洪军　摄）

大新二尾舟蛾 *Neocerura wisei* (Swinhoe)

【寄主】红花天料木。

【分布】中国分布于浙江、湖北、广东、广西、四川。广西分布于南宁（青秀）。

【形态特征】体大型，白色，布黑色条纹，雌成虫体长为 25 ～ 37 mm，翅展 65 ～ 86 mm；雄成虫体长 23 ～ 31 mm，翅展 54 ～ 65 mm。胸部背面具 3 行黑斑，每行黑斑个数依次为 4 个、4 个和 2 个，其中第一行的 4 个黑斑有时相连，第二和第三行的黑斑多数情况下断开。

大新二尾舟蛾（梁擎　摄）

前翅内带黑色，宽且不规则弯曲，中线从前缘到中室下角一段较粗，随后向上扭曲与横脉纹相连，横脉纹月牙形，外线为 2 条平行的波浪形线，外缘脉上无黑线，但有 1 列脉间三角形黑点，其中 1 ～ 4 脉间的黑点向内延伸；腹部 1 ～ 6 节背面有 1 条明显的白色纵带，雄虫第七节中央具小环纹，第八节白色，中央具半圆形黑纹，后缘具黑边，雌虫第七、第八两节白色具黑边，第七节中央具黑环，环内有 1 个黑点。

【生活习性】在福建 1 年发生 3 代，以蛹越冬。越冬代成虫于 2 月中旬始现，成虫寿命 6 ～ 11 天。第一至第三代成虫发生期分别为 5 月下旬至 6 月中旬、6 月下旬至 8 月上旬、8 月中旬至 9 月上旬，以第三代蛹越冬。成虫多在傍晚羽化，当天即可交配，每雌产卵量 180 余粒。成虫白天潜伏，夜间活动，有趋光性。

【为害特点】幼虫取食寄主植物叶片，严重时可将整株叶片吃光，影响植株生长发育。

【防治方法】未见大面积发生和为害，可通过保护和利用自然天敌控制其种群。

梭舟蛾 *Netria viridescens* Walker

【寄主】香榄属、久榄属植物等。

【分布】中国分布于浙江、福建、江西、湖南、广东、广西、海南、四川、贵州、云南。广西分布于南宁（武鸣罗波和朝燕林场）、兴安（猫儿山）、金秀、天等（福新）、防城港（上思）。

【形态特征】成虫体长 30 ～ 35 mm，翅展 75 ～ 86 mm。体灰褐色，头顶、颈板、前胸足、翅基片、胸背后缘和腹部末端浅绿色。前翅浅绿色，横线暗褐色至黑褐色；基线双道，从前缘到中室下缘呈双齿形弯曲，以后斜向外伸达后缘，并与内线靠近；内线双道，不规则锯齿形，略向内斜伸；外线 3 条，内面 1 条较松散而模糊，锯齿形，外面 2 条不规则波浪形平行；内、外线之间具暗褐色宽带；亚端线细，清晰波浪形；后翅灰褐色，基部色较淡，缘毛末端略呈灰白色。

幼虫头大，颊紫色；体光滑，绿色，中部较粗，臀节略分岔，背线紫色，亚背线由每节不清晰的白色斜纹组成，气门白色，气门下线黄色，第一胸足和第二胸足的爪紫色。

【生活习性】成虫体色近似苔藓，白天融入环境隐身，夜晚会趋光。成虫多产卵于叶背，卵期 1 周左右，幼虫孵化后吐丝下垂，随风扩散，末龄幼虫下树入土化蛹。

【为害特点】初孵幼虫在叶背群集取食叶片叶肉，仅留叶脉；随着虫龄的增大，可吐丝或者爬行转移，有转移为害习性。3 ~ 4 龄后分散取食，食量增大，5 ~ 6 龄食量暴增，短期内可将整个林分叶片吃光，仅残留叶柄。

【防治方法】营林防治。提倡营造混交林，加强幼林抚育和林地管理，提高林分抗灾害能力。

物理防治。在成虫羽化盛期用诱虫灯诱杀成虫，有利于降低下一代的虫口密度。

生物防治。保护和利用天敌防治，天敌主要有鸟类、寄生蜂、步甲等。低龄幼虫期，空气相对湿度较大时施放白僵菌粉剂，每亩施放 300 ~ 500 g，或喷洒 0.05% 苏云金杆菌制剂。

化学防治。在幼虫 3 龄前喷洒 25% 阿维·灭幼脲悬浮剂，每亩喷洒 40 ~ 50 g。

A. 背面观

B. 腹面观

梭舟蛾成虫（杨忠武　摄）

竹篓舟蛾 *Norraca retrofusca* (de Joannis)

【寄主】毛竹、刚竹、淡竹等。

【分布】中国分布于上海、江苏、浙江、安徽、福建、江西、河南、湖北、湖南、广东、广西、四川、云南。广西分布于灵川（九屋）。

【形态特征】成虫体长 19 ~ 25 mm，翅展 48 ~ 63 mm。体浅黄色，头灰褐色，复眼灰绿色。雌虫触角为丝状，淡黄色；雄虫触角为短节齿状，灰黑色，触角干为黄白色。前翅狭长，外缘弧形，内缘很短，臀角近直角。雌虫前翅浅黄色，后缘基部灰红褐色，外缘隐约可见 1 列小点；雄虫前翅前缘室有 2 列中断的灰褐色斑，亚中褶处有 1 个灰褐色斑。

卵近圆球形，直径 1.2 ~ 1.4 mm，色洁白、光亮、不透明，珐琅质。

初孵幼虫体长 3 mm，头污黄色，顶颊有 1 个酱色圈，体青灰色，毛片明显，足黑色。末龄幼虫体长 60 ~ 65 mm，体色变化较大，基本色为黄、灰色。头部肉黄或肉白色，与蜕裂线持平有 1 个黑色或深灰色长条斑。口器到前胸气门之间有 1 个黑斑。胸部背线下方至气门线间有 1 个黄色斑，斑内可见黑色亚背线、气门上线；斑下至气门下线为浅黑色斑，后延至第三节末和腹部第一节，斜行向上与背面相连，呈深黑色。腹背线以下为浅肉红色，气门上线浅灰色，气门线黑色，基线鲜黄色。腹面黑色，有黑色、较短的尾角。

蛹体长 19 ~ 23 mm，红褐色，腹棘 8 枚，中间较长的 6 枚为一束，左右偏背面 2 枚为中间一束的 1/2 长。臀沟明显，较鲜红，有光泽。

【生活习性】1 年发生 3 ~ 4 代，以蛹在表土层下越冬。成虫夜间羽化，以 20 ~ 23 时及 3 ~ 4 时最多。成虫白天静伏、隐蔽在比较遮阴叶的背部和杂草中，夜间活动，成虫具有趋光性。成虫羽化后于翌日夜间交配，交配当日或隔日夜间产卵，卵单粒、偶见两粒散产于竹叶面尖端。每雌产卵量 161 ～ 286 粒。卵期 6 ～ 10 天，初孵幼虫一般不取食着卵叶，需爬行到附近竹叶上取食，将竹叶边缘吃成小缺刻，缺口整齐。1 龄幼虫取食量很少，3 龄以后食量增大。末龄幼虫停食半天到一天后沿竹秆爬行落地化蛹。

A. 成虫

B. 卵

C. 幼虫

D. 蛹

竹篓舟蛾（杨忠武　摄）

【为害特点】虫体大、食叶猛、为害重。在竹林中常与竹镂舟蛾、竹篦舟蛾等舟蛾类害虫同时出现为害，被害竹林竹叶被食殆尽。

【防治方法】营林防治。提倡营造竹杉、竹松、竹阔混交林，加强竹林松土抚育，可以杀死土中蛹；夏季抚育应砍除后发的小竹，以减少产卵寄主。

物理防治。在成虫发生期，用诱虫灯诱杀成虫。

生物防治。该虫天敌较多，以卵期黑卵蜂寄生率最高，幼虫期螳螂、猎蝽捕食量也较高，在天敌发生期或天敌较多的竹林应慎用化学药剂。

化学防治。在幼虫 3 龄前用 2.5% 溴氰菊酯与柴油按 1∶10 混合后于日落后或清晨喷雾，杀虫效果可达 90% 以上。

栎掌舟蛾 *Phalera assimilis* (Bremer et Grey)

【寄主】栎、板栗、大叶栎、麻栎等。

【分布】中国分布于北京、河北、山西、辽宁、吉林、黑龙江、江苏、浙江、福建、江西、山东、河南、湖北、湖南、广东、广西、甘肃。广西分布于南宁（武鸣太平）、岑溪（三堡）、田阳（右江林场）、田东（义圩、朔良）、金秀、兴安（猫儿山）。

【形态特征】成虫体长 22 ～ 25 mm，翅展 45 ～ 75 mm。头顶和颈板灰黄白色，胸部背面前半部黄褐色，后半部灰白色；腹部背面黄褐色。前翅灰褐色，顶角斑淡黄色，似掌形，斑内脉间具黄褐色纹；亚基线、内线和亚外缘线黑褐色、较清晰；臀角处有 1 个黑褐色斑；外缘线由 1 列模糊的脉间黑褐色点组成；端线黑褐色，横脉纹肾形，黄色，中央灰褐色，缘毛棕色。后翅灰褐色，具 1 条模糊的深灰褐色外带，缘毛棕色与黄白色相间。

卵半球形，淡黄色，数百粒单层排列呈块状。

末龄幼虫体长 55 ~ 60 mm；头黑色、棕褐色或橘红色；幼龄时体暗红色，老熟时体黑色；亚背线（双道）、气门上线、气门下线和腹线橘黄色；前胸至尾端有橘红色纵线 8 条，气门上线较粗，每节具橘红色横纹数条，中间 1 条较明显，节间黑色，体密生暗黄色长毛。

蛹体长 22 ~ 25 mm，纺锤形，黑褐色。

【生活习性】1 年发生 1 代，以蛹在树冠下土中 1 ~ 10 cm 深处越冬。翌年 5 月羽化。成虫晚上活动，有趋光性；产卵于叶背，常数百粒单层排列呈块状，卵期约半月。低龄幼虫群集性强，常呈串排列在叶面为害，7 ~ 8 月中龄幼虫后食量大增，分散为害，夜间蚕食更烈。幼虫有假死性，遇惊即吐丝坠地。9 月下旬末龄幼虫下树越冬，一般纯林和林缘发生较严重。

【为害特点】以幼虫取食叶片，大发生时可将局部林分叶片吃光，影响寄主植物生长发育。

【防治方法】营林防治。7 ~ 9 月对受害严重植株周围进行翻耕杀蛹。

物理防治。人工摘除卵块或剪除初龄幼虫群集为害的枝叶，集中烧毁；成虫羽化初盛期开始，用灯光诱杀。

生物防治。用苏云金杆菌粉剂或白僵菌粉防治幼虫，老龄幼虫快入土越冬前，在树冠下地面撒施白僵菌粉，然后轻耙松土；低龄幼虫期可叶面喷洒 25% 灭幼脲Ⅲ号乳剂 1500 倍稀释液。卵期释放赤眼蜂；保护和招引益鸟，开展以鸟治虫。

化学防治。幼虫期喷施 10% 吡虫啉可湿性粉剂 2000 倍稀释液、1% 苦参碱液剂 1500 倍稀释液或森得保可湿性粉剂等进行防治。

A. 成虫

B. 幼虫

栎掌舟蛾（徐杰　徐敏田　摄）

苹掌舟蛾 *Phalera flavescens* (Bremer et Greg)

【寄主】栎、竹、枇杷、西南桦等。

【分布】中国分布于北京、天津、河北、山西、内蒙古、辽宁、吉林、黑龙江、上海、江苏、浙江、福建、山东、河南、湖北、湖南、广东、广西、海南、四川、贵州、云南、陕西、甘肃、台湾。广西分布于南宁（青秀伶俐、武鸣罗波和朝燕林场）、百色（右江、老山林场）、田东、金秀、黄冕林场（波寨）。

【形态特征】成虫体长 22 ~ 25 mm，翅展 49 ~ 52 mm，头胸部淡黄白色，腹背雄虫浅黄褐色，雌虫土黄色。复眼黑色，球形。触角黄褐色，丝状，雌虫触角背面白色，雄虫触角各节两侧均有微黄色绒毛。前翅银白色，近翅基具 1 个长圆形斑，外缘有 6 个椭圆形斑，横列成带状，各斑内端灰黑色，外端茶褐色，中间有黄色弧线隔开；翅中部有淡黄色波浪状线 4 条；顶角上具 2 个不明显的小黑点。后翅浅黄白色，近外缘处具 1 条褐色横带，有些个体消失或不明显。

卵球形，直径约 1 mm，初产时淡绿色，后变灰色。

幼虫共 5 龄，末龄幼虫体长 55 mm 左右，被灰黄色长毛。头、前胸盾、臀板均为黑色。胴部紫黑色，背线和气门线及胸足黑色，亚背线与气门上、下线紫红色。体侧气门线上下着生多个淡黄色的长毛簇。

蛹长 20 ～ 23 mm，暗红褐色至黑紫色。中胸背板后缘具 9 个缺刻，腹部末节背板光滑，前缘具 7 个缺刻，腹末有臀棘 6 枚，中间 2 枚较大，外侧 2 枚常消失。

A. 成虫　B. 幼虫　C. 蛹　D. 为害状

苹掌舟蛾（郑霞林　农文　摄）

【生活习性】1 年发生 1 代。以蛹在寄主根部或附近土中越冬。成虫于翌年 6 月中下旬出现，7 月中下旬羽化最多，一直可延续至 8 月上中旬。羽化后数小时至数日后交配，交配后 1 ～ 3 天产卵。卵产在叶背，常数十粒或百余粒集成卵块，排列整齐。成虫白天隐蔽在树叶丛中或杂草堆中，傍晚至夜间活动，趋光性强。初孵幼虫多群集于叶背，不吃不动，早晚和夜间或阴天群集于叶面，头向叶缘排列成行，由叶缘向内取食。低龄幼虫遇惊扰或震动时，成群吐丝下垂。3 龄后逐渐分散取食，或转移为害，白天多栖息在叶柄或枝条上，头尾翘起，状似小舟，故又称舟形毛虫。幼虫历期 30 天左右，8 月中下旬为发生为害盛期，9 月上中旬末龄幼虫沿树干下爬，入土化蛹。

【为害特点】初孵幼虫可将叶片取食成半透明纱网状；中高龄幼虫取食叶片，仅残留叶脉和叶柄，影响树势生长和翌年开花结果。

【防治方法】营林防治。越冬化蛹较为集中，春季结合日常管理刨树盘将蛹翻出。在 7 月中下旬至 8 月上旬幼虫尚未分散之前，巡回检查，及时剪除群居幼虫的枝和叶，幼虫扩散后，利用其受惊吐丝下垂的习性，振动有虫树枝，收集消灭落地幼虫。成虫发生期采用诱虫灯诱杀。

生物防治。保护和利用天敌，寄生性天敌有日本追寄蝇和家蚕追寄蝇、松毛虫赤眼蜂等。在卵发生期（7 月中下旬）释放松毛虫赤眼蜂，有一定控制作用。低龄幼虫期可喷施 25% 灭幼脲Ⅲ号悬浮剂 1000 ～ 2000 倍稀释液，在幼虫分散为害之前喷施青虫菌悬浮液 1000 ～ 1500 倍稀释液。

化学防治。幼虫为害期，可喷施 2.5% 溴氰菊酯乳油 1500 ～ 3000 倍稀释液等药物进行防治。

刺槐掌舟蛾 *Phalera grotei* Moore

【寄主】栎属、李属、桦木属、榛属、刺桐属、刺槐属植物等。

【分布】中国分布于北京、河北、山西、辽宁、黑龙江、江苏、浙江、安徽、福建、江西、山东、河南、湖北、湖南、广东、广西、海南、四川、贵州、云南、陕西。广西分布于南宁（武鸣罗波和朝燕林场）、贺州（八步）。

【形态特征】成虫体长 29 ~ 43 mm，翅展 62 ~ 93 mm。下唇须黄褐色，额暗褐色至黑褐色，成虫触角基部毛簇和头顶白色，颈板黄褐色。胸背暗褐色，中央有 2 条、后缘有 1 条黑褐色横线。腹背黑褐色，每节后缘具灰黄白色横带，末端 2 节灰色。前翅暗灰色，基半部和臀角附近灰白色，顶角暗灰棕色、掌形，斑内缘弧形平滑，斑内有 5 条黑色横线，内、外线间有不清晰的波状带 4 条。

卵半球形，直径 1.3 ~ 1.5 mm，黄白色半透明，卵面光滑，微具光泽。

初孵幼虫头黄白色，后变黄褐色，具灰色“八”字纹；前胸背板上具 1 对刺突，臀足特化为尾枝；中后胸背、腹背第一至第三节和第八至第十节着生黑毛的毛瘤。2 龄幼虫头部的“八”字纹消失，变栗黄色。末龄幼虫体长 65 ~ 70 mm，肥胖，头墨绿色，体背面粉绿色，亚背线灰白色，气门上线黄褐色，气门线黄色较宽，气门下线和腹面深绿色。体被淡黄色毛，气门筛黑色，围气门片灰白色。胸足赤褐色，腹足深绿色。前胸背刺突消失，腹尾枝变为臀足。

【生活习性】1 年发生 1 ~ 2 代，以蛹越冬，翌年 4 月下旬成虫羽化。成虫白天隐栖于枝叶或灌木丛中，夜间交配及产卵。羽化当日或翌日晚交配，交配后即可产卵，卵多单粒散产于叶背，偶见产在叶面和一叶产两粒卵。产卵期 3 ~ 5 天，每雌产卵量 283 ~ 400 粒。末龄幼虫下树寻找潮湿松软的土层，钻入土下 10 cm 左右化蛹。

【为害特点】幼虫喜于向阳背阴的树冠下面的枝叶上为害，初孵 1 龄幼虫取食叶下表皮及叶肉，2 龄幼虫从叶片边缘将叶食为不规则缺刻，3 龄可食尽单张叶片仅留下叶柄，4 龄后食量渐大，能食掉全叶及复叶端部叶轴，5 龄食量最大。低海拔的纯幼林受害较重。

【防治方法】营林防治。加强林地管理，结合松土、除草、修枝等抚育措施，在幼虫老熟期在树下捕捉末龄幼虫；在每年的 11 月以后和翌年 3 月以前集中在林内挖越冬蛹，可消灭大量虫口。

物理防治。利用成虫的趋光性，羽化盛期用诱虫灯诱杀成虫。

生物防治。保护和利用天敌。卵期天敌有日本平腹小蜂、天幕毛虫黑卵蜂、落叶松毛虫黑卵蜂，幼虫期捕食性天敌有中华大刀螂、蜘蛛等，寄生性天敌有乳色绒茧蜂、蚕饰腹寄蝇和白僵菌等。幼虫 3 龄前喷施 100 亿孢子 /mL 苏云金杆菌乳剂 500 倍稀释液或 20% 除虫脲悬浮剂 7000 倍稀释液、25% 灭幼脲 1000 倍稀释液。

化学防治。3 ~ 4 龄幼虫喷施 1% 阿维菌素 1000 倍稀释液等进行防治。

A. 成虫（赵文亮　摄）　　B. 幼虫（王俊平　摄）

刺槐掌舟蛾

珠掌舟蛾 *Phalera parivala* Moore

珠掌舟蛾成虫（李懋辅 摄）

【寄主】核桃。

【分布】中国分布于江西、湖北、湖南、广西、四川、贵州、云南、西藏、甘肃。广西分布于环江、金秀、凤山、防城港（防城）。

【形态特征】成虫体长 32 ～ 37 mm，翅展 64 ～ 92 mm。下唇须黑褐色，翅基片灰白色，边黑褐色。基毛簇黑褐色，腹部背面暗褐色。前翅灰红褐色，基部和近臀角的外缘部分灰白色、具黑斑点。

【生活习性】成虫晚上活动，有趋光性；产卵于叶背，低龄幼虫群集性强，常成串排列在叶面为害，高龄幼虫分散为害，夜间蚕食更烈。

【为害特点】初孵幼虫在叶背群集取食叶片叶肉，仅留叶脉；3 ～ 4 龄后分散取食，食量增大，5 龄以后食量暴增，短期内可将整个林分叶片吃光，仅残留叶柄。

【防治方法】营林防治。加强林地管理，提高林木抗虫能力。人工摘除带卵叶片和幼虫聚集的叶片。

物理防治。在成虫羽化盛期用诱虫灯诱杀成虫。

生物防治。保护天敌。卵期天敌有舟蛾赤眼蜂、黑卵蜂，幼虫期有益鸟、茧蜂、寄生蝇、病毒等。使用灭幼脲液剂或粉剂防治低龄幼虫，使用苏云金杆菌液剂或粉剂防治中高龄幼虫。

化学防治。幼虫为害期，可喷施 2.5% 溴氰菊酯乳油 1500 ～ 3000 倍稀释液等药物进行防治。

肖剑心银斑舟蛾 *Tarsolepis japonica* Wileman et South

【寄主】槭属植物。

【分布】中国分布于河北、辽宁、吉林、黑龙江、江苏、浙江、安徽、福建、江西、湖北、广东、广西、海南、贵州、云南、陕西。广西分布于金秀、博白林场（三育）。

【形态特征】雄成虫体长 36 mm，翅展 62 ～ 72 mm，头部暗红褐色。雄成虫触角双栉形，分枝达 2/3，端部线状。前、后翅暗灰红褐色，前翅前缘和基部黄褐色，外缘淡灰色宽带，内衬银白边。第一、第二脉和第三、第四脉间各有大银斑，前者三角形，后者尖心形。后翅内缘和基部灰黄色，横脉纹为一模糊暗点，端线黑褐色，缘毛红褐色，末端黄褐色。

肖剑心银斑舟蛾成虫（李懋辅 摄）

末龄幼虫体长 60 mm，头、体黄绿色。触角第一节黄绿色，余为褐色。前胸背片有 1 个倒梯形的黄绿色斑块；胸足胫节基半部外侧黄绿色而后半部黑褐色。背线由 3 条黑色纵线组成较宽的带状，亚背线黑褐色。气门线黑褐色，气门上线由黄色和蓝色的两条纵纹组成。体背面其余部位为黄绿色；腹部

第八节后缘呈褶皱状突起。臀足较长向后伸。

蛹体长约 27 mm，全体黑褐色。头部前端有 1 个尖锐三角锥状小突。中缝线强烈隆起；中胸背面后缘和第九腹节背面后缘各具 1 列小刺突，腹末有臀刺 6 枚。

【生活习性】末龄幼虫入土做室化蛹。预蛹期 4 ～ 5 天，蛹期约 20 天。

【为害特点】幼虫取食新梢嫩叶，由于幼虫食量大，常把幼叶的叶肉和叶脉一并取食。

【防治方法】营林防治。由于该虫在表土层中化蛹，结合中耕除草，破坏其化蛹场所，减少虫口基数。

物理防治。在成虫羽化盛期用诱虫灯诱杀成虫，有利于降低下一代的虫口密度；该虫的幼虫个体较大，易被发现，可结合日常工作进行人工捕杀。

化学防治。4 ～ 6 月为幼虫发生为害盛期，可选用 2.5% 溴氰菊酯乳油 1500 ～ 3000 倍稀释液喷雾防治。

核桃美舟蛾 *Uropyia meticulodina* (Oberthür)

【寄主】核桃、枫杨、胡桃。

【分布】中国分布于北京、河北、辽宁、吉林、黑龙江、江苏、浙江、福建、江西、山东、河南、湖北、湖南、广西、四川、贵州、云南、陕西、甘肃、台湾。广西分布于龙胜、凤山（三门海）、河池（金城江保平）、天峨（岜暮、更新）。

【形态特征】成虫体长 18 ～ 23 mm，翅展 44 ～ 63 mm；头部赭色，颈板和腹部黄褐色，胸背暗棕色。前翅暗棕色，前、后缘各有 1 个黄褐色大斑，前者几乎占满中室以上的整个前缘区，呈大刀形，后者半椭圆形，每斑内各有 4 条衬明亮边的暗褐色横线，横脉纹暗褐色。后翅淡黄色，后缘较暗，脉端缘毛较暗。

末龄幼虫体长 25 ～ 35 mm。头红褐色，卵圆形，心形缺刻较深，头顶两侧向上突起呈峰状；单眼区域黑色；胸部浅紫褐色，第三胸节和腹部底色嫩绿色，腹部背面的紫褐色花纹沿腹背第一节向后延伸到第三腹节时扩大至气门两侧，呈钝锚形，随后变窄，到第七至第八腹节时再度扩大，呈菱形，整个紫色花纹衬黄白色边；第十一节背面突起呈瘤状，具可翻缩尾枝 1 对；瘤突端部黑色，紧贴两侧有 3 个白斑，上面一个较大；背线黑色；尾枝褐绿色，受惊扰时可自尾枝管内伸出紫红色丝状物。胸足棕黄色，基部黑色；腹足绿色，近端部有棕色横带；腹面第六至第八节紫褐色，中央具亮线；气门棕色，围气门片黄色。

【生活习性】1 年发生 2 ～ 3 代，入秋后末龄幼虫吐丝缀叶结茧化蛹越冬。在广西 1 年发生 3 代，成虫期为 3 ～ 4 月、6 ～ 7 月、9 ～ 10 月，卵散产。幼虫期为 4 ～ 6 月、7 ～ 8 月、9 ～ 10 月，幼虫散居，静止时龙舟形。春、秋两季为幼虫主要为害期。

【为害特点】幼虫取食叶片，大发生时可将整树甚至局部林分叶片吃光，严重影响生长和产量。

【防治方法】参考刺槐掌舟蛾。另外，加强林地管理，结合松土、除草、修枝等抚育措施，杀灭部分越冬虫蛹，晴天傍晚或清晨在虫源地人工捕捉幼虫。

核桃美舟蛾成虫（方加兴　摄）

102. 裳蛾科 Erebidae

裳蛾科是鳞翅目中最大的科，包括棘翅夜蛾亚科 Scoliopteryginae、绢夜蛾亚科 Rivulinae、Anobinae、髯须夜蛾亚科 Hypeninae、毒蛾亚科 Lymantriinae、眉裳蛾亚科 Pangraptinae、毛足裳蛾亚科 Herminiinae、拟灯蛾亚科 Aganainae、灯蛾亚科 Arctiinae、壶裳蛾亚科 Calpinae、鹰裳蛾亚科 Hypocalinae、Eulepidotinae、图夜蛾亚科 Toxocampinae、Tinoliinae、Scolecocampinae、盲裳蛾亚科 Hypenodinae、彩裳蛾亚科 Boletobiinae、裳蛾亚科 Erebinae 共 18 亚科，中国已记录 40 多属 260 多种。体中至大型，多数种类体粗壮多毛，绝大多数在黄昏和夜间活动，少数种类在白天活动。为农林植物重要的食叶害虫之一。

（杨忠武　林珠凤　杨振德）

大丽灯蛾 *Aglaomorpha histrio* (Walker)

【寄主】杉、牡荆、鹅掌柴。

【分布】中国分布于吉林、江苏、浙江、安徽、福建、江西、湖北、湖南、广东、广西、四川、贵州、云南、台湾。广西分布于龙胜、兴安、融水、岑溪（大业）、容县（石寨）、罗城（纳翁）。

大丽灯蛾成虫（郑霞林　摄）

【形态特征】成虫翅展 66 ～ 100 mm，头、胸、腹橙色；头顶中央有 1 个小黑斑，额、下唇须及触角黑色；颈板橙色，中间有 1 个闪光大黑斑；胸部具黑色有光泽的纵斑；腹部背面具黑色有光泽的横带，第一节的横带呈三角形，末两节的呈方形，其余各节呈条带形，腹侧及腹面各具 1 列黑斑；前翅黑色具光泽，前缘区从基部至外线处有 4 个长椭圆形黄白斑，2A 脉上方有 6 个大小不等的黄白斑，中室末有 1 个橙色斑点，中室外至 Cu_2 脉末端上方有 3 个斜置的黄白色大斑；后翅橙色，中室中部下方至后缘有 1 条黑带，横脉纹为大黑斑，其下方 Cu_2 脉及 2A 脉各具 1 个黑斑，外缘翅顶至 2 脉处黑色，其内缘齿状，在亚中褶外缘处有 1 个黑斑。

【生活习性】成虫具趋光性。

【为害特点】幼虫取食寄主植物叶片使叶片呈缺刻状，影响植物生长发育。

【防治方法】未见大面积发生和为害，可通过保护和利用自然天敌控制其种群。

红缘灯蛾 *Aloa lactinea* (Cramer)

【寄主】台湾相思、木槿、连翘、乌桕、悬铃木、青冈栎、柳、槐树等。

【分布】中国广泛分布。广西分布于恭城、灌阳、钟山（公安）、东兴（江平）、隆林（隆或、沙梨）、钦廉林场（天堂）。

【形态特征】雌成虫体长 24 ～ 31 mm，翅展 46 ～ 64 mm；雄成虫体长 20 ～ 27 mm，翅展 46 ～ 56 mm；翅白色；触角线状黑色；前翅前缘及颈板端部红色，前翅中室上角常具 1 个黑点，后翅具 2 个或 0 个（雄）、1 个或 3 个黑点（雌）；腹部背面黄色，腹部第一节白色，自第二节起基缘黑色带状，腹部腹面白色；前足腿节外侧红色，内侧白色；胫节外侧白色，内侧褐色，跗节白色但基部黑色。

卵扁圆形，淡黄色，聚产，无绒毛覆盖，卵粒表面有圆形微凹纹。

低龄幼虫体黄色，毛瘤红色，体毛稀疏；高龄幼虫体棕褐色或黄褐色，刚毛长而密，每体节具 12 个毛瘤，每个毛瘤均着生黑色丛毛；胸足黑色，腹足红色；体侧具 1 列红点，背线、亚背线、气门下线由 1 列黑点组成；气门红色。

蛹黑棕色，胸腹部交界处略缩成颈状，腹末具长短不一的 8 ～ 10 个臀棘；腹部腹面第五、第六节各有 2 个明显突起，中央凹陷。

茧椭圆形，灰黄色，其外布满黑色的幼虫刚毛。

【生活习性】在江苏海门 1 年发生 2 代，以蛹越冬。翌年 5 ～ 6 月开始羽化，夜间活动，趋光性强，无补充营养习性，22 ～ 23 时为交配高峰期，雌成虫常将卵聚产于叶背，每块有卵 40 ～ 50 粒，每雌产卵量 640 ～ 1100 粒，成虫寿命 6 ～ 7 天；卵期 4 ～ 6 天，幼虫孵化后即可为害，低龄幼虫群集为害，3 龄后分散为害；幼虫受振动会吐丝下垂扩散；末龄幼虫在表土层或落叶内结茧化蛹。

【为害特点】低龄幼虫取食叶片下表皮，仅留上表皮和叶脉，受害处呈“天窗”状，高龄幼虫分散为害，常将叶片咬成缺刻，严重时植株叶片被吃光。

【防治方法】参考一点拟灯蛾。此外，还可使用诱虫灯诱杀成虫。

A. 成虫（闫家河　摄）

B. 幼虫（杜桂娟　摄）

红缘灯蛾

广鹿蛾 *Amata emma* (Butler)

【寄主】乌蔹莓。

【分布】中国分布于北京、河北、山西、江苏、浙江、福建、江西、山东、湖北、湖南、广东、广西、海南、四川、贵州、云南、陕西、台湾。广西分布于玉林、蒙山、金秀、桂平（马皮）、靖西（安德、壬庄、五岭林场）、都安（拉烈）、龙州、宁明（峙浪）、上思（南屏）。

广鹿蛾成虫（王帅　摄）

【形态特征】成虫体长 9 ～ 12 mm，翅展 24 ～ 36 mm。触角线状，黑色，顶端白色。头、胸、腹部黑褐色，颈板黄色，腹部背面、侧面各节具黄带，腹面黑褐色。翅黑褐色，前翅 M_1 斑近方形或稍长，M_2 斑为梯形，M_3 斑圆形或菱形，M_4、M_5、M_6 斑狭长形；后翅后缘基部黄色，前缘区下方具 1 个较大的透明斑，在 Cu_2 脉处成齿状凹陷，翅顶的黑边较宽。

【生活习性】昼出性，常在花丛中飞翔吮吸汁液，成虫后翅小，飞翔能力弱，停息时翅张开，成虫具较强的趋光性。8 月上中旬为成虫发生高峰期。

【为害特点】幼虫取食寄主植物的叶片。

【防治方法】未见大面积发生和为害，可通过保护和利用自然天敌控制其种群。

窗鹿蛾 *Amata fenestrata* (Drury)

【寄主】不详。

【分布】中国分布于广东、广西、海南、云南。广西分布于永福（永安）、博白林场（射广）。

窗鹿蛾成虫（郑霞林　摄）

【形态特征】成虫翅展 28 ～ 36 mm。触角丝状，黑色或暗褐色，顶端白色，头橙黄色，两触角间黑色，颈板黑色，翅基片黄色、末端有黑毛，胸部黑色，中胸与后胸具黄斑，胸足跗节第 1 节白色；腹部黑色，各节具橙黄色带；前翅黑褐色，翅脉橙黄色，翅斑或多或少镶有明显的黄边，M_1 斑近方形，M_2 斑同中室等宽且为中室的一半长，M_3 斑斜置，与 M_2 斑相接且与 M_1 斑间为一黑条相间，M_4 斑长形且其上有一小斑点，M_5 与 M_6 长卵形且与 M_2 靠近；后翅斑大，黑边在 2 脉处凹陷成齿状，后缘深黄色。

【生活习性】不详。

【为害特点】不详。

【防治方法】未见大面积发生和为害，可保护和利用自然天敌控制其种群。

黑鹿蛾*Amata ganssuensis* (Grum-Grshimailo)

【寄主】菊科植物。

【分布】中国分布于北京、河北、河南、广西、陕西、甘肃、青海。广西分布于南宁（武鸣、隆安）、百色（靖西、凌云）、河池（都安）。

【形态特征】雌成虫翅展 30 ~ 34 mm。体黑色，带有蓝绿色或紫色光泽。触角丝状，基部黑色，端部白色。中胸和后胸两侧各具 1 对黄斑。腹部第一节背面及第五节背腹面橙黄色。翅黑色，前翅具 6 个大小和形状不一的透明白斑，基部 1 个，中域 2 个，亚外缘处 3 个，中室顶角具 1 个白色斑。后翅具 3 个透明白斑，基部 1 个较大，中域具一大一小 2 个白斑。雄成虫翅展 24 ~ 30 mm，斑块同雌成虫，但部分个体斑块颜色为黄色。

【生活习性】在南宁 1 年发生 4 代，大部分以幼虫、少部分以蛹越冬，翌年 2 月下旬越冬幼虫开始取食活动，3 月上旬是为害盛期。第一至第四代的为害盛期分别为 5 月中旬、7 月中旬、8 月下旬、10 月中旬。成虫多在午间羽化，羽化后 1 ~ 3 天开始交配，交配时长 15 ~ 18 小时；产卵前期 3 ~ 5 天，产卵期 2 ~ 3 天，每雌产卵量 37 ~ 90 粒，卵多产于土块上或寄主植物叶片上；成虫寿命 6 ~ 7 天。

【为害特点】初孵幼虫群集在寄主叶片取食嫩叶，3 龄后开始分散取食。

【防治方法】未见大面积发生和为害，可通过保护和利用自然天敌控制其种群。

A. 背面观

B. 侧面观

黑鹿蛾成虫（郑霞林　摄）

蕾鹿蛾 *Amata germana* (Felder)

蕾鹿蛾成虫（吴志新　摄）

【寄主】桉、茶、黑荆。

【分布】中国分布于浙江、福建、江西、广西、贵州、云南。广西分布于南宁（武鸣罗波、灵马和锣圩）、梧州（龙圩广平）、合浦（曲樟、闸口、廉州）、北海（铁山港兴港和营盘）、钦州港、上思（华兰）、防城港（防城大录和那良）、贵港（港北根竹、覃塘山北和东龙）、博白（英桥、松旺）、兴业（沙塘、大平山）、大化（百马）、河池（宜州刘三姐）、象州（大乐、水晶）、天等（都康）、钦廉林场（文利）、博白林场（射广）。

【形态特征】成虫翅展 24 ～ 40 mm。头部黑色，额橙黄色，上有 2 个橙黄色毛块；中胸、后胸各有 1 个橙黄色斑，腹部各节具有黄色或橙黄色带。触角丝状、黑色，顶端白色。前翅黑色，长三角形，上有 5 个透明斑，其中近外缘中部的 1 个被翅脉分为 2 个。后翅小，后缘基部黄色，中部具 1 个透明大斑。

【生活习性】在福建南平 1 年发生 3 代，以幼虫越冬，翌年 3 月上旬越冬幼虫开始取食活动，4 月下旬开始化蛹，5 月中旬成虫羽化。各代幼虫为害盛期，越冬代 3 月下旬至 4 月下旬，第一代 6 月下旬至 7 月中旬，第二代 9 月上中旬。第一代卵期 6 ～ 9 天，幼虫期 44 ～ 56 天，蛹期 8 ～ 13 天，成虫寿命 6 ～ 18 天。

成虫多在下午羽化，羽化后 2 ～ 3 小时后开始飞翔活动，吸吮花蜜，成虫白天活动，无趋光性，夜间静伏不动。常在白天停息于叶间交配，交配可长达十多小时。雌蛾交配后 1 ～ 2 天产卵，产卵多在 16 ～ 17 时，卵多产在寄主植物叶背或嫩梢上，排列整齐，一般分 2 ～ 3 次产完，每块有卵 27 ～ 55 粒。末龄幼虫预蛹前停止取食，爬向枝梢端部，吐丝将 2 ～ 3 叶缀连，倒挂化蛹于其中。预蛹期 2 ～ 3 天。

【为害特点】初孵幼虫经 5 ～ 6 小时后才开始取食叶片，1 龄幼虫多群集在叶上，取食叶肉组织，2 龄幼虫开始分散取食，食叶呈缺刻状，3 ～ 4 龄幼虫可取食整个叶片，5 龄后幼虫食量较大，6 ～ 7 龄的食叶量占幼虫期食量的 60% 以上。常转枝或转株为害。

【防治方法】未见大面积发生和为害，可通过自然天敌控制其种群。

狭翅鹿蛾 *Amata germana hirayamae* (Matsumura)

【寄主】不详。

【分布】中国分布于广东、广西、台湾。广西分布于南宁（武鸣灵马）、兴安（华江）、苍梧（岭脚）、岑溪（大业、大隆）、蒙山（黄村）、桂平（社步）、贵港（覃塘林场）、博白（浪平、双旺）、兴业（洛阳）、大新（龙门）、龙州（上降）、凭祥（上石）、巴马（凤凰）、都安（地苏）、河池（金城江侧岭）、罗城（龙岸、黄金、纳翁）、武宣、三门江林场（马步）、维都林场（雅江）、黄冕林场（沙塘、波寨）、博白林场（马子、林果）。

【形态特征】成虫翅展 28 ~ 40 mm；触角黑色，端部白色；前胸背板黑色，中央有 1 个梯形的黄斑；腹部具 7 条醒目的黄色环纹，腹端黄色；前翅狭长，端部尖狭，翅面有 3 列透空的翅窗，近基部 1 个，中间 2 个，翅端 3 个；翅基有 1 个不明显的黄色小斑点。

幼虫体黑褐色，体表布满黄褐色的毛丛，毛丛排列于中央 2 纵列及侧边，头部红色。

【生活习性】主要分布于平地至低海拔山区，成虫昼行性，发生期常见多个体群集，喜欢访花。雌雄常倒挂交配。

【为害特点】成虫取食花蜜，幼虫为害新梢及嫩叶，将叶片吃成孔洞或缺刻。

【防治方法】未见大面积发生和为害，可通过保护和利用自然天敌控制其种群。

A. 成虫（郑霞林　摄）

B. 幼虫（赵丽云　摄）

狭翅鹿蛾

黄体鹿蛾 *Amata grotei* (Moore)

【寄主】不详。

【分布】中国分布于福建、江西、广东、广西、云南、香港、澳门。广西分布于蒙山（西河）、兴业（城隍）。

【形态特征】成虫翅展 30 ~ 34 mm；触角黑色，尖端白色，头、胸部黑色，额黄色，颈板、翅基片橙黄色无黑毛，胸部中间具 2 个黄色纵斑，后端具黄色横斑；腹部黑色，各节具有黄带；前翅黑色，翅斑透明，前缘下方橙黄色，中室端达翅外缘为 1 条放射黑纹；后翅后缘基部黄色，翅斑大。

黄体鹿蛾成虫（吴志新　摄）

【生活习性】不详。

【为害特点】不详。

【防治方法】未见大面积发生和为害，可通过保护和利用自然天敌控制其种群。

牧鹿蛾 *Amata pascus* (Leech)

【捕食对象】捕食毛竹拟白须盾蚧等。

【分布】中国分布于江苏、浙江、福建、河南、湖北、湖南、广西、四川、贵州、云南、西藏、陕西、甘肃。广西分布于蒙山（长坪）、藤县（平福）、北流（大坡外）、靖西。

牧鹿蛾成虫（李方方　摄）

【形态特征】成虫体长 15 ~ 19 mm，翅展 40 ~ 54 mm。触角黑褐色、丝状，端部白色。头顶、下唇须黑色，额黄白色。胸黑色，中后胸有黄斑，后足胫节白色，跗节黑色。腹部具黄黑相间的带，雄成虫黄带 7 节，雌成虫黄带 6 节，其中第一节均为黄色梯形斑，腹部末端呈黑色。翅黑色，有透明斑。前翅 M_1 斑近方形，比 M_4 斑短而宽；M_2 斑为长梯形，与中室同宽；M_3 斑近菱形或不规则形；M_4 斑与 M_5 斑同长或稍长，有时 M_4 斑上方附一小斑；M_5 斑较 M_6 斑狭长；翅顶稍圆，中室为翅长一半多。后翅显著小于前翅。

初孵幼虫长约 2 mm，灰白色，被灰白色小毛刺，头淡红色。随着龄期的增长，变为棕红色。头部朱红色，胸足棕黑色，腹足及臀足淡红色，趾钩半环形。胸部 1 ~ 3 节每节具 6 个毛瘤，腹部第一至第八节每节横排 8 个毛瘤，第九节横排 4 个毛瘤，第十节具 2 个毛瘤。各毛瘤棕褐色，其上着生 1 ~ 3 个灰白色毛簇。背中线棕褐色。

卵圆形，直径约 0.8 mm，成块状排列。初产卵乳白色，近孵化时灰色。卵表面具光泽。

蛹长 18 ~ 25 mm，宽 4 ~ 5 mm，初化蛹时乳白色，腹部每节显示出 6 个黑点，胸部 3 个。近羽化时变为黑色，腹部变成黑黄相间的带，头胸部变成黑黄相间。

【生活习性】1 年发生 1 代，以幼虫于 12 月上旬在枯枝落叶中越冬。翌年 3 月下旬开始取食。末龄幼虫于 5 ~ 6 月化蛹，6 月中旬为羽化盛期，成虫多在 6 ~ 8 时羽化。羽化后翌日开始吸取花蜜，2 ~ 3 天后交配，6 ~ 9 天开始产卵，卵多产于有蚧壳虫的毛竹竹兜或附近的树皮缝中，成块状排列。每成虫可产卵 7 ~ 11 块，每块有 10 ~ 50 粒卵，卵期 6 ~ 7 天。孵化的幼虫取食蚧壳虫，幼虫 15 ~ 16 龄，能捕食毛竹拟白须盾蚧等 5 种盾蚧科的蚧虫，是毛竹拟白须盾蚧的重要天敌。

【资源利用】该虫幼虫是多种竹蚧壳虫的天敌，应加强保护和利用。

南鹿蛾 *Amata sperbius* (Fab.)

【寄主】禾本科植物。

【分布】中国分布于广东、广西、海南、云南。广西分布于宾阳（甘棠、新桥、大桥）、横州（云表、马岭、校椅）、荔浦（修仁、荔城、茶城）、阳朔（福利、杨堤、金宝）、梧州（长洲、龙圩、万秀城东和夏郢）、苍梧（狮寨）、岑溪（归义）、藤县（岭景）、北海（铁山港兴港）、合浦（沙田、山口林场、

南鹿蛾成虫（梅国友 摄）

山口）、上思（叫安、在妙、平福）、防城港（防城江山）、浦北、贵港（港北大圩）、桂平（江口、金田、社步、下湾、厚禄、石龙）、平南（武林、上渡）、北流、博白、陆川（大桥、沙湖）、容县（石寨）、兴业（龙安、城隍）、平果（马头、果化、太平、坡造、四塘、旧城、榜圩、同老）、巴马（东山）、凤山（江洲、平乐、金牙）、环江（洛阳）、罗城（东门、四把）、合山（河里）、金秀、武宣、象州（象州、大乐）、忻城（大塘）、兴宾（蒙村）、扶绥（新宁）、龙州、宁明（峙浪）、凭祥、天等（驮堪、上映）、七坡林场（七坡）、派阳山林场（鸿鸪）、钦廉林场（那丽、文利、伯劳）、三门江林场（马步）、维都林场（维都）、博白林场（东方、林果）。

【形态特征】成虫体长 10 ～ 13 mm，翅展 24 ～ 30 mm。体黑色，额白色或黄色；触角丝状，顶端白色，余为暗黑色；后胸具黄斑，腹部第一与第五节有金黄色带。翅透明，前翅 M_1 斑方形，M_2 斑梯形，M_3 斑为 1 个斜斑，M_4 斑为 1 个长方形斑，M_5 斑比 M_6 斑稍长；M_4 斑上方常有 1 个透明小斑或透明点；近翅顶处缘毛白色；后翅中室下方有 1 个黄白相间的大透明斑，该斑的上方尚有 1 个小斑，后缘金黄色。雌蛾肛毛簇黄色。

【生活习性】1 年发生 2 代，成虫 5 ～ 6 月及 8 ～ 9 月常见。越冬代幼虫在春季为害寄主植物的春梢嫩叶，第 1 代幼虫 6 ～ 7 月为害。成虫昼出性，常在花丛中飞翔并取食花蜜。休息时翅膀张开。蛾体钝重，加上后翅很小，飞翔力较弱，常可用手捕捉。成虫白天多停息于寄主叶面上交配，产卵于老叶背，卵块呈不正形，每块有卵数十粒，每雌产卵数十粒至上百粒不等，卵期为 4 ～ 9 天。幼虫孵化后分散为害成叶和老叶。老熟幼虫常吐丝缀叶或在落叶中化蛹，蛹期为 10 ～ 12 天。

【为害特点】以幼虫为害叶片及嫩梢，初龄幼虫取食嫩叶叶肉，使受害叶呈透明状；高龄幼虫嚼食叶片使受害叶出现孔洞或缺刻。为害严重时影响林木生长。

【防治方法】未见大面积发生和为害，可通过保护和利用自然天敌控制其种群。

闪光玫灯蛾 *Amerila astrea* (Drury)

【寄主】薯蓣属、牛奶菜属、菝葜属、清明花属、龙船花属植物等

【分布】中国分布于湖南、广东、广西、海南、四川、贵州、云南、台湾。广西分布于河池（金城江）、天峨、大化、崇左（江州）、防城港（防城大录和扶隆）、上思（十万大山、南屏）、大新（下雷）、龙州、雅长林场（雅长）。

【形态特征】成虫翅展 45 ～ 55 mm。头、胸灰白色至褐灰色，下唇须上方红色、具黑点，下方灰白色，额上部、触角基节及头顶具黑点，触角基节腹面黑色；颈板，翅基片，肩角及前、中、后胸具有成对的黑点，前胸前方红色往往被颈板覆盖，不易发现；颈板反面红色；足红色与灰白色，前足和中足基节侧面有黑点；腹部背面玫瑰红色，腹面灰白色，侧面有 1 列黑点；前翅褐白色，翅面中部鳞片少，几呈膜

质状，半透明白色，翅基有 2 个黑点，翅顶及翅周暗褐色，横脉纹为暗褐色斑，翅脉暗褐色；后翅褐白色，翅周及翅脉暗褐色，中区半透明。

【生活习性】不详。

【为害特点】植食性，以幼虫取食寄主植物叶片，形成缺刻。

【防治方法】未见大面积发生和为害，可通过保护自然天敌调控其种群。

闪光玫灯蛾成虫（郑霞林　摄）

乳白斑灯蛾 *Areas galactina* (van der Hoeven)

【寄主】车轴草属、悬钩子属、栎属、柳属植物等。

【分布】中国分布于湖北、湖南、广东、广西、四川、云南、台湾。广西分布于全州、靖西（果乐、龙临）、昭平（文竹、仙回）、河池（金城江）、凤山（凤城）、环江（大才）。

乳白斑灯蛾成虫（方启专　摄）

【形态特征】雄成虫翅展 32 ～ 35 mm，雌成虫翅展 40 ～ 42 mm，翅表面乳白色，触角雄虫双栉齿状，雌虫栉齿状；腹部背面为砖红色，各节中央有黑斑；前胸背板有 1 条黑色宽纵纹，左右共有 2 个黑点，合翅时此条纵纹延伸至臀角，前翅有数条纵向及斜向条纹，其中以前缘中央到臀角的斜纹和近后缘的纵纹最宽；翅面以黑白线条构成错综斑纹，色调鲜明华丽。后翅黄色，近臀角有一大一小的黑斑。

幼虫体背黑色，全身布满红色毛丛，头、胸及各足红色。

【生活习性】成虫多见于 3 ～ 5 月，具趋光性。

【为害特点】植食性，以幼虫取食寄主植物叶片呈缺刻状。

【防治方法】未见大面积发生和为害，可通过保护和利用自然天敌控制其种群。

乌桕黄毒蛾 *Arna bipunctapex* (Hampson)

【寄主】乌桕、桉、茶、沙梨、油桐、樟、刺槐、女贞、重阳木、枇杷、枫香、木荷、羊蹄甲、格木、白背野桐、杨梅等。

【分布】中国分布于江苏、浙江、福建、江西、河南、湖北、湖南、广东、广西、四川、西藏、台湾。广西分布于宾阳、横州、龙胜、兴安、荔浦、阳朔、灵川、全州、上思、防城港（防城）、钦州（钦北）、桂平、玉林（大容山林场）、容县、平果、田东、隆林、百色（老山林场）、天峨、巴马、环江、南丹、象州、崇左（江州）、宁明、凭祥、南宁树木园、钦廉林场、维都林场、黄冕林场、六万林场、博白林场。

【形态特征】成虫翅展 23 ～ 42 mm，体长 9 ～ 15 mm；体呈红棕色，密被橙色绒毛；头黄色，胸、腹部黄棕色；前翅底色为黄色，顶角、臀角区鲜黄色；余为大片红棕色区域，密布红棕色和黑褐色鳞片，此区外缘中部外突呈尖角；顶角黄色区有 2 个黑棕色圆斑；后翅黄色，基半部红棕色。

卵扁圆形，长径 0.9 mm；卵块半球形，外覆棕黄色绒毛。

末龄幼虫体长 24 ～ 30 mm。头黑褐色，胸、腹部黄褐色，被灰白色长毛。胸部稍细，第一至第三腹节粗大。胸、腹部各节背面、两侧有黑色毛瘤，中、后胸背面每节 2 个，腹部每节 4 个，第一、第二和第八节背面的 1 对特别明显，左右相连，其上杂生棕黄色和白色长毛。后胸节毛瘤和翻缩腺橘红色。背中线黄褐色，腹亚背线为黑褐色宽带，气门上线白色，气门线深褐色。体色、毛瘤颜色随虫龄和代别而有变化。

蛹黄褐色至棕褐色，长 10 ～ 15 mm，密被短绒毛，臀棘有钩刺 1 丛。

茧长 15 ～ 20 mm，黄褐色，较薄，附有幼虫白色毒毛。

【生活习性】在湖北和浙江 1 年发生 2 代，华南南部 1 年发生 4 ～ 5 代。1 年发生 2 代地区以低龄幼虫群集于寄主树干基部粗皮或树杈下方结网越冬，翌年 3 月下旬开始活动取食；成虫羽化期在 5 月下旬至 6 月上旬及 8 月下旬至 9 月下旬。趋光性强。卵多数产于叶背，呈块状，被浓密绒毛。每雌产卵量 200 ～ 300 粒。幼虫共 10 龄，初孵幼虫群集卵块周围，取食卵壳，幼虫自孵化至老熟均具群集性，常数十至百头群集取食，甚至数千头群集成团。群集数量随虫龄增加而减少。末龄幼虫常群集在树干基部树皮下、土缝或杂草丛中吐丝缀叶结薄茧化蛹。

【为害特点】幼虫常群集叶背或缀叶隐藏其内为害，吐丝结薄网，头向内方，排成近圆形；取食时排列呈“一”字形。

【防治方法】参考雀丽毒蛾。

A. 成虫

B. 卵

D. 蛹

C. 幼虫

乌桕黄毒蛾（杨忠武　摄）

茶黄毒蛾*Arna pseudoconspersa* (Strand)

【寄主】油茶、茶、乌桕、油桐、桂花、珊瑚树。

【分布】中国广泛分布。广西各地均有分布。

【形态特征】雌成虫体长 10 ～ 13 mm，翅展 28 ～ 35 mm，体黄褐色，触角双栉齿状，前翅橙黄色或黄褐色，在翅的 1/3 及 2/3 处有 2 条黄白色横带，除前缘、顶角和臀角外，翅面满布黑褐色鳞片，顶角处有 2 个圆形小黑斑，后翅橙黄色或淡黄褐色，外缘和缘毛黄色，腹部末端有成簇黄毛。雄虫体长 7 ～ 10 mm，翅展 20 ～ 28 mm，体、翅色泽随世代不同而异，第一代黑褐色，第二、第三代多为黄褐色或橙黄色，少数为黑褐色，前翅中部亦有 2 条横带，顶角焦黄色，也有 2 个圆形小黑斑；后翅色泽同前翅，腹末无毛丛。

卵扁圆球形，直径 0.6 ～ 0.8 mm，浅黄色；卵块椭圆形，中央卵粒为 2 ～ 3 层重叠排列，边缘为单层排列，表面被黄色绒毛，每块有卵百余粒。

高龄幼虫体长 18 ～ 20 mm，长圆筒形，头黄棕色至红褐色，胸腹部浅黄色，亚背线为棕褐色宽带，气门上线褐色，上有白线 1 条，伸达第八腹节；自前胸至第九腹节，每节具黑褐色毛瘤 8 个，以腹部第一、第二、第八节亚背线上的毛瘤最大，毛瘤上有黄白色细长毛。

蛹长 8 ～ 12 mm，纺锤形，黄褐色，密生黄色短毛，末端有钩状尾刺。

A. 成虫

B. 卵

C. 幼虫聚集为害

D. 蛹

E. 茧

茶黄毒蛾（杨忠武　赵丽云　摄）

茧长 12 ～ 14 mm，土黄色，薄丝质状，覆短毛。

【生活习性】桂北 1年发生 3 代，以卵越冬，翌年 3 月上旬孵化，各代幼虫出现期分别为第一代 3 月中旬至 5 月中旬，第二代 6 月上旬至 7 月下旬，第三代 8 月上旬至 10 月上旬。卵多产在树冠下部枝条或萌芽条的叶背，每个卵块有卵数十粒至二百余粒。成虫有趋光性，幼虫有群集性。第一、第二代幼虫老熟后一般在枯枝落叶或土隙中群集结茧化蛹，第三代则在土中化蛹。

【为害特点】1 ～ 3 龄常数十至百头左右群集在叶背取食茶树顶梢嫩叶的叶肉，致使被害叶片仅剩透明的薄膜状的上表皮。3 龄后分散为害芽、叶、花、幼果等，为害叶片时从叶缘开始取食，造成叶片严重缺刻，严重时造成秃枝。

【防治方法】营林防治。结合茶园的栽培管理，清除茶园的枯枝烂叶，破坏化蛹场所；及时修剪并销毁被剪下的枝条和叶片；结合施肥，将茶树根际的土壤进行翻土，破坏化蛹场所或者培土 5 ～ 6 cm，防止成虫羽化；施足底肥，且在茶树的生长期将有机肥和无机肥相结合使用，增强茶树抗虫能力，但要尽量控制 N 肥的使用，避免徒长，多施 P、K 肥，增强树势。

物理防治。茶黄毒蛾以卵越冬，可结合秋冬及早春茶园的管理措施，人工消灭产于叶背的卵块，重点检查向阳的茶园；利用幼虫的群集性将带虫叶片剪除，或利用幼虫的假死性，可用木棍等敲打植株，使幼虫吐丝下垂或坠地后杀灭；成虫有趋光性，在成虫始盛期，利用诱虫灯诱杀成虫，可减少下代的虫口基数。

生物防治。茶黄毒蛾的自然天敌较多，可分为寄生性天敌和捕食性天敌两类，以寄生性天敌较多。寄生性天敌可寄生卵和幼虫，寄生卵的有赤眼蜂和茶毛虫黑卵蜂 *Telemonus* sp.，后者为优势种，寄生率可达 15% ～ 20%，越冬代卵寄生率达 45% 以上；寄生幼虫的有茶毛虫绒茧蜂 *Apanteles conspersae*（优势种，寄生率达 20% 左右）、茶毛虫瘦姬蜂 *Henicospilus pseudoconspersae*、毒蛾瘦姬蜂 *Hymenobosimina* sp.、小孢瘦姬蜂 *Holocremnus* sp.、日本黄茧蜂 *Meteorus japonicus* 和寄蝇 *Tachinasp* sp. 等；捕食性天敌有步甲、蠼螋、蜘蛛和青蛙等，其中白斑猎蛛 *Evarcha albaria* 为优势种。因为茶园里的蜘蛛多栖息在茶丛上，蜘蛛的捕食量占捕食性天敌总捕食量的 70% 以上，最高可达 90%；可选用苏云金杆菌、白僵菌粉、茶毛虫 NPV、苦参素、阿维菌素、鱼藤酮等生物制剂。针对该虫在 3 龄前有聚集为害的特性，可用 16000 IU/mg 的苏云金杆菌制剂 10000 倍稀释液、2.5% 鱼藤酮乳油 300 ～ 500 倍稀释液或 0.36% 苦参碱乳油 1000 倍稀释液喷雾防治。

化学防治。大发生时，可在 3 龄幼虫前选用高效、低残留、残留期短的药剂进行应急防治，如 2.5% 功夫菊酯 3000 ～ 4000 倍稀释液、2.5% 天王星 3000 ～ 4000 倍稀释液等药剂喷雾，但要注意防治时期及药剂的轮流使用，避免其产生抗药性。

半带黄毒蛾 *Artaxa digramma* (Boisduval)

【寄主】油茶、山茶。

【分布】中国分布于江西、广东、广西。广西分布于南宁（青秀）、金秀。

【形态特征】雌成虫翅展 29 ～ 40 mm，雄成虫翅展 25 ～ 34 mm；体长约 12 mm。体橙黄色，密被橙黄色绒毛；触角干浅黄色，栉齿浅棕色。头、胸部呈鲜橙黄色，胸部密被橙黄色长绒毛，腹部橙黄色略带暗棕色；肛毛簇橙黄色。前翅呈鲜橙黄色，内线与外线黄白色，肘状弯曲，两线间为宽节，其上部宽于下部，上半部橙黄色，下半部散布浅黑色鳞片形成达翅后缘的浅黑褐色短带；近翅顶角有 2 个黑色圆斑，有的个体仅有 1 个圆斑。前翅缘毛橙黄色。后翅浅黄色。足密被浅黄色长绒毛。

【生活习性】在广西南宁第一代成虫于 5 月上旬发生。成虫有强趋光性，夜间活动。

【为害特点】幼虫取食寄主的嫩芽、嫩梢、叶片及嫩果皮等，低龄幼虫为害使受害叶呈现不规则透明斑，高龄幼虫为害使受害叶呈现缺刻或孔洞，影响寄主植物生长发育。

【防治方法】参考雀丽毒蛾。

A. 背面观

B. 侧面观

半带黄毒蛾成虫（引自吴耀军　奚福生，2010）

窄楔斑拟灯蛾 *Asota canaraica* (Moore)

【寄主】榕属植物。

【分布】中国分布于福建、广东、广西、海南、云南。广西分布于南宁（青秀）、钦州（钦北）、上思。

【形态特征】成虫翅展 55 ~ 60 mm。头、胸、腹黄色；触角栉齿状；前翅灰褐色，基部为黄色楔形斑，斑外缘为白色边，楔形斑四周具若干黑点；自黄斑端部至中室外具有白色楔形斑；后翅白色，中室端具 1 个黑褐色斑点，外线斑暗灰色。

【生活习性】成虫具趋光性，多在夜间活动。

【为害特点】以幼虫取食寄主植物叶片，造成缺刻，影响寄主生长发育。

【防治方法】未见大面积发生和为害，可通过保护和利用自然天敌控制其种群。

窄楔斑拟灯蛾（酱油　摄）

一点拟灯蛾*Asota caricae* (Fab.)

【寄主】榕属植物及油茶、铁力木、构等。

【分布】中国分布于福建、湖南、广东、广西、四川、云南、台湾。广西分布于南宁（兴宁四塘、江南、武鸣罗波）、横州（马山）、荔浦（龙怀）、玉林（大容山林场）、宜州（德胜）、扶绥（新宁）、龙州、宁明、博白林场（三滩）、雅长林场（雅长）。

【形态特征】雌成虫体长 18 ～ 27 mm，翅展 56 ～ 72 mm；雄成虫体长 16 ～ 17 mm，翅展 46 ～ 60 mm。头、胸和腹部橙黄色，触角黑褐色；下唇须第一、第二节基部侧面各具 1 个黑点，雌蛾第三节黑色而雄蛾为褐色；翅基片与后胸具黑点，前翅灰褐色，基部橙黄色，上有 5 个黑点，中室下角有 1 个小白点，翅脉白色；后翅橙黄色，中室端具黑斑，外线有 2 个黑斑，亚端线有或无黑斑。腹部背面具 1 ～ 4 个黑斑，雄蛾多具 1 个黑斑，分布于第四腹节背面。雌虫腹末有灰褐色毛刷。

卵圆形稍扁，浅黄褐色，卵上半部表面分布多枚不规则红色斑点。

末龄幼虫体白色，腹面污黄绿色；头褐色，触角红色，端节黑色；前胸背面及臀节红褐色；背线较细、黑色，亚背线和气门上线构成较粗的黑色纵带，其始于前胸止于第九腹节，在第一、第八腹节背面相接；各体节毛瘤黑色，刚毛黄白色，稀疏，长短较一致。

蛹初期红褐色，蛹末端有 8 枚钩状刺。

【生活习性】在广州 1 年发生 2 代，以第二代蛹越冬。翌年 5 月中旬至 6 月上旬越冬蛹羽化。第一至第二代成虫产卵期分别为 5 月下旬和 6 月中旬至 7 月上旬，幼虫期分别为 5 月下旬至 6 月下旬和 7 月上旬至 8 月上旬，蛹期分别为 6 月中下旬和 7 月中旬至翌年 5 月上旬；成虫期分别为 6 月中旬至 7 月上旬和翌年 5 月中旬至 6 月上旬。卵期 2 ～ 3 天，第一代幼虫共 6 龄，历期 18 ～ 25 天，第二代幼虫共 7 龄，历期 16 ～ 27 天，第一代蛹历期 14 ～ 16 天，成虫寿命 2 ～ 4 天。成虫喜产卵于嫩叶叶背，呈堆叠状并被黄褐色鳞毛。4 龄后开始分散取食和为害，往往将整叶吃光，仅留主脉和侧脉。末龄幼虫在杂草及枯枝落叶和其他缝隙等荫蔽处结茧化蛹，偶有在叶上结茧化蛹。成虫有趋光性。

【为害特点】幼虫群居取食叶片表皮及叶肉，使其呈半透明后变为褐色斑块或成孔洞，4 龄分散为害，将整叶吃光仅留主脉和侧脉。成虫吸食果汁。

【防治方法】营林防治。结合其化蛹越冬的习性，及时清理受害植株下的杂草和枯枝落叶，破坏其越冬场所，杀灭越冬蛹。

物理防治。在幼虫孵化盛期和低龄幼虫群集为害期，人工及时清理。

生物防治。除充分保护和利用自然天敌外，还可选用苏云金杆菌可湿性粉剂（8000 IU/mg）150 ～ 200 倍稀释液或青虫菌高孢子粉剂（≥ 100 亿孢子 /g）300 ～ 500 倍稀释液喷雾防治。

化学防治。幼虫暴发期，可用 2.5% 氯氰菊酯 3000 ～ 5000 倍稀释液喷雾防治。

一点拟灯蛾成虫（陆温　摄）

榕拟灯蛾 *Asota ficus* (Fab.)

【寄主】榕属植物。

【分布】中国分布于福建、广东、广西、海南、四川、云南、台湾。广西分布于南宁（武鸣罗波、兴宁四塘）。

【形态特征】雌成虫翅展 54 ～ 64 mm，雄成虫翅展 48 ～ 60 mm。雄成虫头、胸、腹橙黄色，触角长；下唇须第三节极长，灰色，具黑斑；翅基片前端具有黑点，腹面灰白色；前翅灰褐色，前缘基部、中室及后缘基部橙黄色且具有黑色及白色斑纹，中室前端有 1 个白色圆斑，翅脉白色；后翅橙黄色，中室端具 1 个黑斑，亚端线具不规则黑纹。

榕拟灯蛾成虫（郑光楠　摄）

幼虫暗黑色，体壁上的疣突橙色，刚毛白色；第四至第十一腹节具黄色斑。

【生活习性】不详。

【为害特点】幼虫取食时先在寄主叶背取食叶脉，破坏寄主植物汁液运输，然后再取食叶肉，使叶片形成缺刻状，影响植物生长发育。

【防治方法】未见大面积发生和为害，可通过保护自然天敌调控其种群。

圆端拟灯蛾 *Asota heliconia* (L.)

【寄主】桉、樟及榕属植物。

【分布】中国分布于福建、广东、广西、海南、云南、台湾。广西分布于兴业（蒲塘）、玉林（大容山林场）、天峨（六排）。

【形态特征】体中型，成虫翅展 48 ～ 62 mm；头、胸淡黄褐色，前胸背板具 5 个黑斑，腹部黄色；

A. 成虫（陆温　摄）

B. 幼虫（郑霞林　摄）

圆端拟灯蛾

前翅褐色，中室下部有1条白色细纵带，近端部粗且圆，末端尖细，基部黑色，但不覆盖白色纵带，且白色纵带两侧具波浪形黄条纹；后翅白色，外缘为灰黑色。

幼虫头部橙黄色，光滑无斑；初龄幼虫体橙褐色，体背及体侧有1条黑色纵线，体侧具黑色斑点；中龄幼虫体背的黑色纵纹细窄；末龄幼虫体色较暗，腹部前、后端侧缘数节具醒目的白色斑纹。

【生活习性】成虫多生活在平原至高海拔地区的林缘处，夜间活动，具趋光性。

【为害特点】以幼虫取食寄主植物叶片，造成缺刻，影响寄主生长发育。

【防治方法】未见大面积发生和为害，可通过保护和利用自然天敌控制其种群。

长斑拟灯蛾 *Asota plana* (Butler)

【寄主】榕属植物。

【分布】中国分布于广西、海南、贵州、云南、西藏、台湾。广西分布于横州（莲塘）、凤山（凤城）。

【形态特征】成虫翅展60～70 mm，头、胸、腹赭黄色；翅基片、中胸及后胸具较大黑点；前翅黑褐色，基部具黄斑，其上分布有黑点，中部有白色长斑，斑近前缘端有2个黑褐色圆斑，中室上角外有1个方形小白斑；后翅白色，中室端具黑褐色斑，中室中部具1个黑褐色点，外线处有3个黑褐色斑，端带黑褐色达臀角上方；前翅反面中室中部前方有1个黑斑，中室端有1个黑斑。

长斑拟灯蛾幼虫（伍娟娟　摄）

幼虫头、中后胸、腹部黑色。前胸背板鲜红色，中后胸及腹部各节间有黄色横带。

【生活习性】幼虫于叶背聚集为害。成虫一般于夜晚活动，具趋光性。

【为害特点】以幼虫取食寄主植物叶片，造成缺刻，影响寄主生长发育。

【防治方法】未见大面积发生和为害，可通过保护和利用自然天敌控制其种群。

清新鹿蛾 *Caeneressa diaphana muirheadii* (Felder)

【寄主】鬼针草等。

【分布】中国分布于江苏、浙江、福建、江西、广东、广西、四川、贵州、香港。广西分布于灌阳、防城港（防城那梭）。

【形态特征】成虫翅展32～54 mm。触角雄蛾锯齿形，雌蛾丝状，黑色，末端白色，头黑色，额白色、乳白色、黄色或橙色，颈板乳白色至橙色，中间通常由黑纹分开，翅基片黄色，有黑缘毛，胸部黑色，中胸常具2个黄色纵条斑，后胸具黄色、白色或橙色横斑，下胸侧面具黄斑，腹部第一至第七节具有白色至橙黄色带，有的在中间断裂，腹末黑色或黄色；翅黑色，翅斑透明，前翅翅斑大小不一，变异较大，M_1 与 M_3 斑联合成 1 个斑，M_{1+3} 斑上方附 1 个斑，M_4 斑上方附 1 个斑，其下方通常也附 1 个斑，前翅基部通常黄色；后翅中室上方及后缘常具黄鳞。

【生活习性】不详。

【为害特点】幼虫为害叶片及嫩梢，初龄幼虫取食嫩叶叶肉，使受害叶呈透明状；高龄幼虫嚼食叶片，使受害叶出现孔洞或缺刻，为害严重时影响林木生长。

【防治方法】未见大面积发生和为害，可通过保护和利用自然天敌控制其种群。

清新鹿蛾成虫（郑霞林　摄）

松茸毒蛾 *Calliteara axutha* (Collenette)

【寄主】马尾松、湿地松、思茅松、油松、火炬松、云南松、雪松等。

【分布】中国分布于华南、华东、华中、东北。广西各地均有分布。

【形态特征】成虫体灰黑色；雌蛾体长 18 ～ 25 mm，翅展 50 ～ 59 mm；雄蛾体长 13 ～ 18 mm，翅展 35 ～ 40 mm；前翅灰褐色，各条横线清晰，灰褐色或黑褐色；雌蛾后翅为灰白色，雄蛾为灰褐色。

卵灰褐色，扁球形，中间凹陷，中央有 1 个黑点。

末龄幼虫体长 35 ～ 45 mm；头红褐色，体棕黄色；胸、腹部各节毛瘤密生棕黑色刚毛，前胸背板两侧及第八腹节背中央各有 1 黑色长毛束分别伸向头端或腹端。第一至第四腹节背毛簇刷状。翻缩腺位于第七节背面中央。

蛹长 14 ～ 28 mm，暗红褐色，体表散生黄毛。

茧长 20 ～ 35 mm，椭圆形，灰褐色，茧丝稀薄疏松，附毒毛。

【生活习性】广西南部 1 年发生 4 代，以蛹在松林树干基部枯枝落叶层、杂草、灌木丛中等处或以第五至第六龄幼虫在针叶丛中越冬。幼虫 6 ～ 7 龄。各代幼虫发生期分别为 4 ～ 5 月、7 ～ 8 月、9 ～ 10 月、11 ～ 12 月。成虫昼伏夜出，有趋光性，飞翔力强；每雌产卵量 250 ～ 500 粒，产卵在针叶上，块状，每块有 10 ～ 300 粒。幼虫孵化后，多群集在卵块上并取食部分卵壳，4 ～ 5 小时后，爬上针叶取食，但食量甚微。1 ～ 2 龄幼虫体毛刚长而密，能借风力飘散他处。3 龄后分散为害，取食全叶。该虫先在背风向阳、郁闭度较大、隐蔽湿润的山腰间松林形成虫源地，如不及时控制，常常在 8 ～ 9 月大面积暴发成灾。

【为害特点】低龄幼虫取食针叶边缘，形成缺刻，使受害针叶逐渐弯卷枯萎，高龄后多从针叶间咬断，留下针叶基部约 3 cm，尖端部分落地，使受害松林地面出现大量断叶。在广西通常与马尾松毛虫混合发生。

【防治方法】参考马尾松毛虫。

A. 成虫

B. 卵

C. 幼虫

D. 茧与蛹

松茸毒蛾（杨忠武　杨秀好　摄）

线茸毒蛾 *Calliteara grotei* (Moore)

【寄主】桉、重阳木、悬铃木、乌桕、板栗、油桐、油茶、樟、黑荆、月季、枫香。

【分布】中国广泛分布。广西分布于南宁（武鸣）、龙胜、苍梧、蒙山、贵港（港北、港南、覃塘）、容县、田东、巴马、东兰、金秀、大新、扶绥、宁明、宾阳、隆安、兴安、阳朔、梧州（万秀）、岑溪、藤县、东兴、桂平、平南、北流、博白、陆川、兴业、平果、大化、都安、环江、南丹、天峨、宜州、武宣、象州、忻城、兴宾、龙州、宁明、凭祥、天等、高峰林场、维都林场、派阳山林场、钦廉林场、黄冕林场、六万林场、雅长林场。

【形态特征】雌成虫翅展 70 ～ 80 mm，雄成虫翅展 40 ～ 49 mm。触角梗节白色，栉齿棕色；下唇须灰白色，外侧褐色；复眼周围有黑毛；头、胸部灰白色带浅棕色；腹部白棕色；体腹面和足棕白色，胫节、跗节有褐色斑；前翅棕白色，散布黑褐色鳞片；亚基线黑褐色，锯齿形；内线双线，黑褐色，内一线呈 S 形弯曲，外一线不规则波浪状；横脉纹新月形，浅棕色，边黑褐色；外线黑褐色，波浪形，Cu_1 脉后内拱；亚端线白色，波浪形，与外线平行，两线间黑褐色；端线为 1 条黑褐色细线；后翅浅棕褐色，横脉纹和外缘灰棕褐色；前、后翅缘毛白色。前、后翅反面浅棕色，前缘棕褐色，横脉纹和外缘浅黑褐色。

卵黄褐色，扁圆形，直径 1.1 ～ 1.2 mm。中间微凹，近孵化时颜色变深，呈灰黑色。

末龄幼虫体长 35 ～ 42.5 mm，体色变化大，有 3 种不同色型。头部黄色、灰黄色或黄褐色。前胸盾黄褐色。臀板为黑褐色。中后胸及腹部第一至第七节背面黄褐色或黄黑色。腹部第八、第九和第十节为黄色或褐色。腹部背面第一节和第二节交界处有 1 个大黑圆斑。腹部第七节背面有明显的翻缩线，背线黄黑色，少数不明显（特别是黄、灰黄色型的个体）。亚背线第五至第七节为黄色，清晰可见。气门上线、气门线及气门下线均为黄色，但气门线较细不易见。腹面黄色或杏黄色。身体各节具有毛瘤，其上生着粗细不等的黑色、灰黄色和黄色等刺毛。腹部背面第一至第四节及第八节各具 1 个黄色（或白色或棕色）的毛刷。气门筛黄色，围气门片黑色，前胸气门长椭圆形，约比其他气门大 1 倍，第八对气门比其他腹部气门略大。胸足及腹足为黄色。

A. 成虫

B. 幼虫

线茸毒蛾（赵丽云　郑霞林　摄）

蛹棕黄色，雌蛹长 28.6 ～ 31.8 mm，雄蛹长 17.6 ～ 31.8 mm。

【生活习性】在福建南平 1 年发生 4 代，以蛹（茧中）在树干或树干裂缝处越冬，翌年 2 月下旬至 3 月下旬羽化。成虫白天蛰伏于叶背、小枝条或树干基部，晚上活动，有明显的趋光性；每雌产卵量 227 ～ 484 粒。幼虫可见期为 3 月下旬至 5 月中旬、6 月中旬至 7 月中旬、8 月上旬至 9 月上旬、10 月中旬至 11 月中旬；幼虫共 5 龄，1 ～ 2 龄幼虫群集取食，3 龄后分散为害，取食叶片；幼虫老熟时寻找隐蔽场所，常吐丝将 2 张叶片缀合在一起结黄白色或褐色的薄茧。

【为害特点】低龄幼虫有群集活动习性，为害嫩叶，3 龄后分散活动和取食为害转绿后的叶片，大发生时可将整株甚至局部林分叶片吃光。

【防治方法】营林防治。加强抚育管理，提高林木抗虫能力。

生物防治。低龄幼虫期可用苏云金杆菌防治。

化学防治。幼虫虫口数量较大时，可喷施森得保可湿性粉剂 2000 倍稀释液，或加入 30 ～ 35 倍中性载体喷粉防治，也可用溴氰菊酯超低量或阿维菌素超低量等喷雾防治。

雀丽毒蛾 *Calliteara melli* (Collenette)

【寄主】杉、桉、香樟、桂花、羊蹄甲等。

【分布】中国分布于浙江、福建、江西、广东、广西、四川。广西分布于梧州（龙圩）、博白、容县、罗城、南丹、天峨、宜州、兴宾、全州、扶绥、博白林场。

【形态特征】雌成虫翅展 39 ～ 55 mm，雄成虫翅展 33 ～ 44 mm。触角干浅褐灰色，栉齿棕褐色；下唇须浅褐灰色，外侧黑褐色；头、胸部浅褐灰色带黄棕色；腹部浅褐灰色带黄灰色；胸、腹部下面和足浅黄色带浅褐色，胫节、跗节有黑褐色斑；前翅淡褐灰色，前缘、后缘和外缘带深赭色；亚基线、内线、外线深赭色，上于中室前半部；翅脉深赭色；中室后缘有 1 条黑褐色条纹；横脉纹新月形，黑褐色边；亚端线黑褐色，锯齿形，内斜；端线由 1 列黑褐色点组成；缘毛褐灰色与黑褐色相间；后翅浅褐色，横脉纹和外缘黑褐色；前、后翅反面浅褐色，横脉纹黑褐色。

卵扁圆形，顶部中央有 1 个凹陷；卵孵化前转变成黑褐色。

初孵幼虫体长约 3 mm，头棕黄色，体浅黄色，被细绒毛；末龄幼虫体长约 52 mm，头深黄色，体棕黄色，全身两侧毛瘤上生黑色长刚毛，短刚毛棕黄色；第一至第四腹节节间茸黑色，第四至第八腹节背面黄色；前胸背面两侧各有 1 条向前伸的黑色长毛束；第一至第四腹节背面各有 1 个直立的棕黄色毛刷；第八腹节背面有 1 束向上后斜的黑色长毛束；胸足金黄色，跗节有毛；腹足浅黄色，外侧有细毛。

A. 成虫

B. 卵及初孵幼虫

C. 幼虫

D. 蛹

E. 茧

雀丽毒蛾（杨忠武　摄）

蛹长 18 ～ 24 mm，宽 7 ～ 8 mm，纺锤形，棕黄色；腹背面有棕黄色稀细毛，腹面光滑；腹端部圆锥形，末端有 1 枚短棘。茧长椭圆形；灰色，表面密布幼虫体表的刚毛。

【生活习性】在江西 1 年发生 3 代，11 月上中旬末龄幼虫爬下树，在由丝和体刚毛做成的薄茧中化蛹，以蛹在树下灌木丛枯枝落叶、地表缝隙中、土洞内或石块下的隐蔽处越冬。越冬代蛹于翌年 4 月上旬至 5 月上旬陆续羽化成第一代成虫，4 月中旬为羽化盛期。4 月下旬可见初孵幼虫，6 月上旬末龄幼虫开始结茧化蛹，6 月下旬成虫开始羽化。7 月上旬可见初孵化幼虫，7 月下旬末龄幼虫结茧化蛹，第一、第二代末龄幼虫常在寄主植物上结茧化蛹，8 月上旬化蛹出现第三代成虫。8 月下旬卵开始孵化出幼虫，幼虫为害至 11 月上旬开始寻找越冬场所结茧化蛹。

【为害特点】初孵幼虫取食新叶叶肉，呈“天窗”状，高龄后可将叶片咬成缺刻状或整叶吃光。

【防治方法】营林防治。根据老熟幼虫下树越冬的习性，可于冬季在地表或石头缝隙等处清除集中结茧化蛹的虫态。

物理防治。利用成虫有较强的趋光性，在成虫羽化盛期利用诱虫灯诱杀成虫。

生物防治。低龄幼虫期可选用球孢白僵菌喷粉防治，或 25% 灭幼脲Ⅲ号 3000 倍稀释液喷雾防治。

化学防治。在幼虫为害盛期，可选用 1% 苦参碱可溶性液剂 800 倍稀释液、35% 吡虫啉乳油 1000 ～ 2000 倍稀释液喷雾防治。

肾毒蛾 *Cifuna locuples* Walker

【寄主】山茶、油茶、杉、桉、栎等。

【分布】中国分布于河北、山西、辽宁、吉林、黑龙江、江苏、浙江、安徽、福建、江西、山东、河南、湖北、湖南、广东、广西、四川、贵州、云南。广西分布于南宁(江南、兴宁、武鸣)、横州、梧州(龙圩)、上思、桂平、北流、博白、玉林(玉州)、陆川、容县、兴业、昭平、东兰、都安、凤山、环江、河池(金城江、宜州)、罗城、南丹、天峨、武宣、忻城、大新、扶绥、南宁树木园、三门江林场、六万林场、博白林场。

【形态特征】雌成虫翅展 45 ~ 50 mm，雄成虫翅展 34 ~ 40 mm。触角栉齿状，黄褐色；下唇须、头、胸和足深黄褐色；腹部褐黄色；后胸和第二至第三腹节背面各有 1 个黑色短毛束；前翅内区前半褐色，布白色鳞片，后半黄褐色；内线为 1 条褐色宽带，带内侧衬白色细线；横脉纹肾形，褐黄色，深褐色边；外线深褐色，微向外弯曲；中区前半褐黄色，后半褐色布白鳞；亚端线深褐色，在 R_5 脉和 Cu_1 脉处外突；外线与亚端线间黄褐色，前端色浅；端线深褐色衬白色，在臀角处内突；缘毛深褐色与褐黄色相间；后翅淡黄色带褐色；横脉纹、端线色较暗；缘毛黄褐色；前、后翅反面黄褐色；横脉纹、外线、亚端线和缘毛黑褐色。雌虫比雄虫色暗。

幼虫头部黑褐色，有光泽，上生褐色次生刚毛；体黑褐色；亚背线和气门下线为不连续的橙褐色。前胸背板黑色，有黑色刚毛；前胸背面两侧各有 1 个黑色大瘤，上生向前伸的长毛束，其余各瘤褐色，上生白褐色刚毛，瘤上除生白褐色刚毛外，还有白色羽状毛(除前胸、第一至第四腹节外)。第一至第四腹节背面有暗黄褐色短毛刷，第八腹节背面有黑褐色毛束；胸足黑褐色，每节上方白色，跗节有褐色长毛；腹足暗褐色。

【生活习性】在湖北武汉 1 年发生 3 代，以低龄幼虫在寄主或杂草的枯叶中越冬。翌年 3 ~ 4 月开始出蛰为害，4 月下旬末龄幼虫以体毛和丝作茧化蛹，蛹期 14 ~ 16 天。5 月上旬成虫始现，卵聚产于叶背。5 月下旬至 6 月中旬、7 月下旬和 9 月上旬分别为第一至第三代卵孵化盛期，第二代幼虫 8 月为害最盛，10 月下旬开始以低龄幼虫越冬。成虫夜间活动，具趋光性。幼虫具假死习性，受惊扰即卷缩。

【为害特点】低龄幼虫喜群集为害，取食叶背叶肉，仅留 1 层网状表皮；2 ~ 3 龄后分散为害，将叶片咬成缺刻和孔洞，4 ~ 5 龄时可将寄主叶片吃光，仅剩茎干。

【防治方法】参考折带黄毒蛾。另外，还可使用大于 100 亿孢子 /g 青虫菌制剂 500 ~ 1000 倍稀释

A. 成虫

B. 幼虫

肾毒蛾(郑霞林　摄)

液或苏云金杆菌 300 ～ 500 倍稀释液喷雾防治；也可选择在 3 龄幼虫以前，用 10% 吡虫啉可湿性粉剂 2500 倍稀释液等药物喷雾防治。

黑条灰灯蛾 *Creatonotos gangis* (L.)

【寄主】杨树、茶等。

【分布】中国分布于辽宁、江苏、浙江、安徽、福建、江西、河南、湖北、湖南、广东、广西、海南、四川、云南、西藏、台湾。广西分布于南宁（兴宁四塘、江南）、防城港（防城扶隆）、上思（十万大山）、荔浦（双江）、龙胜。

【形态特征】体中型，雌成虫体长 22 ～ 27 mm，翅展 45 ～ 50 mm；雄成虫体长 20 ～ 40 mm，翅展 38 ～ 48 mm。头、胸淡红灰色，下唇须及额黑色，颈板及胸部具有黑色纵带；腹部背面红色，背面与侧面具黑点列，腹面黑色；前翅淡红灰色，中室上下角各具 1 个黑点，中室下方近基部至 Cu_1 脉中部有 1 条黑带，黑带的基部窄、端部宽，中室下角至 M_1 脉近端部具 1 条黑色楔形纹；后翅白色至暗褐色，外缘较暗，有时具有黑色亚端点。雌成虫后翅色较淡，为赭白色，常具 3 个黑色亚端点。

卵圆形，淡黄色，卵粒表面密布近六边形网状纹。

幼虫体黑色。背中线白色，但每体节中部具 1 个不规则的淡黄色斑；体两侧被毛瘤，其上着生棕色长毛，中胸左右两侧各有 4 个毛瘤。第六、第七腹节两侧各有 6 个毛瘤。腹足趾钩单序异形中带。

蛹黑褐色，腹部有排列整齐的红褐色方块斑，腹末圆钝。

茧灰黄色，半椭圆形，外被幼虫体毛及粪便颗粒。

【生活习性】在福建省福州市 1 年发生 4 ～ 5 代，以末龄幼虫在向阳处的石缝、枯枝落叶或杂草处越冬。翌年 3 月中旬至 4 月上旬化蛹，4 月上旬至 5 月上旬越冬代成虫陆续羽化。第一至第四代成虫的发生期分别为 6 月上旬至 6 月下旬、7 月中旬至 8 月中旬、8 月下旬至 9 月下旬、10 月上旬至 10 月下旬。第四、第五代幼虫分别于 12 月中下旬越冬。卵历期 6 ～ 7 天，幼虫历期 28 ～ 32 天（越冬代 140 余天），蛹期 6 ～ 7 天，成虫寿命 2 ～ 3 天。成虫昼伏夜出，白天躲在比较暗处和杂草丛中，具假死性和趋光性。

【为害特点】初孵幼虫群集于叶背取食，3 龄后分散为害。

【防治方法】参考一点拟灯蛾。

A. 背面观

B. 腹面观

黑条灰灯蛾成虫（郑霞林　摄）

八点灰灯蛾 *Creatonotos transiens* (Walker)

【寄主】紫藤属、香椿属、柳属植物。

【分布】中国广泛分布。广西分布于南宁（兴宁四塘、武鸣府城、江南）、桂林（雁山）、兴安（严关）、岑溪（筋竹）、合浦（山口、石湾）、贵港（港北根竹）、桂平（石龙）、北流（山围、民乐）、博白、玉林（玉州茂林）、容县（容州）、凤山（中亭）、环江（思恩、洛阳）、河池（宜州石别）、武宣、崇左（江州）、宁明（桐棉）、凭祥、博白林场（三滩）。

八点灰灯蛾成虫（郑霞林　摄）

【形态特征】成虫体长约 20 mm，翅展 38 ～ 54 mm；头部和胸部白色，略杂褐色；下唇须 3 节，额侧缘和触角黑色；胸足具黑带，腿节上方橙色；腹部背面橙色，腹末及腹面白色，腹部各节背面、侧面和亚侧面具黑点。雌虫前翅灰白色，除前缘区外，脉间带褐色，中室上角和下角各具 2 个黑点，其中 1 个黑点不明显；后翅亦灰白色，有时具黑色亚端点数个。雄虫前翅浅灰褐色，前缘灰黄色，中室亦有黑点 4 个，后翅颜色较深。

卵黄色，球形，底稍平。

高龄幼虫体长 35 ～ 43 mm，头黑褐色具白斑，体黑色，毛簇红褐色，背面具白色宽带，侧毛突黄褐色，丛生黑色长毛。

蛹长约 22 mm，土黄色至枣红色，腹背上有刻点。

【生活习性】在广西 1 年发生 7 代，以幼虫在石块缝内、落叶、杂草丛基部越冬，翌年 3 ～ 4 月化蛹。成虫夜间活动，多将卵聚产于叶背，每块有卵 5 ～ 250 粒，每雌可产 1 ～ 6 卵块，成虫趋光性强。初孵幼虫群集取食，3 龄后分散取食，有假死性，昼伏夜出，老熟后在石块、土块或枯枝落叶下结茧化蛹。

【为害特点】初孵幼虫群集于寄主植物嫩叶取食，残留表皮和叶脉，呈“白纱”状，易于识别；3 龄后分散取食，造成叶片呈大缺刻或孔洞，严重时可将叶片吃光或仅留中脉。

【防治方法】营林防治。发生严重的年份，在秋冬季结合林地管理，通过翻耕等方式消灭越冬虫态。

物理防治。利用成虫较强的趋光性，采用灯光诱杀成虫。

生物防治。自然条件下发现有核型多角体病毒病和螟蛉盘绒茧蜂有一定的控制作用，可加以保护和利用。

化学防治。参考一点拟灯蛾。

白玫雪苔蛾 *Cyana alborosea* (Walker)

【寄主】桉、羊蹄甲。

【分布】中国分布于福建、江西、广东、广西、海南、云南、西藏、香港。广西分布于南宁（兴宁四塘）、平南、容县（容西）、崇左（江州那隆）、防城港（防城板八和扶隆）、上思（十万大山）、宁明（那堪）、大新（下雷）、金秀。

白玫雪苔蛾雄蛾（郑霞林　摄）

【形态特征】雌成虫翅展 24 ~ 30 mm，雄成虫翅展 20 ~ 24 mm。白色，下唇须褐色，颈板具红边，胸及翅基片具红带，足黑褐色与白色相间，腹背稍染红色；前翅亚基线红带在前缘稍扩宽，红色内线在前缘下方稍向外折钝角，红色外线斜在翅的后半稍扩宽，中室末端有 1 个黑点，横脉纹上有 2 个黑点，外线外方在前缘下有 1 条短黑带，红色端带不达臀角。雌成虫横脉纹具 1 个黑点。

【生活习性】不详。

【为害特点】植食性，以幼虫取食寄主植物叶片，形成缺刻。

【防治方法】未见大面积发生和为害，可通过保护自然天敌调控其种群。

雪苔蛾 *Cyana bianca* (Walker)

【寄主】不详。

【分布】中国分布于广东、广西、云南、香港。广西分布于南宁（武鸣）。

【形态特征】雌成虫翅展 36 ~ 38 mm，雄成虫翅展 26 ~ 28 mm。雄蛾头白色，胸部红白条带相间，前翅基部白色，红色亚基带在后缘向外弯，黑色内线较窄，在前缘向内弯曲，与内线红带相接，中室末端有 1 个黑点及横纹有 2 个黑点，黑色外线较窄在前缘向下方外曲，其外方有 1 条白带，端带红色分布于亚前缘脉与肘脉之间，内边呈波浪形，后翅红色；前、后翅缘毛白色。雌蛾头白色，触角橘黄色，颈板橘红色，翅基片及中、后胸橘红色具白斑，前翅基部白色，红色亚基带在后缘向外弯，红带内线内边具弯曲的黑带，黑带较窄在前缘向内弯曲，在前缘与红色亚基带相接，中室末端及横脉纹各具 1 个黑点，红色外带在中部向后扩宽，其外边有 1 条黑带，黑带不弯，红色端带分布于亚前缘脉与臀脉之间，内边波浪形；后翅红色；前、后翅缘毛白色。

雪苔蛾成虫（李荻斯　摄）

【生活习性】不详。

【为害特点】不详。

【防治方法】未见大面积发生和为害，可通过保护自然天敌调控其种群。

猩红雪苔蛾 *Cyana coccinea* (Moore)

【寄主】台湾相思。

【分布】中国分布于广东、广西、海南、云南。广西分布于南宁（兴宁四塘）、宾阳（甘棠）、防城港（防城扶隆）、上思（南屏）、平南、容县、陆川（沙坡）、大化、东兰（大同）、凤山（凤城）、金秀、忻城（果遂）、龙州（弄岗、三联）、大新（全茗）、崇左（江州）、七坡林场（七坡）、钦廉林场（文利）、雅长林场（雅长）。

【形态特征】雄成虫翅展 22 ~ 36 mm，雌成虫 27 ~ 41 mm，红白相间。雄成虫触角、下唇须、头和足橙黄色，头顶、颈板、胸与翅基片具橙红斑；前翅基部淡黄或白色，内线黑色，其内方为白或淡黄片，中室端区有 1 个白色或淡黄色圆片，内有 3 个黑点。雌成虫头白色，触角黄色，颈板、翅基片及中、后胸红色具白斑，腹部白色、背面稍染红色；前翅白色，亚基线红色，内线红色，其内边黑色，外线红色，其外边黑色，中室有 2 个黑点，端线红色。

【生活习性】不详。

【为害特点】植食性，以幼虫取食寄主植物叶片，形成缺刻。

【防治方法】未见大面积发生和为害，可通过保护和利用自然天敌控制其种群。

A. 成虫

B. 预蛹期幼虫

C. 蛹

猩红雪苔蛾（任向明　摄）

春鹿蛾 *Eressa confinis* (Walker)

【寄主】不详。

【分布】中国分布于福建、广东、广西、海南、云南、西藏、台湾。广西各地均有分布。

春鹿蛾成虫（伍娟娟　摄）

【形态特征】雄成虫翅展 22 ~ 26 mm，雌成虫翅展 26 ~ 28 mm；雄蛾触角双栉齿状，黑褐色；触角尖端或多或少白色，中后胸具黄斑，腹部背面、侧面和腹面各具 1 列黄点。前翅 M_1 与 M_3 斑联合成一个大斑，M_2 斑近梯形，M_4 斑点下方附一小点，M_6 斑比 M_5 斑大，靠近中室，M_6 与 M_{1+3} 斑之间附一斜斑靠近中室；后翅中室端一白斑，中室下方有 1 个斑，

2 脉到 5 脉间 2 个斑，翅斑之间以翅脉分隔，后翅 5 脉从中室下角上方伸出。

【生活习性】不详。

【为害特点】不祥。

【防治方法】未见大面积发生和为害，可通过自然天敌控制其种群。

折带黄毒蛾 *Euproctis flava* (Bremer)

【寄主】松、杉、柏、乌柏、板栗、油桐、栎、枹、山毛榉、槭、刺槐、赤杨、紫藤、赤麻、山漆等。

【分布】中国分布于河北、辽宁、黑龙江、江苏、浙江、安徽、福建、江西、山东、湖北、湖南、广东、广西、海南、四川、陕西。广西各地均有分布。

【形态特征】雌成虫翅展 35 ～ 42 mm，雄成虫 25 ～ 33 mm。触角干浅黄色，栉齿棕黄色；下唇须橙黄色；头、胸和腹部浅橙黄色；足浅黄色，前足腿节和胫节浅橙黄色；前翅黄色；内线和外线浅黄色，从前缘外斜至中室后缘，折角后内斜，两线间布棕褐色鳞，形成折带；翅顶区有两棕褐色圆点或消失；缘毛浅黄色；后翅黄色，基部色浅，缘毛浅黄色。

卵扁圆形，直径 0.5 ～ 0.6 mm，淡黄色。

幼虫体长 30 ～ 40 mm；头黑褐色；体黄褐色；背线较细，橙黄色，在第一至第三、第八、第十腹节中断，在中、后胸和第九腹节较宽；气门下线橙黄色；瘤暗黄褐色；第一、第二和第八腹节背面有黑色大瘤；瘤上生黄褐色或浅黑褐色长毛；胸足褐色，有光泽；腹足浅黑褐色，有浅褐色长毛。

蛹长 15 mm 左右，黄褐色，背面被短毛，臀棘末端有钩。茧椭圆形，灰白色。

【生活习性】在华北地区 1 年发生 1 ～ 2 代，以幼虫群集越冬。翌春开始为害嫩芽，6 月中下旬在落叶层下吐丝结茧化蛹。6 月下旬至 7 月上旬开始羽化，卵产于寄主植物叶背，每卵块有卵 80 ～ 200 粒，卵块外被黄色绒毛。初龄幼虫群栖在近地面嫩叶叶背。第二代成虫始于 8 月下旬，成虫趋光性强。

【为害特点】幼虫多群集在幼嫩的枝条上取食，短时间内可将植株局部叶片吃光，严重影响树木的生长发育和观赏价值。

折带黄毒蛾成虫（覃继财　摄）

【防治方法】营林防治。及时清除杂草和枯枝落叶，减少越冬虫源及其栖息地；结合日常管理，人工捕杀群集的初孵和越冬幼虫。

物理防治。利用成虫趋光性，采用诱虫灯诱杀成虫。

生物防治。该虫自然天敌种类较多，包括寄生蜂、寄生蝇、螳螂、瓢虫、草蛉、猎蝽、线虫、核型多角体病毒、鸟类、蜘蛛等，应加以保护和利用。

化学防治。幼虫期，可采用 2.5% 溴氰菊酯乳油 1000 ～ 2000 倍稀释液喷雾防治。

缘点黄毒蛾 *Euproctis fraterma* (Moore)

【寄主】马尾松、杉、桉、白背野桐、簕仔树、秋枫、羊蹄甲、茶、格木、杨梅、核桃、喜树、竹、八角、蔷薇。

【分布】中国分布于湖南、广东、广西。广西各地均有分布。

【形态特征】雌成虫翅展 34 ～ 38 mm，雄成虫翅展 21 ～ 25 mm。触角浅黄色，栉齿棕黄色；头部浅黄色，胸部浅黄色带橙黄色；腹部和足黄色。前翅黄色，基部微带橙黄色；基线、内线和外线黄白色，不明显，肘状弯曲；中室中央有 1 个橙色圆斑，亚端线由 3 个黑点组成，其中 2 个在顶区，1 个在臀区。后翅浅黄色，后缘黄色。

高龄幼虫头部及前胸背板深红色；亚背线白色，体黑色；中后胸背板黑色，背中线及前、后缘红褐色，有白色长毛束；背线为断续黄白色；翻缩腺亮黄白色；第一节具黑色向前伸的侧毛束，第八腹节背面前缘红褐色；前胸背板两侧有黑色向前伸的侧毛束，其他各节毛瘤具白色毛丛。腹部第一、第二节毛瘤的毛丛为黑褐色，其他各节毛瘤具白色毛丛；腹部毛瘤周边 1 圈红褐色，毛瘤上的毛丛基部黑色，上部红褐色，从中又长出较疏的白色长毛丛，第九、第十节背面具白色斑点，第十一节有黑色背毛束。

蛹纺锤形，长 11 ～ 15 mm，红褐色。茧淡黄色，椭圆形，茧薄、外附淡黄白色毒毛。

【生活习性】在广西南宁于 10 月下旬可捕获到成虫。南宁冬季天暖时仍见高龄幼虫取食，越冬现象不明显。在南宁市郊 5 月、7 月、9 月、11 月等均可见到高龄幼虫取食多种寄主植物。

【为害特点】幼虫取食寄主植物的叶片，低龄幼虫取食叶肉，残留表皮，使受害叶呈透明状；高龄幼虫取食嫩叶、成叶、嫩枝、嫩梢、花器及幼果等，取食叶片时呈缺刻、孔洞或蚕食全叶。

【防治方法】参考雀丽毒蛾。

A. 雌蛾

B. 幼虫

C. 茧

D. 蛹

缘点黄毒蛾（引自杨忠武　奚福生等，2018）

顶斑黄毒蛾 *Euproctis kanshireia* Wileman

【寄主】桉、阴香、台湾相思、核桃、枫杨等。

【分布】中国分布于广东、广西、云南、台湾。广西分布于阳朔、荔浦、苍梧、北流、博白、容县、隆林、昭平、凤山、南丹、扶绥、崇左（江州）、宁明、黄冕林场、博白林场。

【形态特征】成虫小型，前翅淡黄色，翅面密布褐色鳞，内、中线白色，弧状弯曲，顶角黄色，具 1 个黑色大斑，外缘中央及臀角尚有 2 枚较大的黄色斑块。成虫有趋光性。

幼虫体背黑色，头后方至前胸背板白色，其余各体节均具有白色横纹。

顶斑黄毒蛾幼虫（梅国友　摄）

【生活习性】不详。

【为害特点】低龄幼虫取食叶肉，使叶片呈不规则状透明斑，高龄幼虫取食叶肉呈缺刻状甚至整叶被吃光。

【防治方法】参考雀丽毒蛾。

幻带黄毒蛾 *Euproctis varians* (Walker)

【寄主】油茶、山茶。

【分布】中国广泛分布。广西各地均有分布。

【形态特征】雌成虫翅展 22 ～ 30 mm，雄成虫翅展 13 ～ 18 mm；触角干黄白色，栉齿灰黄棕色；体和足浅橙黄色。头、胸、腹部均被毛；前翅黄色，内线和外线黄白色，近平行，外弯，两线间色较浓，但无暗色鳞片；后翅浅黄色，前、后翅缘毛黄白色。

高龄幼虫头部棕黄色，有褐色点，体棕褐色；前胸正中有 1 条浅黄色纵线；背侧各有 1 个浅黄色斑；后胸后半浅黄色；腹部背线为 1 条浅黄色中断的带；气门下线浅黄色；体腹面棕黄色；前胸背面两侧各有 1 个向前突出的大瘤，上生向前伸的黄棕色长毛束；第一、第二腹节 Ⅰ 瘤和 Ⅱ 瘤合并形成黑色大瘤。

幻带黄毒蛾成虫（覃继财　摄）

【生活习性】在我国南方每年 3 月至 11 月均可采集到成虫。在我国北方以蛹在土中越冬；1 年发生 1 ～ 2 代，成虫分别于 6 月、8 月出现。广西南宁以幼虫越冬为主，第一代成虫出现在 6 月中下旬，幼虫主要为害期在 5 ～ 9 月。

【为害特点】低龄幼虫取食叶肉，使叶片呈不规则状透明斑，高龄幼虫取食叶片，使叶片呈缺刻状甚至可将整叶吃光。

【防治方法】参考雀丽毒蛾。

条毒蛾 *Lymantria dissoluta* Swinhoe

【寄主】马尾松、湿地松、黑松、油松、火炬松、栎、柏、构等。

【分布】中国分布于江苏、浙江、安徽、江西、湖北、湖南、广东、广西、台湾。广西各地均有分布。

【形态特征】成虫体灰色，雌成虫较雄蛾色深；雌成虫体长 18 ～ 24 mm，翅展 44 ～ 52 mm，雄成虫体长 12 ～ 16 mm，翅展 34 ～ 40 mm；雌雄虫颈片和雌虫腹背粉红色。腹部下方灰色。前翅灰棕色，具 4 条不清晰的黑褐色锯齿形线，内线波浪纹，前翅外缘线和亚外缘线黑褐色，近前缘色深，向内不清晰；横脉纹角状，黑色，缘毛灰白色与黑点相间；后翅色较前翅色浅。

A. 成虫

B. 幼虫

C. 蛹

条毒蛾（杨忠武　摄）

卵初产时为淡红色，孵化前变为灰黑色，扁圆形，直径约 1 mm，中间略凹。

幼虫体扁圆筒形，末龄幼虫体长 28 ～ 32 mm，体上簇生细长刚毛。前胸背板较硬，着生黑色刚毛，胸侧着生长毛束，斜伸向前。臀板着生 3 对毛瘤，具长短不一黑色刚毛。腹部第六、第七节背中央各有 1 个红色近透明的翻缩腺，背线和气门上线灰黑色，两侧亚背线为白色宽纵带。

蛹纺锤形，长 14 ～ 28 mm，栗色具光泽，蛹体着生灰白色绒毛簇，腹末尖细，具钩棘。

【生活习性】广西柳州 1 年发生 4 代，以卵越冬。各代幼虫发生期分别为 3 ～ 4 月、6 ～ 7 月、8 ～ 9 月、9 月下旬至翌年 2 月下旬。成虫昼伏夜出，有趋光性，飞翔能力强；每雌产卵量 200 多粒，卵多产在树皮隙缝里，极少产于针叶处，多呈块状，每块有 10 ～ 100 粒。幼虫共 5 龄，初孵幼虫群居，1 龄、2 龄幼虫大多栖息在枝梢、叶鞘丛和树皮缝内等处，不易察觉；3 龄后随虫体增大分散栖居于主干中下部树皮隙缝内，数条或十多条聚集一处，隐蔽较深，喜阴避光，有的分散在枝叶上。幼虫一般白天不活动，多在傍晚天黑以后才上树取食，黎明前栖息躲藏；但部分幼虫或在严重发生时，白天也在针叶上取食。3 龄前幼虫能吐丝下垂，随风扩散。该虫常发生在树高林密，生长势较好，树龄在 10 年生以上的林分。

【为害特点】低龄幼虫聚集取食松针嫩叶，3 龄后开始分散取食为害。

【防治方法】营林防治。加强林分管理，郁闭度大的林分可根据实际情况适当间伐。

物理防治。结合日常管理，可人工灭卵；利用成虫趋光性进行灯光诱杀。

生物防治。利用球孢白僵菌粉剂进行喷雾防治。低龄幼虫期可喷施 25% 灭幼脲Ⅲ号 3000 倍稀释液防治。

化学防治。幼虫发生高峰期可用 35% 吡虫啉乳油 1000 ～ 2000 倍稀释液喷雾防治。

栎毒蛾 *Lymantria mathura* Moore

【寄主】栎、板栗、野漆、青冈、榉树等。

【分布】中国分布于河北、山西、辽宁、吉林、黑龙江、山东、河南、湖南、广西、四川、云南、陕西。广西各地均有分布。

【形态特征】雌雄二型。雌成虫翅展 70 ～ 90 mm；下唇须粉红色，触角丝状，颈板基部粉红色，其中央有一个黑点；胸部中央有一个黑点和两个粉红色点；腹部前半部分粉红色，后半部白色，两侧有黑色斑。前翅前缘和后缘粉红色，亚基线黑色，前方内缘有粉红色和黑色斑；内线棕褐色，锯齿形；中线棕褐色，波浪形，在前缘形成一棕褐色半圆形环，在 2A 脉后内弯；横脉纹棕褐色；外线棕褐色，锯齿形；亚端线由一列新月形斑组成；端线由一列嵌在脉间的小点组成；缘毛粉红色。后翅浅粉红色；横脉纹灰褐色；亚端线由一列灰褐色斑组成；端线为一列灰褐色小点；缘毛粉红色。

雄成虫翅展 40 ～ 50 mm；下唇须浅橙黄色，触角羽状；胸部和足浅橙黄色杂黑褐色斑；腹部暗橙黄色，两侧微带红色，背面和两侧在节间具黑斑；前翅灰白色，斑纹黑褐色，翅脉白色；基线黑褐色，内线在中部外弓，中室中部具一个圆斑；横脉纹黑

♀ ♂

A. 成虫

B. 高龄幼虫

C. 蛹

栎毒蛾（杨忠武 摄）

褐色；中线锯齿形，较宽；外线由一列新月形斑组成，从前缘外斜至 Cu_2 脉后，内弯达后缘；亚端线由一列新月形斑组成；端线由一列嵌在脉间的小点组成；缘毛灰白色，脉间褐色。后翅暗橙黄色，横脉纹褐色；亚端线为一条褐色斑状带，在 1A 和 2A 脉间内凹；端线为一列黑褐色小点；缘毛黄白色。

卵球形，褐色或灰黄色。

初孵幼虫黑色，体长 3 ～ 5 mm，密布长毛；高龄幼虫 50 ～ 55 mm；头部黄褐色杂黑褐色圆点；体黑褐色杂黄白色斑；背线在前胸白色，其余黑色；气门线黑色，气门下线灰白色；前胸背板两侧各有一个黑色大瘤，其上着生黑褐色毛束，其余各节上的瘤黄褐色且着生黑褐色和灰褐色毛簇；中后胸中央具黄褐色横纹；翻缩腺红色；腹部背中央具锚形灰色斑。

【生活习性】在我国北方大部分地区 1 年发生 1 代，以卵越冬。翌年 4 月下旬至 5 月上旬幼虫开始孵化，5 月上中旬为孵化高峰期。初孵幼虫聚集成堆，取食卵壳，后逐渐转移至树冠取食寄主植物嫩芽和嫩叶，可吐丝下垂，随风扩散。幼虫 6 ～ 7 龄，6 月中下旬进入为害盛期，末龄幼虫于 7 月中旬化蛹，7 月下旬成虫开始羽化，8 月上中旬为羽化盛期。成虫趋光性强，成虫寿命 6 ～ 8 天，雌虫多将卵产在寄主植物树干粗糙的树皮下越冬，卵块形状不规则，每块有 200 ～ 470 粒，卵期达 9 个月左右。

【为害特点】以幼虫取食寄主植物的嫩芽和叶片，影响树木的正常生长，受害严重的林分叶片被吃光，树冠光秃，远观呈火烧状，之后生长逐步衰弱，直至死亡。

【防治方法】物理防治。结合日常管理，清除树干上的卵块。利用成虫的趋光性，采用灯光诱杀成虫。

生物防治。自然条件下该虫的主要天敌包括赤眼蜂、核型多角体病毒等，要加以保护和利用。此外，也可在幼虫未扩散前选用 2.5% 三苦素 800 倍稀释液或 25% 灭幼脲 III 号悬浮剂 500 倍稀释液喷雾防治。

化学防治。幼虫期选用 2.5% 溴氰菊酯乳油 2000 倍稀释液雾防治，可起到较好的防治效果。

木毒蛾 *Lymantria xylina* Swinhoe

【寄主】木麻黄、紫穗槐、台湾相思、秧青、刺槐、黑荆、臭椿、栓皮栎、板栗、薄壳山核桃、枫杨、柳、桉、白千层、枫香、油桐、重阳木、梧桐、油茶、山茶、无花果、梓树、泡桐、龙眼等。

【分布】中国分布于浙江、福建、广东、广西、台湾。广西分布于北海、钦州、防城港等。

【形态特征】雌成虫体长 22 ～ 43 mm，翅展 44 ～ 70 mm；雄成虫体长 16 ～ 30 mm，翅展 34 ～ 55 mm；体黄白色或灰白色。雌虫头顶被红色及白色长鳞毛，翅黄白色，外缘毛灰棕色与灰白色相间，排列成 7 ～ 8 个近方形的灰棕色斑块，后翅的外缘毛亦排列成 7 ～ 8 个近方形斑。雄虫翅灰白色，触角羽毛状，黑色，前翅前缘近角处有 3 个黑点，中横线、外横线明显，内横线明显或部分消失。前、中足胫节被白色鳞毛。腹部背面被白色鳞毛。

卵扁圆形，灰白色至微黄色。卵块长牡蛎形，灰褐色至黄褐色。

高龄幼虫体长 38 ～ 62 mm。体黑灰色或黄褐色。胸、腹部各节有显著毛瘤 3 对。亚背线上毛瘤的颜色有差异，胸部第一至第二节蓝黑色，偶有紫红色；第三节黑色；第四至第十一节紫红色，末节毛瘤长牡蛎形，红褐色至黑褐色。腹部黄褐色至红褐色，趾钩单序中带。体腹面黑色。翻缩腺锥形，红褐色，顶端凹入。

蛹暗红褐色到深褐色。雌雄蛹长分别为 22 ～ 36 mm 和 17 ～ 25 mm。前胸背面有一大撮黑毛及数小撮黄毛，中胸两侧各有 1 个黑色绒毛状圆斑，腹部各节均有数小撮白毛。两侧有臀棘 12 ～ 31 根，端部有臀棘 19 ～ 27 根。

【生活习性】在广西 1 年发生 1 代，以卵越冬。翌年 3 ～ 4 月越冬卵孵化；幼虫共 7 龄，初孵幼虫群居在卵块表面，经一至数天后，开始爬离卵块或吐丝下垂随风扩散到枝条上，幼虫历期 40 ～ 60 天；幼虫老熟后于 5 月中下旬在木麻黄枝条上、枝干分叉处或树干上，吐少量丝靠臀棘刺钩固定虫体，不结茧，进入预蛹期，蛹期 10 ～ 20 天；5 月下旬开始羽化，6 月上旬为羽化末期。成虫羽化后 14 ～ 33 小时开始交配；交配后 20 分钟至 17 小时开始产卵，卵多产在枝条上，少数产在树干上。每雌产 1 个卵块，有卵 354 ～ 1517 粒。

【为害特点】取食寄主植物的叶、花、嫩枝，也可取食果树如龙眼的果穗以及嫩果。低龄幼虫取食叶片呈缺刻状，3 龄后从叶片中下部向上取食直到顶端，通常先取食叶片的半边，再从顶端向基部取食另半边；常从中、下部将小枝叶片咬断，咬断的小枝叶量超过其食量，严重时可将寄主叶片全部取食，影响寄主生长，果树减产。

【防治方法】营林防治。清除枯枝落叶，破坏其越冬场所；结合施肥进行中耕松土，破坏蛹室或灭蛹。

物理防治。利用成虫趋光性，在成虫盛发期采用灯光诱杀成虫。

化学防治。幼虫发生高峰期，可选用 20% 甲氰菊酯乳油或 4.5% 高效氯氟氰菊酯乳油 2000 倍稀释液喷雾防治。

A. 成虫

B. 幼虫

C. 蛹

木毒蛾（杨忠武 摄）

条纹艳苔蛾 *Miltochrista strigipennis* (Herrich-Schäffer)

【寄主】油茶、柑橘。

【分布】中国分布于上海、江苏、浙江、安徽、福建、江西、山东、湖北、湖南、广东、广西、四川、云南、台湾。广西分布于武宣、凭祥。

【形态特征】成虫翅展 16 ～ 30 mm，体色变化大，由黄色至橙红色，斑纹强弱不等。前翅常染红色，尤其是前缘区和外缘区，有黑色基点 1 个，前缘基部黑边，内线有 5 条黑短带，其中位于中室内的短带向外移；中线黑色，从前缘向后缘倾斜，中室端有 1 个黑点，外线为 1 列长短不一的黑色短带，端线为 1 列黑点；后翅翅顶稍染红色，亚端点有时存在。

【生活习性】在福建省福州市，该虫各虫态 6 月可见，幼虫预蛹期 3 天，蛹期 4 天。幼虫常在叶面吐丝混合黄色体毛结薄茧化蛹。

【为害特点】幼虫取食寄主植物叶片，使叶片形成缺刻，影响植株生长发育。

【防治方法】未见大面积发生和为害，可通过保护和利用自然天敌控制其种群。

条纹艳苔蛾成虫（杨忠武　摄）

波纹艳苔蛾 *Miltochrista undulosa* (Walker)

【寄主】不详。

【分布】中国分布于广东、广西、云南。广西分布于防城港（防城板八和扶隆）、上思（南屏）、龙州（三联）、大新（下雷）、宁明（明江）、凭祥（上石）、博白林场（三育）。

波纹艳苔蛾成虫（任向明　摄）

【形态特征】成虫翅展 18 ～ 24 mm，淡黄色。头顶、肩角、翅基片和中胸具黑点，腹部灰白色，雄成虫腹末常为黑色；前翅淡黄色或白色，基部黑色位于前缘和中脉上，前缘基部黑边，有 1 列黑色亚基点，其中在中室内及中室上方的常成为短带，在中室下方的 1 个斜置且靠近基部，黑色内线在前缘下方向外弯至中脉后在亚中褶向内折角，黑色中线直或在中脉处稍向外折角，中室端有 1 个较大黑点，外线在前缘下方强曲后斜成很不规则的齿状，亚端线及端线 1 列黑点，缘毛黄色；后翅黄白色，翅顶常具暗褐色。

【生活习性】成虫多见于 4 ～ 5 月和 8 ～ 9 月。

【为害特点】不详。

【防治方法】未见大面积发生和为害，可通过保护自然天敌调控其种群。

粉蝶灯蛾 *Nyctemera adversata* (Schaller)

【寄主】无花果及菊科植物。

【分布】中国广泛分布。广西分布于横州（马山）、龙胜、岑溪（梨木）、梧州（长洲）、防城港（防城、扶隆）、上思（平福）、桂平（西山、大洋）、北流（民乐）、容县（容西）、玉林（大容山林场）、隆林（新州、沙梨、者浪、天生桥）、靖西（新靖）、东兰（隘洞）、环江（洛阳、川山）、罗城（纳翁）、河池（宜州洛西）、武宣、象州（百丈、妙皇、运江、象州）、宁明（那堪）、凭祥、钦廉林场（那丽）、黄冕林场（波寨）、雅长林场（东明）。

【形态特征】成虫翅展 44 ～ 56 mm，头黄色，颈板黄色，额、头顶、颈板、肩角、胸部各节具 1

个黑点，翅基片具 2 个黑点；腹部白色、末端黄色，背面、侧面具黑点列；前翅白色，翅脉暗褐色，中室中部有 1 条暗褐色横纹，中室端部有 1 个暗褐色斑，Cu_2 脉基部至后缘上方有暗褐纹，Sc 脉末端起至 Cu_2 脉之间为暗褐色斑，臀角上方有 1 个暗褐斑，臀角上方至翅顶缘毛暗褐色；后翅白色，中室下角处有 1 个暗褐斑，亚端线暗褐斑纹 4 ～ 5 个。

幼虫头部红色，背中线白色，不连续，亚背线上具黑色毛瘤，气门下方具 2 个白色斑。

蛹淡黄色，各体节均具若干大小不一的黑斑。

【生活习性】成虫具访花习性和趋光性。

【为害特点】植食性，以幼虫取食寄主植物叶片，形成缺刻。

【防治方法】未见大面积发生和为害，可通过保护和利用自然天敌控制其种群。

A. 成虫（郑霞林　摄）

B. 幼虫（谭小玲　摄）

C. 蛹（李元义　摄）

粉蝶灯蛾

茶茸毒蛾 *Olene baibarana* (Matsumura)

【寄主】茶、山茶、油茶。

【分布】中国分布于浙江、安徽、广西、贵州、云南、台湾。广西分布于各油茶产区。

【形态特征】雌成虫翅展 36 ～ 38 mm，雄成虫翅展 28 ～ 30 mm。触角干灰白色，栉齿褐色；下唇须栗色，外侧黑褐色；头、胸和腹部黑褐色；足栗色，有黑褐色斑；后胸和第二、第三腹节背面各有 1 个黑色短毛簇，肛毛簇栗色；前翅栗色，稀布黑色鳞片，内区黑褐色，中区铅灰色；内线黑色，锯齿形；横脉纹栗色，有黑褐色和黄色边；横脉纹前方黄色；外线黑褐色，锯齿形，在中室外外凸，然后内凹；亚端线浅褐色，前端内侧黑褐色；外线与亚端线间带黄色和黑褐色；端线由间断的黑褐色细线组成；在外区有黑褐色纵纹；翅顶角有 1 个铅灰色斑；缘毛栗色有黑褐色斑；后翅灰褐色，横脉纹与外线色暗，端线栗色。前、后翅反面浅栗色，横脉纹与外线暗褐色。

茶茸毒蛾幼虫（蒋明军　摄）

卵直径 0.8 mm，近球形，顶部中央略凹陷，灰白色至黑色。

幼虫体长 23 ～ 32 mm，头棕褐色，体黑色，腹部第一至第四节背面各具褐色毛丛 1 对，第五节有 1 对黄色毛丛，第八节生黑褐色毛丛 1 对。胸部、尾部各具白色长刚毛 2 对。翻缩腺淡白色。

蛹长 11 ～ 17 mm，黑色。茧棕褐色，丝质。

【生活习性】1 年发生 4 ～ 5 代，以卵在寄主植物叶背、细枝或枯草上越冬。翌年 3 月下旬至 4 月上旬孵化。2 ～ 4 代幼虫分别发生在 6 月、7 月中旬至 8 月中旬、8 月下旬至 9 月下旬。成虫趋光性强，白昼静伏，夜间活动，羽化后当天即行交配，将卵成块或散产在下部叶背处。每雌产卵量 100 ～ 200 粒，卵期 7 ～ 10 天。幼虫共 5 龄，幼虫期 20 ～ 27 天，末龄幼虫爬至树冠基部枝杈间、落叶下或土缝里结茧化蛹，蛹期 10 ～ 14 天，成虫寿命 5 ～ 12 天。

【为害特点】1 ～ 2 龄幼虫在叶背取食下表皮及叶肉成黄褐色网斑，3 龄前幼虫群集性强，3 龄后开始逐渐分散，取食叶片后留下叶脉，直至食尽全叶。

【防治方法】参考马尾松毛虫。

棉古毒蛾 *Orgyia postica* (Walker)

【寄主】桉、罗汉松、凤凰树、沉香、台湾相思、油茶、大叶栎、木荷、盐肤木、八角、红树林桐花树等。

【分布】中国分布于福建、广东、广西、海南、贵州、云南、台湾、香港。广西各地均有分布。

【形态特征】雌成虫蛆形，翅退化，体长 13 ～ 16 mm，黄白色至灰白色，腹部较粗长，各节被浅棕褐色绒毛。雄成虫体长 7 ～ 8 mm，翅展 22 ～ 25 mm ；体和足棕褐色，前翅棕褐色，横脉纹棕色带黑边和白边，各横线黑色，多呈波浪形；后翅黑褐色。

卵淡黄色，球形，直径 0.7 ～ 0.8 mm。

高龄幼虫体长 34 ～ 37 mm，头红褐色，体浅黄色；背线、亚背线棕褐色，前胸背板两侧和第八腹节背面中央各有 1 束棕褐色长毛，第一至第四腹节背面各有 1 束黄色毛刷；第一、第二腹节两侧各有 1 束灰黄色长毛束；翻缩腺红褐色。

蛹长 16 ～ 19 mm ；雌蛹黄绿色，有刚毛，雄蛹纺锤形。

茧灰黄色，椭圆形，表面附有黑褐色毒毛。

【生活习性】在广西南部每年发生 6 代以上，全年均有幼虫活动，世代重叠，无越冬现象。雄成虫有趋光性。雌成虫交配后将卵呈堆状产在茧外或寄主上。每雌产卵量 320 多粒。第一至第六代为害盛期依次为 4 月上旬、5 月中旬、7 月上旬、8 月中旬、10 月上旬和翌年 3 月上旬。

【为害特点】幼虫孵出后群集于植株上为害，后分散取食嫩梢、叶片、花穗、幼果等，严重时可将局部寄主植物吃光。

【防治方法】物理防治。在化蛹盛期或卵期，人工摘除蛹和卵块；利用成虫的趋光性，采用灯光诱杀。

化学防治。幼虫期可用 50% 杀螟松 1000 倍稀释液或菊酯类药物 2000 ～ 3000 倍稀释液喷雾，有较好的防治效果。

A. 成虫

B. 卵块

C. 幼虫

D. 蛹和茧

棉古毒蛾（引自韦维　吴耀军　杨忠武等，2014）

刚竹毒蛾 *Pantana phyllostachysae* Chao

【寄主】毛竹、淡竹、慈竹、白夹竹、寿竹等。

【分布】中国分布于江苏、浙江、福建、江西、湖南、广东、广西、四川、贵州。广西分布于融水、桂林（雁山、临桂）、兴安、全州、永福、灵川、龙胜、靖西、天峨。

【形态特征】雌成虫翅展 32 ~ 40 mm，雄成虫 26 ~ 32 mm。雄成虫体黄色，触角栉齿状，触角干淡黄色，栉齿灰黑色；前胸颈板、眉板上覆浓密绒毛，锈黄色；前翅淡棕黄色，前缘翅基部色较深，后缘中央区有 1 块明显的橙红色斑；后翅和足黄白色，腹部底色暗黑色，外被黄色绒毛。雌成虫体淡黄色，触角短栉齿状，触角干灰白色，栉齿短且疏，灰黄白色。前、后翅均浅黄白色，半透明，前翅前缘后半区浅锈黄色，中央区有浅橙黄色斑；后翅白色，腹部暗黑色，上覆白色短绒毛。

卵鼓形，初期浅黄白色，顶部略平，中央稍凹，顶缘有 1 条不均匀浅褐色环纹。

高龄幼虫体长 20 ~ 28 mm，浅灰黑色，被黑色和黄色长毛；前胸两侧中央具突出毛瘤，各着生 1 束向前伸的灰黑色长毛束，长约 10 mm；第一至第四腹节背面各着生 1 束红棕色刷状毛；第八腹节背中有 1 个红棕色毛瘤，向后斜上方竖立 1 束黑色长毛束，其末端分叉呈绒球状，毛束内混生有羽状毛。

各体节侧毛瘤、亚背线毛瘤均着生有长短不一的白色绒毛丛。

蛹长 10 ~ 18 mm，雌蛹体较长，红棕色，臀棘上有小钩 30 多枚。茧长 16 ~ 25 mm，长椭圆形，丝质薄，黄白色，外附毒毛。

【生活习性】在浙江、江西、四川 1 年发生 3 代，广西、福建 1 年发生 4 代，以卵和 1 ~ 3 龄幼虫在竹上越冬。1 年发生 4 代区各代幼虫发生期依次为 3 月中旬至 5 月上旬、5 月下旬至 6 月下旬、7 月上旬至 8 月上旬、8 月下旬至 10 月上旬，11 月陆续以低龄幼虫越冬。幼虫共 7 龄。各龄幼虫均有吐丝下垂习性，幼虫善爬行，反应灵敏，有假死性。末龄幼虫多数结茧于竹叶背，少数在竹叶和竹秆上。成虫多在清晨和傍晚羽化，昼伏夜出，趋光性强，雌虫更明显。雌虫先在未受害及受害较轻的竹上产卵，多数将卵产于竹冠中、下层竹叶背或竹秆上，聚产，成单行或双行紧密排列，每雌产卵量 120 ~ 160 粒。

【为害特点】初孵幼虫取食卵壳后群集于竹叶背取食，3 龄后分散取食，5 龄后上竹梢取食叶片。盛夏中午幼虫下竹避暑，傍晚后又复上竹取食。

【防治方法】参考木毒蛾。此外，还可选用森得保粉剂 0.7 ~ 1 kg/ 亩喷洒，施用时宜选择晴天早上或者雨后，药效可保持较长时间。

A. 成虫

B. 卵

C. 幼虫

D. 茧

E. 蛹

刚竹毒蛾（杨忠武　摄）

华竹毒蛾 *Pantana sinica* Moore

【寄主】毛竹、刚竹、斑箨酸竹、旱竹等。

【分布】中国分布于上海、江苏、浙江、安徽、福建、江西、湖北、湖南、广东、广西、重庆、四川、贵州、云南。广西分布于桂林（临桂）、兴安、全州、永福、灵川、龙胜、岑溪。

【形态特征】成虫体色有雌虫型、冬型雄虫和夏型雄虫 3 种。雌成虫体长 12 ~ 16 mm，翅展

A. 雌成虫　　B. 幼虫　　C. 茧

华竹毒蛾（杨忠武　摄）

35 ～ 39 mm，触角干灰白色，略染棕色；前翅的翅基、前缘及外缘散布浅棕色鳞片，在 M_2 与 M_3、M_3 与 Cu_1、Cu_1 与 Cu_2、Cu_2 与 Cu 各翅脉相交夹角处各有 1 个黑斑；后翅乳白色，腹面及足灰白色，略染棕黄色。冬型雄成虫体长 9 ～ 13 mm，翅展 29 ～ 35 mm；触角羽状，黑色或灰黑色；前胸灰黄白色，腹部黑色，后胸两侧及尾部绒毛灰白色；前翅前缘半部、外线之外均黑色或灰黑色，但翅脉处色浅，与雌成虫前翅相同位置上有 4 个黑斑，其余为白色；后翅白色，少数个体翅基及顶角暗灰色。夏型雄成虫大小等特征似冬型，唯体、翅均呈黑色，Cu 脉、2A 脉灰棕色，其余翅脉处色浅，腹面及足灰白色，略染棕色。

卵略呈扁圆形，顶部较平，中央略凹，横径 0.9 mm，灰白色，周缘具 1 个浅褐色圆环。

初孵幼虫体长 2.5 mm，淡黄白色，前胸侧毛瘤各生 1 束长毛束；3 龄幼虫第一至第四腹节背面各初现刷状毛，橙黄色，体灰黄白色；4 龄幼虫背部刷状毛较长，背线、亚背线灰黑色，毛灰白色，将亚背线切割呈断续状。高龄幼虫体长 20 ～ 31 mm，暗黄褐色，前胸两侧毛瘤突出，各着生 1 束黑色长毛，背线较宽，黑色；亚背线、气门上线灰白色；背部刷状毛棕红色，第八腹节背面着生 1 束向后斜竖的黑色长毛，基部有 2 个棕黑色毛瘤，其上着生棕红色短毛丛；各节侧毛瘤、亚背线毛瘤各着生短毛丛，腹面灰白色。

蛹长 11 ～ 19 mm，初期黄白色，后期红棕色，额的两边各着生 1 根刚毛，体背各节密生黄白色短毛；臀棘上有许多钩刺。

茧梭形，长 18 ～ 26 mm，灰黄褐色，丝质。夏茧较薄，越冬茧有两层，外层细密，灰黑色，附少量绒毛，内层黄褐色，结构较致密。

【生活习性】1 年发生 3 ～ 4 代。浙江 1 年发生 3 代，以蛹在枯枝落叶层下结茧越冬；广西 1 年发生 3 ～ 4 代。1 年发生 4 代区以卵在竹叶背越冬，翌年 3 月中下旬幼虫孵化，共 5 个龄期，于 4 月下旬在叶背或竹节线下群集结茧，5 月上旬第一代成虫出现；各代幼虫出现期依次在 4 月、6 月、7 月、8 月。年发生 3 代区，各代成虫发生期依次为 4 月中旬至 5 月下旬，6 月中旬至 8 月上旬，8 月中旬至 9 月下旬；各代幼虫为害期依次为 5 月上旬至 7 月中旬、7 月上旬至 9 月上旬、9 月上旬至 12 月上旬。第一、第三代幼虫有 5 ～ 7 个龄期；第二代幼虫有 6 ～ 8 个龄期。世代重叠现象明显。夏茧多结在 1 m 以下竹秆上、竹箨内和竹蒲头附近的石块、枯枝落叶下；冬茧多结在竹箨内和石块下。成虫趋光性弱，飞翔力强；晴天中午在竹林低空飞行、觅偶和交配；交配可全天进行。卵多产于竹秆中、下部，以 1 m 高处着卵最多。卵块内卵粒常单行或双行排列，与竹秆平行，每块卵有 10 多粒，每雌产卵量 60 ～ 70 粒；

卵也可产于竹叶背。

【为害特点】1 龄幼虫取食卵壳及竹叶尖端，2 龄幼虫取食叶片，使叶片呈缺刻状，3 龄及以后龄级幼虫取食全叶。幼虫取食时常将竹叶咬成碎片散落地面。

【防治方法】营林防治。清除林间地面枯枝落叶，破坏其化蛹场所；利用其多产卵于竹秆下部，多在竹秆下部及基部化蛹的特点，可人工刮卵灭茧。

物理防治。利用成虫的趋光性，用灯光诱杀成虫。

生物防治。幼虫发生量较低时可保护和利用自然天敌控制其种群。幼虫发生高峰期，施放 2 亿孢子 /g 的白僵菌复合粉剂（95.2% 白僵菌、0.18% 阿维菌素和 3% 苦参碱）防治，效果较好。

榕透翅毒蛾 *Perina nuda* (Fab.)

【寄主】榕树。

【分布】中国分布于浙江、福建、江西、湖北、湖南、广东、广西、海南、四川、重庆、云南、西藏、台湾、香港。广西各地均有分布。

【形态特征】雌雄二型。雌成虫翅展 41 ～ 50 mm，雄成虫翅展 30 ～ 38 mm。雄成虫头、胸下、前足腿节及尾端橙黄色，触角暗黑色，体灰褐色，前胸背灰白色，腹部有白横线；前翅透明，基部被褐色鳞片，翅脉灰色；后翅暗褐色，翅顶有半圆形透明区域。雌成虫淡黄色，前翅散布褐色鳞片，触角灰黄色，尾端有橙黄色毛丛；头、胸下及前足腿节淡黄色。

卵赤褐色，平扁圆形，直径约 1 mm，似算盘子；中央有 1 个圆形深色光亮区，在光亮区外有 1 条淡褐色环带。

末龄幼虫体长 18 ～ 30 mm，体灰黑色。前胸有 4 个红色毛瘤环形排列，中、后胸两侧各有 3 个橙色毛瘤，背中部灰白色。第一、第二腹节腹背中央各密生一撮棕褐色毛刷，其两侧各有 1 个褐色小毛瘤，其上着生褐色刚毛；第三至第八腹节背面各着生 1 对有褐色短刚毛的红色毛瘤，其中第三、第八腹节背面毛瘤较大，第八腹节背面毛瘤最大，呈钝锥形，每对毛瘤基部具蓝黑色环。每腹节两侧各有 1 个橙红色毛瘤，毛瘤上有褐色短刚毛和白色长毛；第四至第七腹节背线黄色，亚背线由黑色毛斑点组成；第六腹节背面翻缩腺锥形，黄色；第七腹节翻缩腺小圆柱形，橘红色；臀节有 4 个浅橙黄色毛瘤，气门线橙红色。腹部白色，足浅褐色。

蛹长 11 ～ 20 mm，纺锤形，背部颜色由棕色、黑色、绿色组成，腹部白色，两侧黄绿色。前胸背板至第一、第二腹节背板由黑斑围成一个卵状椭圆形的环状圈，圈内棕色，第三、第四腹节绿色，第四腹节背面有 1 条黑色横带。第五至第八腹节背面各有 1 条黑色横条纹隔开的棕色横斑。全身着生黄色毛。

【生活习性】在重庆 1 年发生 5 ～ 6 代，在福建福州 1 年发生 6 ～ 7 代。以高龄幼虫在叶片上越冬，世代严重重叠，在华南地区无明显越冬现象，越冬幼虫天气温暖仍然取食，无明显滞育停食现象；12 月下旬到 1 月上旬气候温暖时尚能见到叶片上活动的幼虫。越冬幼虫 3 月上旬食量开始增大，4 月上旬老熟幼虫多数在叶背吐丝微卷叶化蛹，不结茧，蛹被细丝固定在叶片上，4 月中旬进入化蛹盛期，并陆续羽化，4 月下旬进入羽化盛期。成虫羽化后即可交配产卵，不取食补充营养，卵块产，数粒整齐等距离平面排列在一起，每块 30 ～ 40 粒，每雌产卵量 260 ～ 420 粒，多产于叶片、叶柄和嫩枝上，

A. 雌虫

B. 雄虫

C. 卵

D. 低龄幼虫

E. 高龄幼虫

F. 蛹

榕透翅毒蛾（郑霞林　摄）

常在 3 天内产完卵。卵期 6 ～ 8 天。幼虫共 7 龄。

【为害特点】初孵幼虫有取食卵壳的习性，食完卵壳后群集在卵块附近的嫩叶表面取食叶肉，留下表皮和叶脉，食量小；3 龄以后的幼虫靠爬行迁移或悬丝扩散，将叶片吃成孔洞状或缺刻状；4 龄后分散取食为害，食量大，甚至将整片叶吃光。

【防治方法】生物防治。自然条件下存在多种寄生蜂、寄生蝇和捕食性天敌，可充分保护和利用自然天敌控制其种群。

化学防治。幼虫发生盛期可选用 2% 甲维盐水分散性粒剂进行防治，用量为 6 ～ 7.5 g/ 亩。

丝点足毒蛾 *Redoa leucoscela* Collenette

【寄主】枫杨。

【分布】中国分布于浙江、江西、广东、广西、四川。广西分布于全州、资源、兴安、灌阳。

【形态特征】雌成虫翅展 33 ～ 41 mm，雄成虫翅展 24 ～ 30 mm，体白色。触角干部、头部、胸部和足白色；触角栉齿状，粉黄色；下唇须白色，外侧带黄褐色；前翅白色，有丝样波纹，排列紧密；在中室末端横脉中央有 1 个黑点；缘毛白色。后翅和缘毛白色。

卵浅灰色，扁圆形；卵块条状，呈两纵列，质地硬，土黄色，外被毒毛。

末龄幼虫体长 30 ～ 46 mm，体黑褐色，头棕红色。头部背面有细长毛束。胸足橙红色，末端有 1 对黑色小爪钩。第一、第二腹节背面有 2 个毛瘤。第三至第七腹节背面有双背线，较粗的为黄色。第一至第四腹节足橙黄色，腹足末端黄白色，趾钩黑色。亚背线黄色，气门上线和气门下线均有黄色毛瘤和细长毛束，散生，毛较长。腹部末节有不规则散状长毛。虫体毛束均为棕黄色。腹部背面第六、第七节有灰白色翻缩腺。

蛹黄棕色，长 18 ～ 22 mm。茧外被土黄色毒毛。

【生活习性】在广西全州县 1 年发生 2 代，以幼虫在树皮缝隙、枯枝落叶、草堆等处越冬。翌年 4 月上旬越冬幼虫在枫杨叶长出后开始上树取食，5 月上旬开始在树干上化蛹，蛹期约 15 天，5 月中旬始见成虫羽化，5 月下旬达到羽化高峰。成虫有趋光性，成虫羽化后 1 天可产卵，一般每个卵块 30 ～ 130 粒，每雌产卵量 120 ～ 260 粒。第一代卵 5 月下旬开始孵化，卵期约 7 天。6 月上旬为孵化高峰期，7 月下旬至 8 月上旬第一代末龄幼虫结茧，8 月中旬有成虫羽化，8 月下旬为成虫羽化高峰；第二代卵见于 8 月下旬，8 月下旬幼虫孵化，卵期 6 ～ 8 天，10 月中旬幼虫停止取食进入越冬状。幼虫 6 龄。

【为害特点】初孵幼虫食卵壳，后群集叶背取食。1 ～ 2 龄幼虫喜食嫩叶，能吐丝下垂，3 龄以上幼虫喜食老叶，4 龄后白天群集于树干、树枝上，喜居背阳潮湿面，藏匿于树皮缝隙，21 时左右上树分散取食树叶，翌日凌晨回到树干、树枝群集。多发生在枫杨老树上，枫杨幼树少见发生。大发生时，白天枫杨树干上密密麻麻布满幼虫，不计其数，发生严重时能把枫杨叶取食完，影响枫杨生长。该虫毒毛触及人体皮肤可引起皮肤红肿辣痛发炎，影响人们的身体健康、生产和生活安全。

【防治方法】重点防治第一代 4 龄前幼虫，可于 7 月用白僵菌、苏云金杆菌粉、阿维菌素、甲维盐、菊酯类等杀虫剂防治。江河流域慎用化学药剂，避免污染水源。

A. 成虫

B. 卵

C. 低龄幼虫

D. 高龄幼虫

E. 幼虫聚集在树干上

F. 蛹

丝点足毒蛾（杨忠武　摄）

双线盗毒蛾 *Somena scintillans* Walker

【寄主】桉、降香黄檀、格木、秋枫、台湾相思、板栗、油茶、香椿、枫香、槐、八角、油桐等。

【分布】中国分布于浙江、湖南、云南、四川、陕西、福建、台湾、广东、贵州、海南、广西。广西各地均有分布。

【形态特征】雌成虫翅展 26 ~ 38 mm，雄成虫翅展 20 ~ 26 mm。体橙黄色或浅黄棕色；肛毛簇橙黄色。前翅赤褐色微带浅紫色闪光；内线、外线黄色；前缘、外缘和缘毛柠檬黄色，该黄色区域被赤褐色斑纹分隔成 3 段。后翅黄色。

卵扁圆球形，卵块上覆黄褐色绒毛。

高龄幼虫体长 13 ~ 25 mm；头部浅褐色，胸腹部暗棕色；背线大部分黄色，其中央贯穿红色细线；后胸红色。前胸侧瘤红色，第一、第二、第八腹节背有黑色绒球状短毛簇，其余毛瘤浅褐色。

蛹圆锥形，长约 13 mm，围有疏松的棕色丝茧。

【生活习性】在福建 1 年发生 3 ~ 4 代，以幼虫、蛹越冬，冬季天暖时幼虫仍可取食；在广西、广东每年发生 4 ~ 5 代。在广西，4 月中下旬为第一代幼虫为害盛期。成虫多在傍晚后羽化，有趋光性。成虫产卵于叶背或花穗枝梗上，每雌产卵量 210 多粒，卵期 3 ~ 11 天。幼虫共 5 龄，少数 4 龄，幼虫老熟后吐丝下垂落地，沿树干爬到地面，再钻入表土层结茧化蛹。

【为害特点】初孵幼虫有群集性，2 ~ 3 龄幼虫分散为害叶片、嫩梢、花器及幼果。

【防治方法】幼虫期可选用 2.5% 功夫乳油、10% 氯氰菊酯乳油 2500 ~ 3000 倍稀释液喷雾防治。

A. 雌虫

B. 雄虫

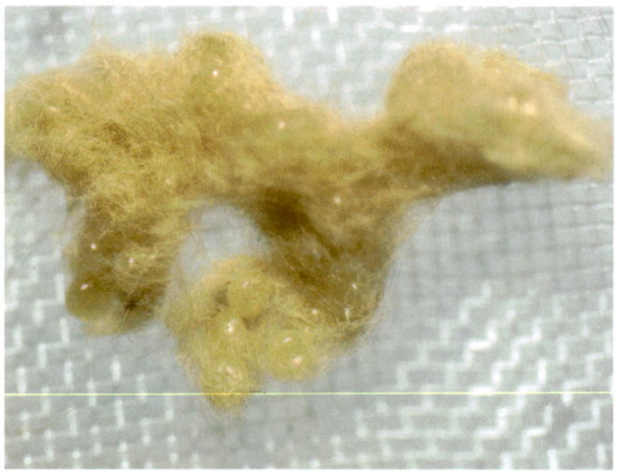
C. 卵

D. 幼虫

E. 蛹

F. 茧

双线盗毒蛾（李成　郑霞林　摄）

连星污灯蛾 *Spilarctia seriatopunctata* (Motschulsky)

【寄主】血桐、构等。

【分布】中国广泛分布。广西分布于南宁（武鸣罗波、大明山）、荔浦（杜莫、龙怀、茶城）、兴安（漠川、高尚、华江）、梧州（长洲、倒水）、苍梧（天洪岭林场、狮寨）、蒙山（西河）、藤县（塘步、金鸡、平福）、合浦（闸口）、上思（平福）、防城港（防城江山）、贵港（港南新塘）、桂平（木乐、江口、金田、西山、南木、石龙）、北流（民乐）、博白（水鸣、菱角）、容县（容西）、兴业（沙塘）、玉林（大容山林场）、都安（拉烈）、环江（思恩、洛阳）、罗城（龙岸、黄金）、南丹（八圩、车河）、天峨（向阳）、象州（罗秀）、大新（宝圩、堪圩、下雷）、扶绥（西长林场）、宁明（板棍）、凭祥（上石、友谊）、钦廉林场（升平）、博白林场（三育、马子、云飞）。

【形态特征】体中型，浅黄色，成虫翅展 42 ～ 54 mm；前翅淡灰黄色，翅面不具褐色鳞，顶角至后缘中央有 1 条斜向斑带，中间的斑点较淡或消失，亚外缘近臀角处尚有 1 列稀疏的斑点，有些个体斑点消失或不明显，前翅后缘近基部 1 枚黑斑，近中央 2 枚，斑型一般较大，腹背红色具黑色斑排成纵列。

低龄幼虫头胸和腹末 2 节被黑色刚毛，腹部第一至第七节被赭红色刚毛；高龄幼虫头部黑色，胸部和腹部第一至第七节被赭红色长刚毛，腹末 2 节被黑色长刚毛。

【生活习性】不详。

【为害特点】初孵幼虫群集于叶背取食叶肉，仅留表皮。3 龄后分散为害，造成叶片缺刻，甚至仅剩叶脉。

【防治方法】参考人纹污灯蛾。

连星污灯蛾幼虫（李元义　摄）

连星污灯蛾成虫（任向明　摄）

人纹污灯蛾 *Spilarctia subcarnea* (Walker)

【寄主】黑荆、茶、山茶、油茶等。

【分布】中国广泛分布。广西分布于阳朔（普益）、全州、岑溪（归义）、蒙山（夏宜）、藤县（大黎）、东兴（江平）、防城港（滩营和大录）、容县（罗江）、玉林（大容山林场）、隆林（猪场）、东兰（切学）、河池（金城江）、罗城（黄金）、武宣、象州（水晶）、崇左（江州那达林场）、龙州（武德）、宁明（明江）、六万林场（河嵩）、雅长林场（那成、九龙）。

【形态特征】雌成虫体长 20 ～ 23 mm，翅展 55 ～ 58 mm；雄成虫体长 15 ～ 20 mm，翅展 45 ～ 50 mm。雄蛾触角锯齿状，雌蛾羽状；雌、雄虫头、胸黄白色，胸部密布较厚黄白色绒毛，胸部腹面红色；前后翅正面白色或红色，反面均为淡红色，前翅外缘至后缘有 1 列斜黑点，两翅合拢时呈“人”字纹；腹部背面除基、端节外均为红色，腹部各节背面近中线处及腹部侧面气门线处均有 1 个黑点，腹部背面的黑点尤以第三、第四节最大；腿节红色，胫节黄白色，其余各节黑色。

卵馒头形，有光泽，卵表面有不明显菱状花纹。初产乳白色，后逐渐变成淡绿色。

幼虫共 6 龄，末龄幼虫体长 45 ～ 55 mm ；头部黑色；胸腹部黄褐色，体密被棕黄色长毛；背线橙红色，亚背线褐色，气门上线棕红色，中胸及腹部第一节背面各有横列的黑点 4 个，腹部第七至第九节背线两侧各有 1 对黑色毛瘤，其上密被棕色长毛，腹部腹面黑褐色，气门白色，胸足、腹足黑色，趾钩异形中带。

蛹椭圆形，头钝尾尖，长 15 ～ 18 mm，深褐色，体上各节有刻点组成横环纹，第四腹板后缘、第五、

A. 成虫

B. 卵

C. 幼虫

D. 蛹

人纹污灯蛾（郑霞林　摄）

第六腹节前缘成凸缘板状，凸缘板光滑，深褐色，无刻纹，腹末端棘上有 12 根短刚毛。

【生活习性】广东茂名 1 年发生 5 代，各代的为害高峰期分别为 4 月上旬至 4 月下旬、5 月中下旬、6 月中旬至 7 月上旬、8 月上中旬和 10 月上中旬。11 月上旬左右开始寻找化蛹场所越冬。成虫多在 15 ~ 19 时羽化，趋光性强，白天潜伏不出，躲在叶背、作物间、杂草中或树丛内，夜间出行、交配和产卵，交配高峰期在 21 ~ 23 时，成虫寿命 7 天左右。多产卵于寄主植物叶背，成块状，单层平铺，其上覆有少许绒毛。幼虫有假死性。

【为害特点】1 ~ 2 龄幼虫在叶背聚集为害，取食叶肉，被为害后的叶片仅剩上表皮，似纱网。3 龄以后开始分散为害，食量增大，为害加剧，直接取食叶片或嫩茎，造成叶片残缺不全、孔洞和分蘖增多。被为害的叶片以靠近植株顶梢较多，不为害植株中下部的衰老枯黄的叶片。

【防治方法】物理防治。人工摘除卵块或初龄幼虫群集的叶片集中销毁；利用幼虫的假死性，摇动植株，收集掉在地上假死的幼虫集中销毁；在成虫高峰期，利用灯光诱杀成虫。

生物防治。绒茧蜂对该虫 1 ~ 3 代幼虫的寄生率分别为 58% ~ 60%、47% ~ 49%、28% ~ 29%，可加以保护和利用；也可选用 100 亿活芽孢 /g 苏云金杆菌可湿性剂，每亩用 100 ~ 300 g 加水 50 ~ 60 kg 喷雾；或用 100 亿活芽孢 /g 青虫菌粉剂 1000 倍稀释液喷雾；或用 100 亿活芽孢 /g 杀螟杆菌可湿性粉剂加水稀释成 1000 ~ 1500 倍稀释液喷雾。尽量选择在低龄幼虫时期喷洒，每隔 7 ~ 10 天 / 次，连续喷 2 ~ 3 次。

化学防治。在幼虫大发生时，选用 0.2% 苦皮藤素乳油 1000 倍稀释液、1% 灭虫灵乳油 1000 ~ 2000 倍稀释液或 2.5% 溴氰菊酯 3000 倍稀释液等喷雾防治，一周 1 次，连续喷 2 ~ 3 次。

邻鹿蛾 *Syntomoides imaon* (Cramer)

【寄主】牡荆属植物。

【分布】中国分布于福建、广东、广西、海南、云南、西藏。广西各地均有分布。

【形态特征】成虫翅展 24 ~ 38 mm，体长 10 ~ 13 mm。大体黑色。额黄白色，触角顶端白色，颈板黄色，胸足跗节有白带；腹部基节与第五腹节有黄带。前翅有明显的 7 ~ 8 个白色透明斑，其中位

A. 雌蛾

B. 雄蛾

邻鹿蛾（郑霞林　梅国友　摄）

于翅外半部的 4 ～ 5 个几乎并列，位于内半部的 3 个呈三角形紧靠；后翅后缘黄色，中室至后缘具一大两小连成块的白色透明斑，约占翅面 1/2，翅顶黑缘宽。

【生活习性】1 年发生 3 代，以幼虫越冬，暖冬年份在南宁无明显越冬现象。翌年 3 月间越冬幼虫开始取食活动，4 月中下旬开始化蛹，5 ～ 11 月可见成虫活动。成虫昼出，常在花丛中飞翔，吮吸花蜜，休息时两翅张开。卵多产在叶背或嫩梢上，通常几十粒单层整齐排列。老熟幼虫在叶片或枝梢上吐丝结茧化蛹。

【为害特点】初孵幼虫群集于嫩叶上取食叶肉组织，2 龄后分散为害，取食叶片造成叶片缺刻状，随虫龄增大，食量大增，有时会把整个叶片吃光。

【防治方法】未见大面积发生和为害，可通过自然天敌调控其种群。

白黑瓦苔蛾 *Vamuna remelana* (Moore)

【寄主】不详。

【分布】中国分布于浙江、福建、江西、湖北、湖南、广东、广西、重庆、四川、贵州、云南、西藏、台湾。广西分布于荔浦（马岭）。

【形态特征】雄成虫翅展 42 ～ 50 mm，雌成虫 50 ～ 60 mm。成虫头顶、颈板、翅基片、胸黄白色，触角黑色，腹部橙黄色，被白色绒毛；前翅乳白色，前翅前缘端半黑色；雄虫黑斑发达，接近钝角三角形；雌虫黑斑退化为点状。

【生活习性】不详。

【为害特点】不详。

【防治方法】未见大面积发生和为害，可通过保护和利用自然天敌控制其种群。

白黑瓦苔蛾成虫（余洲　摄）

103. 瘤蛾科 Nolidae

成虫体小型，颜色暗淡，无单眼，前翅中室基部及端部有竖鳞，翅缰钩棒状。全世界已记录 186 属 1740 种，中国已记录 47 属 94 种，多为食叶害虫，少数种类可暴发成灾。

（郑霞林）

白裙赭瘤蛾 *Carea subtilis* (Walker)

白裙赭瘤蛾幼虫（段云博 摄）

【寄主】桉、大叶栎、海南蒲桃、桃金娘、木棉、榕。

【分布】中国分布于广东、广西、海南、云南。广西分布于南宁（武鸣太平）、柳城、永福、临桂、岑溪（水汶）、港口（光坡）、上思（公正、思阳、叫安、在妙、平福、南屏）、防城港（防城）、桂平（木根、蒙圩）、平南（大鹏）、陆川（滩面）、容县（浪水）、平果（马头、新安、太平、四塘、旧城、榜圩、海城、同老、濑江林场）、昭平（马江）、巴马、罗城（兼爱）、大新（福隆）、扶绥（岜盆）、龙州、宁明（海渊、板棍）、凭祥、东门林场（雷卡）、六万林场（东山）。

【形态特征】成虫体中小型，赭红色，体长 15 ～ 20 mm，翅展 32 ～ 41 mm，前翅前缘中部至前翅后缘中部有 1 条灰褐色细斜线，臀角至前缘有 1 条灰褐色的双弧线（弧线外侧的 1 条颜色较淡），弧线外侧区域呈斧头状（与赭夜蛾相比，外缘近顶角处明显凹陷）。

幼虫体灰绿色，头部红色，胸部膨大成圆球形（前期灰色，后期亮绿色），腹部第四至第六节两侧黑色，第七至第九节两侧白色但背面黑色，第九节背面有 1 个黑色尾突（但尾突顶端白色），臀板黑色。背中线和亚背线白色。

茧长椭圆形，表面浅灰褐色，丝白色。

【生活习性】成虫夜间羽化，20 ～ 24 时羽化量最多；成虫昼伏夜出，有趋光性；羽化后的翌日即可交配，雌虫可多次交配；交配后的雌虫于翌日产卵于叶背，每雌产卵量达 500 粒左右。幼虫多在夜间孵化，幼虫孵化后不久，胸部逐渐膨胀并开始取食，低龄幼虫取食叶表皮，高龄幼虫取食叶片呈不规则的缺刻状。幼虫老熟后，吐丝结缀 2 张叶片，在其中吐丝做茧并在其内化蛹，有些可在叶片表面吐丝做茧并在其内化蛹。

【为害特点】食叶害虫，低龄幼虫取食叶表皮，被害处呈半透明状；高龄幼虫取食叶肉，使叶片呈缺刻状，严重时整片叶片均被吃光。

【防治方法】参考赭瘤蛾。

赭瘤蛾 *Carea varipes* Walker

赭瘤蛾成虫（梅国友　摄）

【寄主】番樱桃属、水翁属、海南蒲桃、桃金娘。

【分布】中国分布于广西、台湾。广西分布于南宁（武鸣罗波和锣圩）、蒙山、桂平（木根）、巴马、南丹（八圩）、武宣、象州、大新（福隆、龙门）、宁明（峙浪）、凭祥（上石）、博白林场。

【形态特征】成虫翅展 18 ~ 22 mm，淡黄色；前翅中室具 2 个纵向排列的黑色小斑点，前翅臀角至前缘有 1 条稍弯的褐色弧形双线，双线外侧斧头状；后翅淡橘色。

幼虫体灰绿色，头部黄色，胸部膨大成圆球形，腹部第九节背面有 1 个白色尾突，臀足和臀板黑色。

【生活习性】不详。

【为害特点】食叶害虫，取食寄主植物叶片。

【防治方法】物理防治。根据其为害造成的受害状，结合日常管理，人工除虫。

生物防治。自然条件下存在多种捕食性天敌（如蚂蚁）和寄生性天敌（如齿腿姬蜂），应充分保护和利用。在 2 ~ 3 月中下旬越冬幼虫转移为害时，可用 16000 IU/mg 苏云金杆菌 400 ~ 800 倍稀释液防治。

化学防治。幼虫大发生时，可每亩用 4.5% 高效氯氰菊酯乳油 22 ~ 40 mL 或 5.3% 联苯·甲维盐微乳剂 2000 ~ 4000 倍稀释液喷雾或 2.5% 溴氰菊酯乳油 1500 ~ 3000 倍稀释液。

水仙瘤蛾 *Eligma narcissus* (Cramer)

【寄主】臭椿、香椿、红椿、千头椿、千年桐。

【分布】中国分布于河北、辽宁、上海、江苏、浙江、福建、江西、山东、河南、湖北、湖南、广东、广西、四川、贵州、云南、台湾。广西分布于蒙山、博白（那林、浪平）、隆林（猪场）。

【形态特征】成虫体长 26 ~ 28 mm，翅展 67 ~ 80 mm，头、胸部背面为灰褐色，胸部腹面及腹部为鲜黄色；前翅狭长黑灰色，从翅基部至翅尖中间夹 1 条白色纵带，翅背分为 2 部分，前半部为灰黑色，后半部为黑褐色，基角在白带下方，有 4 个黑点，中横线黑色在白带处中断，外横线弧形，亚外缘线由 8 个黑点组成；后翅呈三角形，鲜黄色，外缘 1/3 处为蓝黑色，翅脉上显 5 条粉蓝晕斑；腹部背面中央及两侧各有 1 列黑斑，足黄色。

卵近圆形，乳白色。

初孵幼虫黄绿色，末龄幼虫鲜黄色，体长约 48 mm；腹部各节背面有 1 条黑色斑纹，沿黑纹处有瘤状突起的毛瘤，上生灰白色长毛。

蛹纺锤形，红褐色，各腹节间均具细齿棱边，后 4 腹节相愈合，较前几腹节骤狭，末端粗。

【生活习性】在河北和陕西 1 年发生 2 代，在河南南部地区每年发生 3 代，在江西 1 年发生 3 ~ 4 代，在树枝和树干上结茧化蛹越冬。翌年 4 月中下旬至 5 月上旬越冬蛹羽化，雌雄性比为 2∶1。成虫昼伏夜出，有趋光性，19时左右为羽化高峰，23时左右为交配高峰，雌雄虫一生仅交配1次，成虫寿命4～7天。卵散产在叶背，卵期 14～16 天，每雌产卵量 380～450 粒。幼虫多在 16～17 时孵化，刚孵化幼虫有取食卵壳的习性，低龄幼虫群集为害，4 龄后分散取食，受惊扰时弹跳或脱落体表刚毛，幼虫历期 20～28 天。末龄幼虫常在 2～3 年生幼树树干距地面 15～20 cm 处取食干树皮并吐丝粘连树皮结薄茧化蛹，似树皮的隆起部分，蛹历期 13～18 天，越冬蛹历期 175～185 天。

【为害特点】以幼虫取食为害叶片，食量大，造成叶片缺刻、孔洞，严重时会将叶片吃光。

【防治方法】物理防治。结合日常养护管理，摘除卵块、初孵幼虫及茧蛹；成虫趋光性强，可使用诱虫灯诱杀。

生物防治。自然天敌包括舞毒蛾黑瘤姬蜂、野蚕黑瘤姬蜂、臭椿皮蛾姬蜂和白僵菌，寄生率达58.4%，应加以保护和利用。也可在幼虫期喷洒 500～1000 倍含孢量在 10×10^9/mL 以上的苏云金杆菌乳剂或 25% 灭幼脲 3500～4000 倍稀释液。

化学防治。在幼虫期可用 20% 杀灭菊酯 2000～3000 倍稀释液或 2.5% 溴氰菊酯乳油 1500～2000 倍稀释液喷雾防治。

A. 成虫

B. 茧

C. 蛹

水仙瘤蛾（杨振德　谭小玲　摄）

104. 夜蛾科 Noctuidae

世界性分布，全世界已记录3万多种，中国已记录3000多种。体中型至大型，粗壮多毛，体色灰暗；胸部粗大，背面常有竖起的鳞片丛。成虫喙发达，少数种类喙退化，下颚须微小；下唇须发达，有钩形、镰形、锥形和三角形等形状；有听器，前翅 Cu 脉 4 叉式，M_2 基部靠近 M_3 而远离 M_1，后翅 $Sc+R_1$ 与中室基部有一点接触后马上又分开。幼虫具趾钩，是与其他多足型幼虫进行鉴别的重要依据之一；趾钩的数目、长短和排列方式是种类鉴定的重要依据。该科中多数种类是重要的农林害虫。

（周丽君）

飞扬阿夜蛾*Achaea janata* (L.)

【寄主】桉、乌桕、台湾相思。

【分布】中国分布于湖北、湖南、广东、广西、云南、西藏、台湾。广西分布于南宁（江南）、宾阳（黎塘）、横州（横州、莲塘、平马）、上思（公正、那琴、思阳）、平南、兴宾（石陵）、金秀（桐木）、忻城（红渡、古蓬）、维都林场（平塘、龙凤山、清水河）、博白林场（五峰）。

【形态特征】成虫体长 21 ～ 23 mm，翅展 51 ～ 54 mm，头、胸部栗褐色，腹部灰褐色；复眼圆球形、灰绿色；前翅浅灰褐色，双内横线呈微波浪形外斜，中横线波浪形外斜至 4 脉后内弯，外横线与中横线近平行；后翅中部 1 条楔形白带横贯，外缘有 3 块白色鳞毛斑。

卵呈扁球形，初为灰绿色，渐变为灰黑色。

幼虫头部褐色，两侧各具 6 个大小不一的黄白色斑，额中央具暗色纵纹；体浅红色至暗红色，背线褐色，腹面及气门上线呈黄褐色；末龄幼虫体长 49 ～ 57 mm，第一腹节常呈尺蠖状，第七至第九腹节连成峰状，第八腹节背面隆起。

蛹长 20 ～ 26 mm，褐色，具白粉，头部具 1 对短刺。

【生活习性】在广西 1 年发生 4 ～ 5 代，以蛹在土中或草堆中越冬。翌年 3 ～ 4 月成虫羽化产卵，卵多产于嫩叶背，5 ～ 6 月、9 ～ 10 月进入幼虫为害盛期；低龄幼虫受惊扰即吐丝下垂，受触动时可吐“青水”坠地假死；末龄幼虫在寄主上吐丝卷叶化蛹。成虫白天畏光，晚上活动，趋光性弱，具假死性。

A. 背面观

B. 腹面观

飞扬阿夜蛾成虫（郑霞林　摄）

【为害特点】幼虫取食叶片和嫩芽，轻者造成叶片缺刻或孔洞，重者能吃光叶片，取食幼果及嫩茎韧皮部。成虫吸食荔枝、龙眼、柑橘、杧果等寄主植物的果实汁液。

【防治方法】营林防治。深翻土壤，深埋越冬蛹被翻出暴晒或受低温冻死；同时清除落叶杂草，集中烧毁，铲除林区周围的杂草；合理规划苗圃，新建苗圃时，尽可能远离果园；种植抗虫品种。

物理防治。利用其假死习性，人工捕捉幼虫或成虫。

生物防治。注意保护和利用天敌，在卵孵化盛期利用广赤眼蜂防治，每亩释放 1 万头，每隔 7 ～ 10 天放蜂一次，连续放蜂 2 ～ 3 次。

化学防治。在幼虫 3 龄前，可用 2.5% 溴氰菊酯乳油 2000 ～ 3000 倍稀释液等药物喷杀。

枯叶夜蛾 *Adris tyrannus* (Guenée)

【寄主】桉、三叶木通。

【分布】中国分布于内蒙古、辽宁、上海、安徽、江西、河南、湖北、广西、贵州、云南、台湾。广西各地均有分布。

【形态特征】成虫体长 35 ～ 38 mm，翅展 96 ～ 106 mm，头胸部棕色，腹部杏黄色；前翅呈深棕微绿枯叶色，外缘弧形内斜，后缘中部内凹，从顶角至后缘凹陷处有 1 条黑褐色斜线，内线黑褐色，翅脉上密布黑褐色小点，翅面基部和中央有暗绿色圆纹；后翅杏黄色，亚端区有 1 个牛角形黑斑；中部有 1 个肾形黑斑（前端至 M_2 脉）。成虫停息时似枯叶状。

A. 背面观

B. 腹面观

枯叶夜蛾成虫（郑霞林　摄）

卵扁球形，直径 1.0 ～ 1.1 mm，顶部及底部较平，呈乳白色。

末龄幼虫体长约 70 mm，体前端较尖；头部红褐色无花纹，体黄褐色或灰褐色，各体节具有许多不规则的白纹；第一、第二腹节常弯曲；第二、第三腹节亚背线上各有 1 个眼形斑，斑的中间白色，具有月牙形白纹，外围黄白色并绕有黑色圈；第八腹节有隆起把第七至第十腹节连成峰状；胸足外侧黑褐色且侧内有白斑；腹足黄褐色，趾钩单序中带；气门长卵形，黑色。

蛹长 31 ～ 32 mm，红褐色至黑褐色；头顶中央略呈 1 个尖突；头胸部背腹面有很多较规则的粗褶皱；腹部背面较光滑，刻点浅而稀；腹末具臀棘 4 对，中间两对较粗大。

【生活习性】在浙江 1 年发生 2 ～ 3 代，以成虫越冬。第一代成虫于 6 ～ 8 月出现，第二代成虫于 8 ～ 10 月出现，越冬代成虫 9 月至翌年 5 月可见，野外 3 ～ 11 月均可发现成虫，以秋季较多。成虫寿命较长，有趋光性，略具假死性，昼伏夜出，成虫白天栖息在灌木、草丛中，夜晚飞出觅食，喜为害香甜味浓的果实。多产卵于寄主主茎或叶背。幼虫有吐丝习性，缀叶潜于其中为害，静止时常以 3 对腹足着地，身体呈 U 形或“？”形。

【为害特点】幼虫取食叶片，形成缺刻；成虫以锐利的口器穿刺果皮，吸取果实汁液，影响果实品质。

【防治方法】参考飞扬阿夜蛾。另外，还可利用成虫趋光性，在成虫高发期用诱虫灯诱杀。

小地老虎 *Agrotis ypsilon* (Rottemberg)

【寄主】苗木地下根系。

【分布】中国广泛分布。广西分布于南宁（兴宁三塘、江南、邕宁百济）、马山（周鹿）、横州（镇龙）、靖西（新靖）、高峰林场（银岭、平甫、长客、界牌、六里、东升、延河）、维都林场（维都）。

【形态特征】成虫体长 16 ～ 23 mm，翅展 42 ～ 54 mm，头胸部暗褐色，腹部灰色；前翅暗褐色，具有显著的肾状纹、环状纹和棒状纹各 1 个，黑色剑状纹 2 个；在肾状纹外侧有 1 个尖端向外的楔状黑斑，在外缘上有 2 个尖端向内的楔状黑斑，3 斑相对。后翅灰白色。

卵扁圆形，直径 0.5 ～ 0.6 mm，表面有纵横隆纹，初产时呈乳白色，孵化前呈灰黑色。

末龄幼虫体长 41 ～ 52 mm，头部暗褐色，体灰褐色至暗褐色，密布黑色粒状小突，背面中央有两条淡褐色纵带；头部唇基约为等边三角形，腹部第一至第八节各节背面有 4 个呈梯形排列的毛片；腹部末节臀板黄褐色，有 2 条深褐色纵带。

蛹长 18 ～ 24 mm，暗褐色，第四至第七节背侧有刻点，腹端具黑褐色粗刺 1 对。

【生活习性】广西桂北地区 1 年发生 5 ～ 6 代，桂南地区 1 年发生 7 代。第一代发生于 3 ～ 4 月，第二至第六代发生于 5 ～ 11 月，第七代发生于 11 月中旬至翌年 2 月。在桂南几乎无越冬现象。成虫有趋化性、趋光性和趋嫩产卵习性。成虫白天潜伏于杂草丛中、枯叶下、土隙间等阴暗的地方，19 ～ 22 时活动最盛。初孵化的幼虫有取食卵壳的习性，3 龄前幼虫躲在寄主心叶取食为害，受害叶片展开后为整齐的排孔。3 龄以后开始扩散，白天潜伏在土中，夜间和阴雨天气出来取食，近地面处咬断幼苗拖入土中，造成缺苗，老熟幼虫入土化蛹。

【为害特点】1 ～ 3 龄幼虫取食嫩叶，4 龄幼虫后入土为害苗木根系，造成幼苗死亡。

【防治方法】营林防治。参考飞扬阿夜蛾。

物理防治。诱杀幼虫：幼苗出土前，用新鲜杂草或泡桐叶或莴苣叶堆放苗圃苗木间，每天翻查草堆（幼虫白天喜欢藏在草堆下），集中杀死幼虫。人工捕杀：幼苗出土后，早晨深入苗圃检查，发现萎蔫苗和枯心苗等被害苗，即拨开被害苗周围表土捕杀幼虫。诱杀成虫：用糖醋液或诱虫灯诱杀成虫。

生物防治。用小卷蛾线虫悬浮液稀释后喷洒在苗圃土壤表面，每亩使用量为 1 亿～ 2 亿条。

化学防治。以第一代防治为重点，抓住 2 龄幼虫尚未入土为害的始盛期至高峰期，进行药剂防治，每亩可选用 30% 噻虫 · 高氯氟悬浮剂 8 ～ 10 mL、5% 氯虫苯甲酰胺悬浮剂 40 ～ 50 mL 喷雾防治，或选用 4% 二嗪磷颗粒剂 1200 ～ 1500 g、0.2% 联苯菊酯颗粒剂 3000 ～ 5000 g 拌土撒施。

A. 幼虫（郑霞林　摄）　B. 蛹（郑霞林　摄）　C. 成虫（邢殿菊　摄）

小地老虎

超桥夜蛾 *Anomis fulvida* Guenée

【寄主】木槿、大叶黄杨。

【分布】中国分布于浙江、江西、湖南、广东、广西、四川、云南。广西分布于南宁（武鸣和朝燕林场）、桂林（叠彩）、兴安、蒙山、平南、兴业（沙塘）、巴马、宜州（同德）、凭祥、大桂山林场（清水）、博白林场（三育）、雅长林场（雅长）。

【形态特征】成虫体长 17 ～ 21 mm，翅展 37 ～ 45 mm，头胸部橙红色，腹部及后翅灰褐色；前翅橙红色杂褐色，密布赤锈色细点，各横线灰褐色或紫红棕色，基线仅达 1 脉；外缘前半部成浅弧形，中部突出成尖角，后半部斜伸至臀角，两前翅合拢时呈倒 V 形，缘毛白色；环纹为 1 个白点，肾形纹略呈哑铃形或形似椭圆棕黑色斑。

卵半圆球形，初产时乳白色，近孵化时呈暗绿色。

幼虫共 5 龄，末龄幼虫体长 36 ～ 45 mm，暗褐色，体上有明显的黑色斑点；亚背区有 1 列黄色短纹，或背面及侧面有黄（白）色条纹；体表光滑，但腹部各节长有刺毛，第一、第二腹足退化，尾足向后突出，呈“八”字形。幼虫体色有绿色型和褐色型，个体色泽斑纹变化较大。

蛹长卵圆形，长 16 ～ 20 mm，臀刺分叉状。

【生活习性】浙江宁波 1 年发生 5 ～ 6 代，以蛹在落叶及浅土层中越冬，翌年 3 月下旬越冬蛹羽化，始见成虫并产卵。成虫有趋光性，昼伏夜出，闷热、无风、无月光的夜晚，成虫出现数量较多。4 月上旬见初孵幼虫，11 月中旬后蛹不再羽化，开始进入越冬。卵散产于枝、叶表面（多在叶背）。初孵幼虫会吐丝下垂，滚动弹跳，3 龄后幼虫触动会弹跳，爬行背拱起形似尺蠖，末龄幼虫缀叶做薄茧化蛹。世代重叠严重。

【为害特点】幼虫取食叶片，造成叶片缺刻或孔洞，严重时叶片均被吃光。成虫以果实汁液为食，尤喜近成熟和成熟的果实汁液。

【防治方法】营林防治。冬季深耕、清除枯枝落叶，破坏蛹的越冬场所，减少虫口基数。

物理防治。将甜瓜切成小块悬挂林区或在林区堆放烂果，引诱成虫取食，集中捕杀；利用成虫趋光性，采用诱虫灯诱杀成虫。

A. 低龄幼虫（李元义　摄）

B. 高龄幼虫（谭小玲　摄）

超桥夜蛾

生物防治。卵期天敌有赤眼蜂、黑卵蜂，成虫天敌有螳螂等，应加以保护和利用。

化学防治。低龄幼虫期，选用 20% 氰戊菊酯 1500 倍稀释液 + 5.7% 甲维盐 2000 倍混合液或 40% 啶虫 · 毒死蜱 1500 ～ 2000 倍稀释液喷雾防治，每周 1 次，连用 1 ～ 2 次，防治效果好。

竹笋基夜蛾 *Apamea kumaso* Sugi

【寄主】淡竹、刚竹、毛竹、乌哺鸡竹、茶竿竹、京竹、毛金竹等。

【分布】中国分布于江苏、安徽、浙江、福建、江西、湖北、湖南、广东、广西、重庆、四川、贵州、云南。广西各地均有分布。

【形态特征】雌成虫体长 17.5 ～ 20.5 mm，翅展 40 ～ 45 mm；雄成虫体长 15.5 ～ 18.5 mm，翅展 38 ～ 41 mm。体淡黄褐色。触角浅褐色，丝状；头顶和翅基片绒毛长而厚。前翅基线、中线、外线不甚明显；亚端线波形，黄白色内侧衬三角形棕褐色纹，端线灰白色，内侧有 1 列三角形黑色小斑；缘毛黄白色，波状；剑状纹深褐色；肾状纹浅褐色，纹内边深褐色，纹外边灰白色；环状纹椭圆形，横置，边缘黑色；环状纹下为楔状纹，褐色，边缘黑色。后翅无斑，暗灰色。足灰褐色，跗节有淡棕色环。

卵扁椭圆形，前期淡黄色，后期淡褐色。

初孵幼虫体长约 1.5 mm，呈淡紫褐色；老熟幼虫体长 34 ～ 48 mm，体淡灰紫色，头橘黄色，前胸背板黑色。

蛹长 18 ～ 21 mm，前期黄色，后期红褐色，臀棘 4 根，中间 2 根略长。以丝黏结土粒筑成茧，较薄，长椭圆形。

【生活习性】广西各地 1 年发生 1 代，以卵越冬。越冬卵孵化期、幼虫取食期、化蛹期和成虫羽化期分别为 2 月下旬至 3 月上旬、3 月上旬至 4 月中旬 4 月中旬至 5 月上旬和 4 月下旬至 5 月中旬。成虫产卵于杂草枯叶叶缘；早竹林无杂草，则产于竹叶箨边缘。幼虫孵化后钻入竹叶芽内取食，可转芽为害；2 龄末期幼虫在竹上或下到地面寻觅隐藏处停息 2 ～ 10 天，幼虫 3 月下旬下地。3 月下旬或 4 月上旬竹林出笋后幼虫爬上竹笋并在笋中蛀食为害，幼虫老熟后，在笋上

A. 成虫

B. 幼虫

C. 预蛹期幼虫和蛹

竹笋基夜蛾（吴耀军 摄）

咬 1 个孔口，爬出落地入土 1 ～ 2 cm 吐丝黏结细土及地面碎草落叶制作成茧，在其内化蛹，蛹期约 18 天。成虫寿命 5 ～ 10 天。

【为害特点】幼虫在竹笋中取食，被害竹蛀道中充满虫粪，被害严重的竹笋腐烂而死。

【防治方法】营林防治。该虫成虫多产卵于杂草上越冬，故减少林间杂草是控制该虫的重要措施；退笋一定要挖除，以减少该虫的嗜好寄主，减轻翌年竹笋被害程度。

物理防治。成虫有趋光性，成虫高峰期可用诱虫灯诱杀成虫。

生物防治。卵期有多种赤眼蜂，幼虫期及蛹期有多种寄生蝇，成虫期有螳螂、胡蜂、鸟类等天敌，可加以保护和利用。

化学防治。越冬卵孵化始盛期，在杂草及竹笋上可用 10% 吡虫啉可湿性粉剂 1500 ～ 2000 倍稀释液、1.8% 阿维菌素乳油 2000 ～ 3000 倍稀释液、25% 噻虫嗪水分散剂 4000 倍稀释液、1.2% 烟参碱 1000 倍稀释液或 20% 除虫脲悬浮剂 1500 ～ 3000 倍稀释液喷雾防治。

桉重尾夜蛾 *Bombotelia* sp.

【寄主】桉、降香黄檀。

【分布】中国分布于广东、广西。广西各地均有分布。

【形态特征】成虫体长 11 mm，翅展 27 mm。前翅黑紫间棕色并杂有少许灰白色毛，外线与亚端线间、端线上部内侧有 2 条紫灰色带，其余均显黑紫间棕色；后翅端部黑棕色，其余白色，黑棕色区内侧各翅脉上均有 1 个黑点，中室有 1 个褐斑。胸腹部腹面被白色长绒毛。

幼虫体绿色，布不规则白色小斑，背中线淡绿色，亚背线和气门线淡黄色，气门棕褐色。

【生活习性】在广西南宁 1 年发生 3 代或以上，以末龄幼虫或蛹越冬。其他习性不详。

【为害特点】低龄幼虫取食叶肉，受害叶呈半透明状；3 龄后取食全叶，严重时可将整株或成片林叶片吃光。

【防治方法】营林防治。疏于管理、杂灌草较多的林分发生密度较高，受害重，故要加强林分管理，提高林分抗虫能力。

化学防治。参考超桥夜蛾。

A. 成虫（郑霞林　摄）

B. 幼虫（赵丽云　摄）

C. 蛹（郑霞林　摄）

桉重尾夜蛾

苎麻夜蛾 *Cocytodes coerula* Guenée

【寄主】桉、榆等。

【分布】中国广泛分布。广西分布于桂林（临桂）、苍梧（石桥、六堡）、容县、大化。

【形态特征】成虫体长 28 ～ 32 mm，翅展 65 ～ 71 mm，体、翅茶褐色；前翅顶角具有近三角形褐色斑，基线、外横线、内横线黑色波状或锯齿状，具黑色环状纹和棕褐色肾状纹；后翅具 3 条青蓝色略带紫光横带。

卵扁圆形，直径约 1 mm，米黄色，卵壳上有放射状纵纹，纵纹间具横纹。

末龄幼虫长约 60 mm，有黄色带黑线、黑色带黄线、淡绿色带红线等体色类型，头部呈红色或黑色，幼虫受惊后，头部时常摇动，又称“摇头虫”。

蛹长 20 ～ 30 mm，较粗壮，初为棕色，后变为黑褐色，胸腹背面光滑。

【生活习性】在四川大竹县 1 年发生 3 代，在湖北黄冈和湖南沅江 1 年发生 4 代，均以成虫越冬。在浣江市越冬代成虫 4 月中旬初现和产卵，4 月下旬为产卵盛期，第一至第四代幼虫始见期分别为 4 月下旬、6 月中旬、8 月上旬和 9 月上旬。幼虫历期以第一代最长，平均为 25.1 天，第二至第四代幼虫平均历期为 17.1 天。老熟幼虫多在隐蔽的土坎、疏松表土层内和枯枝落叶中吐丝结薄茧化蛹，蛹期 10 ～ 25 天。第一至第四代成虫的始见期分别为 6 月上旬、7 月下旬、8 月下旬和 10 月上中旬，第一至第三代成虫寿命为 6 ～ 13 天，第四代（越冬代）长达 190 天。成虫昼伏夜出，黄昏和黎明前活动最盛，有趋光性，卵多聚产于叶背。幼虫受惊后吐丝下垂或以腹足和尾足紧抱叶片左右摆头，口吐黄绿色汁液，老熟幼虫在疏松土表层或枯枝落叶中化蛹。

A. 成虫（郑霞林　摄）

B. 低龄幼虫（李懋辅　摄）

C. 高龄幼虫（梅国友　摄）

苎麻夜蛾

【为害特点】被产卵的叶面常表现出变黄、下垂症状；初孵幼虫群集于顶部的叶背为害，将叶肉咬成筛状小孔，3 龄后分散为害，5 龄后为害最猖獗，严重时整株叶片被吃光。

【防治方法】营林防治。5 月下旬至 6 月上旬，第一代幼虫入土化蛹高峰期，及时中耕松土消灭部分虫蛹。

物理防治。摘除着卵叶片和群集幼虫的叶片，集中消灭。

生物防治。使用 16000 IU/mg 苏云金杆菌可湿性粉剂 500 倍稀释液喷雾防治幼虫。

化学防治。幼虫期，可选用拟除虫菊酯类农药 20 ～ 75 mL/ 亩或 1% 甲氨基阿维菌素苯甲酸盐乳油 3000 倍稀释液喷雾防治。

涟篦夜蛾 *Episparis tortuosalis* Moore

【寄主】桉、麻楝、黄缅桂等。

【分布】中国分布于广东、广西、海南。广西分布于龙州。

【形态特征】成虫体长 18 ～ 21 mm，翅展 45 ～ 55 mm，体褐色，胸部和腹部具粗毛。前翅前缘直，外缘自翅尖至 1/3 处微内削，前翅腹面顶角外有 1 个深咖啡色三角形斑块。后翅外缘中部外突，然后内削，后翅外缘 1/3 至臀角处具火黄色斑 1 块，后翅腹面中央有 1 条白色宽带，内具 1 个深咖啡色斑点和 2 个褐色斑（雌蛾无褐色斑）。

涟蓖夜蛾成虫（李懋辅　摄）

卵馒头状，较扁，表面有放射状线条，线条末端略弯曲，中央有蜂窝状刻纹；卵壳外覆有 1 层透明胶状物。

老熟幼虫体长约 45 mm，头部、胴部均为黄色，着生黑色刚毛和毛瘤。

蛹呈圆筒形，红褐色，腹部末端缺臀节，蜂窝状的脊状突起呈圆形排列。

【生活习性】在海南岛尖峰岭 1 年发生 4 代以上，老熟幼虫缀叶结茧化蛹越冬。成虫昼伏夜出，有趋光性。

【为害特点】幼虫取食寄主植物叶片，造成缺刻。

【防治方法】未见大面积发生和为害，可通过保护和利用自然天敌控制其种群。

落叶夜蛾 *Eudocima phalonia* (L.)

【寄主】桉、樟叶木防己、异叶帽蕊木、刺桐属植物等。

【分布】中国分布于黑龙江、江苏、浙江、湖南、广东、广西、云南、台湾。广西分布于南宁（武鸣罗波和朝燕林场）、宁明（桐棉）。

【形态特征】成虫体长 34 ～ 40 mm，翅展 93 ～ 96 mm，体褐色，远观似枯叶夜蛾；前翅赭褐色，后缘稍内凹；肾状纹近三角形呈深褐色，其下方有 1 个薄膜状白斑，自顶角至后缘有 1 条棕褐色锯齿状宽带纹；亚端线微黄，中段外侧微带暗绿色；后翅橘黄色，端区有 1 条黑色宽带，近臀角处有 1 个黑色肾状斑。

卵初产呈黄色，后变为黄褐色。

幼虫紫褐色，体表具黄、褐、黑色斑；第八腹节背部膨大突起；第二、第三腹节上有眼状纹。

蛹黄褐色，复眼明显突出。

【生活习性】在福建省福鼎市 1 年发生 4 ～ 5 代，世代重叠，以幼虫和蛹在草丛、土缝和石隙中越冬；翌年 3 月下旬始见第一代成虫。成虫在寄主叶背产卵，初孵幼虫静聚不动，头下垂，尾上翘。闷热、无风、无月光的夜晚，成虫出现数量较大，为害严重。趋光性弱、飞翔力强。

【为害特点】成虫吸食成熟果实汁液，被害果实伤口呈褐色，逐渐腐烂脱落，或在贮运期烂果。幼虫取食植物叶片。

【防治方法】参考艳叶夜蛾。此外，还可自制糖醋液（红糖：醋：酒：水 =1：4：1：16）诱杀成虫。

A. 成虫（李懋辅 摄）

B. 幼虫（梁擎 摄）

落叶夜蛾

变色夜蛾 *Hypopyra vespertilio* (Fab.)

【寄主】金合欢、合欢、紫藤、紫薇、楹树等。

【分布】中国分布于河北、上海、江苏、浙江、福建、江西、山东、广东、广西、云南。广西分布于南宁（武鸣罗波和朝燕林场、兴宁四塘）。

【形态特征】成虫体长 24 ～ 29 mm，翅展 74 ～ 82 mm，头部及颈板暗褐色；前翅灰褐色，略带青色或深黑褐色，大部分密布黑棕色细点，近翅基有 1 条不明显的横带，内线黑褐色外弯，在翅中室外端处有黑棕色斑点 1 ～ 5 个，但斑点排列变异较大；中线黑棕色，波浪形，在各脉上呈黑点；顶角有深色斜线与中线相对，其外有 1 条棕色线。后翅灰褐色，端区带青色，后缘杏黄色；展翅后，前翅中线与后翅横线连接成近似 1 条线。

卵球形，初产时浅绿色，表面有长短纵棱间隔排列，纵棱间有横纹形成小长方形。

幼虫共 7 龄，初孵幼虫绿色，末龄幼虫体形略扁，银灰色至黑褐色。头部灰褐色，颅侧区有黑色纵带和不规则斑点，头顶部黄色；第一、第二腹节弯曲成桥形，形似尺蠖；由胸部至腹部逐渐增大，尤以腹部第十一节最大，腹部灰白色。

蛹长椭圆形，臀棘 8 根，中间两根较长、较粗。

变色夜蛾成虫（李懋辅　摄）

【生活习性】在江苏长江以北地区 1 年发生 2 ～ 4 代，以蛹在土中越冬。翌年 6 月上旬越冬蛹开始羽化，6 月中下旬为羽化盛期，6 ～ 7 月产第一代卵，6 月中旬至 7 月下旬为第一代幼虫为害盛期，7 月上旬至 9 月上旬产第二代卵，7 月中旬至 8 月中旬为第二代幼虫为害盛期。9 月上旬陆续化蛹越冬。成虫羽化后 2 ～ 4 天开始交配，交配高峰期 4 ～ 6 时，交配翌日即可产卵，卵多产于叶片边缘、叶背或叶柄上，条状排列。

【为害特点】幼虫取食叶片，严重时仅残留主脉和叶柄，4 龄后多群栖于寄主树干 30 ～ 50 cm 处。成虫吸食柑橘等果实汁液，引起落果。

【防治方法】7 ～ 8 月幼虫发生高峰期，可选用 16000 IU/mg 苏云金杆菌可湿性粉剂 1000 倍稀释液、25% 灭幼脲Ⅲ号悬浮剂 500 ～ 600 倍稀释液、48% 毒死蜱乳油 1000 倍稀释液、2.5% 高效氟氯氰菊酯或 2.5% 溴氰菊酯 2000 ～ 3000 倍稀释液喷雾防治。

苹梢鹰夜蛾 *Hypocala subsatura* Guenée

【寄主】栎属、藤黄属、小凤花属、苦油楝属、木果楝属植物等。

【分布】中国主要分布于河北、山西、辽宁、江苏、山东、河南、广东、广西、贵州、云南、陕西、甘肃、台湾。广西分布于百色。

【形态特征】成虫体长 17 ～ 22 mm，翅展 34 ～ 38 mm，触角丝状附有排列成簇的灰白色柔毛，下唇须斜向下伸，形如鹰嘴；头胸背面密被有黄褐色毛和鳞片。有 2 种色型：一种前翅紫褐色，密布黑褐色细点，外横线和内横线棕色波浪形，肾状纹有黑边，其余线纹不明显，后翅棕黑色，中室后有 1 条黄色倒 r 形条纹，后缘基半部处有黄色近圆形大斑纹，臀角、近外缘中部和翅中部各有 1 个小黄斑，缘毛黄色；另一种前翅中部为深棕色，前缘近顶角处有一半月形淡褐色斑，后缘为淡褐色波形宽带；后翅花纹与前一种色型相同。腹部各节间黄色，每节前大半部黑色，形成黄黑相间的半环。

卵半球形，直径 0.3 ～ 0.5 mm，初产乳白色，近孵化时呈灰褐色，表面具 28 ～ 35 条纵棱状线纹。

末龄幼虫体长 30 ～ 35 mm，较粗壮，1 龄胴部白色，2 龄胴部淡黄色，3 龄胴部土黄色，亚背线明显，4 ～ 5 龄全体灰棕色至深黑色，头部红色，第一至第八腹节背线上及气门周围各有 1 个大型黄色斑，形成“一”字形排列；前、中和后胸各有 1 列白斑，体上有多条黄色波浪形的细纵纹；幼虫腹足趾钩为单序中带。

苹梢鹰夜蛾成虫（陆千乐　摄）

蛹长 15 ～ 20 mm，纺锤形，

红褐色，腹部末端有臀棘4枚，排成一直线，中间2枚较长。

【生活习性】陕西以1年发生1代为主，浙江富阳以1年发生2代为主，少数出现3代。广西贺州1年发生6代，世代重叠，10月下旬至11月上旬以第六代老熟幼虫人土作茧化蛹越冬，翌年4月上旬成虫羽化，中旬开始产卵繁殖第一代，每代历期约35天，而越冬代185～190天。成虫多在20～21时羽化，飞翔能力较弱，白天多潜伏在寄主树下的杂草灌木叶背上，夜间产卵于树冠上部，成虫寿命13～16天。幼虫行动敏捷，受惊时，1～3龄吐丝坠地，4～5龄坠地弹跳。在广东一年中以4～6月为害最为严重。

【为害特点】初孵幼虫蛀入半展开的叶芽苞中取食为害嫩叶，脱皮后咬断顶芽转移到下一叶片并吐丝将叶片纵卷成半筒形，幼虫头部向上藏于其中，先从叶尖端开始取食为害。幼虫随着龄期的递增，有从高处嫩叶向底部老叶为害的习性。

【防治方法】可选用20%氰戊菊酯乳油1500倍稀释液或2.5%溴氰菊酯乳油1500～2000倍稀释液喷雾防治。

焦艺夜蛾 *Hyssia adusta* Draudt

【寄主】马尾松。

【分布】中国分布于浙江、安徽、福建、广西。广西各地均有分布。

【形态特征】成虫体长15～17 mm，翅展36～42 mm，头部呈黑灰色，胸部暗褐色，中胸杂有银灰色；前翅暗棕色，间有灰色斑，缘毛棕色，内横线黑色，外横线黑色，锯齿状向外弯；外缘线由8～9个近三角形黑斑组成；环状纹大，斜椭圆形，灰白色，有不完整的黑边；肾状纹棕黄色，内侧黑色。后翅黄白色，端区灰黑色，翅脉端部褐色，缘毛灰白色；前后翅反面在中室端部均有1黑斑；腹末有黄褐色绒毛，雄蛾腹末的长而密，雌蛾腹部的短而少。

卵半球形，初产米黄色，后逐渐变为褐色，纵棱29～32条，纵棱间有横道构成横长方格，卵孔不明显。

末龄幼虫体长20～28 mm，体色有红褐色和青绿色2种色型；红褐色色型的幼虫头部黄棕色，额

A. 红褐色型幼虫（黄金绮　摄）

B. 青绿色型幼虫（杨秀好　摄）

焦艺夜蛾

区红褐色；背线白色，亚背线、气门线均为深红褐色，气门上线为绿色；青绿色型的幼虫头部、背线、亚背线、气门线均为绿色，气门上线为白色，气门椭圆形；体腹面灰黄色，腹足草绿色；腹足趾钩单序中带草绿色。

蛹长 12 ～ 18 mm，棕褐色，腹部末端有两个乳头状突起，突起两侧各有 1 个小突起，腹部具臀棘 6 枚。

【生活习性】在南宁 1 年发生 1 代，在枯枝落叶层或疏松土中化蛹越冬。翌年 3 月中旬至 4 月中旬越冬蛹羽化，3 月下旬至 6 月下旬幼虫开始为害，6 月中旬老熟幼虫陆续下树化蛹越冬。成虫全天可以羽化，但以晚上为多，趋光性强。成虫白天栖息在松梢和松针基部，振动松树时，常飞落地面。雌虫常将卵产于老松针的正面，呈单行较为均匀排列。1 ～ 3 龄幼虫有吐丝现象，进入 4 龄后不再吐丝。幼虫受惊扰时会落地并迅速钻进枯枝层内躲藏。

【为害特点】幼虫为害当年生松针叶为主，严重时新梢一片枯黄，形似火烧。1 ～ 3 龄幼虫取食针叶边缘，留下针叶主脉；4 龄后取食整条针叶。

【防治方法】物理防治。可利用成虫趋光习性，采用灯光诱杀。

生物防治。自然天敌较多，包括双齿多刺蚁、松毛虫黑卵蜂、平腹小蜂、斜纹猫蛛、中黄猎蝽、圆梗举腹蚁、带铃腹胡蜂和白僵菌等，可加以保护和利用。或用 25% 灭幼脲 1500 ～ 2500 倍稀释液喷雾防治。

化学防治。可使用森得保原药与轻质碳酸钙粉剂以 1：22 的比例进行喷粉，或用 2.5% 溴氰菊酯乳油 1500 ～ 2000 倍稀释液进行喷雾，防治效果较好。

艳叶夜蛾 *Maenas salaminia* (Fab.)

【寄主】桉、板栗。

【分布】中国分布于北京、天津、河北、山西、内蒙古、辽宁、吉林、黑龙江、江苏、浙江、福建、湖北、湖南、广东、广西、四川、台湾。广西分布于南宁（武鸣朝燕林场）、兴安（华江、界首、漠川）、东兴（马路）、桂平（中沙）、北流（平政）、巴马、罗城（纳翁）、宁明（那楠）、博白林场（三育）。

【形态特征】成虫体长 29 ～ 34 mm，前翅呈铜色，从顶角至肩角及臀角各有 1 条白色阔带，内圆上方有 1 条酱红色线纹。后翅橘黄色，中部有 1 条黑色肾形斑纹及宽黑纹，外缘有 6 个白斑；腹部背面杏黄色；成虫静止时拟态为一片卷叶。

卵圆球形，底面平，直径约 0.9 mm，初产时淡黄色。

幼虫体棕色，腹足和胸足黑色；第一对腹足退化；静止时头部下坠尾端高跷，仅以发达的 3 对腹足着地。

蛹褐色，吐白色丝，混合叶片包在体外。

【生活习性】以蛹越冬，成虫昼伏夜出，具趋光性，多产卵于寄主植物叶背。

【为害特点】幼虫取食寄主叶片，使叶片呈缺刻状或孔洞状，影响植物生长发育。成虫吸食近成熟果实汁液，影响果实品质，严重时造成落果。

【防治方法】物理防治。成虫趋光性强，可使用诱虫灯诱杀成虫。

化学防治。选用 5.7% 氟氯氰菊酯乳油或 2.5% 三氟氯氰菊酯乳油 2000 ~ 3000 倍稀释液喷雾防治。

A. 成虫（陆温　摄）

B. 幼虫（郑霞林　摄）

C. 预蛹期幼虫（陈敏　摄）

艳叶夜蛾

栗摩夜蛾 *Maurilia iconica* (Walker)

【寄主】栗属、青梅属、榄仁属、娑罗双属、柚木属、榆绿木属植物。

【分布】中国分布于江西、广西、西藏。广西分布于隆林（沙梨）。

【形态特征】成虫翅展 35 ~ 37 mm。头部和触角棕色至棕红色。胸部棕色至棕红色，中央两侧具有火红色纵条纹，后胸后缘棕灰色。腹部棕灰色。前翅棕色至棕红色；基线多不显，后缘可见深棕红色点斑；内横线深棕红色，波浪形弯曲外斜；中横线深棕红色，与内横线略平行；外横线为深棕红色双线，波浪形外斜；亚缘线为深棕红色双线，内侧线较模糊，外侧线前半部在翅脉间呈黑色小点斑列，M_2 ~ M_3 处内伸明显；外缘线细，灰红色；外缘线区在 R_5 ~ Cu_2 脉间色深明显；环状纹隐约可见晕状小点斑；环状纹深棕红色弧形条斑。后翅灰白色至浑灰色；前缘、外缘色深；翅脉灰褐色明显；2A 和褶脉色深明显，呈纵条纹。

【生活习性】2018 年在百色市隆林各族自治县沙梨乡首次发现为害，多个曾受该虫为害的板栗种植基地，寄主植物树干、枝干和树冠下的表土层均未调查到越冬蛹。其他习性不详。

【为害特点】幼虫取食寄主植物叶片、花穗和幼果，严重时可将整株植物叶片吃光。

【防治方法】可在幼虫发生期每亩使用 1.6% 阿维・苏云菌悬乳剂 50 ~ 70 mL 或 2.5% 溴氰菊酯乳油 1500 ~ 2000 倍稀释液喷雾防治。

A. 成虫

B. 幼虫

C. 茧

D. 为害状

栗摩夜蛾（黄忠华　摄）

枯安钮夜蛾 *Ophiusa coronata* (Fab.)

【寄主】桉、风车子属、使君子属、榄仁属、木姜子属、松属、韶子属植物等。

【分布】中国分布于福建、广东、广西、海南、云南、台湾。广西分布于兴安。

枯安钮夜蛾成虫（郑霞林　摄）

【形态特征】成虫体长 30 ~ 37 mm，翅展 70 ~ 87 mm；前翅棕褐色，基线暗褐色近直线止于中褶线，内线暗褐色外斜至后缘中部；环纹为 1 个灰褐色边的小圆圈；肾纹较大（雌蛾肾纹灰褐色，雄蛾肾纹紫棕色），中央褐色；内缘直，外缘外弯；后翅橘色，内区和亚端线有褐色带。

幼虫褐色，体背具黑褐色纵条纹，近腹末有 1 对黄色斑点。

【生活习性】不详。

【为害特点】成虫为害枇杷、桃、荔枝、龙眼等果实，幼虫为害多种植物叶片。

【防治方法】参考超桥夜蛾。

同安钮夜蛾 *Ophiusa disjungens* (Walker)

【寄主】桉、苦楝、簕仔树、交趾黄檀等。

【分布】中国分布于广东、广西、海南。广西各地均有分布。

【形态特征】成虫体中小型，前翅黄褐色，近外缘橙褐色，中室前后端各有 1 个斑点，下方端部的斑点弯月形，近顶角有 1 个暗褐色的斜斑二分顶角。

卵半圆球形，直径 1.05 ～ 1.25 mm，表面有纵脊 23 ～ 25 条，初产时绿色或墨绿色，孵化前呈褐色。

幼虫 6 ～ 7 龄，茶褐色或灰色，布满不规则暗褐色条纹，头顶有 2 个白色或浅黄色的方形斑，背线、气门线呈浅红黄色，亚背线呈紫褐色，左右胸足之间呈红色，第一至第八腹节每节有 4 个毛片，腹面灰白色。

蛹纺锤形，臀棘 8 条，中间 2 条较长，两侧各 3 条，较短，呈三角形排列。

【生活习性】在广东蕉岭 1 年发生 4 代，以蛹越冬。每年仅有 1 个发生高峰期，一般在 9 月出现。低龄幼虫有吐丝下垂现象，食嫩叶呈网状，仅剩下叶脉。老熟幼虫藏匿在树皮裂缝或地面枯枝落叶层中结茧化蛹。成虫飞翔能力强，趋光性弱。

【为害特点】成虫吸食果实的果汁，影响果实品质；幼虫食嫩叶呈网状，仅剩下叶脉。

【防治方法】营林防治。参考飞扬阿夜蛾。

生物防治。可选用生物制剂 0.3% 印楝素乳油 2 g/L、1.3% 鱼藤氰乳油喷雾防治，或 25% 灭幼脲Ⅲ号悬浮剂 0.67 g/L 喷雾防治。

化学防治。可施用 1.8% 阿维菌素乳油 0.25 g/L、锐劲特 0.5 g/L 或 10% 吡虫啉可湿性粉剂 1 g/L 或 2.5% 溴氰菊酯乳油稀释喷雾防治，对幼虫均有较好的防治效果。

A. 成虫

B. 幼虫

同安钮夜蛾（赵丽云　罗茂生　摄）

青安钮夜蛾 *Ophiusa tirhaca* (Cramer)

【寄主】漆树、乳香、欧黄栌等。

【分布】中国分布于山西、江苏、浙江、福建、江西、湖北、广东、广西、海南、四川、贵州、云南、台湾。广西分布于南宁（邕宁百济、武鸣马头）、兴安、河池（宜州北山）、合山（北泗）、金秀、扶绥（柳桥）。

【形态特征】成虫体长 29 ～ 31 mm，翅展 67 ～ 70 mm，头部和胸部黄绿色；前翅黄绿色，有裂纹，内线歪斜至后缘中部，环纹为 1 个黑点，肾纹褐色，内缘直，端区褐色，外缘外弯，后端与内线相遇，前端有 1 个半圆形黑棕斑，亚端线暗褐色，不整齐，呈锯齿形，前段外侧有黑斑，端线黑褐色，锯齿形；后翅黄色，亚端带黑色。

卵扁球形，直径约 1.0 mm，表面密布纵纹。

末龄幼虫体长约 65 mm，青绿色或黄褐色。

蛹赤褐色。

【生活习性】生活习性与枯安钮夜蛾相似。

【为害特点】成虫刺吸龙眼、荔枝、桃、李等近成熟果实，幼虫为害多种植物叶片。

【防治方法】参考同安钮夜蛾。

A. 背面观

B. 腹面观

青安钮夜蛾成虫（杨忠武　摄）

焦条丽夜蛾 *Pardoxia graellsii* (Feisthamel)

【寄主】桉、木芙蓉。

【分布】中国分布于河北、山东、广东、广西、云南、西藏、陕西、台湾。广西分布于南宁（江南）。

【形态特征】成虫体长 16 ～ 19 mm，翅展约 40 mm，头、前胸粉白色，余黄色；前翅黄色，亚基线、外横线、亚外缘线呈褐色隐约可见；翅中部至外缘有 1 个略呈三角区，为暗褐色；后翅浅黄色，基线银灰色，缘毛灰褐色。

卵橘瓣形，初产时乳白色，近孵化时灰白色；顶部略凹陷，自顶部分生出放射状条纹且每条突起条纹上着生有许多刺状物。

末龄幼虫体长 24 ～ 30 mm，浅黄色至绿色或青色，头部橘黄色，两侧具红或青斑纹；各体节有 1 ～ 2 黑褐色毛突，形成背面的黑斑；1 ～ 5 腹节在毛突间有 1 黑褐条纹。

蛹长 14 ～ 17 mm，初期淡绿色，后期赤褐色。

【生活习性】该虫在湖北襄阳地区 1 年发生

焦条丽夜蛾成虫（李懋辅　摄）

4代，以蛹在土内越冬。翌年5月上旬气温达17 ℃时越冬代羽化，5月下旬和6月中旬为第一代成虫产卵盛期，6月中下旬进入幼虫为害盛期。成虫白天隐蔽，喜在夜间羽化；卵多产于嫩梢和嫩叶上，第一代卵多产于叶面，其他代卵多产在叶背；产卵时间为21时至翌日4时；降水量大、湿度高条件下，产卵量也高，气温25～29 ℃，相对湿度达80%最适宜产卵。初孵幼虫有取食卵壳和吐丝下垂的习性。

【为害特点】低龄幼虫常在叶背取食叶肉，受害叶仅剩上表皮；3龄后为害可使叶片成缺刻状、孔洞状，严重时叶片被吃光，仅剩叶脉，甚至取食寄主花冠、柱头和萼片。

【防治方法】参考飞扬阿夜蛾。

灰卷裙夜蛾 *Plecoptera subpallida* (Warren)

【寄主】桉、降香黄檀。

【分布】中国分布于广西、海南。广西分布于南宁（青秀长塘、江南吴圩）、横州（横州、莲塘、平马）、平南（大安、大鹏）、博白、陆川（滩面）、大化（百马）、宜州（拉浪林场）、大新（榄圩、全茗、堪圩）、崇左（江州）、高峰林场（平甫、长客、界牌、银岭）、阳山林场（念克）、维都林场（维都）、六万林场（高岭、东山）、博白林场（射广）、派热林中心（哨平）。

【形态特征】成虫体长13～14 mm，翅展11～16 mm，雄蛾触角双栉齿状，雌蛾栉齿明显短于雄蛾；雄蛾前翅褐色，内外横线均为深黄褐色，内外横线之间中带颜色为明显深于翅面颜色的深褐色；肾形纹为浅黄色；亚外缘线为1条模糊黄线；后翅深褐色，端半部颜色较深，具1条模糊的外横线；雌蛾颜色明显浅于雄蛾，前翅肾形纹为黑褐色；足密被黄色长鳞毛。

卵圆形，直径0.5 mm，初产时为白色，孵化前呈黑褐色。

老熟幼虫体浅绿色，背线、亚背线、气门上线、气门线均为白色；腹节背线和亚背线间有2个白色小点，臀节背面倾斜伸至臀足；第四腹足明显比第五、第六腹足的细小，第四至第六节腹足趾钩黑褐色。

蛹纺锤形，黑褐色。

【生活习性】在广西1年发生7代，以蛹越冬。翌年4月上旬始见第一代幼虫，4～10月每月均可发生1代，有世代重叠现象，10月后化蛹越冬。1龄幼虫未见吐丝下垂现象，其余各龄均有吐丝习性，尤以2～5龄吐丝较为明显。老熟幼虫下树化蛹，在枯枝落叶或疏松泥土中吐丝结茧化蛹。

A. 成虫

B. 幼虫及为害状

C．茧和蛹

灰卷裙夜蛾（杨秀好　摄）

【为害特点】初孵幼虫喜食嫩叶、嫩芽，叶片仅取食叶肉，留下针尖状圆形空洞和网状纤维；随着幼虫龄期的增加可取食全叶，形成残缺或将叶柄咬断掉落。

【防治方法】自然天敌主要有广腹螳螂和墨胸胡蜂，可加以保护和利用；也可选用苏云金杆菌或森得保粉剂喷粉防治。

胡桃豹夜蛾 *Sinna extrema* (Walker)

【寄主】胡桃科的山核桃属、枫杨属、青钱柳属、胡桃属、黄杞属及化香树属植物，泡桐科泡桐属植物。

【分布】中国分布于北京、河北、吉林、黑龙江、江苏、浙江、福建、江西、山东、河南、湖北、湖南、广西、四川、陕西。广西分布于桂林（雁山）。

【形态特征】成虫体长 15 ～ 17 mm，翅展 32 ～ 40 mm，头白色；下唇须白色，向上伸，第二节达额中部，第三节长；颈板、翅基片及前后胸有橘黄色斑，前翅橘黄色，翅面分布许多白色多边形斑；外线为完整的白色曲折带，顶角有 1 个白斑，内含 4 个小黑斑；外缘后半部有 3 个小黑斑；后翅白色微带淡褐色；腹部背面浅灰褐色，腹面黄白色，节间灰白色。

卵扁球形，卵面有纵脊 36 条，横脊 16 条，组成小方格；初产时灰白色，近孵化时浅褐色。

末龄幼虫体长 26 ～ 30 mm，上唇深裂成 V 形；头部两侧颅侧区的下方各有 6 只单眼，前 5 只单眼排列成 1 弧形线，第六只单眼突出在弧形线外的下前方，第一、第二单眼特别接近，第四、第五单眼远离，其距离约为第一、第二单眼距离的 3 倍。腹足 5 对，趾钩单序中带。该虫与山核桃天社蛾幼虫相似，该虫幼虫体背无紫红色背中线，体两侧上方各有紫黄色线，且尾足较长向后方伸出。

【生活习性】在福建北部 1 年发生 6 代，10 月下旬以末龄幼虫在矮小灌木、杂草及枯枝落叶上结茧化蛹越冬。翌年 4 月下旬至 5 月上旬越冬蛹羽化，越冬代出蛰期不集中，世代重叠严重，各世代及各虫态历期长短不一。成虫白天静伏叶背、树干阴面及灌木丛中。傍晚开始活动，20 ～ 22 时活动最盛，趋光性强。卵单粒散产于叶背。各龄幼虫均可吐丝下垂，随风扩散，具假死性。

A. 成虫（王传珍　摄）

B. 幼虫（王俊平　摄）

胡桃豹夜蛾

【为害特点】初孵幼虫取食叶片下表皮及叶肉，残留上表皮，叶面上形成诸多不定形透光的“天窗”；2 龄幼虫取食叶片，使叶片形成孔洞或叶缘呈缺刻；3 龄后取食全叶。

【防治方法】营林防治。3月中旬越冬蛹羽化前，人工清除林地灌木、杂草及地被物中的茧，集中销毁。

物理防治。利用幼虫的假死性，振动树干，收集坠落于地面的幼虫集中销毁。

生物防治。选用 1×10^{10} 孢子 /g 的白僵菌粉剂 600 ～ 800 g/ 亩喷粉防治。自然条件下的蠋蝽、星豹蛛、三突花跳蛛和角红蟹蛛对该虫可起到明显的种群控制作用。

化学防治。在越冬代和第一代老熟幼虫下树高峰之前，选用 2.5% 溴氰菊酯乳油 1500 ～ 2000 倍稀释液喷雾防治。

旋目夜蛾 *Speiredonia retorta* L.

【寄主】合欢、黑荆树。

【分布】中国除吉林、贵州、西藏、青海、宁夏、新疆外，其余省份均有分布。广西分布于南宁（武鸣罗波和朝燕林场）、兴安、天峨、金秀、扶绥（岜盆）、雅长林场（雅长）。

【形态特征】成虫体长 19 ～ 25 mm，翅展 52 ～ 62 mm；雌蛾头部及胸部褐色；第一至第六腹节背面各有 1 个黑色横斑，其余部分为红色；前翅内线内侧有 2 条黑棕色斜纹，外侧有 1 条黑棕色宽斜条。雄蛾紫色至黑棕色，胸部下方具红色绒毛；腹部背面大部黑棕色，端部及腹面红色；前翅内横线黑色，肾纹后部膨大旋曲，边缘黑色及白色，外横线双线黑色，亚端线双线黑色波浪形，端线双线黑色波浪形，顶角至肾纹有 1 个隐约白斑；后翅黑棕色，端区灰色，中线、外线黑色，亚端线双线黑棕色。

卵椭圆形，初产草绿色，孵化前为淡黑色；卵顶到底部有长纵棱 6 ～ 7 根，中间有短肩棱 6 根。

老熟幼虫体长 60 ～ 67 mm，体细长，体灰褐色至暗褐色，分布大量黑色不规则斑点，构成很多条纹；头部褐色，颅侧区有黑色宽带，有不规则暗褐色斑点；腹部第一、第二节常弯曲成桥形，腹足灰褐色。

蛹红褐色，腹部背面各节近前缘处有刻点，臀棘分二叉；吐丝缀枝叶结茧，或结土茧。

【生活习性】在福建 1 年发生 3 代，以蛹在树皮裂缝或树下疏松土壤中越冬，翌年 4 月下旬越冬蛹开始羽化，羽化集中在 18 ～ 21 时。成虫昼伏夜出，有强趋光性和补充营养习性，交配多集中在 20 ～ 24 时，交配时长 2 ～ 4 小时，交配后第二天夜间开始产卵。卵多产于小枝或枝端叶片上。初孵幼虫从孔洞中爬出后，四处

A. 背面观

B. 腹面观

旋目夜蛾（杨忠武　摄）

爬行，分散活动、取食。

【为害特点】幼虫为害植物叶片，1 ～ 2 龄幼虫取食叶片形成孔洞，3 龄后取食叶片形成缺刻状，5 龄后不仅能取食全叶，还可取食嫩枝表皮和嫩梢；成虫吸食成熟的柑橘、梨、桃、枇杷、番茄等果实汁液，造成烂果。

【防治方法】生物防治。林间有夜蛾瘦姬蜂、广大腿小蜂、家蚕追寄蝇等寄生性天敌，对该虫种群有一定的控制作用，应加以保护利用。

化学防治。可选用 2.5% 溴氰菊酯、20% 氰戊菊酯 3000 倍稀释液喷雾防治。

掌夜蛾 *Tiracola plagiata* Walker

【寄主】桉、榕、紫薇等。

【分布】中国广泛分布。广西分布于南宁（兴宁四塘、武鸣罗波）、荔浦（茶城）、兴安、岑溪（糯垌、水汶）、合浦、防城港（港口、公车）、贵港（港北中里、覃塘、平天山林场）、平南（寺面、大鹏）、北流、博白（江宁）、福绵（成均）、陆川（米场）、兴业（北市）、玉林（大容山林场）、东兰（兰木）、环江（明伦、思恩、川山、下南）、天峨（岜暮）、宜州（石别、北牙、同德、庆远林场）、金秀（罗香）、来宾（兴宾七洞和平阳）、龙州（上降）、宁明（那楠、爱店）、凭祥（上石、友谊）、三门江林场（江口）、六万林场（河嵩）、博白林场（三滩）。

【形态特征】成虫体长 20 ～ 22 mm，翅展 51 ～ 55 mm；前翅褐黄色，翅面有褐色细点及零星黑点，具 2 条银色横纹；端区带有暗灰色和赤褐色；端线为 1 列黑点，缘毛锯齿形，赤褐色；亚端线黄色，内侧衬赤褐色；外横线前后端黑棕色，其余为黑点；内横线波浪形；翅中有 1 条显著的 U 形银纹，近似巴掌印形状；后翅烟褐色。

卵半球形，直径约 0.5 mm，白色至淡黄绿色。

A. 成虫

B. 幼虫

C. 为害状

掌夜蛾（覃继财　李楙辅　摄）

老熟幼虫体长 35 ～ 45 mm，体色淡黑绿色，两侧有黑斑；腹面黄褐色；虫体呈圆筒形，体前端稍粗，后端较细，腹末呈半圆形；头部前面平斜，胸足红褐色，腹足黄褐色。

蛹长约 18 mm，初期背面褐色，腹面绿色，后期整体黑褐色。

【生活习性】在广西以蛹在表土层内越冬，但每年发生代数不详。初孵幼虫有群集习性，随后逐渐分散为害；幼虫白天栖居暗处，傍晚出来取食，幼虫分散为害，从叶缘向内取食；幼虫具假死性，稍有惊动便纷纷蜷曲落地，身体蜷成 C 形。

【为害特点】幼虫取食桉树等寄主植物叶片。

【防治方法】营林防治。结合日常管理，清除枯枝落叶；中耕松土，消灭表土层内的蛹。

物理防治。人工摘除卵块和群集在叶片上的幼虫，集中销毁；利用幼虫假死性，人工振动植株枝干，收集落地幼虫，集中销毁。

化学防治。幼虫期每亩可用森得宝粉剂 1 ～ 2 kg 喷粉防治，或 2.5% 溴氰菊酯乳油 1500 ～ 3000 倍稀释液喷雾防治。

犁纹黄夜蛾 *Xanthodes transversa* Guenée

【寄主】玉兰、木芙蓉、朱槿、长毛黄葵。

【分布】中国分布于江苏、福建、湖北、湖南、广东、广西、四川、甘肃、台湾。广西分布于南宁（武鸣罗波和朝燕林场）、龙胜（泗水）、苍梧（梨埠）、岑溪（大业）、北流（民乐）、环江（东兴）、扶绥（岜盆、东门）。

【形态特征】成虫翅面淡黄褐色，胸部背板有 1 条褐色的纵纹，前翅有 3 条 V 形褐色横带，最下列的横带达外缘，近臀部区域灰黄褐色，近顶角各有 1 个黑色斑点。

低龄幼虫绿色，体背各节有黄色的纵向斑点，末龄体背有 1 条黄色纵向条纹，侧缘各节具一大一小黑斑，腹端红色。

【生活习性】不详。

【为害特点】幼虫取食寄主植物叶片，严重时可将整株植物叶片吃光。

【防治方法】未见大面积发生和为害，可通过自然天敌控制其种群。

A. 成虫

B. 幼虫

犁纹黄夜蛾（陆温　李懋辅　摄）

（四十六）尺蛾总科 Geometroidea

幼虫前 3 对腹足消失，腹部仅第六节和末节各着生 1 对足，前进时后 1 对腹足和臀足向前移动至胸足后方，使腹部向上弯曲呈弓状，然后举起头胸向前移动，形如用手量尺，故得名。该总科的幼虫下唇沿中线的吐丝器短于前颏。包括凤蛾科 Epicopeiidae、拟桦蛾科 Pseudobistonidae、锤角蛾科 Sematuridae、燕蛾科 Uraniidae 和尺蛾科 Geometridae。全世界已记录 23000 多种，中国已记录 3800 多种，部分种类是重要的林木害虫。

105. 尺蛾科 Geometridae

尺蛾科是鳞翅目仅次于夜蛾科的第二大科。全世界已记录 270 属 2440 多种，我国已知 64 属 374 种。成虫体纤细，翅宽薄且翅面具细波纹，触角形状多变。成虫绝大多数夜行，趋光性较强，但有少数种类会在白天活动。幼虫腹部第六、第十节具腹足，极少数种类在第五腹节还保留足的痕迹。移动时，幼虫会先将尾端向前移，弓起身体，然后再将前半身抬起往前移，看起来就像是用尺在丈量东西一样，因此称为尺蛾。幼虫主要取食各类植物叶片，是重要的林业害虫。

（桑　文）

大造桥虫 *Ascotis selenaria* (Denis et Schaffmüller)

【寄主】桉、木槿、樟、毛竹、山杨、黄檀、银杏、茶、黑荆、水杉等。

【分布】中国广泛分布。广西各地均有分布。

【形态特征】成虫体长 15 ～ 20 mm，翅展 26 ～ 48 mm；体色变异大，一般为淡灰褐色；头部棕褐色；下唇须灰褐色；复眼黑褐色；雌蛾触角线状，雄蛾触角双栉齿状；胸部背面两侧被灰白色长毛；各节背面有 1 对较小的黑褐色斑；前后翅均为灰褐色，内外横线及亚外缘线均有黑褐色波状纹，在内外横线之间接近翅前缘处有 1 个灰白色斑，其周缘为灰黑色，翅反面为明显的黑褐色斑。雌蛾腹部粗大；雄蛾腹部较细瘦，可见末端抱握器上的长毛簇。

卵长约 1.7 mm，长椭圆形，表面具纵向排列的花纹，初产时翠绿色，孵化前变为灰白色。

幼虫共 6 龄，老熟幼虫体长 38 ～ 55 mm。低龄幼虫体多为灰绿色，第二腹节两侧各有 1 个黑色斑。幼虫老熟后多为青白色、灰黄色或黄绿色，第二腹节背面近中央处具 1 条明显黑褐色条斑，斑后有 1 对深黄褐色毛瘤，其上着生有短黑毛，侧面 2 个黑斑或消失。胸足 3 对，黄褐色，第六腹节具 1 对腹足，末端具 1 对尾足。趾钩双序中带。

蛹纺锤形，长 14 ～ 17 mm；化蛹初为青绿色，后变为深褐色，略有光泽，第五腹节两侧前缘各有 1 个长条形凹陷，黑褐色，臀棘 2 根。

B. 卵（刘志勇　摄）

A. 成虫（徐敏田　摄）

C. 幼虫（孙华彩　摄）

大造桥虫

【生活习性】在山东和湖北1年发生4代，以蛹在土中越冬；成虫多在夜间羽化，羽化后静伏在树干上，昼伏夜出，有较强的趋光性，不善飞行，成虫集中在羽化地点200～300 m范围内活动，成虫羽化后一般在1～3天交配，交配后第二天开始产卵，聚产，卵粒产在树干40～80 cm处的树皮裂缝处或枝杈上，也有产在土缝或草秆上，平均每雌产卵量为648粒，初孵幼虫较活跃，爬行或吐丝随风飘移寻找寄主。幼虫停止取食时静伏于植株上，形似枝条，很难被发现。幼虫老熟后，停止取食吐丝坠落地面钻入土中，2～4天后开始化蛹。

【为害特点】1～2龄幼虫仅取食叶片使叶片形成小洞，不取食时多停留在叶部顶端或叶缘，幼虫受惊后吐丝下垂，随风扩散到其他植株上，有的可沿细丝重新回到嫩叶上继续取食。5龄幼虫取食量开始大增，6龄幼虫取食量可占总取食量的80%以上。大发生时，取食叶片后仅留主叶脉，导致林木果树幼苗枯死，产量降低，品质下降，严重时甚至绝收。

【防治方法】物理防治。卵聚产，颜色易识别，可人工查找土隙、树干、枝杈等处卵块，当场消灭。利用成虫的趋光性，在林地边缘或林内空隙处悬挂诱虫灯诱杀成虫。

生物防治。利用自然天敌控制虫口数量，如麻雀、大山雀、中华大刀螂、二点螳螂及寄生蜂等，应加以保护利用。此外还可用苏云金杆菌可湿性粉剂1000倍稀释液喷雾防治。。

化学防治。3～4龄幼虫，选用2.5%溴氰菊酯乳油、10%氯氰菊酯乳油、20%氰戊菊酯乳油、20%甲氰菊酯乳油2000～3000倍稀释液、1.8%阿维菌素2000倍稀释液、25%除虫脲可湿性粉剂1000倍稀释液或10%除尽悬浮剂2000倍稀释液喷雾防治。

油桐尺蛾 *Bazura suppressaria* Guenee

【寄主】桉、油桐、漆、乌桕、麻栎、格木、银杏、山杨、刺槐、樟、水杉。

【分布】中国分布于福建、广东、广西、海南。广西各地均有分布。

A. 成虫（覃宝勤　摄）

B. 卵（杨振德　摄）

C. 蛹（董辛未　摄）　　D. 幼虫（郑霞林　摄）

油桐尺蛾

【形态特征】雌蛾体长 24 ~ 25 mm，翅展 67 ~ 76 mm。体和翅灰白色，密布灰黑色小点。翅基线、中横线和亚外缘线系不规则的黄褐色波状横纹，翅外缘波浪状，具黄褐色缘毛。足黄白色。腹部末端具黄色绒毛。雄蛾体长 19 ~ 23 mm，翅展 56 ~ 61 mm。黄褐色，翅基线、亚外缘线灰黑色，腹末尖细。其他特征同雌蛾。

卵长 0.7 ~ 0.8 mm，椭圆形，蓝绿色，孵化前变黑色，其上覆黄色绒毛。

初孵幼虫长 2 mm，灰褐色，背线、气门线白色；末龄幼虫体长 56 ～ 65 mm ；体色变化大，有深褐、灰绿、青绿色；头密布棕色颗粒状小点，头顶中央凹陷，两侧具角状突起。前胸背面着生 2 个突起；胸腹部气门紫红色。

蛹长 19 ～ 27 mm，圆锥形。头顶有 1 对黑褐色小突起，翅芽达第四腹节后缘。臀棘明显，基部膨大，凹凸不平，端部针状。

【生活习性】在广西 1 年发生 3 ～ 4 代，以蛹在土中越冬，翌年 3 ～ 4 月成虫羽化。各代成虫始现期分别为 4 月、6 月、8 月和 10 月，世代重叠。成虫多在晚上羽化，喜在夜间活动，飞翔能力强，白天栖息在高大树木的主干上或叶背面，受惊后落地假死不动或做短距离飞行，有一定趋光性。成虫羽化后当夜交配，翌日晚上开始产卵，卵多产于主干翘起的树皮下、缝隙或丛枝间、叶背、土隙中，每雌产卵量百粒至两千多粒。幼虫共有 6 龄，孵化后向树木上部爬行，后吐丝下垂，借风扩散，老熟幼虫多在树干附近表土内化蛹。

【为害特点】低龄幼虫仅取食叶片的上表皮或叶肉，使叶片呈红褐色焦斑，3 龄后从叶尖或叶缘向内取食成缺刻，4 龄后食量大增，大发生时可将整株树叶片吃光，林分呈火烧状。

【防治方法】营林防治。营造混交林，合理施肥，及时抚育，促进林木生长，提高林分综合抗虫能力。

物理防治。在各代蛹期进行人工挖蛹。根据成虫受惊后有落地假死习性和趋光习性，在各代成虫期于清晨进行人工扑打捕捉成虫或于成虫发生盛期采用灯光诱杀成虫。成虫盛发期后，人工清除卵块。幼虫化蛹前，在树干周围铺设薄膜，其上铺湿润的疏松土，引诱幼虫化蛹，集中杀灭。

生物防治。使用含 0.18% 阿维菌素的苏云金杆菌粉剂、1.8% 阿维菌素乳油、1.2% 苦参碱・烟碱乳油、油桐尺蛾核型多角体病毒（BsNPV）等按推荐方法进行防治。保护或种植蜜源植物，促进寄生蜂、寄生蝇、蚂蚁等天敌昆虫种群的繁殖；保护和利用猎蝽、螳螂、大黑蚁、鸟类等捕食性天敌，控制油桐尺蛾自然种群。

化学防治。选用 20% 氰戊菊酯乳油 1500 倍稀释液、20% 克螨虫乳油 1000 倍稀释液或 10% 吡虫啉可湿性粉剂 2000 ～ 3000 倍稀释液，在 3 龄幼虫盛发前后施药防治。

丝棉木金星尺蛾 *Calospilos suspecta* (Warren)

丝棉木金星尺蛾成虫（赵丽云　摄）

【寄主】丝棉木、榆、油茶、黄杨、卫矛。

【分布】中国广泛分布。广西分布于桂林（叠彩）、玉林（大容山林场）、隆林（者保）、凤山（凤城）、环江（驯乐）、罗城（兼爱）、南丹（月里）、金秀。

【形态特征】成虫体长 10 ～ 17 mm，翅展 33 ～ 42 mm，体橙黄色，背腹均有黑色斑点排列；翅白色，前翅上有由灰色、黄色斑块组成的 3 条横线，中间一行由 7 个灰色斑块组成 1 条横弧线，线下端有较大黄色斑 1 个，第三行斑块少，上端有 1 个大灰黑斑；翅基部橙黄色，并有黑斑。后翅与前翅相似。

卵椭圆形，稍扁，灰绿色。

幼虫共 5 龄，初孵幼虫灰绿色，老熟幼虫黑色，胴部有由白线或黄线分隔成的 6 条明显较宽的黑色纵带，腹足黑色。

蛹圆锥形，棕褐色，长 12 ～ 14 mm。

【生活习性】成虫白天多栖息于树冠枝叶间，夜晚活动，趋光性弱，有趋嫩性，飞行能力不强。成虫多数在晚间羽化，羽化后不久即能交配。交配后 2 ～ 3 天产卵，卵多产于植株上部的嫩叶背，少数产在叶柄、枝条、枝干的交叉处或杂草上，多聚产，排列整齐，每块有 5 ～ 30 粒卵，少散产，每雌产卵量 250 多粒。成虫寿命约为 7 天。幼虫有群集性、假死性和吐丝飘移的习性，受惊即吐丝下垂或坠地卷曲，白天多数躲在枝叶茂盛处，傍晚及夜间外出取食，阴天整天活动取食。幼虫各代的发育历期差异大，以越冬代幼虫的发育历期最长，为 50 天左右。老熟幼虫吐丝垂地或沿树干下树，常在 1 ～ 3 cm 潮湿疏松表土处或枯枝残叶下化蛹。

【为害特点】低龄幼虫群集在心叶处和嫩叶背取食叶肉，仅留下上表皮和叶脉，呈网状，3 龄后食量加大，能将叶片吃光，仅剩枝干。

【防治方法】营林防治。入冬或早春期间，结合修剪、清除老枝枯叶时，中耕松土，破坏化蛹场所。

物理防治。设置诱虫灯诱杀成虫。

生物防治。喷洒含孢量 100 亿 /g 以上的苏云金杆菌可湿性粉剂 100 倍稀释液，杀虫效果较好。

化学防治。幼虫发生期，选用 50% 杀螟松乳油 500 倍稀释液、25% 西维因可湿性粉剂 300 ～ 500 倍稀释液或 4.5% 高效氯氰菊酯乳油 1500 倍稀释液进行喷雾，防治效果较好。

黄连木尺蛾 *Biston panterinaria* (Bremer et Grey)

【寄主】刺槐、山楂、黄栌、麻栎、栓皮栎、黄连木、水杉、马尾松等

【分布】中国分布于河北、山西、山东、河南、湖北、湖南、广西、四川、贵州、云南、西藏、陕西、甘肃、青海、台湾。广西分布于隆林（革步）。

【形态特征】成虫体长 18 ～ 22 mm，翅展 65 ～ 72 mm。复眼深褐色，触角雌蛾丝状，雄蛾羽状。胸背面后缘、颈板、肩板边缘有棕黄色鳞片，在颈板中央还有 1 条浅灰色斑纹。腹背近乳白色，腹部末端棕黄色。雌蛾腹部末端具有棕黄色鳞片。雄蛾腹部细长，圆锥形。翅底白色，上有灰色和棕黄色斑点，前翅基部有 1 个较大的棕黄色圆斑，前后翅的中央各有 1 个明显浅灰色的斑点，前后翅的外横线上各有 1 串棕黄色和深褐色圆斑，圆斑颜色的隐显变异大，翅上散布的灰斑变异大。

卵扁圆形，绿色至黄绿色或黄白色，其上覆有 1 层棕黄色绒毛。

幼虫共 6 龄，老熟幼虫体长 65 ～ 75 mm。体色常随寄主植物的颜色而变化，一般为绿色、浅褐绿色或棕黑色，体上散生灰白色小斑点。头部正面略呈四边形，头顶凹陷，头及胸、腹部表面除上唇、唇基及傍额外，满布颗粒；傍额区有 1 条深棕色的倒“V”形凹纹。气门两侧各有 1 个白色斑点。

蛹长约 30 mm，宽 8 mm，初期翠绿色，后期变为黑褐色，体表布满小刻点，但较光滑。

【生活习性】1 年发生 1 代，以蛹在树干周围表土层 3 cm 处越冬，少数在杂草和碎石堆下越冬。6 月

A. 成虫

B. 卵

C. 幼虫

D. 蛹

黄连木尺蛾（侯玉松 赵文汀 田永峰 摄）

中旬越冬蛹开始羽化，7 月中旬为成虫羽化盛期，8 月上旬为羽化末期。成虫多在夜间羽化和活动，昼伏夜出，趋光性强。成虫羽化后即交配，交配后经 3 ～ 5 小时雌蛾开始产卵。成虫 6 月中下旬开始产卵，7 月中下旬为产卵盛期，8 月中下旬为产卵末期。成虫多将卵聚产于粗糙的树皮裂缝中，每雌产卵量 1000 ～ 1500 粒。成虫寿命 4 ～ 12 天。卵期 9 ～ 10 天。7 月上旬至 9 月上旬为幼虫发生期，8 月中下旬是为害盛期。1 ～ 2 龄幼虫较活跃，吐丝下垂，借风力扩散，3 龄后扩散能力减弱，幼虫期 30 ～ 45 天。幼虫老熟时下树或吐丝下垂着地或落地，选择松软的土壤、阴暗潮湿的石缝内或乱石下化蛹。老熟幼虫最早在 8 月中旬化蛹，9 月为化蛹盛期，10 月下旬为化蛹末期，蛹期 230 ～ 250 天。

【为害特点】1 龄幼虫多在叶背边缘取食叶肉，使叶缘呈半透明斑点状，2 龄幼虫取食致使叶片呈不规则的孔洞或缺刻，3 龄后可取食全叶，4 ～ 6 龄食量大增，可暴食成灾。取食时从叶缘开始，仅剩主脉及叶柄，有时甚至主脉也被吃光。

【防治方法】物理防治。在受害较严重的地区，晚秋或早春进行人工挖蛹。在成虫发生期，设置诱虫灯诱杀成虫。成虫早晨不活泼，可人工捕杀。

化学防治。采用 5% 来福灵乳剂 5000 倍稀释液或 2.5% 溴氰菊酯乳油 1500 ～ 3000 倍稀释液喷雾防治效果好。

八角尺蛾 *Dilophodes elegans sinica* Wehrli

【寄主】八角。

【分布】中国分布于湖南、广西、台湾。广西分布于南宁（武鸣两江）、横州（马岭）、隆安（礼智林场）、上林（龙山林场、巷贤、大丰）、三江、苍梧（岭脚）、岑溪（水汶）、蒙山（陈塘、汉豪、长坪、新圩、夏宜）、藤县（古龙、平福、濛江、宁康）、东兴（马路、东兴）、上思（叫安、南屏）、防城港（防城扶隆、那良、峒中、十万大山）、浦北、灵山、桂平（木根）、平南、北流（清湾、沙垌、平政、六麻、民安、北流、民乐、石镬肚林场）、博白（双凤）、玉林福绵（成均）、陆川（沙坡）、容县（黎村、高山林场、天堂林场）、兴业（大平山、葵阳）、玉林（大容山林场）、百色（右江汪甸）、凌云（伶站、朝里、沙里）、田林（浪平）、昭平（昭平）、东兰（三石、兰木）、凤山（平乐、凤城）、罗城（纳翁、青明山林场）、南丹（罗富）、宜州（流河林场）、金秀（忠良、三角、六巷、大樟、大瑶山）、象州（中平、象州）、大新（龙门、桃城）、崇左（江州太平和新和）、龙州（八角、龙州、上降、下冻、水口）、宁明（桐棉）、凭祥（夏石、上石、友谊）、天等（龙茗、上映、福新、把荷）、高峰林场（银岭、延河）、派阳山林场（鸿鸪）、六万林场（高岭、忠东、河嵩、宁康、东山）、博白林场（三滩、射广、云飞）、雅长林场（益来）、热林中心（伏波）。

【形态特征】雄蛾体长 16 ～ 19 mm，翅展 44 ～ 47 mm；雌蛾体长 21 ～ 24 mm，翅展 45 ～ 48 mm。雄蛾触角线形，具纤毛簇；足基节和腹部腹面有毛丛。雌蛾触角线形；下唇须短，仅尖端伸达额外，黑褐色。额灰白色，头顶浅黄色。胸腹部背面浅黄至灰白色，排列黑褐色斑。前翅前缘深灰褐色；基半部排列不规则斑块，中点大而圆。后翅基半部散布数块大小不等的斑块，中点较小。两翅端部整齐排 2 列较大长方形斑块，但有时斑块大小有变异。翅反面颜色、斑纹同正面。

卵浅白色或淡黄色，有光泽。

低龄幼虫体黄绿色或青绿色，高龄幼虫体黄绿色。幼虫头部亮黄色，胸腹部各节背中线、亚背线、气门上线、气门线、腹线散生黑色斑点，排列成行，各斑点上着生 1 根至数根刚毛。其中腹部第一至第四节背中线上的节间处的黑斑呈“+”字形，而第五至第七腹节背中线各有 1 个黑色长形斑，斑点由前向后逐渐缩小。

蛹暗红褐色，接近羽化时透过蛹壳可以清晰看到翅上黑色的斑点，末端有 1 根分开的臀刺。

A. 成虫

B. 幼虫

C. 蛹

八角尺蛾（杨振德　孔乾　摄）

【生活习性】在广西 1 年发生 3 ~ 5 代，以蛹越冬。玉林 1 年发生 4 ~ 5 代（多为 4 代），以幼虫及蛹越冬，第一至第四代幼虫始现于 4 ~ 5 月、6 ~ 7 月、8 ~ 9 月、10 ~ 11 月。成虫多于傍晚羽化，趋光性强，夜间交配产卵。卵散产于叶背，每叶多为 1 粒，卵期 3 ~ 13 天。幼虫共 6 龄，历期 28 ~ 40 天。老熟幼虫在树冠投影范围内入土化蛹，一般深 30 ~ 40 mm，蛹期 13 ~ 15 天。

【为害特点】1 ~ 2 龄幼虫仅取食叶肉，5 龄后食量大增，食料缺乏时取食花蕾、嫩果和嫩枝皮，使八角大量减产，甚至造成植株死亡。

【防治方法】物理防治。用诱虫灯诱杀成虫。或在蛹期中耕松土，破坏化蛹场所，人工挖蛹杀灭阻止其羽化。

生物防治。保护和利用本土寄生性（如赤眼蜂、黑卵蜂、姬蜂、寄生蝇等）和捕食性（如蚂蚁、鸟类等）天敌。

化学防治。幼虫期适时选用 50% 杀螟松乳油 500 倍稀释液、25% 西维因可湿性粉剂 300 ~ 500 倍稀释液、4.5% 高效氯氰菊酯乳油 1500 倍稀释液或 2.5% 溴氰菊酯乳油 1500 ~ 3000 倍稀释液进行喷雾防治。

豹尺蛾 *Dysphania militaris* L.

【寄主】秋茄树、桃金娘、竹节树属植物等。

【分布】中国分布于福建、广东、广西、海南、云南。广西分布于龙胜（乐江、平等）、苍梧（梨埠）、贵港（港北武乐）、容县（十里）、博白林场（三滩）。

【形态特征】成虫体长 23 ~ 28 mm，翅展 34 ~ 38 mm。体杏黄色间紫蓝色斑纹。雌雄蛾触角均为双栉齿状。前翅外半部紫蓝色有 2 行粉灰色点，呈半透明状态，内半部杏黄色有“E”形紫蓝纹。后翅杏黄间紫蓝色斑，中室及其下各 1 个分离大圆斑。胸部杏黄色，有 2 条紫蓝色横条。腹部杏黄色，节间横条紫蓝色。

卵初产时浅黄色，短椭圆形，中部稍凹陷，至其底部逐渐出现红色，其边缘斑点状。卵周围有红色带环绕，孵化前灰黑色。

幼虫共 6 龄，初孵幼虫褐色，2 龄体色转黄色，3 龄后体腹节背面开始出现斑点，并随虫龄增长斑点逐渐增多，6 龄幼虫体黄至橙黄色，腹面色较浅，头黄褐色，胸部具有多枚黑色斑点，背线和气

A. 成虫（郑霞林　摄）

B. 幼虫（张天隆　摄）

C. 豹尺蛾蛹（郑霞林　摄）

豹尺蛾

门线蓝绿色，背线较宽，上有大小和形状不一的黑色斑点，气门线上有排列较密的黑色斑点。气门长椭圆形，气门筛灰黑色，围气门片黑色。臀节色较深，无色带和斑点，腹足趾钩双序中带。

蛹长 25 ～ 29 mm，宽 8 ～ 9 mm，蛹初期浅黄色，后变为灰棕色至暗棕色，体前端略呈斜截形，截面处两侧各有 1 枚肾形黑色眼斑，除触角、翅和足外，头、胸和腹部有分散黑褐色斑点，气门黑褐色，腹末节前缘有稍隆起的黑褐色环带，呈锯齿状，该环带在腹面处不闭合。臀棘 8 枚，其中 4 枚集中在中央，两侧各 2 枚，平列，臀棘前部钩状，较柔软，黄褐色。

【生活习性】1 年发生 3 代以上，世代重叠，以蛹越冬。2 月下旬至 3 月上旬越冬代成虫始现。成虫白天活动，飞行缓慢，释放难闻气味；夜间交配产卵，卵散产，多半产在叶面。成虫寿命 11 ～ 17 天。初孵幼虫歇息时，以第六腹足及臀足固定身体于枝梗和叶上，前体大半部分卷曲；幼虫受惊扰时往往将前体弯成一定角度竖起，胸部收缩成拳状。幼虫老熟后吐丝做一不封闭的叶卷并在其内化蛹，蛹期 10 ～ 17 天。

【为害特点】幼虫从叶尖或叶缘向内取食，2 龄幼虫通常吐丝悬挂于枝叶上，随风飘散转移并开始取食叶片，造成叶片缺刻；3 龄后食量逐渐增加。严重时可将整叶和嫩枝吃光。

【防治方法】参考丝棉木金星尺蛾。

大钩翅尺蛾 *Hyposidra talaca* (Walker)

【寄主】桉、黑荆、儿茶、黄豆树、木棉、红椿、榕属植物等。

【分布】中国分布于福建、广东、广西、海南、贵州、香港等地。广西各地均有分布。

【形态特征】雌蛾体长 16 ～ 24 mm，翅展 38 ～ 56 mm；雄蛾体长 12 ～ 17 mm，翅展 29 ～ 38 mm。头部黄褐色至灰黄褐色。触角雌蛾为线状，雄蛾为羽毛状。体和翅黄褐色至灰紫黑色。前翅顶角外凸呈钩状，后翅外缘中部呈凸角；翅面斑纹较翅色略深，前翅内线纤细，在中室内弯曲；中线至外线为一深色宽带，外缘锯齿状，亚缘线处残留少量不规则小斑。后翅中线至外线同前翅，但常较弱；前后翅中点微小而模糊。翅反面灰白色，斑纹同正面，常较正面清晰。

卵椭圆形，卵壳表面有许多排列整齐的小颗粒。初产为青绿色，2 天后为橘黄色，3 天后渐变为紫红色，近孵化时为黑褐色。

老熟幼虫体长 27 ～ 46 mm，体浅黄色至黄色。头浅黄色，有褐色斑纹。幼虫头部与前胸及腹部第一至第六节背面、侧面均有 1 条白色斑点带，第八腹节背面有 4 个白色斑点；第一腹节气门周围有 3 个白色斑；臀足间有一大圆黑斑；胸足红褐色；腹足黄色，具褐色斑，趾钩双序中带。

蛹纺缍形，褐色；臀棘尖细，端部分为二叉，基部两侧各有 1 枚刺状突。

【生活习性】在广西博白 1 年发生 4 代，以幼虫在树上越冬；每年 4 月、6 月、8 月、10 月在林间均可见成虫；成虫多在夜间羽化，并从地面爬到树干 2 m 以下且与体色相近的树皮上栖息，双翅平展贴附于树干上。翌日即可交配，交配后的雌蛾飞至树梢的嫩叶上产卵，每块有 300 多粒卵，其上覆盖雌蛾腹末的绒毛，卵期 3 ～ 4 天。幼虫 5 龄，初孵幼虫孵化后取食卵壳，并群集于几片相邻的嫩叶上取食叶片下表皮；受惊即可吐丝下垂，也可卷曲成 C 型，随着幼虫龄期的增加，开始分散为害，老熟幼虫吐丝垂地会下树在表土层或落叶层中化蛹，蛹期 7 ～ 10 天。

【为害特点】以幼虫取食寄主植物的叶片，影响树木的正常生长。

【防治方法】生物防治。自然条件下该虫的主要天敌包括松毛虫绒茧蜂、蠋蝽、锥盾菱猎蝽、螳螂等，要加以保护和利用。

物理防治。结合日常管理，清除蛹。利用成虫的趋光性，采用灯光诱杀。

化学防治。幼虫3龄前，选用20%氰戊菊酯2000倍稀释液、2.5%溴氰菊酯4000倍液进行喷雾，防治效果较好。

A.卵

B.蛹

C.低龄幼虫

D.高龄幼虫

E.成虫

大钩翅尺蛾（郑霞林　许军　摄）

橙带蓝尺蛾 *Milionia zonea pryeri* Druce

【寄主】罗汉松、竹柏。

【分布】中国分布于广东、广西、海南、台湾。广西分布于荔浦（马岭、荔城）、阳朔（白沙、高田、葡萄）、博白、贺州（八步黄洞）、金秀（大瑶山、罗香、长垌、六巷、金秀、桐木）、黄冕林场（沙塘）、六万林场（河嵩）、博白林场（三滩）。

【形态特征】成虫翅展 54 ～ 59 mm。体色与翅底色黑色，局部小区域具强烈的蓝色金属光斑；前后翅具鲜明的橙色带状斑纹。雌雄蛾差异不明显。

卵为卵圆形，一端略大，表面有五边形和六边形图案，初产时绿色，近孵化时红褐色。

初孵幼虫头胸部浅红色，前胸隆起，腹部前半部分灰色，后半部分浅褐色。老熟幼虫体长 40 ～ 46 mm，头部橙色，前胸背部及腹面橙色，侧面有黑斑；前胸气门明显，气门卵形，黑色光亮；中、后胸气门退化；腹部 10 节，第一至第八节气门明显，气门周围具橙斑并着生 3 根长刚毛；腹足 2 对，第一对位于第六腹节，第二对位于第十腹节，趾钩均为双序单横带，腹足、肛区及腹足间腹面均为橙色；背面 3 条白色纵线及多条横向白线相交呈网格图案；虫体具稀疏长刚毛。

A. 成虫

B. 产于树干上的白色卵及罗汉松受害状

C. 幼虫

D. 蛹

橙带蓝尺蛾（杨忠武　杨秀好　曹书阁　摄）

蛹红褐色，纺锤形，长 22 ～ 28 mm；腹部各节表面均布小刻点，末节向后延长成臀棘，臀棘末呈 V 状分叉，端部尖。

【生活习性】在广西 1 年发生 3 代，以蛹越冬。4 月成虫始现，成虫为日行性蛾类，羽化期常见大量成虫聚集活动和交配。成虫喜产卵于树皮缝隙、树皮背面及树干上，卵的数量和排列无明显规律，卵期约 7 天。8 ～ 9 月为幼虫暴发期，世代重叠现象比较明显。10 月下旬至 11 月上旬老熟幼虫吐丝下垂或沿树干爬至地面，于浅土层化蛹，蛹期约 7 天。

【为害特点】幼虫孵化后上树取食嫩叶，随着龄期增大开始取食老叶。严重暴发时，可将植株的叶片取食殆尽，仅剩光杆，变成“光头树”，反复取食会导致植株死亡。

【防治方法】物理防治。重视冬季清园以减少越冬虫口数量，蛹期可人工挖蛹；在 4 月成虫羽化后可进行人工捕杀，成虫出现后对植株树皮进行检查并清理虫卵；在幼虫发生期可用竹竿扰动让幼虫跌落后进行捕杀。

化学防治。使用 2.5% 溴氰菊酯乳油 3000 倍稀释液喷雾防治，防治效果较好。

女贞尺蛾 *Naxa seriaria* (Motschulsky)

【寄主】女贞、桂花。

【分布】中国分布于北京、河北、辽宁、吉林、黑龙江、浙江、湖南、广西、四川、贵州、陕西。广西分布于桂林（临桂）、全州、灵川（九屋、公平）、资源。

【形态特征】成虫翅白色，前后翅外缘分别具有两排 8 个呈弧形排列的黑斑，前翅基部有呈弧形排列的 3 个斑，中室端具 1 个黑斑。雌雄虫触角均为丝状，柄节白色，梗节和鞭节灰黑色，触角长度约为虫体长度的 1/3，复眼黑色。雌蛾体形大于雄蛾，腹部较雄虫宽大，末端较钝；雄蛾腹部狭长，末端尖削。

卵乳白色，具珍珠光泽，椭圆形。

初孵幼虫浅褐色，随着虫龄增加体色加深至褐色。老熟幼虫体长 20 ～ 23 mm，灰褐色，头壳为黑色。整个虫体背部正中间有 2 条白色和褐色交替的细长纵纹，虫体两侧密被白色刚毛，胸足黑色。移动时呈拱桥状或“几”字状。

被蛹，近纺锤形，腹部第三至第七节两侧有明显的黄色斑点。蛹初期淡黄色，密布近墨汁色的黑点；中期黄色，相对初期蛹体稍长些；后期至羽化前，黄褐色，蛹壳也渐渐趋于透明。

【生活习性】以低龄幼虫在寄主植物枝梢吐丝结网黏结枝叶做成虫巢，在其内越冬。翌年气温上升时幼虫开始取食。幼虫喜爬至与树干垂直的侧枝处，在侧枝叶片或分枝上吐丝垂吊化蛹，蛹期 10 ～ 15 天。成虫寿命 8 ～ 13 天，多在夜间羽化，有趋光性。羽化翌日开始交配，交配后 2 ～ 3 天将卵产在叶片两侧。卵期 10 ～ 12 天。

【为害特点】虫口密度较大时，寄主植物的叶片轻则出现多处缺刻，重则仅剩叶脉。食物短缺时可借风力吐丝转移至其他枝叶继续为害，导致树势衰落，若来年重复发生该虫害，则会造成树木枯死。

【防治方法】物理防治。针对其以低龄幼虫在树上结茧越冬的习性，可组织人力采摘虫茧，集中焚烧。幼虫在遇到振动时，会吐丝垂吊，可通过人工振动树干捕捉下垂的幼虫。成虫有趋光性，可在

6 月成虫大量羽化时，设置灯光诱杀。

生物防治。可采用苏云金杆菌可湿性粉剂或乳剂，于傍晚喷洒在植株上，杀虫效果好。在降水量充沛的 6 ～ 7 月，该虫在林间扩散并在林地土壤中宿存时，人工撒施或喷粉机喷施白僵菌生物制剂，防虫效果较好。

化学防治。幼虫喜好在早晚取食，因此防治时宜在早晚选择虫口密集或多发林分，喷洒 2.5% 溴氰菊酯乳油 1000 ～ 1500 倍稀释液防治，效果较佳。

A. 成虫

B. 幼虫

C. 蛹

女贞尺蛾（蒋明军　杨忠武　摄）

雪尾尺蛾 *Ourapteryx nivea* (Butler)

【寄主】朴、冬青。

【分布】中国分布于浙江、湖南、广西。广西分布于天峨。

【形态特征】成虫头顶、体背和翅白色。前翅顶角略凸，外缘直；后翅外缘略突出，有 2 个赭色斑，外缘毛赭色。前翅内、外线和后翅中部斜线浅灰黄色。腹部后半浅褐色。

【生活习性】1 年发生 2 代，以 3 ～ 4 龄幼虫滞育越冬。成虫具有较强的趋光性，夜间上灯高峰分别为 21 ～ 23 时和 3 ～ 5 时。雌蛾产卵高峰为 22 时至翌日 3 时，卵多产于寄主叶背，每块有 41 ～ 210 粒卵，一生可产卵 3 ～ 6 次，每雌产卵量 380 ～ 650 粒。

【为害特点】幼虫取食叶片使叶片形成缺刻。

【防治方法】未见大面积发生和为害，可通过保护和利用自然天敌控制其种群。

A. 背面观

B. 腹面观

雪尾尺蛾成虫（杨忠武　摄）

柿星尺蛾 *Percnia giraffata* (Guenée)

【寄主】柿、核桃等。

【分布】中国分布于河北、山西、浙江、福建、江西、河南、湖北、湖南、广东、广西、海南、四川、贵州、陕西、甘肃、台湾。广西各地均有分布。

【形态特征】成虫体长约 25 mm，翅展约 75 mm。头黄褐色。胸背有 4 个梯形排列的黑斑。前、后翅底为白色，前翅各横线均由许多灰褐色斑点组成，中室端有 1 个黄褐色小点，后翅斑点较少，各线区分明显，中室有灰褐色大斑。腹部黄色，各节背面两侧各有 1 条灰褐色斑纹。

老熟幼虫头黄褐色，背线为暗褐色宽带，两侧为黄色宽带，上有不规则黑色曲线。胸部第三节、腹部第一节特别膨大，在膨大部分的背面有 1 对眼形黑色斑，腹足和臀足各 1 对。

卵椭圆形，长径约 0.9 mm。

蛹长约 25 mm，胸背前两侧各有 1 个耳状突起。

【生活习性】1 年发生 2 代，以蛹在土中越冬。翌年 5 月下旬越冬蛹羽化，羽化盛期在 6 月中旬。第一代成虫羽化期为 7 月下旬至 8 月上旬。成虫有趋光性。每雌产卵量 200 ～ 600 粒，卵产于叶背，块状，每块有卵约 50 粒。第一、第二代幼虫严重为害期分别在 7 月上中旬、8 月中下旬。9 月下旬开始，老熟幼虫吐丝下垂，在树冠下枯枝落叶层或松土中化蛹越冬。

【为害特点】幼虫取食叶片，大发生时可将局部林分叶片吃光，严重影响生长发育和产量。

【防治方法】人工防治。在虫源地人工捕杀幼虫或挖蛹，以降低害虫密度。

生物防治。低龄幼虫阶段喷施仿生物制剂 25% 灭幼脲Ⅲ号液剂或粉剂进行防治，中龄幼虫期可喷施苏云金杆菌液剂或粉剂，条件适宜时，可喷撒活性孢子含量为 100 亿个 /g 的白僵菌粉，每亩用量 200 ～ 400 g。

化学防治。幼虫期，每亩可用 15 ～ 20 g 森得保可湿性粉剂 1500 ～ 2000 倍稀释液喷雾，或加入 30 ～ 35 倍中性载体喷粉，或喷施 2.5% 溴氰菊酯乳油 1500 ～ 3000 倍稀释液防治。

A. 成虫

B. 幼虫

柿星尺蛾（韦维　摄）

槐尺蛾 *Semiothisa cinerearia* Bremer et Grey

【寄主】槐树。

【分布】中国分布于北京、黑龙江、浙江、山东、湖北、湖南、广西、西藏、甘肃、台湾。广西分布于全州（大西江）。

【形态特征】雄蛾体长 14 ～ 17 mm，翅展 31 ～ 44 mm；雌蛾体长 12 ～ 15 mm，翅展 30 ～ 46 mm。雌雄蛾相似，体灰褐色，触角丝状，长度约为前翅的 2/3。复眼圆形，其上有黑褐色斑点。前翅亚基线及中横线深褐色，近前缘处均向外缘急转成 1 个锐角。亚外缘线黑褐色，由紧密排列的 3 列黑褐色长形斑块组成，近前缘处成单一褐色三角形斑块；其外侧近顶角处有 1 个长方形褐色斑块。顶角浅黄褐色，其下方有 1 个深色三角形斑块。中室外缘有 1 个黑斑点。外缘呈明显锯齿状缺刻。

卵椭圆形，初产时绿色，后为暗红色至灰黑色。

初孵幼虫黄褐色，随后幼虫分为 2 型：一型 2 ～ 5 龄为绿色；另一型 2 ～ 5 龄各节体侧有黑褐色条状或圆形斑块。老熟幼虫体背紫红色。

蛹紫褐色，臀棘具钩刺 2 枚，雄蛹钩刺平行，雌蛹钩刺向外呈分叉状。

【生活习性】成虫多于傍晚羽化，羽化后即可交配。成虫喜取食花蜜补充营养，每雌产卵量 26 ～ 1519 粒，平均 420 粒。成虫寿命 3 ～ 19 天。卵散产于叶片、叶柄及小枝上，以向阳面最多。低龄幼虫能吐丝下垂，扩散力较强；老熟幼虫沿树干向下爬行或直接掉落地面入土化蛹，化蛹深度为 5 ～ 8 cm。

【为害特点】低龄幼虫取食叶片，使叶片呈网状；3 龄后取食叶肉，仅留中脉；高龄幼虫可将叶片吃光。

A. 成虫

B. 卵

C. 幼虫

D. 蛹

槐尺蛾（孔胜利　闫家河　赵庆文　摄）

【防治方法】物理防治。成虫有极强的趋光性，可采用灯光诱杀，亦可在蛹期人工挖蛹防治。

化学防治。幼虫发生期，可选用 20% 灭幼脲Ⅲ号 1000 倍稀释液、4% 高氯甲维盐 1000 倍稀释液或 20% 菊杀乳油 4000 倍稀释液喷雾防治。

樟翠尺蛾 *Thalassodes quadraria* Guenée

【寄主】樟、肉桂。

【分布】中国分布于浙江、广东、广西、云南、台湾。广西分布于南宁（兴宁四塘）、玉林（玉州）、、陆川（滩面）、容县（容西）、大化、河池（金城江）、天峨（纳直）、金秀、武宣、凭祥、博白林场（五峰）。

樟翠尺蛾成虫（任向明　摄）

【形态特征】成虫体长 12 ~ 14 mm，翅展 33 ~ 36 mm。头灰黄色，触角灰黄色，雄蛾触角羽毛状，雌蛾触角丝状；胸、腹部背面翠绿色，两侧及腹面灰白色；翅翠绿色，布色细碎纹，前翅前缘灰黄色，前、后翅各有 2 条白色细横线，较直，缘毛灰黄色；翅反面灰白色。前足、中足胫节红褐色，其余灰白色，后足灰白色。

卵为卵圆形，表面光滑。初产淡黄白色，后变淡黄，近孵化时转为紫色。

初孵幼虫似叶芽，淡黄色。2 龄后似嫩枝，紫红色微带绿。老熟幼虫体长 38 ~ 40 mm，紫绿色。幼虫头大，腹末稍尖。头黄绿色，头顶两侧呈角状隆起，后缘有个“八”字形沟纹，额区凹陷。胴部黄绿色，气门线淡黄色，稍明显，其他线纹不清晰。腹部末端尖锐，似锥状。气门淡黄色，胸足、腹足黄绿色。

蛹长 17 ~ 21 mm，紫褐色，后变紫绿色，翅芽翠绿。腹部末端有 1 枚叉状臀刺。

【生活习性】成虫多在夜间羽化，以 17 ~ 22 时最多，羽化当天即可交配，雌蛾一生交配 1 次，少数交配 2 次。交配后翌日开始产卵，少数雌蛾当天即可产卵。雌蛾平均产卵量为 168.19 ± 80.73 粒。成虫喜将卵散产于树皮裂缝、枝杈下部及叶背，卵期 7 天左右。幼虫静息时胸、腹部斜立，极似寄主小枝桠，幼虫期 27 ~ 40 天。老熟幼虫常吐丝将其附近樟叶缀织在一起，在其内化蛹。

【为害特点】初孵幼虫善于爬行，有吐丝随风飘散的习性。1 ~ 2 龄幼虫常在叶面取食叶肉，留下叶脉和下表皮；3 龄幼虫食叶成孔洞或缺刻；4 龄后食量增大，从叶缘开始取食；5 龄幼虫取食全叶，仅留叶柄和主脉。

【防治方法】营林防治。秋冬季结合营林和清园，深翻土壤以消灭部分越冬虫源。

物理防治。利用诱虫灯诱杀成虫。

化学防治。5 月中旬第一代幼虫盛发期，可选用 25% 灭幼脲Ⅲ号 2000 倍稀释液、0.36% 苦参碱水剂 1000 倍稀释液、灭蛾灵 1000 倍稀释液喷雾防治。

沙弥绶尺蛾 *Zethenia inaccepta* Prout

【寄主】马尾松。

【分布】中国分布于上海、浙江、湖南、广东、广西。广西分布于苍梧。

【形态特征】雌雄蛾翅展 40 ~ 44 mm。体背灰黄色。触角线形，雄蛾具长纤毛。雄蛾后足腿节多毛，胫节膨大，具发达毛束。前翅顶角略突出，外缘中部突出 1 个钝角；后翅外缘波形。翅灰黄色，密布深灰褐至黑褐色碎纹；有时翅面大部分深褐色；前后翅中点黑色微小；中线深褐色细带状，浅弧形；外线为 1 列黑点，其外侧色较深；前翅大部分深灰色，但顶角处色较浅；缘毛深灰褐色。翅反面颜色斑纹与正面相近。

卵椭圆形，初产时绿色，约 6 小时后变为淡红色和紫红色，待孵化时为棕褐色并带有金色条纹。

幼虫体淡褐色或黄褐色，亚背线明显，头部 5 个单眼呈半环状排列，中间 1 个较大；腹部第六节和第九节各有 1 对腹足，趾钩为横双序半环带。老熟幼虫体长 22 ~ 25 mm。

蛹纺锤形，长 12 ~ 16 mm，栗红色，腹末有 2 枚黑色臀棘。

【生活习性】在苍梧县 1 年发生 3 ~ 4 代，以蛹在地表越冬，翌年 4 月中旬越冬代成虫陆续羽化。第一代卵于 4 月中旬孵化，幼虫期 30 天左右，5 月下旬开始化蛹；第二代幼虫于 6 月中旬出现；第三代幼虫始见于 8 月中旬，少部分发育较慢的幼虫于 9 月下旬陆续下地化蛹越冬，但大部分幼虫化蛹后于 9 月中旬开始羽化为成虫；第四代幼虫始见于 10 月中旬。老熟幼虫于 11 月上旬开始下地化

A. 成虫背面观

C. 幼虫

B. 成虫腹面观

D. 蛹

沙弥绶尺蛾（李小芳　摄）

蛹越冬。成虫白天栖息在铁芒萁、五节芒等杂草丛中，受惊后从潜伏处向下坡方向飞行；傍晚天黑时陆续从杂草和杂灌木中飞到松树上交配，交配时长约 2 小时，最长为 5 小时，最短为 35 分钟，雌、雄蛾未发现多次交配现象。成虫将卵产于树皮裂缝内或松针束基部，单卵散产，排列稀，极不规则；也有将卵产于松树基部的表土层或枯枝落叶层中，散产或堆状，表面覆盖 1 层白色绒毛。平均每雌产卵量为 200 多粒，卵期 6 ～ 8 天，幼虫共 5 龄。成虫寿命较长，在无补充营养的情况下，寿命达 6 ～ 15 天。

【为害特点】幼虫取食针叶为害松树，受害度轻者影响生长，重者针叶全部被吃光，形同火烧，造成马尾松连片或块状枯死。

【防治方法】物理防治。利用诱虫灯诱杀成虫。

仿生物防治。低龄幼虫期，可用 25% 灭幼脲胶悬液 50 倍稀释液进行超低容量喷雾，7 天后虫口减退率可达 70% 以上，能有效地控制虫灾的蔓延。灭幼脲对 4 龄以下幼虫效果明显，防治宜早不宜迟。

化学防治。幼虫期可 2.5% 溴氰菊酯乳油 1500 ～ 3000 倍稀释液进行喷雾防治。

（黎敏芝）

十二

双翅目 Diptera

包括蚊、蠓、蚋、虻和蝇等，全世界广泛分布。头小，具舔吸式、刺吸式和刮舔式口器；复眼发达；触角丝状、具芒状；前翅发达，膜质，后翅退化成平衡棒；足发达；幼虫无足型，陆生、水生或半水生；繁殖行为多样，一般为两性生殖，多数为卵生，完全变态，也有伪胎生（如某些寄蝇）和胎生（如蛹蝇派），还有孤雌生殖和少数幼体生殖现象；食性复杂，包括植食性、腐食性、捕食性和寄生性。全世界已记录 2 亚目 11 万种，中国已记录 5000 多种。部分种类是重要的农林业和卫生害虫，部分种类是天敌昆虫，部分种类是媒介昆虫，部分种类是传粉昆虫，部分种类是重要的科研材料。

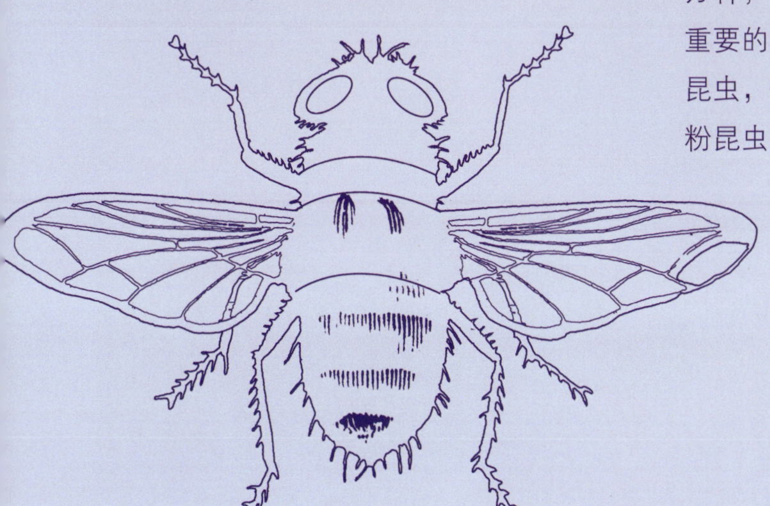

（四十七）狂蝇总科 Oestroidea

全世界已记录丽蝇科 Calliphoridae、狂蝇科 Oestridae、邻寄蝇科 Rhinophoridae、麻蝇科 Sarcophagidae、寄蝇科 Tachinidae、墨丽蝇科 Mesembrinellidae、须蝇科 Mystacinobiidae、鼻蝇科 Rhiniidae 和乌鲁鲁蝇科 Ulurumyiidae 共 9 科，部分种类为寄生性天敌，部分种类营腐食性。

（杨忠武）

106. 寄蝇科 Tachinidae

体小型至中型，胸部后小盾片突出，下侧片具 1 列鬃；属间依靠头部特征和毛序的不同鉴别。主要寄生鳞翅目、鞘翅目和膜翅目等昆虫近 200 多种寄主，是农林业害虫的重要天敌。全世界已记录 4 亚科 58 族 1500 属 8500 多种，中国已记录 4 亚科 42 族 1253 种。

蚕饰腹寄蝇 *Blepharipa zebina* (Walker)

【寄主】鳞翅目尺蛾、毒蛾、舟蛾、蓑蛾、蚕蛾、夜蛾、螟蛾、枯叶蛾、天蛾、凤蝶、蝙蝠蛾等昆虫的幼虫和蛹。

【分布】中国分布于北京、河北、辽宁、吉林、黑龙江、浙江、福建、江西、山东、湖北、湖南、广东、广西、四川、云南、西藏、陕西。广西分布于南宁（武鸣）、龙胜、资源、全州、兴安、灵川、南丹、罗城、天峨、东兰、金秀、三江、田东、隆林、大新、龙州、北流、北海、凭祥。

【形态特征】成虫体长 10 ～ 18 mm。头部覆金黄色粉被，后头被黄色毛，复眼裸，额鬃较短，触角第一、第二节黄色，第三节黑色，第三节长度为第二节长度的 2.5 倍，颊密被黑色短毛，喙短粗，具肥大唇瓣。胸部黑色，覆灰色薄粉被及浓密的小黑毛，背面有 4 个狭窄的黑色纵条斑。小盾片暗黄色，基部 1/3 黑褐色。腹面暗黄色或暗黑色，腹部覆灰色粉被。

卵长约 0.2 mm，黑褐色，卵圆形，前端较尖，后端略钝，背面稍隆起，腹面平滑。

A. 成虫　B. 成虫　B. 幼虫与寄主　C. 蛹及初羽化成虫

蚕饰腹寄蝇（杨忠武　摄）

幼虫共 3 龄，高龄成熟幼虫体圆柱形，头略尖，尾端平截，浅棕黄色，后气门 3 裂。

围蛹，长约 11 mm，直径约 5 mm，棕黑色，表面光亮。

【生活习性】成虫喜潮湿，喜光，汲取花蜜及蜜露等物质补充营养。

【资源利用】是多种害虫的重要天敌昆虫，应加以保护利用。

松毛虫狭颊寄蝇 *Carcelia matsukarehae* Shima

【寄主】鳞翅目幼虫和蛹。

【分布】中国分布于华南、华东、华中、华北、东北以及四川、云南、陕西。广西分布于桂林（临桂）、资源、兴安、全州、灌阳、灵川。

【形态特征】成虫体长 9 ～ 10 mm。体底色为黑色，全身覆灰白色粉被，间额、触角、肩胛、侧颜、翅肩鳞、跗节及胫节黑色；复眼被毛，下颚须、小盾片、翅后胛、口上片、前缘基鳞黄色。胸部盾片背面具 5 条黑色纵条纹，腹部背面中央无明显黑纵条，第三、第四节背板后缘无黑色横带。下腋瓣白色，腹部两侧具暗黄色斑。后头被白毛，后头上方在眼后鬃后方无黑毛。雄蝇单眼鬃发达，向前方伸展，内侧额鬃 2 ～ 3 根，颊特窄，远窄于前额（由触角基部至复眼前缘），腹侧片鬃 2 ～ 3 根，肩鬃 3 根排成一直线。小盾片具 1 对心鬃。翅透明，R_{4+5} 基部具 1 ～ 2 根小鬃，下腋瓣正常。雄蝇头部两侧各具 1 对发达的外侧额鬃，外顶鬃毛状，与眼后鬃明显区别，额鬃有 3 根下降至侧额，最前方 1 根达触角第二节末端水平，触角第三节长为第二节的 3 倍，侧颜裸，中部窄于触角第三节，下颚须棒状，唇瓣肥大。胸部背面具 5 条黑纵条，中鬃 3+3，背中鬃 3+4，翅内鬃 1+3，肩鬃 3 根排成一直线；小盾端鬃粗长，小盾两亚端鬃的距离大于亚端鬃至基鬃的距离；翅透明，R_{4+5} 脉基部具 1 ～ 2 根小鬃，M 脉心角直，心角至翅后缘的距离与至 M-Cu 横脉的距离相等。下腋瓣中部不向上圆形拱起；前足爪长于第五分跗节，前足具后鬃 2 根，中足股节具腹鬃和前背鬃各 1 根，后背鬃 2 根，后足基节后表面被毛，后气门前肋被毛。下腋瓣黄白色。腹部黑色，覆黄白色粉被，第二节背板全部黑色，第三至第五节背板基部及两侧覆黄白色粉被，后缘具不规则形白黑斑，第二、第三节背板各具中缘鬃，第四节背板具缘鬃 1 行，第五节背板具不规则的心鬃和缘鬃；肛尾叶末端尖，侧尾叶镰刀形，长于肛尾叶。雌蝇头部两侧各具 1 对发达的外侧额鬃，外顶鬃发状，与眼后鬃明显相区别，前足爪短于第五分跗节，腹部末端具管式产卵器，产卵器很长，向前伸展可达头部前方，静止时收于腹内。

卵长 0.6 ～ 0.7 mm，白色，长为宽的 3.5 倍。

A. 背面观；B. 腹面观；C. 侧面观；D. 前侧面观

松毛虫狭颊寄蝇成虫（杨忠武　摄）

【生活习性】1 年发生 1 ～ 2 代。成虫于 5 月中下旬将成熟卵产于寄主体壁上，幼虫孵化后，钻入寄主体腔，经 3 个龄期，待寄主吐丝结茧时，幼虫将寄主杀死，大量吞食寄主体内组织迅速发育成熟，脱离寄主后入土化蛹，1 个寄主体内可有多头幼虫。在侵入孔上形成呼吸漏斗，根据这一外观可以鉴别害虫是否被此种寄蝇寄生。寄蝇幼虫在寄主体内发育的时间长短，个体之间差异很大，因为寄主幼虫从第 2 龄至第 5 龄均可被寄生，但蝇蛆发育成熟的时间均在寄主的蛹期。9 ～ 10 月主要寄生 3 ～ 4 龄寄主幼虫，以 1 龄蝇蛆在寄主体内越冬。

【资源利用】寄生枯叶蛾类、毒蛾类和舟蛾类等害虫，是重要的天敌昆虫种类，在控制害虫种群方面发挥重要作用，应加以保护利用。

家蚕追寄蝇 *Exorista sorbillans* (Wiedemann)

【寄主】鳞翅目螟蛾、夜蛾、灯蛾、蚕蛾、尺蛾、木蠹蛾、舟蛾、毒蛾、蛱蝶、天蛾、凤蝶、木毒蛾、枯叶蛾等昆虫的幼虫。

【分布】中国分布于华南、华东、华中、华北、东北、西南。广西各地均有分布。

【形态特征】成虫体长 10 ～ 14 mm。雄蝇复眼被密毛，额宽为复眼宽的 3/5 ～ 2/3，间额前端较后端略宽，与侧额大致等宽，侧颜中部宽度为触角第三节宽的 1.5 倍。触角黑色，第三节长约为第二节的 2.5 ～ 3 倍，触角基部 1/2 加粗；喙显著向前突出；下颚须黄色，筒形向背面略弯曲；单眼鬃位于前单眼两侧；额鬃有 3 ～ 5 根下降至侧颜中部或中部以下；侧额和侧颜覆灰黄色或金黄色粉被，颜和颊覆灰白色粉被，颊被黑色短毛，后头被灰白色毛。胸部黑色，覆黄灰色粉被，背面具 5 条黑色纵条，中间 1 条在盾沟前不明显；中鬃 3+3，背中鬃 3+4，翅内鬃 1+3，腹侧片鬃 2+1，小盾端鬃短小交叉排列，向后方伸展，中胫节具 2 根前背鬃，后胫节具 1 行前背鬃，排列紧密，长短大致相等，仅中部有 1 根较粗大。翅灰色透明，翅前缘脉第二段较第三段小 1 倍。R_{4+5} 基部脉段 1/2 被小鬃，中脉心角大致位于翅后缘与中肘横脉的正中。腹部第三至第五节背板基部覆浓厚的黄白色粉被，端半部黑色光亮，沿腹部背中线有 1 条黑色纵条，第二和第三节背板具 1 对中缘鬃，第四节背板具 1 行（6 或 8 根）缘鬃，第五节背板具 1 行心鬃和 1 行缘鬃；肛尾叶三角形，基部 1/3 背面向内深深凹陷如槽状，两侧密被交叉排列的金黄色毛。雌蝇额宽为复眼宽的 4/5，每侧各具 2 根外侧额鬃，中脉心角距离翅后缘较远而距中肘横脉接近，前足爪及爪垫短，其余与雄蝇相似。

【生活习性】在华南地区 1 年发生 12 ～ 14 代，江浙一带 6 ～ 8 代，河南 5 代，世代重叠现象明显。属完全变态的昆虫。寄主范围广泛。成虫有强趋光性。对寄主体表的产卵部位有特定的选择。生长发育适温 20 ～ 30 ℃，蛹期进行低温处理可调节发育速度。

【资源利用】寄生大部分鳞翅目昆虫幼虫，对其有一定的种群控制作用。

A. 背面观　　B. 腹面观

家蚕追寄蝇成虫（杨忠武　摄）

云南追寄蝇 *Exorista yunnanica* Chao

【寄主】朱红毛斑蛾等鳞翅目幼虫。

【分布】中国分布于广西、云南。广西分布于南宁。

【形态特征】体长 7 ~ 8 mm。复眼裸，额宽为复眼宽的 3/4，间额黑褐色，后端略窄于前端；侧额被黄灰色粉和稀疏而短小的黑毛；颊被较浓密的黑毛；颜堤鬃 3 ~ 5 根，短小，不超过颜堤基部的 1/3；额鬃有 3 ~ 4 根下降至侧颜，最前面 1 根达侧颜中部一下，远低于触角芒着生处的位置；单眼鬃发达，着生于前单眼两侧，有极少数个体着生于前后单眼间；触角黑色，为颜高的 5/6，第三节为第二节的 2 倍；胸部黑色，被灰色粉被，背面具 4 条黑纵带；中鬃 3+3，背中鬃 3+4，翅内鬃 1+3，腹侧板鬃 2+1；翅前缘脉刺发达，长于径中横脉，第四至第五径脉基部具 4 ~ 6 根小鬃；前缘脉第四脉段大部分被小刺，仅端部 1/4 裸露；足黑色，中足胫节具 2 根前背鬃，后足胫节前背鬃长短不一。

【生活习性】不详。

【资源利用】对朱红毛斑蛾的寄生率为 0.9%，对害虫种群有一定的控制作用。

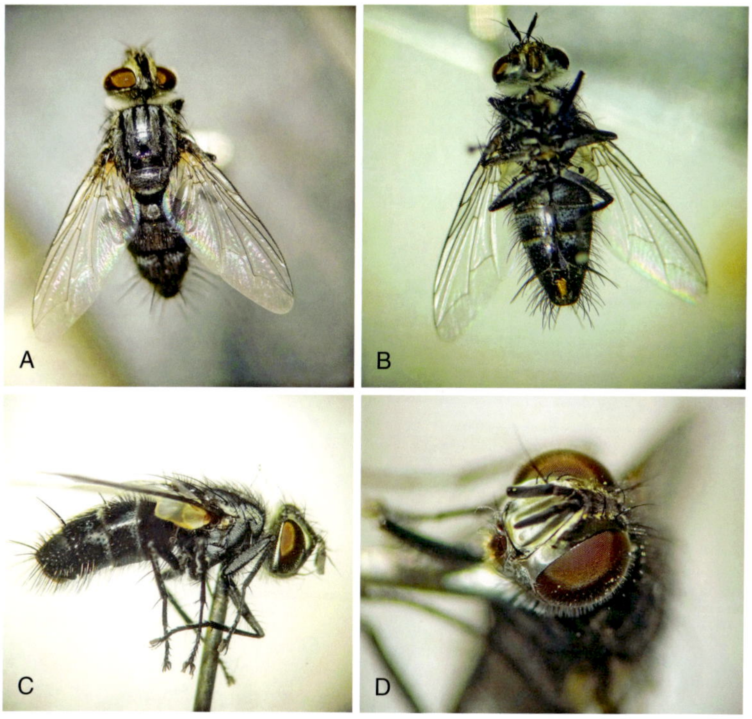

A. 背面观；B. 腹面观；C. 侧面观；D. 头部

云南追寄蝇成虫（郑霞林　摄）

贪食亚麻蝇 *Parasarcophaga harpax* (Pandelle)

【寄主】竹黄毛虫、马尾松毛虫、落叶松毛虫、赤松毛虫、舞毒蛾、银杏大蚕蛾等昆虫的幼虫。

【分布】中国分布于北京、河北、山西、辽宁、吉林、黑龙江、山东、广西、陕西。广西分布于桂林（临桂）、兴安、资源、全州、灵川。

【形态特征】成虫体长 12 ~ 16 mm，黑色，密布灰白色粉被。颊被黑毛，单眼棕色，三角形排列。

贪食亚麻蝇成虫取食鳞翅目昆虫的幼虫（杨忠武　摄）

眼后鬃后方有 1 ～ 2 行黑毛。触角基部膨大，触角芒基部至 1/2 处呈羽毛状，端部裸。胸部有 3 条纵带，前胸侧板中央凹陷裸，小盾片半圆形，两侧具鬃 1 对，向后伸展。后足胫节具长缨毛，足爪垫大，长于第五跗节。翅宽，透明，前缘发达。腹部长椭圆形，背板有黑色带状纹，端部向下略弯。后背中鬃 5 ～ 6 对，前者小，向后渐次增大。雄蝇外生殖器肛尾叶侧面观端部加宽近圆形，末端收缩呈爪状。

幼虫体乳白色，无足；初龄时体长 3 ～ 4 mm，成熟期体约 15 mm；头部楔形，尾端尖削。

围蛹，初期为浅红色，羽化前变为黑褐色；两端尖，体上有棱。

【生活习性】在吉林 1 年发生 2 代，以蛹在土中越冬。翌年 5 月下旬越冬代成虫开始羽化，6 月上旬羽化盛期。第一代幼虫于 6 月下旬开始化蛹，7 月末出现第一代成虫，9 月中旬终止。8 月上旬第二代幼虫出现，8 月下旬至 9 月上旬以蛹越冬。幼虫共 3 龄，历期 15 ～ 20 天；蛹期 20 ～ 25 天。用蜂蜜饲养时，雌蝇寿命为 30 ～ 40 天，雄蝇为 30 天左右。成虫飞翔力强，喜在潮湿向阳的林内活动，阴雨天活动很少，早晚多静伏在枝叶上。雄虫羽化比雌虫早 3 ～ 5 天，交配时长 2 ～ 3 小时。卵期 7 ～ 8 天，每雌产卵量 19 ～ 98 粒。1 个寄主体内可有多头寄生蝇幼虫。成虫需补充营养，对腥臭味十分敏感，常在林内到处飞翔，寻找适宜寄主。此蝇属跨期寄生，可寄生 5 龄以上的成熟幼虫，也可寄生蛹。多寄生在幼虫腹部两侧的褶皱缝内或初化蛹的蛹体上，从幼虫节间膜处或从蛹的头部触角窝和口器等处侵入寄主体内。被寄生的寄主，最初还可正常取食，随着寄生蝇幼虫在其体内的发育，寄主腹部逐渐膨大，最后停止取食。在最后 1 次蜕皮时被寄生的幼虫，可以正常结茧化蛹，然后渐趋死亡。被寄生的蛹，后期变硬发脆，将其弄破会有腥臭味。

【资源利用】寄生多种鳞翅目昆虫幼虫，对其有一定的种群控制作用，应加以保护和利用。

栗色舟寄蝇 *Scaphimyia castanea* Mesnil

【寄主】专性寄生桉蝙蛾的幼虫和蛹。

【分布】中国分布于北京、浙江和广西。广西分布于南宁、宾阳、横州、柳州（柳江）、鹿寨、永福、百色、田林、巴马、环江、钦州、浦北、灵山、上思、贵港、兴业、北流、博白、陆川、藤县、苍梧、桂平、武宣、蒙山、昭平、钟山。

【形态特征】雄蝇体长 6 ～ 12 mm。复眼裸，额宽为复眼宽的 1/2，间额棕褐色，宽于侧额，侧额黑色，覆灰白色粉被，侧颜裸，覆灰白色粉被，宽于触角第三节，下侧颜栗红色；后头在眼后鬃下方具黑色小毛，颜堤鬃上升达颜堤之半，下颚须橘黄色，触角基部 2 节红黄色，第三节黑色，为第二节长的 2 倍，触角芒基部 1/3 加粗。胸部黑色，肩鬃 3 根，排成 1 条直线，中鬃 3+1，翅内鬃 1+3，第三翅上鬃大于翅前鬃，腹侧片鬃 1+1，小盾片黑色，小盾亚端鬃至基鬃的距离大于两亚端鬃之间的距离。翅淡色透明，翅肩鳞和前缘基鳞黄色，R_{4+5} 基部仅具 1 根小鬃，中脉心角弧形，心角至中肘横脉的距离为心角至翅缘的 2 倍。足红黄色，前足胫节具 2 根后鬃，中足胫节具 1 根前背鬃，后足胫节具 1 行梳状前背鬃，其中 1 根粗大。腹部长圆形，黑色，覆灰白色粉被，第一至第二背板基部中央凹陷达后缘，具中缘鬃 1 对，第三至第五背板具狭窄银白色粉带。生殖器肛尾叶端部纵裂，长钳状，前端尖，侧面观手指状，侧尾叶宽短，片状，长度约为肛尾叶的 1/2。

【生活习性】室内观察发现，该虫一天内任何时间段均可羽化，有 2 个羽化高峰，分别为 8 ～ 10 时和 16 ～ 18 时，分别占羽化总量的 21.6% 和 32.3%。交配时长约 30 分钟。交配后约 7 天雌蝇开始产卵。产卵时，雌蝇常在桉蝙蛾虫苞周围搜索，选择合适的位置将卵产在虫苞中。主要寄生桉蝙蛾幼虫和蛹，尤其喜好老熟幼虫。栗色舟寄蝇初孵幼虫非常活跃，能迅速进入桉蝙蛾幼虫的蛀道寻找寄主，找到寄主后从寄主节间膜处进入其体内。

【资源利用】寄生桉蝙蛾幼虫和蛹，是唯一寄生桉蝙蛾的寄生蝇，寄生率为 8.1%，对害虫种群有一定的控制作用。

A. 成虫　B. 幼虫　C. 蛹及被寄生的桉蝙蛾幼虫
D. 前翅　E. 雄蝇生殖器　F. 雌蝇产卵器　G. 卵

栗色舟寄蝇（杨秀好　蒋学建　摄）

（四十八）食蚜蝇总科 Syrphoidea

全世界已记录食蚜蝇科 Syrphidae 和头蝇科 Pipunculidae 共 2 科。该总科昆虫食性杂，包括捕食性、植食性、腐食性等。

107. 食蚜蝇科 Syrphidae

卵生，完全变态类昆虫，一生经历卵、幼虫、蛹、成 虫 4 个虫态。翅 R_{4+5} 脉和 M_{1+2} 脉间有 1 条径中横脉 r–m，且贯穿该横脉有 1 条褶皱状或骨化的伪脉（仅有少数种类缺失）。目前，全世界已记录食蚜蝇亚科 Syrphinae、管蚜蝇亚科 Eristalinae 和突角蚜蝇亚科 Cerinae 等 3 亚科 20 族 230 多属 6000 多种，中国已记录 3 亚科 19 族 110 多属 630 多种。成虫羽化后须取食花粉才能发育繁殖，多数有访花习性，飞翔力强，取食花粉、花蜜并传播花粉。多数种类是重要的天敌昆虫、传粉昆虫，少数种类是农林害虫。

（杨忠武）

切黑狭口食蚜蝇 *Asarkina ericetorum* (Fab.)

【捕食对象】蚜虫。

【分布】中国分布于河北、内蒙古、江苏、浙江、福建、江西、湖北、湖南、广东、广西、海南、四川、贵州、云南、陕西、甘肃、台湾。广西分布于龙胜、兴安、资源、南丹、鹿寨、田林、隆安、北流、贵港。

【形态特征】成虫体长 13 ～ 16 mm。头顶黑色，光亮，具紫色光泽；额亮黑色。雄蝇额密，被黄褐色粉被和黑色毛；颜黄色至黄褐色，中突光亮，两侧覆黄色粉被，毛黑色；颊黑色。触角黄色，上侧和芒黑褐色。中胸背板黑色，略具铜色光泽；两侧黄色，背板毛黄色；小盾片黄色，毛黄色，后部毛黑色；侧板黄色，覆黄色粉被和长毛，腹侧片下侧黑色。腹部黄色；第一节中部具宽的黑色中条；第二至第五节后缘具宽的黑色横带，直达侧缘，侧缘不变窄，有时沿侧缘扩张；第三至第五节前缘具极狭的黑带。足黄色，各足跗节黑褐色，足毛大部分黄色，各足腿节外侧及端部、后足胫节及各足跗节表面具黑毛。翅透明，略带棕色。平衡棒黄色。雌蝇额前部光亮，毛黄色，中部密覆黄色粉被和黑色毛。

卵白色，长椭圆形，长 1.1 ～ 1.2 mm，宽约 0.4 mm。

老熟幼虫体长 10 ～ 11 mm，淡灰黄色或淡黄白色，后端杂有白色或黑色斑块，后呼吸管短，气门瓣黄褐色，宽大于长，气门褐色，气门孔白色。

蛹长约 7 mm，水瓢状，末端较粗长，淡土黄色。

【生活习性】在南方以蛹和成虫于 12 月下旬开始越冬。翌年 3 月上旬越冬成虫开始活动，每年可发生 5 代以上。雌雄蝇在飞行中进行交配，交配时间极短。交配后，雌蝇将卵散产于蚜虫聚集的叶片上，一般叶背较多。成虫期需要补充营养，如吸食花蜜，寿命可达 13 天，不补充营养的成虫寿命仅 4

天。夏季高温季节，以蛹态越夏。据报道，1 头高龄幼虫每天可取食棉蚜约 400 头。

【资源利用】捕食蚜虫等害虫，是蚜虫重要的天敌昆虫，应加以保护利用。

A. 背面观　　B. 侧面观

切黑狭口食蚜蝇成虫（杨忠武　摄）

斑翅狭口食蚜蝇 *Dideopsis aegrota* (Fab.)

【捕食对象】蚜虫。

【分布】中国分布于浙江、江西、河南、广东、广西、四川、云南、台湾。广西分布于兴安、资源、龙胜、宜山、金秀、田林、龙州、北流、博白。

【形态特征】成虫体长 9 ～ 13 mm。头半球形，额黑色，被黑毛，颜黄色，被黄毛，正中具黑色宽带。头顶三角形，口器窝狭长。中胸盾片亮黑色，被黑毛，前缘具 1 列竖立黄毛。翅后胛褐色，被黑毛。小盾片黄色，被黑毛，前两侧角有少许黄毛。前、中足大部分棕黄色，腿节及跗节基部黑色或棕黑色，后足黑色。翅透明，翅正中前缘至后缘有暗色宽斑。腋瓣及平衡棒黄色。腹部黑色，宽扁，卵圆形，侧缘隆背明显，底色黑色，第一节亮黑色，第二节背板有 1 对卵形大黄斑，黄斑前端外侧变细，伸达前侧角，黄斑被黄毛，余均为黑色；第三、第四节背板前半部横带宽，黄色；第五节背板正中黑色；第四至第五节背板后缘为狭的黄色。

【生活习性】在南方以蛹和成虫于 12 月下旬开始越冬。翌年 3 月上旬越冬成虫开始活动，每年可

A. 背面观　　B. 侧面观

斑翅狭口食蚜蝇成虫（杨忠武　摄）

发生多代。雌雄蝇在飞行中进行交配，交配时间极短，持续约 1 秒钟。交配后，雌虫将卵散产于蚜虫聚集的叶片上，一般叶背较多。成虫期需要补充营养，如吸食花蜜，寿命可达 10 ～ 13 天，不补充营养的成虫寿命仅 3 ～ 4 天。夏季高温季节，以蛹态越夏。1 头高龄幼虫每天可取食棉蚜数百头。

【资源利用】捕食蚜虫等害虫，是重要的天敌昆虫，应加以保护利用。

短刺刺腿食蚜蝇 *Ischiodon scutellaris* (Fab.)

【捕食对象】蚜虫。

【分布】中国分布于北京、上海、江苏、福建、江西、山东、广西、云南、新疆。广西各地均有分布。

【形态特征】成虫体长 8 ～ 10 mm，平均 9.2 mm，翅长约 7.0 mm。复眼裸，额与颜黄色，额正中具 1 条前宽后狭的黑色纵带。中胸盾片黑色，显青蓝色光泽，两侧缘黄色，其上的毛黄褐色；小盾片淡黄色，中央色较深。翅透明，翅脉黄褐色。足黄褐色，后足腿节及胫节具褐色斑；雄虫后足转节具 1 根短粗刺。腹部第二节背板有 1 对大型黄褐色宽横带；第三、第四节背板各有 1 条略带弧形的黄褐色横带；第五、第六节背板仅边缘黄褐色。

卵白色，长椭圆形，表面有数条横纹。

成熟幼虫体长 9 ～ 10 mm，体淡黄色，蛆状，略扁平，前端尖细，后端粗大，后气门突短。体躯有伪头，3 个胸节和 8 个腹节组成，口钩黑色，体表光滑略透明，体背及两侧有短而柔软的刺突，体背中部有 1 条白色纵带，腹部后端常有黑斑。

围蛹，水瓢状，体长 6 ～ 7 mm，前端尖小，末端圆大，初期呈浅绿色，后期土黄色，蛹背面和两侧有 8 列短刺。

【生活习性】在福建福州 1 年发生 6 ～ 7 代，有越夏年份发生 6 代，无越夏年份发生 7 代，主要以蛹在土壤中越冬和越夏。世代历期随温度高低而异，平均气温为 16.6 ℃时，世代历期长达 45.3 天；平均气温为 28.2 ℃时，为 21.1 天。每头幼虫平均可捕食蚜虫 278.5 头，第 3 龄幼虫食量大，占幼虫期总食量的 80% 以上。

【资源利用】捕食多种蚜虫，是防治蚜虫的重要天敌昆虫，应加以保护利用。

短刺刺腿食蚜蝇成虫（杨忠武　摄）

十二 膜翅目 Hymenoptera

包括蜜蜂、蚂蚁、胡蜂、叶蜂和小蜂等。体小型至中型，复眼发达，具 3 个单眼；下口式，口器发达，具咀嚼或舔舐功能；触角丝状、棍棒状、栉齿状、膝状和念珠状等；翅膜质，前翅较大，许多种类沿前翅前缘约 2/3 处有 1 个较大的翅痣，部分种类翅完全退化；全变态，是全变态类昆虫中唯一有产卵管的昆虫，许多膜翅目昆虫的产卵管变异为一根毒针；一般为两性生殖，也有行单性孤雌生殖和多胚生殖，单性生殖较为普遍（如蜜蜂已交配的蜂王产的未受精卵发育雄性个体，胡蜂及叶蜂的一些种类未交配的雌蜂产的未受精卵可发育成雌或雄两性个体），多胚生殖多见于茧蜂、小蜂及缘腹细蜂科中的一些种类；成虫食性复杂，包括取食花蜜（粉）、肉食、植食和腐食；生活方式包括独栖和真社会性。分为广腰亚目和细腰亚目。全世界已记录 2 亚目 130 多科 8500 多属 15 万多种，中国已记录 12.5 万多种，大部分种类为捕食或寄生性天敌，少数种类是农林害虫。

（四十九）叶蜂总科 Tenthredinoidea

膜翅目广腰类群中多样性最高、种类最丰富的类群。体小型至中型；后头孔开式；前胸背板中部狭窄，两侧发达，向后延伸，中后胸盾侧凹发达；雌虫产卵器发达，但非针状强烈延长；雄虫阳茎瓣侧突中位，接近阳茎瓣头叶基部；全部为植食性，多数种类寄主专一性较强。包括残青叶蜂科 Athaliidae、三节叶蜂科 Argidae、筒腹叶蜂科 Pergidae、锤角叶蜂科 Cimbicidae、松叶蜂科 Diprionidae 和叶蜂科 Tenthredinidae。全世界已记录 567 属 7140 多种，中国已记录约 290 属 1750 种。

（牛耕耘）

108. 三节叶蜂科 Argidae

成虫触角 3 节，第一、第二节十分短小，第三节发达，长棒状或音叉状；后头孔开式，无口后桥；前胸背板后缘深凹，侧叶发达；中胸小盾片无附片，中后胸盾侧凹发达；中胸腹板无基前桥，具侧沟，中后胸后上侧片强烈隆起；后胸淡膜区发达，淡膜区间距小于淡膜区宽；前足胫节具 1 对端距，中后足胫节有时具亚端距；爪通常简单；前后翅均无 2r 脉，翅痣较窄长；前翅前缘室宽大，1M 室无背柄或背柄极短小，cu-a 脉中位或外侧位，臀室具很长的中柄，基臀室很小，有时开放；后翅通常具 7 ～ 8 个封闭翅室；腹部筒形，两侧无纵缘脊，第一背板与后胸后侧片愈合；背面观锯鞘较短，稍伸出腹部末端，形态变化大。雄虫外生殖器扭转，副阳茎微小或缺如。幼虫多足型，腹部具 6 ～ 8 对足，常具侧缘瘤突，触角 1 节。幼虫通常裸露食叶，少数潜叶或蛀食嫩茎，均为植食性，有些种类的幼虫取食时腹端翘起很高并弯曲，容易识别。幼虫在植物上结茧化蛹，部分在枯枝落叶上或浅土层内结茧化蛹。成虫行动比较迟缓，常有假死习性。三节叶蜂科已知 58 属 950 多种，中国已记录 16 属近 200 种。广西已记录 5 属 32 种。

震旦黄腹三节叶蜂 *Arge aurora* Wei

【寄主】蔷薇属植物。

【分布】中国分布于北京、河北、山西、内蒙古、上海、江苏、浙江、安徽、福建、江西、山东、河南、湖北、湖南、广东、广西、重庆、四川、贵州、陕西、甘肃、宁夏。国外尚未见本种分布记录。广西分布于南宁（武鸣大明山）、桂林、金秀（大瑶山）、百色（岑王老山）。

【形态特征】雌成虫体长 6 ～ 8 mm。头部、胸部全部、腹部第一背板和足黑色，具明显的蓝色光泽，腹部第二节以后黄色；触角黑色，除柄节外无蓝色光泽。翅烟褐色，端部 1/3 明显变淡，翅痣和翅脉黑褐色。头部颜面、额区、内眶、上眶前部刻点细小，额区附近刻点较细密，头部其余部分无明显刻点；胸腹部除前胸背板具细弱刻纹外，均十分光滑，无刻点或刻纹。上唇端部具深弧形缺口，颚眼距稍长于中单眼直径，触角窝侧脊和颜面中纵脊锐利，侧脊端部汇合；中窝上端向额区开放，背面观头部两侧不明显膨大；触角较细，长于胸部，短于头胸部之和，第三节端部不明显膨大。前翅 R+M 脉段短于 Sc 脉游离段，3r–m 脉弧形弯曲，中上部外鼓，2Rs 室上缘稍长于下缘；后翅臀室柄约 0.6 倍于臀室长。侧面观锯鞘腹缘亚基部显著凹入，端部突出；锯鞘背面观各叶粗短，近似三角形，外缘弧形鼓出；锯腹片骨化弱，20 锯节，无叶状粗刺毛，锯刃无亚基齿，基部锯刃近似三角形，中端部锯刃近方形突出，互相之间缺口宽深，无近腹缘距。雄成虫体长 5 ～ 6 mm，体色和构造类似雌虫，但触角具明显的立毛；下生殖板宽大于长，端缘钝截形；阳茎瓣头叶纵向，几乎不倾斜，具倾斜、窄长的端腹突，侧叶耳形，十分明显，基腹钩指向前侧，尾叶稍突出。

卵单产，近椭圆形，长约 1.2 mm，宽 0.4 ～ 0.5 mm。

幼虫长 13 ～ 16 mm，青绿色，头黄褐色具褐色宽纵带，胸腹部具 6 条黑色小瘤突组成的纵线；胸足 3 对，黄褐色；腹足 6 对；肛上板黑色，体常具不规则黄褐色斑纹。

初蛹黄色，羽化前头胸部变蓝色。茧丝质，两层，外层较稀疏，内层较密。

【生活习性】华东地区 1 年发生 5 ～ 6 代，世代重叠现象比较突出。老熟幼虫于秋季入土结茧，以预蛹越冬。翌年春末夏初，越冬代幼虫在茧内化蛹，4 月中旬左右羽化出土，末代成虫见于 9 月下旬至 10 月上旬。成虫不需补充营养，有一定假死习性，当天交配后即可产卵。卵产于玫瑰上部半木质化的嫩茎内，左右两列呈“八”字形倾斜排列，卵膨大后外观可见。卵期 10 天左右。幼虫 5 龄。低龄时幼虫有一定的群集性，高龄时分散取食，有自相残杀习性，无假死性，3 龄后幼虫爬行时会举起腹部末端 4 节，左右摆动。幼虫昼夜取食叶片，数量较少时，造成叶片缺损，为害严重时可导致月季全部叶片被吃光，仅遗留主要叶脉和叶梗。成虫产卵行为也可导致枝条枯死。幼虫老熟后入土，在表土层 2 cm 左右处或枯枝落叶下结茧化蛹。

【为害特点】本种在中国中南部常与列斑黄腹三节叶蜂 *A.xanthogaster*（Cameron）、葛氏黄腹三节叶蜂 *A.geei* Rohwer 混合发生，在中国北方常与玫瑰三节叶蜂 *A.pagana*（Panzer）混合发生，均是多种蔷薇属园林植物的常见害虫，被统称为玫瑰叶蜂、玫瑰三节叶蜂、月季叶蜂等。

【防治方法】家庭培育的月季上发生为害时，可以人工捕捉，去除幼虫，并结合花枝修剪，剪除受害枝和产卵枝；清理枯枝落叶，结合松土消灭虫茧。

规模种植时，发生叶蜂虫害，可以使用常规药物进行防治。应尽量在幼虫低龄时用药防治。

A. 雌虫

B. 雄虫

震旦黄腹三节叶蜂（牛耕耘　摄）

榆红胸三节叶蜂 *Arge captiva* (F. Smith)

【寄主】榆属植物。

【分布】中国广泛分布。广西分布于全州、荔浦。

【形态特征】雌成虫体长 10 ～ 11 mm。体和足黑色，具明显的蓝色金属光泽，前胸背板、中胸背板和中胸侧板上半部红褐色，小盾片后端有时黑色，触角黑褐色。翅烟褐色，具弱蓝紫色光泽，翅脉和翅痣黑色。体毛银褐色，触角、锯鞘和翅面细毛黑褐色。体粗壮。头部前侧和背侧前部具细小刻点，虫体其余部分光滑，无明显刻点和刻纹。颚眼距等于或稍窄于单眼直径；唇基边缘锐薄，缺口浅弧形；复眼中等大，内缘稍向下收敛，间距稍宽于眼高；颜侧沟较浅；颜面强烈隆起，顶部宽圆，无中纵脊；中窝宽长，后端封闭，不与额区通连；侧脊较锐利，向下几乎不收敛，渐低钝，下端不愈合；额区隆起，中部稍凹，额脊低钝；单眼后区宽长比为（2 ～ 3）：1；侧沟宽浅，稍向后收敛；背面观后头两侧明显膨大。触角等长于胸部，第一节等长于触角窝间距，第三节明显弯曲，稍短于中胸背板，亚端部显著膨大，末端钝，最宽处约 2.5 倍宽于基部。前翅 3r-m 脉弱弧形外鼓，cu-a 脉中位，2Rs 室长于 1Rs 室，下缘微长于上缘。后翅臀室 2 倍长于臀柄。中后足胫节各具 1 个亚端距；后足基跗节等长于其后 3 节之和，爪无内齿。锯鞘背面观端部不尖，侧面观短于后足股节，腹缘稍弯曲；锯腹片简单、宽短，无叶状节缝刺突，具窄刺毛带；第一刃间段宽于第二刃间段，锯刃圆钝突出，具多数细小亚基齿。雄成虫体长 7 ～ 8 mm，体色与构造类似雌虫，但触角约等长于头胸部之和，第三节侧扁，立毛稍长于单眼直径；中窝侧脊锐利；下生殖板端部钝截形；阳茎瓣头叶近似三角形，腹侧中部具明显缺口。

卵单产，近椭圆形，长 1.5 ～ 2.0 mm；初产时淡白色，接近孵化时变黑色。

老熟幼虫长 20 ～ 27 mm，头部黑色，躯干部低龄时绿色，渐变青绿色，近老熟时渐变黄绿色；初龄幼虫身体无黑斑，3 龄后体节出现明显黑瘤突，胸部前端和腹部后端部分黄色；腹部每节具 3 个小环节，胸腹部每节具 3 排黑色小瘤突，每个瘤突上具 1 根黑刺毛，末龄幼虫躯干部瘤突上刺毛消失；虫体两侧各具 1 个大型黑色瘤突；胸足 3 对，腹足 6 对；肛上板黑色。

雌蛹体长 8 ～ 12 mm，雄蛹长 7 ～ 10.5 mm。初蛹黄绿色，渐变黑色，羽化前头腹部变蓝色。茧长 10.5 ～ 14 mm，长椭圆形，浅褐色，丝质，双层，外层疏网状，内层较密，羊皮状。

【生活习性】在华北地区 1 年发生 2 代，日本南部和中国华东地区 1 年发生 2 ～ 3 代，长江流域以南代数未见报道，可能超过 3 代。华北地区以老熟幼虫于秋季入土 4 ～ 5 cm 处结茧，以预蛹越冬。翌年 5 月上旬在茧内化蛹，5 月下旬左右羽化。成虫每天多在 6 ～ 8 时羽化，羽化后即可交配产卵。成虫飞行力较弱，不需补充营养，有假死习性，寿命 6 ～ 8 天。雌虫一生交配 1 次，卵产于榆树中下部的嫩叶叶缘上下表皮之间，沿叶片边缘排列，间距大于卵粒长径，每叶可产卵 30 多粒，卵膨大后外观可见。卵期 7 ～ 9 天。幼虫 5 龄，历时 15 ～ 17 天。低龄时幼虫有一定的群集性，高龄时分散取食，有假死性，受惊后假死落地，3 龄后幼虫爬行时会举起腹部。第一代幼虫老熟后入土，在表土层或枯枝落叶下结茧化蛹，蛹期 6 ～ 7 天。第二代幼虫于 8 月下旬至 9 月上中旬入土结茧越冬。

【为害特点】幼虫昼夜取食叶片，早晚取食较多。幼虫数量较少时，造成叶片缺损，为害严重时几天可将榆树全部叶片吃光，仅遗留主要叶脉和叶梗。

【防治方法】物理防治。可利用幼虫假死习性和群集习性，震动落虫，人工捕捉，清除幼虫；清理树下枯枝落叶，结合松土可消灭虫茧，降低虫口基数。

药物防治。为害严重时，可使用常规化学药物防治，应尽量在幼虫低龄时用药防治。也可以使用生物制剂防治。

A. 雌虫；B. 雄虫；C. 雄虫触角；D. 雌虫触角；E. 雌虫头部背面观；F. 雌虫头部前面观；G. 卵；H. 低龄幼虫；I. 高龄幼虫

榆红胸三节叶蜂（牛耕耘　摄）

月季黄腹三节叶蜂 *Arge geei* Rohwer

【寄主】蔷薇属、悬钩子属植物。

【分布】中国分布于北京、河北、山西、内蒙古、江苏、浙江、安徽、福建、江西、山东、河南、湖北、湖南、广东、广西、重庆、四川、贵州、陕西、甘肃、宁夏、台湾。广西分布于兴安、龙胜。

【形态特征】雌成虫体长 8 ~ 9 mm，翅展 18 ~ 21 mm。头部、胸部、腹部第一背板和足黑色，具明显的蓝色光泽，腹部第二节以后黄色；触角黑色至黑褐色，无蓝色光泽。翅烟褐色，端部稍淡，翅痣和翅脉黑褐色。头部的颜面、额区、内眶、上眶前部刻点细小，较明显，头部其余部分无明显刻点；胸部除前胸背板具细弱刻纹外，均十分光滑，无刻点或刻纹；腹部光滑，无刻点或刻纹。上唇端部具浅弧形缺口，颚眼距等长于中单眼直径，背面观头部两侧稍膨大；触角第三节等长于胸部，端部不明显膨大。前翅 R+M 脉段短于 Sc 脉游离段，3r–m 脉强烈弯曲、倾斜，2Rs 室上缘 1.5 倍于下缘长；后翅臀室柄约 0.8 倍于臀室长。侧面观锯鞘腹缘几乎平直，端部圆钝；锯鞘背面观端部钝截形，两侧缘向后稍收窄；锯腹片强骨化，锯节 14 节，第三至第十节具叶状粗刺毛，第三至第七节刺毛粗长，第一、第二节缝无粗刺毛，锯刃粗齿状，具细小外侧亚基齿，端部数个锯节无刺毛，近腹缘距较小。雄成虫体长 6 ~ 7 mm，翅展 13 ~ 15 mm，触角具明显的立毛，端部尖；下生殖板宽大于长，端缘钝截形；阳茎瓣头叶锤形，稍倾斜，背面观前角扁平，侧面观前角稍尖，尾叶圆。其近缘种列斑黄腹三节叶蜂与本种十分近似，该种腹部背板具多列黑色横带斑，其分布也与月季黄腹三节叶蜂在秦岭至大别山一线以南广大区域互相重叠。国内科学文献和互联网数据中经常记载的在国内和东亚地区分布、为害玫瑰和月季的玫瑰三节叶蜂均是错误鉴定。

卵窄椭圆形，微弯曲，初产半透明，渐变褐色，长约 1 mm。

初孵化幼虫半透明，后头边缘和足黑褐色。2 龄幼虫体变绿色，头部和足黑色，体躯上的垫状突和刺毛逐渐发育。老熟幼虫头部淡黄色，体躯后部通常部分黄色，前胸背板具 2 横列黑色垫状疣突，中后胸各具 3 横列黑色垫状疣突，腹部第一至第八背板各具 3 横列共 18 个黑色垫状疣突，胸部 3 节和腹部第一至第八节体侧各具 1 个较大而突出的黑色疣突。老熟幼虫体长 18 ~ 23 mm。

【生活习性】中国北方 1 年发生 2 ~ 3 代，陕西西安 1 年发生 4 代，南方可 1 年发生 8 代，世代重叠现象比较突出。以老熟幼虫于秋季入土结茧越冬。翌年春末夏初，越冬代幼虫在茧内化蛹。羽化后成虫产卵于玫瑰嫩茎内，倾斜排列，初产乳白色，渐变为乳黄色，孵化前变为黑褐色，卵期 10 ~ 15 天。幼虫 5 ~ 6 龄。

【为害特点】低龄时幼虫有一定的群集性，高龄时分散取食。幼虫取食叶片，数量较少时，造成叶片缺损，为害严重时可导致寄主叶片全部被吃光，仅遗留主要叶脉和叶梗。成虫产卵行为也可导致枝条枯死。

【防治方法】家庭培育的月季上发生为害时，可以人工捕捉，清除幼虫。也可以野外采集瓢虫放置花卉上进行生物防治，操作简便有效。

规模种植时发生虫害，可以使用常规药剂防治。应尽量在幼虫低龄时用药防治。

A. 雌虫；B. 雄虫；C. 雌虫头部背面观；D. 雌虫触角；E. 雄虫触角；F. 雌虫头部前面观；
G. 雌虫腹部末端；H. 雌虫产卵器背面观；I. 雌虫产卵器锯腹片；J. 雌虫锯腹片端部；
K. 雄虫阳茎瓣；L. 月季嫩茎中的卵列；M. 幼虫及为害状；N. 雌虫产卵状

月季黄腹三节叶蜂（牛耕耘　摄）

杜鹃黑毛三节叶蜂 *Arge similis* (Vollenhoven)

【寄主】杜鹃花科植物。

【分布】中国分布于浙江、安徽、福建、江西、山东、河南、湖北、湖南、广东、广西、重庆、四川、贵州、陕西、台湾。广西分布于桂林、兴安、龙胜、融水、百色（岑王老山）。

【形态特征】雌成虫体长 7 ～ 10 mm。体黑色，除触角和翅外全体具很强的蓝色光泽；触角黑色。体毛黑褐色。翅深烟色，端部微变淡，前翅 1r1 脉附近具小型黑色点斑，翅痣与翅脉黑色。体光滑，颜面具明显的细小刻点，虫体其余部分无明显刻点；唇基十分平坦、光滑，光泽强。体毛短于单眼直径；唇基端部锐薄，缺口深窄，约为唇基长的 1/2；颚眼距约等长于前单眼直径；颜面隆起，具明显的中脊；中窝较深，侧脊发达，强烈向下收敛，末端尖，汇合；中窝底部具陷窝，上端向额区完全开放；额区隆起，中部凹入；复眼内缘微向下收敛，间距宽于眼高；POL 约等于 OOL，明显大于 OCL；中单眼位于复眼面之上，中沟模糊，无单眼后沟；单眼后区下沉，宽长比约为 3；侧沟微弱，向后显著收敛；后头背面观两侧平行或微膨大。触角约等长于头胸部之和或稍短，第一节等长于触角窝间距，第三节稍弯曲，端部 1/3 左右稍侧扁膨大，末端稍尖，最宽处约 1.5 倍宽于基部，纵脊锐利。小盾片平坦，约等高于背板平面。中后足胫节各具 1 个亚端距；后足基跗节稍长于其后 3 节之和，爪简单。前翅 R+M 脉较短，Rs 脉第三段约 2 倍于 Rs 第四段，1r–m 脉较直，3r–m 脉弧形弯曲，下端内倾，2Rs 室约等长于 1Rs 室，上缘 1.2 倍长于下缘，cu–a 脉亚中位。后翅臀室、臀柄与 cu–a 脉长度比为 50∶30∶11，M 室微长于 Rs 室 1/2。锯鞘背面观端部圆钝，两侧不明显膨大；侧面观锯鞘短于后足股节，腹缘亚基部显著弯曲；锯腹片简单，无长叶状节缝刺突，具窄刺毛带，锯刃 18 ～ 20 条，锯刃倾斜，具多数细小亚基齿；第一刃间段约等长于或微窄于第二刃间段。雄成虫体长 6 ～ 8 mm；体色与构造类似雌虫，但触角第三节均匀侧扁，端部尖，最宽处明显宽于第二节端部，触角立毛明显长于单眼直径；下生殖板端部圆形，阳茎瓣头叶 Z 形。

卵扁椭圆形，长约 2 mm，宽约 1.5 mm。单产于杜鹃叶片靠近边缘的叶肉中。初产的卵外观呈乳白色，略透明，极软。孵化时呈黄褐色。产卵处的叶片组织初呈水浸状，随后变为黑褐色。种群较少时，一片叶片常见 1 粒卵，发生量较大时多个卵可沿叶片边缘排列。

幼虫 5 龄。初孵幼虫体长约 3.7 mm，具 3 对胸足，腹足不明显，体呈乳白色，2 ～ 3 小时后头部逐渐呈黑褐色，体色逐渐加深，约 1 天后，体色逐渐变黄色或黄绿色。2 ～ 5 龄幼虫头部浅黄色，胸腹部黄绿色，每个体节背面有三列横排的黑色小毛瘤，毛瘤上长有 3 条较长的黑色硬毛。5 龄幼虫体长约 22 mm。

离蛹。体淡黄色，复眼深褐色，椭圆形。羽化前体变黑色，金属蓝色光泽不明显。茧丝质，较薄，暗褐色。

【生活习性】1 年发生多代。华南地区 1 年发生 7 ～ 8 代，冬季通常没有明显的休眠越冬现象，气候较冷时，可以蛹过冬。2 代之后的种群世代重叠现象比较突出，3 ～ 5 月发生较多，为害较重，其他时间发生较少。南岭以北地区本种以预蛹在寄主植物下的表土层内越冬，春季 3 月左右成虫羽化出土，末代成虫见于 9 月下旬至 10 月上旬，成虫以第一代数量最大。成虫喜欢阴凉，一天中早上羽化较多，一年中春季数量较大，高温天气发生量很小。成虫不需补充营养，羽化当天即可交配，交配后当天即可产卵。卵产于杜鹃叶片边缘，产卵时成虫以足夹持叶片站立在叶片侧方，以 2 片锯鞘夹住叶片边缘，产卵器切开叶片表皮，将卵产于叶片边缘的上下表皮之间。成虫通常交配后产卵，也可以孤雌生殖。南岭以南，卵期 4 ～ 6 天。幼虫期 20 ～ 27 天，蛹期 9 ～ 12 天。雌虫寿命 4 ～ 7 天，雄虫寿命 3 ～ 5 天。幼虫 5 龄。低龄时幼虫有一定的群集性，高龄时分散取食，有自相残杀的习性，无假死性，3 龄后幼虫爬行时会举起腹部末端 4 节，左右摆动。幼虫老熟后坠落或爬行入土，在表土层 2 ～ 5 cm 处或枯枝落叶下结茧化蛹。

【为害特点】为害杜鹃花科植物，以锦绣杜鹃等各类园林栽培种类为主，映山红、白花杜鹃等则受害较弱。杜鹃三节叶蜂各龄幼虫为害状基本相同，1 ～ 2 龄幼虫常群集取食，3 龄幼虫中期后开始分散取食，形成缺刻或仅留叶脉，危害较重时，可严重影响杜鹃生长。

【防治方法】根据其发生为害特点，重点防治第一代、兼治其余各代的策略，早春以高效低毒药剂全面防治为害区的第一代虫源，其余各代根据发生情况，结合化学防治和生物防治技术和生态调控技术，控制其发生和为害。杜鹃花期之后，可结合树形修剪，剪除虫卵和幼虫，亦可有效控制其种群数量。

A. 雌虫；B. 雄虫；C. 雌虫锯鞘背面观；D. 雌虫产卵状；E. 卵；F. 幼虫

杜鹃黑毛三节叶蜂（牛耕耘　摄）

109. 松叶蜂科 Diprionidae

体形短宽，成虫体长 5 ～ 13 mm。头部短宽，前后向压缩，无后颊脊；上颚短小，外观狭片状，具额唇基缝；触角窝中下位。触角短，14 ～ 32 节，雄性双羽状，雌性短锯齿状，基部 2 节十分短小。后头孔开式，无口后桥；前胸背板后缘深凹，侧叶发达；前胸侧板腹面尖出，互相远离，腹板游离，无基前桥。胸部粗壮，中胸小盾片发达，无附片，盾侧凹深；后胸淡膜区发达，横宽，形状和大小变化大；中胸侧腹板沟缺如，无腹前桥，中胸后上侧片几乎横置；后胸侧板不与腹部第一背板愈合。各足胫节无亚端距，前足胫节具 2 个端距，各足基跗节短小，跗垫发达。前翅 C 室宽大，R 脉端部下垂，2r 脉缺如，Rs 脉基端消失，cu-a 脉位于 1M 室下缘中部，臀室完整。后翅具 6 个闭室，R1 室端部开放。腹部第一背板具中缝，各节背板无侧缘纵脊。锯鞘和产卵器短小，几乎不伸出腹部末端，锯腹片节缝强烈骨化，具翼突列。雄虫外生殖器扭转。幼虫多足型，腹部具 8 对足，触角 3 节。成虫飞行较慢。

本科已知 11 属 90 多种，主要分布于北温带针叶林中。中国已记录 7 属 40 种。广西已经记录 4 属 4 种。

双枝黑松叶蜂 *Nesodiprion biremis* (Konow)

俗称浙江黑松叶蜂 *Nesodiprion zhejiangensis*，但该名称已确认是双枝黑松叶蜂的同物异名。

【寄主】马尾松、湿地松、火炬松、晚松、黑松等。

【分布】中国分布于辽宁、浙江、安徽、福建、江西、山东、河南、湖北、湖南、广东、广西、四川、贵州、云南、陕西、香港。广西分布于南宁（邕宁那楼）、宾阳（黎塘）、荔浦（青山、大塘、浦芦）、龙胜（龙胜、泗水、龙脊、里骆林场）、兴安（崔家、白石）、阳朔（大源林场）、苍梧（六堡、岭脚）、蒙山、藤县（塘步、藤州、象棋、濛江、太平、东荣）、北海（海城高德）、合浦（曲樟、常乐）、上思（在妙、平福）、防城港（防城茅岭和十万大山）、浦北、贵港（港北、港南）、桂平（罗播、木根、白沙、大洋、下湾、厚禄、石龙）、平南（武林、上渡、官成）、覃塘（覃塘、黄练、黄练林场）、北流（新圩、大里）、博白（水鸣）、陆川（沙坡）、容县（杨梅、石寨）、兴业（高峰）、平果（马头、黎明）、贺州（八步桂岭和仁义）、昭平（樟木林）、河池（金城江）、巴马、东兰（长乐、切学）、环江（明伦、驯乐）、罗城（天河、怀群、纳翁、兼爱）、南丹（车河、芒场、六寨、吾隘）、宜州（北山）、金秀（三江）、象州（水晶）、来宾（兴宾寺山）、大新（榄圩）、崇左（江州驮卢和那隆）、宁明（那楠、那堪、亭亮、明江、寨安）、凭祥（夏石、上石）、天等（小山、都康、龙茗、把荷）、黄冕林场（板勒）、博白林场（五峰）、雅长林场（九龙）。

【形态特征】雌成虫体长 7 ～ 8 mm。体黑色，前胸背板侧缘、中胸小盾片部分、腹部第七至第八节侧板两侧斑点白色，触角柄节黄褐色。前足和中足的基节端部、转节、股节端部、胫节和跗节白色，其余部分黑色；后足的基节端部、转节、股节端部、胫节基部的 2/3 和跗节白色，其余黑色。头部背面具稀疏的中等刻点，刻点间距常大于单个刻点直径；中胸背板侧叶内角具稀疏的小型至中等大刻点，中胸背板的其余部分具小型或中型刻点，刻点密集或融合；中胸侧板、中胸后上侧片、后胸前上侧片、后胸后上侧片具密集的中型至大型刻点，刻点间距小于单个刻点直径；中胸后下侧片粗糙，具密集的浅刻点；腹部背板Ⅰ中央具刻点，背板Ⅱ、背板Ⅲ刻点小且稀疏，背板Ⅳ至Ⅷ刻点渐密，背板Ⅸ具稀疏的中等刻点。头顶不隆起，单眼后区侧缝及前缝明显，中缝不明显；后颊宽为复眼宽的0.3；侧单眼前缘位于中单眼后缘之前；复单眼距、侧单眼距和单眼后头距比值约为1∶1∶1；颚眼距极窄，约为前单眼直径的1/5。触角鞭节除基部两节及端部三节外为重齿状，具20个清晰的环节，鞭节由基部至尖端渐细，端节不为锯齿状，鞭节1的栉齿短于鞭节2的栉齿，柄节长约为梗节长的2.3倍。中胸小盾片前角钝角，约呈150°；中胸小盾片附片为线型，明显外露；淡膜叶狭长，其间距约为单个淡膜叶内缘间距的1/2，单个淡膜叶侧缘间距约为前后缘间距的9.5倍；前翅C室具Sc1脉残基，M脉、Sc+R脉的交点与Rs+M脉起点之间具1条短径脉；前翅臀室柄长度与臀室前后缘最大间距相仿，具臀横脉。后足距为棘状，内距长约为外距2.0倍，长于基跗节，2～5跗分节总长约为基跗节长度的2.1倍；爪具1个小内齿。锯腹片具11个清晰的环节，从第二环向尖端逐渐变细；环1的齿节腹缘退化消失，环2齿节腹缘最为发达，环1、2，环3～8分别平行，环2、3向下分歧。

雄成虫体长约7 mm。虫体黑色；足白黄色具黑斑；头部和胸部刻点密集，前胸盾片前叶后角刻点常大于前胸盾片侧叶内角刻点；复单眼距、侧单眼距和单眼后头距比值约为4∶4∶3；颚眼距窄于前单眼直径；触角鞭节具22个清晰的环节，除第一鞭节和端部1节外为双栉齿状。中胸小盾片前角钝角，约呈125°。阳茎瓣侧突小；头部膨大，端缘波浪状，背侧中部具凹缺，背顶角尖且上扬。

卵狭长、弯曲，船底形，长1.2～1.5 mm，单产于松针上，初产时淡黄色，渐变灰黑色。

初孵幼虫黑褐色，3龄后幼虫头部具黑色倒U形斑，体色较深。老熟幼虫体长19～26 mm，头部橘黄色，触角黑色，3节，单眼区黑色，胸部及腹部黄绿色，背线上仅胸部前三小节具黑斑，气门上线具1列黑斑，不连续。具2个色型：色型一背线至气门上线之间与虫体颜色相同；色型二背线至气门上线之间颜色加深。

茧丝质，圆筒形，长6.5～11 mm。初茧乳白色，渐变黄褐色。初蛹黄白色，触角和足白色，羽化前渐变为黑色。

【生活习性】在福建、江西、湖南一带1年发生3～4代，以老熟幼虫在松树枝条间结茧、化蛹越冬，幼虫有越夏现象。越冬代的成虫于5月上旬羽化，夜间羽化较多，白天也可以羽化。有孤雌生殖现象，世代重叠现象也比较明显。雌虫不善飞翔，雄虫活跃。成虫多在上午交配，交配后即可产卵。成虫寿命4～5天。卵产于松树针叶表皮内，每个针叶有卵2～3粒。幼虫一般5龄，少数6龄，有聚集习性。

【为害特点】以幼虫为害松树针叶，幼虫为害期很长，可从5月中旬到10月上旬，局部地区为害比较严重。初孵幼虫在当年生枝条的针叶上取食松针上半部分的叶肉，造成松针枯萎；2龄以上的幼虫可食尽全针叶，仅剩下叶鞘部分；4～5龄幼虫食量最大，常有几十至上百条幼虫群集取食，每群幼虫可为害2～3根松树枝条，枝条针叶被害后枯黄似火烧状。

【防治方法】营林防治。提倡营造混交林，改善林分结构，控制马尾松纯林面积，采取封山育林、保护利用自然天敌、人工摘除越冬代虫茧等措施综合控制其为害。

化学防治。局部为害严重时，可以在第一代幼虫3龄前后，采用化学药剂防治。林相复杂的地区，可以使用飞机超低容量喷洒高效低毒药物防治。

A. 雌虫触角；B. 雌虫；C. 雌虫头部背面；D. 雌虫小盾片；
E. 雌虫后足跗节；F. 雄虫阳茎瓣；G. 雌虫锯腹片；H. 幼虫

双枝黑松叶蜂（牛耕耘　摄）

110. 叶蜂科 Tenthredinidae

小型至大型叶蜂，成虫体长 2.5 ～ 20 mm。头部短，横宽，后头孔下侧开放，无口后桥；具额唇基缝；触角窝偏下位，无触角沟。触角短，通常 9 节，少数属种少至 8 节或多达 30 节，第一节短小，远短于第三节，鞭节通常无分支。前胸背板后缘深凹，侧叶发达；前胸腹板游离；无基前桥；中胸小盾片发达，具附片；中后胸盾侧凹深大；后上侧片不强烈鼓凸，中胸侧腹板沟缺如；后胸侧板不与腹部第一背板愈合。前足胫节端距 1 对，内距常分叉；各足胫节无亚端距，基跗节发达，跗垫中小型。前翅 C 室较狭窄，R 脉端部平直或下垂，2r 脉常存在，少数缺如，Rs 脉基端极少消失，1M 室通常无背柄，至少具 1 个完整的端臀室。后翅通常具 5 ～ 7 个闭室。腹部无侧缘脊，第一背板常具中缝。产卵器短小，常稍伸出腹端。幼虫多足型，腹部具 6 ～ 8 对足，触角 3 ～ 5 节，潜叶和蛀干种类腹足有时部分退化。幼虫通常在寄主体表自由取食，少数类群在寄主内部取食，包括蛀芽、蛀茎、潜叶和做瘿 4 类。全世界已记录 18 亚科 430 多属 7500 多种，中国已记录 16 亚科 260 属 1600 多种。广西已记录 8 亚科 89 属 320 多种。

毛竹蓝片叶蜂 *Amonophadnus nigritus* Xiao

【寄主】毛竹、刚竹、淡竹。

【分布】中国分布于浙江、安徽、福建、江西、湖北、湖南、广西、海南。广西分布于兴安（猫儿山）、龙胜、荔浦、西林。

【形态特征】雌成虫体长 8 ～ 10 mm。体黑色，头胸部具微弱蓝色光泽，腹部紫蓝色光泽较明显。足黑色，后足基节端部、后足转节、各足股节末端和胫节白色至黄褐色，后足胫节端缘稍带褐色，各足跗节斑纹稍有变化，前中足跗节颜色常较淡，后足跗节大部至全部黑褐色，有时基跗节黄褐色。头胸部背侧细毛黑褐色，侧板细毛稍淡。翅深烟色，翅痣黑褐色。唇基端部亚截形，端缘微呈凹弧状；颚眼距线状，后颊脊十分低和短；复眼较大，间距稍小于复眼长径；背面观后头微膨大，明显短于复眼；中窝中等大，额脊宽钝，端缘缺，前单眼凹显著小于中窝，前部具 1 个较大瘤突；单眼中沟宽，后沟显著；单眼后区长微短于宽，侧沟较长且直，向后稍分歧；触角粗丝状，稍短于前翅前缘脉，但长于 Sc+R 脉，第三节 1.5 倍于第四节长。胸腹侧片缝很浅，胸腹侧片宽大。前足胫节内距端部不分叉，具高位膜叶，后足基跗节稍短于其后 4 节之和；爪大形，内齿约为端齿的 1/2 长。前翅 1M 脉与第一 m-Cu 脉向翅痣方向稍聚敛，第二 Rs 室长于 1R1+1Rs 室，臀室长与其柄部长之比为 11 : 8；后翅具封闭 M 室。体光滑，后眶、上眶和颜面散布稀疏细小的具毛刻点。锯鞘侧面观稍长，末端圆钝；锯腹片有 28 ～ 29 锯刃，侧面刺毛密集，不呈带状，中部锯刃突出，齿式为 0/3，无内侧亚基齿，刃齿小。雄成虫体长 6 ～ 7 mm；体色和构造似雌虫，但后头明显收缩，复眼间距较窄，单眼后区较宽。

卵长椭圆形，长约 2 mm，宽 0.8 mm；初产时淡粉红色，孵化前变为灰色。

初孵幼虫淡黄色，头部黑色；老熟幼虫体黄色发亮，头部黑色，腹部气门下线处每节有 2 个黑点；各胸节由 3 个小环节组成，每节背侧具瘤状刺突 7 ～ 8 个；胸足的股节、胫节、跗节和爪黑色，转节黄色，基节前面黑色；每个腹节具 6 个小环节，第一、第三小节背侧面具隆起的瘤状小刺突 8 ～ 9 个，肛上板背面具30余个瘤状刺突；腹足足上叶及基节黑色，具较多颗粒状突起及少数钝刺突，形成黑色侧线。

离蛹，长约10 mm；初蛹淡黄色，足透明，近羽化时渐变为黑褐色。

【生活习性】在浙江至湖南一带，1年发生1～2代，以老熟幼虫在植株下2～5 cm深的土中结茧越冬，翌年5月上旬开始化蛹，5月中旬后成虫羽化，当天可交配产卵，6月上旬幼虫孵化。1年发生1代的幼虫于7月上旬老熟，然后入土越夏、越冬至翌年5月，1年发生2代的幼虫于7月上旬入土至8月中旬化蛹，8月下旬至9月上旬成虫羽化，9月上旬至10月中旬为第二代幼虫发生期，11月上旬老熟幼虫入土越冬。

成虫喜欢成群在阳光充足的东南坡竹上特别是顶部活动，取食虎杖等植物花粉补充营养。卵产于毛竹的叶肉组织内。产卵时，成虫从竹叶主脉两侧正面产入卵，每产1粒卵移动约1 mm，卵呈一字形排列，一般每叶产卵1排，每排卵量数十粒，卵期9～12天。成虫寿命3～9天，产卵后不久死亡。

幼虫共7龄。幼虫孵化后，从叶片正面咬一小孔钻出，不取食卵壳。初孵幼虫在原产卵叶片上取食，沿叶片边缘排队，由叶片端部吃向基部，仅留存主脉。吃完一片叶后群体转移到下一叶片取食。4龄幼虫开始分散取食。幼虫多在炎热的夏季早上9点半后下竹，在竹竿基部叶鞘内或地被物中躲藏避热，傍晚上竹为害。幼虫老熟后从竹秆上爬到地面入土做茧。蛹期8～9天。

【为害特点】幼虫孵化后抱持叶片边缘，头向叶片基部排列取食，将叶片吃成缺刻，或仅留主叶脉。

【防治方法】营林防治。毛竹纯林一般较混交林被害严重，可营造竹杉混交，或营造竹与其他阔叶树的混交林，提高竹林抗虫能力，可较好地控制其为害。

化学防治。在第1代幼虫盛发初期（浙江和湖南一带在6月中旬），采用高效低毒杀虫剂进行竹腔注射，防治效果良好。利用幼虫白天下竹的习性，可以在午后向竹基部喷洒药物，灭杀幼虫。

A.雌虫；B.爪；C.触角；D.头部前面观；E.头部背面观

毛竹蓝片叶蜂（牛耕耘　摄）

大鞘枝膜叶蜂 *Cladiucha megatheca* Wei

【寄主】厚朴。

【分布】中国分布于广西、重庆、贵州。广西分布于兴安。

【形态特征】雌成虫体长 15 ～ 16 mm；体黑色，具强烈的金属蓝色光泽；唇基（边缘除外）、上唇、前胸背板的气门附近点状小斑、腹部第一背板两侧小斑白色；足蓝黑色，前中足股节前背侧和胫节跗节大部、后足基节外侧大斑、后足转节大部、股节背侧基部 3/5、胫节亚基部外侧 1/4 白色。体毛银褐色，触角、翅面和足毛大部黑褐色。翅透明，前翅端半部浅烟褐色，翅痣和翅脉均黑色。体形十分粗壮。额区刻点粗糙，较密集；内眶和单眼后区刻点大而稀疏，后眶刻点细小；中胸背板刻点稀疏，小盾片中部几乎光滑，两侧和附片刻点粗糙密集；中胸前侧片上部刻点十分细小稀疏，几乎缺如，中下部刻点稀疏但明显；腹部第一、第九和第十背板全部、第二至第三背板大部高度光滑，无刻点，第四至第八背板具浅而大的刻点，无刻纹。各足基节大部光滑，局部具细小刻点。唇基端部截形，颚眼距线状；复眼内缘向下稍收敛，间距稍宽于复眼高；单眼后区稍隆起，宽 1.3 倍于长，侧沟浅弱，向后稍分歧。触角 23 节，等长于头胸部之和，第三节稍短于第四至第六节之和，第三至第十九节腹侧具齿突，端部 7 节腹侧具浅褐色触角器，末端 3 节愈合。小盾片低弱平钝隆起，前缘突出，后缘具钝横脊，附片无中脊。前足胫节内端距端部稍分叉；后足基节端部伸达第五腹板基部，胫节内端距等长于基跗节 1/3 长，后基跗节等长于其后 4 个跗分节之和，中端部明显膨大；爪无基片，内齿明显长于外齿。后翅 1M 室封闭，Rs 室开放，臀室柄很短，长约为 cu–a 脉的 1/4。尾须 1.8 倍长于触角第二节；锯鞘 1.2 倍长于头部宽，等长于后足股节，锯鞘端宽大，1.4 倍长于锯鞘基。锯腹片 33 环节，中部锯刃较隆起，各具 9 ～ 10 个亚基齿。

卵香蕉形，长约 2 mm，宽 0.5 ～ 0.6 mm。初产时米白色，近孵化时灰黄色。

初孵幼虫体长约 3 mm，宽约 1 mm，头灰褐色，体乳白色，胸背颜色稍带褐色。老熟幼虫体长约 30 mm，头、胸足、臀节背板黑褐色，体土黄色，背面稍暗；胸足 3 对，腹足 8 对，第六、第七对腹足较小，臀板大部黑色。

蛹椭圆形，长 16 ～ 18 mm；初蛹淡黄色，近羽化时渐变黑色。土室长圆形。

【生活习性】1 年发生 1 ～ 2 代。以老熟幼虫在浅层土壤内的土室越冬。翌年 4 月中下旬，第一代成虫羽化，羽化后当天即可交配，成虫不需要补充营养。成虫在晴朗的白天 11 点至下午 2 点左右活动较强。卵产于叶片反面主要叶脉两侧表皮之下，产卵痕明显。卵期大约 1 周，幼虫共 6 龄，有明显的聚集为害现象，许多幼虫成对在叶片上取食。幼虫老熟后，下树入土做土室越夏、越冬。

【为害特点】有明显的聚集为害现象。

【防治方法】该虫主要为害期为第一代幼虫期，桂北、湘南一带大致在 4 月下旬至 5 月下旬为害。应在 4 月中下旬注意观察该虫的产卵状况，预测幼虫发生期。在幼虫为害初期喷施森得保粉剂等药物，防治效果较好。

大鞘枝膜叶蜂雌虫（牛耕耘　摄）

油茶史氏叶蜂 *Dasmithius camellia* (Zhou et Huang)

【寄主】油茶。

【分布】中国分布于浙江、福建、江西、湖南、广西。广西分布于桂林、龙胜、南丹、防城港(防城)。

【形态特征】雌成虫体长 6.5 ~ 8.5 mm。体黑色，有光泽，上唇、前胸背板后缘和翅基片大部分白色。足黄褐色，各足基节大部和股节全部黑色。前翅浅烟褐色，后翅透明，前翅前缘脉和翅痣大部黑褐色，翅痣基部浅褐色。头部额区和唇基具粗大刻点和皱纹；中胸小盾片和中胸前侧片具稀疏刻点，刻点间隙表面光滑，中胸背板刻点稀弱。上唇较小，端部突出，唇根隐藏；唇基平坦，前缘缺口浅弧形，边缘不规则锯齿状，不平滑；上颚和复眼下缘间距短于单眼直径；头部内眶上部和单眼区侧后部略下凹，额区较平，额脊不明显；单眼后区宽大于长，单眼后沟与侧沟几乎同深；背面观后头两侧边缘近似平行，约 0.6 倍于复眼长；后颊脊显著，上部伸达上眶后部；前胸侧板腹面宽阔接触，中胸侧板无胸腹侧片。触角粗丝状，中部稍侧扁，第二节长约等于宽，第三节稍长于第四节，第八节长宽比稍大于 2。中胸小盾片平坦，后胸后背板中部收缩，但不十分狭窄，中部最短处不短于单眼直径 2 倍。前足胫节内距端部分叉；后足胫节稍长于股节与转节之和，后基跗节短于其后 4 个跗分节之和，后足胫节距约等于基跗节 1/3 长；爪基片微小且钝，内齿短于外齿。前翅具 4 个肘室，第三肘室稍长于第二肘室；1M 脉与 1m-cu 脉平行，R+M 脉点状，cu-a 脉位于中室下缘基部 1/3，臀横脉约呈 30° 倾斜。后翅无封闭中室，R1 室末端具小附室，臀室具柄式，柄长约等长于 cu-a 脉。锯鞘侧面观端部窄圆；锯腹片 16 刃，第一至第十节缝具粗大叶状刺毛；锯刃倾斜，无内侧亚基齿，外侧亚基齿 5 ~ 7 个，刃齿端部圆钝。雄成虫体长 5.5 ~ 7.5 mm，体色和刻纹类似雌虫，但股节黑褐色；抱器长三角形，副阳茎宽，内侧具长突，阳茎瓣头部稍宽于瓣尾。

【生活习性】1 年发生 1 代，幼虫取食油茶树叶。成虫羽化后当天即可交配，交配后当天可以产卵，一般交配 1 次，偶尔多次。卵单粒产于油茶树开始萌动的芽胞心叶中。卵椭圆形，长 1 ~ 1.2 mm，宽 0.4 ~ 0.5 mm。幼虫共 5 龄，初孵化为乳白色，3 龄后体渐变绿色，头部变为黑褐色，老熟幼虫体长 14 ~ 16 mm，体暗绿色，背侧被淡粉，侧线浅白色，头部暗褐色至黑褐色，胸足 3 对，腹足 8 对，淡绿色。

在江西萍乡、湖南中部地区以老熟幼虫于 4 月下旬至 5 月中旬沿树干下树入土 10 ~ 25 cm 内，筑土室以预蛹越冬。年底至翌年 1 月化蛹，蛹期近 2 个月，成虫 2 月下旬至 3 月上旬羽化。3 月中旬为产卵盛期，卵期 7 ~ 10 天，幼虫期 25 ~ 32 天，平均 26 天。

【为害特点】以幼虫取食油茶的春梢叶片，偶尔也取食油茶的老叶和春梢嫩枝，为害严重

A. 雌虫

B. 幼虫

油茶史氏叶蜂（牛耕耘　摄）

时可以将整株油茶叶全部吃光。取食油茶的春梢叶片影响春梢的发育、夏梢的发育、花芽的分化、花芽的绝对数目、座果的数目、落果率等，进而严重影响油茶的产量。

【防治方法】营林防治。幼虫入土时间很长，可以结合林间操作，采用夏挖、冬垦等方法，消灭大量幼虫。

生物防治。保护油茶林生物多样性，可以有效控制油茶史氏叶蜂为害。多种鸟类，如伯劳等可以捕食油茶史氏叶蜂幼虫，对该虫种类有一定控制作用。

化学防治。该虫种群数量较大时，可以采用化学药物防治。

紫茎带斑叶蜂 *Emphytopsis stewartii* Wei et Niu

【寄主】天目紫茎。

【分布】中国特有种。广西分布于南宁（武鸣大明山），大明山是本种模式产地。

【形态特征】雌成虫体长 10 ～ 11 mm。体黄褐色；触角端部渐变暗褐色，上颚端部、单眼三角区、单眼后区后部黑色；前胸侧板外侧具中斑，中胸背板前叶具近似三角形大斑，侧叶具长椭圆形大斑，内侧后部具小圆斑，中胸前侧片腹侧具大斑，中胸后侧片后缘下部具模糊点斑，后胸淡膜区具侧斑，后胸后背板后缘、腹部第一背板后半部、第二背板中部具短小横带斑，第三至第六背板背侧后部 1/2、第七背板后部 1/3、第八背板后部 1/4、锯鞘端大部黑色，第二至第八背板后部的黑色带斑中部明显分离，间距 1.5 ～ 2 倍于单眼直径；背板缘折无黑斑。足黄褐色；后足股节背侧端部、后足胫节端部黑色。体毛黄褐色。翅透明，前缘脉基半部和末端、翅痣基部 1/3 黄褐色，前缘脉其余部分暗褐色，翅痣端部 2/3 和其余翅脉黑褐色。中胸前侧片刻点浅弱稀疏，刻点间隙宽大，中胸前侧片腹面刻点细小、分散；腹部背板具十分微细的刻纹，光泽强。上唇端部钝三角形突出；唇基端部缺口深度约为唇基长的 0.65 倍；颚眼距 0.6 倍于单眼直径；单眼后区低弱隆起，长 1.2 倍于宽；侧沟浅弱，中部稍弯曲，前后端微弱收敛；背面观后头稍短于复眼（6 : 7），两侧弱弧形弯曲；后眶中部稍窄于复眼横径。爪内齿明显短于外齿。锯腹片具 23 锯刃，中部锯刃具 1 个高位中型内侧亚基齿和 6 个分化清晰的中型外侧亚基齿。雄成虫体长 6.5 ～ 8.5 mm；单眼后区、体腹侧完全黄褐色，无黑斑；腹部具成对黑斑小型，第二背板黑斑最大；后足股节和胫节黑斑几乎完全消失；颚眼距宽线状，背面观后头较短，两侧明显收缩；下生殖板长大于宽，端部圆钝。

卵椭圆形，半透明，长 1 ～ 1.5 mm，初产半透明乳白色，渐变暗色。

老熟幼虫头部褐色，单眼黑色，胸腹部青绿色，腹部端部稍暗，无明显斑纹，虫体背侧具很薄的白色粉被；刚蜕皮时无粉被，嫩绿色；胸足青绿色。体近光滑，无明显刺毛。胸足 3 对，腹足 8 对。

裸蛹，初蛹浅绿色，羽化前稍暗；椭圆形，体长约 10 mm，无丝质茧。

【生活习性】1 年发生 1 代，以末龄幼虫入土做土室在其中越夏、越冬。翌年 4 月下旬前后化蛹，5 月中旬前后成虫羽化出土。成虫聚集在天目紫茎叶片上活动，亦可在树下灌丛中飞舞，上午到中午是其主要活动时间，下午成虫少见。卵单产于嫩叶背近边缘处，一般 1 叶 1 卵。卵孵化后，幼虫单个活动，没有聚集习性。低龄幼虫在叶片反面取食表皮，进而吃成小孔洞，较大幼虫可以从叶片边缘吃成缺刻，数量较大时可以将叶片吃光，仅剩主脉。

【为害特点】专性取食紫茎属植物的叶片，呈缺刻状或仅残留叶脉。种群较小时，幼虫聚集性不明显。严重危害时一片叶片上可有多头幼虫同时取食。

【防治方法】参考油茶史氏叶蜂。

A. 雌虫；B. 雌虫头部背面观；C. 雌虫头部前面观；D. 雌虫中胸侧板；E. 雌虫爪；F. 产卵器锯腹片；G. 锯腹片中部锯刃放大；H. 锯腹片基部锯刃放大；I. 雄虫；J. 生殖铗；K. 阳茎瓣

紫茎带斑叶蜂（牛耕耘 摄）

红胸樟叶蜂 *Moricella rufonota* Rohwer

多数中文文献中本种使用了错误的拉丁学名 *Mesoneura rufonota*。樟叶蜂属 *Moricella* 与中脉叶蜂属 *Mesoneura* 两者在外部形态和雄虫外生殖器构造等方面差别较大，同时这两属的分布也不同，后者是一个北方地区的属，南方地区没有分布。

【寄主】香樟。

【分布】中国分布于江苏、浙江、安徽、福建、江西、湖北、湖南、广东、广西、四川、贵州、台湾、香港。广西分布于南宁（武鸣）、桂林、龙胜、兴安、资源、全州、平乐、永福、灵川、防城港（防城）、南丹、藤县、贵港（港南）、平南、大新。

【形态特征】雌成虫体长 7 ～ 8 mm。体黑色，前胸背板、翅基片、中胸背板除附片外、中胸前侧片上侧 2/3 红褐色；足大部黑色，各足基节端部、转节全部、前中足胫跗节、后足胫节基部 2/3 白色至浅黄褐色。翅浅烟色，翅痣和翅脉黑褐色。上颚外面观从基部向端部均匀变细，颚眼距显著；唇基横方形，端缘中部具小型缺刻；内眶不剧烈下陷；复眼中形，内缘直，互相平行，底部间距显著宽于眼高；触角窝距宽于内眶 1/2；中窝深，额区中部具宽沟，下端封闭；单眼中沟痕状，后沟浅宽；单眼后区宽 2 倍于长，后部强烈隆起；侧沟细浅，向后显著分歧；后眶沟细弱；下颚须第五节长于后股节宽。触角明显长于头宽的 2 倍，端部细尖，第三节长于第四节；触角毛短且半平伏。中胸背板前叶长宽比微大于 1，小盾片前沟浅，附片大；淡膜区较宽，间距 0.5 ～ 0.6 倍于淡膜区长径；胸腹侧片宽大平滑，中胸侧板前缘无细脊；后胸侧板较窄，前缘强烈弯曲，具大膜区，气门后片片状。前足内胫距无膜叶，后足基跗节等于其后 3 节之和，第四跗分节短宽，爪内齿宽且长于外齿。前翅前缘脉末端稍微膨大，R 脉短于 Sc，R+M 脉不短于 1M，1M 脉上端远离 Sc 脉，cu-a 脉中位，2r 脉交于第二 Rs 室基部 1/3 ～ 1/4，2 m-cu 脉与 2r-m 横脉顶接，2Rs 室短于 1Rs 室，长宽比约等于 2。后翅 cu-a 脉稍内斜，短于臀室柄，上端交于 M 室中部偏内侧。腹部约等长于头胸部之和，第一节中部后侧具三角形小膜区。体光滑，具强光泽，无明显刻点和刻纹。锯鞘微长于前足胫节，背面观端部 V 形，具侧叶；锯腹片长条形，具 16 锯刃，表面刺毛密集均匀，不成带状，无节缝；锯刃斜直，具规则刃齿。

雄成虫体长 6 mm；体色和构造近似雌虫，但前中足股节多为暗红褐色，触角具短立毛，第八背板具中脊；抱器近似三角形，长约等于宽，内下角突出；阳茎瓣背叶端部明显向上弯折，腹侧粗刺突直立，指向阳茎瓣头叶背侧。

卵椭圆形，稍弯曲，长 0.7 ～ 1.2 mm，亮乳白色，产于叶肉内。

幼虫共 4 龄。胸足 3 对，腹足 7 对，位于腹部第二至第七节及臀节，后 2 对腹足多少退化。1 龄幼虫体长 2 ～ 3 mm，近透明，头部黑色，腹部青绿色，胸足绿色；2 龄幼虫体长 3 ～ 6 mm，体色比 1 龄稍深；3 龄幼虫体长 7 ～ 8 mm，胸部皱纹较明显，胸足黑色，胸部和腹部第一至第二节背板具多个小黑斑；4 龄幼虫体长 8 ～ 18 mm，胸部和腹部第一至第二节背侧的黑色瘤突比较明显，腹部第三至第四节背侧也出现黑色小瘤突；黑色瘤突排列不十分规则，数量也有变化，大致每节 3 排，每行 10 个左右；老熟幼虫有松香味，体色较亮，淡绿色或黄绿色，头部和足黑色。

蛹初期淡黄色，渐变暗黄色，羽化前变黑褐色；体长 7 ～ 10 mm。有茧，茧丝质或混杂泥土，褐色，椭圆形，长 10 ～ 15 mm。

【生活习性】在广东、广西 1 年发生 7 代，安徽贵池 1 年发生 1 ～ 2 代，皖西 1 年发生 2 ～ 3 代，江苏、上海 1 年发生 2 ～ 3 代，江西南昌 1 年发生 1 ～ 5 代，湖北孝感 1 年发生 3 代，四川绵阳 1 年发生 3 代（第三代不完全）。以老熟幼虫在土内结茧越冬。幼虫有滞育现象，同一地区发生代数不一致，世代重叠现象也比较突出。成虫羽化后主要在上午活动，当天可以交配产卵。卵产于樟树嫩叶和芽苞上，多数产于叶片主脉两侧叶肉中，外观该处稍隆起，每片树叶上可产卵多枚。种群较小时一般不在老叶上产卵。每头雌虫可产卵 70 ~ 158 粒，可连续产卵多天。本种食性单一，专一为害香樟，幼虫有假死习性。浙江、江西、湖南一带，第一代成虫主要在 4 月上中旬。成虫可两性生殖和孤雌生殖，孤雌生殖后代为雄虫。

【为害特点】是樟树的专性食叶害虫。幼虫大量取食樟树嫩叶及嫩梢，严重影响樟树幼树扩冠和成年树的生长。初孵幼虫从叶背取食叶肉，留下上表皮，2 龄后食全叶，形成缺刻或仅留叶脉，幼虫有聚集性，中高龄幼虫尾部喜欢弯向腹侧呈 C 形。

【防治方法】营林防治。冬季结合施肥翻耕，清除林地枯枝落叶，可以减少越冬虫源。

生物防治。可采用生物制剂如苏云金杆菌、白僵菌等进行防治。也可用 0.5 kg 闹羊花或雷公藤粉，加清水 75 ~ 100 kg 制成药剂喷杀，效果明显。

化学防治。为害严重时可采用高效低毒药物喷雾防治，药剂防治应主要在第一代低龄幼虫期进行。

A. 雌虫

B. 幼虫聚集为害状

C. 雄虫

D. 幼虫取食（引自嘎嘎昆虫网）

红胸樟叶蜂（牛耕耘　摄）

中华槌缘叶蜂 *Pristiphora sinensis* Wong

【寄主】桃、杏、梅、苹果、李、梨、樱桃等。

【分布】中国分布于北京、河北、山西、内蒙古、江苏、浙江、福建、山东、河南、湖北、湖南、广东、广西、四川、贵州、陕西。广西分布于金秀。

【形态特征】雌成虫体长 8 ~ 10 mm。体黑色，翅基片前半部白色；腹部基部背腹板黑色，中端部背板和腹板红褐色；足黄褐色，各足基节大部、各足股节腹侧大部、股节背侧端部、后足胫节端部 1/4 和后足跗节黑色，前中足跗节向端部逐渐变为暗褐色。体毛银褐色，头部背侧细毛暗褐色。翅深烟褐色，翅痣和翅脉黑褐色。体光滑，具较强光泽，头胸部无显著刻点和刻纹，头部背侧无毛瘤，腹部背板具微细刻纹。唇基很短，端部截形；复眼较小，间距 1.5 倍宽于眼高；后眶宽，无后颊脊；颚眼距稍窄于中单眼直径；中窝圆形，大且深；侧窝较小，下端开放；额区小，稍隆起，额脊明显；颜侧沟中断；单眼中沟和后沟细浅；单眼后区宽长比稍小于 2，具弱中纵沟；侧沟细浅，向后稍分歧；背面观后头约等长于复眼，两侧不明显收缩。触角基部 2 节宽大于长，第三节稍长于第四节，鞭节端部尖细。中胸侧板和腹板细毛连续分布，无光裸横带。前足基跗节显著短于其后 3 节之和；后足胫节端距短于胫节端部宽；基跗节短于其后 3 节之和；爪内齿和外齿均很短小，几乎等长。前翅 M 脉弯曲，与 1m-cu 脉向翅痣强烈收敛，基臀室开放，2Rs 室短于 1Rs 室，R+M 脉稍长于 1r-m，cu-a 脉中位偏外侧，2Rs 室长大于宽，显著短于 1Rs 室。后翅具封闭的 M 和 Rs 室，臀室柄稍长于 cu-a 脉。锯鞘背面观显著宽于后足胫节端部，侧突发达；尾须基部细，亚端部显著膨大，伸出锯鞘末端。锯腹片 23 节，第四至第十六节中部具不发达的栉刺毛列，第一锯节几乎 3 倍宽于中端部锯节；锯刃倾斜突出，亚基齿细小。

雄成虫体长 7 ~ 8 mm；体色和构造类似雌虫，但各足股节和翅基片大部黑色，腹部大部分黑色，翅烟色稍浅；下生殖板长大于宽，端部圆钝，单眼后区中纵沟微弱；抱器近三角形，顶端窄圆；阳茎瓣叶状突很宽大，具横脊，刺突短小倾斜。

卵椭圆形，长约 0.6 mm，初产时乳白色，半透明，表面光滑，近孵化时变为淡黄色。

幼虫体光滑，外观无明显刺毛，单眼 1 个，胸足 3 对，腹足 7 对，足色类似体色；初孵幼虫体长 1.5 ~ 2 mm，体淡黄色，取食后变为浅绿色；老熟幼虫体长 18 ~ 22 mm，宽 3.3 ~ 4 mm；头部橘黄色，胸腹部暗绿色，腹部端部第二至第三节黄色，胸部 3 节和腹部第一至第八节每节体侧各具 1 个黑色瘤突，第一、第三和第十一节瘤突较小。

裸蛹，长约 6 mm。初蛹浅黄色，随后体色慢慢加深，羽化前黑褐色。茧椭圆形，长 6 ~ 8 mm，宽 4 mm。暗红色。

【生活习性】在秦岭淮河以北每年发生 2 ~ 3 代，有世代重叠现象。以老熟幼虫在土中结茧越冬。翌年 5 月下旬少量成虫羽化出土，一般在

A. 雌成虫

B. 低龄幼虫

C. 高龄幼虫

中华槌缘叶蜂（牛耕耘　董伟　摄）

6月中下旬化蛹，6月下旬至7月上旬成虫羽化。第一代幼虫发生于7月中旬至8月上旬，第二代幼虫发生于8月中旬至9月上旬。第三代不完整，仅部分种群可以完成。陕西关中一带，7～8月间卵、幼虫、蛹和成虫期分别历时4天、12天、19天、5天左右，完成1个世代需要40天左右。

卵产于叶片边缘的叶肉里，产卵后外观叶缘表皮微微隆起。初孵幼虫从成虫产卵器插入的位置爬出。幼虫共6龄。3龄前幼虫有聚集取食习性，一片叶子上可聚集数十头幼虫为害。有幼虫取食时常将躯体后半部翘在空中。发生较少时取食叶片使叶片成缺刻状，严重时可吃光叶片。幼虫白天和夜晚均可取食，夜晚取食较多。化蛹前幼虫变得更光滑、透明，然后在被害植株下的浅土层或地表枯枝落叶间吐丝结茧，在其中化蛹。成虫在晴天中午前后活动较多，阴雨天和夜晚静伏在叶片或枝条上。羽化后当天可交配，每次交配6分钟左右，交配后1～2小时即可产卵，白天和晚上均可产卵。成虫通常沿叶片边缘产卵成一圈。每雌产卵量83～181粒，平均120粒。雌虫寿命4.2天，雄虫寿命5.4天。

【为害特点】为害桃树和杏树等植物的叶片。低龄幼虫有聚集取食习性，中高龄幼虫，常用胸足抱持叶片边缘，依次排列取食，尾部喜欢向上翘起，将叶片吃成缺刻，严重时仅剩叶脉。幼虫夜晚取食为主，白天亦可取食。

【防治方法】营林防治。该虫产卵位置较集中、低龄幼虫有聚集为害习性，可以结合植株剪枝，及时剪除产卵枝条和幼虫为害枝条，再集中销毁。

化学防治。为害较严重时，可使用常规高效低毒药物防治，控制幼虫为害。春季和夏初地面覆盖农用薄膜，可以有效降低各类果树叶蜂类成虫发生量，从而降低第一代卵量，显著控制第一代幼虫发生量。

黑背桫椤叶蜂 *Rhoptroceros cyatheae* (Wei et Wang)

【寄主】桫椤。

【分布】中国分布于浙江、福建、湖南、广东、广西、海南、重庆、四川、贵州。广西分布于南宁（大明山）、金秀（大瑶山）、兴安（猫儿山）。

【形态特征】雌成虫体长10～12 mm。体和足黑色；触角柄节全部、梗节基部1/2、唇基、前胸背板后半部、翅基片前缘、各足膝部、前足胫节基部2/3、中胫节基部1/2、后胫节最基部、腹部第三节全部、第一和第六至第八背板后缘、第十背板大部和尾须黄褐色或黄白色。翅浅烟褐色，前翅前缘暗褐色。体具稀疏银褐色细毛，虫体光滑，光泽强。颚眼距约等宽于单眼半径；唇基前缘缺口深三角形，深约为唇基长的1/2；额脊明显隆起，顶部钝；复眼大，下缘间距0.85倍于复眼长径；后头较短，侧缘向后强烈收缩；单眼后区长稍大于宽，侧沟向后稍分歧；触角粗壮，长约1.5倍于头宽，第三节1.3倍于第四节长，鞭节中部明显宽于第三节基部。前胸背板后侧缘上叶和下叶等大；前翅1M脉与1m-cu脉互相平行，1R+M脉短小，Rs+M脉基部弧形弯曲，cu-a脉中位，臀室具垂直横脉位于1M脉基部位置；后翅臀室无柄式；爪无基片，内齿显著大于外齿。腹部向后逐渐明显侧扁；锯鞘短小，耳形突大，伸向两侧，具长且明显弯曲的鞘毛；锯腹片柳叶刀型，节缝不明显，腹缘具不规则细齿。

雄成虫体长8～9 mm；体色和构造类似雌虫，但触角第二节和后足胫节大部或全部黑色；下生殖板长稍大于宽，端部圆形突出；抱器长约等于宽，阳茎瓣头叶斜长方形。

卵乳白色，长椭圆形，长1 mm，宽0.3 mm。

老熟幼虫体绿色，有光泽，长18～22 mm，头部具一半圆形黑色宽带；胸部每节具5个环节，腹部每节具 7 个环节；胸部 3 对足，腹部 8 对足，前 7 对足大小近似。

裸蛹，初蛹浅绿色，复眼黑红色；羽化前渐变为头胸部黑色，翅芽黄白色，腹部除第三节全部和其余各节后缘黄色外均为褐色。

【生活习性】在贵州赤水地区 1 年发生 3 代，以老熟幼虫在干枯叶柄内越冬，翌年 3 月中旬开始化蛹，4 月上旬越冬代成虫羽化，4 月下旬消失；4 月中旬开始产卵，幼虫 4 月下旬开始出现，第一代成虫5月下旬至6月中旬羽化，第二代成虫7月下旬至8月下旬羽化，其幼虫8月中旬到10月下旬活动，11 月开始进入越冬状态。成虫羽化后停留一段时间才从羽化孔飞出，第二天交配，隔日开始产卵。卵散产于桫椤叶片上，成虫常将卵产在未伸展开的嫩叶上。产卵量差别较大，每雌产卵量 32 ～ 112 粒，卵的孵化率高达 95% 以上，卵期 5 天左右。成虫寿命 10 天左右。幼虫共 6 龄，孵化后先吃掉卵壳。1 龄幼虫浅白色，2 龄幼虫浅绿色，有群集性，食量较小；3 龄幼虫绿色，头部出现半圆形褐斑；4 ～ 5 龄幼虫深绿色，类似桫椤叶片颜色，头部褐斑渐变黑色，食量大增；6 龄幼虫转到干枯叶柄内蛀食，老熟幼虫在桫椤叶柄被害处，用木屑筑成一室，幼虫藏身此处，身体变短，色泽变墨绿，不食不动，蜕皮后变为预蛹，4 天后进入蛹期。

【为害特点】该虫幼虫喜欢潮湿环境，干旱状况下，越冬幼虫和蛹的死亡率很高。在四川峨眉山、贵州赤水等桫椤集中分布区为害比较严重。其幼虫取食桫椤叶片，严重时可吃光叶片，仅留主脉，受害株率可达 85%，叶片受害率达 56%。

【防治方法】营林防治。利用其越冬特点，及时处理桫椤干枯叶柄，可减少虫源。

生物防治。一种姬蜂对桫椤叶蜂寄生率较高，野外处理桫椤干枯叶柄时注意保护姬蜂的茧。可人工喷施白僵菌粉和拟青霉，对桫椤叶蜂幼虫种群有一定控制作用。

化学防治。在幼虫期使用化学药物，可有效控制其为害。

A. 雌虫；B. 雌虫头部前面观；C. 锯鞘侧面观；D. 幼虫（引自汪廉敏，1996）；E. 雌虫头部背面观；F. 锯鞘背面观；G. 触角；H. 爪

黑背桫椤叶蜂（牛耕耘　摄）

（五十）瘿蜂总科 Cynipoidea

体小型，体黑色或暗栗色，粗壮，无金属光泽；前胸两侧后伸与中胸翅基片相接，或仅隔一层薄膜。前翅无翅痣，具少数翅室及退化的翅脉，前翅缘室呈显著的三角形，后翅无臀部。腹部常极度侧扁，第二腹节长，可覆盖腹背一半或全部。产卵器长度超过体长。多数种类在寄主植物上致瘿为害，少数种类寄生其他昆虫，营有性生殖及无性生殖。幼虫无足，蛆状，蛹无茧。全世界已记录澳瘿蜂科 Austrocynipidae、瘿蜂科 Cynipidae、环腹瘿蜂科 Figitidae、枝跗瘿蜂科 Ibaliidaehe 和光翅瘿蜂科 Liopteridae 共 5 科 3200 多种。

（郑霞林）

111. 瘿蜂科 Cynipidae

体小，成虫体长 1 ～ 10 mm，球形，体黑、红褐或暗黄色；口器下口式，上颚发达；头部不同区域表面常具不同刻纹；在很多单性生殖的种类中，额有少许凹陷，有时凹陷处有中纵脊；触角丝状，雄性第一鞭节常变异，其长宽比是重要的形态学分类指标；胸短，稍隆起；前胸背板的形状、背中长度和前胸侧板脊不同种类间差异大；中胸背板与小盾片间横向盾裂缝以及中胸小盾片前部的 2 个盾片凹的有无是鉴别不同种类的重要依据；中后足胫节具 2 刺距；腹部第一节短柄状；雌虫肛下生殖板的腹刺突尖，其长度和长宽比是重要的种类鉴定特征。成虫营两性生殖或单性生殖。雌虫产卵后诱发寄主植物产生大量虫瘿，从而对树木的正常生长发育产生不利影响，是林木重要的致瘿害虫。本科世界已知 72 属 1400 多种，中国已知 26 属 137 种。

栗瘿蜂 *Dryocosmus kuriphilus* Yasumatus

【寄主】栗。

【分布】中国板栗产区均有分布。广西分布于柳江、隆安（那桐）、阳朔、荔浦（茶城、东昌）、兴安（界首）、蒙山（西河、文圩）、西林（那劳）、南丹（罗富）、天峨（坡结、向阳）、忻城（马泗）。

【形态特征】体长 2.5 ～ 3.0 mm，翅展 4.5 ～ 5.0 mm；体黑褐色，唇基、上颚、触角基部和足黄褐色；翅脉褐色；唇基至复眼间具线条刻纹，并达复眼内缘；触角 14 节，长于体长；前胸侧板具强烈刻纹和稀疏白毛；小盾片两侧未凹陷；并胸腹节侧脊和中脊明显，侧脊自中部至后端向外微弯曲；腹部长于头胸之和；肛下生殖板的腹刺突粗长。

卵椭圆形，乳白色，一端有细长柄，呈丝状。

幼虫体肥胖，略弯曲，头部稍尖，胴部可见 12 节，无足。

离蛹，长 2 ～ 3 mm，初期为乳白色，渐变为黄褐色。复眼红色，羽化前变为黑色。

【生活习性】1 年发生 1 代，以初孵幼虫在被害芽内越冬，翌年 2 月栗芽开始发育时幼虫开始取食为害，被害芽不能长出枝条而逐渐膨大形成虫瘿，幼虫躲在其内继续为害直至化蛹。每个虫瘿内有1～5个瘿室。3月上旬可见虫瘿，4～5月为蛹期，蛹期15～20天，5～6月为成虫羽化期；成虫营孤雌生殖，多产卵于栗芽上，每芽1～10粒卵，卵期15天左右，9月中旬进入越冬状态。

【为害特点】致瘿害虫，成虫产卵于栗芽上，幼虫孵化取食后分泌特殊物质刺激寄主组织增生形成虫瘿并躲在其内继续取食为害，造成栗芽不能进一步生长发育。

【防治方法】营林防治。及时清理虫枝和虫瘿，5月下旬以前，幼虫、蛹和成虫均在虫瘿中，剪除虫瘿的时间越早越好，对幼林栗园可进行人工摘除虫瘿。摘下的带虫瘿的枝条，必须带离栗园集中烧毁或深埋处理。

生物防治。保护和利用自然条件下的寄生性天敌。

化学防治。在成虫发生高峰期，可选用20%氰戊菊酯1500倍稀释液、5.7%甲维盐2000倍稀释液混合后喷雾防治。

A. 虫瘿及成虫

B. 为害状

栗瘿蜂（韦彩英　摄）

（五十一）小蜂总科 Chalcidoidea

体小型，触角膝状；翅脉退化，仅包括亚缘脉（包括缘前脉）、缘脉、后缘脉及痣脉，后翅翅脉无痣脉。前胸背板与中胸翅基片间被胸腹侧片所分隔，中胸背板往往具（或不具）盾纵沟 1 对，小盾片具 1 对纵沟或一横沟，并胸腹节常具纵脊。植食性和寄生性。全世界已记录榕小蜂科 Agaontidae、小蜂科 Chalcididae、跳小蜂科 Encyrtidae、蚁小蜂科 Eucharididae、姬小蜂科 Eulophidae、广肩小蜂科 Eurytomidae、褶翅小蜂科 Leucospididae、柄翅小蜂科 Mymaridae、刻腹小蜂科 Ormyridae、巨胸小蜂科 Perilampidae、金小蜂科 Pteromalidae、长尾小蜂科 Torymidae 和赤眼蜂科 Trichogrammatidae 等共 19 科 22500 多种。

112. 跳小蜂科 Encyrtidae

体微小至小型，成虫体长 0.3 ～ 6.0 mm，常粗壮，但有时较长或扁平。体有多种金属光泽，或为黄色至橘黄色，或为红褐色至褐色、黑色。头宽，多呈半球形。复眼大，单眼三角形排列。雌触角 5 ～ 13 节，圆筒形至极宽扁；雄触角 5 ～ 10 节有时呈分枝状；雌雄柄节有时呈叶状膨大，索节常 6 节。中胸盾片横形，常大而隆起，常无盾纵沟，如有则浅，线状内弯。小盾片大；三角片横形，内角有时相接。中胸侧板隆起，不分节，占据胸部侧面的 1/2 以上，常向后伸达腹部。后胸背板及并胸腹节很短。翅通常发达；前翅缘脉短，后缘脉及痣脉也相对较短，几乎等长。前翅具无毛斜带由痣脉下方斜伸向后缘。足跗节 5 节，少数 4 节。中足常发达，适于跳跃，中足基节侧面观位于中胸侧板中部或中部之前的下方；其胫节长，内缘排有微细的棘，距及基跗节粗而长。腹部宽，无柄，常呈三角形；腹末背板侧方常前伸，尾须通常发达，常位于腹部 1/3 至 2/3 处。产卵管不外露或露出很长。

该科是小蜂总科中最大的科之一，世界广泛分布，全世界已记录 497 属 4000 多种。大多数种类为寄生性，在生物防治中具有极其重要的地位和作用，不少种已成功地用于防治农林害虫。

（祖国浩）

广西纹翅跳小蜂 *Cerapteroceroides guangxiensis* Zu et Li

【寄主】不详。

【分布】中国分布于广西。广西分布于金秀（大瑶山）。

【形态特征】雌成虫体长（不包括产卵器）1.61 mm。体褐色，头胸背面观具亮绿色金属光泽；触角褐色；前翅具浅褐色放射状斑带，后翅透明。腹部褐色具弱蓝紫色金属光泽。头宽为高的 1.28 倍；额顶为头宽的 0.2 倍；单眼排列顶角约为 52°。中胸盾片和小盾片上具清晰的网状刻纹；小盾片具两列长刚毛；中胸盾片宽为长的 1.41 倍；小盾片长近等于宽。前翅长为宽的 2.37 倍，放射带Ⅱ与亚缘脉夹角约 90°；缘脉约为后缘脉的 3 倍；前缘室长为宽的 22.5 倍；无毛斜带开放；后翅长为宽的 4.6 倍。腹部短于胸部；产卵器略伸出，为中足胫节长的 1.49 倍。

【生活习性】不详。

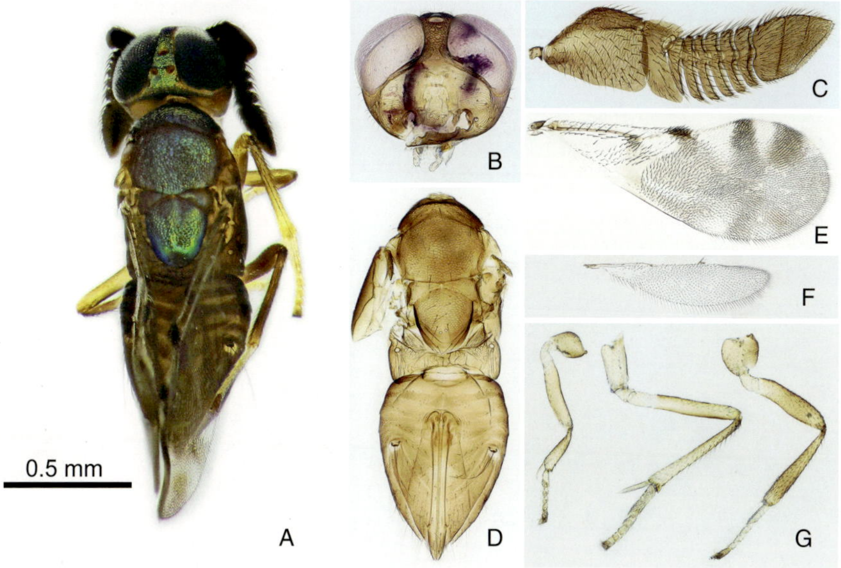

A. 整体照；B. 头；C. 触角；D. 胸腹；E. 前翅；F. 后翅；G. 前中后足

广西纹翅跳小蜂成虫（杨泽宁　摄）

螟克多胚跳小蜂 *Copidosoma nacoleiae* (Eady)

【寄主】绿翅绢野螟、稻纵卷叶螟、香蕉野螟、毛胫绿野螟等。

【分布】中国分布于云南、广西。广西分布于南宁、大新、上思、都安。

【形态特征】雌成虫体长约 0.8 mm。体暗褐色，具弱蓝绿色金属光泽；柄节黄色，梗节和鞭节暗黄褐色。头宽接近额顶宽的 2 倍；单眼顶角约为 100°；触角柄节长为宽的 6 倍，F1 长约为宽的 1.5 倍，棒节 1 节，端部斜切，斜切部分约为棒节的一半。前翅长约为宽的 2.1 倍。产卵器几乎不伸出。

雄虫除触角和生殖器外其余结构与雌虫相似，触角颜色为黄褐色，至少 F6 略长大于宽，棒节末端尖。

【生活习性】不详。

【资源利用】可用于防治鳞翅目螟蛾科害虫。

A. 雌虫；B. 雄虫；C. 卵；D. 幼虫；E. 蛹；F. 寄生状

螟克多胚跳小蜂（陈冬宇　摄）

佛罗里达多胚跳小蜂 *Copidosoma floridanum* (Ashmead)

【寄主】叉纹夜蛾、富丽银纹夜蛾、南方锞纹夜蛾、甘蓝夜蛾、大豆夜蛾、中金弧夜蛾、粉纹夜蛾等。

【分布】中国分布于北京、河北、吉林、江苏、湖南、广西、海南、甘肃。广西各地均有分布。

【形态特征】雌成虫体长 0.8 ～ 1.2 mm。头部黑色，具蓝色或绿色反光，中胸盾片具蓝绿色反光，小盾片黑色，具紫色反光；触角暗褐色，柄节具弱金属光泽；翅基片黑色；中胸侧板褐色，具紫色反光，前翅透明，通常在缘脉下方具烟色斑点；足黑色；腹部黑色，具紫色反光。头宽约为额顶宽的 2 倍；单眼排列呈约 110º；触角柄节长约为宽的 6.5 倍，F1 长约为宽的 0.7 倍，约为梗节长的 0.4 倍，棒节 1 节，斜截。前翅长接近宽的 2.5 倍。

雄成虫除触角和生殖器外，其余与雌成虫相似。

【生活习性】不详。

【资源利用】可用于防治鳞翅目夜蛾科金翅夜蛾亚科害虫。

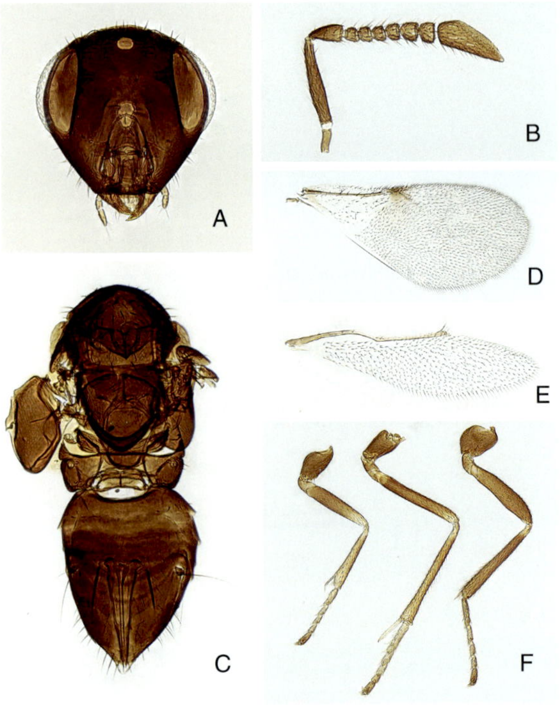

A. 头；B. 触角；C. 胸腹；D. 前翅；E. 后翅；F. 前中后足

佛罗里达多胚跳小蜂成虫（杨泽宁　摄）

软蚧扁角跳小蜂 *Anicetus annulatus* Timberlake

【寄主】褐软蚧、网纹蜡蚧、橘灰软蚧、橘绿绵蚧、多角绵蚧、桑绵蜡蚧。

【分布】中国分布于辽宁、上海、江苏、浙江、福建、江西、山东、湖北、广东、广西、海南、四川、贵州、宁夏。广西各地均有分布。

【形态特征】雌成虫体长 0.78 ～ 1.18 mm。体浅黄褐色，中胸盾片具淡紫色反光。触角黄褐色；触角柄节下缘、颜面及颊中一横带黑褐色。小盾片边缘、后胸后侧方及腹基褐色至黑褐色；前翅除基部及端部透明无色外褐色，尤以缘脉下之粗大刚毛区及褐斑边缘部分黑褐色；足浅黄色；后足胫节具 2 个褐环，跗节第一节黑色。额顶窄，单眼排列呈锐三角形。柄节及梗节背缘平坦；索节各亚节近等长，呈梯

A. 整体照；B. 头；C. 触角；D. 胸腹；E. 前翅；F. 后翅；G. 前中后足

软蚧扁角跳小蜂成虫（祖国浩　摄）

形；棒节显著长于索节。翅基部近 1/3 处具斜走刚毛 1 列；缘脉外均匀着生纤毛。腹部卵圆形，末端尖，产卵器几不突出。

【生活习性】不详。

【资源利用】可用于褐软蚧等蚧壳虫的生物防治。

双带巨角跳小蜂 *Comperiella bifasciata* Howard

【寄主】咖啡黑盔蚧、橘红肾盾蚧、黄圆蹄盾蚧、苏铁肾盾蚧、东方肾盾蚧、紫杉肾盾蚧、东方肾盾蚧、柳杉圆盾蚧、透明圆盾蚧、夹竹桃圆盾蚧、褐圆金顶盾蚧、拟褐金顶盾蚧、橙圆金顶盾蚧、杨圆盾蚧、梨灰圆盾蚧、棕榈栉圆盾蚧、桂花栉圆盾蚧、长毛盾蚧、糠片盾蚧、三叶网纹圆盾蚧、桑白盾蚧、茶树椰圆蚧、矢尖盾蚧。

【分布】中国分布于江西、广西、云南、台湾。广西各地均有分布。

【形态特征】雌成虫体长 0.98 mm。体黑褐色，具金属光泽。额顶有 2 条纵向白带，前胸背板中部黄白色，中胸具绿色金属光泽，小盾片有暗砖红色反光，腹部具淡紫色光泽。足大体黑褐色，前足胫节端部约 1/2 黄白色，第一至第四跗节黄白色；中足胫节端部 1/3 及胫节距黄白色，跗节同前足；后足除第一至第四跗节黄白色外，余黑褐色。单眼呈近等边三角形排列；触角柄节端部强烈膨大扁平，上缘端部平坦；梗节近三角形，上缘平坦；所有索节强烈扁平；棒节 3 节，节间缝平行，末端横切。前翅长为宽的 2.58 倍；无毛斜带近末端被 1 列刚毛阻断，末端被 2 列刚毛封闭。产卵器较长，为中距胫节长的 1.29 倍。

【生活习性】不详。

【资源利用】可用于柑橘盾蚧等盾蚧科害虫的生物防治。

A. 头；B. 触角；C. 胸腹；D. 前翅；E. 后翅；F. 前中后足

双带巨角跳小蜂成虫（杨泽宁　摄）

荔枝蝽卵跳小蜂 *Ooencyrtus phongi* Trjapitzin, Myartsea et Kostyukov

【寄主】荔枝蝽卵。

【分布】中国分布于福建、广东、广西、海南。广西各地均有分布。

【形态特征】雌成虫体长 1 ～ 1.7 mm。体暗褐色。足所有基节、腿节（除最端部外）暗褐色，胫节和跗节黄色；产卵器鞘可见部分暗褐色；额顶约为头宽的 1/4；触角柄节长约为宽的 4 倍；基部索节长大于宽，F5 近方形，F6 近方形或略宽大于长；棒节端部强烈斜截，斜截部分约为棒节长的 1/2；前翅后缘脉明显短于痣脉；无毛斜带后部开放。

雄成虫除触角和生殖器外，其余结构大致与雌成虫相似。

【生活习性】在温度（25±1）℃、相对湿度70%～85%的条件下，该蜂完成1个世代需18～20天，成虫羽化期3～4天，第二天为高峰期；可行两性生殖，子代雌雄性比约为13∶1，也可营孤雌产雄生殖。产卵过程大致可分为接触寄主、触角敲击寄主、预备产卵姿势、产卵器刺入寄主、产卵器拔出、舔食寄主卵汁、刷洗蜂体和离开寄主等8个步骤。每刺探寄主1次平均产卵4.7粒，最多12粒。

A. 整体照；B. 头；C. 触角；D. 胸腹；E. 前翅；F. 后翅；G. 前中后足

荔蝽卵跳小蜂成虫（杨泽宁　摄）

【资源利用】可用于荔枝蝽的生物防治。

壶蚧阔柄跳小蜂 *Metaphycus roseus* Zu

【寄主】壶蚧科 *Antecerococcus roseus*（Green）。

【分布】中国分布于广西。广西分布于永福。

【形态特征】雌成虫体长0.76～1.28 mm。大体橙黄色。柄节黄色，中部1/3暗褐色，F1～F4褐色，F5～F6黄褐色；棒节黑褐色；前胸背板、后胸侧板、并胸腹节黑色；中胸侧板端部三分之二褐色；所有足浅黄色；翅完全透明；腹部黄褐色。头宽为额顶宽的3.35倍；柄节长约为宽的4倍；触角索节F5～F6具感器；须式2-2；盾纵沟不明显，大约穿过胸部一半；产卵器几乎不伸出。

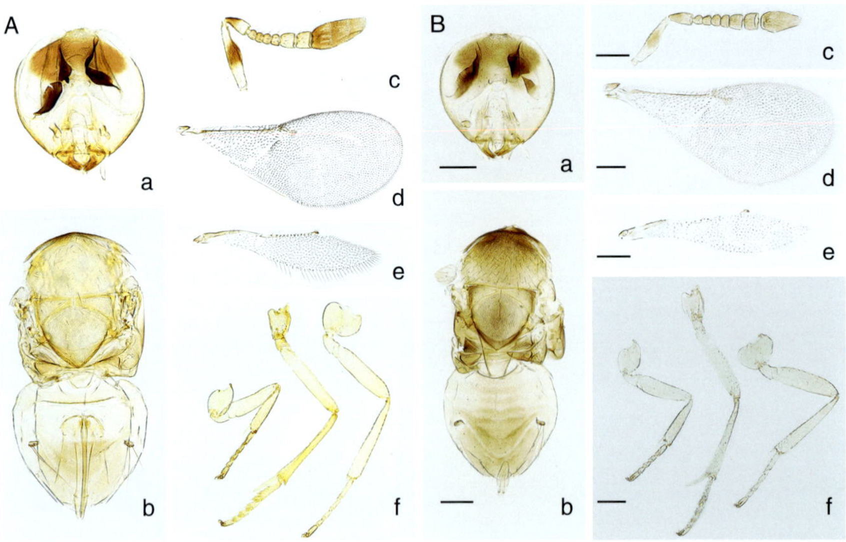

A. 雌虫（a. 头部 b. 胸腹部 c. 触角 d. 前翅 e. 后翅 f. 足）　B. 雄虫（a. 头部 b. 胸腹部 c. 触角 d. 前翅 e. 后翅 f. 足）

壶蚧阔柄跳小蜂（杨泽宁　摄）

雄成虫体长 0.78 ～ 1.04 mm。除体色、触角和生殖器外与雌成虫非常相似。

【生活习性】不详。

【资源利用】可用于壶蚧科害虫的生物防治。

透明花翅跳小蜂 *Microterys perlucidus* Zu

【寄主】壶蚧科昆虫。

【分布】中国分布于广西。广西分布于永福。

【形态特征】雌成虫体长 1.62 ～ 1.97 mm。体粗壮，大体橘黄色。触角索节 F4 ～ F6 白色，棒节黑色；前翅透明；后胸背板暗褐色；腹部背面中央处暗褐色。柄节长约为宽的 4.3 倍，梗节长约为宽的 1.7 倍，F1 短于梗节；额顶宽略大于头宽的 1/4；前翅长为宽的 2.4 倍。产卵器长约为中足胫节的 1.1 倍；第三产卵瓣长为中足胫节距的 0.7 倍。

雄成虫体长 1.11 ～ 1.45 mm。大体暗褐色，除了足黄白色，后胸背板基部 1/5 黄色。额顶宽接近头宽的一半；柄节长约为宽的 2.8 倍；前翅长约为宽的 2.5 倍；生殖器长为中足胫节的 0.63 倍。

【生活习性】不详。

【资源利用】可用于壶蚧科害虫的生物防治。

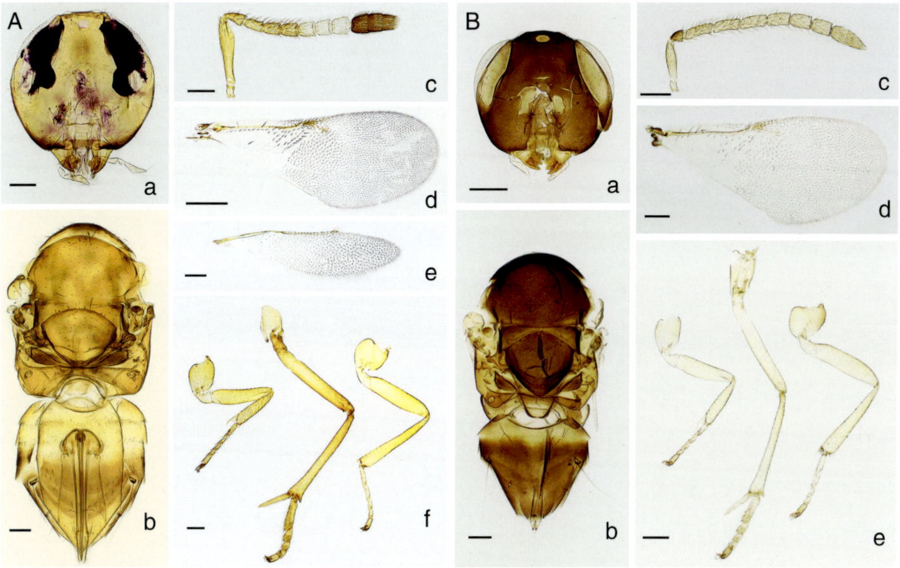

A. 雌虫（a. 头部 b. 胸腹部 c. 触角 d. 前翅 e. 后翅 f. 前中后足）
B. 雄虫（a. 头部 b. 胸腹部 c. 触角 d. 前翅 e. 后翅 f. 前中后足）

透明花翅跳小蜂（杨泽宁 摄）

广西异形跳小蜂 *Anomalencyrtus* sp.

【寄主】不详。

【分布】中国分布于广西。广西分布于金秀（大瑶山）。

【形态特征】雌成虫体长（不包括产卵器）1.91 mm。体修长，黄色至浅黄褐色。头黄色，后头孔距头后缘 1/2 处浅褐色；触角除柄节基部 1/3 及梗节端部 1/2 黄色外均黑褐色。胸黄色，前胸背板中部 1/3 处褐色，后胸背板及并胸腹节浅黄褐色；足黄色，前跗节爪褐色；翅透明。腹部浅黄褐色。头宽为高的 1.22 倍；额顶为头宽的 0.59 倍；单眼排列顶角约为 109°。中胸盾片和小盾片上具密集且浅的不规则刻纹，小盾片中部刻纹向两侧呈延伸状；中胸盾片宽为长的 1.54 倍；小盾片长为宽的 1.31 倍。前翅长为宽的 2.55 倍，无毛斜带不开放；后翅长为宽的 4.67 倍。腹部明显长于胸部；产卵器略伸出，为中足胫节长的 1.57 倍。

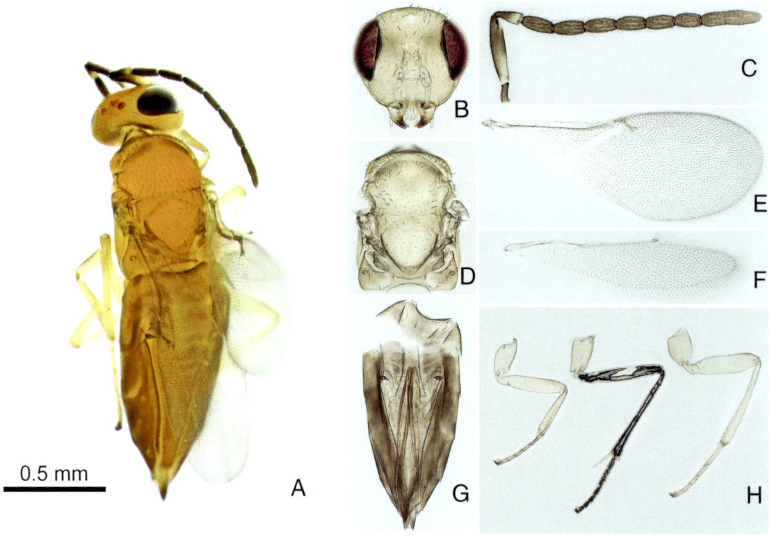

A. 整体照；B. 头；C. 触角；D. 胸；E. 前翅；F. 后翅；G. 腹；H. 前中后足

广西异形跳小蜂成虫（杨泽宁　摄）

【生活习性】不详。

广西长索跳小蜂 *Anagrus* sp.

【寄主】不详。

【分布】中国分布于广西。广西分布于金秀（大瑶山）。

【形态特征】雌成虫体长（不包括产卵器）约 1.43 mm，体修长，橙黄色至灰褐色。头橙黄色，后头区的后头孔两侧褐色；触角大部黑褐色，以下部分除外：支角突浅褐色，柄节端部 1/5 白色，梗节端部 1/2 白色，F2 ~ F6 由黑褐色渐变至浅黄褐色，棒节黄白色。胸黄色，中胸盾片上缘灰褐色，后胸背板浅褐色；翅透明。腹灰褐色。头宽为高的 1.28 倍；额顶为头宽的 0.46 倍；单眼排列顶角约 84°。中胸盾片和小盾片上具密集的不规则刻纹；中胸盾片宽为长的 1.5 倍；小盾片长为宽的 0.88 倍。前翅长为宽的 2.5 倍，无毛斜带被 2 列毛阻断；后翅长为宽的 4.37 倍。腹部长于胸部；产卵器略伸出，为中足胫节长的 0.95 倍。

A. 整体照；B. 头；C. 触角；D. 胸腹；E. 前翅；F. 后翅；G. 前中后足

广西长索跳小蜂成虫（杨泽宁　摄）

【生活习性】不详。

113. 姬小蜂科 Eulophidae

体形小，成虫体长一般 1 ～ 2 mm，体表多有金属光泽，体色一般为黑褐色。成虫常产卵在寄主植物嫩枝、叶柄等部位，幼虫分泌特殊物质刺激寄主组织增生，形成肿大的虫瘿。全世界已记录 300 多属 4300 多种。

（吴耀军）

桉树枝瘿姬小蜂 *Leptocybe invasa* Fisher et La Salle

中国新记录种，外来入侵物种。

【寄主】桉。

【分布】中国分布于福建、江西、广东、广西、海南、四川、云南、台湾。广西各地均有分布。

【形态特征】成虫体长 0.9 ～ 1.2 mm，雌虫略大。体褐色，带蓝绿色金属光泽；触角黄褐色，雄虫触角有 3 个环节、4 个索节，而雌虫有 4 个环节、3 个索节，雄虫触角上覆盖有较长的纤细绒毛，雌虫触角较短，其上未覆盖短绒毛；口器暗褐色，前足黄色，中后足黑褐色；翅透明，淡褐色翅脉，前翅亚前缘脉上具 3 ～ 4 根刚毛；腹部卵圆形。

卵棒状，由卵体和卵柄组成，乳白色，长 396 μm，最大宽 57 μm。

幼虫蛆状，乳白色，近似球形。

离蛹，蛹卷曲近似球形，乳白色，近羽化时变为黑色。

【生活习性】外来入侵物种，在广西 1 年发生 5 ～ 6 代，世代重叠。成虫趋光性明显，对黄色粘板的趋性高。刚羽化的雌虫无需交配即可正常产卵致瘿，且后代可正常生长发育；成虫常将卵产于嫩枝、叶柄和叶脉等处，产卵后可见卵柄，成虫产卵量约 140 粒。

【为害特点】雌虫在桉树的嫩枝、叶柄和叶片主脉等处产卵，造成受害部位变色，幼虫孵化后使期周边组织增生，逐步形成肿大的虫瘿组织，受害的桉树丛枝状，新叶细小，生长受阻。

【防治方法】植物检疫。该虫是世界性的外来入侵物种，起

A. 雄虫；B. 雌虫；C. 卵；D. 幼虫；E. 蛹；F ～ H. 虫瘿及为害状

桉树枝瘿姬小蜂（郑霞林　摄）

源于澳大利亚，目前已入侵至非洲、美洲、欧洲和亚洲。2004 年首次传入广西，曾被定为广西补充检疫性有害生物，应加强对桉树种苗的检疫检验，严禁带虫苗木运输和种植，一经发现应就地立即销毁。

营林防治。淘汰可以形成完整世代的桉树品种如巨圆桉 DH201-2 等，种植抗性品种。

物理防治。及时清理虫源地，也可以使用黄板诱杀成虫。

生物防治。天敌种类较多，如孟氏胯姬小蜂、长尾啮小蜂、四川大痣小蜂、螳螂、蜘蛛等。成虫期可喷施生物药剂阿维菌素等。

化学防治。成虫高峰期可选择 48% 噻虫啉水悬浮剂、25% 丙溴磷 + 克灭多威乳油等药剂进行防治，效果较好。

（吴耀军）

桉树叶瘿球角姬小蜂 *Ophelimus maskelli* (Ashmead)

中国新记录种，外来入侵物种。

【寄主】桉树。

【分布】中国分布于广西。广西分布于合浦、藤县、扶绥、百色、南宁（江南）。

【形态特征】雌成虫体长 0.9 ～ 1.1 mm，全体黑色，略带蓝紫色光泽；触角柄节同体色，梗节浅褐色，鞭节黄褐色；各足基节、转节和腿节同体色，前足胫节和跗节黄褐色，中、后足胫节同体色，但基部及端部为黄褐色，中后足跗节浅黄褐色，附爪黑色；翅透明，翅脉黄褐色，翅面上的纤毛褐色。

【生活习性】在广西 1 年发生 6 代，世代重叠，无明显越冬现象。为害高峰期 4 ～ 9 月。单性孤雌生殖，无需交配即可产卵繁殖后代，每雌产卵量约 100 粒。成虫以寄主植物的花蜜为食，喜欢在嫩绿色的叶片上产卵，产卵多发生在上午。虫瘿大小为 0.9 ～ 1.2 mm，虫瘿密度为 11.5 ～ 36.0 个 /cm^2。成虫对绿色粘板的趋性较高。

【为害特点】该虫是重要的桉树外来入侵性致瘿害虫，原产于新西兰和澳

A. 成虫（左背面观 右腹面观）；B. 卵；C. 蛹；D. 幼虫；
E. 桉树叶片上形成的泡状虫瘿

桉树叶瘿球角姬小蜂（ABCD 郑霞林　摄；E 蒋学建　摄）

大利亚。在广西，目前仅见其为害桉树无性系雷林 11 号，雌虫喜好在嫩叶上产卵，幼虫发育后致使叶部组织增生，逐步在桉树叶面上形成密密麻麻的疱状虫瘿（桉树枝瘿姬小蜂在茎干、叶柄或叶中脉形成虫瘿，这是两者的主要区别），影响桉树叶片的光合作用受，生长受阻，严重时造成叶片大量干枯、脱落，影响桉树成材。

【防治方法】参考桉树枝瘿姬小蜂。此外，桉树扁角金绿姬小蜂是该虫重要寄生性天敌，应加以保护利用。

（蒋学建）

桉树扁角金绿姬小蜂 *Closterocercus chamaeleon* (Girault)

中国新记录种。

【寄主】桉树叶瘿球角姬小蜂幼虫。

【分布】中国分布于广西。广西分布于合浦、藤县、扶绥、百色、南宁（江南）。

【形态特征】成虫体长 0.91 ～ 1.08 mm，头胸部金绿色，具显著的金属光泽；头部正面观带紫色光泽，中胸小盾片和后胸盾片带紫铜色光泽；腹部背面深蓝绿色，中部为紫铜色；复眼酱紫色，单眼浅褐色；触角柄节基部 2/3 白色，端部 1/3 及梗节和鞭节浅褐色；各足基节同体色，前足腿节、胫节和跗节白色；中后足腿节基部 2/3 和胫节基部 1/3 浅褐色，其余为白色；翅透明，唯翅痣周围具 1 个小的浅烟色斑；翅脉淡褐色，翅面上的纤毛褐色。

【生活习性】是桉树叶瘿球角姬小蜂的专性外寄生蜂。目前，仅观察到该蜂的 3 个发育阶段，分别是成虫、2 龄幼虫，3 龄幼虫和蛹。其中，成虫在无水条件下存活 2 ～ 6 天，在提供蜂蜜和水的条件下存活 6 ～ 17 天；幼虫期 122 ± 1.2 天；蛹期 9.2 ± 1.1 天。成虫非常活跃，对绿色粘板的趋性强。

【资源利用】天敌昆虫，该蜂原产于澳大利亚，是桉树叶瘿球角姬小蜂的一种优势寄生性天敌，对寄主种群控制作用强。目前，该蜂已被引进到世界上许多桉树种植的国家和地区防治桉树叶瘿球角姬小蜂，防治效果显著。可通过保护其栖息环境和室内人工扩繁释放等措施，稳定其自然种群，发挥其控制桉树叶瘿球角姬小蜂种群的作用。

（蒋学建）

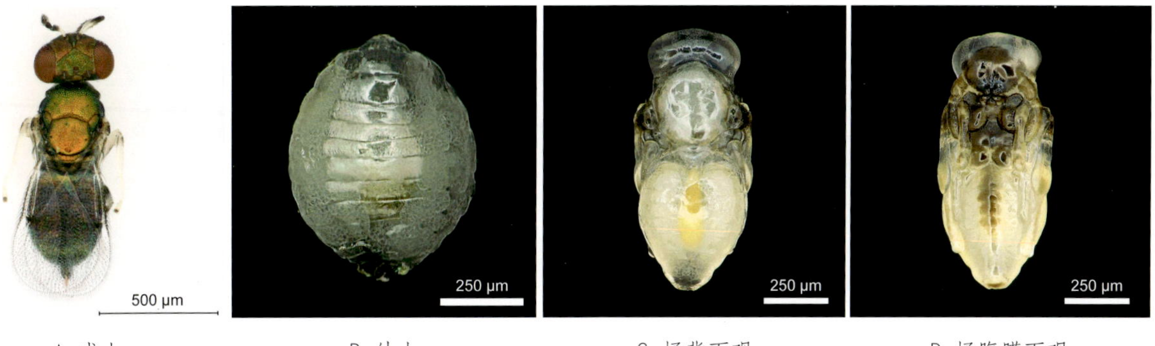

A. 成虫　B. 幼虫　C. 蛹背面观　D. 蛹腹膜面观

桉树扁角金绿姬小蜂（郑霞林　摄）

114. 广肩小蜂科 Eurytomidae

体中等大小，成长体长 4 ～ 5 mm，雌雄同形或异形。体多为黑色、黑黄色或黄色，几乎无金属光泽。头及胸常具脐状深大刻点或呈褶皱状或毛玻璃状。头正面观横宽，复眼间距宽（中单眼所在位置），上颚强大，具 3 齿，颊长。触角着生于颜面中部，11 ～ 13 节。前胸宽，肩呈直角，中胸盾纵沟深而完整，并胸腹节中央凹陷或具一纵长槽。腹部平滑或光滑。雌虫腹部卵圆形，侧扁，末端常延伸上翘呈犁状或柱状，产卵器略突出。雄虫触角索节具束状长毛；腹部圆形，具长柄。足粗，后足胫节具 2 距。全世界已记录 30 多属 500 多种，中国已记录 12 属 61 种，包括植食性和寄生性。植食性的多为害种子；寄生性的则有初寄生和次寄生。

（杨忠武）

竹广肩小蜂 *Aiolomorphus rhopaloides* Walker

【寄主】毛竹、箭竹、苦竹、水竹等。

【分布】中国分布于江苏、浙江、安徽、福建、江西、湖北、湖南、广西。广西分布于阳朔、全州、灵川、龙胜、荔浦、兴安、平乐、资源、灌阳（千家洞）。

【形态特征】成虫体长 7.0 ～ 8.5 mm。整体黑色，散生白色或灰黄白毛绒毛。头横阔，略宽于胸，黑色，上颚及下唇须红褐色。复眼黑色；单眼黑褐色，呈钝三角形排列。触角长，共 11 节，鞭状，着生于颜面中部，柄节略膨起。前胸背板向后延伸而突出，前缘两侧呈淡黄色，背板上密布刻点；中胸盾纵沟明显；并胸腹节平坦下凹有中纵沟。前翅翅脉褐色，退化翅脉淡褐色；痣脉长约为缘脉一半，后缘脉短于缘脉，为痣脉的 1.6 ～ 1.7 倍；痣脉前端分叉。腹部圆滑，背面黑色有光泽，腹面橙黄色，侧面橙色，长度短于头、胸之和；足橙黄色，各基节黑色，腿节膨大，前半部呈褐色，胫节，跗节黄白色，先端有爪 1 对。

卵长卵圆形，长径 0.5 ～ 0.6 mm，宽 0.13 ～ 0.18 mm，一端略钝，一端略尖；初产时白色，渐变淡黄色。

幼虫共 5 龄，各龄头壳宽度依次为 0.04 mm、0.17 mm、0.29 mm、0.42 mm、0.54 mm；高龄幼虫体长 6.0 ～ 9.0 mm，宽 1.3 ～ 1.9 mm，除头外共 13 节，体乳白色，口器黑褐色，整体密被短绒毛。

蛹长 5.8 ～ 9.5 mm，宽 1.0 ～ 1.3 mm，初期呈白色，近羽化时大部变为黑色，足及腹面呈黄色。

【生活习性】1 年发生 1 代，以蛹在寄主虫瘿内越冬。翌年约 2 月中下旬气温上升到 18 ℃以上时开始羽化，气温到 20 ℃以上时进入羽化盛期，6 月上旬羽化结束。羽化出的成虫先要在虫瘿内停留 8 ～ 17 天，然后咬 1 个近圆形的羽化孔爬出虫瘿，前期出孔的雄蜂多，后期雌蜂多。初出的成虫要等到天气稳定时才飞离寄主，成虫喜栖息于向阳背风地方，白天绕竹株飞舞或栖息，以花蜜补充营养，无风晴天成群飞翔于竹冠上部求偶交配。由于飞翔力弱，一般飞行距离不远，在 8 ～ 12 时较为活跃。交配后的雌蜂经过 5 ～ 6 小时即寻找背风向阳的山腰、山脚等处未木质化的嫩梢，先在小枝上爬行，选好位置后，从尾部伸出产卵管，插入细嫩小枝节间的空管处产卵，每处产 1 粒，每雌能连续产 20 ～ 30 粒。成虫寿命 5 ～ 12 天。每雌产卵量 17 ～ 103 粒。卵经 2 ～ 3 天后即孵化为幼虫，幼虫从 4 月上旬开始为害至 9 月下旬。9 月上旬后陆续开始化蛹越冬。

【为害特点】幼虫附着在小枝的竹管间吸取汁液，随着幼虫的生长发育，受害组织也逐渐增生膨大，形成单室虫瘿，小枝外部被白色粉末，有黄色小竹衣紧紧地包住，外形呈长椭圆形，比正常竹节大 2 ～ 5 倍。被害梢部长 3 ～ 7 个分枝，分枝又可被该蜂寄生，长成丛生状，分枝上的叶片较小。严重时每株竹上可有数千至上万小枝被害，秋后受害处渐变黄色，并转枯而落叶，造成竹林生长欠佳，甚至枯死，竹林翌年出笋减少。新竹受害最严重，第二、第三年生的竹也能被害。

【防治方法】植物检疫。苗木等材料调运签要进行检疫，发现虫情要及时处理销毁，严防扩散传播。

在成虫期，每亩施用 15 ～ 20 g 森得保可湿性粉剂 1500 ～ 2000 倍稀释液；在幼虫期可采取竹腔注射 40% 氧化乐果或 3.5% 吡虫啉进行防治。

A. 成虫；B. 幼虫及为害状；C. 蛹及幼虫；D. 为害状

竹广肩小蜂（杨忠武　摄）

（五十二）姬蜂总科 Ichneumonoidea

成虫上颚具两齿；触角丝状；前胸背板突伸达翅基片；前翅有翅痣，翅脉发达，前翅 2r-m 脉缺；后足转节 2 节；腹部末端几节腹板纵裂；产卵器自腹末前伸出，不能缩回，有产卵器鞘。全世界已记录茧蜂科 Braconidae、姬蜂科 Ichneumonidae 和粗柄茧蜂科 Trachypetidae 共 3 科 10 万多种，是农林害虫重要的寄生性天敌。

115. 姬蜂科 Ichneumonidae

前翅肘脉第一段消失，第一盘室和第一肘室合并为盘肘室；具第二回脉（个别种例外）；腹部第二、第三节背板分离，独立活动（个别种例外）。全世界已记录 25285 种，中国已记录 2283 种。寄生性昆虫，是农林害虫的重要寄生性天敌，在自然控制害虫猖獗方面发挥着极其重要的作用。寄主包括鳞翅目、鞘翅目、膜翅目、双翅目、脉翅目等昆虫。

（李　涛）

宽区污翅姬蜂 *Spilopteron latiareolatum* Wang

【寄主】不详。

【分布】中国分布于广西、海南。广西分布于上思、龙胜。

【形态特征】雌成虫体长约 15.8 mm，前翅长约 12.4 mm。前翅小脉位于基脉内侧，两者间距约为小脉长的 0.3 倍；无小翅室，肘间横脉与第二回脉对叉；外小脉内斜，约在下方 0.4 mm 处曲折；后小脉约在上方 0.4 mm 处曲折。并胸腹节均匀隆起，中纵脊在横脊之间缺，分区近完整；基区近方形；第一侧区光亮，具稠密的细毛点和黄褐色短毛；中央大部呈斜皱状表面，端区中部具斜皱。体黄褐色，下列部分除外：上颚端部黑褐色；触角（柄节、梗节、第一鞭节腹面黄褐色），前、后翅外缘的斑，后足第二转节和腿节连接处、腿节端缘、胫节端半部背面、跗节、爪暗褐色至黑褐色。

【观察标本】1 雌 1 雄，广西上思县十万大山，黄清堂（集虫网采集）。

宽区污翅姬蜂成虫（李涛　摄）

丽阿格姬蜂 *Agrypon facetum* Enderlein

广西新记录种。

【寄主】不详。

【分布】中国分布于湖南、广东、广西、云南、西藏、台湾、香港。广西分布于上思。

丽阿格姬蜂成虫（李涛　摄）

【形态特征】雌成虫体长 17.5 ～ 20.0 mm，前翅长 9.0 ～ 9.5 mm。唇基端缘中央具 1 个齿突。前足基节内侧具 1 条弧形脊。中胸侧板中叶两侧及中后部呈网皱状表面。小盾片无侧脊。前翅小脉位于基脉外侧，两者间距约为小脉长的 0.25 倍；外小脉约在上方 0.3 mm 处曲折；无小翅室，第二回脉位于肘间横脉外侧，两者间距约为肘间横脉长的 0.4 倍；后小脉直。并胸腹节呈网皱状表面；末端延长部分伸达后足基节端缘，具弧形皱。体黑色，下列部分除外：颜面，唇基，上颚（上缘及端齿黑褐色），额眼眶，颊区，上颊大部，翅基，前、中足（腿节红褐色，胫节，跗节黄褐色，中足第三至第五跗节褐色，爪褐色）黄色；触角柄节红褐色，梗节、第一鞭节基部黑褐色，鞭节背面暗褐色至黑褐色、腹面褐色至红褐色；翅基片、产卵器鞘黄褐色至褐色；后足（转节背面、腿节基部背面、胫节端半部、第五跗节、爪暗褐色至黑褐色，第一至第四跗节黄褐色）、腹部（第二至第三节背板中央的纵纹、第六至第七节背板中央的纵斑黑色）红褐色。

【观察标本】2 雌 2 雄，广西上思县十万大山，孙淑萍。

拟黑毛眼姬蜂 *Trichomma subnigricans* Wang

广西新记录种。

【寄主】不详。

【分布】中国分布于广西、海南。广西分布于上思。

拟黑毛眼姬蜂成虫（李涛　摄）

【形态特征】成虫体长约 21.0 mm，前翅长约 7.0 mm。复眼具黄褐色短毛。唇基端缘中央具 1 个小齿突。额中央具横皱。中胸盾片均匀隆起，具稠密的细毛点和黄褐色短毛；盾纵沟处呈粗皱状表面，直达中后部。小盾片均匀隆起，侧脊明显；中央横脊状，横脊后方呈长方形斜面。中胸侧板表面具长横皱，直达后缘。前翅小脉位于基脉外侧，两者间距约为小脉长的 0.25 倍；无小翅室，第二回脉位于肘间横脉外侧，两者间距约为肘间横脉长的 0.6 倍；外小脉约在上方 0.3 mm 处曲折；后小脉直。并胸腹节具网皱状表面，中央纵向稍凹；延长部分，几乎达后足基节端缘。体黑色，下列部分除外：头部（上颚端齿、额中央的斑、单眼区、后头区黑色，触角柄节背面褐色至红褐色，梗节背面、鞭节背面褐色至暗褐色，鞭节基部数节及腹面褐色），前胸背板上部，翅基片，翅基，翅基下脊，小盾片，前足（腿节、胫节、跗节黄褐色），中足（腿节、胫节、第一至第二跗节黄褐色，第三至第五跗节、爪褐色），后足（第一转节、腿节基部黑色，腿节大部红褐色，胫节基部和端半部、第一跗节端半部、第二至第五跗节褐色至黑褐色，胫节基部中央、第一跗节基半部黄褐色至褐色）黄色；腹部（第二至第三节背板中央的纵斑、第四至第五节背板中央的纵纹、第六至第七节背板中央大部黑褐色）红褐色。

【观察标本】1 雌，广西上思县十万大山，盛茂领。

彩色姬蜂 *Syzeuctus immedicatus* Chandra et Gupta

广西新记录种。

【寄主】不详。

【分布】中国分布于江西、广西、广东。广西分布于上思。

【形态特征】雌成虫体长 12.0 ～ 15.0 mm，前翅长 9.0 ～ 10.0 mm，产卵器鞘长 8.0 ～ 10.0 mm。颜面具稠密的刻点，中央隆起。盾纵沟缺。胸部具粗大毛窝。前翅具小翅室，近三角形，具长柄，柄长于小翅室高；外缘具暗褐色斑。并胸腹节圆形隆起，具粗大毛窝，窝间距小于窝直径；端横脊、外侧脊存在，其他脊缺。体黑色；颜面，唇基，上颚（端齿暗红褐色），眼眶，颊，上颊下部，前胸背板前缘和后上部中央，中胸盾片前侧缘的斑，中央后部的小斑，小盾片（中央黑褐色），后小盾片，翅基片，翅基下脊，中胸侧板中央和下后角的斑，后胸侧板上方和下后角的斑，并胸腹节基部外侧的斑及端区周围，腹部第一节背板基部和端缘，第二至第五节背板端缘，前、中足（腿节、胫节、跗节黄褐色至褐色，末跗节、爪褐色至暗褐色，中足基节基部、第一转节黑色）黄色；腹部第二节背板基部，第三和第四节背板基部、侧缘、亚端部，第五节背板侧缘红褐色；后足基节端半部黄白色，第一转节腹面，腿节红褐色，第二转节，胫节褐色，跗节、爪暗褐色至黑褐色。

彩色姬蜂成虫（李涛　摄）

【观察标本】2 雌 6 雄，广西上思县十万大山，黄清堂（集虫网采集）。

竹刺蛾小室姬蜂 *Scenocharops parasae* He

【寄主】竹刺蛾幼虫等。

【分布】中国分布于浙江、福建、江西、湖南、广东、广西。广西分布于资源、兴安、全州、灵川。

【形态特征】成虫体长 9.0 ～ 11.0 mm。头、胸部黑色；触角柄节、梗节腹面黄褐色。翅基片黄色；

翅透明，翅痣黑褐色。前、中足黄色，但前足基节基部及中足基节黑色，端跗节及爪赤褐色；后足赤褐色，但基节、距、跗节及爪黑褐色或黑色。腹部黄褐色；第一节柄部黄色，后柄部稍带褐色；第二节背板背方（除端部 1/6）黑色；第三节背板基端或稍带黑色。头、胸部具细白毛；颜面、唇基具同样皱纹；头顶及后头近于光滑；触角 41 ～ 43 节。前胸背板下方及侧后方具横刻条，后上角稍粗糙；中胸盾片具皱纹，小盾片及并胸腹节均具网状刻纹及长毛，后者中央有浅纵槽；中胸侧板满布不规则网状刻纹，在中胸侧凹处具明显横行皱脊；后胸侧板上方部分亦具皱脊，下方部分具网状皱纹，基间区近半圆形。前翅小翅室小，具长柄，第二肘间横脉细，从下方 1/3 处抻出；后小脉在下方 1/4 处稍截断。后足胫节长距长；后足跗爪栉齿 9 个。腹部侧扁，约为头胸部长度之和的 2 倍。产卵管鞘约为后足胫节的 0.42 倍。

A. 成虫

B. 茧

竹刺蛾小室姬蜂（杨忠武　摄）

茧赤褐色，短椭圆形，长 7 ～ 8 mm，宽 5.0 ～ 5.5 mm；腹面稍平，常以白色丝膜黏着在植株上；表面薄而光滑，颇似赛璐珞制品，可透见内部蜂幼虫残余物；茧内壁中段背面半环稍隆起，呈深褐色。

【生活习性】该蜂产卵于竹刺蛾幼虫体内，并在寄主幼虫体内孵化及生活，但起初并不明显影响刺蛾幼虫继续取食发育，待刺蛾幼虫长大后，其体内的蜂幼虫亦完成发育成熟，钻出寄主幼虫体外，在附近叶片上吐丝结茧，化蛹其中。单寄生。年发生代数不详。当年最后一代蛹茧发生于 9 月下旬，最后一代即越冬代成虫 10 月上旬羽化。

朝鲜绿姬蜂 *Chlorocryptus coreanus* (Szépligeti)

【寄主】黄刺蛾。

【分布】中国分布于内蒙古、辽宁、吉林、黑龙江、浙江、福建、江西、河南、广西、四川、台湾。广西分布于上思、资源、龙胜、兴安。

【形态特征】雌成虫体长 12.0 ～ 16.0 mm，前翅长 9.0 ～ 13.0 mm，产卵器鞘长 4.0 ～ 8.5 mm。颜面具稠密的刻点，中央均匀隆起；无明显横皱。额具 1 中纵脊。前胸背板侧凹阔，中下部具粗横皱；后上角具粗刻点；前沟缘脊强壮。前翅透明，仅外缘稍暗。并胸腹节圆形隆起，基横脊存在，中央弱，该处呈皱状；端横脊缺；中后部具粗网皱状表面；盾纵沟前缘横脊状隆起。体深蓝色，具金属光泽；触角（鞭节第七节至第九节背面白色），上颚端半部，下颚须，下唇须，前足胫节、跗节（腹面褐色），中足胫节、跗节，后足跗节，产卵器鞘黑褐色。

【观察标本】1 雌，广西猫儿山九牛塘，杨忠武（集虫网采集）；3 雄，广西上思县十万大山，黄清堂（集虫网采集）。

朝鲜绿姬蜂成虫（李涛　摄）

冲绳弗姬蜂 *Friona okinawana* Uchida

【寄主】柚木驼蛾。

【分布】中国分布于湖南、广西、台湾。广西分布于上思。

【形态特征】成虫体长约 13.4 mm，前翅长约 9.0 mm。前翅小脉位于基脉内侧，两者间距约为小脉长的 0.3 倍；小翅室五边形，第一肘间横脉稍长于第二肘间横脉，第二回脉约在小翅室外侧 2/5 处与之相接；外小脉约在中央稍上方曲折；后小脉约在下方 1/3 处曲折。中胸侧板呈横皱状表面。并胸腹节圆形隆起，基横脊明显，其余脊缺失；基横脊之后呈横皱状表面直达后缘。体黑色，下列部分除外：颜面（上半部中央的纵小斑黑褐色），唇基侧缘的小斑，上颚（端齿黑褐色），颊区，上颊下半部，头顶的小斑，触角第四鞭节端缘背面、第五至第十一节背面，小盾片（基部中央的小斑黑褐色），翅基片（外侧缘暗褐色），翅基，翅基下脊，后胸背板，并胸腹节端部的“山”字形斑，前、中足（基节基部黑褐色；腿节、胫节黄褐色；跗节、爪褐色至暗褐色），后足（基节背面黄褐色，其余部分黑褐色；转节，腿节背面，胫节基缘、端半部黑色；腿节腹面基半部、胫节中间部分黄褐色；基跗节基缘、末跗节端半部、爪暗褐色）腹部第一至第六节背板端部，第七至第八节背板侧缘黄白色。

【观察标本】1 雌，广西上思县十万大山，盛茂领。

冲绳弗姬蜂成虫（李涛　摄）

横带驼姬蜂 *Goryphus basilaris* Holmgren

【寄主】桃蛀螟、马尾松毛虫、微红梢斑螟、直纹稻弄蝶、黏虫等。

【分布】中国分布于江苏、浙江、福建、江西、河南、湖北、湖南、广东、广西、海南、四川、贵州、西藏、台湾、香港。广西分布于上思。

【形态特征】成虫体长 7.0 ～ 12.0 mm，前翅长 6.0 ～ 8.0 mm。前翅小脉位于基脉内侧，两者间距约为小脉长的 0.5 倍；小翅室五边形，第二回脉在中央稍后方与之相接；外小脉约在上方 2/5 处曲折；后小脉约在中央稍下方曲折。并胸腹节均匀隆起，较阔，呈皱状表面；基横脊明显，端横脊亚中部弱，侧突明显；中纵脊仅在基横脊前侧存在；第一侧区的皱相对弱；端区斜截。体黑色，下列部分除外：胸部在小盾片截面以后部分，小盾片（有时黄褐色），腹部第一节背板（端缘黄褐色），中、后足基节，后足腿节基半部红褐色；触角第五至第九鞭节背面、腹部第二节背板端半部、第七至八节背板大部、后足基跗节端半部、第二跗节基半部黄白色；翅面在翅痣下方的大斑、翅缘暗褐色。

【观察标本】1 雌，广西上思县十万大山，盛茂领；1 雌，广西上思县十万大山，黄清堂（集虫网采集）。

横带驼姬蜂成虫（李涛　摄）

长尾曼姬蜂 *Mansa longicauda* Uchida

【寄主】不详。

【分布】中国分布于山西、浙江、江西、河南、湖南、广西、海南、贵州、台湾。广西分布于资源、龙胜、兴安、上思。

【形态特征】雌成虫体长 9.0 ～ 15.0 mm，前翅长 8.0 ～ 12.0 mm。唇基端缘平截。触角端半部腹面稍侧扁。小翅室非常大，第一肘间横脉强烈内斜。并胸腹节基横脊消失，其他脊完整；细皱状表面。体黄褐色，触角鞭节端半部（腹面褐色），后足腿节基缘、跗节第一至第四节基缘黑色。

长尾曼姬蜂成虫（李涛　摄）

【观察标本】1 雄，广西猫儿山牌坊山顶，王剑锋；2 雌，广西上思县十万大山，盛茂领；1 雄，广西猫儿山庵堂坪，1570 m，杨忠武（集虫网采集）；1 雌，广西猫儿山九牛塘，1160 m，廖品国（集虫网采集）；1 雌，广西猫儿山铁杉林，1960 m，廖定军（集虫网采集）。

江西洛姬蜂 *Rothneyia jiangxiensis* Sun et Sheng

广西新记录种。

【寄主】不详。

【分布】中国分布于江西、广西。广西分布于上思。

【形态特征】雄成虫体长 6.0 ～ 7.0 mm，前翅长 4.5 ～ 5.6 mm。前翅小脉位于基脉稍内侧；小翅室五边形，肘间横脉向上明显收敛，第二回脉在中央稍前方与之相接；外小脉约在中央稍下方曲折；后小脉约在下方 1/5 处曲折。小盾片表面呈强皱状，侧脊向后延伸呈强齿状。并胸腹节纵脊发达，呈强皱状表面；基横脊完整，端横脊中部缺；端区陡斜；侧突强隆起。腹部第二至第三节背板合并，背板具长纵纹，纵纹间夹杂粗毛窝。体黑色，下颚须，下唇须，触角第一至第三鞭节腹面，翅基，翅基片，前、中足（腿节后面，爪，褐色至暗褐色），后足基节（基部暗褐色），转节，腿节基缘，胫节基缘黄褐色。

【观察标本】4雄，广西上思县十万大山，黄清堂（集虫网采集）。

江西洛姬蜂成虫（李涛　摄）

白口顶姬蜂 *Acropimpla leucostoma* (Cameron)

【寄主】柚木驼蛾、姹羽舟蛾。

【分布】中国分布于浙江、江西、湖南、广东、广西、海南、贵州、台湾。广西分布于上思。

【形态特征】雌成虫体长8.0～11.0 mm，前翅长7.0～9.5 mm。前翅小脉位于基脉稍内侧；小翅室斜三角形，具短柄；并胸腹节圆形隆起，侧纵脊端部存在，外侧脊完整，其余脊缺。体黑色，下列部分除外：颜面（中央少许褐色），唇基，上颚（端齿暗红褐色），前胸背板上后角，翅基片，翅基，翅基下脊，小盾片，后小盾片，前、中足（腿节后侧黄褐色，爪暗红褐色），腹部第六节、第七节背板端部的斑黄白色至黄色；后足红褐色；腹部第一节背板、第二至第四节背板中央大部黄褐色至红褐色。

【观察标本】1雌，广西上思县十万大山，黄清堂（集虫网采集）。

白口顶姬蜂成虫（李涛　摄）

斑翅恶姬蜂显斑亚种 *Echthromorpha agrestoria notulatoria* (Fab.)

【寄主】黄麻桥夜蛾、茶白毒蛾、茶茸毒蛾、马尾松毛虫、茶蓑蛾、柚木驼蛾、茶须野螟、直纹稻弄蝶、黏虫等。

【分布】中国分布于浙江、江西、湖南、广东、广西、四川、云南、台湾。广西分布于上思。

【形态特征】雌成虫体长10.0～20.0 mm，前翅长10.0～16.0 mm。前翅小脉位于基脉外侧，两者间距约为小脉长的0.6倍；小翅室斜四边形，具短柄；外缘具褐色大斑；后翅小脉从中脉和胫脉连接处伸出。并胸腹节圆形隆起，无脊，基半部具稠密的

斑翅恶姬蜂显斑亚种成虫（李涛　摄）

粗刻点，中央纵向和端半部光滑光亮。产卵器端半部扁平，稍下弯，具横脊。体黑色，具黄斑；头（触角柄节、梗节背面，鞭节褐色；额中央的斑、单眼区及后方的斑、后头区黑色），前胸腹板、前胸背板前缘并延伸至上缘中部的斑，盾纵沟处的长纵斑，小盾片，后小盾片，翅基片，翅基，翅基下脊，中胸侧板中央的大斑、下后角的斑，后胸侧板后半部，并胸腹节侧缘的斑，气门前缘的斑，腹部第一节背板端部、第二至第六节背板端缘黄色；前足（基节前侧、转节黄色；腿节背面红褐色），中足（基节后侧的斑暗红褐色，基节大部、转节黄色；腿节红褐色）黄褐色；后足（基节除背侧前缘和后缘的斑黄色，腹缘红褐色外，大部分黑色；腿节基半部背侧的斑、端半部腹侧的斑黄色；跗节黄褐色至褐色），腹部第六节背板中央大部，第七至第八节背板红褐色。

【观察标本】1雌1雄，云南勐仑西双版纳植物园，谭江丽；1雌，广西上思县十万大山，黄清堂(集虫网采集)。

双条瘤姬蜂 *Pimpla bilineata* (Cameron)

【寄主】不详。

【分布】中国分布于浙江、江西、福建、湖南、广东、广西、四川、贵州。广西分布于资源、龙胜、兴安。

【形态特征】雌成虫体长 12.0 ～ 20.0 mm，前翅长 10.0 ～ 16.0 mm。前翅小脉位于基脉外侧，两者间距约为小脉长的 0.2 倍；小翅室斜四边形，具短柄；后侧小脉约在上方 1/4 处曲折。并胸腹节圆形隆起，具粗刻点，中央大部具粗横皱，端缘光亮；侧纵脊处具 2 个纵黄斑。产卵器末端扁平，端缘具横脊。体黑色，下列部分除外：下颚须、下唇须、前胸背板后上部的斑、翅基片、翅基、翅基下脊、小盾片、后小盾片、并胸腹节的纵斑黄白色至黄色；前足（基节基半部黑色，端半部、转节黄白色；末跗节、爪褐色）、中足（基节后侧的斑、腿节基缘黑色；腿节大部黄白色；末跗节、爪褐色）、后足（基节大部黑色，背侧纵向黄白色；腿节基缘、爪黑褐色）黄褐色至褐色；腹部第一节背板端缘（外侧角黄褐色）、第二至第四节背板端缘（外侧脊稍带黄褐色）及侧缘红褐色。

【观察标本】1雌1雄，广西猫儿山九牛塘，廖品国（集虫网采集）。

双条瘤姬蜂成虫（李涛　摄）

布鲁瘤姬蜂 *Pimpla brumha* (Gupta et Saxena)

【寄主】不详。

【分布】中国分布于江西、广西、贵州。广西分布于金秀。

【形态特征】雌成虫体长约 10.0 mm，前翅长约 8.5 mm。中胸侧板具稠密的细毛点，下后角具弱细皱。并胸腹节基缘隆起，呈横皱状表面，基部中央光滑光亮。体黑色，下列部分除外：前胸背板上部，小盾片后半部，后小盾片，翅基下脊，并胸腹节端部侧面的斑，后足胫节亚基部的斑，腹部第一至第六节背板端侧角，第二、第七节背板端缘黄白色至黄褐色；前足（基节、第一转节背面黑褐色，第一转节腹面黄褐色，末跗节、爪褐色），中足（基节黑色，基部背面和前侧亚端缘的小斑黄白色；转节黑褐色；跗节褐色；末跗节、爪暗褐色）褐色至红褐色。

【观察标本】1 雌 2 雄，广西大瑶山银杉公园，廖品国（集虫网采集）；1 雄，广西大瑶山圣堂山，庞桂林（集虫网采集）。

布鲁瘤姬蜂成虫（李涛　摄）

黑暗瘤姬蜂 *Pimpla ereba* Cameron

广西新记录种。

【寄主】不详。

【分布】中国分布于福建、广西、贵州。广西分布于资源、龙胜、兴安。

【形态特征】雌成虫体长 10.0 ~ 24.0 mm，前翅长 9.0 ~ 16.0 mm。前翅小脉位于基脉外侧，两者间距约为小脉长的0.2倍；小翅室斜四边形，具短柄；后翅小脉约在上方0.2 mm处曲折。并胸腹节横阔，具明显粗横皱，端部中央光滑光亮。腹部第一节背板中央具 2 圆形瘤突。体黑色，下列部分除外：前足腿节前侧的纵斑，胫节前侧，中足腿节前侧端缘的斑（个别种存在）黄色至黄褐色；前足跗节褐色，腹面稍带黄褐色；翅黄褐色，透明。

【观察标本】1 雌，广西猫儿山牌坊山顶，王剑峰；2雌，广西猫儿山铁杉林，廖定军（集虫网采集）。

黑暗瘤姬蜂成虫（李涛　摄）

野蚕瘤姬蜂 *Pimpla luctuosa* Smith

【寄主】杨扇舟蛾、马尾松毛虫、赤松毛虫、美国白蛾、舞毒蛾、黄褐天幕毛虫、栎掌舟蛾等 35 种。

【分布】中国分布于北京、河北、辽宁、上海、江苏、浙江、福建、江西、山东、河南、湖北、湖南、广西、四川、贵州、云南、陕西、甘肃、台湾。广西分布于资源、龙胜、兴安。

【形态特征】雌成虫体长 12.0 ～ 17.0 mm，前翅长 11.0 ～ 15.0 mm。前翅小脉与基脉对叉；小翅室斜四边形，无柄；后翅小脉约在上方 1/5 处曲折。并胸腹节圆形隆起，细皱状表面，中央呈粗横皱状，端部中央相对光亮。腹部第一节背板中央具不明显瘤突。产卵器圆筒形，末端尖，腹瓣具齿。体黑色，下列部分除外：前足腿节前侧、胫节（前侧中央褐色），中足腿节前侧端缘、胫节前侧黄褐色至褐色；前、中足跗节褐色；后足第二转节端缘，腿节基缘暗红褐色。

【观察标本】2 雌，广西猫儿山九牛塘廖品国（集虫网采集）。

野蚕瘤姬蜂成虫（李涛　摄）

蓑瘤姬蜂索氏亚种 *Sericopimpla sagrae sauteri* (Cushman)

广西新记录种。

【寄主】茶蓑蛾、大蓑蛾。

【分布】中国分布于辽宁、福建、江西、山东、河南、湖北、湖南、广东、广西、四川、贵州、陕西、台湾。广西分布于上思。

【形态特征】雌成虫体长 12.0 ～ 17.0 mm，前翅长 9.0 ～ 14.0 mm。复眼内缘在触角窝外侧强烈深凹。前翅小脉稍位于基脉内侧或对叉；小翅室三角形，具短柄；后小脉约在下方 1/4 处曲折。并胸腹节圆形隆起，具稠密的细刻点和黄褐色短毛，基部中央和端部中央光亮几乎无毛点；侧纵脊仅端部存在，其余脊缺。腹部第二至第五节背板各具 1 对瘤突。体黑色，下列部分除外：触角柄节、梗节腹面，下颚须，下唇须，前胸背板上后角，翅基片，翅基，前足（爪端齿暗红褐色），中足（基节基半部、腿节背侧红褐色，爪端齿暗红褐色），腹部第一节背板端缘黄色；后足（基节，第一转节腹面，腿节端缘，胫节亚基部、端半部，第一至第三跗节端缘黑色；第一转节背面、第二转节黄色；腿节大部红褐色；第四至第五跗节褐色；爪端齿暗红褐色），腹部第二至第六节背板端缘黄白色。

【观察标本】1 雌，广西上思县十万大山，孙淑萍。

蓑瘤姬蜂索氏亚种成虫（李涛　摄）

细格囊爪姬蜂指名亚种 *Theronia clathrata clathrata* Krieger

广西新记录种。

【寄主】不详。

【分布】中国分布于江西、河南、湖南、广东、广西、海南、台湾。广西分布于上思。

细格囊爪姬蜂指名亚种成虫（李涛　摄）

【形态特征】雌成虫体长 9.0 ～ 12.0 mm，前翅长 8.0 ～ 11.0 mm。颜面上缘中央具 U 形深凹。前翅小脉与基脉对叉；小翅室斜五边形；后侧小脉约在上方 1/5 处曲折。并胸腹节稍隆起，脊强壮，基区和中区合并；第一至第二外侧区具黄褐色长毛，其余部分光滑光亮。腹部第一节背板背中脊强壮，伸达亚端部。体黄褐色至褐色，下列部分除外：额中央，头顶，中胸盾片中叶，小盾片红褐色；前胸侧板后缘中央，中胸盾片中叶端半部并延伸至盾前沟，中胸侧板前缘、翅基下脊下方，镜面区前方的连接斑，并胸腹节第一至第二侧区黑色；中胸盾片侧叶，中足腿节背面，后足基节背面及端缘、腿节背面，腹部第一节背板中央、第二至第四节背板亚基部中央红褐色至暗红褐色。

【观察标本】1 雌，河南内乡宝天曼，海拔 1100 ～ 1500 m，盛茂领；1 雌，河南西峡老界岭，海拔 1550 m，盛茂领；3 雄，广西上思县十万大山，黄清堂（集虫网采集）。

平背囊爪姬蜂 *Theronia depressa* Gupta

【寄主】云南松毛虫。

【分布】中国分布于浙江、福建、广东、广西。广西新记录种，分布于资源、龙胜、兴安、上思。

【形态特征】雌成虫体长 12.0 ～ 15.0 mm，前翅长 10.0 ～ 13.0 mm。前翅小脉位于基脉外侧，两者间距约为小脉长的 0.2 倍；小翅室斜四边形；后小脉约在上方 0.25 mm 处曲折。并胸腹节圆形隆起，光滑光亮；基横脊消失，端横脊在中段缺失。体黄褐色至褐色，下列部分除外：单眼区前侧部分，头顶后侧的斑，中胸盾片中央的纵带并延伸至盾前沟，中胸侧板前缘的斑并延伸到翅基下脊和镜面区前侧、中胸下后角至侧板凹，并胸腹节侧区基半部，后足基节前后部的斑、腿节腹侧和背后侧的纵斑，腹部第一节背板亚端部、第二至第三节背板中央黑色；中胸盾片中叶前半部、侧叶，中足腿节腹侧、胫节背面，后足腿节前背面、胫节红褐色；腹部第四至第七节背板中央暗红褐色。

【观察标本】1 雌，广西猫儿山牌坊山顶，王剑锋；1 雄，广西上思县十万大山，黄清堂（集虫网采集）。

平背囊爪姬蜂成虫（李涛　摄）

棒黑点瘤姬蜂 *Xanthopimpla clavata* Krieger

广西新记录种。

【寄主】不详。

【分布】中国分布于福建、广西、西藏、台湾。广西分布于资源、龙胜、兴安。

棒黑点瘤姬蜂成虫（李涛　摄）

【形态特征】雌成虫体长约 8.0 mm，前翅长约 6.5 mm。盾纵沟前端横脊状隆起。前翅小脉与基脉对叉；小翅室四边形，具短柄；后小脉约在上方 1/4 处曲折。并胸腹节均匀隆起，近光亮；基横脊在中纵脊之间缺失；基区和中区的合并区呈六边形，宽大于长。体黄白色至黄色，下列部分黑色：触角（柄节、梗节背面黑色；鞭节基部数节背面暗褐色，腹面黄褐色，其余鞭节褐色），单眼区，后头脊背方中央上方的斑，中胸盾片中央的不规则弧形斑，中胸盾片端部，并胸腹节基区基缘、第一侧区、第二侧区基部，后足胫节基缘，腹部第一节背板亚端部并沿背中脊向基部的斑，第二至第三节背板中央的斑，第四至第五节背板亚侧缘的椭圆形斑，第七节背板中央的斑，产卵器鞘。

【观察标本】1 雌，广西猫儿山庵堂坪，杨忠武（集虫网采集）。

利普黑点瘤姬蜂 *Xanthopimpla lepcha* (Cameron)

广西新记录种。

【寄主】明目大蚕蛾、蕉弄蝶。

【分布】中国分布于浙江、福建、江西、广东、广西、台湾、香港。广西分布于资源、龙胜、兴安。

【形态特征】雌成虫体长 12.0 ～ 17.0 mm，前翅长 11.0 ～ 15.0 mm。盾纵沟前缘无明显横脊。前翅小脉与基脉对叉；小翅室斜四边形，具短柄；后小脉约在上方 1/5 处曲折。小盾片圆锥状隆起。并胸腹节稍隆起，分区近完整，基横脊在中纵脊之间缺；中纵脊在横脊之间弱。体黄色，下列部分除外：触角（柄节、梗节腹面黄色；鞭节基部数节腹面黄褐色，其余褐色至暗褐色），额中央的斑，单眼区，头顶后侧并延伸至后头的大斑，中胸盾片中叶的酒杯状斑，侧叶中央的斑，翅基片后半部，后足腿节背面端缘的小斑、胫节基缘，腹部第一节背板中央的小斑、第三至第五节背板中部侧缘的 1 对圆斑、第七节背板中央的大斑黑色；后足末跗节、爪暗褐色；产卵器鞘黑褐色。

【观察标本】1 雌 1 雄，广西猫儿山九牛塘，廖品国（集虫网采集）。

利普黑点瘤姬蜂成虫（李涛　摄）

松毛虫黑点瘤姬蜂 *Xanthopimpla pedator* (Fab.)

【寄主】明目大蚕蛾、印度柞蚕、柳枯叶蛾、二化螟、茶茸毒蛾、马尾松毛虫、赤松毛虫、木毒蛾、美风蝶、直纹稻弄蝶、眉纹天蚕蛾等。

【分布】中国分布于江苏、浙江、福建、江西、山东、河南、湖北、湖南、广东、广西、四川、贵州、云南、西藏、陕西、台湾、香港、澳门。广西分布于上思。

松毛虫黑点瘤姬蜂成虫（李涛　摄）

【形态特征】雌成虫体长 11.0 ~ 18.0 mm，前翅长 9.0 ~ 15.0 mm。盾纵沟前缘横脊状隆起。前翅小脉与基脉对叉；小翅室斜四边形，具短柄；后小脉约在上方 1/5 处曲折。小盾片圆锥状隆起。并胸腹节均匀隆起，分区完整，基区和中区合并。体黄色，下列部分除外：触角（柄节、梗节腹面黄色；鞭节除基部数节腹面黄褐色外，褐色至暗褐色），额中央的斑，单眼区，头顶后侧并延伸至后头的大斑，中胸盾片中叶圆斑、侧叶中央的大斑，盾前沟前缘的半圆形斑，翅基片后半部，中足胫节基缘、基跗节基缘，后足第一转节、腿节背面端缘的 2 对小斑、胫节基部、基跗节基缘，腹部第一节背板中央的小斑、第二至第五节背板中部侧缘的 1 对斑、第六节背板侧缘的斑（有时缺）、第七节背板侧缘的斑黑色；后足末跗节褐色；爪末端暗红褐色；产卵器鞘基部背面少许黄褐色，其余黑褐色。

【观察标本】1 雌，广西上思县十万大山，孙淑萍。

瑞氏黑点瘤姬蜂指名亚种 *Xanthopimpla reicherti reicherti* Krieger

广西新记录种。

【寄主】不详。

【分布】中国分布于福建、广东、广西、西藏。广西分布于上思。

【形态特征】雌成虫体长约 8.0 mm，前翅长约 5.0 mm。盾纵沟前缘横脊状隆起。前翅小脉与基脉对叉；小翅室四边形，具短柄；后小脉约在上方 1/5 处曲折。并胸腹节微隆起，基横脊在中纵脊之间缺失；基区和中区的合并区呈六边形，宽约等于长。体黄色，下列部分除外：触角（柄节背面黑色，腹面黄色；梗节、鞭节基部数节腹面黄褐色；其余鞭节褐色），单眼区，中胸盾片中央的横斑、盾纵沟前缘的斑，并胸腹节第一侧区，后足胫节基缘，腹部第一节背板亚端部的横带、第三节背板中央的横斑、第四至第五节背板亚侧缘的斑、第七节背板亚中部的斑，产卵器鞘黑色。

【观察标本】10 雄，广西上思县十万大山，孙淑萍；1 雌 1 雄，广西上思县十万大山，黄清堂（集虫网采集）。

瑞氏黑点瘤姬蜂指名亚种成虫（李涛　摄）

116. 蚁科 Formicidae

蚂蚁是一类社会性昆虫，构成了热带雨林动物生物量的 15% ～ 20%，在生态系统中扮演着重要的角色。目前，全世界已记录 17 亚科 334 属 13505 种，中国已记录 10 亚科 117 属 1009 种。蚂蚁种类繁多，数量巨大，分布甚广，与自然和人类的生产生活有着密切的关系，主要经济价值体现在改变并提高土壤肥力、生物防治、食用和药用、生态平衡，以及作为理想的行为和社会性研究的模式材料。另一方面也有为害性，如攻击人类、传播疾病、为害农林植物、入侵破坏生态平衡等。

（陈志林　周善义）

长足捷蚁 *Anoplolepis gracilipes* (Smith)

【寄主】杂食性。

【分布】中国分布于福建、广东、广西、海南、云南、台湾、香港、澳门。广西各地均有分布。

【形态特征】工蚁体长 3.8 ～ 5.0 mm。头卵形，上颚咀嚼缘具 9 枚齿；唇基中央屋脊状隆起，前缘圆；触角 12 节，约 1/2 超过头后缘；复眼大而突出。并腹胸细长，侧面观前中胸背板缝和后胸沟明显，前胸背面平直，中胸微前倾，并胸腹节背面突圆，斜面微凸。腹柄结宽厚，背面圆突。背面观前胸背板圆锥形，前端钝；中胸背面前窄后宽，并腹胸圆。上颚具细纵纹；头部和并腹胸具细网纹，较光亮；后腹部平滑光亮。前胸侧板下缘具 1 排立毛，后腹部每节后缘具 1 排立毛。体蜜黄色至橙黄色。

【生活习性】不详。

【为害特点】本种原产地为东南亚，目前已迅速扩散到全球的热带和亚热带地区。其足极长，行动迅速，一旦入侵可以迅速破坏当地的生物多样性，因为其会保护植物上的蚜虫，攻击捕食破坏作物上的瓢虫，已被 IUCN 收录为 100 种最具破坏力的生物之一，被评为二级农业害虫。

【防治方法】目前国内未发生明显为害，可保护利用自然天敌控制其种群。

A. 头部正面观

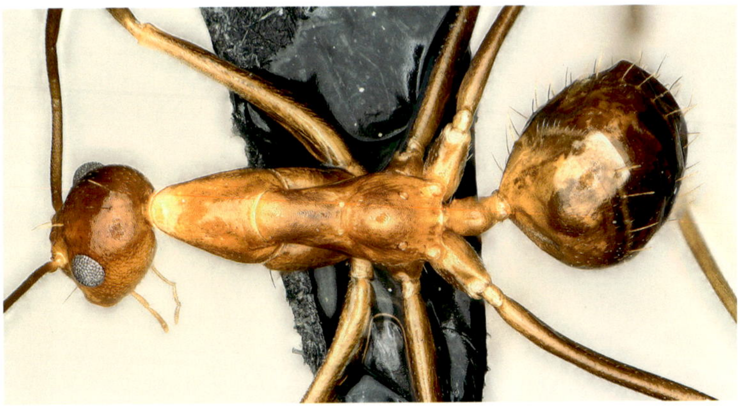

B. 体背面观

C. 体侧面观

长足捷蚁工蚁（陈志林　摄）

东方行军蚁 *Dorylus orientalis* Westwood

【寄主】杂食性。

【分布】中国分布于浙江、福建、江西、湖南、广东、广西、海南、重庆、四川、贵州、云南。广西各地均有分布。

【形态特征】大型工蚁体长 4.8 ~ 7.5 mm。头矩形，后缘凹陷，后角圆突，侧缘近平行；上颚咀嚼缘具 2 ~ 3 枚齿，唇基窄；额叶垂直，触角基节窝裸露；触角 9 节，柄节不达头中部；复眼和单眼均缺。并腹胸粗壮，侧面观前中胸背板缝缺，后胸沟明显凹陷，前胸背面微突，并腹胸背面微突，向后逐渐降低；腹柄高大于长，前面陡直，背面圆突，后面近平直，腹柄下突三角形、指向后下方；背面观后胸沟略呈"人"字形，后腹柄梯形、前窄后宽。上颚和头部散布刻点，较光亮；腹胸侧面和腹柄侧面具细网纹；腹胸背面散布粗刻点；后腹部平滑光亮。全体立毛稀缺，具散布绒毛。全体黄色至黄棕色。

【生活习性】不详。

【为害特点】本种种群数量庞大，能取食木本植物的幼苗和草本植物的根部，影响植物生长，造成作物减产和苗木死亡。

【防治方法】未见大面积发生，可保护利用自然天敌控制其种群。

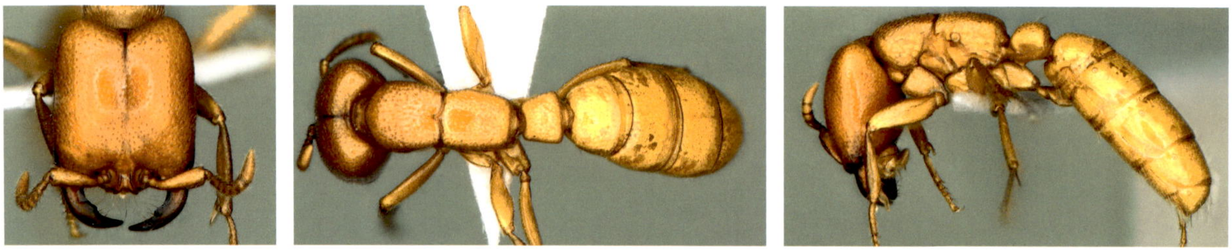

A. 头部正面观　　B. 体背面观　　C. 体侧面观

东方行军蚁工蚁（陈志林　摄）

扁平虹臭蚁 *Iridomyrmex anceps* Roger

【寄主】杂食性。

【分布】中国分布于上海、浙江、安徽、福建、湖北、湖南、广东、广西、云南、台湾、香港。广西各地均有分布。

【形态特征】工蚁体长 3.3 ~ 4.0 mm。头近三角形（含上颚），两侧缘微突，后头缘平直。上颚长三角形，咀嚼缘约具 9 枚齿，端齿大，其余各齿常大小相间排列。唇基中部平，前缘平直或宽波形凹陷。

A. 头部正面观　　B. 体背面观　　C. 体侧面观

扁平虹臭蚁工蚁（陈志林　摄）

额脊短，相距宽。触角柄节 1/3 ～ 1/2 超过后头缘。复眼平，位于头中线略偏后。并腹胸狭长；前胸背板微突；中胸柱状，向后倾斜；并胸腹节突圆。结节鳞状，前面略突，后面平直。后腹部短，宽卵形。上颚具细小刻点，较光亮；头、并腹胸、结节及后腹部具皮革状网纹，有一定光泽。立毛细短，散生。短绒毛丝状，密集。体栗红色、栗棕色至黑棕色，上颚、触角及足跗节黄棕色至红棕色。

【生活习性】不详。

【资源利用】据报道，本种能捕食 1 ～ 3 龄松毛虫，并且对 1 ～ 2 龄的松毛虫惊落为 50% 左右，惊落后的松毛虫被蚂蚁取食，是理想的松毛虫天敌昆虫之一。此外本种亦是常见的访花昆虫之一，具有为植物授粉的作用。

小家蚁 *Monomorium pharaonis* (L.)

【寄主】杂食性。

【分布】中国分布于北京、河北、辽宁、吉林、黑龙江、江苏、浙江、福建、河南、湖北、湖南、广东、广西、四川、宁夏。广西各地均有分布。

【形态特征】工蚁体长 2.1 ～ 2.8 mm。头矩形，后缘微突，后角圆，侧缘近平行；上颚咀嚼缘具 4 枚齿，唇基具弱双脊，前缘脊端部之间凹陷；额叶遮盖住部分触角基节窝；触角 12 节，具 3 节触角棒，柄节略超过头后缘；复眼中等大小，位于头侧缘前部。侧面观并腹胸前中胸背板缝缺，后胸沟凹陷，前中胸背面突，中胸前倾，并胸腹节微突，往后逐渐降低圆形过渡至后面；腹柄具明显的前柄，腹柄结背面窄圆，前面凹陷，腹柄下突不明显；腹柄前宽后窄，背面前倾。背面观后腹柄近杯状，后腹部具明显的肩角。上颚具细纵纹，头部、并腹胸、腹柄和后腹柄具密集网状刻点，后腹部平滑光亮。全体具稀疏立毛。体浅黄色至黄棕色，后腹部后半部有时黑棕色。

【生活习性】不详。

【为害特点】本种为家舍、仓库、医院等常见害虫，是疾病病源的传播者。但野外种群尚未见对生态带来为害。

【防治方法】目前未发生明显为害，可保护利用自然天敌控制其种群。

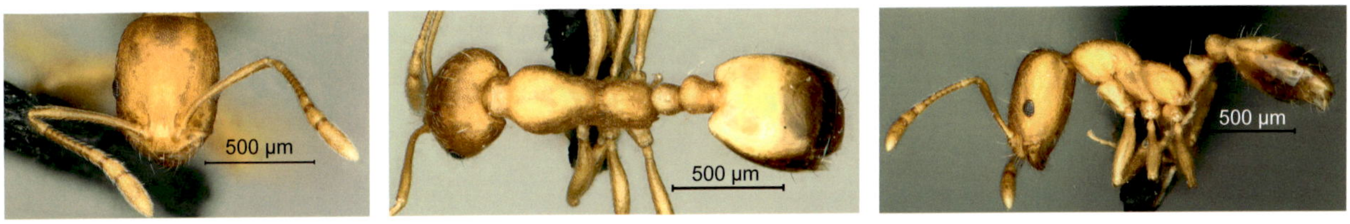

A. 头部正面观　　B. 体背面观　　C. 体侧面观

小家蚁工蚁（陈志林　摄）

山大齿猛蚁 *Odontomachus monticola* Emery

【寄主】杂食性。

【分布】中国分布于北京、吉林、上海、江苏、浙江、福建、河南、湖北、湖南、广东、广西、海南、重庆、四川、贵州、云南、西藏、陕西、甘肃、台湾、香港。广西各地均有分布。

【形态特征】工蚁体长 10.0 ～ 11.2 mm。头矩形，后缘微凹，后角圆，侧缘近中部具三角状的由外向内的凹陷；上颚长条形，端部具3枚垂直的大齿，大齿端部通常较钝，内缘具1排小齿；唇基在上颚基部上方圆锥状突出，中部突；额叶遮盖触角基节窝；触角12节，不具触角棒，柄节超过头后缘；复眼较大，位于头侧缘前部最宽处。侧面观并腹胸粗壮，前中胸背板缝和后胸沟明显，前胸背面圆，中胸背面平直、前倾，并胸腹节背面平直，斜面陡直，背面和斜面之间呈钝角状；腹柄圆锥状，端部尖细、微向后弯曲；上颚光亮；头部复眼至额脊间平滑光亮，额脊具向后散发的扇状条纹，前胸背面具环形粗纹，中胸和并胸腹节背面具横纹。腹柄和后腹部平滑光亮。全体立毛稀缺，具丰富的绒毛。全体黄棕色至黑棕色。

【生活习性】不详。

【资源利用】本种为国内（特别是南方）森林中常见的蚂蚁种类，大型的个体和巨大的上颚在游牧式的捕猎中具有天然的优势，能捕食一些林业害虫的幼虫，对控制害虫种群和维护生态平衡具有一定的作用。

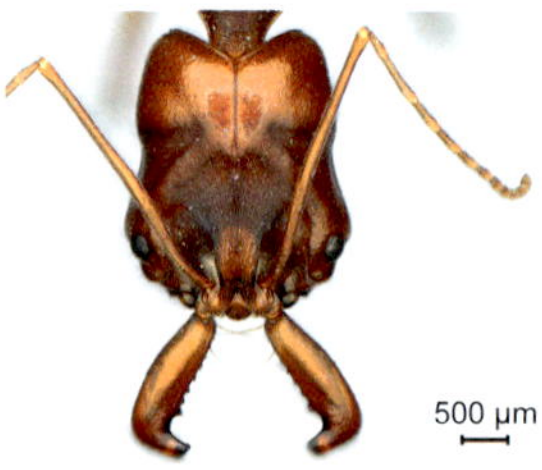

A. 头部正面观

B. 体背面观

C. 体侧面观

山大齿猛蚁工蚁（陈志林 摄）

黄猄蚁 *Oecophylla smaragdina* (Fab.)

【寄主】杂食性。

【分布】中国分布于广东、广西、海南、云南。广西南部各地均有分布。

【形态特征】工蚁体长7.6～11mm。头呈心形（连上颚），后缘微凹，后角宽圆；上颚长三角形，咀嚼圆具9～10枚齿，大小相间排布；唇基宽大，前缘宽圆；额叶缺，触角基节窝裸露；触角12节，不具触角棒，柄节1/2超过头后缘；复眼大而凸，位于头侧缘近中部。侧面观并腹胸中间细两头粗，前中胸背板缝和后胸沟明显，前胸背面突圆，中胸缢缩，并胸腹基节背面凸，斜面平直，背面和斜面之间圆形过渡；腹柄楔形，前窄后宽，腹柄下突缺。上颚具细纵纹；头部、并腹胸、腹柄和后腹部具细网状刻点。立毛稀少，仅见于腹部末端；绒毛被细密。全体橙黄色。

【生活习性】不详。

A. 头部正面观

B. 体背面观

C. 体侧面观

黄猄蚁工蚁（陈志林 摄）

【资源利用】早在公元 304 年就有广东人利用黄猄蚁防治果园害虫的记录，是我国最早有记载的用于生物防治的天敌昆虫。但因其通常以幼虫吐丝黏合叶冠的叶片筑巢，影响植物的光合作用，在取食控制的同时会对植物的生长造成一定的伤害。此外，该种的幼虫能食用，为中国西南地区和马来群岛的美食之一。

双齿多刺蚁 *Polyrhachis dives* Smith

【寄主】杂食性。

【分布】中国分布于上海、浙江、安徽、福建、江西、山东、湖北、湖南、广东、广西、海南、贵州、云南、台湾、香港、澳门。广西各地均有分布。

【形态特征】工蚁体长 6.0 ～ 7.1 mm。头短卵形，后部宽于前部。上颚咀嚼缘具 5 齿。唇基上半部具短而弱的中脊，前缘中央弧形凹陷，两侧角状突出。并腹胸不具棱边；前胸背板凸，肩角具 1 对尖刺，指向前侧方，端部略下弯；前中胸背板缝清晰，略凹；后胸沟不凹陷；并胸腹节刺长，端部稍向外弯。结节背缘具 1 对长刺，后弯，长刺间具 2 ～ 3 枚齿，广西标本几乎所有个体前齿均不发达，至多略具突起。上颚具细纵刻纹；头、并腹胸及结节具粗密网状刻纹，暗；后腹部网状刻纹稍细弱。立毛金黄色，稀疏，仅存在于头背面及后腹部末端。绒毛被密集，尤其在后腹部，常遮盖刻纹。体黑色，有时略带棕色。

【生活习性】不详。

【资源利用】本种为广西的一个优势种，国内南方地区都有分布，而且数量极多，能捕食多种农林害虫。该种的营养成分含量较高，具有较高的食用与药用价值。近年来，国内生产的多种保健品均以本种为原料。合理保护、利用和进行林区放养，使之取得生态、经济双效益，是值得进一步探索的研究领域。

A. 头部正面观

B. 体背面观

C. 体侧面观

双齿多刺工蚁（陈志林　摄）

红火蚁 *Solenopsis invicta* Buren

外来入侵物种。

【寄主】杂食性。

【分布】中国分布于福建、湖南、广东、广西、海南、重庆、台湾、香港、澳门。广西分布于南宁（兴宁、青秀、江南）、柳州（柳北、沙塘林场）、桂林（叠彩）、梧州、岑溪、陆川、北海（银海）、钦州、灵山。

【形态特征】大型工蚁正面观头长略大于宽，两侧缘微突，头后缘中央平缓凹陷。复眼大，扁平，位于头侧中线之前。额脊短，相距较宽，在触角窝后消失。触角 10 节，末 2 节形成触角棒，柄节刚达头后缘。唇基中央凹，两侧具脊，脊延伸到前缘呈齿状，大型工蚁唇基前缘具 2 侧齿，次大型工蚁在两侧齿中央具 1 枚中齿。上颚 4 齿，端齿粗钝，第二、第三齿大小相似，基齿小。

侧面观前中胸背板微凸，前胸背板向后抬高，中胸背板前端与前胸背板后缘等高，后部向后倾斜，后胸沟深凹，后胸沟窄深凹。并胸腹节基面微突，平滑过渡到斜面，中央纵向凹陷。腹柄高，前面稍倾斜，后面直，顶端圆，有结前柄；后腹柄圆突，略低于第一腹柄。后腹部卵形，末端有针刺。

背面观前胸背板肩角圆形，中胸背板窄于前胸背板。第二腹柄略宽于第一腹柄。

体光亮。上颚、触角窝、唇基侧面、头侧两复眼之前、并胸腹节侧面下半部及斜面具细纵条纹。第二腹柄侧面及后缘具细密颗粒。立毛中等密度，在并腹胸、腹柄及后腹部各节末端较密。体红褐色，头侧、上颚咀嚼缘、触角及后腹部色更深。

小型工蚁触角柄节超过头后缘；头后缘圆，中央不凹陷；体色略浅。其余同大型工蚁。

雌蚁与工蚁相似，但体明显粗大，头部具 3 单眼，复眼大。侧面观前胸背板增厚，第一腹柄薄片状，第二腹柄圆突。体侧面及两腹柄具密集暗刻点和暗刻纹。

【生活习性】工蚁搜寻食物，喂食、照顾幼虫及蚁后，防卫巢穴，抵抗入侵者，将蚁后搬离危险处。有翅繁殖蚁住在蚁巢内直到交配时机到来，才飞离蚁巢。

一般蚁后寿命 6 ～ 7 年，工蚁寿命 1 ～ 6 个月。红火蚁没有特定的婚飞时期（交配期），只要蚁巢成熟，全年都可以有新的生殖个体形成。交配时机通常在雨后的清晨或黄昏。雌、雄蚁会飞到 90 ～ 300 m 高的空中进行婚飞配对，婚飞活动一般发生在周围空气温度为 24 ～ 32 ℃，相对湿度在 80% 或更高的环境条件下。雄蚁在交配过后即死亡，雌蚁则飞行降落地面寻找适合巢址，挖掘巢穴。新交配过的蚁后会先产十多粒卵，卵 7 ～ 10 天孵化为幼虫，并由蚁后喂食，最终发育成较小型的工蚁。蚁后随后由这群工蚁喂食，专司产卵繁衍后代，每天可产 800 ～ 1000 枚卵，卵发育至成虫约需

A~C. 大型工蚁；D~F. 小型工蚁；A、D. 头部正面观；B、E. 体背面观；C、F. 体侧面观；G. 有翅蚁；H. 草地上的蚁巢；I. 不同蚁型背面观

红火蚁（陈志林 摄）

20～45天（工蚁）、30～60天（大型工蚁）、180天（繁殖蚁）。幼虫经6～10天发育成蛹，蛹经9～15天发育成成虫。成熟蚁巢中的蚁后每天产1500～5000粒卵，平均每年约可以产生4500头新蚁后，新的生殖雌蚁在新蚁巢建立后15～18周产生。

【为害特点】红火蚁为我国极具破坏力的入侵生物之一，属全国检疫性林业有害生物。对人和动物有明显的攻击性，具有重复蜇刺的能力，影响人畜健康和人类生活质量，对农林业、畜牧业、野生动植物和自然生态系统有严重的影响，还破坏公共设施、电子仪器，导致电力、通讯、医疗等财产损失。蚁巢一旦受到干扰，红火蚁迅速出巢做出强烈攻击行为。以上颚钳住人的皮肤，以腹部末端的螯针对人体连续蜇叮多次，每次蜇叮时毒囊中释放毒液。人体被红火蚁蜇叮后有如火灼伤般疼痛感，其后会出现如灼伤般的水泡，第二天一般会化成脓包。多数人仅感觉疼痛、不舒服，少数人（尤其是老人、妇女、儿童）对毒液中的毒蛋白过敏，全体皮肤过敏红肿，有的过敏性休克，甚至死亡。如水泡或脓包破掉，不注意清洁卫生则易引起细菌二次感染。

红火蚁的入侵可造成严重的生态灾难，是生物多样性保护和农林业生产的大敌。可取食多种农林植物的种子、根部、果实等，为害幼苗，造成产量和质量下降；损坏灌溉系统，降低工作效率，侵袭牲畜，造成农业上的损失；可攻击海龟、蜥蜴、鸟类等的卵，对小型哺乳动物的密度和无脊椎动物群落有负面的影响。有研究表明，在红火蚁建立蚁群的地区，蚂蚁的多样性较低。

【防治方法】植物检疫。加强检疫检验，严防红火蚁随苗木、草皮等繁殖材料调运迁移。

生物防治。引入小芽孢真菌 *Thelohania solenopsea* 和火蚁寄生蚤蝇 *Psuedacteon tricuspis* 进行防治。

化学防治。饵剂诱杀，将赐诺杀、芬普尼和百利普芬等化学药剂原料添加新鲜的大豆油中和磨碎的玉米颗粒混合成饵剂施放进行诱杀；药剂处理，可使用触杀性杀虫剂百灭宁、赛灭宁、第灭宁、芬化利、加保利、安丹和昆虫生长调节剂等处理独立蚁巢；饵剂与药剂混合处理，在入侵红火蚁觅食区散布含低毒药剂或生长调节剂的饵剂，10～14天后再以触杀性的水剂或粉剂、粒剂直接处理可见的独立蚁丘，一般每年的4～5月和9～10月处理2次。

黑头酸臭蚁 *Tapinoma melanocephalum* (Fab.)

【寄主】杂食性。

【分布】中国分布于浙江、安徽、福建、山东、河南、湖北、湖南、广东、广西、海南、重庆、四川、云南、台湾、香港、澳门。广西各地均有分布。

【形态特征】工蚁体长1.7～2.2 mm。头长大于宽，后部宽于前部，两侧微突。上颚咀嚼缘具4枚大的端齿及1列细齿。唇基前缘微凸，中部平直。触角柄节略超过后头缘。复眼中等大小，位于头

A. 头部正面观　　B. 体背面观　　C. 体侧面观

黑头酸臭蚁工蚁（陈志林　摄）

侧中线之前。前胸背板微凸；中胸背板略向后方倾斜；并胸腹节低，基面短平，斜面长而斜，为基面长的2倍。腹柄低平，前倾。后腹部宽卵形。上颚光亮；头和体背面具细密网状刻纹。立毛稀少，仅散布于足基节和后腹部。绒毛细，短而密集，仅在一定光线下可见，后腹部末端较明显。唇基及上颚具长刚毛。头（有时包括并腹胸）棕色、暗红棕色至黑色；并腹胸和后腹部（有时仅为后腹部）黄棕色或黄白色。

【生活习性】不详。

【为害特点】本种和小家蚁同为室内的主要害虫之一，可对食物和医院的医疗器械造成污染，但在自然系统中不具有破坏性。

【防治方法】目前未发生明显为害，可保护利用自然天敌控制其种群。

双隆骨铺道蚁 *Tetramorium bicarinatum* (Nylander)

【寄主】杂食性。

【分布】中国分布于福建、湖南、广西、海南、四川、云南、台湾。广西各地均有分布。

【形态特征】工蚁体长3.0～4.2 mm。唇基中部具3条纵脊，有时两侧还各具1条，但较弱；前缘中央明显具缺刻。额脊发达，几达后头缘。前胸背板背面观前缘宽，两侧角尖突；后胸沟胸腹节缝可见痕迹；并胸腹节刺粗，端部尖，中等长。后侧叶三角形，刺端尖，上弯。腹柄略呈长方形，前后面近平行，前后角几等高。上颚具密集纵刻纹；头部纵长刻纹不规则，复眼之后网状刻纹明显。并腹胸及腹柄背面具网状刻纹；腹柄侧面具刻点。后腹部第一节基部常具短纵刻纹，其余部分光亮。立毛丰富，在两额脊之间的立毛较短，短于复眼最大直径。头、并腹胸及两结节黄棕色；后腹部黄棕色至黑棕色。

【生活习性】不详。

【资源利用】本种为广西较为常见，种群庞大，过去台湾和福建等用来防治甘蔗螟虫，具有较好的效果。除在生物防治的作用外，本种亦是常见的访花昆虫，具有传粉功能。

A. 头部正面观

B. 体背面观

C. 体侧面观

双隆骨铺道蚁工蚁（陈志林 摄）

（五十三）胡蜂总科 Vespoidea

多为社会性昆虫，也有部分种类独居。体壁坚厚，体表绒毛一般较短；颜色艳丽，多呈黑、黄、棕三色相间，或为单一色；触角鞭节雌蜂 10 节，雄蜂 11 节；口器发达，上颚较粗壮，为捕食性蜂类；雌蜂具螯针，雄蜂无螯针；足较长；翅发达，飞翔迅速，静止时前翅纵折。全世界已记录 12 个现生科 1 个化石科，1.5 万多种，中国已记录 200 多种。成虫以小型昆虫为食，对害虫种群有一定的控制作用，在维护生态平衡方面发挥重要作用；部分种类受惊扰易攻击人类；部分种类可食用和入药。

（郑霞林　杨忠武　周映霞）

117. 胡蜂科 Vespidae

体大型，成虫体长 9 ～ 17 mm；体光滑或者有短绒毛，黄色及红黑色，具黑色及褐色斑点及条带；复眼大，内缘中部凹入；触角膝状，雌蜂 12 节，雄蜂 13 节；胸部与腹部宽相等，具并胸腹节；腹部具螯针；翅狭长，前翅第一盘室狭长，静止时纵折。营社会性生活。全世界已记录犹胡蜂亚科 Euparaginae、马萨胡蜂亚科 Masarinae、蜾蠃亚科 Eumeninae、狭腹胡蜂亚科 Stenogastrinae、马蜂亚科 Polistinae 和胡蜂亚科 Vespinae 共 6 亚科 5000 多种，中国已记录 60 多属 400 多种。可捕食其他小型昆虫，是天敌昆虫，亦是食用昆虫，蜂毒可入药。

变侧异腹胡蜂 *Parapolybia varica varica* (Fab.)

【捕食对象】鳞翅目、双翅目、直翅目、膜翅目等昆虫。

【分布】中国分布于江苏、浙江、福建、江西、湖北、湖南、广东、广西、海南、重庆、四川、贵州、云南、台湾。广西各地均有分布。

【形态特征】雌蜂体长 15 ～ 16 mm。体覆被绒毛。头横形，头宽略等于胸宽。触角窝之间棕色或黄色，略隆起；额沟浅，额上半部暗棕色；两复眼内缘黄色；单眼棕色，倒三角形排列，前单眼之下有 1 条纵沟，单眼前方有 1 个深棕色大斑，斑内有 1 个小黄斑，位于中单眼前方；后单眼外侧至复眼、并沿复眼内缘至唇基均为黄色；后单眼后方至上颊后方为深棕色，颊的其余部分黄色。唇基隆起，黄色，中央有 1 个黑褐色纵条斑，后缘周缘和基部颅顶暗棕色，中部弧形凹入，前缘中部尖突。上颚黄色，末端有 4 枚黑褐色齿。触角 13 节，触角下部 2/3 背面棕褐色或深棕色，腹面黄色；触角上部约 1/3 即鞭节全黄色。前胸背板前缘隆起，两肩角明显，黄色或棕色，但两侧近中胸背板处各有 1 条黑褐色或深棕色（斑）带。中胸背板深棕色，中间有 1 条纵隆线，无刻点，覆有绒毛。小盾片明显隆起，黄色或棕色，中间有 1 条线纵沟或不甚明显，覆有绒毛。后小盾片横带状，端部钝角突起，黄色或浅棕色，中纵沟不甚明显。并胸腹节斜向下方延伸，端部稍窄，中央有 1 条纵沟，大体黄色，但基缘和端缘、中纵沟和两侧各有 1 个纵条斑，均黑色，表面横细皱脊不明显。中胸侧板黄色或棕色，中间有“人”字形黑斑。后胸侧板黄色或棕色，前缘上部黑色。翅基片黄色或棕色，中央有 1 个深色斑。翅淡褐色或浅棕色，半透明，前翅前缘基半部色略深。各足基节及转节腹面棕色，转节背面暗棕色；各足股节除基部背面为暗棕色外，其余均为棕色；各足胫节棕色，仅基半部背面色略深；前足跗节棕色，中、后足跗节近黑色。腹部 6 节，第一腹节柄状，基部细，近端部背板和侧板隆起，背板两侧各有 1 个黄色斑；腹板基部 2/3 深棕色，端部扩展，棕色。第二腹节背板深棕色或深褐色，两侧各有 1 个模糊的黄色斑；其腹板端部边缘深棕色，其余黄色或棕色。第三至第六腹节背板、腹板均呈深褐色或暗棕色，背板色略深，两侧分别有 1 个黄色斑。第六腹节三角形，末端尖锥状。雄蜂与雌蜂近似，体长约 14 mm，触角 14 节，唇基黄色，表面较平，两复眼内缘下方距离较短，腹部 7 节，末端尖细。

【生活习性】属社会性昆虫。筑巢于树枝上或屋檐下。南方 1 年发生 4 ～ 5 代（一巢中同一蜂王分批次产卵繁殖，下同），蜂窝为吊碗式，每窝有蜂巢（室）10 多个，蜂群中有明显的分工现象，即有职蜂，后蜂（即受精的雌蜂）和专司交配的雄蜂。后蜂肩负筑巢、产卵、捕食、哺幼等责任；职蜂（雌蜂）与雄蜂交配后能正常产卵，多数未经交配的卵仅可发育成雄性。越冬后蜂在产下最后一批卵后死亡，寿命 1 年；雌性职蜂寿命 2 ～ 4 个月，雄蜂在交配后不久死亡，寿命约 2 个月。后蜂在巢室底部一侧每室产 1 粒乳白色纺锤形卵，卵基部有丝连于巢室底部。当年第一代蜂羽化后，建巢、捕食、育幼、护巢及清理等工作由职蜂进行。老熟幼虫将化蛹时，即吐丝封盖巢室口；新羽化成蜂在巢中停息 3 ～ 4 天后才飞出活动。一般气温在 12 ～ 13 ℃时，成虫出蛰活动，16 ～ 18 ℃时开始筑巢，秋后气温降至 6 ～ 10 ℃时越冬。我国南方每年 6 ～ 10 月为活动盛期，11 月以后逐渐寻找室内墙角、裂缝、树洞等无风向阳温暖处越冬，翌年 4 ～ 5 月春暖花开后又继续活动。春季中午气温高时活动最勤，夏季中午炎热，常暂停活动。晚间归巢不动。有喜光习性。风力在 3 级以上时停止活动。相对湿度在 60% ～ 70% 时最适于活动，雨天停止外出。成虫善飞翔。成虫取食甜性物质，喜食岗松、桃金娘、风铃木、板栗等多种乔木、灌木植物的花蜜，喜吸取其他昆虫分泌的蜜露及成熟果实。捕食鳞翅目幼虫时，常突然发起攻击，以前、中足紧紧抓住害虫虫体，以后足抓住树枝，以上颚猛咬猎物颈部和背部，与之进行短暂搏斗，害虫无力挣扎时，再取食虫体。

【资源利用】捕食多种昆虫，对害虫种群有一定的控制作用，亦可开发成昆虫食品。会蜇人，应注意防范。

变侧异腹胡蜂成虫及蜂巢（杨忠武　摄）

台湾马蜂 *Polistes formosanus* Sonan

【捕食对象】鳞翅目、双翅目、直翅目、膜翅目等昆虫。

【分布】中国分布于华南、华东、华中和西南。广西各地均有分布。

【形态特征】成虫体长约 16 mm。雌蜂头部宽与胸部略相等。额部上半部与颅顶部近橙色，颊部与额部下半部黄色，各部刻点极浅，布有黄色短毛。单眼橙色，倒三角形排列于两复眼顶部之间，单眼周边黑色。两触角窝之间略隆起，触角支角点橙色，柄节橙色，腹面较浅，背面近端部处有 1 个深色斑，鞭节棕色，背部色略深。唇基黄色，略隆起，刻点浅而稀，近端部毛略长，端部角状。上颚黄色，稀布浅刻点，端部色深，具 3 枚齿。整个胸部骨片均呈黄色，仅在各骨片接缝处为黑色，中胸背板中央纵隆线，中、后胸侧板下部端缘及并胸腹节两侧为黑色，均覆极浅的细刻点及黄色短绒毛。翅基片橙黄色，翅呈浅棕色，前翅前缘色略深。各足基节外侧黄色，内侧近黑色，前足股节外侧黄色，内侧棕色，其余节均为棕色；中足各节棕色，仅股节外侧黄色，转节深色；后足转节深色，股节腹面黄色，余深色，胫节深色，内侧棕色，跗节均棕色，爪光滑、无齿、爪垫明显。腹部共 6 节，第一节背板基部黑色，第一节腹板黑色。第二节背板、腹板基部黑色，其余各部及各节背板、腹板均为黄色，覆极短黄色绒毛。雄蜂近似雌蜂，腹部共 7 节。

【生活习性】捕食多种昆虫，具访花习性，上午 10 时左右常见。

【资源利用】对害虫种群有一定的控制作用；亦可开发成昆虫食品。会蜇人，应注意防范。

A. 蜂巢

B. 蜂巢及成虫背面观

台湾马蜂（杨忠武　摄）

日本马蜂 *Polistes japonicus* Saussure

【捕食对象】鳞翅目、双翅目、直翅目、膜翅目等昆虫。

【分布】中国分布于华南、华东、西南。广西分布于兴安、资源、灵川、全州。

【形态特征】成虫体长约 16 mm。雌蜂头宽略窄于胸部。两触角窝之间隆起，额部下半部黄色，上半部橙黄色，触角窝上部及唇基上部紧邻处均略呈黑色，额上半部及颅顶部均密布刻点，棕色单眼呈倒三角形排列于两复眼顶部之间，复眼间有1条黑色横带，有时模糊，颊部黄色，下部刻点略明显，均有短毛，后头边缘呈黑色。触角支角突棕色，柄节背面黑色，腹面棕色，梗节、鞭节背面黑色，腹面及鞭节端部几节均为棕色。唇基隆起，稀布刻点及短毛，端部突出呈角状。上颚粗壮，黄色，稀布刻点，端部齿呈黑色，最上1齿较短。胸部、前胸背板前缘截状，沿边缘有领状隆起，近橙色，肩部明显，沿肩部两侧近棕色，密布刻点及短毛。中胸背板黑色，中央两侧有2条长而宽的橙黄色纵带，两侧近翅基片处各有1条短的橙黄横带，密布较粗大的刻点及短毛。小盾片矩形，向侧下延伸，橙黄色，中央常有1个深色横斑，密布刻点及短毛。小盾片外侧橙黄色，中央常有1个深色横斑，密布刻点及短毛。后小盾片横带状，端部中央略突出，密布细刻点及短毛，橙黄色，前后边缘略呈黑色，后小盾片外侧亦为橙黄色。并胸腹节斜向下方，背面平直，中央略向下凹，密布横被褶皱，两侧面与背面几呈直角，中央及两侧各有1个橙黄色纵斑，较长而宽，余均黑色，覆短毛。中胸侧板略隆起，密布粗刻点及短毛，黑色，上部及前、后均有黄色斑。后胸侧板较窄，下侧片向后延伸，上、下侧片均有大黄斑覆盖，余呈黑色，密布刻点及短毛。翅基片呈黄色，中央有1个棕色斑，较光滑。翅棕色，前翅前缘色较深。前足基节黄色，背面呈黑色，转节棕色，股节前缘棕色，后缘黄色，胫节亦然，跗节棕色。中足基节黑色，外侧呈黄色，转节黑色，但外侧端部黄色。股节前缘黑棕色，后缘黄色，胫节内缘棕色，外缘黑棕色，跗节黑色。后足基节外侧及后侧黄色，其余黑色，转节同基节，股节大部黑色，仅内侧黄色，胫节棕黑色，跗节黑色。各足爪无齿，有爪垫。腹部第一节背板基部细，向端部渐扩展，基半部黑色，近基部两侧有1对黄斑，端部边缘黄色，黄色内缘呈棕色，布有黄色短绒毛，背板两侧下垂，超过腹板；第一腹板三角形，黑色，端部及两侧角黄色，密布细横褶皱；第二至第六节背板基部有极窄的黑色带，余为橙黄色，每节中部两侧各有1个棕色斑，有时模糊，但第六节无斑，第二节背板近基部的浅棕色横带明显，均覆黄色短绒毛，各节之腹板颜色类似背板，可见极浅的细刻点，覆黄色短绒毛。雄蜂近似雌蜂，体上黄色斑较小，黑色区较大，腹部共7节。

【生活习性】社会性昆虫，生活习性比较复杂，亲代个体生活在一起，互相有合作关系，一切活动均以蜂巢为核心。筑巢于树枝上或屋檐下。南方1年发生4～5批。蜂窝为吊碗式，每窝有蜂巢（室）10多个，蜂群中有明显的分工现象。越冬后蜂在产下最后一批卵后就死亡，寿命1年；雌性职蜂寿命2～4个月，雄蜂在交配后不久死亡，寿命约2个月。老熟幼虫将化蛹时，即吐丝封盖巢室口；新羽化成蜂在巢中停息3～4天后才飞出活动。日本马蜂的活动与温度关系密切，一般12～14 ℃以上时出蛰活动，在16～18 ℃时开始筑巢、繁殖，25 ℃左右为最适活动温度，夏季高温则以早、

日本马蜂成虫（杨忠武　摄）

晚活动为主，秋后 6 ～ 10 ℃以后开始越冬。无风晴天是其最适活动天气，风力 3 级以上时停止活动。马蜂嗜食甜性物质，喜吸取其他昆虫分泌的蜜露及成熟果实。多捕食鳞翅目昆虫的幼虫。该蜂多筑巢于树枝和灌木丛中。我国南方每年 6 ～ 10 月为活动盛期，11 月以后逐渐寻找室内墙角、裂缝、树洞等无风向阳温暖处越冬，翌年 4 ～ 5 月春暖花开后又继续活动。

【资源利用】捕食多种昆虫，对害虫种群有一定的控制作用，亦可开发成昆虫食品。会蜇人，应注意防范。

黄腰胡蜂 *Vespa affinis* (L.)

【捕食对象】杂食性，可捕食小型昆虫，亦取食肉类、取食果实等。

【分布】中国分布于浙江、安徽、福建、广东、广西、台湾。广西各地均有分布。

【形态特征】成虫体长 20 ～ 25 mm。头胸部有棕黑色短绒毛。头部及前胸后缘多为红棕色；胸部除前胸后缘外，均为黑色；腹部 6 节，长卵圆形，第一节背板黄色，基部和腹部棕黄色，第二节背板黄色，腹板棕黄色，第三至第六节背板和腹板均黑色。各足棕黑色。

【生活习性】在广西南宁，以受精雌蜂在温暖避风的树洞等处结团越冬。3 月中旬雌蜂开始出蛰活动，寻找食物并补充营养。3 月下旬至 4 月上旬雌蜂单独开始寻找合适的场所建巢产卵。筑巢多半选在较低矮的树枝上、地表茂密灌丛的横枝、人类居住的房子屋檐和窗檐下，少数在较高的树上。巢呈椭圆形或梨形，外观色彩斑斓如虎皮。5 月上中旬第一代职蜂出房，随后巢体不断扩大。11 月中旬雄蜂开始大量出现，雌蜂羽化交配后于 12 月下旬开始越冬。

【资源利用】以小型昆虫为食，对控制农林业害虫种群有一定作用；可帮助植物传粉；蜂蛹及其幼虫可食用，可开发昆虫食品。会蜇人，应注意防范。

黄腰胡蜂蜂巢及成虫（杨秀好　摄）

黑盾胡蜂 *Vespa bicolor* (Fab.)

【捕食对象】黏虫、玉米螟、菜青虫等。

【分布】中国分布于河北、山西、浙江、福建、河南、广东、广西、四川、贵州、云南、陕西。广西各地均有分布。

【形态特征】成虫体中型，体长 21 ～ 25 mm。头较胸略窄，额与颅顶黑色，布刻点，有棕色长毛。触角柄节背部黑色，腹面淡黄色，鞭节背面黑色，腹面锈色。前胸背板中部隆起，黄色，中胸背板黑色，小盾片黄色。后小盾片五边形，端部中央有角状突起。并胸腹节与小盾片相邻处黑色，其余黄色，形成近似 Y 形纹。前、后胸侧板，翅基片，足黄色。腹部除第一节基柄处和第二节基部黑色外，其余黄色。第三至第五背板中部两侧各有 1 个棕色小斑。

卵乳白色，长约 2 mm。

幼虫早期灰黑色，尾部以丝质带固着于巢房向心侧壁，呈倒悬状态；末龄幼虫乳白色充盈巢房，丝质带已随蜕皮脱去，依靠足状皱襞才不至于脱落。

离蛹，幼虫吐丝在巢房口交织成外凸的半圆形白膜盖住蛹室，蛹初期白色，随后逐步加深直至羽化。

【生活习性】社会性昆虫，以受精雌蜂离巢结团入蛰越冬，翌年 4 月中上旬散团出蛰活动。5 月中旬单独觅避风防雨、避免阳光直射的场所筑巢，雌蜂外勤采集树皮、木栓纤维，混合唾液咀嚼成团，涂抹于蜂巢附着点周围，中间不断加厚形成巢基，在巢基中间部位加长形成向下长约 2.5 cm 的巢柄。随后扩大巢柄的先端筑建第一个口朝下的巢房，之后巢房数量逐步增加。雌虫产卵于房壁向心一侧的基部，与房壁紧密附着，卵期 3.5 ～ 5.5 天。6 月中旬可见筑成有 30 多个巢房的小巢，幼虫历期 10 ～ 12 天，蛹期 11 ～ 13 天，6 月下旬职蜂开始出房。第一批职蜂羽化前，由雌蜂外勤，外勤分为捕食外勤和筑巢外勤，晴天捕食外勤次数占总外勤次数 80% 左右，每次捕食耗时 6 ～ 22 分钟，每次筑巢外勤耗时 11 分钟。觅食归巢后，在巢脾上略作停留，用前足清理头及触角，中、后足清理胸部和腹部，随后雌蜂将头部伸入巢房中，将肉糜喂给幼虫，逐房饲喂直至肉糜耗尽，小憩后立即出巢觅食，觅食时间段为 5 ～ 19 时，每天外勤 40 余次。职蜂羽化后专事产卵，外勤和扩巢由职蜂承担，随后蜂巢体积迅速扩大，巢脾数量不断增多，11 月蜂巢达最大体积，直径为 40 ～ 50 cm。11 月上旬雄蜂开始出现，中下旬雄蜂数量增多，雌蜂羽化交配后，12 月中旬受精雌蜂离巢越冬，职蜂或雄蜂死亡。

【资源利用】以鳞翅目等小型昆虫为食，食量大，对农林业害虫种群有一定的控制作用；在油茶花期，也常见该蜂在花上活动，有助于油茶传粉；蜂蛹及其幼虫可食用，可开发昆虫食品。会蜇人，应注意防范。

黑盾胡蜂成虫（郑霞林　摄）

黑尾胡蜂 *Vespa ducalis* Smith

【捕食对象】蝗蝻、蝇类、蟋蟀，膜翅目、鳞翅目昆虫幼虫等。

【分布】中国广泛分布。广西各地均有分布。

【形态特征】成虫体长 24 ～ 36 mm；头部单眼区黑色，其余部位橘黄色。唇基隆起，端部隆起呈二齿状。前胸背板前缘平截，除两侧下角黑色外余呈棕色。中胸背板有 1 条细隆线，黑色，前缘中央两侧各有 1 个棕色条状斑。小盾片矩形，棕黄色。并胸腹节中央有 1 条纵沟，黑色。中、后胸侧板黑色。足基节、转节黑色，腿节棕色，仅内侧基部略呈黑色，胫节棕色，背面有 1 条黄色纵带；中足腿节黑色，后足腿节基半部黑色，其余棕色。腹部第一至第二节背板、第二节腹板基半部、第三至第六节腹板黑色，其余棕色。雄体各足基节外侧棕色，胸部棕色斑纹较多，腹部 7 节。

黑尾胡蜂成虫（郑霞林　摄）

【生活习性】在云南 1 年发生 3 批，发生期分别为 4 月下旬至 7 月中下旬、7 月中旬至 9 月上中旬和 9 月上中旬至 11 月中下旬，以受精雌蜂越冬。翌年 4 月下旬越冬雌蜂在背风向阳山坡的灌丛、次生林或隐蔽的土洞中营巢和繁殖，每年营巢 1 次，社会性分工明细，职蜂 7 ～ 21 时外勤。

【资源利用】成虫、幼虫和蜂巢皆可入药，是传统的中药材，可治疗多种疾病；在油茶花期，也常见该蜂在花上活动，有助于油茶传粉。会蜇人，攻击性较强，且具群体攻击习性，毒液毒性较强，应注意防范。

黄脚胡蜂 *Vespa velutina* Lepeletier

【捕食对象】蛾类、蜻蜓、蝇类、蜜蜂、蝗虫等。

【分布】中国南方广泛分布。广西各地均有分布。

【形态特征】蜂后、工蜂和雄蜂体长分别为 23 ～ 28 mm、18 ～ 23 mm 和 20 ～ 24 mm。蜂王头宽略窄于胸部，颅顶部黑色或黄褐色。前胸背板棕色，中胸背板有 1 条棕色凹形纹，小盾片棕色，并胸腹节黑色；前胸背板侧腹面具横纹皱。足跗节亮黄色。腹部第一至第四节背板及第二至第三节腹板各有 1 条端带，其中第三至第四节腹板两侧黄带宽。腹部共 6 节，腹末螯针呈棕黄色。工蜂腹部共 6 节，螯针棕黑色。雄蜂唇基呈黄色，前、中足基节腹面黄色，触角鞭节末端呈钩状，13 节，腹部共 7 节。

卵长圆柱形，微弯，中部乳白色，两端半透明，体软，表面光滑。

幼虫浅黄色，无单眼和复眼，触角微小呈乳突状，骨化的头壳呈浅黄褐色。体粗胖且柔软，光滑，弯曲近 C 形，共 13 节，胸部 3 节，腹部 10 节，无足。

离蛹，腹节可弯曲活动。

【生活习性】在云南保山地区，受精雌蜂以休眠越冬。翌年3月下旬至4月上旬开始活动；将巢建于距地面较近的树枝缝隙处，巢口向下；随后开始产卵，卵产于巢室基部近外侧壁上，且卵上有1根极短的白色丝状物与巢室基部相连，卵期4～6天。幼虫共5龄，完全依赖创始蜂后和工蜂将猎物咀嚼成肉糜状饲喂，幼虫期9～12天。老熟幼虫会从巢室口边缘逐渐向中心吐丝成盖覆盖在巢室上方，并在其内化蛹，蛹期10～13天。成虫羽化时，会用上颚咬破巢室上部的茧盖，并从其内爬出，静止一段时间才能飞行。工蜂每天外勤时间为6～20时，以12～13时为盛。第一批成虫于4月下旬至5月上旬羽化。随后蜂群进入繁殖盛期，成虫交配高峰期为8～11时。9月下旬新蜂后和雄蜂羽化，雄蜂先于新蜂后1～2天羽化出巢，等待新蜂后出巢与之交配，雄蜂交配后4～5天死亡，交配后的新蜂后寻找合适场所越冬。

【资源利用】可捕食多种农林业害虫，对害虫种群有一定的控制作用；有访花习性，有助于多种植物传粉；富含多种人体所需氨基酸，可食用，可开发昆虫食品。会蜇人，应注意防范。

黄脚胡蜂成虫（郑霞林　摄）

（五十四）蜜蜂总科 Apoidea

多为社会性昆虫。体小型，成虫体被各色羽毛或分枝状绒毛，少数种类仅具少量绒毛和金属光泽；口器嚼吸式，触角膝状，雌蜂 12 节，雄蜂 13 节；前胸不发达；前翅具 2 ～ 3 个亚缘室；雌蜂足或腹部具由长毛组成的采集花粉器官，雄蜂无采粉器官；幼虫体肥，C 形，无足，无单眼，不活动，口器和触角均退化，体色淡。营社会性、独栖性和寄生性生活。全世界已记录长背泥蜂科 Ampulicidae、异色泥蜂科 Astatidae、银口蜂科 Crabronidae、泥蜂科 Sphecidae、方头泥蜂科 Crabronidae、结柄泥蜂科 Mellinidae、短柄泥蜂科 Pemphredonidae、大头泥蜂科 Philanthidae、三室泥蜂科 Psenidae、Ammoplanidae、短舌蜂科 Stenotritidae、分舌蜂科 Colletidae、地蜂科 Andrenidae、隧蜂科 Halictidae、准蜂科 Melittidae、切叶蜂科 Megachilidae、蜜蜂科 Apidae 共 17 科 3 万多种，是农林业重要的传粉昆虫。

（曹书阁）

118. 蜜蜂科 Apidae

为社会性昆虫，居于蜂巢中。成虫体表多毛，口器嚼吸式，触角膝状，雌蜂 12 节，雄蜂 13 节；多数雌虫后足胫节外侧有长毛形成花粉篮，胫节顶端内缘和宽大的基跗节内侧有刚毛组成的花粉梳；腹部第一节与后胸合并为并胸腹节，腹部可见节，雌蜂 6 节，雄蜂 7 节。是农林植物的重要传粉昆虫，与人类的生产和生活密切相关。全世界已记录 15000 多种，中国已记录 1000 多种。

中华蜜蜂 *Apis cerana cerana* (Fab.)

【寄主】蜜源植物，采集与取食花蜜、花粉。

【分布】中国广泛分布。广西各地均有分布。

【形态特征】蜂后体长 13 ～ 16 mm，体色有 2 种，一种是腹节有明显的褐黄环，整个腹部呈暗褐色；另一种是腹节无明显褐黄环，整个腹部呈黑色，翅短小，腹部特长，生殖器发达，专营生殖产卵。工蜂体长 10 ～ 13 mm，全体被黄褐色毛，后足有采集花粉的构造。腹部圆锥状，有毒腺和螯针。腹下有 4 对蜡板，内有蜡腺，分泌蜡质。雄蜂体长 11 ～ 13.5 mm，一般为黑色，头呈球形，尾无毒腺和螯针，后足无采贮花粉构造，腹下无蜡板及蜡腺。

【生活习性】昼行性昆虫。以花粉和花蜜为食。嗅觉灵敏，善于发现和利用零散蜜源；出巢早，归巢迟；在外界蜜源不足时，蜂王可控制产卵量降低巢体内的种群数量；当巢体受到病虫害侵扰时易弃巢迁居，且易发生自然分蜂。

【资源利用】该虫重要的传粉昆虫，人类食物中接近 1/3 的植物直接或间接地依靠昆虫授粉，其中有 80% 由蜜蜂完成授粉，为造福人类发挥了巨大作用。蜂蜜和蜂王浆，是一种较常用的滋补品；

A. 成虫访花（任向明　摄）

B. 蜂巢（a. 封盖子 b. 蜂花粉 c. 封盖蜜）（杨秀好　摄）

中华蜜蜂

蜂毒和蜂蜡是重要的轻工业的原料，蜂毒入药，对风湿、神经炎等有一定疗效。

黄胸木蜂 *Xylocopa appendiculata* Smith

【寄主】竹。

【分布】中国广泛分布。广西各地均有分布。

【形态特征】成虫体长 22 ～ 27 mm。胸部及腹部第一节背板毛黄色，腹部末端后缘被黑毛。颅顶后缘、中胸、小盾片及腹部第一背板前缘被黄毛。中胸背板中央有 1 块纵条形光滑区域未被绒毛；翅褐色，端部色深，略带紫色光泽。足被红褐色毛，足胫节外侧被黄色毛。

【生活习性】独居生活。3 月下旬至 10 月下旬多见于开花植物上。访花时，多吸取花蜜，亦可协助植物传粉。

【为害特点】在干燥竹材、木材上蛀孔营巢，对木材、桥梁、建筑、篱笆等有潜在为害。

【资源利用】可协助植物传粉。干燥的虫体亦可入药，有清热解毒、消肿止痛的功效，主治疮痈红肿、疔疮、乳痈、肠痈等。

黄胸木蜂成虫（黄大明　摄）

竹蜂 *Xylocopa dissimilis* Lepeletier

【寄主】竹。

【分布】中国南方各地均有分布。广西各地均有分布。

【形态特征】成虫体形钝圆肥大，长 25 ～ 29 mm。身体及足部密被黑色绒毛，中胸、翅下方和腹部各节背板两侧和腹末端毛长而浓密，雌虫胸前有浓密的黑色长毛，雄虫胸前方有 1 根带状浓密的淡黄色绒毛。颜面被棕色绒毛。翅基部蓝紫色，向外缘顶部呈黄铜色，均有金属光泽。足 3 对，短，黑色。

【生活习性】生活在竹林或砍伐的竹条中，其飞行迅速，来往频繁，鸣声嗡嗡。常在屋檐下桁木中和枯朽的竹木里钻穴营巢，用唾液和钻穴的木屑混成隔板，将巢穴分隔成许多间格，每格贮存花粉和蜜汁的混合物，蜂卵就产于混合物中。冬季归巢，钻入竹筒中。

【资源利用】竹蜂采集花粉和花蜜喂食后代，是一些植物的重要传粉昆虫。成虫经干燥全体可入药，有清热化痰，定惊，治小儿惊风，口疮，咽痛的功效。

A. 成虫

B. 幼虫和蛹

C. 竹秆上的蛀入孔

竹蜂（杨秀好　郑霞林　摄）

灰胸木蜂 *Xylocopa phalothorax* Lepeletier

【寄主】木制品、竹。

【分布】中国分布于河北、福建、广西、海南、四川、西藏。广西各地均有分布。

【形态特征】雌蜂体长 21 ～ 22 mm，黑色，胸部被灰白色毛。头宽于长，上颚具 2 枚钝齿，额脊明显，触角第一鞭节长等于第二至第四节之和，颊最宽处窄于复眼，头部除颅顶上为及稀少的刻点外，其他部分刻点密，唇基中央及前缘光滑。中胸背板中央光滑闪光，中盾沟可见，小盾片后缘及腹部第一节背板前缘垂直向下，无脊状隆起，后足胫节胫基板不明显，位于胫节 1/2 处，腹部各节背板刻点密。翅闪深紫色光泽，唇基及颜面被白及黑色混杂的短绒毛；颅顶后缘、中胸背板及侧板上部、小盾板均被白毛，中胸侧板下部被灰黑色毛，腹部各节背板及足均被黑色毛，尤以第五至第六节背板毛为长。雄蜂长 23 ～ 24 mm，胸黄色，与雌蜂区别为唇基大部、额、上颚基部及触角柄节外侧均黄色，唇基两侧各有 1 块黑斑，触角鞭节外侧褐黄色，翅褐色，稍闪紫色光泽。中胸背板、侧板及小盾片被黄毛，前足胫节及跗节被黄棕色毛，中足及后足胫节就跗节被棕色毛，腹部第一节背板毛棕色，第二节前半部为黄色及黑色混杂的毛，其他各节背板毛为黑色，第三至第四节背板两侧具黄至褐色绒毛，尤以第六节后缘最长。

【生活习性】灰胸木蜂多出现在春末夏初，为害木材（主要为害一些年代久远的木结构建筑），成虫在木料内蛀出许多孔道，并在其中筑巢产卵，一头灰胸木蜂一般1年繁殖1代，成虫产卵后不久即死亡。卵孵化后，幼虫在木材中钻蛀取食。成虫在晴天飞出孔洞，采食桃、向日葵、大丽菊等花蜜，或钻蛀新的孔道，筑巢产卵，低温或阴雨天很少外出活动。

【资源利用】传粉昆虫；成虫经干燥全体可入药，有解毒消肿的功效，主要用于治疗痈疔疖肿。

灰胸木蜂雌虫（任向明　摄）

参考文献

[1] Akhter M A，Platia G，Rizvi S A，et al. Two new species of the genus *Melanotus* Eschscholtz (Coleoptera：Elateridae；Melanotinae) from Pakistan. Zootaxa，2011，3101 (1)：47-52.

[2] Alex Protasov et al. Biological control of the eucalyptus gall wasp *Ophelimus maskelli* (Ashmead)：Taxonomy and biology of the parasitoid species *Closterocerus chamaeleon* (Girault)，with information on its establishment in Israe. Biological Control，2007，42 (2)：196-206.

[3] Becker E C. Revision of the Neoarctic species of *Agriotes* (Coleoptera：Elateridae). The Canadian Entomologist，1956，88 (SupplementS1)：5-101.

[4] Blank S M，Taeger A，Liston A D，et al. Studies toward a world catalog of symphyta (Hymenoptera). Zootaxa，2009，2254 (1)：1-96.

[5] Broad G R，Shaw M R. Ichneumonid wasps (Hymenoptera：Ichneumonidae)：their classification and biology. Handbooks for the identification of British insects，Part 12. Lodon：Royal Entomological Society，2018.

[6] Burks R A，Mottern J L，Pownall N G，et al. First record of *Closterocerus chamaeleon*，parasitoid of the Eucalyptus Gall Wasp *Ophelimus maskelli* (Hymenoptera，Chalcidoidea，Eulophidae)，in the New World. ZooKeys，2015，504：149-152.

[7] Calder A A. *Melanotus* Eschscholtz，a genus new to Australia (Coleoptera：Elateridae). Journal of Australian Entomology Society，1983，22 (3)：257-260.

[8] Cameron P. Hymenoptera Orientalia，or contributions to a knowledge of the Hymenoptera of the Oriental Zoological Region. Part Ⅷ. The Hymenoptera of the Khasia Hills. Memoirs and Proceedings of the Manchester Literary and Philosophical Society，1899，43 (3)：1-220.

[9] Cameron P. Hymenoptera Orientalia，or Contributions to the knowledge of the Hymenoptera of the Oriental zoological region. Part Ⅸ. The Hymenoptera of the Khasia Hills. Part Ⅱ. Section Ⅰ. Memoirs and Proceedings of the Manchester Literary and Philosophical Society，1900，44 (15)：1-114.

[10] Cameron P. On some new genera and species of parasitic Hymenoptera from the Sikkim Himalaya. Tijdschrift voor Entomologie，1907，50：71-114.

[11] Chakraborty P，Chkrabarti S. A contribution to the fauna of click-beetles (Coleoptera：Elateroidea：Elateridae) of West Bengal. Patna：Zoological Survey of India，2006.

[12] Chen J，Wang B，Zheng Y，et al. Female-biased froghoppers (Hemiptera，Cercopoidea) from the Mesozoic of China and phylogenetic reconstruction of early Cercopoidea. Journal of Systematic Palaeontology，2019，17 (24)：2091-2103.

[13] Chen K，Zhang D D，StĂnescu M. Revision of the genus *Eumorphobotys* with descriptions of two new species (Lepidoptera，Crambidae，Pyraustinae). Zootaxa，2018，4472 (3)：489-504.

[14] Cherepanov A I. A new species of the genus *Agriotes* Eschz. (Coleoptera，Elateridae) //New and little known species of the Siberian fauna. Novosibirsk：Nauka，1965：35-38.

[15] Common I F B，Edwards E D. The early stages of *Gastridiota adoxima*（Turner）（Lepidoptera：Bombycoidea）and its family placement. Journal of the Australian Entomological Society，1991，30（2）：187-192.

[16] Corbet A S，Pendlebury H M，Eliot J N. The Butterflies of the Malay Peninsula（4th edition）Kuala Lumpur：Malayan Nature Society，1992.

[17] Cushman R A H. Sauter's Formosa-collection：Subfamily Ichneumoninae（Pimplinae of Ashmead）. Insecta Matsumurana，1933，8（1）：1-50.

[18] Dhahri S，Lahbib M，Verde G L. First Record of *Leptocybe invasa* and *Ophelimus maskelli* eucalyptus gall wasps in Tunisia. Tunisian Journal of Plant Protection，2010，5：231- 236.

[19] Dierl W. Revision der orientalischen Bombycidae（Lepidoptera），Teil Ⅰ：Die *Ocinara* Gruppe. *Spixiana*（*Zoologische Staatssammlung München*），1978，1（3）：255-268.

[20] Dierl W. Revision der orientalischen Bombycidae（Lepidoptera），Teil Ⅱ：Ergänzungen zur *Ocinara* Gruppe. *Spixiana*（*Zoologische Staatssammlung München*），1979，2（3）：253-258.

[21] Dolin V G. New species of the Elaterid genus *Melanotus* Esch.（Coleoptera，Elateridae）from the Middle Asia. Entomologicheskoe Obozrenie，1997，76（2）：350-356.

[22] Donlan E M，Townsend J H，Golden E A. Predation of *Caretta caretta*（Testudines：Cheloniidae）eggs by larvae of *Lanelater sallei*（Coleoptera：Elateridae）on Key Biscayne，Florida. Caribbean Journal of Science，2004，40（3）：415-420.

[23] Enderlein G. Beiträge zur Kenntnis aussereuropäischer Ichneumoniden V. Über die Familie Ophionidae. Stettiner Entomologische Zeitung，1921，82：3-45.

[24] Fabricius J C. Systema Entomologiae，sistens Insectorum classes，ordines，genera，species. Flensburgi et Lipsae，1775.

[25] Fabricius J C. Systema Piezatorum：secundum ordines，genera，species，adjectis synonymis，locis，observationibus，descriptionibus. Carolum Reichard，Brunsvigae，1804.

[26] Fisher J R，Keaster A J，Fairchild M L. Seasonal vertical movement of wireworm larvae in Missouri：influence of soil temperature on the genera *Melanotus* Escholtz and *Conoderus* Escholtz. Annals of the Entomological Society of America，1975，68（6）：1071-1073.

[27] Forrester N W，Gunning R V，Singh G. Insecticidal control and economic damage of sugar-cane wireworm，*Agrypnus* variabilis（Candeze）in maize. Crop Protection，1984，3（2）：253-259.

[28] Fukuda Y，Ogawa R，Hori M. The reclassification of Sophiodela and other tiger beetles（Coleoptera，Cicindelidae）based on the structure of the everted internal sac of the male genitalia. Zootaxa，2019，4661（2）：271-308.

[29] Gauld I D. The Ichneumonidae of Costa Rica. Volume 1. Introduction，keys to subfamilies，and keys to the species of the lower Pimpliform subfamilies Rhyssinae，Poemeniinae，Acaenitinae and Cylloceriinae. Memoirs of the American Entomological Institute，1991，47：1-589.

[30] Gauld I D. The Ichneumonidae of Costa Rica. Volume 3. Introduction and keys to species of the subfamilies Brachycyrtinae，Cremastinae，Labeninae and Oxytorinae，with an appendix on the Anomaloninae Memoirs of the American Entomological Institute（Gainesville）. 2000，63：1-453.

［31］Gauld I D，Sithole R，Gómez J U，et al. The Ichneumonidae of Costa Rica. Volume 4. Memoirs of the American Entomological Institute，2002，66：1-768.

［32］Girard C，Costa C，Rosa S P. Présence insolite de larves et de nymphes de *Tetralobus*（Coleoptera：Elateridae），dans des termitières mortes de *Macrotermes*（Isoptera）：données sur la morphologie et la bionomie de larves et de nymphes de trois espèces. Annales de la Société Entomologique de France，2007，43（1）：49-56.

［33］Gough H M，Duran D P，Kawahara A Y，et al. A comprehensive molecular phylogeny of tiger beetles（Coleoptera，Carabidae，Cicindelinae）. Systematic Entomology，2019，44（2）：305-321.

［34］Gunning R V，Forrester N W. Cyclodiene lindane resistance in *Agrypnus variabilis*（Candeze）（Coleoptera：Elateridae）in northern New South Wales. Australian Journal of Entomology，1984，23（4）：247-248.

［35］Gupta V K. Taxonomy，zoogeography，and evolution of Indo-Australian *Theronia*（Hymenoptera：Ichneumonidae）. Pacific Insects Monograph，No.4，Honolulu：Bishop Museum. 1962.

［36］Gupta V K. The Ichneumonid parasites associated with the gypsy moth（*Lymantria dispar*）. Contributions to the American Entomological Institute，1983，19（7）：1-168.

［37］Gurjeva E L. A review of Palearctic species click beetles of the *Agriotes* Esch.（Coleoptera，Elateridae）. Entomologicheskoe Obozrenie，1972，51（4）：859-877.

［38］Hall D G，Cherry R H. Effect of temperature in flooding to control the wireworm *Melanotuscommunis*（Coleoptera：Elateridae）. Florida Entomologist，1993，76（1）：155-160.

［39］Hanks L M. Influence of the larval host plant on reproductive strategies of cerambycid beetles. Annual Review of Entomology，1999，44：483-505.

［40］Haris A. New sawflies（Hymenoptera：Symphyta，Tenthredinidae）from Indonesia，Papua New Guinea，Malaysia and Vietnam，with keys to genera and species. ZoologischeMededelingen，Leiden，2006，80（2）：291-365.

［41］Haxaire J，Melichar T. Contribution to the knowledge of the Sphingidae of Arunachal Pradesh，with taxonomic notes on the genera *Eupanacra* Cadiou et Holloway，1989，*Acosmeryx* Boisduval，1875，*Ambulyx* Westwood，1847 and *Marumba* Moore，1882（Lepidoptera，Sphingidae）. The European Entomologist，2023，15（3-4）：115-153.

［42］Ho G W C. On the discovery of male *Paragongylopus sinensis* Chen et He，1997 and the first report of *Paragongylopus plaumanni* Zompro，2000 from China（Phasmida：Diapheromeridae：Pachymorphinae：Gratidiini）. Hong Kong Entomological Bulletin，2014，6（2）：12-15.

［43］Holloway J D. The moths of Borneo（Ⅲ），Superfamily Bombycoidea：families Lasiocampidae，Eupterotidae，Bombycidae，Brahmaeidae，Saturniidae，Sphingidae. Kuala Lumpur：The Malaysian Nature Society. 1987.

［44］Holmgren A E，Hymenoptera. Species novas descripsit. Kongliga Svenska Fregatten Eugenies Resa omkring jorden. Zoologi，1868，6：391-442.

［45］Huang A L，Meng L Y，Zhang W，et al. Effects of five pesticides on toxicity，detoxifying and protective enzymes in *Phauda flammans* Walker（Lepidoptera：Zygaenidae）. Pakistan Journal of Zoology，2019，51（4）：1457-1463.

［46］Huang S Y，Wang M，Da W，et al. New discoveries of the family Epicopeiidae from China，with description of a new species（Lepidoptera，Epicopeiidae）. Zookeys，2019，822：33-51.

［47］Huang Z Y，Li J，Lu W，et al. Parasitoids of the eucalyptus gall wasp *Leptocybe* spp.：a global review. Environmental Science and Pollution Research，2018，25（30）：29983-29995.

［48］Hyslop J A. The phylogeny of the Elateridae based on larval characters. Annals of the Entomological Society of America，1917，10（3）：241-263.

［49］Hyslop J A. Wireworms attacking cereal and forage crops. Bulletin of the U. S. Department of Agriculture，1915，156：1-34.

［50］ITIS. Catalogue of Life：2019 Annual Checklist. http：//www. catalogue of life. org/annual-checklist/2019.

［51］Jia Q J，Wu C S. Catalogue of the family Psychidae in China（Lepidoptera：Tineoidea）. SHILAP Revista de lepidopterología，2023，51（203）：549-560.

［52］Kaila L，Epstein M E，Heikkilä M，et al. The assignment of Prodidactidae to Hyblaeoidea，with remarks on Thyridoidea（Lepidoptera）. Zootaxa，2013，3682（3）：485-494.

［53］Kasparyan D R. Ichneumonidae（Introduction），Adelognathinae，Stilbopinae，Townesioninae（in Russian）//Lelej（ed.）Key to the insects of Russia Far East. Volume IV. Neuropteroidea，Mecoptera，Hymenoptera. Pt 5. Vladivostok：Dalnauka，2007.

［54］Keaster A J，Chippendale G M，Pill B A. Feeding behavior and growth of the wireworms *Melanotus* depressus and *Limonius* dubitans：effect of host plants，temperature，photoperiod，and artificial diets. Environmental Entomology，1975，4（4）：591-595.

［55］Kocorek A，Lis J A. Cladistic revision of the Megymeninae of the World（Hemiptera：Heteroptera：Dinidoridae）. Polskie Pismo Entomologiczne，2000，69（1）：7-30.

［56］Konow F W. Ueber einige neue chalastogastra. Wiener Entomologische Zeitung，1899，18（2-3）：41-46.

［57］Krieger R. Über die Ichneumonidengattung Xanthopimpla Saussure. Archiv für Naturgeschichte，1914，80（6）：1-148.

［58］Kundrata R，Bocakova M，Bocak L. The comprehensive phylogeny of the superfamily Elateroidea（Coleoptera：Elateriformia）. Molecular Phylogenetics and Evolution，2014，76：162-171.

［59］Laibner S. Die männlichen Kopulationsorgane der tschechoslowakischen Schnellkäfer der Gattung *Melanotus* Eschscholtz und ihre Bedeutung für Artbestimmung（Coleoptera，Elateridae）. Acta Entomologica Bohemoslovaca，1972，69（4）：270-274.

［60］Lee C F，Beenen R. Revision of the genus *Aulacophora* from Taiwan（Coleoptera：Chrysomelidae：Galerucinae）. Zootaxa，2015，3949（2）：151-190.

［61］Lee C F，Bezděk J，Staines C L. A Review of the Genus *Haplosomoides* Duvivier，1890 in Taiwan and Japan（Coleoptera：Chrysomelidae：Galerucinae）. Zoological Studies，2011，50（1）：118-138.

[62] Lehmann I. First revision of the family Metarbelidae Strand，1909（Lepidoptera，Cossoidea Leach，1815）and a phylogeny based on adult morphology of 60 genera from the Afrotropical and Oriental Region. Dissertation，Rheinischen Friedrich-Wilhelms-Universität Bonn，2019.

[63] Li Q，Yao J M，Zeng L D，et al. Molecular and morphological evidence for the identity of two nominal species of *Astegopteryx*（Hemiptera，Aphididae，Hormaphidinae）. ZooKeys，2019，833：59-74.

[64] Liu G Q，Zheng L Y. Checklist of the Chinese Plataspidae（Heteroptera，Pentatomoidea）. Denisia，2006，19：919-926.

[65] Liu J Y，Zhang Y J，Huang Z Y，et al. Ultrastructural observations of antennal sensilla in *Phauda flammans* Walker（Lepidoptera：Zygaenidae）. Journal of Entomological Science，2018，53（3）：281-294.

[66] Luo X Y，Cai W Z，Qiao G X. The psyllid genus *Pseudophacopteron*（Hemiptera：Psylloidea）from China. Journal of Natural History，2018，52（9-10）：587-605.

[67] Mardjanian M A. A review of click-beetles of the genus *Melanotus* Esch.（Col. Elat.）of the fauna of Caucasus. Entomologicheskoe Obozrenie，1976，55（3）：625-633.

[68] Metcalf Z P，Horton G. The Cercopidae（Homoptera）of China. Lingnan Science Journal，1934，13（3）：367-429.

[69] Nagamine W T，Epstein M E. Chronicles of *Darna pallivitta*（Moore 1877）（Lepidoptera：Limacodidae）：biology and larval morphology of a new pest in Hawaii. The Pan-Pacific Entomologist，2007，83（2）：120-135.

[70] Newton A F. Staphylinoidea Latreille，1802//Beutel R G，Leschen R A B (eds.) Coleoptea，beetles，Morphology and systematics (Archostemata，Adephaga，Myxophaga，Polyphaga partim)，vol. 1，2nd edn. De Gruyter，Berlin，2016：pp 315-316.

[71] Newton A F. Staphylinoidea Latreille，1802. In：Beutel RG，Leschen RAB（eds.）Coleoptea，beetles，Morphology and systematics（Archostemata，Adephaga，Myxophaga，Polyphaga partim），vol. 1，2nd edn. De Gruyter，Berlin，2016，315-316.

[72] Niehuis O，Yen S H，Naumann C M，et al. Higher phylogeny of zygaenid moths（Insecta：Lepidoptera）inferred from nuclear and mitochondrial sequence data and the evolution of larval cuticular cavities for chemical defence. Molecular Phylogenetics and Evolution，2006，39：812-829.

[73] Oberprieler R G，Marvaldi A E，Anderson R S. Weevils，weevils，weevils everywhere. Zootaxa，2007，1668（1）：491-520.

[74] Ôhira H，Makihara H. A new *Hemiops*，genus new to Japan，species of Elateridae（Coleoptera）from Okinawa Island of the Ryukyu Islands，Japan. Bulletin of FFPRI，2007，6（4）：227-230.

[75] Pill B A，Keaster A J，Chippendale G M. Larval survival and pupation of the wireworms *Melanotus* depress us and *Limonius* dubitans in natural substrates. Environmental Entomology，1976，5（5）：845-848.

[76] Platia G. Contribution to the knowledge of the Agriotini of China. Genera *Agriotes* Eschscholtz，

Ectinus Eschscholtz, *Tinecus* Fleutiaux and *Rainerus* gen. n. (Coleoptera, Elateridae, Agriotini). Boletín Sociedad Entomológica Aragonesa, 2007, 41: 7-42.

[77] Platia G, Schimmel R. Click beetles of Taiwan collected by the expeditions of the Hungarian Natural History Museum in the years 1995 to 2003 (Coleoptera: Elateridae). Annales Historico-Naturales Musei Nationalis Hungarici, 2007, 99: 49-91.

[78] Protasov A, La Salle J, Blumberg D, et al. Biology, Revised Taxonomy and Impact on Host Plants of *Ophelimus maskeii*, an Invasive Gall Inducer on *Eucalyptus* spp. in the Mediterranean Area. Phytoparasitica. 2007, 35 (1): 50-76.

[79] Quicke D L J. The Braconid and Ichneumonid Parasitoid Wasps: Biology, Systematics, Evolution and Ecology. Oxford: Wiley-Blackwell. 2015.

[80] Rédei D. The identity of the *Brachyplatys* species recently introduced to Panama, with a review of bionomics (Hemiptera: Heteroptera: Plataspidae). Zootaxa, 2016, 4136 (1): 141-154.

[81] Ronquist F, Nieves-Aldrey J L, Buffington M L, et al. Phylogeny, evolution and classification of gall wasps: the plot thickens. PLoS ONE, 2015, 10 (5): e0123301.

[82] Sanborn A F. Catalogue of the Cicadoidea (Hemiptera: Auchenorrhyncha). USA: Academic Press, 2013.

[83] Sann M, Niehuis O, Peters R S, et al. Phylogenomic analysis of Apoidea sheds new light on the sister group of bees. BMC Evolutionary Biology, 2018, 18: 71.

[84] Santos B F, Aguiar A P. Phylogeny and revision of *Messatoporus* Cushman (Hymenoptera, Ichneumonidae, Cryptinae), with descriptions of sixty five new species. Zootaxa, 2013, 3634 (1): 1-284.

[85] Schade F. Eine neue Colla. Entomologische Rundschau, 1939, 56 (8): 65-67.

[86] Schimmel R. Die Arten der supraspezifischen taxa Campsosternus Latreile, 1834 und *Pectocera* Hope, 1872, aus dem Himalaya (Coleoptera: Elateridae). Entomologische Blätter, 1994, 90 (1-2): 45-68.

[87] Schimmel R. Neue arten der Gattungen *Oxynopterus* Hope, 1842 und *Campsosternus* Latreille, 1834 aus China und aus der Indochinesischen Subregion (Insecta: Coleoptera: Elateridae). Vernate, 2013, 32: 403-407.

[88] Schimmel R. Neue *Pectocera*-Arten aus Südostasien und systematische Bemerkungen zu Ceropectus Fleutiaux, 1927 (Coleoptera, Elateridae, Oxynopterinae). Entomologische Blätter, 1997, 93: 43-49.

[89] Shih H T, Yang J T. Checklist of Aphrophoridae (Homoptera: Cercopoidea) from Taiwan. Formosan Entomology, 2002, 22 (3): 193-214.

[90] Shinohara A, Hara H, Kim J W. The species group of *Arge captiva* (Insecta, Hymenoptera, Argidae). Bulletin of the Natural Museum of National Science, Ser. A, 2009, 35 (4): 249-278.

[91] Singh N, Volynkin A V, Kirti J S, et al. A review of the genus *Cyana* Walker, 1854 from India, with descriptions of five new species and three new subspecies (Lepidoptera: Erebidae: Arctiinae: Lithosiini). Zootaxa, 2020, 4738 (1): 1-93.

[92] Smith D R. Rediscovery of *Cladiucha insolita* Konow (Hymenoptera, Tenthredinidae), description of the male and intraspecific variation. Journal of Hymenoptera Research, 2017, 60: 173-179.

[93] Smith F. Description of new species of Tenthredinidae, Ichneumonidae, Chrysididae, Formicidae etc. of Japan. Transactions of the Entomological Society of London, 1874, 22: 401-409.

[94] Solovyev A V. Limacodid Moths (Lepidoptera, Limacodidae) of Taiwan, with descriptions of six new species. Entomological Review, 2017, 97 (8), 1140-1148.

[95] Soulier-Perkins A. COOL-Cercopoidea Organised On Line. http: //hemiptera-databases. org/cool/- searched on 4 September 2020.

[96] Spilman T J. Review of *Lanelater* of North America (Coleoptera, Elateridae). Insecta Mundi, 1985, 1 (1): 1-12.

[97] Stone M W, Howland A F. Life history of the wireworm *Melanotus* longulus (Lee.) in southern California. Technical Bulletin, 1944 (858): 1-30.

[98] Suzuki W. A revisional study of the genus *Campsosternus* (Coleoptera, Elateridae) from Taiwan, with description of a new species. Species Bulletin Japan Society Coleopterologica, 2002, 5: 323-335.

[99] Townes H K. The genera of Ichneumonidae, Part 1. Memoirs of the American Entomological Institute, 1969 (11): 1-300.

[100] Townes H K. The genera of Ichneumonidae, Part 2. Memoirs of the American Entomological Institute, 1970 (12): 1-537.

[101] Townes H K. The genera of Ichneumonidae, Part 3. Memoirs of the American Entomological Institute, 1970 (13): 1-307.

[102] Townes H K. The genera of Ichneumonidae, Part 4. Memoirs of the American Entomological Institute, 1971 (17): 1-372.

[103] Traugott M, Schallhart N, Kaufmann R, et al. The feeding ecology of elaterid larvae in central European arable land: new perspectives based on naturally occurring stable isotopes. Soil Biology and Biochemistry, 2008, 40 (2): 342-349.

[104] Uchida T, Die von Herrn O. Piel gesammelten chinesischen Ichneumonidenarten (Fortsetzung). Insecta Matsumurana, 1940, 14: 115-131.

[105] Uchida T. Fuenfter Beitrag zur Ichneumoniden-Fauna Japans. Journal of the Faculty of Agriculture, Hokkaido University, 1930, 25: 299-347.

[106] Vats L K, Chauhan R L. Species of *Agonischius* Candèze from north India (Elateridae: Coleoptera). Research Bulletin of the Panjab University Science, 1994, 43 (1-4): 143-150.

[107] Vats L K, Kashyap S L. Forty-eight species of *Agrypnus* Eschscholtz including forty new additions from north-west India (Coleoptera: Elateridae). Journal of Entomology Research (New Delhi), 1992, 16 (2): 87-154.

[108] Vats L K, Kashyap S L. Species of *Lanelater* Arnett from North India (Elateridae: Coleoptera).

Indian Journal of Forestry, 1993, 16(3): 214-222.

[109] Vats L K, Vasu V. Taxonomic significance of the internal organs of reproduction in *Melanotus* Esch. (Coleoptera: Elateridae: Melanotinae). Journal of Entomology Research (New Delhi), 1993, 17(2): 121-123.

[110] Volynkin A V, Huang S Y, Ivanova M S. An overview of genera and subgenera of the *Asura* / *Miltochrista* generic complex (Lepidoptera, Erebidae, Arctiinae), Part 1. *Barsine* Walker, 1854 *sensulato*, *Asura* Walker, 1854 and related genera, with descriptions of twenty new genera, ten new subgenera and a check list of taxa of the *Asura* / *Miltochrista* generic complex. Ecologica Montenegrina, 2019, 26: 14-92.

[111] Wang M L, Soulier-Perkins A, Wang Y L, et al. Taxonomic updates and descriptions of four new Lophopiniplanthopper species (Hemiptera, Fulgoroidea, Lophopidae) from Yunnan province, South China. European Journal of Taxonomy, 2016(185): 1-25.

[112] Wang Q Y, Li H H. Phylogeny of the superfamily Gelechioidea (Lepidoptera: Obtectomera), with an exploratory application on geometric morphometrics. Zoologica Scripta, 2020, 49(3): 307-328.

[113] Wang Q. Cerambycidae of the world: Biology and Pest Management. Florida: CRC Press, 2017.

[114] Wang X, Wang M, Zolotuhin V V, et al. The fauna of the family bombycidae sensu lato (Insecta: Lepidoptera: Bombycoidea) from mainland China, Taiwan and Hainan islands. Zootaxa, 2015, 3989(1): 1-138.

[115] Wei W, Wu H P, Li X Y, et al. Diversity, daily activity patterns, and pollination effectiveness of the insects visiting *Camellia osmantha*, *C. vietnamensis*, and *C. oleifera* in South China. Insects, 2019, 10(4): 98.

[116] Williams E M, Galbreath R A. Diet and development in *Conoderus* exsul and *Agrypnus* variabilis (Coleoptera: Elateridae). New Zealand Journal of Zoology, 1987, 14(1): 85-88.

[117] Wu C G, Han H X, Xue D Y. A pilot study on the molecular phylogeny of Drepanoidea (Insecta: Lepidoptera) inferred from the nuclear gene EF-1a and the mitochondrial gene COI. Bulletin of Entomological Research, 2010, 100(2): 207-216.

[118] Wu S, Lee H, Zolotuhin V V. Review of the *Alompra ferruginea* Moore, 1872 complex with description of a new species from Taiwan (Lepidoptera, Lasiocampidae). Zootaxa, 2017, 4247(2): 149.

[119] Xiao G R. Redescription of the genus *Cladiucha* (Hymenoptera: Tenthredinidae) and descriptions of two new species from China. Journal of Beijing Forestry University (English Edition), 1994, 3(1): 15-22.

[120] Xing J C, Chen X S. Taxonomic study of the planthopper genus *Lacusa* Stål, 1862 (Hemiptera, Fulgoromorpha, Lophopidae). ZooKeys, 2014, 405: 139-148.

[121] Yamazaki K, Sugiura S, Kawamura K. Ground beetles (Coleoptera: Carabidae) and other insect predators overwintering in arable and fallow fields in central Japan. Applied Entomology and

Zoology，2003，38（4）：449-459.

［122］Yen A L，Burckhardt D，Cen Y J. The occurrence of the Australian psyllid *Blastopsylla occidentalis* Taylor（Hemiptera，Psylloidea） in China. Acta Zootaxonomica Sinica，2013，38（2）：436-439.

［123］Young D，Bennet-Clark H C. The role of the tymbal in cicada sound production. Journal of Experimental Biology，1995，198（4）：1001-1019.

［124］Yu D S，Van Achterberg C，Horstmann K. Taxapad 2016，Ichneumonoidea 2015. Database on flash-drive. Nepean，Ontario. 2016.

［125］Zhang D D，Chen K，Xiang L B，et al. Revision of the genus *Nephelobotys* Munroe et Mutuura，1970（Lepidoptera，Crambidae，Pyraustinae）. Zootaxa，2024，5403（3）：301-319.

［126］Zhao Y G，Hua B Z. Morphology of the immature stages of *Arge pagana*（Panzer，1798）（Hymenoptera：Argidae）with notes on its biology. Journal of Asia-Pacific Entomology，2016，19（4）：903-909.

［127］Zheng X L，Huang Z Y，Dong D，et al. Parasitoids of the eucalyptus gall wasp *Leptocybe invasa*（Hymenoptera：Eulophidae）in China. Parasite，2016，23：58.

［128］Zheng X L，Huang Z Y，Li J，et al. Reproductive Biology of *Leptocybe invasa* Fisher et La Salle（Hymenoptera：Eulophidae）. Neotropical Entomology，2018，47（1）：19-25.

［129］Zheng X L，Li J，Su L，et al. Ecological and morphological characteristics of parasitoids in *Phauda flammans*（Lepidoptera：Zygaenidae）. Parasite，2015，22：36.

［130］Zheng X L，Li J，Yang Z D，et al. A review of invasive biology，prevalence，and management of *Leptocybe invasa* Fisher et La Salle（Hymenoptera：Eulophidae：Tetrastichinae）. African Entomology，2014，22（1）：68-79.

［131］Zheng X L，Lin K，Huang Z Y，et al. Offspring sex ratio and reproductive tactics of *Leptocybe invasa*（Hymenoptera：Eulophidae）：testing the effect of environmental characteristics. International Journal of Tropical Insect Science，2018，38（4）：394-399.

［132］Zheng X L，Liu J Y，Huang Z Y，et al. Cold hardiness of *Phauda flammans*（Lepidoptera：Zygaenidae）larvae. Entomologica Fennica，2017，28（1）：9-15.

［133］Zheng X L，Liu J Y，Lu W，et al. Mating delay reduces reproductive performance but not longevity in a monandrous moth. Journal of Insect Science，2020，20（2）：3.

［134］Zheng X L，Liu J Y，Zhang Z L，et al. Diel rhythms of sexual behavior and pheromone responses in *Phauda flammans* Walker（Lepidoptera：Zygaenidae）. Pest Management Science，2019，75（11）：3070-3075.

［135］Zheng X L，Yang Z D，Li J，et al. Rapid identification of both sexes in millimeter-scale of *Leptocybe invasa* Fisher et La Salle（Hymenoptera：Eulophidae：Tetrastichinae）：a morphological perspective. African Entomology，2014，22（3）：643～650.

［136］Kingsolver J M，陈仲照. 美国植物检疫中截获的长蠹科常见属种检索. 植物检疫，1990，4（1）：41-45.

［137］安广驰，张承安. 中华蜡天牛生物学特性及防治. 山东林业科技，1993（4）：51-53.
［138］白洪青. 德清县早竹笋期害虫及防治技术研究. 杭州：浙江大学，2008.
［139］蔡邦华. 昆虫分类学（修订版）. 北京：化学出版社，2015.
［140］蔡国贵，林源，林际朗. 大钩翅尺蛾生物学特性及防治的研究. 南京林业大学学报（自然科学版），1992，16（3）：51-56.
［141］蔡胡敏. 猕猴桃枯叶夜蛾为害习性及防治技术. 中国南方果树，2006，35（3）：76-77.
［142］蔡煌，耿宗挑. 落叶夜蛾发生规律与防治技术. 闽东农业科技，1998（2）：45-46.
［143］柴永生. 中国竹类粉蚧种类研究及竹蚧区系分析. 北京：北京林业大学，2005.
［144］常明山. 桉树黛袋蛾生物学特性与生态学特性的研究. 南宁：广西大学，2008.
［145］常明山，邓艳，蒋学建，等. 两种黄板诱捕不同品种油茶林害虫研究. 林业与环境科学，2019，35（5）：78-84.
［146］常明山，吴耀军，赵鹏飞，等. 性信息素对荔枝异形小卷蛾触角电位反应和诱捕效果的影响. 森林与环境学报，2019，39（6）：636-640.
［147］陈炳旭，董易之，梁广文，等. 广东板栗桃蛀螟的发生与防治. 植物保护学报，2009，36（4）：379-380.
［148］陈崇祯，汪山涛. 焦条丽夜蛾生活习性的初步观察. 昆虫学报，1964，13（1）：138-140.
［149］陈汉林，董丽云，周传良，等. 栎毛虫的生物学观察. 江西植保，2001，24（3）：65-67.
［150］陈汉林，黄水生. 木兰科树木的新害虫——大背天蛾. 森林病虫通讯，1990（2）：21-22.
［151］陈汉林，徐真旺，唐昌贻，等. 栗长红天牛生物学特性的研究. 中国南方果树，2002，31（1）：60.
［152］陈建明，俞晓平，陈列忠，等. 我国地下害虫的发生为害和治理策略. 浙江农业学报，2004，16（6）：389-394.
［153］陈连正，章森，房立新，等. 榆三节叶蜂生物学特性及防治技术. 吉林林业科技，2012，41（4）：52，54.
［154］陈列. 杜鹃三节叶蜂（*Arge similis* Vollenhoven）的发生和防治. 广西植保，1998（3）：20-22.
［155］陈龙飞，马林清，傅爱平，等. 焦艺夜蛾生物学特性和防治技术. 浙江林业科技，1989，9（1）：20-25.
［156］陈尚文. 椰眼蝶生物学特性初步研究. 昆虫知识，1998，35（5）：265-266.
［157］陈世骧. 中国经济昆虫志鞘翅目天牛科. 北京：科学出版社，1959.
［158］陈树椿，何允恒. 中国蛸目昆虫. 北京：中国林业出版社，2008.
［159］陈顺立，陈清林，李友恭. 旋目夜蛾生物学特性及防治. 福建林学院学报，1994，14（4）：354-357.
［160］陈顺立，李文恭，罗沛韬，等. 蕾鹿蛾生物学特性及防治. 昆虫知识，1992，29（4）：209-211.
［161］陈顺立，李友恭，欧兆胜. 宽边小黄粉蝶的生物学特性及防治. 昆虫知识，1990，27（1）：29-32.
［162］陈锡昌，杨骏，刘广. 野外观察——广州蝴蝶生态图鉴. 广州：广东科技出版社，2017.

［163］陈兴永. 广州地区鹤顶粉蝶的生物学特性. 昆虫知识，2004，41（3）：255-258.
［164］陈亚丽. 吐鲁番市榆黄毛萤叶甲生物生态学特性研究. 乌鲁木齐：新疆农业大学，2016.
［165］陈燕婷，吴珍泉，陈伟. 梨花迁粉蝶成虫的产卵行为. 生物安全学报，2013，22（3）：212-214.
［166］陈勇，童迅. 黑盾胡蜂的生物学习性. 吉首大学学报（自然科学版），2004，25（2）：80-83.
［167］陈祯，曹永，周元清，等. 虎斑蝶实验种群生物学特征研究. 应用昆虫学报，2017，54（2）：279-291.
［168］陈振耀. 黑竹缘蝽的生物学研究. 昆虫知识，1989，26（4）：226-228.
［169］陈志兵，朱建青. 走进身边的昆虫世界. 上海：上海科学技术出版社，2014.
［170］陈志方. 女贞尺蛾的生物学特性与防治. 林业勘察设计，2016（3）：71-73，77.
［171］陈志粦，殷惠芬. 瘤长蠹属一新种（鞘翅目：长蠹科）. 动物分类学报，2003，28（1）：113-115.
［172］程地芸，李泉生. 桑螵蛸中长螵蛸原昆虫的研究. 资源开发与市场，1999，15（3）：168.
［173］程红，严善春. 为害丁香属植物的昆虫种类. 东北林业大学学报，2011，39（3）：113-116
［174］程淑惠，郭柱. 油桐尺蛾生物学特性及综合防治技术研究. 陕西林业科技，2014（1）：87-88，100.
［175］池成林，李强，马丽. 黄脚胡蜂生物学特性研究. 云南农业大学学报（自然科学），2019，34（6）：933-941.
［176］初冬，章卫. 我国的长蠹科昆虫记述. 植物检疫，1997（2）：105-109.
［177］崔茂良，董玉玲，田金海，等. 榆叶蜂生物学特性及防治方法. 防护林科技，2003（1）：75.
［178］戴仁怀，李子忠. 贵州沫蝉总科昆虫区系分析. 贵州大学学报（农业与生物科学版），2002，21（1）：26-31.
［179］邓关宁，涂克林，杨忠武，等. 丝点足毒蛾生物学特性研究. 中国森林病虫，2010，29（6）：21-23.
［180］邓国荣，杨皇红，李伟群，等. 粉筒胸叶甲的发生及防治. 广西植保，1996（4）：39-40.
［181］邓海滨，吕永华，邱妙文，等. 捕食性天敌红彩真猎蝽的生物学特性研究. 中国烟草科学，2014，35（2）：109-112.
［182］邓晗嵩. 贵州蛾蜡蝉科昆虫分类学研究（半翅目：蜡蝉总科）. 贵阳：贵州大学，2009.
［183］邓三红. 宜章县柑橘灰象甲的发生规律及防治对策. 华中昆虫研究，2013，321-322.
［184］邓顺，彭观地，舒金平，等. 居竹伪角蚜种群的年动态变化及调节因子. 林业科学，2012，48（1）：103-108.
［185］邓顺，舒金平，王浩杰. 筛胸梳爪叩甲幼虫寄主调查及其土壤空间分布. 昆虫知识，2010，47（5）：983-987.
［186］邓顺，王鹏，舒金平，等. 居竹伪角蚜及其3种主要天敌的空间格局研究. 环境昆虫学报，2009，31（4）：300-305.
［187］邓艳，张文英，吴耀军，等. 无瓣海桑害虫绿黄枯叶蛾的生物学特性. 安徽农业科学，2012，40（7）：4046-4048.

［188］丁建云，张建华．北京灯下蛾类图谱．北京：中国农业出版社，2016.
［189］丁治国，蒲恒浒，王松，等．贵州柳杉云毛虫生活史及生物学特性．中国森林病虫，2015，34（2）：15-18，25.
［190］董大志，王云珍．凹纹胡蜂与黑尾胡蜂生物学初步研究（膜翅目：胡蜂科）．动物学研究，1989，10（2）：155-162.
［191］杜丽勤，柴方方，范国辉，等．中原地区泡桐主要虫害及其防治．植物医生，2012，25（5）：28-30.
［192］范仁俊，杨星科．中国的草蛉及其地理分布（脉翅目：草蛉科）．昆虫分类学报，1995，17（S1）：39-57.
［193］方承莱．中国动物志：昆虫纲第十九卷鳞翅目灯蛾科．北京：科学出版社，2000.
［194］方健惠，田椰，孙天鑫．巴黎翠凤蝶、红基美凤蝶生物学特性初步观察．甘肃林业科技，2005，30（1）：13-15，53.
［195］方育卿．庐山蝶蛾志．南昌：江西高校出版社，2003.
［196］丰卫星．中国维小卷蛾亚族系统分类研究（昆虫纲：鳞翅目：卷蛾科）．西安：西北大学，2019.
［197］冯国民．园林植物钻蛀害虫的防治方法．植物医生，2011，24（1）：23-24.
［198］冯益明，刘红霞．基于Maxent与GIS的锈色棕榈象在中国潜在的适生性分析．华中农业大学学报，2010，29（5）：552-556.
［199］冯雨艳．豆天蛾生物学研究．海口：海南大学，2014.
［200］福建省建瓯县林业局森保科．竹黄毛虫生物学特性研究初报．中国森林病虫，1984（4）：13-14.
［201］付浪，贾彩娟，温健，等．杜鹃三节叶蜂生物学特性及其发生规律研究．环境昆虫学报，2015，37（5）：1043-1048.
［202］付兴飞，李雅琴，于潇雨，等．昆明市考氏白盾蚧的为害特点及发生规律研究．林业调查规划，2016，41（6）：83-86.
［203］高翠青．长蝽总科十个科中国种类修订及形态学和系统发育研究（半翅目：异翅亚目）．天津：南开大学，2010.
［204］高冠玉．娇驼跷蝽的初步研究．河南农学院学报，1982（3）：42-47.
［205］高素红，路常宽，贾月霞，等．酿酒葡萄园生草管理模式下新发害虫——黑额光叶甲的生物学特性及其防控．果树学报，2019，36（9）：1185-1193.
［206］高晓兵．园林植物钻蛀害虫的防治．河北林业，2010（5）：31.
［207］高兆蔚．竹后刺长蝽为害毛竹情况的初步研究．浙江林业科技，1979（2）：39-40.
［208］高兆蔚．竹后刺长蝽形态、生活史及防治方法的研究．浙江林业科技，1980（4）：5-7.
［209］葛腾．臭椿沟眶象生物学特性初步研究．森林病虫通讯，2000（2）：17-18.
［210］龚恒亮，安玉兴，管楚雄．我国蔗根锯天牛的为害及防治对策．甘蔗糖业，2008，（5）：1-5.
［211］顾茂彬，刘元福．涟篦夜蛾的初步观察和毒杀试验．热带林业科技，1979（3）：7-12.
［212］关健超，林丽静，李奕震，等．桉树同安钮夜蛾的防治研究．桉树科技，2008，25（1）：39-

41.

［213］广西壮族自治区林业有害生物防治检疫站. 广西林业有害生物概况. 北京：中国林业出版社，2019.

［214］广西壮族自治区农业科学院园艺研究室. 白蛾蜡蝉的生活习性及防治. 广西农业科学，1977（4）：28-29.

［215］广西壮族自治区质量技术监督局. 油桐尺蛾监测与防治技术规程DB45/T 1703-2018. 南宁：广西壮族自治区质量技术监督局，2018：1-20［2024-5-18］.

［216］郭宏伟. 中国菱蜡蝉科分类研究（半翅目：蜡蝉总科）. 咸阳：西北农林科技大学，2011.

［217］郭士英，陈光华，侯建雄，等. 武功地区细胸金针虫生活规律与防治的研究. 陕西农业科学，1985（3）：7-14.

［218］郭书晋. 棉花病虫害防治原色图鉴. 合肥：安徽科学技术出版社，2006.

［219］郭正福，丁冬荪，李红征. 江西首次发现雀丽毒蛾大面积为害杉木. 江西林业科技，2014，42（5）：42-44.

［220］郭正福，罗晓敏，盛茂领，等. 寄生桃蛀螟的姬蜂及黑顶姬蜂指名亚种雄蜂记述（膜翅目：姬蜂科）. 南方林业科学，2017，45（5）：25-28.

［221］国家林业局森林病虫害防治总站. 林业有害生物防治历（一）. 北京：中国林业出版社，2010.

［222］韩宙，周靖，钟锋，黄其亮. 红棕象甲为害及其防治研究进展. 广东农业科学，2013（1）：68-71.

［223］浩培，吕飞，毕拥国，等. 我国林业重要蛀干害虫光肩星天牛研究进展. 林业与生态科学，2020，35（1）：1-7.

［224］何广全. 点蜂缘蝽的发生与防治. 河北农业，2009（5）：33.

［225］何嘉欣，戴曲顺，黄清，等. 福建省天牛科一新记录属及新记录种记述. 武夷科学，2018，34：51-53.

［226］何俊华，陈学新，马云. 中国经济昆虫志：第五十一册膜翅目姬蜂科. 北京：科学出版社，1996.

［227］何学友，韩国勇，熊瑜，等. 为害油茶的鳞翅目新害虫. 林业科技开发，2012，26（5）：50-54.

［228］洪仁辉，尹吉锋，陈彧，等. 白木香重要害虫黄野螟研究进展. 热带林业，2019，47（3）：66-68.

［229］洪瑞芬，邵平绪，仝德全，等. 泡桐丛枝病病树中的类菌原体与病毒. 山东林业科技，1981（2）：1-7.

［230］洪宜聪，林华，张清. 不同浓度的3种药剂对黑竹缘蝽的防治效果研究. 西南林业大学学报，2014，34（3）：107-110.

［231］胡春海，刘晶晶，牛静. 榆蓝叶甲的发生与防治. 现代农村科技，2012（9）：34.

［232］胡德具. 超桥夜蛾生物学特性研究. 宁波农业科技，2017（2）：12-15，33.

［233］胡德具. 宁波林业害虫图册. 北京：中国科学技术出版社，2013.

［234］胡国良，楼君芳，唐明荣，等. 胡桃豹夜蛾生物学特性初步观察. 森林病虫通讯，1994（2）：

10-11.
［235］胡海静，姚云志，任东. 半翅目沫蝉总科化石研究进展. 环境昆虫学报，2012，34（4）：483-496.
［236］胡建芳，覃正义，曾宪顺. 顶斑瘤筒天牛的生物学及防治. 植物保护，1992（5）：8-10.
［237］胡君，王兰英，郭宗芳，等. 三种生物农药对油茶考氏白盾蚧室内毒力测定及田间药效评价. 中国森林病虫，2018，37（2）：51-53.
［238］胡开源，李小川. 红背安缘蝽保护自我的取食对策. 生物学教学，2019，44（6）：72，82.
［239］胡梅操，章士美. 南昌郊区16种尺蛾科昆虫生物学纪述. 江西农业大学学报，1986（1）：25-36.
［240］胡荣，陈河，杨克学，等. 中国红树林新害虫柚木驼蛾的研究进展. 中国森林病虫，2016，35（5）：34-37，20.
［241］胡兴平，周朝华. 观赏植物上考氏白盾蚧生物学与防治. 山东农业大学学报，1993，24（1）：99-101.
［242］胡玉山，王志明，皮忠庆，等. 吉林省害虫一新亚种——松黑天蛾. 吉林林业科技，1989（3）：35
［243］湖南省林科所森保室. 油茶叶蜂生活习性及防治的探讨. 湖南林业科技，1974（1）：26-33.
［244］花爱梅. 几种植物源杀虫剂防治黑竹缘蝽效果分析. 世界竹藤通讯，2017，15（5）：16-19，23.
［245］华立中，奈良一，G. A. 塞缪尔森，等. 中国天牛（1406种）彩色图鉴. 广州：中山大学出版社，2009.
［246］黄翠琴. 波纹杂毛虫生物学特性的研究. 西北林学院学报，2006（4）：105-108，131.
［247］黄德志. 一种严重为害湿地松幼苗的新害虫——细胸金针虫. 广西林业科技，1991（4）：219.
［248］黄东光，江世宏. 五种槽缝叩甲超微形态结构的比较研究（鞘翅目：叩甲科）. 昆虫分类学报，2004（3）：175-184.
［249］黄敦元，余江帆，郝家胜，等. 不同生境油茶林油茶史氏叶蜂的发生与危害程度比较. 中南林业科技大学学报，2010，30（1）：59-64.
［250］黄国华，王星. 中国茶蚕蛾属*Andraca* Walker，1865记述. 昆虫分类学报，2004（1）：47-48.
［251］黄华艳，奚福生，陈江平. 金绒锦天牛生物学特性及综合治理技术. 广西林业科学，2005（3）：40-41.
［252］黄家德，丘凤波. 缀叶丛螟为害盐肤的研究初报. 广西植保，1991（3）：20-22.
［253］黄金水，陈云鹏. 癞皮夜蛾生物学及其防治试验. 福建林业科技，1987（1）：37-40.
［254］黄金水，黄水势. 新二尾舟蛾的初步观察. 福建林业科技，1982（2）：23-26.
［255］黄金义. 林木病虫害防治图册. 南宁：广西人民出版社，1986.
［256］黄茜斌，沈颖，王华弟. 杨梅木毒蛾的发生与防治研究初报. 浙江农业科学，2018，59（9）：1557-1559.
［257］黄寿山，陈卫建，梁惠凌. 蓝点紫斑蝶生物学特性观察//李典谟. 走向21世纪的中国昆虫学——中国昆虫学会2000年学术年会论文集. 北京：中国科学技术出版社，2000：1158-1160.

［258］黄寿山，梁惠凌，陈卫健．幻紫斑蝶生物学特性研究//李典谟．走向21世纪的中国昆虫学——中国昆虫学会2000年学术年会论文集．北京：中国科学技术出版社，2000：1161-1163.

［259］黄小兰．松突圆蚧灾害防治的探讨．绿色科技，2017（7）：20-21，24.

［260］黄旭正．八点灰灯蛾及其防治方法．广西植保，1994（3）：14.

［261］黄旭正．红缘灯蛾的识别及防治（附尘污灯蛾）．广西植保，1994（3）：15-16.

［262］黄旭正．小地老虎及其防治．广西植保，1994（3）：45-46.

［263］黄永善．玉米黑鹿蛾生物学特性观察．广西农业科学，1989（2）：34-36.

［264］纪燕玲，蔡选光，郑道序，等．夹竹桃天蛾的生物学特性初步研究．粤东林业科技，2007（2）：1-2.

［265］季梅，宁德鲁，陈海云，等．八角瓢萤叶甲的发生及防治．安徽农学通报，2007（8）：142，124.

［266］加依娜·赛尔哈力，周大康，高兴珂．蜡蚧轮枝菌对苏铁白轮盾蚧的防治作用初步研究．农业科技通讯，2019（11）：201-205.

［267］贾凤海，贾晓霞．蝶类的生活史．生命世界，2017（11）：4-15.

［268］贾会茹．防治苗圃地下害虫．河北农业科技，2004（2）：20.

［269］江崎功二郎．ウバタマコメツキ Cryptalaus berus（CANDEZE）の幼虫の生活場所と発育．日本応用動物昆虫学会誌，1994，38（4）：255-259.

［270］江珊．白钩蛾属分类修订及钩蛾科分子系统发育初探（鳞翅目：钩蛾总科：钩蛾科）．保定：河北大学，2019.

［271］江世宏．对中国叩甲科优势种中存在的问题的思考．中南林学院学报，2003（1）：96-99.

［272］江世宏．中国丽叩甲属的新种新纪录（鞘翅目：叩甲科）．昆虫分类学报，1991（4）：275-280.

［273］江世宏，王书永．中国经济叩甲图志．北京：中国农业出版社，1999.

［274］江世宏，杨玉霞．中国甲虫名录：第六卷叩甲总科．北京：科学出版社，2023.

［275］姜建军，杨朗，黄立飞．广西葡萄主要虫害发生规律及防治方法．农业灾害研究，2012，2（6）：7-10.

［276］姜芸．黑脉厚须螟生物学特性研究初报．江西植保，1991（2）：44-45.

［277］蒋捷，梁茂龙．油桐卷斑螟的研究．林业科学，1985（2）：140-147.

［278］蒋捷，张文勤，蒋义庆，等．胡桃豹夜蛾生物学及其防治的研究．林业科学，2000（5）：63-68.

［279］蒋书楠，蒲富基，华立中．中国经济昆虫志：第三十五册鞘翅目天牛科（三）．北京：科学出版社，1985.

［280］蒋学建，杨秀好，李德伟，等．桉蝙蛾天敌寄蝇调查与寄蝇成虫生物学观察．中国森林病虫，2015，34（2）：31-34.

［281］蒋卓衡．中国长喙天蛾属及斜纹天蛾属团的分类学研究．上海：上海师范大学，2019.

［282］匡石滋，田世尧，许林兵，等．南方果树病虫害防治手册．北京：中国农业出版社，2012.

［283］蓝来娇，张媛媛，马涛，等．柚木野螟各虫态形态与发育历期观测．环境昆虫学报，2019，41

（1）：202-207.
［284］雷艳梅. 榕斑翅木虱发生消长规律及防治措施. 中国热带农业，2005（2）：41-42.
［285］雷艳梅，谢荔元. 阴香褐圆蚧的发生与防治. 南方农业（园林花卉版），2007（2）：25-26.
［286］雷玉兰，林仲桂. 夹竹桃天蛾的生物学特性. 昆虫知识，2010，47（5）：918-922，1028.
［287］黎柳锋，王凤英，廖仁昭，等. 广西桂平市荔枝木毒蛾的防治研究. 中国南方果树，2018，47（4）：81-83.
［288］黎天山，李西丽. 广西灰象食性的初步观察. 广西植物，1998，18（3）：3-5.
［289］李百万，沈强，熊小萍，等. 竹箭环蝶的生物学特性及防治技术. 华东森林经理，2005（1）：48-49.
［290］李长强，张倩，谢春春，等. 无人机飞防喷施高效药剂防治松褐天牛. 山东农业大学学报（自然科学版）. 2022，53（06）：97-882.
［291］李成. 桉树林和红锥林昆虫群落结构及其害虫双线盗毒蛾生物学特性的比较研究. 南宁：广西大学，2014.
［292］李成德. 森林昆虫学. 北京：中国林业出版社，2004.
［293］李成章，陈小钰. 桥夜蛾和超桥夜蛾. 上海农业科技，1984（1）：41.
［294］李德伟，吴耀军，黄华艳，等. 桉树芽木虱生物学特性及防治研究. 中国森林病虫，2011，30（6）：21-24.
［295］李德兴. 旱地花生应注重蛴螬和金针虫下害虫的防治. 现代园艺，2017（1）；109-109.
［296］李东文，陈志云，王玲，等. 油茶尺蛾生物学特性的研究. 广东林业科技，2009，25（2）：55-59.
［297］李蔼，王戍勃，武三安. 我国新发现一种入侵蚧虫——藤壶蜡蚧（半翅目：蚧次目：蚧科）. 应用昆虫学报，2018，55（3）：527-532.
［298］李广武. 漆黄叶甲生活习性初步观察. 甘肃林业科技，1992（1）：16-17.
［299］李国平，姚建平，张毅丰，等. 奉化水竹一字竹笋象的初步研究. 中国森林病虫，2001（4）：9-11.
［300］李红莉，崔宏春，余继忠. 茶尺蠖生物学特性及防治技术研究现状. 安徽农业科学，2017，45（19）：150-151，233.
［301］李后魂. 秦岭小蛾类（昆虫纲：鳞翅目）. 北京：科学出版社. 2012.
［302］李后魂，王淑霞. 麦蛾总科系统发育研究进展（昆虫纲：鳞翅目）//李典谟. 走向21世纪的中国昆虫学——中国昆虫学会2000年学术年会论文集. 北京：中国科学技术出版社，2000.
［303］李利雄，薛芳森. 尘污灯蛾的生活史及夏季滞育特性. 江西农业大学学报，1991（3）：264-267.
［304］李孟楼. 森林昆虫学通论. 北京：中国林业出版社，2002.
［305］李巧. 云南省象甲科研究概况，西南林学院学报，2003（4）：70-74.
［306］李巧. 中国象甲科分类研究综述. 西南林学院学报，2003（3）：74-79.
［307］李卫，邹万君，王立宏. 昆明地区斜纹夜蛾生物学特性研究. 西南农业学报，2006（1）：85-89.

[308] 李新. 中国寄蝇科（双翅目）DNA条形码及线粒体全基因组研究. 沈阳：沈阳师范大学，2018.

[309] 李艳艳，胡美绒，卢春田，等. 十星瓢萤叶甲在葡萄上的发生与防治. 西北园艺（果树），2011（1）：29-30.

[310] 李奕震，陈志云，关健超，等. 桉树同安钮夜蛾生物学特性及防治的研究. 华东昆虫学报，2007（4）：249-253.

[311] 李毓畠. 牧鹿蛾幼虫龄期的测定. 昆虫知识，1994（3）：163-164.

[312] 李毓畠. 介壳虫的新天敌——牧鹿蛾生物学特性的研究. 昆虫知识，1989（4）：224-225.

[313] 李毓畠，张友良. 拟白须盾蚧研究初报. 江西林业科技，1984（4）：20-23.

[314] 李月娣. 香樟主要食叶害虫生物学特性观察与防治. 长春大学学报，2010，20（04）：23-26.

[315] 李忠恒，王志斌，罗承燕，等. 鸭脚木星室木虱发生为害及防治技术. 云南农业科技，2012（4）：49-51.

[316] 李子忠，金道超. 梵净山景观昆虫. 贵阳：贵州科技出版社，2006.

[317] 梁爱萍. 沫蝉总科Cercopoidea昆虫. 昆虫知识，2005（4）：457.

[318] 梁振，张俊华，杨定，等. 2005～2015年我国口岸截获外来昆虫概况. 植物检疫，2017，31（6）：64-68.

[319] 廖寿南，谢保令. 山枝子咖啡透翅天蛾的生活习性及防治. 广西农业科学，1995（3）：128-129.

[320] 廖旺姣，黄乃秀，邹东霞，等. 油桐尺蛾监测与防治技术规程DB45/T 1703-2018. 广西：广西壮族自治区市场监督管理局. 2018：1-20［2024-5-18］.

[321] 林昌礼，舒金平. 楠木黄胫侎缘蝽生物学特性和为害情况初报. 中国植保导刊，2018，38（1）：48-51，16.

[322] 林长春，王浩杰，任华东，等. 叉角厉蝽生物学特性研究. 林业科学研究，1998，11（1）：90-93.

[323] 林建辉，韩小红，华银，等. 福州地区樟青凤蝶生物学特性. 湖北农业科学，2018，57（16）：62-65.

[324] 林伟，徐浪，郭强，等. 一种罗汉松害虫——橙带蓝尺蛾. 植物检疫，2017，31（4）：67-69.

[325] 林宇玫. 桉蓑蛾生物学特性的研究. 福州：福建农林大学，2009.

[326] 林育红，秦长生，赵丹阳，等. 樟巢螟的生物学特性及触杀性药剂筛选. 林业与环境科学，2018，34（5）：42-47.

[327] 林中平. 毛竹黑叶蜂*Eutomostethus nigritus*生物学特性及防治. 武夷科学，1998：112-115.

[328] 鈴木亙. 日本産ビロウドコメツキダマシ属の3種について. Sayabane. N. S，2012（6）：7-12.

[329] 刘长富，燕静，张新虎. 细胸金针虫（*Agriotes fuscicollis* Miwa）的饲养方法及其生活史观察. 甘肃农业大学学报，1988，2：51-55.

[330] 刘东明，陈红锋，易绮斐，等. 巴黎翠凤蝶的生物学特性及防治. 昆虫知识，2006（2）：229-231，280.

[331] 刘东明，高泽正，邢福武. 榕八星天牛生物学特性及其防治. 中国森林病虫，2003（6）：10-12.

[332] 刘东明，伍有声. 连星污灯蛾对“绿巨人”的为害及防治. 广东园林，2000（2）：48.

[333] 刘发照. 江西发现台松副长蛎蚧为害. 江西林业科技，2000（2）：12.

[334] 刘光华，曾玲. 碎斑青凤蝶及鹤顶粉蝶幼期形态描述及生物学特性研究初报. 仲恺农业技术学院学报，1999（4）：45-48，73.

[335] 刘慧慧，曹亮明，王小艺，等. 我国发现外来入侵害虫桉树叶瘿球角姬小蜂的重要天敌——桉树扁角金绿姬小蜂（膜翅目：姬小蜂科）. 中国生物防治学报，2023，39（04）：995-1000.

[336] 刘吉成，张海军. 不同处理对油桐尺蛾防治效果试验. 现代农村科技，2015（2）：47.

[337] 刘奎，彭正强，付悦冠. 红棕象甲研究进展. 热带农业科学，2002（2）：70-77.

[338] 刘杉杉，董赛红，任国栋. 河北拟步甲多样性组成与区系分析. 四川动物，2015，34（6）：903-909.

[339] 刘曙雯，嵇保中，居峰，等. 蒙链荫眼蝶的初步研究. 江苏林业科技，2007（2）：36-39.

[340] 刘卫民，梁远海. 甘蓝夜蛾、银纹夜蛾和斜纹夜蛾的识别与防治. 农技服务，2007（2）：53-54.

[341] 刘文爱，范航清. 广西红树林主要害虫及其天敌. 南宁：广西科学技术出版社，2009.

[342] 刘文爱，范航清. 为害广西红树林的四种蓑蛾的发生和传播规律初探. 应用昆虫学报，2011，48（6）：1850-1855.

[343] 刘雄兰，余德松. 柳蓝叶甲生物学特性观察及防治试验. 浙江林业科技，2010，30（4）：73-75.

[344] 刘永华. 栎黄枯叶蛾生物生态学特性及幼虫色型变化研究. 北京：北京林业大学，2014.

[345] 刘永齐. 经济林病虫害防治. 北京：中国林业出版社，2001.

[346] 刘永生，徐东生，刘艮，等. 樟叶蜂生物学特性及综合防治研究. 湖北林业科技，1995，92（2）：37-44.

[347] 刘友樵. 中国动物志：昆虫纲第四十七卷鳞翅目枯叶蛾科. 北京：科学出版社，2006.

[348] 刘志红，李桂亭，吴福中，等. 豆天蛾的研究进展. 安徽农业科学，2005，33（6）：1101-1102.

[349] 龙正权. 黑竹缘蝽在贵州的发生及生物学特性. 昆虫知识，2009，46（1）：133-135.

[350] 芦慧芬. 中国鹿蛾类的系统分类学研究. 北京：中国科学院大学，2013.

[351] 吕俐宾，腾有为，祝黔江. 茶长卷叶蛾性信息素的合成. 山地农业生物学报，2000，19（1）：46-49.

[352] 吕佩珂，苏慧兰，吕超. 中国粮食作物、经济作物、药用植物病虫原色图鉴（下册）. 呼和浩特：远方出版社，1999.

[353] 吕至坚，陈建仁. 蝴蝶生活史图鉴. 台北：晨星出版有限公司，2014.

[354] 陆恒，孙思，丁志烽. 城市绿地油桐尺蛾生物学特性研究. 广东园林，2015，37（5）：63-66.

[355] 陆温，田明义，赖开平，等. 眉斑楔天牛的发生及防治. 广西植保，2006，19（3）：1-4.

[356] 罗从富. 高山小毛虫生物学特性的观察及防治研究. 西部林业科学，1989（1）：63-73.

[357] 罗基同，吴耀军，奚福生. 速生桉林重大病虫害控制技术彩色原生态图鉴. 南宁：广西科学技术出版社，2012.

[358] 罗辑，黄小灵，刘瑞新，等. 广西发现重要桉树食叶害虫——杧果天蛾. 中国森林病虫，2015，34（5）：5-7，14.
[359] 罗佳，汤秀美，葛有茂. 米兰白轮盾蚧及其天敌初步研究. 华东昆虫学报，1997，6（1）：35-39.
[360] 罗明荣，黄杰正，陆军部. 棉古毒蛾发生及防治初报. 广西植保，1993（3）：42-44.
[361] 罗庆怀，黎家文，赵宏，等. 贵阳地区豆野螟和亮灰蝶的生物学特性. 昆虫知识，2003，40（4）：329-334.
[362] 罗益镇，牛赡光，龙岩. 麦田沟金针虫种群垂直分布与夏眠的生态特性及其与防治的关系. 生态学杂志，1994，13（3）：7-10.
[363] 罗永明，彭正强，金启安. 白裙赭夜蛾的研究. 热带作物学报，1996，17（1）：91-95.
[364] 罗志文，李佳琳，朱云，等. 折带黄毒蛾生物学特性及综合防治. 生物灾害科学，2013，36（1）：31-34.
[365] 麻友琴. 洋县果园天蛾种类及其形态特征. 现代农业科技，2017（21）：136-137.
[366] 马龙，卢天啸. 点蜂缘蝽的发生规律及防治方法. 河北农业，2019（11）：29-30.
[367] 马万青，张萍. 黄翅缀叶野螟的初步观察. 安徽林业科技，2004（4）：7-8.
[368] 马骁勇，熊建伟，尹健. 瘤缘蝽生物学特性及防治研究. 河南农业科学，1991（6）：10-12.
[369] 麦麦提·亚生，阿克旦·吾外士，牙生·沙力，等. 猎物对普通草蛉发育和繁殖能力的影响. 植物保护，2015（04）：41-44，57.
[370] 孟海林. 竹林金针虫寄主搜寻机制初步研究. 昆明：中国林业科学研究院，2017.
[371] 孟醒，桂富荣，陈斌. 云南扶桑绵粉蚧的发生及防治. 生物安全学报，2018，27（4）：236-239.
[372] 内藤通孝. 名古屋東山周辺の昆虫相：Ⅱ. 甲虫目（7）コメツキムシ科，オオキノコムシ科，テントウムシ科など. 椙山女学園大学研究論集自然科学篇，2014，45：75-88.
[373] 聂瑞娥，白明，杨星科. 中国甲虫研究七十年. 应用昆虫学报，2019，56（5）：884-906.
[374] 聂雪冰，程相称，初非垢，等. 栎舞毒蛾生物学特性及其种群影响因子. 中国森林病虫，2017，36（3）：22-25.
[375] 牛敏敏. 基于盾蚧科分子分类基因序列的筛选研究. 杨凌：西北农林科技大学，2016.
[376] 欧海英，田明义，阮琳，等. 不同赤眼蜂对灰白蚕蛾卵的偏好性比较. 环境昆虫学报，2010，32（3）：384-387，398.
[377] 欧克芳，董立坤，夏文胜，等. 千屈菜一种新害虫——肾毒蛾. 昆虫知识，2009，46（6）：961-963，1008.
[378] 潘苏峰. 芦苇不同发育阶段对昆虫取食压力变化响应的代谢组学分析. 上海：华东师范大学，2017.
[379] 庞正轰. 经济林病虫害防治技术. 南宁：广西科学技术出版社，2006.
[380] 庞正轰. 林业有害生物控制技术. 南宁：广西科学技术出版社，2012.
[381] 裴峰，孙兴全，叶黎红，等. 樟翠尺蛾的发生规律及其防治研究. 安徽农学通报，2008，14（22）：98-99.

［382］彭成绩，蔡明段. 荔枝龙眼病虫害无公害防治彩色图说. 北京：中国农业出版社，2003.

［383］彭成绩，蔡明段，彭埃天. 南方果树病虫害原色图鉴. 北京：中国农业出版社，2017.

［384］彭凌飞. 中国及周边地区蛾蜡蝉科分类与系统发育研究（半翅目：蜡蝉总科）. 杨凌：西北农林科技大学，2011.

［385］彭正强，吕宝乾，覃伟权，等. 外来害虫椰心叶甲入侵灾变的生态学基础及控制技术体系. 华南农业大学学报，2019，40（5）：161-165.

［386］萍乡市林科所. 油茶史氏叶蜂发生及防治. 江西林业科技，1978（2）：38-40.

［387］蒲富基. 中国经济昆虫志第十九册鞘翅目天牛科（二）. 北京：科学出版社，1980.

［388］朴美花，郑颖姹，李灿镛. 为害竹子叶片的三种野螟幼虫形态记述（鳞翅目：草螟科：野螟亚科）. 昆虫分类学报，2010，32（4）：271-276.

［389］齐晓丰. 北京地区蚧虫区系的研究. 北京：北京林业大学，2008.

［390］钱庭玉. 橡胶木材天牛类害虫幼虫记述Ⅰ锯天牛亚科、天牛亚科. 热带作物学报，1984，5（2）：89-92.

［391］潜祖琪，童雪松. 黑紫蛱蝶生物学特性的研究. 华东昆虫学报，1999，8（1）：62-65.

［392］乔璐曼. 黄土高原地区食蚜蝇科昆虫分类研究（双翅目：食蚜蝇总科）. 杨凌：西北农林科技大学，2010.

［393］覃天乔，黄超福. 广西常见白蚁图鉴. 南宁：广西科学技术出版社. 2025.

［394］邱宁宏，詹宗文，姚莉，等. 遵义市园林植物褐圆蚧发生规律及药剂防治试验. 江苏农业科学，2015，43（4）：147-151.

［395］邱仕松. 速生桉食叶新害虫——掌夜蛾. 中国高新区，2017（23）：169-170.

［396］邱子林，胡润吉. 竹后刺长蝽的观察研究. 林业科技通讯，1982（4）：30-32.

［397］全寿炯，黎桂清，莫金莲，等. 肉桂泡盾盲蝽生物学特性和防治技术初步研究. 广西林业科学，1998，27（S1）：26-28.

［398］全寿炯，李小芳，李耀斌，等. 焦艺夜蛾生物学特性和防治技术的初步研究. 广西林业科学，2000，29（1）：34-35.

［399］全寿炯，于光实，黎建雄，等. 沙弥绶尺蛾生物学特性与防治技术. 林业科技，2001，26（1）：23-25.

［400］任伊森，张志恒. 柑橘枯叶蛾的生物学观察及药剂防治试验. 浙江柑橘，1994（4）：27-28.

［401］邵平绪，洪瑞芬，仝德全，等. 泡桐丛枝病的媒介昆虫研究（1）——茶翅蝽传毒试验. 山东林业科技，1981（2）：75-76.

［402］沈立荣. 浙江产三种桑螵蛸及六种原昆虫的鉴别检索. 中药材，1994，17（12）：15-16.

［403］沈立荣，薛小红. 芋双线天蛾的研究. 中药材，1991，14（6）：6-8.

［404］沈强，赵宝安，李百万，等. 樟白轮盾蚧生物学特性及防治研究初报. 中国森林病虫，2008，27（1）：9-11.

［405］沈荣武，桂爱礼. 榆凤蛾生物学特性的研究. 江西农业大学学报，1989，11（4）：53-56.

［406］沈彦杰. 超桥夜蛾发生与防治研究. 农家参谋，2018（8）：111.

［407］盛茂领，孙淑萍. 河南昆虫志：膜翅目姬蜂科. 北京：科学出版社，2009.

［408］盛茂领，孙淑萍. 辽宁姬蜂志. 北京：科学出版社，2014.
［409］盛茂领，孙淑萍. 中国林木蛀虫天敌姬蜂. 北京：科学出版社，2010.
［410］盛茂领，孙淑萍，丁冬荪，等. 江西姬蜂志. 北京：科学出版社，2013.
［411］盛茂领，孙淑萍，李涛. 西北地区荒漠灌木林害虫寄生性天敌昆虫图鉴. 北京：中国林业出版社，2016.
［412］师伟香. 花卉苗圃地下害虫的防治. 现代农业科技，2007（13）：1-91.
［413］施禮正，黄淑賢，林旭宏. 台湾产木舟蛾的分类地位厘清与幼虫期特征的多样性. 自然保育，2013（81）：42-48.
［414］石庆会. 蛱蝶科蝶类主要分类群的分子系统学和历史生物地理学分析. 芜湖：安徽师范大学，2015.
［415］史军义，卢德阳，何瑞，等. 报喜斑粉蝶的生物学初步观察. 四川动物，2010，29（4）：573-575.
［416］史树森. 舟蛾科一东北新记录种——肖剑心银斑舟蛾. 吉林农业大学，1986，8（2）：19-20.
［417］司升云，吴仁锋，望勇，等. 瘤缘蝽的识别与防治. 长江蔬菜，2007（2）：27-27.
［418］四川省乐山地区沙坪茶场茶科所. 云尺蛾和水榛尺蠖为害茶树的初步观察. 昆虫知识，1980（2）：66-68.
［419］宋南，江志毅. 蜡蝉总科（昆虫纲：半翅目）系统分类研究进展. 四川动物，2012，31（2）：317-322.
［420］苏超. 寄主植物和温度对三条橙灯蛾 *Lemyra alikangensis* 取食及生长发育影响的研究. 上海：华东师范大学，2014.
［421］苏胜荣，王晓东，范常吉. 黄山市樟叶蜂的发生和生物学特性研究. 江苏林业科技，2015，42（5）：33-35.
［422］孙龙华，毕可可，黄华枝. 相思拟木蠹蛾 *Arbela baibarana* 的研究现状. 广东园林，2019，41（1）：54-58.
［423］孙明雅. 马尾松毛虫天敌图志. 南宁：广西人民出版社，1986.
［424］孙渔稼，张仲信，赵方桂，等. 广腹螳螂生活习性的初步观察. 昆虫知识，1966（2）：97-98.
［425］谭德锦，梁锋，韩凌云，等. 澳洲坚果3种木蠹蛾生物学特性分析. 南方农业学报，2017，48（9）：1611-1616.
［426］谭娟杰，虞佩玉，李鸿兴，等. 中国经济昆虫志：第十八册鞘翅目叶甲总科（一）. 北京：科学出版社，1980.
［427］谭青青. 中国胡蜂科部分代表种类形态学特征及系统发育关系研究. 西安：西北大学，2019.
［428］谭松波，林坤华，蒲永兰. 杨扇舟蛾生物学特性的观察. 四川林业科技，1988，9（2）：38-43.
［429］汤祊德. 中国粉蚧科. 北京：中国农业科技出版社，1992.
［430］汤亮，赵梅君，李新巾，等. 上海地区常见大型蛾类幼虫的识别. 上海师范大学学报（自然科学版），2005（3）：55-59.
［431］唐美君，王志博，郭华伟，等. 介绍一种茶树新害虫——黄胫侎缘蝽. 中国茶叶，2017，39（11）：10-11.

［432］唐廷树.马尾松点尺蛾的发生及防治.昆虫知识，1999，36（5）：298-300.
［433］田华，张义明.资源昆虫豆天蛾综合利用研究进展.贵州农业科学，2009，37（6）：111-113.
［434］佟守元，刘祥，梁春秀，等.杨叶甲生物学特性及其防治.内蒙古林业，1983（9）：7-8.
［435］万静.粉蚧科1龄若虫分类初步研究（半翅目：蚧总科）.北京：北京林业大学，2015.
［436］万昭进，汪廷魁.日本三节叶蜂的研究.昆虫知识，1989，26（2）：85-88.
［437］汪廉敏.杪椤叶蜂生物学特性观察及防治.昆虫知识，1996，33（3）：155-157.
［438］王宝瑛，肖健，梁振荣，等.北京市发现果林害虫旋目夜蛾.北京农业，2006（5）：30-31.
［439］王兵，段元元，吴斌.樟白轮盾蚧的为害与防治.国土绿化，2008（12）：46-47.
［440］王春霞，孙朝晖，徐成立.黄连木尺蛾生物学特性测报及防治.河北林业科技，2000（3）：22-25.
［441］王翠英，刘兰英，段钰，等.槐尺蛾研究初报.林业科技开发，1999（4）：15-17.
［442］王大洲，郭国友，张丽莉，等.槐尺蛾生物学特性及其防治技术.河北林业科技，2005（1）：47.
［443］王恩.杭州园林植物病虫害图鉴.杭州：浙江科学技术出版社，2015.
［444］王芳.中国蜡蚧科分类研究（半翅目：蚧总科）.咸阳：西北农林科技大学，2013.
［445］王光远，黄建，黄邦侃.龙眼鸡*Fulgora candelaria*（L.）生物学特性的初步研究.华东昆虫学报，2000，9（1）：61-65.
［446］王华弟，沈颖，颜丽菊，等.浙东南山区杨梅嘴壶夜蛾和枯叶夜蛾的发生规律与综合防治研究.上海农业科技，2017（6）：130-132.
［447］王缉健.博白发现松树新害虫——台松副长蛎蚧.广西林业，1989（4）：34.
［448］王缉健.湿地松的新害虫——狭胸橘天牛.森林病虫通讯，1990（1）：41.
［449］王缉健.狭胸橘天牛的初步研究.森林病虫通讯，1994（2）：12-13.
［450］王缉健，陈树椿.黄色阿异蝽的生物学及其防治.广西林业科学，1998，27（2）：77-79.
［451］王缉健，陈树椿，何允恒.广西竹节虫的研究.广西林业科学，1995，24（2）：64-69.
［452］王缉健，梁晨，杨秀好，等.降香黄檀叶部害虫——灰卷裙夜蛾初步观察.广西植保，2014，27（4）：20-21.
［453］王缉健，唐福娟.博白长肛棒蟾的初步研究.森林病虫通讯，1990（2）：3-4.
［454］王缉健，张永坚，陆燕燕，等.广西林业害虫天敌昆虫名录.广西植保，2017，30（1）：17-21.
［455］王吉锐.中国粉虱科系统分类研究.扬州：扬州大学，2015.
［456］王佳.中华虎凤蝶三种群及黄黑纹野螟线粒体基因组序列测定及分析.西安：陕西师范大学，2014.
［457］王建义，武三安，唐禅，等.宁夏阶虫及其天敌.北京：科学出版社，2009.
［458］王蕾.斑衣蜡蝉发生与防治研究研究进展.江西农业，2018（22）：84.
［459］王林瑶.构月天蛾的生活习性研究.昆虫知识，1980（6）：264-266.
［460］王林瑶.为害葡萄的三种主要天蛾幼期鉴别.昆虫知识，1981（5）：224-226.
［461］王梅松，何学友，杨希，等.统帅青凤蝶生物学特性的初步研究.福建林业科技，2000，27

（2）：55-57.
[462] 王鸣凤，陶维昌，沈小萍，等. 黄连木尺蛾生物学特性及防治研究. 安徽林业科技，2004（2）：25-26.
[463] 王培明. 中国雪盾蚧族分类研究. 咸阳：西北农林科技大学，2004.
[464] 王青云. 麦蛾总科系统发育和中国木鸠蛾亚科分类学研究. 天津：南开大学，2019.
[465] 王寿南，袁平，袁静珍. 进口湿地松与火炬松上发现危险性病虫害. 植物保护，1992，18（2）：46.
[466] 王书永，葛斯琴，杨星科，等. 广西叶甲亚科昆虫种类记述（鞘翅目：叶甲科）. 昆虫分类学报，2002，24（2）：116-124.
[467] 王淑芳. 中国阿格姬蜂属记述Ⅱ（膜翅目：姬蜂科）. 动物分类学报，1984，9（3）：309-317.
[468] 王淑芳. 中国毛眼姬蜂属记述——（姬蜂科：肿跗姬蜂亚科）. 动物分类学报，1985，10（1）：86-94.
[469] 王淑芳. 中国污翅姬蜂属的研究（膜翅目：姬蜂科：犁姬蜂亚科）. 动物分类学报，1988，13（3）：299-304.
[470] 王天齐. 中国螳螂目分类概要. 上海：上海科学技术出版社，1993.
[471] 王心丽，杨集昆. 浙江茎蝇科一新种（双翅目：茎蝇科）. 昆虫学报，1998，41（1）：3-5.
[472] 王新俊. 冬麦区金针虫类为害损失及防治指标研究. 植物保护，1995，21（1）：28-29.
[473] 王焱，范培林，郭青波，等. 豫西南地区栓皮栎尺蠖危险性风险评估分析. 现代农业科技，2012（8）：194.
[474] 王颖. 东北地区尺蛾亚科分类研究（鳞翅目：尺蛾科）. 哈尔滨：东北林业大学，2010.
[475] 王颖. 中国棉田半翅目昆虫生物多样性研究. 北京：中国农业大学，2014.
[476] 王玉洁，吴娇，赵冬香. 广腹螳螂的研究进展. 南方农业学报，2014，45（1）：53-57.
[477] 王玉生. 扶桑绵粉蚧在中国的地理分布与遗传结构及其寄生蜂的地理分布格局研究. 北京：中国农业科学研究院，2019.
[478] 王玉新，徐英凯，李兆民. 大造桥虫的生活习性及防治措施. 吉林农业，2014（23）：64.
[479] 王玉兴. 褐点粉灯蛾在梨树上的发生规律及防治方法. 中国果树，2009（4）：69-71.
[480] 王志良，张润志. 小蠹亚科的分类地位（鞘翅目，象虫科）. 动物分类学报，2012，37（2）：291-295.
[481] 王忠亮. 斑衣蜡蝉的发生规律及防治. 现代园艺，2020，15（43）：111-112.
[482] 王助引. 广西稻田隐翅虫已知种及其分布. 西南农业学报，1990，3（4）：75-80.
[483] 王助引，于永浩. 广西主栽作物主要害虫. 南宁：广西科学技术出版社，2016
[484] 王子清. 中国动物志：昆虫纲第二十二卷同翅目蚧总科. 北京：科学出版社，2001.
[485] 王子清. 中国经济昆虫志：第二十四册同翅目粉蚧科. 北京：科学出版社，1982，68-69，95.
[486] 韦戈，陆温，郑霞林. 广西白蚁. 南宁：广西科学技术出版社，2017.
[487] 韦启元. 苹梢鹰夜蛾的初步研究. 昆虫知识，1988，25（5）：30-32.
[488] 韦启元. 曲纹紫灰蝶指名亚种的生物学特性及防治. 昆虫知识，2006，43（6）：870-872.
[489] 韦维，吴耀军，杨忠武，等. 广西林业重要有害生物防治技术图鉴. 南宁：广西科学技术出版

社，2014.
［490］韦仲烈. 白兰花火力楠丽绵蚜的发生与防治. 广东农业科学，2012（11）：96-97，100.
［491］魏行，侯建军，王琼. 扶桑绵粉蚧的生长规律和防治策略. 长江蔬菜，2014（15）：50-52.
［492］魏美才. 中国枝膜叶蜂属一新种（膜翅目，叶蜂科）附可能为害木兰科植物的叶蜂种类检索表. 动物分类学报，2010，35（3）：635-640.
［493］魏美才. 中脉叶蜂族系统分类研究（膜翅目：叶蜂科）. 动物分类学报，1998，23（4）：406-413.
［494］魏美才，聂海燕. 突瓣叶蜂科Nematidae//黄邦侃. 福建昆虫志第七卷：膜翅目. 福州：福建科技出版社，2003，47-56.
［495］魏美才，牛耕耘. 寄生天目紫茎的带斑叶蜂属一新种（膜翅目，叶蜂科）. 动物分类学报，2013，38（1）：134-137.
［496］魏美才，牛耕耘，李泽建. 膜翅目：广腰亚目Symphyta//陈学新. 秦岭昆虫志：膜翅目. 西安：世界图书出版公司，2018.
［497］魏美才，汪廉敏，杨炯蠡. 中国杪椤叶蜂属分类研究（膜翅目：蕨叶蜂科）. 贵州农学院学报，1995，14（2）：25-29.
［498］翁文桑，黄玉清，郑炳森. 黑条灰灯蛾的初步研究. 福建果树，1995（2）：19-21.
［499］吴福中，何日荣，胡学难，等. 华南地区蚧虫种类及研究综述. 热带作物学报，2014，35（1）：195-202.
［500］吴贵宏，邵维治，白学慧，等. 扶桑绵粉蚧鉴定初报及风险分析. 热带农业科学，2018，38（4）：81-84.
［501］吴菊华，钟仕田. 咖啡透翅天蛾的生物学研究. 植物保护，1989（1）：9-11.
［502］吴俊. 中国刺蛾科（鳞翅目：斑蛾总科）分类学研究. 哈尔滨：东北林业大学，2023.
［503］吴开明，张建强，许恩远，等. 桑黄萤叶甲生物学特性研究. 蚕业科学，1996，22（3）：191-193.
［504］吴蔚文，韦吕研，李学儒. 榕透翅毒蛾生物学研究//李典谟，康乐，吴钜文，等. 昆虫学创新与发展——中国昆虫学会2002年学术年会论文. 北京：中国科学技术出版社，2002.
［505］吴学萱，陈绪山. 娇驼跷蝽的发生及其防治. 昆虫知识，1991，28（6）：344-345.
［506］吴燕如. 中国动物志：昆虫纲第二十卷膜翅目准蜂科蜜蜂科. 北京：科学出版社，2000.
［507］吴耀军，蒋学建，李德伟，等. 我国发现1种重要的林业外来入侵害虫——桉树枝瘿姬小蜂（膜翅目：姬小蜂科）. 林业科学，2009，45（7）：161-163，182-183.
［508］吴耀军，奚福生. 马尾松毛虫与松茸毒蛾——防治病虫害系列科普文章之四. 广西林业，2015（9）：44.
［509］吴耀军，奚福生. 中国油茶油桐病虫害彩色原生态图鉴. 南宁：广西科学技术出版社，2010.
［510］吴跃开，李晓虹，欧国腾. 麻疯树新害虫——黑额光叶甲. 安徽农业科学，2013，41（21）：8882-8884.
［511］吴跃开，余金勇，程绍传，等. 几种药剂对香樟雪盾蚧的防治效果研究. 植物医生，2007，20（2）：42-43.

[512] 吴正伟，郭良珍，黎文明，等. 椴六点天蛾形态特征及生物学特性. 中国植保导刊，2020，40（9）：12-16.
[513] 伍有声，高泽正. 豹尺蛾生活习性初报. 中国森林病虫，2004，23（5）：25-26.
[514] 伍有声，高泽正. 一点拟灯蛾生活习性的初步观察. 昆虫知识，2005，42（2）：166-168.
[515] 仵均祥，李长青，姜军霞，等. 陕西桃树害虫新记录——中华锉叶蜂生物学特性的初步研究. 中国植保导刊，2004，24（11）：5-7.
[516] 武春生. 中国刺蛾科幼虫的寄主植物多样性分析. 中国森林病虫，2010，29（2）：1-4.
[517] 武春生. 中国动物志：昆虫纲第二卷凤蝶科. 北京：科学出版社，2001.
[518] 武三安. 园林植物病虫害防治. 北京：中国林业出版社，2006.
[519] 武三安，张润志. 威胁棉花生产的外来入侵新害虫——扶桑绵粉蚧. 昆虫知识，2009，46（1）：159-162.
[520] 奚福生，罗基同，李贵玉，等. 中国桉树病虫害及害虫天敌. 南宁：广西科学技术出版社，2007.
[521] 冼旭勋. 肉桂泡盾盲蝽的生物学及防治. 昆虫知识，1997，34（4）：222-225.
[522] 向玉勇，杨茂发. 小地老虎在我国的发生为害及防治技术研究. 安徽农业科学，2008，36（33）：14636-14639.
[523] 项兰斌. 中国灰尺蛾亚科11属系统分类学研究（鳞翅目：尺蛾科）. 荆州：长江大学，2018.
[524] 肖云丽，李后魂. 谷蛾科分类研究概况（鳞翅目：谷蛾总科）//第七届全国昆虫区系分类与多样性学术研讨会论文集. 保定：中国昆虫学会，2005.
[525] 萧采瑜. 中国蝽类昆虫鉴定手册（半翅目异翅亚目）第一册. 北京：科学出版社，1977.
[526] 萧采瑜，任树芝，郑乐怡，等. 中国蝽类昆虫鉴定手册（半翅目异翅亚目）第二册. 北京：科学出版社，1981.
[527] 萧刚柔. 中国森林昆虫（第二版）. 北京：中国林业出版社，1991.
[528] 萧刚柔. 中国叶蜂四新种（膜翅目，广腰亚目：扁叶蜂科、叶蜂科）. 林业科学研究，1990，3（6）：548-552.
[529] 萧刚柔，黄孝运，周淑芷，等. 中国经济叶蜂志. 西安：天则出版社，1992.
[530] 萧刚柔，李镇宇，吴坚，等. 中国森林昆虫（第3版）. 北京：中国林业出版社，2020.
[531] 谢恒杰. 华竹毒蛾形态特征及防治措施. 现代农业科技，2011（5）：163，166.
[532] 谢开立，李镇宇，戴德汗，等. 黄领麻纹灯蛾的生物学及新农药药效试验. 昆虫知识，1977（3）：86.
[533] 谢翔，王仕华，王巧燕，等. 勐海县刚竹毒蛾调查监测及防治技术研究. 林业调查规划，2020，45（3）：65-68.
[534] 谢振伦. 茶天牛生活习性的考查. 茶叶科学，1966（2）：67-70.
[535] 熊瑜. 木麻黄多纹豹蠹蛾的发生与防治. 防护林科技，2011（1）：68-69，93.
[536] 徐川峰，石昊妮，殷立新，等. 樟叶蜂两性生殖与孤雌生殖方式下雌虫生殖适合度及子代生活史特征的比较. 昆虫学报，2018，61（12）：1421-1429.
[537] 徐德进，陈锦绣，章东方，等. 茶蚕发生规律的研究. 安徽农业科学，1993，21（3）：265-

268.
［538］徐芳玲，韦小丽，支华. 贵州猴樟主要害虫种类及为害程度调查. 中国森林病虫，2014，33（1）：21-23.
［539］徐公天，杨志华. 中国园林害虫. 北京：中国林业出版社，2007.
［540］徐光辉，刘素梅，姚芳娟，等. 江西发现黄领麻纹灯蛾（鳞翅目，灯蛾科）. 南方林业科学，2017，45（4）：68，72.
［541］徐光余，杨爱农，丁钊，等. 合欢双条天牛初步研究. 河北农业科学，2008，12（3）：71-72.
［542］徐光余，杨爱农，杨圣冬，等. 竹后刺长蝽生物学特性观察及防治研究. 安徽农业科学，2007（16）：4884，4958.
［543］徐家雄，丁克军，司徒荣贵. 湿地松粉蚧生物学特性的初步研究. 广东林业科技，1992（4）：25-28.
［544］徐进. 中国竹节虫的生物学研究进展. 中国森林病虫，2005，24（3）：25-29.
［545］徐企尧，王菊英，毛承芳. 月季叶蜂的生物学特性及防治. 浙江林业科技，2001，21（1）：42-43.
［546］徐天森. 竹绒野螟的初步研究. 森林病虫通讯，1989（1）：21-23.
［547］徐天森，吕若清. 蒙链眼蝶生物学习性初步研究. 竹子研究汇刊，1991（2）：47-53.
［548］徐天森，王浩杰，徐企尧，等. 竹蝉生物学特性的研究. 林业科学研究，2001，14（4）：396-402.
［549］徐艳梅. 林木病虫害防治实用技术图解. 北京：化学工业出版社，2015.
［550］徐堉峰. 台湾蝴蝶图鉴. 台湾：晨星出版有限公司，2013.
［551］徐正会. 云南省松叶蜂科幼虫分类研究—黑松叶蜂属（膜翅目：广腰亚目）. 西南林学院学报，1998，18（4）：266-269.
［552］徐志鸿. 肾毒蛾防治. 中国花卉园艺，2017（4）：55.
［553］徐志鸿，杨勇. 变色夜蛾的发生及其防治方法. 果农之友，2018（9）：44-45.
［554］许皓，黄惠萍，孙绍芳，等. 大竹缘蝽生物学习性观察及防治初探. 竹子研究汇刊，2002（3）：51-54.
［555］薛汉新，顾茂彬. 白裙赭夜蛾的初步观察. 广东林业科技，1989（1）：28-30.
［556］闫桂芹. 园林树木钻蛀害虫防治率低的原因及措施方法. 中国园艺文摘，2016，32（5）：98-100.
［557］严敖金，谢国林，冯忠轩. 竹拟白须盾蚧的研究. 南京林业大学学报（自然科学版），1985（4）：41-50.
［558］颜振陆. 柑橘矢尖蚧的发生规律与综合防治技术. 果农之友，2008（9）：36.
［559］杨斌. 甲氨基阿维菌素苯甲酸盐两种剂型防治榕透翅毒蛾药效试验. 农家之友（理论版），2010（3）：50-52.
［560］杨干燕. 中国郭公虫科系统分类学研究（鞘翅目）. 北京：中国科学院大学，2012.
［561］杨集昆，王音. 兴透翅蛾属四新种（鳞翅目：透翅蛾科）. 动物学研究，1989，10（2）：133-138.

［562］杨琳琳. 中国谷蛾科九亚科系统学研究（鳞翅目：谷蛾总科）. 天津：南开大学，2013.

［563］杨明辉，林尤洞，梁世平，等. 迁粉蝶核型多角体病毒的初步研究. 林业科学研究，1993，6（2）：228-230，236.

［564］杨伟贤，吴伟东，焦根林，等. 苏铁白盾蚧生物学及防治试验. 福建林业科技，2009，36（4）：127-129.

［565］杨星科. 广西十万大山地区昆虫. 北京：中国林业出版社，2004.

［566］杨秀好. 桉树重要害虫桉蝙蛾生物生态学及控制技术. 北京：中国林业出版社，2017.

［567］杨莹. 中国绿野螟属和多斑野螟属的分类研究（鳞翅目：草螟科：斑野螟亚科）. 重庆：西南大学，2023.

［568］杨玉霞，任国栋. 中国毛胫豆芫菁组分类研究（鞘翅目，芫菁科）. 动物分类学报，2007，32（3）：711-715.

［569］杨云汉. 花椒黄带黑绒天牛的发生与防治. 山西果树，1996（1）：29-30.

［570］杨振德，常明山，孙艳娟，等. 八角尺蠖生物学特性研究. 中国森林病虫，2008，27（5）：7-8，17.

［571］杨忠岐，曹亮明，王小艺，等. 一种重要的桉树外来入侵害虫——桉树叶瘿球角姬小蜂（膜翅目：姬小蜂科）. 林业科学，2023，59（08）：85-89.

［572］杨忠武，韦维，吴耀军，等. 竹子有害生物及害虫天敌. 北京：中国林业出版社，2018.

［573］杨忠武，杨春生，陈尚文. 广西龙胜油茶枯叶蛾生物学特性研究. 广西科学，2001，8（4）：313-315.

［574］杨忠武，易雷，谢永平，等. 广西发现毛竹新害虫—环斜纹枯叶蛾. 广西林业科学，2007，36（2）：99-100.

［575］叶世森，陈顺立. 拉缘蝽生物学特性及其防治研究. 福建林学院学报，2004（1）：63-67.

［576］叶维贤，叶国成，毛日耀. 内吸性农药涂竿防治毛竹拟白须盾蚧. 昆虫知识，1995，32（2）：83.

［577］叶伟军，曾重惠，杨德敏，等. 杉棕天牛生物学特性及防治措施研究. 四川林业科技，1997，18（3）：41-44.

［578］尹维万. 油茶尺蠖的综合防治. 湖南林业，2004（1）：25.

［579］尹小刚，程方，刘良源. 南昌地区玉带凤蝶饲养及生物学特性研究. 江西科学，2015，33（1）：75-78，105.

［580］尤其儆，黎天山，张永强，等. 广西经济昆虫图册（植食性昆虫）. 南宁：广西科学技术出版社，1990.

［581］余国玉. 黑跗瓢萤叶甲生物学研究. 昆虫知识，1985（1）：23-24.

［582］余怀山，黄忠尧，巫俊鹏，等. 灰白蚕蛾在深圳的发生与为害//中国科学院生物多样性委员会. 中国生物多样性保护与研究进展——第五届全国生物多样性保护与持续利用研讨会论文集. 陈宜瑜主编. 北京：气象出版社，2002：245-247.

［583］余家林. 豹裳卷蛾为害柑橘的研究. 中国柑橘，1986（1）：17-18.

［584］余培旺. 浙江黑松叶蜂生物学特性研究. 福建林业科技. 1998，25（2）：15-19.

[585] 俞鹏飞，李倩，王梦馨，等. 四大叶蝉线粒体全基因组序列分析及系统发育关系. 农业生物技术学报，2019，27（7）：1246-1258.

[586] 虞佩玉，王书永，杨星科. 中国经济昆虫志：第五十四册鞘翅目叶甲总科（二）. 北京：科学出版社，1996.

[587] 袁锋，周尧. 中国动物志：昆虫纲第二十八卷同翅目角蝉总科犁胸蝉科角蝉科. 北京：科学出版社，2002.

[588] 袁荣兰，汤社平，张明仁. 松小毛虫的生物学和防治. 昆虫学报，1982，25（4）：453-457.

[589] 袁书明. 米槁害虫防治及白带螯蛱蝶生物学特性研究. 贵州：贵州大学，2007.

[590] 云南省林业厅，中国科学院动物研究所. 云南森林昆虫. 昆明：云南科学技术出版社，1987.

[591] 曾丽琼，何学友，潘爱芳，等. 福州市榕透翅毒蛾生物学特性的研究. 浙江林业科技，2019，39（1）：49-54.

[592] 曾粮斌，薛召东，佘永廷，等. 苎麻夜蛾发生规律变化及其防治技术. 湖南农业科学，2013（10）：23-24.

[593] 曾林. 山竹缘蝽生物学特性及其防治方法. 昆虫知识，1981（1）：23-24.

[594] 曾明森，吴光远. 福建茶树病虫害与天敌图谱. 北京：中国农业科学技术出版社，2014.

[595] 曾佩玲，陶思叁，李孔全，等. 白裙赭夜蛾防治技术研究. 广西林业科学，2006，35（3）：125-128.

[596] 张存立. 泡桐娇驼跷蝽生物学特性及防治研究. 安徽农业科学，2007（6）：1721，1731.

[597] 张丹丹，陈凯. 螟蛾总科分子系统学研究进展. 环境昆虫学报，2017，39（2）：254-262.

[598] 张桂兰，杨云河，冯庆明，等. 桃六点天蛾的发生与防治. 天津农林科技，2011（6）：14.

[599] 张国生. 茶蚕的鉴别与防治. 农业灾害研究，2012，2（11-12）：28-31.

[600] 张浩淼. 中国蜻蜓大图鉴（上/下册）. 重庆：重庆大学出版社，2019.

[601] 张宏斌，高岚. 松针毒蛾的为害特点及防治方法. 林业勘查设计，2005（4）：55.

[602] 张宏杰，霍科科. 食蚜蝇科的分类系统及其研究进展. 昆虫知识，2000，42（2）：132-138.

[603] 张宏奎，陈琦，蒋月丽，等. 河南漯河地区金针虫优势种及其与前茬作物的关系. 中国植保导刊，2019，39（8）：33-37.

[604] 张洪喜，吉志新，白海晓，等. 鳞翅目昆虫成虫翅斑多样型的新发现——变色夜蛾（*Enmonodia vespertilio* Fabricius）形态特征及生物学特性. 河北科技师范学院学报，2008，22（4）：50-55.

[605] 张鸿，郑吉发. 美凤蝶生物学特性初步研究. 现代园艺，2012（7）：45-46.

[606] 张丽霞，管志斌，付先惠，等. 蓝绿象的发生与防治. 植物保护，2002，28（1）：59-60.

[607] 张丽霞，周双云，张远辉. 迁粉蝶严重为害决明属植物. 植物保护，2003，29（1）：60.

[608] 张连合. 大蓑蛾的鉴别及发生规律研究. 安徽农业科学，2010，38（16）：8499-8500.

[609] 张培毅. 高黎贡山昆虫生态图鉴. 哈尔滨：东北林业大学出版社，2011.

[610] 张巍巍，李元胜. 中国昆虫生态大图鉴. 重庆：重庆大学出版社，2011.

[611] 张向向. 中国刺虎天牛属分类研究. 重庆：西南大学，2014.

[612] 张小谷，陶热. 庐山常见昆虫识别图谱. 南昌：江西人民出版社，2015.

[613] 张雪菲，张海波，徐冬辉，等. 榆凤蛾生物学特性观察与防治. 吉林林业科技，2010，39

（1）：58-59.
［614］张延礼，黄汉培，郑世春. 蓖麻主要病虫害发生特点及防治. 云南农业，2002（1）：18-19.
［615］张翌楠. 松墨天牛的天敌昆虫调查及生物防治技术研究. 昆明：中国林业科学研究院，2006.
［616］张媛媛. 柚木野螟生物学与信息化学物质初步研究. 广州：华南农业大学，2017.
［617］张岳峰，唐国良，王玲，等. 锈色棕榈象生活习性与防治试验. 中国森林病虫，2008，27（3）：12-13.
［618］张宗福. 紫茎甲转主为害杉木、楠竹. 昆虫学报，1985，28（1）：118-119.
［619］章士美，胡梅操. 娇驼跷蝽研究初报. 江西植保，1982（1）：1-4.
［620］章士美，胡梅操. 中国半翅目昆虫生物学. 南昌：江西高校出版社，1993.
［621］章士美，沈荣武，薛芳森. 紫茎甲的初步观察. 昆虫学报，1982，25（4）：469-470，482.
［622］章士美，尹益寿. 红背安缘蝽的初步考察. 植物保护，1982（4）：36-37.
［623］赵冬香，卢芙萍. 海南岛杧果害虫无公害防治原色图谱. 北京：中国农业出版社，2008.
［624］赵建铭. 中国寄蝇科的记述Ⅴ. 追寄蝇属*Exorista* Meigen. 昆虫学报，1964，13（3）：362-375.
［625］赵锦年，陈胜. 革梢鹰夜蛾生物学特性及防治. 林业科学研究，1993，6（3）：341-345.
［626］赵梅君，李利珍，汤亮，等. 上海地区鳞翅目昆虫调查初步名录. 上海师范大学学报（自然科学版），2005，34（2）：60-65.
［627］赵清. 中国益蝽亚科修订及蠋蝽属、辉蝽属和二星蝽属的DNA分类学研究（半翅目：蝽科）. 天津：南开大学，2013.
［628］赵修复. 中国姬蜂分类纲要. 北京：科学出版社，1976.
［629］赵养昌. 中国经济昆虫志第二十册鞘翅目象虫科. 北京：科学出版社，1980.
［630］赵永根. 剑兰上红缘灯蛾发生为害与综合防治研究初报. 中国农技推广，2007，23（8）：41-42.
［631］郑发科. 广西直缝隐翅虫属一新种（鞘翅目：隐翅虫科，胸片隐翅虫亚科）. 四川师范学院学报（自然科学版），1999，20（4）：319-321.
［632］郑庆伟，郑越. 果园常见叶蝉类害虫的鉴别与防治技巧. 农药市场信息，2015（25）：57-60.
［633］郑润兰，杨红明. 云尺蛾生物学习性及主要寄生真菌. 北京林业大学学报，1991，18（4）：74-80，138.
［634］郑圣寿，李红卫，丁冬荪，等. 江西刺蛾科昆虫种类记述. 江西林业科技，2010（4）：33-36，66.
［635］郑婷，徐建峰，张益，等. 苏铁害虫曲纹紫灰蝶的发生与防治研究进展. 现代园艺，2018（7）：148-151.
［636］郑霞林，郭建. 茶黄毒蛾的为害情况及综合防控技术. 科学种养，2010（3）：31.
［637］中国科学院动物研究所. 中国农业昆虫. 北京：农业出版社，1987.
［638］方承莱，武春生. 中国动物志：昆虫纲第三十一卷鳞翅目舟蛾科. 北京：科学出版社，2003.
［639］钟富春. 厦门地区观赏竹种常见害虫及天敌初步调查. 福建热作科技，2005，30（3）：16-20.
［640］钟义海，刘奎，彭正强，等. 椰心叶甲——一种新的高为害虫. 热带农业科学，2003，23（4）：67-72.

[641] 周成理，陈晓鸣，史军义，等. 褐斑凤蝶和斑凤蝶幼期形态特征记述及生物学初步观察. 林业科学研究，2009，22（3）：401-406.
[642] 周成理，陈晓鸣，史军义，等. 美凤蝶和玉斑凤蝶幼期形态记述及生物学初步观察. 林业科学研究，2009，22（5）：683-690.
[643] 周成枚，罗来兴，汤社平，等. 台松副长蝽蚧生物学特性的观察. 森林病虫通讯，1991（3）：21-22.
[644] 周明宽，罗秀文，朱艳. 花椒长足象生物学特性及其防治研究. 昆虫知识，1993，30（6）：344-345.
[645] 周群英，何国达，谢耀坚，等. 桉树幼苗重要害虫小地老虎的防治. 林业科技开发，2005，19（1）：70-71.
[646] 周体英，许维谨，钟国庆. 二尾蛱蝶的初步研究. 昆虫知识，1986（1）：24-25.
[647] 周孝贵，肖强. 钻在袋子里的茶园害虫——茶蓑蛾和茶褐蓑蛾. 中国茶叶，2019（8）：12-14.
[648] 周孝贵，肖强，余玉庚，等. 茶树叶片“千疮百孔”之元凶——黑足角胸肖叶甲和毛股沟臀肖叶甲. 中国茶叶，2018，40（10）：10-12.
[649] 周尧. 中国蝶类志. 郑州：河南科学技术出版社，1994.
[650] 周尧，雷仲仁，李莉，等. 中国蝉科志（同翅目：蝉总科）. 香港：香港天则出版社，1997.
[651] 周云娥，白洪青，舒金平. 筛胸梳爪叩甲生物学特性研究. 浙江林业科技，2008，28（4）：28-32.
[652] 周至宏，王助引，黄思良. 香蕉、菠萝、杧果病虫害防治彩色图说. 北京：中国农业出版社，2020.
[653] 朱弘复，王林瑶. 中国天蛾科新种记述（鳞翅目）. 动物分类学报，1980，5（4）：418-426.
[654] 朱宏斌，高振兴，韩振冲，等. 进口巴布亚新几内亚原木上截获吉丁虫的鉴定. 昆虫知识，2008，45（4）：647-649，678.
[655] 朱均权. 人纹污灯蛾的生物学特性及防控技术. 长江蔬菜，2010（1）：45-46，3.
[656] 朱木元，黄永善，卢春华. 八点灰灯蛾的发生与防治. 广西农业科学，1982（6）：24-25.
[657] 朱秀娥，吴跃开，余金勇，等. 樟树蚧壳虫的发生及其综合治理. 防护林科技，2008（3）：94-95.
[658] 邹吉福. 黑脉厚须螟生物学特性的研究. 浙江林学院学报，2000，17（4）：414-416.
[659] 邹思思. 中国筒隐翅虫亚科分类学（鞘翅目：隐翅虫科）. 北京：中国科学院大学，2013.
[660] 邹曾健，杜佩璇，吴荣宗. 吸果夜蛾的生物学特性及其幼虫等形态的识别. 华南农学院学报，1980，1（2）：86-100.

后记与致谢

《广西森林昆虫》一书的编辑出版可谓工程浩大，任务艰巨，耗费时间长，参加编写的单位和人员众多。2018 年下半年开始编撰筹备工作，组建编委会，制订编写方案，收集和讨论修订昆虫名录，邀请有关单位和人员参加编写并明确编写任务和时间要求。经过全体编委会成员 4 年多的共同努力及有关单位和个人的鼎力相助，于 2021 年底完成书稿编写并送交出版社，再经过广西科学技术出版社编辑、校对及主编、编委的修订，终于完成本书的编撰出版。全书记录等翅目、螳螂目、直翅目、蛸目、蜻蜓目、缨翅目、半翅目、脉翅目、鞘翅目、鳞翅目、双翅目和膜翅目等 12 目（54 总科）118 科 910 种，以鳞翅目和鞘翅目种类最多，分别有 32 科 316 种和 19 科 231 种。

编委会成员的主要工作内容和贡献如下：

主　任：

罗基同（广西壮族自治区林业局二级巡视员、广西林学会森保专业委员会主任、教授级高级工程师）负责指导编委会工作。

副主任：

杨秀好（广西壮族自治区林业科学研究院处级干部、广西林学会森保专业委员会副主任、教授级高级工程师）负责落实项目、组织协调编委会开展编辑出版工作。

张永坚（广西南宁天鹰有害生物防治有限公司总经理）负责协助编辑和协调出版工作。

主　编：

杨秀好（中国林学会森林和草原昆虫分会委员、广西昆虫学会常务理事、广西壮族自治区林业科学研究院教授级高级工程师）负责组织协调编辑工作，制订编写方案，核实昆虫名录与增补，负责落实编撰协作单位、编写人员和编写任务，撰写蝙蝠蛾科、透翅蛾科等内容，校对文稿，提供部分图片和甄选图片。

郑霞林（中国昆虫学会理事、广西昆虫学会副理事长、广西大学教授）负责普查昆虫种类鉴定、名录核实和目科属种编排，邀请专家学者参与编写，落实编写人员和任务分工，撰写斑蛾科、毛斑蛾科、吉丁虫科和萤科等科属内容，提供部分图片，汇总校对文稿和整理图片。

吴耀军（广西昆虫学会副理事长、广西壮族自治区林业科学研究院研究员）负责落实部分编写人员，撰写广翅蜡蝉科和姬小蜂科内容，提供部分图片。

副主编：

陆　温（广西大学教授、广西昆虫学会原理事长）指导该书编写工作，负责撰写天牛科内容和提供部分图片。

杨忠武（桂林市林业综合发展中心副主任、广西昆虫学会理事、高级工程师）负责撰写蚜科、瘿绵蚜科和裳蛾科等内容，提供部分图片。

王缉健（广西国有博白林场教授级高级工程师）负责普查昆虫种类鉴定与核对名录，撰写蛸目和狭胸天牛内容，提供部分图片。

庞正轰（广西生态工程职业技术学院原院长、教授）负责普查昆虫名录核实，提供编写意见建议，指导编辑工作。

李懋辅（广西南宁晨舜有害生物防治有限公司总经理、高级工程师）负责普查昆虫名录核实，资料汇总和提供部分图片。

编委（按姓氏音序排列）：

曹书阁（广西生态工程职业技术学院）编写蜜蜂总科。

常明山（广西壮族自治区林业科学研究院）编写驼蛾科、螟蛾科和草螟科。

陈先锋（中华人民共和国宁波海关）编写粉蚧科和毡蚧科。

陈晓胜（华南农业大学）编写瓢虫科。

陈志林（广西师范大学）编写蚁科。

陈树誉（北海市森林病虫害防治检疫站）编写中华草蛉。

邓　敏（黔南民族职业技术学院）编写蚕蛾科。

邓　艳（广西壮族自治区林业有害生物防治检疫站）编写盲蝽科。

邓维安（广西师范大学）编写直翅目。

董子舒（江西中医药大学）编写蜡蝉科。

方小玉（广西壮族自治区陆生野生动物救护研究与疫源疫病监测中心）编写柚木野螟。

胡　锦（广西大学）编写龟蝽科、跷蝽科、杆长蝽科、大红蝽科、红蝽科、缘蝽科、蛛缘蝽科和猎蝽科。

胡　平（广西大学）编写枯叶蛾科。

黄华艳（广西壮族自治区林业科学研究院）编写寄甲科。

黄志平（广西生态工程职业技术学院）编写天蚕蛾科、粉虱总科、绵蚧科和金龟科等。

贾　豹（南宁市白蚁防治所）编写等翅目。

蒋学建（广西壮族自治区林业科学研究院）编写桉树叶瘿球角姬小蜂和桉树扁角金绿姬小蜂。

黎敏芝（苍梧县国有白南林场）编写沙弥绥尺蛾。

李　俊（广西大学）编写凤蝶科、粉蝶科、灰蝶科、蛱蝶科和弄蝶科。

李　涛（国家林业和草原局生物灾害防控中心）编写姬蜂科。

李传仁（长江大学）编写网蝽科。

李德伟（广西壮族自治区农业科学研究院）编写木虱总科、裂木虱总科和斑木虱总科。

李小芳（苍梧县森林病虫害防治站）编写箩纹蛾科。

梁育喆（广西生态工程职业技术学院）编写蓑蛾科。

林珠凤（海南省农业科学研究院）编写裳蛾科（苔蛾和灯蛾）。

刘冰洋（西双版纳海关综合技术中心）编写粉蚧科和毡蚧科。

刘文爱（广西红树林研究中心）编写叉带棉红蝽、叉角厉蝽和普通草蛉。

罗　辑（广西壮族自治区林业科学研究院）编写盾蝽科。

罗来凤（广西壮族自治区国有钦廉林场）编写绢蛾科。

孟建玉（贵州省烟草科学研究院）编写蝽科。

孟子烨（贵州师范大学）编写叩甲科。

莫让瑜（重庆市中药研究院）编写芫菁科。

牛耕耘（江西师范大学）编写叶蜂总科。

任立云（广西农业职业技术大学）编写缨翅目。

桑　文（华南农业大学）编写尺蛾科。

苏　丽（广西大学）编写叶甲科。

王　星（琼台师范学院）编写蚕蛾科。

王　旭（安徽师范大学）编写蝉科。

王小云（广西大学）编写叶蝉科。

韦　维（广西壮族自治区林业科学研究院）编写木蠹蛾科和拟木蠹蛾科。

韦曼丽（广西壮族自治区林业有害生物防治检疫站）编写蜡蚧科和璐蜡蝉科。

吴海盼（广西大学）编写凤蝶科、粉蝶科、灰蝶科、蛱蝶科和弄蝶科。

奚国华（中华人民共和国宁波海关）编写粉蚧科和毡蚧科。

谢永坚（浙江农林大学）编写螳螂目。

徐　淑（广东省农业科学研究院）编写天蛾科。

杨振德（广西大学）编写刺蛾科和裳蛾科（舟蛾和鹿蛾）。

于松毛（广西桂林市临桂区林业综合发展中心）编写扁蚜科。

于永辉（广西国有高峰林场）编写菱蜡蝉科。

查玉平（湖北省林业科学研究院）编写瘿绵蚜科（角倍蚜和倍花蚜）。

张长禹（贵州大学）编写蝽科。

张少军（广西生态工程职业技术学院）编写网翅蝗科。

张铁坚（广西南宁天鹰有害生物防治有限公司）协调该书编辑出版。

张玉静（广西大学）编写盾蚧科。

张志林（湖北工程学院）编写隐翅虫科。

赵　萍（南宁师范大学）编写龟蝽科、跷蝽科、杆长蝽科、大红蝽科、红蝽科、缘蝽科、蛛蝽科和猎蝽科。

赵程劼（广西壮族自治区林业科学研究院）编写花绒寄甲。

周丽君（安徽农业大学）编写夜蛾科。

周善义（广西师范大学）编写蚁科。

周映霞（广西南宁天鹰有害生物防治有限公司）编写胡蜂总科。

朱宏斌（中华人民共和国南京海关）编写象甲科。

祖国浩（天津农学院）编写跳小蜂科。

感谢下列人员在标本鉴定过程中给予无私的帮助（按姓氏拼音字母排序）：

Axel Kallies 教授（University of Melbourne，Australia）

Ian Kitching 博士（The Natural History Museum，UK）

Konstantin A. Efetov 教授（Academician of the Russian Academy of Natural History，V. I. Vernadsky Crimean Federal University，Russia）

Tony Pittaway 先生（The Natural History Museum，UK）

白明研究员（中国科学院动物研究所）

边迅博士（广西师范大学）

大和田守博士（National Museum of Nature and Science，Japan）

房丽君研究员（陕西省西安植物园）

傅凡先生

黄家兴研究员（中国农业科学研究院蜜蜂研究所）

贾凤海教授（江西中医药大学）

赖盛昌博士（南京林业大学）

李学燕副研究员（中国科学院昆明动物研究所）

刘绍基（香港渔农自然护理署）

吕志学先生

乔格侠研究员（中国科学院动物研究所）

邱见玥博士（绵阳师范学院）

王法磊先生

王吉锐副教授（浙江农林大学）

王敏教授（华南农业大学）

王秀丹博士（中南林业科技大学）

王戍勃博士（西南林业大学）

吴俊博士（东北林业大学）

魏中华博士（西华师范大学）

武三安教授（北京林业大学）

邢济春教授（贵州大学）

许振邦先生（云南大学）

于昕副教授（重庆师范大学）

余甜甜博士（中国科学院昆明动物研究所）

苑彩霞副教授（延安大学）

张巍巍先生

赵明智先生（华南农业大学）

感谢下列摄影者为本书提供丰富的图片（按姓氏音序排列）：

Ken Walker、Rae S、Tony Pittaway、Udo Schmidt、Vasily Grebennikov、И.А. Забалуев、蔡先洁、曹书阁、查玉平、常明山、陈冬宇、陈队、陈敏、陈荣、陈晓胜、陈晓文、陈延桂、陈志林、初立良、邓关宁、邓敏、邓维安、董辛未、董子舒、杜桂娟、段云博、方加兴、方启专、方小玉、冯海庭、冯艳梅、高春梅、高一平、郭建和、郭建军、何岭松、侯玉松、扈新莹、槐可跃、黄大明、黄华艳、黄家斌、黄金绮、黄思业、黄艳琴、黄志平、黄忠华、霍兆敏、贾豹、蒋广宁、蒋昊洋、蒋明军、蒋明欣、蒋学建、酱油、井上昌次、孔乾、孔胜利、黎敏芝、黎宁、李成、李春喜、李翠萍、李德伟、李荻斯、李方方、李海宁、李俊、李懋辅、李秋绵、李涛、李熙岳、李元义、梁明杰、梁擎、梁育喆、梁照文、廖青华、林颖菲、刘文爱、刘志勇、刘作钧、陆千乐、陆温、罗辑、罗来凤、罗茂生、梅国友、孟子烨、莫让瑜、莫忠华、牛耕耘、农文、农政权、潘婷、秦志强、任向明、闪瑶、邵云华、石辉深、宋志顺、苏德宝、苏建欣、孙华彩、孙金波、覃宝勤、覃东平、覃宏告、覃继财、覃洁、覃营、谭德锦、谭小玲、汤佳凯、汤凯伦、田永峰、王传珍、王丹凤、王栋、王海明、王缉健、王家双、王俊平、王帅、王星、王戌勃、王旭、韦彩英、韦秋思、韦维、魏可、吴耀军、吴志新、伍娟娟、奚国华、谢洪军、谢永耀、谢振钢、邢殿菊、徐杰、徐敏田、徐淑、许弘林、许军、闫家河、杨春琳、杨秀好、杨泽宁、杨振德、杨忠武、叶远为、于纪国、于松毛、余洲、詹凯翔、张斌、张境斌、张秋梅、张瑞芝、张天隆、张卫、张玉静、赵程劼、赵丽云、赵萍、赵庆文、赵文亮、赵文汀、赵煜、郑光楠、郑霞林、仲凯、周善义、周上朝、周之宏、朱宏斌、朱小明、宗祖良、祖国浩、左新德。

由于本书内容丰富，涉及的单位和人员众多，有未列入上述名单或拼写有误的，敬请大家谅解！编委会在此对编辑出版本书作出贡献和支持的单位和个人再次表达衷心的感谢！

广西森林昆虫编委会

2025 年 4 月 10 日